2025 NCS 기준 출제기준 완벽 반영

2025
초간단
핵심완성

건설안전 산업기사 필기

INDUSTRIAL ENGINEER
CONSTRUCTION SAFETY

김병진, 김희권 공저

예문사

머리말 (PREFACE)

지금 우리사회는 모든 분야에서 선진사회로 도약을 하고 있습니다. 그러나 산업현장에서는 아직도 끼임(협착)·떨어짐(추락)·넘어짐(전도) 등 반복형 재해와 화재·폭발 등 중대산업사고, 유해화학물질로 인한 직업병 문제 등으로 하루에 약 6명, 일 년에 2,200여 명의 근로자가 귀중한 목숨을 잃고 있으며 연간 약 9만 여 명의 산업재해자와 연간 17조원의 경제적 손실이 발생하고 있습니다.

그 중에서 건설공사로 인한 재해자는 전체 산업재해자의 약 25%를 차지하고, 특히 건설공사로 인한 산재사망자는 사고성 사망자의 40%에 달하는 등 매년 지속적으로 높은 산업재해발생률을 보이고 있습니다.

건설업 재해는 근로자 본인과 가족에게도 엄청난 상처를 가져다 줄 뿐 아니라 기업 이미지에도 부정적인 영향을 미쳐 경영상의 큰 손실을 초래하고 있습니다. 그러므로 각 건설업체에서 안전관리자의 역할은 더욱 커질 수밖에 없는 상황이고 안전의 중요성은 아무리 강조해도 지나치지 않습니다.

이 책의 저자들은 현재 안전 관련 업무를 담당하는 전문가로서, 재해 감소와 안전 관련 업무에 조금이나마 보탬이 되기를 희망하는 마음으로 집필하였습니다.

건설안전산업기사는 산업안전관리론, 인간공학 및 시스템안전공학, 건설시공학, 건설재료학, 건설안전기술 5파트로 구성되어 있습니다. 수험생들이 배우지 못한 과목이 있어서 공부하기 어렵고 다른 자격시험과 똑같은 방법으로 공부하면 합격하기 어려운 시험입니다.

따라서 시험과목을 체계적으로 정리하여 처음 자격시험을 준비하는 수험생들도 어려움 없이 접근할 수 있도록 하였으므로, 각 과목별 이론정리와 문제풀이를 통해 개념에 대한 이해와 문제풀이능력을 기르는 데 유용할 것입니다.

건설안전산업기사 자격시험을 준비하기 위한 수험서로서 본서의 특징은 다음과 같습니다.

1. 각 과목의 이론내용을 충실히 하여 시험에 나오는 모든 문제가 이론내용에 포함되도록 하였고, 시험에 출제된 이론은 별색으로 표시하여 수험생들의 집중도를 높였습니다.
2. 자격시험의 특성상 기존에 출제되었던 문제가 반복해서 나올 수밖에 없는 관계로 기출문제 풀이에 대한 설명을 상세히 하였습니다.
3. 수험생들의 이해도를 높이기 위하여 최대한 그림 및 삽화를 넣어서 책의 이해도를 높였습니다.
4. 안전분야의 오랜 현장경험을 가지고 있는 최고의 전문가가 집필하여 책의 완성도를 높였습니다.

오랫동안 정리한 자료를 다듬어 출간하였지만, 미흡한 부분이 많을 것입니다. 이에 대해서는 독자 여러분의 애정 어린 충고를 겸허히 수용해 계속 보완해나갈 것을 약속드립니다.

끝으로 본서가 완성되는 데 많은 도움을 준 예문사 편집부, 아낌없이 투자를 해주신 장충상전무님, 집필하는 데 많은 시간을 인내해 준 가족들에게 감사의 뜻을 전합니다.

저자 일동

출제기준

• 직무분야 : 안전관리	• 중직무분야 : 안전관리　• 자격종목 : 건설안전산업기사　• 적용기간 : 2021.1.1.～2025.12.31.
• 직무내용 : 건설현장의 생산성 향상과 인적물적 손실을 최소화하기 위한 안전계획을 수립하고, 그에 따른 작업환경의 점검 및 개선, 현장 근로자의 교육계획 수립 및 실시, 작업환경 순회감독 등 안전관리 업무를 통해 인명과 재산을 보호하고, 사고 발생시 효과적이며 신속한 처리 및 재발 방지를 위한 대책 안을 수립, 이행하는 등 안전에 관한 기술적인 관리 업무를 수행하는 직무이다.	
• 필기검정방법 : 객관식　　　　• 문제수 : 100　　　　• 시험시간 : 2시간 30분	

필기과목명	주요항목	세부항목	
산업안전관리론	안전보건관리 개요	• 안전과 생산	• 안전보건관리 체제 및 운용
	재해 및 안전 점검	• 재해조사 • 안전점검·검사·인증 및 진단	• 산재분류 및 통계 분석
	무재해 운동 및 보호구	• 무재해 운동 등 안전활동 기법	• 보호구 및 안전보건표지
	산업안전심리	• 인간의 특성과 안전과의 관계	
	인간의 행동과학	• 조직과 인간행동 • 집단관리와 리더십	• 재해 빈발성 및 행동과학
	안전보건교육의 개념	• 교육심리학	
	교육의 내용 및 방법	• 교육내용	• 교육방법
인간공학 및 시스템안전 공학	안전과 인간공학	• 인간공학의 정의 • 체계설계와 인간요소	• 인간-기계체계
	정보입력표시	• 시각적 표시장치 • 촉각 및 후각적 표시장치	• 청각적 표시장치 • 인간요소와 휴먼에러
	인간계측 및 작업 공간	• 인체계측 및 인간의 체계 제어 • 작업 공간 및 작업자세	• 신체활동의 생리학적 측정법 • 인간의 특성과 안전
	작업환경관리	• 작업조건과 환경조건	• 작업환경과 인간공학
	시스템 안전	• 시스템 안전 및 안전성 평가	
	결함수분석법	• 결함수 분석	• 정성적, 정량적 분석
	각종 설비의 유지 관리	• 설비관리의 개요 • 보전성 공학	• 설비의 운전 및 유지 관리
건설재료학	건설재료일반	• 건설재료의 발달 • 새로운 재료 및 재료설계	• 건설재료의 분류와 요구 성능 • 난연재료의 분류와 요구 성능
	각종 건설재료의 특성, 용도, 규격에 관한 사항	• 목재 • 시멘트 및 콘크리트 • 미장재 • 도료 및 접착제 • 기타재료	• 점토재 • 금속재 • 합성수지 • 석재 • 방수

건설안전산업기사 시험에서 각 과목별 특징

1과목 산업안전관리론

안전관리론은 출제기준에 맞추어 총 6장으로 구성하였습니다. 산업안전 분야에 입문하는 수험생이 기초적으로 알아야 할 이론을 출제경향에 맞추어 정리하였습니다. 산업안전관리론은 현장 실무에서도 많이 활용되는 이론으로 정확한 이해와 암기가 필요합니다.

2과목 인간공학 및 시스템안전공학

인간공학 및 시스템안전과 관련한 이론을 기출 문제를 분석하여 정리해놓았습니다. 인간공학 파트는 인간과 기계의 특성에 대해 전반적인 내용을 이해할 수 있도록 정리하였으며 시스템안전공학은 출제경향에 맞게 핵심이론을 정리하였습니다.

3과목 건설시공학

시험에 빈번하게 출제되는 핵심문제들을 바탕으로 이론을 정리하였으며, 단순히 수험서로서 뿐 아니라 실무에서도 참고하고 활용할 수 있도록 건설시공의 각 분야들을 체계적으로 정리하였습니다. 또한 실제 접하기 어려운 공법들은 사진과 그림을 첨부하여 이해를 도울 수 있도록 하였습니다.

4과목 건설재료학

건설공사에서 있어 설계기술이 발달하고, 건축 마감재, 자재 등이 고급화됨에 따라 건설재료가 새롭게 개발되고 보다 더 다양해지는 추세이므로 최근 시험에 자주 출제되는 새로운 내용과 경향들을 적극 수용하여 이론에 반영하였고, 건설재료가 일상생활에서 어떻게 활용되었는지 예를 들어 알기 쉽게 풀이해 놓았습니다.

5과목 건설안전기술

건설안전기술은 산업안전보건법(산업안전보건기준에 관한 규칙)을 근간으로 실제 시공과정에서 발생할 수 있는 여러 가지 유해ㆍ위험요인에 대한 예방을 목적으로 하고 있으며, 이론으로만 끝나는 것이 아니라 실무에서도 꼭 준수하여야 할 내용으로서 이 책에서는 수험생들이 이해하기 쉽게 빈출되는 기출문제를 중심으로 삽화 및 그림을 첨부하였습니다.

건설시공학	시공일반	• 공사시공방식 • 공사현장관리	• 공사계획
	토공사	• 흙막이 가시설 • 흙파기	• 토공 및 기계 • 기타 토공사
	기초공사	• 지정 및 기초	
	철근 콘크리트 공사	• 콘크리트공사 • 거푸집공사	• 철근공사
	철골공사	• 철골작업공작	• 철골세우기
건설안전기술	건설공사 안전개요	• 공정계획 및 안전성 심사 • 건설업 산업안전보건관리비	• 지반의 안정성 • 사전안전성검토(유해위험방지계획서)
	건설공구 및 장비	• 건설공구 • 안전수칙	• 건설장비
	건설재해 및 대책	• 떨어짐(추락)재해 및 대책 • 떨어짐(낙하), 날아옴(비래)재해대책	• 무너짐(붕괴)재해 및 대책 • 화재 및 대책
건설안전기술	건설 가시설물 설치 기준	• 비계 • 거푸집 및 동바리	• 작업통로 및 발판 • 흙막이
	건설구조물공사안전	• 콘크리트 구조물공사 안전 • PC(Precast Concrete)공사안전	• 철골 공사 안전
	운반, 하역작업	• 운반작업	• 하역작업

국가기술자격시험 안내

1 자격검정절차안내

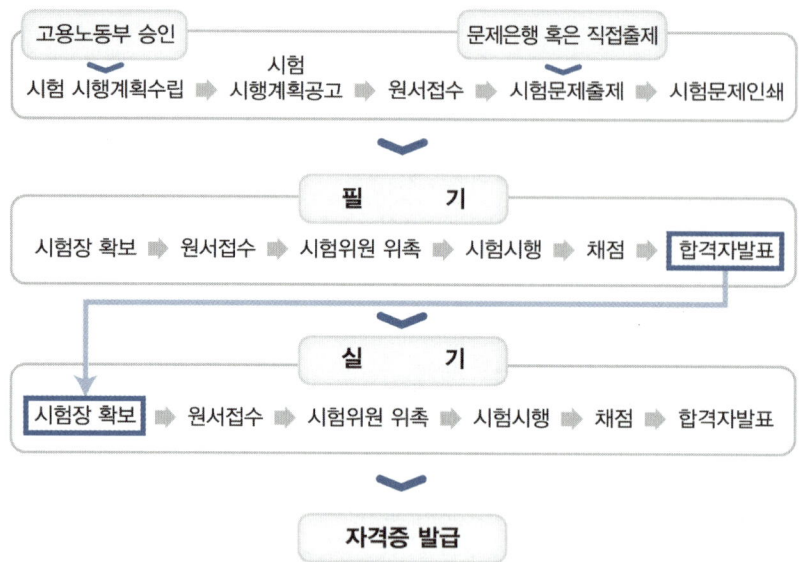

1	필기원서접수	Q-net을 통한 인터넷 원서접수
		필기접수 기간 내 수험원서 인터넷 제출
		사진(6개월 이내에 촬영한 3.5cm*4.5cm, 120*160픽셀 사진파일 JPG), 수수료 전자결제
		시험장소 본인 선택(선착순)
2	필기시험	수험표, 신분증, 필기구(흑색 싸인펜 등) 지참
3	합격자 발표	Q-net을 통한 합격확인(마이페이지 등)
		응시자격 제한종목(기술사, 기능장, 기사, 산업기사, 서비스 분야 일부종목)은 사전에 공지한 시행계획 내 응시자격 서류제출 기간 이내에 반드시 응시자격 서류를 제출하여야 함
4	실기원서접수	실기접수 기간 내 수험원서 인터넷(www.Q-net.or.kr) 제출
		사진(6개월 이내에 촬영한 3.5cm*4.5cm픽셀 사진파일 JPG), 수수료(정액)
		시험일시, 장소 본인 선택(선착순)
5	실기시험	수험표, 신분증, 필기구 지참
6	최종합격자발표	Q-net을 통한 합격확인(마이페이지 등)
7	자격증 발급	(인터넷)공인인증 등을 통한 발급, 택배가능 (방문수령)사진(6개월 이내에 촬영한 3.5cm*4.5cm 사진) 및 신분확인서류

2 응시자격 조건체계

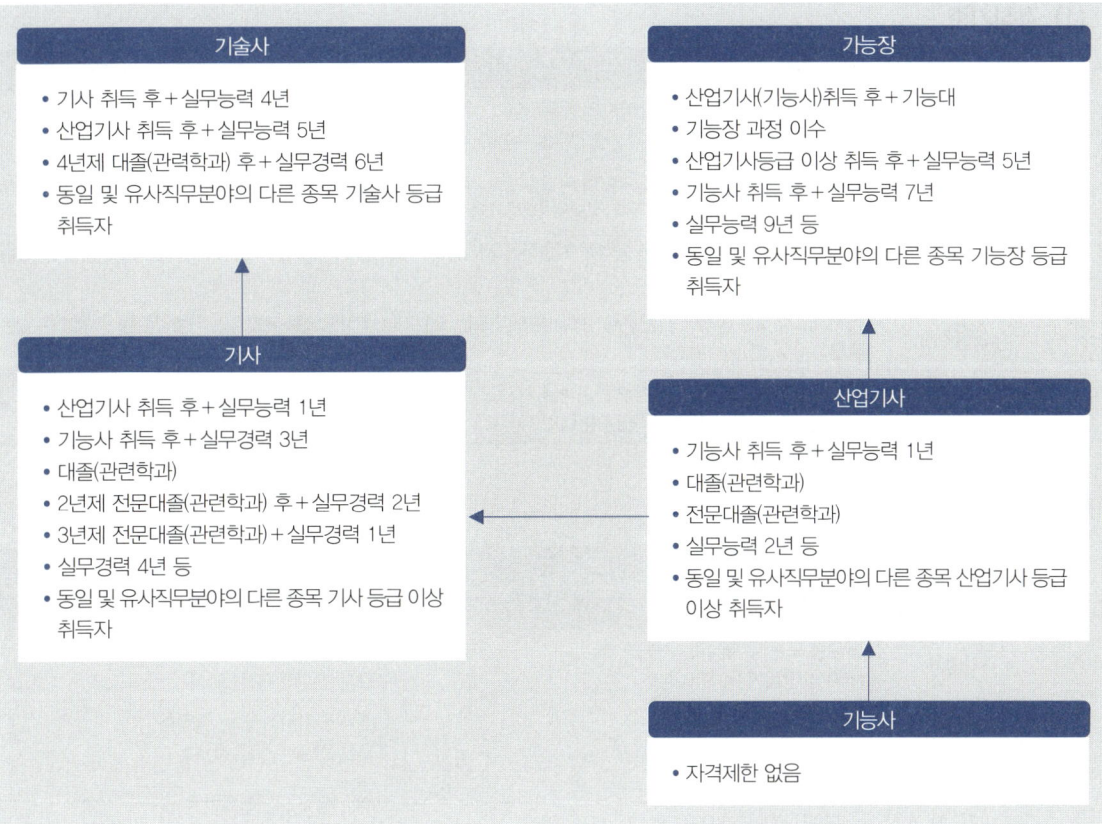

3 검정기준 및 방법

(1) 검정기준

자격등급	검정기준
기술사	응시하고자 하는 종목에 관한 고도의 전문지식과 실무경험에 입각한 계획, 연구, 설계, 분석, 조사, 시험, 시공, 감리, 평가, 진단, 사업관리, 기술관리 등의 기술업무를 수행할 수 있는 능력의 유무
기능장	응시하고자 하는 종목에 관한 최상급 숙련기능을 가지고 산업현장에서 작업 관리, 소속기능인력의 지도 및 감독, 현장훈련, 경영계층과 생산계층을 유기적으로 연계시켜 주는 현장관리 등의 업무를 수행할 수 있는 능력의 유무
기 사	응시하고자 하는 종목에 관한 공학적 기술이론 지식을 가지고 설계, 시공, 분석 등의 기술업무를 수행할 수 있는 능력의 유무
산업기사	응시하고자 하는 종목에 관한 기술기초이론지식 또는 숙련기능을 바탕으로 복합적인 기능업무를 수행할 수 있는 능력의 유무
기능사	응시하고자 하는 종목에 관한 숙련기능을 가지고 제작, 제조, 조작, 운전, 보수, 정비, 채취, 검사 또는 직업관리 및 이에 관련되는 업무를 수행할 수 있는 능력의 유무

(2) 검정방법

자격등급	검정방법	
	필기시험	면접시험 또는 실기시험
기술사	단답형 또는 주관식 논문형 (100점 만점에 60점 이상)	구술형 면접시험 (100점 만점에 60점 이상)
기능장	객관식 4지 택일형(60문항) (100점 만점에 60점 이상)	주관식 필기시험 또는 작업형 (100점 만점에 60점 이상)
기 사	객관식 4지 택일형 • 과목당 20문항(100점 만점에 60점 이상) • 과목당 40점 이상(전과목 평균 60점 이상)	주관식 필기시험 또는 작업형 (100점 만점에 60점 이상)
산업기사	객관식 4지 택일형 • 과목당 20문항(100점 만점에 60점 이상) • 과목당 40점 이상(전과목 평균 60점 이상)	주관식 필기시험 또는 작업형 (100점 만점에 60점 이상)
기능사	객관식 4지 택일형(60문항) (100점 만점에 60점 이상)	주관식 필기시험 또는 작업형 (100점 만점에 60점 이상)

4 국가자격종목별 상세정보

(1) 진로 및 전망

- 기계, 금속, 전기, 화학, 목재 등 모든 제조업체, 안전관리 대행업체, 산업안전관리 정부기관, 한국산업안전공단 등이 진출할 수 있다.
- 선진국의 척도는 안전수준으로 우리나라의 경우 재해율이 아직 후진국 수준에 머물러 있어 이에 대한 계속적 투자의 사회적 인식이 높아가고, 안전인증 대상을 확대하여 프레스, 용접기 등 기계·기구에서 이러한 기계·기구의 각종 방호장치까지 안전인증을 취득하도록 산업안전보건법 시행규칙의 개정에 따른 고용창출 효과가 기대되고 있다. 또한 경제회복국면과 안전보건조직 축소가 맞물림에 따라 산업 재해의 증가가 우려되고 있다. 특히 제조업의 경우 이미 올해 초부터 전년도의 재해율을 상회하고 있어 정부는 적극적인 재해예방정책 등으로 이 자격증 취득자에 대한 인력수요는 증가할 것이다.

(2) 종목별 검정현황

종목명	연도	필기			실기		
		응시	합격	합격률(%)	응시	합격	합격률(%)
건설안전산업기사	2024	9,392	2,953	31.4%	4,221	2,052	48.6%
	2023	10,908	3,831	35.1%	4,509	3,027	67.1%
	2022	9,134	3,298	36.1%	4,016	2,299	57.2%
	2021	6,473	2,316	35.8%	2,751	1,514	55%
	2020	4,142	1,307	31.6%	1,605	992	57.4%
	2019	5,179	1,659	32%	1,914	1,194	62.4%
	2018	4,502	941	20.9%	1,425	704	49.4%
	2017	4,142	1,307	31.6%	1,605	922	57.4%
	2016	3,966	1,008	25.4%	1,167	575	49.3%
	2015	3,708	813	21.9%	1,120	561	50.1%
	2014	4,241	813	19.2%	1,191	694	58.3%
	2013	4,801	783	16.3%	1,719	637	37.1%
	2012	6,023	1,131	18.8%	1,958	512	26.1%
	2011	6,373	1,242	19.5%	2,227	586	26.3%
	2010	7,299	1,365	18.7%	2,182	910	41.7%
	2009	7,955	1,160	14.6%	2,363	549	23.2%
	2008	8,290	1,527	18.4%	3,292	802	24.4%
	2007	8,307	2,399	28.9%	3,868	884	22.9%
	2006	9,643	3,032	31.4%	3,409	1,939	56.9%
	2005	6,130	1,983	32.3%	2,262	1,318	58.3%
	2004	5,430	991	18.3%	1,416	782	55.2%
	2003	4,421	970	21.9%	1,319	321	24.3%
	2002	3,917	641	16.4%	947	368	38.9%
	2001	2,917	802	27.5%	831	327	39.4%
	1977~2000	46,963	13,589	28.9%	13,725	5,990	43.6%
	소계	194,649	52,250	26.8%	67,335	30,571	45.4%

이 책의 차례 (CONTENTS)

1과목 산업안전관리론

CHAPTER 01 안전보건관리 개요
1. 기업경영과 안전관리 및 안전의 중요성 ·············· 16
2. 산업재해 발생 메커니즘 ·············· 17
3. 사고예방 원리 ·············· 18
4. 안전보건에 관한 제반이론 및 용어해설 ·············· 19
5. 안전보건관리 조직형태 ·············· 21
6. 안전업무 분담 및 안전보건관리규정과 기준 ·············· 22
7. 안전보건관리 계획수립 및 운영 ·············· 24
8. 안전보건관리체제 ·············· 25

CHAPTER 02 재해 및 안전 점검
1. 재해조사 요령 ·············· 29
2. 원인분석 ·············· 30
3. 재해통계 및 재해 코스트 ·············· 32
4. 안전점검 ·············· 35
5. 안전검사 및 안전인증 ·············· 37

CHAPTER 03 안전 관계 법규
1. 산업안전보건법령 ·············· 41
2. 건설기술관련법령 ·············· 41
3. 시설물의 안전 및 유지관리에 관한 특별법령 ·············· 42
4. 관련 지침 ·············· 43

CHAPTER 04 무재해운동 및 보호구
1. 무재해 운동 등 안전활동 기법 ·············· 44
2. 보호구 ·············· 46
3. 안전보건표지 ·············· 51

CHAPTER 05 산업안전심리
1. 산업심리 개념 및 요소 ·············· 53
2. 인간관계와 활동 ·············· 54
3. 직업적성과 인사심리 ·············· 55
4. 인간행동 성향 및 행동과학 ·············· 56

CHAPTER 06 인간의 행동과학
1. 동작특성 ·············· 61
2. 노동과 피로 ·············· 62
3. 집단관리와 리더십 ·············· 63
4. 착오와 실수 ·············· 67

CHAPTER 07 안전보건교육의 개념
1. 교육의 필요성 ·············· 69
2. 교육의 지도 ·············· 69
3. 교육의 분류 ·············· 70
4. 교육심리학 ·············· 72

CHAPTER 08 교육의 내용 및 방법
1. 교육의 실시방법 ·············· 76
2. 교육대상 ·············· 77
3. 안전보건교육 ·············· 78

- 1과목 예상문제 ·············· 81

2과목 인간공학 및 시스템안전공학

CHAPTER 01 안전과 인간공학
1. 인간공학의 정의 ·············· 94
2. 인간-기계 체계 ·············· 95
3. 체계설계와 인간 요소 ·············· 96

CHAPTER 02 정보입력 표시
1. 시각적 표시장치 ·············· 98
2. 청각적 표시장치 ·············· 100
3. 촉각 및 후각적 표시장치 ·············· 103
4. 인간요소와 휴먼에러 ·············· 103

CHAPTER 03 인간계측 및 작업공간

1. 인체계측 및 인간의 체계제어 ········· 105
2. 신체활동의 생리학적 측정법 ········· 107
3. 작업공간 및 작업자세 ················· 109
4. 인간의 특성과 안전 ··················· 110

CHAPTER 04 작업환경관리

1. 작업조건과 환경조건 ················· 113
2. 작업환경과 인간공학 ················· 116

CHAPTER 05 시스템 위험분석

1. 시스템 위험분석 및 관리 ············· 119
2. 시스템 위험 분석기법 ················· 119

CHAPTER 06 결함수 분석법

1. 결함수 분석 ··························· 123
2. 정성적, 정량적 분석 ·················· 124

CHAPTER 07 안전성 평가

1. 안전성 평가의 개요 ··················· 126
2. 신뢰도 계산 ··························· 127
3. 유해·위험방지계획서 ················· 127

CHAPTER 08 각종 설비의 유지관리

1. 설비관리의 개요 ······················ 129
2. 설비의 운전 및 유지관리 ············· 129
3. 보전성 공학 ··························· 130
- 2과목 예상문제 ······················· 131

3과목 건설시공학

CHAPTER 01 시공일반

1. 공사시공방식 ························· 144
2. 공사계획 ······························· 147
3. 공사현장 관리 ························· 148

CHAPTER 02 토공사

1. 흙막이 가시설 ························· 150
2. 토공 및 기계 ··························· 153
3. 흙파기 ································· 155
4. 기타 토공사 ··························· 157

CHAPTER 03 기초공사

1. 지정 및 기초 ··························· 161

CHAPTER 04 철근콘크리트공사

1. 콘크리트공사 ························· 165
2. 철근공사 ······························· 171
3. 거푸집공사 ···························· 173

CHAPTER 05 철골공사

1. 철골작업공작 ························· 177
2. 철골세우기 ···························· 179

CHAPTER 06 조적공사

1. 벽돌공사 ······························· 184
2. 블록공사 ······························· 187
3. 석공사 ································· 188
- 3과목 예상문제 ······················· 190

4과목 건설재료학

CHAPTER 01 건설재료 일반
1. 건설재료의 분류 및 성질 ······················· 202

CHAPTER 02 각종 건설재료
1. 목재 ·· 205
2. 시멘트 및 콘크리트 ······························· 210
3. 석재, 점토 및 타일 ······························· 218
4. 금속재료 ·· 222
5. 미장 및 방수재료 ································· 227
6. 합성수지 ·· 232
7. 도료 및 접착제 ···································· 234
8. 기타 재료 ··· 237

- 4과목 예상문제 ···································· 240

5과목 건설안전기술

CHAPTER 01 건설공사 안전개요
1. 지반의 안정성 ····································· 250
2. 공정계획 및 안전성 심사 ······················· 252
3. 건설업 산업안전보건관리비 ···················· 254
4. 사전안전성 검토(유해·위험방지계획서) ······ 256

CHAPTER 02 건설공구 및 장비
1. 건설공구 ·· 259
2. 건설장비 ·· 260
3. 안전수칙 ·· 263

CHAPTER 03 양중기 및 해체공사의 안전
1. 해체용 기구의 종류 및 취급안전 ············· 265
2. 양중기의 종류 및 안전수칙 ···················· 266

CHAPTER 04 건설재해 및 대책
1. 떨어짐(추락) 재해 및 대책 ····················· 269
2. 무너짐(붕괴) 재해 및 대책 ····················· 272
3. 떨어짐(낙하), 날아옴(비래) 재해 및 대책 ··· 276

CHAPTER 05 건설 가시설물 설치기준
1. 비계 ·· 277
2. 작업통로 및 발판 ································· 280
3. 거푸집 및 동바리 ································· 283
4. 흙막이 ··· 285

CHAPTER 06 건설 구조물공사 안전
1. 콘크리트 구조물공사 안전 ····················· 286
2. 철골공사 안전 ····································· 288
3. PC(Precast Concrete) 공사 안전 ·········· 289

CHAPTER 07 운반, 하역작업
1. 운반작업 ·· 291
2. 하역공사 ·· 292

- 5과목 예상문제 ···································· 294

부록
과년도 기출문제

과년도 기출문제

- 2017년 1회 ·········· 306
- 2017년 2회 ·········· 321
- 2017년 4회 ·········· 336
- 2018년 1회 ·········· 350
- 2018년 2회 ·········· 365
- 2018년 4회 ·········· 380
- 2019년 1회 ·········· 395
- 2019년 2회 ·········· 410
- 2019년 4회 ·········· 425
- 2020년 1·2회 ·········· 440
- 2020년 4회 ·········· 455
- 2021년 1회 ·········· 470
- 2021년 2회 ·········· 485
- 2021년 4회 ·········· 500
- 2022년 1회 ·········· 514
- 2022년 2회 ·········· 529
- 2022년 4회 ·········· 544
- 2023년 1회 ·········· 559
- 2023년 2회 ·········· 574
- 2023년 4회 ·········· 588
- 2024년 1회 ·········· 603
- 2024년 2회 ·········· 618
- 2024년 3회 ·········· 633

PART 01

산업안전관리론

CHAPTER 01 안전보건관리 개요
CHAPTER 02 재해 및 안전 점검
CHAPTER 03 안전 관계 법규
CHAPTER 04 무재해운동 및 보호구
CHAPTER 05 산업안전심리
CHAPTER 06 인간의 행동과학
CHAPTER 07 안전보건교육의 개념
CHAPTER 08 교육의 내용 및 방법
■ 예상문제

CHAPTER 01 안전보건관리 개요

SECTION 01 기업경영과 안전관리 및 안전의 중요성

1 안전과 위험의 개요
① 안전(Safety) : 상해, 손해 또는 위험에 노출되지 않는 상태
② 위험(Hazard) : 직·간접적으로 인적, 물적, 환경적 피해를 입히는 원인이 될 수 있는 상태

2 안전의 가치
인간존중의 이념을 바탕으로 사고를 예방함으로써 근로자의 의욕에 큰 영향을 미치게 되며 생산능력의 향상을 가져오게 된다. 즉, 안전한 작업방법을 시행함으로써 근로자를 보호함은 물론 기업을 효율적으로 운영할 수 있다.
① 인간존중(안전제일 이념)
② 사회복지
③ 생산성 향상 및 품질향상(안전태도 개선과 안전동기 부여)
④ 기업의 경제적 손실 예방(재해로 인한 재산 및 인적 손실 예방)

3 안전관리의 목적
① 안전관리(Safety Management)는 기업의 지속가능한 경영과 생산성 향상을 위하여 재해로부터의 손실(Loss)을 최소화하기 위한 활동을 말함
② 사고(Accident)를 사전에 예방하기 위한 예방대책의 추진, 재해의 원인규명 및 재발방지 대책수립 등 인간의 생명과 재산을 보호하기 위한 계획적이고 체계적인 관리를 말함
③ 안전관리의 성패는 사업주와 최고 경영자의 안전의식에 좌우됨

4 생산성 및 경제적 안전도
안전관리란 생산성의 향상과 손실(Loss)의 최소화를 위하여 행하는 것으로 비능률적 요소인 사고가 발생하지 않는 상태를 유지하기 위한 활동으로 생산성 측면에서는 다음과 같은 효과를 가져온다.
① 근로자의 사기진작
② 생산성 향상 및 품질 향상(이윤증대)
③ 사회적 신뢰성 유지 및 확보
④ 기업의 경제적 손실예방(비용절감)
⑤ 사회복지의 증진

5 제조물 책임과 안전

1) 제조물 책임(PL ; Product Liability)의 정의
제조물 책임(PL)이란 제조, 유통, 판매된 제품의 결함으로 인해 발생한 사고에 의해 소비자나 사용자 또는 제3자에게 신체장애나 재산상의 피해를 줄 경우 그 제품을 제조·판매한 자가 법률상 손해배상책임을 지도록 하는 것을 말한다.

2) 결함
① 설계상의 결함 : 제조업자가 합리적인 대체설계를 채용하였더라면 피해나 위험을 줄이거나 피할 수 있었음에도 대체설계를 채용하지 아니하여 해당 제조물이 안전하지 못하게 된 경우
② 제조상의 결함 : 제조업자가 제조물에 대한 제조, 가공상의 주의 의무 이행 여부에 불구하고 제조물이 의도한 설계와 다르게 제조, 가공됨으로써 안전하지 못하게 된 경우
③ 경고 표시상의 결함 : 제조업자가 합리적인 설명, 지시, 경고, 기타의 표시를 하였더라면 해당 제조물에 의하여 발생될 수 있는 피해나 위험을 줄이거나 피할 수 있었음에도 이를 하지 아니한 경우

SECTION 02
산업재해 발생 메커니즘

1 재해발생의 형태

추락(떨어짐)	사람이 인력(중력)에 의하여 건축물, 구조물, 가설물, 수목, 사다리 등의 높은 장소에서 떨어지는 것
전도(넘어짐)·전복	사람이 거의 평면 또는 경사면, 층계 등에서 구르거나 넘어짐 또는 미끄러진 경우와 물체가 전도·전복된 경우
붕괴·무너짐	토사, 적재물, 구조물, 건축물, 가설물 등이 전체적으로 허물어져 내리거나 주요 부분이 꺾어져 무너지는 경우
충돌(부딪힘)·접촉	재해자 자신의 움직임·동작으로 인하여 기인물에 접촉 또는 부딪히거나, 물체가 고정부에서 이탈하지 않은 상태로 움직임(규칙, 불규칙) 등에 의하여 접촉·충돌한 경우
낙하(맞음)·비래	구조물, 기계 등에 고정되어 있던 물체가 중력, 원심력, 관성력 등에 의하여 고정부에서 이탈하거나 또는 설비 등으로부터 물질이 분출되어 사람을 가해하는 경우
협착(끼임)·감김	두 물체 사이의 움직임에 의하여 일어난 것으로 직선운동하는 물체 사이의 협착, 회전부와 고정체 사이의 끼임, 롤러 등 회전체 사이에 물리거나 회전체·돌기부 등에 감긴 경우
압박·진동	재해자가 물체의 취급과정에서 신체 특정 부위에 과도한 힘이 편중·집중·눌러진 경우나 마찰접촉 또는 진동 등으로 신체에 부담을 주는 경우
부자연스런 자세	물체의 취급과 관련 없이 작업환경 또는 설비의 부적절한 설계 또는 배치로 작업자가 특정한 자세·동작을 장시간 취하여 신체의 일부에 부담을 주는 경우
과도한 힘·동작	물체의 취급과 관련하여 근육의 힘을 많이 사용하는 경우로서 밀기, 당기기, 지탱하기, 들어 올리기, 돌리기, 잡기, 운반하기 등과 같은 행위·동작
반복적 동작	물체의 취급과 관련하여 근육의 힘을 많이 사용하지 않는 경우로서 지속 또는 반복적인 업무수행으로 신체의 일부에 부담을 주는 행위·동작
이상온도 노출·접촉	고·저온 환경 또는 물체에 노출·접촉된 경우
이상기압 노출	고·저기압 등의 환경에 노출된 경우
소음 노출	폭발음을 제외한 일시적·장기적인 소음에 노출된 경우
유해·위험물질 노출·접촉	유해·위험물질에 노출·접촉 또는 흡입하였거나 독성 동물에 쏘이거나 물린 경우
유해광선 노출	전리 또는 비전리 방사선에 노출된 경우
산소결핍·질식	유해물질과 관련 없이 산소가 부족한 상태·환경에 노출되었거나 이물질 등에 의하여 기도가 막혀 호흡기능이 불충분한 경우
화재	가연물에 점화원이 가해져 의도적으로 불이 일어난 경우(방화 포함)
폭발	건축물, 용기 내 또는 대기 중에서 물질의 화학적, 물리적 변화가 급격히 진행되어 열, 폭음, 폭발압이 동반하여 발생하는 경우
전류 접촉	전기 설비의 충전부 등에 신체의 일부가 직접 접촉하거나 유도 전류의 통전으로 근육의 수축, 호흡곤란, 심실세동 등이 발생한 경우 또는 특별고압 등에 접근함에 따라 발생한 섬락 접촉, 합선·혼촉 등으로 인하여 발생한 아크에 접촉된 경우

2 재해발생의 연쇄이론

1) 하인리히(H. W. Heinrich)의 도미노 이론(사고발생의 연쇄성)

- 1단계 : 사회적 환경 및 유전적 요소(기초원인)
- 2단계 : 개인적 결함(간접원인)
- 3단계 : 불안전한 행동 및 불안전한 상태(직접원인) ⇒ 제거(효과적임)
- 4단계 : 사고
- 5단계 : 재해

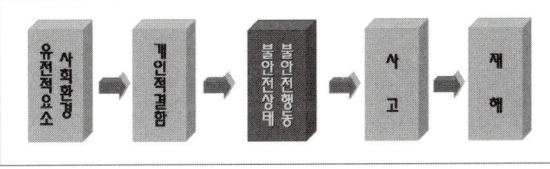

제3의 요인인 불안전한 행동과 불안전한 상태의 중추적 요인을 제거하면 사고와 재해로 이어지지 않음

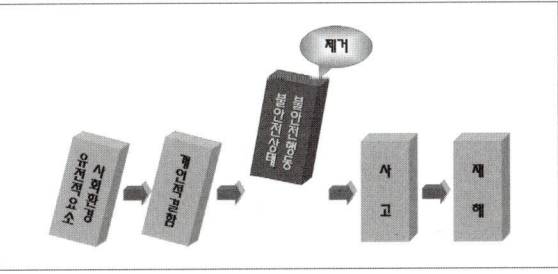

2) 버드(Frank Bird)의 신 도미노이론

- 1단계 : 통제의 부족(관리소홀), 재해발생의 근원적 요인
- 2단계 : 기본원인(기원), 개인적 또는 과업과 관련된 요인
- 3단계 : 직접원인(징후), 불안전한 행동 및 불안전한 상태

- 4단계 : 사고(접촉)
- 5단계 : 상해(손해)

3) 산업재해 발생모델

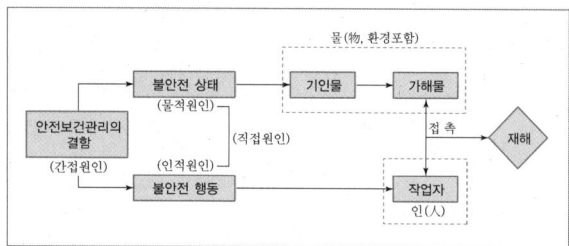

[재해발생의 메커니즘(모델, 구조)]

① 불안전한 행동 : 작업자의 부주의, 실수, 착오, 안전조치 미이행 등
② 불안전한 상태 : 기계·설비 결함, 방호장치 결함, 작업환경 결함 등

SECTION 03 사고예방 원리

1 산업안전의 원리

1) 재해예방의 4원칙

하인리히는 재해를 예방하기 위한 "재해예방 4원칙"이란 예방이론을 제시하였다. 사고는 손실우연의 법칙에 의하여 반복적으로 발생할 수 있으므로 사고발생 자체를 예방해야 한다고 주장하였다.

① 손실우연의 원칙 : 재해손실은 사고발생 시 사고대상의 조건에 따라 달라지므로, 한 사고의 결과로서 생긴 재해손실은 우연성에 의해서 결정됨
② 원인계기의 원칙 : 재해발생은 반드시 원인이 있음
③ 예방가능의 원칙 : 재해는 원칙적으로 원인만 제거하면, 예방이 가능함
④ 대책선정의 원칙 : 재해예방을 위한 가능한 안전대책은 반드시 존재함

2 사고예방의 원리

1) 사고예방대책의 기본원리 5단계(사고예방원리 : 하인리히)

(1) 1단계 : 조직(안전관리조직, Organization)
① 경영층의 안전목표 설정
② 안전관리 조직(안전관리자 선임 등)
③ 안전활동 계획수립
④ 전원 참여 활동전개

(2) 2단계 : 사실의 발견(현상파악, Fact Finding)
① 사고 및 안전활동의 기록 검토
② 작업분석
③ 안전점검
④ 사고조사
⑤ 각종 안전회의 및 토의
⑥ 근로자의 건의 및 애로 조사

(3) 3단계 : 분석·평가(원인규명, Analysis)
① 사고조사 결과의 분석
② 불안전상태, 불안전행동 분석
③ 작업공정, 작업형태 분석
④ 교육 및 훈련의 분석
⑤ 안전수칙 및 안전기준 분석

(4) 4단계 : 시정책의 선정(Selection of Remedy)
① 기술의 개선
② 인사조정
③ 교육 및 훈련 개선
④ 안전규정 및 수칙의 개선
⑤ 이행의 감독과 제재강화

(5) 5단계 : 시정책의 적용(Adaption of Remedy)
① 목표 설정
② 3E(기술, 교육, 관리)의 적용

2) 재해(사고) 발생 시의 유형(모델)

① 단순자극형(집중형) : 상호자극에 의하여 순간적으로 재해가 발생하는 유형으로 재해가 일어난 장소나 그 시점에 일시적으로 요인이 집중시키는 유형이다.

② 연쇄형(사슬형) : 하나의 사고요인이 또 다른 요인을 발생시키면서 재해를 발생시키는 유형이다. 단순 연쇄형과 복합 연쇄형이 있다.
③ 복합형 : 단순 자극형과 연쇄형의 복합적인 발생유형이다. 일반적으로 대부분의 산업재해는 재해원인들이 복잡하게 결합되어 있는 복합형이다.

연쇄형의 경우에는 원인들 중에 하나를 제거하면 재해가 일어나지 않는다. 그러나 단순자극형이나 복합형은 하나를 제거하더라도 재해가 일어나지 않는다는 보장이 없으므로, 도미노 이론은 적용되지 않는다. 이런 요인들은 부속적인 요인들에 불과하다. 따라서 재해조사에 있어서는 가능한 한 모든 요인을 파악하도록 해야 한다.

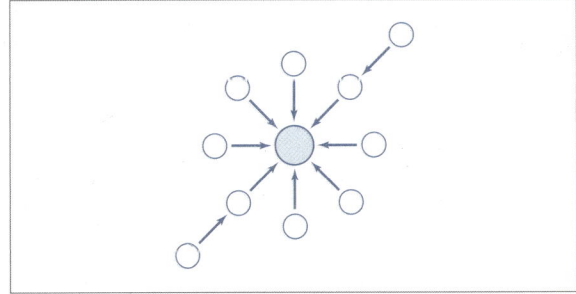

[단순자극형]

[연쇄형]

[복합형]

SECTION 04
안전보건에 관한 제반이론 및 용어해설

1 안전보건관리 제반이론

1) 하인리히의 법칙

미국의 안전기사 하인리히가 50,000여 건의 사고조사 기록을 분석하여 발표한 것으로 '사망사고가 발생하기 전에 이미 수많은 경상과 무상해 사고가 존재하고 있다'라는 이론이다(사고는 결코 우연에 의해 발생하지 않는다는 것을 설명하는 안전관리의 가장 대표적인 이론).

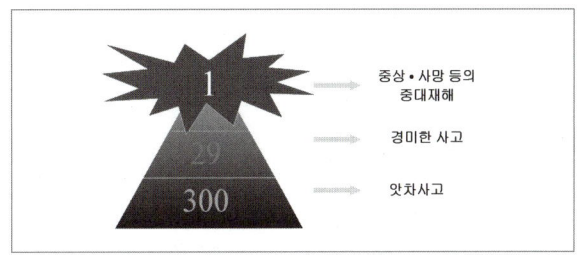

1 : 29 : 300
- 1 : 중상 또는 사망
- 29 : 경상
- 300 : 무상해사고

330회의 사고 가운데 중상 또는 사망 1회, 경상 29회, 무상해사고 300회의 비율로 사고가 발생

2) 버드의 법칙

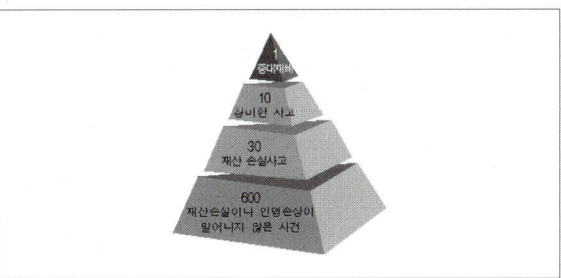

1 : 10 : 30 : 600
- 1 : 중상 또는 폐질
- 10 : 경상(인적 상해)
- 30 : 무상해사고(물적 손실 발생)
- 600 : 무상해, 무사고 고장(위험순간)

3) 아담스의 이론
① 관리구조
② 작전적 에러
③ 전술적 에러(불안전행동, 불안전동작)
④ 사고
⑤ 상해, 손해

4) 웨버의 이론
① 유전과 환경
② 인간의 실수
③ 불안전한 행동+불안전한 상태
④ 사고
⑤ 상해

2 안전보건 관련 용어

1) 사건(Incident)
① 위험요인이 사고로 발전되었거나 사고로 이어질 뻔했던 원하지 않는 사상(Event)
② 인적·물적 손실인 상해·질병 및 재산적 손실뿐만 아니라 인적·물적 손실이 발생되지 않는 아차사고를 포함하여 말함

2) 사고(Accident)
불안전한 행동과 불안전한 상태가 원인이 되어 재산상의 손실을 가져오는 사건을 말한다.

3) 산업재해
노무를 제공하는 사람이 업무에 관계되는 건설물·설비·원재료·가스·증기·분진 등에 의하거나 작업 또는 그 밖의 업무로 인하여 사망 또는 부상하거나 질병에 걸리는 것을 말한다.

4) 위험(Hazard)
직·간접적으로 인적, 물적, 환경적 피해를 입히는 원인이 될 수 있는 실제 또는 잠재된 상태를 말한다.

5) 위험성(Risk)
① 유해·위험요인이 사망, 부상 또는 질병으로 이어질 수 있는 가능성과 중대성 등을 고려한 위험의 정도를 말한다.
② 위험성=발생빈도×발생강도

6) 위험성평가(Risk Assessment)
사업주가 스스로 유해·위험요인을 파악하고 해당 유해·위험요인의 위험성 수준을 결정하여, 위험성을 낮추기 위한 적절한 조치를 마련하고 실행하는 과정을 말한다.

7) 아차사고(Near Miss)
무(無) 인명상해(인적 피해)·무재산손실(물적 피해) 사고를 말한다.

8) 업무상 질병(「산업재해보상보험법 시행령」제34조)
① 근로자가 업무수행 과정에서 유해·위험요인을 취급하거나 유해·위험요인에 노출된 경력이 있을 것
② 유해·위험요인을 취급하거나 유해·위험요인에 노출되는 업무시간, 그 업무에 종사한 기간 및 업무환경 등에 비추어 볼 때 근로자의 질병을 유발할 수 있다고 인정될 것
③ 근로자가 유해·위험요인에 노출되거나 유해·위험요인을 취급한 것이 원인이 되어 그 질병이 발생하였다고 의학적으로 인정될 것

9) 중대재해
산업재해 중 사망 등 재해의 정도가 심한 것으로서 다음에 정하는 재해 중 하나 이상에 해당되는 재해를 말한다.
① 사망자가 1명 이상 발생한 재해
② 3개월 이상의 요양이 필요한 부상자가 동시에 2명 이상 발생한 재해
③ 부상자 또는 직업성 질병자가 동시에 10명 이상 발생한 재해

10) 안전·보건진단
산업재해를 예방하기 위하여 잠재적 위험성을 발견하고 그 개선대책을 수립할 목적으로 조사·평가하는 것을 말한다.

11) 작업환경측정
작업환경 실태를 파악하기 위하여 해당 근로자 또는 작업장에 대하여 사업주가 유해인자에 대한 측정계획을 수립한 후 시료(試料)를 채취하고 분석·평가하는 것을 말한다.

12) 근로자
작업의 종류와 관계없이 임금을 목적으로 사업이나 사업장에 근로를 제공하는 자를 말한다.

13) 사업주
근로자를 사용하여 사업을 하는 자를 말한다.

14) 근로자 대표
근로자의 과반수로 조직된 노동조합이 있는 경우에는 그 노동조합을, 근로자의 과반수로 조직된 노동조합이 없는 경우에는 근로자의 과반수를 대표하는 자를 말한다.

SECTION 05
안전보건관리 조직형태

1 안전보건관리조직의 종류

1) 안전보건조직의 목적 및 기능

(1) 안전관리조직의 목적

기업 내에서 안전관리조직을 구성하는 목적은 근로자의 안전과 설비의 안전을 확보하여 생산합리화를 기하는 데 있다.

(2) 안전관리조직의 3대 기능
① 위험제거기능
② 생산관리기능
③ 손실방지기능

2) 안전보건관리조직의 종류
① 라인(Line)형 조직
② 스탭(Staff)형 조직
③ 라인·스탭(Line-Staff)형 조직(직계참모조직)

2 안전보건관리조직의 특징

1) 라인(Line)형 조직
소규모기업에 적합한 조직으로서 안선관리에 관한 계획에서부터 실시에 이르기까지 모든 안전업무를 생산라인을 통하여 수직적으로 이루어지도록 편성된 조직

(1) 규모

소규모(100명 이하)

(2) 장점
① 안전에 관한 지시 및 명령계통이 철저함
② 안전대책의 실시가 신속함
③ 명령과 보고가 상하관계뿐으로 간단명료함

(3) 단점
① 안전에 대한 지식 및 기술축적이 어려움
② 안전에 대한 정보수집 및 신기술 개발이 미흡함
③ 라인에 과중한 책임을 지우기 쉬움

(4) 구성도

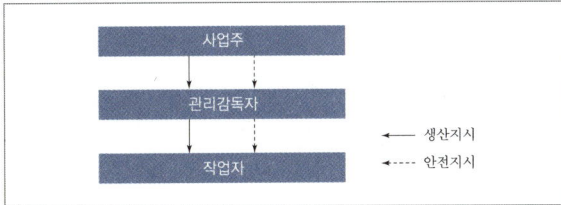

2) 스탭(Staff)형 조직
중소규모 사업장에 적합한 조직으로서 안전업무를 관장하는 참모(Staff)를 두고 안전관리에 관한 계획 조정·조사·검토·보고 등의 업무와 현장에 대한 기술지원을 담당하도록 편성된 조직

(1) 규모

중규모(100명 이상~1,000명 이하)

(2) 장점
① 사업장 특성에 맞는 전문적인 기술연구가 가능함
② 경영자에게 조언과 자문역할을 할 수 있음
③ 안전정보 수집이 빠름

(3) 단점
① 안전지시나 명령이 작업자에게까지 신속 정확하게 전달되지 못함
② 생산부분은 안전에 대한 책임과 권한이 없음
③ 권한다툼이나 조정 때문에 시간과 노력이 소모됨

(4) 구성도

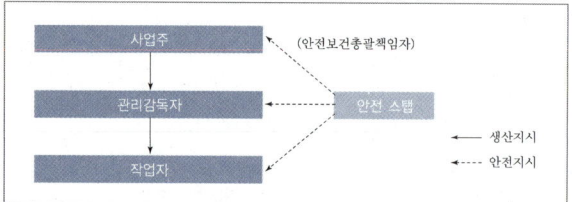

3) 라인-스탭(Line-Staff)형 조직(직계참모조직)

대규모 사업장에 적합한 조직으로서 라인형과 스탭형의 장점만을 채택한 형태이며 안전업무를 전담하는 스탭을 두고 생산라인의 각 계층에서도 각 부서장으로 하여금 안전업무를 수행하도록 하여 스탭에서 안전에 관한사항이 결정되면 라인을 통하여 실천하도록 편성된 조직

(1) 규모

대규모(1,000명 이상)

(2) 장점

① 안전에 대한 기술 및 경험축적이 용이
② 사업장에 맞는 독자적인 안전개선책을 강구 가능
③ 안전지시나 안전대책이 신속하고 정확하게 하달될 수 있음

(3) 단점

명령계통과 조언의 권고적 참여가 혼동되기 쉬움

(4) 구성도

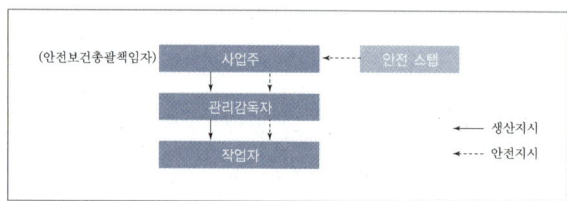

라인-스탭형은 라인과 스탭형의 장점을 절충 조정한 유형으로 라인과 스탭이 협조를 이루어 나갈 수 있고 라인에게는 생산과 안전보건에 관한 책임을 동시에 지우므로 안전보건업무와 생산업무가 균형을 유지할 수 있는 이상적인 조직

SECTION 06
안전업무 분담 및 안전보건관리규정과 기준

1 산업안전보건위원회 등의 법적 체제

1) 설치대상

사업의 종류	규모
1. 토사석 광업 2. 목재 및 나무제품 제조업 ; 가구 제외 3. 화학물질 및 화학제품 제조업 ; 의약품 제외(세제, 화장품 및 광택제 제조업과 화학섬유 제조업은 제외한다) 4. 비금속 광물제품 제조업 5. 1차 금속 제조업 6. 금속가공제품 제조업 ; 기계 및 가구 제외 7. 자동차 및 트레일러 제조업 8. 기타 기계 및 장비 제조업(사무용 기계 및 장비 제조업은 제외한다) 9. 기타 운송장비 제조업(전투용 차량 제조업은 제외한다)	상시 근로자 50명 이상
10. 농업 11. 어업 14. 정보서비스업 15. 금융 및 보험업 18. 사업지원 서비스업 19. 사회복지 서비스업 등	상시 근로자 300명 이상
20. 건설업	공사금액 120억 원 이상(「건설산업기본법 시행령」 별표 1에 따른 토목공사업에 해당하는 공사의 경우에는 150억 원 이상)
21. 제1호부터 제20호까지의 사업을 제외한 사업	상시 근로자 100명 이상

2) 구성 및 회의

(1) 근로자 위원

① 근로자대표
② 근로자대표가 지명하는 1명 이상의 명예산업안전감독관
③ 근로자대표가 지명하는 9명 이내의 해당 사업장의 근로자

(2) 사용자 위원

① 해당 사업의 대표자
② 안전관리자
③ 보건관리자
④ 산업보건의
⑤ 해당 사업의 대표자가 지명하는 9명 이내의 해당 사업장 부서의 장

(3) 회의소집

① 산업안전보건위원회의 회의는 정기회의와 임시회의로 구분하되, 정기회의는 분기마다 위원장이 소집하며, 임시회의는 위원장이 필요하다고 인정할 때에 소집함
② 회의는 근로자위원 및 사용자위원 각 과반수의 출석으로 시작하고 출석위원 과반수의 찬성으로 의결함
③ 근로자대표, 명예산업안전감독관, 해당 사업의 대표자, 안전관리자 또는 보건관리자는 회의에 출석할 수 없는 경우에는 해당 사업에 종사하는 사람 중에서 1명을 지정하여 위원으로서의 직무를 대리하게 할 수 있음
④ 산업안전보건위원회는 다음 각 호의 사항을 기록한 회의록을 작성하여 갖춰 두어야 함
  ㉠ 개최 일시 및 장소
  ㉡ 출석위원
  ㉢ 심의 내용 및 의결·결정 사항
  ㉣ 그 밖의 토의사항

3) 명예산업안전감독관

(1) 위촉방법

① 산업안전보건위원회 구성 대상 사업의 근로자 또는 노사협의체 구성·운영 대상 건설공사의 근로자 중에서 근로자대표(해당 사업장에 단위 노동조합의 산하 노동단체가 그 사업장 근로자의 과반수로 조직되어 있는 경우에는 지부·분회 등 명칭이 무엇이든 관계없이 해당 노동단체의 대표자를 말한다. 이하 같다)가 사업주의 의견을 들어 추천하는 사람
② 노동조합 또는 그 지역 대표기구에 소속된 임직원 중에서 해당 연합단체인 노동조합 또는 그 지역 대표기구가 추천하는 사람
③ 전국 규모의 사업주단체 또는 그 산하조직에 소속된 임직원 중에서 해당 단체 또는 그 산하조직이 추천하는 사람
④ 산업재해 예방 관련 업무를 하는 단체 또는 그 산하조직에 소속된 임직원 중에서 해당 단체 또는 그 산하조직이 추천하는 사람

(2) 명예감독관의 업무

① 사업장에서 하는 자체점검 참여 및 근로감독관이 하는 사업장 감독 참여
② 사업장 산업재해 예방계획 수립 참여 및 사업장에서 하는 기계·기구 자체검사 입회
③ 법령을 위반한 사실이 있는 경우 사업주에 대한 개선 요청 및 감독기관에의 신고
④ 산업재해 발생의 급박한 위험이 있는 경우 사업주에 대한 작업중지 요청
⑤ 작업환경측정, 근로자 건강진단 시의 입회 및 그 결과에 대한 설명회 참여
⑥ 직업성 질환의 증상이 있거나 질병에 걸린 근로자가 여럿 발생한 경우 사업주에 대한 임시건강진단 실시 요청
⑦ 근로자에 대한 안전수칙 준수 지도
⑧ 법령 및 산업재해 예방정책 개선 건의
⑨ 안전·보건 의식을 북돋우기 위한 활동과 무재해 운동 등에 대한 참여와 지원
⑩ 그 밖에 산업재해 예방에 대한 홍보·계몽 등 산업재해 예방업무와 관련하여 고용노동부장관이 정하는 업무

4) 산업안전보건위원회의 심의·의결 사항

① 산업재해 예방계획의 수립에 관한 사항
② 안전보건관리규정의 작성 및 변경에 관한 사항
③ 근로자의 안전·보건교육에 관한 사항
④ 작업환경측정 등 작업환경의 점검 및 개선에 관한 사항
⑤ 근로자의 건강진단 등 건강관리에 관한 사항
⑥ 중대재해의 원인 조사 및 재발 방지대책 수립에 관한 사항
⑦ 유해하거나 위험한 기계·기구와 그 밖의 설비를 도입한 경우 안전·보건조치에 관한 사항

5) 회의결과 등의 주지
① 사내방송
② 사내보
③ 게시
④ 자체 정례조회 등

2 안전보건관리규정

1) 작성내용
① 안전·보건관리조직과 그 직무에 관한 사항
② 안전·보건교육에 관한 사항
③ 작업장 안전관리에 관한 사항
④ 작업장 보건관리에 관한 사항
⑤ 사고조사 및 대책수립에 관한 사항
⑥ 그 밖에 안전·보건에 관한 사항

2) 작성 시의 유의사항
① 규정된 기준은 법정기준을 상회하도록 할 것
② 관리자층의 직무와 권한, 근로자에게 강제 또는 요청한 부분을 명확히 할 것
③ 관계 법령의 제·개정에 따라 즉시 개정되도록 라인 활용이 쉬운 규정이 되도록 할 것
④ 작성 또는 개정 시에는 현장의 의견을 충분히 반영할 것
⑤ 규정의 내용은 정상 시는 물론 이상 시, 사고 시, 재해발생 시의 조치와 기준에 관해서도 규정할 것

3) 안전보건관리규정의 작성(「산업안전보건법 시행규칙」 제25조)
① 법 제25조 제3항에 따라 안전보건관리규정을 작성해야 할 사업의 종류 및 상시근로자 수(통상 100명 이상)는 별표 2와 같다.
② 제1항에 따른 사업의 사업주는 안전보건관리규정을 작성해야 할 사유가 발생한 날부터 30일 이내에 별표 3의 내용을 포함한 안전보건관리규정을 작성해야 한다. 이를 변경할 사유가 발생한 경우에도 또한 같다.
③ 사업주가 제2항에 따라 안전보건관리규정을 작성할 때에는 소방·가스·전기·교통 분야 등의 다른 법령에서 정하는 안전관리에 관한 규정과 통합하여 작성할 수 있다.

SECTION 07
안전보건관리 계획수립 및 운영

1 운용요령

1) 안전보건관리 추진계획 작성절차
① 현장과 관계된 자료를 수집한다.
② 해당부서장이 초안을 작성하고 안전관리부서장이 취합한다.
③ 팀장회의 및 안전보건위원회 심의를 거친다.
④ 최고 경영자의 승인을 받는다.

2) 계획 수립 시의 유의사항
① 사업장의 실태에 맞도록 독자적으로 수립하되 실현 가능성이 있어야 할 것
② 목표는 구체적이어야 할 것

3) 산업안전보건관리비의 계상
건설공사발주자가 도급계약을 체결하거나 건설공사의 시공을 주도하여 총괄·관리하는 자(건설공사발주자로부터 건설공사를 최초로 도급받은 수급인은 제외한다)가 건설공사 사업 계획을 수립할 때에는 고용노동부장관이 정하여 고시하는 바에 따라 산업재해 예방을 위하여 사용하는 비용을 도급금액 또는 사업비에 계상(計上)하여야 한다.

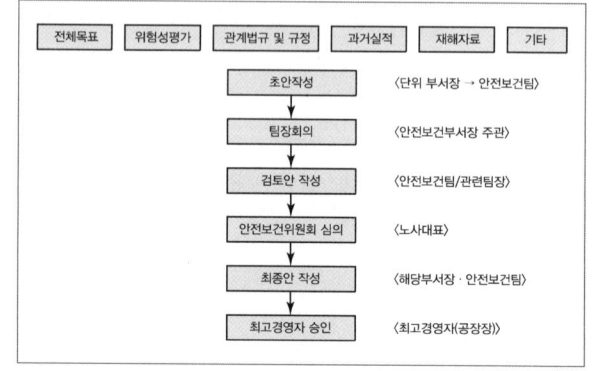

[안전보건관리 추진계획 작성절차]

산업안전보건관리비 사용계획서

(앞 쪽)

1. 일반사항

발주자			계	
공사종류 (해당란에 ✔표)	[ ]일반건설(갑) [ ]일반건설(을) [ ]중건설 [ ]철도 또는 궤도신설 [ ]특수 및 기타건설	공사 금액	① 재료비(관급별도) ② 관급재료비 ③ 직접노무비 ④ 그 밖의 사항	
산업안전보건관리비			산업안전보건관리비 계상 대상금액 [공사금액 중 ①+②+③]	

2. 항목별 실행계획

항목	금액	비율(%)
안전관리자 등의 인건비 및 각종 업무수당 등		%
안전시설비 등		%
개인보호구 및 안전장구 구입비 등		%
안전진단비 등		%
안전 · 보건교육비 및 행사비 등		%
근로자 건강관리비 등		%
건설재해 예방 기술지도비		%
본사 사용비		%
총계		100%

210mm×297mm[일반용지 60g/m²(재활용품)]

(뒤쪽)

3. 세부 사용계획

항목	세부항목	단위	수량	금액	산출 명세	사용시기
안전관리자 등의 인건비 및 각종 업무수당 등						
안전시설비 등						
개인보호구 및 안전장구 구입비 등						
안전진단비 등						
안전 · 보건교육비 및 행사비 등						
근로자 건강관리비 등						
건설재해 예방 기술 지도비						
본사 사용비						

2 안전보건경영시스템

안전보건경영시스템이란 사업주가 자율적으로 자사의 산업재해 예방을 위해 안전보건체제를 구축하고 정기적으로 유해 · 위험 정도를 평가하여 잠재 유해 · 위험 요인을 지속적으로 개선하는 등 산업재해예방을 위한 조치사항을 체계적으로 관리하는 제반활동을 말한다.

SECTION 08
안전보건관리체제

1 안전보건관리체제

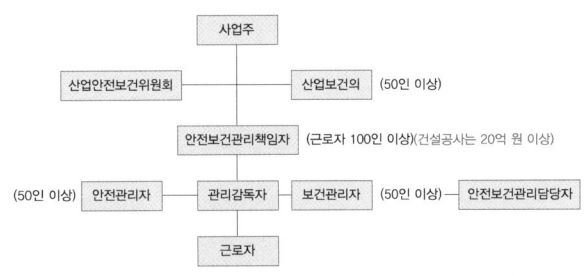

※ 안전(보건)관리자 전담자 선임
 - 300인 이상(건설업 120억 원 이상, 토목공사업 150억 원 이상)

1) 안전관리조직의 구성요건
① 생산관리조직의 관리감독자를 안전관리조직에 포함
② 사업주 및 안전관리책임자의 자문에 필요한 스탭 기능 수행
③ 안전관리활동을 심의, 의견청취 수렴하기 위한 안전관리위원회를 둠
④ 안전관계자에 대한 권한 부여 및 시설, 장비, 예산 지원

2) 안전관리자의 직무
사업주는 안전관리자를 선임하거나 안전관리자의 업무를 안전관리대행기관에 위탁한 경우에는 고용노동부령으로 정하는 바에 따라 선임하거나 위탁한 날부터 14일 이내에 고용노동부장관에게 증명할 수 있는 서류를 제출하여야 한다.

(1) 안전관리자의 업무 등

① 산업안전보건위원회 또는 안전 · 보건에 관한 노사협의체에서 심의 · 의결한 업무와 해당 사업장의 안전보건관리규정 및 취업규칙에서 정한 업무
② 위험성평가에 관한 보좌 및 조언 · 지도
③ 안전인증대상 기계 · 기구 등과 자율안전확인대상 기계 · 기구 등 구입 시 적격품의 선정에 관한 보좌 및 조언 · 지도
④ 해당 사업장 안전교육계획의 수립 및 안전교육 실시에 관한 보좌 및 조언 · 지도
⑤ 사업장 순회점검 · 지도 및 조치의 건의
⑥ 산업재해 발생의 원인 조사 · 분석 및 재발 방지를 위한 기술적 보좌 및 조언 · 지도

⑦ 산업재해에 관한 통계의 유지·관리·분석을 위한 보좌 및 조언·지도
⑧ 법 또는 법에 따른 명령으로 정한 안전에 관한 사항의 이행에 관한 보좌 및 조언·지도
⑨ 업무수행 내용의 기록·유지
⑩ 그 밖에 안전에 관한 사항으로서 고용노동부장관이 정하는 사항

> **안전관리자 등의 증원·교체임명 명령**
> 지방고용노동관서의 장은 다음 각 호의 어느 하나에 해당하는 사유가 발생한 경우에는 사업주에게 안전관리자·보건관리자 또는 안전보건관리담당자를 정수 이상으로 증원하게 하거나 교체하여 임명할 것을 명할 수 있다. 다만, 제4호에 해당하는 경우로서 직업성질병자 발생 당시 사업장에서 해당 화학적 인자를 사용하지 아니하는 경우에는 그러하지 아니하다.
> 1. 해당 사업장의 연간재해율이 같은 업종의 평균재해율의 2배 이상인 경우
> 2. 중대재해가 연간 2건 이상 발생한 경우. 다만, 해당 사업장의 전년도 사망만인율이 같은 업종의 평균 사망만인율 이하인 경우는 제외한다.
> 3. 관리자가 질병이나 그 밖의 사유로 3개월 이상 직무를 수행할 수 없게 된 경우
> 4. 화학적 인자로 인한 직업성질병자가 연간 3명 이상 발생한 경우. 이 경우 직업성질병자 발생일은 요양급여의 결정일로 한다.

3) 보건관리자의 업무 등
① 산업안전보건위원회에서 심의·의결한 업무와 안전보건관리규정 및 취업규칙에서 정한 업무
② 안전인증대상 기계·기구등과 자율안전확인대상 기계·기구등 중 보건과 관련된 보호구(保護具) 구입 시 적격품 선정에 관한 보좌 및 조언·지도
③ 물질안전보건자료의 게시 또는 비치에 관한 보좌 및 조언·지도
④ 위험성평가에 관한 보좌 및 조언·지도
⑤ 산업보건의의 직무
⑥ 해당 사업장 보건교육계획의 수립 및 보건교육 실시에 관한 보좌 및 조언·지도
⑦ 해당 사업장의 근로자를 보호하기 위한 다음 각 목의 조치에 해당하는 의료행위(보건관리자가 별표 6 제1호 또는 제2호에 해당하는 경우로 한정한다)
　㉠ 외상 등 흔히 볼 수 있는 환자의 치료
　㉡ 응급처치가 필요한 사람에 대한 처치
　㉢ 부상·질병의 악화를 방지하기 위한 처치
　㉣ 건강진단 결과 발견된 질병자의 요양 지도 및 관리
　㉤ 가목부터 라목까지의 의료행위에 따르는 의약품의 투여
⑧ 작업장 내에서 사용되는 전체 환기장치 및 국소배기장치 등에 관한 설비의 점검과 작업방법의 공학적 개선에 관한 보좌 및 조언·지도
⑨ 사업장 순회점검·지도 및 조치의 건의
⑩ 산업재해 발생의 원인 조사·분석 및 재발 방지를 위한 기술적 보좌 및 조언·지도
⑪ 산업재해에 관한 통계의 유지·관리·분석을 위한 보좌 및 조언·지도
⑫ 법 또는 법에 따른 명령으로 정한 보건에 관한 사항의 이행에 관한 보좌 및 조언·지도
⑬ 업무수행 내용의 기록·유지
⑭ 그 밖에 작업관리 및 작업환경관리에 관한 사항

4) 안전보건관리책임자의 직무
① 산업재해예방계획의 수립에 관한 사항
② 안전보건관리규정의 작성 및 그 변경에 관한 사항
③ 근로자의 안전·보건교육에 관한 사항
④ 작업환경의 측정 등 작업환경의 점검 및 개선에 관한 사항
⑤ 근로자의 건강진단 등 건강관리에 관한 사항
⑥ 산업재해의 원인조사 및 재발 방지대책 수립에 관한 사항
⑦ 산업재해에 관한 통계의 기록 및 유지에 관한 사항
⑧ 안전·보건과 관련된 안전장치 및 보호구 구입 시의 적격품 여부 확인에 관한 사항
⑨ 근로자의 유해·위험예방조치에 관한 사항으로서 고용노동부령으로 정하는 사항

5) 관리감독자의 업무 내용
① 사업장 내 관리감독자가 지휘·감독하는 작업과 관련된 기계·기구 또는 설비의 안전·보건 점검 및 이상 유무의 확인
② 관리감독자에게 소속된 근로자의 작업복·보호구 및 방호장치의 점검과 그 착용·사용에 관한 교육·지도
③ 해당 작업에서 발생한 산업재해에 관한 보고 및 이에 대한 응급조치
④ 해당 작업의 작업장 정리·정돈 및 통로확보에 대한 확인·감독

⑤ 안전관리자, 보건관리자, 안전보건담당자 및 산업보건의의 지도·조언에 대한 협조
⑥ 위험성평가에 관한 유해·위험요인의 파악에 대한 참여 및 개선조치의 시행에 대한 참여
⑦ 그 밖에 해당 작업의 안전·보건에 관한 사항으로서 고용노동부령으로 정하는 사항

6) 산업보건의의 직무
① 건강진단 실시결과의 검토 및 그 결과에 따른 작업배치, 작업전환 또는 근로시간의 단축 등 근로자의 건강보호 조치
② 근로자의 건강장해의 원인조사와 재발방지를 위한 의학적 조치
③ 그 밖에 근로자의 건강 유지 및 증진을 위하여 필요한 의학적 조치에 관하여 고용노동부장관이 정하는 사항

7) 안전보건관리담당자의 업무
① 안전보건교육 실시에 관한 보좌 및 지도·조언
② 위험성평가에 관한 보좌 및 지도·조언
③ 작업환경측정 및 개선에 관한 보좌 및 지도·조언
④ 규정에 따른 각종 건강진단에 관한 보좌 및 지도·조언
⑤ 산업재해 발생의 원인 조사, 산업재해 통계의 기록 및 유지를 위한 보좌 및 지도·조언
⑥ 산업 안전·보건과 관련된 안전장치 및 보호구 구입 시 적격품 선정에 관한 보좌 및 지도·조언

8) 선임대상 및 교육

구분	선임신고	신규교육	보수교육
대상	• 안전관리자 • 보건관리자 • 산업보건의	• 안전보건관리책임자 • 안전관리자 • 보건관리자 • 건설재해예방 전문기관 종사자 • 석면조사기관의 종사자 • 안전검사기관, 자율안전검사기관의 종사자	• 안전보건관리책임자 • 안전관리자 • 보건관리자 • 건설재해예방 전문기관 종사자 • 석면조사기관의 종사자 • 안전보건관리담당자 • 안전검사기관, 자율안전검사기관의 종사자

구분	선임신고	신규교육	보수교육
기간	선임일로부터 14일 이내	선임일로부터 3개월 이내(단, 보건관리자가 의사인 경우는 1년)	신규교육을 이수한 후 매 2년이 되는 날을 기준으로 전후 3개월 사이
기관	해당 지방고용노동관서	한국산업안전보건공단, 민간지정교육기관	

9) 도급과 관련된 사항
도급이란 명칭과 관계없이 물건의 제조·건설·수리 또는 서비스의 제공, 그 밖의 업무를 타인에게 맡기는 계약을 말하며, 도급인이란 물건의 제조·건설·수리 또는 서비스의 제공, 그 밖의 업무를 도급하는 사업주를 말한다. 다만, 건설공사발주자는 제외한다.

(1) 안전보건총괄책임자 지정대상 사업
안전보건총괄책임자를 지정해야 하는 사업의 종류 및 사업장의 상시근로자 수는 관계수급인에게 고용된 근로자를 포함한 상시근로자가 100명(선박 및 보트 건조업, 1차 금속 제조업 및 토사석 광업의 경우에는 50명) 이상인 사업이나 관계수급인의 공사금액을 포함한 해당 공사의 총공사금액이 20억 원 이상인 건설업으로 한다.

(2) 안전보건총괄책임자의 직무
① 위험성평가의 실시에 관한 사항
② 작업의 중지
③ 도급 시 산업재해 예방조치
④ 산업안전보건관리비의 관계수급인 간의 사용에 관한 협의·조정 및 그 집행의 감독
⑤ 안전인증대상기계등과 자율안전확인대상기계등의 사용 여부 확인

(3) 도급사업 시의 안전·보건조치 등
① 도급인인 사업주는 작업장을 다음 각 호의 구분에 따라 순회점검할 것
　㉠ 다음 각 목의 사업의 경우 : 2일에 1회 이상
　　• 건설업
　　• 제조업
　　• 토사석 광업
　　• 서적, 잡지 및 기타 인쇄물 출판업
　　• 음악 및 기타 오디오물 출판업
　　• 금속 및 비금속 원료 재생업

ⓒ 제1호 각 목의 사업을 제외한 사업의 경우 : 1주일에 1회 이상
② 수급인인 사업주는 제1항에 따라 도급인인 사업주가 실시하는 순회점검을 거부·방해 또는 기피하여서는 아니 되며 점검결과 도급인인 사업주의 시정요구가 있으면 이에 따를 것
③ 도급인인 사업주는 수급인인 사업주가 실시하는 근로자의 해당 안전·보건교육에 필요한 장소 및 자료의 제공 등 필요한 조치를 할 것

2 안전보건개선계획

1) 안전보건 개선계획서 수립 대상 사업장
① 산업재해율이 같은 업종의 규모별 평균 산업재해율보다 높은 사업장
② 사업주가 필요한 안전조치 또는 보건조치를 이행하지 아니하여 중대재해가 발생한 사업장
③ 대통령령으로 정하는 수 이상의 직업성 질병자가 발생한 사업장
④ 유해인자의 노출기준을 초과한 사업장

2) 안전보건 개선계획서에 포함되어야 할 내용
① 시설
② 안전보건관리 체제
③ 안전보건교육
④ 산업재해예방 및 작업환경의 개선을 위하여 필요한 사항

3) 안전·보건진단을 받아 안전보건개선계획을 수립·제출하도록 명할 수 있는 사업장
① 산업재해율이 같은 업종 평균 산업재해율의 2배 이상인 사업장
② 사업주가 필요한 안전조치 또는 보건조치를 이행하지 아니하여 중대재해가 발생한 사업장
③ 직업성 질병자가 연간 2명 이상(상시근로자 1천 명 이상 사업장의 경우 3명 이상) 발생한 사업장
④ 그 밖에 작업환경 불량, 화재·폭발 또는 누출 사고 등으로 사업장 주변까지 피해가 확산된 사업장으로서 고용노동부령으로 정하는 사업장

4) 안전보건개선계획서를 제출
안전보건개선계획서를 제출해야 하는 사업주는 법 제49조 제1항에 따른 안전보건개선계획서 수립·시행 명령을 받은 날부터 60일 이내에 관할 지방고용노동관서의 장에게 해당 계획서를 제출(전자문서로 제출하는 것을 포함한다)해야 한다.

3 유해위험방지계획서 제출대상 사업

전기 계약용량이 300킬로와트(kW) 이상인 다음의 업종으로서 제품생산 공정과 직접적으로 관련된 건설물·기계·기구 및 설비 등 일체를 설치·이전·변경하는 경우
① 금속가공제품(기계 및 가구는 제외) 제조업
② 비금속 광물제품 제조업
③ 기타 기계 및 장비제조업
④ 자동차 및 트레일러 제조업
⑤ 식료품 제조업 등

1) 기계·기구 및 설비
① 금속이나 그 밖의 광물의 용해로
② 화학설비
③ 건조설비 등

2) 건설공사
① 지상높이가 31미터 이상인 건축물 또는 인공구조물, 연면적 3만 제곱미터 이상인 건축물 또는 연면적 5천 제곱미터 이상의 문화 및 집회시설(전시장 및 동물원·식물원은 제외한다), 판매시설, 운수시설(고속철도의 역사 및 집배송시설은 제외한다), 종교시설, 의료시설 중 종합병원, 숙박시설 중 관광숙박시설, 지하도상가 또는 냉동·냉장창고시설의 건설·개조 또는 해체(이하 "건설 등"이라 한다)
② 연면적 5천 제곱미터 이상의 냉동·냉장창고시설의 설비공사 및 단열공사
③ 최대 지간길이가 50미터 이상인 교량건설 등 공사
④ 터널 건설 등의 공사
⑤ 다목적 댐, 발전용 댐 및 저수용량 2천만 톤 이상의 용수 전용 댐, 지방상수도 전용 댐 건설 등의 공사
⑥ 깊이 10미터 이상인 굴착공사
※ 제출시기 : 공사 착공 전
※ 제출서류 : 산업안전보건법 시행규칙 별표 15(유해·위험방지계획서 첨부서류)

CHAPTER 02 재해 및 안전 점검

SECTION 01 재해조사 요령

1 재해조사의 목적

① 동종재해의 재발방지
② 유사재해의 재발방지
③ 재해원인의 규명 및 예방자료 수집

2 재해조사 시 유의사항

① 사실을 수집할 것
② 객관적인 입장에서 공정하게 조사하며 조사는 2인 이상이 할 것
③ 책임추궁보다는 재발방지를 우선으로 할 것
④ 조사는 신속하게 행하고 긴급 조치하여 2차 재해의 방지를 도모할 것
⑤ 재해자에 대한 구급조치를 우선으로 할 것
⑥ 사람, 기계설비 등의 재해요인을 모두 도출할 것

3 재해발생 시 조치사항

1) 긴급처리
① 재해발생기계의 정지 및 피해확산 방지
② 피재자의 구조 및 응급조치(가장 먼저 해야 할 일)
③ 관계자에게 통보
④ 2차 재해방지
⑤ 현장보존

2) 재해조사
누가, 언제, 어디서, 어떤 작업을 하고 있을 때, 어떤 환경에서, 어떤 불안전 행동이나 상태는 없었는지 등에 대한 조사 실시

3) 원인강구(4M)
① 인간(Man)
② 기계(Machine)
③ 작업매체(Media)
④ 관리(Management)

4) 대책수립(3E)
유사한 재해를 예방하기 위한 3E 대책수립
① 기술적(Engineering)
② 교육적(Education)
③ 관리적(Enforcement)

5) 대책실시계획

6) 실시

7) 평가

4 산업재해가 발생한 때에 사업주가 기록 보존하여야 하는 사항

① 사업장의 개요 및 근로자의 인적사항
② 재해 발생의 일시 및 장소
③ 재해 발생의 원인 및 과정
④ 재해 재발방지 계획

5 고용노동부 장관이 산업재해 발생건 수, 재해율 또는 그 순위 등을 **공표하여야 하는 사업장**

① 중대재해가 발생한 사업장으로서 해당 중대재해 발생연도의 연간 산업재해율이 규모별 같은 업종의 평균 재해율 이상인 사업장
② 산업재해로 인한 사망자가 연간 2명 이상 발생한 사업장
②의2 사망만인율(사망재해자 수를 연간 상시근로자 1만 명당 발생하는 사망재해자 수로 환산한 것을 말한다)이 규모별 같은 업종의 평균 사망만인율 이상인 사업장
②의3 산업재해 발생 사실을 은폐한 사업장
③ 산업재해의 발생에 관한 보고를 최근 3년 이내 2회 이상 하지 않은 사업장
④ 중대산업사고가 발생한 사업장

SECTION 02
원인분석

1 재해의 원인분석

1) 기술적 원인
① 건물, 기계장치의 설계 불량
② 구조, 재료의 부적합
③ 생산방법의 부적
④ 점검, 정비, 보존 불량

2) 교육적 원인
① 안전지식의 부족
② 안전수칙의 오해
③ 경험, 훈련의 미숙
④ 작업방법의 교육 불충분
⑤ 유해 · 위험작업의 교육 불충분

3) 관리적 원인
① 안전관리조직의 결함
② 안전수칙 미제정
③ 작업준비 불충분
④ 인원배치 부적당
⑤ 작업지시 부적당

4) 정신적 원인
① 안전의식의 부족
② 주의력의 부족
③ 방심 및 공상
④ 개성적 결함 요소 : 도전적인 마음, 과도한 집착, 다혈질 및 인내심 부족
⑤ 판단력 부족 또는 그릇된 판단

5) 신체적 원인
① 피로
② 시력 및 청각기능의 이상
③ 근육운동의 부적합
④ 육체적 능력 초과

2 재해 조사기법

1) 재해현장 관리
① 부상자를 치료한다.
② 잔존 위험요소를 제거한다.
③ 사람들을 보호하고 증거를 보존하기 위해 재해현장을 격리시킨다.

2) 재해조사 수행
사고현장에 사람들과 장비에 대한 모든 잔존 위험이 제거되거나 제어되면, 조사자는 사고조사를 실시한다(정보수집, 원인규명을 위한 요인 분석, 예방대책 강구).

3) 정보수집
① 하나의 불안전한 행동 또는 상황만으로는 거의 사고가 발생하지 않기 때문에 다각적인 요인(목격자, 사고현장에 있는 물리적 증거, 남아있는 기록 등)으로부터 정보를 모아야 한다.
② 목격자 진술을 통해 정보를 모은다.

4) 재해조사 보고서 작성

사고조사 보고서의 형태는 일반적으로 기본적인 4가지 정보를 필요로 한다.

① 일반적인 정보 : 누가 관련되었고, 언제 어디서 발생했는가와 같은 기본적 요인
② 정리요약 : 어떤 사고가 발생했는가에 대한 간단한 서술적 묘사
③ 분석 : 무엇이 사고의 원인이었고 왜 발생했는가에 대한 서술적 묘사
④ 권고사항 : 사고에 직접적인 영향을 미치는 행동과 상황을 제거하거나 제어할 수 있는 것에 대한 제안
⑤ 조치계획수립 : 조치계획수립은 요구되는 문제를 해결하기 위해 필요함

5) 재해의 통계적 원인분석 방법

① 파레토도 : 분류 항목을 큰 순서대로 도표화한 분석법
② 특성요인도 : 특성과 요인관계를 도표로 하여 어골상으로 세분화한 분석법(원인과 결과를 연계하여 상호관계를 파악)
③ 클로즈(Close) 분석도 : 데이터(Data)를 집계하고 표로 표시하여 요인별 결과 내역을 교차한 클로즈 그림을 작성하여 분석하는 방법
④ 관리도 : 재해발생 건수 등의 추이를 파악하여 목표관리를 행하는 데 필요한 월별 재해발생수를 그래프화하여 관리선을 설정 관리하는 방법

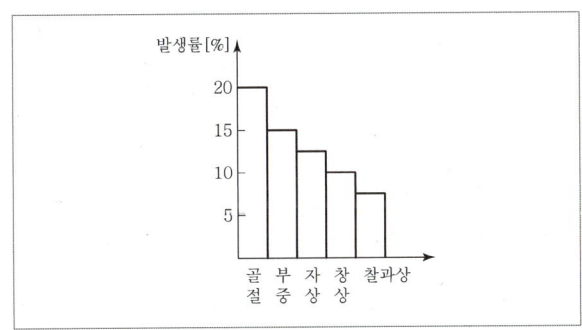

[파레토도]

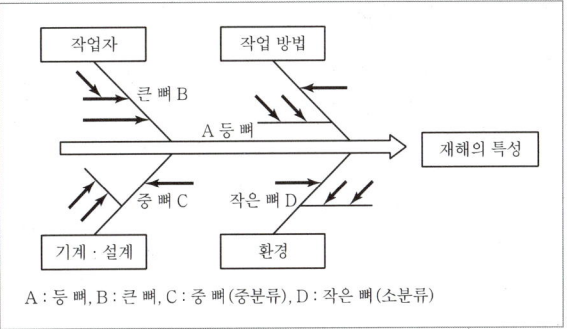

[특성 요인도]

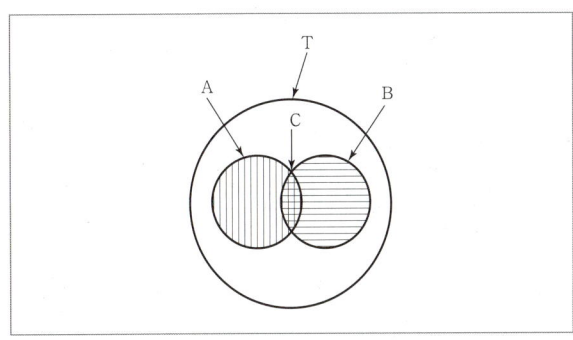

[클로즈 분석도]

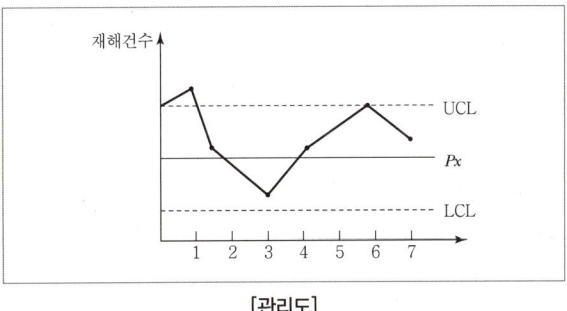

[관리도]

3 재해사례 분석절차

1) 재해사례 연구 목적

① 재해요인을 체계적으로 규명하여 이에 대한 대책을 세우기 위해
② 재해방지의 원칙을 습득해서 이것을 일상 안전보건 활동에 실천하기 위해
③ 참가자의 안전보건활동에 관한 견해나 생각을 깊게 하고, 태도를 바꾸게 하기 위해

2) 재해조사에서 방지대책까지의 순서(재해사례 연구 순서)

① 전제조건 : 재해상황의 파악
② 1단계 : 사실의 확인(사람→물건→관리→재해 발생까지의 경과)
③ 2단계 : 직접원인과 문제점의 확인(파악된 사실로부터 판단하여 각종 기준에서 차이의 문제점을 발견하는 것)
④ 3단계 : 근본 문제점의 결정
⑤ 4단계 : 대책의 수립

SECTION 03 재해통계 및 재해 코스트

1 재해율의 종류 및 계산

1) 재해율

임금근로자수 100명당 발생하는 재해자수의 비율

$$재해율 = \frac{재해자수}{임금근로자수} \times 100$$

※ 임금근로자수란 통계청의 경제활동인구조사상 임금근로자수를 말한다. 다만, 건설업 근로자수는 통계청 건설업조사 피고용자수의 경제활동인구조사 건설업 근로자수에 대한 최근 5년 평균 배수를 산출하여 경제활동인구조사 건설업 임금근로자수에 곱하여 산출한다.

2) 연천인율(年千人率)

임금근로자 1,000명당 1년간 발생하는 재해자 수

$$연천인율 = \frac{재해자수}{연평균근로자수} \times 1,000$$

$$연천인율 = 도수율(빈도율) \times 2.4$$

3) 도수율(빈도율)(F.R ; Frequency Rate of Injury)

- 근로자 100만 명이 1시간 작업 시 발생하는 재해건수
- 근로자 1명이 100만 시간 작업 시 발생하는 재해건수

$$도수율 = \frac{재해발생건수}{연근로시간수} \times 1,000,000$$

$$연근로시간수 = 실근로자수 \times 근로자\ 1인당\ 연간\ 근로시간수$$

여기서, 1년 : 300일, 2,400시간
1월 : 25일, 200시간
1일 : 8시간

4) 강도율(S.R ; Severity Rate of Injury)

연근로시간 1,000시간당 재해로 인해서 잃어버린 근로손실일수

$$강도율 = \frac{근로손실일수}{연근로시간수} \times 1,000$$

[근로손실일수]
① 사망 및 영구 전노동 불능(장애등급 1~3급) : 7,500일
② 영구 일부노동 불능(4~14등급)

등급	4	5	6	7	8	9	10	11	12	13	14
일수	5,500	4,000	3,000	2,200	1,500	1,000	600	400	200	100	50

③ 일시 전노동 불능(의사의 진단에 따라 일정기간 노동에 종사할 수 없는 상해)

$$근로손실일수 = 휴직일수 \times \frac{300}{365}$$

5) 평균강도율

재해 1건당 평균 근로손실일수

$$평균강도율 = \frac{강도율}{도수율} \times 1,000$$

6) 환산강도율

근로자가 입사하여 퇴직할 때까지 잃을 수 있는 근로손실일수

$$환산강도율 = 강도율 \times 100$$

7) 환산도수율

근로자가 입사하여 퇴직할 때까지(40년=10만 시간) 당할 수 있는 재해건수

$$환산도수율 = \frac{도수율}{10}$$

8) 종합재해지수(F.S.I ; Frequency Severity Indicator)

재해 빈도의 다수와 상해 정도의 강약을 종합

$$종합재해지수(FSI) = \sqrt{도수율(FR) \times 강도율(SR)}$$

9) 세이프 티 스코어(Safe T. Score)

(1) 의미
과거와 현재의 안전성적을 비교, 평가하는 방법으로 단위가 없으며 계산결과가 (+)이면 나쁜 기록이, (−)이면 과거에 비해 좋은 기록으로 봄

(2) 공식

$$\text{Safe T. Score} = \frac{도수율(현재) - 도수율(과거)}{\sqrt{\frac{도수율(과거)}{총 근로시간수} \times 1,000,000}}$$

(3) 평가방법
① +2.0 이상인 경우 : 과거보다 심각하게 나쁘다.
② +2.0~−2.0인 경우 : 심각한 차이가 없다.
③ −2.0 이하 : 과거보다 좋다.

10) 건설업 환산재해율

건설업체의 산업재해발생률은 다음의 계산식에 따른 환산재해율로 산출하되, 소수점 셋째 자리에서 반올림하여 구함

$$환산재해율 = \frac{환산재해자수}{상시근로자수} \times 100$$

[환산재해자수 산출]

① 환산재해자수는 환산재해율 산정 대상 연도의 1월 1일부터 12월 31일까지의 기간 동안 해당 업체가 시공하는 국내의 건설 현장(자체사업의 건설현장은 포함한다. 이하 같다)에서 산업재해를 입은 근로자 수를 합산하여 산출한다.
② 재해자 중 사망자에 대해서는 다음과 같이 가중치를 부여할 수 있다.
  ㉠ 가중치는 부상 재해자의 5배로 한다.
  ㉡ 산업재해의 사망재해자 중 다음의 어느 하나에 해당하는 경우로 해당 사고발생의 직접적인 원인이 사업주의 법 위반으로 인한 것이 아니라고 인정되는 재해자에 대해서는 가중치를 부여하지 않는다.
    • 「도로교통법」에 따라 도로에서 발생한 사고를 제외한 교통사고의 경우
    • 고혈압 등 개인지병에 의한 경우
③ 산업재해자 중 다음의 어느 하나에 해당하는 경우로서 사업주의 법 위반으로 인한 것이 아닌 재해에 의한 재해자는 재해자 수 산정에서 제외한다.
  ㉠ 방화, 근로자 간 또는 타인 간의 폭행에 의한 경우
  ㉡ 「도로교통법」에 따라 도로에서 발생한 교통사고에 의한 경우(해당 공사의 공사용 차량·장비에 의한 사고는 제외한다)
  ㉢ 태풍·홍수·지진·눈사태 등 천재지변에 의한 불가항력적인 재해의 경우
  ㉣ 작업과 관련이 없는 제3자의 과실에 의한 경우(해당 목적물 완성을 위한 작업자 간의 과실은 제외한다)
  ㉤ 진폐증에 의한 경우
  ㉥ 그 밖에 야유회, 체육행사, 취침·휴식 중의 사고 등 건설작업과 직접 관련이 없는 경우

[상시근로자 수 산출]

$$상시근로자수 = \frac{연간 국내공사 실적액 \times 노무비율}{건설업 월평균임금 \times 12월}$$

2 재해손실비의 종류 및 계산

업무상 재해로서 인적재해를 수반하는 재해에 의해 생기는 비용으로 재해가 발생하지 않았다면 발생하지 않아도 되는 직·간접 비용

1) 하인리히 방식

> 총 재해코스트 = 직접비 + 간접비

(1) 직접비

법령으로 정한 재해자에게 지급되는 산재보험비
① 휴업보상비　② 장해보상비
③ 요양보상비　④ 유족보상비
⑤ 장의비　　　⑥ 간병비

(2) 간접비

재산손실, 생산중단 등으로 기업이 입은 손실
① 인적손실 : 본인 및 제3자에 관한 것을 포함한 시간손실
② 물적손실 : 기계, 공구, 재료, 시설의 복구에 소비된 시간 손실 및 재산손실
③ 생산손실 : 생산감소, 생산중단, 판매감소 등에 의한 손실
④ 특수손실
⑤ 기타 손실

(3) 직접비 : 간접비 = 1 : 4

※ 우리나라의 재해손실비용은 「경제적 손실 추정액」이라 칭하며 하인리히 방식으로 산정한다.

2) 시몬즈 방식

하인리히 이론을 검토 수정하여 산업재해에서 제외되는 무상해까지 대상에 포함

> 총 재해비용 = 산재보험비용 + 비보험비용
> 여기서, 비보험비용 = 휴업상해건수×A + 통원상해건수×B + 응급조치건수×C + 무상해사고건수×D
> A, B, C, D는 장해정도별에 의한 비보험비용의 평균치

3) 버드의 방식

> 총 재해비용 = 보험비(1) + 비보험비(5~50) + 비보험 기타비용(1~3)

① 보험비 : 의료, 보상금
② 비보험 재산비용 : 건물손실, 기구 및 장비손실, 조업중단 및 지연
③ 비보험 기타 비용 : 조사시간, 교육 등

4) 콤패스 방식

> 총 재해비용 = 공동비용비 + 개별비용비

① 공동비용 : 보험료, 안전보건팀 유지비용
② 개별비용 : 작업손실비용, 수리비, 치료비 등

3 재해통계 분류방법

1) 상해정도별 구분

① 사망
② 영구 전노동 불능 상해(신체장애 등급 1~3등급)
③ 영구 일부노동 불능 상해(신체장애 등급 4~14등급)
④ 일시 전노동 불능 상해 : 장해가 남지 않는 휴업 상해
⑤ 일시 일부노동 불능 상해 : 일시 근무 중에 업무를 떠나 치료를 받는 정도의 상해
⑥ 구급처치상해 : 응급처치 후 정상작업을 할 수 있는 정도의 상해

2) 통계적 분류

① 사망 : 노동손실일수 7,500일
② 중상해 : 부상으로 8일 이상 노동손실을 가져온 상해
③ 경상해 : 부상으로 1일 이상 7일 이하의 노동손실을 가져온 상해
④ 경미상해 : 8시간 이하의 휴무 또는 작업에 종사하면서 치료를 받는 상해(통원치료)

3) 상해의 종류
① 골절 : 뼈에 금이 가거나 부러진 상해
② 동상 : 저온물 접촉으로 생긴 동상 상해
③ 부종 : 국부의 혈액순환 이상으로 몸이 퉁퉁 부어오르는 상해
④ 중독·질식 : 음식 약물, 가스 등에 의해 중독이나 질식된 상태
⑤ 찰과상 : 스치거나 문질러서 벗겨진 상태
⑥ 창상 : 창, 칼 등에 베인 상처
⑦ 청력장해 : 청력이 감퇴 또는 난청이 된 상태
⑧ 시력장해 : 시력이 감퇴 또는 실명이 된 상태
⑨ 화상 : 화재 또는 고온물 접촉으로 인한 상해
⑩ 좌상(타박상) : 타박, 충돌, 추락 등으로 피부표면보다는 피하조직 또는 근육부를 다친 상해

SECTION 04
안전점검

1 안전점검의 정의, 목적, 종류

1) 정의
안전점검은 설비의 불안전상태나 인간의 불안전행동으로부터 일어나는 결함을 발견하여 안전대책을 세우기 위한 활동을 말한다.

2) 안전점검의 목적
① 기기 및 설비의 결함이나 불안전한 상태의 제거로 사전에 안전성을 확보
② 기기 및 설비의 안전상태 유지 및 본래의 성능을 유지
③ 재해방지를 위하여 그 재해요인의 대책과 실시를 계획적으로 하기 위함

3) 종류
① 일상점검(수시점검) : 작업 전·중·후 수시로 실시하는 점검
② 정기점검 : 정해진 기간에 정기적으로 실시하는 점검
③ 특별점검 : 기계 기구의 신설 및 변경 시 고장, 수리 등에 의해 부정기적으로 실시하는 점검, 안전강조기간 등에 실시하는 점검 등
④ 임시점검 : 이상 발견 시 또는 재해발생 시 임시로 실시하는 점검

2 안전점검기준(안전점검표, 체크리스트)의 작성

1) 안전점검표(체크리스트)에 포함되어야 할 사항
① 점검대상
  ㉠ 안전관리 조직체제 및 운영실태
  ㉡ 안전교육계획 및 실시상황
  ㉢ 작업환경 및 유해·위험관리에 관한 사항
  ㉣ 정리정돈 및 위험물 방화관리에 관한 사항
  ㉤ 운반설비 및 관련 시설물의 상태
② 점검부분(점검개소)
③ 점검항목(점검내용) : 마모, 균열, 부식, 파손, 변형 등
④ 점검주기 또는 기간(점검시기)
⑤ 점검방법(육안점검, 기능점검, 기기점검, 정밀점검)
  ㉠ 육안점검 : 시각, 촉각 등으로 검사하는 방법
  ㉡ 기능점검 : 간단한 조작에 의해 결함 유무를 판단하는 방법
  ㉢ 기기점검 : 안전장치, 누전차단기 등을 정해진 순서로 작동하여 양·부를 판단하는 방법
  ㉣ 정밀점검 : 규정에 의해 측정, 검사 및 설비를 종합적으로 점검하는 방법
⑥ 판정기준 : 법령에 의한 기준 등
⑦ 조치사항 : 점검결과에 따른 결과의 시정

2) 안전점검표(체크리스트) 작성 시 유의사항
① 위험성이 높은 순이나 긴급을 요하는 순으로 작성할 것
② 정기적으로 검토하여 재해예방에 실효성이 있는 내용일 것
③ 내용은 이해하기 쉽고 표현이 구체적일 것

3) 작업시작 전 점검사항(산업안전보건기준에 관한 규칙 [별표 3])

작업의 종류	점검내용
1. 프레스 등을 사용하여 작업을 할 때(제2편 제1장 제3절)	가. 클러치 및 브레이크의 기능 나. 크랭크축·플라이휠·슬라이드·연결봉 및 연결 나사의 풀림 여부 다. 1행정 1정지기구·급정지장치 및 비상정지장치의 기능 라. 슬라이드 또는 칼날에 의한 위험방지기구의 기능 마. 프레스의 금형 및 고정볼트 상태 바. 방호장치의 기능 사. 전단기(剪斷機)의 칼날 및 테이블의 상태
2. 로봇의 작동 범위에서 그 로봇에 관하여 교시 등(로봇의 동력원을 차단하고 하는 것은 제외한다)의 작업을 할 때(제2편 제1장 제13절)	가. 외부 전선의 피복 또는 외장의 손상 유무 나. 매니퓰레이터(Manipulator) 작동의 이상 유무 다. 제동장치 및 비상정지장치의 기능
3. 공기압축기를 가동할 때(제2편 제1장 제7절)	가. 공기저장 압력용기의 외관 상태 나. 드레인밸브(Drain valve)의 조작 및 배수 다. 압력방출장치의 기능 라. 언로드밸브(Unload valve)의 기능 마. 윤활유의 상태 바. 회전부의 덮개 또는 울 사. 그 밖의 연결 부위의 이상 유무
4. 크레인을 사용하여 작업을 할 때(제2편 제1장 제9절 제2관)	가. 권과방지장치·브레이크·클러치 및 운전장치의 기능 나. 주행로의 상측 및 트롤리(Trolley)가 횡행하는 레일의 상태 다. 와이어로프가 통하고 있는 곳의 상태
5. 이동식 크레인을 사용하여 작업을 할 때(제2편 제1장 제9절 제3관)	가. 권과방지장치나 그 밖의 경보장치의 기능 나. 브레이크·클러치 및 조정장치의 기능 다. 와이어로프가 통하고 있는 곳 및 작업장소의 지반상태
6. 리프트(간이리프트를 포함한다)를 사용하여 작업을 할 때(제2편 제1장 제9절 제4관)	가. 방호장치·브레이크 및 클러치의 기능 나. 와이어로프가 통하고 있는 곳의 상태
7. 곤돌라를 사용하여 작업을 할 때(제2편 제1장 제9절 제5관)	가. 방호장치·브레이크의 기능 나. 와이어로프·슬링와이어(sling wire) 등의 상태
8. 양중기의 와이어로프·달기체인·섬유로프·섬유벨트 또는 훅·샤클·링 등의 철구(이하 "와이어로프등"이라 한다)를 사용하여 고리걸이작업을 할 때(제2편 제1장 제9절 제7관)	와이어로프 등의 이상 유무
9. 지게차를 사용하여 작업을 하는 때(제2편 제1장 제10절 제2관)	가. 제동장치 및 조종장치 기능의 이상 유무 나. 하역장치 및 유압장치 기능의 이상 유무 다. 바퀴의 이상 유무 라. 전조등·후미등·방향지시기 및 경보장치 기능의 이상 유무
10. 구내운반차를 사용하여 작업을 할 때(제2편 제1장 제10절 제3관)	가. 제동장치 및 조종장치 기능의 이상 유무 나. 하역장치 및 유압장치 기능의 이상 유무 다. 바퀴의 이상 유무 라. 전조등·후미등·방향지시기 및 경음기 기능의 이상 유무 마. 충전장치를 포함한 홀더 등의 결합상태의 이상 유무
11. 고소작업대를 사용하여 작업을 할 때(제2편 제1장 제10절 제4관)	가. 비상정지장치 및 비상하강방지장치 기능의 이상 유무 나. 과부하방지장치의 작동 유무(와이어로프 또는 체인구동방식의 경우) 다. 아웃트리거 또는 바퀴의 이상 유무 라. 작업면의 기울기 또는 요철 유무 마. 활선작업용 장치의 경우 홈·균열·파손 등 그 밖의 손상 유무
12. 화물자동차를 사용하는 작업을 하게 할 때(제2편 제1장 제10절 제5관)	가. 제동장치 및 조종장치의 기능 나. 하역장치 및 유압장치의 기능 다. 바퀴의 이상 유무
13. 컨베이어 등을 사용하여 작업을 할 때(제2편 제1장 제11절)	가. 원동기 및 풀리(Pulley) 기능의 이상 유무 나. 이탈 등의 방지장치 기능의 이상 유무 다. 비상정지장치 기능의 이상 유무 라. 원동기·회전축·기어 및 풀리 등의 덮개 또는 울 등의 이상 유무
14. 차량계 건설기계를 사용하여 작업을 할 때(제2편 제1장 제12절 제1관)	브레이크 및 클러치 등의 기능

작업의 종류	점검내용
15. 이동식 방폭구조(防爆構造) 전기기계·기구를 사용할 때(제2편 제3장 제1절)	전선 및 접속부 상태
16. 근로자가 반복하여 계속적으로 중량물을 취급하는 작업을 할 때(제2편 제5장)	가. 중량물 취급의 올바른 자세 및 복장 나. 위험물이 날아 흩어짐에 따른 보호구의 착용 다. 카바이드·생석회(산화칼슘) 등과 같이 온도상승이나 습기에 의하여 위험성이 존재하는 중량물의 취급방법 라. 그 밖에 하역운반기계 등의 적절한 사용방법
17. 양화장치를 사용하여 화물을 싣고 내리는 작업을 할 때(제2편 제6장 제2절)	가. 양화장치(揚貨裝置)의 작동상태 나. 양화장치에 제한하중을 초과하는 하중을 실었는지 여부
18. 슬링 등을 사용하여 작업을 할 때(제2편 제6장 제2절)	가. 훅이 붙어 있는 슬링·와이어슬링 등이 매달린 상태 나. 슬링·와이어슬링 등의 상태(작업시작 전 및 작업 중 수시로 점검)

3 안전·보건진단

1) 종류
① 안전진단
② 보건진단
③ 종합진단(안전진단과 보건진단을 동시에 진행하는 것)

2) 대상사업장
① 중대재해(사업주가 안전·보건조치의무를 이행하지 아니하여 발생한 중대재해만 해당한다)발생 사업장. 다만, 그 사업장의 연간 산업재해율이 같은 업종의 규모별 평균산업재해율을 2년간 초과하지 아니한 사업장은 제외한다.
② 안전보건개선계획 수립·시행명령을 받은 사업장
③ 추락·폭발·붕괴 등 재해발생 위험이 현저히 높은 사업장으로서 지방고용노동관서의 장이 안전·보건진단이 필요하다고 인정하는 사업장

SECTION 05
안전검사 및 안전인증

1 안전검사

유해하거나 위험한 기계·기구·설비로서 대통령령으로 정하는 것을 사용하는 사업주는 유해·위험기계 등의 안전에 관한 성능이 고용노동부장관이 정하여 고시하는 검사기준에 맞는지에 대하여 고용노동부장관이 실시하는 안전검사를 받아야 하며 안전검사에 합격한 유해·위험기계 등을 사용하는 사업주는 그 유해·위험기계 등이 안전검사에 합격한 것임을 나타내는 표시를 하여야 한다.

1) 안전검사 대상 유해·위험기계 등
① 프레스
② 전단기
③ 크레인[정격하중이 2톤 미만인 것은 제외한다]
④ 리프트
⑤ 압력용기
⑥ 곤돌라
⑦ 국소배기장치(이동식은 제외한다)
⑧ 원심기(산업용만 해당한다)
⑨ 롤러기(밀폐형 구조는 제외한다)
⑩ 사출성형기[형 체결력(型 締結力) 294킬로뉴턴(kN) 미만은 제외한다]
⑪ 고소작업대(화물자동차 또는 특수자동차에 탑재한 고소작업대로 한정한다)
⑫ 컨베이어
⑬ 산업용 로봇

2) 안전검사의 주기 및 합격표시
안전검사대상 유해·위험기계 등의 검사주기는 다음과 같다.
① 크레인, 리프트 및 곤돌라 : 사업장에 설치가 끝난 날부터 3년 이내에 최초 안전검사를 실시하되, 그 이후부터 2년마다(건설현장에서 사용하는 것은 최초로 설치한 날부터 6개월마다)
② 이동식 크레인, 이삿짐운반용 리프트 및 고소작업대 : 「자동차관리법」 제8조에 따른 신규등록 이후 3년 이내에 최초 안전검사를 실시하되, 그 이후부터 2년마다

③ 프레스, 전단기, 압력용기, 국소배기장치, 원심기, 롤러기, 사출성형기, 컨베이어 및 산업용 로봇 : 사업장에 설치가 끝난 날부터 3년 이내에 최초 안전검사를 실시하되, 그 이후부터 2년마다(공정안전보고서를 제출하여 확인을 받은 압력용기는 4년마다)

3) 안전검사의 신청

① 안전검사를 받아야 하는 자는 안전검사 신청서를 검사 주기 만료일 30일 전에 안전검사 업무를 위탁받은 기관(이하 "안전검사기관"이라 한다)에 제출(전자문서에 의한 제출을 포함한다)하여야 한다.
② 안전검사 신청을 받은 안전검사기관은 30일 이내에 해당 기계·기구 및 설비별로 안전검사를 하여야 한다.
③ 안전검사기관은 안전검사 결과 검사기준에 적합한 경우에는 해당 사업주에게 유해하거나 위험한 기계·기구·설비로서 대통령령으로 정하는 것에 직접 부착 가능한 안전검사 합격표시를 발급하고, 부적합한 경우에는 해당 사업주에게 안전검사 불합격통지서에 그 사유를 밝혀 발급하여야 한다.

2 안전인증

고용노동부장관은 유해하거나 위험한 기계·기구·설비 및 방호장치·보호구의 안전성을 평가하기 위하여 그 안전에 관한 성능과 제조자의 기술 능력 및 생산 체계 등에 관한 안전인증기준을 정하여 고시할 수 있다. 이 경우 안전인증기준은 안전인증대상 기계·기구 등의 종류별, 규격 및 형식별로 정할 수 있다.

1) 안전인증대상 기계·기구

(1) 안전인증대상 기계·기구
① 프레스
② 전단기 및 절곡기
③ 크레인
④ 리프트
⑤ 압력용기
⑥ 롤러기
⑦ 사출성형기(射出成形機)
⑧ 고소(高所) 작업대
⑨ 곤돌라

(2) 안전인증대상 방호장치
① 프레스 및 전단기 방호장치
② 양중기용(揚重機用) 과부하방지장치
　양중기의 종류 : 크레인(호이스트 포함), 이동식크레인, 리프트(이삿짐운반용 리프트의 경우에는 적재하중이 0.1톤 이상인 것으로 한정), 곤돌라, 승강기(최대하중이 0.25톤 이상인 것으로 한정)
③ 보일러 압력방출용 안전밸브
④ 압력용기 압력방출용 안전밸브
⑤ 압력용기 압력방출용 파열판
⑥ 절연용 방호구 및 활선작업용(活線作業用) 기구
⑦ 방폭구조(防爆構造) 전기기계·기구 및 부품
⑧ 추락·낙하 및 붕괴 등의 위험 방지 및 보호에 필요한 가설기자재로서 고용노동부장관이 정하여 고시하는 것
⑨ 충돌·협착 등의 위험 방지에 필요한 산업용 로봇 방호장치로서 고용노동부장관이 정하여 고시하는 것

(3) 안전인증대상 보호구
① 추락 및 감전 위험방지용 안전모
② 안전화
③ 안전장갑
④ 방진마스크
⑤ 방독마스크
⑥ 송기마스크
⑦ 전동식 호흡보호구
⑧ 보호복
⑨ 안전대
⑩ 차광(遮光) 및 비산물(飛散物) 위험방지용 보안경
⑪ 용접용 보안면
⑫ 방음용 귀마개 또는 귀덮개

(4) 자율안전확인대상 보호구
① 안전모(추락 및 감전 위험방지용 안전모 제외)
② 보안경(차광 및 비산물 위험방지용 보안경 제외)
③ 보안면(용접용 보안면 제외)

2) 자율안전확인대상 기계 · 기구

① 연삭기 또는 연마기(휴대용은 제외한다)
② 산업용 로봇
③ 혼합기
④ 파쇄기 또는 분쇄기
⑤ 식품가공용 기계(파쇄 · 절단 · 혼합 · 제면기만 해당한다)
⑥ 컨베이어
⑦ 자동차 정비용 리프트
⑧ 공작기계(선반, 드릴기, 평삭 · 형삭기, 밀링만 해당한다)
⑨ 고정형 목재가공용 기계(둥근톱, 대패, 루타기, 띠톱, 모떼기 기계만 해당한다)
⑩ 인쇄기

3) 자율안전확인대상 기계 · 기구의 방호장치

① 아세틸렌 용접장치용 또는 가스집합 용접장치용 안전기
② 교류 아크용접기용 자동전격방지기
③ 롤러기 급정지장치
④ 연삭기(研削機) 덮개
⑤ 목재 가공용 둥근톱 반발 예방장치와 날 접촉 예방장치
⑥ 동력식 수동대패용 칼날 접촉 방지장치
⑦ 추락 · 낙하 및 붕괴 등의 위험 방지 및 보호에 필요한 가설기자재

4) 안전인증심사의 종류 및 기간

(1) 안전인증심사의 종류

① 예비심사 : 기계 · 기구 및 방호장치 · 보호구가 유해 · 위험한 기계 · 기구 등 인지를 확인하는 심사(법 제34조 제4항에 따라 안전인증을 신청한 경우만 해당한다)
② 서면심사 : 유해 · 위험한 기계 · 기구 · 설비 등의 종류별 또는 형식별로 설계도면 등 유해 · 위험한 기계 · 기구 · 설비 등의 제품기술과 관련된 문서가 안전인증기준에 적합한지에 대한 심사
③ 기술능력 및 생산체계 심사 : 유해 · 위험한 기계 · 기구 · 설비 등이 안전성능을 지속적으로 유지 · 보증하기 위하여 사업장에서 갖추어야 할 기술능력과 생산체계가 안전인증기준에 적합한지에 대한 심사. 다만, 다음 각 목의 어느 하나에 해당하는 경우에는 기술능력 및 생산체계 심사를 생략한다.

㉠ 방호장치 및 보호구를 고용노동부장관이 정하여 고시하는 수량 이하로 수입하는 경우
㉡ 제4호 가목의 개별 제품심사를 하는 경우
㉢ 안전인증을 받은 후 같은 공정에서 제조되는 같은 종류의 안전인증대상 기계 · 기구 등에 대하여 안전인증을 하는 경우

④ 제품심사 : 유해 · 위험한 기계 · 기구 · 설비 등이 서면심사 내용과 일치하는지 여부 및 유해 · 위험한 기계 · 기구 · 설비 등의 안전에 관한 성능이 안전인증기준에 적합한지 여부에 대한 심사(다음 각 목의 심사는 유해 · 위험한 기계 · 기구 · 설비 등 별로 고용노동부장관이 정하여 고시하는 기준에 따라 어느 하나만을 받는다)

㉠ 개별 제품심사 : 서면심사 결과가 안전인증기준에 적합할 경우에 유해 · 위험한 기계 · 기구 · 설비 등 모두에 대하여 하는 심사(안전인증을 받으려는 자가 서면심사와 개별 제품심사를 동시에 할 것을 요청하는 경우 병행하여 할 수 있다)
㉡ 형식별 제품심사 : 서면심사와 기술능력 및 생산체계 심사 결과가 안전인증기준에 적합할 경우에 유해 · 위험한 기계 · 기구 · 설비 등의 형식별로 표본을 추출하여 하는 심사(안전인증을 받으려는 자가 서면심사, 기술능력 및 생산체계 심사와 형식별 제품심사를 동시에 할 것을 요청하는 경우 병행하여 할 수 있다)

(2) 안전인증 심사기간

① 예비심사 : 7일
② 서면심사 : 15일(외국에서 제조한 경우는 30일)
③ 기술능력 및 생산체계 심사 : 30일(외국에서 제조한 경우는 45일)
④ 제품심사
  ㉠ 개별 제품심사 : 15일
  ㉡ 형식별 제품심사 : 30일

5) 안전인증의 표시

안전인증, 자율안전확인신고 표시	임의인증 표시
KCs	S

안전인증제품에는 상기 표시 외에 다음의 사항을 표시한다.
① 형식 또는 모델명
② 규격 또는 등급 등
③ 제조자명
④ 제조번호 및 제조연월
⑤ 안전인증 번호

CHAPTER 03 안전 관계 법규

SECTION 01 산업안전보건법령

1 산업안전보건법의 체계

산업안전보건법령은 1개의 법률과 1개의 시행령 및 3개의 시행규칙으로 이루어져 있으며, 하위규정으로서 60여 개의 고시, 17개의 예규, 3개의 훈령 및 각종 기술상의 지침 및 작업환경 표준 등이 있다.

일반적으로 다른 행정법령의 시행규칙은 1개로 구성되어 있으나 산업안전보건법 시행규칙이 3개로 구성된 것은 그 내용이 1개의 규칙에 담기에는 지나치게 복잡하고 기술적인 사항으로 이루어져 있기 때문이다.

1) 산업안전보건법

산업재해예방을 위한 각종 제도를 설정하고 그 시행근거를 확보하며 정부의 산업재해예방정책 및 사업수행의 근거를 설정한 것으로써 80여 개 조문과 부칙으로 구성되어 있다.

2) 산업안전보건법 시행령

산업안전보건법 시행령은 법에서 위임된 사항, 즉 제도의 대상·범위·절차 등을 설정한 것이다.

3) 산업안전보건법 시행규칙

산업안전보건법 시행규칙은 크게 법에 부속된 시행규칙과 산업안전보건기준에 관한 규칙, 유해·위험작업 취업제한 규칙 등의 규칙으로 구분되며 법률과 시행령에서 위임된 사항을 규정하고 있다.

4) 유해·위험작업 취업제한에 관한 규칙

유해 또는 위험한 작업에 필요한 자격·면허·경험에 관한 사항을 규정하고 있다.

5) 산업안전보건에 관한 고시·예규·훈령

일반사항분야, 검사·인증분야, 기계·전기분야, 화학분야, 건설분야, 보건·위생분야 및 교육 분야별로 70여 개가 있다. 고시는 각종 검사·검정 등에 필요한 일반적이고 객관적인 사항을 널리 알려 활용할 수 있는 수치적·표준적 내용이고 예규는 정부와 실시기관 및 의무대상자 간에 일상적·반복적으로 이루어지는 업무절차 등을 모델화하여 조문형식으로 규정화한 내용이다. 훈령은 상급기관, 즉 고용노동부장관이 하급기관, 즉 지방고용노동관서의 장에게 어떤 업무 수행을 위한 훈시·지침 등을 시달할 때 조문의 형식으로 알리는 내용이다.

기술상의 지침 및 작업환경표준은 안전작업을 위한 기술적인 지침을 규범형식으로 작성한 기술상의 지침과 작업장 내의 유해(불량한) 환경요소 제거를 위한 모델을 규정한 작업환경표준이 마련되어 있으며 이는 고시의 범주에 포함되는 것으로 볼 수 있으나 법률적 위임근거에 따라 마련된 규정이 아니므로 강제적 효력은 없고 지도·권고적 성격을 띤다.

SECTION 02 건설기술관련법령

1 건설기술진흥법

이 법은 건설기술의 연구·개발을 촉진하여 건설기술 수준을 향상시키고 이를 바탕으로 관련 산업을 진흥하여 건설공사가 적정하게 시행되도록 함과 아울러 건설공사의 품질을 높이고 안전을 확보함으로써 공공복리의 증진과 국민경제의 발전에 이바지함을 목적으로 한다.

2 건설기술진흥법 시행령

이 영은 「건설기술진흥법」에서 위임된 사항과 그 시행에 필요한 사항을 규정함을 목적으로 한다.

3 건설기술진흥법 시행규칙

이 규칙은 「건설기술진흥법」 및 같은 법 시행령에서 위임된 사항과 그 시행에 필요한 사항을 규정함을 목적으로 한다.

1) 건설사고조사위원회 구성·운영 등

① 건설사고조사위원회는 위원장 1명을 포함한 12명 이내의 위원으로 구성한다.
② 건설사고조사위원회의 위원은 다음 각 호의 어느 하나에 해당하는 사람 중에서 해당 건설사고조사위원회를 구성·운영하는 국토교통부장관, 발주청 또는 인·허가기관의 장이 임명하거나 위촉한다.
  ㉠ 건설공사 업무와 관련된 공무원
  ㉡ 건설공사 업무와 관련된 단체 및 연구기관 등의 임직원
  ㉢ 건설공사 업무에 관한 학식과 경험이 풍부한 사람
③ 건설사고조사위원회의 권고 또는 건의를 받은 국토교통부장관, 발주청 또는 인·허가기관의 장, 그 밖의 관계 행정기관의 장은 그 조치 결과를 국토교통부장관 및 건설사고조사위원회에 통보하여야 한다.
④ 건설사고조사위원회의 회의에 출석하는 위원에게는 예산의 범위에서 수당과 여비 등을 지급할 수 있다. 다만, 공무원인 위원이 그 소관 업무와 직접적으로 관련되어 출석하는 경우에는 그러하지 아니하다.

SECTION 03
시설물의 안전 및 유지관리에 관한 특별법령

1 시설물의 안전 및 유지관리에 관한 특별법

이 법은 시설물의 안전점검과 적정한 유지관리를 통하여 재해와 재난을 예방하고 시설물의 효용을 증진시킴으로써 공중(公衆)의 안전을 확보하고 나아가 국민의 복리증진에 기여함을 목적으로 한다.

2 시설물의 안전 및 유지관리에 관한 특별법 시행령

이 영은 「시설물의 안전 및 유지관리에 관한 특별법」에서 위임된 사항과 그 시행에 필요한 사항을 규정함을 목적으로 한다.

3 시설물의 안전 및 유지관리에 관한 특별법 시행규칙

이 규칙은 「시설물의 안전 및 유지관리에 관한 특별법」 및 「시설물의 안전 및 유지관리에 관한 특별법 시행령」에서 위임된 사항과 그 시행에 필요한 사항을 규정함을 목적으로 한다.

1) 안전점검, 정밀안전진단 및 성능평가의 실시 시기

(1) 정기안전점검
① A·B·C 등급의 경우 : 반기에 1회 이상
② D·E 등급의 경우 : 1년에 3회 이상

(2) 긴급안전점검
① 관리주체가 시설물의 붕괴·넘어짐 등이 발생할 위험이 있다고 판단하는 경우 실시
② 국토교통부장관 및 관계 행정기관의 장이 시설물의 구조상 공중의 안전한 이용에 중대한 영향을 미칠 우려가 있다고 판단되는 경우 실시

(3) 정밀안전점검, 정밀안전진단 및 성능평가의 실시 주기

안전등급	정밀안전점검		정밀안전진단	성능평가
	건축물	건축물 외 시설물		
A등급	4년에 1회 이상	3년에 1회 이상	6년에 1회 이상	5년에 1회 이상
B·C등급	3년에 1회 이상	2년에 1회 이상	5년에 1회 이상	
D·E등급	2년에 1회 이상	1년에 1회 이상	4년에 1회 이상	

SECTION 04 관련 지침

1 가설공사 표준안전작업지침

이 지침은 「산업안전보건법」 제27조의 규정에 의하여 가설공사 재해방지를 위한 비계작업, 가설통로, 가설도로의 설치·관리에 있어서 재료와 작업상의 안전에 관하여 사업주에게 지도·권고할 기술상의 지침을 규정함을 목적으로 한다.

CHAPTER 04 무재해운동 및 보호구

SECTION 01 무재해 운동 등 안전활동 기법

1 무재해의 정의

"무재해"란 산업재해로 사망자가 발생하거나 3일 이상의 휴업이 필요한 부상을 입거나 질병에 걸린 사람이 발생되지 않는 것을 말한다.

2 무재해 운동의 목적

① 회사의 손실방지와 생산성 향상으로 기업에 경제적 이익 발생
② 자율적인 문제해결 능력으로서의 생산, 품질의 향상 능력을 제고
③ 전원참가 운동으로 명랑한 직장 풍토를 조성
④ 노사 간 화합 분위기 조성으로 노사 신뢰도가 향상

3 무재해 운동 이론

1) 무재해 운동의 3원칙

① 무의 원칙 : 모든 잠재위험요인을 사전에 발견·파악·해결함으로써 근원적으로 산업재해를 없앨 것
② 참여의 원칙(참가의 원칙) : 작업에 따르는 잠재적인 위험요인을 발견·해결하기 위하여 전원이 협력하여 문제해결 운동을 실천할 것
③ 안전제일의 원칙(선취의 원칙) : 직장의 위험요인을 행동하기 전에 발견·파악·해결하여 재해를 예방할 것

2) 무재해 운동의 3기둥(3요소)

① 직장 자율활동의 활성화 : 일하는 한 사람 한 사람이 안전보건을 자신의 문제이며 동시에 동료의 문제로 진지하게 받아들여 직장의 팀 멤버와의 협동노력으로 자주적으로 추진해 가는 것이 필요함
② 라인(관리감독자)화의 철저 : 안전보건을 추진하는 데는 관리감독자(Line)들이 생산활동 속에 안전보건을 접목시켜 실천하는 것이 꼭 필요함
③ 최고경영자의 안전경영철학
  ㉠ 안전보건은 최고경영자의 "무재해, 무질병"에 대한 확고한 경영자세로부터 시작됨
  ㉡ "일하는 한사람 한사람이 중요하다"라는 최고 경영자의 인간존중 결의로부터 무재해 운동은 출발함

3) 무재해 운동 실천의 3원칙

① 팀미팅기법
② 선취기법
③ 문제해결기법

4 무재해 소집단 활동

1) 지적확인

① 작업의 정확성이나 안전을 확인하기 위해 눈, 손, 입 그리고 귀를 이용하여 작업시작 전에 뇌를 자극시켜 안전을 확보하기 위한 기법
② 작업을 안전하게 오조작 없이 작업공정의 요소요소에서 자신의 행동을 "…, 좋아!"하고 대상을 지적하여 큰소리로 확인하는 것

2) 터치 앤드 콜(Touch and Call)
① 피부를 맞대고 같이 소리치는 것으로 전원이 스킨십(Skinship)을 느끼도록 하는 것
② 팀의 일체감, 연대감을 조성할 수 있고 동시에 대뇌 구피질에 좋은 이미지를 불어넣어 안전행동을 하도록 하는 것

3) 원포인트 위험예지훈련
위험예지훈련 4라운드 중 2R, 3R, 4R를 모두 원포인트로 요약하여 실시하는 기법으로 2~3분이면 실시가 가능한 현장활동용 기법

4) 브레인스토밍(Brain Storming)
소집단 활동의 하나로서 수 명의 구성원이 마음을 터놓고 편안한 분위기 속에서 공상, 연상의 연쇄반응을 일으키면서 자유분방하게 아이디어를 대량으로 발언하여 나가는 발상법(오스본에 의해 창안)
① 비판금지 : "좋다, 나쁘다" 등의 비평을 하지 않을 것
② 자유분방 : 자유로운 분위기에서 발표할 것
③ 대량발언 : 무엇이든지 좋으니 많이 발언할 것
④ 수정발언 : 타인의 아이디어를 수정하여 발언 가능

5) TBM(Tool Box Meeting) 위험예지훈련
같은 작업원 5~6명이 리더를 중심으로 둘러앉아(또는 서서) 3~5분에 걸쳐 작업 중 발생할 수 있는 위험을 예측하고 사전에 점검하여 대책을 수립하는 등 단시간 내에 의논하는 문제해결 기법. 작업현장에서 그때 그 장소의 상황에 즉시 응하여 실시하는 위험예지활동으로서 '즉시즉응법'이라고도 한다.

(1) TBM 실시요령
① 작업시작 전, 중식 후, 작업종료 후 짧은 시간을 활용하여 실시
② 때와 장소에 구애받지 않고 같은 작업자 5~7인 정도가 모여서 공구나 기계 앞에서 행함
③ 일방적인 명령이나 지시가 아니라 잠재위험에 대해 같이 생각하고 해결
④ TBM의 특징은 모두가 "이렇게 하자", "이렇게 한다"라고 합의하고 실행

(2) TBM의 내용
① 작업시작 전(실시순서 5단계)
  ㉠ 도입
  ㉡ 정비점검
  ㉢ 작업지시
  ㉣ 위험예지훈련
  ㉤ 확인
② 작업종료 시
  ㉠ 실시사항의 적절성 확인 : 작업 시작 전 TBM에서 결정된 사항의 적절성 확인
  ㉡ 검토 및 보고 : 그날 작업의 위험요인 도출, 대책 등 검토 및 보고
  ㉢ 문제 제기 : 그날의 작업에 대한 문제 제기

6) 롤플레잉(Role Playing)
작업 전 5분간 미팅의 시나리오를 작성하여 그 시나리오를 보고 구성원들이 연기함으로써 체험학습을 시키는 것

7) 5C 운동(안전행동 실천운동)
① 복장단정(Correctness)
② 정리정돈(Clearance)
③ 청소청결(Cleaning)
④ 점검·확인(Checking)
⑤ 전심전력(Concentration)

5 위험예지훈련 및 진행방법

1) 위험예지훈련의 종류
① 감수성 훈련 : 위험요인을 발견하는 훈련
② 단시간 미팅훈련 : 단시간 미팅을 통해 대책을 수립하는 훈련
③ 문제해결 훈련 : 작업시작 전 문제를 제거하는 훈련

2) 위험예지훈련의 추진을 위한 문제해결 4단계(4라운드)
① 1라운드 : 현상파악(사실의 파악) – 어떤 위험이 잠재하고 있는가?
② 2라운드 : 본질추구(원인조사, 위험요인 발굴, 위험성 결정 등) – 이것이 위험의 포인트다(지적확인).

③ 3라운드 : 대책수립(대책을 세운다) – 당신이라면 어떻게 하겠는가?
④ 4라운드 : 목표설정(행동계획 작성) – 우리들은 이렇게 하자!

3) 위험예지훈련의 3가지 효용
① 위험에 대한 감수성 향상
② 작업행동의 요소요소에서 집중력 증대
③ 문제(위험)해결의 의욕(하고자 하는 생각)증대

6 작업위험분석 및 표준화

1) 작업위험 분석방법
① 면접법
② 관찰법
③ 설문방법
④ 혼합방법

2) 작업표준의 목적
① 작업의 효율화
② 위험요인의 제거
③ 손실요인의 제거

3) 작업개선의 4단계(표준작업을 작성하기 위한 TWI 과정의 개선 4단계)
① 제1단계 : 작업분해
② 제2단계 : 요소작업의 세부내용 검토
③ 제3단계 : 작업분석
④ 제4단계 : 새로운 방법 적용

4) 작업분석(새로운 작업방법의 개발원칙) E.C.R.S
① 제거(Eliminate)
② 결합(Combine)
③ 재조정(Rearrange)
④ 단순화(Simplify)

SECTION 02
보호구

1 보호구의 개요

보호구는 산업재해 예방을 위해 작업자 개인이 착용하고 작업하는 것으로서 유해·위험상황에 따라 발생할 수 있는 재해를 예방하거나 그 유해·위험의 영향이나 재해의 정도를 감소시키기 위한 것을 말한다. 보호구에 완전히 의존하여 기계·기구 설비의 보완이나 작업환경 개선을 소홀히 해서는 안 되며, 보호구는 어디까지나 보조수단으로 사용함을 원칙으로 해야 한다.

1) 보호구가 갖추어야 할 구비요건
① 착용이 간편할 것
② 작업에 방해를 주지 않을 것
③ 유해·위험요소에 대한 방호가 확실할 것
④ 재료의 품질이 우수할 것
⑤ 외관상 보기가 좋을 것
⑥ 구조 및 표면가공이 우수할 것

2) 보호구 선정 시 유의사항
① 사용목적에 적합할 것
② 안전인증(자율안전확인신고)을 받고 성능이 보장될 것
③ 작업에 방해가 되지 않을 것
④ 착용이 쉽고 크기 등이 사용자에게 편리할 것

2 보호구의 종류

1) 안전인증 대상 보호구
① 추락 및 감전 위험방지용 안전모
② 안전화
③ 안전장갑
④ 방진마스크
⑤ 방독마스크
⑥ 송기마스크
⑦ 전동식 호흡보호구
⑧ 보호복
⑨ 안전대

⑩ 차광(遮光) 및 비산물(飛散物) 위험방지용 보안경
⑪ 용접용 보안면
⑫ 방음용 귀마개 또는 귀덮개

2) 자율 안전확인 대상 보호구
① 안전모(추락 및 감전 위험방지용 안전모 제외)
② 보안경(차광 및 비산물 위험방지용 보안경 제외)
③ 보안면(용접용 보안면 제외)

3 보호구의 성능기준 및 시험방법

1) 안전모
(1) 안전인증대상 안전모의 종류 및 사용구분

종류 (기호)	사용구분	비고
AB	물체의 낙하 또는 비래 및 추락에 의한 위험을 방지 또는 경감시키기 위한 것	
AE	물체의 낙하 또는 비래에 의한 위험을 방지 또는 경감하고, 머리부위 감전에 의한 위험을 방지하기 위한 것	내전압성 (주1)
ABE	물체의 낙하 또는 비래 및 추락에 의한 위험을 방지 또는 경감하고, 머리부위 감전에 의한 위험을 방지하기 위한 것	내전압성

(주1) 내전압성이란 7,000V 이하의 전압에 견디는 것을 말한다.

(2) 안전모의 구비조건
① 일반구조
  ㉠ 안전모는 모체, 착장체(머리고정대, 머리받침고리, 머리받침끈) 및 턱끈을 가질 것
  ㉡ 턱끈은 사용 중 탈락되지 않도록 확실히 고정되는 구조일 것
  ㉢ 안전모의 수평간격은 5mm 이상일 것
  ㉣ 턱끈의 폭은 10mm 이상일 것

(3) 안전인증 대상 안전모 성능시험방법

항목	시험성능기준
내관통성	AE, ABE종 안전모는 관통거리가 9.5mm 이하이고, AB종 안전모는 관통거리가 11.1mm 이하이어야 한다.
충격흡수성	최고전달충격력이 4,450N을 초과해서는 안 되며, 모체와 착장체의 기능이 상실되지 않아야 한다.
내전압성	AE, ABE종 안전모는 교류 20kV에서 1분간 절연파괴 없이 견뎌야 하고, 이때 누설되는 충전전류는 10mA 이하이어야 한다.
내수성	AE, ABE종 안전모는 질량증가율이 1% 미만이어야 한다.
난연성	모체가 불꽃을 내며 5초 이상 연소되지 않아야 한다.
턱끈 풀림	150N 이상 250N 이하에서 턱끈이 풀려야 한다.

2) 안전화
(1) 안전화의 종류

종류	성능구분
가죽제 안전화	물체의 낙하, 충격 또는 날카로운 물체에 의한 찔림 위험으로부터 발을 보호하기 위한 것 • 성능시험 : 내답발성, 내압박, 충격, 박리
고무제 안전화	물체의 낙하, 충격 또는 날카로운 물체에 의한 찔림 위험으로부터 발을 보호하고 내수성 또는 내화학성을 겸한 것 • 성능시험 : 압박, 충격, 침수
절연화	물체의 낙하, 충격 또는 날카로운 물체에 의한 찔림 위험으로부터 발을 보호하고 저압의 전기에 의한 감전을 방지하기 위한 것

그 외 발등 안전화, 정전기 안전화, 절연장화, 화학물질용 안전화가 있음

3) 내전압용 절연장갑
(1) 일반구조 구비조건
① 절연장갑은 고무로 제조하여야 하며 핀 홀(Pin Hole), 균열, 기포 등의 물리적인 변형이 없어야 할 것
② 여러 색상의 층들로 제조된 합성 절연장갑이 마모되는 경우에는 그 아래의 다른 색상의 층이 나타나야 할 것

(2) 절연장갑의 등급 및 색상

등급	최대사용전압		비고
	교류(V, 실효값)	직류(V)	
00	500	750	갈색
0	1,000	1,500	빨간색
1	7,500	11,250	흰색
2	17,000	25,500	노랑색
3	26,500	39,750	녹색
4	36,000	54,000	등색

4) 화학물질용 안전장갑

(1) 일반구조 및 재료 구비조건
① 안전장갑에 사용되는 재료와 부품은 착용자에게 해로운 영향을 주지 않아야 할 것
② 안전장갑은 착용 및 조작이 용이하고, 착용상태에서 작업을 행하는 데 지장이 없어야 할 것
③ 안전장갑은 육안을 통해 확인한 결과 찢어진 곳, 터진 곳, 구멍 난 곳이 없어야 할 것

(2) 안전인증 유기화합물용 안전장갑 표시사항
안전인증 유기화합물용 안전장갑에는 안전인증의 표시에 따른 표시 외에 다음 내용을 추가로 표시해야 한다.
① 안전장갑의 치수
② 보관·사용 및 세척상의 주의사항
③ 안전장갑을 표시하는 화학물질 보호성능표시 및 제품 사용에 대한 설명

5) 방진마스크

(1) 방진마스크의 등급 및 사용장소

등급	특급	1급	2급
사용장소	• 베릴륨 등과 같이 독성이 강한 물질들을 함유한 분진 등 발생장소 • 석면 취급장소	• 특급마스크 착용장소를 제외한 분진 등 발생장소 • 금속흄 등과 같이 열적으로 생기는 분진 등 발생장소 • 기계적으로 생기는 분진 등 발생장소(규소 등과 같이 2급 방진마스크를 착용하여도 무방한 경우는 제외한다)	• 특급 및 1급 마스크 착용장소를 제외한 분진 등 발생장소

배기밸브가 없는 안면부 여과식 마스크는 특급 및 1급 장소에 사용해서는 안 된다.

(2) 여과재 분진 등 포집효율

형태 및 등급		염화나트륨(NaCl) 및 파라핀 오일 (Paraffin oil) 시험(%)
분리식 / 안면부 여과식	특급	99.95 이상(분리식) / 99.0 이상(안면부 여과식)
	1급	94.0 이상
	2급	80.0 이상

(3) 전면형 방진마스크의 항목별 유효시야

형태		시야(%)	
		유효시야	겹침시야
전동식	1 안식	70 이상	80 이상
	2 안식	70 이상	20 이상

(4) 방진마스크의 재료 조건
① 여과재는 여과성능이 우수하고 인체에 장해를 주지 않을 것
② 방진마스크에 사용하는 금속부품은 내식성을 갖거나 부식방지를 위한 조치가 되어 있을 것
③ 전면형의 경우 사용할 때 충격을 받을 수 있는 부품은 충격 시에 마찰 스파크가 발생되어 가연성의 가스혼합물을 점화시킬 수 있는 알루미늄, 마그네슘, 티타늄 또는 이의 합금을 사용하지 않을 것

(5) 방진마스크 선정기준(구비조건)
① 분진포집효율(여과효율)이 좋을 것
② 흡기, 배기저항이 낮을 것
③ 사용 후 손질이 간단할 것
④ 중량이 가벼울 것
⑤ 시야가 넓을 것
⑥ 안면밀착성이 좋을 것

6) 방독마스크

(1) 방독마스크의 종류

종류	시험가스
유기화합물용	시클로헥산(C_6H_{12})
할로겐용	염소가스 또는 증기(Cl_2)
황화수소용	황화수소가스(H_2S)
시안화수소용	시안화수소가스(HCN)
아황산용	아황산가스(SO_2)
암모니아용	암모니아가스(NH_3)

(2) 방독마스크의 등급

등급	사용 장소
고농도	가스 또는 증기의 농도가 100분의 2(암모니아에 있어서는 100분의 3) 이하의 대기 중에서 사용하는 것
중농도	가스 또는 증기의 농도가 100분의 1(암모니아에 있어서는 100분의 1.5) 이하의 대기 중에서 사용하는 것
저농도 및 최저농도	가스 또는 증기의 농도가 100분의 0.1 이하의 대기 중에서 사용하는 것으로서 긴급용이 아닌 것

비고 : 방독마스크는 산소농도가 18% 이상인 장소에서 사용하여야 하고, 고농도와 중농도에서 사용하는 방독마스크는 전면형(격리식, 직결식)을 사용해야 한다.

(3) 방독마스크의 종류

① 격리식 전면형
② 격리식 반면형
③ 직결식 전면형
④ 직결식 반면형

(4) 방독마스크의 일반구조 조건

① 착용 시 이상한 압박감이나 고통을 주지 않을 것
② 착용자의 얼굴과 방독마스크의 내면 사이의 공간이 너무 크지 않을 것
③ 전면형은 호흡 시에 투시부가 흐려지지 않을 것
④ 격리식 및 직결식 방독마스크에 있어서는 정화통·흡기밸브·배기밸브 및 머리끈을 쉽게 교환할 수 있고, 착용자 자신이 스스로 안면과 방독마스크 안면부와의 밀착성 여부를 수시로 확인할 수 있을 것

(5) 방독마스크의 재료조건

① 안면에 밀착하는 부분은 피부에 장해를 주지 않을 것
② 흡착제는 흡착성능이 우수하고 인체에 장해를 주지 않을 것
③ 방독마스크에 사용하는 금속부품은 부식되지 않을 것

(6) 방독마스크 표시사항

안전인증 방독마스크에는 다음 각목의 내용을 표시해야 한다.
① 파과곡선도
② 사용시간 기록카드
③ 정화통의 외부 측면의 표시 색

종류	표시 색
유기화합물용 정화통	갈색
할로겐용 정화통	회색
황화수소용 정화통	회색
시안화수소용 정화통	
아황산용 정화통	노랑색
암모니아용(유기가스) 정화통	녹색
복합용 및 겸용의 정화통	• 복합용의 경우 : 해당가스 모두 표시 (2층 분리) • 겸용의 경우 : 백색과 해당가스 모두 표시(2층 분리)

④ 사용상의 주의사항

(7) 방독마스크 성능시험 방법

① 기밀시험
② 안면부 흡기저항시험
③ 안면부 배기저항시험

7) 송기마스크

(1) 송기마스크의 종류

① 호스 마스크
② 에어라인마스크
③ 복합식 에어라인마스크

8) 전동식 호흡보호구

(1) 전동식 호흡보호구의 분류

분류	사용구분
전동식 방진마스크	분진 등이 호흡기를 통하여 체내에 유입되는 것을 방지하기 위하여 고효율 여과재를 전동장치에 부착하여 사용하는 것
전동식 방독마스크	유해물질 및 분진 등이 호흡기를 통하여 체내에 유입되는 것을 방지하기 위하여 고효율 정화통 및 여과재를 전동장치에 부착하여 사용하는 것
전동식 후드 및 전동식 보안면	유해물질 및 분진 등이 호흡기를 통하여 체내에 유입되는 것을 방지하기 위하여 고효율 정화통 및 여과재를 전동장치에 부착하여 사용함과 동시에 머리, 안면부, 목, 어깨부분까지 보호하기 위해 사용하는 것
사용조건	산소농도 18% 이상인 장소에서 사용해야 함

9) 보호복

(1) 방열복의 종류

① 방열상의
② 방열하의
③ 방열일체복
④ 방열장갑
⑤ 방열두건

10) 안전대

(1) 안전대의 종류

종류	사용구분
벨트식 안전그네식	U자 걸이용
	1개 걸이용
	안전블록
	추락방지대

※ 추락방지대 및 안전블록은 안전그네식에만 적용함

(2) 안전대의 일반구조

① 벨트 또는 지탱벨트에 D링 또는 각 링과의 부착은 벨트 또는 지탱벨트와 같은 재료를 사용하여 견고하게 봉합할 것(U자걸이 안전대에 한함)
② 벨트 또는 안전그네에 버클과의 부착은 벨트 또는 안전그네의 한쪽 끝을 꺾어 돌려 버클을 꺾어 돌린 부분을 봉합사로 견고하게 봉합할 것
③ 죔줄 또는 보조죔줄 및 수직구명줄에 D링과 훅 또는 카라비너(이하 "D링 등"이라 한다)와의 부착은 죔줄 또는 보조죔줄 및 수직구명줄을 D링 등에 통과시켜 꺾어 돌린 후 그 끝을 3회 이상 얽어매는 방법(풀림방지장치의 일종) 또는 이와 동등 이상의 확실한 방법으로 할 것
④ 지탱벨트 및 죔줄, 수직구명줄 또는 보조죔줄에 씸블(Thimble) 등의 마모방지장치가 되어 있을 것
⑤ 죔줄의 모든 금속 구성품은 내식성을 갖거나 부식방지 처리를 할 것
⑥ 벨트의 조임 및 조절 부품은 저절로 풀리거나 열리지 않을 것
⑦ 안전그네는 골반 부분과 어깨에 위치하는 띠를 가져야 하고, 사용자에게 잘 맞게 조절할 수 있을 것
⑧ 안전대에 사용하는 죔줄은 충격흡수장치가 부착될 것. 다만, U자걸이, 추락방지대 및 안전블록에는 해당하지 않는다.

(3) 안전대 부품의 재료

부품	재료
벨트, 안전그네, 지탱벨트	나일론, 폴리에스테르 및 비닐론 등의 합성섬유
죔줄, 보조죔줄, 수직구명줄 및 D링 등 부착부분의 봉합사	합성섬유(로프, 웨빙 등) 및 스틸(와이어로프 등)
훅 및 카라비너	KS D 3503(일반구조용 압연강재)에 규정한 SS400 또는 KS D 6763(알루미늄 및 알루미늄합금봉 및 선)에 규정하는 A2017BE-T4 또는 이와 동등 이상의 재료

11) 차광 및 비산물 위험방지용 보안경

(1) 사용구분에 따른 차광보안경의 종류

종류	사용구분
자외선용	자외선이 발생하는 장소
적외선용	적외선이 발생하는 장소
복합용	자외선 및 적외선이 발생하는 장소
용접용	산소용접작업 등과 같이 자외선, 적외선 및 강렬한 가시광선이 발생하는 장소

(2) 보안경의 종류

① 차광안경 : 고글형, 스펙터클형, 프론트형
② 유리보호안경
③ 플라스틱 보호안경
④ 도수렌즈 보호안경

12) 용접용 보안면

[용접용 보안면의 형태]

형태	구조
헬멧형	안전모나 착용자의 머리에 지지대나 헤드밴드 등을 이용하여 적정위치에 고정, 사용하는 형태(자동용접필터형, 일반용접필터형)
핸드실드형	손에 들고 이용하는 보안면으로 적절한 필터를 장착하여 눈 및 안면을 보호하는 형태

13) 방음용 귀마개 또는 귀덮개

[방음용 귀마개 또는 귀덮개의 종류 · 등급]

종류	등급	기호	성능	비고
귀마개	1종	EP-1	저음부터 고음까지 차음하는 것	귀마개의 경우 재사용 여부를 제조특성으로 표기
귀마개	2종	EP-2	주로 고음을 차음하고 저음(회화음영역)은 차음하지 않는 것	
귀덮개	-	EM		

SECTION 03
안전보건표지

1 안전보건표지의 종류 · 용도 및 적용

1) 안전보건표지의 종류와 형태

(1) 종류 및 색채

① 금지표지 : 위험한 행동을 금지하는 데 사용되며 8개 종류가 있음(바탕은 흰색, 기본모형은 빨간색, 관련 부호 및 그림은 검은색)

② 경고표지 : 직접 위험한 것 및 장소 또는 상태에 대한 경고로서 사용되며, 15개 종류가 있음(바탕은 노랑색, 기본모형, 관련 부호 및 그림은 검은색)
 - 다만, 인화성 물질 경고 · 산화성 물질 경고, 폭발성물질 경고, 급성독성 물질 경고 부식성 물질 경고 및 발암성 · 변이원성 · 생식독성 · 전신독성 · 호흡기과민성 물질 경고의 경우 바탕은 무색, 기본모형은 빨간색(검은색도 가능)

③ 지시표지 : 작업에 관한 지시 즉, 안전 · 보건 보호구의 착용에 사용되며 9개 종류가 있음(바탕은 파란색, 관련 그림은 흰색)

④ 안내표지 : 구명, 구호, 피난의 방향 등을 분명히 하는 데 사용되며 7개 종류가 있음(바탕은 흰색, 기본모형 및 관련 부호는 녹색, 바탕은 녹색, 관련 부호 및 그림은 흰색)

(2) 종류와 형태

2) 안전 · 보건표지의 설치 준수사항

① 근로자가 쉽게 알아볼 수 있는 장소 · 시설 또는 물체에 설치할 것
② 흔들리거나 쉽게 파손되지 아니하도록 견고하게 설치하거나 부착할 것
③ 설치하거나 부착하는 것이 곤란한 경우에는 해당 물체에 직접 도장할 것

3) 제작 및 재료 준수사항

① 표시내용을 근로자가 빠르고 쉽게 알아볼 수 있는 크기로 제작할 것
② 표지 속의 그림 또는 부호의 크기는 안전 · 보건표지의 크기와 비례하여야 하며, 안전 · 보건표지 전체 규격의 30% 이상이 되어야 할 것
③ 야간에 필요한 안전 · 보건 표지는 야광물질을 사용하는 등 쉽게 식별 가능하도록 제작할 것

④ 표지의 재료는 쉽게 파손되거나 변질되지 아니하는 것으로 제작할 것

2 안전·보건표지의 색채 및 색도기준

1) 안전·보건표지의 색채, 색도기준 및 용도

색채	색도기준	용도	사용 예
빨간색	7.5R 4/14	금지	정지신호, 소화설비 및 그 장소, 유해행위의 금지
		경고	화학물질 취급장소에서의 유해·위험 경고
노랑색	5Y 8.5/12	경고	화학물질 취급장소에서의 유해·위험경고 이외의 위험경고, 주의표지 또는 기계방호물
파란색	2.5PB 4/10	지시	특정 행위의 지시 및 사실의 고지
녹색	2.5G 4/10	안내	비상구 및 피난소, 사람 또는 차량의 통행표지
흰색	N9.5		파란색 또는 녹색에 대한 보조색
검은색	N0.5		문자 및 빨간색 또는 노랑색에 대한 보조색

2) 기본모형

번호	기본모형	표시사항
1	(원에 45° 사선, d_3, d_2, d_1, d)	금지
2	(정삼각형, 60°, a_2, a_1, a)	경고
3	(마름모, 45°, Q, a_2, a_1, a)	경고
4	(원, d_1, d)	지시
5	(직사각형, b_2, b)	안내
6	(A, B, C 3단 직사각형)	관계자외 출입금지

CHAPTER 05 산업안전심리

SECTION 01 산업심리 개념 및 요소

1 산업심리의 개요

① 산업심리란 산업활동에 종사하는 인간의 문제 특히, 산업현장 근로자들의 심리적 특성 그리고 이와 연관된 조직의 특성 등을 연구, 고찰, 해결하려는 응용심리학의 한 분야임
② 산업 및 조직심리학(Industrial and Organizational Psychology)이라 불리기도 함
③ 산업심리의 주요한 영역 : 선발과 배치, 인간공학, 노동과학, 안전관리학, 교육과 개발 등

2 심리검사의 종류

1) 직업적성

(1) 기계적 적성
① 기계적 적성이란 기계작업에 성공하기 쉬운 특성을 말함
② 기계적 적성의 종류
  ㉠ 손과 팔의 솜씨
  ㉡ 공간 시각화
  ㉢ 기계적 이해
  ㉣ 사무적 적성

2) 적성검사의 종류
① 계산에 의한 검사 : 계산검사, 기록검사, 수학응용검사
② 시각적 판단검사 : 형태 비교검사, 입체도 판단검사, 언어식별검사, 평면도 판단검사, 명칭 판단검사, 공구 판단검사
③ 운동능력검사(Motor Ability Test) : 추적, 두드리기, 점찍기, 복사, 위치, 블록
④ 정밀도검사(정확성 및 기민성) : 교환검사, 회전검사, 조립검사, 분해검사
⑤ 안전검사 : 건강진단, 실시시험, 학과시험, 감각기능검사, 전직조사 및 면접
⑥ 창조성검사(상상력을 발동시켜 창조성 개발능력을 점검하는 검사)
⑦ 직무적성도 판단검사 : 설문지법, 색채법, 설문지에 의한 컴퓨터 방식

3 산업안전 심리의 요소(심리검사의 구비요건, 학습평가의 기본적인 기준)

1) 표준화
① 검사의 관리를 위한 조건, 절차의 일관성과 통일성에 대한 심리검사의 표준화가 마련되어야 함
② 검사의 재료, 검사받는 시간, 피검자에게 주어지는 지시, 피검자의 질문에 대한 검사자의 처리, 검사 장소 및 분위기까지도 모두 통일되어 있어야 함

2) 타당도
측정하고자 하는 것을 실제로 잘 측정하는지의 여부를 판별하는 것으로 특정한 시기에 모든 근로자를 검사하고, 그 검사 점수와 근로자의 직무평정 척도를 상호 연관시키는 예측 타당성을 갖추어야 한다.
① 구인 타당도(Construct Validity) : 검사도구가 측정하고자 하는 개념이나 이론을 제대로 측정하고 있는지에 대한 타당도
② 내용 타당도(Content Validity) : 검사가 다루고 있는 주제를 그 검사 내용의 측면에서 상세히 분석하여 타당도를 얻는 것. 밝혀진 각 내용 영역에서 대표적인 질문들을 뽑고, 그 질문들을 검사해서 얼마나 적합한지를 살피고 측정

하는 과정을 거쳐서 본 검사 내용이 어느 정도 타당한지 그 정도를 나타내는 것

3) 신뢰도
한 집단에 대한 검사응답의 일관성을 말하는 신뢰도를 갖추어야 한다. 검사를 동일한 사람에게 실시했을 때 '검사조건이나 시기에 관계없이 얼마나 점수들이 일관성이 있는가, 비슷한 것을 측정하는 검사점수와 얼마나 일관성이 있는가' 하는 것 등

4) 객관도
채점이 객관적인 것을 의미

5) 실용도
실시가 쉬운 검사

SECTION 02
인간관계와 활동

1 인간관계

1) 인간관계 관리방식
① 종업원의 경영참여기회 제공 및 자율적인 협력체계 형성
② 종업원의 윤리경영의식 함양 및 동기부여

2) 테일러(Taylor) 방식
① 과업수행의 분석과 혼합에 대한 이론으로 차별적 성과급제(인센티브)를 도입함으로써 작업자들을 동기화시켜 생산의 효율성을 향상 도모
② 인간중심의 관점을 중시하지 않음
③ 시간-동작연구를 적용

3) 호손(Hawthorne)의 실험
① 미국 호손공장에서 실시된 실험으로 사원들의 태도, 감독자, 비공식 집단 등 인간관계와 관련된 요소들이 생산성에 미치는 영향을 미친다는 것을 확인한 실험
② 물리적인 조건(조명, 휴식시간, 근로시간 단축, 임금 등)이 생산성에 영향을 주는 것이 아니라 인간관계가 절대적인 요소로 작용함을 강조

4) 집단에서 개인이 나타낼 수 있는 사회행동의 형태
① 협력 : 협조나 조력, 분업 등을 통하여 힘을 하나로 모으는 것
② 대립관계에서의 공격 : 상대방을 가해하거나 압도하여 어떤 목적을 달성하려고 하는 것
③ 대립관계에서의 경쟁 : 같은 목적에 관하여 서로 겨루어 상대방보다 빨리 도달하고자 하는 것
④ 융합 : 상반되는 목표가 강제, 타협, 통합에 의하여 하나가 되는 것
⑤ 도피와 고립 : 자기가 소속된 인간관계에서 이탈하는 것

5) 집단의 효과
① 동조효과 : 집단의 압력에 의해, 다수의 의견을 따르게 되는 현상
② 시너지 효과(상승효과)
③ 견물(見物)효과 : 자랑스럽게 생각하는 것

6) 직장에서의 인간관계 유형
① 화합응집형 : 구성원들이 서로 긍정적 감정과 친밀감을 지니는 동시에 직장에 대한 소속감과 단결력이 높은 경우로 이런 유형의 직장에는 구성원들의 정서적 관계를 중시하는 지도력 있는 상사가 있는 경우가 대부분임
② 대립분리형 : 구성원들이 서로 적시하는 두 개 이상의 하위집단으로 분리되어 있는 경우. 하위집단 간에는 서로 반목하지만, 하위집단 내에서는 서로 친밀감을 지니며 응집력도 높음
③ 화합분산형 : 직장구성원 간에는 비교적 호의적인 관계가 유지되지만, 직장에 대한 응집력이 미약한 경우
④ 대립분산형 : 직장구성원 간의 감정적 갈등이 심하며 직장의 인간관계에 구심점이 없는 경우

2 인간관계 메커니즘

① 동일화(Identification) : 다른 사람의 행동양식이나 태도를 투입시키거나 다른 사람 가운데서 자기와 비슷한 점을 발견하는 것
② 투사(Projection) : 자기 속의 억압된 것을 다른 사람의 것으로 생각하는 것

③ 커뮤니케이션(Communication) : 갖가지 행동양식이나 기호를 매개로 하여 어떤 사람으로부터 다른 사람에게 전달하는 과정

[커뮤니케이션 개선 방안]
㉠ 제안제도
㉡ 고충처리제도
㉢ 인사상담 제도

④ 모방(Imitation) : 남의 행동이나 판단을 표본으로 하여 그것과 같거나 그것에 가까운 행동 또는 판단을 취하려는 것

⑤ 암시(Suggestion) : 다른 사람으로부터의 판단이나 행동을 무비판적으로 논리적, 사실적 근거 없이 받아들이는 것

3 집단행동

1) 통제가 있는 집단행동(규칙이나 규율이 존재한다)

① 관습 : 풍습(Folkways), 예의(Ritual), 금기(Taboo) 등으로 나누어짐

② 제도적 행동(Institutional Behavior) : 합리적으로 성원의 행동을 통제하고 표준화함으로써 집단의 안정을 유지하려는 것

③ 유행(Fashion) : 공통적인 행동양식이나 태도 등을 말함

2) 통제가 없는 집단행동(성원의 감정, 정서에 의해 좌우되고 연속성이 희박하다)

① 군중(Crowd) : 성원 사이에 지위나 역할의 분화가 없고 성원 각자는 책임감을 가지지 않으며 비판력도 가지지 않음

② 모브(Mob) : 폭동과 같은 것을 말하며 군중보다 합의성이 없고 감정에 의해 행동하는 것

③ 패닉(Panic) : 모브가 공격적인 데 반해 패닉은 방어적인 특징이 있음

④ 심리적 전염(Mental Epidemic) : 어떤 사상이 상당 기간에 걸쳐 광범위하게 논리적 근거 없이 무비판적으로 받아들여지는 것

3) 집단 간 갈등

① 집단 간 갈등의 원인으로는 집단 간 목표 차이, 집단 간 의견 차이, 한정된 자원 등이 있을 수 있다.

② 집단 간 갈등을 해소하기 위해서는 집단 간의 갈등 문제보다 상위의 목표를 제시함으로써 갈등을 협동관계로 바꿀 수 있다.

③ 직무순환 등의 방법은 상대 집단에서 문제를 바라보게 함으로써 집단 간 견해 차이를 줄일 수 있다. 한정된 자원의 문제는 자원을 늘리는 방법으로 갈등을 줄일 수 있다.

SECTION 03
직업적성과 인사심리

1 직업적성의 분류

1) 기계적 적성

기계적 적성이란 기계작업에 성공하기 쉬운 특성을 말한다.
① 손과 팔의 솜씨 : 신속하고 정확한 능력
② 공간 시각화 : 형상, 크기의 판단능력
③ 기계적 이해 : 공간시각능력, 지각속도, 경험, 기술적 지식 등 복합적 인자가 합쳐져 만들어진 적성

2) 사무적 적성
① 지능
② 지각속도
③ 정확성

2 적성검사의 종류

① 시각적 판단검사
② 정확도 및 기민성 검사(정밀성 검사)
③ 계산에 의한 검사
④ 속도에 의한 검사

3 적성발견 방법

① 자기 이해 : 자신의 것으로 인지하고 이해하는 방법
② 개발적 경험 : 직장경험, 교육 등을 통한 자신의 능력발견 방법
③ 적성검사
　㉠ 특수 직업 적성검사 : 특수 직무에서 요구되는 능력 유무 검사
　㉡ 일반 직업 적성검사 : 어느 직업분야의 적성을 알기 위한 검사

4 인사관리의 중요한 기능

1) 조직과 리더십(Leadership)

2) 선발(적성검사 및 시험)

3) 배치

4) 작업분석과 업무평가

5) 상담 및 노사 간의 이해

6) 직무분석

조직에서 특정 직무에 적합한 사람을 선발하기 위해 어떤 특성이 필요한지를 파악하기 위해 직무를 조사하는 활동

(1) 직무분석 방법
① 면접법
② 관찰법
③ 설문지법

(2) 직무분석을 통해 얻은 정보의 활용
① 인사선발
② 교육 및 훈련
③ 배치 및 경력개발

7) 직무평가

조직 내에서 각 직무마다 임금수준을 결정하기 위해 직무들의 상대적 가치를 조사하는 것

5 적성배치의 효과

① 근로의욕 고취
② 재해의 예방
③ 근로자 자신의 자아실현
④ 생산성 및 능률 향상

6 적성배치에 있어서 고려되어야 할 기본사항

① 적성검사를 실시하여 개인의 능력을 파악할 것
② 직무평가를 통하여 자격수준을 정할 것
③ 객관적인 감정 요소에 따를 것
④ 인사관리의 기준원칙을 고수할 것

SECTION 04 인간행동 성향 및 행동과학

1 인간의 일반적인 행동특성

1) 레빈(Lewin · K)의 법칙

레빈은 인간의 행동(B)은 그 사람이 가진 자질 즉, 개체(P)와 심리적 환경(E)과의 상호함수관계에 있다고 하였다.

$$B = f(P \cdot E)$$

여기서, B : Behavior(인간의 행동)
f : Function(함수관계)
P : Person(개체 : 연령, 경험, 심신상태, 성격, 지능 등)
E : Environment(심리적 환경 : 인간관계, 작업환경 등)

2) 인간의 심리

① 간결성의 원리 : 최소에너지로 빨리 가려고 함(생략행위)
② 주의의 일점집중현상 : 어떤 돌발사태에 직면했을 때 멍한 상태
③ 억측판단(Risk Taking) : 위험을 부담하고 행동으로 옮김
(예) 신호등이 녹색에서 적색으로 바뀌어도 차가 움직이기까지 아직 시간이 있다고 생각하여 건널목을 건넜을 경우)

3) 억측판단이 발생하는 배경

① 희망적인 관측 : '그때도 그랬으니까 괜찮겠지' 하는 관측
② 정보나 지식의 불확실 : 위험에 대한 정보의 불확실 및 지식의 부족
③ 과거의 선입관 : 과거에 그 행위로 성공한 경험의 선입관
④ 초조한 심정 : 일을 빨리 끝내고 싶은 초조한 심정

4) 작업자가 작업 중 실수나 과오로 사고를 유발시키는 원인

① 능력부족
  ㉠ 부적당한 개성
  ㉡ 지식의 결여
  ㉢ 인간관계의 결함

② 주의부족
  ㉠ 개성
  ㉡ 감정의 불안정
  ㉢ 습관성
③ 환경조건 부적합
  ㉠ 각종의 표준불량
  ㉡ 작업조건 부적당
  ㉢ 계획 불충분
  ㉣ 연락 및 의사소통 불충분
  ㉤ 불안과 동요

2 사회행동의 기초

1) 적응의 개념
적응이란 개인의 심리적 요인과 환경적 요인이 작용하여 조화를 이룬 상태. 일반적으로 유기체가 장애를 극복하고 욕구를 충족하기 위해 변화시키는 활동뿐만 아니라 신체적·사회적 환경과 조화로운 관계를 수립하는 것을 말한다.

2) 부적응
사람들은 누구나 자기의 행동이나 욕구, 감정, 사상 등이 사회의 요구·규범·질서에 비추어 용납되지 않을 때는 긴장, 스트레스, 압박, 갈등이 일어나는데 대인관계나 사회생활에 조화를 잘 이루지 못하는 행동이나 상태를 부적응 또는 부적응 상태라 이른다.

(1) 부적응의 현상
능률저하, 사고, 불만 등

(2) 부적응의 원인
① 신체 장애 : 감각기관 장애, 지체부자유, 허약, 언어 장애, 기타 신체상의 장애
② 정신적 결함 : 지적 우수, 지적 지체, 정신이상, 성격 결함 등
③ 가정·사회 환경의 결함 : 가정환경 결함, 사회·경제적·정치적 조건의 혼란과 불안정 등

3) 인간의 의식 Level의 단계별 신뢰성

단계	의식의 상태	신뢰성	의식의 작용
Phase 0	무의식, 실신	0	없음
Phase I	의식의 둔화	0.9 이하	부주의
Phase II	이완상태	0.99~0.99999	마음이 안쪽으로 향함(Passive)
Phase III	명료한 상태	0.99999 이상	전향적(Active)
Phase IV	과긴장 상태	0.9 이하	한점에 집중, 판단 정지

3 동기부여

동기부여란 동기를 불러일으키게 하고 일어난 행동을 유지시켜 일정한 목표로 이끌어 가는 과정을 말한다.

1) 매슬로우(Maslow)의 욕구단계이론

단계	종류	내용
1단계	생리적 욕구	기아, 갈증, 호흡, 배설, 성욕 등
2단계	안전의 욕구	안전을 기하려는 욕구
3단계	사회적 욕구 (친화 욕구)	소속 및 애정에 대한 욕구
4단계	자기존경의 욕구 (승인의 욕구)	자기존경의 욕구로 자존심, 명예, 성취, 지위에 대한 욕구
5단계	자아실현의 욕구 (성취욕구)	잠재적인 능력을 실현하고자 하는 욕구

2) 알더퍼(Alderfer)의 ERG 이론

(1) E(Existence) : 존재의 욕구
① 생리적 욕구나 안전욕구와 같이 인간이 자신의 존재를 확보하는 데 필요한 욕구
② 급여, 성과급, 육체적 작업에 대한 욕구 그리고 물질적 욕구가 포함됨

(2) R(Relation) : 관계욕구
① 개인이 주변사람들(가족, 감독자, 동료작업자, 하위자, 친구 등)과 상호작용을 통하여 만족을 추구하고 싶어하는 욕구
② 매슬로 욕구단계 중 사회적 욕구에 속함

(3) G(Growth) : 성장욕구

① 매슬로의 자존의 욕구와 자아실현의 욕구를 포함하는 것으로서, 개인의 잠재력 개발과 관련되는 욕구
② ERG 이론에 따르면 경영자가 종업원의 고차원 욕구를 충족시켜야 하는 것은 동기부여를 위해서만이 아니라 발생할 수 있는 직·간접비용을 절감한다는 차원에서도 중요함

3) 맥그리거(Mcgregor)의 X이론과 Y이론

(1) X이론에 대한 가정

① 원래 종업원들은 일하기 싫어하며 가능하면 일하는 것을 피하려고 한다.
② 종업원들은 일하는 것을 싫어하므로 바람직한 목표를 달성하기 위해서는 그들을 통제하고 위협하여야 한다.
③ 종업원들은 책임을 회피하고 가능하면 공식적인 지시를 바란다.
④ 인간은 명령되는 쪽을 좋아하며 무엇보다 안전을 바라고 있다는 인간관을 지니고 있다.

　[X이론에 대한 관리 처방]
　㉠ 경제적 보상체계의 강화
　㉡ 권위주의적 리더십의 확립
　㉢ 면밀한 감독과 엄격한 통제
　㉣ 상부책임제도의 강화
　㉤ 통제에 의한 관리

(2) Y이론에 대한 가정

① 종업원들은 일하는 것을 놀이나 휴식과 동일한 것으로 볼 수 있다.
② 종업원들은 조직의 목표에 관여하는 경우에 자기지향과 자기통제를 행한다.
③ 보통 인간들은 책임을 수용하고 심지어는 구하는 것을 배울 수 있다.
④ 작업에서 몸과 마음을 구사하는 것은 인간의 본성이라는 인간관을 지니고 있다.
⑤ 인간은 조건에 따라 자발적으로 책임을 지려고 한다는 인간관을 지니고 있다.
⑥ 매슬로의 욕구체계 중 자아실현의 욕구에 해당한다.

　[Y이론에 대한 관리 처방]
　㉠ 민주적 리더십의 확립
　㉡ 분권화와 권한의 위임
　㉢ 직무확장
　㉣ 자율적인 통제

4) 허즈버그(Herzberg)의 2요인 이론(위생요인, 동기요인)

(1) 위생요인(Hygiene)

작업조건, 급여, 직무환경, 감독 등 일의 조건, 보상에서 오는 욕구(충족되지 않을 경우 조직의 성과가 떨어지나, 충족되었다고 성과가 향상되지 않음)

(2) 동기요인(Motivation)

책임감, 성취 인정, 개인발전 등 일 자체에서 오는 심리적 욕구(충족될 경우 조직의 성과가 향상되며 충족되지 않아도 성과가 떨어지지 않음)

(3) 허즈버그(Herzberg)의 일을 통한 동기부여 원칙

① 직무에 따라 자유와 권한 부여
② 개인적 책임이나 책무를 증가시킴
③ 더욱 새롭고 어려운 업무수행을 하도록 과업 부여
④ 완전하고 자연스러운 작업단위를 제공
⑤ 특정의 직무에 전문가가 될 수 있도록 전문화된 임무를 배당

(4) 허즈버그(Herzberg)가 제시한 직무충실(Job enrichment)의 원리

① 자신의 일에 대해서 책임을 더 지도록 한다.
② 직무에서 자유를 제공하기 위하여 부가적 권위를 부여한다.
③ 전문가가 될 수 있도록 전문화된 과제들을 부과한다.
④ 완전하고 자연스러운 작업 단위를 제공한다.
⑤ 여러 가지 규제를 제거하여 개인적 책임감을 증대시킨다.

[동기부여에 관한 이론들의 비교]

매슬로(MASLOW)의 욕구단계이론	알더퍼(Alderfer)의 ERG 이론	허즈버그(Herzberg)의 2요인 이론	맥그리거(Mcgreger)의 X, Y이론
자아실현의 욕구 (제5단계)	G(Growth) : 성장욕구	동기요인 (Motivation)	Y이론
자기존경의 욕구 (제4단계)	R(Relation) : 관계욕구		
사회적 욕구 (제3단계)		위생요인 (Hygiene)	X이론
안전의 욕구 (제2단계)	E(Existence) : 존재의 욕구		
생리적 욕구 (제1단계)			

5) 데이비스(K. Davis)의 동기부여 이론
① 지식(Knowledge)×기능(Skill)=능력(Ability)
② 상황(Situation)×태도(Attitude)=동기유발(Motivation)
③ 능력(Ability)×동기유발(Motivation)=인간의 성과(Human Performance)
④ 인간의 성과×물질적 성과=경영의 성과

6) 작업동기와 직무수행과의 관계 및 수행과정에서 느끼는 직무 만족의 내용을 중심으로 하는 이론
① 콜만의 일관성 이론 : 자기존중을 높이는 사람은 더 높은 성과를 올리며 일관성을 유지하여 사회적으로 존경받는 직업을 선택
② 브롬의 기대이론 : 기대(Expectancy), 도구성(Instrumentality), 유인도(Valence)의 3가지 요소의 값이 각각 최대값이 되면 최대의 동기부여가 된다는 이론
③ 록크의 목표설정 이론 : 인간은 이성적이며 의식적으로 행동한다는 가정에 근거한 동기이론

[종업원의 동기부여와 관련된 목표설정이론]
㉠ 구체적인 목표를 주는 것이 좋다.
㉡ 피드백이 중요하다.
㉢ 목표설정과정에서 종업원의 참여가 중요하다.

[효과적인 목표의 특징]
㉠ 목표는 측정 가능해야 한다.
㉡ 목표는 구체적이어야 한다.
㉢ 목표는 그 달성에 필요한 시간의 제한을 명시해야 한다.

7) 아담스(Adams)의 공정성 이론
인간은 자신과 타인의 투입된 노력과 산출을 비교하여 그 비가 서로 공정해지는 방향으로 동기부여가 되고 행동한다는 것이다. 즉, 작업동기는 입력대비 산출결과가 적을 때 나타난다.

$$\text{자신}\left(\frac{\text{산출(Output)}}{\text{입력(Input)}}\right) = \text{타인}\left(\frac{\text{산출(Output)}}{\text{입력(Input)}}\right)$$

① 입력(Input) : 일반적인 자격, 교육수준, 노력 등을 의미
② 산출(Output) : 봉급, 지위, 기타 부가 급부 등을 의미
③ 공정성이나 불공정성은 자신이 일에 투자하는 투입과 그로부터 얻어내는 결과의 비율을 타인이나 타집단의 투입에 대한 결과의 비율과 비교하면서 발생하는 개념임

8) 안전에 대한 동기 유발방법
① 안전의 근본이념을 인식시키기
② 상과 벌을 주기
③ 동기유발의 최적수준을 유지시키기
④ 목표를 설정하기
⑤ 결과를 알려주기
⑥ 경쟁과 협동을 유발시키기

4 주의와 부주의

1) 주의의 특성

(1) 선택성(소수의 특정한 것에 한한다)
인간의 정보처리능력은 한계가 있으므로 모든 정보가 단기기억으로 입력될 수는 없다. 따라서 입력정보들 중 필요한 것만을 골라내는 기능을 담당하는 선택여과기(Selective Filter)가 있는 셈인데, 브로드벤트(Broadbent)는 이러한 주의의 특성을 선택적 주의(Selective Attention)라 하였다.

(2) 방향성(시선의 초점이 맞았을 때 쉽게 인지된다)
주의의 초점에 합치된 것은 쉽게 인식되지만, 초점으로부터 벗어난 부분은 무시되는 성질을 말하는데, 얼마나 집중하였느냐에 따라 무시되는 정도도 달라진다.

(3) 변동성(인간은 한 점에 계속하여 주의를 집중할 수는 없다)
① 주의를 계속하는 사이에 언제인가 자신도 모르게 다른 일을 생각하게 된다. 이것을 다른 말로 '의식의 우회'라고 표현하기노 한다.
② 대체적으로 변화가 없는 한 가지 자극에 명료하게 의식을 집중할 수 있는 시간은 불과 수초에 지나지 않고, 주의집중 작업 혹은 각성을 요하는 작업(Vigilance Task)은 30분을 넘어서면 작업성능이 50% 이하로 현저하게 저하한다.

2) 부주의의 원인

① 의식의 우회 : 의식의 흐름이 옆으로 빗나가 발생하는 것(걱정, 고민, 욕구불만 등에 의하여 정신을 빼앗기는 것)
② 의식수준의 저하 : 혼미한 정신상태에서 심신이 피로할 경우나 단조로운 반복작업 등의 경우에 일어나기 쉬움
③ 의식의 단절 : 지속적인 의식의 흐름에 단절이 생기고 공백의 상태가 나타나는 것. 주로 질병의 경우에 나타남
④ 의식의 과잉 : 지나친 의욕에 의해서 생기는 부주의 현상 (일점 집중현상)
⑤ 부주의 발생원인 및 대책
　㉠ 내적 원인 및 대책
　　• 소질적 조건 : 적성배치
　　• 경험 및 미경험 : 교육
　　• 의식의 우회 : 상담
　㉡ 외적 원인 및 대책
　　• 작업환경조건 불량 : 환경정비
　　• 작업순서의 부적당 : 작업순서정비

3) ECR(Error Cause Removal) 제안제도

(1) ECR(Error Cause Removal) 정의

작업자 스스로가 자기의 부주의 또는 제반 오류의 원인을 생각함으로써 개선을 하도록 하는 제도

(2) ECR 제안제도에서 실수 및 과오의 3대 원인

① 능력부족 : 적성의 부적합, 지식의 부족, 기능의 미숙
② 주의부족 : 개성, 감정의 불안정, 습관성
③ 환경조건 : 표준불량, 계획 불충분, 작업조건 불량

CHAPTER 06 인간의 행동과학

SECTION 01 동작특성

1 사고경향

1) 사고경향성 이론
① 어떠한 사람이 다른 사람보다 사고를 더 잘 일으킨다.
② 사고는 특정 시점에서 특정한 사람이 반복해서 일으킨다.
③ 사고를 많이 내는 여러 명의 특성을 측정하여 사고를 예방할 수 있다.
④ 검증하기 위한 효과적인 방법은 다른 두 시기 동안에 같은 사람의 사고 기록을 비교하는 것이다.

2) 성격의 유형(재해누발자 유형)
① 미숙성 누발자 : 환경에 익숙하지 못하거나 기능 미숙으로 인한 재해 누발자
② 상황성 누발자 : 작업이 어렵거나 기계설비의 결함, 주의력의 집중이 혼란될 경우, 심신의 근심으로 사고 경향자가 되는 경우(상황이 변하면 안전한 성향으로 바뀜)
③ 습관성 누발자 : 재해의 경험으로 신경과민이 되거나 슬럼프에 빠지기 때문에 사고경향자가 되는 경우
④ 소질성 누발자 : 지능, 성격, 감각운동 등에 의한 소질적 요소에 의해서 결정되는 특수성격 소유자

3) 재해빈발설
① 기회설 : 개인의 문제가 아니라 작업 자체에 문제가 있어 재해가 빈발
② 암시설 : 재해를 한번 경험한 사람은 심리적 압박을 받게 되어 대처능력이 떨어져 재해가 빈발
③ 빈발경향자설 : 재해를 자주 일으키는 소질을 가진 근로자가 있다는 설

2 안전사고 요인

1) 정신적 요소
① 안전의식의 부족
② 주의력의 부족
③ 방심, 공상
④ 판단력 부족

2) 생리적 요소
① 극도의 피로
② 시력 및 청각기능의 이상
③ 근육운동의 부적합
④ 생리 및 신경계통의 이상

3) 불안전행동

(1) 직접적인 원인

지식의 부족, 기능 미숙, 태도불량, 인간에러, 안전장치의 기능제거 등

(2) 간접적인 원인
① 망각 : 학습된 행동이 지속되지 않고 소멸되는 것, 기억된 내용의 망각은 시간의 경과에 비례하여 급격히 이루어진다.
② 의식의 우회 : 공상, 회상 등
③ 생략행위 : 정해진 순서를 빠뜨리는 것
④ 억측판단 : 자기 멋대로 하는 주관적인 판단(위험을 부담하고 행동으로 옮김)
⑤ 4M 요인 : 인간관계(Man), 기계(Machine), 작업환경(Media), 관리(Management)

SECTION 02
노동과 피로

1 피로의 증상 및 대책

1) 피로의 정의
신체적 또는 정신적으로 지치거나 약해진 상태로서 작업능률의 저하, 신체기능의 저하 등의 증상이 나타나는 상태를 말한다.

2) 피로의 종류
① 정신적(심리적) 피로 : 계속되는 작업에서 수행감소를 주관적으로 지각하는 것
② 생리적 피로 : 근육조직의 산소고갈로 발생하는 신체능력 감소 및 생리적 손상

3) 피로의 발생원인

(1) 피로의 요인
① 작업조건 : 작업강도, 작업속도, 작업시간 등
② 환경조건 : 온도, 습도, 소음, 조명 등
③ 생활조건 : 수면, 식사, 취미활동 등
④ 사회적 조건 : 대인관계, 생활수준 등
⑤ 신체적, 정신적 조건

(2) 기계적 요인과 인간적 요인
① 기계적 요인 : 기계의 종류, 조작부분의 배치, 색채, 조작부분의 감촉 등
② 인간적 요인 : 신체상태, 정신상태, 작업내용, 작업시간, 사회환경, 작업환경 등

4) 피로의 예방과 회복대책
① 단조감에 의한 피로 : 휴식을 적절하게 부여할 것
② 신체적 긴장에 의한 피로 : 운동에 의해 긴장을 풀 것
③ 정신적 긴장에 의한 피로 : 불필요한 마찰을 배제할 것
④ 정신적 노력에 의한 피로 : 휴식, 양성훈련을 실시할 것
⑤ 작업에 수반된 피로 : 충분한 영양을 섭취할 것, 목욕이나 가벼운 체조를 할 것, 휴식과 수면을 취할 것

2 피로의 측정법

1) 신체활동의 생리학적 측정분류
작업을 할 때 인체가 받는 부담은 작업의 성질에 따라 상당한 차이가 있다. 이 차이를 연구하기 위한 방법이 생리적 변화를 측정하는 것이다. 즉, 산소소비량, 근전도, 플리커치 등으로 인체의 생리적 변화를 측정한다.
① 근전도(EMG) : 근육활동의 전위차를 기록하여 측정
② 심전도(ECG) : 심장의 근육활동의 전위차를 기록하여 측정
③ 산소소비량
④ 정신적 작업부하에 관한 생리적 측정치
  ㉠ 점멸융합주파수(플리커법) : 사이가 벌어져 회전하는 원판으로 들어오는 광원의 빛을 단속시켜 연속광으로 보이는지 단속광으로 보이는지 경계에서의 빛의 단속주기를 플리커치라 한다. 정신적으로 피로한 경우에는 주파수 값이 내려가는 것으로 알려져 있다.
  ㉡ 기타 정신부하에 관한 생리적 측정치 : 눈꺼풀의 깜박임률(Blink rate), 동공지름(Pupil diameter), 뇌의 활동전위를 측정하는 뇌파도(EEG ; ElecroEncephalo Gram)

2) 피로의 측정방법
① 생리학적 측정 : 근력 및 근활동(EMG), 대뇌활동(EEG), 호흡(산소소비량), 순환기(ECG)
② 생화학적 측정 : 혈액농도 측정, 혈액수분 측정, 요전해질, 요단백질 측정
③ 심리학적 측정 : 피부저항, 동작분석, 연속반응시간, 집중력

3 작업강도와 피로

1) 작업강도(에너지 대사율 : RMR ; Relative Metabolic Rate)

$$\text{에너지 대사율(RMR)} = \frac{(\text{작업 시 소비에너지} - \text{안정 시 소비에너지})}{\text{기초대사 시 소비에너지}} = \frac{\text{작업대사량}}{\text{기초대사량}}$$

① 작업 시 소비에너지 : 작업 중 소비한 산소량
② 안정 시 소비에너지 : 의자에 앉아서 호흡하는 동안 소비한 산소량
③ 기초대사량 : 체표면적 산출식과 기초대사량 표에 의해 산출

$$A = H^{0.725} \times W^{0.425} \times 72.46$$

여기서, A : 몸의 표면적(cm^2)
H : 신장(cm)
W : 체중(kg)

2) 에너지 대사율(RMR)에 의한 작업강도
① 경작업(0~2RMR) : 사무실 작업, 정신작업 등
② 중(中)작업(2~4RMR) : 힘이나 동작, 속도가 작은 하체작업 등
③ 중(重)작업(4~7RMR) : 동작, 속도가 큰 전신작업 등
④ 초중(超重)작업(7RMR 이상) : 과격한 전신작업

3) NIOSH의 직무스트레스 모델
① 미국 산업안전보건연구원(NIOSH)에서 기존의 스트레스 연구 결과들을 종합하여 제시한 모델
② 이 모델에서 직무스트레스 요인으로는 크게 환경요인, 직무요인, 조직요인으로 구분함
   ㉠ 직무요인 : 작업의 특성인 부하, 속도, 교대 형태 등
   ㉡ 조직요인 : 역할 갈등, 관리 유형, 의사결정 참여, 고용문제 등
   ㉢ 환경요인 : 조명, 소음 등

4 생체리듬

1) 생체리듬(Biorhythm ; Biological Rhythm)
인간의 생리적인 주기 또는 리듬에 관한 이론이다.

2) 생체리듬(바이오리듬)의 종류
① 육체적(신체적) 리듬(P ; Physical Cycle) : 신체의 물리적인 상태를 나타내는 리듬, 청색 실선으로 표시하며 23일의 주기를 보임
② 감성적 리듬(S ; Sensitivity) : 기분이나 신경계통의 상태를 나타내는 리듬, 적색 점선으로 표시하며 28일의 주기를 보임
③ 지성적 리듬(I ; Intellectual) : 기억력, 인지력, 판단력 등을 나타내는 리듬, 녹색 일점쇄선으로 표시하며 33일의 주기를 보임

3) 생체리듬(바이오리듬)의 변화
① 야간에는 체중이 감소함
② 야간에는 말초운동 기능이 저하, 피로의 자각증상 증대
③ 혈액의 수분, 염분량은 주간에 감소하고 야간에 증가됨
④ 체온, 혈압, 맥박은 주간에 상승하고 야간에 감소됨

SECTION 03
집단관리와 리더십

1 리더십의 유형

1) 리더십의 정의
① 집단목표를 위해 스스로 노력하도록 사람에게 영향력을 행사한 활동
② 어떤 특정한 목표달성을 지향하고 있는 상황에서 행사되는 대인 간의 영향력
③ 공통된 목표달성을 지향하도록 사람에게 영향을 미치는 것

2) 리더십의 유형
(1) 선출방식에 의한 분류
① 헤드십(Headship) : 집단 구성원이 아닌 외부에 의해 선출(임명)된 지도자로 권한을 행사함
② 리더십(Leadership) : 집단 구성원에 의해 내부적으로 선출된 지도자로 권한을 대행함

(2) 업무추진 방식에 의한 분류
① 독재형(권위형, 권력형, 맥그리거의 X이론 중심) : 지도자가 모든 권한행사를 독단적으로 처리(개인 중심)

② 민주형(맥그리거의 Y이론 중심) : 집단의 토론, 회의 등을 통해 정책을 결정(집단중심), 리더와 부하직원 간의 협동과 의사소통
③ 자유방임형(개방적) : 리더는 명목상 리더의 자리만을 지킴(종업원 중심)

3) 리더의 중요한 기능
① 집단 구성원에 대한 배려 : 조직의 단결과 통일성을 위해 요구되는 기능
② 조직구조의 주도 : 외부환경에 대한 올바른 판단, 미래에 대한 비전의 제시, 새로운 기술 등에 대한 정보제공 등 조직 주도 업무를 수행
③ 생산활동의 강조
④ 민감한 태도

4) 리더의 구비요건
① 화합성
② 통찰력
③ 정서적 안정성 및 활발성
④ 판단력

5) 경로목표이론
리더가 하위자들을 어떻게 동기유발시켜 설정된 목표를 달성하도록 할 것인가에 관한 이론. 리더는 작업 상황에서 하위자들이 목표달성을 위해 필요하다고 생각되는 요소를 제공함으로써 목표달성의 수준을 높이려고 노력한다.
① 지시적 리더 : 하위자들에게 과업수행을 지시하고 기대되고 있는 것이 무엇이고 그 과업이 어떻게 수행되어야 하는지에 대해 말해준다.
  ㉠ 외적 통제성향인 부하는 지시적 리더행동을 좋아한다.
  ㉡ 부하의 능력이 우수하면 지시적 리더행동은 효율적이지 못하다.
② 지원적 리더 : 하위자의 복지와 욕구에 유의하며 인격적으로 존중한다.
③ 참여적 리더 : 하위자들을 의사결정과정에 참여시켜 그 제안을 의사결정에 반영한다(리더가 결정하지 않는다). 내적 통제성향인 부하는 참여적 리더행동을 좋아한다.
④ 성취지향적 리더 : 일에 대한 도전적인 자세를 요구하며 가능한 한 최고의 수준으로 업적을 완수하도록 돕는다.
경로목표이론은 리더를 어느 한 가지 리더십에 한정시키는 것이 아니라, 리더는 자신의 행동을 상황이나 하위자의 동기유발을 위한 요구에 적응시켜야 한다고 주장한다.

6) 상황적 리더십(Situational Leadership Theory)
허시(Hersey)와 브랜차드(Blanchard)가 주장한 상황적 리더십 이론은 리더가 이끌 멤버들의 자발적 참여의지(부하의 성숙도)가 어느 정도냐에 리더십 스타일을 맞춰가야 좋은 성과를 얻는다는 이론이다.

2 리더십의 기법

1) Hare, M.의 방법론
① 지식의 부여 : 종업원에게 직장 내의 정보와 직무에 필요한 지식을 부여함
② 관대한 분위기 : 종업원이 안심하고 존재하도록 직무상 관대한 분위기를 유지함
③ 일관된 규율 : 종업원에게 직장 내의 정보와 직무에 필요한 일관된 규율을 유지함
④ 향상의 기회 : 성장의 기회와 사회적 욕구 및 이기적 욕구의 충족을 확대할 기회를 줌
⑤ 참가의 기회 : 직무의 모든 과정에서 참가를 보장함
⑥ 호소하는 권리 : 종업원에게 참다운 의미의 호소권을 부여함

2) 리더십에 있어서의 권한
(1) 조직이 지도자에게 부여한 권한
① 합법적 권한 : 군대, 교사, 정부기관 등 법적으로 부여된 권한
② 보상적 권한 : 부하에게 노력에 대한 보상을 할 수 있는 권한
③ 강압적 권한 : 리더가 부하직원에게 부정적인 결과를 초래할 수 있는 권한(예 처벌, 임금 삭감, 해고 등)

(2) 지도자 자신이 자신에게 부여한 권한
① 전문성의 권한 : 지도자가 전문지식을 가지고 있는가와 관련된 권한
② 위임된 권한 : 부하직원이 지도자의 생각과 목표를 얼마나 잘 따르는지와 관련된 권한

3) 행동변화 4단계
① 1단계 : 지식의 변화
② 2단계 : 태도의 변화

③ 3단계 : 개인(행동)의 변화
④ 4단계 : 집단 또는 조직의 변화

4) 리더십의 특성
① 대인적 숙련
② 혁신적 능력
③ 기술적 능력
④ 협상적 능력
⑤ 표현 능력
⑥ 교육훈련 능력

5) 리더십의 기법
(1) 독재형(권위형)
① 부하직원을 강압적으로 통제
② 의사결정권은 경영자가 가지고 있음

(2) 민주형
① 발생 가능한 갈등은 의사소통을 통해 조정
② 부하직원의 고충을 해결할 수 있도록 지원

(3) 자유방임형(개방적)
① 의사결정의 책임을 부하직원에게 전가
② 업무회피 현상

6) 카리스마적 리더십
베버는 카리스마적 리더에 대해 위기의 상황에서 사람들을 구할 수 있는 해결책을 가지고 나타나는 신비스럽고 자아도취적이며 사람들을 끌어들이는 흡입력을 지닌 사람이라고 보았다.

[카리스마적 리더의 주요한 특성]
① 비전제시 능력
② 개인적 매력
③ 수사학적 능력

7) 변혁적 리더십
인본주의, 평등, 평화, 정의, 자유와 같은 포괄적이고 높은 수준의 도덕적 가치와 이상에 호소하여 부하들의 의식을 더 높은 단계로 끌어올리려고 한다.

[변혁적 리더십의 구성요인]
① 개인적 배려
② 비전 제시
③ 카리스마

3 헤드십

1) 정의
① 헤드십(headship)은 외부로부터 임명된 헤드(Head)가 조직 체계나 직위를 이용, 권한을 행사하는 것을 말함
② 지도자와 집단 구성원 사이에 공통의 감정이 생기기 어려우며 항상 일정한 거리가 있음

2) 권한
① 권한 근거는 공식적임
② 부하직원의 활동을 감독할 수 있음
③ 상사와 부하와의 관계가 종속적임
④ 부하와의 사회적 간격이 넓음
⑤ 지휘형태가 권위적임

4 사기와 집단역학

1) 집단의 적응
(1) 집단의 기능
① 행동규범 : 집단을 유지, 통제하고 목표를 달성하기 위한 것
② 응집성 : 집단 구성원들이 그 집단에 남아 있기를 원하는 정도
③ 집단의 목표 : 집단의 역할을 위해 목표가 있어야 함

(2) 슈퍼(Super)의 역할이론
① 역할 갈등(Role Conflict) : 작업 중에 상반된 역할이 기대되는 경우가 있으며, 그럴 때 갈등이 생긴다.

[역할 갈등의 원인]
㉠ 역할 모호성 : 역할에 대한 기대가 명확하지 않은 경우
㉡ 역할 부적함 : 구성원의 능력과 역할에 대한 기대가 일치하지 않는 경우
㉢ 역할 마찰 : 구성원들 간 역할 기대가 충돌하는 경우

② 역할 기대(Role Expectation) : 자기의 역할을 기대하고 감수하는 수단
③ 역할 조성(Role Shaping) : 개인에게 여러 개의 역할 기대가 있을 경우 그 중의 어떤 역할 기대는 불응, 거부할 수도 있으며 혹은 다른 역할을 해내기 위해 다른 일을 구할 때도 있음

④ 역할 연기(Role Playing) : 관찰 및 피드백에 의한 학습 원칙을 가지며 자아탐색인 동시에 자아실현의 수단임

[역할 연기(Role Playing)의 장점]
㉠ 흥미를 갖고, 문제에 적극적으로 참가함
㉡ 문제의 배경에 대하여 통찰하는 능력을 높임으로써 감수성이 향상됨
㉢ 자기 태도의 반성과 창조성이 생기고, 발표력이 향상됨
㉣ 목적이 명확하지 않고 다른 방법과 병행이 필요함

(3) 슈퍼(Super. D.E.)에 의한 직업생활의 단계
① 탐색(Exploration)
② 확립(Establishment)
③ 유지(Maintenance)
④ 하강(Decline)

(4) 집단에서의 인간관계
① 경쟁 : 상대보다 목표에 빨리 도달하려고 하는 것
② 도피, 고립 : 열등감에서 소속된 집단에서 이탈하는 것
③ 공격 : 상대방을 압도하여 목표를 달성하려고 하는 것

(5) 개인 목표 갈등
집단 내에서 두 개 이상의 양립할 수 없는 목표가 개인에게 주어지면 어느 것을 선택해야 할지 몰라 갈등을 겪을 수 있음
① 접근-접근형 : 두 개 이상의 동등한 가치를 지닌 대안들 중 선택을 해야 할 경우에 겪는 갈등
② 접근-회피형 : 두 개 이상의 부정적 결과를 초래하는 일들 중 어느 하나를 선택해야 할 경우 겪는 갈등
③ 회피-회피형 : 주어진 목표가 긍정적인 속성과 부정적인 속성을 모두 지니고 있는 경우 발생하는 갈등

2) 욕구저지의 상황적 요인
① 외적 결여 : 욕구만족의 대상이 존재하지 않음
② 외적 상실 : 욕구를 만족해오던 대상이 사라짐
③ 외적 갈등 : 외부조건으로 인해 심리적 갈등이 발생
④ 내적 결여 : 개체에 욕구만족의 능력과 자질이 부족
⑤ 내적 상실 : 개체의 능력 상실
⑥ 내적 갈등 : 개체 내 압력으로 인해 심리적 갈등 발생

3) 모랄 서베이(Morale Survey)
근로의욕조사라고도 하는데, 근로자의 감정과 기분을 과학적으로 고려하고 이에 따른 경영의 관리활동을 개선하려는 데 목적이 있음

(1) 실시방법
① 통계에 의한 방법 : 사고 상해율, 생산성, 지각, 조퇴, 이직 등을 분석하여 파악하는 방법
② 사례연구(Case Study)법 : 관리상의 여러 가지 제도에 나타나는 사례에 대해 연구함으로써 현상을 파악하는 방법
③ 관찰법 : 종업원의 근무 실태를 계속 관찰함으로써 문제점을 찾아내는 방법
④ 실험연구법 : 실험그룹과 통제그룹으로 나누고 정황, 자극을 주어 태도 변화를 조사하는 방법
⑤ 태도조사 : 질문지법, 면접법, 집단토의법, 투사법 등에 의해 의견을 조사하는 방법

(2) 모랄 서베이의 효용
① 근로자의 심리 요구를 파악하여 불만을 해소하고 노동 의욕을 높임
② 경영관리를 개선하는 데 필요한 자료를 얻을 수 있음
③ 종업원의 정화작용을 촉진시킴
  ㉠ 소셜 스킬즈(Social Skills) : 모랄을 향상시키는 능력
  ㉡ 테크니컬 스킬즈(Technical Skills) : 사물을 인간에 유익하도록 처리하는 능력

4) 관리 그리드(Managerial Grid)
① 무관심형(1,1) : 생산과 인간에 대한 관심이 모두 낮은 무관심한 유형으로서, 리더 자신의 직분을 유지하는 데 필요한 최소의 노력만을 투입하는 리더 유형
② 인기형(1,9) : 인간에 대한 관심은 매우 높고 생산에 대한 관심은 매우 낮아서 부서원들과의 만족스런 관계와 친밀한 분위기를 조성하는 데 역점을 기울이는 리더 유형
③ 과업형(9,1) : 생산에 대한 관심은 매우 높지만, 인간에 대한 관심은 매우 낮아 인간적인 요소보다도 과업수행에 대한 능력을 중요시하는 리더 유형
④ 타협형(5,5) : 중간형으로 과업의 생산성과 인간적 요소를 절충하여 적당한 수준의 성과를 지향하는 리더 유형

⑤ 이상형(9,9) : 팀형으로 인간에 대한 관심과 생산에 대한 관심이 모두 높으며, 구성원들에게 공동목표 및 상호의존관계를 강조하고, 상호신뢰적이고 상호존중관계 속에서 구성원들의 몰입을 통하여 과업을 달성하는 리더 유형

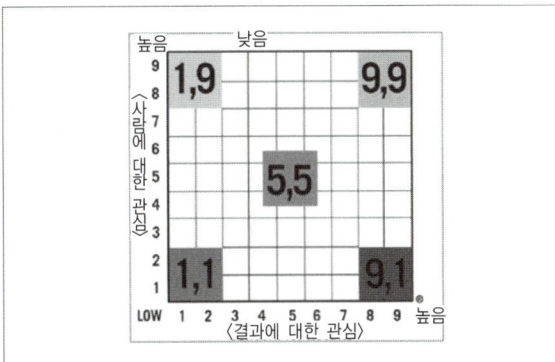

[관리 그리드]

SECTION 04 착오와 실수

1 산업안전심리의 5대 요소

① 동기(Motive) : 능동력은 감각에 의한 자극에서 일어나는 사고의 결과로서 사람의 마음을 움직이는 원동력이 됨
② 기질(Temper) : 인간의 성격, 능력 등 개인적인 특성을 말하는 것으로 생활환경에 영향을 받음
③ 감정(Emotion) : 희로애락의 의식 등을 말함
④ 습성(Habits) : 동기, 기질, 감정 등이 밀접한 관계를 형성하여 인간의 행동에 영향을 미칠 수 있도록 하는 것
⑤ 습관(Custom) : 자신도 모르게 습관화된 현상을 말하며 습관에 영향을 미치는 요소는 동기, 기질, 감정, 습성

2 착오

1) 착오의 종류

① 위치착오
② 순서착오
③ 패턴의 착오
④ 기억의 착오
⑤ 형(모양)의 착오

2) 착오의 원인

① 심리적 능력한계
② 감각차단현상
③ 정보량의 저장한계

3 착시

물체의 물리적인 구조가 인간의 감각기관인 시각을 통해 인지한 구조와 일치되지 않게 보이는 현상

학설	그림	현상
Zoller의 착시		세로의 선이 굽어보인다.
Orbigon의 착시		안쪽 원이 찌그러져 보인다.
Sander의 착시		두 점선의 길이가 다르게 보인다.
Ponzo의 착시		두 수평선부의 길이가 다르게 보인다.
Müler-Lyer의 착시	(a) (b)	a가 b보다 길게 보인다. 실제는 a=b이다.
Helmholz의 착시	(a) (b)	a는 세로로 길어 보이고, b는 가로로 길어 보인다.
Hering의 착시	(a) (b)	a는 양단이 벌어져 보이고, b는 중앙이 벌어져 보인다.
Köhler의 착시 (윤곽착오)		우선 평형의 호를 본 후 즉시 직선을 본 경우에 직선은 호의 반대방향으로 굽어 보인다.
Poggendorf의 착시	(a) (c) (b)	a와 c가 일직선으로 보인다. 실제는 a와 b가 일직선이다.

4 착각현상

착각은 물리현상을 왜곡하는 지각현상을 말함(인간의 노력으로 고칠 수 있는 것이 아님)

① 자동운동 : 암실 내에서 정지된 작은 광점을 응시하면 움직이는 것처럼 보이는 현상
② 유도운동 : 실제로는 정지한 물체가 어느 기준물체의 이동에 따라 움직이는 것처럼 보이는 현상
③ 가현운동 : 영화처럼 물체가 빨리 나타나거나 사라짐으로 인해 운동하는 것처럼 보이는 현상

CHAPTER 07 안전보건교육의 개념

SECTION 01 교육의 필요성

1 교육의 개념(효과)

① 신입직원은 기업의 내용 그 방침과 규정을 파악함으로써 친근과 안정감을 줌
② 직무에 대한 지도를 받아 질과 양이 모두 표준에 도달하고 임금의 증가를 도모함
③ 재해, 기계설비의 소모 등의 감소에 유효하며 산업재해를 예방함
④ 직원의 불만과 결근, 이동을 방지함
⑤ 내부 이동에 대비하여 능력의 다양화, 승진에 대비한 능력향상을 도모함
⑥ 새로 도입된 신기술에 종업원의 적응을 원활하게 함

2 교육의 목적

피교육자의 발달을 효과적으로 도와줌으로써 이상적인 상태가 되도록 하는 것을 말함

3 학습지도 이론

① 자발성의 원리 : 학습자 스스로 학습에 참여해야 한다는 원리
② 개별화의 원리 : 학습자가 가지고 있는 각각의 요구 및 능력에 맞게 지도해야 한다는 원리
③ 사회화의 원리 : 공동학습을 통해 협력과 사회화를 도와준다는 원리
④ 통합의 원리 : 학습을 종합적으로 지도하는 것으로 학습자의 능력을 조화있게 발달시키는 원리
⑤ 직관의 원리 : 구체적인 사물을 제시하거나 경험 등을 통해 학습효과를 거둘 수 있다는 원리
⑥ 학습의 전이(Transference) : 어떤 내용을 학습한 결과가 다른 학습이나 반응에 영향을 미치는 현상을 의미하는 것으로 학습효과의 전이라고도 한다. 훈련 상황이 실제 작업 장면과 유사할 때 학습전이가 일어나기 쉽다는 원리

[학습의 전이 조건]
㉠ 학습의 정도   ㉡ 시간의 간격
㉢ 학습자의 태도   ㉣ 학습자의 지능
㉤ 유의성

4 학습목적의 3요소

① 주제(Subject) : 목표달성을 위한 테마(Theme)를 의미
② 학습정도(Level of Learning) : 주제를 학습시킬 범위와 내용의 정도
③ 목표(Goal) : 학습목적의 핵심으로 학습을 통해 달성하려는 지표

SECTION 02 교육의 지도

1 교육지도의 원칙

① 상대방의 입장고려할 것(상대중심교육 : 자발창조의 원칙, 흥미의 원칙, 개성화의 원칙)
② 동기부여를 해줄 것
③ 쉬운 것에서 어려운 것으로 실시할 것
④ 반복할 것

⑤ 한 번에 하나씩 교육을 실시할 것
⑥ 인상의 강화를 할 것
⑦ 오감을 활용할 것
⑧ 기능적인 이해일 것

2 교육지도의 단계

1) 안전보건교육의 3단계
① 지식교육(1단계) : 지식의 전달과 이해
② 기능교육(2단계) : 실습, 시범을 통한 이해
    ㉠ 준비 철저　　㉡ 위험작업의 규제
    ㉢ 안전작업의 표준화
③ 태도교육(3단계) : 안전의 습관화(가치관 형성)
    ㉠ 청취(들어본다) → ㉡ 이해, 납득(이해시킨다) →
    ㉢ 모범(시범을 보인다) → ㉣ 권장(평가한다)

2) 교육법의 4단계
① 도입(1단계) : 학습할 준비를 시킨다(배우고자 하는 마음가짐을 일으키는 단계).
② 제시(2단계) : 작업을 설명한다(내용을 확실하게 이해시키고 납득시키는 단계).
③ 적용(3단계) : 작업을 지휘한다(이해시킨 내용을 활용시키거나 응용시키는 단계).
④ 확인(4단계) : 가르친 뒤 살펴본다(교육내용을 정확하게 이해하였는가를 테스트하는 단계).

[교육방법에 따른 교육시간]

교육법의 4단계	강의식	토의식
제1단계 – 도입(준비)	5분	5분
제2단계 – 제시(설명)	40분	10분
제3단계 – 적용(응용)	10분	40분
제4단계 – 확인(총괄)	5분	5분

3 교육훈련의 평가방법

1) 학습평가의 기본적인 기준
① 타당성　　② 신뢰성
③ 객관성　　④ 실용성

2) 교육훈련평가의 4단계
① 반응 → ② 학습 → ③ 행동 → ④ 결과

3) 교육훈련의 평가방법
① 관찰　　　　　② 면접
③ 자료분석법　　④ 과제
⑤ 설문　　　　　⑥ 감상문
⑦ 실험평가　　　⑧ 시험

SECTION 03
교육의 분류

1 교육훈련기법에 따른 분류

① 강의법(Lecture method) : 안전지식을 강의식으로 전달하는 방법(초보적인 단계에서 효과적)
    ㉠ 강사의 입장에서 시간의 조정이 가능함
    ㉡ 전체적인 교육내용을 제시하는 데 유리함
    ㉢ 비교적 많은 인원을 대상으로 단시간에 지식을 부여할 수 있음
② 토의법(Discussion method)
    ㉠ 10~20인 정도가 모여서 토의하는 방법(안전지식을 가진 사람에게 효과적)으로 태도교육의 효과를 높이기 위한 교육방법. 집단을 대상으로 한 안전보건교육 중 가장 효율적인 교육방법
    ㉡ 알고 있는 지식을 심화시키거나 어떠한 자료에 대해 보다 명료한 생각을 갖도록 하기 위하여 실시하는 교육방법
③ 시범 : 필요한 내용을 직접 제시하는 방법
④ 모의법 : 실제 상황을 만들어 두고 학습하는 방법

[모의법 제약조건]
    ㉠ 단위 교육비가 비싸고 시간의 소비가 많음
    ㉡ 시설의 유지비가 높음
    ㉢ 다른 방법에 비하여 학생 대 교사의 비가 높음

⑤ 시청각 교육법 : 시청각 교육자료를 가지고 학습하는 방법

⑥ 실연법
  ㉠ 학습자가 이미 설명을 듣거나 시범을 보고 알게 된 지식이나 기능을 강사의 감독 아래 직접적으로 연습해 적용해 보게 하는 교육방법
  ㉡ 다른 방법보다 교사 대 학습자수의 비율이 높음
  ㉢ 수업의 중간이나 마지막 단계에 행하는 것으로서 언어학습이나 문제해결 학습에 효과적인 학습법
⑦ 프로그램 학습법(Programmed Self-instruction Method)
  ㉠ 장점
    - 학습 내용 습득 여부를 즉각적으로 피드백 받을 수 있다.
    - 많은 수의 학습자를 지도할 수 있다.
    - 학습속도, 지능, 학습적성 등 개인차를 충분히 고려할 수 있다.
    - 매 반마다 피드백이 주어지기 때문에 학습자가 흥미를 갖는다.
  ㉡ 단점
    - 수강생의 사회성이 결여되기 쉽다.
    - 교재 개발에 많은 시간과 노력이 든다.
⑧ 집중학습 : 학습할 자료를 한꺼번에 묶어서 일괄적으로 연습하는 방법
⑨ 배분학습 : 학습할 자료를 나누어서 연습하는 방법으로 새로운 기술을 학습하는 경우 배분학습이 집중학습보다 효과적
⑩ 초과학습 : 충분한 연습으로 완전학습 후에도 일정량 연습을 계속하는 것

2 교육방법에 따른 분류

1) 하버드 학파의 5단계 교수법(사례연구 중심)
① 1단계 : 준비시킨다(Preparation).
② 2단계 : 교시한다(Presentation).
③ 3단계 : 연합한다(Association).
④ 4단계 : 총괄한다(Generalization).
⑤ 5단계 : 응용시킨다(Application).

2) 수업단계별 최적의 수업방법
① 도입단계 : 강의법, 시범
② 전개단계 : 토의법, 실연법
③ 정리단계 : 자율학습법
④ 도입·전개·정리단계 : 프로그램 학습법, 모의법

3) 존 듀이(Jone Dewey)의 5단계 사고과정
① 제1단계 : 시사(Suggestion)를 받는다.
② 제2단계 : 지식화(Intellectualization)한다.
③ 제3단계 : 가설(Hypothesis)을 설정한다.
④ 제4단계 : 추론(Reasoning)한다.
⑤ 제5단계 : 행동에 의하여 가설을 검토한다.

4) TWI(관리감독자 훈련)

(1) TWI(Training Within Industry) 개요

주로 관리감독자를 대상으로 하며, 전체 교육시간은 10시간(1일 2시간씩 5일 교육)으로 실시한다. 이때 한 그룹에 10명 내외로 토의법과 실연법 중심으로 강의를 진행한다.

[TWI 훈련의 종류]
① 작업지도훈련(JIT ; Job Instruction Training)
② 작업방법훈련(JMT ; Job Method Training)
③ 인간관계훈련(JRT ; Job Relations Training)
④ 작업안전훈련(JST ; Job Safety Training)

(2) TWI 개선 4단계
① 작업분해   ② 세부내용 검토
③ 작업분석   ④ 새로운 방법의 적용

(3) MTP(Management Training Program)

한 그룹에 10~15명 내외로 전체 교육시간은 40시간(1일 2시간씩 20일 교육)으로 실시한다.

(4) ATT(American Telephone & Telegraph Company)

대상층이 한정되어 있지 않고 토의식으로 진행되며 교육시간은 1차 훈련은 1일 8시간씩 2주간, 2차 과정은 문제 발생 시 하도록 되어있다.

(5) CCS(Civil Communication Section)

강의식에 토의식이 가미된 형태로 진행되며 매주 4일, 4시간씩 8주간(총 128시간) 실시토록 되어 있다. 당초 일부 회사의 톱 매니지먼트(top management)에 대하여만 행하여졌으나 그 후 널리 보급되었으며, 교육내용은 정책의 수립, 조작, 통제 및 운영 등이다.

5) O.J.T(On the Job Training) 및 OFF J.T(Off the Job Training)

(1) O.J.T(직장 내 교육훈련)

직속상사가 직장 내에서 작업표준을 가지고 업무상의 개별교육이나 지도훈련을 하는 것(개별교육에 적합)

① 개인 개인에게 적절한 지도훈련이 가능
② 직장의 실정에 맞게 실제적 훈련이 가능
③ 효과가 곧 업무에 나타나며 훈련효과에 의해 상호 신뢰 및 이해도가 높아짐

(2) OFF J.T(직장 외 교육훈련)

계층별 직능별로 공통된 교육대상자를 현장 이외의 한 장소에 모아 집합교육을 실시하는 교육형태(집단교육에 적합)

① 다수의 근로자에게 조직적 훈련을 행하는 것이 가능
② 훈련에만 전념
③ 각각 전문가를 강사로 초청하는 것이 가능
④ OFF J.T 안전교육 4단계
  ㉠ 1단계 : 학습할 준비를 시킨다.
  ㉡ 2단계 : 작업을 설명한다.
  ㉢ 3단계 : 작업을 시켜본다.
  ㉣ 4단계 : 가르친 뒤를 살펴본다.

6) 학습목적의 3요소

(1) 교육의 3요소

① 주체 : 강사
② 객체 : 수강자(학생)
③ 매개체 : 교재(교육내용)

(2) 학습의 구성 3요소

① 목표 : 학습의 목적, 지표
② 주제 : 목표달성을 위한 주제
③ 학습정도 : 주제를 학습시킬 범위와 내용의 정도

(3) 학습정도의 4단계

① 인지(to acquaint) : ~을 인지하여야 한다.
② 지각(to understand) : ~을 알아야 한다.
③ 이해(to recall) : ~을 이해하여야 한다.
④ 적용(to apply) : ~을 ~에 적용할 줄 알아야 한다.

7) 교육훈련평가

(1) 학습평가의 기본적인 기준

① 타당성
② 신뢰성
③ 객관성
④ 실용성

(2) 교육훈련평가의 4단계

① 반응 → ② 학습 → ③ 행동 → ④ 결과

(3) 교육훈련의 평가방법

① 관찰
② 면접
③ 자료분석법
④ 과제
⑤ 설문
⑥ 감상문
⑦ 실험평가
⑧ 시험

8) 5관의 효과치

① 시각효과 60%
② 청각효과 20%
③ 촉각효과 15%
④ 미각효과 3%
⑤ 후각효과 2%

SECTION 04
교육심리학

1 교육심리학의 정의

교육의 과정에서 일어나는 여러 문제를 심리학적 측면에서 연구하여 원리를 정립하고 방법을 제시함으로써 교육의 효과를 극대화하려는 교육학의 한 분야

2 교육심리학의 연구방법

① 관찰법 : 현재의 상태를 있는 그대로 관찰하는 방법
② 실험법 : 관찰대상을 교육목적에 맞게 계획하고 조작하여 나타나는 결과를 관찰하는 방법

③ 면접법 : 관찰자가 관찰대상을 직접 면접을 통해서 심리상태를 파악하는 방법
④ 질문지(설문지)법 : 관찰대상에게 질문지를 나누어주고 이에 대한 답을 작성하게 해서 알아보는 방법
⑤ 투사법 : 인간의 내면에서 일어나고 있는 심리적 사고에 대하여 사물을 이용하여 인간의 성격을 알아보는 방법
⑥ 사례연구법 : 여러 가지 사례를 조사하여 결과를 도출하는 방법. 원칙과 규정의 체계적 습득이 어려움

　[사례연구법의 장점]
　㉠ 강의법에 비해 실제 업무현장에의 전이를 촉진함
　㉡ 사례 속의 문제를 다양한 관점에서 바라보게 됨
　㉢ 커뮤니케이션 스킬이 향상됨

⑦ 카운슬링(Counseling) : 심리학적 교양과 기술을 익힌 전문가인 카운슬러가 적응상(適應上)의 문제를 가진 내담자(來談者)와 면접하여 대화를 거듭하고, 이를 통하여 내담자가 자신의 문제를 해결해 나가는 인격적 발달을 도울 수 있도록 하는 것(의식의 우회에서 오는 부주의를 최소화하기 위한 방법)
　㉠ 카운슬링의 방법 : 직접적인 충고, 설득적 방법, 설명적 방법
　㉡ 카운슬링의 순서 : 장면 구성 → 내담자와의 대화 → 의견 재분석 → 감정 표출 → 감정의 명확화

3 성장과 발달

1) 성인학습자의 특성

(1) 지능상의 특성
① 유동적 지능 : 개인이 속하여 살고 있는 특정사회의 문화내용이나 체계적인 학교교육 또는 학습활동과 무관하게 사회 속에 우연한 학습과정을 통하여 나타나는 개개인의 독특한 사고력의 정도
② 결정체적 지능 : 형식화, 체계화된 의도적 학습을 통해 발달

(2) 학습자로서의 성인의 특징(엔드라고지 모델에 기초)
① 성인들은 무엇인가를 왜 배워야 하는지에 대해 알고자 하는 욕구를 가지고 있다.
② 성인들은 자기주도적으로 학습하고자 한다.
③ 성인들은 많은 다양한 경험들을 가지고 있다.
④ 성인들은 과제중심적(문제중심적)으로 학습하고자 한다.
⑤ 성인들은 학습을 하려는 강한 내·외적 동기를 가지고 있다.

2) 교육의 유형적 개념

(1) 형식적 교육
① 일반적으로 정규학교 교육을 의미한다.
② 형식적 교육은 의도적 교육 또는 좁은 의미의 교육이라고도 한다.
③ 형식적 교육의 특징
　㉠ 폐쇄적, 규정적, 선발적, 경쟁적이다.
　㉡ 가르치는 교과 형태가 구조화되어 있다.
　㉢ 활용과 효과 또한 장기적인 목표에 두고 있다.

(2) 비형식적 교육
① 가정·직장·독서·라디오·비디오·영화·여행들의 일상적인 경험
② 환경의 접촉에 의한 체계나 조직 없이 지식, 기술, 태도 등을 습득하는 과정

(3) 무형식적 교육
무형식적 교육은 형식적과 비형식적 교육의 중간단계이다.

4 학습이론

1) 자극과 반응(S-R ; Stimulus & Response) 이론

(1) 손다이크(Thorndike)의 시행착오설
인간과 동물은 차이가 없다고 보고 동물연구를 통해 인간심리를 발견하고자 했으며 동물의 행동이 자극 S와 반응 R의 연합에 의해 결정된다고 하는 것(학습 또한 지식의 습득이 아니라 새로운 환경에 적응하는 행동의 변화이다)
① 준비성의 법칙 : 학습이 이루어지기 전의 학습자의 상태에 따라 그것이 만족스러운가 불만족스러운가에 관한 것
② 연습의 법칙 : 일정한 목적을 가지고 있는 작업을 반복하는 과정 및 효과를 포함한 전제과정
③ 효과의 법칙 : 목표에 도달했을 때 만족스러운 보상을 주면 반응과 결합이 강해져 조건화가 잘 이루어짐

(2) 파블로프(Pavlov)의 조건반사설

훈련을 통해 반응이나 새로운 행동에 적응할 수 있다(종소리를 통해 개의 소화작용에 대한 실험을 실시).

① 계속성의 원리(The Continuity Principle) : 자극과 반응의 관계는 횟수가 거듭될수록 강화가 잘됨
② 일관성의 원리(The Consistency Principle) : 일관된 자극을 사용하여야 함
③ 강도의 원리(The Intensity Principle) : 먼저 준 자극보다 같거나 강한 자극을 주어야 강화가 잘됨
④ 시간의 원리(The Time Principle) : 조건자극을 무조건자극보다 조금 앞서거나 동시에 주어야 강화가 잘됨

(3) 파블로프의 계속성 원리와 손다이크의 연습 원리 비교

① 파블로프의 계속성 원리 : 같은 행동을 단순히 반복함, 행동의 양적 측면에 관심
② 손다이크의 연습 원리 : 단순동일행동의 반복이 아님, 최종행동의 형성을 위해 점차적인 변화를 꾀하는 목적 있는 진보의 의미

(4) 스키너(Skinner)의 조작적 조건형성 이론

특정 반응에 대해 체계적이고 선택적인 강화를 통해 그 반응이 반복해서 일어날 확률을 증가시키는 이론(쥐를 상자에 넣고 쥐의 행동에 따라 음식을 떨어뜨리는 실험을 실시)

① 강화(Reinforcement)의 원리 : 어떤 행동의 강도와 발생빈도를 증가시키는 것(예 안전퀴즈대회를 열어 우승자에게 상을 줌)
　㉠ 부적강화란 반응 후 처벌이나 비난 등 해로운 자극이 주어져서 반응 발생률이 감소하는 것이다.
　㉡ 정적강화란 반응 후 음식이나 칭찬 등 이로운 자극을 주었을 때 반응 발생률이 높아지는 것이다.
　㉢ 처벌은 더 강한 처벌에 의해서만 효과가 지속되는 부작용이 있다.
　㉣ 부분강화에 의하면 학습이 빠르게 진행되고 학습효과가 서서히 사라진다.
② 소거의 원리
③ 조형의 원리
④ 변별의 원리
⑤ 자발적 회복의 원리

2) 인지이론

① 톨만(Tolman)의 기호형태설 : 학습자의 머릿속에 인지적 지도 같은 인지구조를 바탕으로 학습하려는 것이다.
② 쾰러(Köhler)의 통찰설
③ 레빈(Lewin)의 장이론(Field Theory)

5 학습조건

1) 파지(Retention)

과거의 학습경험이 현재와 미래의 행동에 영향을 주는 작용

2) 망각

경험한 내용이나 학습된 행동을 다시 생각하여 작업에 적용하지 아니하고 방치함으로써 경험의 내용이나 인상이 약해지거나 소멸되는 현상

3) 기억의 과정

① 기명(Memorizing) : 사물의 인상을 마음에 간직하는 것
② 파지(Retention) : 사물, 현상, 정보 등이 현재와 미래에 지속되는 것
③ 재생(Recall) : 보존된 인상을 다시 떠올리는 것
④ 재인(Recognition) : 과거의 경험과 비슷한 상황에 부딪혔을 때 떠오르는 것

4) 피교육자에게 해주어야 할 일

① 긴장감을 제거해 줄 것
② 피교육자의 입장에서 가르칠 것
③ 안심감을 줄 것
④ 믿을 수 있는 내용으로 쉽게 할 것

6 적응기제

욕구불만에서 합리적인 반응을 하기가 곤란할 때 일어나는 여러 가지의 비합리적인 행동으로 자신을 보호하려고 하는 것. 문제의 직접적인 해결을 시도하지 않고, 현실을 왜곡시켜 자기를 보호함으로써 심리적 균형을 유지하려는 '행동 기제'이다.

1) 방어적 기제(Defense Mechanism)

자신의 약점을 위장하여 유리하게 보임으로써 자기를 보호하려는 것

① 보상 : 계획한 일을 성공하는 데서 오는 자존감
② 합리화(변명) : 너무 고통스럽기 때문에 인정할 수 없는 실제 이유 대신에 자기 행동에 그럴듯한 이유를 붙이는 방법
③ 승화 : 억압당한 욕구가 사회적·문화적으로 가치 있게 목적으로 향하도록 노력함으로써 욕구를 충족하는 방법
④ 동일시 : 자기가 되고자 하는 인물을 찾아내어 동일시하여 만족을 얻는 행동

2) 도피적 기제(Escape Mechanism)

욕구불만이나 압박으로부터 벗어나기 위해 현실을 벗어나 마음의 안정을 찾으려는 것

① 고립 : 자기의 열등감을 의식하여 다른 사람과의 접촉을 피해 자기의 내적 세계로 들어가 현실의 억압에서 피하려는 기제
② 퇴행 : 신체적으로나 정신적으로 정상 발달되어 있으면서도 위협이나 불안을 일으키는 상황에는 생애 초기에 만족했던 시절을 생각하는 것
③ 억압 : 나쁜 무엇을 잊고 더 이상 행하지 않겠다는 해결 방어기제
④ 백일몽 : 현실에서 만족할 수 없는 욕구를 상상의 세계에서 얻으려는 행동

3) 공격적 기제(Aggressive Mechanism)

욕구불만이나 압박에 대해 반항하여 적대시하는 감정이나 태도를 취하는 것

① 직접적 공격기제 : 폭행, 싸움, 기물파손 등
② 간접적 공격기제 : 욕설, 비난, 조소 등

4) 적응기제의 전형적인 형태

스트레스	일반적인 방어기제
실패	합리화, 보상
죄책감	합리화
적대감	백일몽, 억압
열등감	동일시, 보상, 백일몽
실연	합리화, 백일몽, 고립
개인의 능력한계	백일몽, 고립

CHAPTER 08 교육의 내용 및 방법

SECTION 01 교육의 실시방법

1 교육법의 4단계

① 도입(1단계) : 학습할 준비를 시킨다(배우고자 하는 마음가짐을 일으키는 단계).
② 제시(2단계) : 작업을 설명한다(내용을 확실하게 이해시키고 납득시키는 단계).
③ 적용(3단계) : 작업을 지휘한다(이해시킨 내용을 활용 또는 응용시키는 단계).
④ 확인(4단계) : 가르친 뒤 살펴본다(교육내용을 정확하게 이해하였는가를 테스트하는 단계).

[교육방법에 따른 교육시간]

교육법의 4단계	강의식	토의식
제1단계 – 도입(준비)	5분	5분
제2단계 – 제시(설명)	40분	10분
제3단계 – 적용(응용)	10분	40분
제4단계 – 확인(총괄)	5분	5분

2 강의법

안전지식을 강의식으로 전달하는 방법(초보적인 단계에서 효과적)
① 강사의 입장에서 시간의 조정이 가능함
② 전체적인 교육내용을 제시하는 데 유리함
③ 비교적 많은 인원을 대상으로 단시간에 지식을 부여할 수 있음
④ 개인의 학습속도에 맞추기 어려운 단점이 있음

3 토의법

1) 토의법 개요

① 10~20인 정도가 모여서 토의하는 방법(안전지식을 가진 사람에게 효과적)
② 태도교육의 효과를 높이기 위한 교육방법
③ 집단을 대상으로 한 안전보건교육 중 가장 효율적인 교육방법

2) 토의 운영방식에 따른 유형

① 일제문답식 토의 : 교수가 학습자 전원을 대상으로 문답을 통하여 전개해 나가는 방식
② 공개식 토의 : 1~2명의 발표자가 규정된 시간(5~10분) 내에 발표하고 발표내용을 중심으로 질의, 응답으로 진행
③ 원탁식 토의 : 10명 내외 인원이 원탁에 둘러앉아 자유롭게 토론하는 방식
④ 워크숍(Workshop) : 학습자를 몇 개의 그룹으로 나눠 자주적으로 토론하는 전개 방식
⑤ 버즈법(Buzz Session Discussion) : 참가자가 다수인 경우에 전원을 토의에 참가시키기 위한 방법으로 소집단을 구성하여 회의를 진행시키며 일명 6-6회의라고도 한다.

[진행방법]
㉠ 먼저 사회자와 기록계를 선출한다.
㉡ 나머지 사람은 6명씩 소집단을 구성한다.
㉢ 소집단별로 각각 사회자를 선발하여 각각 6분씩 자유 토의를 행하여 의견을 종합한다.

⑥ 자유토의 : 학습자 전체가 관심있는 주제를 가지고 자유롭게 토의하는 형태
⑦ 롤 플레잉(Role Playing) : 참가자에게 일정한 역할을 주어서 실제적으로 연기를 시켜봄으로써 자기의 역할을 보다 확실히 인식시키는 방법

3) 집단 크기에 따른 유형

(1) 대집단 토의

① 패널토의(Panel Discussion) : 사회자의 진행에 의해 특정 주제에 대해 구성원 3~6명이 대립된 견해를 가지고 청중 앞에서 논쟁을 벌이는 것
② 포럼(Forum) : 1~2명의 전문가가 10~20분 동안 공개 연설을 한 다음 사회자의 진행하에 질의응답의 과정을 통해 토론하는 형식
③ 심포지엄(The Symposium) : 몇 사람의 전문가에 의하여 과제에 관한 견해를 발표한 뒤에 참가자로 하여금 의견이나 질문을 하게 하여 토의하는 방법

(2) 소집단 토의

① 브레인스토밍
② 개별지도 토의

4 실연법

학습자가 이미 설명을 듣거나 시범을 보고 알게 된 지식이나 기능을 강사의 감독 아래 직접적으로 연습해 적용해 보게 하는 교육방법. 다른 방법보다 교사 대 학습자수의 비율이 높다.

5 기타 교육 실시방법

1) 구안법(Project method)

학생이 마음속에 생각하고 있는 것을 외부에 구체적으로 실현하고 형상화하기 위해서 자기 스스로가 계획을 세워 수행하는 학습 활동으로 이루어지는 형태 Collings는 구안법을 탐험(Exploration), 구성(Construction), 의사소통(Communication), 유희(Play), 기술(Skill)의 5가지로 지직하고 산입시찰, 견학, 현장실습 등도 이에 해당된다고 했다.

① 구안법의 단계 : 목적 → 계획 → 수행 → 평가
② 구안법의 특징
  ㉠ 동기부여가 충분하다.
  ㉡ 현실적인 학습방법이다.
  ㉢ 작업에 대해 창조력이 생긴다.

SECTION 02
교육대상

1 교육대상별 교육방법

1) 근로자 안전보건교육(산업안전보건법 시행규칙)

(1) 정기교육

교육내용
• 산업안전 및 사고 예방에 관한 사항 • 산업보건 및 직업병 예방에 관한 사항 • 위험성평가에 관한 사항 • 건강증진 및 질병 예방에 관한 사항 • 유해·위험 작업환경 관리에 관한 사항 • 산업안전보건법령 및 산업재해 보상보험 제도에 관한 사항 • 직무스트레스 예방 및 관리에 관한 사항 • 직장 내 괴롭힘, 고객의 폭언 등으로 인한 건강장해 예방 및 관리에 관한 사항

(2) 채용 시 교육 및 작업내용 변경 시 교육

교육내용
• 산업안전 및 사고 예방에 관한 사항 • 산업보건 및 직업병 예방에 관한 사항 • 위험성평가에 관한 사항 • 산업안전보건법령 및 산업재해 보상보험 제도에 관한 사항 • 직무스트레스 예방 및 관리에 관한 사항 • 직장 내 괴롭힘, 고객의 폭언 등으로 인한 건강장해 예방 및 관리에 관한 사항 • 기계·기구의 위험성과 작업의 순서 및 동선에 관한 사항 • 작업 개시 전 점검에 관한 사항 • 정리정돈 및 청소에 관한 사항 • 사고 발생 시 긴급조치에 관한 사항 • 물질안전보건자료에 관한 사항

2) 관리감독자 안전보건교육

(1) 정기교육

교육내용
• 산업안전 및 사고 예방에 관한 사항 • 산업보건 및 직업병 예방에 관한 사항 • 위험성평가에 관한 사항 • 유해·위험 작업환경 관리에 관한 사항 • 사업장 내 안전보건관리체제 및 안전·보건조치 현황에 관한 사항 • 표준안전 작업방법 결정 및 지도·감독 요령에 관한 사항 • 현장근로자와의 의사소통능력 및 강의능력 등 안전보건교육 능력 배양에 관한 사항

교육내용
• 산업안전보건법령 및 산업재해 보상보험 제도에 관한 사항 • 직무스트레스 예방 및 관리에 관한 사항 • 직장 내 괴롭힘, 고객의 폭언 등으로 인한 건강장해 예방 및 관리에 관한 사항 • 작업공정의 유해·위험과 재해 예방대책에 관한 사항 • 비상시 또는 재해 발생 시 긴급 조치에 관한 사항 • 그 밖의 관리감독자의 직무에 관한 사항

(2) 채용 시 교육 및 작업내용 변경 시 교육

교육내용
• 산업안전 및 사고 예방에 관한 사항 • 산업보건 및 직업병 예방에 관한 사항 • 위험성평가에 관한 사항 • 산업안전보건법령 및 산업재해 보상보험 제도에 관한 사항 • 직무스트레스 예방 및 관리에 관한 사항 • 직장 내 괴롭힘, 고객의 폭언 등으로 인한 건강장해 예방 및 관리에 관한 사항 • 기계·기구의 위험성과 작업의 순서 및 동선에 관한 사항 • 작업 개시 전 점검에 관한 사항 • 물질안전보건자료에 관한 사항 • 사업장 내 안전보건관리체제 및 안전·보건조치 현황에 관한 사항 • 표준안전 작업방법 결정 및 지도·감독 요령에 관한 사항 • 비상시 또는 재해 발생 시 긴급 조치에 관한 사항 • 그 밖의 관리감독자의 직무에 관한 사항

3) 특별교육 대상 작업의 종류(일부)

작업명
3. 밀폐된 장소(탱크 내 또는 환기가 극히 불량한 좁은 장소를 말한다)에서 하는 용접작업 또는 습한 장소에서 하는 전기용접장치
13. 운반용 등 하역기계를 5대 이상 보유한 사업장에서의 해당 기계로 하는 작업
15. 건설용 리프트·곤돌라를 이용한 작업
17. 전압이 75볼트 이상인 정전 및 활선작업
19. 굴착면의 높이가 2미터 이상이 되는 지반 굴착(터널 및 수직갱 외의 갱 굴착은 제외한다)작업
20. 흙막이 지보공의 보강 또는 동바리를 설치하거나 해체하는 작업
21. 터널 안에서의 굴착작업(굴착용 기계를 사용하여 시행하는 굴착작업 중 근로자가 칼날 밑에 접근하지 않고 하는 작업은 제외한다) 또는 같은 작업에서의 터널 거푸집 지보공의 조립 또는 콘크리트 작업
22. 굴착면의 높이가 2미터 이상이 되는 암석의 굴착작업
25. 거푸집 및 동바리의 조립 또는 해체작업

작업명
26. 비계의 조립·해체 또는 변경작업
27. 건축물의 골조, 다리의 상부구조 또는 탑의 금속제의 부재로 구성되는 것(5미터 이상인 것만 해당한다)의 조립·해체 또는 변경작업
28. 처마 높이가 5미터 이상인 목조건축물의 구조 부재의 조립이나 건축물의 지붕 또는 외벽 밑에서의 설치작업
29. 콘크리트 인공구조물(그 높이가 2미터 이상인 것만 해당한다)의 해체 또는 파괴작업
30. 타워크레인을 설치(상승작업을 포함한다)·해체하는 작업
39. 타워크레인을 사용하는 작업 시 신호업무를 하는 작업

4) 건설업 기초안전·보건교육에 대한 내용 및 시간

교육 내용	시간
가. 건설공사의 종류(건축·토목 등) 및 시공 절차	1시간
나. 산업재해 유형별 위험요인 및 안전보건조치	2시간
다. 안전보건관리체제 현황 및 산업안전보건 관련 근로자 권리·의무	1시간

SECTION 03
안전보건교육

1 안전보건교육의 기본방향

1) 안전보건교육의 기본방향
① 사고 사례 중심의 안전교육
② 안전작업(표준작업)을 위한 안전교육
③ 안전의식 향상을 위한 안전교육

2) 안전보건교육의 직접적 필요성
① 누적된 지식의 활용을 통한 사업장 안전추구
② 생산기술 및 안전시책의 변화에 대한 보완
③ 반복교육으로 정착화

2 안전보건교육 계획

1) 안전보건교육 계획 수립 시 고려사항
① 필요한 정보를 수집할 것
② 현장의 의견을 충분히 반영할 것
③ 안전보건교육 시행체계와의 관련을 고려할 것
④ 법 규정에 의한 교육에만 그치지 않을 것

2) 안전보건교육의 내용(안전보건교육계획 수립 시 포함되어야 할 사항)
① 교육대상(가장 먼저 고려)
② 교육의 종류
③ 교육과목 및 교육내용
④ 교육기간 및 시간
⑤ 교육장소
⑥ 교육방법
⑦ 교육담당자 및 강사

3) 교육준비계획에 포함되어야 할 사항
① 교육목표 설정(교육 및 훈련의 범위, 교육훈련의 의무와 책임한계 명시, 교육 보조자료 준비 및 사용지침)
② 교육대상자 범위 결정
③ 교육과정의 결정
④ 교육방법 및 형태의 결정
⑤ 강사, 조교 편성
⑥ 교육보조자료의 선정
⑦ 교육진행상황
⑧ 필요예산의 산정

4) 작성순서
① 교육의 필요점 발견
② 교육대상 결정
③ 교육준비
④ 교육실시
⑤ 평가

3 안전보건교육의 단계별 교육과정

1) 근로자 안전보건교육

교육과정	교육대상		교육시간
가. 정기교육	1) 사무직 종사 근로자		매반기 6시간 이상
	2) 그 밖의 근로자	가) 판매업무에 직접 종사하는 근로자	매반기 6시간 이상
		나) 판매업무에 직접 종사하는 근로자 외의 근로자	매반기 12시간 이상
나. 채용 시 교육	1) 일용근로자 및 근로계약기간이 1주일 이하인 기간제근로자		1시간 이상
	2) 근로계약기간이 1주일 초과 1개월 이하인 기간제근로자		4시간 이상
	3) 그 밖의 근로자		8시간 이상
다. 작업내용 변경 시 교육	1) 일용근로자 및 근로계약기간이 1주일 이하인 기간제근로자		1시간 이상
	2) 그 밖의 근로자		2시간 이상
라. 특별교육	1) 일용근로자 및 근로계약기간이 1주일 이하인 기간제근로자 : 별표 5 제1호 라목(제39호는 제외한다)에 해당하는 작업에 종사하는 근로자에 한정한다.		2시간 이상
	2) 일용근로자 및 근로계약기간이 1주일 이하인 기간제근로자 : 별표 5 제1호 라목 제39호에 해당하는 작업에 종사하는 근로자에 한정한다.		8시간 이상
	3) 일용근로자 및 근로계약기간이 1주일 이하인 기간제근로자를 제외한 근로자 : 별표 5 제1호 라목에 해당하는 작업에 종사하는 근로자에 한정한다.		가) 16시간 이상(최초 작업에 종사하기 전 4시간 이상 실시하고 12시간은 3개월 이내에서 분할하여 실시 가능) 나) 단기간 작업 또는 간헐적 작업인 경우에는 2시간 이상
마. 건설업 기초안전·보건교육	건설 일용근로자		4시간 이상

2) 관리감독자의 안전보건교육

교육과정	교육시간
가. 정기교육	연간 16시간 이상
나. 채용 시 교육	8시간 이상
다. 작업내용 변경 시 교육	2시간 이상
라. 특별교육	16시간 이상(최초 작업에 종사하기 전 4시간 이상 실시하고, 12시간은 3개월 이내에서 분할하여 실시 가능)
	단기간 작업 또는 간헐적 작업인 경우에는 2시간 이상

3) 안전보건관리책임자 등에 대한 교육

교육대상	교육시간	
	신규교육	보수교육
가. 안전보건관리책임자	6시간 이상	6시간 이상
나. 안전관리자, 안전관리전문기관의 종사자	34시간 이상	24시간 이상
다. 보건관리자, 보건관리전문기관의 종사자	34시간 이상	24시간 이상
라. 재해예방 전문지도기관의 종사자	34시간 이상	24시간 이상
마. 석면조사기관의 종사자	34시간 이상	24시간 이상
바. 안전보건관리담당자	–	8시간 이상
사. 안전검사기관, 자율안전검사기관의 종사자	34시간 이상	24시간 이상

4) 검사원 성능검사 교육

교육과정	교육대상	교육시간
양성 교육	–	28시간 이상

PART 01

1과목 예상문제

01 다음 중 위험예지훈련 기초 4라운드(4R)에서 라운드별 내용이 옳게 연결된 것은?

① 1라운드 : 현상파악 ② 2라운드 : 대책수립
③ 3라운드 : 목표설정 ④ 4라운드 : 본질추구

해설 위험예지훈련의 추진을 위한 문제해결 4단계(4라운드)
- 1라운드 : 현상파악(사실의 파악)
- 2라운드 : 본질추구(원인조사, 문제점 발견 및 위험 포인트 결정)
- 3라운드 : 대책수립(대책 세우기)
- 4라운드 : 목표설정(행동계획 작성)

02 다음 중 주의(Attention)의 특징이 아닌 것은?

① 선택성 ② 양립성
③ 방향성 ④ 변동성

해설 주의의 특성 : 선택성, 방향성, 변동성

03 산업재해 예방의 4원칙 중 "재해발생은 반드시 원인이 있다."라는 원칙은 무엇에 해당하는가?

① 대책 선정의 원칙 ② 원인 연계의 원칙
③ 손실 우연의 원칙 ④ 예방 가능의 원칙

해설 재해예방의 4원칙
1. 손실우연의 원칙
2. 원인연계(계기)의 원칙
3. 예방가능의 원칙
4. 대책선정의 원칙

04 레빈(Lewin)은 인간행동과 인간의 조건 및 환경조건의 관계를 다음과 같이 표시하였다. 이때 "f"를 설명한 것으로 옳은 것은?

$$B = f(P \cdot E)$$

① 행동 ② 조명
③ 지능 ④ 함수

해설 레빈(Lewin.k)의 법칙
$B = f(P \cdot E)$
여기서, B : Behavior(인간의 행동)
f : function(함수관계)
P : Person(개체 : 연령, 경험, 심신상태, 성격, 지능 등)
E : Environment(심리적 환경 : 인간관계, 작업환경 등)

05 산업안전보건법상 사업주는 산업재해로 사망자가 발생한 경우 해당 산업재해가 발생한 날로부터 얼마 이내에 산업재해조사표를 작성하여 관할 지방 고용노동청장에게 제출하여야 하는가?

① 1일 ② 7일
③ 15일 ④ 1개월

해설 산업재해 발생보고
사업주는 산업재해로 사망자가 발생하거나 3일 이상의 휴업이 필요한 부상을 입거나 질병에 걸린 사람이 발생한 경우에는 해당 산업재해가 발생한 날부터 1개월 이내에 산업재해조사표를 작성하여 관할 지방고용노동청장 또는 지청장에게 제출해야 한다.

정답 | 01 ① 02 ② 03 ② 04 ④ 05 ④

06 어떤 사업장에서 510명의 근로자가 1주일에 40시간, 연간 50주를 작업하는 중에 21건의 재해가 발생하였다. 이 근로기간 중에 근로자가 4%가 결근하였다면 도수율은 약 얼마인가?

① 0.15
② 21.45
③ 22.80
④ 41.18

해설 도수율 = $\dfrac{재해건수}{연근로시간수} \times 10^6$

= $\dfrac{21}{510 \times 40 \times 50 \times 0.96} \times 10^6$

= 21.45

07 재해의 원인분석법 중 사고의 유형, 기인물 등 분류항목을 큰 순서대로 도표화하여 문제나 목표의 이해가 편리한 것은?

① 파레토도(Pateto Diagram)
② 특성요인도(Cause-reason Diagram)
③ 클로즈분석(Close Analysis)
④ 관리도(Control Chart)

해설 **재해 통계원인 분석방법(파레토도)**
분류 항목을 큰 순서대로 도표화한 분석법이다.

08 산업안전보건법상 사업 내 안전·보건 교육 중 근로자 정기안전·보건교육 내용과 거리가 먼 것은? (단, 산업안전보건법 및 일반관리에 관한 사항은 제외한다.)

① 산업안전 및 사고 예방에 관한 사항
② 산업보건 및 직업병 예방에 관한 사항
③ 유해·위험 작업환경 관리에 관한 사항
④ 작업공정의 유해·위험과 재해 예방대책에 관한 사항

해설 ④은 관리감독자의 정기안전보건교육 내용에 해당한다.

09 허즈버그(Herzberg)의 동기·위생이론 중에서 위생이론에 해당하지 않는 것은?

① 보수
② 책임감
③ 작업조건
④ 관리감독

해설 ②은 허즈버그의 2요인 이론 중 동기요인에 해당한다.

10 다음 중 안전대의 죔줄(로프)의 구비조건이 아닌 것은?

① 내마모성이 낮을 것
② 내열성이 높을 것
③ 완충성이 높을 것
④ 습기나 약품류에 손상되지 않을 것

해설 **안전대 죔줄의 일반구조**
- 죔줄의 모든 금속 구성품은 내식성을 갖거나 부식방지 처리를 할 것
- 충격흡수장치가 부착될 것

11 산업안전보건법상 아세틸렌 용접장치 또는 가스집합 용접장치를 사용하여 행하는 금속의 용접·용단 또는 가열작업자에게 특별교육을 시키고자 할 때의 교육내용으로 거리가 먼 것은?

① 용접 흄·분진 및 유해광선 등의 유해성에 관한 사항
② 작업방법·작업순서 및 응급처치에 관한 사항
③ 전격 방지 및 보호구 착용에 관한 사항
④ 안전기 및 보호구 취급에 관한 사항

해설 ③은 밀폐된 장소에서 하는 용접작업 또는 습한 장소에서 하는 전기용접 작업에 대한 특별교육 내용에 해당한다.

12 안전교육계획 수립 시 고려하여야 할 사항과 관계가 가장 먼 것은?

① 필요한 정보를 수집한다.
② 현장의 의견을 충분히 반영한다.
③ 안전교육 시행 체계와의 관련을 고려한다.
④ 법 규정에 의한 교육에 한정한다.

해설 **안전교육의 내용(안전교육계획 수립 시 포함되어야 할 사항)**
1. 교육대상(가장 먼저 고려)
2. 교육의 종류
3. 교육과목 및 교육내용
4. 교육기간 및 시간
5. 교육장소
6. 교육방법
7. 교육담당자 및 강사

정답 | 06 ② 07 ① 08 ④ 09 ② 10 ① 11 ③ 12 ④

13 다음 중 교육의 3요소에 해당되지 않는 것은?

① 교육의 주체
② 교육의 객체
③ 교육결과의 평가
④ 교육의 매개체

해설 교육의 3요소
1. 주체 : 강사
2. 객체 : 수강자(학생)
3. 매개체 : 교재(교육내용)

14 다음 중 관료주의에 대한 설명으로 틀린 것은?

① 의사결정에는 작업자의 참여가 필수적이다.
② 인간을 조직 내의 한 구성원으로만 취급한다.
③ 개인의 성장이나 자아실현의 기회가 주어지지 않는다.
④ 사회적 여건이나 기술의 변화에 신속하게 대응하기 어렵다.

해설 관료주의에서는 의사결정에 작업자가 참여할 수 없다.

15 맥그리거(Mcgregor)의 X이론과 Y이론 중 Y이론에 해당되는 것은?

① 인간은 서로 믿을 수 없다.
② 인간은 태어나서부터 악하다.
③ 인간은 정신적 욕구를 우선시한다.
④ 인간은 통제에 의한 관리를 받고자 한다.

해설 맥그리거의 Y이론에 대한 가정
1. 종업원들은 일하는 것을 놀이나 휴식과 동일한 것으로 볼 수 있다.
2. 종업원들은 조직의 목표에 관여하는 경우에 자기지향과 자기통제를 행한다.
3. 보통 인간들은 책임을 수용하고 심지어는 구하는 것을 배울 수 있다.
4. 작업에서 몸과 마음을 구사하는 것은 인간의 본성이라는 인간관이다.

16 다음 중 사고예방대책의 기본원리를 단계적으로 나열한 것은?

① 조직 → 사실의 발견 → 평가분석 → 시정책의 적용 → 시정책의 선정
② 조직 → 사실의 발견 → 평가분석 → 시정책의 선정 → 시정책의 적용
③ 사실의 발견 → 조직 → 평가분석 → 시정책의 적용 → 시정책의 선정
④ 사실의 발견 → 조직 → 평가분석 → 시정책의 선정 → 시정책의 적용

해설 하인리히의 사고방지 원리 5단계
(1단계)조직 → (2단계)사실의 발견 → (3단계)분석 → (4단계)시정책의 선정 → (5단계)시정책의 적용

17 다음과 같은 재해사례의 분석으로 옳은 것은?

"바닥에 기름이 흘러진 복도를 걸어가다 넘어져 기계에 부딪혀 머리를 다친 재해"

① 재해발생형태 : 넘어짐, 기인물 : 기계, 가해물 : 기름
② 재해발생형태 : 충돌, 기인물 : 기계, 가해물 : 기름
③ 재해발생형태 : 넘어짐, 기인물 : 기름, 가해물 : 기계
④ 재해발생형태 : 무너짐, 기인물 : 기계, 가해물 : 기름

해설 바닥에 기름(기인물에 해당)이 흘러진 복도를 걸어가다 넘어져(전도에 해당) 기계에(가해물에 해당) 부딪혀 머리를 다친 재해이다.

18 다음 중 인지(Cognition) 학습에 관한 설명으로 가장 적절한 것은?

① 근로자가 반복경험을 통해서 보호구 착용을 습관화하였다.
② 상·벌 제도를 이용하여 근로자가 보호구 착용을 잘하도록 지도하였다.
③ 모범적인 보호구 착용으로 해당 근로자를 포상하여 이를 통해 다른 근로자가 보호구 착용을 잘하도록 유도하였다.
④ 보호구의 중요성을 전혀 인식하지 못하는 근로자를 교육을 통해 의식을 전환시켜 보호구 착용을 습관화하도록 하였다.

해설 인지학습
학습의 한 형태로, 가시적 또는 직접적으로 관찰할 수 없는 심리적 과정, 특히 심리적 과정 혹은 정신 과정을 통해 일어나는 학습 형태이다.

정답 | 13 ③ 14 ① 15 ③ 16 ② 17 ③ 18 ④

19 다음 설명에 해당하는 교육방법은?

> "ATP(Administration Training Program)이라고도 하며, 당초에는 일부 회사의 톱 매니지먼트(Top Management)에 대해서만 행하여졌으나 그 후에 널리 보급되었으며, 정책의 수임, 조직, 통제 및 운영 등의 교육내용을 가지고 있다."

① TWI(Training Within Industry)
② ATT(American Telephone & Telegram Co)
③ MTP(Management Training Program)
④ CCS(Civil Communication Section)

[해설] **CCS(Civil Communication Section)**
ATP(Administration Training Program)라고도 하며, 처음에는 일부 회사의 최고 관리자에 대해서만 행하여졌다. 강의식에 토의식이 가미된 형태로 진행되며 매주 4일, 4시간씩 8주간(총 128시간) 실시토록 되어 있다.

20 리더십의 권한 중 목표 달성을 위하여 부하 직원들이 상사를 존경하여 상사와 함께 일하고자 할 때 상사에게 부여되는 권한을 무엇이라 하는가?

① 보상적 권한   ② 강압적 권한
③ 위임된 권한   ④ 합법적 권한

[해설] **위임된 권한**
부하직원이 지도자의 생각과 목표를 얼마나 잘 따르는지와 관련된 권한이다.

21 다음 중 재해비용의 계산방식에 있어 하인리히의 계산방식으로 옳은 것은?

① 총 재해비용=보험비용+비보험비용
② 총 재해비용=직접손실비용+간접손실비용
③ 총 재해비용=공동비용+개별비용
④ 총 재해비용=노동손실비용+설비손실비용

[해설] **시몬즈 방식**
총 재해비용=직접손실비용+간접손실비용

22 다음 중 Off.J.T(Off the Job Training)의 특징이 아닌 것은?

① 전문가를 초빙하여 강사로 활용이 가능하다.
② 교육생 간에 많은 지식과 경험을 교류할 수 있다.
③ 다수의 교육생에게 조직적 훈련이 가능하다.
④ 직장의 실정에 맞는 실질적 훈련이 가능하다.

[해설] '직장의 실정에 맞는 실질적 훈련이 가능하다'는 O.J.T의 특징이다.

23 다음 중 안전인증대상 방독마스크의 할로겐용 정화통 외부 측면의 표시색으로 옳은 것은?

① 회색   ② 갈색
③ 노랑색   ④ 녹색

[해설] **정화통의 외부측면의 표시 색**

종류	표시색
할로겐용 정화통	
황화수소용 정화통	회색
시안화수소용 정화통	

24 다음 중 산업안전보건법령상 안전·보건표지의 색채별 색도기준이 올바르게 연결된 것은? (단, 순서는 색상 명도/채도이며, 색도기준은 KS에 따른 색의 3속성에 의한 표시방법에 따른다.)

① 빨간색 - 5R 4/13   ② 노랑색 - 2.5Y 8/12
③ 파란색 - 7.5PB 2.5/7.5 ④ 녹색 - 2.5G 4/10

[해설] **안전·보건표지의 색채, 색도기준 및 용도**

색채	색도기준	용도	사용예
녹색	2.5G 4/10	안내	비상구 및 피난소, 사람 또는 차량의 통행표지

25 다음 중 직무적성검사에 있어 갖추어야 할 요건으로 볼 수 없는 것은?

① 객관성   ② 타당성
③ 표준화   ④ 융통성

[해설] 직무적성검사가 갖추어야 할 요건에는 표준화, 타당도, 신뢰도, 객관도 등이 있다.

정답 | 19 ④ 20 ③ 21 ② 22 ④ 23 ① 24 ④ 25 ④

26 KOSHA GUIDE(안전보건 기술지침)의 설명이 틀린 것은?

① 법령에서 정한 최소 수준이 아닌 더 높은 수준의 기술적 사항을 정리한 자료이다.
② 자율적 안전보건가이드이다.
③ 분류기준 D는 안전설계 지침이다
④ 법적 구속력이 있다.

[해설] KOSHA GUIDE는 자율적 안전보건가이드로써 법적 구속력은 없다.

27 안전인증 대상 보호구 중 차광보안경의 사용 구분에 따른 종류가 아닌 것은?

① 보정용 ② 용접용
③ 복합용 ④ 적외선용

[해설] 사용 구분에 따른 차광보안경의 종류

종류	사용 구분
자외선용	자외선이 발생하는 장소
적외선용	적외선이 발생하는 장소
복합용	자외선 및 적외선이 발생하는 장소
용접용	산소용접작업 등과 같이 자외선, 적외선 및 강렬한 가시광선이 발생하는 장소

28 다음 중 산업안전보건법상 용어의 정의가 잘못 설명된 것은?

① "사업주"란 근로자를 사용하여 사업을 하는 자를 말한다.
② "근로자대표"란 근로자의 과반수로 조직된 노동조합이 없는 경우에는 사업주가 지정하는 자를 말한다.
③ "산업재해"란 근로자가 업무에 관계되는 건설물·설비·원재료·가스·증기 등에 의하거나 작업 또는 그 밖의 업무로 인하여 사망 또는 부상하거나 질병에 걸리는 것을 말한다.
④ "안전·보건진단"이란 산업재해를 예방하기 위하여 잠재적 위험성을 발견하고 그 개선대책을 수립할 목적으로 조사·평가하는 것을 말한다.

[해설] 근로자대표
근로자의 과반수로 조직된 노동조합이 있는 경우에는 그 노동조합을, 근로자의 과반수로 조직된 노동조합이 없는 경우에는 근로자의 과반수를 대표하는 자를 말한다.

29 다음 중 재해의 기본원인을 4M으로 분류할 때 작업의 정보, 작업방법, 환경 등의 요인이 속하는 것은?

① Man ② Machine
③ Media ④ Method

[해설] 4M 분석기법
1. 인간(Man)
2. 기계(Machine)
3. 작업매체(Media)
4. 관리(Management)

30 다음 중 인간이 자기의 실패나 약점을 그럴듯한 이유를 들어, 남의 비난을 받지 않도록 하며 또한 자위도 하는 방어기제를 무엇이라 하는가?

① 보상 ② 투사
③ 합리화 ④ 전이

[해설] 합리화(변명)
너무 고통스럽기 때문에 인정할 수 없는 실제상의 이유 대신에 자기 행동에 그럴듯한 이유를 붙이는 방법이다.

31 의식수준 5단계 중 의식수준의 저하로 인한 피로와 단조로움의 생리적 상태가 일어나는 단계는?

① Phase I ② Phase II
③ Phase III ④ Phase IV

[해설] 의식 수준 레벨의 단계

단계	의식의 상태	신뢰성	의식의 작용
Phase I	의식의 둔화	0.9 이하	부주의

32 산업안전보건법령상 안전·보건표지 중 안내표지의 종류에 해당하지 않는 것은?

① 들것 ② 세안장치
③ 비상용 기구 ④ 허가대상물질 작업장

[해설] 안전보건표지의 종류와 형태

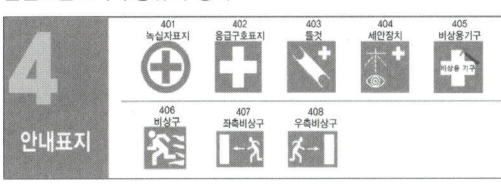

33 매슬로(Maslow)의 욕구 단계 이론 중 인간에게 영향을 줄 수 있는 불안, 공포, 재해 등 각종 위험으로부터 해방되고자 하는 욕구에 해당되는 것은?

① 사회적 욕구
② 존경의 욕구
③ 안전의 욕구
④ 자아실현의 욕구

해설 **안전의 욕구**
  인간에게 영향을 줄 수 있는 불안, 공포, 재해 등 각종 위험으로부터 해방되고자 하는 욕구를 말한다.

34 다음 중 보호구 안전인증기준에 있어 방독마스크에 관한 용어의 설명으로 틀린 것은?

① "파과"란 대응하는 가스에 대하여 정화통 내부의 흡착제가 포화상태가 되어 흡착능력을 상실한 상태를 말한다.
② "파과곡선"이란 파과시간과 유해물질의 종류에 대한 관계를 나타낸 곡선을 말한다.
③ "겸용 방독마스크"란 방독마스크(복합용 포함)의 성능에 방진마스크의 성능이 포함된 방독마스크를 말한다.
④ "전면형 방독마스크"란 유해물질 등으로부터 안면부 전체(입, 코, 눈)를 덮을 수 있는 구조의 방독마스크를 말한다.

해설 "파과곡선"이라 함은 파과시간과 유해물질 농도의 관계를 나타낸 곡선을 말한다.

35 인간의 착각현상 중 버스나 전동차의 움직임으로 인하여 자신이 승차하고 있는 정지된 자가용이 움직이는 것 같은 느낌을 받거나 구름 사이의 달 관찰 시 구름이 움질일 때 구름은 정지되어 있고 달이 움직이는 것처럼 느껴지는 현상을 무엇이라 하는가?

① 자동운동
② 유도운동
③ 가현운동
④ 플리커현상

해설 **유도운동**
  실제로는 정지한 물체가 어느 기준물체의 이동에 따라 움직이는 것처럼 보이는 현상을 말한다.

36 다음 중 피로의 직접적인 원인과 가장 거리가 먼 것은?

① 작업 환경
② 작업 속도
③ 작업 태도
④ 작업 적성

해설 **피로의 요인**
- 작업조건 : 작업강도, 작업속도, 작업시간, 작업태도 등
- 환경조건 : 온도, 습도, 소음, 조명 등
- 생활조건 : 수면, 식사, 취미활동 등
- 사회적 조건 : 대인관계, 생활수준 등
- 신체적 · 정신적 조건

37 버드(Bird)의 재해발생 비율에서 물적 손해만의 사고가 120건 발생하면 상해도 손해도 없는 사고는 몇 건 정도 발생하겠는가?

① 600건
② 1,200건
③ 1,800건
④ 2,400건

해설 **버드의 법칙**
  1 : 10 : 30 : 600
- 1 : 중상 또는 폐질
- 10 : 경상(인적 · 물적 상해)
- 30 : 무상해사고(물적 손실 발생)
- 600 : 무상해, 무사고 고장(위험순간)
  $30 : 600 = 120 : x$
  $\therefore x = 2,400$

38 다음 중 안전교육의 단계에 있어 안전한 마음가짐을 몸에 익히는 심리적인 교육방법을 무엇이라 하는가?

① 지식교육
② 실습교육
③ 태도교육
④ 기능교육

해설 태도교육(3단계) : 안전의 습관화(가치관 형성)
  청취(들어본다) → 이해, 납득(이해시킨다) → 모범(시범을 보인다) → 권장(평가한다)

정답 | 33 ③ 34 ② 35 ② 36 ④ 37 ④ 38 ③

39 다음 중 산업안전보건법령상 안전보건 총괄책임자 지정 대상사업이 아닌 것은? (단, 근로자 수 또는 공사금액은 충족한 것으로 본다.)

① 서적, 잡지 및 기타 인쇄물 출판업
② 선박 및 보트 건조업
③ 토사석 광업
④ 서비스업

해설 **안전보건총괄책임자 지정 대상사업**
1. 1차 금속 제조업
2. 선박 및 보트 건조업
3. 토사석 광업
4. 제조업(제1호 및 제2호는 제외한다)
5. 서적, 잡지 및 기타 인쇄물 출판업
6. 음악 및 기타 오디오물 출판업
7. 금속 및 비금속 원료 재생업

40 안전심리의 5대 요소 중 능동적인 감각에 의한 자극에서 일어난 사고의 결과로서 사람의 마음을 움직이는 원동력이 되는 것은?

① 기질(Temper)
② 동기(Motive)
③ 감정(Emotion)
④ 습관(Custom)

해설 **동기(Motive)**
능동력은 감각에 의한 자극에서 일어나는 사고의 결과로서 사람의 마음을 움직이는 원동력이다.

41 다음 중 안전인증기준에 적합하며, 물체의 낙하 또는 비래 및 추락에 의한 위험을 방지 또는 경감하고, 머리부위 감전에 의한 위험을 방지하기 위한 안전모의 종류에 해당하는 것은?

① A형
② AB형
③ AE형
④ ABE형

해설 **안전인증대상 안전모의 종류 및 사용 구분**

종류(기호)	사용 구분	비고
ABE	물체의 낙하 또는 비래 및 추락에 의한 위험을 방지 또는 경감하고, 머리부위 감전에 의한 위험을 방지하기 위한 것	내전압성

42 다음 중 산업안전보건법상 안전검사 대상 유해·위험기계에 해당하지 않는 것은?

① 연삭기
② 압력용기
③ 곤돌라
④ 롤러기

해설 연삭기는 자율안전확인신고 대상 기계·기구에 해당한다.

43 다음 중 부주의 현상과 가장 거리가 먼 것은?

① 의식의 단절
② 의식의 과잉
③ 의식의 우회
④ 의식의 회복

해설 **부주의 원인**
의식의 우회, 의식수준의 저하, 의식의 단절, 의식의 과잉

44 학습지도의 형태 중 몇 사람의 전문가에 의하여 과제에 관한 견해가 발표된 뒤 참가자로 하여금 의견이나 질문을 하게 하여 토의하는 방법은?

① 패널 디스커션(Panel discussion)
② 심포지엄(Symposium)
③ 포럼(Forum)
④ 버즈 세션(Buzz session)

해설 **심포지엄(Symposium)**
몇 사람의 전문가들이 과제에 관한 견해를 발표한 뒤에 참가자에게 의견이나 질문을 하게 하여 토의하는 방법이다.

45 다음 중 불안전한 행동과 가장 관계가 적은 것은?

① 물건을 급히 운반하려다 부딪쳤다.
② 뛰어가다 넘어져 골절상을 입었다.
③ 높은 장소에서 작업 중 부주의로 떨어졌다.
④ 낮은 위치에 정지해 있는 호이스트의 고리에 머리를 다쳤다.

해설 호이스트의 고리는 불안전한 상태에 해당한다.

정답 | 39 ④ 40 ② 41 ④ 42 ① 43 ④ 44 ② 45 ④

46 인간관계 메커니즘 중에서 다른 사람으로부터의 판단이나 행동을 무비판적으로 논리적 사실적 근거 없이 받아들이는 것을 무엇이라 하는가?

① 모방(Imitation)
② 암시(Suggestion)
③ 투사(Projection)
④ 동일화(Identification)

[해설] **암시(Suggestion)**
다른 사람으로부터의 판단이나 행동을 무비판적으로 논리적·사실적 근거 없이 받아들이는 것을 말한다.

47 다음 중 재해조사 시의 유의사항으로 가장 적절하지 않은 것은?

① 사실을 수집한다.
② 사람, 기계설비, 양면의 재해요인을 모두 도출한다.
③ 객관적인 입장에서 공정하게 조사하며 조사는 2인 이상이 한다.
④ 목격자의 증언과 추측의 말을 모두 반영하여 분석하고, 결과를 도출한다.

[해설] 사실을 수집하며, 목격자의 추측성 발언을 배제하는 것이 바람직하다.

48 다음 중 헤드십에 관한 내용으로 볼 수 없는 것은?

① 부하와의 사회적 간격이 좁다.
② 지휘의 형태는 권위주의적이다.
③ 권한의 부여는 조직적으로부터 위임받는다.
④ 권한에 대한 근거는 법적 또는 규정에 의한다.

[해설] **헤드십 권한**
1. 권한 근거는 공식적이다.
2. 부하직원의 활동을 감독한다.
3. 상사와 부하와의 관계가 종속적이다.
4. 부하와의 사회적 간격이 넓다.
5. 지위형태가 권위적이다.

49 산업안전보건법령에 따라 건설현장에서 사용하는 크레인, 리프트 및 곤돌라는 최초로 설치한 날부터 얼마마다 안전검사를 실시하여야 하는가?

① 6개월   ② 1년
③ 2년   ④ 3년

[해설] 크레인, 리프트 및 곤돌라의 검사주기 : 사업장에 설치가 끝난 날부터 3년 이내에 최초 안전검사를 실시하되, 그 이후부터 2년마다(건설현장에서 사용하는 것은 최초로 설치한 날부터 6개월마다)

50 어떤 사업장의 종합재해지수가 16.95이고, 도수율이 20.83이라면 강도율은 약 얼마인가?

① 20.45   ② 15.92
③ 13.79   ④ 10.54

[해설] 종합재해지수 $= \sqrt{빈도율 \times 강도율}$
$16.95 = \sqrt{20.83 \times 강도율}$
따라서, 강도율 $= \dfrac{16.95^2}{20.83} = 13.79$이다.

51 다음 중 안전관리조직의 기본 유형으로 볼 수 없는 것은?

① Line System
② Staff System
③ Safety System
④ Line-Staff System

[해설] **안전관리조직**
1. 라인(Line)형 조직
2. 스태프(Staff)형 조직
3. 라인·스태프(Line-Staff)형 조직(직계참모조직)

52 다음 중 산업재해로 인한 재해손실비 산정에 있어 하인리히의 평가방식에서 직접비에 해당하지 않은 것은?

① 통신급여   ② 유족급여
③ 간병급여   ④ 직업재활급여

[해설] **재해코스트**
직접비 : 법령으로 정한 산재 보상비
1. 휴업 보상비   2. 장해보상비
3. 요양 보상비   4. 장의비
5. 유족 보상비   6. 상병보상연금 등

정답 | 46 ② 47 ④ 48 ① 49 ① 50 ③ 51 ③ 52 ①

53 다음 중 [그림]에 나타난 보호구의 명칭으로 옳은 것은?

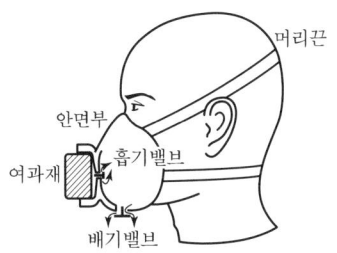

① 격리식 반면형 방독마스크
② 직결식 반면형 방진마스크
③ 격리식 전면형 방독마스크
④ 안면부 여과식 방진마스크

해설 **방진마스크의 형태**

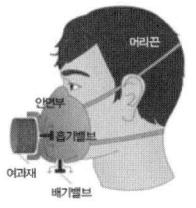

직결식 반면형

54 안전교육의 방법 중 TWI(Training Within Industry for Supervisor)의 교육내용에 해당하지 않는 것은?

① 작업지도훈련(JIT)
② 작업방법훈련(JMT)
③ 작업환경 개선훈련(JET)
④ 인간관계관리훈련(JRT)

해설 **TWI(Training Within Industry)**
- 작업지도훈련(JIT ; Job Instruction Training)
- 작업방법훈련(JMT ; Job Method Training)
- 인간관계훈련(JRT ; Job Relations Training)
- 작업안전훈련(JST ; Job Safety Training)

55 작업장에서 매일 작업자가 작업 전·중·후에 시설과 작업동작 등에 대하여 실시하는 안전점검의 종류를 무엇이라 하는가?

① 정기안전점검   ② 일상안전점검
③ 임시안전점검   ④ 특별안전점검

해설 **안전점검의 종류**
1. 일상안전점검(수시안전점검)
2. 정기안전점검
3. 특별안전점검
4. 임시안전점검

56 산업안전보건법령상 안전관리자가 수행하여야 할 업무가 아닌 것은? (단, 그 밖에 안전에 관한 사항으로서 고용노동부장관이 정하는 사항은 제외한다.)

① 위험성평가에 관한 보좌 및 조언·지도
② 물질안전보건자료의 게시 또는 비치에 관한 보좌 및 조언·지도
③ 사업장 순회점검·지도 및 조치의 건의
④ 산업재해에 관한 통계의 유지·관리·분석을 위한 보좌 및 조언·지도

해설 물질안전보건자료의 게시 또는 비치에 관한 보좌 및 조언·지도는 보건관리자의 업무에 해당된다.

57 다음 중 안전교육의 4단계를 올바르게 나열한 것은?

① 도입 → 확인 → 제시 → 적용
② 도입 → 제시 → 적용 → 확인
③ 확인 → 제시 → 도입 → 적용
④ 제시 → 확인 → 도입 → 적용

해설 **교육법의 4단계**
- 제1단계 – 도입(준비)
- 제2단계 – 제시(설명)
- 제3단계 – 적용(응용)
- 제4단계 – 확인(총괄)계

58 다음 중 안전관리조직의 구비조건으로 가장 적절하지 않은 것은?

① 회사의 특성과 규모에 부합되게 조직되어야 한다.
② 조직을 구성하는 관리자의 책임과 권한이 분명해야 한다.
③ 조직의 기능이 충분히 발휘될 수 있는 제도적 체계를 갖추어야 한다.
④ 부서 간의 충돌을 방지하기 위하여 생산라인과 관계가 적은 조직이어야 한다.

정답 | 53 ② 54 ③ 55 ② 56 ② 57 ② 58 ④

[해설] ④는 안전관리조직의 구비조건으로 적절하지 않다.

안전관리조직의 중요한 기능
1. 위험제거 기능
2. 생산관리 기능
3. 손실방지 기능

59 심리검사의 특징 중 '검사의 관리를 위한 조건과 절차의 일관성과 통일성'을 의미하는 것은?

① 규준 ② 표준화
③ 객관성 ④ 신뢰성

[해설] **심리검사의 특성**
1. 표준화 : 검사의 관리를 위한 조건, 절차의 일관성과 통일성에 대한 심리검사의 표준화가 마련되어야 한다.
2. 타당도 : 검사하고, 그 검사 점수와 근로자의 직무평정 척도를 상호 연관시키는 타당성을 갖추어야 한다.
3. 신뢰도 : 한 집단에 대한 검사응답의 일관성을 말하는 신뢰도를 갖추어야 한다.
4. 객관도 : 채점이 객관적인 것을 의미
5. 실용도 : 실시가 쉬운 검사

60 다음 중 위험예지훈련의 방법으로 적절하지 않은 것은?

① 반복 훈련한다.
② 사전에 준비한다.
③ 단위 인원수를 많게 한다.
④ 자신의 작업으로 실시한다.

[해설] ③은 위험예지훈련의 방법으로 적절하지 않다.

정답 | 59 ② 60 ③

memo

건설안전산업기사 필기 INDUSTRIAL ENGINEER CONSTRUCTION SAFETY

PART 02

인간공학 및 시스템안전공학

CHAPTER 01 안전과 인간공학
CHAPTER 02 정보입력 표시
CHAPTER 03 인간계측 및 작업공간
CHAPTER 04 작업환경관리
CHAPTER 05 시스템 위험분석
CHAPTER 06 결함수 분석법
CHAPTER 07 안전성 평가
CHAPTER 08 각종 설비의 유지관리
■ 예상문제

CHAPTER 01 안전과 인간공학

SECTION 01 인간공학의 정의

1 정의 및 목적

1) 정의

인간의 신체적, 정신적 능력 한계를 고려해 인간에게 적절한 형태로 작업을 맞추는 것

① 자스트러제보스키(Jastrzebowski)의 정의 : Ergon(일 또는 작업)과 Nomos(자연의 원리 또는 법칙)로부터 인간공학(Ergonomics)의 용어를 얻었다.
② 차파니스(A. Chapanis)의 정의 : 기계와 환경조건을 인간의 특성, 능력 및 한계에 잘 조화되도록 설계하기 위한 수법을 연구하는 학문

2) 목적

① 작업장의 배치, 작업방법, 기계설비, 전반적인 작업환경 등에서 작업자의 신체적인 특성이나 행동하는 데 받는 제약조건 등이 고려된 시스템을 디자인하는 것
② 건강, 안전, 만족 등과 같은 특정한 인생의 가치기준(Human Values)을 유지하거나 높임
③ 인간과 기계 및 작업환경과의 조화가 잘 이루어질 수 있도록 하여 작업자의 안전, 작업능률, 편리성, 쾌적성(만족도)을 향상시키고자 함에 있다.

2 배경 및 필요성

1) 인간공학의 배경

① 초기(1940년 이전) : 기계 위주의 설계 철학
② 체계수립과정(1945~1960년) : 기계에 맞는 인간선발 또는 훈련을 통해 기계에 적합하도록 유도
③ 급성장기(1960~1980년) : 우주경쟁과 더불어 군사, 산업분야에서 인간공학이 주요분야로 위치
④ 성숙의 시기(1980년 이후) : 인간요소를 고려한 기계 시스템의 중요성 부각 등

2) 필요성

① 산업재해의 감소
② 생산원가의 절감
③ 재해로 인한 손실 감소
④ 직무만족도의 향상
⑤ 기업의 이미지와 상품선호도 향상
⑥ 노사 간의 신뢰구축

3 작업관리와 인간공학

1) 작업관리의 목적

① 생산작업을 합리적, 효율적으로 개선한다.
② 작업을 표준화하고 표준을 유지, 통제한다.
③ 안전한 작업장을 유지한다.

2) 작업의 개선

(1) 작업개선의 기본원칙(E.C.R.S)

① 제거를 생각한다(E ; Eliminate) : 불필요한 일은 하지 않는다.
② 결합과 분리를 생각한다(C ; Combine) : 가능한 한 간단한 방법으로 재편성한다.
③ 교환과 대체를 생각한다(R ; Rearrange) : 어떤 순서로 할 것인지 결정한다.
④ 간소화를 생각한다(S ; Simplify) : 작업별로 간단하게, 이동거리를 짧게, 중량을 가볍게 하는 것 등의 개선을 생각한다.

(2) 작업개선 원리

① 자연스러운 자세를 취한다.
② 작업 시 과도한 힘을 줄인다.
③ 작업물이나 공구는 손이 닿기 쉬운 곳에 둔다.
④ 적절한 높이의 작업대를 사용한다.
⑤ 반복동작을 줄인다.
⑥ 피로와 정적인 부하를 줄인다.
⑦ 신체부위가 압박을 받지 않도록 한다.
⑧ 충분한 여유공간을 확보한다.

3) 동작경제의 원칙

(1) 신체 사용에 관한 원칙

① 두 손의 동작은 같이 시작하고 같이 끝나도록 한다.
② 휴식시간을 제외하고는 양손이 동시에 쉬지 않도록 한다.
③ 두 팔의 동작은 동시에 서로 반대방향으로 대칭적으로 움직이도록 한다.
④ 손과 신체의 동작은 작업을 원만하게 처리할 수 있는 범위 내에서 가장 낮은 동작등급을 사용하도록 한다.
⑤ 가능한 한 관성(Momentum)을 이용하여 작업을 하도록 하되 작업자가 관성을 억제하여야 하는 경우에는 발생되는 관성을 최소한으로 줄인다.

(2) 작업장 배치에 관한 원칙

① 모든 공구나 재료는 정해진 위치에 있도록 한다.
② 공구, 재료 및 제어장치는 사용위치에 가까이 두도록 한다(정상작업영역, 최대작업영역).
③ 중력이송원리를 이용한 부품상자(Gravity feed Bath)나 용기를 이용하여 부품을 부품사용장소에 가까이 보낼 수 있도록 한다.
④ 가능하다면 낙하식 운반(Drop Delivery)방법을 사용한다.
⑤ 공구나 재료는 작업동작이 원활하게 수행되도록 그 위치를 정해준다.

(3) 공구 및 설비 설계(디자인)에 관한 원칙

① 치구나 족답장치(Foot-operated Device)를 효과적으로 사용할 수 있는 작업에서는 이러한 장치를 사용하도록 하여 양손이 다른 일을 할 수 있도록 한다.
② 가능하면 공구 기능을 결합하여 사용하도록 한다.
③ 공구와 자세는 가능한 한 사용하기 쉽도록 미리 위치를 잡아준다(Pre-position).
④ (타자 칠 때와 같이) 각 손가락이 서로 다른 작업을 할 때에는 작업량을 각 손가락의 능력에 맞게 분배해야 한다.
⑤ 레버(Lever), 핸들 그리고 제어장치는 작업자가 몸의 자세를 크게 바꾸지 않더라도 조작하기 쉽도록 배열한다.

4 사업장에서의 인간공학 적용분야

① 작업관련성 유해·위험 작업 분석
② 제품설계에 있어 인간에 대한 안전성 평가
③ 작업공간의 설계
④ 인간-기계 인터페이스 디자인

SECTION 02
인간-기계 체계

1 인간-기계 시스템의 정의 및 유형

1) 인간-기계 시스템의 정의

인간-기계 통합체계는 인간과 기계의 상호작용으로 인간의 역할에 중점을 두고 시스템을 설계하는 것이 바람직하다.

2) 인간-기계 체계의 기본기능 비교

구분	인간	기계
감지기능	시각, 청각, 촉각 등의 감각기관	전자, 사진, 음파탐지기 등 기계적인 감지장치
정보저장기능	기억된 학습 내용	펀치카드(Punch Card), 자기테이프, 형판(Template), 기록, 자료표 등 물리적 기구
정보처리 및 의사결정기능	행동을 한다는 결심	모든 입력된 정보에 대해서 미리 정해진 방식으로 반응하게 하는 프로그램(Program)
행동기능	물리적인 조정행위 : 조종장치 작동, 물체나 물건을 취급, 이동, 변경, 개조 등	통신행위 : 음성(사람의 경우), 신호, 기록 등

[인간의 정보처리능력]

인간이 신뢰성 있게 정보 전달을 할 수 있는 기억은 5가지 미만이며 감각에 따라 정보를 신뢰성 있게 전달할 수 있는 한계 개수는 5~9가지이다.

$$정보량\ H = \log_2 n = \log_2 \frac{1}{p},\ p = \frac{1}{n}$$

여기서, 정보량의 단위는 bit(binary digit)임

2 시스템의 특성

1) 수동체계
자신의 신체적인 힘을 동력원으로 사용(수공구 사용)

2) 기계화 또는 반자동체계
운전자의 조종장치를 사용하여 통제하며 동력은 전형적으로 기계가 제공

3) 자동체계
기계가 감지, 정보처리, 의사결정 등 행동을 포함한 모든 임무를 수행하고 인간은 감시, 프로그래밍, 정비유지 등의 기능을 수행하는 체계

(1) 입력정보의 코드화(Chunking)

(2) 암호(코드)체계 사용상의 일반적 지침
① 암호의 검출성 : 타 신호가 존재하더라도 검출할 수 있어야 한다.
② 암호의 변별성 : 다른 암호표시와 구분이 되어야 한다.
③ 암호의 표준화 : 표준화되어야 한다.
④ 부호의 양립성 : 인간의 기대와 모순되지 않아야 한다.
⑤ 부호의 의미 : 사용자가 부호의 의미를 알 수 있어야 한다.
⑥ 다차원 암호의 사용 : 2가지 이상의 암호를 조합해서 사용하면 정보전달이 촉진된다.

SECTION 03
체계설계와 인간 요소

1 목표 및 성능명세의 결정

시스템 설계 전 그 목적이나 존재 이유가 있어야 한다.

1) 체계설계 시 고려사항
인간 요소적인 면, 신체의 역학적 특성 및 인체측정학적 요소 고려

2) 인간기준(Human Criteria)의 유형
① 인간성능(Human Performance) 척도 : 감각활동, 정신활동, 근육활동 등
② 생리학적(Physiological) 지표 : 혈압, 뇌파, 혈액성분, 심박수, 근전도(EMG), 뇌전도(EEG), 산소소비량, 에너지 소비량 등
③ 주관적 반응(Subjective Response) : 피실험자의 개인적 의견, 평가, 판단 등
④ 사고빈도(Accident Frequency) : 재해발생의 빈도

2 기본설계

시스템의 형태를 갖추기 시작하는 단계(직무분석, 작업설계, 기능할당)

1) 체계기준의 구비조건(연구조사의 기준척도)
① 실제적 요건 : 객관적이고, 정량적이며, 강요적이지 않고, 수집이 쉬우며, 특수한 자료 수집기법이나 기기가 필요 없고, 돈이나 실험자의 수고가 적게 드는 것이어야 한다.
② 신뢰성(반복성) : 시간이나 대표적 표본의 선정과 관계없이, 변수 측정의 일관성이나 안정성을 말한다.
③ 타당성(적절성) : 어느 것이나 공통적으로 변수가 실제로 의도하는 바를 어느 정도 측정하는가를 결정하는 것이다 (시스템의 목표를 잘 반영하는가를 나타내는 척도).
④ 순수성(무오염성) : 측정하는 구조 외적인 변수의 영향은 받지 않는 것을 말한다.
⑤ 민감도 : 피검자 사이에서 볼 수 있는 예상 차이점에 비례하는 단위로 측정해야 함을 말한다.

3 계면(界面) 설계(Interface Design)

기본설계가 정의되고 인간에게 할당된 기능과 직무가 윤곽이 잡히면 인간-기계 계면과 인간-소프트웨어 계면의 특성에 신경을 쓸 수 있다. 여기에는 작업공간, 표시장치, 조종장치, 제어(Console), 컴퓨터 대화(Dialog) 등이 포함된다.

1) 인간-기계 시스템 설계 시 인간공학적 설계의 일반적인 원칙
① 인간의 특성을 고려한다.
② 시스템을 인간의 예상과 양립시킨다.
③ 표시장치나 제어장치의 중요성, 사용빈도, 사용 순서, 기능에 따라 배치하도록 한다.
④ 작업의 흐름에 따라 배치한다.

2) 인간이 현존하는 기계를 능가하는 기능
① 매우 낮은 수준의 시각, 청각, 촉각, 후각, 미각적인 자극 감지
② 주위의 이상하거나 예기치 못한 사건 감지
③ 다양한 경험을 토대로 의사결정(상황에 따라 적절한 결정을 함)
④ 관찰을 통해 일반적으로 귀납적(Inductive)으로 추리
⑤ 주관적으로 추산하고 평가한다.

3) 현존하는 기계가 인간을 능가하는 기능
① 인간의 정상적인 감지범위 밖에 있는 자극을 감지
② 자극을 연역적(Deductive)으로 추리
③ 암호화(Coded)된 정보를 신속하게, 대량으로 보관
④ 반복적인 작업을 신뢰성 있게 추진
⑤ 과부하 시에도 효율적으로 작동

4) 인간-기계 시스템에서 유의하여야 할 사항
① 인간과 기계의 비교가 항상 적용되지는 않는다. 컴퓨터는 단순반복 처리가 우수하나 일이 적은 양일 때는 사람의 암산 이용이 더 용이하다.
② 과학기술의 발달로 인하여 현재 기계가 열세한 점이 극복될 수 있다.
③ 인간은 감성을 지닌 존재이다.
④ 인간이 기능적으로 기계보다 못하다고 해서 항상 기계가 선택되지는 않는다.

4 촉진물 설계

인간의 성능을 증진시킬 보조물 설계

5 시험 및 평가

시스템 개발과 관련된 평가와 인간적인 요소 평가 실시

CHAPTER 02 정보입력 표시

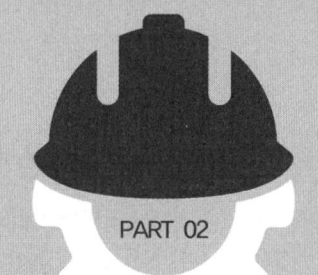

SECTION 01 시각적 표시장치

1 시각과정

1) 눈의 구조
① 홍채 : 눈으로 들어가는 빛의 양을 조절(카메라 조리개 역할)
② 수정체 : 빛을 굴절시켜 망막에 상이 맺히는 역할(카메라 렌즈 역할)
③ 망막 : 상이 맺히는 곳, 감광세포가 존재(상이 상하좌우 전환되어 맺힘)
④ 맥락막 : 망막을 둘러싼 검은 막, 어둠상자 역할

2) 시각과 시력
① 시각(Visual Angle) : 보는 물체에 대한 눈의 대각

$$시각[분] = 60 \times \tan^{-1}\frac{L}{D} = L \times 57.3 \times \frac{60}{D}$$

② 시력 = $\frac{1}{시각}$

3) 눈의 이상
① 원시 : 가까운 물체의 상이 망막 뒤에 맺힘, 멀리 있는 물체는 잘 볼 수 있으나 가까운 물체는 보기 어려움
② 근시 : 먼 물체의 상이 망막 앞에 맺힘, 가까운 물체는 잘 볼 수 있으나 멀리 있는 물체는 보기 어려움

4) 순응(조응)
갑자기 어두운 곳에 들어가면 보이지 않거나 밝은 곳에 갑자기 노출되면 눈이 부셔 보기 힘들다. 그러나 시간이 지나면 점차 사물의 형상을 알 수 있는데, 이러한 광도수준에 대한 적응을 순응(Adaption) 또는 조응이라고 한다.

① 암순응(암조응) : 우선 약 5분 정도 원추세포의 순응단계를 거쳐 약 30~35분 정도 걸리는 간상세포의 순응단계(완전 암순응)로 이어진다.
② 명순응(명조응) : 어두운 곳에 있는 동안 빛에 민감하게 된 시각계통을 강한 광선이 압도하기 때문에 일시적으로 안 보이게 되나 명순응에는 길게 잡아 1~2분이면 충분하다.

5) 시성능
① 인간의 정상적인 시계는 200°이고 그 중에서도 색채를 식별할 수 있는 범위는 70°이다.
② 시성능은 연령에 따라 감퇴되는 특성을 갖고 있기 때문에 젊은이에게 충분한 조명수준이라도 노인에게는 부족할 수 있다.
③ 20세의 시성능을 1.0이라 할 때 40세는 1.17배, 50세는 1.58배, 65세는 2.66배의 조명이 필요하다.

2 시식별에 영향을 주는 조건

1) 조도 : 물체의 표면에 도달하는 빛의 양(밀도)
① foot-candle(fc) : 1촉광(촛불 1개)의 점광원으로부터 1foot 떨어진 구면에 비추는 빛의 밀도
② lux : 1촉광의 광원으로부터 1m 떨어진 구면에 비추는 빛의 밀도

$$조도(lux) = \frac{광속(lumen)}{(거리(m))^2}$$

2) 광도(Luminance)
단위면적당 표면에서 반사(방출)되는 빛의 양
(단위 : Lambert(L), foot-Lambert, nit(cd/m²))

3) 휘도

빛이 어떤 물체에서 반사되어 나오는 양

4) 명도 대비(Contrast)

표적의 광도와 배경의 광도 차

$$대비 = \frac{L_b - L_t}{L_b} \times 100$$

여기서, L_t : 표적의 광도, L_b : 배경의 광도

5) 휘광(Glare)

휘도가 높거나 휘도 대비가 클 경우 생기는 눈부심

6) 푸르키네 현상(Purkinje Effect)

조명수준이 감소하면 장파장에 대한 시감도가 감소하는 현상. 즉 밤에는 같은 밝기를 가진 장파장의 적색보다 단파장인 청색이 더 잘 보인다.

3 정량적 표시장치

1) 정량적 표시장치

온도나 속도 같은 동적으로 변하는 변수나 자로 재는 길이 같은 계량치에 관한 정보를 제공하는 데 사용한다.

2) 정량적 동적 표시장치의 기본형

(1) 동침형(Moving Pointer)

① 고정된 눈금상에서 지침이 움직이면서 값을 나타내는 방법
② 지침의 위치가 일종의 인식상의 단서로 작용하는 이점이 있음

(2) 동목형(Moving Scale)

① 값의 범위가 클 경우 작은 계기판에 모두 나타낼 수 없는 동침형의 단점을 보완한 것
② 표시장치의 공간을 적게 차지하는 이점이 있음
③ 빠른 인식을 요구하는 작업장에서는 사용을 피하는 것이 좋음

(3) 계수형(Digital Display)

① 수치를 정확히 읽어야 할 경우 인접 눈금에 대한 지침의 위치를 추정할 필요가 없기에 Analog Type(동침형, 동목형)보다 더욱 적합함
② 값이 빨리 변하는 경우 읽기가 곤란할 뿐만 아니라 시각 피로를 많이 유발함

4 정성적 표시장치

① 온도, 압력, 속도와 같은 연속적으로 변하는 변수의 대략적인 값이나 변화추세 등을 알고자 할 때 사용
② 나타내는 값이 정상인지 여부를 판정하는 등 상태점검을 하는 데 사용

5 상태표시기

① 상태지시계(Status Indicator)는 켬-끔(On-Off) 또는 교통 신호등의 멈춤-주행과 같이 별개의 독립된 상태를 나타냄
② 정성적 계기를 다른 목적으로 사용하지 않고 상태점검용이나 확인용으로만 사용할 경우 이를 상태지시계라 함
③ 가장 대표적인 예가 신호등으로 대개 적색, 황색, 녹색 등으로 코드화
　㉠ 정적(Static) 표시장치 : 간판, 도표, 그래프, 인쇄물, 필기물 같이 시간에 따라 변하지 않는 것
　㉡ 동적(Dynamic) 표시장치 : 온도계, 기압계, 속도계, 고도계, 레이더, sonar, 전축, TV, 영화 등 어떤 변수를 조정하거나 맞추는 것을 돕기 위한 것

6 신호 및 경보등

1) 광원의 크기, 광도 및 노출시간

① 광원의 크기가 작으면 시각이 작아짐
② 광원의 크기가 작을수록 광속발산도가 커야 함

2) 색광

① 색에 따라 사람의 주위를 끄는 정도가 다르며 반응시간이 빠른 순서는 ㉠ 적색, ㉡ 녹색, ㉢ 황색, ㉣ 백색 순이다.
② 명도가 높은 색채는 빠르고 경쾌하게 느껴지고, 명도가 낮은 색채는 둔하고 느리게 느껴진다. 가볍고 경쾌한 색에서 느리고 둔한 색의 순서를 나타내면 백색>황색>녹색>등색>자색>청색>흑색이다.
③ 신호대 배경의 명도 대비(Contrast)가 낮을 경우에는 적색 신호가 효과적이다.
④ 배경이 어두운 색(흑색)일 경우 명도대비가 좋거나 신호의 절대명도가 크면 신호의 색은 주위를 끄는 데 별로 중요하지 않다.

3) 점멸속도

① 점멸 융합주파수(약 30Hz)보다 작아야 함
② 주의를 끌기 위해서는 초당 3~10회의 점멸속도에 지속시간은 0.05초 이상이 적당함

4) 배경 광(불빛)

① 배경의 불빛이 신호등과 비슷할 경우 신호광 식별이 곤란함
② 배경 잡음의 광이 점멸일 경우 점멸신호등의 기능을 상실
③ 신호등이 네온사인이나 크리스마스트리 등이 있는 지역에 설치되는 경우에는 식별이 쉽지 않음

7 묘사적 표시장치

1) 항공기의 이동표시

배경이 변화하는 상황을 중첩하여 나타내는 표시장치로 효과적인 상황판단을 위해 사용한다.

① 항공기 이동형(외견형) : 지평선이 고정되고 항공기가 움직이는 형태
② 지평선 이동형(내견형) : 항공기가 고정되고 지평선이 이동되는 형태(대부분의 항공기의 표시장치가 이에 속함)
③ 빈도 분리형 : 외견형과 내견형의 혼합형

2) 항공기 위치 표시장치 설계 원칙

① 표시의 현실성(Principle of Pictorial Realism)
② 통합(Principle of Integration) : 관련된 모든 정보를 통합하여 상호관계를 바로 인식할 수 있도록 함
③ 양립적 이동(Principle of Compatibility Motion)
④ 추종표시(Principle of Pursuit Presentation) : 원하는 목표(Target)와 실제 지표가 공통 눈금이나 좌표계에서 이동함

8 문자-숫자 표시장치

문자-숫자 체계에서 인간공학적 판단기준은 가시성(Visibility), 식별성(Legibility), 판독성(Readability)이다.

① 획폭비 : 문자나 숫자의 높이에 대한 획 굵기의 비율
② 종횡비 : 문자나 숫자의 폭에 대한 높이의 비율
③ 문자-숫자의 크기 : 일반적인 글자의 크기는 포인트(Point, pt)로 나타냄

9 시각적 암호, 부호 및 기호

① 묘사적 부호 : 사물이나 행동을 단순하고 정확하게 묘사한 것(도로표지판의 보행신호, 유해물질의 해골과 뼈 등)
② 추상적 부호 : 메시지(傳言)의 기본요소를 도식적으로 압축한 부호로 원래의 개념과는 약간의 유사성이 있음
③ 임의적 부호 : 부호가 이미 고안되어 있으므로 이를 배워야 하는 것(산업안전표지의 원형 → 금지표지, 사각형 → 안내표지 등)

SECTION 02
청각적 표시장치

1 청각과정

1) 귀의 구조

① 바깥귀(외이) : 소리를 모으는 역할
② 가운데귀(중이) : 고막의 진동을 속귀로 전달하는 역할
③ 속귀(내이) : 달팽이관에 청세포가 분포되어 있어 소리자극을 청신경으로 전달

2) 음의 특성 및 측정

(1) 음파의 진동수(Frequency of Sound Wave)
① 소리굽쇠와 같은 간단한 음원의 진동은 정현파(사인파)를 만들며 사인파는 계속 반복되는데 1초당 사이클 수를 음의 진동수(주파수)라 한다.
② Hz(herz) 또는 CPS(cycle/s)로 표시한다.

(2) 음의 강도(Sound intensity)

$$SPL(dB) = 10\log\left(\frac{P_1^2}{P_0^2}\right)$$

여기서, P_1 : 측정하고자 하는 음압
P_0 : 기준음압($20\mu N/m^2$)

거리에 따른 음의 변화는 d_1은 d_1거리에서 단위면적당 음이고 d_2는 d_2거리에서 단위면적당 음이라면 음압은 거리에 반비례하므로 식으로 나타내면 다음과 같다.

$$dB2 = dB1 - 20\log\left(\frac{d_2}{d_1}\right)$$

(3) 음력레벨(PWL, Sound Power Level)

$$PWL = 10\log\left(\frac{P}{P_0}\right) dB$$

여기서, P : 음력(Watt)
P_0 : 기준의 음력 10^{-12}Watt

3) 음량(Loudness)

(1) phon과 sone
① phon 음량수준 : 정량적 평가를 위한 음량 수준 척도, phon으로 표시한 음량수준은 이 음과 같은 크기로 들리는 1,000Hz 순음의 음압수준(dB)이다.
② sone 음량수준 : 다른 음의 상대적인 주관적 크기 비교, 40dB의 1,000Hz 순음 크기(=40phon)를 1sone으로 정의, 기준음보다 10배 크게 들리는 음이 있다면 이 음의 음량은 10sone이다.

$$sone치 = 2^{(phon치 - 40)/10}$$

(2) 인식소음 수준
① PNdB(perceived noise level)의 척도는 910~1,090Hz 대의 소음 음압수준이다.
② PLdB(perceived level of noise)의 척도는 3,150Hz에 중심을 둔 1/3 옥타브대 음을 기준으로 사용한다.

4) 은폐(Masking) 효과
① 음의 한 성분이 다른 성분에 대한 귀의 감수성을 감소시키는 상황으로 피은폐된 한 음의 가청 역치가 다른 은폐된 음 때문에 높아지는 현상을 말한다.
② 사무실의 자판소리 때문에 말 소리가 묻히는 경우 등이 은폐에 해당한다.

2 청각적 표시장치

1) 시각장치와 청각장치의 비교

시각장치 사용	청각장치 사용
① 경고나 메시지가 길거나 복잡함	① 경고나 메시지가 짧거나 간단함
② 경고나 메시지가 후에 재참조됨	② 경고나 메시지가 후에 재참조되지 않음
③ 경고나 메시지가 즉각적인 행동을 요구하지 않음	③ 경고나 메시지가 즉각적인 행동을 요구됨
④ 수신자의 청각 계통이 과부하 상태일 때 유리	④ 수신자의 시각 계통이 과부하 상태일 때 유리
⑤ 수신 장소가 너무 시끄러울 때 유리	⑤ 수신장소가 너무 밝거나 암조응 유지가 필요할 때
⑥ 직무상 수신자가 한곳에 머무르는 경우 사용	⑥ 직무상 수신자가 자주 움직이는 경우 사용

2) 청각적 표시장치가 시각적 표시장치보다 유리한 경우
① 신호음 자체가 음일 때
② 무선거리 신호, 항로정보 등과 같이 연속적으로 변하는 정보를 제시할 때
③ 음성통신(전화 등) 경로가 전부 사용되고 있을 때
④ 정보가 즉각적인 행동을 요구하는 경우
⑤ 조명으로 인해 시각을 이용하기 어려운 경우

3) 경계 및 경보신호 선택 시 지침

① 귀는 중음역에 가장 민감하므로 500~3,000Hz가 좋다.
② 300m 이상 장거리용 신호에는 1,000Hz 이하의 진동수를 사용한다.
③ 칸막이를 돌아가는 신호는 500Hz 이하의 진동수를 사용한다.
④ 배경소음과 다른 진동수를 갖는 신호를 사용하고 신호는 최소 0.5~1초 지속한다.
⑤ 주의를 끌기 위해서는 변조된 신호를 사용한다.
⑥ 경보효과를 높이기 위해서는 개시시간이 짧은 고강도의 신호 사용한다.

3 음성통신

1) 음성의 인간공학적 측면

① 음성은 청각적 표시장치의 한 형태임
② 출력의 기능을 갖기도 하고 입력의 기능을 갖기도 함
③ 음성의 정보원과 수용자는 인간일 수도 기계일 수도 있음

2) 음성의 특성

(1) 인간의 음성

① 발성 : 인간이 말을 하는 것은 호흡과정과 관련되며 숨을 내쉴 때 기류에 의해 만들어지는 음파가 발성기관을 거쳐 음성이 발생하는 것을 말함
② 음소 : 음성(말)의 최소 단위로 각 언어는 모음 및 자음을 망라한 고유한 음소를 가지고 있음

(2) 음성의 묘사

① 음성은 여러 가지 방법으로 그래프화 할 수 있음
② 파형, 주사수별, 음스펙트럼을 표현하는 방법들이 있는데 파형은 시간에 따른 기압(강도) 변동을 말함

(3) 음성의 강도

일반적으로 여성의 음성출력은 조용히 말할 때는 약 45dB 정도, 크게 말할 때에는 85dB 정도 되지만 보통 대화 시에는 60~70dB 정도임

3) 통화 이해도

음성 메시지를 수화자가 얼마나 정확하게 인지할 수 있는가 이다.

① 통화 이해도(Speech intelligibility) 시험 : 실제로 말을 들려주고 이를 복창하게 하거나 물어보는 시험
② 명료도 지수(Articulation index) : 각 옥타브(Octave)대의 음성과 잡음의 dB 값에 가중치를 주어 그 합계를 구하는 것
③ 이해도 점수(Intelligibility score) : 수화자가 통화내용을 얼마나 알아들었는가의 비율(%)
④ 통화 간섭 수준(SIL ; Speech Interference level)
  ㉠ 잡음이 통화 이해도(Speech intelligibility)에 미치는 영향을 추정하는 하나의 지수
  ㉡ 잡음의 주파수 분포가 평평할 경우 유용한 지표로서 500, 1,000, 2,000Hz에 중심을 둔 3옥타브대의 잡음 dB 수준의 평균치

4 합성음성

1) 음성합성의 유형

① 디지털 기록(Digital recording) : 음성을 디지털화(digitize)
② 분석에 의한 합성(Synthesis by analysis) : 디지털화된 음성을 보다 압축된 형식으로 변환
③ 규칙에 의한 합성(Synthesis by rule) : 기본 음성의 생성규칙, 단어와 문장의 조합규칙, 운율의 생성규칙에 기초하여 발음 모형의 적절한 모수들을 합성

2) 합성음성의 활용

합성음성은 자동차, 카메라, 주방기기, 시계, 완구 등 제품에 많이 이용되었고 항공분야, 전화회사, 장애인용 보조기구 등에 활용된다.

SECTION 03
촉각 및 후각적 표시장치

1 피부감각
① 통각 : 아픔을 느끼는 감각
② 압각 : 압박이나 충격이 피부에 주어질 때 느끼는 감각
③ 감각점의 분포량 순서 : ㉠ 통점 → ㉡ 압점 → ㉢ 냉점 → ㉣ 온점

2 조종장치의 촉각적 암호화
① 표면촉감을 사용하는 경우
② 형상을 구별하는 경우
③ 크기를 구별하는 경우

3 동적인 촉각적 표시장치
① 기계적 진동(Mechanical Vibration) : 진동기를 사용하여 피부에 전달, 진동장치의 위치, 주파수, 세기, 지속시간 등 물리적 매개변수
② 전기적 임펄스(Electrical Impulse) : 전류자극을 사용하여 피부에 전달, 전극위치, 펄스속도, 지속시간, 강도 등

4 후각적 표시장치
후각은 사람의 감각기관 중 가장 예민하고 빨리 피로해지기 쉬운 기관으로 사람마다 개인차가 심하다. 코가 막히면 감도도 떨어지고 냄새에 순응하는 속도가 빠르다.

5 웨버(Weber)의 법칙
① 특정 감각의 변화감지역(ΔI)은 사용되는 표준자극(I)에 비례

$$\text{웨버 비} = \frac{\Delta I}{I}$$

여기서, I : 기준자극크기, ΔI : 변화감지역

② 웨버(Weber)비가 작을수록 인간의 분별력이 좋아짐

SECTION 04
인간요소와 휴먼에러

1 인간실수의 분류

1) 심리적(행위에 의한) 분류(Swain)
① 생략에러(Omission Error) : 작업 내지 필요한 절차를 수행하지 않는 데서 기인하는 에러
② 실행(작위적) 에러(Commission Error) : 작업 내지 절차를 수행했으나 잘못한 실수 – 선택착오, 순서착오, 시간착오
③ 과잉행동에러(Extraneous Error) : 불필요한 작업 내지 절차를 수행함으로써 기인한 에러
④ 순서에러(Sequential Error) : 작업수행의 순서를 잘못한 실수
⑤ 시간에러(Timing Error) : 소정의 기간에 수행하지 못한 실수(너무 빨리 혹은 늦게)

2) 원인 레벨(level)적 분류
① Primary Error : 작업자 자신으로부터 발생한 에러(안전교육을 통하여 제거)
② Secondary Error : 작업형태나 작업조건 중에서 다른 문제가 생겨 그 때문에 필요한 사항을 실행할 수 없는 오류나 어떤 결함으로부터 파생하여 발생하는 에러
③ Command Error : 요구되는 것을 실행하고자 하여도 필요한 정보, 에너지 등이 공급되지 않아 작업자가 움직이려 해도 움직이지 않는 에러

2 인간의 오류모형
① 착오(Mistake) : 상황해석을 잘못하거나 목표를 잘못 이해하고 착각하여 행하는 경우
② 실수(Slip) : 상황이나 목표의 해석을 제대로 했으나 의도와는 다른 행동을 하는 경우
③ 건망증(Lapse) : 여러 과정이 연계적으로 일어나는 행동 중에서 일부를 잊어버리고 하지 않거나 기억의 실패에 의하여 발생하는 오류
④ 위반(Violation) : 정해진 규칙을 알고 있음에도 고의로 따르지 않거나 무시하는 행위

3 인간실수 확률에 대한 추정기법

인간의 잘못은 피할 수 없다. 하지만 인간오류의 가능성이나 부정적 결과는 인력선정, 훈련절차, 환경설계 등을 통해 줄일 수 있다.

1) 인간실수 확률(HEP ; Human Error Probability)
특정 직무에서 하나의 착오가 발생할 확률

$$HEP = \frac{인간실수의\ 수}{실수발생의\ 전체\ 기회수}$$

$$인간의\ 신뢰도(R) = (1-HEP) = 1-P$$

2) THERP(Technique for Human Error Rate Prediction)
인간실수확률(HEP)에 대한 정량적 예측기법으로 분석하고자 하는 작업을 기본행위로 하여 각 행위의 성공, 실패확률을 계산하는 방법

3) 결함수분석(FTA ; Fault Tree Analysis)
① 복잡 대형화된 시스템의 신뢰성 분석에 이용되는 기법이다.
② 시스템의 각 단위 부품의 고장을 기본 고장(primary failure or basic event)이라 하고, 시스템의 결함상태를 시스템 고장(top event or system failure)이라 하여 이들의 관계를 정량적으로 평가하는 방법이다.

4 인간실수 예방기법

1) 4M 분석기법
작업공정 내 잠재하고 있는 위험요인을 Man(인간), Machine(기계), Media(작업매체), Management(관리) 등 4가지 분야로 위험성을 파악하여 위험제거대책을 제시하는 방법이다.
① Man(인간) : 작업자의 불안전 행동을 유발시키는 인적 위험 평가
② Machine(기계) : 생산설비의 불안전 상태를 유발시키는 설계·제작·안전장치 등을 포함한 기계 자체 및 기계 주변의 위험 평가
③ Media(작업매체) : 소음, 분진, 유해물질 등 작업환경 평가
④ Management(관리) : 안전의식 해이로 사고를 유발시키는 관리적인 사항 평가

2) 휴먼에러 대책

(1) 배타설계(Exclusion design)
① 설계 단계에서 사용하는 재료나 기계 작동 메커니즘 등 모든 면에서 휴먼에러 요소를 근원적으로 제거하도록 하는 디자인 원칙
② 예를 들어, 유아용 완구의 표면을 칠하는 도료는 위험한 화학물질일 수 있다. 이런 경우 도료를 먹어도 무해한 재료로 바꾸어 설계하였다면 이는 에러제거 디자인의 원칙을 지킨 것이라 함

(2) 보호설계(Preventive design)
① 신체적 조건이나 정신적 능력이 낮은 사용자라 하더라도 사고를 낼 확률을 낮게 설계해 주는 것을 에러 예방 디자인, 혹은 풀-푸르프(Fool proof) 디자인이라고 함
② 예를 들어, 세제나 약병의 뚜껑을 열기 위해서는 힘을 아래 방향으로 가해 돌려야 하는데 이것은 위험성을 모르는 아이들이 마실 확률을 낮추는 디자인에 해당함

(3) 안전설계(Fail-safe design)
① 안전장치 등의 부착을 통한 디자인 원칙을 페일-세이프(Fail safe) 디자인이라고 함
② Fail-safe 설계를 위해서는 보통 시스템 설계 시 부품의 병렬체계설계나 대기체계설계와 같은 중복설계를 해줌
③ 병렬체계설계의 특징
   ㉠ 요소의 중복도가 증가할수록 계의 수명은 길어짐
   ㉡ 요소의 수가 많을수록 고장의 기회는 줄어듦
   ㉢ 요소의 어느 하나가 정상적이면 계는 정상임
   ㉣ 시스템의 수명은 요소 중 수명이 가장 긴 것으로 정할 수 있음

CHAPTER 03 인간계측 및 작업공간

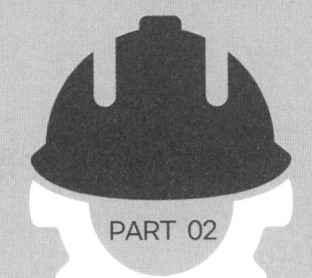

SECTION 01 인체계측 및 인간의 체계제어

1 인체계측

1) 인체 측정 방법
① 구조적 인체 치수 : 표준 자세에서 움직이지 않는 피측정자를 인체 측정기로 측정(예 마틴측정기, 실루엣 사진기 등)
② 기능적 인체 치수 : 움직이는 몸의 자세로부터 측정(예 사이클그래프, 마르티스트로브, 시네필름, VTR 등)

2 인체계측 자료의 응용원칙

1) 최대치수와 최소치수(극단치 설계)
특정한 설비를 설계할 때, 거의 모든 사람을 수용할 수 있는 경우(최대치수)가 필요하다. 문, 통로, 탈출구 등을 예로 들 수 있다. 최소치수의 예로는 선반의 높이, 조종장치까지의 거리 등이 있다.
① 최소치수 : 하위 백분위 수(퍼센타일, Percentile) 기준 1, 5, 10%
② 최대치수 : 상위 백분위 수(퍼센타일, Percentile) 기준 90, 95, 99%

2) 조절 범위(5~95%) 설계
체격이 다른 여러 사람에게 맞도록 조절식으로 만드는 것이 바람직하다. 그 예로는 자동차 좌석의 전후 조절, 사무실 의자의 상하 조절 등이 있다.

3) 평균치를 기준으로 한 설계
최대치수나 최소치수를 기준으로 설계하기도 부적절하고 조절식으로 하기도 불가능할 때, 평균치를 기준으로 설계를 한다. 예를 들면, 손님의 평균 신장을 기준으로 만든 은행의 계산대 등이 있다.

3 신체반응의 측정

[작업의 종류에 따른 측정]
① 정적 근력작업 : 에너지 대사량과 심박수의 상관관계와 시간적 경과, 근전도 등
② 동적 근력작업 : 에너지 대사량과 산소소비량, CO_2 배출량, 호흡량, 심박수 등
③ 신경적 작업 : 매회 평균호흡진폭, 맥박수, 피부전기반사(GSR) 등을 측정
④ 심적 작업 : 플리커 값 등을 측정

4 제어장치 및 표시장치

① 제어장치란 인간의 출력을 기계의 입력으로 전환하는 기계장치임
② 제어장치는 기계와 사용자 사이의 중간매개 역할을 함
③ 제어장치의 인간공학적 설계는 오류를 최소화하면서 효과적인 사용을 가능하게 함
④ 기계가 표시장치를 통하여 인간에게 의사를 전달하는 것처럼 인간은 제어장치를 통해 의사를 전달함
⑤ 각각의 제어장치는 사용자에 의해 쉽게 운용될 수 있도록 설계되어야 함
⑥ 대중의 고정관념뿐만 아니라 생체역학적(거리, 중량, 각도), 인체측정학적 요소들이 제어장치의 크기, 모양 등을 결정하는 근거로 사용되어야 함

5 제어장치의 기능과 유형

1) 개폐에 의한 제어(On-Off 제어)
$\frac{C}{D}$비로 동작을 제어하는 제어장치
① 누름단추(Push Button)
② 발(Foot) 푸시
③ 토글 스위치(Toggle Switch)
④ 로터리 스위치(Rotary Switch)

토글스위치(Toggle Switch), 누름단추(Push Botton)를 작동할 때에는 중심으로부터 30° 이하를 원칙으로 하며 25°쯤 되는 위치에 있을 때가 작동시간이 가장 짧다.

2) 양의 조절에 의한 통제
연료량, 전기량 등으로 양을 조절하는 통제장치
예 노브(Knob), 핸들(Hand Wheel), 페달(Pedal), 크랭크

3) 반응에 의한 통제
계기, 신호, 감각에 의하여 통제 또는 자동경보 시스템

6 제어장치의 식별(코드화)

시스템이 운영되는 상황에 따라 빠른 식별(Identification)이 아주 중요하다. 만약 잘못된 제어장치가 작동하면 적절한 제어행동이 수행되지 않으며 시스템이 고장날 수도 있다. 제어장치의 식별은 식별의 혼동을 최소화하기 위해 구별이 쉽도록 코드화되어야 한다. 제어장치의 코드화는 조작자의 요구, 이미 사용하고 있는 코드화 방법, 조도, 제어장치의 식별속도와 정확성, 가능한 공간, 제어의 수 등에 영향을 받는다. 일차적으로 코드화하는 방법으로 형상, 촉감, 크기, 위치, 조작법, 색깔, 라벨 등이 있다.

7 통제 표시 비율

1) 조정-반응 비율(통제비, C/D비, C/R비, Control Display Ratio)

① 통제표시비(선형조정장치)

$$\frac{X}{Y} = \frac{C}{D} = \frac{통제기기의\ 변위량}{표시계기지침의\ 변위량}$$

여기서, a : 조종장치가 움직인 각도,
L : 조종장치(노브)의 길이

② 조종구의 통제비

$$\frac{C}{D}비 = \frac{\left(\frac{a}{360}\right) \times 2\pi L}{표시계기지침의\ 이동거리}$$

여기서, a : 조종장치가 움직인 각도,
L : 조종장치(노브)의 길이

2) 통제 표시비의 설계 시 고려해야 할 요소
① 계기의 크기 : 조절시간이 짧게 소요되는 사이즈를 선택하되 너무 작으면 오차가 클 수 있음
② 공차 : 짧은 주행시간 내에 공차의 인정범위를 초과하지 않은 계기를 마련
③ 목시거리 : 목시거리(눈과 계기표 시간과의 거리)가 길수록 조절의 정확도는 적어지고 시간이 걸림
④ 조작시간 : 조작시간이 지연되면 통제비가 크게 작용함
⑤ 방향성 : 계기의 방향성은 안전과 능률에 영향을 미침

3) 통제비의 3요소
① 시각감지시간
② 조절시간
③ 통제기기의 주행시간

4) 최적 C/D비
① C/D비가 증가함에 따라 조정시간은 급격히 감소하다가 안정되며 이동시간은 이와 반대가 된다(최적통제비 : 1.18~2.42).
② C/D비가 적을수록 이동시간이 짧고 조정이 어려워 조정장치가 민감하다.

5) 사정효과(Range effect)
① 인간의 위치 동작에 있어 눈으로 보지 않고 손을 수평면 상에서 움직이는 경우 짧은 거리는 지나치고 긴 거리는 못 미치는 경향을 말한다.
② 사정효과의 예로는 조작자가 작은 오차에는 과잉반응, 큰 오차에는 과소반응을 하는 것이 있다.

8 특수 제어장치
제어장치의 조작은 주로 손과 발이었으나 컴퓨터 기술의 발달로 손, 발동작을 필요로 하지 않는 장치가 개발되고 있고, 이미 사용 중에 있다(음성제어장치, 원격제어장치, 눈과 머리 동작 제어장치 등).

9 양립성

1) 양립성 개요
① 안전을 근원적으로 확보하기 위한 전략으로서 외부의 자극과 인간의 기대가 서로 모순되지 않아야 하는 것
② 제어장치와 표시장치 사이의 연관성이 인간의 예상과 어느 정도 일치하는가 여부

2) 양립성 구분
① 공간적 양립성 : 어떤 사물들, 특히 표시장치나 조정장치의 물리적 형태나 공간적인 배치의 양립성
② 운동적 양립성 : 표시장치, 조정장치, 체계반응 등의 운동방향의 양립성을 말함. 예를 들어 오른나사의 전진방향에 대한 기대가 해당됨
③ 개념적 양립성 : 외부로부터의 자극에 대해 인간이 가지고 있는 개념적 연상의 일관성을 말함. 예를 들어 파란색 수도꼭지와 빨간색 수도꼭지가 있는 경우 빨간색 수도꼭지를 보고 따뜻한 물이라고 연상하는 것이 해당됨

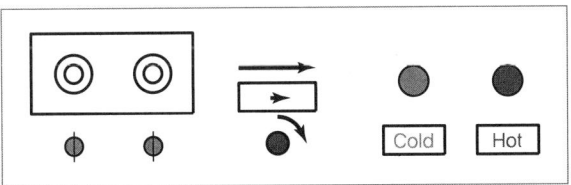

[공간 양립성]   [운동 양립성]   [개념 양립성]

10 수공구와 장치 설계의 원리
① 손목을 곧게 유지
② 조직의 압축응력을 피함
③ 반복적인 손가락 움직임을 피함(모든 손가락 사용)
④ 안전작동을 고려하여 설계
⑤ 손잡이는 손바닥의 접촉면적이 크게 설계

SECTION 02
신체활동의 생리학적 측정법

1 신체반응의 측정

1) 작업의 종류에 따른 측정
① 정적 근력작업 : 에너지 대사량과 심박수의 상관관계와 시간적 경과, 근전도 등
② 동적 근력작업 : 에너지 대사량과 산소소비량, CO_2 배출량, 호흡량, 심박수 등
③ 신경적 작업 : 매회 평균호흡진폭, 맥박수, 전기피부반사 등을 측정
④ 심적작업 : 플리커 값 등을 측정

2) 심장활동의 측정
심장주기, 심박수, 심전도(ECG) 등

3) 산소 소비량 측정
① 더글러스 백(Douglas Bag)을 사용하여 배기가스 수집
② 배기가스의 성분을 분석하고 부피를 측정

2 신체역학
인간은 근육, 뼈, 신경, 에너지 대사 등을 바탕으로 물리적인 활동을 수행하게 되는데 이러한 활동에 대하여 생리적 조건과 역학적 특성을 고려한 접근방법이다.

1) 신체부위의 운동

(1) 팔, 다리
① 외전(벌림, Abduction) : 몸의 중심선으로부터 멀리 떨어지게 하는 동작(예 팔을 옆으로 들기)
② 내전(모음, Adduction) : 몸의 중심선으로의 이동(예 팔을 수평으로 편 상태에서 수직위치로 내리는 것)

(2) 팔꿈치
① 굴곡(굽힘, Flexion) : 관절이 만드는 각도가 감소하는 동작(예 팔꿈치 굽히기)
② 신전(폄, Extension) : 관절이 만드는 각도가 증가하는 동작(예 굽힌 팔꿈치 펴기)

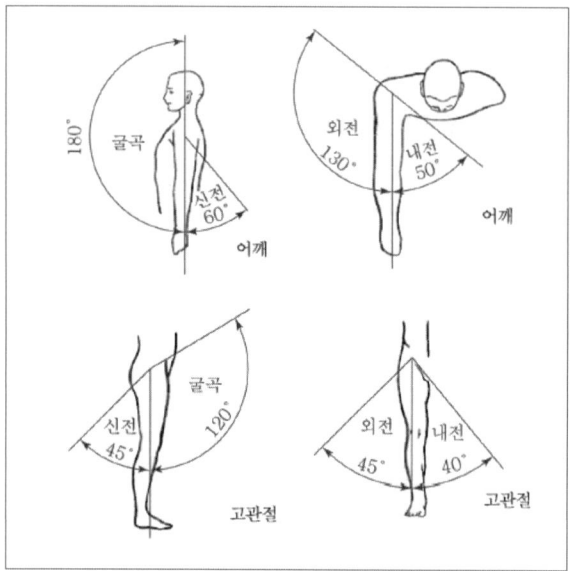

[신체부위의 운동]

2) 근력 및 지구력
① 근력 : 근육이 낼 수 있는 최대 힘으로 정적 조건에서 힘을 낼 수 있는 근육의 능력
② 지구력 : 근육을 사용하여 특정한 힘을 유지할 수 있는 시간

3) 동작의 합리화를 위한 물리적 조건
① 마찰력을 감소시킨다.
② 고유진동을 이용한다.
③ 인체표면에 가해지는 힘을 적게 한다.
④ 접촉면적을 적게 한다.

3 신체활동의 에너지 소비

1) 에너지 대사율(RMR ; Relative Metabolic Rate)

$$RMR = \frac{운동대사량(작업대사량)}{기초대사량}$$
$$= \frac{(운동\ 시\ 산소소모량 - 안정\ 시\ 산소소모량)}{기초대사량(산소소비량)}$$
$$= \frac{(작업\ 시\ 소비에너지 - 안정\ 시\ 소비에너지)}{안정\ 시\ 소비에너지}$$

2) 에너지 대사율(RMR)에 따른 작업의 분류
① 초경작업(初經作業) : 0~1
② 경작업(輕作業) : 1~2
③ 보통 작업(中作業) : 2~4
④ 중작업(重作業) : 4~7
⑤ 초중작업(初重作業) : 7 이상

3) 휴식시간 산정

$$R(분) = \frac{60(E-5)}{E-1.5} \ (60분\ 기준)$$

여기서, E : 작업의 평균에너지(kcal/min), 에너지 값의 상한 : 5(kcal/min)

4) 에너지 소비량에 영향을 미치는 인자
① 작업방법
② 작업자세
③ 작업속도
④ 도구설계

4 동작의 속도와 정확성

1) 반응시간(Reaction time)
① 단순반응시간(Simple reaction time) : 하나의 특정 자극에 대해 반응을 시작하는 시간으로 항상 같은 반응을 요구함
② 선택반응시간(Choice reaction time) : 여러 개의 자극을 제시하고 각각에 대한 서로 다른 반응을 요구하는 경우의 반응시간을 말함. 일반적으로 정확한 반응을 결정해야 하는 중앙처리시간 때문에 자극과 반응의 수가 증가할수록 반응시간이 길어짐

2) 동작시간
자극이 요구하는 반응을 하는 데 걸리는 시간을 말한다.

3) 동작의 정확성
빠른 동작이 요구될수록 동작의 정확성은 떨어진다(반비례).

SECTION 03
작업공간 및 작업자세

1 부품배치의 원칙
① 중요성의 원칙 : 부품의 작동성능이 목표달성에 긴요한 정도에 따라 우선순위를 결정할 것
② 사용빈도의 원칙 : 부품이 사용되는 빈도에 따른 우선순위를 결정할 것
③ 기능별 배치의 원칙 : 기능적으로 관련된 부품을 모아서 배치할 것
④ 사용순서의 원칙 : 사용순서에 맞게 순차적으로 부품들을 배치할 것

2 활동분석
① 구성요소 배치에서 중요한 자료는 작업활동자료이며 빈도, 순서, 상호관계, 중요도, 시간, 안락, 편의성, 선호도 등이 기준으로 사용함
② 작업공간에서 구성요소를 배치할 때 인간에 대한 자료, 작업활동 자료, 작업환경 자료 등을 활용함

3 부품의 위치 및 배치

1) 구성요소의 배치 원칙
① 같은 영역 안에서 배치할 때는 순서 또는 기능에 따라 요소의 집단을 배치할 것
② 구성요소 간에 공통적인 순서나 빈번한 관계가 있다면 손동작, 눈동작 등의 순서적 과정이 용이하도록 배치할 것

2) 제어장치의 간격
① 제어장치를 조작할 때에는 다른 제어장치를 건드리지 않기 위해 물리적 공간을 가질 것
② 간격 거리는 최저한계 이하여서는 안 됨

4 개별 작업공간 설계지침

1) 설계지침
① 주된 시각적 임무
② 주 시각임무와 상호 교환되는 주 조정장치
③ 조정장치와 표시장치 간의 관계
④ 사용순서에 따른 부품의 배치(사용순서의 원칙)
⑤ 자주 사용되는 부품의 편리한 위치에 배치(사용빈도의 원칙)
⑥ 체계 내 또는 다른 체계와의 배치를 일관성 있게 배치
⑦ 팔꿈치 높이에 따라 작업면의 높이를 결정
⑧ 과업수행에 따라 작업면의 높이를 조정
⑨ 높이 조절이 가능한 의자를 제공
⑩ 서 있는 작업자를 위해 바닥에 피로예방 매트를 사용
⑪ 정상 작업영역 안에 공구 및 재료를 배치

2) 작업공간
① 작업공간 포락면(Envelope) : 한 장소에 앉아서 수행하는 작업활동에서 사람이 작업하는 데 사용하는 공간
② 파악한계(Grasping Reach) : 앉은 작업자가 특정한 수작업을 편히 수행할 수 있는 공간의 외곽한계
③ 특수작업역 : 특정 공간에서 작업하는 구역

3) 수평작업대의 정상 작업역과 최대 작업역
① 정상 작업영역 : 윗팔(상완)을 자연스럽게 수직으로 늘어뜨린 채, 아랫팔(전완)만으로 편하게 뻗어 파악할 수 있는 구역(34~45cm)
② 최대 작업영역 : 윗팔(상완)과 아랫팔(전완)을 곧게 펴서 파악할 수 있는 구역(55~65cm)
③ 파악한계 : 앉은 작업자가 특정한 수작업을 편히 수행할 수 있는 공간의 외곽한계

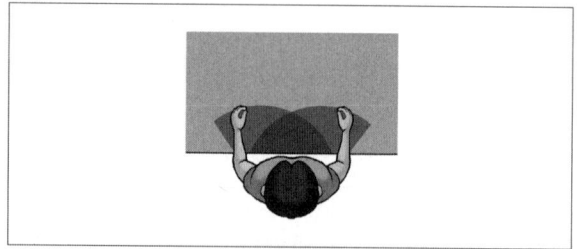

(a) 정상작업영역

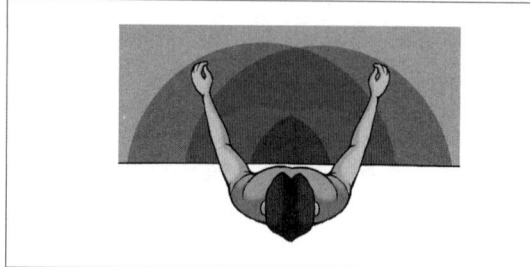

(b) 최대작업영역

4) 작업대 높이

(1) 최적높이 설계지침

작업대의 높이는 상완을 자연스럽게 수직으로 늘어뜨리고 전완은 수평 또는 약간 아래로 편안하게 유지할 수 있는 수준을 최적높이라고 한다.

(2) 착석식(의자식) 작업대 높이

① 의자의 높이를 조절할 수 있도록 설계하는 것이 바람직함
② 섬세한 작업은 작업대를 약간 높게, 거친 작업은 작업대를 약간 낮게 설계
③ 작업면 하부 여유공간이 대퇴부가 가장 큰 사람이 자유롭게 움직일 수 있을 정도로 설계

(3) 입식 작업대 높이

① 정밀작업 : 팔꿈치 높이보다 5~10cm 높게 설계
② 일반작업 : 팔꿈치 높이보다 5~10cm 낮게 설계
③ 힘든작업(重작업) : 팔꿈치 높이보다 10~20cm 낮게 설계

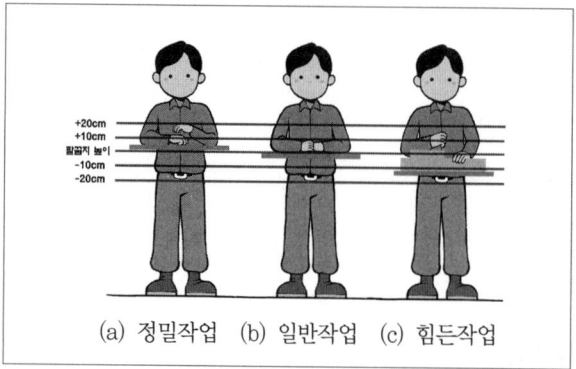

(a) 정밀작업   (b) 일반작업   (c) 힘든작업

[팔꿈치 높이와 작업대 높이의 관계]

5 계단

일반적으로 계단 발판의 깊이는 최소한 28cm, 높이는 10~18cm이고 손잡이는 적절한 곳에 마련하고 발판 표면은 안 미끄러지는 표면으로 하는 것 등이 추천되고 있다. 발판 높이에서 중요한 사항은 정확한 균일성이다.

6 의자설계 원칙

① 체중분포 : 의자에 앉았을 때 대부분의 체중이 골반뼈에 실려야 편안함
② 의자 좌판의 높이 : 좌판 앞부분 오금 높이보다 높지 않게 설계 (치수는 5% 되는 사람까지 수용할 수 있게 설계)
③ 의자 좌판의 깊이와 폭 : 폭은 큰 사람에게 맞도록, 깊이는 대퇴를 압박하지 않도록 작은 사람에게 맞도록 설계
④ 몸통의 안정 : 체중이 골반뼈에 실려야 몸통안정이 쉬워짐

SECTION 04
인간의 특성과 안전

1 인간 성능

1) 인간성능(Human Performance) 연구에 사용되는 변수

① 독립변수 : 관찰하고자 하는 현상에 대한 변수
② 종속변수 : 평가척도나 기준이 되는 변수

③ 통제변수 : 종속변수에 영향을 미칠 수 있지만 독립변수에 포함되지 않은 변수

2) 체계 개발에 유용한 직무정보의 유형

신뢰도, 시간, 직무 위급도

2 성능 신뢰도

1) 인간의 신뢰성 요인

① 주의력 수준
② 의식 수준(경험, 지식, 기술)
③ 긴장 수준(에너지대사율)

2) 기계의 신뢰성 요인

재질, 기능, 작동방법

3) 신뢰도

[인간과 기계의 직·병렬 작업]

① 직렬 : $R_s = r_1 \times r_2$

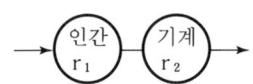

② 병렬 : $R_p = r_1 + r_2(1-r_1) = 1-(1-r_1)(1-r_2)$

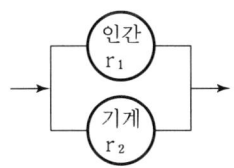

3 인간의 정보처리

인간이 신뢰성 있게 정보 전달을 할 수 있는 기억은 5가지 미만이며 감각에 따라 정보를 신뢰성 있게 전달할 수 있는 한계 개수가 5~9가지이다. 밀러(Miller)는 감각에 대한 경로용량을 조사한 결과 '신비의 수(Magical Number) 7±2(5~9)'를 발표했다. 인간의 절대적 판단에 의한 단일자극의 판별범위는 보통 5~9가지라는 것이다.

> 정보량 $H = \log_2 n = \log_2 \dfrac{1}{p}$, $p = \dfrac{1}{n}$
>
> 여기서, 정보량의 단위는 bit(binary digit)임

4 산업재해와 산업인간공학

1) 산업인간공학

인간의 능력과 관련된 특성이나 한계점을 체계적으로 응용하여 작업체계의 개선에 활용하는 연구분야이다.

2) 산업인간공학의 가치

① 인력 이용률의 향상
② 훈련비용의 절감
③ 사고 및 오용으로부터의 손실 감소
④ 생산성의 향상
⑤ 사용자의 수용도 향상
⑥ 생산 및 정비유지의 경제성 증대

5 근골격계 질환

1) 정의(안전보건규칙 제656조)

반복적인 동작, 부적절한 작업자세, 무리한 힘의 사용, 날카로운 면과의 신체접촉, 진동 및 온도 등의 요인에 의하여 발생하는 건강장해로서 목, 어깨, 허리, 팔·다리의 신경·근육 및 그 주변 신체조직 등에 나타나는 질환을 말한다.

2) 유해요인조사(안전보건규칙 제657조)

사업주는 근로자가 근골격계부담작업을 하는 경우에 3년마다 다음 각 호의 사항에 대한 유해요인조사를 하여야 한다. 다만, 신설되는 사업장의 경우에는 신설일부터 1년 이내에 최초의 유해요인 조사를 하여야 한다.

① 설비·작업공정·작업량·작업속도 등 작업장 상황
② 작업시간·작업자세·작업방법 등 작업조건
③ 작업과 관련된 근골격계질환 징후와 증상 유무 등

3) 유해성의 주지

사업주는 근로자가 근골격계부담작업을 하는 경우에 다음 각 호의 사항을 근로자에게 알려야 한다.

① 근골격계 부담작업의 유해요인
② 근골격계 질환의 징후와 증상
③ 근골격계 질환 발생 시의 대처요령
④ 올바른 작업자세와 작업도구, 작업시설의 올바른 사용방법
⑤ 그 밖에 근골격계질환 예방에 필요한 사항

4) 작업유해요인 분석평가법

(1) OWAS(Ovako Working-posture Analysis System)

① OWAS 평가도구는 근력을 발휘하기에 부적절한 작업자세를 구별해내기 위한 목적으로 개발함
② 평가는 상지, 하지, 허리, 하중을 이용해 실시

(2) RULA(Rapid Upper Limb Assessment)

① RULA는 어깨, 팔목, 손목, 목 등 상지(Upper Limb)에 초점을 맞추어서 작업자세로 인한 작업부하를 쉽고 빠르게 평가하기 위하여 만들어진 기법
② 평가방법은 팔(상완 및 전완), 손목, 목, 몸통(허리), 다리 부위에 대해 각각의 기준에서 정한 값을 표에서 찾고, 근육의 사용 정도와 사용빈도를 정해진 표에서 찾아 점수를 더하여 최종적인 값을 산출함

CHAPTER 04 작업환경관리

SECTION 01
작업조건과 환경조건

1 소요 조명

$$\text{소요 조명}(fc) = \frac{\text{소요 광속발산도}(fL)}{\text{반사율}(\%)} \times 100$$

2 반사율과 휘광

1) 반사율(%)
단위면적당 표면에서 반사 또는 방출되는 빛의 양

$$\text{반사율}(\%) = \frac{\text{휘도}(fL)}{\text{조도}(fC)} \times 100 = \frac{cd/m^2 \times \pi}{lux}$$
$$= \frac{\text{광속발산도}}{\text{소요조명}} \times 100$$

□ 옥내 추천 반사율
1. 천장 : 80~90% 2. 벽 : 40~60%
3. 가구 : 25~45% 4. 바닥 : 20~40%

2) 휘광(Glare, 눈부심)
휘도가 높거나 휘도대비가 클 경우 생기는 눈부심

(1) 휘광의 발생원인
① 눈에 들어오는 광속이 너무 많을 때
② 광원을 너무 오래 바라볼 때
③ 광원과 배경 사이의 휘도 대비가 클 때
④ 순응이 잘 안 될 때

(2) 광원으로부터의 휘광(Glare) 처리방법
① 광원의 휘도를 줄이고 광원의 수를 늘림
② 광원을 시선에서 멀리 위치시킴
③ 휘광원 주위를 밝게 하여 광도비를 줄임
④ 가리개(Shield), 갓(Hood) 혹은 차양(Visor)을 사용

(3) 창문으로부터의 직사휘광 처리
① 창문을 높이 설치
② 창 위에 드리우개(Overhang)를 설치
③ 창문에 수직날개를 달아 직시선을 제한
④ 차양 혹은 발(Blind)을 사용

(4) 반사휘광의 처리
① 일반(간접) 조명수준을 높임
② 산란광, 간접광, 조절판(Baffle), 창문에 차양(Shade) 등을 사용
③ 반사광이 눈에 비치지 않게 광원을 위치시킴
④ 무광택 도료, 빛을 산란시키는 표면색을 한 사무용 기기 등을 사용

3 조도와 광도

1) 조도
어떤 물체나 표면에 도달하는 빛의 밀도로서 단위는 fc와 lux가 있다.

$$\text{조도}(lux) = \frac{\text{광속}(lumen)}{\text{거리}(m)^2}$$

2) 광도
단위면적당 표면에서 반사 또는 방출되는 광량

3) 대비

표적의 광속 발산도와 배경의 광속 발산도의 차이

$$대비 = 100 \times \frac{L_b - L_t}{L_b}$$

여기서, L_b : 배경의 광속 발산도
L_t : 표적의 광속 발산도

4) 광속발산도

단위 면적당 표면에서 반사 또는 방출되는 빛의 양. 단위에는 lambert(L), milli lambert(mL), foot-lambert(fL)가 있다.

4 소음과 청력손실

1) 소음(Noise)

인간이 감각적으로 원하지 않는 소리, 불쾌감을 주거나 주의력을 상실케 하여 작업에 방해를 주며 청력손실을 가져온다.
① 가청주파수 : 20~20,000Hz
② 유해주파수 : 4,000Hz
③ 소리은폐현상(Sound Masking) : 한쪽 음의 강도가 약할 때는 강한 음에 묻혀 들리지 않게 되는 현상

2) 소음의 영향

(1) 일반적인 영향

불쾌감을 주거나 대화, 마음의 집중, 수면, 휴식을 방해하며 피로를 가중시킨다.

(2) 청력손실

진동수가 높아짐에 따라 청력손실이 증가한다. 청력손실은 4,000Hz(C5-dip 현상)에서 크게 나타난다.
① 청력손실의 정도는 노출 소음수준에 따라 증가함
② 약한 소음에 대해서는 노출기간과 청력손실의 관계가 없음
③ 강한 소음에 대해서는 노출기간에 따라 청력손실도 증가함

3) 소음을 통제하는 방법(소음대책)

① 소음원의 통제
② 소음의 격리
③ 차폐장치 및 흡음재료 사용
④ 음향처리제 사용
⑤ 적절한 배치

5 소음노출한계

강렬한 음에 대한 노출시간은 가능한 한 짧아야 한다. 인간의 귀는 강렬한 음에 수 초 동안밖에 견디지 못하며 90dB 정도에 오랫동안 노출되면 청력장애를 일으킨다.

1) 초저주파 소음(Infrasonic noise)

① 초저주파 소음은 가청영역 밑의 주파수를 갖는 소음으로 전형적으로 20Hz 이하
② 청각 계통을 보호하기 위해서는 1Hz에서 136dB로부터 20Hz에서 123dB에 이르는 8시간 노출한계가 추천됨
③ 소음이 3dB 증가하면 허용기간은 반감되어야 함

2) 초음파 소음(Ultrasonic noise)

초음파 소음은 가청영역 위의 주파수를 갖는 소음으로 전형적으로 20,000Hz 이상이다.

6 열교환과정과 열압박

1) 열교환과정

인체는 대사활동의 결과로 계속 열을 발생하고 있다. 휴식상태에서 성인 남자는 1kcal/분(약 70watt)가 조금 넘는 열을 내며 앉아서 하는 활동에서는 1.5~2.0kcal/분, 보통 신체활동에서는 5.0kcal/분(약 350watt), 중노동의 경우에는 10~20kcal/분의 열을 낸다. 대사활동은 멈추는 것이 아니므로 인체는 항상 주위와의 열평형(Thermal Equilibrium)을 유지하려는 과정하에 있다.

2) 열압박

(1) 생리적 영향

열압박의 가장 직접적 영향은 체온이다.

(2) 열압박과 성능

① 육체작업 : 실효온도가 증가할수록 성능(한 일의 양)은 저하됨

② 정신활동 : 열압박이 정신활동 성능에 끼치는 영향은 환경 조건이나 작업기간과도 관계가 있음
③ 추적(Tracking) 및 경계(Vigilance) 임무 : 체심 온도만이 성능저하와 상관이 있음

3) 열압박의 감축 방법
① 습도 저감
② 공기순환 증가
③ 작업부하 감소
④ 휴식기간 도입 등

7 추위

1) 추위의 생리적 영향
적절한 보호조치를 취하지 않은 채 추위(Cold)에 노출되면 체심 및 피부온도가 저하하며 장시간 노출되면 동상 내지 심한 경우에는 죽음을 초래한다.

2) 추위와 성능
추위가 성능에 끼치는 영향 중 중요한 것은 수작업에 관한 것으로 성능은 손피부 온도와 밀접한 관계가 있다. 손가락 기민성(Dexterity)이 추위에 가장 민감하며 한계온도는 13~18℃이다.

8 기압과 고도

1) 대기
지구상의 대기는 주로 21%(부피)의 산소와 78%의 질소로 이루어져 있다. 해면에서의 기압은 760mmHg이다.

2) 기압과 산소공급
① 호흡 순환 계통의 주 기능은 폐로부터 신체조직으로 산소를 운반하고 탄산가스를 회수하는 것
② 정상상황에서 혈액은 적혈구 산소용량의 95%까지 운반함. 그러나 기압이 저하하면 폐의 환기율, CO_2 장력 등의 많은 인자가 관계하여 혈액이 흡수하는 산소량이 감소함
③ 기관 내의 흡기는 체내수준이 증발한 37℃ 수증기로 포화된 상태(증기압 47mmHg)이므로 산소분압은 다음과 같이 나타냄

$$기관\ O_2\ 분압 = 0.21(Pn - 47)$$

3) 감압
기체의 부피는 보일의 법칙에 의해 압력에 따라 팽창 또는 수축한다.

[잠수병(감압병)]
① 외부 기압의 감소로 질소기포 형성하여 호흡곤란, 가슴통증, 피부 가려움이 발생하며 심하면 혼수상태 및 사망에 이름
② 잠수병 예방대책
  ㉠ 공기 중 질소를 불활성기체인 헬륨으로 대치
  ㉡ 급상승을 피하고 서서히 감압

4) 이상기압
① 고압작업실의 공기체적 : 근로자 1인당 $4m^3$ 이상
② 이상기압 : 압력이 매 m^2당 1kg 이상인 기압
③ 공기조 안의 공기압력은 항상 최고 잠수심도 압력의 1.5배 이상

5) 가압의 작업방법 및 조치
① 가압의 속도 : 1분에 매 m^2당 0.8kg 이하의 속도
② 감압 시 조치사항
  ㉠ 기압조절실의 바닥면의 조도를 20럭스 이상이 되도록 할 것
  ㉡ 기압조절실 내의 온도가 섭씨 10도 이하로 될 때에는 고압작업자에게 모포 등 적절한 보온용구를 사용하도록 할 것
  ㉢ 감압에 필요한 시간이 1시간을 초과하는 경우에는 고압작업자에게 의자 그 밖의 필요한 휴식용구를 지급하여 사용하도록 할 것

9 운동과 방향감각
감각기관들은 신체의 방향 및 평형을 유지하거나 운동과 자세를 감지하는 데 있어 피부감각, 시각 등과 더불어 중요한 역할을 한다.

1) 체성감관(體性感官, Proprioceptor)
① 체성감관(Proprioceptor)은 근육, 건(Tendon), 뼈의 표면, 내장을 둘러싼 근육조직 등 피하조직에 퍼져있는 감각 수용기(Receptor)임
② 이들 감관은 주로 신체 자체의 작용에 의해서 자극됨
③ 체성감관 중에서는 관절 주위에 집중되어 있는 근육운동은 다리운동의 식별에 관여함

2) 삼반(三半)고리관
반지모양의 고리로 고리 안의 액은 가속 및 감속에 반응하여 움직이며 말초신경을 자극하여 신경충동이 뇌로 전달된다.

3) 전정낭(前庭囊)
① 귀의 안뜰 내부에 있는 둥근주머니와 타원주머니를 통틀어 이르는 말
② 자세가 변하면 아교질이 중력의 영향을 받아 모상(毛狀)세포를 자극하여 신경 충동을 일으킴
③ 주 기능은 수직으로부터의 자세를 감지하는 것이지만, 가속 및 감속에도 감수성이 있어서 삼반고리반을 보조

10 진동과 가속도

1) 진동의 생리적 영향
① 단시간 노출 시 : 과도호흡, 혈액이나 내분비 성분은 불변
② 장기간 노출 시 : 근육긴장의 증가

2) 국소진동
착암기, 임펙트, 그라인더 등의 사용으로 손에 영향을 주어 백색수지증을 유발한다.

3) 전신 진동이 인간성능에 끼치는 영향
① 시성능 : 진동은 진폭에 비례하여 시력을 손상하며, 10~25Hz의 경우에 가장 심함
② 운동성능 : 진동은 진폭에 비례하여 추적능력을 손상하며, 5Hz 이하의 낮은 진동수에서 가장 심함
③ 신경계 : 반응시간, 감시, 형태식별 등 주로 중앙신경처리에 달린 임무는 진동의 영향을 덜 받음
④ 안정되고, 정확한 근육조절을 요하는 작업은 진동에 의해서 저하됨

4) 가속도
물체의 운동변화율(변화속도)로서 기본단위는 g로 사용하며 중력에 의해 자유낙하하는 물체의 가속도인 $9.8m/s^2$을 1g이라 한다.

11 기동 중의 착각

1) 감각 착오로부터의 방향감각 혼란
① 통상 시각에 의해 제공되는 완벽한 감각정보를 뇌가 오해하거나 오분류하기 때문에 일어남
② 비행 중 일어나는 착각은 주로 시각적인 것이다. 그중 하나가 자동운동(Autokinesis)으로 밤에 불빛을 혼동하여 고정된 불빛이 움직이는 것같이 보임

2) 착각에 대한 대책
① 여러 종류의 착각의 성질과 발생상황을 이해한다.
② 계기 혹은 시계(視界) 비행을 한다.
③ 야간 곡예 비행을 피한다.
④ 주위의 다른 물체에 주의한다.
⑤ 야간에는 급가속이나 급감속을 피한다.

SECTION 02
작업환경과 인간공학

1 작업별 조도기준 및 소음기준

1) 작업별 조도기준(산업안전보건에 관한 규칙 제8조)
① 초정밀작업 : 750lux 이상
② 정밀작업 : 300lux 이상
③ 보통작업 : 150lux 이상
④ 기타 작업 : 75lux 이상

2) 조명의 적절성을 결정하는 요소
① 과업의 형태
② 작업시간
③ 작업을 진행하는 속도 및 정확도

④ 작업조건의 변동
⑤ 작업에 내포된 위험정도

3) 인공조명 설계 시 고려사항
① 조도는 작업상 충분할 것
② 광색은 주광색에 가까울 것
③ 유해가스를 발생하지 않을 것
④ 폭발과 발화성이 없을 것
⑤ 취급이 간단하고 경제적일 것
⑥ 작업장의 경우 공간 전체에 빛이 골고루 퍼지게 할 것(전반조명방식)

4) 영상표시단말기(VDT)를 위한 조명
① 조명수준 : VDT 조명은 화면에서 반사하여 화면상의 정보를 더 어렵게 할 수 있으므로 대부분 300~500lux로 지정
② 광도비 : 화면과 극 인접 주변 간에는 1 : 3의 광도비가, 화면과 화면에서 먼 주위 간에는 1 : 10의 광도비가 추천됨
③ 화면반사 : 화면반사는 화면으로부터 정보를 읽기 어렵게 함

[화면반사를 줄이는 방법]
㉠ 창문 가리기
㉡ 반사원의 위치를 바꾸기
㉢ 광도를 줄이기
㉣ 산란된 간접조명을 사용하기 등

④ 화면을 바라보는 시간이 많은 작업일수록 화면 밝기와 작업대 주변 밝기의 차를 줄이도록 한다.

5) 소음기준(안전보건규칙 제512조)
(1) 소음작업

1일 8시간 작업기준으로 85데시벨(dB) 이상의 소음이 발생하는 작업

(2) 강렬한 소음작업
① 90dB 이상의 소음이 1일 8시간 이상 발생하는 작업
② 소음의 크기가 5dB 증가할 때마다 노출시간 한계는 1/2로 감소(소음이 120dB을 초과해서는 안 됨)

(3) 충격 소음작업
① 120dB을 초과하는 소음이 1일 1만 회 이상 발생하는 작업
② 130dB을 초과하는 소음이 1일 1천 회 이상 발생하는 작업
③ 140dB을 초과하는 소음이 1일 1백 회 이상 발생하는 작업

2 소음의 처리

1) 소음(Noise)
인간이 감각적으로 원하지 않는 소리, 불쾌감을 주거나 주의력을 상실케 하여 작업에 방해를 주며 청력손실을 가져온다.
① 가청주파수 : 20~20,000Hz
② 유해주파수 : 4,000Hz
③ 소리은폐현상(Sound Masking) : 한쪽 음의 강도가 약할 때는 강한 음에 묻혀 들리지 않게 되는 현상

2) 소음의 영향
(1) 일반적인 영향

불쾌감을 주거나 대화, 마음의 집중, 수면, 휴식을 방해하며 피로를 가중시킴

(2) 청력손실

진동수가 높아짐에 따라 청력손실이 증가한다. 청력손실은 4,000Hz(C5-dip 현상)에서 크게 나타난다.
① 청력손실의 정도는 노출 소음수준에 따라 증가함
② 약한 소음에 대해서는 노출기간과 청력손실의 관계가 없음
③ 강한 소음에 대해서는 노출기간에 따라 청력손실도 증가함

3) 소음을 통제하는 방법(소음대책)
① 소음원의 통제
② 소음의 격리
③ 차폐장치 및 흡음재료 사용
④ 음향처리제 사용
⑤ 적절한 배치

3 열교환과 열압박

1) 열균형 방정식

$$S(열축적) = [M(대사율) - W(한 일)] \pm R(복사) \pm C(대류) - E(증발)$$

2) 열압박 지수(HSI)

$$HSI = \frac{E_{req}(요구되는 증발량)}{E_{max}(최대증발량)} \times 100$$

3) 열손실률(R)

37℃ 물 1g 증발 시 필요에너지 2,410J/g(575.5cal/g)

$$R = \frac{Q}{t}$$

여기서, R : 열손실률, Q : 증발에너지, t : 증발시간(sec)

4 실효온도와 Oxford 지수

실효온도는 온도, 습도, 기류 등의 조건에 따라 인간의 감각을 통해 느껴지는 온도로 상대습도 100%, 풍속 0m/s일 때 느껴지는 온도감각을 말한다.

[열교환에 영향을 주는 요소]
기온, 습도, 복사온도, 공기의 유동

1) 옥스퍼드(Oxford) 지수(습건지수)

$$W_D = 0.85W(습구온도) + 0.15d(건구온도)$$

2) 불쾌지수

① 불쾌지수 = 섭씨(건구온도 + 습구온도) × 0.72 ± 40.6[℃]
② 불쾌지수 = 화씨(건구온도 + 습구온도) × 0.4 + 15[℉]

3) 작업환경의 온열요소

① 온도
② 습도
③ 기류(공기유동)
④ 복사열

- 습도 25~50%는 대부분의 사람들이 쾌적하게 느끼는 이상적인 습도이다.

5 이상환경 노출에 따른 사고와 부상

1) 적절한 온도에서 고온 환경으로 변할 때 신체의 조절작용

① 많은 양의 혈액이 피부를 경유하게 되며 온도가 올라감
② 직장(直腸) 온도가 내려감
③ 발한(發汗)이 시작됨

2) 적절한 온도에서 한랭 환경으로 변할 때 신체의 조절작용

① 피부온도가 내려감
② 혈액은 피부를 경유하는 순환량이 감소하고 많은 양의 혈액이 몸의 중심부를 순환함
③ 소름이 돋고 몸이 떨림
④ 직장(直腸) 온도가 약간 올라감

CHAPTER 05 시스템 위험분석

SECTION 01 시스템 위험분석 및 관리

1 시스템 안전공학

과학적·공학적 원리를 적용해서 시스템 내 위험성을 적시에 찾아서 그 예방과 제어에 필요한 조치를 도모하기 위한 시스템 공학의 한 분야이다.

2 위험분석과 위험관리

시스템 안전을 달성하기 위한 시스템 안전설계는 원칙적으로 다음 단계에 따라 해야 한다.
① 위험상태의 존재를 최소로 함 : 페일세이프 등을 도입
② 안전장치의 채용 : 안전장치는 가급적 기계 속에 내장시켜 일체화
③ 경보장치의 채용 : 이상상태를 검출해서 경보를 발생하는 장치 설치
④ 특수한 수단 : 위험성 저감 불가한 경우 특수한 수단을 개발 (예) 표식 규격화)

SECTION 02 시스템 위험 분석기법

1 PHA(예비위험 분석, Preliminary Hazards Analysis)

시스템 내의 위험요소가 얼마나 위험상태에 있는가를 평가하는 시스템안전프로그램의 최초단계의 분석 기법(정성적)

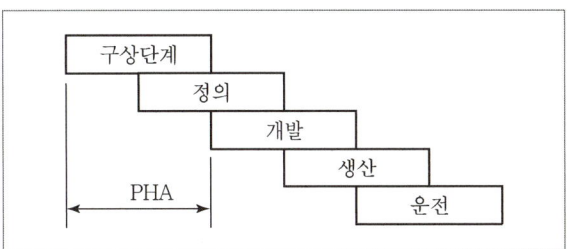

[시스템 수명 주기에서의 PHA]

[PHA에 의한 위험등급]
- Class-1 : 파국
- Class-2 : 중대
- Class-3 : 한계
- Class-4 : 무시가능

2 FHA(결함위험분석, Fault Hazards Analysis)

분업에 의해 여럿이 분담 설계한 서브시스템 간의 인터페이스를 조정하여 각각의 서브시스템 및 전체 시스템에 악영향을 미치지 않게 하기 위한 분석방법

[FHA의 기재사항]
① 구성요소 명칭
② 구성요소 위험방식
③ 시스템 작동방식
④ 서브시스템에서의 위험영향
⑤ 서브시스템, 대표적 시스템 위험영향
⑥ 환경적 요인
⑦ 위험영향을 받을 수 있는 2차 요인
⑧ 위험수준
⑨ 위험관리

3 FMEA(고장형태와 영향분석법, Failure Mode and Effect Analysis)

시스템에 영향을 미치는 모든 요소의 고장을 형태별로 분석하고 그 고장이 미치는 영향을 분석하는 방법으로 치명도 해석(CA)을 추가할 수 있음(귀납적, 정성적)

1) 특징
① FTA보다 서식이 간단하고 적은 노력으로 분석이 가능
② 논리성이 부족하고, 특히 각 요소 간의 영향을 분석하기 어렵기 때문에 동시에 두 가지 이상의 요소가 고장 날 경우에 분석이 곤란함
③ 요소가 물체로 한정되어 있기 때문에 인적 원인을 분석하는 데는 곤란함

2) 시스템에 영향을 미치는 고장형태
① 폐로 또는 폐쇄된 고장
② 개로 또는 개방된 고장
③ 기동 및 정지의 고장
④ 운전계속의 고장
⑤ 오동작

3) 순서
(1) 1단계 : 대상시스템의 분석
① 기본방침의 결정
② 시스템의 구성 및 기능의 확인
③ 분석레벨의 결정
④ 기능별 블록도와 신뢰성 블록도 작성

(2) 2단계 : 고장형태와 그 영향의 해석
① 고장형태의 예측과 설정
② 고장형태에 대한 추정원인 열거
③ 상위 아이템의 고장영향의 검토
④ 고장등급의 평가

(3) 3단계 : 치명도 해석과 그 개선책의 검토
① 치명도 해석
② 해석결과의 정리 및 설계개선으로 제안

4) 고장등급의 결정
(1) 고장 평점법

$$C = (C_1 \times C_2 \times C_3 \times C_4 \times C_5)^{\frac{1}{5}}$$

여기서, C_1 : 기능적 고장의 영향의 중요도
C_2 : 영향을 미치는 시스템의 범위
C_3 : 고장발생의 빈도
C_4 : 고장방지의 가능성
C_5 : 신규 설계의 정도

(2) 고장등급의 결정
① 고장등급 Ⅰ(치명고장) : 임무수행 불능, 인명손실(설계변경 필요)
② 고장등급 Ⅱ(중대고장) : 임무의 중대부분 미달성(설계의 재검토 필요)
③ 고장등급 Ⅲ(경미고장) : 임무의 일부 미달성(설계변경 불필요)
④ 고장등급 Ⅳ(미소고장) : 영향없음(설계변경 불필요)

4 ETA(Event Tree Analysis)
① 정량적, 귀납적 기법으로 DT에서 변천해 온 기법
② 설비의 설계, 심사, 제작, 검사, 보전, 운전, 안전대책의 과정에서 그 대응조치가 성공인가 실패인가를 확인해 가는 과정을 검토하는 기법

5 CA(위험성 분석법, Criticality Analysis)
① 고장이 직접 시스템의 손해와 인원의 사상에 연결되는 높은 위험도를 가지는 경우에 위험도를 가져오는 요소 또는 고장의 형태에 따른 분석(정량적 분석)하는 기법
② 항공기의 안전성 평가에 널리 사용되는 기법으로서 각 중요 부품의 고장률, 운용형태, 보정계수, 사용시간비율 등을 고려하여 정량적, 귀납적으로 부품의 위험도를 평가하는 분석기법

6 THERP(인간과오율 추정법, Technique of Human Error Rate Prediction)

확률론적 안전기법으로서 인간의 과오에 기인된 사고원인을 분석하기 위하여 100만 운전시간당 과오도수를 기본 과오율로 하여 인간의 기본 과오율을 평가하는 기법이다.
① 인간 실수율(HEP) 예측 기법
② 사건들을 일련의 Binary 의사결정 분기들로 모형화해서 예측
③ 나무를 통한 각 경로의 확률 계산

7 MORT(Management Oversight and Risk Tree)

FTA와 같은 논리기법을 이용하여 관리, 설계, 생산, 보전 등에 대해서 광범위하게 안전성을 확보하기 위한 기법이다(원자력 산업에 이용, 미국 W. G. Johnson이 개발).

8 O&SHA(Operation and Support Hazard Analysis)

시스템의 모든 사용단계에서 생산, 보전, 시험, 저장, 구조 훈련 및 폐기 등에 사용되는 인원, 순서, 설비에 대한 위험을 평가하고 안전요건을 결정하기 위한 해석방법이다(운영 및 지원 위험 해석).

9 DT(Decision Tree)

요소의 신뢰도를 이용하여 시스템의 신뢰도를 나타내는 시스템 모델이 하나로 귀납적이고 정량적인 분석방법이다.

10 위험성 및 운전성 검토(HAZOP ; Hazard and Operability Study)

1) 위험 및 운전성 검토(HAZOP)

각각의 장비에 대해 잠재된 위험이나 기능 저하, 운전, 잘못 등과 전체로서의 시설에 결과적으로 미칠 수 있는 영향 등을 평가하기 위해서 공정이나 설계도 등에 체계적이고 비판적인 검토를 행하는 것을 말한다.

2) 위험 및 운전성 검토 절차
① 1단계 : 목적의 범위 결정
② 2단계 : 검토팀의 선정
③ 3단계 : 검토 준비
④ 4단계 : 검토 실시
⑤ 5단계 : 후속 조치 후 결과 기록

3) 위험 및 운전성 검토 목적
① 기존 시설(기계설비 등)의 안전도 향상
② 설비 구입 여부 결정
③ 설계의 검사
④ 작업수칙의 검토
⑤ 공장 건설 여부와 건설장소의 결정

4) 위험 및 운전성 검토 시 고려해야 할 위험의 형태
① 공장 및 기계설비에 대한 위험
② 작업 중인 인원 및 일반대중에 대한 위험
③ 제품 품질에 대한 위험
④ 환경에 대한 위험

5) 위험을 억제하기 위한 일반적인 조치사항
① 공정의 변경(원료, 방법 등)
② 공정 조건의 변경(압력, 온도 등)
③ 설계 외형의 변경
④ 작업방법의 변경 : 위험 및 운전성 검토를 수행하기 가장 좋은 시점은 설계완료 단계로서 설계가 상당히 구체화된 시점임

6) 유인어(Guide Words)
간단한 용어로서 창조적 사고를 유도하고 자극하여 이상을 발견하고 의도를 한정하기 위하여 사용되는 것
① No 또는 Not : 설계의도의 완전한 부정
② More 또는 Less : 양(압력, 반응, 온도 등)의 증가 또는 감소
③ As well as : 성질상의 증가(설계의도와 운전조건의 어떤 부가적인 행위)와 함께 일어남
④ Part of : 일부 변경, 성질상의 감소(어떤 의도는 성취되나 어떤 의도는 성취되지 않음)
⑤ Reverse : 설계의도의 논리적인 역
⑥ Other than : 완전한 대체(통상 운전과 다르게 되는 상태)

11 시스템 안전 프로그램 계획(SSPP ; System Safety Program Plan)

시스템안전요건에 일치하기 위해 필요한 계획된 안전업무를 조직상의 책임, 완성하는 방법, 일정, 노력의 정도 및 다른 프로그램 기술이나 관리활동 및 관련 시스템과의 조정을 포함해서 완전히 기재하는 것을 말한다.

[시스템 안전 프로그램 계획에 포함되어야 할 사항]
① 계획의 개요
② 안전조직
③ 계약조건
④ 관련부문과의 조정
⑤ 안전기준
⑥ 안전해석
⑦ 안전성 평가
⑧ 안전데이터의 수집 및 분석
⑨ 경과 및 결과의 분석

CHAPTER 06 결함수 분석법

SECTION 01 결함수 분석

1 FTA의 정의 및 특징

1) FTA(Fault Tree Analysis) 정의
시스템의 고장을 논리게이트로 찾아가는 연역적, 정성적, 정량적 분석기법이다.
① 1962년 미국 벨 연구소의 H. A. Watson에 의해 개발됨
② 시스템의 고장을 발생시키는 사상(Event)과 그 원인과의 관계를 논리기호(AND 게이트, OR 게이트 등)를 활용하여 나뭇가지 모양(Tree)의 고장 계통도를 작성하고 이를 기초로 시스템의 고장확률을 구함

2) FTA의 특징
① Top down 형식(연역적)
② 정량적 해석기법(컴퓨터 처리가 가능)
③ 논리기호를 사용한 특정사상에 대한 해석이 가능
④ 서식이 간단해서 비전문가도 짧은 훈련으로 사용할 수 있음
⑤ Human Error의 검출이 어려움

3) FTA의 기본적인 가정
① 중복사상은 없어야 함
② 기본사상들의 발생은 독립적
③ 모든 기본사상은 정상사상과 관련되어 있음

4) FTA의 기대효과
① 사고원인 규명의 간편화
② 사고원인 분석의 일반화
③ 사고원인 분석의 정량화
④ 노력, 시간의 절감
⑤ 시스템의 결함진단
⑥ 안전점검 체크리스트 작성

2 논리기호 및 사상기호

번호	기호	명칭	설명
1	□	결함사상 (사상기호)	개별적인 결함사상
2	○	기본사상 (사상기호)	더 이상 전개되지 않는 기본사상
3	○(점선)	기본사상 (사상기호)	인간의 실수
4	◇	생략사상 (최후사상)	정보부족, 해석기술 불충분으로 더 이상 전개할 수 없는 사상
5	⌂	통상사상 (사상기호)	통상발생이 예상되는 사상
6	출력/입력	AND게이트 (논리기호)	모든 입력사상이 공존할 때 출력사상이 발생
7	출력/입력	OR게이트 (논리기호)	입력사상 중 어느 하나가 존재할 때 출력사상이 발생
8	Ai Aj Ak 순으로	우선적 AND 게이트	입력사상 중 어떤 현상이 다른 현상보다 먼저 일어날 경우에만 출력사상이 발생
9	Ai, Aj, Ak / Ai Aj Ak	조합 AND 게이트	3개 이상의 입력현상 중 2개가 일어나면 출력현상이 발생

번호	기호	명칭	설명
10	동시발생	배타적 OR 게이트	OR 게이트로 2개 이상의 입력이 동시에 존재할 때는 출력사상이 생기지 않음
11	out put(F) / in put -P	억제 게이트 (Inhibit 게이트)	하나 또는 하나 이상의 입력(Input)이 True이면 출력(Output)이 True가 되는 게이트

3 FTA의 순서 및 작성방법

1) FTA의 실시순서

(1) 대상으로 한 시스템의 파악

(2) 정상사상의 선정

(3) FT도의 작성과 단순화

(4) 정량적 평가

① 재해발생확률 목표치 설정
② 실패 대수 표시
③ 고장발생확률과 인간에러확률
④ 재해발생 확률계산
⑤ 재검토

(5) 종결(평가 및 개선권고)

2) FTA에 의한 재해사례 연구순서(D. R. Cheriton)

① Top 사상의 선정
② 사상마다의 재해원인 규명
③ FT도의 작성
④ 개선계획의 작성

4 Cut Set & Path Set

1) 컷셋(Cut Set)

정상사상을 발생시키는 기본사상의 집합으로 그 안에 포함되는 모든 기본사상이 발생할 때 정상사상을 발생시키는 기본사상의 집합이다.

2) 패스셋(Path Set)

정상사상이 일어나지 않는 기본사상의 집합. 즉, 시스템이 고장나지 않도록 하는 사상의 조합이다.

SECTION 02
정성적, 정량적 분석

1 확률사상의 계산

1) 논리곱의 확률(독립사상)

$A(x_1 \cdot x_2 \cdot x_3) = Ax_1 \cdot Ax_2 \cdot Ax_3$

$G_1 = ① \times ② = 0.2 \times 0.1 = 0.02$

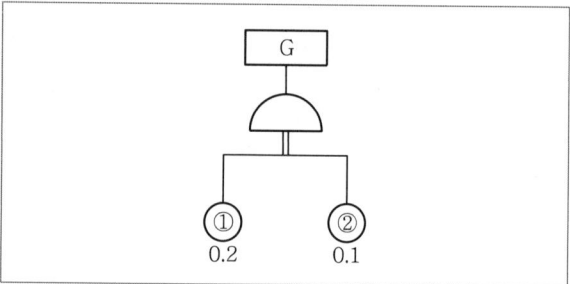

[논리곱의 예]

2) 논리합의 확률(독립사상)

$A(x_1 + x_2 + x_3) = 1 - (1 - Ax_1)(1 - Ax_2)(1 - Ax_3)$

3) 불 대수의 법칙

① 동정법칙 : $A + A = A$, $AA = A$
② 교환법칙 : $AB = BA$, $A + B = B + A$
③ 흡수법칙 : $A(AB) = (AA)B = AB$
$A + AB = A \cup (A \cap B)$
$= (A \cup A) \cap (A \cup B)$
$= A \cap (A \cup B) = A$
$\overline{A \cdot B} = \overline{A} + \overline{B}$
④ 분배법칙 : $A(B+C) = AB + AC$,
$A + (BC) = (A+B) \cdot (A+C)$
⑤ 결합법칙 : $A(BC) = (AB)C$,
$A + (B+C) = (A+B) + C$

⑥ 기타 : $A \cdot 0 = 0$, $A + 1 = 1$, $A \cdot 1 = A$,
$A + \overline{A} = 1$, $A \cdot \overline{A} = 0$

4) 드 모르간의 법칙

① $\overline{A + B} = \overline{A} \cdot \overline{B}$

② $A + \overline{A} \cdot B = A + B$

①의 발생확률은 0.3
②의 발생확률은 0.4
③의 발생확률은 0.3
④의 발생확률은 0.5

$G_1 = G_2 \times G_3$
$= ① \times ② \times [1 - (1 - ③)(1 - ④)]$
$= 0.3 \times 0.4 \times [1 - (1 - 0.3)(1 - 0.5)] = 0.078$

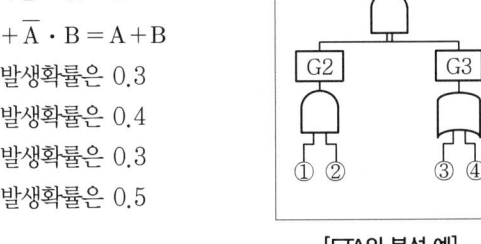

[FTA의 분석 예]

2 Minimal Cut Set & Path Set

1) 컷셋과 미니멀 컷셋

① 컷셋 : 정상사상을 발생시키는 기본사상의 집합
② 미니멀 컷셋 : 정상사상을 일으키기 위한 기본사상의 최소 집합(시스템이 고장나는 데 필요한 최소한 요인의 집합).

2) 패스셋과 미니멀 패스셋

① 패스셋 : 정상사상이 일어나지 않는 기본사상의 집합
② 미니멀 패스셋 : 시스템의 기능을 살리는 최소한의 집합 (시스템의 신뢰성을 나타냄).

3 미니멀 컷셋 구하는 법

① 정상사상에서 차례로 하단의 사상으로 치환하면서 AND 게이트는 가로로 OR 게이트는 세로로 나열
② 중복사상이나 컷을 제거하면 미니멀 컷셋을 구할 수 있음

$T = A \cdot B = \dfrac{X_1}{X_2} \cdot B = \dfrac{X_1 \, X_1 \, X_3}{X_1 \, X_2 \, X_3}$

즉, 컷셋은 $(X_1 \, X_3)$, $(X_1 \, X_2 \, X_3)$, 미니멀 컷셋은 $(X_1 \, X_3)$ 이다.

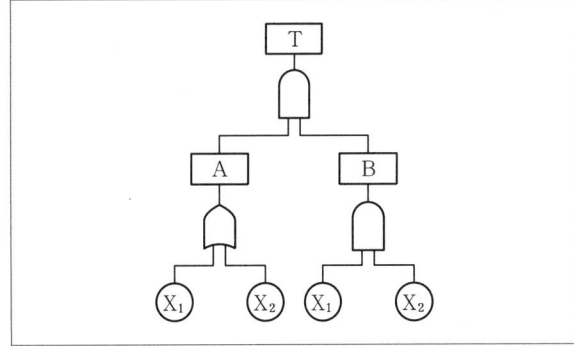

$T = A \cdot B = \dfrac{X_1}{X_2} \cdot B = \dfrac{X_1 \, X_1 \, X_2}{X_2 \, X_1 \, X_2}$

즉, 컷셋이 미니멀 컷셋과 동일하며 $(X_1 \, X_2)$이다.

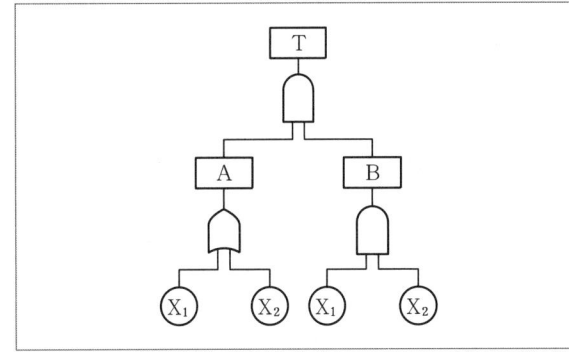

CHAPTER 07 안전성 평가

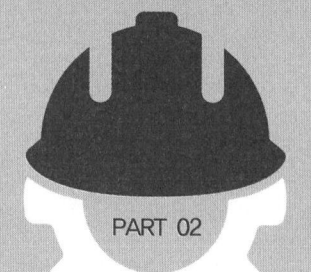

SECTION 01 안전성 평가의 개요

1 정의

1) 정의

설비나 제품의 제조, 사용 등에 있어 안전성을 사전에 평가하고 적절한 대책을 강구하기 위한 평가행위

2) 안전성 평가의 종류

① 테크놀로지 어세스먼트(Technology Assessment) : 기술개발과정에서의 효율성과 위험성을 종합적으로 분석, 판단하는 프로세스
② 세이프티 어세스먼트(Safety Assessment) : 인적, 물적 손실을 방지하기 위한 설비 전 공정에 걸친 안전성 평가
③ 리스크 어세스먼트(Risk Assessment) : 생산활동에 지장을 줄 수 있는 리스크(Risk)를 파악하고 제거하는 활동
④ 휴먼 어세스먼트(Human Assessment)

2 안전성 평가의 단계

1) 제1단계 : 관계자료의 정비검토

① 입지조건
② 화학설비 배치도
③ 제조공정 개요
④ 공정 계통도
⑤ 안전설비의 종류와 설치장소

2) 제2단계 : 정성적 평가(안전확보를 위한 기본적인 자료의 검토)

① 설계관계 : 건조물, 공장 내 배치, 입지조건, 소방설비 등
② 운전관계 : 원재료, 운송, 저장 등

3) 제3단계 : 정량적 평가(재해중복 또는 가능성이 높은 것에 대한 위험도 평가)

(1) 평가항목(5가지 항목)

① 물질, ② 온도, ③ 압력, ④ 용량, ⑤ 조작

(2) 화학설비 정량평가 등급

① 위험등급 Ⅰ : 합산점수 16점 이상
② 위험등급 Ⅱ : 합산점수 11~15점
③ 위험등급 Ⅲ : 합산점수 10점 이하

4) 제4단계 : 안전대책

① 설비대책 : 10종류의 안전장치 및 방재 장치에 관한 대책 마련
② 관리적 대책 : 인원배치, 교육훈련 등에 관한 대책 마련

5) 제5단계 : 재해정보에 의한 재평가

6) 제6단계 : FTA에 의한 재평가

위험등급 Ⅰ(16점 이상)에 해당하는 화학설비에 대해 FTA에 의한 재평가 실시

3 안전성 평가 4가지 기법

① 위험의 예측평가(Layout의 검토)
② 체크리스트(Check-list)에 의한 방법
③ 고장형태와 영향분석법(FMEA법)
④ 결함수분석법(FTA법)

4 기계, 설비의 레이아웃(Lay Out)의 원칙

① 이동거리를 단축하고 기계배치를 집중화할 것
② 인력활동이나 운반작업을 기계화할 것
③ 중복부분을 제거할 것
④ 인간과 기계의 흐름을 라인화할 것

SECTION 02
신뢰도 계산

1 신뢰도

체계 혹은 부품이 주어진 운용조건하에서 의도되는 사용기간 중에 의도한 목적에 만족스럽게 작동할 확률을 말한다.

2 기계의 신뢰도

$$R = e^{-\lambda t} = e^{-t/t_0}$$

여기서, λ : 고장률, t : 가동시간, t_0 : 평균수명

[1시간 가동 시 고장발생확률이 0.004일 경우]
① 평균고장간격(MTBF) $= 1/\lambda = 1/0.004 = 250(hr)$
② 10시간 가동 시 신뢰도 : $R(t) = e^{-\lambda t} = e^{-0.004 \times 10}$
$= e^{-0.04}$
③ 고장 발생확률 : $F(t) = 1 - R(t)$

3 고장률의 유형

1) 초기고장(감소형)
제조가 불량하거나 생산과정에서 품질관리가 안 돼 생기는 고장이다.
① 디버깅(Debugging) 기간 : 결함을 찾아내어 고장률을 안정시키는 기간
② 번인(Burn-in) 기간 : 장시간 움직여보고 그동안에 고장 난 것을 제거시키는 기간

2) 우발고장(일정형)
실제 사용하는 상태에서 발생하는 고장으로 예측할 수 없는 랜덤의 간격으로 생기는 고장이다.

신뢰도 : $R(t) = e^{-\lambda t}$

(평균고장시간 t_0인 요소가 t시간 동안 고장을 일으키지 않을 확률)

3) 마모고장(증가형)
설비 또는 장치가 수명을 다하여 생기는 고장이다.

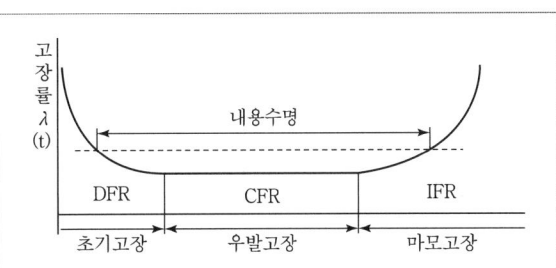

[기계의 고장률(욕조곡선, Bathtub curve)]

SECTION 03
유해 · 위험방지계획서

1 유해 · 위험방지계획서 제출 대상(건설업)

1) 건설업 중 고용노동부령으로 정하는 공사를 착공하려는 사업주는 고용노동부령으로 정하는 자격을 갖춘 자의 의견을 들은 후 유해 · 위험방지계획서를 작성하여 고용노동부령으로 정하는 바에 따라 고용노동부장관에게 제출하여야 한다. "고용노동부령으로 정하는 공사"란 다음 각 호의 어느 하나에 해당하는 공사를 말한다.

① 지상높이가 31미터 이상인 건축물 또는 인공구조물, 연면적 3만 제곱미터 이상인 건축물 또는 연면적 5천 제곱미터 이상의 문화 및 집회시설(전시장 및 동물원 · 식물원을 제외한다), 판매시설, 운수시설(고속철도의 역사 및 집배송시설은 제외한다), 종교시설, 의료시설 중 종합병원, 숙

박시설 중 관광숙박시설, 지하도상가 또는 냉동·냉장창고시설의 건설·개조 또는 해체(이하 "건설등"이라 한다)
② 연면적 5천 제곱미터 이상의 냉동·냉장창고시설의 설비공사 및 단열공사
③ 최대 지간길이가 50미터 이상인 교량 건설 등 공사
④ 터널 건설 등의 공사
⑤ 다목적댐, 발전용댐 및 저수용량 2천만 톤 이상의 용수 전용 댐, 지방상수도 전용 댐 건설 등의 공사
⑥ 깊이 10미터 이상인 굴착공사

2 유해·위험방지계획서 판정기준

[건설업 유해·위험방지계획서 심사결과 판정기준]
① 적정 : 근로자의 안전과 보건을 위하여 필요한 조치가 구체적으로 확보되었다고 인정되는 경우
② 조건부 적정 : 근로자의 안전과 보건을 확보하기 위하여 일부 개선이 필요하다고 인정되는 경우
③ 부적정 : 기계·설비 또는 건설물이 심사기준에 위반되어 공사착공 시 중대한 위험 발생 우려가 있거나 계획에 근본적 결함이 있다고 인정되는 경우

CHAPTER 08 각종 설비의 유지관리

SECTION 01 설비관리의 개요

1 중요 설비의 분류

① 설비란 유형고정자산을 총칭하는 것으로 기업 전체의 효율성을 높이기 위해서는 설비를 유효하게 사용하는 것이 중요함
② 설비의 종류 : 토지, 건물, 기계, 공구, 비품 등

2 설비의 점검 및 보수의 이력관리

1) 보전(Maintenance)

설비의 신뢰성은 사용시간이나 사용횟수에 따른 피로, 마모, 노화, 부식, 열화현상 등에 의해 저하된다. 수리가능한 부품이나 시스템을 사용가능한 상태로 유지시키고 고장이나 결함을 회복시키기 위한 제반조치 및 활동을 보전(Maintenance)이라고 한다.

[보전을 위한 작업 예시]
① 서비스 : 청소, 급유, 유효 수명부품(바킹 등)의 교체
② 점검 및 검사 : 규모에 따라 점검, 검사 또는 분해 세부검사로 나뉨
③ 시정조치 : 조정, 수리, 교환

2) 보전성 설계

① 고장이나 결함이 발생한 부분에의 접근성이 좋을 것
② 고장이 결함의 징조를 용이하게 검출할 수 있을 것
③ 고장, 결함부품 및 재료의 교환이 신속·용이할 것
④ 수리와 회복이 신속·용이할 것

3 보수자재관리

① 수리용 공구와 공작기계 등의 정비
② 측정용 기기의 정도(定度)관리와 시험 및 검사설비의 정비
③ 예비품 또는 보조부품, 재료 및 소모품 등의 보급
④ 작업환경의 정비

SECTION 02 설비의 운전 및 유지관리

1 교체주기

① 수명교체 : 부품 고장 시 즉시 교체하고 고장이 발생하지 않을 경우에도 교체주기(수명)에 맞추어 교체하는 방법
② 일괄교체 : 부품이 고장나지 않아도 관련 부품을 일괄적으로 교체하는 방법. 교체비용을 줄이기 위해 사용

2 청소 및 청결

① 청소 : 쓸데없는 것을 버리고 더러워진 것을 깨끗하게 하는 것
② 청결 : 청소 후 깨끗한 상태를 유지하는 것

3 평균고장간격(MTBF ; Mean Time Between Failure)

시스템, 부품 등의 고장 간의 동작시간 평균치이다.

① $MTBF = \dfrac{1}{\lambda}$, λ(평균고장률) $= \dfrac{고장건수}{총가동시간}$
② MTBF = MTTF + MTTR = 평균고장시간 + 평균수리시간

③ 고장률이 λ인 n개의 구성부품이 병렬로 연결된 시스템의 평균수명 $MTBF_s$

$$MTBF_s = \frac{1}{\lambda} + \frac{1}{2\lambda} + \cdots + \frac{1}{n\lambda}$$

4 평균고장시간(MTTF ; Mean Time To Failure)

시스템, 부품 등이 고장 나기까지 동작시간의 평균치. 평균수명이라고도 한다.

① 직렬계의 경우

$$\text{System의 수명} = \frac{MTTF}{n} = \frac{1}{\lambda}$$

② 병렬계의 경우

$$\text{System의 수명} = MTTF\left(1 + \frac{1}{2} + \frac{1}{3} + \cdots + \frac{1}{n}\right)$$

여기서, n : 직렬 또는 병렬계의 요소

5 평균수리시간(MTTR ; Mean Time To Repair)

총 수리시간을 그 기간의 수리 횟수로 나눈 시간. 즉 사후보전에 필요한 수리시간의 평균치를 나타낸다.

6 가용도(Availability, 이용률)

일정 기간에 시스템이 고장없이 가동될 확률을 말한다.

① 가용도(A) $= \dfrac{MTTF}{MTTF + MTTR}$

$= \dfrac{MTBF}{MTBF + MTTR} = \dfrac{MTTF}{MTBF}$

② 가용도(A) $= \dfrac{\mu}{\lambda + \mu}$

여기서, λ : 평균고장률, μ : 평균수리율

SECTION 03 보전성 공학

보전이란 수리가능한 부품이나 시스템을 사용가능한 상태로 유지시키고 고장이나 결함을 회복시키기 위한 제반조치 및 활동을 뜻한다.

1 예방보전

설비를 항상 정상, 양호한 상태로 유지하기 위한 정기적인 검사와 초기의 단계에서 성능의 저하나 고장을 제거하든가 조정하기 위한 설비의 보수 활동을 의미
① 시간계획보전 : 예정된 시간계획에 의한 보전
② 상태감시보전 : 설비의 이상상태를 미리 검출하여 설비의 상태에 따라 보전
③ 수명보전(Age-based Maintenance) : 부품 등이 예정된 동작시간(수명)에 달하였을 때 행하는 보전

2 사후보전

고장이 발생한 이후에 시스템을 원래 상태로 되돌리는 것

3 보전예방

유지보수가 필요없는 설비를 만들기 위해 설계단계부터 개선사항 등을 반영하는 관리 체계. 즉, 설계부터 근원적으로 고장이 나지 않도록 '보전이 불필요한 설비'를 만드는 것

4 개량보전

설비가 고장난 후에 설계변경, 부품의 개선 등으로 수명을 연장하거나 수리검사가 용이하도록 설비 자체의 체질개선을 꾀하는 보전방식

5 일상보전

설비보전방법 중 설비의 열화를 방지시키고 그 진행을 지연시켜 수명을 연장하기 위한 점검, 청소, 주유 및 교체 등의 활동

PART 02 / 2과목 예상문제

01 다음 중 시스템 안전분석방법에 대한 설명으로 틀린 것은?

① 해석의 수리적 방법에 따라 정성적·정량적 방법이 있다.
② 해석의 논리적 방법에 따라 귀납적·연역적 방법이 있다.
③ FTA는 연역적·정량적 분석이 가능한 방법이다.
④ PHA는 운용사고해석이라고 말할 수 있다.

해설 PHA(예비위험 분석)
시스템 내의 위험요소가 얼마나 위험상태에 있는가를 평가하는 시스템 안전프로그램의 최초단계의 분석기법(정성적)이다.

02 다음 중 작업대에 관한 설명으로 틀린 것은?

① 경조립작업은 팔꿈치 높이보다 0~10cm 정도 낮게 한다.
② 중조립작업은 팔꿈치 높이보다 10~20cm 정도 낮게 한다.
③ 정밀작업은 팔꿈치 높이보다 0~10cm 정도 높게 한다.
④ 정밀한 작업이나 장기간 수행하여야 하는 작업은 입식 작업대가 바람직하다.

해설 정밀한 작업이나 장기간 수행하여야 하는 작업은 착석식 작업대가 바람직하다.

03 정보전달용 표시장치에서 청각적 표현이 좋은 경우가 아닌 것은?

① 메시지가 단순하다.
② 메시지가 복잡하다.
③ 메시지가 그 때의 사건을 다룬다.
④ 시각장치가 지나치게 많다.

해설 메시지가 복잡한 경우 시각적 장치가 유리하다.

04 다음 중 인간의 실수(Human Errors)를 감소시킬 수 있는 방법으로 가장 적절하지 않은 것은?

① 직무수행에 필요한 능력과 기량을 가진 사람을 선정함으로써 인간의 실수를 감소시킨다.
② 적절한 교육과 훈련을 통하여 인간의 실수를 감소시킨다.
③ 인간의 과오를 감소시킬 수 있도록 제품이나 시스템을 설계한다.
④ 실수를 발생한 사람에게 주의나 경고를 주어 재발생하지 않도록 한다.

해설 인간의 실수(Human Error)에 대한 요인 및 대책
1. 직무수행에 필요한 능력과 기량을 가진 사람을 선정함으로써 인간의 실수를 감소시킨다.
2. 적절한 교육과 훈련을 통하여 인간의 실수를 감소시킨다.
3. 인간의 과오를 감소시킬 수 있도록 제품이나 시스템을 설계한다.

05 다음은 FT도의 논리기호 중 어느 기호인가?

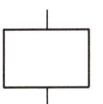

① 결함사상   ② 최후사상
③ 기본사상   ④ 통상사상

해설 FTA에 사용되는 논리기호 및 사상기호

번호	기호	명칭	설명
1	□	결함사상 (사상기호)	개별적인 결함사상

정답 | 01 ④ 02 ④ 03 ② 04 ④ 05 ①

06 다음 중 반사형 없이 모든 방향으로 빛을 발하는 점광원에서 2m 떨어진 곳의 조도가 150lux라면 3m 떨어진 곳의 조도는 약 얼마인가?

① 37.5lux
② 66.67lux
③ 337.5lux
④ 600lux

[해설] 조도 = $\dfrac{광속}{거리^2}$ = $\dfrac{광속}{2^2}$ = 150lux

여기서, 광속 = 600[lumen]

따라서 3m 떨어진 곳의 조도 = $\dfrac{600}{3^2}$ = 66.67[lux]

07 다음 중 FTA에 의한 재해사례연구의 순서를 올바르게 나열한 것은?

A. 목표사상 선정
B. FT도 작성
C. 사상마다 재해원인 규명
D. 개선계획 작성

① A→B→C→D
② A→C→B→D
③ B→C→A→D
④ B→A→C→D

[해설] FTA에 의한 재해사례 연구순서(D.R. Cheriton)
1. Top 사상의 선정
2. 사상마다의 재해원인 규명
3. FT도의 작성
4. 개선계획의 작성

08 스웨인(Swain)의 인적 오류(혹은 휴먼에러) 분류방법에 의할 때, 자동차 운전 중 습관적으로 손을 창문 밖으로 내어 놓았다가 다쳤다면, 다음 중 이때 운전자가 행한 에러의 종류로 옳은 것은?

① 실수(Slip)
② 작위 오류(Commission Error)
③ 불필요한 수행 오류(Extraneous Error)
④ 누락 오류(Omission Error)

[해설] 손을 창문 밖으로 내어놓지 않아도 되는데 내어놓아서 다쳤으므로 불필요한 수행 오류이다.

09 다음 중 바닥의 추천 반사율로 가장 적당한 것은?

① 0~20%
② 20~40%
③ 40~60%
④ 60~80%

[해설] 옥내 추천 반사율
1. 천장 : 80~90%
2. 벽 : 40~60%
3. 가구 : 25~45%
4. 바닥 : 20~40%

10 작업원 2인이 중복하여 작업하는 공정에서 작업자의 신뢰도는 0.85로 동일하며, 작업 중 50%는 작업자 1인이 수행하고 나머지 50%는 중복작업한다면 이 공정의 인간신뢰도는 약 얼마인가?

① 0.6694
② 0.7225
③ 0.9138
④ 0.9888

[해설] $R = 1 - (1-r_1)(1-r_2)$
$= 1 - (1-0.85)(1-0.85 \times 0.5)$
$= 0.91375$

11 다음 중 한 장소에 앉아서 수행하는 작업활동에 있어서의 작업에 사용하는 공간을 무엇이라 하는가?

① 작업공간 포락면
② 정상작업 포락면
③ 작업공간 파악한계
④ 정상작업 파악한계

[해설] 작업공간 포락면(Envelope)
한 장소에 앉아서 수행하는 작업활동에서 사람이 작업하는 데 사용하는 공간을 말한다.

12 동전 던지기에서 앞면이 나올 확률이 0.7이고, 뒷면이 나올 확률이 0.3일 때, 앞면이 나올 확률의 정보량(A)과 뒷면이 나올 확률의 정보량(B) 연결이 옳은 것은?

① A : 0.10bit, B : 3.32bit
② A : 0.510bit, B : 1.74bit
③ A : 0.10bit, B : 3.52bit
④ A : 0.15bit, B : 3.52bit

[해설] • 앞면의 정보량 = $\log_2(1/0.7)$ = 0.510bit
• 뒷면의 정보량 = $\log_2(1/0.3)$ = 1.74bit

정답 | 06 ② 07 ② 08 ③ 09 ② 10 ③ 11 ① 12 ②

13 다음 설명에 해당하는 설비보전방식은?

"설비를 항상 정상, 양호한 상태로 유지하기 위한 정기적인 검사와 초기 단계에서 성능의 저하나 고장을 제거하거나 조정(調整) 또는 수복(修復)하기 위한 설비의 보수 활동을 의미한다."

① 예방보전(Preventive Maintenance)
② 보전예방(Maintenance Prevention)
③ 개량보전(Corrective Maintenance)
④ 사후보전(Break-down Maintenance)

해설 **예방보전(Preventive Maintenance)**
설비를 항상 정상, 양호한 상태로 유지하기 위한 정기적인 검사와 초기의 단계에서 성능의 저하나 고장을 제거하거나 조정 또는 수복하기 위한 설비의 보수 활동을 의미한다.

14 작업공간에서 부품 배치의 원칙에 따라 레이아웃을 개선하려 할 때 다음 중 부품 배치의 원칙에 해당하지 않는 것은?

① 사용 빈도의 원칙
② 편리성의 원칙
③ 사용 순서의 원칙
④ 기능별 배치의 원칙

해설 **부품 배치의 원칙**
• 중요성의 원칙
• 사용빈도의 원칙
• 기능별 배치의 원칙
• 사용순서의 원칙

15 체계 설계 과정의 주요 단계가 다음과 같을 때 다음 중 가장 먼저 시행되는 단계는?

• 체계의 정의
• 기본 설계
• 계면 설계
• 촉진물 설계
• 시험 및 평가
• 목표 및 성능 명세 결정

① 체계의 정의
② 기본 설계
③ 계면 설계
④ 목표 및 성능 명세 결정

해설 **인간-기계시스템 설계과정 6가지 단계**
• 1단계 : 목표 및 성능명세 결정
• 2단계 : 시스템 정의
• 3단계 : 기본설계
• 4단계 : 인터페이스 설계
• 5단계 : 촉진물 설계
• 6단계 : 시험 및 평가

16 다음 중 열교환(Heat Exchange)의 경로에 관한 설명으로 틀린 것은?

① 전도(Conduction)는 고체나 유체의 직접 접촉에 의한 열전달이다.
② 대류(Convection)는 고온의 액체나 기체의 흐름에 의한 열전달이다.
③ 복사(Radiation)는 물체 사이에서 전자파의 복사에 의한 열전달이다.
④ 증발(Evaporation)은 공기온도가 피부온도보다 높을 때 발생하는 열전달이다.

해설 증발은 공기온도가 피부온도보다 낮을 때 발생하는 열전달이다.

17 반사율이 80%인 종이에 인쇄된 글자의 반사율이 20%라 하면, 대비는 몇 %인가?

① 75%
② -33%
③ 25%
④ -75%

해설 대비 $= \dfrac{L_b - L_t}{L_b} \times 100$
$= \dfrac{80-20}{80} \times 100$
$= 0.75(\%)$

18 제어장치의 레버를 2cm 이동시켰더니 표시장치의 지침이 8cm 이동하였다. 이 계기의 통제표시비(C/D)는 얼마인가?

① 0.15
② 0.25
③ 0.35
④ 0.45

해설 통제표시비 : $\dfrac{C}{D} = \dfrac{2cm}{8cm} = 0.25$

19 각각 10,000시간의 수명을 가진 A, B 두 요소가 병렬을 이루고 있을 때 이 시스템의 수명은 얼마인가? (단, 요소 A, B의 수명은 지수분포를 따른다.)

① 5,000시간 ② 1,000시간
③ 15,000시간 ④ 20,000시간

해설) $MTTF = 10,000 \times \left[1 + \left(\frac{1}{2}\right)\right]$
$= 15,000$시간

병렬계의 경우 계의 수명
$= MTTF\left[1 + \left(\frac{1}{2}\right) + \left(\frac{1}{3}\right) + \cdots + \left(\frac{1}{n}\right)\right]$

20 일반적으로 인체에 가해지는 온·습도 및 기류 등의 외적변수를 종합적으로 평가하는 데에는 "불쾌지수"라는 지표가 이용된다. 식이 다음과 같은 경우 건구온도와 습구온도의 단위로 옳은 것은?

불쾌지수 = 0.72 × (건구온도 + 습구온도) + 40.6

① 실효온도 ② 화씨온도
③ 절대온도 ④ 섭씨온도

해설) 불쾌지수 = 섭씨(건구온도 + 습구온도) × 0.72 ± 40.6[°C]

21 40phon이 1sone일 때 60phon은 몇 sone인가?

① 2sone ② 4sone
③ 6sone ④ 100sone

해설) sone값 $= 2^{(phon값-40)/10} = 2^{(60-40)/10} = 4$sone

22 다음 중 정신적 작업 부하에 대한 생리적 측정치에 해당하는 것은?

① 에너지대사량 ② 최대산소소비능력
③ 근전도 ④ 부정맥 지수

해설) **정신적 작업부하에 관한 생리적 측정치**
- 점멸융합주파수(플리커법)
- 눈꺼풀의 깜박임율(Blink Rate)
- 동공지름(Pupil Diameter)
- 뇌의 활동전위를 측정하는 뇌파도(EEG ; Elecroencephalogram)
- 부정맥 지수

23 다음 중 제조나 생산과정에서의 품질관리 미비로 생기는 고장으로, 점검작업이나 시운전으로 예방할 수 있는 고장은?

① 초기고장 ② 마모고장
③ 우발고장 ④ 평상고장

해설) 초기고장은 시운전만으로도 예방이 가능하다.

24 작업종료 후에도 체내에 쌓인 젖산을 제거하기 위하여 추가로 요구되는 산소량을 무엇이라 하는가?

① ATP ② 에너지대사율
③ 산소 빚 ④ 산소최대섭취능

해설) **산소 빚(Oxygen Debt)**

신체활동 수준이 너무 높아 근육에 공급되는 산소량이 부족한 경우에는 혈액 중에 젖산이 축적(蓄積)되어 당원은 산소 없이 무기성 과정에 의해 젖산으로 분해된다. 만일, 젖산의 제거속도가 생성속도에 못 미치면 활동이 끝난 후에도 남아 있는 젖산을 제거하기 위해서 산소가 더 필요하며 이를 산소 빚이라 한다.

25 FT도에 의한 컷셋(cut set)이 다음과 같이 구해졌을 때 최소 컷셋(minimal cut set)으로 옳은 것은?

- (X_1, X_3)
- (X_1, X_2, X_3)
- (X_1, X_3, X_4)

① (X_1, X_3) ② (X_1, X_2, X_3)
③ (X_1, X_3, X_4) ④ (X_1, X_2, X_3, X_4)

해설) 3개의 컷셋 중 공통된 컷셋이 (X_1, X_3)이므로 최소 컷셋은 (X_1, X_3)가 된다.

정답 | 19 ③ 20 ④ 21 ② 22 ④ 23 ① 24 ③ 25 ①

26 [보기]와 같은 위험관리의 단계를 순서대로 올바르게 나열한 것은?

┌─ 보기 ─────────────────────┐
│ ㉠ 위험의 분석   ㉡ 위험의 파악 │
│ ㉢ 위험의 처리   ㉣ 위험의 평가 │
└────────────────────────────┘

① ㉠→㉡→㉣→㉢
② ㉡→㉢→㉠→㉣
③ ㉠→㉢→㉡→㉣
④ ㉡→㉠→㉣→㉢

[해설] **위험관리의 단계**
- 1단계 : 위험성의 파악
- 2단계 : 위험성의 분석
- 3단계 : 위험성의 평가
- 4단계 : 위험성의 처리

27 건구온도 38℃, 습구온도 32℃일 때의 Oxford 지수는 몇 ℃인가?

① 30.2℃
② 32.9℃
③ 35.0℃
④ 37.1℃

[해설] **옥스퍼드(Oxford) 지수(습건지수)**
$W_D = 0.85W(습구온도) + 0.15d(건구온도)$
$= 0.85 \times 32 + 0.15 \times 38 = 32.9℃$

28 동전 던지기에서 앞면이 나올 확률이 0.2이고, 뒷면이 나올 확률이 0.8일 때, 앞면이 나올 확률의 정보량과 뒷면이 나올 확률의 정보량이 올바르게 연결된 것은?

① 앞면 : 2.32bit, 뒷면 : 1.32bit
② 앞면 : 2.32bit, 뒷면 : 0.32bit
③ 앞면 : 3.32bit, 뒷면 : 0.32bit
④ 앞면 : 3.32bit, 뒷면 : 1.52bit

[해설]
- 앞면의 정보량 = $\log_2(1/0.2) = 2.32$bit
- 뒷면의 정보량 = $\log_2(1/0.8) = 0.32$bit

29 다음 중 생리적 스트레스를 전기적으로 측정하는 방법이 아닌 것은?

① EEG
② EMG
③ GSR
④ EPG

[해설] **생리학적 측정**
- 근력 및 근활동(EMG)
- 대뇌활동(EEG)
- 호흡(산소소비량)
- 순환기(ECG)

30 다음 중 인간에러 원인의 수준적 분류에 있어 작업자 자신으로부터 발생하는 에러를 무엇이라 하는가?

① Command Error
② Secondary Error
③ Primary Error
④ Third Error

[해설] **원인 레벨(Level)적 분류**
- Primary Error : 작업자 자신으로부터 발생한 에러
- Secondary Error : 작업형태나 작업조건 중에서 다른 문제가 생겨 그 때문에 필요한 사항을 실행할 수 없는 오류나 어떤 결함으로부터 파생하여 발생하는 에러
- Command Error : 요구되는 것을 실행하고자 하여도 필요한 정보, 에너지 등이 공급되지 않아 작업자가 움직이려 해도 움직이지 않는 에러

31 다음 중 집단으로부터 얻은 자료를 선택하여 사용할 때에 특정한 설계 문제에 따라 대상 자료를 선택하는 인체계측자료의 응용원칙 3가지와 거리가 먼 것은?

① 조절범위식 설계
② 사용빈도에 따른 설계
③ 평균치를 기준으로 한 설계
④ 극단치에 속한 사람을 위한 설계

[해설] **인체계측자료의 응용원칙**
- 최대치수와 최소치수(극단치 설계)
- 조절 범위(5~95%) 설계
- 평균치를 기준으로 한 설계

정답 | 26 ④ 27 ② 28 ② 29 ④ 30 ③ 31 ②

32 다음 중 체계분석 및 설계에 있어서 인간공학의 가치와 가장 거리가 먼 것은?

① 성능의 향상
② 인력 이용률의 감소
③ 사용자의 수용도 향상
④ 사고 및 오용으로부터의 손실 감소

[해설] **산업인간공학의 가치**
- 인력 이용률의 향상
- 훈련비용의 절감
- 사고 및 오용으로부터의 손실 감소
- 생산성의 향상
- 사용자의 수용도 향상
- 생산 및 정비유지의 경제성 증대

33 Chapanis의 위험분석에서 발생이 불가능한(Impossible) 경우의 위험발생률은?

① 10^{-2}/day
② 10^{-4}/day
③ 10^{-6}/day
④ 10^{-8}/day

[해설] 위험률 수준이 "발생이 불가능하다."는 것은 하루당 발생빈도(P)>10^{-8}/day를 말하며 "자주 발생하는"의 의미는 하루당 발생빈도(P)>10^{-3}/day를 말한다.

34 다음 통제용 조종장치의 형태 중 그 성격이 다른 것은?

① 노브(Knob)
② 푸시버튼(Push Button)
③ 토글 스위치(Toggle Switch)
④ 로터리선택스위치(Rotary Select Switch)

[해설] **개폐에 의한 제어(On-Off 제어)**
1. 수동식 푸시(Push Button)
2. 발(Foot) 푸시
3. 토글스위치(Toggle Switch)
4. 로터리 스위치(Rotary Switch)

35 다음 중 결함수분석기법(FTA)에 관한 설명으로 틀린 것은?

① 최초 Watson이 군용으로 고안하였다.
② 미니멀 패스셋(Minimal Path Set)을 구하기 위해서는 미니멀 컷셋(Minimal Cut Set)의 상대성을 이용한다.
③ 정상사상의 발생확률을 구한 다음 FT를 작성한다.
④ AND게이트의 확률계산은 입력사상의 곱으로 한다.

[해설] FT를 작성한 다음 정상사상의 발생확률을 구한다.

36 다음 중 인간-기계 시스템에서 기계에 비교한 인간의 장점과 가장 거리가 먼 것은?

① 완전히 새로운 해결책을 찾아낸다.
② 여러 개의 프로그램된 활동을 동시에 수행한다.
③ 다양한 경험을 토대로 하여 의사결정을 한다.
④ 상황에 따라 변화하는 복잡한 자극 형태를 식별한다.

[해설] ②은 기계 시스템의 장점에 해당한다.

37 다음 중 신호의 강도, 진동수에 의한 신호의 상대 식별 등 물리적 자극의 변화 여부를 감지할 수 있는 최소의 자극 범위를 의미하는 것은?

① Chunking
② Stimulus Range
③ SDT(Signal Detection Theory)
④ JND(Just Noticeable Difference)

[해설] **최소식별차이(JND ; Just Noticeable Difference)**
두 자극의 차이를 변별할 수 있는 최소한의 차이를 말한다.

38 다음 중 위험을 통제하는 데 있어 취해야 할 첫 단계 조사는?

① 작업원을 선발하여 훈련한다.
② 덮개나 격리 등으로 위험을 방호한다.
③ 설계 및 공정계획 시에 위험을 제거토록 한다.
④ 점검과 필요한 안전보호구를 사용하도록 한다.

정답 | 32 ② 33 ④ 34 ① 35 ③ 36 ② 37 ④ 38 ③

해설 **위험원 통제 기본원칙**
1. 위험원의 최소화 : 설계 및 공정계획 시에 위험원을 제거한다.
2. 안전장치 설치
3. 경보장치 설치
4. 위험원 제어를 위한 훈련 및 보호구 착용

39 다음 중 음(音)의 크기를 나타내는 단위로만 나열된 것은?

① dB, nit
② phon, lb
③ dB, psi
④ phon, dB

해설 **phon 음량수준**
정량적 평가를 위한 음량 수준 척도, phon으로 표시한 음량 수준은 이 음과 같은 크기로 들리는 1,000Hz 순음의 음압수준(dB)

40 다음 중 일반적인 수공구의 설계원칙으로 볼 수 없는 것은?

① 손목을 곧게 유지한다.
② 반복적인 손가락 동작을 피한다.
③ 사용이 용이한 검지만을 주로 사용한다.
④ 손잡이는 접촉면적을 가능하면 크게 한다.

해설 **수공구와 장치설계의 원리**
1. 손목을 곧게 유지
2. 조직의 압축응력을 피함
3. 반복적인 손가락 움직임을 피함
4. 안전작동을 고려하여 설계
5. 손잡이는 손바닥의 접촉면적이 크게 설계

41 성인이 하루에 섭취하는 음식물의 열량 중 일부는 생명을 유지하기 위한 신체기능에 소비되고, 나머지는 일을 한다거나 여가를 즐기는 데 사용될 수 있다. 이 중 생명을 유지하기 위한 최소한의 대사량을 무엇이라 하는가?

① BMR
② RMR
③ GSR
④ EMG

해설 **BMR(Basic Metabolic Rate)**
• 체표면적 1m²당 매시의 kcal로 표시한 것을 기초대사율 Basal Metabolic Rate(BMR)이라 한다.
• 기초대사율 BMR은 공복 안정 시의 산소소비량을 측정하고 동시에 호흡량을 구해 열량을 측정한 후 그 값을 건강한 자의 표준치와 비교해서 몇 퍼센트 증감하는지 산출한다.

42 다음 중 신체와 환경 간의 열교환 과정을 가장 올바르게 나타낸 식은? (단, W는 일, M은 대사, S는 열 추적, R은 복사, C는 대류, E는 증발, Clo는 의복의 단열률이다.)

① $W = (M+S) \pm R \pm C - E$
② $S = (M-W) \pm R \pm C - E$
③ $W = Clo \times (M-S) \pm R \pm C - E$
④ $S = Clo \times (M-W) \pm R \pm C - E$

해설 열균형 방정식 S(열축적)=M(대사율)−E(증발)±R(복사)±C(대류) −W(한 일)

43 다음과 같은 기본사항을 가진 FT도에서 minimal cut set으로 옳은 것은?

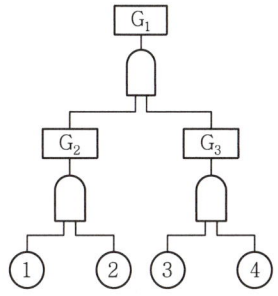

① {①, ②, ③, ④}
② {①, ③, ④}
③ {①, ③}
④ {③, ④}

해설 논리곱은 행으로 나열하고 논리합은 종으로 표시하면 T(G_1) → $G_2 G_3$ → ① ② G_3 → ① ② ③ ④

여기서 최소컷셋(미니멀컷셋, Minimal Cut Sets)는 {①, ②, ③, ④}가 된다.

44 다음 중 불대수(Boolean algebra)의 관계식으로 틀린 것은?

① $A(A \cdot B) = B$
② $A + B = A \cdot B$
③ $A + A \cdot B = A \cdot B$
④ $(A+B)(A+C) = A + B + C$

해설 $(A+B)(A+C) = A + AB + AC + BC$

정답 | 39 ④ 40 ③ 41 ① 42 ② 43 ① 44 ④

45 2개 공정의 소음수준 측정결과 1공정은 100dB에서 2시간, 2공정은 90dB에서 1시간 소요될 때 총 소음량(TND)과 소음설계의 적합성을 올바르게 나열한 것은? (단, 90dB에 8시간 노출될 때를 허용기준으로 하며, 5dB 증가할 때 허용시간은 1/2로 감소되는 법칙을 적용한다.)

① TND=0.83, 적합
② TND=0.93, 적합
③ TND=1.03, 적합
④ TND=1.13, 부적합

해설 소음 정도에 따른 허용기준(90dB에 8시간 노출될 때를 허용기준으로 하며, 5dB 증가할 때 허용시간은 1/2로 감소)

소음량 = $\dfrac{실제노출시간}{최대허용시간}$ 이므로

총 소음량 = $\dfrac{2}{2} + \dfrac{1}{8}$ = 1.13이며, 1보다 크므로 부적합하다.

46 다음 중 인체계측에 관한 설명으로 틀린 것은?

① 의자, 피복과 같이 신체모양과 치수와 관련성이 높은 설비의 설계에 중요하게 반영된다.
② 일반적으로 몸의 측정 치수는 구조적 치수(Structural Dimension)와 기능적 치수(Functional Dimension)로 나눌 수 있다.
③ 인체계측치의 활용 시에는 문화적 차이를 고려하여야 한다.
④ 인체계측치를 활용한 설계는 인간의 안락에는 영향을 미치지만 성능 수행과는 관련성이 없다.

해설 인체계측치를 활용한 설계는 성능 수행과 관련성이 있다.

47 다음 중 얼음과 드라이아이스 등을 취급하는 작업에 대한 대책으로 적절하지 않은 것은?

① 더운 물과 더운 음식을 섭취한다.
② 가능한 한 식염(食鹽)을 많이 섭취한다.
③ 혈액순환을 위해 틈틈이 운동을 한다.
④ 오랫동안 한 장소에 고정하여 작업하지 않는다.

해설 식염은 땀을 많이 흘리는 고온작업 시 섭취한다.

48 다음 중 작업방법의 개선원칙(ECRS)에 해당되지 않는 것은?

① 결합(Combine)
② 교육(Education)
③ 재배치(Rearrange)
④ 단순화(Simplify)

해설 **작업방법의 개선원칙(E.C.R.S)**
- 제거(Eliminate)
- 결합(Combine)
- 재조정(Rearrange)
- 단순화(Simplify)

49 시스템 안전성 평가기법에 대한 설명으로 틀린 것은?

① 가능성을 정량적으로 다룰 수 있다.
② 시각적 표현에 의해 정보전달이 용이하다.
③ 원인, 결과 및 모든 사상들의 관계가 명확해진다.
④ 연역적 추리를 통해 결함사상을 빠짐없이 도출하나, 귀납적 추리로는 불가능하다.

해설 시스템 안정성 평가는 연역적 추리를 통해 정량적으로 한다.

50 다음 중 작업장에서 발생하는 소음에 대한 대책으로 가장 먼저 고려하여야 할 적극적인 방법은?

① 소음의 격리
② 소음원의 제거
③ 귀마개 등 보호구의 착용
④ 덮개 등 방호장치의 설치

해설 사업장에서 발생하는 소음에 대한 대책으로 가장 먼저 고려하여야 할 적극적인 방법은 소음원의 제거이다.

51 다음 중 입식 작업을 위한 작업대의 높이를 결정하는데 있어 고려하여야 할 사항과 가장 관계가 적은 것은?

① 작업자의 신장
② 작업의 빈도
③ 작업물의 크기
④ 작업물의 무게

해설 **작업대 설계 시 고려사항**
- 작업자의 신장
- 작업물의 무게
- 작업물의 크기

정답 | 45 ④ 46 ④ 47 ② 48 ① 49 ④ 50 ② 51 ②

52 시스템안전분석기법 중 FMEA에 관한 설명으로 옳은 것은?

① 원자력발전 및 화학설비 등에 적용하기 위해 개발되었고 전문가와 브레인스토밍 팀을 구성하여 분석한다.
② 휴먼에러와 휴먼에러에 의한 영향을 예견하기 위해 사용되며 HAZOP와 함께 사용할 수 있다.
③ 그래픽 모델을 사용하여 분석과정을 가시화시키는 분석방법이며, 논리기호를 사용한다.
④ 시스템을 구성요소로 나누어 고장의 가능성을 정하고 그 영향을 결정하여 분석하는 방법이다.

[해설] **FMEA(고장형태와 영향분석법)**
시스템에 영향을 미치는 모든 요소의 고장을 형별로 분석하고 그 고장이 미치는 영향을 분석하는 방법으로 치명도 해석(CA)을 추가할 수 있으며 귀납적·정성적 분석법이다.

53 작업자가 평균 1,000시간 작업을 수행하면서 4회의 실수를 한다면, 이 사람이 10시간 근무했을 경우의 신뢰도는 약 얼마인가?

① 0.04 ② 0.018
③ 0.67 ④ 0.96

[해설] 실수확률(λ) = $\frac{4}{1,000}$ = 0.004

신뢰도 $R(t) = e^{(-\lambda t)} = e^{(-0.004 \times 10)}$
= 0.96

54 건강한 남성이 8시간 동안 특정 작업을 실시하고, 분당 산소 소비량이 1.3L/분으로 나타났다면 8시간 총 작업시간에 포함될 휴식시간은 약 몇 분인가? (단, Murrell의 방법을 적용하며, 휴식 중 에너지소비율은 1.5kcal/min이다.)

① 96분 ② 144분
③ 172분 ④ 192분

[해설] 1L당 O_2 소비량은 5kcal이다.
따라서, 작업 중에 분당 산소 공급량이 1.3L/min이라면 1.3L/min × 5kcal = 6.5kcal가 된다.

휴식시간(R) = $\frac{(60 \times h) \times (E-5)}{E-1.5}$ [분]

= $\frac{(60 \times 8) \times (6.5-5)}{6.5-1.5}$ = 144[분]

여기서, E : 작업의 평균에너지(kcal/min),
에너지 값의 상한 : 5(kcal/min)

55 다음 중 FT도에서 컷셋(Cut Set)에 대한 설명으로 틀린 것은?

① 시스템의 약점을 표현한 것이다.
② 정상사상(Top Event)을 발생시키는 조합이다.
③ 시스템이 고장나지 않도록 하는 사상의 조합이다.
④ 패스셋(Path Set)과는 반대되는 개념이다.

[해설] **컷셋(Cut Set)**
정상사상을 발생시키는 기본사상의 집합으로 그 안에 포함되는 모든 기본사상이 발생할 때 정상사상을 발생시키는 기본사상의 집합이다.

56 다음 중 통제표시비를 설계할 때 고려해야 할 5가지 요소가 아닌 것은?

① 공차 ② 조작시간
③ 일치성 ④ 목측거리

[해설] **통제표시비 설계 시 고려사항**
1. 계기의 크기 2. 공차
3. 목시거리 4. 조작시간
5. 방향성

57 안전제어장치 중 사출기의 도어에 설치되어 도어가 열려 있는 경우에는 사출기가 동작되지 않도록 하는 것을 무엇이라 하는가?

① 비상제어장치 ② 인터록 장치
③ 인트라록 장치 ④ 트랜스록 장치

[해설] **인터록 장치**
기계의 각 작동부분 상호 간을 전기적·기구적 유공압장치 등으로 연결해서 기계의 각 작동부분이 정상으로 작동하기 위한 조건이 만족되지 않을 경우 자동적으로 그 기계를 작동할 수 없도록 하는 장치이다.

정답 | 52 ④ 53 ④ 54 ② 55 ③ 56 ③ 57 ②

58 신뢰도 R인 요소 n개가 직렬로 구성된 시스템의 신뢰도를 나타낸 것은?

① $\prod_{i=1}^{n} R_i$ ② $1 - \prod_{i=1}^{n} R_i$

③ $1 - \prod_{i=1}^{n}(1 - R_i)$ ④ $\prod_{i=1}^{n}(1 - R_i)$

[해설] **설비의 신뢰도**
- 직렬 : $\prod_{i=1}^{n} R_i$
- 병렬 : $1 - \prod_{i=1}^{n}(1 - R_i)$

59 다음 중 MIL-STD-882A에서 분류한 위험 강도의 범주에 해당하지 않는 것은?

① 위기(Critical) ② 무시(Negligible)
③ 경계(Precautionary) ④ 파국(Catastrophic)

[해설] **시스템 위험성의 분류**
1. 범주(Category) Ⅰ, 파국(Catastrophic)
2. 범주(Category) Ⅱ, 위험(Critical)
3. 범주(Category) Ⅲ, 한계(Marginal)
4. 범주(Category) Ⅳ, 무시(Negligible)

60 다음 중 주로 어깨, 팔목, 손목, 목 등 상지의 작업자세로 인한 작업부하를 평가하기 위하여 영국에서 개발된 방법은?

① RULA 기법
② OWAS 기법
③ NIOSH의 들기작업 지침
④ Grag 에너지소비량 예측 모델

[해설] **RULA(Rapid Upper Limb Assessment)**
RULA는 어깨, 팔목, 손목, 목 등 상지(Upper Limb)에 초점을 맞추어서 작업자세로 인한 작업부하를 쉽고 빠르게 평가하기 위하여 만들어진 기법이다.

정답 | 58 ① 59 ③ 60 ①

memo

건설안전산업기사 필기 INDUSTRIAL ENGINEER CONSTRUCTION SAFETY

PART 03

건설시공학

CHAPTER 01 시공일반
CHAPTER 02 토공사
CHAPTER 03 기초공사
CHAPTER 04 철근콘크리트공사
CHAPTER 05 철골공사
CHAPTER 06 조적공사
■ 예상문제

CHAPTER 01 시공일반

PART 03

SECTION 01 공사시공방식

1 직영공사

1) 정의 및 특징

(1) 정의

건축주가 직접 재료구입, 건설장비 및 인력확보 등 건설공사와 관련된 전반적인 실무를 시행하는 방식이다.

(2) 특징

① 주로 공사 내용이 단순하고 시공과정이 용이한 소규모 공사에 적합
② 단가 산출이 어렵거나 연구 실험 등이 필요한 경우 시행

2) 장·단점

(1) 장점

① 발주, 계약 등의 번거로운 수속 절감
② 임기응변으로 처리가 가능

(2) 단점

① 공사비 증대, 공기연장의 가능성
② 시공 및 안전관리 능력 부족

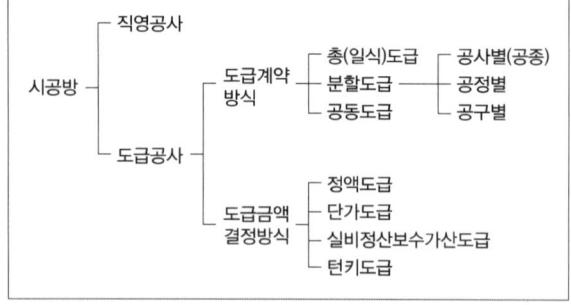

[공사시공방식]

2 도급방식

1) 공사시공방식에 따른 분류

(1) 일식도급

① 공사 전체를 한 도급자에게 주어서 시공하는 방식
② 장·단점

장점	단점
• 계약 및 감독이 간단함 • 전체공사의 진척이 원활 • 하도급의 선택이 용이하고 공사비 절약	• 공사가 조잡해질 우려 • 도급자 이윤에 따른 공사비 증대 • 건축주의 의도가 미반영

(2) 분할도급

① 공사를 구분하여 유형별로 각각의 전문업자에게 분할하여 도급함
② 종류
   ⊙ 전문공종별 분할도급 : 전기, 설비공사를 주체공사에서 분리하여 도급을 줌
   ⓒ 공정별 분할도급 : 공사 과정별로 나누어서 도급을 줌, 후속업자 교체 곤란
   ⓒ 공구별 분할도급 : 아파트 등 대규모 공사에서 지역별로 분리하여 도급을 줌
   ② 직종별, 공종별 분할도급 : 전문직종 또는 각 공종별로 분할하여 도급을 줌
③ 장·단점

장점	단점
• 전문업자의 시공으로 우량시공 기대 • 업체 간 경쟁을 통한 공사원가 감소 • 건축주의 의도가 잘 반영됨	• 관리 및 감독의 업무 증대 • 공사의 종합관리가 어려움 • 경비 가산함

(3) 공동도급

① 2개 이상의 도급자가 결합하여 공동으로 공사를 수행함
② 장·단점

장점	단점
• 공사 이행의 확실성 보장, 위험분산 • 자본력(융자력)과 신용도 증대 • 기술 및 경험의 확충	• 단일회사 도급보다 경비 증대 • 도급자 간 충돌, 이해문제 발생 • 책임소재 불명확 및 책임회피 우려

2) 공사금액 결정 방법에 따른 분류

(1) 정액도급

① 도급금액을 일정액으로 결정하여 계약하는 방식
② 장·단점

장점	단점
• 공사관리 업무가 간편 • 도급자의 원가 절감노력 • 입찰시 경쟁으로 총 공사비 감소	• 설계변경시 공사비 증액 곤란 • 설계도서의 확정 후 공사진행 가능 • 건축주와의 의견조절이 어려움

(2) 단가도급

① 단위공사의 단가만으로 계약하고 공사완료 시 확정액을 차후 정산하는 방식
② 장·단점

장점	단점
• 공사 착공이 가장 신속함 • 설계변경으로 인한 수량계산 용이 • 시급한 공사의 간단계약 가능	• 총 공사비 예측이 어려움 • 시장가격 변동 시 불합리 • 공사비 절감 의욕감소

(3) 실비정산 보수 가산도급(Cost Plus Fee Contract)

① 공사의 실비를 건축주와 도급자가 확인·정산하고, 건축주는 미리 정한 보수율에 따라 도급자에게 공사비를 지급하는 방식
② 장·단점

장점	단점
• 설계와 시공의 중첩 등 긴급 공사 가능 • 설계변경, 돌발상황에 적절한 대처 가능	• 발주자의 위험성 증가 • 공사비 절감 노력감소

(4) 턴키(Turn-Key)도급

① 모든 요소를 포괄한 일괄 수주방식으로 건설업자가 금융, 토지, 설계, 시공, 시운전 등 모든 것을 조달하여 주문자에게 인도하는 방식
② 장·단점

장점	단점
• 설계와 시공 등 공사전반의 책임관리 • 공법의 창의성, 기술수준 향상 • 공기단축, 공사비 절감 노력 강화	• 건축주의 의도 반영이 어려움 • 대형 건설회사에 유리 • 입찰시 과다경쟁 및 비용 증가

3 입찰진행

1) 경쟁입찰방식

(1) 공개경쟁입찰

① 입찰조건, 자격 등을 신문, 게시판에 공고하여 일정 자격을 갖춘 자에게 공개경쟁을 통한 입찰에 참여할 수 있는 기회를 주는 방식
② 장·단점

장점	단점
• 담합의 우려 차단 • 입찰자 선정이 공개적이고 공정함 • 입찰시 경쟁으로 공사비 절감	• 입찰절차 복잡 및 행정사무 증가 • 부적격업자의 낙찰 우려 • 공사의 조잡 우려

(2) 지명경쟁입찰

① 발주자의 재량과 판단기준에 따라 공사에 적격하다고 인정하는 3~7개의 시공자를 미리 선정한 후 입찰에 참여하도록 하는 방식
② 상·난점

장점	단점
• 부적격자를 사전에 제거 • 시공상의 신뢰도 확보	• 참여자의 담합 우려 • 공개경쟁입찰보다 공사비 상승

(3) 제한경쟁입찰

① 일정한 자격 이외의 특수한 공법 및 기술 등을 가진 시공자를 참여시키는 방식으로 입찰 경쟁에 제한을 둠

② 장·단점

장점	단점
• 불성실, 능력부족한 시공자 배제 • 특수한 기술, 공법 적용 확대	• 입찰 참여에 제한적

2) 특명입찰방식

(1) 개요

시공회사의 신용, 자산, 공사경력, 보유기술 등을 고려하여 해당공사에 가장 적합하다고 인정되는 특정의 도급자만 선정하여 도급계약을 체결하는 방식으로 수의계약이라고도 함

(2) 장점

① 공사의 기밀유지

② 입찰 시 소요되는 행정사항 등 수속이 간단함

③ 우량시공 기대

(3) 단점

① 공사비가 증가됨

② 공사금액의 결정이 불명확함

③ 발주자와 시공자의 유착 발생 우려

3) 부대입찰제도

① 하도급의 계열화를 촉진하고 불공정 하도급 거래를 예방하기 위한 제도

② 발주자가 입찰자로 하여금 입찰 내역서상에 입찰금액을 구성하는 공사 중 하도급할 공종, 하도급 금액 등 하도급에 관한 사항을 기재하여 입찰서와 함께 제출하도록 함

4) 입찰의 순서

입찰통지 → 현장설명 → 입찰 → 개찰 → 낙찰 → 계약

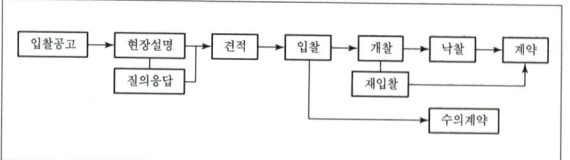

4 공사계약

1) 공사계약 방식

(1) 건설사업관리 방식(C.M ; Construction Management)

① 건설사업에 대한 기획, 타당성 조사, 설계, 계약, 시공, 감리, 유지관리에 걸친 프로젝트 전반에 걸쳐 효율적으로 진행시키는 관리 시스템

② 발주자를 대신해서 발주자, 시공자, 설계자를 상호 조정하며 공기단축, 원가절감, 품질확보 등 전반적인 공사관리를 담당함

장점	단점
• 공기단축, 원가절감, 품질확보 • 설계자와 시공자, 발주자의 마찰감소	• 시공자 의견의 충분한 반영 미흡 • C.M 전문인력 및 기술 부족

(2) BOT 방식(Build Operate Transfer)

① 도급자가 자금을 조달하고 설계, 엔지니어링, 시공의 전부를 도급받아 시설물을 완성하고 그 시설물을 일정기간 운영하는 것으로 운영 수입을 인도하는 방식

② 사회간접자본(SOC ; Social Overhead Capital)의 민간투자 유치에 많이 이용됨

③ 유료도로, 도시철도 등 수입을 수반한 공공 혹은 공익 프로젝트에 많이 이용됨

2) EC(Engineering Construction)

건설사업이 종래의 단순 시공에서 벗어나 대규모화, 고도화, 다양화, 전문화되어 고부가가치를 추구하기 위하여 업무영역을 확대하는 것

5 시방서

1) 정의

① 공사에 대한 설명과 설계도면만으로는 나타낼 수 없는 부분에 대하여 건축설계자가 기재한 문서로 각 공사의 항목별 내용을 명확히 하는 문서

② 공사 전반에 대한 지침을 주고, 설계자의 의도를 시공자에게 정확하게 전달할 수 있음

2) 시방서의 종류
① 표준시방서 : 각종 공사에 쓰이는 표준적인 공법에 대해서 작성된 공통의 시방서
② 특기시방서 : 표준시방서에 기재되지 않은 특수공법, 재료 등에 대한 설계자의 상세한 기준 정리 및 해설(공사시방서)

3) 시방서의 기재 내용
① 재료의 품질
② 공법내용 및 시공방법
③ 일반사항, 유의사항
④ 시험, 검사
⑤ 보충사항, 특기사항
⑥ 시공기계, 장비

4) 시방서와 설계도면의 관계
① 시방서와 설계도면에 기재된 내용이 다를 때나 시공상 부적당하다고 판단될 경우 현장책임자는 공사 감리자와 협의 진행
② 시방서와 설계도면의 우선순위
특기시방서 > 표준시방서 > 설계도면 > 내역명세서

SECTION 02
공사계획

1 공사계획

1) 개요
공사계획은 착공과 동시에 공사가 진행될 수 있도록 최대한 빨리 수립하고 공사기일의 범위 내에서 최소의 원가투입과 노력으로 최대의 효과를 거둘 수 있도록 엄밀하게 조사하고 수립해야 한다.

2) 공사계획 내용
① 현장원 편성 : 공사계획 중 가장 우선
② 공정표의 작성 : 공사 착수 전 단계에서 작성
③ 실행예산의 편성 : 재료비, 노무비, 경비
④ 하도급 업체의 선정
⑤ 가설 준비물 결정
⑥ 재료, 설비 반입계획
⑦ 재해방지계획
⑧ 노무 동원계획

3) 공사비의 구성
(1) 총공사비

총공사비	① 총원가	㉮ 공사원가	㉠ 순공사비	ⓐ 직접공사비	재료비, 노무비, 외주비, 경비
				ⓑ 간접공사비	손료비, 영업비 등
			㉡ 현장경비		
		㉯ 일반관리비			
	② 이윤				

(2) 재료비
공사목적물의 실체를 형성하는 것이다.
① 직접재료비
② 간접재료비
③ 운임 · 보험료 · 보관비
④ 부산물, 작업설

(3) 노무비
① 직접노무비
② 간접노무비

(4) 경비
① 전력비
② 기계경비
③ 운반비
④ 산재보험료 등

4) 견적의 종류
(1) 개산견적(Approximate Estimate)
① 개략적으로 공사비를 산출하는 것
② 설계가 시작되기 전에 프로젝트의 실행가능성 판단이나 여러 설계대안의 경제성 평가에 수행됨

(2) 명세견적(Detailed Estimate)
① 설계도서 등을 면밀하게 분석하여 공사비를 산출하는 것으로 견적방법 중 가장 정확한 공사비의 산출이 가능
② 최종견적, 상세견적, 입찰견적

SECTION 03
공사현장 관리

1 공사 및 공정관리

1) 공사관리

(1) 공무적 현장관리

① 공정관리
② 자재관리
③ 노무관리
④ 안전관리

(2) 공사관리자 및 감리자의 업무

① 공정 및 기성고 산정
② 설계변경사항 검토
③ 시공계획서 검토 및 승인
④ 공정표의 검토 및 승인

2) 공정표의 종류

(1) 횡선식 공정표(Bar Chart)

① 가로란에 날짜, 세로란에 각 공종을 기입하여 막대 그래프(횡선)로 표시함
② 각 공종별 공사와 전체 공정시기가 일목요연하며 판단이 용이함
③ 각 공종별 상호관계, 순서 등이 시간과 관련이 없고, 공사 진척도를 횡선의 길이를 보고 개괄적으로 판단해야 함

(2) 사선식 공정표

① 가로란에 날짜, 세로란에 공사량을 기입하여 사선으로 표시함
② 작업의 관련성을 나타낼 수 없으나 공사의 기성고를 표시하는 데 편리하고, 공사 지연시 조속한 대처가 가능함

(3) 열기식 공정표

① 공사착수 및 완료기일, 인부수 등을 글자로 나열하는 방법으로 가장 간단한 방식
② 인부 및 재료 준비에 있어서 적당하나 각 부분 공사와 관련한 진도의 차질을 파악할 수 없음

(4) 일순 공정표

① 1주일이나 10일 단위로 상세히 작성한 공정표
② 세부 단위작업의 구체적인 작업일정 관리에 용이함

(5) 네트워크(Net Work) 공정표

① 공정별 작업단위를 망형도(○과 →)로 표시하고 각 공사의 순서관계, 일정관계를 도해식으로 표기한 것
② 종류 : CPM(Critical Path Method) 기법, PERT(Program Evaluation&Review Technigue) 기법
③ 장·단점

장점	단점
• 공사계획의 전체내용 파악 용이 • 각 공정별 작업의 흐름과 상호관계 명확	• 작성 및 검사에 특별한 기능 요구 • 작성시간이 많이 소요됨

3) 네트워크 공정표의 기호 및 용어

용어	기호	내용
Event	○	작업의 결합점, 개시점 또는 종료점
Activity	→	작업, 프로젝트를 구성하는 작업단위
Dummy	--->	작업 상호관계를 표시하는 화살표로서, 작업 및 시간의 요소는 포함하지 않음
Earliest Starting Time	EST	작업을 시작하는 가장 빠른 시각
Earliest Finishing Time	EFT	작업을 끝낼 수 있는 가장 빠른 시각
Latest Starting Time	LST	작업을 가장 늦게 시작하여도 좋은 시각
Latest Finishing Time	LFT	작업을 가장 늦게 종료하여도 좋은 시각
Path		네트워크 중 둘 이상의 작업이 이어짐
Longest Path	LP	소요시간이 가장 긴 패스
Critical Path	CP	전체 공기를 지배하는 작업경로
Float		작업의 여유시간
Slack	SL	결합점이 가지는 여유시간
Total Float	TF	[T.F=그 작업의 LFT−그 작업의 EFT]
Free Float	FF	[F.F=후속작업의 EST−그 작업의 EFT]
Dependent Float	DF	[D.F=T.F−F.F]
Duration	D	작업을 완수하는 데 필요한 시간

4) 주 공정선(C.P ; Critical Path)
① 네트워크 공정표 상에서 소요시간이 가장 긴 일련의 작업 경로
② 총 작업의 여유시간(Total Float)이 Zero가 되는 경로
③ C.P 경로 이상의 작업시간이 소요되면 총 공사기간이 늘어나고 공기가 지연됨

2 품질관리

1) 품질관리(TQC)의 7가지 도구

히스토그램	공사 또는 제품의 품질상태가 만족한 상태에 있는가 여부 등 데이터가 어떤 분포를 하고 있는지 알아보기 위해 작성(분포도)
파레토도	불량 등의 발생건수를 분류항목별로 나누어 크게 순서대로 나열(영향도, 하자도)
특성요인도	결과에 원인이 어떻게 관계하고 있는가를 한눈에 알 수 있도록 작성(원인결과도)
체크시트	불량수, 결점수 등 계수치의 데이터가 분류항목의 어디에 집중되어 있는가를 알아보기 쉽게 나타냄(집중도)
산점도	대응되는 두개의 짝으로 된 데이터를 그래프 용지 위에 점으로 나타냄(상관도, 산포도)
층별	집단을 구성하고 있는 데이터를 특징에 따라 몇 개의 부분집단으로 나누는 것(부분집단도)
관리도	한눈에 파악되도록 막대나 꺾은선 그래프를 이용하여 표시

2) 품질관리의 목적
① 시공능률의 향상
② 품질 및 신뢰성의 향상
③ 설계의 합리화
④ 작업의 표준화

CHAPTER 02 토공사

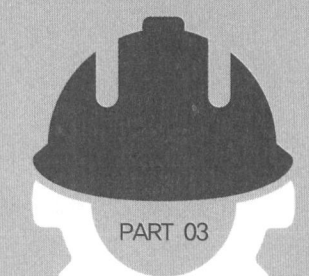

SECTION 01
흙막이 가시설

1 공법의 종류 및 특징

1) 버팀대 공법

(1) 정의

굴착면에 설치한 흙막이벽을 버팀대(Strut)와 띠장(Wale)에 의해서 지지하고 굴착하는 공법으로 흙막이 가시설의 가장 일반적이고 보편적인 공법

(2) 특징

① 공법이 간단하고, 굴착 깊이의 제한을 받지 않음
② 굴착기계의 활동이 버팀대에 의해 제한을 받아 불편함
③ 지반의 고저차가 있을 경우 편토압 발생 우려
④ 좁은 면적에서 깊은 기초파기를 할 경우 활용됨

(3) 버팀대의 설치위치

① 터파기면 밑바닥에서 그 깊이의 1/3 위치에 설치
② 띠장이음 위치는 버팀대 간격의 1/4 위치에 설치

[버팀대 공법]

2) 어스앵커(Earth Anchor) 공법

(1) 정의

굴착하는 흙막이 벽체에 어스앵커를 설치하여 흙막이벽에 작용하는 토압을 지지하는 공법

(2) 특징

① 버팀대가 없어 굴착 작업시 넓은 작업공간의 확보가 용이함
② 굴착구간의 평면 형태 및 굴착 깊이가 불규칙한 경우 적용 유리
③ 연약한 지반이나 지하수가 발생하는 지반에 시공이 어려움

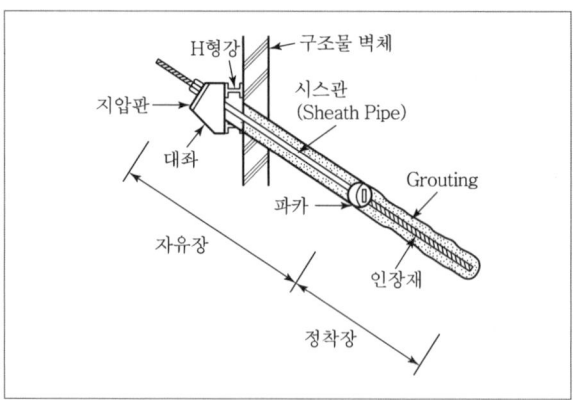

[어스앵커 공법]

[어스앵커 시공사진]

3) C.I.P(Cast In-Place Pile) 공법

(1) 정의
흙막이 벽체를 만들기 위해 굴착기계(Earth Auger)로 지반을 천공하고 그 속에 철근망과 주입관을 삽입한 다음 자갈을 넣고 주입관을 통해 Prepacked Mortar를 주입하여 현장타설 콘크리트 말뚝을 형성하는 공법

(2) 특징
① 흙막이 벽체의 강성이 우수함
② 자갈, 암반층을 제외한 대부분의 지반에 적용 가능
③ 장비가 소형이므로 좁은 장소에서 시공 가능

4) S.C.W(Soil Cement Wall) 공법

(1) 정의
3축 오거로 지반을 천공하면서 시멘트 페이스트와 벤토나이트의 경화제를 굴착 토사와 혼합한 후 H-Pile 등의 보강재를 삽입하여 지중에 벽체를 만드는 공법

(2) 특징
① 소음, 진동이 적음
② 차수성이 우수함
③ 흙막이벽 토류판이 필요 없고, 시공속도가 빠름

5) 지하연속벽(Slurry Wall) 공법

(1) 정의
구조물의 벽체 부분을 먼저 굴착한 후 그 속에 철근망을 삽입하고, 콘크리트를 타설하여 지하벽체를 형성하는 공법

(2) 특징
① 강성 및 차수성이 높은 구조체로 가장 안정적인 흙막이 구조
② 흙막이 벽체가 영구적인 구조물로 흙막이 가시설의 해체가 필요 없음
③ 장비가 크고 이동이 느리며, 수평방향의 연속성이 적음
④ 소음, 진동이 적음
⑤ 균질의 구조체 시공

6) 역타(Top Down) 공법

(1) 정의
흙막이벽으로 설치한 지하연속벽(Slurry Wall)을 본 구조체의 벽체로 이용하여 기둥과 보를 구축하고 바닥을 설치한 후 지하터파기를 진행하면서 동시에 지상 구조물도 축조해 가는 공법

(2) 특징
① 지하와 지상층 병행 작업으로 공사기간 단축
② 토질조건에 상관없이 시공 가능함
③ 소음, 진동이 적어 도심지 공사에 적합함
④ 공사비가 고가임

7) 널말뚝(Sheet Pile) 공법

(1) 정의
널말뚝을 연속으로 연결하여 흙막이 벽체를 형성한 후 버팀보 등으로 지지하는 공법

(2) 공법 특징 및 유의사항
① 차수성이 높고 연약지반에 적합함
② 시공에 따른 여러 단면 선택이 가능함
③ 널말뚝 시공 시 적당한 항타기를 이용하여 한 장 혹은 두 장씩 수직으로 항타해야 함
④ 널말뚝의 끝부분은 기초파기 바닥면보다 깊이 박아야 함
⑤ 널말뚝의 끝부분에서 용수에 의한 토사의 유출이 발생할 수 있음
⑥ 인발작업 시 배면지반 침하 우려

(3) 종류

목재 널말뚝	철재 널말뚝
• 접합부는 반턱, 오늬, 제혀쪽매	• 기초의 깊이가 깊고, 토압이 큰 경우
• 높이 4m까지 사용	• 공사 규모가 큰 경우
• 낙엽송, 소나무 등 생나무를 사용	• 히빙 파괴현상을 고려하여 밑둥넣기
	• 용수가 많은 곳에 물막이로도 사용

[철재 널말뚝(Sheet Pile)]

2 흙막이 지보공

1) 흙막이 벽체에 작용하는 토압

① 주동토압(P_a) : 벽체의 앞쪽으로 변위를 발생시키는 토압
② 정지토압(P_0) : 벽체에 변위가 없을 때의 토압
③ 수동토압(P_p) : 벽체의 뒤쪽으로 변위를 발생시키는 토압
④ 토압의 크기 : 수동토압(P_p) > 정지토압(P_0) > 주동토압(P_a)

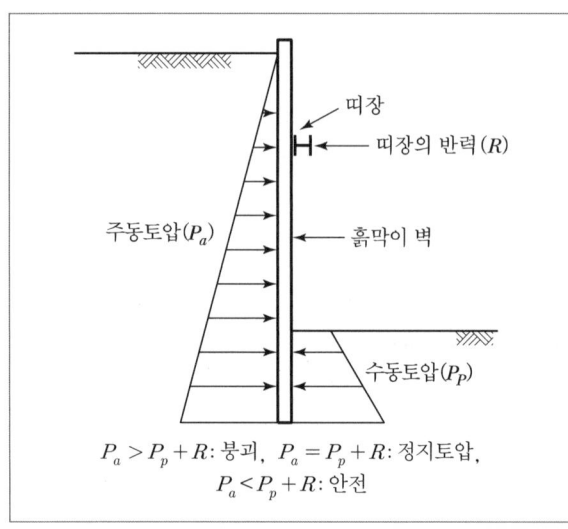

$P_a > P_p + R$: 붕괴, $P_a = P_p + R$: 정지토압,
$P_a < P_p + R$: 안전

[토압의 종류]

2) 지보공의 종류

① 띠장(Wale) : 널말뚝, 버팀대 등을 지지하기 위하여 벽면에 수평으로 부착하는 부재
② 수평버팀대(Strut) : 띠장에 직각 또는 경사방향으로 연결되어 토압을 지지하는 부재
③ 지주(Post) : 수직으로 설치되어 버팀대를 받쳐주며 지지하는 부재
④ 어스앵커(Earth Anchor) : 흙막이 벽체 배면지반에 Anchor체를 삽입하여 인장력으로 지지
⑤ 레이커(Raker) : 지면에서 수직경사 방향으로 설치되어 토압을 지지하는 부재
⑥ 기타 : 브래킷(Bracket), 스티프너(Stiffener) 등

3) 흙막이 지보공 설치·해체 시 유의사항

① 지주, 버팀대 등의 밑둥은 침하되지 않도록 함
② 모든 부재는 구조적으로 안전하고, 구축하기 쉬운 형식을 선택
③ 흙막이 벽체에 가해지는 측압이 충분히 버팀보에 전달될 수 있도록 시공
④ 버팀보와 접하는 부분은 좌굴 및 구부러짐에 안전해야 함
⑤ 지보공의 철거는 되메우기 전 안전을 확인한 후 실시
⑥ 지주는 버팀보의 교차부에서도 불필요한 곳은 피해서 설치
⑦ 수평버팀대는 경사 1/100~1/200 정도 중앙이 약간 처지게 설치
⑧ 접합부는 형상을 간단히 하고 철물을 충분히 보강
⑨ 띠장, 버팀대는 정착물을 써서 이음을 적게 함

4) 히빙(Heaving) 현상

(1) 정의

연약한 점토지반을 굴착할 때 흙막이 벽체 배면에 있는 흙의 중량이 굴착 바닥면의 흙의 중량보다 클 때 그 중량 차이로 인해 흙막이 벽체 배면의 흙이 안으로 밀려 들어와 굴착 바닥면이 부풀어 오르는 현상

(2) 원인

① 흙막이 벽체의 근입장 깊이 부족
② 흙막이 벽체 내·외의 흙의 중량 차이
③ 굴착저면 하부의 피압 지하수

(3) 대책

① 흙막이 벽체의 근입장 깊이를 깊게 설치
② 지반개량으로 흙의 전단강도 증대
③ 굴착저면 하부 지하수위 저하

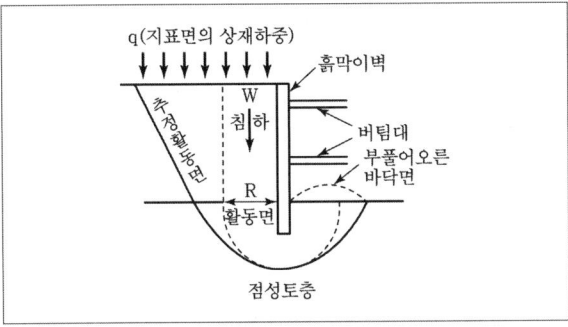

[히빙 현상]

5) 보일링(Boiling) 현상

(1) 정의

투수성이 좋은 사질토 지반을 굴착할 때 흙막이 벽체 배면의 지하수위가 굴착 바닥면의 지하수위보다 높을 때 지하수위의 차이로 인해 굴착 바닥면의 모래와 지하수가 솟아올라 모래지반의 지지력이 약해지는 현상

(2) 원인

① 모래지반은 점착력이 없고, 투수계수가 크기 때문
② 흙막이 벽체 내·외의 지하수위 차이
③ 굴착저면 하부의 피압 지하수

(3) 대책

① 흙막이 벽체의 근입장 깊이를 깊게 설치
② 차수성이 높은 흙막이(Sheet Pile) 설치
③ 굴착저면 하부 지하수위 저하

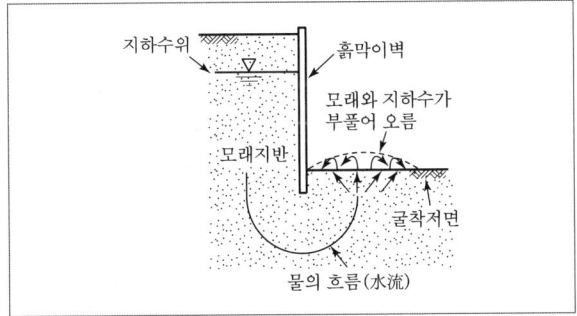

[보일링 현상]

SECTION 02
토공 및 기계

1 토공기계의 종류 및 선정

1) 굴삭장비

(1) 파워쇼벨(Power Shovel)

① 굴삭기가 위치한 지면보다 높은 곳을 굴삭하는 데 적합
② 굴삭높이 : 1.5~3m
③ 굴삭깊이 : 지면에서 2m 아래
④ 버킷용량 : 0.6~1.0m³
⑤ 선회각 : 90°

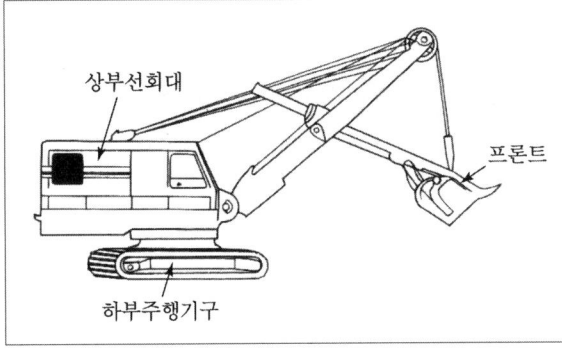

[파워쇼벨]

(2) 드래그 라인(Drag line)

① 굴삭기가 위치한 지면보다 낮은 장소를 굴삭하는 데 사용
② 작업 반경이 커서 넓은 지역의 굴삭작업에 용이하나 힘이 강력하지 못해 연질지반에 이용
③ 굴삭깊이 : 8m
④ 굴삭폭 : 14m
⑤ 선회각 : 110°

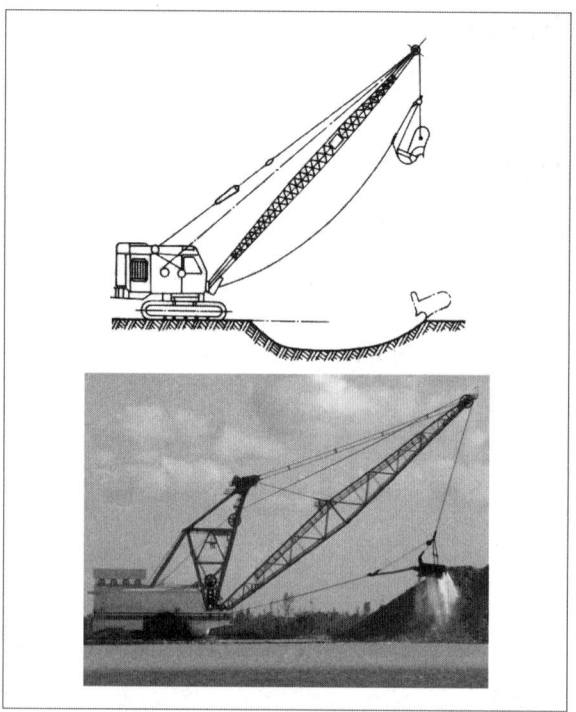

[드래그 라인]

(3) 백호우(Back Hoe, Drag Shovel)
① 굴삭기가 위치한 지면보다 낮은 장소를 굴삭하는 데 사용
② 굴삭하는 힘이 강력하여 경질지반에 유리
③ 도로의 측구 굴착이나 경사측면 굴착에 사용
④ 굴삭깊이 : 5~8m
⑤ 버킷용량 : 0.3~1.9m³

(4) 클램쉘(Clamshell)
① 사질지반의 굴삭에 적당함
② 좁은 곳의 수직굴착에 유리하여 케이슨 내 굴삭, 우물통 기초 등 유리
③ 굴삭깊이 : 최대 18m, 보통 8m 정도
④ 버킷용량 : 2.45m³

[클램쉘]

2) 지반 정지장비
① 불도저(Bull Dozer) : 크롤러 트랙터를 주체로 하고 배토판을 전면에 부착
② 스크레이퍼(Scraper) : 굴삭, 싣기, 운반, 부설 등 4가지 작업을 연속할 수 있는 대량 토공작업 기계로 잔토반출이 중거리인 경우 사용
③ 그레이더(Grader) : 땅 고르기, 정지작업, 도로정리

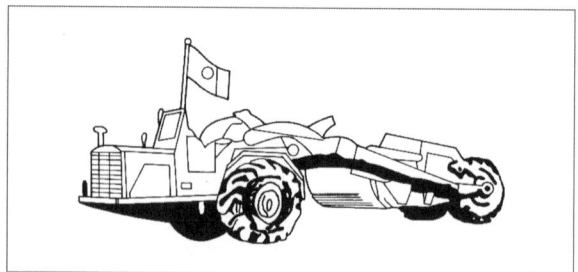

[자주식 모터 스크레이퍼]

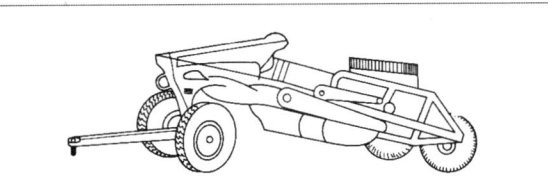

[피견인식 스크이퍼]

3) 기타 토공기계

(1) 운반장비

① 로더(Loader) : 절토된 토사를 덤프트럭 등에 적재
② 덤프트럭(Dump Truck)

(2) 다짐장비

① 롤러(Roller)
② 컴팩터(Compactor)
③ 래머(Rammer)

2 토공기계의 운용계획

1) 굴착토량의 산출

(1) 단위작업 시간당 시공량

$$굴착토량\ V = Q \times \frac{3,600}{Cm} \times E \times K \times f$$

여기서, Q : 버킷용량(m^3), Cm : 사이클 타임(sec),
E : 작업효율, K : 굴삭계수,
f : 굴삭토의 용적변화 계수

SECTION 03
흙파기

1 기초터파기

1) 흙파기의 일반사항

① 흙막이를 설치하지 않은 경우
  ㉠ 흙파기의 경사 : 휴식각(안식각)의 2배
  ㉡ 기초파기의 윗면너비 : 밑면너비+0.6H(H : 깊이)
② 기초파기 시 여유길이 : 좌우 15cm
③ 보통 1인 1일 흙파기량 : 2.8~5.0m³
④ 삽으로 던질 수 있는 거리
  ㉠ 수평 : 2.5~3m
  ㉡ 수직 : 1.5~2m

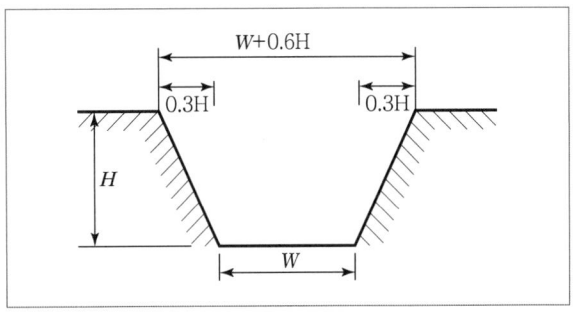

[흙파기의 경사]

2) 흙파기의 분류

(1) 오픈 컷(Open Cut) 공법

① 지반상태가 양호하고 부지의 여유가 있을 때 경사면과 소단을 형성하면서 굴착
② 얕은 터파기에는 경사면 Open Cut, 깊은 터파기에는 흙막이 Open Cut 적용

(2) 아일랜드 컷(Island Cut) 공법

① 중앙 부분을 먼저 굴착하여 기초를 시공하고, 기초에 경사지게 버팀대를 설치하여 지지한 상태에서 주변부를 굴착하는 방식
② 면적이 넓을수록 유리함

(3) 트렌치 컷(Trench Cut) 공법

① 아일랜드 컷 공법과 대조적인 공법으로 구조물 주변 부분을 먼저 줄기초 형태로 굴착하여 주변 구조물을 시공하여 외부 토압을 지탱한 후 중앙 부분을 굴착하는 방식
② 2중 널말뚝 시공으로 주변 토압변위를 최소화함
③ 지반이 연약할 경우 적용

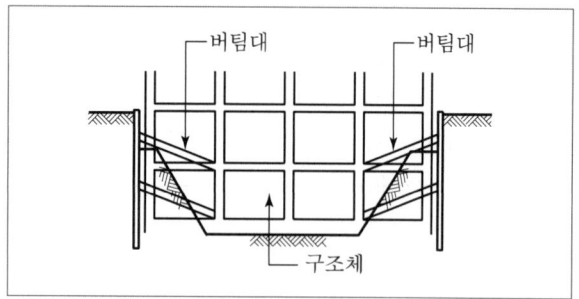

[아일랜드 컷 공법]

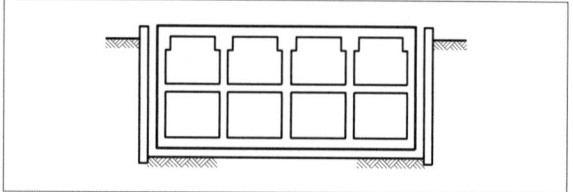

[트렌치 컷 공법]

2 배수

1) 중력 배수공법

① 집수정 공법 : 터파기의 한 구석에 깊은 집수정을 설치하여 펌프를 이용한 배수
② Deep Well 공법 : 깊은 우물(Deep Well)을 파고 케이싱을 삽입한 후 수중펌프로 양수하여 지하수위 저하

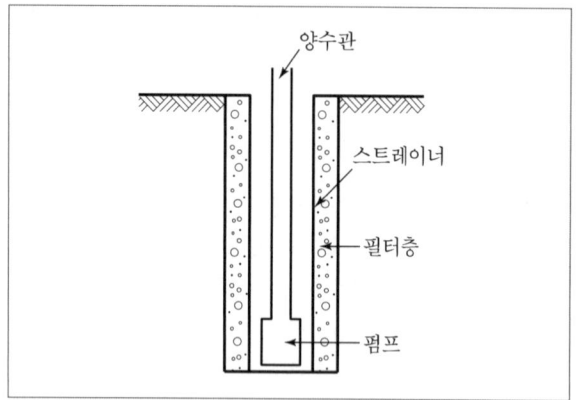

[Deep Well 공법]

2) 강제 배수공법

(1) 웰 포인트(Well Point) 공법

① 라이저 파이프를 1~2m 간격으로 박아 6m 이내의 지하수를 펌프로 배수
② 지하수위 저하로 지반의 압밀을 촉진하여 흙의 전단저항이 커짐
③ 주로 사질토 지반에서 시공하며, 점토질 지반에서는 적용할 수 없음
④ 인접한 주변 지반의 침하 유발
⑤ 수압 및 토압 감소로 흙막이 벽체의 응력이 감소함

(2) 진공 Deep Well 공법

[Well Point 공법]

3 되메우기 및 잔토처리

1) 되메우기 작업

① 되메우기 높이는 30cm 이내
② 물을 뿌린 후 다져가며 작업

2) 잔토처리량 계산

> 잔토처리량=굴착토량+(굴착토량×부피증가율)

3) 흙 돋우기

① 흙 돋우기에 사용하는 흙은 양질의 것으로 담당원의 승인을 받아야 함
② 경사가 급한 경우 층파기를 하여 흙 돋우기와 원지반을 밀착시킬 것

③ 지하수위가 높은 지반 위에 흙 돋우기를 할 때에는 미리 배수처리 실시
④ 쓰레기, 잡물 등이 나타나면 제거할 것

SECTION 04 기타 토공사

1 흙의 성질

1) 예민비(Sensitive Ratio)

$$예민비 = \frac{자연시료(흐트러지지 않은 시료)의 강도}{이긴시료(흐트러진 시료)의 강도}$$

① 모래의 예민비는 1에 가까움
② 점토의 예민비는 4~10 정도
③ 예민비가 4 이상일 경우 예민비가 크다고 함

2) 간극비(Void Ratio)

① $간극비 = \frac{간극의\ 용적}{토립자의\ 용적}$

② $간극률 = \frac{간극의\ 용적}{(토립자 + 물의\ 용적)} \times 100\%$

3) 함수비(Moisture Content)

① $함수비 = \frac{물의\ 중량}{토립자의\ 중량} \times 100\%$

② $함수율 = \frac{물의\ 중량}{(토립자 + 물의\ 중량)} \times 100\%$

4) 포화도(Degree of Saturation)

$$포화도 = \frac{물의\ 용적}{간극의\ 용적} \times 100\%$$

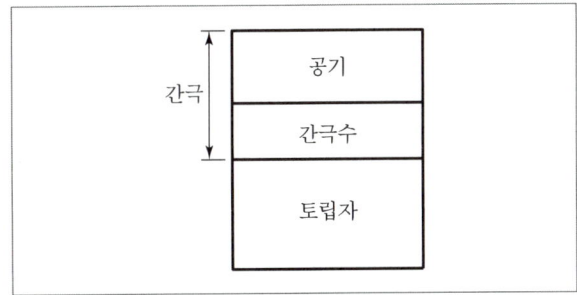

[흙의 구성]

5) 점성토 및 사질토 지반의 비교

특성	점성토	사질토
투수성	작다	크다
점착성	크다	없다
압밀침하량	크다	작다
압밀속도	느리다	빠르다
내부마찰력	없다	크다
전단강도	작다	크다
불교란 시료	채취가 쉽다	채취가 어렵다

2 지반조사

1) 지하탐사법

① 터파보기(Test Pit) : 삽으로 구멍을 내어 육안으로 확인
② 짚어보기(Sounding Rod) : 지름 9mm 정도의 철봉을 땅 속에 삽입하여 조사
③ 물리적 탐사방법 : 탄성파, 음파, 전기저항 등을 이용

2) 보링(Boring)

(1) 종류

① 회전식 보링 : 지중에 케이싱을 박고 드릴 로드의 날을 회전시켜 천공
② 충격식 보링 : 와이어로프 끝에 부착된 충격날을 낙하시켜 암석이나 토사를 분쇄하여 천공
③ 수세식 보링 : 지중에 이중관을 박고 압력수를 비트에서 분사시켜 흙과 물을 같이 배출하여 시료를 침전시킴

(2) 특징

① 보링의 깊이는 경미한 건물에서는 기초폭의 1.5~2.0배
② 보링 간격은 30m 정도로 함
③ 보링구멍은 수직으로 파는 것이 중요
④ 보링의 부지 내에 최소 3개소 이상 실시

[보링(Boring)]

3) 표준관입시험(Standard Penetration Test)

(1) 정의

무게 63.5kg의 해머를 높이 75cm에서 낙하시켜 샘플러(Sampler)를 30cm 관입시키는 데 필요한 해머의 타격횟수(N치)를 구하는 시험

(2) 특징

① 주로 모래지반의 밀실도 측정에 활용
② N값이 클수록 밀실한 토질임
③ 모래의 불교란 시료 채취가 곤란하므로 현지 지반에서 직접 밀도측정

(3) 타격횟수와 지반의 상태 비교

N값	모래지반 상대밀도	N값	점토지반 점착력
0~4	몹시 느슨	0~2	아주 연약
4~10	느슨	2~4	연약
10~30	보통	4~8	보통
30~50	조밀	8~15	강한 점착력
50 이상	대단히 조밀	15~30	매우 강한 점착력
		30 이상	견고(경질)

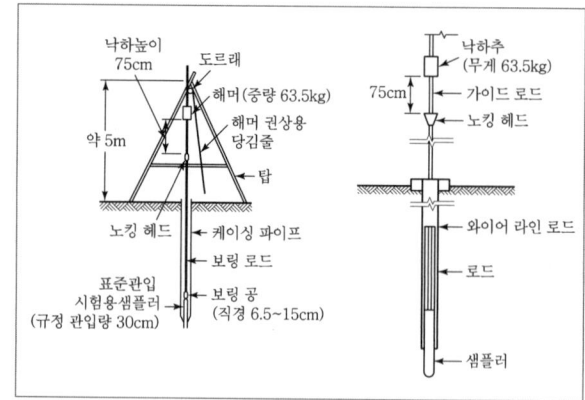

[표준관입시험]

4) 베인 테스트(Vane Test)

(1) 정의

보링의 구멍을 이용하여 십자형(+) 날개를 가진 베인(Vane)을 지반에 때려 박고 회전시켜서 회전력에 의하여 진흙의 점착력을 판별하는 시험

(2) 특징

주로 연약한 점토지반의 정밀한 점착력 측정

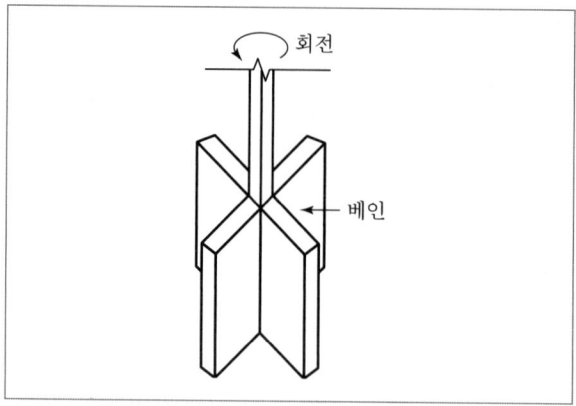

[베인 테스트]

5) 지내력 시험

(1) 정의

재하판에 하중을 가하여 침하량이 2cm가 될 때까지의 하중을 구하여 지내력도 계산하는 시험

(2) 시험방법

① 재하판 면적 : $0.2m^2$를 표준
② 재하중 : 매 회 1Ton 이하 또는 예정파괴하중의 1/5 이하
③ 하중 재하방법 : 침하의 증가가 2시간에 0.1mm 비율 이하가 될 때 침하가 정지된 것으로 보고 재하중을 가함
④ 총 침하량 : 24시간 경과 후 침하의 증가가 0.1mm 이하로 될 때까지의 침하량
⑤ 단기하중 허용지내력도
  ㉠ 총 침하량이 2cm에 도달할 때까지의 하중
  ㉡ 총 침하량이 2cm 이하지만 지반이 항복상태를 보인 때까지의 하중
⑥ 장기하중에 대한 허용 내력 : 단기하중 지내력의 1/2로 봄

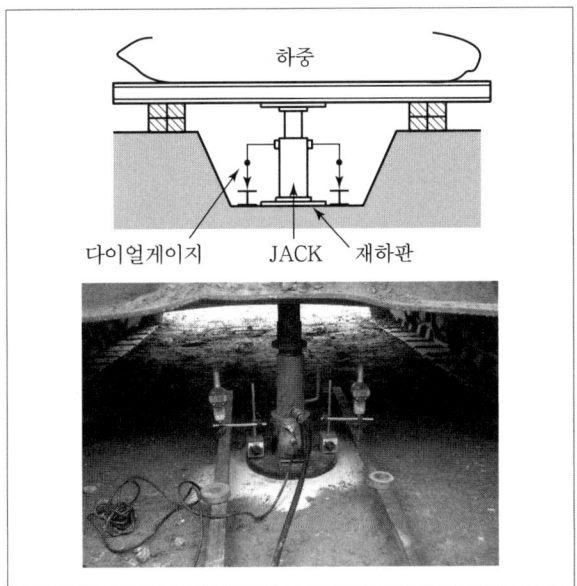

[평판재하시험]

3 토질시험

1) 물리적 시험

① 비중시험 : 흙입자의 비중 측정
② 함수량시험 : 흙에 포함된 수분의 양
③ 입도시험 : 흙입자의 혼합상태
④ 액성, 소성, 수축한계 시험
  ㉠ 액성한계(W_L) : 외력에 전단저항이 0이 되는 최대함수비
  ㉡ 소성한계(W_P) : 파괴없이 변형이 일어날 수 있는 최대함수비
  ㉢ 수축한계(W_S) : 함수비가 감소해도 부피의 감소가 없는 최대함수비
  ㉣ 강도의 크기 : 수축한계(W_S) > 소성한계(W_P) > 액성한계(W_L)
⑤ 밀도시험 : 지반의 다짐도

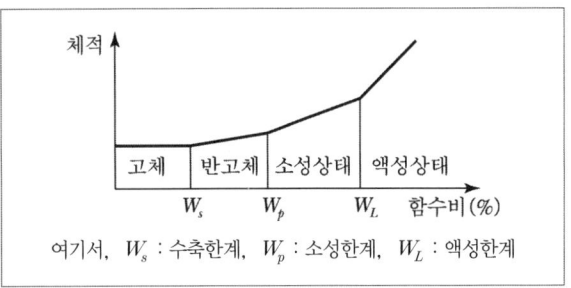

여기서, W_s : 수축한계, W_p : 소성한계, W_L : 액성한계

[아터버그 한계]

2) 역학적 시험

① 투수시험 : 지하수위, 투수계수 측정
② 압밀시험 : 점성토의 침하량 및 침하속도
③ 전단시험 : 흙의 전단저항
④ 압축시험 : 일축압축시험, 삼축압축시험

4 지반개량공법

1) 연약지반 개량

(1) 연약지반 정의

상부구조물을 지지할 수 없는 상태의 연약한 점토, 실트(Silt), 느슨한 사질토 등의 지반

• 실트(Silt) : 모래와 진흙 사이의 크기에 해당하는 세립입자의 퇴적물

(2) 연약지반 개량의 목적

① 지반의 지지력 증대 및 구조물, 기초의 부동침하 방지
② 지반 굴착작업 시 안전성 확보

2) 사질토 지반의 개량공법

① 진동다짐 공법(Vibro Floatation)
② 다짐모래말뚝 공법(Vibro Composer)
③ 동다짐(동압밀)공법

3) 점성토 지반의 개량공법

① 치환공법 : 굴착치환, 활동치환, 폭파치환
② 재하공법 : 연약지반 위에 성토 등으로 하중을 재하하여 압밀을 유도
③ 탈수공법
  ㉠ 샌드드레인(Sand Drain) 공법 : 연약한 점토층에 모래말뚝을 설치하여 지중의 물 배출
  ㉡ 페이퍼드레인(Paper Drain) 공법 : 모래말뚝 대신 흡수지를 사용
  ㉢ 팩드레인(Pack Drain) 공법 : 모래말뚝이 절단되는 단점을 보완하여 Pack에 모래를 채움
④ 고결공법
  ㉠ 생석회말뚝 공법 : 지반 내에 생석회(CaO) 말뚝을 설치하여 지반을 고결시킴
  ㉡ 동결공법 : 지반에 액체질소, 프레온가스를 주입하여 차수하고 지반을 동결시킴
  ㉢ 주입공법(그라우팅) : 지반의 공극에 시멘트 페이스트, 벤토나이트 등을 주입하여 지반 강화

CHAPTER 03 기초공사

SECTION 01 지정 및 기초

1 지정

1) 얕은 기초의 지정

(1) 잡석지정
① 지름 10~25cm 정도의 호박돌을 옆세워 깖
② 그 사이에 사춤 자갈을 넣고 가장자리에서 중앙부로 다짐
③ 잡석지정의 폭은 구조물 기초의 폭보다 넓게 시공
④ 견고한 자갈층에는 잡석지정을 하지 않음
⑤ 사춤 자갈량 : 30% 정도
⑥ 잡석의 크기 : 12~20cm

(2) 모래지정
① 지반이 연약하고 2m 이내에 굳은 층이 있고 건물이 경량인 경우
② 굳은 층까지의 흙을 파내어 모래 채움
③ 두께 30cm마다 충분한 물다짐 실시

(3) 자갈지정
① 잡석대신 45mm 정도 크기의 자갈을 사용하여 굳은 지층에 시공
② 6~10cm 정도로 자갈을 깐 다음 사춤 자갈을 채움
③ 25kg 내외의 달구로 자갈을 충분히 다짐

(4) 밑창 콘크리트 지정
① 잡석이나 자갈 다짐 위에 두께 5~6cm 정도의 콘크리트 시공
② 콘크리트 배합비 : 1 : 3 : 6
③ 사용목적
　㉠ 먹매김 용이
　㉡ 거푸집 설치가 용이
　㉢ 철근 배근이 용이
　㉣ 바깥 방수의 바탕이음

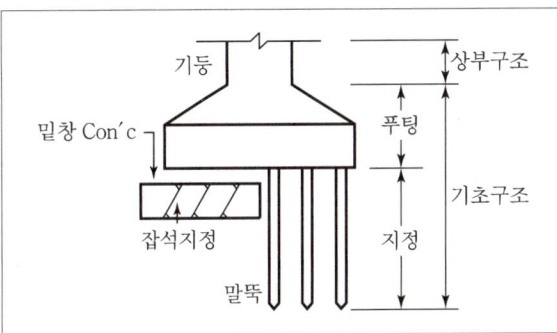

[기초 및 지정의 구조]

2) 깊은 기초의 지정

구분	나무말뚝	기성 콘크리트말뚝	강재말뚝	제자리 콘크리트말뚝
간격	2.5d 이상 60cm 이상	2.5d 이상 75cm 이상	2.5d 이상 75cm 이상	2.0d 이상 D+1m 이상
길이	최대 7m	최대 15m	최대 70m	보통 30m
지지력	보통 5ton 내외 최대 10ton	보통 50ton 내외 최대 50ton	보통 50ton 내외 최대 100ton	최대 50ton

(1) 나무말뚝
① 부식을 방지하기 위해 상수면 이하에 타입
② 경량건물에 적당함

(2) 기성콘크리트 말뚝
① 상수면이 깊고 중량건물에 적당
② 주근은 6개 이상
③ 말뚝 단면의 0.85% 이상 말뚝지름 이상을 지지층에 관입

(3) 강재말뚝

① 깊은 연약층에 지지
② 중량건물에 적당함
③ 수평방향 빗나감은 설계위치에서 10cm 이내

[강재말뚝]

(4) 제자리 콘크리트말뚝

① 연약 점토층이 깊을 때 적당함
② 주근은 6개 이상
③ 설계단면적의 0.4% 이상

3) 말뚝박기

(1) 말뚝박기 시험

① 말뚝공이의 중량은 말뚝 무게의 1~3배로 함
② 시험용 말뚝은 실제 말뚝과 같은 조건에서 시험
③ 시험용 말뚝은 3본 이상 박고, 무리한 타정 금지
④ 정확한 위치에 수직으로 박고, 휴식시간 없이 연속으로 박아야 함
⑤ 최종 관입량은 5회 또는 10회 타격한 값의 평균값으로 함
⑥ 타격횟수 5회에 총 관입량이 6mm 이하인 경우는 거부현상으로 판단
⑦ 떨이공의 낙하고는 낙하시키는 높이가 가벼운 공일 때는 2~3m, 무거운 공일 때는 1~2m로 함
⑧ 말뚝은 가장자리를 먼저 박고 점차 중앙으로 박아야 함

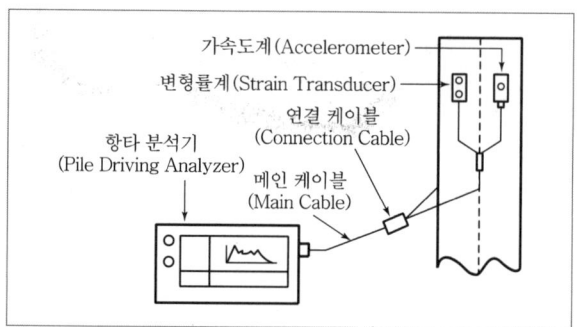

[말뚝의 동재하시험]

(2) 기성말뚝의 시공법

① 타입공법
  ㉠ 타격공법 : 드롭해머, 스팀해머, 디젤해머, 유압해머
  ㉡ 진동공법 : Vibro Hammer로 상하진동을 주어 타입, 강널말뚝에 적용
② 매입공법
  ㉠ 선행굴착 공법(Pre-Boring) : Earth Auger로 천공 후 기성말뚝 삽입, 소음·진동 최소
  ㉡ 워터제트 공법 : 고압으로 물을 분사하여 마찰력을 감소시키며 말뚝 매입
  ㉢ 압입공법 : 유압 압입장치의 반력을 이용하여 말뚝 매입
  ㉣ 중공굴착 공법 : 말뚝의 내부를 스파이럴 오거로 굴착하면서 말뚝 매입

[선행굴착 공법(Pre-Boring)]

③ 드롭해머(Drop Hammer)
  ㉠ 해머의 무게는 말뚝무게의 2~3배(2.5배)가 적당
  ㉡ 해머의 낙하높이는 3m 정도
④ 디젤해머(Diesel Hammer)
  ㉠ 타격 에너지가 크고, 박는 속도가 빨라 시공능률이 좋음
  ㉡ 연약한 지반에서는 발화되지 않음
  ㉢ 말뚝머리의 타격파손이 커서 쇠가락지를 끼움
  ㉣ 디젤 연료의 폭발로 인한 피스톤의 연속운동으로 말뚝 타입
  ㉤ 해머의 운전이 간단함

4) 말뚝의 취급 시 유의사항
① 운반이나 항타 중 손상된 것은 장외로 반출
② 성능 및 규격이 확인 안된 것은 현장에 반입할 수 없음
③ 콘크리트 말뚝은 제작 후 14일 이내에 이동금지
④ 말뚝은 2단 이하로 하여 종류별로 나누어 저장함
⑤ 콘크리트 말뚝은 재령 28일 이상의 강도가 나오는 것을 사용함

5) 언더피닝(Under Pinning) 공법
(1) 정의
기존 구조물에 근접 시공 시 기존 구조물의 기초 저면보다 깊은 구조물을 시공하거나 기존 구조물의 증축 또는 지하실 등을 축조 시 기존 구조물을 보호하기 위하여 실시하는 공법

(2) 공법의 종류
① 2중 널말뚝 공법
② 강재말뚝 공법
③ 현장콘크리트말뚝 공법
④ 모르타르 및 약액주입 공법

2 기초

1) 얕은기초 공법
① 독립기초(Independent Footing) : 단일기둥을 기초판이 받침
② 복합기초(Combination Footing) : 2개 이상의 기둥을 한 기초판이 받침
③ 연속기초(Strip Footing) : 연속된 기초판이 벽체, 기둥을 지지함
④ 온통기초(Mat Foundation) : 건물의 하부 전체를 기초판으로 한 것

2) 깊은기초 공법
(1) 나무말뚝
① 소나무, 낙엽송 등으로 곧고 긴 생나무를 반드시 껍질을 벗겨 사용
② 부식을 방지하기 위해 상수면 이하에 타입

(2) 강재말뚝
① 강성이 큼
② 지지층 깊이 박을 수 있고, 휨모멘트에 대한 저항이 큼
③ 부식에 취약하므로 별도의 부식방지 대책 필요

(3) 기성 철근콘크리트 말뚝
① 원심력 철근콘크리트 말뚝
  ㉠ 재질이 균일하고, 말뚝재료의 입수가 용이함
  ㉡ 강도가 크므로 지지말뚝에 적합
  ㉢ 말뚝의 길이 및 크기가 규격화되어 있음
② Pre-Stressed 콘크리트 말뚝
  ㉠ 프리텐션 방식 : 고강도 말뚝, 소형부재에 적합
  ㉡ 포스트텐션 방식 : 대형부재에 적합
  ㉢ 강도가 크고 파손되는 일이 적으며, 휨강도도 큼

[Pre-Stressed 콘크리트 말뚝]

(4) 현장타설 콘크리트 말뚝
① 페데스탈 파일(Pedestal Pile)
  ㉠ 내관과 외관을 소정의 깊이까지 박은 후 내관을 빼내고, 외관 내에 콘크리트를 투입하여 내관으로 다지면서 외관도 뽑아올려 지중에 콘크리트말뚝을 형성

ⓒ 구근지름 : 70~80cm
ⓓ 샤프트부분 지름 : 45cm
② 레이몬드 파일(Raymond Pile)
외관은 얇은 철판을 사용하고 여기에 잘 맞는 강재 내관을 끼워넣고 내·외관을 동시에 박아 소정의 깊이에 도달하면 내관을 빼서 외관 속에 콘크리트를 다져 넣는 공법
③ 리버스 서큘레이션 드릴(Reverse Circulation Drill) 공법
   ㉠ 비트에 의해 파쇄된 토사를 역류 순환식의 액류에 의해서 배출하는 공법
   ㉡ 점토, 실트층 등에 적용
   ㉢ 시공심도 30~70m
   ㉣ 시공직경 0.9~3.0m
④ 베노토(Benoto) 공법
   ㉠ 제자리 콘크리트 말뚝을 시공할 때 목표지점까지 케이싱 튜브로 공벽을 보호하면서 굴착하는 공법
   ㉡ All Casing 공법
⑤ 이코스 파일(ICOS) 공법
   ㉠ 지수벽을 만드는 공법
   ㉡ 도심지 소음방지
   ㉢ 인접건물의 침하 우려가 있을 경우 효과적임

(5) 케이슨 기초

① 개방잠함(Open Caisson) 공법
   ㉠ 지하구조체 바깥벽 밑에 끝날(Shoe)을 붙이고, 지상에서 구축하여 중앙하부 흙을 파내어 구조체 자중으로 침하시키는 공법
   ㉡ 우물통 기초
   ㉢ 소요의 지지층까지 도달이 가능하고, 작업중 지층의 상태 확인 가능

[우물통 기초]

② 용기잠함(Pneumatic Caisson) 공법
   ㉠ 압축공기로 지하수 유입을 막고 고기압 내에서 굴착작업 실시
   ㉡ 작업자의 잠함병(케이슨병) 발생 우려
③ 박스케이슨(Box Caisson) 공법
   ㉠ 지상 제작장에서 케이슨을 제작하여 해상으로 운반 후 소정의 위치에 침하
   ㉡ 시공 중 기울어짐 발생 우려

[박스케이슨 공법]

CHAPTER 04 철근콘크리트공사

SECTION 01 콘크리트공사

1 시멘트

1) 시멘트의 종류

종류		특징
포틀랜드 시멘트	보통 시멘트	① 비중 : 3.05 이상 ② 단위용적중량 : 1,500kg/m³ ③ 분말도 : 클수록 조기강도가 크지만 풍화되기 쉽다. ④ 응결 : 초결은 1시간 후, 종결은 10시간 이내
	조강 시멘트	① 7일만에 28일 압축강도 도달 ② 발열량이 크고 단기강도가 큼 ③ 균열의 위험성 주의
	중용열 시멘트	① Mass Concrete용으로 많이 사용됨 ② 화학저항성이 크고 내산성이 우수 ③ 방사선 차폐용으로 적합
고로 시멘트		① 비중이 2.9로 낮음 ② 응결시간이 길며 단기강도가 작고 장기강도가 우수 ③ 해안공사, 지중구조물 등에 사용 ④ 내화성, 급결성이 가장 강함
알루미나 시멘트		① 단기강도는 크나 장기강도는 작음 ② 해수, 화학약품에 대한 저항력이 큼 ③ 긴급공사, 해안공사, 동기공사에 사용 ④ 조기강도는 24시간에 보통 포틀랜드의 28일 강도를 발현
백색 포틀랜드		① 흰색이 석회석을 사용한 시멘트 ② 미장재, 인조석 원료

2) 시멘트의 강도

시멘트의 종류	시멘트 강도 최대값(MPa)
조강 포틀랜드 시멘트	40
보통 포틀랜드 시멘트	37
중용열 포틀랜드 시멘트	35
고로 시멘트, 실리카 시멘트	35

2 골재

1) 골재의 함수상태

① 절대건조상태(절건상태) : 골재입자 내부의 공극에 포함된 물 전부 제거
② 공기 중 건조상태(기건상태) : 자연건조로 골재입자의 표면과 내부의 일부가 건조
③ 표면건조 포화상태(표건상태) : 골재입자의 표면에 물이 없으나 내부의 공극에는 물이 가득 차 있는 상태
④ 습윤상태 : 골재입자의 내부에 물이 채워져 있고 표면에도 물이 부착되어 있는 상태

2) 골재의 함수량

① 기건함수량 : 절건상태에서 기건상태가 될 때까지 골재가 흡수한 수량
② 유효흡수량 : 기건상태에서 표건상태가 될 때까지 골재가 흡수한 수량
③ 흡수량 : 절건상태에서 표건상태가 될 때까지 골재가 흡수한 수량
④ 표면수량 : 표건상태에서 습윤상태가 될 때까지 골재가 흡수한 수량

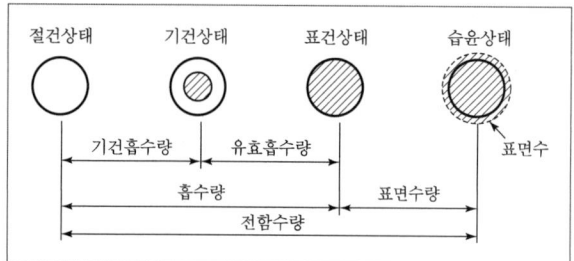

[골재의 함수상태]

3) 골재의 시험
① 비중시험
② 체가름시험
③ 유기불순물시험
④ 마모시험
⑤ 흡수율시험
⑥ 입도시험
⑦ 단위중량시험

4) 콘크리트용 쇄석
① 원석으로는 경질 현무암이 가장 적당함
② 경질이나 내화도가 떨어지는 암석은 부적당함
③ 조골재의 크기는 강자갈의 경우보다 약간 적은 것이 좋음
④ 세골재는 특히 미립분이 부족하지 않도록 주의
⑤ 모래는 강자갈 콘크리트의 경우보다 많이 사용
⑥ 깬자갈을 사용할 경우 강자갈보다 콘크리트 강도가 10~20% 증가
⑦ 되도록 AE제를 혼합사용할 것

3 물

1) 콘크리트의 용수
① 청정수를 사용할 것
② 기름, 산, 알칼리, 유기불순물을 포함하지 않아야 함
③ 해수를 사용할 경우 철근의 부식 우려

4 혼화재료

1) 혼화재료(Admixture)의 분류
(1) 혼화재
① 시멘트 중량의 5% 이상 사용으로 콘크리트의 물성 개선
② 콘크리트 배합계산 시 고려
③ 플라이애시, 규조토, 고로슬래그 미분말 등

(2) 혼화제
① 시멘트 중량의 5% 이하 사용으로 콘크리트의 성질 개선
② 콘크리트 배합계산 시 무시
③ AE제, AE감수제, 유동화제, 고성능감수제 등

2) AE제(Air Entrained Agent)
(1) 특징
① 공기량 증가로 콘크리트의 시공연도, 워커빌리티 향상
② 단위수량 감소로 물시멘트비(W/C) 감소
③ 콘크리트 내구성 향상 및 동결에 대한 저항성 증대

(2) 공기량의 변화
① AE제를 넣을수록 공기량 3~6% 증가
② 온도가 10℃ 증가 시 공기량 20~30% 감소
③ 잔골재가 많을 경우 공기량 증가
④ 공기량 1% 증가 시 슬럼프치 2cm 증가
⑤ 공기량 1% 증가 시 압축강도 4~6% 감소
⑥ 기계비빔이 손비빔보다 증가
⑦ 비빔시간이 길어질수록 감소

5 콘크리트

1) 콘크리트의 특징
(1) 장점
① 철근과 콘크리트의 부착력은 어느 정도 큼
② 철근과 콘크리트의 열팽창 계수가 거의 같아서 일체화됨
③ 콘크리트는 알칼리성이므로 철근을 녹슬지 않게 하는 등 내화적임
④ 유지 및 수선비가 거의 들지 않고 외관이 장중함
⑤ 콘크리트는 압축력을, 철근은 인장력을 부담함
⑥ 부재의 형상과 치수가 자유로움

(2) 단점
① 형태의 변경이나 파괴가 어려움
② 부재의 단면과 중량이 큼

2) 콘크리트 강도에 영향을 주는 요인
① 사용재료의 품질 : 시멘트, 골재, 물, 혼화재료
② 콘크리트 배합의 영향 : 물시멘트비(W/C), 슬럼프 등
③ 시공방법
④ 재령
⑤ 시험방법

3) 배합설계

(1) 배합설계 순서
① 소요강도(설계기준강도 f_{ck}) 결정
② 배합강도(f_{cr}) 결정
③ 시멘트 강도(K) 결정
④ 물시멘트비(W/C) 결정
⑤ 슬럼프값 결정
⑥ 굵은골재 최대치수 결정
⑦ 잔골재율(S/a) 결정
⑧ 단위수량(W) 결정
⑨ 시방배합의 산출 및 조정
⑩ 현장배합의 결정

(2) 배합에 영향을 주는 요소
① 물시멘트비(W/C)
  ㉠ W/C는 소요강도, 내구성, 수밀성을 고려하여 결정
  ㉡ 다짐이 충분할 경우 W/C가 낮을수록 강도 증가
② 슬럼프(Slump)
  ㉠ 슬럼프가 클 경우 블리딩이 많아지고 굵은골재 분리현상 발생
  ㉡ 슬럼프값이 커질수록 단위 시멘트량이 많아짐
③ 굵은골재 최대치수
  ㉠ 부재의 최소치수의 1/5, 피복두께 및 철근의 최소 수평·수직 순간격의 3/4 초과 금지
  ㉡ 굵은골재의 최대치수가 커질수록 단위수량, 공기량, 잔골재율 감소
④ 잔골재율
  ㉠ 물시멘트비가 작을수록 잔골재율은 작아짐
  ㉡ 잔골재율이 커지면 단위시멘트량, 단위수량 증가로 시공성이 향상되나 블리딩, 재료분리 현상 등이 발생함

4) 콘크리트 시험

(1) 워커빌리티(Workability) 및 컨시스턴시(Consistency) 측정시험
① 슬럼프 시험(Slump Test)
② 흐름 시험(Flow Test)
③ 다짐계수 시험(Compacting Factor Test)
④ 리몰딩 시험(Remolding Test)
⑤ 비비 시험(Vee-Bee Test)

(2) 슬럼프 시험(Slump Test)
① 정의
  콘크리트 콘을 탈형 시 내려앉은 콘크리트 하강량을 측정하는 것으로 콘크리트의 시공연도를 측정하는 시험
② 시험방법
  ㉠ 수평밀판을 수평으로 설치하고 슬럼프 콘을 중앙에 설치
  ㉡ 슬럼프 콘 내부에 콘크리트를 1/3씩 3층으로 나누어 채움
  ㉢ 각 층을 25회씩 골고루 다짐
  ㉣ 콘을 조심스럽게 들어올려 콘크리트가 무너져 내린 높이 측정

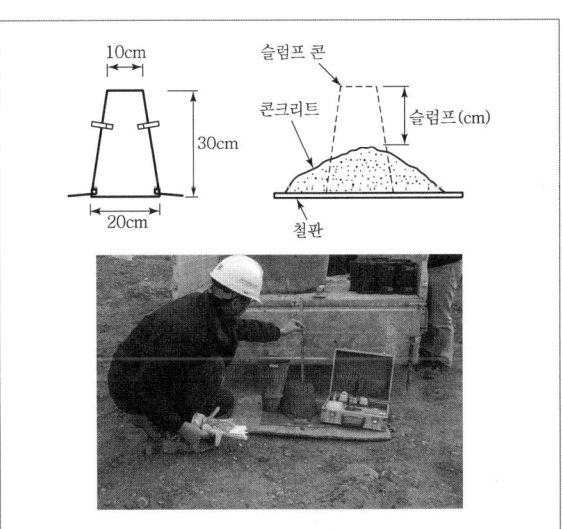

[슬럼프 시험]

③ 슬럼프의 허용오차

지정슬럼프	허용오차
2.5cm	±1.0cm
5~6.5cm	±1.5cm
8~18cm	±2.5cm
21cm 이상	±3.0cm

5) 콘크리트 치기와 다짐

(1) 콘크리트 타설

① 운반거리가 먼 곳에서 가까운 곳으로 타설
② 타설할 위치와 가까운 곳에서 낙하하고, 자유낙하 높이를 1m 이내로 작게 함
③ 콘크리트를 수직으로 낙하시킴
④ VH 분리(동시)타설 : 수직부재와 수평부재를 분리(동시) 타설함

(2) 콘크리트 이어치기

① 이음은 짧게 하며, 전단력이 최소인 지점에서 실시
② 보, 바닥판은 중앙에서 수직으로 이어붓기 하는 것이 전단력을 작게 할 수 있음
③ 아치의 이음은 아치축에 직각으로 설치
④ 기둥은 기초판, 연결보 또는 바닥판 위에서 수평으로 이어붓기 실시
⑤ 캔틸레버는 이어붓지 않음을 원칙으로 함

[이어치기 허용시간]

구분	이어치기 시간간격	비빔에서 부어넣기 종료까지
기온이 25℃ 이상	2시간 이내	1.5시간 이내
기온이 25℃ 미만	2.5시간 이내	2시간 이내

(3) 콘크리트 다짐

① 콘크리트를 거푸집 구석구석까지 밀실하게 충진시켜 품질을 확보함
② 내부진동기는 수직으로 사용하는 것이 좋고, 진동기의 간격은 50cm 이내
③ 내부진동기는 단시간에 각 부분을 균등하게 하고, 빼낼 때 천천히 빼냄
④ 철근 및 거푸집에 직접 닿지 않도록 함

⑤ 이미 타설한 부분과 10cm 정도 중첩되도록 찔러넣기 함
⑥ 빈배합 저슬럼프 콘크리트가 진동기 효과가 가장 좋음

6) 콘크리트의 내구성 저하 방지대책

(1) 재료분리(곰보현상)

① 될 수 있는 대로 낮은 곳에서 부어넣어 재료분리 방지
② 진동기나 다짐막대 사용
③ 콘크리트 반죽질기를 시공성이 허용하는 한도에서 작게 함
④ 골재의 비중 차이를 적게 하고, 잔골재와 굵은골재가 균등하게 섞이도록 함

[콘크리트 재료분리(곰보현상)]

(2) 중성화

① 공기 중 탄산가스의 영향으로 콘크리트가 알칼리성을 상실하는 것
② 수산화칼슘이 탄산칼슘으로 바뀜
③ 중성화 반응식 : $Ca(OH)_2 + CO_2 \rightarrow CaCO_3 + H_2O$
④ 부동태 피막의 파괴로 철근의 부식, 녹 발생
⑤ 중성화 방지대책
  ㉠ 경량골재, 혼합시멘트 사용금지
  ㉡ 조강포틀랜드 시멘트 사용
  ㉢ 물시멘트비(W/C)를 작게

⑥ 중성화 시험법(페놀프탈레인 용액)
  ㉠ 적색(pH 10 이상) : 알칼리성, 중성화 없음
  ㉡ 무색(pH 9 이하) : 중성화

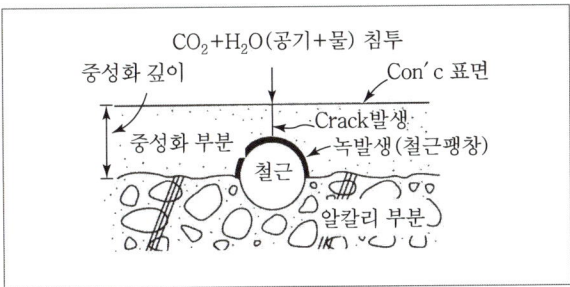

[콘크리트의 중성화]

(3) 균열
① 경화 전 균열 : 거푸집 변형, 진동, 충격, 소성수축, 침하
② 경화 후 균열 : 건조수축, 수화열

(4) 건조수축
① 콘크리트가 건조됨에 따라 발생하는 수축현상
② 초기에 급격히 진행되고 시간이 경과함에 따라 완만해짐
③ 시멘트의 화학성분이나 분말도에 따라 변화
④ 단위수량, 단위시멘트량이 많을 경우 커짐
⑤ 단위수량이 동일할 경우 단위시멘트량을 증가시켜도 수축량의 변화는 적음
⑥ 물시멘트비가 크면 건조수축도 커짐
⑦ AE제, AE감수제 사용 시 건조수축 감소

(5) Pop Out
① 콘크리트 속의 골재가 동결융해, 알칼리 골재 반응 등으로 인한 팽창압력으로 깨짐
② 콘크리트의 내구성 저하

(6) 블리딩(Bleeding)
① 콘크리트 타설 후 물이나 미세한 물질이 분리 상승하여 콘크리트 표면에 떠오르는 현상
② 콘크리트의 강도 및 수밀성 저하

(7) 염해
① 콘크리트 속의 염화물로 인하여 철근을 부식시키는 현상
② 염화물의 종류 : 염화나트륨, 염화칼륨, 염화칼슘, 염화마그네슘

③ 콘크리트에 포함된 염화물량은 염소 이온량(Cl^-)으로 0.3 kg/m^3 이하로 조절(초과 시 철근 방청조치하며 이 경우에도 $0.6kg/m^3$를 초과할 수 없다.).
④ 잔골재 염화물 이온량 0.02% 이하(NaCl은 0.04%)로 하며 이는 절건중량 기준이며, 바다모래 사용 시 염화물 허용한도 초과 시 물로 세척해서 사용해야 함

(8) 콜드 조인트(Cold Joint)
① 먼저 타설한 콘크리트와 나중에 타설한 콘크리트의 시공이음부
② 콘크리트를 이어칠 때 생기는 시공상의 문제로 인한 줄눈
③ 불연속면 발생으로 일체화 저해, 강도 취약, 누수 우려

7) 콘크리트의 양생방법

종류	특징
습윤양생	① 수중 또는 살수 보양 ② 충분하게 살수하고 방수지를 덮어서 보양함
피막양생	① 피막 양생제 살포로 방수막 형성, 수분증발을 방지 ② 포장콘크리트에 적합
증기양생	① 단기간의 강도를 얻기 위해 고온고압 양생 ② 한중콘크리트에 적합
전기양생	① 전류가 콘크리트에서 철근으로 흐르면 콘크리트 연화 ② 철근부식 및 부착강도 저하의 우려
고주파 양생	① 거푸집과 콘크리트 윗면에 철판을 놓고 고주파를 흘려 양생
오토클레이브 양생	① 대기압이 넘는 압력용기 Autoclave에서 양생 ② 동결융해에 대한 저항성이 크고, 내약품성 증대 ③ 용적변화 및 백화발생이 적음 ④ 양생시간이 적게 걸림

[교량 구조물 증기양생]

8) 콘크리트의 종류

(1) 한중 콘크리트
① 일평균 기온 4℃ 이하일 때 타설하는 콘크리트
② 물의 온도를 올리거나 골재를 가열해서 사용
③ AE제 또는 감수제 사용
④ 물시멘트비(W/C) : 60% 이하, 가급적 작게 함
⑤ 재료 투입순서 : 모래 → 자갈 → 물 → 시멘트

(2) 서중 콘크리트
① 일 평균기온 25℃ 초과 또는 일 최고기온이 30℃를 초과하는 기온에서 타설하는 콘크리트
② 콘크리트의 단위수량이 증가
③ 콘크리트의 응결 촉진
④ 콘크리트의 공기량 감소

(3) 수밀 콘크리트
① 콘크리트의 밀도가 높고, 방수성이 우수
② 산, 알칼리 및 동결융해에 대한 저항성이 큼
③ 물시멘트 비(W/C) : 50% 이하
④ 슬럼프 : 18cm 이하
⑤ 다짐은 진동다짐을 원칙으로 함

(4) 제치장 콘크리트
① 외장을 하지 않고 노출면 자체가 마감이 되는 노출콘크리트
② 최대 자갈지름 : 25mm 이하
③ 철근 피복두께는 구조 내력상 1cm 정도 두껍게 시공
④ 혼합을 충분히 균등하게 하고 벽, 기둥은 한번에 타설
⑤ 콘크리트를 부어 넣을 때 비빔판에 받아서 삽으로 떠 넣음

(5) 프리플레이스트 콘크리트(Preplaced Concrete)
① 굵은골재를 거푸집에 미리 채워넣고 주입관을 통해 모르타르를 압입하는 콘크리트
② 재료분리 및 건조수축이 적음
③ 수중시공에 적당
④ 염류에 대한 내구성이 큼
⑤ 조기강도는 작으나 장기강도는 보통 콘크리트와 동일함
⑥ 모르타르 주입관 간격은 수직간격 2m 이하

(6) 진공 콘크리트(Vacuum Concrete)
① 콘크리트 경화 전 진공매트로 수분과 공기를 흡수하고 6~8t/m² 의 압력으로 콘크리트 다짐
② 콘크리트의 초기 압축강도 및 내구성 증대
③ 콘크리트 타설 후 진공 압출에 의해 물시멘트비 감소

(7) 프리캐스트 콘크리트(Precast Concrete)
① 콘크리트 슬럼프 : 15cm 이하
② 단위 시멘트량 최소값 : 300kg/m³
③ 물시멘트비 : 60% 이하

(8) 경량 콘크리트
① 천연, 경량골재를 일부 혹은 전부 사용하는 콘크리트로 건조수축이 큼
② 비중 : 1.4~2.0
③ 단위중량 : 1,700kg/m³
④ 철근의 이음길이를 보통콘크리트보다 길게 함
⑤ 골재는 사용 전 살수하여 표면건조포화상태로 사용해야 함
⑥ 직접 흙 또는 물에 접하는 부분에는 시공금지
⑦ 서머콘(Thermo-con) : 자갈, 모래 등의 골재를 사용하지 않고 시멘트와 물, 발포제를 배합

(9) 기포 콘크리트
① 알루미늄 분말 등 발포제를 사용하는 콘크리트
② 보통콘크리트보다 가볍고, 단열성이 우수
③ 건조수축이 큼

(10) ALC(Autoclaved Lightweight Concrete)
① 규사, 생석회, 시멘트 등에 발포제인 알루미늄 분말과 기포 안정제 등을 혼합하여 고온, 고압으로 증기양생한 콘크리트
② 흡수율 : 10~20% 정도
③ 중성화의 우려가 큼

(11) 숏크리트(Shotcrete)
① 모르타르를 압축공기로 시공면에 뿜는 콘크리트
② 종류 : 건식공법, 습식공법

SECTION 02
철근공사

1 재료시험

1) 철근의 종류
① 원형철근 : 철근 표면에 돌기가 없는 매끈한 표면으로 된 철근
② 이형철근 : 철근 표면에 리브(Rib)와 마디 등 돌기가 있는 철근
③ 피아노선 : 프리스트레스 콘크리트에 사용
④ 스터드(Stud) : 철골보와 콘크리트 슬라브를 연결하는 Shear Connector 역할

2) 철근재료 시험항목
① 인장강도 시험
② 연신율 시험
③ 휨 시험

2 철근의 가공

1) 철근가공
① 철근 구부리기
  ㉠ 상온가공(냉간가공) : 25mm 이하 철근
  ㉡ 열간가공 : 원형 28mm 이상, 이형 29mm 이상
② 철근은 상온에서 지상 가공하는 것을 원칙으로 함
③ 원형철근의 말단부는 원칙적으로 훅(Hook)을 둠
④ 이형철근은 부착력이 크므로 기둥 또는 굴뚝을 제외한 부분은 훅(Hook)을 생략할 수 있음
⑤ 훅(Hook)을 반드시 두어야 하는 위치
  ㉠ 원형철근의 말단부
  ㉡ 캔틸레버근
  ㉢ 단순보의 지지단
  ㉣ 굴뚝 철근
  ㉤ 보, 기둥 철근

3 철근의 이음, 정착길이 및 배근간격, 피복두께

1) 철근의 이음 및 정착

(1) 철근의 이음 및 정착길이

위치	보통콘크리트	경량콘크리트
압축력 또는 작은 인장력	25d	30d
기타 부분	40d	50d

여기서, d : 철근의 지름(mm)

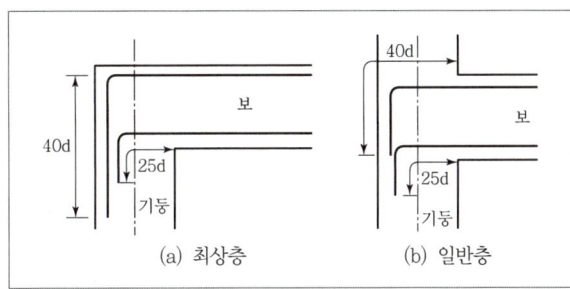

[철근의 정착기준]

(2) 철근 이음 시 유의점
① D35를 초과하는 철근은 겹침이음을 할 수 없음. 다만, 서로 다른 크기의 철근을 압축부에서 겹침이음을 하는 경우 D35 이하의 철근과 D35를 초과하는 철근은 겹침이음을 할 수 없다.
② 이음길이에 갈고리의 길이를 포함하지 않음
③ 이음길이의 산정은 갈고리 중심 간 거리로 함
④ 이음에서 철근지름이 다를 때 철근의 겹침이음은 가는 철근을 기준으로 함
⑤ 보 철근은 기둥 중심선 밖에서 구부림을 둠

(3) 철근의 이음 위치
① 큰 응력을 받는 곳을 피함
② 이음의 1/2 이상을 한 곳에 집중시켜서는 안 되고 서로 엇갈려 이음
③ 기둥, 벽 철근의 이음은 층 높이의 2/3 하부에서 엇갈리게 설치
④ 보에서는 중앙에서 하부근을, 단부에서 상부근을 이음하지 않음

(4) 철근의 정착 시 유의점

① 이형철근의 말단부에 훅을 만들면 정착길이는 짧게 됨
② 이형철근은 원형철근에 비해서 강도가 같으면 정착길이는 짧게 됨
③ 정착길이는 철근의 강도와 무관함
④ 콘크리트의 강도가 작으면 정착길이가 길어짐

(5) 철근의 정착위치

① 기둥의 주근 : 기초 또는 바닥판
② 큰 보의 주근 : 기둥
③ 작은 보의 주근 : 큰 보
④ 지중보의 주근 : 기초 또는 기둥
⑤ 벽철근 : 기둥, 보, 바닥판
⑥ 바닥판 철근 : 보 또는 벽체
⑦ 보 밑에 기둥이 없을 때 : 보 상호간

[철근의 이음]

[철근의 정착]

2) 철근의 배근간격

(1) 철근의 순간격

① 수평
  ㉠ 25mm 이상
  ㉡ 철근의 공칭지름 이상
  ㉢ 굵은 골재 지름의 4/3배 이상

② 축방향
  ㉠ 40mm 이상
  ㉡ 철근의 공칭지름의 1.5배 이상
  ㉢ 굵은 골재 지름의 4/3배 이상

(2) 바닥철근의 배근간격

① 주근 : 20cm 이하
② 배력근 : 30cm 이하 또는 바닥판 두께의 3배 이내
③ 바닥판의 두께 : 8cm 이상 또는 그 단변길이의 1/40 이상으로 함

3) 피복두께

(1) 목적

① 내화성능 유지
② 내구성능 유지
③ 소요의 강도 및 내구력 확보
④ 콘크리트와 철근의 부착력 증대
⑤ 콘크리트 치기 시공 시 유동성 유지

(2) 부위별 피복두께

부위				피복두께(mm)
흙에 접하지 않음	바닥슬라브, 지붕슬라브, 비내력벽	마무리 있을 때		20
		마무리 없을 때		30
	기둥, 보, 내력벽	실내	마무리 있을 때	30
			마무리 없을 때	30
		실외	마무리 있을 때	30
			마무리 없을 때	40
	옹벽			40
흙에 접함	기둥, 보, 바닥슬라브, 내력벽			40(50)
	기초, 옹벽			60(70)

여기서, ( ) 안의 수치는 경량콘크리트 1종 및 2종에 적용함

[철근의 콘크리트 피복두께 측정]

[철근의 압접]

4 철근의 조립

1) 조립순서

(1) 철근콘크리트 구조물(RC조)

① 기초 → ② 기둥 → ③ 벽 → ④ 보 → ⑤ 바닥판 → ⑥ 계단

(2) 철골 – 철근콘크리트 구조물(SRC조)

① 기초 → ② 기둥 → ③ 보 → ④ 벽 → ⑤ 바닥판 → ⑥ 계단

2) 결속선

① #18~#20 이상의 달구어 구운 철선으로 결속
② 겹침이음인 경우 2개소 이상을 결속

5 철근의 이음방법

1) 가스압접

(1) 정의

철근의 양쪽에서 압력을 주어 가스용접을 하면서 압력 접합하는 방식

(2) 특징

① 철근 조립부가 단순하게 정리되어 콘크리트 타설이 용이함
② 잔토막도 유용하게 사용되어 경제적임
③ 1개 부의 시공시간이 짧고 충분한 강도가 보장됨
④ 불량부분에 대한 검사가 어려움
⑤ 화재의 우려가 있음

2) 기타 이음방법

① 기계식 이음
② 겹침이음
③ 용접이음

SECTION 03
거푸집공사

1 거푸집, 동바리

1) 거푸집 및 동바리 설계시 고려하중

(1) 보, 슬라브 밑면

① 콘크리트 중량
② 작업하중
③ 충격하중

(2) 벽체, 기둥, 보 측면

① 콘크리트 중량
② 콘크리트 측압

2) 콘크리트 측압

(1) 정의

콘크리트 타설 시 기둥, 벽체 거푸집에 가해지는 콘크리트의 수평방향의 압력

(2) 영향요인(측압이 커지는 경우)

① 거푸집의 부재단면이 클수록
② 거푸집의 수밀성이 클수록
③ 거푸집의 강성이 클수록
④ 거푸집의 표면이 평활할수록
⑤ 시공연도(Workability)가 좋을수록
⑥ 철골 또는 철근량이 적을수록
⑦ 외기의 온도, 습도가 낮을수록
⑧ 콘크리트의 타설속도가 빠를수록
⑨ 콘크리트의 다짐(진동기 사용)이 좋을수록
⑩ 콘크리트의 슬럼프(Slump)가 클수록
⑪ 콘크리트의 비중이 클수록
⑫ 응결시간이 느릴수록

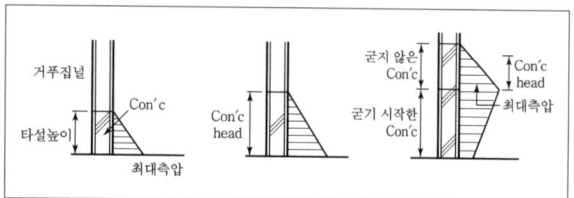

[콘크리트의 측압분포]

2 긴결재, 격리재, 박리재, 전용횟수

1) 긴결재(긴장재)

① 콘크리트를 부어 넣을 때 거푸집이 벌어지거나 우그러들지 않게 연결 고정
② 폼타이(Form-Tie), 플랫타이, 컬럼밴드 등

2) 격리재(Separator)

철판재, 철근재, 파이프제 또는 모르타르제를 사용하여 거푸집 상호 간의 간격을 유지

3) 간격재(Spacer)

철근과 거푸집 간격 유지

4) 박리재

① 중유, 식유, 동식물유, 파라핀, 합성수지 등을 사용하며 거푸집과 콘크리트를 원활하게 박리시키는 역할
② 거푸집의 재질을 손상시키지 않거나 콘크리트의 성질을 변화시키지 않는 것을 사용해야 함

5) 전용횟수

① 합판, 패널 : 5회
② 쪽널 : 3회
③ 철재 : 100회

3 거푸집의 종류

1) 유로폼(Euro Form)

① 내수코팅합판과 경량 프레임으로 제작
② 가장 초보적인 단계의 시스템 거푸집
③ 건물의 평면형상이 규격화되어 표준 형태의 거푸집을 변형시키지 않고 조립함
④ 현장제작에 소요되는 인력을 줄여 생산성 향상
⑤ 자재의 전용횟수 증대

2) 갱폼(Gang Form)

① 거푸집판과 보강재가 일체로 된 기본패널, 작업을 위한 작업 발판대 및 수직도 조정과 횡력을 지지하는 빗버팀대로 구성되는 벽체 거푸집
② 경제적인 전용횟수는 30~40회 정도
③ 타워크레인, 모빌크레인 같은 장비가 필요
④ 현장제작 및 현장조립을 하는 경우도 있음

[갱폼(Gang Form)]

3) 슬립폼(Slip Form)
① 거푸집을 연속적으로 이동시키면서 콘크리트 타설
② 수평적 또는 수직적으로 반복된 구조물 시공에 유리
③ 시공이음이 없이 균일한 형상으로 시공
④ 사일로(Silo), 전단벽 건물, 유틸리티 코어 등 시공

[슬립폼(Slip Form)]

4) 클라이밍폼(Climbing Form)
① 벽체용 거푸집으로 거푸집과 벽체 마감공사를 위한 비계틀을 일체로 제작
② 거푸집과 비계틀을 한꺼번에 인양시켜 설치

5) 슬라이딩폼(Sliding Form)
① 요크(Yoke)로 거푸집을 수직으로 연속 이동시키면서 콘크리트 타설
② 돌출물 등 단면 형상의 변화가 없는 곳에 적용
③ 공기단축 및 거푸집 제거 등 소요인력 절약
④ 일체성 확보

6) 워플폼(Waffle Form)
① 무량판구조, 평판구조에서 특수 상자모양의 기성재 거푸집
② 제물치장 용도로 사용됨

7) 플라잉폼(Flying Form)
① 바닥전용 거푸집으로 거푸집판, 장선, 멍에, 서포트 등을 일체로 제작
② 시공정밀도, 전용성이 우수

8) 터널폼(Tunnel Form)
① 슬라브와 벽체의 콘크리트 타설을 일체화하기 위한 철재 거푸집
② 전용횟수는 200회 정도로 경제성이 있음
③ 인건비 절약, 공기단축 가능
④ 2개의 틀로 구성되어 연결부 처리가 번거로움

4 거푸집의 설치

1) 거푸집의 조립순서
① 기초→② 기둥→③ 내력벽→④ 큰보→⑤ 작은보→
⑥ 바닥판→⑦ 계단→⑧ 외벽

2) 지주 바꾸어 세우기 순서
① 큰보→② 작은보→③ 바닥판

5 거푸집의 해체

1) 거푸집 및 동바리 존치기간

(1) 거푸집 존치기간

① 콘크리트 압축강도를 시험할 경우(콘크리트표준시방서)

부재	콘크리트의 압축강도(f_{cu})
확대기초, 보 옆, 기둥, 벽 등의 측벽	5MPa 이상
슬라브 및 보의 밑면, 아치 내면	설계기준강도 $\times \dfrac{2}{3}\left(f_{ck} \geq \dfrac{2}{3}f_{ck}\right)$ 다만, 14MPa 이상

② 콘크리트 압축강도를 시험하지 않을 경우(기초, 보 옆, 기둥 및 보의 측벽)

시멘트의 종류 평균 기온	조강 포틀랜드 시멘트	보통포틀랜드시멘트 고로슬래그시멘트(특급) 포틀랜드포졸란시멘트(A종) 플라이애시시멘트(A종)	고로슬래그시멘트 포틀랜드포졸란 시멘트(B종) 플라이애시시멘트(B종)
20℃ 이상	2일	4일	5일
20℃ 미만 10℃ 이상	3일	6일	8일

(2) 동바리 존치기간

Slab 밑, 보 밑 모두 설계기준강도(f_{ck})의 100% 이상의 콘크리트 압축강도가 얻어질 때까지 존치

2) 존치기간에 영향을 미치는 요인

① 시멘트의 성질
② 콘크리트의 배합
③ 부재의 종류와 크기
④ 부재가 받는 하중
⑤ 콘크리트 내·외부의 온도차

3) 거푸집 제거 시 유의사항

① 작업 시 진동, 충격을 가하지 않아야 함
② 높은 곳의 작업 시에는 추락 및 낙하사고에 유의
③ 크레인에 연결시켜 충분히 지지한 후 제거
④ 슬라브 및 보 밑은 맨 나중에 제거
⑤ 제거한 거푸집은 재사용할 수 있도록 적당한 장소에 정리
⑥ 지주를 바꾸어 세울 동안 상부의 작업을 제한하여 적재하중을 적게 함
⑦ 집중하중을 받는 부분의 지주는 그대로 둠

CHAPTER 05 철골공사

SECTION 01 철골작업공작

1 공장작업

1) 철골공사의 특징
① 재료의 강성 및 인성이 크고 단일재료
② 가설속도가 빠르고 사전 조립이 가능
③ 내구성이 우수하며 구조물 해체 후 재사용이 가능
④ 고소작업이 많으므로 별도의 안전시설 설치 필요
⑤ 공사기간이 짧음

2) 철골의 공장가공 순서
① 원척도 작성 → ② 본뜨기 → ③ 변형 바로잡기 → ④ 금매김 → ⑤ 절단 및 가공 → ⑥ 구멍뚫기 → ⑦ 가조립 → ⑧ 리벳치기 → ⑨ 검사 → ⑩ 녹막이칠 → ⑪ 운반

2 절단 및 가공

1) 절단 및 가공
(1) 개요
강재의 절단, 구부림, 깎기 등을 실시

(2) 부재의 절단 방법
① 전단절단 : 판두께 13mm 이하일 경우 절단방법으로 그라인더로 수정함
② 톱절단 : 판두께 13mm를 초과하는 형강이나 절단면 상태가 양호한 정밀 절단시
③ 가스절단 : 주변 3mm 정도 변질현상이 생기므로 여유 치수를 고려

2) 구멍뚫기
(1) 개요
철골부재에 볼트구멍, 리벳구멍 등을 뚫음

(2) 구멍뚫기 방법
① 펀칭(Punching) : 판두께 13mm 이하, 리벳지름 9mm 이하
② 송곳뚫기(Drilling) : 판두께 13mm 이상, 주철재료나 기밀성이 요구되는 곳
③ 구멍가심(Reaming) : 조립 시 리벳구멍 위치와 차이가 있을 때는 리머로 구멍가시기를 함

3 공장조립법

1) 리벳수와 가조립 볼트수

현장치기 리벳수	전 리벳수의 1/3(35%)
가조립 볼트수	전 리벳수의 2/3(65%)
철골세우기용 가볼트수	전 리벳수의 20~30%
	현장 리벳수의 1/5 이상

2) 가조립 볼트의 죔 방법
① 임팩트 렌치(Impact Wrench)
② 토크 렌치(Torque Wrench)

4 볼트접합

1) 철골부재의 접합방법
① 리벳(Rivet) 접합
② 볼트(Bolt) 접합
③ 고력볼트(High Tension Bolt) 접합
④ 용접(Welding) 접합

2) 리벳(Rivet) 접합

(1) 리벳 가열온도 : 600~1,100℃
① 800℃가 적당함
② 1,100℃ 초과 시 강재의 변질 발생

(2) 리벳 간격(Pitch)

최소값	리벳지름의 2.5d 이상	
표준값	리벳지름의 4d 이상	
최대값	압축재	8d 또는 15t 이하
	인장재	12d 또는 30t 이하

여기서, d : 리벳지름, t : 철판 두께

(3) 리벳구멍 크기

리벳지름	구멍크기(지름)
φ16 이하	+1.0mm
φ19~28	+1.5mm
φ32 이상	+2.0mm

(4) 리벳 관련용어
① 게이지 라인(Gauge Line) : 리벳의 중심선을 연결하는 선
② 게이지(Gauge) : 게이지 라인과 게이지 라인과의 거리
③ 연단거리 : 리벳 구멍에서 부재 끝단까지 거리
　㉠ 최소 연단거리 : 2.5d 이상
　㉡ 최대 연단거리 : 12t 또는 15cm 이하
④ 그립(Grip) : 리벳으로 접하는 재의 총두께(그립크기 : 5d 이하)
⑤ 클리어런스(Clearance) : 리벳과 수직재면과의 거리

(5) 시공 시 특징 및 유의사항
① 구멍의 차이가 있는 개소는 리머(Reamer)로 가심을 함
② 본체결 볼트 이외의 구멍에서부터 치기를 함
③ 리벳은 다시 굽지 않고 적열 상태의 것을 사용함
④ 리벳의 배치는 정열배치와 엇모배치가 있으나 일반적으로 엇모배치가 많이 쓰임
⑤ 리벳과 재단까지의 거리는 옆남기 1.5d 이상, 끝남기 2.0d 이상으로 함
⑥ 리벳은 일반적으로 둥근머리 리벳을 많이 사용함
⑦ 구조상 중요한 리벳 접합부는 최소 2개 이상 설치
⑧ 끼움판(Filler)을 사용할 때는 6mm 이상의 것 사용

⑨ 리벳과 볼트를 병용할 경우 리벳이 전외력을 부담
⑩ 리벳과 용접을 병용할 경우 용접이 전응력을 부담

3) 볼트(Bolt) 및 고력볼트(High Tension Bolt) 접합

(1) 고력볼트의 특징
① 접합부의 강성이 큼
② 마찰접합, 소음이 없음
③ 피로강도가 높음
④ 불량부분의 수정이 용이
⑤ 화재, 재해의 위험이 적음
⑥ 현장 시공설비가 간단하며 노동력 절감

(2) 고력볼트의 접합방식
① 마찰접합(Friction Type)
② 인장접합(Tension Type)
③ 지압접합(Bearing Type)

(3) 볼트구멍 지름 크기

구분		지름크기
고력	16 이하	+1.0mm
	20 이상 24 이하	+1.5mm
일반	각종	+0.5mm
앵커	각종	+5.0mm

[철골 볼트접합]

5 녹막이칠

1) 녹막이칠을 하지 않는 부분
① 콘크리트에 매입되는 부분
② 조립에 의하여 맞닿는 부분
③ 현장 용접하는 부분
④ 고력 볼트 마찰 접합부의 마찰면
⑤ 폐쇄형 단면을 한 부재의 밀폐되는 면
⑥ 용접부에서 100mm 이내의 부분

SECTION 02 철골세우기

1 현장세우기 준비사항
① 작업장의 정비
② 수목의 제거 및 이설
③ 인근 지장물에 대한 방호조치 및 안전조치
④ 기계·기구 정비 및 보수 철저
  [철골제작 공장과 협의사항]
  ㉠ 반입시간
  ㉡ 반입부재수
  ㉢ 부재 반입의 순서

2 세우기용 기계설비

1) 타워 크레인(Tower Crane)
① 양정이 커서 광범위한 작업에 적합함
② 종류
  ㉠ 설치방식 : 고정식, 주행식
  ㉡ Jib 형식 : 경사 Jib, 수평 Jib
  ㉢ Climbing 방식 : Crane Climbing, Mast Climbing

2) 이동식 크레인
① 크롤러 크레인(Crawler Crane) : 무한궤도 위에 크레인 본체를 설치, 연약지반 작업
② 트럭 크레인(Truck Crane) : 타이어 트럭 위에 크레인 본체를 설치
③ 유압식 크레인(Hydraulic Crane) : 유압 조작방식으로 안전성 우수, 최대양정 50Ton

3) 트럭 크레인(Truck Crane)
① 트럭 위에 크레인 본체를 설치한 이동식 크레인
② 자주, 자립이 가능하여 기동력이 좋음
③ 대규모 공장건물에 적합

4) 가이데릭(Guy Derrick)
① 가장 일반적으로 사용하는 기중기의 일종
② 주로 5~10Ton의 것을 많이 사용함
③ Guy의 수 : 6~8개
④ 붐(Boom)의 회전범위 : 360°
⑤ 붐(Boom)의 길이 : 주축으로 마스트보다 3~5m 짧게 함
⑥ 당김줄은 지면과 45° 이하가 되도록 함

[가이데릭(Guy Derrick)]

5) 진폴(Gin Pole)
① 1개의 기둥을 세워 철골을 매달아 세우는 가장 간단한 설비
② 철골 최대무게 3Ton 이하인 소규모 철골공사에 사용
③ 옥탑 등의 돌출부에 쓰이고 중량재료를 달아 올리기 편함

6) 삼각데릭(Stiff Leg Derrick)
① 3각형의 토대 위에 철골재 3각을 놓고 붐을 조작함
② 가이데릭에 비해 수평이동이 가능하므로 층수가 낮은 긴 평면에 유리
③ 당김줄을 마음대로 맬 수 없을 때 사용

④ 회전범위 : 270°(작업범위 : 180°)
⑤ 붐의 길이는 마스트보다 긺

3 세우기

1) 철골 세우기 작업순서
① 기둥중심선 먹매김 → ② 앵커볼트(Anchor Bolt) 매입 → ③ 기초상부 고름질 → ④ 세우기 → ⑤ 가조립 → ⑥ 변형 바로잡기 → ⑦ 본조립 → ⑧ 현장 리벳접합 → ⑨ 접합부 검사 → ⑩ 도장 → ⑪ 완성

2) 앵커볼트 매입방법

(1) 고정매입법
① Anchor Bolt를 기초 상부에 정확히 묻고 고정 후 콘크리트 타설
② 시공의 정밀도가 요구되는 중요한 공사에 적용
③ 앵커볼트의 지름이 클 경우
④ Anchor Bolt 매입 불량 시 보수 곤란

[고정매입법]

(2) 가동매입법
① Anchor Bolt 상부부분 위치를 조정할 수 있도록 얇은 함석판을 Anchor Bolt 상부에 대고 콘크리트 타설 후 제거하는 공법
② 시공오차의 수정이 가능하며 경미한 공사에 적용
③ 앵커볼트의 지름이 작은 경우

(3) 나중매입법
① 앵커볼트 자리를 비워두고 나중에 매입하여 고정
② 기계 기초공사에 적합
③ 앵커볼트의 지름이 작은 경우

3) 기초상부 고름질 방법
① 전면바름공법
② 나중채워넣기 중심바름법
③ 나중채워넣기 십(+)자바름법
④ 나중채워넣기

[철골 기초상부 고름질]

4) 철골 파이프 구조

(1) 장점
① 경량이며 외관이 경쾌
② 휨강성 및 비틀림 강성이 큼
③ 좌굴응력에 강함
④ 조립, 세우기가 안전함

(2) 단점
① 접합이음이 복잡함
② 접합부의 절단 가공이 어려움
③ 리벳접합이 불가능
④ 이음, 맞춤부의 정밀도 저하

4 용접접합

1) 용접접합 시공의 특징

(1) 장점
① 소음, 진동이 적음
② 접합부의 강성이 크고, 응력전달이 확실함
③ 볼트 접합에 비해 강재의 양을 줄일 수 있음
④ 일체성, 수밀성 확보

(2) 단점
① 용접부 결함발생 우려
② 용접결함 검사가 어렵고, 비용·시간이 많이 소요됨
③ 작업자의 숙련도가 필요함
④ 용접 모재의 재질상태에 따라 응력 집중현상 발생

2) 용접의 종류

(1) 이음형식에 의한 분류
① 모살용접(Fillet Welding)
  ㉠ 목두께의 방향이 모체의 면과 45° 각을 이루는 용접
  ㉡ 단속용접(Spot Welding)의 길이는 유효치수보다 모살크기를 2배 이상으로 함
  ㉢ 용접단면각의 길이는 용접치수보다 크게 하고 목두께는 다리길이의 0.7배
  ㉣ 보조 살붙임 두께는 0.1S+1mm(S : 유효길이) 이하로 함
  ㉤ 응력을 전달하는 유효길이는 필렛(Fillet) 크기의 10배 이상 또는 40mm 이상으로 함

[필렛용접(Fillet Weld)]
(a) 겹댄 필렛용접
(b) T형 필렛용접

② 맞댄용접(Butt Welding)
  ㉠ 모재의 마구리와 마구리를 맞대어서 행하는 용접
  ㉡ 판두께가 다를 때는 낮은 면에서 높은 면으로 진행함
  ㉢ T형 이음을 이루는 각도 : 60° 이하, 120° 이상
  ㉣ 단속용접(Spot Welding)을 하지 않음
  ㉤ 앞벌림 모양 : H자형, I자형, J자형, K자형, X자형, U자형, V자형

(2) 용접방법에 의한 분류
① 가스용접 : 충분한 강도 기대는 어려우나 절단용으로 중요
② 전기저항용접 : 기밀을 요하는 공작기 등의 제작에 사용
③ 아크용접 : 모재와 용접봉 사이에 3,500℃의 고열 발생
④ 금속 전기 아크용접 : 철골의 용접에 주로 사용

3) 용접결함
① 크랙(Crack) : 용접 후 냉각 시에 생기는 갈라짐
② 블로홀(Blow Hole) : 금속이 녹아들 때 생기는 기포나 작은 틈을 말함
③ 슬래그(Slag) 섞임 : 용접봉의 피복재 심선과 모재가 변하여 생긴 화분이 용착금속 내에 혼입됨
④ 크레이터(Crater) : 아크(Arc) 용접 시 끝부분이 항아리 모양으로 파임
⑤ 언더컷(Under Cut) : 과대전류로 인해 모재가 녹아 용착금속이 채워지지 않고 홈이 생김
⑥ 피트(Pit) : 용접부의 표면에 생기는 홈
⑦ 오버랩(Over Lap) : 용접금속과 모재가 융합되지 않고 겹쳐짐
⑧ Fish Eye(은점) : Blow Hole 및 Slag가 모여 반점이 발생하는 현상
⑨ 용입불량 : 용착금속의 융합불량으로 완전히 용입되지 않은 상태
⑩ 목두께 불량 : 응력을 유효하게 전달하는 용착금속의 두께가 부족한 현상

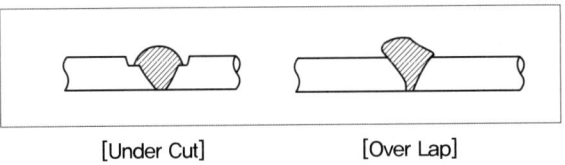

[Under Cut] [Over Lap]

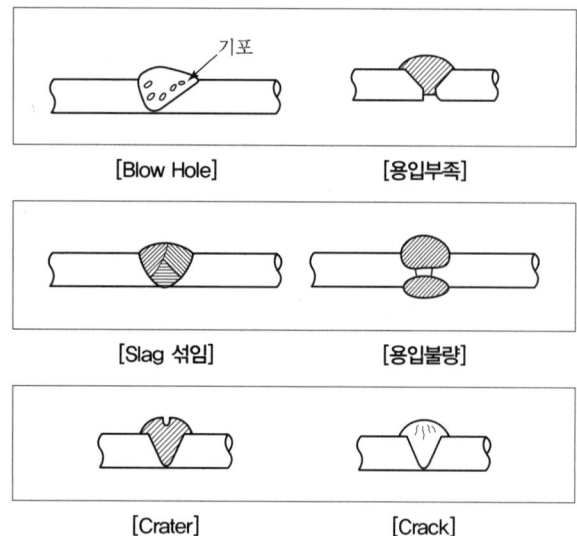

[Blow Hole]　　　　[용입부족]

[Slag 섞임]　　　　[용입불량]

[Crater]　　　　[Crack]

[초음파 탐상시험]

[자기분말 탐상시험]

4) 용접부 비파괴 검사

(1) 방사선 투과시험(Radiographic Test)

① 가장 일반적으로 사용하는 방법
② X선, γ선을 투과하여 용접부 내부결함 검사
③ 100회 이상 검사 가능, 검사 기록을 남길 수 있음

(2) 초음파 탐상시험(Ultrasonic Test)

① 용접 부위에 초음파(20Hz~20kHz보다 높은 주파수)를 투입하여 용접부 내부결함 검사
② 검사속도가 빠르나 복잡한 부위 및 5mm 이상 두꺼운 부재 검사 불가능

(3) 자기분말 탐상시험(Magnetic Particle Test)

① 용접부에 자력선을 동과하여 결함에서 생기는 자장에 의해 표면결함 검출
② 미세부분 측정이 가능하고, 15mm 정도까지 검사 가능

(4) 침투 탐상시험(Penetration Particle Test)

① 용접부위에 침투액을 도포하여 닦은 후 검사액을 도포하여 표면결함 검출
② 검사가 간단하고 넓은 범위를 검사하나 내부결함 검출 불가능

(5) 와류 탐상시험(Eddy Current Test)

① 용접부위에 전기장을 교란시켜 결함을 검출함
② 시험속도가 빠르고, 고온 시험체의 탐상 가능

5) 용접 시 특징 및 유의사항

① 용접할 소재의 표면에 있는 녹, 페인트, 유분 등을 제거
② 기온이 0℃ 이하로 될 때에는 용접하지 않도록 함
③ 용접할 소재는 치수에 여유분을 두어야 함
④ 용접 시 발생하는 가스 등으로 인한 질식, 중독 방지
⑤ 용접부의 심선은 4mm 정도의 것을 사용
⑥ 현장용접은 하향자세를 원칙으로 함

6) 용접 관련 용어

① 플럭스(Flux) : 자동용접의 경우 용접봉의 피복재 역할로 쓰이는 분말상의 재료
　㉠ 함유원소를 이온화하여 아크를 안정시킴
　㉡ 용착금속에 합금원소를 가함
　㉢ 용착금속의 산화를 방지, 탈산, 정련
② 스패터(Spatter) : 철골 용접 중 튀어나오는 슬래그 및 금속입자
③ 가스가우징(Gas Gouging) : 산소아세틸렌 불꽃을 이용하여 녹여 깎은 재의 뒷부분을 깨끗이 깎는 것

④ 위빙(Weaving) : 용접봉을 용접방향에 대해 서로 엇갈리게 움직여 용가금속을 용착시키는 운봉법
⑤ 위핑(Weeping) : 용접부 과열로 인한 언더컷을 예방하기 위해 위핑 운봉의 끝에서 위쪽으로 아크를 빼는 운봉법

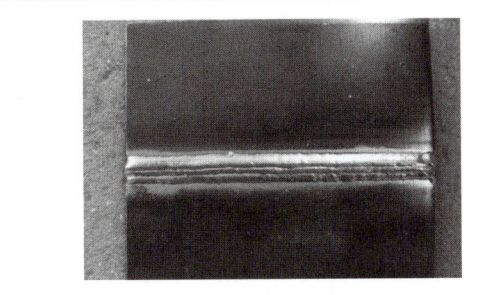

[스패터(Spatter)]

[철골 뿜칠공법]

5 현장도장

1) 방청 페인트의 도장면적(철골 1Ton당)

부재종류	면적
큰 부재(간단한 것)	25~30m²
보통 부재(보통인 것)	30~45m²
작은 부재(복잡한 것)	45~60m²

2) 내화피복공법

(1) 습식 내화피복공법

① 타설공법 : 경량콘크리트, 보통콘크리트 등을 철골 둘레에 타설
② 뿜칠공법 : 강재에 석면, 질석, 암면 등 혼합재료를 뿜칠함
③ 조적공법 : 벽돌, 블록, 석재 등으로 강재 둘레에 조적하는 공법
④ 미장공법 : 내화 단열성 모르타르로 미장함

(2) 건식 내화피복공법(성형판 붙임공법)

① PC판, ALC판, 석면규산칼슘판, 석면성형판 등 사용
② 주로 기둥과 보의 내화피복에 사용

CHAPTER 06 조적공사

SECTION 01 벽돌공사

1 벽돌쌓기

1) 벽돌의 규격

(1) 온장

종류	길이(mm)	너비(mm)	두께(mm)
표준형	190	90	57
재래형	210	100	60
내화벽돌	230	114	65
허용오차	±5	±3	±2.5

(2) 마름질 토막

종류	길이(mm)	너비(mm)	두께(mm)
온장	190	90	57
반절	190	45	57
반격지	190	90	28.5
반토막	95	90	57
이오토막	47.5	90	57
반반절	95	45	57

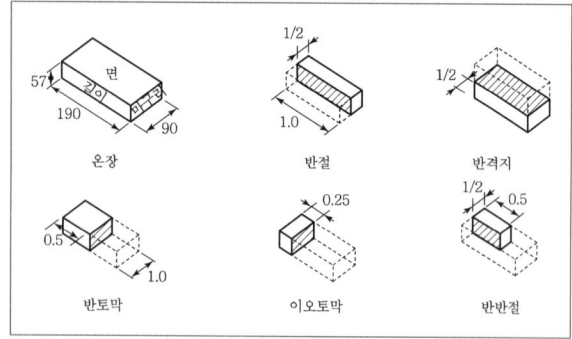

[벽돌의 규격]

2) 벽돌쌓기 분류

(1) 영식 쌓기(English Bond)

① 한 켜는 길이, 한 켜는 마구리 쌓기
② 벽모서리의 끝벽, 마구리에 반절이나 이오토막 사용
③ 가장 강도가 높아 내력벽에 사용됨

(2) 화란식 쌓기(Duch Bond)

① 길이켜의 모서리와 끝벽에 칠오토막 사용
② 일하기 쉽고 견고하여 가장 많이 사용됨

(3) 불식 쌓기(Flemish Bond)

① 입면상 매 켜의 길이와 마구리가 번갈아 나옴
② 마구리에 이오토막 사용
③ 치장용 이오토막과 반토막 벽돌을 많이 사용함
④ 구조적으로 튼튼하지 못함

(4) 미식 쌓기(American Bond)

① 5켜는 치장벽돌로 길이쌓기, 다음 한 켜는 마구리 쌓기로 본 벽돌에 물리고 뒷면은 영식 쌓기함
② 외부에 붉은벽돌, 내부에 시멘트벽돌을 쌓는 경우에 적용됨

[영식 쌓기]

[화란식 쌓기]

3) 벽돌쌓기 방법

(1) 일반사항

① 벽돌벽은 건물 전체를 균일한 높이로 쌓아 올리는 것이 이상적임
② 모르타르의 강도는 벽돌 이상의 강도로 함
③ 1일 쌓기 높이는 1.2~1.5m(18~22켜)를 표준으로 함
④ 벽돌은 충분히 물에 축여 표면의 물기가 빠진 뒤에 사용함
⑤ 세로 규준틀은 건물의 모서리나 구석에 설치함
⑥ 벽돌쌓기는 모서리, 구석 및 중간요소에 먼저 기준쌓기를 하고 나머지 부분을 쌓음
⑦ 가로, 세로줄눈의 너비는 10mm가 표준
⑧ 세로줄눈에 통줄눈이 생기지 않도록 함
⑨ 중간에 쌓기를 중단할 경우 층단 들여쌓기와 켜걸름 들여쌓기로 시공함
⑩ 지정이 없을 때에는 영식 또는 화란식 쌓기로 함

(2) 교차부 및 모서리 쌓기

① 가능한 내부에 통줄눈이 생기지 않도록 함
② 모서리선은 정확하게 수직선이 되게 함
③ 벽돌 나누기를 잘하고 깔모르타르 및 사춤모르타르를 충분히 넣어야 함
④ 켜걸름 들여쌓기는 교차벽에 벽돌물림자리를 내어 벽돌 한 켜걸름으로 1/4B 들여쌓는 것을 말함

(3) 아치(Arch) 쌓기

① 본아치 : 아치벽돌을 사다리꼴 모양으로 제작하여 쓴 것
② 막만든 아치 : 보통벽돌을 쐐기모양으로 다듬어 쓴 것
③ 거친 아치 : 보통벽돌을 사용하고 줄눈을 쐐기모양으로 한 것
④ 층두리 아치 : 아치너비가 넓을 때 여러 겹으로 쌓은 아치
⑤ 결원 아치 : 줄눈이 원호의 중심에 모이게 만든 아치
⑥ 반원 아치 : 줄눈이 양 지점 간의 1/2에 모이게 만든 아치

(4) 내 쌓기

① 한 켜씩 1/8B 또는 두 켜씩 1/4B로 내쌓음
② 내미는 한도를 최대 2.0B로 함
③ 내쌓기는 모두 마구리쌓기로 하는 것이 강도상, 시공상 유리함

(5) 마구리 쌓기

① 벽두께 1.0B 이상을 쌓을 경우 사용
② 원형굴뚝, 사일로 등

(6) 길이 쌓기

① 0.5B 두께로 길이 방향으로 쌓음
② 칸막이 벽체 등

(7) 내력벽

① 최상층 내력벽 높이는 4m 이하로 함
② 벽의 길이는 10m 이하로 함
③ 조적조의 내력벽으로 둘러싸인 부분의 면적은 $80m^2$ 이하로 함

[건축물 높이에 따른 내력벽 두께]

건축물 높이	벽의 길이	내력벽 두께(mm)	
		1층	2층
5m 미만	8m 미만	150	-
	8m 이상	190	-
5~11m	8m 미만	190	190
	8m 이상	190	190
11m 이상	8m 미만	190	190
	8m 이상	290	190

4) 기타 시공방법 및 유의사항

(1) 물축이기

① 붉은벽돌 : 사전에 축이기
② 시멘트벽돌 : 쌓기 바로 전에 축이기
③ 내화벽돌 : 기건성이므로 물축이기를 하지 않음

(2) 모르타르(Mortar) 배합

① 일반 쌓기용 : 1 : 3
② 아치 쌓기용 : 1 : 2
③ 치장줄눈 : 1 : 1

(3) 모르타르(Mortar) 강도
① 1시간 이내에 사용하고, 경화시간을 1~10시간으로 함
② 동절기 공사의 경우 내한제를 혼합
③ 내화벽돌의 경우 내화 모르타르 사용

(4) 모르타르(Mortar)의 모래
① 경질, 깨끗한 것 사용
② 5mm체에 100% 통과한 것 사용

(5) 줄눈
① 10mm가 표준이며, 막힌줄눈을 원칙으로 함
② 내화벽돌의 경우 6mm로 시공함

(6) 치장줄눈
① 벽돌주위에 밀착되어 수밀하고 줄 바르게 하며, 표면은 일매지게 함
② 치장줄눈은 줄눈 모르타르가 경화되기 전 깊이 6mm로 함
③ 치장줄눈은 줄눈누름, 줄눈파기, 치장줄눈의 순서로 시공
④ 평줄눈과 민줄눈을 가장 많이 사용하며 평줄눈이 우선 적용됨

(7) 보양
① 12시간 내 등분포하중 재하 금지
② 3일동안 집중하중 재하 금지
③ 재료의 표면온도 영하 7℃ 이하 금지

(8) 품질
벽돌의 등급 구분 중요기준 : 흡수율, 압축강도

[줄눈 넣기]

[치장줄눈 넣기]

5) 벽돌벽의 균열원인

(1) 설계상 문제
① 건물 기초의 부동침하
② 불균형 하중
③ 불리한 개구부의 크기 및 배치 불균형
④ 벽돌벽 두께, 높이에 대한 벽체강도 부족

(2) 시공상 문제
① 벽돌 및 모르타르 강도 부족
② 재료의 신축성
③ 이질재와의 접합부
④ 모르타르 다져넣기 부족

6) 벽돌벽의 백화 방지대책
① 줄눈 모르타르에 방수제를 혼합
② 흡수율이 작고, 질이 좋은 벽돌 및 모르타르를 사용하여 줄눈을 치밀하게 함
③ 벽돌면에 실리콘 뿜칠
④ 소성이 잘된 벽돌사용
⑤ 분말도가 큰 시멘트 사용
⑥ 재료 배합 시 물시멘트비(W/C)를 감소시키고, 조립률이 큰 모래 사용

[벽돌벽의 백화]

SECTION 02
블록공사

1 블록쌓기

1) 치수 및 강도

(1) 치수

구분	치수(mm)		
	길이	높이	두께
기본블록	390	190	190 150 100
허용값	±2	±3	±2
이형블록	최소 90mm 이상	최소 90mm 이상	최소 90mm 이상

(2) 강도

종류	압축강도	비고
1급 블록	80kg/cm^2	강모래, 자갈
2급 블록	60kg/cm^2	강자갈

2) 시공방법 및 유의사항

(1) 일반사항
① 정착물, 설치물 등을 제때에 정확히 설치함
② 모르타르 강도는 블록 강도의 1.3~1.5배이고 슬럼프는 18cm로 함

(2) 살두께
① 두꺼운 쪽이 위로 가게 쌓음
② 선번살 두께 : 25mm, 중간살 두께 : 20mm

(3) 줄눈
① 줄눈의 두께는 10mm를 표준으로 함
② 6mm 이하는 하지 않음

(4) 치장줄눈
① 블록주위에 밀착되어 수밀하고 줄 바르게 하며, 표면은 일매지게 함
② 치장줄눈은 줄눈 모르타르가 경화되기 전 깊이 6mm로 함
③ 치장줄눈은 줄눈누름, 줄눈파기, 치장줄눈의 순서로 시공
④ 평줄눈과 민줄눈을 가장 많이 사용하며 평줄눈이 우선 적용됨

(5) 쌓기
① 1일 쌓기 높이는 1.2m(6켜)를 표준으로 하고 1.5m(7켜)를 넘지 않게 해야 함
② 쌓기의 최대 높이는 3m 이하로 함
③ 블록과 모르타르의 접촉면을 물축임

(6) 사춤
① 3~4켜마다 충전함
② 블록윗면에서 5cm만큼 띄움

(7) 와이어 메시(Wire Mesh)
① 블록벽의 균열방지를 위해 #8~#10 철선 사용
② 횡력방지 및 교차부 보강 역할
③ 수직하중을 경감시키는 효과는 없음

3) 방수 및 방습처리
① 방습층은 지면에 접하는 블록에 습기를 흡수하거나 투수를 막기 위한 층을 말함
② 방습층은 마루 밑이나 콘크리트 바닥판 밑에 접근되는 가로 줄눈의 위치에 두어야 함
③ 방습층은 10~20mm 두께로 시멘트 액체방수로 바르는 것이 가장 효과적
④ 물빼기 구멍은 콘크리트 윗면에 두거나 물끊기, 방습층 등의 바로 위에 두어야 함
⑤ 물빼기 구멍의 지름은 10mm 이내, 120cm 간격으로 함

2 철근콘크리트 보강블록

1) 일반사항
① 블록의 빈 부분을 철근콘크리트로 보강한 내력벽 구조
② 원칙적으로 통줄눈 쌓기로 함
③ 살두께가 두꺼운 쪽을 위로 가게 쌓음
④ 1일 쌓기 높이는 1.2~1.5m(6~7켜) 이하로 함
⑤ 블록쌓기는 벽의 모서리, 벽의 교차부, 신축줄눈이 있는 곳에서부터 중앙으로 함

[보강블록 쌓기]

2) 세로근
① 기초, 테두리보 위에서 위층 테두리보까지 이음없이 배근함
② 벽, 모서리 : D13 이상 철근 사용
③ 기타 : D10 이상 철근 사용
④ 상단부에 180° 갈고리를 두고, 벽 상부 보강근에 걸침
⑤ 피복두께 : 2cm 이상

3) 가로근
① 세로근을 갈고리로 감고, 모서리는 서로 깊이 물려 40d 이상
② 가로근의 이음은 엇갈리게 함
③ 가로근 배근용 블록 사용

4) 사춤
① 콘크리트 또는 모르타르 사춤
② 블록 3켜 이내마다 블록 윗면에서 5cm 정도 밑까지 채움

5) 줄눈
① 줄눈의 모르타르는 1 : 3으로 함
② 가로, 세로 10mm

3 거푸집 블록공사

1) 인방보(Lintel Beam)
① 개구부 폭이 1.8m 이상인 경우 철근콘크리트 인방 설치
② 인방보 설치시 좌우 지지벽에 20cm 이상 걸침
③ 철근은 40d 이상 정착시킴

2) 테두리보(Wall Girder)
① 내력벽을 일체화시켜 건축물의 강도를 증가시키기 위하여 사용
② 분산된 벽체를 일체화하여 수축균열을 최소화함
③ 집중하중을 균등하게 분산시킴

3) ALC 블록공사
① 쌓기 모르타르는 배합 후 1시간 이내에 사용
② 줄눈의 두께는 1~3mm 정도로 함
③ 하루 쌓기 높이는 1.8m를 표준으로 하고, 최대 2.4m 이내로 함
④ 연속되는 벽면의 일부를 트이게 하여 나중쌓기로 할 경우 층단떼어쌓기로 함

SECTION 03
석공사

1 돌쌓기

1) 종류

(1) 바른층 쌓기
① 돌쌓기의 1켜 높이는 모두 동일하게 쌓음
② 수평줄눈이 일직선으로 연결됨

(2) 허튼층 쌓기
① 면이 네모진 돌을 수평줄눈이 부분적으로만 연속되게 쌓음
② 일부 상하 세로줄눈이 통하게 된 것

(3) 층지어 쌓기

① 막돌, 둥근돌 등을 중간 켜에서는 돌의 모양대로 수직, 수평줄눈에 관계없이 흐트려 쌓음
② 2~3켜마다 수평줄눈이 일직선으로 연속되게 쌓음

(4) 허튼 쌓기

막돌, 잡석, 둥근돌, 야산석 등을 수평, 수직줄눈에 관계없이 돌의 생김새대로 흐트려 놓아 쌓는 것

2) 석재 사용 시 유의사항

① 석재는 일반적으로 열을 가하면 균열이 발생하고 약해짐
② 석재의 최대치수는 운반성, 가공성 등의 제반조건을 고려하여 선정
③ 압축력을 받는 곳에 사용
④ 석질이 균질한 것을 사용하도록 함
⑤ 돌표면 오염물을 염산을 이용하여 제거할 때 염산 사용 후 물씻기 실시
⑥ 실런트 시공 시 시공의 정밀도 확보

3) 석공사 시공방법

① 돌쌓기용 모르타르의 용접 배합비 : 1 : 1
② 석공사용 연결철물 : 꺾쇠, 은장
③ 석공사용 접착제 : 시멘트, 아교, 합성수지
④ 사춤 모르타르는 1 : 2로 하고 줄눈은 헝겊 등으로 막는다.
⑤ 호분, 한지, 널 등으로 양생
⑥ 모서리 돌은 면이 고르고 큰 것을 사용하여야 쌓기도 용이하고 외관도 좋음
⑦ 표면가공 마무리 순서
  ㉠ 혹두기(메다듬) → ㉡ 정다듬 → ㉢ 도드락다듬 → ㉣ 잔다듬 → ㉤ 물갈기 → ㉥ 광내기

[건물외벽 대리석 붙이기]

2 대리석 공사

1) 시공방법

① 철물은 보통 #10~20의 놋쇠선 사용
② 모르타르는 시멘트 : 석고를 1 : 1로 배합함
③ 판과 판이 맞닿는 곳에 꽂임촉 설치
④ 줄눈은 10mm 이하로 하여 시공
⑤ 최하단은 충격방지를 위해 충진재 시공

PART 03 / 3과목 예상문제

01 공사계획에 있어서 공법 선택 시 고려할 사항이 아닌 것은?

① 품질 확보
② 공기 준수
③ 작업의 안전성 확보와 제3자 재해의 방지
④ 공구 분할의 결정

해설 공법 선택 시 고려사항에는 공기, 품질, 원가, 안전 등이 해당된다.

02 바닥판, 보 밑 거푸집 설계에서 고려하는 하중에 속하지 않는 것은?

① 아직 굳지 않은 콘크리트 중량
② 작업하중
③ 충격하중
④ 측압

해설 **거푸집 및 동바리 설계 시 고려하중**

보, 슬래브 밑면	벽체, 기둥, 보 측면
· 콘크리트 중량 · 작업하중 · 충격하중	· 콘크리트 중량 · 콘크리트 측압

03 말뚝의 이음공법 중 강성이 가장 우수한 방식은?

① 장부식 이음
② 충전식 이음
③ 리벳식 이음
④ 용접식 이음

해설 말뚝의 이음방법 중 용접식 이음은 가장 많이 사용하는 방법이고 강성이 가장 우수하다.

04 용접작업에서 용접봉을 용접방향에 대하여 서로 엇갈리게 움직여서 용가금속을 용착시키는 운봉방법은?

① 가용접
② 개선
③ 레그
④ 위빙

해설 위빙(Weaving)은 용접봉을 용접방향에 대해 서로 엇갈리게 움직여 용가금속을 용착시키는 운봉법이다.

05 철근콘크리트 구조물의 내구성 저하 요인이 아닌 것은?

① 백화(百花)
② 염해
③ 중성화
④ 동해

해설 백화현상은 미관상의 문제이다. 콘크리트 구조물의 내구성 저하요인으로는 재료분리, 중성화, 균열, 건조수축, 염해, 동해 등이 있다.

06 [보기]는 지하연속벽(Slurry Wall) 공법의 시공내용이다. 그 순서를 알맞게 연결한 것은?

보기
A : 트레미관을 통한 콘크리트 타설 B : 굴착 C : 철망의 조립 및 삽입 D : Guide Wall 설치 E : End Pipe 설치

① A→B→C→E→D
② D→B→E→C→A
③ B→D→E→C→A
④ B→D→C→E→A

해설 **지하연속벽(Slurry Wall) 공법의 시공순서**
1. Guide Wall 설치
2. 굴착
3. End Pipe 설치
4. 철망의 조립 및 삽입
5. 트레미관을 통한 콘크리트 타설

정답 | 01 ④ 02 ④ 03 ④ 04 ④ 05 ① 06 ②

07 철골공사 중 고장력볼트접합에 대한 다음 설명 중 옳지 않은 것은?

① 고장력볼트란 항복강도 700MPa 이상, 인장강도 900MPa 이상인 볼트다.
② 접합방식의 종류는 마찰접합, 지압접합, 인장접합이 있다.
③ 볼트의 호칭지름에 의한 분류는 D16, D20, D22, D24로 한다.
④ 조임은 토크관리법과 너트회전법에 따른다.

[해설] D16, D20, D22, D24는 볼트의 공칭지름에 의한 분류이다.

08 거푸집 중 슬라이딩 폼에 대한 설명으로 옳지 않은 것은?

① 곡물창고, 굴뚝, 사일로, 교각 등에 사용한다.
② 공기단축이 가능하다.
③ 내외부 비계발판을 설치하여 시공한다.
④ 연속적으로 콘크리트를 부어 넣어 일체성을 확보할 수 있다.

[해설] 슬라이딩 폼은 요크(York)로 벽체 거푸집을 상향 이동하는 수직용 거푸집이며, 작업발판이 일체로 구성되어 있다.

09 발주자는 시공자에게 시공을 위임하고 실제로 시공에 소요된 비용, 즉 공사실비(cost)와 미리 정해 놓은 보수(fee)를 시공자가 받는 방식으로 발주자, 컨설턴트 또는 엔지니어 및 시공자 3자가 협의하여 공사비를 결정하는 도급계약방식은?

① 실비정산 보수가산계약
② 공동도급 계약방식
③ 파트너링 방식
④ 분할도급 계약방식

[해설] **실비정산 보수가산도급(Cost Plus Fee Contract) 계약**

공사의 실비를 건축주와 도급자가 확인 · 정산하고, 건축주는 미리 정한 보수율에 따라 도급자에게 공사비를 지급하는 방식이다.

장점	단점
• 설계와 시공의 중첩 등 긴급공사 가능 • 설계변경, 돌발상황에 적절한 대처 가능	• 발주자의 위험성 증가 • 공사비 절감 노력 감소

10 가설공사 중 직접가설공사 항목이 아닌 것은?

① 시험설비   ② 규준틀 설치
③ 비계 설치   ④ 건축물 보양 설비

[해설] 직접가설은 공사 진행에 따라 공종별로 필요할 때마다 설치하는 가설물을 말한다.

11 트렌치 컷 공법에 관한 설명으로 옳은 것은?

① 온통파기를 할 수 없을 때, 히빙현상이 예상될 때 효과적이다.
② 중앙부의 흙을 먼저 파내고 다음 주위 부분의 흙을 파내는 공법이다.
③ 면적이 넓을수록 효과적이다.
④ 시공 깊이는 안전상 10m 내외로 한정된다.

[해설] **트렌치 컷(Trench Cut) 공법**

구조물 주변 부분을 먼저 줄기초 형태로 굴착하여 주변 구조물을 시공하여 외부 토압을 지탱한 후 중앙 부분을 굴착하는 방식으로 지반이 연약할 경우 적용한다.

12 지반개량공법의 종류에 속하지 않는 것은?

① 탈수다짐법   ② 치환법
③ 표준관입시험법 ④ 약액주입법

[해설] 표준관입시험(Standard Penetration Test)은 모래지반의 밀실도를 측정하는 데 사용되는 현장시험방법이다.

13 철근 피복두께에 대한 설명 중 옳지 않은 것은?

① 철근 피복두께는 콘크리트 표면에서 가장 가까운 주근의 표면까지의 거리이다.
② 철근을 피복하는 목적은 내구성, 내화성, 콘크리트 타설 시 유농성 확보 등에 있다.
③ 흙에 접하는 D16 이하의 철근을 사용한 내력벽의 최소피복두께는 40mm이다.
④ 과다한 피복두께는 콘크리트 균열을 유발시켜 구조물의 사용수명을 감소시킨다.

[해설] 철근의 피복두께는 철근의 표면에서 콘크리트 외면까지 콘크리트의 최단 거리를 말한다.

정답 | 07 ③ 08 ③ 09 ① 10 ① 11 ① 12 ③ 13 ①

14 단가 도급계약제도에 대한 설명으로 옳지 않은 것은?

① 시급한 공사인 경우 계약을 간단히 할 수 있다.
② 설계변경으로 인한 수량증감의 계산이 어렵고 일시도급보다 복잡하다.
③ 공사비가 높아질 염려가 있다.
④ 총공사비를 예측하기 힘들다.

해설 **단가도급**
단위공사의 단가만으로 계약하고 공사완료시 확정액을 차후 정산하는 방식으로 설계변경으로 인한 수량계산이 용이하다.

장점	단점
• 공사 착공이 가장 신속함	• 총 공사비 예측이 어려움
• 설계변경으로 인한 수량계산 용이	• 시장가격 변동시 불합리
• 시급한 공사의 간단계약 가능	• 공사비 절감 의욕 감소

15 공사 감리자에 대한 설명 중 틀린 것은?

① 시공계획의 검토 및 조언을 한다.
② 문서화된 품질관리에 대한 지시를 한다.
③ 품질하자에 대한 수정방법을 제시한다.
④ 건축의 형상, 구조, 규모 등을 결정한다.

해설 ④은 발주자와 설계자의 역할이다.

16 건설공사 완료 후 부실시공부분에 재시공을 보장하기 위하여 공사발주처 등에 예치하는 공사금액의 명칭은?

① 입찰보증금　　② 계약보증금
③ 지체보증금　　④ 하자보증금

해설 하자보증금은 건설공사 완료 후 발견되는 하자 부분에 대한 금전적인 보증이다.

17 철근콘크리트공사에서 거푸집의 존치기간 산정과 가장 관련이 적은 것은?

① 평균기온　　② 골재의 입도
③ 시멘트 종류　　④ 보양상태

해설 골재의 입도는 거푸집 존치기간 산정에 큰 영향을 미치지 못한다.
거푸집의 존치기간 영향 요인
• 시멘트의 성질
• 콘크리트의 배합
• 부재의 종류와 크기
• 부재가 받는 하중
• 콘크리트 내·외부의 온도차 등

18 V.E(Value Engineering)에서 원가절감을 실현할 수 있는 대상 선정이 잘못된 것은?

① 수량이 많은 것
② 반복효과가 큰 것
③ 장시간 사용으로 숙달된 것
④ 내용이 간단한 것

해설 **V.E(Value Engineering)**
• 가치를 높임으로써 원가절감을 실현하는 가치공학을 말한다.
• 원가절감 대상으로는 수량이 많고 반복효과가 크며 숙달된 것을 선정한다.

19 파헤쳐진 흙을 담아 올리거나 이동하는 데 사용하는 기계로 쇼벨, 버킷을 장착한 트랙터 또는 크롤러 형태의 기계는?

① 불도저　　② 앵글도저
③ 로더　　④ 파워쇼벨

해설 로더(Loader)는 절토된 흙을 덤프트럭에 담아 올리거나 이동하는 데 사용되는 건설기계이다.

20 철골공사와 직접적으로 관련된 용어가 아닌 것은?

① 토크렌치　　② 너트 회전법
③ 적산온도　　④ 스터드 볼트

해설 적산온도는 콘크리트의 양생시간과 양생온도의 곱으로 표시되며 수화반응률과 초기강도의 추정에 사용된다.

21 민간자본 유치방식 중 사회간접시설을 설계, 시공한 후 소유권을 발주자에게 이양하고, 투자자는 일정기간 동안 시설물의 운영권을 행사하는 계약방식은?

① BOT(Build Operate Transfer)
② BTO(Build Transfer Operate)
③ BOO(Build Operate Own)
④ BTL(Build Transfer Lease)

해설 **BTO 방식(Build Transfer Operate)**
민간이 건설하고 소유권은 정부나 지자체로 양도한 채 일정기간 동안 민간이 직접 운영하여 사용자 이용료로 수익을 추구하는 민간투자사업 방식이다.

정답 | 14 ② 15 ④ 16 ④ 17 ② 18 ④ 19 ③ 20 ③ 21 ②

22 철골공사의 접합방법 중 용접시공에 대한 사항으로 틀린 것은?

① 항상 용접열의 분포가 균등하도록 조치하고 일시에 다량의 열이 한 곳에 집중되지 않도록 해야 한다.
② 용접자세는 가능한 한 회전지그를 이용하여 아래 보기 또는 수평자세로 한다.
③ 아크 발생은 필히 용접부 내에서 일어나도록 해야 한다.
④ 부재이음에 용접과 볼트를 불가피하게 병용할 경우에는 볼트를 조인 후에 용접을 하는 것을 원칙으로 한다.

해설 | 부재의 이음에 용접과 볼트를 병행하는 경우에는 용접완료 후 볼트를 접합해야 한다.

23 공사계약서에 포함해야 할 사항이 아닌 것은?

① 공사내용
② 공사착수의 시기
③ 공법분석내용
④ 공사대금 지불방법

해설 | 공사계약서에 포함되는 내용에는 공사내용, 착수시기, 대금 지불방법 등이 있다.

24 KS L 5201(포틀랜드 시멘트)에 규정되어 있는 포틀랜드 시멘트의 종류가 아닌 것은?

① 중용열포틀랜드시멘트
② 고로포틀랜드시멘트
③ 조강포틀랜드시멘트
④ 내황산염 포틀랜드 시멘트

해설 | **포틀랜드 시멘트의 종류**
- 보통 포틀랜드 시멘트
- 조강 포틀랜드 시멘트
- 내황산염 포틀랜드 시멘트
- 중용열 포틀랜드 시멘트

25 철골구조물에 콘크리트 슬래브를 설치하기 위한 구조재료로서 거푸집을 대용할 수 있는 것은?

① 액세스플로어(Access Floor)
② 데크 플레이트(Deck Plate)
③ 커튼 월(Curtain Wall)
④ 익스팬션 조인트(Expansion Joint)

해설 | **데크 플레이트(Deck Plate)**
철골구조물에서 콘크리트 슬래브를 타설하기 위해 바닥 구조에 사용하는 파형(波形)으로 성형된 판을 말한다.

26 주로 해안구조물과 교량의 상판, 난간벽체 등의 지지구조물, 내구성이 요구되는 건축물 등에 쓰이며, 탄소강 철근에 비해 내식성이 5~10배 정도 좋은 철근은?

① 스테인리스 철근
② 일반 이형철근
③ 일반 원형철근
④ 고강도 이형철근

해설 | 스테인리스 철근은 탄소강 철근에 비해 내식성이 좋아 해안구조물과 교량에 사용된다.

27 콘크리트를 타설하는 데 사용하는 것으로 콘크리트가 흘러내려 가는 유도도로로서, 길이는 가능한 짧게 또 굴곡이 없도록 하며 된비빔 콘크리트에서는 사용하기 어려운 것은?

① 버킷
② 호퍼
③ 슈트
④ 카트

해설 | 슈트는 콘크리트가 이동하는 유도로의 역할을 한다.

28 철근콘크리트구조에서 철근이음 시 유의사항으로 옳지 않은 것은?

① 이음의 위치는 응력이 큰 곳을 피하고 엇갈리게 잇는다.
② 동일한 곳에 철근 수의 반 이상을 이어야 한다.
③ 주근의 이음은 인장력이 가장 작은 곳에 두어야 한다.
④ 지름이 다른 주근을 잇는 경우에는 작은 주근의 지름을 기준으로 한다.

해설 | 이음의 위치는 응력이 큰 곳을 피하고 동일 개소에 철근 수의 반 이상을 이어서는 안 된다.

철근의 이음 및 정착길이

위치	보통콘크리트	경량콘크리트
압축력 또는 작은 인장력	25d	30d
기타 부분	40d	50d

정답 | 22 ④ 23 ③ 24 ② 25 ② 26 ① 27 ③ 28 ②

29 철골기둥 세우기의 순서이다. 바르게 나열된 것은?

> ㉠ 기둥 세우기
> ㉡ 주각 모르타르 채움
> ㉢ 기둥중심선 먹매김
> ㉣ 기초볼트 위치점검

① ㉢ → ㉣ → ㉠ → ㉡
② ㉢ → ㉠ → ㉣ → ㉡
③ ㉡ → ㉢ → ㉠ → ㉣
④ ㉡ → ㉢ → ㉣ → ㉠

해설 철골 세우기 작업순서
1. 기둥중심선 먹매김
2. 앵커볼트(Anchor Bolt) 매입
3. 기초상부 고름질
4. 철골 세우기
5. 가조립
6. 변형 바로잡기
7. 본조립
8. 현장 리벳접합
9. 접합부 검사
10. 도장
11. 완성

30 공동도급(Joint Venture Contract)의 이점이 아닌 것은?

① 융자력의 증대
② 위험부담의 분산
③ 기술의 확충, 강화 및 경험의 증대
④ 이윤의 증대

해설 공동도급(Joint Venture)
2개 이상의 도급자가 결합하여 공동으로 공사를 수행하는 방식으로 단일회사 도급보다 경비가 증대된다.

장점	단점
• 공사 이행의 확실성 보장, 위험 분산 • 자본력(융자력)과 신용도 증대 • 기술 및 경험의 확충	• 단일회사 도급보다 경비 증대 • 도급자 간 충돌, 이해문제 발생 • 책임소재 불명확 및 책임회피 우려

31 흙막이벽 자체의 휨 강성과 밑넣기 부분의 가로저항에 의해 주동토압을 부담시키고 굴착하는 흙막이 공법은?

① 버팀대식 공법
② 자립식 공법
③ 앵커방식 공법
④ 강재 널말뚝 공법

해설 자립식 공법
흙막이벽 자체의 휨 강성과 밑넣기 부분의 가로저항에 의해 지지하는 방법이다.

32 연약한 점토질 지반에서 진흙의 점착력을 판별하는 토질시험은?

① 표준관입시험
② 지내력도시험
③ 보링
④ 베인 테스트

해설 베인 테스트(Vane Test)
보링의 구멍을 이용하여 십자형(+) 날개를 가진 베인(Vane)을 지반에 때려 박고 회전시켜서 회전력에 의하여 진흙의 점착력을 판별하는 시험이다.

33 철골 조립 및 설치에 있어서 사용되는 기계와 거리가 먼 것은?

① 진폴(Gin-Pole)
② 윈치(Winch)
③ 타워크레인(Tower Crane)
④ 리버스 서큘레이션 드릴(Reverse Circulation Drill)

해설 리버스 서큘레이션 드릴(Reverse Circulation Drill)
현장타설 콘크리트 말뚝의 시공에 사용되며 비트에 의해 파쇄된 토사를 역류 순환식의 액류에 의해서 배출하는 기계이다.

34 벽식 철근콘크리트 구조를 시공할 때 벽과 바닥 콘크리트를 한번에 타설하기 위해 벽체용 거푸집과 슬래브 거푸집을 일체로 제작하여 한 번에 설치하고 해체할 수 있도록 한 대형 거푸집으로 트윈 쉘과 모노 쉘로 구분되는 대형 거푸집은?

① 플라잉 폼(Flying Form)
② 터널 폼(Tunnel Form)
③ 슬라이딩 폼(Sliding Form)
④ 갱 폼(Gang Form)

해설 터널 폼(Tunnel Form)
슬래브와 벽체의 콘크리트 타설을 일체화하기 위한 철재 거푸집이다.

정답 | 29 ① 30 ④ 31 ② 32 ④ 33 ④ 34 ②

35 전체공사의 진척이 원활하며 공사의 시공 및 책임한계가 명확하여 공사관리가 쉽고 하도급의 선택이 용이한 도급제도는?

① 공정별 분할도급 ② 일식도급
③ 단가도급 ④ 공구별 분할도급

[해설] **일식도급**
공사 전체를 한 도급자에게 주어서 시공하는 방식으로 다음과 같은 특징이 있다.

장점	단점
• 계약 및 감독이 간단함 • 전체 공사의 진척이 원활 • 하도급의 선택이 용이하고 공사비 절약	• 공사가 조잡해질 우려 • 도급자 이윤에 따른 공사비 증대 • 건축주의 의도가 미반영

36 시방서(Specification)는 발주자가 의도하는 건축물을 건설하기 위하여 시공자에게 요구하는 모든 사항을 나타낸 것 중 도면을 제외한 모든 것이라 할 수 있다. 다음 중 시방서 작성 시 서술내용에 해당하지 않는 것은?

① 재료, 장비, 설비의 유형과 품질
② 시험 및 코드 요건
③ 조립, 설치, 세우기의 방법
④ 입찰참가 자격 평가기준

[해설] **시방서의 기입내용**
1. 재료의 품질
2. 공법내용 및 시공방법
3. 일반사항 및 유의사항
4. 시험 · 검사
5. 보충사항
6. 특기사항
7. 시공기계 · 장비 등

37 흙막이 벽은 보통 버팀대로 지지되어 있으나 그 대신 어스앵커를 사용하기도 하는데 어스앵커 내부에서 인장응력을 받는 가장 중요한 역할을 하는 재료는?

① 철근 ② 철망
③ PC 강선 ④ 철골부재

[해설] PC 강선은 어스앵커 내부에서 인장력을 받는 역할을 한다.

38 한중 콘크리트 공사에서 콘크리트 초기 동해 방지에 필요한 압축강도는 얼마인가?

① 5MPa ② 10MPa
③ 15MPa ④ 20MPa

[해설] 콘크리트 초기 동해 방지를 위하여 최소한 5MPa 이상의 압축강도를 확보해야 한다.

39 일반적인 공사입찰의 순서로 옳은 것은?

① 입찰통지 → 현장설명 → 입찰 → 개찰 → 낙찰 → 계약
② 현장설명 → 입찰통지 → 입찰 → 개찰 → 낙찰 → 계약
③ 현장설명 → 입찰통지 → 입찰 → 낙찰 → 개찰 → 계약
④ 입찰통지 → 입찰 → 개찰 → 낙찰 → 현장설명 → 계약

[해설] **공사입찰의 순서**
1. 입찰통지
2. 설계도서 배부
3. 현장설명 및 질의 · 응답
4. 적산 및 견적기간
5. 입찰등록
6. 입찰
7. 개찰
8. 낙찰
9. 계약

40 잡석지정에 대한 설명으로 적합하지 않은 것은?

① 잡석지정은 반드시 세워서 깔아야 한다.
② 견고한 자갈층이나 굳은 모래층에서는 잡석지정이 불필요하다.
③ 잡석지정을 사용하면 콘크리트 두께를 절약할 수 있다.
④ 잡석지정은 지내력을 증진시키기 위해서 중앙에서 가장자리로 다진다.

[해설] 잡석지정은 가장자리에서 중앙부로 다진다.

정답 | 35 ② 36 ④ 37 ③ 38 ① 39 ① 40 ④

41 다음 중 용접 착수 전 검사항목에 속하지 않는 것은?

① 트임새 모양   ② 모아대기법
③ 운봉   ④ 구속법

해설) 운봉은 용접 중 검사에 해당된다.
철골용접부의 공정별 검사항목 중 용접 전 검사항목
1. 트임새 모양
2. 모아대기법
3. 구속법 등

42 다음 지반개량공법 중 주로 점토질 지반에서만 이용되는 공법은?

① 웰포인트 공법
② 그라우팅 공법
③ 바이브로 프로테이션 공법
④ 샌드 드레인 공법

해설) **샌드 드레인(Sand Drain) 공법**
연약한 점토층에 모래말뚝을 설치하여 지중의 물을 배출하는 탈수공법이다.

43 지하수가 많은 지반을 탈수하여 건조한 지반으로 개량하기 위한 공법에 해당하지 않는 것은?

① 생석회말뚝(Chemico Pile) 공법
② 페이퍼드레인(Paper Drain) 공법
③ 잭 파일(Jacked Pile) 공법
④ 샌드 드레인(Sand Drain) 공법

해설) **잭 파일(Jacked Pile) 공법**
기존구조물 기초의 보수 및 보강에 주로 사용되는 말뚝공법이다.

44 거푸집 탈형 시 콘크리트와 거푸집판의 분리를 원활하게 해 주는 것은?

① 보강재   ② 박리제
③ 간결재   ④ 지지재

해설) 박리제는 거푸집의 탈형을 쉽게 하기 위해 미리 내면에 칠하는 약제이다.

45 정액도급 계약제도에 관한 설명으로 틀린 것은?

① 경쟁입찰로 공사비가 저렴하다.
② 건축주와의 의견조정이 용이하다.
③ 공사설계 변경에 따른 도급액 증감이 곤란하다.
④ 이윤관계로 공사가 조악해질 우려가 있다.

해설) **정액도급**
도급금액을 일정액으로 결정하여 계약하는 방식으로 특징은 아래와 같다.

장점	단점
• 공사관리 업무가 간편 • 도급자의 원가 절감 노력 • 입찰 시 경쟁으로 총 공사비 감소	• 설계변경시 공사비 증액 곤란 • 설계도서의 확정 후 공사진행 가능 • 건축주와의 의견조절이 어려움

46 무지주공법 중 보우빔(Bow beam)의 특징이 아닌 것은?

① 안보가 있어 스팬의 조정이 가능하다.
② 층고가 높고 큰 스팬에 유리하다.
③ 무폼타이 거푸집이다.
④ 구조적으로 안전성이 확보된다.

해설) **보우빔(Bow beam)**
강재의 인장력을 이용하여 만든 조립보로 받침 기둥이 필요 없는 가설 수평지지보이다.

47 철골공사의 녹막이칠에 대한 기술 중 옳지 않은 것은?

① 초음파탐상검사에 지장을 미치는 범위는 녹막이칠을 하지 않는다.
② 바탕만들기를 한 강재 표면은 녹이 생기기 쉽기 때문에 즉시 녹막이칠을 하여야 한다.
③ 콘크리트에 묻히는 부분에는 녹막이칠을 하여야 한다.
④ 현장 용접부분은 용접부에서 100m 이내에 녹막이칠을 하지 않는다.

해설) 콘크리트에 매입되는 부분은 녹막이칠을 하지 않아도 되는데, 녹막이칠을 하지 않는 부분은 다음과 같다.
• 콘크리트에 매입되는 부분
• 조립에 의하여 맞닿는 부분
• 현장 용접하는 부분
• 고장력 볼트 마찰 접합부의 마찰면
• 폐쇄형 단면으로 한 부재에 밀폐되는 면
• 용접부에서 100mm 이내의 부분

정답 | 41 ③ 42 ④ 43 ③ 44 ② 45 ② 46 ① 47 ③

48 아일랜드 컷(Island Cut) 공법에서 토압의 대부분을 저항하는 것은?

① 흙막이 벽의 자체강성
② 주변부 구조물
③ 앵커 인발력
④ 중앙부 구조물

[해설] **아일랜드 컷 공법(Island Cut Method)**
중앙 부분을 먼저 굴착하여 기초를 시공하고, 기초에 경사지게 버팀대를 설치하여 지지한 상태에서 주변부를 굴착하는 방식으로, 흙막이 벽의 자체강성으로 토압에 저항한다.

49 발포제의 한 종류로 시멘트와의 화학반응에 의해 특수한 가스를 발생시켜 기포를 도입하는 혼화제는?

① 알루미늄 분말
② 포졸란
③ 플라이애쉬
④ 실리카흄

[해설] 알루미늄 분말은 발포제(기포제)의 한 종류로 시멘트와의 화학반응에 의해 가스를 발생시켜 콘크리트 부재를 경량화·단열화하고 내구성을 향상시킨다.

50 모래 채취나 수중의 흙을 퍼올리는 데 적당한 기계장비는?

① 불도저
② 드래그 라인
③ 로더
④ 캐리어 스크레이퍼

[해설] **드래그 라인(Drag line)**
굴삭기가 위치한 지면보다 낮은 장소를 굴착하는 데 사용하며, 작업 반경이 커서 넓은 지역의 굴삭작업에 용이하나 힘이 강력하지 못해 모래 채취 등 연질지반에 이용한다.

51 모르타르 혹은 콘크리트를 호스를 사용하여 압축공기로 시공면에 뿜는 공법은?

① 프리팩트공법
② 진공탈수공법
③ 숏크리트공법
④ 슬립폼공법

[해설] **숏크리트(Shotcrete) 공법**
모르타르나 콘크리트를 압축공기로 시공면에 뿜는 콘크리트로 건식공법과 습식공법이 있다.

52 철근의 일반적인 정착위치에 관한 설명 중 옳지 않은 것은?

① 지중보 철근은 기초, 기둥에 정착한다.
② 기둥하부 철근은 큰 보, 작은 보에 정착한다.
③ 벽철근은 기둥, 보, 바닥판에 정착한다.
④ 바닥철근은 보, 벽체에 정착한다.

[해설] 기둥의 주근은 기초에 정착한다.

53 굳지 않은 콘크리트의 물성 중 반죽질기의 측정방법으로 볼 수 없는 것은?

① 슬럼프 시험
② 다짐계수 시험
③ 전기전도도시험
④ 비비 시험

[해설] **워크빌리티(Workability) 및 컨시스턴시(Consistency) 측정시험**
- 슬럼프 시험(Slump Test)
- 흐름 시험(Flow Test)
- 다짐계수 시험(Compacting Factor Test)
- 리몰딩 시험(Remolding Test)
- 비비 시험(Vee-Bee Test)

54 초고층 건물의 콘크리트 타설 시 가장 많이 이용되고 있는 방식은?

① 자유낙하에 의한 방식
② 피스톤으로 압송하는 방식
③ 튜브 속의 콘크리트를 짜내는 방식
④ 물의 압력에 의한 방식

[해설] **콘크리트 펌프**
비빔콘크리트를 피스톤으로 압력을 가하여 철관 속으로 압송하는 방법으로 초고층 건물 등 높은 곳에 콘크리트를 운반하는 데 적합하다.

55 콘크리트 공사에서 비교적 간단한 구조의 합판거푸집을 적용할 때 사용되며 측압력을 부담하지 않고 단지 거푸집의 간격만 유지시켜 주는 역할을 하는 것은?

① 컬럼밴드
② 턴버클
③ 폼타이
④ 세퍼레이터

[해설] **세퍼레이터(Separator)**
철판재, 철근재, 파이프제 또는 모르타르제를 사용하여 거푸집 상호 간의 간격을 유지시키는 데 사용되는 격리재이다.

정답 | 48 ④ 49 ① 50 ② 51 ③ 52 ② 53 ③ 54 ② 55 ④

56 지중보의 역할에 대한 설명으로 옳은 것은?

① 흙의 허용 지내력도를 크게 한다.
② 주각을 서로 연결시켜 고정상태로 하여 부동침하를 방지한다.
③ 지반을 압밀하여 지반강도를 증가시킨다.
④ 콘크리트의 허용 지내력도를 크게 한다.

[해설] 지중보는 구조물을 서로 연결시켜 건물의 부동침하를 막아주는 역할을 한다.

57 현장개설 후 자재수급 계획 시 필요조건이 아닌 것은?

① 자재 명세서
② 납입 계획서
③ 발주 · 구입시기
④ 세금계산서

[해설] 세금계산서는 자금 청구 시 필요한 서류이다.

58 현장에서 철근공사와 관련된 사항으로 옳지 않은 것은?

① 철근공사 착공 전 구조도면과 구조계산서를 대조하는 확인작업 수행
② 도면오류를 파악한 후 정정을 요구하거나 철근상세도를 구조평면도에 표시하여 승인 후 시공
③ 품질이 규격값 이하이거나 6% 이상의 단면결손 철근의 사용 배제
④ 구부러진 철근을 다시 펴는 가공작업을 거친 후 재사용

[해설] 구부러진 철근은 철근의 인장강도에 손실이 발생할 수 있으므로 재사용을 금지한다.

59 콘크리트 타설에 있어서 다지거나 진동을 주는 목적으로 옳은 것은?

① 콘크리트 점토를 증진시켜 준다.
② 시멘트를 절약시킨다.
③ 동결을 방지하고 경화를 촉진시킨다.
④ 콘크리트를 거푸집의 구석구석까지 충전시킨다.

[해설] 콘크리트 타설 시 다짐이나 진동을 주는 목적은 콘크리트를 거푸집에 밀실하게 충전시키고 재료분리를 방지하기 위함이다.

60 건축공사 공정의 공기단축 기법으로 사용되는 것은?

① MCX(Minimum Cost Expedition)
② TQC(Total Quality Control)
③ TBM(Tool Box Meeting)
④ CIC(Computer Integrated Construction)

[해설] MCX(Minimum Cost Expedition) 기법은 공기지연을 만회하기 위한 CPM의 주요 기법이다.

정답 | 56 ② 57 ④ 58 ④ 59 ④ 60 ①

memo

PART 04

건설재료학

CHAPTER 01 건설재료 일반
CHAPTER 02 각종 건설재료
- 예상문제

CHAPTER 01 건설재료 일반

PART 04

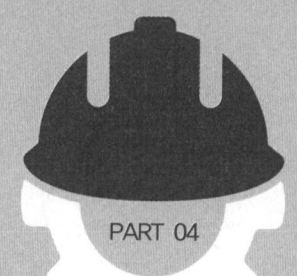

SECTION 01 건설재료의 분류 및 성질

1 건설재료의 분류

1) 용도
① 구조재료 : 구조물의 주체를 이루며 높은 강도와 내구성이 필요한 것으로 석재, 목재, 콘크리트, 금속 재료 등
② 비구조재료 : 구조재료에 첨가 또는 부가되어 성질의 개량, 보호, 완충 및 장식 등을 목적으로 사용하는 것으로 혼화재료, 도료, 고무, 합성수지 등

[구조재료]

[비구조재료]

2) 구성 물질
① 유기재료 : 목재, 아스팔트, 타르, 합성수지, 합성섬유, 고무 등
② 무기재료 : 강, 주철, 구리, 니켈 등 금속재료 및 석재, 골재, 점토, 시멘트 등 비금속재료

2 건설재료의 성질

1) 재료의 일
(1) 역학적 성질

① 응력(應力, Stress)과 변형률(變形率, Strain)
  ㉠ 응력 : 재료에 외력이 작용했을 때 재료 내부에 생기는 저항력의 크기로 단위는 MPa 또는 N/mm^2를 사용
  ㉡ 변형률 : 재료에 외력을 가할 때 단위 길이에 대한 변형
② 탄성(彈性, Elasticity)과 소성(塑性, Plasticity)
  ㉠ 탄성 : 재료에 외력을 주어 변형이 생겼을 때, 외력을 제거하면 원래대로 되돌아가는 성질
  ㉡ 소성 : 외력에 의해 변형된 재료가 외력을 상실했을 때, 원형으로 되돌아가지 않고 변형된 그대로 있는 성질
③ 응력−변형률 곡선

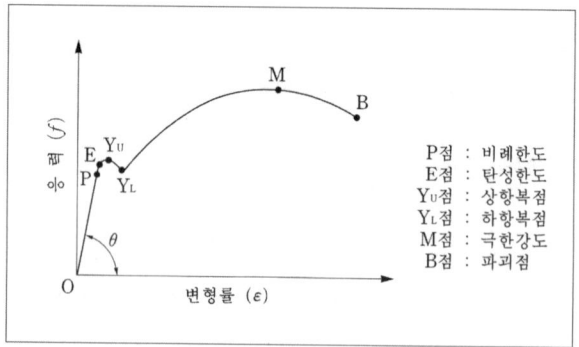

P점 : 비례한도
E점 : 탄성한도
Y_U점 : 상항복점
Y_L점 : 하항복점
M점 : 극한강도
B점 : 파괴점

④ 탄성계수와 푸아송 비
  ㉠ 종단탄성계수 $E = \dfrac{\sigma}{\varepsilon}$, $E = \dfrac{P \cdot l}{A \cdot \Delta l}$
  ㉡ 푸아송 비(Poisson Ratio, v) : $v = \dfrac{\text{가로방향변형률}}{\text{세로방향변형률}}$, 푸아송 수 $\left(\dfrac{1}{v}\right)$

⑤ 재료의 강도
  ㉠ 정적강도(靜的强度, Static Strength) : 재료에 비교적 느린 속도로 하중을 가해서 파괴될 때, 파괴 시의 응력
  ㉡ 충격강도(衝擊强度, Impact Value) : 재료에 충격하중이 작용할 때 이것에 대한 저항성
  ㉢ 피로한도(疲勞限度, Fatigue Limit) : 재료에 하중이 반복해서 작용하면 재료가 정적 강도보다도 낮은 응력에서 파괴되는데 이러한 피로파괴를 일으키지 않는 응력의 한계
  ㉣ 크리프 한도 : 크리프 현상에 의해 변형이 일시적으로 증가해도 일정 한계의 응력 이하에서는 변형이 증가하지 않는 것
  ㉤ 릴랙세이션(Relaxation) : 재료에 응력을 가한 상태에서 변형을 일정하게 유지하면 응력은 시간이 지남에 따라 감소하는 현상

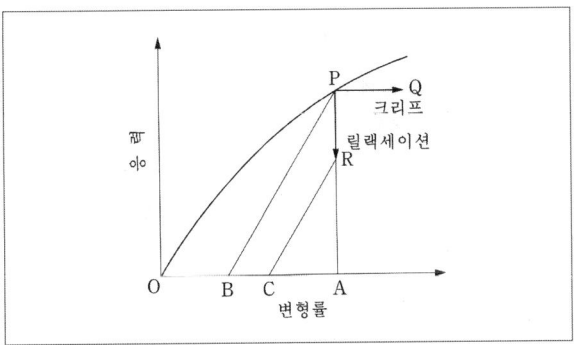

(2) 물리적 성질
① 밀도 : 물질의 조밀한 정도를 표시하는 지표, 단위체적당 질량(kg/ℓ, kg/m³)
② 함수율 : 재료 속에 포함된 수분의 중량을 건조 시 중량으로 나눈 값
③ 비열 : 단위질량 1g(1kg)의 물체의 온도를 1℃ 높이는 데 필요한 열량
④ 열전도율 : 단위 두께를 가진 재료의 두 면에 단위 온도차를 줄 때, 단위 시간에 전도하는 열량
⑤ 열확산율 : 단위 두께를 가진 재료의 상대하는 두 면의 단위 열량차를 줄 때, 단위 시간에 상승하는 온도
⑥ 열팽창 계수 : 재료의 온도 상승, 하강에 따르는 팽창 수축의 비
⑦ 전기 저항률 : 단위 길이와 단위 면적을 가진 재료의 저항비
⑧ 전기 전도율 : 전기 저항률의 역수

(3) 재료의 내구성
① 내후성(耐候性) : 재료가 건습, 동결융해 등의 작용에 대해 견디는 성질
② 내마모성(耐磨耗性) : 재료가 유수, 유사, 기계적 마모 작용에 대해 견디는 성질
③ 내식성(耐蝕性) : 철강의 녹, 목재의 부식 등의 작용에 대해 견디는 성질
④ 내화학 약품성 : 재료가 산, 알칼리, 염류, 기름 등의 작용에 대해 견디는 성질
⑤ 내생물성 : 재료가 충류, 균류 등의 작용에 대해 견디는 성질

3 난연재료의 요구성능

1) 방화재료의 시험법

(1) 방화성능 시험방법
① 기재시험 : 재료로부터 발열 유무를 조사하는 것으로 불연재료의 시험에 적용
② 표면시험 : 재료를 표면에서 가열했을 때의 발열량·발연성 등을 측정하는 것으로 모든 방화재료의 시험에 적용
③ 부가시험 : 표면시험과 동일하나 재료의 줄눈부분을 상정하여 줄눈 대신에 시험체 표면에 3개의 구멍을 뚫은 시료로 하는 것으로 준불연재료의 시험에 적용
④ 가스유해성 시험 : 재료가 연소할 때 발생하는 가스의 유해성을 조사하는 것으로 준불연재료 및 난연재료의 시험에 적용

(2) 모형상자시험
최근에는 초기 화재의 성장에 크게 영향을 미치는 내장재료의 화재성상을 파악하기 위하여 모형상자시험을 적용

2) 방화재료의 성능에 따른 시험

① 불연재료 : 가재시험, 표면시험
② 준불연재료 : 표면시험, 부가시험, 가스유해성 시험
③ 난연재료 : 표면시험, 가스유해성 시험

CHAPTER 02 각종 건설재료

SECTION 01 목재

1 목재

1) 목재의 구조

(1) 특징

장점	단점
① 비중에 비하여 강도가 큼(비강도가 큼)	① 함수량에 따른 수축, 팽창이 큼
② 가볍고 가공이 용이	② 재질 및 섬유방향에 따른 강도 차이가 큼
③ 수종이 다양하며 외관이 아름답고 부드러움	③ 불붙기 쉽고 썩기 쉬움
④ 열, 소리의 전도율이 적음	④ 재질이 균일하지 못함
⑤ 산, 알칼리에 대한 저항성이 큼	⑤ 재료 자체에 자연상태의 흠이 존재함

(2) 구조

① 나이테(Annual Ring) : 춘재와 추재가 줄기의 횡단면상에 나타나는 동심원형의 조직
　㉠ 춘재 : 봄, 여름철에 왕성하게 성장하여 세포막이 얇고 유연한 목질부
　㉡ 추재 : 가을, 겨울철에 성장하여 견고하고 두꺼운 세포층
② 심재와 변재
　㉠ 심재
　　• 수심의 주위에 둘러져 있는 생활기능이 줄어든 세포의 집합
　　• 변형이 적고 내구성이 있어 이용가치가 큰 부분
　　• 수분이 적고 단단하며 변재보다 색깔이 짙음
　㉡ 변재
　　• 심재에서 껍질에 가까운 부분
　　• 부피가 크고 심재보다 무름
　　• 심재보다 비중이 적고 강도가 약하며 내구성도 떨어짐

구분	심재	변재
비중	큼	작음
신축성	작음	큼
내구성, 강도	큼	작음
흡수성	작음	큼

③ 수심 : 나무줄기의 중심부로 무른 부분이며 목재로서 이용가치가 없음

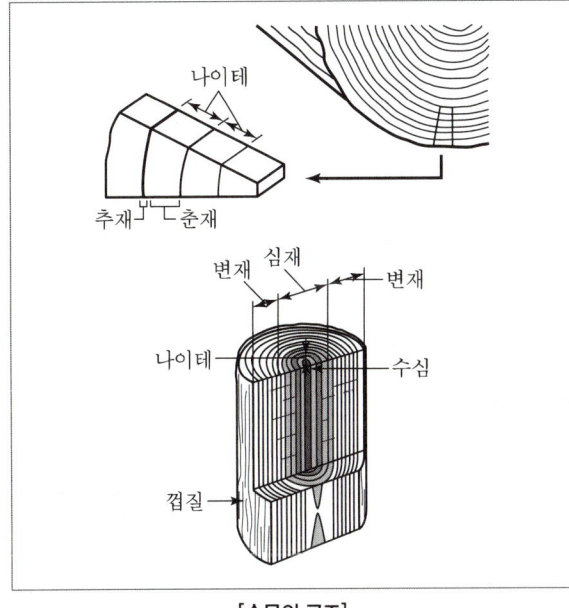

[수목의 구조]

2) 목재의 성질과 강도

(1) 물리적 성질

① 색깔, 광택, 향 : 수종에 따라 다양하며 그에 따른 독특한 색깔, 광택, 향을 갖음
　• 광택 : 곧은결면 > 널결면 > 마구리면

② 비중
- ㉠ 기건비중 : 목재의 수분을 공기 중에서 제거한 상태의 비중
- ㉡ 절대건조비중(절건비중) : 목재를 100~110℃ 정도에서 완전히 건조시킨 상태의 비중
- ㉢ 진비중(실비중) : 목재가 공극을 포함하지 않은 실제 섬유질만의 비중과 종류에 관계없이 1.54 정도의 일정한 값
- ㉣ 목재의 공극률(v) : $\left(1 - \dfrac{\gamma}{1.54}\right) \times 100(\%)$

  여기서, γ : 절대건조비중

③ 함수율(μ) : 목재 속에 함유된 수분의 목재 자신에 대한 중량비

$$\mu = \frac{W_1 - W_2}{W_2} \times 100(\%)$$

여기서, W_1 : 전 시료 중량, W_2 : 절대건조 시 시료 중량

- ㉠ 포화함수상태 : 함수율이 30% 이상이며 세포내강에는 자유수가 충만하고 세포막에는 결합수가 충만된 상태
- ㉡ 섬유포화점 : 함수율이 30%이고, 세포 속에는 수분이 없고 세포막에는 수분이 찬 상태
- ㉢ 기건상태 : 함수율이 12~18% 정도이고 세포막의 수분이 대기 속에서 건조하지 않고 수분이 남아있는 상태
- ㉣ 전건상태 : 함수율이 0%인 상태

④ 수축과 팽창
- ㉠ 함수율이 섬유 포화점 이상에서는 체적 변화가 일어나지 않지만, 섬유 포화점 이하가 되면 거의 함수율에 비례하여 신축함
- ㉡ 변재부는 심재부보다 수축·팽창에 따른 변형이 큼
- ㉢ 널결 > 곧은결 > 섬유방향 순으로 변형이 큼
- ㉣ 비중이 큰 목재가 변형이 큼

(2) 역학적 성질(강도)
① 기건 비중이 큰 목재일수록 각종 강도가 큼
② 섬유포화점 이하로 건조된 목재에서는 함수율이 낮을수록 강도가 크며, 섬유포화점 이상에서는 강도의 변화가 없음
③ 목재의 경도는 면 중에서 마구리면이 약간 크고, 곧은결면과 널결면은 별로 차이가 없음
④ 목재의 압축 및 인장강도는 섬유방향에 평행한 방향이 직각인 방향보다 큼
⑤ 섬유방향에 평행인 압축강도를 100으로 했을 때, 각종 강도의 크기순서는 다음과 같다.
- 인장강도(200) > 휨강도(150) > 압축강도(100) > 전단강도(16~19)

⑥ 목재의 허용강도는 최고 강도(파괴 강도)의 1/7~1/8 정도로 함
⑦ 목재의 심재부가 변재부보다 강도가 큼
⑧ 갈라짐, 옹이, 혹, 썩정이 등의 흠이 있을 경우 강도가 떨어짐

(3) 열 및 화학적 특성
① 인화점 : 180~240℃ 정도에서 열분해가 시작되어 가연성 가스가 발생
② 착화점 : 화재 위험온도로서 250~270℃ 정도 되면 불꽃에 의해 목재에 불이 붙음
③ 발화점 : 400~450℃ 정도가 되면 화기 없이 자연발화가 됨

3) 목재의 내구성과 건조법

(1) 목재의 내구성
① 부패 : 균류의 침입 및 번식으로 내구성을 떨어뜨림
② 충해 : 흰개미, 굼벵이 등의 곤충류가 목재의 내부로 침입하여 춘재부를 갉아먹어 구멍을 만드는 경우가 많음
③ 풍화 : 오랜 세월 햇볕, 비바람, 기온변화 등을 받아 광택이 없어지고 표면이 변색, 변질되는 현상을 말함

(2) 목재 건조의 목적
① 중량 감소
② 균류에 의한 부식 방지
③ 수축, 팽창 등으로 인한 균열, 뒤틀림 방지
④ 도장, 약재처리 용이
⑤ 강도 증가

(3) 목재의 건조법
① 수액제거법 : 원목을 현지에 1년 이상 그대로 놓아두거나 강물에 장기간 담가두는 방식, 뜨거운 물에 삶는 방식 등으로 수액을 제거

② 자연건조법
- ㉠ 대기건조법 : 목재를 옥외에 엇갈리게 수직으로 쌓거나, 일광이나 비에 직접 닿지 않도록 옥내에서 건조
- ㉡ 침수건조법 : 생목을 수중에 약 3~4주 정도 침수시켜 수액을 뺀 후 대기에 건조

③ 인공건조법
- ㉠ 증기(蒸氣)법 : 건조실에서 증기로 가열하여 건조
- ㉡ 훈연(燻煙)법 : 짚이나 톱밥 등을 태운 연기를 건조실에 도입하여 건조
- ㉢ 열기(熱氣)법 : 건조실 내의 공기를 가열하거나 가열공기를 넣어 건조
- ㉣ 진공(眞空)법 : 원통형 탱크 속에 목재를 넣고 밀폐하여 고온, 저압상태에서 수분 제거
- ㉤ 고주파(高周波) 건조법 : 고주파 에너지를 목재에 투사하여 생기는 발열을 이용하여 건조
- ㉥ 자비(煮沸)법 : 열탕에 넣고 찐 후 공기로 건조

4) 목재의 보존법

(1) 방부(防腐) 및 방충(防蟲)법
① 직사일광법 : 목재를 30시간 이상 햇볕에 직접 쬐어 자외선의 살균력에 의해 균을 죽이는 방법
② 침지법 : 완전히 물속에 잠기게 하여 공기와 차단시키는 방법
③ 표면탄화법 : 목재 표면을 약간 태워서 탄화시키는 방법으로 수분이 없어져 방부 및 방충 가능
④ 표면피복법 : 일반적으로 많이 쓰이는 방법으로 금속판, 옻, 니스 등의 도료로 표면을 피복하여 공기 차단, 방습, 방수가 되게 함

(2) 방부제 처리법
① 방부제 처리법의 종류

종류	내용
도포법	크레오소트 등을 솔 등을 이용하여 바르는 것
침지법	방부제 용액에 일정시간 및 일정 기간동안 담금질하는 것
상압주입법	보통 압력하에서 방부제를 주입하는 것
가압주입법	압력용기 속에 목재를 넣어서 처리하는 방법으로 가장 신속하고 효과적임
생리적주입법	벌목 전 생목의 뿌리에 방부제를 주입하여 목질부 내에 침투시키는 것

② 방부제의 종류
- ㉠ 유성 방부제 : 크레오소트, 콜타르, 유성페인트
- ㉡ 수용성 방부제 : 황산동 1%, 염화아연 4%, 불화소다 2%, PF 방부제, CCA 방부제
- ㉢ 유용성 방부제 : PCP(Penta-Chloro-Phenol)

5) 목재의 방화 · 방염법

(1) 방법
① 목재 표면에 불연성 도료를 칠하여 불꽃의 접촉 및 가연성 가스의 발산을 막음
② 목재에 방화제를 도포 또는 주입시켜 인화점을 높임
③ 목재의 표면을 시멘트 모르타르 등으로 피복하여 불꽃 접촉을 막고 공기를 차단

(2) 방화, 방염제의 종류
① 인산암모늄
② 황산암모늄
③ 규산나트륨(물유리)
④ 탄산나트륨
⑤ 몰리브덴
⑥ 붕사 등

6) 목재의 흠

(1) 개요
목재의 흠은 기후, 곤충 및 균 등에 의해 발생하는 자연적 손상과 벌채 및 운반과정에서 생기는 인위적 손상이 있음

(2) 흠의 종류
① 갈라짐(Crack) : 불균일한 건조 및 수축에 의해 발생되는 것
② 옹이(Knot) : 가지가 줄기의 조직에 말려들어간 것
③ 혹(Gall, Durl) : 목질 섬유기 집중히어 볼록하게 된 부분
④ 껍질박이(Bark Pocket) : 수목 성장 도중 세로방향의 외상으로 수피(樹皮)가 말려들어간 것
⑤ 썩정이 : 부패균이 목재의 내부에 침입하여 목질 섬유를 파괴시켜 갈색이나 흰색으로 변색되고 부패된 것
⑥ 송진구멍(Resin Pocket) : 소나무 등 복질부의 틈에 송진이 모인 것

2 목재의 가공품

1) 합판(Veneer)

(1) 정의

합판은 건조된 얇은 단판을 섬유방향이 서로 직교하게 3, 5, 7매 등 홀수 겹으로 하여 접착제로 겹쳐 붙여 일정한 치수로 절단한 것으로 베니어판 또는 베니어합판이라고도 한다.

(2) 특성

① 판재에 비해 균질한 재료를 많이 얻을 수 있음
② 단판을 서로 직교하여 붙여 잘 갈라지지 않고 방향에 따른 강도차가 적음
③ 단판이 얇아서 건조가 빠르고 뒤틀림이 적음
④ 저렴하면서도 아름다운 각종 무늬합판을 얻을 수 있음
⑤ 너비가 큰 판을 얻을 수 있으며, 곡면판을 만들 수 있음

(3) 종류

① 보통합판
② 치장합판
③ 특수합판

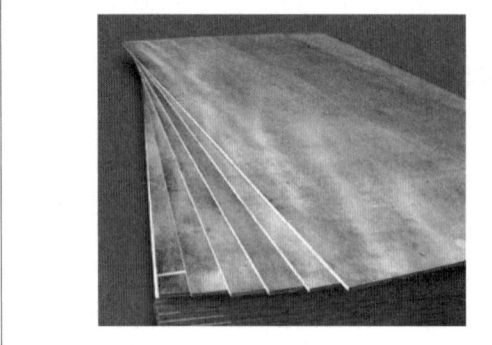

[합판]

2) 마루판

(1) 마루널(Flooring Board)

마루널은 나뭇결이 고운 단풍, 벚, 참나무, 미송, 티크 등의 판재를 이용하여 옆면과 마구리면에 제혀쪽매와 홈을 파서 현장에서 접합에 편리하도록 만든 것으로 플로어링 보드라고 부른다.

(2) 쪽매판(Flooring Block, Parquetry Board)

① 마루널 길이를 그 너비의 정수배로 하여 3장 또는 5장씩 붙여서 길이와 너비가 같게 정사각형으로 하고 옆면에 제혀쪽매와 홈을 낸 것이다.
② 파키트리 보드 : 두께 12~18mm, 길이 및 너비 300mm×300mm

3) 코펜하겐 리브(Copenhagen Rib)

강당, 집회장 등의 음향조절용으로 쓰이거나 일반건물의 벽 수장 재료로 사용하여 음향효과를 거둘 수 있는 목재 가공품이다.

[코펜하겐 리브]

4) 섬유판(Fiber Board)

(1) 정의

펄프, 톱밥, 볏집 등 식물섬유를 주원료로 하여 만든 판재의 총칭으로 텍스(Tex) 또는 파이버보드(Fiber Board)로 불린다.

(2) 종류

① 연질 섬유판 : 비중 0.4 미만
② 반경질 섬유판 : 비중 0.4~0.8
③ 경질 섬유판 : 비중이 0.8 이상으로 강도 및 경도가 큰 보드로 하드 텍스라 불린다.

[섬유판]

5) 파티클 보드(Particle Board, Chip Board)

(1) 정의

목재 또는 기타 식물질을 작은 조각으로 만들어 충분히 건조시킨 후 유기질 접착제로 성형, 열압하여 제판한 판(Board)을 말하며 칩보드라고도 한다.

(2) 특징

① 강도에 방향성이 없고 면적이 큰 제품을 만들 수 있음
② 외관이 거칠고 조면함
③ 비중은 0.4~0.8 정도
④ 수장재, 가구재 등으로 이용됨
⑤ 못, 나사 등을 지지하는 힘은 일반 목재와 거의 같음

6) MDF(Medium Density Fibre-board)

(1) 정의

톱밥 등에 접착제를 투입한 후 압축 가공해서 합판 모양의 판재로 만든 제품

(2) 특징

① 습기에 약하고 무게가 많이 나가지만 가공이 용이하고 마감이 깔끔한 인조 목재판
② 사무실 등의 칸막이 재료, 싱크대, 가구 등에 주로 사용

[파티클보드 / MDF]

7) 집성 목재(Glue-laminated Timber)

(1) 정의

① 두께 15~50mm의 판재를 여러 장 겹쳐서 접착시켜 만든 것
② 판재를 모두 섬유방향에 평행하게 붙이되, 붙이는 매수는 홀수가 아니므로 판재보다는 각재 형태로 많이 제작됨

(2) 특징

① 보나 기둥에 사용할 수 있는 큰 단면으로 만드는 것이 가능
② 인공적으로 강도를 자유롭게 조절 가능
③ 아치형이나 특수한 형태의 부재를 만들 수 있고 구조적인 변형이 쉬움

[집성목재]

SECTION 02
시멘트 및 콘크리트

1 시멘트 및 관련제품

1) 시멘트

(1) 종류

구분	종류
포틀랜드 시멘트	보통 포틀랜드 시멘트, 중용열 포틀랜드 시멘트, 조강 포틀랜드 시멘트, 초조강 포틀랜드 시멘트, 저열 포틀랜드 시멘트, 내황산염 포틀랜드 시멘트
혼합시멘트	고로 슬래그 시멘트, 실리카 시멘트, 플라이애시 시멘트
특수시멘트	백색 시멘트, 초속경 시멘트, 알루미나 시멘트, 팽창 시멘트, 폴리머 시멘트, 메이슨리 시멘트

(2) 제조

① 제조 : 석회질 및 점토질을 주원료로 하여 충분히 혼합한 후 소성로로 보내 1,400~1,500℃ 정도로 소성한 후 급속히 냉각시킴으로써 얻어지는 클링커(Clinker)에 응결지연을 위해 적당량(3~5%)의 석고를 가하고 분쇄하여 만듦

② 수경률(水硬率, HM) : 원료의 배합비를 결정하는 방법으로 염기 성분과 산성 성분과의 비율

$$수경률(HM) = \frac{CaO}{SiO_2 + Al_2O_3 + Fe_2O_3} \times 100(\%)$$

• 포틀랜드 시멘트의 수경률은 대개 1.7~2.4 정도

(3) 수화반응

① 응결(凝結, Setting) : 시멘트와 물을 섞은 후 1시간 이후에서 10시간 정도가 되면 시멘트 풀의 점성이 늘어남에 따라 유동성이 없어져 굳어지는 현상

㉠ 응결속도 영향인자 : 온도, 시멘트 분말도, 알루미네이트 비율이 높으면 응결 속도가 빠르며, 습도가 높고 풍화되거나 혼합용수가 많으면 응결 속도가 늦어짐

㉡ 응결시간 시험 : 비카트 침(Vicat Needle) 방법, 길모어 침(Gill More Needle) 방법

② 경화(硬化, Hardening) : 응결된 시멘트 고체가 시간이 지남에 따라 더욱 굳어져 강도가 커지게 되는 상태

③ 수화열 : 시멘트 풀(Cement Paste)은 수화작용에 따라 열을 발생하여 40~60℃까지 올라가고 수화열은 응결, 경화 등의 화학반응을 촉진시키는 데 유효한 역할을 함

(4) 시멘트의 성질 및 시험법

① 비중(比重) 및 단위용적 중량(重量)

㉠ 시멘트 비중은 그 종류와 화학적 조성에 따라 다르지만 보통 포틀랜드 시멘트의 경우 3.05(KS) 이상으로 규정

㉡ 풍화할수록 비중, 강도가 감소하므로 비중은 풍화의 척도로 적절함

㉢ 단위용적중량 : 1,500kg/m³

㉣ 시험법 : 르 샤틀리에(Le Chatlier) 비중병(플라스크)

② 분말도(粉末度, Fitness)
  ㉠ 시멘트의 분말도는 시멘트 입자의 굵고 가늚을 나타내는 것
  ㉡ 분말도가 높으면 물과 접촉면이 많으므로 수화작용이 빠르고, 초기강도의 발현이 빠름
  ㉢ 분말도가 높은 시멘트는 풍화되기 쉬움
  ㉣ 수화작용으로 인한 건조수축이 커서 균열이 발생하기 쉬움
  ㉤ 시험법 : 블레인(Blaine) 공기투과장치
③ 강도
  ㉠ 영향요인 : 배합수량, 시멘트-모래비, 모래의 종류와 입도, 혼합과 시험체의 제작방법, 양생조건, 시험체의 모양과 크기, 재령, 재하속도
  ㉡ 시험법 : 시멘트 모르타르의 강도시험
④ 풍화(風化, Aeration)
  ㉠ 시멘트는 저장 중에 공기와 닿으면 공기 중 수분(H_2O)을 흡수하여 수화작용을 일으키며 이때 생긴 수산화칼슘이 공기 중의 이산화탄소와 작용하여 탄산칼슘과 물이 생기게 되는데, 이러한 작용을 풍화라고 함
  ($Ca(OH)_2 + CO_2 \rightarrow CaCO_3 + H_2O$)
  ㉡ 풍화된 시멘트의 성질 : 밀도가 작아짐, 응결이 늦어짐, 강도가 늦게 발현됨, 강열감량(强熱減量)이 커짐
  ㉢ 강열감량 : 시멘트의 풍화 정도를 나타내는 척도로 KS에서 3% 이하로 규정(KS L 5120)

(5) 저장 및 사용 시 주의점(콘크리트 표준시방서)
① 시멘트는 방습적인 구조로 된 사일로 또는 창고에 품종별로 구분하여 저장해야 한다.
② 시멘트를 저장하는 사일로는 시멘트가 바닥에 쌓여서 나오지 않는 부분이 생기지 않도록 해야 한다.
③ 포대시멘트의 경우는 지상 30cm 이상 되는 마루에 쌓아올려서 검사나 반출에 편리하도록 배치하여 저장하며, 시멘트를 쌓아올리는 높이는 13포대 이하로 하고 저장 기간이 길어질 경우 7포대 이상 올리지 않는 것이 좋다.
④ 저장 중에 약간이라도 굳은 시멘트는 공사에 사용해서는 안 된다. 장기간 저장한 시멘트는 사용 전 시험하여 그 품질을 확인해야 한다.
⑤ 시멘트의 온도가 너무 높을 때는 그 온도를 낮추어서 사용해야 한다.

2) 각종 시멘트의 종류 및 특징
(1) 보통 포틀랜드시멘트
① 시멘트 중 가장 많이 사용되는 시멘트로 우리나라 시멘트 생산량의 약 90% 정도를 차지
② 시멘트의 비중은 3.05~3.15 정도이며, 단위용적 중량은 1,500kg/m³를 표준으로 함

(2) 중용열 포틀랜드시멘트
① 시멘트의 발열량을 적게 하기 위하여 화합조성물 중 규산3석회(C_3S)와 알루민산3석회(C_3A)의 양을 적게 하고 장기강도의 발현을 위하여 규산2석회(C_2S)의 양을 많게 한 시멘트
② 수화반응이 늦으므로 수화열이 적고, 건조 수축균열이 적음
③ 조기강도는 낮으나 장기강도는 우수한 편임
④ 벽체가 두꺼운 댐이나 부재단면의 치수가 큰 토목이나 건축공사 등의 매스콘크리트(Mass Concrete)에 사용함

(3) 조강 포틀랜드시멘트
① 보통 포틀랜드시멘트보다 규산3석회(C_3S)나 석고량을 많게 하고 분말도를 크게 하여 조기에 강도를 나타내도록 만든 시멘트
② 보통 포틀랜드시멘트의 재령 28일 강도를 7일 정도에 나타내지만 장기 강도는 보통 포틀랜드시멘트와 큰 차이가 없음
③ 수화열이 크며 이에 따른 균열발생의 우려가 있음
④ 긴급공사, 한중 콘크리트 공사, 콘크리트 제품, 수중 콘크리트 공사 등에 이용됨

(4) 저열 포틀랜드시멘트
① 중용열 포틀랜드시멘트보다 시멘트의 수화열을 작게 하기 위하여 화합조성물 중 규산3석회(C_3S)와 알루민산3석회(C_3A)의 양을 더욱 적게 하여 만든 시멘트
② 수화반응이 늦으므로 수화열이 적고, 건조 수축균열이 적음
③ 지하구조물의 콘크리트공사에 사용함

(5) 고로 시멘트
① 포틀랜드시멘트 클링커에 급랭한 고로슬래그(철강제조 과정에서 나오는 부산물)를 적당량 혼합한 후 적당량의 석고를 가해 미분쇄해서 만든 시멘트

② 장기간 습윤보양이 필요함
③ 초기강도는 낮으나 장기강도는 우수하여 해수에 대한 저항성이 큼
④ 건조수축은 보통 포틀랜드시멘트보다 크나 수화열이 적어서 매스 콘크리트에 적합함
⑤ 내화학성, 내열성, 수밀성이 큼
⑥ 해수, 공장폐수, 하수 등에 접하는 콘크리트 구조물 공사 등에 사용함

(6) 실리카 시멘트
① 포틀랜드시멘트 클링커에 포졸란(Pozzolan)을 혼합한 후 적당량의 석고를 가해 만든 시멘트로서 포틀랜드 포졸란 시멘트라고도 함
② 포졸란(Pozzolan)은 천연산이나 인공산의 실리카질 혼화재료로 수경성을 갖지 않으나 상온에서 물과 수산화칼슘이 화합하여 불용성 염을 형성하며 경화함
③ 실리카 시멘트는 포졸란 반응으로 수밀성이 증가하며, 장기강도도 증가하여 구조용 또는 미장용 모르타르로도 사용됨

(7) 플라이애시 시멘트
① 플라이애시 시멘트의 플라이애시는 고운 석탄재의 일종으로 화력 발전소 등에서 얻을 수 있는 것으로 플라이애시 시멘트는 플라이애시를 포틀랜드시멘트에 혼합하여 만든 시멘트
② 수밀성이 좋으며 수화열과 건조 수축이 적고 화학적 저항성이 큼
③ 조기강도는 낮으나 장기강도는 우수함

(8) 백색 포틀랜드시멘트
① 보통 포틀랜드시멘트의 제조 원료인 석회석을 흰색의 석회석으로 사용하고 시멘트의 성분 중에 마그네시아(MgO)의 양을 극히 적게 한 것으로 소량의 안료를 첨가하면 여러 가지 색깔을 낼 수 있는 시멘트
② 사용되는 점토는 산화철(Fe_2O_3)이 가능한 포함되지 않은 것을 사용함
③ 미장용, 인조 대리석 제조용 등으로 사용되며 보통 백색시멘트라고 부름
④ 내구성, 내마모성이 우수하며 강도가 보통 포틀랜드시멘트보다 큼

(9) 알루미나 시멘트
① 보크사이트(Bauxit)와 석회석을 원료로 하여 만든 시멘트로서 조기에 강도가 나타난다. 보통 포틀랜드 시멘트 28일 압축강도를 1일에 내기도 함
② 산, 염류, 해수, 화학적 저항성이 크며 발열량이 큼
③ 알루미나 시멘트는 알칼리에 약하고, 철근을 부식시키기 쉬움
④ 긴급공사, 동기공사, 해안공사 등에 사용

(10) 팽창 시멘트
① 보크사이트, 석회석, 석고의 혼합물을 소성한 칼슘 클링커를 미분쇄한 후 포틀랜드시멘트에 혼합하여 만든 시멘트
② 팽창 시멘트는 팽창성이 있어 수화반응 시 건조수축에 의한 균열발생을 감소시킴
③ 방수성을 요구하는 지붕슬라브, 저수탱크, 지하 외벽 등의 구조물 공사 등에 이용됨

(11) 폴리머 시멘트
① 폴리머(Polymer)는 중합반응에 의해서 만들어진 합성수지로 이 수지를 시멘트와 혼합하여 만든 시멘트
② 콘크리트의 방수성, 내약품성, 변형성, 접착성 등을 개선하기 위해서 이용됨

3) 시멘트 관련 제품
① 시멘트 벽돌(Cement Brick) : 시멘트 벽돌은 시멘트와 골재(모래, 잔자갈 또는 쇄사, 쇄석)를 배합하여 가압·성형한 후 양생한 벽돌을 말함
② 시멘트 블록(Cement Block) : 시멘트 블록은 시멘트와 골재를 배합하여 가압·성형한 후 양생한 것으로 콘크리트 블록(Concrete Block) 또는 속 빈 시멘트 블록(Hollow Cement Block)이라고도 함
③ 시멘트판 종류
  ㉠ 목모 시멘트판(Wood-Wool Cement Board)
  ㉡ 목편 시멘트판(Wood Chip Cement Board)
  ㉢ 펄라이트 시멘트판(Pulp Cement Perlite Board)

2 콘크리트 및 관련제품

1) 콘크리트

(1) 장·단점

장점	단점
① 압축강도가 큼 ② 내화, 내구, 내수적임 ③ 철근과의 접착이 잘 되고, 알칼리성으로 방청력이 좋음 ④ 거푸집 등으로 원하는 형태를 만들기가 용이함	① 자중이 비교적 큼 ② 인장강도, 전단강도 및 휨강도가 작음 ③ 경화할 때 수축에 의한 균열이 발생하기 쉬움 ④ 중량에 비해 강도가 작음 ⑤ 습식공사로 겨울철 공사가 어려움

(2) 배합설계

① 배합이란 시멘트, 골재, 물 및 혼화재료의 혼합비율 또는 그 사용량을 결정하여 콘크리트가 원하는 강도를 얻을 수 있도록 하는 것

② 배합의 종류
  ㉠ 시방배합(Specific Mix) : 시방서 또는 책임 기술자의 지시에 따라 실시되는 배합
  ㉡ 현장배합(Job Mix) : 실제 현장에서 사용되는 골재의 흡수량, 골재의 입도상태 등을 고려하여 시방배합을 현장상태에 맞게 보정하는 배합
  ㉢ 중량배합(Weight Mix) : 콘크리트 1m³를 비벼내는 데 소요되는 각 재료의 양을 중량(kg)으로 표시한 배합
  ㉣ 용적배합(Volume Mix) : 콘크리트 1m³를 비벼내는 데 소요되는 각 재료의 양을 용적(ℓ)으로 표시한 배합

③ 배합설계 순서
  ㉠ 소요강도(설계기준강도 f_{ck})의 결정 → ㉡ 배합강도(f_{cr})의 결정 → ㉢ 시멘트 강도(K)의 결정 → ㉣ 물시멘트비(W/C) 결정 → ㉤ 슬럼프값 결정 → ㉥ 굵은골재 최대치수 결정 → ㉦ 잔골재율(S/a) 결정 → ㉧ 단위수량(W) 결정 → ㉨ 시방배합의 산출 및 조정 → ㉩ 현장배합의 결정

(3) 배합에 영향을 주는 요소

① 물시멘트비(W/C)
  ㉠ W/C=물의 중량 / 시멘트의 중량×100(%)
  ㉡ 다짐이 충분할 경우 W/C가 낮을수록 강도 증가

② 슬럼프(Slump)
  ㉠ 슬럼프가 클 경우 블리딩이 많아지고 굵은골재 분리현상 발생
  ㉡ 슬럼프값이 커질수록 단위 시멘트량이 많아짐

③ 굵은골재 최대치수
  ㉠ 부재의 최소치수의 1/5, 피복두께 및 철근의 최소 수평·수직 순간격의 3/4 초과 금지
  ㉡ 굵은골재의 최대치수가 커질수록 단위수량, 공기량, 잔골재율 감소

④ 잔골재율(S/a)
  ㉠ 물시멘트비가 작을수록 잔골재율은 작아짐
  ㉡ 잔골재율이 커지면 단위시멘트량, 단위수량 증가로 시공성이 향상되나 블리딩, 재료분리 현상 등이 발생함

(4) 성질

① 굳지 않은 콘크리트(Fresh Concrete)의 성질

용어	특성	내용
Consistency	반죽질기	반죽이 되거나 묽은 정도
Workability	시공연도	작업의 용이성, 재료분리에 대한 저항성
Plasticity	성형성	거푸집에 용이하게 충전하고 분리가 일어나지 않는 정도
Finishability	마감성	콘크리트 표면의 평활도의 정도
Pumpabilty	압송성	펌프를 이용하여 압송하는 경우의 난이도

  ㉠ 반죽질기(Consistency) : 주로 콘크리트 수량의 다소에 따른 반죽이 되고 진 정도를 나타내는 성질로 슬럼프 시험(Slump Test)에 의한 슬럼프 값으로 표시
  ㉡ 시공연도(Workability) : 워커빌리티란 반죽질기 여하에 따른 작업의 난이도 및 재료분리에 저항하는 정도
    • 워커빌리티 측정방법 : 슬럼프 시험, 구관입 시험, 반죽질기 시험, 유동성 시험, 다짐계수 시험
  ㉢ 성형성(Plasticity) : 거푸집 등의 형상에 순응하여 채우기 쉽고 분리가 일어나지 않는 성질
  ㉣ 피니셔빌리티(Finishability) : 콘크리트 표면의 평활도, 마감작업의 용이성, 난이도를 표시하는 성질
  ㉤ 재료분리
    • 굵은골재 최대치수가 큰 경우
    • 잔골재량 또는 단위수량이 많은 경우

- 배합이 적절치 못한 경우
- 재료의 타설 높이가 적절치 않은 경우
- 지나친 진동다짐 등

ⓑ 블리딩(Bleeding) : 콘크리트 타설 후 물이나 미세한 물질이 분리 상승하여 콘크리트 표면에 떠오르는 현상

[블리딩 현상 감소대책]
- 콘크리트 단위수량을 적게
- 골재의 입도를 적절하게
- AE제 또는 감수제 등 적절한 혼화재료 사용

ⓢ 레이턴스(Laitance) : 블리딩 현상의 결과 콘크리트 표면으로 떠오른 미세한 물질이 표면에 얇은 피막을 형성하여 굳은 것

② 굳은 콘크리트의 성질
  ㉠ 압축강도 : 콘크리트의 강도 및 품질을 나타내는 기준으로 재령 28일의 압축강도가 기준
  ㉡ 탄성과 소성 : 응력-변형률 곡선, 탄성계수와 푸아송 비
  ㉢ 건조수축
   - 콘크리트가 건조됨에 따라 발생하는 수축현상
   - 초기에 급격히 진행되고 시간이 경과함에 따라 완만해짐
   - 시멘트의 화학성분이나 분말도에 따라 변화
   - 단위수량, 단위시멘트량이 많을 경우 커짐
   - 단위수량이 동일할 경우 단위시멘트량을 증가시켜도 수축량 변화는 적음
   - 물시멘트비가 크면 건조수축도 커짐
   - AE제, AE감수제 사용 시 건조수축 감소
  ㉣ 크리프 : 하중을 계속 재하하면 응력의 변화 없이 변형은 재령과 함께 증가

2) 골재

(1) 골재의 종류
① 잔골재(모래) : 5mm 체를 90% 이상 통과하는 골재
② 굵은골재(자갈) : 5mm 체에 90% 이상 남는 골재

(2) 골재에 요구되는 품질
① 깨끗하고 불순물이 섞이지 않은 것
② 소요의 내구성 및 내화성을 가진 것
③ 입자의 모양이 납작하거나 길쭉하지 않은 구형으로 표면이 다소 거친 것
④ 입도(粒度, 굵고 잔 알이 섞인 정도)가 적당할 것
⑤ 실적률(實積率=100-공극률)이 클 것
⑥ 모래의 염분은 0.04% 이하, 당분은 0.1% 이하일 것
⑦ 강도는 콘크리트 중의 경화 시멘트 페이스트의 강도 이상일 것
⑧ 마모에 대한 저항성이 크고 화학적으로 안정할 것

(3) 골재의 일반적 성질
① 골재의 함수상태
  ㉠ 절대건조상태(절건상태) : 골재입자 내부의 공극에 포함된 물 전부 제거
  ㉡ 공기 중 건조상태(기건상태) : 자연건조로 골재 표면과 내부의 일부가 건조
  ㉢ 표면건조 포화상태(표건상태) : 골재 표면에 물이 없으나 내부 공극에는 물이 가득 차 있는 상태
  ㉣ 습윤상태 : 골재 내부에 물이 채워져 있고 표면에도 물이 부착되어 있는 상태

② 골재의 함수량
  ㉠ 기건함수량 : 절건상태에서 기건상태가 될 때까지 골재가 흡수한 수량
  ㉡ 유효흡수량 : 기건상태에서 표건상태가 될 때까지 골재가 흡수한 수량
  ㉢ 흡수량 : 절건상태에서 표건상태가 될 때까지 골재가 흡수한 수량
  ㉣ 표면수량 : 표건상태에서 습윤상태가 될 때까지 골재가 흡수한 수량
  ㉤ 흡수율 : (흡수량/절건상태 골재 중량)×100(%)
  ㉥ 표면수율 : (표면수량/표건상태 골재 중량)×100(%)

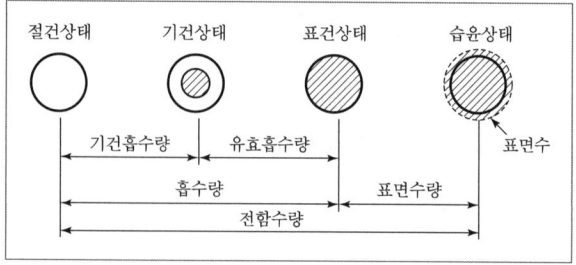

[골재의 함수상태]

③ 골재의 공극률 = $\left(1 - \dfrac{\text{단위용적중량}}{\text{비중}}\right) \times 100$

(4) 각종 골재

① 강모래·강자갈 : 모양과 입도가 좋고 강도가 우수하여 가장 적당한 골재로 취급
② 산모래·산자갈 : 점토, 부식토 등의 유기불순물이 포함되어 있어 사용 시 주의
③ 바닷모래·바닷자갈 : 해수의 염분이 철근 부식을 촉진하므로 충분히 세척 사용
④ 부순모래(쇄사(碎沙))·깬자갈(쇄석(碎石)) : 최근 강모래, 강자갈 부족으로 많이 사용되나 모양이 각지고 표면이 거칠어 워커빌리티가 떨어짐
⑤ 경량(輕量)골재 : 보통골재보다 비중이 작은 골재로 콘크리트의 중량 경감이나 단열성·방음성을 요구하는 콘크리트에 사용됨
⑥ 중량(重量)골재 : 보통골재보다 비중이 큰 골재로 방사선 차폐용 특수 콘크리트에 사용되며 자철광, 적철광, 중정석 등이 많이 쓰임

3) 혼화재료

(1) 혼화제(混和劑) : 시멘트 중량의 5% 이하 사용

① 사용량이 미소하여 콘크리트 부피에 거의 영향을 주지 않음
② AE제, 감수제, 방수제, 유동화제, 지연제 등
③ AE제
  ㉠ 공기량 증가로 콘크리트의 시공연도, 워커빌리티 향상
  ㉡ 단위수량 감소로 물시멘트비(W/C) 감소
  ㉢ 콘크리트 내구성 향상 및 동결에 대한 저항성 증대

(2) 혼화재(混和材) : 시멘트 중량의 5% 이상 사용

① 사용량이 다소 많아 콘크리트의 부피에 영향을 준다.
② 플라이 애시(Fly Ash)
  ㉠ 고운 석탄재의 일종으로 화력발전소 등에서 얻을 수 있고 매끄럽고 미세한 구형입자로 되어 있으며 비중은 1.9~2.4 정도이다.
  ㉡ 콘크리트의 유동성을 개선하고 장기강도가 증대되며 수화열과 건조수축이 적음
③ 포졸란(Pozzolan)
  ㉠ 천연산이나 인공산의 실리카질 혼화재료로 수경성이 없으나 상온에서 물과 수산화칼슘이 화합하여 불용성 염을 형성하며 경화한다.
  ㉡ 콘크리트의 수밀성 증대, 장기강도 증가 효과
  ㉢ 시멘트의 사용량을 줄일 수 있고 해수 등에 화학적 저항성이 큼
④ 고로 슬래그(Blast Furnace Slag)
  ㉠ 제철소의 용광로에서 선철을 제조할 때 용광로에 넣은 석회석이 철광석의 불순물과 화합하여 슬래그(Slag) 형성
  ㉡ 콘크리트의 수화반응 속도를 감소시켜 균열 방지, 수밀성 증대, 장기강도의 증진 등의 효과
  ㉢ 황산염 등에 대한 화학적 저항성, 하수나 해수 등에 대한 내식성이 증대
⑤ 실리카 흄(Silica Fume)
  ㉠ 제강용 탈산제로 사용되는 페로실리콘 합금이나 규소 합금을 전기로에서 제조할 때 생기는 폐기가스를 집진하여 얻어지는 부산물로 구형의 미립자
  ㉡ 수밀성 향상, 강도 증진 효과
  ㉢ 고성능 감수제와 함께 사용하면 단위수량의 감소가 가능하고, 최근에는 고강도 콘크리트 제조에 많이 사용됨

4) 콘크리트의 종류 및 특징

(1) A.E콘크리트(Air Entrained Concrete)

① 콘크리트에 표면활성제인 A.E제를 사용하여 콘크리트 중에 미세한 기포를 발생하여 단위수량을 적게 하고 워커빌리티를 개선시킨 콘크리트
② A.E콘크리트의 주요특징
  ㉠ 워커빌리티가 좋아짐
  ㉡ 단위수량이 감소됨
  ㉢ 동결·융해에 대한 저항성이 증대됨
  ㉣ 내구성, 수밀성이 향상됨
  ㉤ 재료분리, 블리딩 현상이 감소됨
  ㉥ 철근의 부착강도는 저하됨
③ 콘크리트에 연행되는 공기량은 콘크리트 용적의 3~6% 정도가 적당하다. 공기량 1% 증가에 강도는 4~6% 감소함

(2) 경량콘크리트(Light Weight Concrete)

① 구조물의 경량화를 목적으로 경량골재를 사용하여 만든 기건비중 2.0 이하의 콘크리트

② 장·단점

장점	단점
㉠ 건물의 중량이 경감됨	㉠ 강도가 작음
㉡ 단열성이 우수함	㉡ 건조 수축이 큼
㉢ 내화, 흡음, 차음효과가 좋음	㉢ 흡수성이 크고, 동해에 약함

③ 종류
  ㉠ 경량골재콘크리트 : 비중이 작은 다공질의 경량골재를 사용한 것
  ㉡ 경량기포콘크리트 : 콘크리트의 시멘트페이스트 속에 A.E제·알루미늄 분말 등 발포제를 넣어 무수한 기포를 골고루 형성시킨 것

(3) 중량콘크리트(Heavy Concrete)

① 중량콘크리트란 중량골재를 사용하여 비중을 크게 하고, 치밀하게 한 콘크리트로 기건 비중이 2.6 이상인 콘크리트를 말함
② 주로 방사선을 차단할 목적으로 이용되는 콘크리트로 차폐용 콘크리트(Shielding Concrete)라고도 하며 보통 비중을 3.5 이상으로 해야 함
  ㉠ 주재료
    • 시멘트 : 보통 포틀랜드시멘트, 중용열 시멘트포틀랜드 사용
    • 골재 : 자철광, 갈철광, 중정석 등
    • 혼화재료 : 감수제 등
  ㉡ 슬럼프 값은 15cm 이하, 물시멘트비는 55% 이하로 설정
  ㉢ 콘크리트 1회 타설 높이는 30cm 이내로 설정

[중량 콘크리트]

(4) 한중 콘크리트(Cold-Weather Concrete, Winter Concrete)

① 1일 평균기온이 4℃ 이하의 낮은 외부온도에서 시공되는 콘크리트
② 초기동해 방지에 필요한 콘크리트 압축강도 5MPa
③ W/C의 60% 이하가 되도록 단위수량을 적게 사용하고 AE제 또는 AE감수제를 사용
④ 필요시에는 골재나 물을 가열하여 배합하고 시공, 양생시 적절한 보온조치

(5) 서중 콘크리트(Hot-Weather Concrete)

① 1일 평균 기온이 25℃를 넘는 높은 외부온도에서 시공되는 콘크리트
② 단위수량의 급속한 증발, 슬럼프 값의 저하, 급속한 응결, 강도저하의 문제점
③ 혼화제로 AE감수제 지연형을 사용하고, 단위수량 및 단위 시멘트량을 가능한 적게 사용함

(6) 고강도 콘크리트(High Strength Concrete)

① 콘크리트의 강도를 높여 대형화·고층화 건물의 시공이 가능하도록 설계기준강도를 기준 값 이상이 되도록 한 콘크리트
② 설계기준강도는 현재 다음 값 이상으로 규정하고 있으나 콘크리트의 제조기술 등의 발달로 인하여 그 값이 상향 조정될 수도 있다.
  ㉠ 보통 콘크리트 : 40MPa 이상
  ㉡ 경량 콘크리트 : 27MPa 이상
③ 슬럼프 값은 15cm 이하, 물시멘트비는 55% 이하로 해야 함
④ 단위수량은 185kg/m³ 이하로 하고 소요의 워커빌리티를 얻을 수 있는 한도 내에서 작게 함

(7) 수밀 콘크리트(Water Tight Concrete)

① 콘크리트의 수밀성을 높여 지하실의 외벽 등 물의 침투를 방지하기 위한 공사에 적합
② 고급 골재를 사용, 굵은골재는 되도록 큰 입경(40mm 정도)의 것을 사용, 실적률을 크게 하여 빈틈을 적게 함
③ 되도록 된비빔으로 하여 슬럼프 값은 15cm 이하, W/C는 50% 이하
④ AE제, 방수제 등 혼화재료를 사용, 배합에 유의하여 밀실한 콘크리트가 되게 함
⑤ 가급적 이어치기 지양

(8) 매스 콘크리트(Mass Concrete)
① 부재단면의 최소치수가 80cm 이상, 수화열에 의한 콘크리트의 내부온도와 외부온도의 차이가 25℃ 이상으로 예상되는 콘크리트
② 내·외부의 수화반응 시 온도 차이로 인한 균열이 발생하므로 내외부의 온도 차이를 적게 할 필요가 있음
③ 댐, 고층건물의 온통기초, 옹벽, 방파제 등에 시공

(9) 유동화 콘크리트(Super Plasticizer Concrete)
① 미리 비벼놓은 콘크리트에 유동화제를 첨가하여 재비빔한 콘크리트로 유동성 개선
② 유동화제 사용은 콘크리트의 품질 개선이 아니라 부어넣기, 다짐 등의 시공성을 개선하기 위함
③ 유동화제 사용은 단위수량 및 단위시멘트 사용량을 줄임으로써 건조수축으로 인한 균열방지 및 콘크리트의 고품질화에도 기여
④ 높은 강도, 내구성, 수밀성을 갖는 콘크리트를 얻을 수 있음
⑤ 건조수축이 통상의 묽은 비빔콘크리트보다 적게 됨
⑥ 초기강도 증대, 콘크리트 고품질화에 기여

(10) 프리플레이스트 콘크리트(Preplaced Concrete)
① 굵은 골재를 거푸집 등에 넣고 그 사이에 시멘트 페이스트를 펌프로 주입
② 주입관의 작업간격 : 벽식 구조인 경우 1.5~2m 정도의 간격으로 배치
③ 주입은 하부로부터 순차적으로 하되 시멘트 페이스트 윗면이 거의 수평면으로 유지되도록 천천히 진행
④ 특성
   ㉠ 부착강도 및 수밀성이 큼
   ㉡ 건조수축이 적음
   ㉢ 재료분리가 적음
   ㉣ 조기강도는 적으나 장기강도는 큼

(11) 프리스트레스트 콘크리트(Prestressed Concrete)
① 고강도 강선을 사용하여 인장응력을 미리 부여함으로써 단면을 적게 하면서 큰 응력을 받을 수 있도록 한 콘크리트
② 장스팬의 보나 외력이 큰 보 등의 구조물을 만드는 데 사용됨

③ 종류
   ㉠ 프리텐션 방식 : 인장력을 준 강재 주위에 콘크리트를 타설하고, 경화 후 강재의 정착부를 풀어 콘크리트에 압축력을 주는 방식
   ㉡ 포스트텐션 방식 : 콘크리트를 타설하고, 경화 후 미리 묻어둔 시스(Sheath) 내에 강재를 삽입하여 긴장시킨 후 정착하고 그라우트(Grout)하는 방식

5) 콘크리트 관련제품

(1) 콘크리트 말뚝(Concrete Pile)
① 말뚝박기 기초공사용 철근콘크리트 제품
② 기성콘크리트 말뚝(Precast Concrete Pile)과 제자리 콘크리트 말뚝(Cast-in Place Concrete Pile)으로 대별할 수 있음

(2) 프리캐스트 콘크리트(Precast Concrete) 부재
① 공장에서 철제거푸집에 의해 소요의 형상 및 치수로 제작하고 증기양생을 실시하여 고품질 및 고강도로 제품화한 것
② PC부재 또는 조립식 부재라고도 함

[프리캐스트 콘크리트 부재]

(3) ALC(Autoclaved Light-weight Concrete)
① ALC 제품은 오토클레이브(Autoclave)라는 고압증기 양생기를 이용하여 만든 경량기포 콘크리트 제품
② 원료로는 생석회, 규사(규석), 시멘트, 플라이애시(Fly-Ash), 고로슬래그, 알루미늄 분말 등이 있음
③ 건조 수축률이 작은 편이고, 균열 발생이 적음

④ 장·단점

장점	단점
• 경량성 : 기건 비중은 콘크리트의 1/4 정도 • 단열성 : 열전도율은 콘크리트의 1/10 정도 • 흡음 및 차음성이 우수함 • 불연성 및 내화구조 재료 • 시공성 : 경량으로 취급이 용이하여 현장에서 절단 및 가공이 용이함	• 압축강도가 4~8MPa 정도로 보통 콘크리트에 비해 강도가 비교적 약함 • 다공성 제품으로 흡수성이 크며 동해에 대한 방수·방습처리가 필요함

SECTION 03
석재, 점토 및 타일

1 석재 및 관련제품

1) 석재

(1) 석재의 장·단점

장점	단점
• 압축강도가 크고 불연재료에 해당됨 • 내구성, 내수성, 내마모성이 우수하고 내화학성이 양호함 • 외관이 장중하고 다수의 석재는 갈면 광택이 있음 • 구입이 용이하고 종류가 다양하여 여러 가지 외관 및 색조를 표현함	• 인장강도는 압축강도의 1/10~1/20로 약함 • 비중이 커서 가공, 운반이 용이하지 않음 • 장대재를 얻기 어려워 가구재로는 적당하지 않음 • 일부 석재는 화열이나 산 또는 염기에 약하므로 사용에 주의가 필요함 • 취도계수가 큰 취성재료

(2) 암석의 분류

① 화성암 : 화강암, 안산암, 현무암, 감람석, 부석 등
② 수성암 : 석회석, 사암, 점판암, 응회암 등
③ 변성암 : 대리석, 사문암, 편암, 석면 등

(3) 암석의 성질

① 강도
  ㉠ 압축강도 > 휨 및 전단강도 > 인장강도(압축강도의 1/10~1/20)

  ㉡ 석재를 구조용 부재로 사용할 경우 압축력을 받는 부분에 사용
  ㉢ 압축강도 비교 : 화강암 > 대리석 > 안산암 > 사문석
② 내구성
  ㉠ 조암광물의 성분, 입자 등의 상태에 따라 차이가 있음
  ㉡ 석영이 많이 포함되어 있으면 석재의 내구성이 커지고, 운모가 많이 포함되어 있으면 내구성이 작아짐
③ 내화성
  ㉠ 화강암 및 대리석은 500~600℃ 정도에서 변색, 강도저하가 크므로 내화성이 약한 석재에 속한다.
  ㉡ 안산암, 사암, 응회암 등은 1,000℃ 정도의 고온에서도 약간의 변색을 나타내지만, 강도저하를 일으키지 않으므로 내화성이 큰 석재에 속한다.
  ㉢ 내화성 비교 : 응회석 > 안산암 > 대리석 > 화강암
④ 비중, 흡수율 등
  ㉠ 비중이 큰 석재는 강도 및 내구성이 좋은 석재에 속함
  ㉡ 흡수율 및 공극이 큰 석재는 강도 및 내구성이 약한 석재에 속함
  ㉢ 흡수율 비교 : 응회암 > 안산암 > 사문석 > 화강암 > 점판암 > 대리석

2) 석재의 종류 및 특징

(1) 화성암(火成巖)

① 화강암(花崗巖, Granite)
  ㉠ 장석(65%), 석영(30%), 운모(3%), 휘석, 각섬석을 함유한 광물질로 형성되어 있고 압축강도가 크며, 광택이 양호함
  ㉡ 내수성, 내마모성, 내구성이 큼
  ㉢ 가공성이 우수하며 대형재의 생산이 가능하여 바닥재, 내·외장재로 많이 사용됨
  ㉣ 내열온도는 570℃ 정도로 내화도가 낮음
  ㉤ 국내에 매장량이 풍부하여 생산량이 많아 가장 많이 사용됨
② 안산암(安山巖, Andesite)
  ㉠ 화성암 중 가장 흔하며 종류가 다양하고 그에 따른 성질도 다양함
  ㉡ 강도, 경도, 비중이 큰 편
  ㉢ 내화적이고 석질이 치밀하여 주로 구조용재로 이용됨
  ㉣ 콘크리트용 쇄석 등의 주원료로 많이 이용됨

③ 현무암(玄武巖, Basalt)
- ㉠ 암석에 다공을 내포한 것이 많으며 광택은 떨어짐
- ㉡ 석질이 단단한 것은 토대석, 석축 등에 사용되며 최근에는 암면의 원료, 외부 마감재로도 쓰임
- ㉢ 색상 및 외관은 흑색, 암회색 계통이 많음

④ 부석(浮石)
- ㉠ 화산석이라고 하며 화산에서 분출된 마그마가 급속히 냉각하여 응고된 다공질 암석
- ㉡ 경량 골재나 내화재로 사용됨

(2) 수성암(水性巖)

① 석회암(石灰巖, Lime Stone)
- ㉠ 화성암 중에 포함된 석회분이나 동·식물의 잔해 중에 포함된 석회성분이 물에 녹아 있다가 오랜기간 침전되어 쌓여 굳어진 암석
- ㉡ 색상 및 외관은 백색 또는 회백색이고 석질은 치밀한 편
- ㉢ 내산성, 내화성, 내후성이 떨어짐
- ㉣ 주로 석회나 시멘트의 원료로 사용됨

② 사암(砂巖, Sand Stone)
- ㉠ 모래, 자갈이 물에 침전, 퇴적되어 점토 등의 고결재에 의하여 경화된 암석
- ㉡ 일반적으로 흡수율이 크고 강도가 낮은 편이나 내화성은 우수함
- ㉢ 외관이 양호한 것은 실내장식재로 사용함
- ㉣ 규산질 사암이 가장 강하고 내구성이 크나 가공이 어려움

③ 점판암(粘板巖, Clay Slate)
- ㉠ 진흙이 오랫동안 침전, 퇴적하여 큰 압력을 받아 생성
- ㉡ 대기 중에서 변색, 변질되지 않고 석질이 치밀함
- ㉢ 색상은 청회색 또는 흑색계통
- ㉣ 얇은 판으로 채취하기 용이하여 천연슬레이트로 지붕이나 외벽 재료 등에 사용됨

④ 응회암(凝灰巖, Tuff)
- ㉠ 화산에서 분출되는 다량의 화산회, 화산사 등이 퇴적되어 굳은 것으로 물 속에서 침전에 의한 암석 생성은 아님
- ㉡ 가공이 용이하며 내화성은 좋으나 흡수성이 크고 강도가 떨어짐
- ㉢ 색상은 회색, 담녹색 계통
- ㉣ 강도를 요하지 않는 토목재료로 사용됨

(3) 변성암(變成巖)

① 대리석(大理石, Marble)
- ㉠ 석회암이 변성작용에 의해 결정질이 뚜렷하게 된 변성암의 일종
- ㉡ 압축강도는 크나 산과 열에 약하고 내구성이 떨어져 외장재로는 부적당함
- ㉢ 광택과 빛깔, 무늬가 아름다워 실내장식용, 조각용으로 많이 이용됨
- ㉣ 대리석 붙이기 공사에는 석고 모르타르가 적당함

② 사문암(蛇紋巖, Serpentine)
- ㉠ 주로 감람석, 섬록암이 변성되어 생긴 암석
- ㉡ 흑백색 등의 바탕에 암녹색 줄이 있어 뱀의 문양 같다고 붙여진 명칭
- ㉢ 경질이나 산과 열에 약하고 내구성이 떨어져 실내장식재 등으로 사용됨

③ 트래버틴(Travertine)
- ㉠ 대리석의 일종으로 다공질이고 황갈색의 반문이 있어 특이한 느낌을 주는 석재
- ㉡ 특수한 부위의 실내 장식용으로 사용됨

④ 석면(石綿, Asbestos)
- ㉠ 주로 사문암, 각섬암이 열과 압력을 받아 변질되어 섬유모양의 결정질이 된 것
- ㉡ 종래에는 단열재, 보온재 등으로 사용되었으나 최근에는 인체에 해로운 발암물질로 알려져 그 사용을 규제하고 있음

3) 석재 관련제품

(1) 인조석(人造石, Artificial Stone)

① 인조석은 화강암, 대리석, 사문암 등의 쇄석을 종석으로 하여 백색 포틀랜드시멘트에 광물질 안료를 넣고 혼합, 반죽하여 진동기로 다져 경화한 것

② 자연석과 유사하게 인위적으로 제조된 석재로 모조석 또는 의석이라고도 함

③ 인조석은 제조기술의 발달과 천연석에 비해 가격이 저렴한 편이라 최근에는 바닥, 벽 등의 마감재로 그 사용이 증대되고 있음

(2) 암면(巖綿, Rock Wool)

① 안산암·현무암·사문암 등을 고온으로 녹인 것을 고압의 증기를 이용하여 작은 구멍의 틈새로 분출시켜 섬유화시킨 것
② 방화성능이 요구되는 단열재·흡음재 등으로 사용됨

(3) 질석(蛭石, Vermiculite)

① 운모계·사문암계의 광석을 높은 온도(800~1,000℃)로 가열시켜 부피가 5~6배로 팽창된 비중이 0.2~0.4인 회백색 또는 갈색의 다공질 암석
② 내열, 방음재로 쓰이며, 시멘트와 배합하여 콘크리트 블록, 벽돌 등을 제조하는 데도 사용됨

(4) 펄라이트

진주암, 흑요암 등을 분쇄하여 소성, 팽창시켜 제조한 백색의 다공질 암석

(5) 테라조

인조석의 종석 대신 대리석 조각을 사용하여 만든 모조석

4) 석재 가공 순서

① 혹두기 : 쇠메로 치거나 손잡이 있는 날메로 거칠게 가공하는 단계
② 정다듬 : 섬세하게 튀어나온 부분을 정으로 가공하는 단계
③ 도드락다듬 : 정다듬하고 난 약간 거친면을 고기 다지듯이 도드락망치로 두드리는 것
④ 잔다듬 : 정다듬한 면을 양날망치로 쪼아 표면을 더욱 평탄하게 다듬는 것
⑤ 물갈기 : 잔다듬한 면을 숫돌 등으로 간 다음, 광택을 내는 것

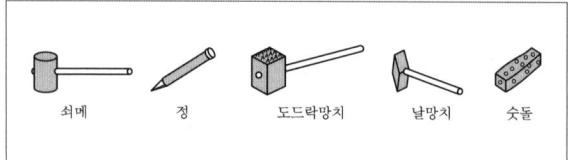

쇠메   정   도드락망치   날망치   숫돌

5) 석재 사용 시 주의사항

① 외벽 특히 콘크리트 표면 첨부용 석재는 경석을 사용하여야 함
② 동일 건축물에는 동일 석재로 시공하도록 함
③ 석재를 구조재로 사용할 경우 직압력재로 사용하여야 함(휨, 인장강도 약함)
④ 중량이 큰 것은 높은 곳에 사용하지 않도록 해야 함
⑤ 석재의 예각부는 풍화방지에 해로움
⑥ 외장, 바닥 시공 시 내수성 및 산에 강한 종류를 사용해야 함
⑦ 취급상 치수는 $1m^3$ 이내로 해야 함

2 점토 및 관련제품

1) 점토(粘土)

(1) 점토의 성질

① 가소성(可塑性)
  ㉠ 점토에 적당량의 물을 가하면 일정한 형태의 모양을 만들기가 쉬워지는 성질을 말함
  ㉡ 점토입자가 미세할수록 좋고, 미세분은 콜로이드로서의 특성을 보임
② 소성(燒成) : 적당한 온도로 가열하면 용적, 비중, 색조 등의 변화가 일어나며 상호 밀착되어 냉각과 더불어 내수성 및 강도 등이 크게 증가하는 성질
③ 점성(粘性) : 점토가 건조하면 입자가 서로 분리되나 적당량의 물이 가해지면 물을 매개로 하여 서로 밀착되려는 성질
④ 색상 : 철산화물(적색) 또는 석회물질(황색)에 의해 나타남
⑤ 강도 : 불순물이 많을수록 강도는 떨어지고, 점토의 압축강도는 인장강도의 5배 정도임

(2) 분류 및 제조

① 분류

종류	원료	소성온도(℃)	소지 흡수율(%)	소지 색	소지 강도	시유 여부	제품
토기	일반 점토	790~1,000	20 이상	유색	약함	무유 혹은 식염유	벽돌, 기와, 토관
도기	도토	1,100~1,230	10	백색 유색	견고	시유	기와, 토관, 타일, 테라코타
석기	양질 점토	1,160~1,350	3~10	유색	치밀, 견고	무유 혹은 식염유	벽돌, 타일, 테라코타
자기	양질 점토	1,230~1,460	0~1	백색	치밀, 견고	시유	타일, 위생도기

② 점토 제품의 제조
원료배합 → 반죽 → 숙성 → 성형 → 건조 → 소성 → 시유

2) 점토 관련 제품

(1) 점토 벽돌

품질	종류		
	1종	2종	3종
흡수율(%)	10 이하	13 이하	15 이하
압축강도(N/mm²)	24.50 이상	20.59 이상	10.78 이상

① 붉은 벽돌 : 점토를 빚어 완전 연소하여 구운 벽돌을 말함
② 검정 벽돌 : 점토를 불완전 연소하여 구운 벽돌로 주로 외장용으로 사용
③ 이형(異形) 벽돌 : 아치(Arch) 등 특수한 용도에 사용하기 위해 다른 모양으로 만듦
④ 포도(鋪道) 벽돌 : 내마모성 및 강도가 우수하여 도로 바닥 포장용 등으로 사용

(2) 특수 벽돌

① 유공벽돌
㉠ 모르타르와의 접착력을 개선하기 위해 작은 원통형의 구멍을 3, 5개 뚫어 제작
㉡ 외부 치장벽돌로 많이 사용됨

[유공벽돌]

② 공동벽돌
㉠ 시멘트 블록과 비슷하게 속을 비게 하여 만든 벽돌로 구멍 벽돌이라고 함
㉡ 구멍으로 인해 경량벽돌로 분류되며 단열 및 방음, 칸막이 벽 등으로 사용

③ 경량벽돌
㉠ 원료인 점토에 탄가루와 톱밥, 겨 등의 유기질 가루를 혼합하여 성형 후 소성
㉡ 비중은 1.2~1.5 정도이며 톱질과 못 박기가 용이함

④ 내화벽돌(Fire Brick)
㉠ 원료광물로 납석이 가장 적절하며 용광로, 시멘트 소성가마, 굴뚝 등 높은 온도를 필요로 하는 장소에 사용
㉡ 소성온도 측정법인 세게르 콘(S.K, Seger Cone) 26 이상의 내화도(1,500~2,000℃)를 가진 것

3 타일 및 관련 제품

1) 타일

(1) 정의
타일은 점토 또는 암석의 분말을 성형, 소성하여 만든 박판 형태의 제품

(2) 타일의 성형법
① 건식법
② 습식법(복잡한 형상)

(3) 타일 종류
① 타일은 내장, 외장, 바닥, 모자이크 타일 등으로 구분하여 사용하며, 소지의 질에 따라 도기질, 석기질, 자기질로도 구분
② 스크래치 타일(Scratch Tile) : 표면에 거친 무늬를 넣은 것으로 긁힌 모양의 외장용으로 주로 사용
③ 보더 타일(Boarder Tile) : 가늘고 긴 띠 모양의 시유 타일로 걸레받이, 징두리 벽 등에 사용
④ 클링커 타일(Clinker Tile) : 식염유를 바른 진한 다갈색 타일로서 다른 타일에 비해 두께가 두껍고 홈줄을 넣은 외부 바닥용으로 사용
⑤ 타일의 흡수율은 자기질 타일의 경우 흡수율이 낮음
⑥ 내부 벽체용 타일은 흡수성이 다소 있으나 청소가 용이한 것이 유리함

2) 타일 관련 제품

(1) 테라코타(Terra-Cotta)
① 이탈리아어로 "구운 흙"이라는 뜻으로 도토나 고급 점토 등을 사용하여 일정한 형태로 제작되는 점토 소성제품

② 특징
　㉠ 원하는 형태로 속을 비어 있게 제작하여 일반 석재보다 가벼움
　㉡ 압축강도는 화강암의 약 1/2 정도로 우수한 편
　㉢ 화강암보다 내화성이 강하고 대리석보다 풍화에 강해 외장재료로 적당함
③ 용도

칸막이 벽, 바닥 등의 구조용도 있으나 석재 조각물 대신 사용되는 장식용 제품으로 많이 사용된다. 최근에는 패널 형상으로 제작되어 내·외벽에도 사용될 수 있도록 제조된 제품도 있음

(2) 위생도기, 토관, 도관

① 위생도기(Sanitary Wares)
　㉠ 위생도기는 각종 위생설비에 사용되는 점토 소성 제품으로 대변기, 소변기, 세면기, 욕조 등을 말함
　㉡ 위생도기는 점토에 철분의 성분이 적은 도자기질의 고급점토인 고령토를 사용하여 제작하고 유약으로 시유하는 것이 일반적
② 토관(土管, Clay Pipe)
　㉠ 토관은 점토를 성형, 소성하여 만든 관으로 강도는 좋지 않으나 가격이 저렴하며, 흡수율은 20% 이하가 요구됨
　㉡ 토관 중 고급제품으로 유약칠을 한 것을 오지토관이라고 함
　㉢ 주로 배수관, 굴뚝, 환기통 등으로 사용됨
③ 도관(陶管, Ceramic Pipe)
　㉠ 도관은 토관의 일종이지만 소지로 도기질을 사용하고, 소성온도를 높게 하여 강도를 증가시키고 식염유를 사용하여 흡수율을 낮춘 제품
　㉡ 주로 상수관, 배수관, 배선관 등으로 사용됨

SECTION 04
금속재료

1 철강 및 관련제품

1) 철 금속

(1) 철의 분류

① 철은 탄소(C)량의 구분에 따라 탄소가 1.7% 이상 함유된 것을 주철(鑄鐵), 선철(銑鐵), 그 미만인 것을 철강(鐵鋼) 또는 강(鋼)이라고 함
② 탄소량이 적으면 적을수록 연성이 커지며, 탄소 함유량이 많아지면 강도 및 경도가 높아지나 부서지기 쉬운 성질이 있음

(2) 철강(鐵鋼, Steel)

① 철강은 탄소량에 따라 순철, 탄소강, 주철 등으로 나눔
(주조성 : 주철 > 탄소강 > 순철)

명칭	탄소량	성질
순철(연철)	0.04% 이하	800~1,000℃ 내외에서 가단성이 크고 연질임
탄소강	0.04~1.7% 이하	가단성, 주조성, 담금질 등의 효과가 큼
주철	1.7% 이상	주조성이 크고 취성이 큼

② 탄소강은 탄소 함유량에 따라 극연강, 연강, 반연강 등으로 나뉘며 연강이 건설재료로 많이 사용됨

구분		탄소량(%)	주용도
탄소강	극연강	0.08~0.12	리벳, 못, 새시바, 용접관 등
	연강	0.12~0.20	철근, 형강, 강판, 강관 등
	반연강	0.2~0.3	레일, 차량, 기계용 형강
	반경강	0.3~0.4	볼트, 강널말뚝 등
	경강	0.4~0.5	공구, 스프링, 피아노 선 등
	최경강	0.5~0.6	스프링, 칼날, 공구 등

③ 강의 열처리

구분 종류	열처리 방법	특징
불림(소준) Normalizing	강을 800~1,000℃로 가열한 후 공기 중에 천천히 냉각	㉠ 강철의 결정 입자가 미세화 ㉡ 변형이 제거 ㉢ 조직이 균일화
풀림(소둔) Annealing	강을 800~1,000℃로 가열한 후 노 속에서 천천히 냉각	㉠ 강철의 결정이 미세화 ㉡ 결정이 연화됨
담금질(소입) Quenching	강을 800~1,000℃로 가열한 후 물 또는 기름 속에서 급냉	㉠ 강도와 경도가 증가됨 ㉡ 탄소함유량이 클수록 담금질 효과가 큼
뜨임(소려) Tempering	담금질한 후 다시 200~600℃로 가열한 다음 공기 중에서 천천히 냉각	㉠ 강의 변형이 없어짐 ㉡ 강에 인성을 부여하여 강인한 강이 됨

(3) 강의 일반적 성질

① 역학적 성질(응력-변형률 곡선(Stress-strain Curve))

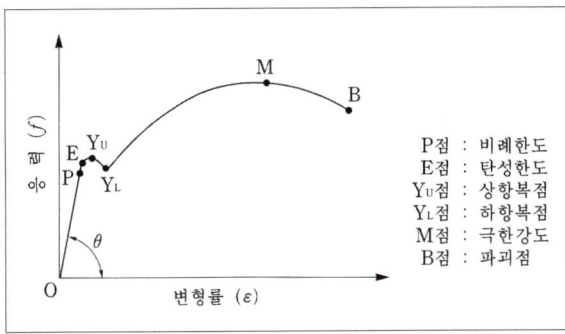

P점 : 비례한도
E점 : 탄성한도
Y_U점 : 상항복점
Y_L점 : 하항복점
M점 : 극한강도
B점 : 파괴점

㉠ 비례한도(比例限度, Proportional Limit) : 응력이 작을 때에는 변형이 응력에 비례하여 커지며, 이 비례관계가 성립되는 최대 한계
㉡ 탄성한도(彈性限度) : 재료에 가해진 외력을 제거한 후에도 영구변형하지 않고 원형으로 되돌아 올 수 있는 한계
㉢ 상·하 항복(降伏)점 : 응력은 증가하지 않는 데 변형률이 급격히 증가하는 현상을 항복이라 하며 Y_U를 상항복점, Y_L을 하항복점이라 함
㉣ 극한강도 : 항복이 끝나고 응력이 다시 증가하기 시작하여 최대 응력에 도달하게 될 때의 강도
㉤ 파괴점 : 응력이 증가하지 않아도 변형이 커져서 파괴되는 점

② 강의 온도에 의한 영향

강은 온도에 따라 강도가 변하는데 100℃ 이상 되면 강도가 증가하여 250~300℃에서 최대가 됨

온도	강도의 영향
500℃	0℃일 때의 1/2로 감소
600℃	0℃일 때의 1/3로 감소
900℃	0℃일 때의 1/10로 감소

(4) 주철(鑄鐵)과 주강(鑄鋼)

① 주철(鑄鐵, Cast Iron)
  ㉠ 주철은 탄소(C) 함유량이 1.7% 이상에서 6.67%까지의 것
  ㉡ 강보다 내식성이 우수하고 용융점이 낮아서 복잡한 형태의 것도 주조하기 쉽지만, 취성으로 인하여 압연, 단조 등의 기계적 가공을 할 수 없음
  ㉢ 창호철물, 장식철물, 맨홀 뚜껑, 급수 주관 등으로 사용됨

② 주강(鑄鋼, Steel Casting)
  ㉠ 탄소량이 0.5% 정도 용융 강을 필요한 모양, 치수에 따라 주형에 주입하여 만든 것
  ㉡ 주조성이 있고, 성질은 탄소강과 비슷하지만, 인성이 떨어짐

(5) 특수강

① 구조용 특수강
  ㉠ 탄소강에 니켈(Ni), 크롬(Cr), 망간(Mn), 몰리브덴(Mo), 텅스텐(W) 등 한 가지 이상을 혼합하고 담금질 등의 열처리를 하여 강도, 인성을 높인 것
  ㉡ PC 강선, 특수레일 등에 사용

② 스테인리스 강(Stainless Steel)
  ㉠ 스테인리스 강은 크롬(Cr), 니켈(Ni)을 함유한 저탄소 강으로 내식성 및 광택이 우수한 특수강임
  ㉡ 전기저항이 크고 열전도율이 낮으며 용접도 가능함
  ㉢ 식기, 가구, 건축물의 내·외장재, 설비 기구, 급수 배관용 등에 사용됨

③ 동강(Copper Steel)
  ㉠ 강에 구리(Cu)를 적당량 첨가시켜 내식성을 증대시킨 연강(軟鋼).
  ㉡ 스테인리스 강보다는 작으나 상당한 내식성이 있고 강도도 일반 동보다는 우수하여 동강을 내후성 강이라고 함
  ㉢ 스테인리스 강에 비해 값이 저렴하고 염수에도 내식성이 있어 강판 널말뚝재, 창 새시 등으로 사용함

2) 철강 관련제품

(1) 구조용 강재(Structural Steel)

① 형강(形鋼, Shape Steel)
  ㉠ 열간 압연하여 특수한 단면의 형상으로 제조된 강재
  ㉡ 철골 구조물로 많이 사용되고 대형 차량, 선박 등의 구조물 등에서도 사용됨

② 철근(鐵筋, Steel Bar)
  ㉠ 원형철근(Round Steel Bar) : 단면이 원형으로 콘크리트에 대한 부착력이 약함
  ㉡ 이형철근(Deformed Steel Bar) : 콘크리트와의 부착력을 높이기 위하여 철근의 표면에 마디와 리브(Rib) 등 돌기를 붙인 것
  ㉢ 고강도 철근(High Tensile Bar) : 인장력이 크고, 항복점 강도가 350MPa 이상인 철근

(2) 선재(線材, Wire Materials)

① 철선(鐵線) : 콘크리트 보강용, 비계 결속용, 철망 등에 사용
② PS 강선 및 PS 강연선 : 프리스트레스트 콘크리트의 긴장재로 사용
③ 와이어 로프(Wire Rope) : 가는 철선을 몇 가닥 꼬아서 만든 기본 로프를 다시 여러 개 꼬아서 만든 것
④ 와이어 라스(Wire Lath) : 지름 0.9~1.2mm의 철선 또는 아연도금 철선을 둥근형, 마름모형, 육각형 등으로 가공, 제작하여 울타리, 시멘트 모르타르 바름의 바탕 등에 사용
⑤ 와이어 메시(Wire Math) : 연강 철선을 전기 용접하여 정방형 또는 장방형으로 만든 것으로 블록을 쌓을 때나 보호 콘크리트를 타설할 때 사용하며 균열을 방지하고 교차 부분을 보강하기 위해 사용하는 금속제품

[와이어 라스]

[와이어 메시]

2 금속 및 관련제품

1) 비철금속 재료

(1) 구리(동)

① 제법 : 동(銅, Copper)은 황동광($CuFeS_2$), 적동광(Cu_2O) 등의 원광석을 용광로에 가열하여 조동(粗銅)을 얻은 후 이것을 전기분해로 정련하여 만듦

② 성질
  ㉠ 연성과 전성이 풍부하며 열·전기의 양도체이다. 밀도가 8.7~9.0g/cm³, 용융점은 1,080℃, 비열은 400J/kg·℃(0~100℃), 열전도율은 330W/m·℃로 보통 금속 중 가장 높음
  ㉡ 알칼리성, 암모니아 용액에 침식되고 산성용액에는 융해된다. 따라서 콘크리트, 시멘트 모르타르에 직접 접하거나 암모니아 가스 발생 장소(화장실 등)에 사용 지양
  ㉢ 염수, 해수에 빨리 침식됨

③ 동 합금
  ㉠ 황동(黃銅, Brass)
   • 구리+아연의 합금(놋쇠)의 합금으로 구리에 아연(Zn)을 10~45% 혼합
   • 구리보다 단단하고 주조가 잘 되며 가공하기 쉬움
   • 내식성이 크고 외관이 아름다움
   • 논슬립, 줄눈대, 코너비드, 난간, 정첩 등 창호 철물에 이용

ⓒ 청동(靑銅, Bronze)
- 구리+주석(Sn : 4~12%)의 합금
- 황동보다 주조성, 내식성이 크고 기계적 성질이 우수하며 내마모성이 높음
- 기계용품, 베어링, 밸브 등에 많이 사용

(2) 알루미늄(Aluminum)

① 제법 : 원광석인 보크사이트(Bauxite)에서 알루미나(Al_2O_3)를 분리하여 이것을 전기분해하여 만듦

② 성질
   ㉠ 비중이 2.7로서 경금속, 비중에 비해 강도도 커 구조용 재료로 유리
   ㉡ 연성, 전성이 커서 가공이 쉽고, 전기 및 열전도율이 높고 열팽창계수는 강보다 2배 정도 큼
   ㉢ 내부식성이 좋으나, 해수 및 산, 알칼리에 약하여 인공적으로 내식성의 산화 피막을 입히는데, 이것을 알루마이트(Alumite)라 함
   ㉣ 강도, 탄성계수는 강의 1/2~1/3 정도
   ㉤ 용접성이 좋지 않음
   ㉥ 용융점이 640~660℃로 낮음

[알루미늄 제품]

[알루미늄 거푸집]

(3) 티타늄(Titanium)

① 제법 : 티타늄(Titanium)은 티탄광석(TiO_2)을 원료로 하여 만듦

② 성질 : 밀도가 $4.5g/cm^3$ 정도로 가볍고, 인장강도는 270~410N/mm^2, 종탄성계수는 106GPa

③ 티탄 합금 : 티탄 합금은 가볍고 강하며, 내부식성이 좋아 항공기 재료 등에 사용

(4) 납(Lead)

① 제법 : 방연광(PbS), 백연광($PbCO_3$), 황산연광($PbSO_4$) 등 천연적으로 산출되는 광석에서 조연(粗鉛)을 얻어 정제함

② 성질 : 밀도(비중)이 $11.4g/cm^3$ 정도로 가장 무겁고, 연성·전성이 크며 인장강도가 $12N/mm^2$로 작음

③ 용도 : 주로 수도관, 가스관, 케이블 피복 등에 사용되며 동 및 아연 합금, 도장재료, 방사선 실의 방사선 차폐용 등으로 사용

(5) 아연(Zinc)

① 제법 : 아연은 아연광(ZnS, $ZnCO_3$)을 원료로 하여 전해법에 의해 정제하여 만듦

② 성질 : 밀도가 $7.04~7.16g/cm^3$, 인장강도는 23~135 N/mm^2, 탄성계수는 76GPa

③ 용도 : 철사, 철판 등을 피복할 때 많이 사용되며, 아연 도금 철판 제조에 사용

2) 금속재료의 부식과 방식법

(1) 일반적 부식 방지법

① 다른 종류의 금속을 서로 잇대어 쓰지 않음
② 균질한 재료를 씀
③ 가공 중에 생긴 변형은 뜨임질, 풀림 등에 의해서 제거
④ 표면은 깨끗하게 하고, 물기나 습기가 없도록 함
⑤ 도료나 내식성이 큰 금속으로 표면에 피막을 하여 보호 또는 도금함
⑥ 도료, 특히 방청도료를 칠함
⑦ 적절한 합금재료를 사용하여 내식, 내구성 있는 금속 개발, 사용

(2) 금속의 이온화 경향 크기

K>Ca>Na>Mg>Al>Cr>Mn>Zn>Fe>Ni>Sn>Pb>Cu>Hg>Ag>Pt>Au

3) 금속 관련제품

(1) 주요제품

① 메탈라스(Metal Lath)
  ㉠ 두께 0.4~0.8mm의 연강판에 일정한 간격으로 자르는 마름모꼴 자국을 내어 이것을 옆으로 잡아당겨 그물 모양으로 만든 것
  ㉡ 종류 : 편평라스, 파형라스, 리브라스 등
  ㉢ 활용 : 천장, 벽 등의 미장 바탕

[메탈라스 및 시공사진]

② 익스펜디드 메탈(Expended Metal)
  ㉠ 두께 6~13mm의 연강판을 망상으로 만든 것
  ㉡ 활용 : 콘크리트 보강용
③ 펀칭 메탈(Punching Metal)
  ㉠ 두께 1.2mm 이하의 연강판에 여러 가지 무늬로 구멍을 뚫어 만든 것
  ㉡ 활용 : 환기 구멍, 라디에이터 커버 등
④ 그릴(Grille) : 펀칭 메탈과 비슷한 것으로 창문 등의 도난 방지용, 하수구 및 배수구 등의 상부에 설치

(2) 긴결 및 고정철물

① 드라이브 핀(Drive Pin) : 드라이비트(Drivit)라는 일종의 못 박기 총을 사용하여 콘크리트나 강재 등에 박는 특수강의 못을 말함
② 인서트 : 콘크리트 표면 등에 어떤 구조물을 달아매기 위해 콘크리트 타설 전에 미리 묻어두는 고정철물로 안쪽에 암나사가 있어 천장 달대볼트 등을 돌려 넣을 수 있음
③ 목조 이음용 철물
  ㉠ 꺾쇠 : 봉강 토막의 양 끝을 뾰족하게 하고 ㄷ자형으로 구부려 2개의 목조부재를 연결 또는 보강할 때 사용
  ㉡ 띠쇠 : 띠형으로 된 철판에 못이나 볼트 구멍을 뚫은 철물로 목구조의 2개 부재에서 이음, 맞춤 부분이 벌어지지 않도록 사용
  ㉢ 듀벨 : 목재와 목재 사이에 끼워 볼트와 같이 사용하여 볼트는 인장력을, 듀벨은 전단력을 부담하기 위해 사용하는 철물

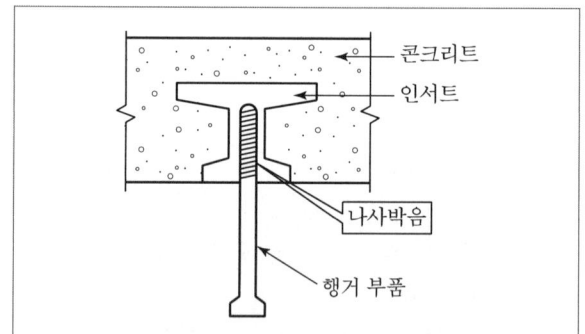

[인서트]

[듀벨]

(3) 장식 철물

① 줄눈대(Metalic Joiner) : 인조석 갈기, 테라죠 갈기 바닥 등의 신축균열 방지 및 외장효과를 주기 위해 사용하는 철물로 철제, 알루미늄제, 황동제 중 황동제가 많이 쓰임
② 조이너(Joiner) : 천장이나 내벽판류의 접합부 처리를 위한 덮개로 사용하는 것
③ 코너비드 : 기둥, 벽 등의 모서리를 보호하기 위하여 미장 바름질할 때 붙이는 보호용 철물
④ 계단 논슬립(Non-Slip) : 계단 디딤판 끝에 설치하여 미끄러지지 않도록 하기 위한 철물로 미끄럼막이라고도 함

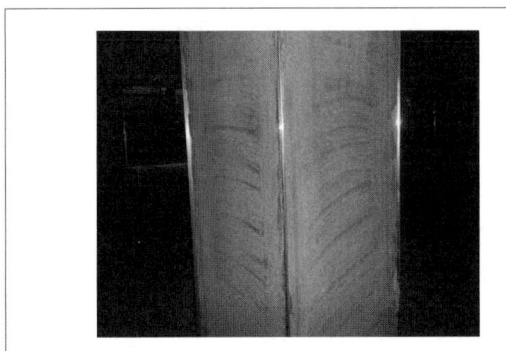

[코너비드]

[계단 논슬립]

(4) 창호철물

① 경첩 등
  ㉠ 경첩 : 문틀에 여닫이 창호를 달 때 여닫이의 시도리(축)가 되는 철물
  ㉡ 돌쩌귀 : 여닫이문 경첩 대신 촉으로 돌게 된 철물
  ㉢ 지도리 : 장부가 구멍에 끼워져 돌게 되는 철물로 회전창에 사용

② 도어 클로저, 도어 스톱, 도어 홀더, 창개폐조정기
③ 자물쇠, 걸쇠, 꽂이쇠
④ 손잡이·손걸이
⑤ 문바퀴, 레일, 도르래

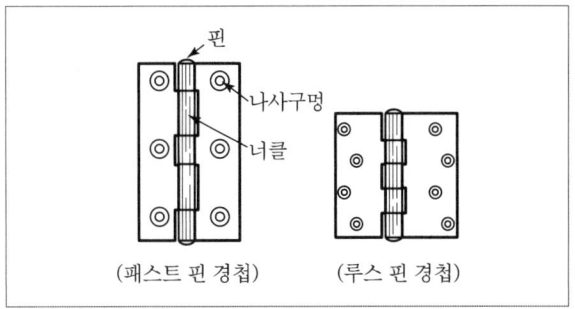

[경첩]

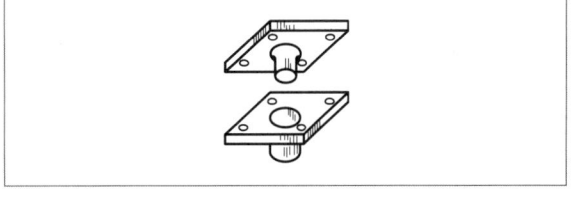

[지도리]

SECTION 05
미장 및 방수재료

1 미장 재료

1) 개요

① 건축물의 바닥·벽·천장 등의 미화·보호·방습·방수·방음·내화 등을 목적으로 적당한 두께로 바르거나 뿜칠 등을 실시하여 마무리하는 재료를 말함
② 미장재료의 시공과정
  ㉠ 바닥정리 및 청소 → ㉡ 초벌바름 → ㉢ 재벌바름 → ㉣ 정벌바름

2) 미장재료의 분류

(1) 구성재료

① 결합재(結合材, Binder) : 물리적·화학적으로 고화(固化)하여 미장바름의 주체가 되는 재료를 말하는 것으로 시멘트, 석고 플라스터, 합성수지, 아스팔트 등을 말함
② 골재(骨材, Aggregate) : 결합재의 결점인 수축균열 방지, 점성 및 보수성의 부족 보완 또는 치장의 목적으로 사용되는 재료로 모래, 종석, 경량골재 등을 말함
③ 혼화재료(混和材料, Admixture addictive) : 착색, 방수, 경화시간 조정 등을 목적으로 사용되는 재료로 착색제, 방수제, 급결제(염화칼슘, 염화마그네슘 등) 등을 말함
④ 보강재(補强材, Reinforcement) : 균열방지 등의 목적으로 사용되는 재료로서 여물, 풀, 수염, 와이어라스(Wire-lath), 메탈라스(Metal-lath) 등을 말함

(2) 경화(硬化)반응

① 기경성(氣硬性) 미장재료
  ㉠ 공기 중 탄산가스(CO_2)와 작용하여 경화되며 미장면이 수축성을 나타냄
  ㉡ 종류 : 흙바름, 회반죽, 돌로마이트 Plaster, 아스팔트 Mortar
② 수경성(水硬性) 미장재료
  ㉠ 물과 수화반응에 의해 경화되며 미장면이 팽창성을 나타냄
  ㉡ 종류 : 석고 Plaster, 시멘트 Mortar, 인조석 바름

3) 미장재료의 종류 및 특징

(1) 흙바름

① 진흙·모래·여물 등을 물반죽하여 외바탕, 산지바탕 등에 바르는 것
② 잔돌·불순물 혼입되지 않은 것을 사용함
③ 근래에는 황토(黃土, 고운 황토색의 점토)를 온돌바닥이나 벽에 바르는 경우가 많음
④ 여물은 볏짚을 일정한 크기로 잘라 진흙반죽에 혼입하는데 균열방지 목적으로 쓰임
⑤ 공기 중의 탄산가스(CO_2)와 작용하여 경화하는 기경성(氣硬性) 미장재료에 해당

(2) 회반죽(Lime Plaster)

① 재료 : 소석회, 모래, 여물, 해초풀
② 다른 미장재료에 비해 건조에 시일이 걸림
③ 초벌과 재벌에서는 건조 경화 시 균열 방지를 위해 여물을 사용함
④ 해초풀은 회반죽에 일정한 점성을 주기 위해 사용함
⑤ 공기 중의 탄산가스(CO_2)와 작용하여 경화하는 기경성(氣硬性) 미장재료에 해당함
⑥ 회반죽에 석고를 약간 혼합하면 수축균열 방지 효과가 있음

(3) 돌로마이트 플라스터(Dolomite Plaster)

① 돌로마이트, 모래, 여물을 물 반죽하여 일정한 두께로 바르는 것
② 점성 및 가소성이 커서 재료반죽시 풀이 필요 없음
③ 냄새, 곰팡이가 없고 변색될 염려가 적음
④ 비중이 크고 굳으면 강도가 큰 편
⑤ 응결시간이 길어 시공이 용이하며, 보수성이 커 바름, 고름작업이 용이함
⑥ 건조 수축이 커 균열이 쉽고, 습기 및 물에 약해 환기가 잘 안 되는 지하실 등에는 사용 지양함
⑦ 공기 중의 탄산가스(CO_2)와 작용하여 경화하는 기경성(氣硬性) 미장재료에 해당

(4) 석고 플라스터(Gypsum Plaster)

① 석고를 주원료로 혼합재(돌로마이트), 응결지연제, 경화촉진제 등을 적절히 물과 혼합하여 일정두께로 바르는 것
② 원칙적으로 여물이나 풀을 필요치 않음
③ 경화가 빠르고 무수축성(팽창성)임
④ 물에 용해되는 성질이 있어 물을 사용하는 장소에는 부적합
⑤ 내화성을 가짐
⑥ 경화, 건조 시 치수 안정성을 가짐
⑦ 물과 수화반응에 의해 경화하는 수경성 미장재료에 해당함
⑧ 종류 : 순석고, 혼합석고, 보드용 석고, 경석고(킨스시멘트) 플라스터가 있음

(5) 시멘트 모르타르(Cement Mortar)

① 시멘트를 결합재로 하고 모래를 골재로 하여 이를 혼합하여 물 반죽하여 사용하는 미장재료
② 시공이 용이하고 내구성 및 강도가 크므로 미장재료 중 가장 많이 사용됨
③ 시멘트와 모래의 용적 배합비는 1 : 3 정도가 일반적
④ 외벽용 타일 붙임재료로 가장 많이 쓰임
⑤ 통풍이 안되는 지하실에 사용함
⑥ 물과 수화반응에 의해 경화하는 수경성 미장재료에 해당

(6) 인조석 바름(Artificial Stone Finish)

① 시멘트, 종석, 안료 등을 물로 배합·반죽하여 일정두께로 바르고 경화 후 잔다듬 또는 갈기 등으로 표면을 마무리하여 천연 석재와 유사하게 현장에서 마무리하는 것
② 종석(種石, Chip Stone)은 화강석, 석회석, 대리석의 작은 돌 알갱이로 백색의 석회석이 가장 많이 사용됨
③ 시멘트와 종석의 용적 배합비는 1 : 1.5 정도
④ 안료는 무수용성(無水溶性)이고 내식성(耐蝕性)이 있는 것을 사용
⑤ 물과 수화반응에 의해 경화하는 수경성 미장재료

(7) 테라조 바름(Terrazzo Finish)

① 대리석, 화강석 등을 종석으로 하여 시멘트와 혼합하여 시공하고 경화 후 가공 연마하여 미려한 광택을 갖도록 마감한 것
② 인조석 바름보다 더 고급스러운 바름
③ 물과 수화반응에 의해 경화하는 수경성 미장재료

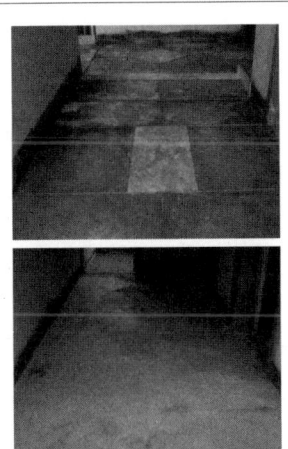

[테라조 바름]

(8) 특수 모르타르 바름

① 톱밥 모르타르
② 질석 모르타르
③ 펄라이트 모르타르(Perlite Mortar)
④ 바라이트 모르타르(Barite Mortar)
⑤ 아스팔트 모르타르(Asphalt Mortar)
⑥ 러프 코트(Rough Coat)
⑦ 리신 바름(Lithin Coat)

2 방수재료

1) 개요

① 방수층을 형성하여 건축물의 구성 부분을 불투수성의 상태로 만들어 건축물의 방수 및 방습효과를 증진 시켜주는 재료
② 방수방법
  ㉠ 멤브레인 방수(Membrane Water-Proof) : 구조물 외부에 아스팔트·합성수지 시트·합성수지 도막을 이용하여 얇은 피막을 형성
  ㉡ 시멘트 액체방수 : 시멘트 모르타르의 공극을 메우는 방법
  ㉢ 발수 방수 : 발수제를 모르타르나 벽면 등에 바름
  ㉣ 실링 방수 : 실링재를 건축물의 틈새나 알루미늄 새시 주변부에 충전하여 빗물 등을 방지

2) 아스팔트 방수재료

(1) 아스팔트(Asphalt)의 종류 및 성질

① 천연아스팔트 : 아스팔타이트(Asphaltite), 록(Rock) 아스팔트, 레이크(Lake) 아스팔트 등
② 석유 아스팔트 : 천연으로 산출된 원유에서 인공적으로 만든 아스팔트

③ 침입도 시험
  ㉠ 아스팔트의 견고성을 판정하는 시험으로 점성물의 굳기를 표시
  ㉡ 25℃ 상온에서 바늘에 100g의 무게를 5초간 실어 점성물이 콘크리트에 관입되는 수치를 측정하며, 이때 관입깊이 0.1mm를 침입도 1이라 함

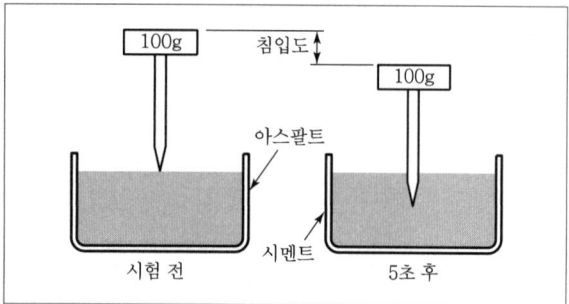

[침입도 시험]

(2) 석유 아스팔트

① 스트레이트 아스팔트(Straight Asphalt)
  ㉠ 원유를 증류한 잔류유(찌꺼기)를 정제한 것
  ㉡ 점착성·방수성·신장성은 풍부하지만, 연화점이 비교적 낮고 내후성이 약하며 온도에 의한 결점이 있음
  ㉢ 지하실 방수공사 외에는 잘 사용하지 않음

② 블로운 아스팔트(Blown Asphalt)
  ㉠ 잔류유를 공기나 수증기에 분출시키면서 저온에서 장시간 증류한 것
  ㉡ 내구성이 크고 연화도가 비교적 높아 온도에 대한 감수성이 작음
  ㉢ 점착성·방수성·신장성은 스트레이트 아스팔트에 비해 약함

[아스팔트 프라이머]

[아스팔트 루핑 시공]

(3) 아스팔트 제품

① 아스팔트 유제(Asphalt Emulsion)
  ㉠ 아스팔트에 유화제를 혼합하여 수중에 분산시킨 자갈색의 액체
  ㉡ 방수층 또는 도로의 포장 등에 사용

② 아스팔트 프라이머(Asphalt Primer)
  ㉠ 아스팔트를 휘발성 용제에 녹인 흑갈색의 액체
  ㉡ 바탕재에 도포하여 아스팔트 등의 접착력을 증대시키는 액상재료로서 방수재의 접착제로 사용

③ 아스팔트 컴파운드(Asphalt Compound)
  ㉠ 블로운 아스팔트의 점착성·내후성·내열성·내한성 등을 개량하기 위해 아스팔트에 동물섬유나 식물섬유를 혼합하고 유동성을 부여한 것
  ㉡ 주로 방수층에 사용

④ 아스팔트 펠트(Asphalt Felt)
  ㉠ 목면이나 양모 등에 연질의 스트레이트 아스팔트를 도포한 후 가열·용융하여 흡수시킨 것을 회전로에서 두께를 조절하여 롤(Roll)형으로 만든 것
  ㉡ 주로 아스팔트 방수 중간층 재료로 사용되고 내외벽 모르타르 바탕의 방수방습 재료로 사용

⑤ 아스팔트 루핑(Asphalt Roofing)
  ㉠ 질긴 섬유에 연질의 스트레이트 아스팔트를 침투시키고, 앞뒤면에 블로운 아스팔트를 주재료로 한 컴파운드(Compound)를 피복하고 그 위에 활석 또는 운모 등의 돌가루를 부착시켜 규정된 치수로 절단하여 롤(Roll)형식의 제품으로 만든 것
  ㉡ 평지붕의 방수층 및 슬레이트 평판, 금속판 등 임시건물의 간단한 지붕깔기 바탕재료 등으로 쓰임

⑥ 아스팔트 싱글(Asphalt Single)
  ㉠ 두께 3cm 정도의 아스팔트 루핑을 4각형 또는 6각형 모양으로 절단하여 만든 것을 지붕재료로 사용
  ㉡ 경량으로 내후성·방수성·내변색성이 우수하고 다양한 색상으로 지붕의 외관을 미려하게 할 수 있으며, 녹인 아스팔트 또는 합성수지 접착제 등으로 손쉽게 시공할 수 있어 최근 지붕재료로 많이 사용

[아스팔트 펠트]

[아스팔트 싱글 시공 사진]

3) 시멘트 방수재료

시멘트 방수제는 모르타르 또는 콘크리트에 혼합하면 물리적·화학적으로 모체의 공극을 메워서 수밀하게 하여 방수작용을 하는 재료

① 액체 방수제(Liquid Water-proofing Agent) : 모체에 방수액을 침투시키거나 방수제를 혼합한 시멘트 풀(Cement Paste) 방수 모르타르를 여러 번 반복해서 발라 방수층을 형성하는 것

② 분말 방수제(Powder Water-proofing Agent) : 분말상태로 된 방수제를 시멘트에 소정의 비율로 혼합하여 균일하게 건비빔한 후에 물을 첨가하여 반죽상태로 된 것을 여러 번 발라 방수층을 형성하는 것

③ 교질 방수제(Colloidal Water-proofing Agent) : 방수제를 시멘트에 소정의 비율로 혼합하여 반죽상태로 만들어 용기에 담아 운반과 저장 등이 간편하게 만든 것으로, 물을 적당한 농도로 풀어서 사용하도록 만든 것

4) 도막 방수재료

(1) 일반사항

도막방수(Coating Water-proof)는 방수하려는 바탕면에 합성수지나 합성고무의 용제(溶劑, Solvent) 또는 유제(乳劑, Emulsion)를 도포하여 소요 두께의 방수 피막을 형성시켜 방수층을 만드는 것

(2) 종류

① 유제형 도막방수 : 아크릴 수지, 초산비닐 수지 등
② 용제형 도막방수 : 클로로프렌 고무, 우레탄, 에폭시, 아크릴, 고무 아스팔트 등

(3) 장·단점

① 굴곡 등 복잡한 부위나 수직부와 같은 곳에서도 시공이 가능하며, 공기(工期)도 단축할 수 있음
② 접착성·내약품성 등이 우수하고 신축성이 있기 때문에 바탕면의 미세한 균열에도 견디며, 누수 시 결함 발견도 용이하고 국부적 보수가 가능한 방수재료임
③ 용제형 도막방수는 용제가 휘발성 인화물질이 많으므로 화재에 대한 주의를 해야 함

SECTION 06 합성수지

1 합성수지 및 관련제품

1) 합성수지

(1) 종류

구분	종류
열가소성 수지	염화비닐 수지, 초산비닐수지, 폴리에틸렌 수지, 폴리프로필렌, 폴리스티렌, 메타크릴, 아크릴, ABS, 폴리카보네이트, 폴리아미드, 불소수지
열경화성 수지	페놀 수지, 요소 수지, 멜라민 수지, 폴리에스테르 수지, 실리콘 수지, 에폭시 수지, 폴리우레탄 수지, 프란수지
섬유소계 수지 (합성 섬유)	셀룰로오스, 아세트산 섬유소 수지

(2) 합성수지의 장·단점

장점	단점
가공성이 좋아 성형이 쉬움	열에 의한 수축, 팽창이 큼
경량이고 착색이 용이하며 비강도 값이 큼	내열성, 내후성이 약함
내구, 내수, 내식, 내충격성이 강함	압축강도 외의 강도, 탄성계수가 작음
전·연성 및 접착성이 큼	흡수팽창 및 건조수축이 큼
전기 절연성이 양호함	

2) 열가소성 수지

① 염화비닐 수지(PVC ; Polyvinyl Chloride) : 필름(Film), 시트(Sheet), 파이프(Pipe) 등의 제품이 있으며 스펀지(Sponge), 바닥용 타일, 도료, 접착제 등의 원료로 사용
② 폴리에틸렌 수지(PE ; Polyethylene Resin) : 충격에 강하고 내약품성, 전기절연성, 내수성 등이 우수하여 방수, 방습 시트, 포장용 필름, 전선피복, 일용잡화 등에 사용
③ 폴리프로필렌 수지(PP ; Polypropylene Resin) : 인장강도가 뛰어나고 내열성, 전기적 성능, 내약품성, 광택, 투명도 등이 우수하여 섬유제품, 필름, 시트, 기계공업, 정밀부분품, 의료기구, 가정용품 등에 사용
④ 폴리스티렌 수지(PS ; Polystyrene Resin) : 내수, 내약품성, 전기절연성, 가공성이 우수하여 발포 보온판(스티로폼)의 주원료, 벽타일, 천장재, 블라인드, 도료, 전기용품 등에 사용
⑤ 아크릴 수지(Acrylate Resin) : 투명성, 유연성, 내후성, 내약품성이 우수하고 착색이 자유롭고 내충격 강도가 우수하여 의치(醫齒), 유리 대용품, 항공기 등의 방풍유리에 사용

[아크릴 수지 사용제품]

⑥ ABS 수지 : 아크릴로니트릴(Acrylonitrile), 부타디엔(Butadiene), 스티렌(Styrene)의 3가지 성분을 적절히 조합하여 만든 합성수지
⑦ 폴리카보네이트(Polycarbonate Resin) : 투명성, 전기절연성, 내충격성 및 내후성이 우수하여 유리 대용품으로 아케이드(Arcade), 천장(Skylight), 캐노피(Canopy) 등에 사용

3) 열경화성 수지

(1) 페놀 수지(Phenol Formaldehyde Resin)

① 성질
  ㉠ 전기절연성, 내수성, 내후성, 접착성이 양호함
  ㉡ 내열성이 뛰어나며 고체상으로 만든 것을 베이클라이트라고 함
  ㉢ 알코올, 아세톤 등에 녹음

② 용도
- ㉠ 1급 내수합판 접착제로 사용, 목재, 금속, 플라스틱 및 이종재 간의 접착제로 이용
- ㉡ 전기, 통신선의 절연재, 피복재, 도료의 접착제 등에 사용

(2) 요소 수지(Urea Formaldehyde Resin)

① 성질
- ㉠ 무색으로 착색이 자유롭고, 내열성은 페놀, 멜라민보다 약간 떨어지나 100℃ 이하에서 사용 가능함
- ㉡ 약산, 약알칼리에 견디고 여러 가지 유류에는 거의 침식되지 않음
- ㉢ 강도, 전기적 성질은 페놀수지보다 약간 떨어짐

② 용도
- ㉠ 내수합판 접착제로 이용
- ㉡ 완구, 장식품 등의 일용잡화 등에 사용

(3) 멜라민 수지(Melamine Formaldehyde Resin)

① 성질
- ㉠ 무색투명하고 착색이 자유로움
- ㉡ 표면경도가 높고, 무독성임
- ㉢ 내수성, 내약품성, 내열성이 우수한 편에 속함
- ㉣ 기계적 강도, 전기적 성질 및 내구성이 우수함
- ㉤ 강산, 강알칼리 외에는 침식되지 않음

② 용도
- ㉠ 치장합판으로 벽판, 천장판, 카운터(Counter) 등 마감재에 사용
- ㉡ 전기기구, 배선기구, 각종 식기 등에 사용

(4) 폴리에스테르 수지(Polyester Resin)

① 포화 폴리에스테르 수지(알키드 수지)
- ㉠ 조성되는 수지의 종류 및 양에 따라 성질의 범위가 다양함
- ㉡ 내후성, 밀착성, 가소성이 우수하나 내수성, 내알칼리성은 약함
- ㉢ 용도 : 주로 도료의 원료로 사용됨

② 불포화 폴리에스테르 수지
- ㉠ 강도가 우수하고 사용온도의 폭은 90~150℃ 정도
- ㉡ 용도 : FRP 재료, 차량, 항공기 등의 구조재료나 아케이드 천장, 루버, 칸막이 등에 사용됨

[FRP재료 제품]

(5) 실리콘 수지(Silicon Resin)

① 성질
- ㉠ 내열성(-80~250℃)이 우수하고 내수성, 발수성이 좋음
- ㉡ 전기절연성이 좋음

② 용도
- ㉠ 액체 : 윤활유, 펌프유, 절연유, 방수제 등으로 사용
- ㉡ 고무와 합성된 수지 : 고온, 저온에서 탄성이 있으므로 개스킷, 패킹 등에 사용
- ㉢ 수지 : 성형 품(기포성 보온재), 방수시트, 접착제, 전기 절연재료 등에 사용

(6) 에폭시 수지(Epoxy Resin)

① 성질
- ㉠ 경화 시 휘발물이 발생이 없음
- ㉡ 금속 · 유리 등과의 접착성이 우수함
- ㉢ 내약품성, 내열성이 뛰어나고 산 · 알칼리에 강함

② 용도
- ㉠ 금속, 유리, 플라스틱, 도자기, 목재, 고무 등의 접착제와 도료의 원료로 사용
- ㉡ 최근에는 FRP 재료, 방수재료, 바닥, 벽, 천장 등의 내·외장재료로 널리 사용

(7) 폴리우레탄 수지(Polyurethane Resin)

① 성질
- ㉠ 내구성, 내약품성이 좋으며 연질은 탄성재, 경질은 단열재 등으로 사용
- ㉡ 공기 중의 수분과 작용하는 경우 저온과 저습에서 경화가 늦으므로 5℃ 이하에서는 촉진제 사용

② 용도 : 도막 방수재, 보온재, 줄눈재, 단열, 방음재, 실링제 등으로 사용

4) 합성수지 관련 제품

(1) 바닥 재료

① 염화비닐 시트(Polyvinyl Chloride Sheet)
- ㉠ 원료인 염화비닐과 초산비닐에 석분, 펄프 등 충전제, 안료를 혼합하여 열압·성형한 시트
- ㉡ 부드럽고 보행감, 복원력이 좋고 마모도 적어 바닥마감재로 많이 쓰임

② 염화비닐 타일(Polyvinyl Tile)
- ㉠ 아스팔트·합성수지·광물질 분말·안료 등을 혼합·가열하여 두께 2~3mm 시트형으로 만들어 30cm 정도로 절단한 판
- ㉡ 촉감·미감·탄력이 좋고 내화학성이 있으며, 마멸성이 적고 복원력이 있어 바닥 마감재로 많이 쓰임

③ 리놀륨(Linoleum)
- ㉠ 아마인유 산화물인 리녹신(Linoxin)에 송진·수지·코르크 분말·광물질 분말·안료 등을 섞어 마포(麻布)같은 질긴 천에 발라 두꺼운 종이 모양으로 압연·성형한 것
- ㉡ 유지관리가 수월하며, 부드럽고 탄력성이 있어 바닥재로 사용

(2) 파이프(Pipe) 재료

① 경질 염화비닐 관(Polyvinyl Pipe, PVC Pipe)
② 폴리에틸렌수지 관(Polyethylene Resin Pipe)
③ 염화비닐 홈통(Polyvinyl Gutter)
④ 염화비닐 튜브(Polyvinyl Tube)

(3) 판상 재료

① 폴리에스테르 강화판(Polyester Hard Board)
- ㉠ 유리섬유를 불규칙하게 상온가압하여 성형한 판
- ㉡ 가성소다나 알칼리에는 약하나 내구성 및 저항성이 좋아 수장재 및 설비재료로 사용

② 폴리에스테르 치장판(Polyester Decorated Board) : 경도는 크지만 열이나 습기에 약해 외장재로는 부적당

③ 멜라민 치장판(Melamine Board) : 경도가 크나 내열, 내수성이 부족하여 외장재료는 부적당하며 내장재, 가구재로 사용

(4) 필름, 가죽

① 염화비닐 필름(Polyvinyl Film)
② 비닐 가죽(Vinyl Leather)

2 실런트 및 관련제품

1) 개요

실런트란 수밀성 및 기밀성을 확보하기 위하여 줄눈 등의 시공 접합부에 충전하는 재료를 말함

2) 실링재

① 실링재(Sealing Materials)는 각 접합부의 틈이나 줄눈을 충전하여 기밀성 및 수밀성을 높이는 재료를 말한다. 실(Seal)이란 틈을 밀봉하는 것을 말함

② 실재란 퍼티·코킹·실링재를 총칭하여 사용하기도 함

SECTION 07
도료 및 접착제

1 도료

1) 도료의 구성요소 및 원료

(1) 도료 구성요소

① 주요소 : 유류와 수지 성분
② 부요소 : 건조제, 가소제, 분산제 등
③ 안료 : 도료에 색·은폐력을 주는 불용성 미분말

(2) 도료의 원료

① 유류(油類, Oil)
   ㉠ 건성유(Drying Oil) : 아마인유(Linessed Oil), 대두유(Soybean), 동유(桐油), 어유(魚油, Fish Oil)
   ㉡ 보일드 유(Boiled Oil) : 건성유에 건조제를 넣어 공기를 흡입하여 100℃ 정도로 가열한 것
   ㉢ 스탠드 유(Stand Oil) : 아마인유에 공기를 차단시켜 300℃로 가열한 것

② 수지(樹脂, Resin) : 천연수지, 합성수지

③ 안료(顔料, Pigment) : 도료에 색채를 주고 도막은 불투명하게 하여 표면을 은폐하며 때로는 도막에 두께를 더해주며 철재의 방청용이나 발광재로 쓰인다.

④ 건조제(乾燥劑, Dryer) : 건성유의 건조를 촉진시키는 것으로 코발트, 납, 마그네시아 등의 금속산화물과 붕산염, 초산염 등이 쓰임

상온에서 기름에 용해되는 건조제	가열하여 기름에 용해되는 건조제
리사지, 연단, 초산염, 이산화망간, 붕산망간, 수산망간	연, 망간, 코발트의 수지산 또는 지방산의 염류

⑤ 가소제(可塑劑, Plasticizer) : 건조된 도막에 탄성·교착성·가소성 등을 줌으로써 도료의 내구력을 증가시키는 것으로 프탈산부틸, 인산트리크레실, 피마자유 등이 있음

⑥ 희석제(稀釋劑, Thinner) : 도막을 형성하는 데 필요한 유동성을 얻거나, 점도를 낮춰 솔질이 잘 되게 하기 위해 사용하는 것으로 휘발성·중독성 물질이 많아 화재 및 환기에 각별히 주의해야 함

2) 도료 관련제품

(1) 도료의 종류

① 유성페인트(Oil Paint)
   ㉠ 주재료 : 안료, 보일드유(건성유+건조제), 희석제(Thinner)
   ㉡ 광택과 내구력이 좋으나 건조가 늦음
   ㉢ 목재나 철재 면 도장에 널리 쓰임
   ㉣ 알칼리에 약해 콘크리트, 모르타르, 플라스터 면에는 사용할 수 없음

② 유성바니시(Oil Varnish : 니스)
   ㉠ 주재료 : 유용성 수지, 건성유, 희석제
   ㉡ 수지를 지방유와 가열융합하고, 건조제를 첨가한 후 용제를 사용하여 희석한 것
   ㉢ 유성페인트보다 건조가 빠르고, 광택이 있으며 투명하고 단단한 도막을 만드나 내후성이 약한 단점이 있음
   ㉣ 투명한 유성바니시를 니스라고 하는데 실내의 목재면 도장에 많이 사용됨

③ 휘발성 바니시
   ㉠ 래크(Lack) : 휘발성 용제에 천연수지를 녹인 것으로 건조가 빠르고 내장 목재 또는 가구재에 사용
   ㉡ 클리어 래커(Clear Lacquer) : 휘발성 용제에 합성수지를 녹인 것으로 유성바니시에 비해 도막이 얇고 견고하고 속건성이므로 스프레이를 사용하여 뿜칠 시공함
   ㉢ 애나멜 래커(Enamel Lacquer) : 클리어 래커에 안료를 첨가한 것으로 단시간에 도막이 형성됨

④ 스테인(Stain) : 목재면에 니스, 래커를 칠하기 전에 목재면의 농담을 조절하고 나뭇결을 그대로 나타내기 위해 사용하는 도장재료

⑤ 에나멜 페인트(Enamel Paint)
   ㉠ 안료에 유성바니시를 혼합한 액상재료
   ㉡ 광택 증가를 위해 보일드 유보다 스탠드 유를 사용하며 건조시간이 빠르고 내수성, 내열성, 내약품성, 내유성과 광택이 있고, 경도가 큰 고급도료에 해당함

⑥ 합성수지도료(Synthetic Resin Paint)
   ㉠ 합성수지의 장점을 이용하여 여러 종류의 사용 목적에 맞게 만듦
   ㉡ 건조시간이 빠르고 도막이 단단한 편
   ㉢ 내산성, 내알칼리성이 있어 콘크리트, 모르타르, 플라스터 면에 바를 수 있음
   ㉣ 종류 : 페놀수지, 비닐계수지, 에폭시수지, 폴리에스테르수지 도료 등

(2) 기타 특수도료

① 방청도료(Rust Proof Paint)
　㉠ 금속의 부식을 막기 위해 사용되는 도료로 녹막이 도료 또는 녹막이 페인트라 함
　㉡ 종류 : 광명단 도료, 산화철 녹막이 도료, 알루미늄 도료, 징크로메이트 도료, 워시프라이머 등
　㉢ 징크로메이트 도료 : 크롬산 아연을 안료로 하고 알키드수지를 전색제로 한 것으로서 알루미늄 녹막이 초벌용으로 사용
　㉣ 광명단(光明丹) : 일산화연을 400~450℃로 장시간 가열하여 만든 황적색의 분말로 철제의 방청제로 널리 쓰이며 연단이라고도 함

[광명단 시공사진]

② 방화 및 내화도료(Fire Retardant Paint)
　㉠ 가연성 물질에 도장하여 인화·연소를 방지 또는 지연시킬 목적으로 사용
　㉡ 원료에 인산염·붕산염 등이 사용됨
③ 바탕용 도료 : 오일 퍼티(Oil Putty), 오일 프라이머(Oil Primer)
④ 다채무늬 도료(Multi-Color Spray Paint)
　㉠ 콘크리트 및 모르타르 바름 면 등에 일반적으로 뿜칠 시공함
　㉡ 무늬코트, 큐비코트 등으로 불림
⑤ 본타일
　㉠ 합성수지와 체질안료를 혼합하여 뿜칠시공하는 도료로 표면이 작은 요철무늬를 형성하는 것이 특징
　㉡ 콘크리트 및 모르타르 바름면 등에 뿜칠 시공함

2 접착제

1) 일반사항

(1) 기본적 요구 성능

① 경화 시 체적 수축·팽창 등의 변형을 일으키지 않을 것
② 취급이 용이하고 독성이 없으며 사용 시 적당한 유동성이 있을 것
③ 장기하중에 의한 변형이 없을 것
④ 진동, 충격의 반복에 잘 견딜 것
⑤ 내수성·내후성·내열성·내약품성 등이 있고 가격이 저렴할 것

(2) 사용 시 주의사항

① 피착제의 표면은 가능한 습기가 없는 건조상태로 할 것
② 용제, 희석제를 사용할 경우 과도한 희석은 피할 것
③ 용제성의 접착제는 도포 후 용제가 휘발한 적당한 시간 경과 후에 접착시킬 것
④ 접착 처리 후 일정시간 동안 접착면을 압축해 접착이 잘 되도록 할 것

2) 접착제 종류

(1) 동물질 접착제

① 아교(阿膠, Animal Glue) : 짐승가죽·뼈 등을 삶아 석회수로 처리한 후 그 용액을 말린 것으로 접착력은 양호하지만, 내수성이 약함
② 알부민(Albumin) : 혈액을 혈장과 혈액 피브린(Fibrin)으로 나누어, 혈장을 70℃ 이하에서 건조하여 만듦
③ 카세인(Casein) : 우유에 함유된 단백질의 일종을 처리하여 만든 것으로 목재, 리놀륨의 접착, 수성페인트의 원료가 됨

(2) 식물질 접착제

① 콩풀
　㉠ 콩에서 기름 추출 후 잔류물을 가열하여 분말화한 것
　㉡ 내수성은 좋지만 접착력이 떨어지고 값이 싸서 카세인이나 요소수지 대체용 접착제로 사용됨
② 녹말풀
　㉠ 성분이 녹말인 밀, 감자, 고구마, 옥수수 등에 있는 전분을 이용하여 만듦

ⓛ 가정용으로 쓰이지만, 내수성이 없어 공업용으로 사용되지 않음

③ 해초풀
  ㉠ 바닷말청각 등을 말렸다가 물을 가하여 끓인 것
  ㉡ 제지·직물의 마무리에 사용됨
  ㉢ 회반죽 미장재에 첨가하여 접착력을 증가시키기 위한 용도로 사용됨

(3) 합성수지계 접착제

① 비닐수지 접착제
  ㉠ 초산비닐을 주성분으로 만든 접착제로 용액형, 에멀션(Emulsion)형으로 나눌 수 있음
  ㉡ 값이 싸고 작업성이 좋아 다양한 종류의 접착에 사용
  ㉢ 목재가구 및 창호, 종이나 천의 도배에 사용
  ㉣ 내열성 및 내수성은 적음

② 요소수지 접착제
  ㉠ 요소와 포름알데히드가 주성분으로 경화시간(15~24시간)이 길고 내수성이 부족하나 가격이 저렴함
  ㉡ 합판, 파티클보드, 목재가구 등에 사용됨

③ 페놀수지 접착제
  ㉠ 가장 오래된 합성수지 접착제로 페놀과 포르말린을 반응시켜 얻어진 것
  ㉡ 1급 내수 합판 접착제로 사용되며 목재, 금속, 플라스틱 및 이들 이종재 간의 접착제로 사용됨

④ 멜라민수지 접착제
  ㉠ 투명 또는 흰색의 액상 접착제
  ㉡ 값이 비싸 단독 사용은 드물고 주로 목재에 사용됨

⑤ 에폭시수지 접착제 : 접착력이 가장 우수하고 특히 금속접착에 적당함

⑥ 실리콘수지 접착제
  ㉠ 실리콘수지를 알코올, 벤졸 등에 녹여 만든 것
  ㉡ 내수성 및 신축성이 우수하여 유리섬유판, 텍스, 가죽 등의 접착제로 사용됨

SECTION 08
기타 재료

1 유리

1) 유리의 성분 및 성질

(1) 주성분

① 규산(SiO_2), 소다(Na_2O), 석회($CaCO$)이고 기타 붕산, 인산, 산화마그네슘, 산화아연, 알루미나 등을 소량 함유하고 있음
② 특수한 성질을 주기 위해 산화제(질산나트륨, 질산칼슘), 환원제(산화칼슘, 산화마그네슘), 착색제(금속산화물) 등의 부원료를 소량 첨가함

(2) 역학적 성질

① 비중 : 성분에 따라 2.2~6.3
② 경도 : 모스경도 6도 정도이며, 경도는 알칼리 성분이 많으면 감소하고 금속류가 많으면 증가함
③ 팽창률 : 보통유리의 선팽창계수는 20~400℃에서 8~10 $\times 10^6$/℃ 정도로 작음
④ 강도
  ㉠ 압축강도 : 500~1,200MPa
  ㉡ 인장강도 : 30~80MPa
  ㉢ 휨강도 : 25~75MPa

(3) 물리적 성질

① 열전도율 : 보통 유리의 열전도율은 0.93(W/m·℃)로 타일, 대리석보다 작고 콘크리트의 1/2 정도
② 굴절률 : 유리의 굴절률은 1.5~1.9 정도이고 납(Pb) 성분이 많을수록 커지고, 광선의 파장이 길수록 커짐
③ 반사율 : 굴절률이 클수록 크고 광선의 투사각이 클수록 큼
④ 투과율 : 광선의 파장이 짧으면 투과율이 떨어짐
⑤ 광선에 대한 성질은 유리 성분, 두께, 표면 평활도 등에 따라 다름

(4) 화학적 성질

① 약산에는 침식되지 않지만 염산·황산·질산 등의 강산에는 서서히 침식됨
② 가성소다, 가성알칼리 등에 침식되어 유리성분 중 규산분을 잃게 됨

2) 유리의 종류 및 특징

① 열선흡수유리
  ㉠ 보통의 판 유리 성분에 작은 양의 철·니켈·코발트·셀렌 등을 가한 것
  ㉡ 태양광선의 복사에너지의 약 50%만을 흡수하도록 열 투과성을 감소시킨 것
② 스테인드 글라스
  ㉠ 금속산화물을 녹여 붙이거나, 표면에 안료를 구워서 붙인 색판 유리조각을 접합시킨 것
  ㉡ 채색한 유리판으로 단열성과 차단성이 떨어짐
③ 망입유리
  ㉠ 두꺼운 판유리에 철망을 넣은 것으로 투명, 반투명, 형판 유리가 있으며 또 와이어의 형상도 있음
  ㉡ 유리액을 로울러로 제판하며 그 내부에 금속망을 삽입하고 압착 성형한 것으로 주로 방화 및 방재용으로 사용됨
④ 소다석회 유리
  ㉠ 탄산나트륨(소다회)을 원료로 사용한 유리로서, 판유리·병유리 등으로 가장 많이 보급되는 유리
  ㉡ 용·융해가 쉽고, 산에는 강하나 알칼리에 약한 특성이 있음
⑤ 프리즘 글라스 : 유리의 한 면이 프리즘이 되어있어 빛을 흩어지게 하거나 빛의 방향을 변화시킬 수 있음
⑥ 에칭유리
  ㉠ 유리 표면을 화학적인 방법으로 깎아내어 모양을 만들거나 입체감을 준 유리로 조각유리라고도 함
  ㉡ 유리에 새겨진 문양이 빛을 분산시켜 시선을 차단하고, 반투명의 채광 효과가 있음

2 단열재료 및 제품

1) 단열재료(斷熱材料) 정의

열을 차단할 수 있는 재료를 총칭하며 필요한 열의 유출과 불필요한 열의 유입을 방지하여 쾌적한 실내환경을 확보하는 것을 목적으로 사용하는 재료

2) 단열재 특성

(1) 열전도율

① 두께 D의 재료 $1m^2$를 통과하는 시간당 열량
② 계산식

$$Q_L = \lambda \cdot \Delta T \cdot \frac{1}{D}$$

여기서, Q_L : 열이동량(W/m), λ : 열전도율(W/m·K)
ΔT : 양쪽 표면 온도차(K), D : 재료두께(m)

③ 단열재의 열전도율 : 0.2~0.02(W/m·K)

(2) 단열재 선택

① 열전도율 및 흡수율이 낮고 비중이 작은 것
② 불연성, 유독가스가 발생하지 않는 것
③ 내부식성이 좋고, 내구성이 좋은 것
④ 재료의 구입 및 시공성이 좋을 것
⑤ 어느 정도의 기계적인 강도가 있을 것

3) 단열재 분류

(1) 재질에 따른 분류

① 무기질 단열재 : 유리면, 암면, 규산칼슘 보온재, 규조토 보온재, 펄라이트 보온재, 질석, 광재면, 다포유리, 세라믹 파이버 등
② 유기질 단열재 : 셀룰로오스 보온재, 코르크판, 발포폴리스티렌 보온재(스티로폼), 발포폴리에틸렌 보온재, 폴리우레탄 폼, 발포페놀 보온재, 우레아 폼 등

(2) 단열 메커니즘에 따른 분류

① 저항형   ② 반사형   ③ 용량형

4) 단열재 종류 및 제품

(1) 유리섬유(Glass Fiber)

① 유리 원료를 녹여 압축공기로 분사시켜 가는 섬유 모양으로 만든 것
② 인장강도는 작으나 내화성·단열성·흡음성·내식성·내수성 등이 우수
③ 유리섬유를 이용한 제품 : 유리면, 유리면 보온판, 유리면 블랭킷 등
④ 용도 : 유리면(송풍 덕트 등의 단열재)

(2) 암면(Rock Wool)

① 석회·규사를 주성분으로 하는 현무암·안산암·돌로마이트 등을 용융, 압축공기로 분사시켜 섬유 모양으로 만든 것
② 단열성·보온성·흡음성·내화성 우수하여 단열재·흡음재로 사용

(3) 발포폴리스티렌 보온재

① 폴리스티렌 수지에 발포제를 넣어 다공질의 기포 형성(기포 플라스틱의 일종)
② 일명 스티로폴, 스티로폼
③ 체적의 97%가 공기이므로 열과 냉기를 침입 차단하는 우수한 단열재, 가격 저렴
④ 내화성이 약하고, 유독성 가스를 발생하여 제조 시 난연제를 첨가 사용

(4) 폴리우레탄 폼

① 우레탄 수지에 발포제를 사용하여 만든 것으로 단열성, 내화학성 우수함
② 경질과 연질 중 단열재로는 경질 제품 사용함
③ 스티로폼에 비해 가격이 비싸 냉동·냉장창고 설비재로 사용됨

3 벽지 및 휘장류

1) 벽지

(1) 합지벽지

① 100% 종이로 만들어진 벽지이며 종이 두 장을 배접한 벽지이고 벽에 바로 시공함
② 천연종이를 사용하여 인체에 무해하고 가격이 저렴하며 초보자가 붙이기에도 쉬움
③ 색상이 쉽게 변하고 오염이 되며 습기에도 약한 단점이 있음

(2) 실크벽지

① 종이 위에 PVC 소재를 발포한 벽지
② 초배지를 먼저 시공하고 그 위에 끝과 끝만 붙여서 가운데는 띄우고 시공함
③ 재시공이 용이하고 표면이 오염된 경우에도 세척이 쉬움
④ 내구성이 좋아 오래도록 본 모습이 유지되나 수분조절이 되지 않는 단점이 있음

(3) 천연벽지

① 광물이나 식물에서 추출한 천연소재로 제작됨
② 초배지를 시공한 후 양 끝만 붙여서 가운데를 띄우고 시공함
③ 유해물질이 함유되지 않아 영유아나 노약자 등 실내공기에 예민한 사용자를 위해 시공되는 경우가 많음
④ 탈취 및 향균 작용의 기능도 지님

(4) 뮤럴벽지

① 수입종이나 그림벽화 벽지를 말하며 흔히 포인트 벽지라고도 함
② 아트월 효과가 있고 수입종이가 사용되어 고급스러움이 있음

2) 휘장류

(1) 커튼

① 장식이나 암막·방한효과를 위해 거실, 안방 등에 사용하는 천으로 된 휘장막
② 여러 층의 커튼으로 장식효과를 내기도 함
③ 장식덮개, 덧휘장, 주름휘장, 걸이장치, 봉 등으로 이루어짐

(2) 블라인드

① 유리면의 창, 출입구에 주로 차광이나 통풍의 목적으로 두는 것
② 커튼보다 가볍고 세련된 느낌의 실내 분위기를 조성해 줌
③ 외부 시선을 차단해주어 사생활 보호 효과가 있으나 보온효과는 다소 떨어짐

PART 04

4과목 예상문제

01 각종 단열재에 대한 설명 중 옳지 않은 것은?

① 암면은 암석으로부터 인공적으로 만들어진 내열성이 높은 광물섬유를 이용하여 만든 제품으로 단열성, 흡음성이 뛰어나다.
② 세라믹 파이버의 원료는 실리카와 알루미나이며, 알루미나의 함유량을 늘리면 내열성이 상승한다.
③ 경질 우레탄폼은 방수성, 내투습성이 뛰어나기 때문에 방습층을 겸한 단열재로 사용된다.
④ 펄라이트 판은 천연의 목질섬유를 원료로 하며, 단열성이 우수하여 주로 건축물의 외벽 단열재 바름에 사용된다.

[해설] 펄라이트 판은 진주암, 흑요암 등을 분쇄하여 소성, 팽창시켜 제조한 백색의 다공질 암석판이다.

02 보통 포틀랜드시멘트의 성질에 관한 설명 중 옳지 않은 것은?

① 시멘트의 분말도가 수화속도에 큰 영향을 준다.
② 시멘트의 분말도가 높으면 응결, 경화 속도가 빠르다.
③ 온도와 습도가 높으면 응결시간이 느리며, 경화가 지연된다.
④ 혼합용수가 많으면 응결, 경화가 느리다.

[해설] 온도와 습도가 높으면 응결속도 및 경화가 빨라진다.

03 P.S.콘크리트 부재 제작 시 프리스트레스(Prestress)를 도입시키기 위해 개발된 시멘트는?

① 제트 시멘트
② 알루미나 시멘트
③ 인산 시멘트
④ 팽창 시멘트

[해설] 팽창 시멘트는 팽창성이 있어 수화반응 시 건조수축에 의한 균열발생을 감소시키며, PS콘크리트에 사용된다.

04 합성수지 중 PVC라 불리며, 사용온도는 −10~60℃이며 판재, 타일, 파이프, 도료 등으로 사용되는 것은?

① 염화비닐 수지
② 폴리에틸렌 수지
③ 아크릴 수지
④ 페놀 수지

[해설] **염화비닐 수지(PVC ; Polyvinyl Chloride)**
열가소성 수지로 강도, 전기절연성, 내약품성이 양호하여 필름(Film), 시트(Sheet), 파이프(Pipe) 등의 제품과 스펀지(Sponge), 바닥용 타일, 도료, 접착제 등의 원료로 사용한다.

05 다음 미장재료 중 수경성에 해당되지 않는 것은?

① 보드용 석고 플라스터
② 돌로마이트 플라스터
③ 인조석 바름
④ 시멘트 모르타르

[해설] 돌로마이트 플라스터는 기경성(氣硬性) 미장재료로 공기 중 이산화탄소(CO_2)와 작용하여 경화하고 미장면이 수축성이다.

06 다음 철물 중 창호용이 아닌 것은?

① 안장쇠
② 크레센트
③ 도어체인
④ 플로어힌지

[해설] 안장쇠는 목조건축 등의 큰 보와 작은 보를 설치하는 데 사용되는 안장 모양의 철물이다.

07 목재의 성질에 대한 설명 중 옳지 않은 것은?

① 수분을 흡수하면 변형이 커진다.
② 열전도율이 큰 재료이다.
③ 인화성이 강하다.
④ 부패하기 쉽다.

정답 | 01 ④ 02 ③ 03 ④ 04 ① 05 ② 06 ① 07 ②

해설 목재는 열, 소리의 전도율이 작다.

장점	단점
• 비중에 비하여 강도가 큼(비강도가 큼) • 가볍고 가공이 용이함 • 수종이 다양하며 외관이 아름답고, 부드러움 • 열, 소리의 전도율이 작음 • 산, 알칼리에 대한 저항성이 큼	• 함수량에 따른 수축, 팽창이 큼 • 재질 및 섬유방향에 따른 강도 차이가 큼 • 불 붙기 쉽고, 썩기 쉬움 • 재질이 균일하지 못함 • 재료 자체에 자연상태의 흠이 존재함

08 콘크리트구물의 크리프(Creep) 현상에 대한 설명 중 옳지 않은 것은?

① 작용응력이 클수록 크리프는 크다.
② 물시멘트비가 클수록 크리프는 크다.
③ 외부습도가 높을수록 크리프는 적다.
④ 구조부재의 치수가 클수록 크리프는 크다.

해설 크리프는 부재의 단면치수가 작을수록 증가한다.
크리프의 증가 요인
• 초기 재령 시
• 하중이 클수록
• W/C가 클수록
• 부재의 단면치수가 작을수록
• 부재의 건조 정도가 높을수록
• 온도가 높을수록
• 양생, 보양이 나쁠수록
• 단위 시멘트량이 많을수록

09 목재 섬유포화점의 범위는 대략 얼마인가?

① 약 5~10% ② 약 15~20%
③ 약 25~30% ④ 약 35~40%

해설 목재의 섬유포화점은 함수율이 약 30%이고, 세포 속에는 수분이 없고 세포막에는 수분이 찬 상태이다.

10 굳지 않은 콘크리트의 성질에 관한 기술 중 옳은 것은?

① 워커빌리티는 정량적인 수치로 표현하는 것이 용이하다.
② 컨시스턴시는 콘크리트의 유동속도와 무관하다.
③ 플라스티시티는 굵은 골재의 최대치수, 잔골재율, 잔골재입도 등에 의한 마감성의 난이를 표시하는 성질이다.
④ 같은 슬럼프를 나타내는 컨시스턴시의 것이라도 워커빌리티가 동일하다고는 할 수 없다.

해설 워커빌리티는 작업의 용이성, 재료분리에 대한 저항성을 나타내는 것이다.

11 다음 재료 중 무기재료에 속하는 재료는?

① 알루미늄 ② 목재
③ 플라스틱 ④ 섬유판

해설 무기재료에는 강, 주철, 알루미늄, 니켈 등 금속재료와 석재, 골재, 점토, 시멘트 등 비금속재료가 있다.

12 크롬·니켈 등을 함유하며 탄소량이 적고 내식성, 내열성이 뛰어나며 건축 재료로 다방면에 사용되는 특수강은?

① 동강(Copper Steel)
② 주강(Steel Casting)
③ 스테인리스강(Stainless Steel)
④ 저탄소강(Low Carbon Steel)

해설 스테인리스강(Stainless Steel)은 크롬(Cr), 니켈(Ni)을 함유한 저탄소강으로 내식성 및 광택이 우수한 특수강이다.

13 목재의 역학적 성질에 영향을 미치는 요인과 가장 관계가 먼 것은?

① 함수율 ② 비중
③ 나이테 ④ 옹이

해설 목재의 역학적 성질에 영향을 미치는 요인으로는 비중, 함수율, 가력방향 등이 있다.

14 회반죽 바름의 주원료가 아닌 것은?

① 소석회 ② 점토
③ 모래 ④ 해초풀

해설 회반죽은 소석회, 모래, 여물, 해초풀 등을 혼합하여 바르는 미장재료로서, 다른 미장재료에 비해 건조에 시일이 걸린다.

정답 | 08 ④ 09 ③ 10 ④ 11 ① 12 ③ 13 ③ 14 ②

15 콘크리트용 골재에 관한 설명으로 옳지 않은 것은?

① 골재의 조립률이란 일정 용기 내에 골재가 차지하는 실제 용적의 비율이다.
② 일반적으로 비중이 큰 것은 공극, 흡수율이 적으므로 동결에 의한 손실도 적고 내구성이 크다.
③ 실적률이 클수록 골재의 입도분포가 적당하여 시멘트 페이스트량이 적게 든다.
④ 알칼리 골재반응은 골재 중의 실리카질광물이 시멘트 중의 알칼리성분과 화학적으로 반응하는 것이다.

[해설] 골재의 조립률이란 골재가 가지는 입도의 분포 정도를 말한다.

16 연질의 석재를 다듬을 때 쓰는 방법으로 양날 망치로 정다듬한 면을 일정방향으로 찍어 다듬는 돌표면 마무리 방법은?

① 잔다듬　　　　② 도드락다듬
③ 혹두기　　　　④ 거친갈기

[해설] 잔다듬은 정다듬한 면을 양날망치로 쪼아 표면을 더욱 평탄하게 다듬는 것이다.

17 알루미늄창호(Aluminium Sash)에 대한 설명으로 옳지 않은 것은?

① 강재창호에 비하여 경량이다.
② 녹슬지 않아 유지관리가 쉽다.
③ 가공이 쉽고 기밀성이 우수하다.
④ 알칼리성에 강하고 사용수명이 길다.

[해설] 알루미늄(Aluminum)은 해수 및 산, 알칼리에 약하여 인공적으로 내식성의 산화 피막을 입히기도 한다.

18 지하실 방수공사에 쓰이는 석유아스팔트로 가장 적합한 것은?

① 아스팔타이트　　　② 스트레이트 아스팔트
③ 레이크 아스팔트　　④ 로크 아스팔트

[해설] 천연으로 산출된 원유에서 인공적으로 만든 아스팔트를 석유 아스팔트라 하는데, 스트레이트 아스팔트와 블로운 아스팔트가 이에 속한다.

19 다음 중 방청도료에 해당되지 않는 것은?

① 광명단　　　　② 알루미늄 도료
③ 징크로메이트　　④ 오일스테인

[해설] 방청도료(Rust Proof Paint)는 금속의 부식을 막기 위해 사용되는 도료로 광명단 도료, 산화철 녹막이 도료, 알루미늄 도료, 징크로메이트 도료, 워시프라이머 등이 있다.

20 다음 석재 중 내장용으로 주로 사용하는 석재는?

① 대리석　　　　② 화강암
③ 안산암　　　　④ 점판암

[해설] 대리석은 석회암이 변성작용에 의해 결정질이 뚜렷하게 된 변성암의 일종이다. 압축강도는 크나 산과 열에 약하고 내구성이 떨어져 외장재로는 부적당하다.

21 콘크리트 혼화제 중 AE제를 사용하는 목적과 가장 거리가 먼 것은?

① 동결 융해에 대한 저항성 개선
② 단위수량 감소
③ 워커빌리티 향상
④ 철근과의 부착강도 증대

[해설] AE제는 공기량 증가로 콘크리트의 시공연도, 워커빌리티를 향상시키고, 물-시멘트비(W/C)를 감소시키며, 콘크리트 내구성 향상 및 동결에 대한 저항성을 증대시킨다.

22 콘크리트의 중성화 시험을 위해 사용하는 것은?

① 질산은 용액　　　② 황산나트륨 용액
③ 페놀프탈레인 용액　④ 탄산나트륨 용액

[해설] 콘크리트의 중성화 시험은 페놀프탈레인 용액을 사용한다.
• 적색(pH 10 이상) : 알칼리성, 중성화 없음
• 무색(pH 9 이하) : 중성화

정답 | 15 ①　16 ①　17 ④　18 ②　19 ④　20 ①　21 ④　22 ③

23 테라조의 종석으로 가장 적당한 것은?

① 대리석 ② 현무암
③ 감람석 ④ 진주암

[해설] 테라조의 종석으로는 대리석, 화강석 등을 주로 사용한다.

24 KS F 2527에 규정된 콘크리트용 부순 굵은 골재의 물리적 성질을 알기 위한 시험항목 중 흡수율의 기준은?

① 1% 이하 ② 3% 이하
③ 5% 이하 ④ 10% 이하

[해설] 콘크리트용 부순 골재(KS F 2527)의 품질규정치는 절대건조밀도, 흡수율, 안정성 등이 있으며 부순 굵은 골재와 부순 잔 골재의 흡수율 기준은 3% 이하이다.

25 콘크리트에서 볼 수 있는 레이턴스(Laitance) 현상의 피해로 대표적인 것은?

① 콘크리트의 수축균열현상이 심화된다.
② 콘크리트의 응결·경화가 지연된다.
③ 경화 콘크리트 내부에 공극이 발생한다.
④ 연속되는 콘크리트와의 부착력이 떨어진다.

[해설] 레이턴스(Laitance)는 블리딩 현상의 결과 콘크리트 표면으로 떠오른 미세한 물질이 표면에 얇은 피막을 형성하여 굳은 것을 말하며 콘크리트의 부착력 저하를 일으킨다.

26 다음 중 알루미늄에 관한 설명으로 옳지 않은 것은?

① 250~300℃에서 풀림한 것은 콘크리트 등의 알칼리에 침식되지 않는다.
② 비중은 철의 1/3 정도이다.
③ 전연성이 좋고 내식성이 우수하다.
④ 온도가 상승함에 따라 인장강도가 급격히 감소하고 600℃에 거의 0이 된다.

[해설] 알루미늄(Aluminum)은 전기 및 열전도율이 높으나 해수 및 산, 알칼리에 약하여 인공적으로 내식성의 산화 피막을 입히기도 한다.

27 도장공사에 사용되는 초벌도료에 대한 설명으로 옳지 않은 것은?

① 도장면과의 부착성을 높이고 재벌, 정벌 칠하기 작업이 원활하도록 만드는 것이 초벌도료이다.
② 철재면 초벌도료는 방청도료이다.
③ 콘크리트, 모르타르 벽면에는 유성페인트로 초벌칠을 한다.
④ 목재면의 초벌도료는 목재면의 흡수성을 막고, 부착성을 증진시키고, 아울러 수액이나 송진 등의 침출을 방지한다.

[해설] 콘크리트, 모르타르 벽면에는 수성페인트로 초벌칠을 한다.

28 화성암에 속하며 질이 단단하고 내구성 및 압축강도가 크며, 흡수성이 적어 건축물의 내외장재로 많이 사용되는 석재는?

① 사문암 ② 화강암
③ 사암 ④ 석회암

[해설] 화강암(花崗巖, Granite)은 가공성이 우수하며 대형재의 생산이 가능하여 바닥재, 내·외장재로 많이 사용된다.

29 목재의 결점에 해당되지 않는 것은?

① 옹이 ② 지선
③ 입피 ④ 소편

[해설] 소편(小片)은 목재 또는 기타 식물질을 작은 조각으로 만든 것으로 목재의 결점에 해당하지 않는다. 파티클 보드(Particle Board, Chip Board)는 소편을 유기질 접착제로 성형, 열압하여 제판한 것이다.

30 철골부재로 쓰이는 형강은 주로 어떤 방법으로 제조하는가?

① 인발법 ② 단조법
③ 주조법 ④ 압연법

[해설] 형강(形鋼, Shape Steel)은 열간 압연하여 특수한 단면의 형상으로 제조된 강재로, 철골 구조물로 많이 사용된다.

정답 | 23 ① 24 ② 25 ④ 26 ① 27 ③ 28 ② 29 ④ 30 ④

31 목재에 관한 설명 중 옳지 않은 것은?

① 목질부 중 수심 부근에 있는 부분을 심재라고 한다.
② 다른 재료에 비해 비강도가 큰 편이다.
③ 목재를 직사광선에서 건조시키는 것은 바람직하지 않다.
④ 목재의 압축 및 인장강도는 섬유방향에 평행인 경우보다 직각인 경우가 더 크다.

[해설] 목재의 압축 및 인장강도는 섬유방향에 평행한 방향이 직각인 방향보다 크다.

32 표준형 점토벽돌의 치수로 옳은 것은?

① 210×90×57mm   ② 210×110×60mm
③ 190×100×60mm ④ 190×90×57mm

[해설] 표준형 점토벽돌의 기본 치수는 190×90×57mm이다.

33 단열재료의 성질에 관한 설명 중 옳은 것은?

① 열전도율이 높을수록 단열 성능이 크다.
② 같은 두께인 경우 경량재료가 단열에 더 효과적이다.
③ 단열재는 밀도가 다르더라도 단열성능은 같다.
④ 대부분 단열재는 흡음성이 떨어진다.

[해설] 같은 두께일 경우 스티로폼과 같은 경량재료가 단열에 더 효과적이다.

34 콘크리트의 수화속도에 영향을 미치는 인자가 아닌 것은?

① 혼화재료   ② 물시멘트비
③ 양생온도   ④ 사용자갈의 크기

[해설] 콘크리트의 수화반응에 영향을 미치는 요인으로는 물-시멘트비, 온도, 혼화재료 등이 있다.

35 합성수지에 대한 설명 중 옳지 않은 것은?

① 페놀수지는 내열성·내수성이 양호하여 파이프, 덕트 등에 사용된다.
② 염화비닐수지는 열가소성 수지에 속한다.
③ 실리콘수지는 전기적 성능은 우수하나 내약품성·내후성이 좋지 않다.
④ 에폭시수지는 내약품성이 양호하며 금속도료 및 접착제로 쓰인다.

[해설] 실리콘 수지(Silicon Resin)는 내열성(-80~250℃)이 우수하고, 내약품성 및 내후성이 좋으며 전기절연성이 좋다.

36 도장재료의 주요 구성요소 중 도막에 색을 주거나 기계적인 성질을 보강하는 역할의 불용성 요소는?

① 안료   ② 전색제
③ AE제   ④ 용제

[해설] 안료는 도막에 색을 주거나 기계적인 성질을 보완하는 역할을 한다.

37 합성수지와 체질 안료를 혼합한 입체 무늬 모양을 내는 뿜칠용 도료로서 콘크리트나 모르타르 바탕에 도장하는 도료는?

① 래커   ② 캐슈
③ 오일 서페이서 ④ 본타일

[해설] 본타일 페인트 마감은 타일형 입체감을 표현하며, 단일색상으로 도장함으로써 다양한 색상을 느낄 수는 없지만 대형 건물 외벽이나, 복도 벽 등에 많이 적용되고 있다.

38 규산칼슘판 단열재에 대한 설명으로 옳은 것은?

① 용융유리를 흡착법 등으로 수 μm의 가는 섬유로 만든 것
② 각종 슬래그에 석회암을 첨가하여 가는 섬유형태로 만든 것
③ 주원료인 식물섬유를 쪄서 분해한 밀도 0.4 미만인 것
④ 내열성과 내파손성이 우수하여 철골내화피복으로 사용되는 것

[해설] 규산칼슘 단열재는 가볍고 단열성이 좋으며, 내열성과 내파손성이 우수하여 철골내화피복으로 사용한다.

정답 | 31 ④ 32 ④ 33 ② 34 ④ 35 ③ 36 ① 37 ④ 38 ④

39 돌로마이트 플라스터에 대한 설명으로 옳지 않은 것은?

① 풀이 필요하지 않아 변색, 냄새, 곰팡이가 없다.
② 소석회에 비해 점성이 낮으며, 약산성이므로 유성페인트 마감을 할 수 있다.
③ 응결시간이 길다.
④ 회반죽에 비하여 조기강도 및 최종강도가 크다.

해설 | 돌로마이트 플라스터(Dolomite Plaster)는 기경성 미장재료로, 점성 및 가소성이 커서 재료 반죽시 풀이 필요 없으며, 비중이 크고 굳으면 강도가 큰 편이다.

40 회반죽바름 시 사용하는 해초풀은 채취 후 1~2년 경과된 것이 좋은데 그 이유는 무엇인가?

① 점도가 높기 때문이다.
② 알칼리도가 높기 때문이다.
③ 색상이 우수하기 때문이다.
④ 염분제거가 쉽기 때문이다.

해설 | 회반죽에 해초풀을 넣는 목적은 부착력을 증대하고 균열을 줄이기 위해서이며, 해초풀을 채취 후 1~2년이 경과된 것이 염분제거가 쉽다.

41 내화벽돌에서 S.K 29, 33, 42 등의 번호는 구체적으로 무엇을 나타내는가?

① 소성 점토의 성분 표시
② 제품 종류의 표시
③ 내화도의 표시
④ 흡수도의 표시

해설 | 내화벽돌에서 SK는 소성온도 측정법인 세게르콘(Seger, Keger Cone, S.K)에서 내화도를 말하며 특수한 점토를 원료로 하여 만든 삼각추형(Cone)의 물체로 연화되어 휘어지는 때의 온도를 소성온도로 한다.

42 목재 및 기타 식물의 섬유질 소편에 합성수지접착제를 도포하여 가열압착성형한 판상제품은?

① 합판
② 파티클보드
③ 집성목재
④ 파키트리보드

해설 | 파티클보드(Particle Board, Chip Board)는 목재 또는 기타 식물질을 작은 조각(소편(小片))을 충분히 건조시킨 후 유기질 접착제로 성형, 열압하여 제판한 판(Board)을 말한다.

43 강의 탄소함유량이 증가함에 따른 성질 변화에 관한 설명으로 옳지 않은 것은?

① 경도가 높아진다.
② 인성이 낮아진다.
③ 연성이 낮아진다.
④ 용접성이 좋아진다.

해설 | 강은 탄소량이 적으면 적을수록 연성이 커지며, 함유량이 많아지면 강도 및 경도가 높아지는 반면 부서지기 쉬운 성질이 있다.

44 점토소성제품의 흡수성이 큰 순서대로 올바르게 나열된 것은?

① 토기>도기>석기>자기
② 토기>도기>자기>석기
③ 도기>토기>석기>자기
④ 도기>토기>자기>석기

해설 | 토기의 흡수율이 가장 크고, 자기의 흡수율이 가장 적다.

45 플라스틱 재료의 일반적인 성질에 대한 설명으로 옳지 않은 것은?

① 플라스틱의 강도는 목재보다 크며 인장강도가 압축강도보다 매우 크다.
② 플라스틱은 상호 간 접착이 잘 되며, 금속, 콘크리트, 목재, 유리 등 다른 재료에도 부착이 잘 된다.
③ 플라스틱은 일반적으로 전기절연성이 양호하다.
④ 플라스틱은 열에 의한 팽창 및 수축이 크다.

해설 | 플라스틱은 압축강도 이외의 인장강도와 탄성계수가 작으며, 응력변화 시 탄성한계의 구분이 불명확한 편이다.

46 시멘트가 공기 중의 수분을 흡수하여 일어나는 수화작용을 의미하는 용어는?

① 풍화
② 경화
③ 수축
④ 응결

해설 | 시멘트를 저장하던 중 공기와 접촉하여 공기 중의 수분 및 이산화탄소를 흡수하면서 나타나는 수화반응이다.

정답 | 39 ② 40 ④ 41 ③ 42 ② 43 ④ 44 ① 45 ① 46 ①

47 상수면 이하에 박은 기초말뚝의 예처럼 목재를 수중에 완전 침수하는 목적으로 가장 적절한 것은?

① 부패를 방지하기 위해
② 가공을 용이하게 하기 위해
③ 강도를 증가시키기 위해
④ 내화성을 높이기 위해

[해설] 생목을 수중에 약 3~4주 정도 완전 침수시켜 수액을 뺀 후 대기에 건조하면 부패를 막을 수 있다.

48 감람석이 변질된 것으로 암녹색 바탕에 아름다운 무늬를 갖고 있으나 풍화성이 있어 실내장식용으로 사용되는 것은?

① 현무암
② 사문암
③ 안산암
④ 응회암

[해설] 사문암(蛇紋巖, Serpentine)은 주로 감람석, 섬록암이 변성되어 생긴 암석으로 경질이나 산과 열에 약하고 내구성이 떨어져 실내장식재 등으로 사용된다.

49 다음 각 석재의 용도로 옳지 않은 것은?

① 화강석 – 외장재
② 대리석 – 내장재
③ 점판암 – 구조재
④ 석회암 – 콘크리트원료

[해설] 점판암(粘板巖, Clay Slate)은 진흙이 오랫동안 침전, 퇴적하여 큰 압력을 받아 생성된 것으로 얇은 판으로 채취하기 용이하여 천연슬레이트로 지붕이나 외벽 재료 등에 사용된다.

50 건설용 재료로서 콘크리트가 가지는 장점이 아닌 것은?

① 압축강도와 인장강도가 모두 크다.
② 내구성 및 내화성이 좋다.
③ 자유로운 형태를 구현할 수 있다.
④ 재료의 확보가 용이하다.

[해설] 콘크리트는 압축강도에 비해 인장강도가 상당히 약하므로 철근을 배근하여 보완한다.

51 다음 중 염화비닐수지의 용도로 가장 적합하지 않은 것은?

① 파이프
② 타일
③ 도료
④ 유리 대용품

[해설] 염화비닐수지(PVC ; Polyvinyl Chloride)는 열가소성 수지로 강도, 전기절연성, 내약품성이 양호하여 급·배수용 파이프, 타일, 도료 등에 사용된다.

52 대리석을 붙이기 할 때 사용되는 모르타르로 가장 적합한 것은?

① 시멘트 모르타르
② 방수 모르타르
③ 석고 모르타르
④ 석회 모르타르

[해설] 대리석 붙이기 공사에는 석고 모르타르가 적당하다.

53 목재의 유용성 방부제로서 무색제품이며 방부제 위에 페인트칠도 가능한 것은?

① 크레오소트오일
② P.C.P
③ 아스팔트
④ 콜타르

[해설] **목재 방부제의 종류**
• 유성 방부제 : 크레오소트, 콜타르, 유성페인트
• 수용성 방부제 : 황산구리, 염화아연, PF 방부제, CCA 방부제
• 유용성 방부제 : PCP(Penta-Chloro-Phenol)

54 중용열 포틀랜드시멘트의 일반적인 특징 중 옳지 않은 것은?

① 수화발열량이 적다.
② 초기강도가 크다.
③ 건조수축이 적다.
④ 내구성이 우수하다.

[해설] 중용열 포틀랜드시멘트는 수화반응이 늦으므로 수화열이 적고, 건조수축균열이 적다. 초기강도는 낮으나 장기강도는 우수한 편이다.

정답 | 47 ① 48 ② 49 ③ 50 ① 51 ④ 52 ③ 53 ② 54 ②

55 다음 미장재료 중 기경성 재료가 아닌 것은?

① 소석회 ② 경석고 플라스터
③ 돌로마이트 플라스터 ④ 석회크림

해설 경석고 플라스터는 수경성 미장재료에 해당하며, 경화가 빠르고 무수축성(팽창성)이다.

56 목재의 가공제품인 MDF에 대한 설명으로 옳지 않은 것은?

① 샌드위치 판넬이나 파티클 보드 등 다른 보드류 제품에 비해 매우 경량이다.
② 습기에 약한 결점이 있다.
③ 다른 보드류에 비하여 곡면가공이 용이하다.
④ 가공성 및 접착성이 우수하여 깔끔한 마감에 사용된다.

해설 MDF(Medium Density Fire-Board)는 톱밥 등에 접착제를 투입한 후 압축 가공해서 합판 모양의 판재로 만든 제품으로 습기에 약하고 무게가 많이 나간다.

57 방수공사에서 아스팔트 품질 결정요소와 가장 거리가 먼 것은?

① 침입도 ② 신도
③ 연화점 ④ 마모도

해설 아스팔트의 품질결정 요소로는 연화점(℃), 신도(cm/min), 침입도(mm), 밀도(g/cm³) 등이다.

58 콘크리트 배합(mix proportion) 중 실제 현장골재의 표면수·흡수량 및 입도상태를 고려하여 시방배합을 현장상태에 적합하게 보정하는 배합은?

① 현장배합(job mix)
② 용적배합(volume mix)
③ 중량배합(weight mix)
④ 계획배합(specified mix)

해설 현장배합은 실제 현장 골재의 표면수, 흡수량 및 입도상태를 고려하여 시방배합을 현장상태에 적합하게 보정하는 배합이다.

59 암석이 가장 쪼개지기 쉬운 면을 말하며 절리보다 불분명하지만 방향이 대체로 일치되어 있는 것은?

① 석리 ② 입상조직
③ 석목 ④ 선상조직

해설 석목은 암반 내 층에서 볼 수 있는 천연적 균열상, 절리 등으로 결정의 상태에 따라 절단이 용이한 방향의 면을 말한다.

60 연강의 인장시험에서 탄성에서 소성으로 변하는 경계는?

① 비례한도 ② 변형경화
③ 항복점 ④ 파단점

해설 인장시험에서 나타나는 응력-변형률 곡선(Stress-strain Curve)에서 재료가 탄성에서 소성으로 변하는 경계를 항복점이라고 한다.

정답 | 55 ② 56 ① 57 ④ 58 ① 59 ③ 60 ③

PART 05

건설안전기술

CHAPTER 01 건설공사 안전개요
CHAPTER 02 건설공구 및 장비
CHAPTER 03 양중기 및 해체공사의 안전
CHAPTER 04 건설재해 및 대책
CHAPTER 05 건설 가시설물 설치기준
CHAPTER 06 건설 구조물공사 안전
CHAPTER 07 운반, 하역작업
■ 예상문제

CHAPTER 01 건설공사 안전개요

SECTION 01 지반의 안정성

1 지반의 조사

1) 정의

지반조사란 지질 및 지층에 관한 조사를 실시하여 토층분포상태, 지하수위, 투수계수, 지반의 지지력을 확인하여 구조물의 설계·시공에 필요한 자료를 구하는 것이다.

2) 지반조사의 종류

(1) Sounding 시험(원위치 시험)

로드(Rod) 선단에 콘, 샘플러, 저항날개 등의 저항체를 지중에 삽입하여 관입, 회전, 인발하여 저항력에 의해 흙의 성질을 판단하는 원위치 시험법

① 표준관입시험(Standard Penetration Test)

현 위치에서 직접 흙(주로 사질지반)의 다짐상태를 판단하는 시험으로 무게 63.5kg의 추를 76cm 높이에서 자유 낙하시켜 샘플러를 30cm 관입시키는 데 필요한 타격횟수 N을 구하는 시험, N치가 클수록 토질이 밀실

N값	모래지반 상대밀도	N값	점토지반 점착력
0~4	몹시 느슨	0~2	아주 연약
4~10	느슨	2~4	연약
10~30	보통	4~8	보통
30~50	조밀	8~15	강한 점착력
50 이상	대단히 조밀	15~30	매우 강한 점착력
		30 이상	견고(경질)

② 콘관입시험(Cone Penetration Test)
  ㉠ 로드 선단에 부착된 Cone(콘)을 지중 관입하여 지반 경연 정도로 지반상태를 판단하는 시험
  ㉡ 주로 연약한 점성토 지반에 적용

③ 베인시험(Vane Test)
  ㉠ 회전 Rod가 부착된 Vane(구형)을 지중에 관입하고 회전시켜 흙의 전단강도, 흙 Moment를 측정하는 시험
  ㉡ 깊이 10m 미만의 연약한 점토질 지반의 시험에 주로 적용

④ 스웨덴식 사운딩시험(Swedish Sounding Test)
  ㉠ 로드 선단에 Screw Point를 부착하여 침하와 회전시켰을 때의 관입량을 측정하는 시험
  ㉡ 거의 모든 토질에 적용 가능하며 굴착 깊이 H=30m까지 가능

(2) 보링(Boring)

① 정의: 굴착용 기계를 이용하여 지반을 천공하여 토사를 채취하고 지반의 토층분포, 층상, 구성 상태를 판단하는 것
② 보링의 종류
  ㉠ 오거보링(Auger Boring)
  ㉡ 수세식 보링(Wash Boring)
  ㉢ 충격식 보링(Percussion Boring)
  ㉣ 회전식 보링(Rotary Boring)

(3) Sampling(시료채취)

① 정의: 흙이 가지고 있는 물리적·역학적 특성을 규명하기 위해 시료를 채취하는 것
② 교란 정도에 따라 교란시료 채취와 불교란 시료 채취로 나눌 수 있음
  ㉠ 교란시료: 토질이 흐트러진 상태로 채취
  ㉡ 불교란시료: 토질이 자연상태로 흩어지지 않게 채취

2 토질시험방법

1) 물리적 시험

① 비중시험 : 흙입자의 비중 측정
② 함수량시험 : 흙에 포함되어 있는 수분의 양을 측정
③ 입도시험 : 흙입자의 혼합상태를 파악
④ 액성·소성·수축 한계시험 : 함수비 변화에 따른 흙의 공학적 성질을 측정
⑤ 밀도시험 : 지반의 다짐도 판정

2) 역학적 시험

① 투수시험 : 지하수위, 투수계수 측정
② 압밀시험 : 점성토의 침하량 및 침하속도 계산
③ 전단시험 : 직접전단시험, 간접전단시험, 흙의 전단저항 측정
④ 표준관입시험 : 흙의 지내력 판단, 사질토 적용
⑤ 다짐시험 : 공학적 목적으로 흙의 성질을 개선하는 방법 (흙의 단위중량, 전단강도 증가)
⑥ 지반 지지력(지내력)시험 : 평판재하시험, 말뚝박기시험, 말뚝재하시험

3 지반의 이상현상 및 안전대책

1) 히빙(Heaving)

(1) 정의

연약한 점토지반을 굴착할 때 흙막이벽 배면 흙의 중량이 굴착저면 이하의 흙보다 중량이 클 경우 굴착저면 이하의 지지력보다 크게 되어 흙막이 배면에 있는 흙이 안으로 밀려들어 굴착저면이 솟아오르는 현상

(2) 피해

① 흙막이의 전면적 파괴
② 흙막이 주변 지반침하로 인한 지하매설물 파괴

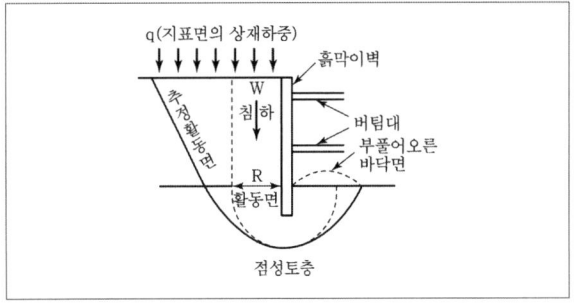

[히빙 현상]

(3) 안전대책

① 흙막이벽의 근입장 깊이를 경질지반까지 연장
② 굴착주변의 상재하중을 제거
③ 시멘트, 약액주입공법 등으로 Grouting 실시
④ Well Point, Deep Well 공법으로 지하수위 저하
⑤ 굴착방식을 개선(Island Cut, Caisson 공법 등)

2) 보일링(Boiling)

(1) 정의

투수성이 좋은 사질토 지반을 굴착할 때 흙막이벽 배면의 지하수위가 굴착저면보다 높을 때 굴착저면 위로 모래와 지하수가 솟아오르는 현상

(2) 피해

① 흙막이의 전면적 파괴
② 흙막이 주변 지반침하로 인한 지하매설물 파괴
③ 굴착저면의 지지력 감소

(3) 안전대책

① 흙막이벽의 근입장 깊이를 경질지반까지 연장
② 차수성이 높은 흙막이 설치(지하연속벽, Sheet Pile 등)
③ 시멘트, 약액주입공법 등으로 Grouting 실시
④ Well Point, Deep Well 공법으로 지하수위 저하
⑤ 굴착토를 즉시 원상태로 매립

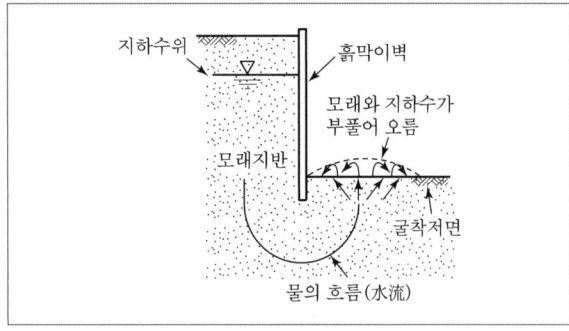

[보일링 현상]

3) 연약지반의 개량공법

(1) 점성토 연약지반 개량공법

① 치환공법 : 연약지반을 양질의 흙으로 치환하는 공법으로 굴착, 활동, 폭파 치환

② 재하공법(압밀공법)
  ㉠ 프리로딩공법(Pre-Loading, 여성토공법) : 사전에 성토를 미리하여 흙의 전단강도를 증가
  ㉡ 압성토공법(Surcharge) : 측방에 압성토하여 압밀에 의해 강도증가
  ㉢ 사면선단 재하공법 : 성토한 비탈면 옆부분을 덧붙임하여 비탈면 끝의 전단강도를 증가

③ 탈수공법 : 연약지반에 모래말뚝, 페이퍼드레인, 팩을 설치하여 물을 배제시켜 압밀을 촉진하는 것으로 샌드드레인, 페이퍼드레인, 팩드레인공법

④ 배수공법 : 중력배수(집수정, Deep Well), 강제배수(Well Point, 진공 Deep Well)

⑤ 고결공법 : 생석회 말뚝공법, 동결공법, 소결공법

(2) 사질토 연약지반 개량공법

① 진동다짐공법(Vibro Floatation) : 봉상진동기를 이용, 진동과 물다짐을 병용

② 동다짐(압밀)공법 : 무거운 추를 자유낙하시켜 지반충격으로 다짐효과

③ 약액주입공법 : 지반 내 화학약액(LW, Bentonite, Hydro)을 주입하여 지반고결

④ 폭파다짐공법 : 인공지진을 발생시켜 모래지반 다짐

⑤ 전기충격공법 : 지반 속에서 고압방전을 일으켜 발생하는 충격력으로 지반 다짐

⑥ 모래다짐말뚝공법 : 충격, 진동 타입에 의해 모래를 압입시켜 모래 말뚝을 형성하여 다짐에 의한 지지력을 향상

SECTION 02
공정계획 및 안전성 심사

1 안전관리계획

[안전관리계획 작성 내용]

① 입지 및 환경조건 : 주변교통, 부지상황, 매설물 등의 현황

② 안전관리 중점 목표 : 착공에서 준공까지 각 단계의 중점 목표를 결정

③ 공정, 공종별 위험요소 판단 : 공정, 공종별 유해위험요소를 판단하여 대책수립

④ 안전관리조직 : 원활한 안전활동, 안전관리의 확립을 위해 필요한 조직

⑤ 안전행사계획 : 일일, 주간, 월간계획

⑥ 긴급연락망 : 긴급사태 발생 시 연락할 경찰서, 소방서, 발주처, 병원 등의 연락처 게시

2 건설공사의 안전관리

1) 지반굴착 시 위험방지

(1) 사전조사 내용(안전보건규칙 제38조)

① 형상·지질 및 지층의 상태

② 균열·함수(含水)·용수 및 동결의 유무 또는 상태

③ 매설물 등의 유무 또는 상태

④ 지반의 지하수위 상태

(2) 굴착면의 기울기 기준(안전보건규칙 제339조 별표11)

지반의 종류	기울기
모래	1 : 1.8
연암 및 풍화암	1 : 1.0
경암	1 : 0.5
그 밖의 흙	1 : 1.2

※ 굴착면의 기울기 기준에 관한 문제는 거의 매회 출제되므로 기울기 기준은 반드시 암기

2) 발파 작업 시 위험방지

(1) 발파의 작업기준(안전보건규칙 제348조)

① 얼어붙은 다이너마이트는 화기에 접근시키거나 그 밖의 고열물에 직접 접촉시키는 등 위험한 방법으로 융해되지 않도록 할 것

② 화약 또는 폭약을 장전하는 경우에는 그 부근에서 화기의 사용 또는 흡연을 하지 않도록 할 것

③ 장전구는 마찰·충격·정전기 등에 의한 폭발이 발생할 위험이 없는 안전한 것을 사용할 것

④ 발파공의 충진재료는 점토·모래 등 발화성 또는 인화성의 위험이 없는 재료를 사용할 것

⑤ 점화 후 장전된 화약류가 폭발하지 아니한 경우 또는 장전된 화약류의 폭발 여부를 확인하기 곤란한 경우에는 다음 각 목의 정하는 사항을 따를 것

　㉠ 전기뇌관에 의한 경우에는 발파모선을 점화기에서 떼어 그 끝을 단락시켜 놓는 등 재점화되지 않도록 조치하고 그때부터 5분 이상 경과한 후가 아니면 화약류의 장전장소에 접근시키지 않도록 할 것

　㉡ 전기뇌관 외의 것에 의한 경우에는 점화한 때부터 15분 이상 경과한 후가 아니면 화약류의 장전장소에 접근시키지 않도록 할 것

⑥ 전기뇌관에 의한 발파의 경우에는 점화하기 전에 화약류를 장전한 장소로부터 30m 이상 떨어진 안전한 장소에서 전선에 대하여 저항측정 및 도통시험을 실시할 것

⑦ 발파모선은 적당한 치수 및 용량의 절연된 도전선을 사용할 것

⑧ 점화는 충분한 용량을 갖는 발파기를 사용하고 규정된 스위치를 반드시 사용할 것

⑨ 발파 후 즉시 발파모선을 발파기로부터 분리하고 그 단부를 절연시킨 후 재점화가 되지 않도록 할 것

3) 특별고압 활선작업의 감전 위험방지

(1) 전압의 구분

① 저압 : 1,500V 이하 직류전압 또는 1,000V 이하의 교류전압

② 고압 : 1,500V 초과 7,000V 이하의 직류전압 또는 1,000V 초과 7,000V 이하의 교류전압

③ 특별고압 : 7,000V를 초과하는 직·교류전압

(2) 충전전로에서의 전기작업(안전보건규칙 제321조)

유자격자가 충전전로 인근에서 작업하는 경우에는 다음 각 목의 경우를 제외하고는 노출 충전부에 다음 표에 제시된 접근한계거리 이내로 접근하거나 또는 절연 손잡이가 없는 도전체에 접근할 수 없도록 할 것

① 근로자가 노출 충전부로부터 절연이 된 경우 또는 해당 전압에 적합한 절연장갑을 착용한 경우

② 노출 충전부가 다른 전위를 갖는 도전체 또는 근로자와 절연이 된 경우

③ 근로자가 다른 전위를 갖는 모든 도전체로부터 절연이 된 경우

충전전로의 선간전압(단위 : kV)	충전전로에 대한 접근 한계거리(단위 : cm)
0.3 이하	접촉금지
0.3 초과 0.75 이하	30
0.75 초과 2 이하	45
2 초과 15 이하	60
15 초과 37 이하	90
37 초과 88 이하	110
88 초과 121 이하	130
121 초과 145 이하	150
145 초과 169 이하	170
169 초과 242 이하	230
242 초과 362 이하	380
362 초과 550 이하	550
550 초과 800 이하	790

4) 잠함 내 굴착작업 위험방지

(1) 잠함 또는 우물통의 급격한 침하로 인한 위험방지(안전보건규칙 제376조)

① 침하관계도에 따라 굴착방법 및 재하량 등을 정할 것

② 바닥으로부터 천장 또는 보까지의 높이는 1.8m 이상으로 할 것

(2) 잠함·우물통·수직갱 등 내부에서의 작업기준(안전보건규칙 제377조)

① 산소결핍의 우려가 있는 경우에는 산소의 농도를 측정하는 사람을 지명하여 측정하도록 할 것

② 근로자가 안전하게 승강하기 위한 설비를 설치할 것
③ 굴착 깊이가 20m를 초과하는 경우에는 해당 작업장소와 외부와의 연락을 위한 통신설비 등을 설치할 것
④ 산소농도 측정결과 산소의 결핍이 인정되거나 굴착 깊이가 20m를 초과하는 경우에는 송기를 위한 설비를 설치하여 필요한 양의 공기를 공급할 것

SECTION 03
건설업 산업안전보건관리비

1 건설업 산업안전보건관리비의 계상 및 사용

1) 적용범위
총공사금액 2천만 원 이상인 공사에 적용한다. 다만, 다음 각 호의 어느 하나에 해당되는 공사 중 단가계약에 의하여 행하는 공사에 대하여는 총계약금액을 기준으로 적용
① 「전기공사업법」 제2조에 따른 전기공사로서 고압 또는 특별고압 작업으로 이루어지는 공사
② 「정보통신공사업법」 제2조에 따른 정보통신공사로서 지하맨홀, 관로 또는 통신주에서 작업이 이루어지는 정보통신 설비공사

2) 계상기준

(1) 대상액이 5억 원 미만 또는 50억 원 이상일 경우

> 대상액 × 계상기준표의 비율(%)

(2) 대상액이 5억 원 이상 50억 원 미만일 경우

> 대상액 × 계상기준표의 비율(X) + 기초액(C)

(3) 발주자가 재료를 제공하거나 물품이 완제품의 형태로 제작 또는 납품되어 설치되는 경우

① 해당 금액을 대상액에 포함시킬 때의 산업안전보건관리비는 ② 해당 금액을 포함시키지 않은 대상액을 기준으로 계상한 안전관리비의 1.2배를 초과할 수 없다. 즉, ①과 ②를 비교하여 적은 값으로 계상

[공사종류 및 규모별 산업안전보건관리비 계상기준표]

구분 공사종류	대상액 5억 원 미만인 경우 적용비율(%)	대상액 5억 원 이상 50억 원 미만인 경우		대상액 50억 원 이상인 경우 적용 비율(%)	영 별표5에 따른 보건관리자 선임 대상 건설공사의 적용비율(%)
		적용 비율(%)	기초액		
건축공사	3.11%	2.28%	4,325,000원	2.37%	2.64%
토목공사	3.15%	2.53%	3,300,000원	2.60%	2.73%
중건설공사	3.64%	3.05%	2,975,000원	3.11%	3.39%
특수건설공사	2.07%	1.59%	2,450,000원	1.64%	1.78%

2 건설업 산업안전보건관리비의 사용기준

1) 사용기준
① 수급인 또는 자기공사자는 산업안전보건관리비의 항목별 사용내역에 따라 산업안전보건관리비를 건설사업장에서 근무하는 근로자의 산업재해 및 건강장해 예방을 위한 목적으로만 사용할 것

[항목별 산업안전보건관리비 사용기준]

항목	사용기준
1. 안전관리자 · 보건관리자의 임금 등	가. 법 제17조 제3항 및 법 제18조 제3항에 따라 안전관리 또는 보건관리 업무만을 전담하는 안전관리자 또는 보건관리자의 임금과 출장비 전액 나. 안전관리 또는 보건관리 업무를 전담하지 않는 안전관리자 또는 보건관리자의 임금과 출장비의 각각 2분의 1에 해당하는 비용 다. 안전관리자를 선임한 건설공사 현장에서 산업재해 예방 업무만을 수행하는 작업지휘자, 유도자, 신호자 등의 임금 전액 라. 별표 1의2에 해당하는 작업을 직접 지휘 · 감독하는 직 · 조 · 반장 등 관리감독자의 직위에 있는 자가 영 제15조 제1항에서 정하는 업무를 수행하는 경우에 지급하는 업무수당(임금의 10분의 1 이내)
2. 안전시설비 등	가. 산업재해 예방을 위한 안전난간, 추락방호망, 안전대 부착설비, 방호장치(기계 · 기구와 방호장치가 일체로 제작된 경우, 방호장치 부분의 가액에 한함) 등 안전시설의 구입 · 임대 및 설치를 위해 소요되는 비용

항목	사용기준
2. 안전시설비 등	나. 「산업재해예방시설자금 융자금 지원사업 및 보조금 지급사업 운영규정」(고용노동부고시) 제2조 제12호에 따른 "스마트안전장비 지원사업" 및 「건설기술진흥법」 제62조의3에 따른 스마트 안전장비 구입·임대 비용. 다만, 제4조에 따라 계상된 산업안전보건관리비 총액의 10분의 1을 초과할 수 없다. 다. 용접 작업 등 화재 위험작업 시 사용하는 소화기의 구입·임대비용
3. 보호구 등	가. 영 제74조 제1항 제3호에 따른 보호구의 구입·수리·관리 등에 소요되는 비용 나. 근로자가 가목에 따른 보호구를 직접 구매·사용하여 합리적인 범위 내에서 보전하는 비용 다. 제1호 가목부터 다목까지의 규정에 따른 안전관리자 등의 업무용 피복, 기기 등을 구입하기 위한 비용 라. 제1호 가목에 따른 안전관리자 및 보건관리자가 안전보건 점검 등을 목적으로 건설공사 현장에서 사용하는 차량의 유류비·수리비·보험료
4. 안전보건진단비 등	가. 법 제42조에 따른 유해위험방지계획서의 작성 등에 소요되는 비용 나. 법 제47조에 따른 안전보건진단에 소요되는 비용 다. 법 제125조에 따른 작업환경 측정에 소요되는 비용 라. 그 밖에 산업재해예방을 위해 법에서 지정한 전문기관 등에서 실시하는 진단, 검사, 지도 등에 소요되는 비용
5. 안전보건교육비 등	가. 법 제29조부터 제32조까지의 규정에 따라 실시하는 의무교육이나 이에 준하여 실시하는 교육을 위해 건설공사 현장의 교육장소 설치·운영 등에 소요되는 비용 나. 가목 이외 산업재해 예방 목적을 가진 다른 법령상 의무교육을 실시하기 위해 소요되는 비용 다. 「응급의료에 관한 법률」 제14조제1항제5호에 따른 안전보건교육 대상자 등에게 구조 및 응급처치에 관한 교육을 실시하기 위해 소요되는 비용 라. 안전보건관리책임자, 안전관리자, 보건관리자가 업무수행을 위해 필요한 정보를 취득하기 위한 목적으로 도서, 정기간행물을 구입하는 데 소요되는 비용 마. 건설공사 현장에서 안전기원제 등 산업재해 예방을 기원하는 행사를 개최하기 위해 소요되는 비용. 다만, 행사의 방법, 소요된 비용 등을 고려하여 사회통념에 적합한 행사에 한한다. 바. 건설공사 현장의 유해·위험요인을 제보하거나 개선방안을 제안한 근로자를 격려하기 위해 지급하는 비용
6. 근로자 건강장해예방비 등	가. 법·영·규칙에서 규정하거나 그에 준하여 필요로 하는 각종 근로자의 건강장해 예방에 필요한 비용 나. 중대재해 목격으로 발생한 정신질환을 치료하기 위해 소요되는 비용 다. 「감염병의 예방 및 관리에 관한 법률」 제2조제1호에 따른 감염병의 확산 방지를 위한 마스크, 손소독제, 체온계 구입비용 및 감염병병원체 검사를 위해 소요되는 비용 라. 법 제128조의2 등에 따른 휴게시설을 갖춘 경우 온도, 조명 설치·관리기준을 준수하기 위해 소요되는 비용 마. 건설공사 현장에서 근로자 심폐소생을 위해 사용되는 자동심장충격기(AED) 구입에 소요되는 비용
7. 법 제73조 및 제74조에 따른 건설재해예방전문지도기관의 지도에 대한 대가로 제2조 제1항 제5호의 자기공사자가 지급하는 비용	
8. 「중대재해 처벌 등에 관한 법률 시행령」 제4조 제2호 나목에 해당하는 건설사업자가 아닌 자가 운영하는 사업에서 안전보건 업무를 총괄·관리하는 3명 이상으로 구성된 본사 전담조직에 소속된 근로자의 임금 및 업무수행 출장비 전액. 다만, 제4조에 따라 계상된 산업안전보건관리비 총액의 20분의 1을 초과할 수 없다.	
9. 법 제36조에 따른 위험성평가 또는 「중대재해 처벌 등에 관한 법률 시행령」 제4조 제3호에 따라 유해·위험요인 개선을 위해 필요하다고 판단하여 법 제24조의 산업안전보건위원회 또는 법 제75조의 노사협의체에서 사용하기로 결정한 사항을 이행하기 위한 비용. 다만, 제4조에 따라 계상된 산업안전보건관리비 총액의 10분의 1을 초과할 수 없다.	

② 사용내역에 해당한다 할지라도 산업안전보건관리비로 사용할 수 없는 경우
  ㉠ 「(계약예규)예정가격작성기준」 제19조 제3항 중 각호(단, 제14호는 제외한다)에 해당되는 비용
  ㉡ 다른 법령에서 의무사항으로 규정한 사항을 이행하는데 필요한 비용
  ㉢ 근로자 재해예방 외의 목적이 있는 시설·장비나 물건 등을 사용하기 위해 소요되는 비용
  ㉣ 환경관리, 민원 또는 수방대비 등 다른 목적이 포함된 경우

2) 확인
① 수급인 또는 자기공사자는 산업안전보건관리비 사용내역에 대하여 공사 시작 후 6개월마다 1회 이상 발주자 또는 감리원의 확인을 받아야 한다. 다만, 6개월 이내에 공사가 종료되는 경우에는 종료 시 확인을 받아야 한다.
② 발주자 또는 고용노동부 관계공무원은 산업안전보건관리비 사용내역을 수시 확인할 수 있으며, 수급인 또는 자기공사자는 이에 따라야 한다.

[공사진척에 따른 산업안전보건관리비 사용기준]

공정률	50% 이상 70% 미만	70% 이상 90% 미만	90% 이상
사용기준	50% 이상	70% 이상	90% 이상

3) 재해예방전문지도기관의 지도를 받아 산업안전보건관리비를 사용해야 하는 사업
① 공사금액 1억 원 이상 120억 원(토목공사는 150억 원) 미만인 공사를 행하는 자는 산업안전보건관리비를 사용하고자 하는 경우에는 미리 그 사용방법·재해예방조치 등에 관하여 재해예방전문지도기관의 기술지도를 받아야 한다.
② 기술지도에서 제외되는 공사
  ㉠ 공사기간이 1개월 미만인 공사
  ㉡ 육지와 연결되지 아니한 섬지역(제주특별자치도는 제외)에서 이루어지는 공사
  ㉢ 안전관리자 자격을 가진 자를 선임하여 안전관리자의 업무만을 전담하도록 하는 공사
  ㉣ 유해·위험방지계획서를 제출하여야 하는 공사

SECTION 04
사전안전성 검토(유해·위험방지계획서)

1 위험성평가

1) 개요
사업주가 스스로 유해·위험요인을 파악하고 해당 유해·위험요인의 위험성 수준을 결정하여, 위험성을 낮추기 위한 적절한 조치를 마련하고 실행하는 과정을 말한다.

2) 실시주체
위험성평가는 사업주가 주체가 되어 안전보건관리책임자, 관리감독자, 안전관리자, 보건관리자, 해당 작업의 근로자가 참여하여 역할을 분담하여 실시

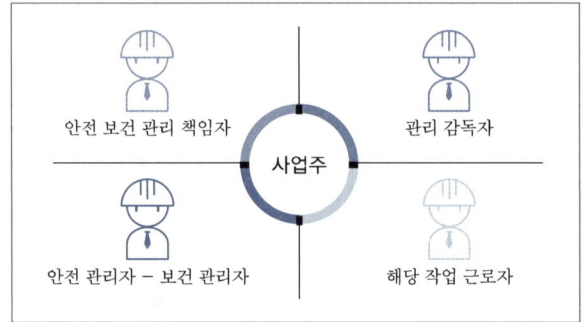

3) 실시 절차

① 사전준비 : 위험성평가 실시계획서의 작성, 평가대상 선정, 평가에 필요한 각종자료 수집
② 유해위험요인 파악 : 사업장 순회점검 및 안전보건 체크리스트 등을 활용하여 사업장 내 유해·위험요인 파악
③ 위험성 결정 : 유해·위험요인별 위험성추정 결과와 사업장에서 설정한 허용가능한 위험성의 기준을 비교하여 추정된 위험성의 크기가 허용가능한지 여부를 판단
④ 위험성 감소대책 수립 및 실행 : 위험성 결정 결과 허용 불가능한 위험성을 합리적으로 실천 가능한 범위에서 가능한 한 낮은 수준으로 감소시키기 위한 대책을 수립하고 실행

2 유해·위험방지계획서 제출대상 건설공사

1) 제출대상 공사

① 지상높이가 31m 이상인 건축물 또는 인공구조물, 연면적 30,000m² 이상인 건축물 또는 연면적 5,000m² 이상의 문화 및 집회시설(전시장 및 동물원·식물원은 제외한다), 판매시설, 운수시설(고속철도의 역사 및 집배송시설은 제외한다), 종교시설, 의료시설 중 종합병원, 숙박시설 중 관광숙박시설, 지하도상가 또는 냉동·냉장창고시설의 건설·개조 또는 해체(이하 "건설 등"이라 한다)
② 연면적 5,000m² 이상의 냉동·냉장창고시설의 설비공사 및 단열공사
③ 최대지간 길이가 50m 이상인 교량건설 등 공사
④ 터널건설 등의 공사
⑤ 다목적 댐, 발전용 댐 및 저수용량 2천만 톤 이상의 용수전용 댐, 지방상수도 전용댐 건설 등의 공사
⑥ 깊이가 10m 이상인 굴착공사

2) 작성 및 제출

(1) 제출시기

유해·위험방지계획서 작성 대상공사를 착공하려고 하는 사업주는 일정한 자격을 갖춘 자의 의견을 들은 후 동 계획서를 작성하여 공사착공 전일까지 한국산업안전보건공단 관할 지역본부 및 지사에 2부를 제출

(2) 검토의견 자격 요건

① 건설안전분야 산업안전지도사
② 건설안전기술사 또는 토목·건축분야 기술사
③ 건설안전산업기사 이상으로서 건설안전관련 실무경력 7년(기사는 5년) 이상인 사람

3 유해·위험방지계획서의 확인사항

1) 확인시기

① 건설공사 중 6개월 이내마다 공단의 확인을 받아야 함
② 자체심사 및 확인업체의 사업주는 해당 공사 준공 시까지 6개월 이내마다 자체 확인을 실시

2) 확인사항

① 유해·위험방지계획서의 내용과 실제공사 내용이 부합하는지 여부
② 유해·위험방지계획서 변경내용의 적정성
③ 추가적인 유해·위험요인의 존재 여부

4 제출 시 첨부서류

1) 공사개요 및 안전보건관리계획

① 공사 개요서(별지 제45호서식)
② 공사현장의 주변 현황 및 주변과의 관계를 나타내는 도면(매설물 현황을 포함한다)
③ 건설물, 사용 기계설비 등의 배치를 나타내는 도면
④ 전체 공정표
⑤ 산업안전보건관리비 사용계획(별지 제46호서식)
⑥ 안전관리 조직표
⑦ 재해 발생 위험 시 연락 및 대피방법

2) 작업 공사 종류별 유해·위험방지계획

대상 공사	작업 공사 종류	주요 작성대상	첨부 서류
제120조 제2항 제1호에 따른 건축물, 인공구조물 건설 등의 공사	1. 가설공사 2. 구조물공사 3. 마감공사 4. 기계 설비 공사 5. 해체공사	가. 비계 조립 및 해체 작업(외부비계 및 높이 3미터 이상 내부비계만 해당한다) 나. 높이 4미터를 초과하는 거푸집 및 동바리[동바리가 없는 공법(무지주공법으로 데크플레이트, 호리빔 등)과 옹벽 등 벽체를 포함한다] 조립 및 해체 작업 또는 비탈면 슬라브의 거푸집 및 동바리 조립 및 해체 작업 다. 작업발판 일체형 거푸집 조립 및 해체 작업 라. 철골 및 PC(Precast Concrete) 조립 작업 마. 양중기 설치·연장·해체 작업 및 천공·항타 작업 바. 밀폐공간 내 작업 사. 해체 작업 아. 우레탄폼 등 단열재 작업[(취급장소와 인접한 장소에서 이루어지는 화기(火器) 작업을 포함한다] 자. 같은 장소(출입구를 공동으로 이용하는 장소를 말한다)에서 둘 이상의 공정이 동시에 진행되는 작업	1. 해당 작업공사 종류별 작업개요 및 재해예방 계획 2. 위험물질의 종류별 사용량과 저장·보관 및 사용 시의 안전작업계획 비고 1. 바목의 작업에 대한 유해·위험방지계획에는 질식·화재 및 폭발 예방 계획이 포함되어야 한다. 2. 각 목의 작업과정에서 통풍이나 환기가 충분하지 않거나 가연성 물질이 있는 건축물 내부나 설비 내부에서 단열재 취급·용접·용단 등과 같은 화기작업이 포함되어 있는 경우에는 세부계획이 포함되어야 한다.

대상 공사	작업 공사 종류	주요 작성대상	첨부 서류
제120조 제2항 제2호에 따른 냉동·냉장창고시설의 설비공사 및 단열공사	1. 가설공사 2. 단열공사 3. 기계 설비 공사	가. 밀폐공간내 작업 나. 우레탄폼 등 단열재 작업(취급장소와 인접한 곳에서 이루어지는 화기 작업을 포함한다) 다. 설비 작업 라. 같은 장소(출입구를 공동으로 이용하는 장소를 말한다)에서 둘 이상의 공정이 동시에 진행되는 작업	1. 해당 작업공사 종류별 작업개요 및 재해예방 계획 2. 위험물질의 종류별 사용량과 저장·보관 및 사용 시의 안전작업계획 비고 1. 가목의 작업에 대한 유해·위험방지계획에는 질식·화재 및 폭발 예방계획이 포함되어야 한다. 2. 각목의 작업과정에서 통풍이나 환기가 충분하지 않거나 가연성 물질이 있는 건축물 내부나 설비 내부에서 단열재 취급·용접·용단 등과 같은 화기작업이 포함되어 있는 경우에는 세부계획이 포함되어야 한다.

제120조 제2항 제3호에 따른 교량 건설 등의 공사	1. 가설공사
	2. 하부공 공사
	3. 상부공 공사
		가. 하부공 작업
		  1) 작업발판 일체형 거푸집 조립 및 해체 작업
		  2) 양중기 설치·연장·해체 작업 및 천공·항타 작업
		  3) 교대·교각 기초 및 벽체 철근조립 작업
		  4) 해상·하상 굴착 및 기초 작업
		나. 상부공 작업
		  가) 상부공 가설작업[압출공법(ILM), 캔틸레버공법(FCM), 동바리설치공법(FSM), 이동지보공법MSS), 프리캐스트세그먼트 가설공법(PSM) 등을 포함한다]
		  나) 양중기 설치·연장·해체 작업
		  다) 상부슬라브 거푸집 및 동바리 조립 및 해체(특수작업대를 포함한다) 작업
			1. 해당 작업공사 종류별 작업개요 및 재해예방 계획
			2. 위험물질의 종류별 사용량과 저장·보관 및 사용 시의 안전작업계획

제120조 제2항 제4호에 따른 터널 건설 등의 공사	1. 가설공사
	2. 굴착 및 발파 공사
	3. 구조물공사
		가. 터널굴진공법(NATM)
		  1) 굴진(갱구부, 본선, 수직갱, 수직구 등을 말한다) 및 막장 내 붕괴·낙석방지 계획
		  2) 화약 취급 및 발파 작업
		  3) 환기 작업
		  4) 작업대(굴진, 방수, 철근, 콘크리트 타설을 포함한다) 사용 작업
		나. 기타 터널공법[(TBM)공법, 쉴드(Shield)공법, 추진(Front Jacking)공법, 침매공법 등을 포함한다]
		  1) 환기 작업
		  2) 막장내 기계·설비 유지·보수 작업
			1. 해당 작업공사 종류별 작업개요 및 재해예방 계획
			2. 위험물질의 종류별 사용량과 저장·보관 및 사용 시의 안전작업계획
			비고
			1. 나목의 작업에 대한 유해·위험방지계획에는 굴진(갱구부, 본선, 수직갱, 수직구 등을 말한다) 및 막장 내 붕괴·낙석 방지 계획이 포함되어야 한다.

제120조 제2항 제5호에 따른 댐 건설 등의 공사	1. 가설공사
	2. 굴착 및 발파 공사
	3. 댐 축조공사
		가. 굴착 및 발파 작업
		나. 댐 축조[가(假)체절 작업을 포함한다] 작업
		  1) 기초처리 작업
		  2) 둑 비탈면 처리 작업
		  3) 본체 축조 관련 장비 작업(흙쌓기 및 다짐만 해당한다)
		  4) 작업발판 일체형 거푸집 조립 및 해체 작업(콘크리트 댐만 해당한다)
			1. 해당 작업공사 종류별 작업개요 및 재해예방 계획
			2. 위험물질의 종류별 사용량과 저장·보관 및 사용 시의 안전작업계획

제120조 제2항 제6호에 따른 굴착공사	1. 가설공사 2. 굴착 및 발파 공사 3. 흙막이지보공(支保工) 공사	가. 흙막이 가시설 조립 및 해체 작업(복공작업을 포함한다) 나. 굴착 및 발파 작업 다. 양중기 설치·연장·해체 작업 및 천공·항타 작업	1. 해당 작업공사 종류별 작업개요 및 재해예방 계획 2. 위험물질의 종류별 사용량과 저장·보관 및 사용 시의 안전작업계획

비고 : 작업 공사 종류란의 공사에서 이루어지는 작업으로서 주요 작성대상란에 포함되지 않은 작업에 대해서도 유해·위험방지계획를 작성하고, 첨부서류란의 해당 서류를 첨부하여야 한다.

CHAPTER 02 건설공구 및 장비

SECTION 01 건설공구

1 석재가공 공구

1) 석재가공 순서

① 혹두기 : 쇠메로 치거나 손잡이 있는 날메로 거칠게 가공하는 단계
② 정다듬 : 섬세하게 튀어나온 부분을 정으로 가공하는 단계
③ 도드락다듬 : 정다듬하고 난 약간 거친 면을 고기 다지듯이 도드락망치로 두드리는 것
④ 잔다듬 : 정다듬한 면을 양날망치로 쪼아 표면을 더욱 평탄하게 다듬는 것
⑤ 물갈기 : 잔다듬한 면을 숫돌 등으로 간 다음, 광택을 내는 것

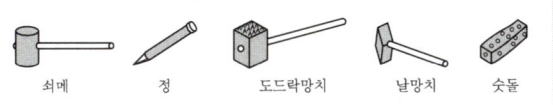

다듬순서 : 혹두기(쇠메나 망치) → 정다듬(정) → 도드락다듬(도드락망치) → 잔다듬(날망치(양날망치)) → 물갈기

2) 수공구의 종류

① 원석할석기
② 다이아몬드 원형 절단기
③ 전동톱
④ 망치
⑤ 정
⑥ 양날망치
⑦ 도드락망치

2 철근가공 공구 등

① 철선작두 : 철선을 필요로 하는 길이나 크기로 사용하기 위해 철선을 끊는 기구
② 철선가위 : 철선을 필요한 치수로 절단하는 것으로 철선을 자르는 기구
③ 철근절단기 : 철근을 필요한 치수로 절단하는 기계로 핸드형, 이동형 등이 있다.

[핸드형 철근절단기]

[이동형 철근절단기]

[철근밴기]

④ 철근굽히기 : 철근을 필요한 치수 또는 형태로 굽힐 때 사용하는 기계

SECTION 02
건설장비

1 굴삭장비

1) 파워쇼벨(Power Shovel)

(1) 개요

파워쇼벨은 쇼벨계 굴삭기의 기본 장비로서 버킷의 작동이 삽을 사용하는 방법과 같이 굴삭하는 장비

(2) 특성

① 굴삭기가 위치한 지면보다 높은 곳을 굴삭하는 데 적합
② 비교적 단단한 토질의 굴삭도 가능하며 적재, 석산 작업에 편리
③ 크기는 버킷과 디퍼의 크기에 따라 결정함

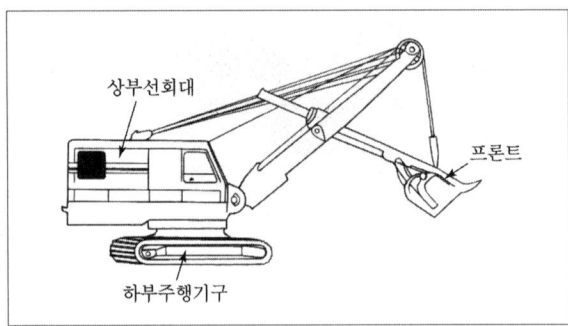

[파워쇼벨]

2) 드래그 쇼벨(Drag Shovel)(백호우 : Back Hoe)

(1) 개요

① 굴삭기가 위치한 지면보다 낮은 곳을 굴삭하는 데 적합하고 단단한 토질의 굴삭이 가능한 장비
② Trench, Ditch, 배관작업, 사면절취, 끝손질 등에 편리함

(2) 특성

① 동력 전달이 유압 배관으로 되어 있어 구조가 간단하고 정비가 쉬움
② 비교적 경량, 이동과 운반이 편리하고, 협소한 장소에서 선취와 작업이 가능함
③ 우선 조작이 부드럽고 사이클 타임이 짧아서 작업능률이 좋음

④ 주행 또는 굴삭기에 충격을 받아도 흡수가 되어서 과부하로 인한 기계의 손상이 최소화할 수 있음

3) 드래그라인(Drag Line)

(1) 개요

① 와이어로프에 의하여 고정된 버킷을 지면에 따라 끌어당기면서 굴삭하는 방식의 장비
② 높은 붐을 이용하므로 작업 반경이 크고 지반이 불량하여 기계 자체가 들어갈 수 없는 장소에서 굴삭작업이 가능하나 단단하게 다져진 토질에는 적합하지 않음

(2) 특성

① 굴삭기가 위치한 지면보다 낮은 장소를 굴삭하는 데 사용
② 작업 반경이 커서 넓은 지역의 굴삭작업에 용이함
③ 정확한 굴삭작업을 기대할 수는 없지만, 수중굴삭 및 모래 채취 등에 많이 이용함

[드래그 라인]

4) 클램쉘(Clamshell)

(1) 개요

① 굴삭기가 위치한 지면보다 낮은 곳을 굴삭하는 데 적합하고 좁은 장소의 깊은 굴삭에 효과적인 장비
② 정확한 굴삭과 단단한 지반작업은 어렵지만 수중굴삭, 교량기초, 건축물 지하실 공사 등에 쓰임

③ 그래브 버킷(Grab Bucket)은 양개식의 구조로서 와이어 로프를 달아서 조작

(2) 특성

① 기계 위치와 굴삭 지반의 높이 등에 관계없이 고저에 대하여 작업이 가능함
② 정확한 굴삭이 불가능함
③ 능력은 크레인의 기울기 각도의 한계각 중량의 75%가 일반적인 한계임
④ 사이클 타임이 길어 작업능률이 떨어짐

[클램쉘]

2 운반장비

1) 스크레이퍼

(1) 개요

① 대량 토공작업을 위한 기계로서 굴삭, 싣기, 운반, 부설(敷設) 등 4가지 작업을 일관하여 연속작업을 할 수 있음
② 대단위 대량 운반이 용이하고 운반 속도가 빠르며 비교적 운반 거리가 장거리에도 적합함
③ 댐, 도로 등 대단위 공사에 적합함

(2) 분류

① 자주식 : Motor Scraper
② 피견인식 : Towed Scraper(트랙터 또는 불도저에 의하여 견인)

[자주식 모터 스크레이퍼]

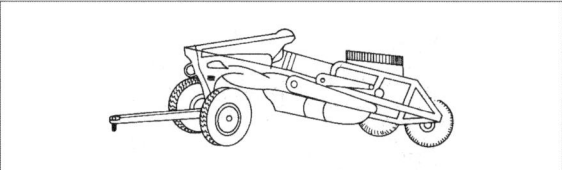

[피견인식 스크이퍼]

(3) 용도

① 굴착(Digging)   ② 싣기(Loading)
③ 운반(Hauling)   ④ 하역(Dumping)

3 다짐장비

1) 롤러(Roller)

(1) 개요

① 다짐기계는 공극이 있는 토사나 쇄석 등에 진동이나 충격 등으로 힘을 가하여 지지력을 높이기 위한 장비
② 도로의 기초나 구조물의 기초 다짐에 사용

(2) 분류

① 탠덤 롤러(Tandem Roller)
　㉠ 2축 탠덤 롤러 : 앞쪽에 단일 큰 직경 구동 롤과 뒤쪽에 단일 틸러 롤을 가지고 있음
　㉡ 3축 탠덤 롤러
　　• 앞쪽에 단일 큰 직경 구동 롤과 뒤쪽에 2개의 작은 직경 틸러 롤을 가지고 있음
　　• 두꺼운 흙을 다지는 데 적합하나 단단한 각재를 다지는 데는 부적당함

[2축 탠덤 롤러]　　　[3축 탠덤 롤러]

② 머캐덤 롤러(Macadam Roller)
　㉠ 앞쪽 1개의 조향륜과 뒤쪽 2개의 구동을 가진 자주식 장비
　㉡ 아스팔트 포장의 초기 다짐, 함수량이 적은 토사를 얇게 다질 때 유효함

[머캐덤 롤러]

③ 타이어 롤러(Tire Roller)
　㉠ 전륜에 3~5개 후륜에 4~6개의 고무 타이어를 달고 자중(15~25톤)으로 자주식 또는 피견인식으로 주행하는 장비
　㉡ Rockfill Dam, 도로, 비행장 등 대규모의 토공에 적합함

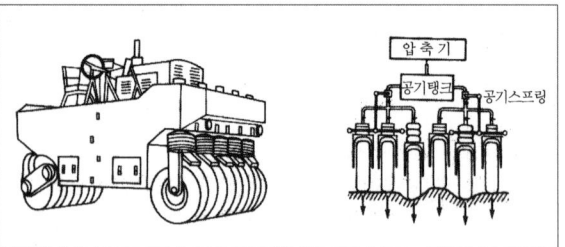

[타이어 롤러]

④ 진동 롤러(Vibration Roller)
　㉠ 자기 추진 진동 롤러는 도로 경사지 기초와 모서리의 건설에 사용하는 진흙, 바위, 부서진 돌 알맹이 등의 다지기에 사용하는 장비
　㉡ 안정된 흙, 자갈, 흙 시멘트와 아스팔트 콘크리트 등의 다지기에 가장 효과적이고 경제적으로 사용할 수 있음

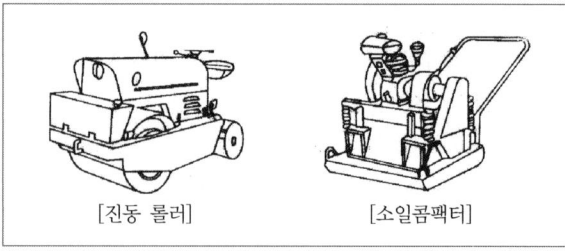

[진동 롤러]　　　[소일콤팩터]

[진동 롤러]

⑤ 탬핑 롤러(Tamping Roller)
　㉠ 롤러 드럼의 표면에 양의 발굽과 같은 형의 돌기물이 붙어 있어 Sheep Foot Roller라고도 함
　㉡ 흙 속의 과잉 수압은 돌기물의 바깥쪽에 압축, 제거되어 성토 다짐질에 좋음
　㉢ 종류로는 자주식과 피견인식이 있으며, 탬핑 롤러에는 Sheep Foot Roller, Grid Roller가 있음

[탬핑 롤러]

SECTION 03
안전수칙

1 차량계 건설기계의 안전수칙

1) 차량계 건설기계의 종류

(1) 정의

차량계 건설기계란 동력원을 사용하여 특정되지 아니한 장소로 스스로 이동할 수 있는 건설기계

(2) 종류

① 도저형 건설기계(불도저, 스트레이트도저, 틸트도저, 앵글도저, 버킷도저 등)
② 모터그레이더
③ 로더(포크 등 부착물 종류에 따른 용도 변경 형식을 포함한다)
④ 스크레이퍼
⑤ 크레인형 굴착기계(클램쉘, 드래그라인 등)
⑥ 굴삭기(브레이커, 크러셔, 드릴 등 부착물 종류에 따른 용도 변경형식을 포함한다)
⑦ 항타기 및 항발기
⑧ 천공용 건설기계(어스드릴, 어스오거, 크롤러드릴, 점보드릴 등)
⑨ 지반압밀침하용 건설기계(샌드드레인머신, 페이퍼드레인머신, 팩드레인머신 등)
⑩ 지반다짐용 건설기계(타이어롤러, 매커덤 롤러, 탠덤 롤러 등)
⑪ 준설용 건설기계(버킷준설선, 그래브준설선, 펌프준설선 등)
⑫ 콘크리트 펌프카
⑬ 덤프트럭
⑭ 콘크리트 믹서 트럭
⑮ 도로포장용 건설기계(아스팔트 살포기, 콘크리트 살포기, 아스팔트 피니셔, 콘크리트 피니셔 등)
⑯ 제1호부터 제15호까지와 유사한 구조 또는 기능을 갖는 건설기계로서 건설작업에 사용하는 것

2) 차량계 건설기계의 작업계획서 내용

① 사용하는 차량계 건설기계의 종류 및 성능
② 차량계 건설기계의 운행경로
③ 차량계 건설기계에 의한 작업방법

3) 차량계 건설기계의 안전수칙

① 미리 작업장소의 지형 및 지반상태 등에 적합한 제한속도를 정하고(최고속도가 10km/h 이하인 것을 제외) 운전자로 하여금 이를 준수하도록 할 것
② 차량계 건설기계가 넘어지거나 굴러 떨어짐으로써 근로자에게 위험을 미칠 우려가 있는 경우에는 유도하는 자를 배치하고 지반의 부동침하방지, 갓길의 붕괴방지 및 도로 폭의 유지 등 필요한 조치를 할 것
③ 운전 중인 해당 차량계 건설기계에 접촉되어 근로자에게 위험을 미칠 우려가 있는 장소에 근로자를 출입시켜서는 아니 될 것
④ 유도자를 배치한 경우에는 일정한 신호방법을 정하여 신호하도록 하여야 하며, 차량계 건설기계의 운전자는 그 신호에 따를 것
⑤ 운전자가 운전위치를 이탈하는 경우에 해당 운전자로 하여금 버킷·디퍼 등 작업장치를 지면에 내려두고 원동기를 정지시키고 브레이크를 거는 등 이탈을 방지하기 위한 조치를 할 것
⑥ 차량계 건설기계가 넘어지거나 붕괴될 위험 또는 붐(Boom)·암 등 작업장치가 파괴될 위험을 방지하기 위하여 해당 기계에 대한 구조 및 사용상의 안전도 및 최대사용하중을 준수할 것
⑦ 차량계 건설기계의 붐·암 등을 올리고 그 밑에서 수리·점검작업 등을 하는 경우에는 붐·암 등이 갑자기 하강함으로써 발생하는 위험을 방지하기 위하여 해당 작업에 종사하는 근로자에게 안전지지대 또는 안전블록 등을 사용할 것

4) 헤드가드

(1) 헤드가드 구비 작업장소

암석의 낙하 등에 의하여 근로자가 위험에 처할 우려가 있는 장소

(2) 헤드가드를 갖추어야 하는 차량계 건설기계
① 불도저
② 트랙터
③ 쇼벨(Shovel)
④ 로더(Loader)
⑤ 파워 쇼벨(Power Shovel)
⑥ 드래그 쇼벨(Darg Shovel)

2 항타기 · 항발기의 안전수칙

1) 무너짐 등의 방지준수사항
① 연약한 지반에 설치하는 경우에는 아웃트리거 · 받침 등 지지구조물의 침하를 방지하기 위하여 깔판 · 받침목 등을 사용할 것
② 시설 또는 가설물 등에 설치하는 경우에는 그 내력을 확인하고 내력이 부족하면 그 내력을 보강할 것
③ 아웃트리거 · 받침 등 지지구조물이 미끄러질 우려가 있는 경우에는 말뚝 또는 쐐기 등을 사용하여 해당 지지구조물을 고정시킬 것
④ 궤도 또는 차로 이동하는 항타기 또는 항발기에 대해서는 불시에 이동하는 것을 방지하기 위하여 레일 클램프(rail clamp) 및 쐐기 등으로 고정시킬 것
⑤ 상단 부분은 버팀대 · 버팀줄로 고정하여 안정시키고, 그 하단 부분은 견고한 버팀 · 말뚝 또는 철골 등으로 고정시킬 것

2) 권상용 와이어로프의 준수사항

(1) 사용금지조건
① 이음매가 있는 것
② 와이어로프의 한 꼬임(스트랜드)에서 끊어진 소선(素線, 필러(Pillar)선은 제외한다)의 수가 10% 이상(비자전로프의 경우에는 끊어진 소선의 수가 와이어로프 호칭지름의 6배 길이 이내에서 4개 이상이거나 호칭지름 30배 길이 이내에서 8개 이상)인 것
③ 지름의 감소가 공칭지름의 7%를 초과하는 것
④ 꼬인 것
⑤ 심하게 변형 또는 부식된 것
⑥ 열과 전기충격에 의해 손상된 것

(2) 안전계수 조건
와이어로프의 안전계수가 5 이상이 아니면 이를 사용하여서는 아니 됨

(3) 사용 시 준수사항
① 권상용 와이어로프는 추 또는 해머가 최저의 위치에 있는 경우 또는 널말뚝을 빼어내기 시작한 경우를 기준으로 하여 권상장치의 드럼에 적어도 2회 감기고 남을 수 있는 충분한 길이일 것
② 권상용 와이어로프는 권상장치의 드럼에 클램프 · 클립 등을 사용하여 견고하게 고정할 것
③ 항타기의 권상용 와이어로프에 있어서 추 · 해머 등과의 연결은 클램프 · 클립 등을 사용하여 견고하게 할 것

(4) 도르래의 부착 등
① 사업주는 항타기나 항발기에 도르래나 도르래 뭉치를 부착하는 경우에는 부착부가 받는 하중에 의하여 파괴될 우려가 없는 브래킷 · 샤클 및 와이어로프 등으로 견고하게 부착할 것
② 사업주는 항타기 또는 항발기의 권상장치의 드럼축과 권상장치로부터 첫번째 도르래의 축과의 거리를 권상장치의 드럼폭의 15배 이상으로 할 것
③ 제2항의 도르래는 권상장치의 드럼의 중심을 지나야 하며 축과 수직면상에 있을 것
④ 항타기나 항발기의 구조상 권상용 와이어로프가 꼬일 우려가 없는 경우에는 제2항과 제3항을 적용하지 아니할 것

CHAPTER 03 양중기 및 해체공사의 안전

SECTION 01 해체용 기구의 종류 및 취급안전

1 해체용 기구의 종류

1) 압쇄기
① 콘크리트 구조물 파쇄 시 굴삭기에 장착하여 유압의 힘으로 압축하여 콘크리트 및 벽돌을 깨거나 절단할 때 사용
② 해체 시공 시 소음, 진동 등 공해를 발생시키지 않아 도심 내에서의 시공에 적합

2) 대형 브레이커
① 쇼벨에 설치하여 사용하는 것으로 대형 브레이커는 소음이 많은 결점이 있지만, 파쇄력이 커서 해체대상 범위가 넓으며 응용범위도 넓음
② 일반적으로 방음시설을 하고 브레이커를 상층으로 올려 위층으로부터 순차적으로 아래층으로 해체

3) 철제 해머
① 크롤러 크레인에 설치하여 구조물에 충격을 주어 파쇄하는 것
② 소규모 건물에 적합, 소음과 진동이 큼

4) 핸드브레이커
① 압축공기, 유압의 급속한 충격력에 의거 콘크리트 등을 해체할 때 사용
② 각은 부재에 유리, 소음, 진동 및 분진 발생

5) 팽창제
① 광물의 수화반응에 의한 팽창압을 이용하여 파쇄하는 공법
② 무소음, 무진동공법으로 팽창재료가 고가

6) 절단기(톱)
① 절단톱을 전동기, 가솔린 엔진 등으로 고속회전시켜 절단하는 것
② 진동, 분진이 거의 없음

2 해체용 기구의 취급안전

1) 기구사용 시 준수사항

(1) 압쇄기
① 중기의 안전성을 확인하고 지반침하 방지를 위한 지반다짐 확인
② 해체물이 비산, 낙하할 위험이 있으므로 수평 낙하물 방호책을 설치
③ 파쇄작업순서는 슬라브, 보, 벽체, 기둥의 순서로 해체

(2) 대형 브레이커
① 소음, 진동기준은 관계법에 의거 처리
② 장비 간 안전거리 확보

(3) 핸드 브레이커
① 소음, 진동 및 분진이 발생하므로 보호구 착용
② 작업원의 작업시간을 제한하여야 함
③ 작업자세는 하향 수직방향(끝의 부러짐을 방지)

(4) 절단기(톱)
① 회전날에는 접촉방지 Cover 부착
② 절단 중 회전날의 냉각수 점검 및 과열 시 일시 중단

(5) 팽창제
① 팽창제와 물과의 혼합비율을 확인할 것
② 천공간격은 콘크리트 강도에 의해 결정되나 30~70cm 정도가 적당

③ 개봉된 팽창제는 사용금지, 쓰다 남은 팽창제는 처리 시 유의할 것

2) 해체작업의 안전

(1) 해체 작업계획서 내용
① 해체의 방법 및 해체순서 도면
② 가설설비 · 방호설비 · 환기설비 및 살수 · 방화설비 등의 방법
③ 사업장 내 연락방법
④ 해체물의 처분계획
⑤ 해체작업용 기계 · 기구 등의 작업계획서
⑥ 해체작업용 화약류 등의 사용계획서
⑦ 그 밖에 안전 · 보건에 관련된 사항

(2) 해체공사 시 안전대책
① 작업구역 내에는 관계자 외 출입금지
② 강풍, 폭우, 폭설 등 악천후 시 작업중지
③ 사용기계, 기구 등을 인양하거나 내릴 때 그물망 또는 그물포 등을 사용
④ 전도작업 시 작업자 이외의 다른 작업자 대피상태 확인 후 전도

SECTION 02
양중기의 종류 및 안전수칙

1 양중기의 종류

1) 정의
양중기란 동력을 사용하여 화물, 사람 등을 운반하는 기계 · 설비

2) 종류
① 크레인(호이스트 포함)
② 이동식 크레인
③ 리프트(이삿짐운반용 리프트의 경우에는 적재하중이 0.1톤 이상인 것)
④ 곤돌라
⑤ 승강기(최대하중이 0.25톤 이상인 것에 한한다)

3) 양중기

(1) 크레인
① 정의 : 동력을 사용하여 중량물을 매달아 상하 및 좌우(수평 또는 선회를 말한다)로 운반하는 것을 목적으로 하는 기계 또는 기계장치
② 크레인의 종류
  ㉠ 고정식 크레인
    • 타워크레인 : 높이 들어올리는 것이 가능, 작업범위 넓음
    • 지브크레인 : 주행식, 고정식이 있으며 조립 해체가 용이
    • 호이스트 크레인 : 건물의 길이방향으로 2개의 주행 레일을 설치하여 화물운반
  ㉡ 이동식 크레인
    • 트럭크레인 : 기동성이 우수, 안정확보를 위해 아웃트리거 설치
    • 크롤러크레인 : 연약지반 위에서 주행성능이 좋으나 기동성은 저조
    • 유압크레인 : 이동속도가 빠르고 안정을 확보하기 위해 아웃트리거 설치

(2) 리프트
동력을 사용하여 사람이나 화물을 운반하는 것을 목적으로 하는 기계설비
① 건설용 리프트(건설현장에서 사용)
② 산업용 리프트(건설현장 외의 장소에서 사용)
③ 간이리프트(소형화물 운반이 주목적, 바닥면적이 $1m^2$ 이하이거나 천장높이가 1.2m 이하인 것)
④ 이삿짐운반용 리프트(연장 및 축소가 가능하고 끝단을 건축물 등에 지지하는 구조의 사다리형 붐에 따라 동력을 사용하여 움직이는 운반구를 매달아 화물을 운반하는 설비로서 화물자동차 등 차량 위에 탑재하여 이삿짐운반 등에 사용하는 것을 말한다)

(3) 곤돌라
달기발판 또는 운반구 · 승강장치 그 밖의 장치 및 이들에 부속된 기계부품에 의하여 구성되고, 와이어로프 또는 달기강선에 의하여 달기발판 또는 운반구가 전용의 승강장치에 의하여 상승 또는 하강하는 설비

(4) 승강기

동력을 사용하여 운반하는 것으로서 가이드레일을 따라 상승 또는 하강하는 운반구에 사람이나 화물을 상·하 또는 좌·우로 이동·운반하는 기계·설비로서 탑승장을 가진 것

① 승용승강기(사람의 수직 수송을 주목적)
② 인화공용 승강기(사람과 화물의 수직 수송을 주목적)
③ 화물용 승강기(화물의 수송을 주목적)
④ 에스컬레이터(동력에 의하여 운전되는 것, 사람을 운반하는 연속계단이나 보도상태의 승강기)
⑤ 승강기의 안전장치
　㉠ 과부하 방지장치
　㉡ 파이널 리밋 스위치(Final Limit Switch)
　㉢ 비상정지장치
　㉣ 조속기
　㉤ 출입문 인터록

4) 안전검사

(1) 주기

크레인, 리프트 및 곤돌라는 사업장에 설치가 끝난 날부터 3년 이내에 최초 안전검사를 실시하되, 그 이후부터 매 2년마다(건설현장에서 사용하는 것은 최초로 설치한 날부터 매 6개월마다)

(2) 안전검사내용

① 과부하방지장치, 권과방지장치, 그 밖의 안전장치의 이상 유무
② 브레이크와 클러치의 이상 유무
③ 와이어로프와 달기체인의 이상 유무
④ 훅 등 달기기구의 손상 여부
⑤ 배선, 집진장치, 배전반, 개폐기, 컨트롤러의 이상 유무

2 양중기의 안전 수칙

1) 폭풍에 의한 이탈방지

순간풍속 30m/sec를 초과하는 바람이 불어올 우려가 있는 경우에는 옥외에 설치되어 있는 주행크레인에 대하여 이탈방지장치를 작동시키는 등 그 이탈을 방지하기 위한 조치를 할 것

2) 타워크레인의 조립·해체·사용 시 준수사항

(1) 작업계획서의 내용

① 타워크레인의 종류 및 형식
② 설치·조립 및 해체순서
③ 작업도구·장비·가설설비 및 방호설비
④ 작업인원의 구성 및 작업근로자의 역할 범위
⑤ 타워크레인의 지지방법

(2) 강풍 시 타워크레인의 작업중지

순간풍속이 초당 10미터를 초과하는 경우에는 타워크레인의 설치·수리·점검 또는 해체작업을 중지하여야 하며, 순간풍속이 초당 15미터를 초과하는 경우에는 타워크레인의 운전작업을 중지할 것

3) 이동식 크레인 작업의 안전기준

① 방호장치의 조정
② 안전밸브의 조정
③ 해지장치의 사용
④ 과부하의 제한
⑤ 출입의 금지

4) 크레인의 방호장치

① 권과방지장치 : 권과를 방지하기 위하여 자동적으로 동력을 차단하고 작동을 제동하는 장치
② 과부하방지장치 : 크레인에 있어서 정격하중 이상의 하중이 부하되었을 때 자동적으로 상승이 정지되면서 경보음 발생을 발생시키는 장치
③ 비상정지장치 : 이동 중 이상상태 발생 시 급정지시킬 수 있는 장치
④ 브레이크 장치 : 운동체를 감속하거나 정지상태로 유지하는 기능을 가진 장치
⑤ 훅 해지장치 : 훅에서 와이어로프가 이탈하는 것을 방지하는 장치

5) 양중기외 와이어로프

(1) 안전계수 계산방법

$$안전계수 = \frac{절단하중}{최대사용하중}$$

(2) 안전계수의 구분

구분	안전계수
근로자가 탑승하는 운반구를 지지하는 경우(달기와이어로프 또는 달기체인)	10 이상
화물의 하중을 직접 지지하는 경우(달기와이어로프 또는 달기체인)	5 이상
훅, 샤클, 클램프, 리프팅 빔의 경우	3 이상
그 밖의 경우	4 이상

(3) 부적격한 와이어로프의 사용금지

① 이음매가 있는 것
② 와이어로프의 한 꼬임(스트랜드)에서 끊어진 소선(素線, 필러(Pillar)선을 제외한다)의 수가 10% 이상(비자전로프의 경우에는 끊어진 소선의 수가 와이어로프 호칭지름의 6배 길이 이내에서 4개 이상이거나 호칭지름 30배 길이 이내에서 8개 이상인 것)인 것
③ 지름의 감소가 공칭지름의 7%를 초과하는 것
④ 꼬인 것
⑤ 심하게 변형 또는 부식된 것
⑥ 열과 전기충격에 의해 손상된 것

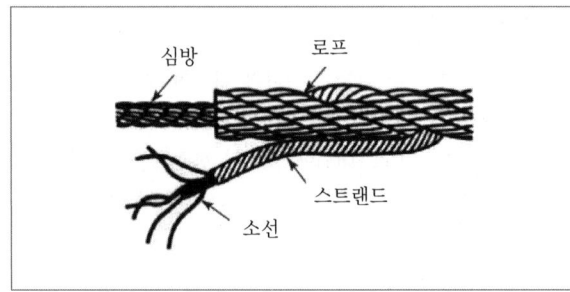

[와이어로프의 구성]

6) 작업시작 전 점검사항

(1) 작업시작 전 점검사항

① 크레인
  ㉠ 권과방지장치·브레이크·클러치 및 운전장치의 기능
  ㉡ 주행로의 상측 및 트롤리가 횡행(橫行)하는 레일의 상태
  ㉢ 와이어로프가 통하고 있는 곳의 상태
② 이동식 크레인
  ㉠ 권과방지장치 그 밖의 경보장치의 기능
  ㉡ 브레이크·클러치 및 조정장치의 기능
  ㉢ 와이어로프가 통하고 있는 곳 및 작업장소의 지반상태
③ 리프트(간이리프트 포함)
  ㉠ 방호장치·브레이크 및 클러치의 기능
  ㉡ 와이어로프가 통하고 있는 곳의 상태
④ 곤돌라
  ㉠ 방호장치·브레이크의 기능
  ㉡ 와이어로프·슬링와이어 등의 상태

CHAPTER 04 건설재해 및 대책

SECTION 01 떨어짐(추락) 재해 및 대책

1 방호 및 방지설비

1) 추락방호망

(1) 추락방호망의 구조

① 방망 : 그물코가 다수 연결된 것
② 그물코 : 사각 또는 마름모로서 크기는 10cm 이하
③ 테두리로프 : 방망 주변을 형성하는 로프
④ 달기로프 : 방망을 지지점에 부착하기 위한 로프
⑤ 재봉사 : 테두리로프와 방망을 일체화하기 위한 실
⑥ 시험용사 : 방망 폐기 시 방망사의 강도 점검을 위한 것

(2) 추락방호망 설치기준

① 추락방호망은 방망, 테두리망, 재봉사, 지지로프로 구성할 것
② 가능하면 작업면으로부터 가까운 지점에 설치할 것
③ 그물코 간격은 10cm 이하인 것을 사용할 것
④ 작업면으로부터 망의 설치지점까지의 수직거리는 10m를 초과하지 않도록 할 것
⑤ 용접, 용단 등으로 파손된 방망은 즉시 교체할 것
⑥ 추락방호망은 수평으로 설치하고, 망의 처짐은 짧은 변 길이의 12% 이상이 되도록 할 것
⑦ 건축물 등의 바깥쪽으로 설치하는 경우 망의 내민 길이는 벽면으로부터 3m 이상이 되도록 할 것

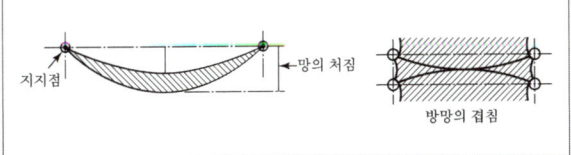

(3) 방망사의 강도

① 추락방호망의 인장강도

( ) : 폐기기준 인장강도

그물코의 크기 (단위 : cm)	방망의 종류(단위 : kgf)	
	매듭 없는 방망	매듭방망
10	240(150)	200(135)
5	—	110(60)

② 지지점의 강도 : 600kg의 외력에 견딜 수 있는 강도
③ 테두리로프, 달기로프 인장강도는 1,500kg 이상이어야 함

(4) 허용낙하고

종류\조건	낙하높이(H)		바닥면에서 방망까지 높이(H_2)		방망의 처짐길이(S)
	단일방망	복합방망	10cm 그물코	5cm 그물코	
$L < A$	$\frac{1}{4}(L+2A)$	$\frac{1}{5}(L+2A)$	$\frac{0.85}{4}(L+3A)$	$\frac{0.95}{4}(L+3A)$	$\frac{1}{4}(L+2A) \times \frac{1}{3}$
$L \geqq A$	$\frac{3}{4}L$ 이하	$\frac{3}{5}L$ 이하	$0.85L$ 이상	$0.95L$ 이상	$\frac{3}{4}L \times \frac{1}{3}$ 이하

여기서, L : 망의 단변길이(단위 : m), A : 장변방향 방망의 지지간격(단위 : m)
S : 망의 처짐 최하부와 망 지지면의 거리(망의 처짐), H_2 : 망과 바닥까지의 높이(망하부 공간)

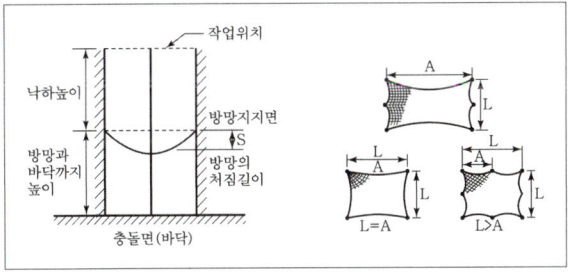

[추락방호망의 사용방법]

(5) 방망의 정기시험

① 정기시험기간 : 사용 개시 후 1년 이내로 하고 그 후 6개월마다 정기적으로 실시
② 시험방법 : 시험용사에 대한 등속인장시험으로 10m 높이에서 80kg의 무게로 낙하시험
③ 규정인장강도
　㉠ 방망의 지지점 강도 : 600kg 이상, 다만 연속적인 구조물이 방망 지지점인 경우의 외력이 다음 식에 계산한 값에 견딜 수 있는 것은 제외

$$F = 200B$$

여기서, F : 외력(kgf), B : 지지점 간격(m)

　㉡ 테두리로프, 달기로프는 강도 : 1,500kg 이상

2) 안전난간

(1) 안전난간의 구성요소

① 상부난간대·중간난간대·발끝막이판 및 난간기둥으로 구성할 것
② 상부 난간대는 바닥면·발판 또는 경사로의 표면(이하 "바닥면 등"이라 한다)으로부터 90cm 이상 지점에 설치하고, 상부 난간대를 120cm 이하에 설치하는 경우에는 중간 난간대는 상부 난간대와 바닥면 등의 중간에 설치하여야 하며, 120cm 이상 지점에 설치하는 경우에는 중간 난간대를 2단 이상으로 균등하게 설치하고 난간의 상하 간격은 60cm 이하가 되도록 할 것
③ 발끝막이판은 바닥면 등으로부터 10cm 이상의 높이를 유지할 것
④ 난간기둥은 상부난간대와 중간난간대를 견고하게 떠받칠 수 있도록 적정한 간격을 유지할 것
⑤ 상부난간대와 중간난간대는 난간길이 전체에 걸쳐 바닥면 등과 평행을 유지할 것
⑥ 난간대는 지름 2.7cm 이상의 금속제 파이프나 그 이상의 강도를 가진 재료일 것
⑦ 안전난간은 구조적으로 가장 취약한 지점에서 가장 취약한 방향으로 작용하는 100kg 이상의 하중에 견딜 수 있는 튼튼한 구조일 것

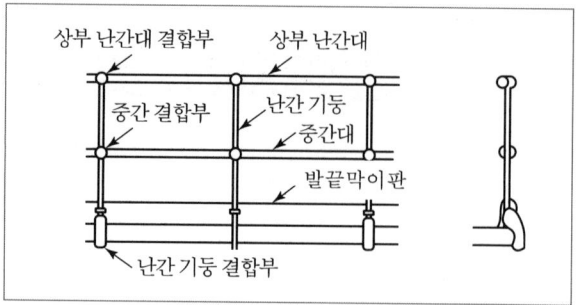

[안전난간의 구조 및 설치기준]

3) 작업발판

(1) 설치기준(안전보건규칙 제56조)

높이가 2m 이상인 작업장소에는 다음 각 호의 기준에 적합한 작업발판을 설치하여야 한다.

① 발판재료는 작업할 때의 하중을 견딜 수 있도록 견고한 것으로 할 것
② 작업발판의 폭은 40cm 이상으로 하고, 발판재료간의 틈은 3cm 이하로 할 것. 다만, 외줄비계의 경우에는 고용노동부장관이 별도로 정하는 기준에 따른다.
③ 추락의 위험성이 있는 장소에는 안전난간을 설치할 것
④ 작업발판의 지지물은 하중에 의하여 파괴될 우려가 없는 것을 사용할 것
⑤ 작업발판재료는 뒤집히거나 떨어지지 않도록 둘 이상의 지지물에 연결하거나 고정시킬 것
⑥ 작업발판을 작업에 따라 이동시킬 경우에는 위험방지에 필요한 조치를 할 것

(2) 작업발판의 최대적재하중(안전보건규칙 제55조)

비계의 구조 및 재료에 따라 작업발판의 최대적재하중을 정하고, 이를 초과하여 실어서는 아니 된다.

4) 개구부 등의 방호조치

(1) 개요

건설현장에는 추락위험이 있는 중·소형 개구부가 많이 발생되므로 개구부로 근로자가 추락하지 않도록 안전난간, 수직방망, 덮개 등으로 방호조치를 하여야 한다.

(2) 개구부의 분류 및 방호조치

① 바닥 개구부
  ㉠ 소형 바닥 개구부 : 안전한 구조의 덮개 설치 및 표면에는 개구부임을 표시, 덮개의 재료는 손상·변형·부식이 없는 것, 덮개의 크기는 개구부보다 10cm 정도 여유 있게 설치하고 유동이 없도록 스토퍼를 설치
  ㉡ 대형 바닥 개구부 : 안전난간 설치, 하부에는 발끝막이판 설치

② 벽면 개구부
  ㉠ 슬라브 단부 개구부 : 안전난간은 강관파이프를 설치하고 수평력 100kg 이상 확보
  ㉡ 엘리베이터 개구부 : 기성제품의 안전난간을 사용하여 설치, 엘리베이터 시공 시 방호막 설치
  ㉢ 발코니 개구부 : 기성제품 난간기둥을 발코니 턱에 체결, 난간은 강관파이프 사용
  ㉣ 계단실 개구부 : 안전난간은 기성 조립식 제품 사용
  ㉤ 흙막이(굴착선단) 단부 개구부 : 안전난간 2단 설치 및 추락방호망을 수직으로 설치, 난간 하부에 발끝막이판 설치

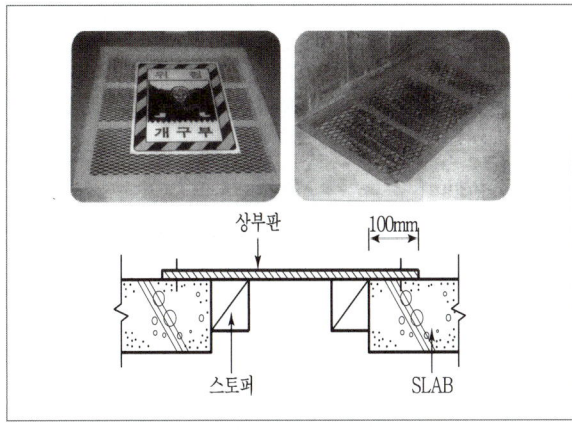

[바닥 개구부 설치 예]

2 개인보호구

1) 안전대

(1) 안전대의 종류 및 등급

종류	사용구분
벨트식 안전그네식	1개걸이용
	U자걸이용
	추락방지대
	안전블록

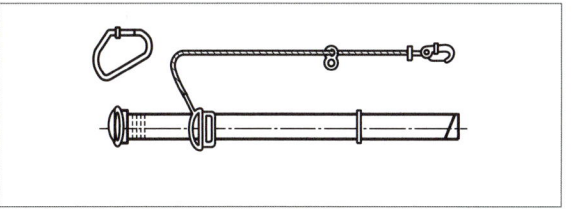

[1개걸이 전용안전대]

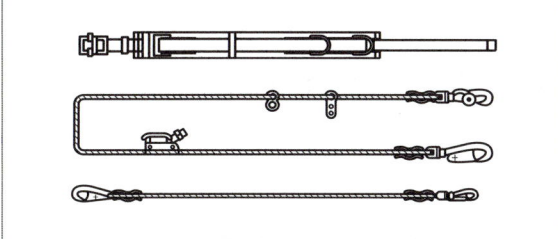

[U자걸이 전용안전대]

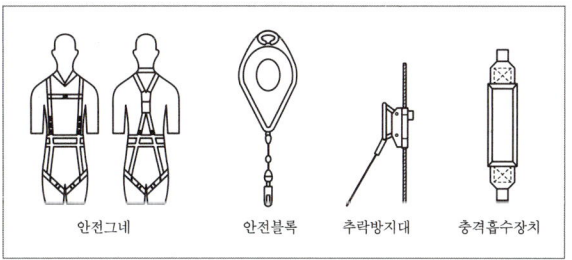

[안전대의 종류 및 부품]

2) 안전모

(1) 안전모의 종류(안전인증대상)

종류(기호)	사용 구분	비고
AB	물체의 낙하 또는 비래 및 추락에 의한 위험을 방지 또는 경감시키기 위한 것	
AE	물체의 낙하 또는 비래에 의한 위험을 방지 또는 경감하고, 머리부위 감전에 의한 위험을 방지하기 위한 것	내전압성[1]
ABE	물체의 낙하 또는 비래 및 추락에 의한 위험을 방지 또는 경감하고, 머리부위 감전에 의한 위험을 방지하기 위한 것	내전압성

주1) 내전압성이란 7,000V 이하의 전압에 견디는 것을 말한다.

SECTION 02
무너짐(붕괴) 재해 및 대책

1 토석 및 토사 붕괴 위험성

1) 굴착작업 사전조사

사업주는 굴착작업을 할 때에 토사등의 붕괴 또는 낙하에 의한 위험을 미리 방지하기 위하여 다음 각 호의 사항을 점검해야 한다.
① 작업장소 및 그 주변의 부석·균열의 유무
② 함수(含水)·용수(湧水) 및 동결의 유무 또는 상태의 변화

2) 사면의 붕괴형태

① 사면 선단 파괴(Toe Failure)
② 사면 내 파괴(Slope Failure)
③ 사면 저부 파괴(Base Failure)

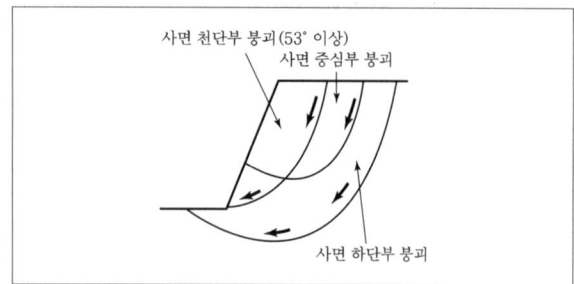

[붕괴형태]

3) 토석 붕괴의 원인

(1) 외적 원인

① 사면, 법면의 경사 및 기울기의 증가
② 절토 및 성토 높이의 증가
③ 공사에 의한 진동 및 반복하중의 증가
④ 지표수 및 지하수의 침투에 의한 토사 중량의 증가
⑤ 지진, 차량, 구조물의 하중작용
⑥ 토사 및 암석의 혼합층 두께

(2) 내적 원인

① 절토 사면의 토질, 암질
② 성토 사면의 토질구성 및 분포
③ 토석의 강도 저하

2 토석 및 토사 붕괴 시 조치사항

1) 붕괴 조치사항

① 동시작업의 금지 : 붕괴 토석의 최대 도달거리 내 굴착공사, Con'c 타설 등
② 대피공간 확보 : 작업장 좌우에 피난통로 확보
③ 2차 재해 방지 : 붕괴면의 주변 상황을 충분히 확인하고 2중 안전조치를 강구

2) 붕괴 예방조치

① 적절한 경사면의 기울기 계획(굴착면 기울기 기준 준수)
② 경사면의 기울기가 당초 계획과 차이 발생 시 즉시 재검토하여 계획변경
③ 활동할 가능성이 있는 토석은 제거
④ 경사면의 하단부에 압성토 등 보강공법으로 활동에 대한 저항대책 강구
⑤ 말뚝(강관, H형강, 철근콘크리트)을 타입하여 지반 강화
⑥ 지표수와 지하수의 침투를 방지

3 붕괴의 예측과 점검

1) 흙의 전단방정식

(1) 정의

흙의 내부마찰각(ϕ)와 점착력(C)을 흙의 전단저항(τ)이라 함

(2) Coulomb의 전단방정식

$$\tau = C + \sigma \tan\phi$$

$$\tau' = C + \sigma'\tan\phi = C + (\sigma - \mu)\tan\phi$$

$$\sigma(전응력) = \sigma'(유효응력) + \mu(간극수압)$$

여기서, τ : 흙의 전단강도(kg/cm²)
 C : 흙의 점착력(kg/cm²)
 σ : 수직응력(kg/cm²)
 ϕ : 흙의 내부마찰각
 τ' : 유효 전단강도(kg/cm²)
 σ' : 유효 수직응력(kg/cm²)
 μ : 간극수압(kg/cm²)

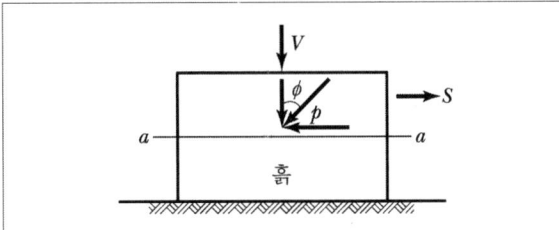

[흙의 전단시험]

2) 흙의 안식각(자연경사각)

① 흙은 쌓아올려 자연상태로 방치하면 급한 경사면은 차츰 붕괴되어 안정된 비탈을 형성하는데, 이 안정된 비탈면과 원지면이 이루는 각을 흙의 안식각이라 함
② 일반적인 안식각 : 30~35°

4 비탈면 보호공법

1) 비탈면 보호공법(억제공)

① 식생공 : 떼붙임공, 식생공, 식수공, 파종공
② 뿜어붙이기공 : Con'c 또는 Cement Mortar를 뿜어 붙임
③ 블록공 : Block을 덮어서 비탈면 보호
④ 돌쌓기공 : 견치석 또는 Con'c Block을 쌓아 보호
⑤ 배수공 : 지반의 강도를 저하시키는 물을 배제
⑥ 표층안정공 : 약액 또는 Cement를 지반에 그라우팅

2) 비탈면 보강공법(억지공)

① 말뚝공 : 안정지반까지 말뚝을 일렬로 박아 활동 억제
② 앵커공 : 고강도 강재를 앵커재로 하여 비탈면에 삽입
③ 옹벽공 : 비탈면의 활동 토괴를 관통하여 부동지반까지 말뚝을 박는 공법
④ 절토공 : 활동하려는 토사를 제거하여 활동하중 경감
⑤ 압성토공 : 자연사면의 선단부에 압성토하여 활동에 대한 저항력을 증가
⑥ Soil Nailing 공법 : 강철봉을 타입 또는 천공 후 삽입시켜 지반안정 도모

5 흙막이 공법

1) 공법의 종류

(1) 흙막이 지지방식에 따른 분류

① 경사 Open Cut 공법 : 토질이 양호하고 부지에 여유가 있을 때 지반의 자립성에 의존하는 공법
② 자립공법 : 흙막이벽 벽체의 근입깊이에 의해 흙막이벽을 지지
③ 타이로드공법(Tie Rod Method) : 흙막이벽의 상부를 당김줄로 당겨 흙막이벽의 이동을 방지
④ 버팀대식 공법 : 띠장, 버팀대, 지지말뚝을 설치하여 토압, 수압에 저항
⑤ 어스앵커공법(Earth Anchor) : 흙막이벽을 천공 후 앵커체를 삽입하여 인장력을 가하여 흙막이벽을 잡아매는 공법, 버팀대가 없어 작업공간의 확보가 용이하나 인접한 구조물이 있을 경우 부적합

(2) 흙막이 구조방식에 의한 분류

① H Pile 공법 : H Pile을 1~2m 간격으로 박고 굴착과 동시에 토류판을 끼워 흙막이벽을 설치하는 공법
② 널말뚝공법 : 강재널말뚝 또는 강관널말뚝을 연속으로 연결하여 흙막이벽을 설치하여 버팀대로 지지하는 공법
③ 벽식 지하연속벽 공법 : 지중에 연속된 철근콘크리트 벽체를 형성하는 공법으로 진동과 소음이 적어 도심지 공사에 적합, 높은 차수성 및 벽체의 강성이 큼
④ 주열식 지하연속벽 공법 : 현장타설 콘크리트말뚝을 연속으로 연결하여 주열식으로 흙막이벽을 축조

⑤ 탑다운공법(Top Down Method) : 지하연속벽과 기둥을 시공한 후 영구구조물 슬라브를 시공하여 벽체를 지지하면서 위에서 아래로 굴착하면서 동시에 지상층도 시공하는 공법으로 주변지반의 침하가 적고 진동과 소음이 적어 도심지 대심도 굴착에 유리

2) 흙막이 지보공 붕괴위험방지

(1) 정기적 점검사항
흙막이 지보공을 설치한 경우에는 정기적으로 다음 사항을 점검하고 이상을 발견한 경우에는 즉시 보수하여야 함
① 부재의 손상·변형·부식·변위 및 탈락의 유무와 상태
② 버팀대의 긴압의 정도
③ 부재의 접속부·부착부 및 교차부의 상태
④ 침하의 정도
⑤ 흙막이 공사의 계측관리

(2) 흙막이에 작용하는 토압의 종류
① 주동토압(P_a) : 벽체의 앞쪽으로 변위를 발생시키는 토압
② 정지토압(P_0) : 벽체에 변위가 없을 때의 토압
③ 수동토압(P_p) : 벽체의 뒤쪽으로 변위를 발생시키는 토압
④ 토압의 크기 : 수동토압(P_p)>정지토압(P_0)>주동토압(P_a)

(3) 붕괴예방 조치사항
① 사전조사 : 지하매설물 종류, 위치, 지반, 지하수 상태 등
② 토압 검토 : 토질에 따른 토압분포를 이용하여 흙막이 지보공의 설계
③ 히빙(Heaving)현상 예방 : 흙막이의 근입깊이를 경질지반까지, 지반개량
④ 보일링(Boiling)현상 예방 : 흙막이의 근입깊이를 경질지반까지, 지하수위 저하
⑤ 지반조사 시 피압수층을 파악하여 배수공법으로 피압수위의 저하
⑥ 차수 배수대책 수립 : Slurry Wall, Sheet Pile 등의 차수성이 우수한 공법 선택
⑦ 구조상 안전한 흙막이공법 선정
⑧ 계측관리계획을 수립하여 흙막이의 변형 사전예측 및 보강

6 콘크리트구조물 붕괴안전 대책, 터널굴착

1) 토사 등에 의한 위험 방지
사업주는 토사 등 또는 구축물의 붕괴 또는 낙하 등에 의하여 근로자가 위험해질 우려가 있는 경우 그 위험을 방지하기 위하여 다음 각 호의 조치를 해야 한다.
① 지반은 안전한 경사로 하고 낙하의 위험이 있는 토석을 제거하거나 옹벽, 흙막이 지보공 등을 설치할 것
② 토사등의 붕괴 또는 낙하 원인이 되는 빗물이나 지하수 등을 배제할 것
③ 갱내의 낙반·측벽(側壁) 붕괴의 위험이 있는 경우에는 지보공을 설치하고 부석을 제거하는 등 필요한 조치를 할 것

2) 구축물 등의 안전 유지
사업주는 구축물등이 고정하중, 적재하중, 시공·해체 작업 중 발생하는 하중, 적설, 풍압(風壓), 지진이나 진동 및 충격 등에 의하여 전도·폭발하거나 무너지는 등의 위험을 예방하기 위하여 설계도면, 시방서(示方書), 「건축물의 구조기준 등에 관한 규칙」 제2조 제15호에 따른 구조설계도서, 해체계획서 등 설계도서를 준수하여 필요한 조치를 해야 한다.

3) 콘크리트 구조물의 비파괴 검사

(1) 정의
① 비파괴시험이란 콘크리트를 파괴하지 않고 콘크리트의 강도, 결함의 유무 등을 검사하는 방법
② 강도·결함·균열 및 철근의 피복두께·위치·직경 등을 검사

(2) 비파괴 검사의 종류
① 강도법(슈미트해머법) : 콘크리트 표면을 타격하여 반발경도로 강도 추정
② 초음파법 : 초음파를 콘크리트에 발사한 후 초음파속도를 측정하여 강도, 결함 검사
③ 복합법 : 강도법과 초음파법을 병용
④ 자기법 : 전자기장을 이용하여 검사
⑤ 음파법 : 공시체에 진동을 주어 결함 조사
⑥ 레이더법 : 레이더를 침투시켜 탐사
⑦ 방사선법 : 콘크리트에 X선, γ선을 투과하고 필름에 촬영하여 결함 조사

⑧ 탄성파법 : 초음파 또는 충격파의 전파 속도와 반사파의 파형을 분석함으로써 구조물의 결함 및 균열상태를 파악

4) 옹벽의 안정성 조건

(1) 옹벽의 종류

① 중력식 옹벽 : 옹벽 자체의 무게로 토압에 대항
② 반중력식 옹벽 : 중력식 옹벽과 철근 Con'c 옹벽의 중간 것
③ 역T형 옹벽 : 옹벽배면에 기초슬라브가 돌출한 모양의 옹벽
④ 부벽식 옹벽 : 벽의 전면 또는 후면에 격벽을 붙여 보강한 옹벽

(2) 옹벽의 안정조건

① 활동에 대한 안정

$$F_s = \frac{활동에 저항하려는 힘}{활동하려는 힘} \geq 1.5$$

② 전도에 대한 안정

$$F_s = \frac{저항 모멘트}{전도 모멘트} \geq 2.0$$

③ 기초지반의 지지력(침하)에 대한 안정

$$F_s = \frac{지반의 허용지지력}{지반 최대하중} \geq 1.0$$

5) 터널 굴착공사

(1) 터널 굴착공법의 종류

① 재래공법(ASSM ; American Steel Supported Method)
  광산 목재나 Steel Rib로 하중을 지지하는 공법
② NATM공법(New Austrian Tunneling Method) : 산악터널
  원지반을 주지보재로 하고 숏크리트, 와이어메시, 스틸리브, 락볼트 등의 지보재를 사용, 이완된 지반의 하중을 지반자체에 전달하여 시공하는 공법
③ TBM공법(Tunnel Boring Machine) : 암반터널
  폭약을 사용하지 않고 터널보링머신의 회전에 의해 터널 전단면을 굴착하는 공법
④ Shield공법 : 토사구간 터널
  지반 내에 Shield라는 강제 원통 굴삭기를 추진시켜 터널을 구축하는 공법
⑤ 개착식 공법 : 지하철 터널
  지표면 개착한 후 터널 본체를 완성하고 매몰하여 터널을 구축하는 공법
⑥ 침매공법(Immersed Method) : 하저터널
  해저 또는 지하수면 아래에 터널을 굴착하는 공법으로 지상에서 터널 본체(침매함)를 제작하여 물에 띄워 현장에 운반 후 침하시켜 터널을 구축하는 공법

(2) 터널굴착작업 작업계획서 포함내용(안전보건규칙 제38조)

① 굴착방법
② 터널지보공 및 복공의 시공방법과 용수의 처리방법
③ 환기 또는 조명시설을 하는 경우에는 그 방법

(3) 자동경보장치의 작업시작 전 점검사항(안전보건규칙 제350조)

① 계기의 이상 유무
② 검지부의 이상 유무
③ 경보장치의 작동상태

(4) 터널지보공 수시 점검사항(안전보건규칙 제366조)

① 부재의 손상·변형·부식·변위 탈락의 유무 및 상태
② 부재의 긴압의 정도
③ 부재의 접속부 및 교차부의 상태
④ 기둥침하의 유무 및 상태

(5) 터널의 뿜어 붙이기 콘크리트 효과(Shotcrete)

① 원지반의 이완방지
② 굴착면의 요철을 줄이고 응력집중방지
③ Rock Bolt의 힘을 지반에 분산시켜 전달
④ 암반의 이동 및 크랙 방지
⑤ 아치를 형성 전단저항력 증대
⑥ 굴착면을 덮음으로써 지반의 침식을 방지

SECTION 03
떨어짐(낙하), 날아옴(비래) 재해 및 대책

1 방호 및 방지설비

1) 낙하물 방지망

[설치기준]
① 첫 단은 가능한 한 낮게 설치하고, 설치간격은 높이 10m 이내
② 내민 길이는 벽면으로부터 2m 이상으로 할 것
③ 수평면과의 각도는 20° 이상 30° 이하를 유지할 것
④ 방지망의 가장자리는 테두리 로프를 그물코마다 엮어 긴결하며, 긴결재의 강도는 100kgf 이상
⑤ 방지망과 방지망 사이의 틈이 없도록 방지망의 겹침폭은 30cm 이상
⑥ 최하단의 방지망은 크기가 작은 못·볼트·콘크리트 덩어리 등의 낙하물이 떨어지지 못하도록 방지망 위에 그물코 크기가 0.3cm 이하인 망을 추가로 설치

2) 낙하물 방호선반

① 고소작업 시 재료나 공구 등의 낙하로 인한 피해를 방지하기 위해 합판 또는 철판 등의 재료를 사용하여 비계 내측 및 비계 외측에 설치하는 설비
② 종류 : 외부 비계용 방호선반, 출입구 방호선반, Lift 주변 방호선반, 가설통로 방호선반 등

3) 수직보호망

비계 등 가설구조물의 외측면에 수직으로 설치하여 작업장소에서 낙하물 및 비래 등에 의한 재해를 방지할 목적으로 설치하는 보호망

4) 투하설비

높이 3m 이상인 장소에서 자재 투하 시 재해를 예방하기 위하여 설치하는 설비

CHAPTER 05 건설 가시설물 설치기준

SECTION 01 비계

1 비계의 종류 및 기준

1) 비계의 구비요건
① 안전성
② 작업성
③ 경제성

- 오일러의 좌굴하중(P_{cr})

$$P_{cr} = \frac{n\pi^2 EI}{l^2} = \frac{\pi^2 EI}{(kl)^2}$$

여기서, n : 지지상태에 따른 좌굴계수, E : 탄성계수, I : 단면 2차모멘트, l : 기둥길이, kl : 유효길이

기둥 상태				
kl	$0.5l$	$0.7l$	l	$2l$

2) 가설구조물의 특성
① 연결재가 적은 구조로 되기 쉬움
② 부재의 결합이 간단하나 불완전 결합이 많음
③ 구조물이라는 통상의 개념이 확고하지 않아 조립의 정밀도가 낮음
④ 부재는 과소단면이거나 결함이 있는 재료를 사용하기 쉬움
⑤ 전체구조에 대한 구조계산 기준이 부족함

3) 비계 설치기준

(1) 강관비계 및 강관틀비계

① 강관비계의 분류
  ㉠ 단관비계 : 비계용 강관과 전용 부속철물을 이용하여 조립
  ㉡ 강관틀비계 : 비계의 구성부재를 미리 공장에서 생산하여 현장에서 조립

② 조립 시 준수사항
  ㉠ 비계기둥에는 미끄러지거나 침하하는 것을 방지하기 위하여 밑받침철물을 사용하거나 깔판·깔목 등을 사용하여 밑둥잡이를 설치하는 등의 조치를 할 것
  ㉡ 강관의 접속부 또는 교차부는 적합한 부속철물을 사용하여 접속하거나 단단히 묶을 것
  ㉢ 교차가새로 보강할 것
  ㉣ 외줄비계·쌍줄비계 또는 돌출비계에 대하여는 다음 각목의 정하는 바에 따라 벽이음 및 버팀을 설치할 것
    ⓐ 강관비계의 조립간격은 아래의 기준에 적합하도록 할 것

강관비계의 종류	조립간격(단위 : m)	
	수직방향	수평방향
단관비계	5	5
틀비계(높이가 5m 미만의 것을 제외한다)	6	8

    ⓑ 강관·통나무 등의 재료를 사용하여 견고한 것으로 할 것
    ⓒ 인장재와 압축재로 구성되어 있는 경우에는 인장재와 압축재의 간격을 1m 이내로 할 것
  ㉤ 가공전로에 근접하여 비계를 설치하는 경우에는 가공전로를 이설하거나 가공전로에 절연용 방호구를 장착하는 등 가공전로와의 접촉을 방지하기 위한 조치를 할 것

③ 강관비계의 구조

구분	준수사항
비계기둥의 간격	㉠ 띠장 방향에서 1.85m 이하 ㉡ 장선 방향에서는 1.5m 이하
띠장간격	2m 이하로 설치
강관보강	비계기둥의 제일 윗부분으로부터 31m 되는 지점 밑부분의 비계기둥은 2본의 강관으로 묶어 세울 것
적재하중	비계 기둥 간 적재하중 : 400kg 초과하지 않도록 할 것
벽연결	㉠ 수직 방향에서 5m 이하 ㉡ 수평 방향에서 5m 이하
비계기둥 이음	㉠ 겹침이음하는 경우 1m 이상 겹쳐대고 2개소 이상 결속 ㉡ 맞댄이음을 하는 경우 쌍기둥틀로 하거나 1.8m 이상의 덧댐목을 대고 4개소 이상 결속
장선간격	1.5m 이하
가새	㉠ 기둥간격 10m 이내마다 45° 각도의 처마방향으로 비계기둥 및 띠장에 결속 ㉡ 모든 비계기둥은 가새에 결속
작업대	작업대에는 안전난간을 설치
작업대 위의 공구, 재료 등	낙하물 방지조치

④ 강관틀비계의 구조

구분	준수사항
비계기둥의 밑둥	㉠ 밑받침 철물을 사용 ㉡ 고저차가 있는 경우에는 조절형 밑받침 철물을 사용하여 수평 및 수직유지
주틀 간 간격	높이가 20m를 초과하거나 중량물의 적재를 수반하는 작업을 할 경우에는 주틀 간의 간격 1.8m 이하
가새 및 수평재	주틀 간에 교차가새를 설치하고 최상층 및 5층 이내마다 수평재를 설치할 것
벽이음	㉠ 수직방향에서 6m 이내 ㉡ 수평방향에서 8m 이내
버팀기둥	길이가 띠장방향에서 4m 이하이고 높이가 10m를 초과하는 경우에는 10m 이내마다 띠장방향으로 버팀기둥을 설치할 것
적재하중	비계 기둥 간 적재하중 : 400kg을 초과하지 않도록 할 것
높이 제한	40m 이하

(2) 달비계

① 곤돌라형 달비계 사용금지 조건

구분	사용금지 조건
달비계의 와이어로프	㉠ 이음매가 있는 것 ㉡ 와이어로프의 한 꼬임(스트랜드)에서 끊어진 소선의 수가 10% 이상(비자전로프의 경우에는 끊어진 소선의 수가 와이어로프 호칭지름의 6배 길이 이내에서 4개 이상이거나 호칭지름 30배 길이 이내에서 8개 이상)인 것 ㉢ 지름의 감소가 공칭지름의 7%를 초과하는 것 ㉣ 꼬인 것 ㉤ 심하게 변형 또는 부식된 것 ㉥ 열과 전기충격에 의한 손상된 것
달비계의 달기체인	㉠ 달기체인의 길이의 증가가 그 달기체인이 제조된 때의 길이의 5%를 초과한 것 ㉡ 링의 단면지름의 감소가 그 달기체인이 제조된 때의 해당 링의 지름의 10%를 초과한 것 ㉢ 균열이 있거나 심하게 변형된 것
달기강선 및 달기강대	심하게 손상·변형 또는 부식된 것을 사용하지 아니하도록 할 것

② 곤돌라형 달비계의 구조

㉠ 달기 와이어로프, 달기 체인, 달기 강선, 달기 강대는 한쪽 끝을 비계의 보 등에, 다른 쪽 끝을 내민 보, 앵커볼트 또는 건축물의 보 등에 각각 풀리지 않도록 설치할 것

㉡ 작업발판은 폭을 40cm 이상으로 하고 틈새가 없도록 할 것

㉢ 작업발판의 재료는 뒤집히거나 떨어지지 않도록 비계의 보 등에 연결하거나 고정시킬 것

㉣ 비계가 흔들리거나 뒤집히는 것을 방지하기 위하여 비계의 보·작업발판 등에 버팀을 설치하는 등 필요한 조치를 할 것

㉤ 선반비계에 있어서는 보의 접속부 및 교차부를 철선·이음철물 등을 사용하여 확실하게 접속시키거나 단단하게 연결시킬 것

㉥ 근로자의 추락 위험을 방지하기 위하여 다음 각 목의 조치를 할 것

ⓐ 달비계에 구명줄을 설치할 것

ⓑ 근로자에게 안전대를 착용하도록 하고 근로자가 착용한 안전줄을 달비계의 구명줄에 체결(締結)하도록 할 것

ⓒ 달비계에 안전난간을 설치할 수 있는 구조인 경우에는 달비계에 안전난간을 설치할 것
③ 작업의자형 달비계의 구조
㉠ 달비계의 작업대는 나무 등 근로자의 하중을 견딜 수 있는 강도의 재료를 사용하여 견고한 구조로 제작할 것
㉡ 작업대의 4개 모서리에 로프를 매달아 작업대가 뒤집히거나 떨어지지 않도록 연결할 것
㉢ 작업용 섬유로프는 콘크리트에 매립된 고리, 건축물의 콘크리트 또는 철재 구조물 등 2개 이상의 견고한 고정점에 풀리지 않도록 결속(結束)할 것
㉣ 작업용 섬유로프와 구명줄은 다른 고정점에 결속되도록 할 것
㉤ 작업하는 근로자의 하중을 견딜 수 있을 정도의 강도를 가진 작업용 섬유로프, 구명줄 및 고정점을 사용할 것
㉥ 근로자가 작업용 섬유로프에 작업대를 연결하여 하강하는 방법으로 작업을 하는 경우 근로자의 조종 없이는 작업대가 하강하지 않도록 할 것
㉦ 작업용 섬유로프 또는 구명줄이 결속된 고정점의 로프는 다른 사람이 풀지 못하게 하고 작업 중임을 알리는 경고표지를 부착할 것
㉧ 작업용 섬유로프와 구명줄이 건물이나 구조물의 끝부분, 날카로운 물체 등에 의하여 절단되거나 마모(磨耗)될 우려가 있는 경우에는 로프에 이를 방지할 수 있는 보호 덮개를 씌우는 등의 조치를 할 것
㉨ 달비계에 다음 각 목의 작업용 섬유로프 또는 안전대의 섬유벨트를 사용하지 않을 것
ⓐ 꼬임이 끊어진 것
ⓑ 심하게 손상되거나 부식된 것
ⓒ 2개 이상의 작업용 섬유로프 또는 섬유벨트를 연결한 것
ⓓ 작업높이보다 길이가 짧은 것
㉩ 근로자의 추락 위험을 방지하기 위하여 다음 각 목의 조치를 할 것
ⓐ 달비계에 구명줄을 설치할 것
ⓑ 근로자에게 안전대를 착용하도록 하고 근로자가 착용한 안전줄을 달비계의 구명줄에 체결(締結)하도록 할 것

(3) 달대비계
① 종류 : 전면형, 통로형, 상자형 달대비계
② 사용 시 준수사항
㉠ 달대비계를 매다는 철선은 #8 소성철선을 사용하며 4가닥 정도로 꼬아서 하중에 대한 안전계수가 8 이상 확보되어야 한다.
㉡ 철근을 사용할 경우에는 19mm 이상을 쓰며 근로자는 반드시 안전모와 안전대를 착용하여야 한다.

(4) 말비계
① 종류 : 각립비계, 안장비계
② 조립 시 준수사항
㉠ 지주부재의 하단에는 미끄럼 방지장치를 하고, 근로자가 양측 끝부분에 올라서서 작업하지 않도록 할 것
㉡ 지주부재와 수평면과의 기울기를 75° 이하로 하고, 지주부재와 지주부재 사이를 고정시키는 보조부재를 설치할 것
㉢ 말비계의 높이가 2m를 초과할 경우에는 작업발판의 폭을 40cm 이상으로 할 것

(5) 이동식 비계
① 조립 시 준수사항
㉠ 이동식 비계의 바퀴에는 뜻밖의 갑작스러운 이동 또는 넘어짐을 방지하기 위하여 브레이크·쐐기 등으로 바퀴를 고정시킨 다음 비계의 일부를 견고한 시설물에 고정하거나 아웃트리거(Outrigger)를 설치하는 등 필요한 조치를 할 것
㉡ 승강용 사다리는 견고하게 설치할 것
㉢ 비계의 최상부에서 작업을 할 경우에는 안전난간을 설치할 것
㉣ 작업발판은 항상 수평을 유지하고 작업발판 위에서 안전난간을 딛고 작업을 하거나 받침대 또는 사다리를 사용하여 작업하지 않도록 할 것
㉤ 작업발판의 최대 적재하중은 250kg을 초과하지 않도록 할 것
② 사용 시 준수사항
㉠ 관리감독자의 지휘하에 작업을 실시할 것
㉡ 비계의 최대높이는 밑변 최소폭의 4배 이하일 것
㉢ 작업대의 발판은 전면에 걸쳐 빈틈없이 깔 것

ⓔ 비계의 일부를 건물에 체결하여 이동, 넘어짐 등을 방지할 것
ⓜ 승강용 사다리는 견고하게 부착할 것
ⓗ 최대적재하중을 표시할 것
ⓢ 부재의 접속부, 교차부는 확실하게 연결시킬 것
ⓞ 작업대에는 안전난간을 설치하여야 하며 낙하물 방지조치를 설치할 것
ⓩ 불의의 이동을 방지하기 위한 제동장치를 반드시 갖출 것
ⓒ 이동할 경우에는 작업원이 없는 상태일 것
ⓚ 비계의 이동에는 충분한 인원 배치할 것
ⓣ 안전모를 착용하여야 하며 지지로프를 설치할 것
ⓟ 재료, 공구의 오르내리기에는 포대, 로프 등을 이용할 것
ⓗ 작업장 부근에 고압선 등이 있는가를 확인하고 적절한 방호조치할 것

(6) 시스템비계

① 시스템비계의 구조
  ㉠ 수직재·수평재·가새재를 견고하게 연결하는 구조가 되도록 할 것
  ㉡ 비계 밑단의 수직재와 받침철물은 밀착되도록 설치하고 수직재와 받침철물의 연결부의 겹침길이는 받침철물 전체 길이의 1/3 이상이 되도록 할 것
  ㉢ 수평재는 수직재와 직각으로 설치하여야 하며, 체결 후 흔들림이 없도록 견고하게 설치할 것
  ㉣ 수직재와 수직재의 연결철물은 이탈되지 않도록 견고한 구조로 할 것
  ㉤ 벽 연결재의 설치간격은 제조사가 정한 기준에 따라 설치할 것

② 조립 작업 시 준수사항
  ㉠ 비계기둥의 밑둥에는 밑받침철물을 사용하여야 하며, 밑받침에 고저차가 있는 경우에는 조절형 밑받침철물을 사용하여 시스템비계가 항상 수평 및 수직을 유지하도록 할 것
  ㉡ 경사진 바닥에 설치하는 경우에는 피벗형 받침철물 또는 쐐기 등을 사용하여 밑받침철물의 바닥면이 수평을 유지하도록 할 것
  ㉢ 가공전로에 근접하여 비계를 설치하는 경우에는 가공전로를 이설하거나 가공전로에 절연용 방호구를 설치하는 등 가공전로와의 접촉을 방지하기 위하여 필요한 조치를 할 것

  ㉣ 비계 내에서 근로자가 상하 또는 좌우로 이동하는 경우에는 반드시 지정된 통로를 이용하도록 주지시킬 것
  ㉤ 비계 작업 근로자는 같은 수직면상의 위와 아래 동시 작업을 금지할 것
  ㉥ 작업발판에는 제조사가 정한 최대 적재하중을 초과하여 적재하여서는 아니 되며, 최대 적재하중이 표기된 표지판을 부착하고 근로자에게 주지시키도록 할 것

SECTION 02 작업통로 및 발판

1 작업통로의 종류 및 설치기준

1) 통로의 종류 및 설치기준

(1) 가설통로의 구조
① 견고한 구조로 할 것
② 경사는 30° 이하로 할 것. 다만, 계단을 설치하거나 높이 2m 미만의 가설통로로서 튼튼한 손잡이를 설치한 경우에는 그러하지 아니하다.
③ 경사가 15°를 초과하는 경우에는 미끄러지지 아니하는 구조로 할 것
④ 추락의 위험이 있는 장소에는 안전난간을 설치할 것. 다만, 작업상 부득이한 경우에는 필요한 부분만 임시로 해체할 수 있다.
⑤ 수직갱에 가설된 통로의 길이가 15m 이상인 경우에는 10m 이내마다 계단참을 설치할 것
⑥ 건설공사에 사용하는 높이 8m 이상인 비계다리에는 7m 이내마다 계단참을 설치할 것

(2) 사다리식 통로의 구조
① 견고한 구조로 할 것
② 재료는 심한 손상·부식 등이 없을 것
③ 발판의 간격은 동일하게 할 것
④ 발판과 벽과의 사이는 15cm 이상의 간격을 유지할 것
⑤ 폭은 30cm 이상으로 할 것
⑥ 사다리가 넘어지거나 미끄러지는 것을 방지하기 위한 조치를 할 것

⑦ 사다리의 상단은 걸쳐놓은 지점으로부터 60cm 이상 올라가도록 할 것
⑧ 사다리식 통로의 길이가 10m 이상인 경우에는 5m 이내마다 계단참을 설치할 것
⑨ 사다리식 통로의 기울기는 75° 이하로 할 것. 다만, 고정식 사다리식 통로의 기울기는 90° 이하로 하고, 그 높이가 7m 이상인 경우 바닥으로부터 높이가 2.5m 되는 지점부터 등받이울을 설치할 것
⑩ 접이식 사다리 기둥은 사용 시 접히거나 펼쳐지지 않도록 철물 등을 사용하여 견고하게 조치할 것

2) 가설통로의 종류 및 설치기준

(1) 경사로 및 가설계단

① 경사로
  ㉠ 시공하중 또는 폭풍, 진동 등 외력에 대하여 안전하도록 설계할 것
  ㉡ 경사로는 항상 정비하고 안전통로를 확보할 것
  ㉢ 비탈면의 경사각은 30° 이내로 하고 미끄럼막이 간격은 다음 표에 의한다.

경사각	미끄럼막이 간격	경사각	미끄럼막이 간격
30° 이내	30cm	22°	40cm
29°	33cm	19° 20′	43cm
27°	35cm	17°	45cm
24° 15′	37cm	14° 초과	47cm

  ㉣ 경사로의 폭은 최소 90cm 이상으로 할 것
  ㉤ 높이 7m 이내마다 계단참을 설치할 것
  ㉥ 추락방호용 안전난간을 설치할 것
  ㉦ 목재는 미송, 육송 또는 그 이상의 재질을 가진 것이어야 할 것
  ㉧ 경사로 지지기둥은 3m 이내마다 설치할 것
  ㉨ 발판은 폭 40cm 이상으로 하고, 틈은 3cm 이내로 설치할 것
  ㉩ 발판이 이탈하거나 한쪽 끝을 밟으면 다른 쪽이 들리지 않게 장선에 결속할 것
  ㉪ 결속용 못이나 철선이 발에 걸리지 않을 것

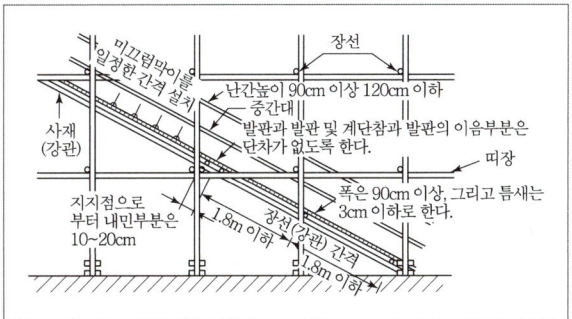

[미끄럼막이 설치 등]

② 가설계단

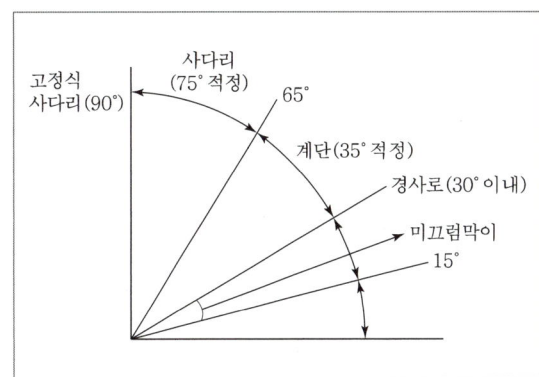

[가설통로의 형태]

구분	설치기준
강도	㉠ 계단 및 계단참을 설치하는 경우에는 500kg/m² 이상의 하중에 견딜 수 있는 강도를 가진 구조 ㉡ 안전율 4 이상 $\left(\text{안전율} = \dfrac{\text{재료의 파괴응력도}}{\text{재료의 허용응력도}} \leq 4\right)$ ㉢ 계단 및 승강구바닥을 구멍이 있는 재료로 만들 경우에는 렌치 그 밖에 공구 등이 낙하할 위험이 없는 구조
폭	㉠ 계단설치 시 폭은 1m 이상 ㉡ 계단에는 손잡이 외의 다른 물건 등을 설치 또는 적재금지

구분	설치기준
계단참의 높이	높이가 3m를 초과하는 계단에는 높이 3m 이내마다 너비 1.2m 이상의 계단참을 설치
천장의 높이	바닥면으로부터 높이 2m 이내의 공간에 장애물이 없도록 할 것
계단의 난간	높이 1m 이상인 계단의 개방된 측면에 안전난간을 설치

(2) 작업발판

작업발판 설치기준 참조

(3) 사다리

사다리식 통로 참조

(4) 승강트랩

수직방향으로 이동하기 위해 설치하는 가설통로로 주로 철골부재에 설치함

3) 사다리식 통로의 종류 및 설치기준

(1) 이동식 사다리의 구조기준

① 견고한 구조로 할 것
② 재료는 심한 손상·부식 등이 없는 것으로 할 것
③ 폭은 30cm 이상으로 할 것
④ 다리부분에는 미끄럼방지장치를 설치하는 등 미끄러지거나 넘어지는 것을 방지하기 위해 필요한 조치를 할 것
⑤ 발판의 간격은 동일하게 할 것

(2) 사다리 기둥의 구조기준

① 견고한 구조로 할 것
② 재료는 심한 손상·부식 등이 없는 것으로 할 것
③ 기둥과 수평면과의 각도는 75° 이하로 하고, 접는식 사다리기둥은 철물 등을 사용하여 기둥과 수평면과의 각도가 충분히 유지되도록 할 것
④ 바닥면적은 작업을 안전하게 하기 위하여 필요한 면적이 유지되도록 할 것

4) 가설도로 설치기준

① 도로는 장비 및 차량이 안전하게 운행할 수 있도록 견고하게 설치할 것
② 부득이한 경우를 제외하는 경우 최고 허용 경사도는 10%로 할 것
③ 도로와 작업장이 접해 있을 경우에는 울타리 등을 설치할 것
④ 도로는 배수를 위해 경사지게 설치하거나 배수시설을 설치할 것
⑤ 도로와 작업장 높이에 차가 있을 때는 바리케이트 또는 연석 등을 설치하여 차량의 위험 및 사고를 방지할 것
⑥ 커브 구간에서는 차량이 가시거리의 절반 이내에서 정지할 수 있도록 차량의 속도를 제한할 것

2 작업발판 설치기준 및 준수사항

1) 작업발판의 최대적재하중

비계의 구조 및 재료에 따라 작업발판의 최대적재하중을 정하고 이를 초과하여 싣지 않을 것

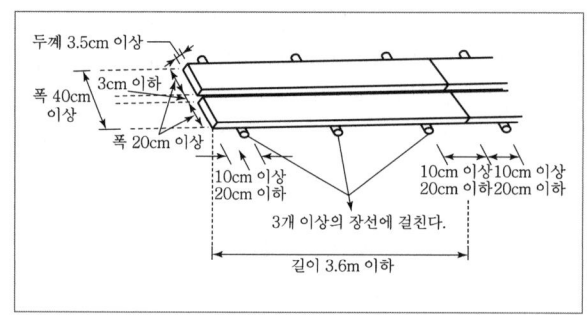

[작업발판의 구조]

2) 작업발판의 구조

① 발판재료는 작업할 때의 하중을 견딜 수 있도록 견고한 것으로 할 것
② 작업발판의 폭은 40cm 이상으로 하고, 발판재료간의 틈은 3cm 이하로 할 것. 다만, 외줄비계의 경우에는 고용노동부장관이 별도로 정하는 기준에 따른다.
③ 추락의 위험성이 있는 장소에는 안전난간을 설치할 것(작업의 성질상 안전난간을 설치하는 것이 곤란한 때 및 작업의 필요상 임시로 안전난간을 해체함에 있어서 추락방호망을 치거나 근로자로 하여금 안전대를 사용하도록 하는 등 추락에 의한 위험방지조치를 한 경우에는 제외)
④ 작업발판의 지지물은 하중에 의하여 파괴될 우려가 없는 것을 사용할 것
⑤ 작업발판재료는 뒤집히거나 떨어지지 않도록 둘 이상의 지지물에 연결하거나 고정시킬 것
⑥ 작업발판을 작업에 따라 이동시킬 경우에는 위험방지에 필요한 조치를 할 것

SECTION 03
거푸집 및 동바리

1 거푸집의 재료 선정방법

1) 목재 거푸집
① 목재 거푸집은 흠집 및 옹이가 많거나 합판의 접착부분이 떨어져 구조적으로 약한 것은 사용금지
② 목재 거푸집의 띠장은 부러지거나 균열이 있는 것은 사용금지

2) 강재 거푸집
① 형상이 찌그러지거나, 비틀림 등 변형이 있는 것은 교정한 다음 사용
② 강재 거푸집 표면의 녹은 쇠솔(Wire Brush) 또는 샌드페이퍼(Sandpaper) 등으로 닦아내고 박리제(Form Oil)를 엷게 도포

3) 동바리
① 현저한 손상, 변형, 부식이 있는 것과 옹이가 있는 것은 사용금지
② 각재 또는 동바리는 양끝을 일직선으로 그은 중심선이 부재의 단면 안에 있어야 하고 굽어져 있는 것은 사용금지
③ 강관동바리지주, 보 등을 조합한 구조는 최대허용하중 범위 내에서 사용

2 거푸집 및 동바리 조립 시 안전조치사항

1) 거푸집 및 동바리의 조립도
① 거푸집 및 동바리를 조립하는 경우에는 그 구조를 검토한 후 조립도를 작성하고 그 조립도에 따라 조립
② 조립도에는 거푸집 및 동바리를 구성하는 부재의 재질·단면규격·설치간격 및 이음방법 등을 명시

2) 구조검토 시 고려하여야 할 하중

(1) 종류
① 연직방향 하중 : 타설 콘크리트 고정하중, 타설 시 충격하중 및 작업원 등의 작업하중
② 횡방향 하중 : 작업 시 진동, 충격, 풍압, 유수압, 지진 등
③ 콘크리트 측압 : 콘크리트가 거푸집을 안쪽에서 밀어내는 압력
④ 특수하중 : 시공 중 예상되는 특수한 하중(콘크리트 편심 하중 등)

(2) 거푸집의 연직방향 하중
① 계산식

$$W = 고정하중 + 활하중$$
$$= (콘크리트 + 거푸집)중량 + (충격 + 작업)하중$$
$$= \gamma \cdot t + 40\text{kg/m}^2 + 250\text{kg/m}^2$$

여기서, γ : 철근콘크리트 단위중량(kg/m³),
t : 슬라브 두께(m)

② 고정하중 : 철근콘크리트와 거푸집의 중량을 합한 하중이며 거푸집 하중은 최소 40kg/m² 이상 적용, 특수 거푸집의 경우 실제 중량 적용
③ 활하중 : 작업원, 경량의 장비하중, 기타 콘크리트에 필요한 자재 및 공구 등의 시공하중 및 충격하중을 포함하며 구조물의 수평투영면적(연직방향으로 투영시킨 수평면적) 당 최소 250kg/m² 이상 적용
④ 상기 고정하중과 활하중을 합한 수직하중은 슬래브 두께와 관계없이 500kg/m² 이상으로 적용

3) 거푸집 및 동바리 조립 시 안전조치
사업주는 동바리를 조립하는 경우에는 하중의 지지상태를 유지할 수 있도록 다음 각 호의 사항을 준수해야 한다.
① 받침목이나 깔판의 사용, 콘크리트 타설, 말뚝박기 등 동바리의 침하를 방지하기 위한 조치를 할 것
② 동바리의 상하 고정 및 미끄러짐 방지 조치를 할 것
③ 상부·하부의 동바리가 동일 수직선상에 위치하도록 하여 깔판·받침목에 고정시킬 것
④ 개구부 상부에 동바리를 설치하는 경우에는 상부하중을 견딜 수 있는 견고한 받침대를 설치할 것

⑤ U헤드 등의 단판이 없는 동바리의 상단에 멍에 등을 올릴 경우에는 해당 상단에 U헤드 등의 단판을 설치하고, 멍에 등이 전도되거나 이탈되지 않도록 고정시킬 것
⑥ 동바리의 이음은 같은 품질의 재료를 사용할 것
⑦ 강재의 접속부 및 교차부는 볼트·클램프 등 전용철물을 사용하여 단단히 연결할 것
⑧ 거푸집의 형상에 따른 부득이한 경우를 제외하고는 깔판이나 받침목은 2단 이상 끼우지 않도록 할 것
⑨ 깔판이나 받침목을 이어서 사용하는 경우에는 그 깔판·받침목을 단단히 연결할 것

4) 동바리 유형에 따른 동바리 조립 시의 안전조치
사업주는 동바리를 조립할 때 동바리의 유형별로 다음 각 호의 구분에 따른 각 목의 사항을 준수해야 한다.

(1) 동바리로 사용하는 파이프 서포트의 경우
① 파이프 서포트를 3개 이상 이어서 사용하지 않도록 할 것
② 파이프 서포트를 이어서 사용하는 경우에는 4개 이상의 볼트 또는 전용철물을 사용하여 이을 것
③ 높이가 3.5미터를 초과하는 경우에는 높이 2미터 이내마다 수평연결재를 2개 방향으로 만들고 수평연결재의 변위를 방지할 것

(2) 동바리로 사용하는 강관틀의 경우
① 강관틀과 강관틀 사이에 교차가새를 설치할 것
② 최상단 및 5단 이내마다 동바리의 측면과 틀면의 방향 및 교차가새의 방향에서 5개 이내마다 수평연결재를 설치하고 수평연결재의 변위를 방지할 것
③ 최상단 및 5단 이내마다 동바리의 틀면의 방향에서 양단 및 5개틀 이내마다 교차가새의 방향으로 띠장틀을 설치할 것

(3) 동바리로 사용하는 조립강주의 경우
조립강주의 높이가 4미터를 초과하는 경우에는 높이 4미터 이내마다 수평연결재를 2개 방향으로 설치하고 수평연결재의 변위를 방지할 것

(4) 시스템 동바리(규격화·부품화된 수직재, 수평재 및 가새재 등의 부재를 현장에서 조립하여 거푸집을 지지하는 지주 형식의 동바리를 말한다)의 경우
① 수평재는 수직재와 직각으로 설치해야 하며, 흔들리지 않도록 견고하게 설치할 것
② 연결철물을 사용하여 수직재를 견고하게 연결하고, 연결부위가 탈락 또는 꺾어지지 않도록 할 것
③ 수직 및 수평하중에 대해 동바리의 구조적 안정성이 확보되도록 조립도에 따라 수직재 및 수평재에는 가새재를 견고하게 설치할 것
④ 동바리 최상단과 최하단의 수직재와 받침철물은 서로 밀착되도록 설치하고 수직재와 받침철물의 연결부의 겹침길이는 받침철물 전체길이의 3분의 1 이상 되도록 할 것

(5) 보 형식의 동바리[강제 갑판(steel deck), 철재트러스 조립 보 등 수평으로 설치하여 거푸집을 지지하는 동바리를 말한다]의 경우
① 접합부는 충분한 걸침 길이를 확보하고 못, 용접 등으로 양끝을 지지물에 고정시켜 미끄러짐 및 탈락을 방지할 것
② 양끝에 설치된 보 거푸집을 지지하는 동바리 사이에는 수평연결재를 설치하거나 동바리를 추가로 설치하는 등 보 거푸집이 옆으로 넘어지지 않도록 견고하게 할 것
③ 설계도면, 시방서 등 설계도서를 준수하여 설치할 것

5) 조립·해체 등 작업 시의 준수사항

(1) 기둥·보·벽체·슬래브 등의 거푸집 및 동바리의 작업을 하는 경우
① 해당 작업을 하는 구역에는 관계 근로자가 아닌 사람의 출입을 금지할 것
② 비, 눈, 그 밖의 기상상태의 불안정으로 날씨가 몹시 나쁜 경우에는 그 작업을 중지할 것
③ 재료, 기구 또는 공구 등을 올리거나 내리는 경우에는 근로자로 하여금 달줄·달포대 등을 사용하도록 할 것
④ 낙하·충격에 의한 돌발적 재해를 방지하기 위하여 버팀목을 설치하고 거푸집 및 동바리를 인양장비에 매단 후에 작업을 하도록 하는 등 필요한 조치를 할 것

(2) 철근조립 등의 작업을 하는 경우
① 양중기로 철근을 운반할 경우에는 두 군데 이상 묶어서 수평으로 운반할 것
② 작업위치의 높이가 2미터 이상일 경우에는 작업발판을 설치하거나 안전대를 착용하게 하는 등 위험 방지를 위하여 필요한 조치를 할 것

3 거푸집 존치기간

1) 콘크리트 압축강도를 시험할 경우(콘크리트표준시방서)

부재	콘크리트의 압축강도(f_{cu})
확대기초, 보 옆, 기둥, 벽 등의 측벽	5MPa 이상
슬라브 및 보의 밑면, 아치 내면	설계기준강도 $\times \dfrac{2}{3}\left(f_{ck} \geq \dfrac{2}{3}f_{ck}\right)$ 다만, 14MPa 이상

2) 콘크리트 압축강도를 시험하지 않을 경우(기초, 보 옆, 기둥 및 보의 측벽)

시멘트의 종류 평균 기온	조강 포틀랜드 시멘트	보통포틀랜드시멘트 고로슬래그시멘트(특급) 포틀랜드포졸란시멘트(A종) 플라이애시시멘트(A종)	고로슬래그시멘트 포틀랜드포졸란 시멘트(B종) 플라이애시시멘트(B종)
20℃ 이상	2일	4일	5일
20℃ 미만 10℃ 이상	3일	6일	8일

3) 동바리의 존치기간

Slab 밑, 보 밑 모두 설계기준강도(f_{ck})의 100% 이상의 콘크리트 압축강도가 얻어질 때까지 존치

SECTION 04
흙막이

1 흙막이 설치기준

1) 흙막이 지보공의 재료
흙막이 지보공의 재료로 변형·부식되거나 심하게 손상된 것을 사용금지

2) 흙막이 지보공의 조립도
① 흙막이 지보공을 조립하는 경우에 미리 조립도를 작성하여 그 조립도에 따라 조립
② 조립도는 흙막이판·말뚝·버팀대 및 띠장 등 부재의 배치·치수·재질 및 설치방법과 순서가 명시

2 계측기의 종류 및 사용목적

1) 계측의 목적
① 지반의 거동을 사전에 파악
② 각종 지보재의 지보효과 확인
③ 구조물의 안전성 확인
④ 공사의 경제성 도모
⑤ 장래 공사에 대한 자료 축적
⑥ 주변 구조물의 안전 확보

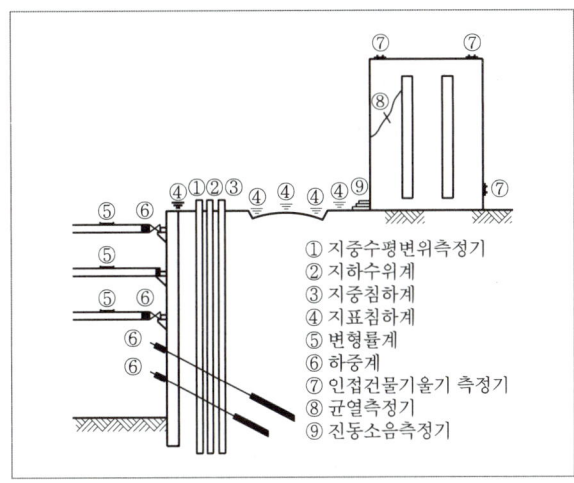

[계측기의 종류]

① 지중수평변위측정기
② 지하수위계
③ 지중침하계
④ 지표침하계
⑤ 변형률계
⑥ 하중계
⑦ 인접건물기울기 측정기
⑧ 균열측정기
⑨ 진동소음측정기

2) 계측기의 종류
① 지표침하계 : 흙막이벽 배면에 동결심도보다 깊게 설치하여 지표면 침하량 측정
② 지중경사계 : 흙막이벽 배면에 설치하여 토류벽의 기울어짐 측정
③ 하중계 : Strut, Earth Anchor에 설치하여 축하중 측정으로 부재의 안정성 여부 판단
④ 간극수압계 : 굴착, 성토에 의한 간극수압의 변화 측정
⑤ 균열측정기 : 인접구조물, 지반 등의 균열부위에 설치하여 균열크기와 변화측정
⑥ 변형계 : Strut, 띠장 등에 부착하여 굴착작업 시 구조물의 변형을 측정
⑦ 지하수위계 : 굴착에 따른 지하수위 변동을 측정

CHAPTER 06 건설 구조물공사 안전

SECTION 01 콘크리트 구조물공사 안전

1 콘크리트 타설작업의 안전

1) 콘크리트의 타설작업
사업주는 콘크리트 타설작업을 하는 경우에는 다음 각 호의 사항을 준수해야 한다.
① 당일의 작업을 시작하기 전에 해당 작업에 관한 거푸집 및 동바리의 변형·변위 및 지반의 침하 유무 등을 점검하고 이상이 있으면 보수할 것
② 작업 중에는 감시자를 배치하는 등의 방법으로 거푸집 및 동바리의 변형·변위 및 침하 유무 등을 확인해야 하며, 이상이 있으면 작업을 중지하고 근로자를 대피시킬 것
③ 콘크리트 타설작업 시 거푸집 붕괴의 위험이 발생할 우려가 있으면 충분한 보강조치를 할 것
④ 설계도서상의 콘크리트 양생기간을 준수하여 거푸집 및 동바리를 해체할 것
⑤ 콘크리트를 타설하는 경우에는 편심이 발생하지 않도록 골고루 분산하여 타설할 것

2) 콘크리트타설장비 사용 시의 준수사항
사업주는 콘크리트 타설작업을 하기 위하여 콘크리트 플레이싱 붐(placing boom), 콘크리트 분배기, 콘크리트 펌프카 등(이하 이 조에서 "콘크리트타설장비"라 한다)을 사용하는 경우에는 다음 각 호의 사항을 준수해야 한다.
① 작업을 시작하기 전에 콘크리트타설장비를 점검하고 이상을 발견하였으면 즉시 보수할 것
② 건축물의 난간 등에서 작업하는 근로자가 호스의 요동·선회로 인하여 추락하는 위험을 방지하기 위하여 안전난간 설치 등 필요한 조치를 할 것
③ 콘크리트타설장비의 붐을 조정하는 경우에는 주변의 전선 등에 의한 위험을 예방하기 위한 적절한 조치를 할 것
④ 작업 중에 지반의 침하나 아웃트리거 등 콘크리트타설장비 지지구조물의 손상 등에 의하여 콘크리트타설장비가 넘어질 우려가 있는 경우에는 이를 방지하기 위한 적절한 조치를 할 것

3) 콘크리트 타설 시 유의사항
① 슈트, 펌프배관, 버킷 등으로 타설 시에는 배출구와 치기면까지의 가능한 높이를 낮게
② 비비기로부터 타설 시까지 시간은 25℃ 이상에서는 1.5시간 이하로 할 것
③ 타설 시 콘크리트의 재료분리는 가능한 적게 일어나도록 할 것
④ 최상부의 슬래브는 이어붓기를 되도록 피하고, 일시에 전체를 타설할 것
⑤ 슬래브는 먼 곳에서 가까운 곳으로 부어넣기 시작할 것
⑥ 보는 양단에서 중앙으로 부어넣을 것

2 콘크리트 타설

1) 콘크리트의 배합설계

(1) 정의
배합설계란 콘크리트의 소요강도·워커빌리티·균일성·수밀성·내구성 등을 가장 경제적으로 얻도록 시멘트, 골재, 물 및 혼화재료의 혼합비율을 결정하는 것을 말한다.

(2) 설계기준강도(f_{ck})
① 구조계산의 기준이 되는 콘크리트의 재령 28일 압축강도를 기준

② 일반적으로 f_{ck}는 보통콘크리트 및 경량콘크리트 1종, 2종에서는 180kg/cm², 210kg/cm², 240kg/cm² 정도의 것이 가장 많이 채용

2) 콘크리트 타설 후의 재료분리현상

(1) 블리딩(Bleeding)

① 정의 : 블리딩이란 콘크리트 타설 시 비교적 무거운 골재나 시멘트는 침하하고 가벼운 물이나 미세한 물질이 분리 상승하여 콘크리트 표면에 떠오르는 현상

② 대책
  ㉠ 단위 수량을 적게
  ㉡ 분말도가 높은 시멘트를 사용
  ㉢ 골재 중 먼지와 같은 유해물질의 함량 감소
  ㉣ AE제, AE감수제, 고성능 감수제 사용
  ㉤ 1회 타설 높이를 낮게 하고, 과도한 다짐금지

3 콘크리트 양생

1) 양생의 정의

양생(Curing)이란 타설 후의 콘크리트가 저온, 건조, 급격한 기온변화에 의한 유해한 영향을 받지 않도록 하고, 경화 중에 진동, 충격, 무리한 하중 등을 받지 않도록 보호하는 것을 말한다.

2) 양생방법의 종류

① 습윤
② 고압증기
③ 피막
④ 전열
⑤ 온도제어양생 등

3) 콘크리트 구조물의 성능저하

(1) 콘크리트 중성화(Neutralization)

① 콘크리트가 공기 중의 탄산가스의 작용으로 서서히 알칼리성을 잃어가는 현상
② 시멘트의 수화반응에서 생성되는 수산화칼슘은 pH 12~13 정도의 알칼리성을 나타내며, 이 수산화칼슘은 대기 중에 있는 약산성의 이산화탄소와 접촉, 반응하여 pH 8~10 정도의 탄산칼슘과 물로 변화하는 현상

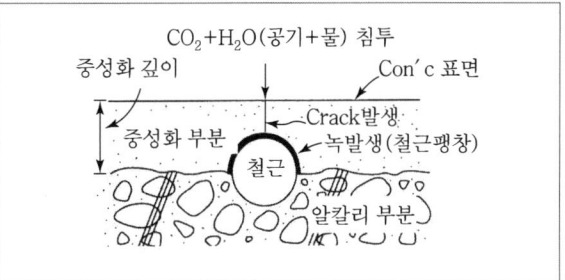

[콘크리트의 중성화]

(2) 알칼리 골재반응(AAR ; Alkali Aggregate Reaction)

골재 중의 반응성 광물과 시멘트의 수화반응 중에 생기는 알칼리성분과 결합하여 일으키는 화학반응으로 콘크리트가 팽창하는 현상

(3) 콘크리트의 균열

① 굳지 않은 콘크리트의 균열 : 소성수축균열, 침하균열, 온도균열
② 굳은 콘크리트의 균열 : 건조수축, 알칼리 골재반응, 동결융해, 염해에 의한 균열

4) 콘크리트 크리프(Creep)

(1) 정의

크리프(Creep)란 일정한 크기의 하중이 지속적으로 작용할 때 하중의 증가가 없어도 시간이 경과함에 따라 콘크리트의 변형이 증가하는 현상을 말한다.

(2) 크리프의 증가요인

① 물시멘트비가 클수록
② 재령이 짧을수록
③ 온도가 높고, 습도가 낮을수록
④ 구조부재의 치수가 작을수록
⑤ 작용응력이 클수록

4 슬럼프 테스트

1) 정의

슬럼프 시험이란 슬럼프 콘에 의한 콘크리트의 유동성 측정시험을 말하며, 컨시스턴시(반죽질기)를 측정하는 방법으로 가장 일반적으로 사용한다.

2) 워커빌리티(시공연도) 측정방법

(1) 정의
워커빌리티(Workability)란 재료분리를 일으키지 않고 부어넣기·다짐·마감 등의 작업이 용이할 수 있는 정도를 나타내는 굳지 않은 콘크리트의 성질

(2) 측정방법
① 슬럼프시험(Slump Test)
② 비비시험(Vee-Bee Test)
③ 흐름시험(Flow Test)
④ 다짐계수시험(Compacting Factor Test)
⑤ 리몰딩시험(Remolding Test)
⑥ 케리의 구관입시험(Ball Penetration Test)

5 콘크리트 측압

1) 정의
① 측압(Lateral Pressure)이란 콘크리트 타설 시 기둥·벽체의 거푸집에 가해지는 콘크리트의 수평방향의 압력을 말함
② 콘크리트의 타설높이가 증가함에 따라 측압은 증가하나, 일정높이 이상이 되면 측압은 감소함

2) 콘크리트 헤드(Concrete Head)
측압이 최대가 되는 콘크리트의 타설높이를 말함

3) 측압이 커지는 조건
① 거푸집 부재단면이 클수록
② 거푸집 수밀성이 클수록
③ 거푸집의 강성이 클수록
④ 거푸집 표면이 평활할수록
⑤ 시공연도(Workability)가 좋을수록
⑥ 철골 또는 철근량이 적을수록
⑦ 외기온도가 낮을수록 습도가 높을수록
⑧ 콘크리트의 타설속도가 빠를수록
⑨ 콘크리트의 다짐이 좋을수록
⑩ 콘크리트의 Slump가 클수록
⑪ 콘크리트의 비중이 클수록

SECTION 02
철골공사 안전

1 철골공사 작업의 안전

1) 공사 전 검토사항

(1) 설계도 및 공작도의 확인 및 검토사항
① 부재의 형상 및 치수, 접합부의 위치, 브래킷의 내민치수, 건물의 높이
② 철골의 건립형식, 건립상의 문제점, 관련 가설설비
③ 건립기계의 종류선정, 건립공정 검토, 건립기계 대수 결정 등

(2) 공작도(Shop Drawing)에 포함사항
① 외부비계 및 화물승강설비용 브래킷
② 기둥 승강용 트랩
③ 구명줄 설치용 고리
④ 건립에 필요한 와이어로프 걸이용 고리
⑤ 안전난간 설치용 부재
⑥ 기둥 및 보 중앙의 안전대 설치용 고리
⑦ 방망 설치용 부재
⑧ 비계 연결용 부재
⑨ 방호선반 설치용 부재
⑩ 양중기 설치용 보강재

(3) 철골의 자립도를 위한 대상 건물(강풍 시 철골의 자립도 검토대상 구조물)
① 높이 20m 이상의 구조물
② 구조물의 폭과 높이의 비가 1 : 4 이상인 구조물
③ 단면구조에 현저한 차이가 있는 구조물
④ 연면적당 철골량이 50kg/m² 이하인 구조물
⑤ 기둥이 타이플레이트(Tie Plate)형인 구조물
⑥ 이음부가 현장용접인 구조물

2) 건립순서 계획 시 검토사항
① 철골건립에 있어서는 현장 건립순서와 공장 제작순서가 일치되도록 계획하고 제작검사의 사전 실시, 현장 운반계획 등을 확인할 것

② 어느 한 면만을 2절점 이상 동시에 세우는 것은 피해야 하며 1경간(Span) 이상 수평방향으로도 조립이 진행되도록 계획하여 좌굴, 탈락에 의한 무너짐을 방지할 것
③ 건립 중 무너짐을 방지하기 위하여 가볼트 체결기간을 단축시킬 수 있도록 후속공사를 계획할 것

3) 작업중지 악천후 기준

(1) 작업의 제한 기준

구분	내용
강풍	풍속이 초당 10m 이상인 경우
강우	강우량이 시간당 1mm 이상인 경우
강설	강설량이 시간당 1cm 이상인 경우

4) 재해방지설비

① 지형에 따른 재해방지설비
  ㉠ 작업발판 설치가 어렵거나 개구부 주위로 난간설치가 어려운 곳 : 추락방호망
  ㉡ 안전한 작업발판이나 난간설치가 곤란한 경우 : 안전대 부착설비, 안전대
② 고소작업에 따른 추락방호용 방망설치
③ 낙하·비래 및 비산방지시설(낙하물방지망, 낙하물방호선반)
④ 승강설비 설치 : 기둥승강용 트랩은 16mm 철근으로 30cm 이내, 간격 30cm 이상

5) 철골세우기용 기계의 종류

(1) 고정식 크레인

① 고정식 타워크레인 : 설치가 용이, 작업범위가 넓으며 철골구조물 공사에 적합
② 이동식 타워크레인 : 이동하면서 작업할 수 있으므로 작업반경을 최소화할 수 있음

(2) 이동식 크레인

① 트럭 크레인 : 타이어 트럭 위에 크레인 본체를 설치한 크레인, 기동성이 우수하고 안전을 확보가 위해 아웃트리거 장치 설치. 크롤러 크레인보다 흔들림이 적음
② 크롤러 크레인 : 무한궤도 위에 크레인 본체 설치, 안전성이 우수하고 연약지반에서의 주행성능이 좋으나 기동성 저조
③ 유압 크레인 : 유압식 조작방식으로 안정성 우수, 이동속도가 빠르고 아웃트리거 장치 설치

(3) 데릭(Derrick)

① 가이데릭(Guy Derrick) : 360° 회전 가능, 인양하중 능력이 크나 타워크레인에 비해 선회성 및 안전성이 떨어짐
② 삼각데릭(Stiff Leg Derrick) : 주기둥을 지탱하는 지선 대신에 2본의 다리에 의해 고정, 회전반경은 270°로 가이데릭과 비슷하며 높이가 낮은 건물에 유리
③ 진폴(Gin Pole) : 철파이프, 철골 등으로 기둥을 세우고 윈치를 이용하여 철골부재를 인상, 경미한 철골건물에 사용

6) 철골접합방법의 종류

① 리벳(Rivet) 접합
② 볼트(Bolt) 접합
③ 고장력볼트(High Tension Bolt) 접합
④ 용접(Welding) 접합

SECTION 03
PC(Precast Concrete) 공사 안전

1 PC 운반·조립·설치의 안전

1) 정의

PC(Precast Concrete) 공법이란 공장에서 제작된 PC 부재(기둥, 보, 슬라브, 벽 등)를 현장으로 운반한 후 조립·접합하여 구조체를 만드는 공법

2) PC 부재의 설치 시 안전

① PC 부재가 파손되지 않도록 주의
② PC 부재의 하부가 오염되지 않도록 받침목을 받치고 설치
③ PC 부재는 되도록 수직으로 설치

3) PC 부재의 조립 시 안전

① 신호수를 지정하여 신호에 따라 인양작업
② 작업자는 안전모, 안전대 등 보호구 착용
③ 조립작업 전 기계·기구 공구의 이상 유무 확인

④ PC 부재 인양작업 시 적재하중을 초과하는 하중의 사용 금지
⑤ 작업현장 인근의 고압전로에는 방호선관을 사전 설치
⑥ PC 부재의 인양작업 시 크레인의 침하방지 조치 철저

CHAPTER 07 운반, 하역작업

SECTION 01 운반작업

1 운반작업

1) 취급, 운반의 5원칙
① 직선운반을 할 것
② 연속운반을 할 것
③ 운반작업을 집중화시킬 것
④ 생산을 최고로 하는 운반을 생각할 것
⑤ 최대한 시간과 경비를 절약할 수 있는 운반방법을 고려할 것

2) 박스형 화물 운반 시 준수사항
① 앞발과 뒷발 사이를 적절히 벌려 운반 대상물이 그 사이에 놓이게 하여 몸의 무게중심과 대상물의 무게중심이 가능한 일치시킬 것
② 시선을 대상물의 무게중심에 두고 허리를 지면에 직각이 되게 하면서 천천히 다리를 굽혀서 대퇴부와 정강이 사이의 각도를 90°로 유지할 것
③ 대상물의 무게중심을 고려하여 대칭이 되도록 두 손 전체로 꽉 움켜쥐고 들 수 있는지 일단 5~10cm 정도 들어볼 것

3) 길이가 긴 장척물 운반 시 준수사항
① 전체 장척물 길이의 1/2 되는 지점에 얇은 각목을 받쳐 놓고 감싸 잡을 것
② 허리를 편 상태에서 정강이와 대퇴부 사이의 각도를 90° 이상 유지하면서 다리의 힘으로 일어설 것
③ 대상물의 중심에 대칭을 잡고 다리 힘으로 설 것

4) 인력 운반작업 준수사항
① 작업공정을 개선하여 운반의 필요성을 제거할 것
② 운반작업을 최소화할 것
③ 운반횟수(빈도) 및 거리를 최소화, 최단거리화할 것
④ 중량물의 경우는 2~3인(공동작업)이 운반할 것
⑤ 운반보조 기구 및 기계를 이용할 것
⑥ 물건을 들어 올릴 때는 팔과 무릎을 이용하며 척추는 곧게 할 것
⑦ 긴 물건은 앞부분을 약간 높여 모서리 등에 충돌하지 않게 하고 굴려서 운반은 금지시킬 것

2 중량물 취급

1) 작업계획서 내용
① 추락위험을 예방할 수 있는 안전대책
② 낙하위험을 예방할 수 있는 안전대책
③ 넘어짐위험을 예방할 수 있는 안전대책
④ 협착위험을 예방할 수 있는 안전대책
⑤ 붕괴위험을 예방할 수 있는 안전대책

2) 중량물 취급 안전기준
① 하역운반기계·운반용구 사용
② 단위화물의 무게가 100kg 이상인 화물을 싣는 작업 또는 내리는 작업의 경우 작업지휘자를 지정하여 다음 각 사항을 준수
　㉠ 작업순서 및 그 순서마다의 작업방법을 정하고 작업을 지휘할 것
　㉡ 기구와 공구를 점검하고 불량품을 제거할 것
　㉢ 해당 작업을 행하는 장소에 관계근로자가 아닌 사람의 출입을 금지시킬 것
　㉣ 로프 풀기 작업 또는 덮개 벗기기 작업은 적재함의 화물이 떨어질 위험이 없음을 확인한 후에 하도록 할 것

③ 중량물을 2명 이상의 근로자가 취급 또는 운반하는 경우에는 일정한 신호방법을 정하고 신호에 따라 작업

SECTION 02 하역공사

1 하역작업의 안전수칙

1) 하역작업장의 조치기준
① 작업장 및 통로의 위험한 부분에는 안전하게 작업할 수 있는 조명을 유지할 것
② 부두 또는 안벽의 선을 따라 통로를 설치하는 경우에는 폭을 90cm 이상으로 할 것
③ 육상에서의 통로 및 작업장소로서 다리 또는 선거(船渠)의 갑문을 넘는 보도 등의 위험한 부분에는 안전난간 또는 울타리 등을 설치할 것

2) 항만하역작업 시 안전수칙

(1) 통행설비의 설치(안전보건규칙 제394조)
갑판의 윗면에서 선창 밑바닥까지의 깊이가 1.5m를 초과하는 선창의 내부에서 화물취급작업을 하는 경우에 그 작업에 종사하는 근로자가 안전하게 통행할 수 있는 설비를 설치할 것

(2) 선박 승강설비의 설치(안전보건규칙 제397조)
① 300톤급 이상의 선박에서 하역작업을 하는 경우에는 근로자들이 안전하게 오르내릴 수 있는 현문사다리를 설치하여야 하며, 이 사다리 밑에 안전망을 설치할 것
② 현문사다리는 견고한 재료로 제작된 것으로 너비는 55cm 이상이어야 하고, 양측에 82cm 이상의 높이로 울타리를 설치하여야 하며, 바닥은 미끄러지지 않도록 적합한 재질로 처리할 것
③ 현문사다리는 근로자의 통행에만 사용하여야 하며 화물용 발판 또는 화물용 보판으로 사용금지할 것

2 화물취급작업 안전수칙

1) 꼬임이 끊어진 섬유로프 등의 사용금지
① 꼬임이 끊어진 것
② 심하게 손상 또는 부식된 것

2) 화물의 적재 시 준수사항
① 침하의 우려가 없는 튼튼한 기반 위에 적재할 것
② 건물의 칸막이나 벽 등이 화물의 압력에 견딜 만큼의 강도를 지니지 아니한 경우에는 칸막이나 벽에 기대어 적재하지 않도록 할 것
③ 불안정할 정도로 높이 쌓아 올리지 말 것
④ 하중이 한쪽으로 치우치지 않도록 쌓을 것

3 차량계 하역운반기계의 안전수칙

1) 넘어짐 등의 방지
① 기계가 넘어지거나 굴러떨어짐으로써 근로자에게 위험을 미칠 우려가 있는 경우에는 그 기계를 유도하는 유도자를 배치할 것
② 지반의 부동침하 방지조치를 할 것
③ 갓길의 붕괴를 방지조치를 할 것

2) 운전위치 이탈 시의 조치
① 포크, 버킷, 디퍼 등의 장치를 가장 낮은 위치 또는 지면에 내려 둘 것
② 원동기를 정지시키고 브레이크를 확실히 거는 등 갑작스러운 주행이나 이탈을 방지하기 위한 조치를 할 것
③ 운전석을 이탈하는 경우에는 시동키를 운전대에서 분리시킬 것. 다만, 운전석에 잠금장치를 하는 등 운전자가 아닌 사람이 운전하지 못하도록 조치한 경우에는 제외

3) 단위화물의 무게가 100kg 이상인 화물을 싣는 작업 또는 내리는 작업 시 작업지휘자 준수사항
① 작업순서 및 그 순서마다의 작업방법을 정하고 작업을 지휘할 것
② 기구 및 공구를 점검하고 불량품을 제거할 것
③ 해당 작업을 행하는 장소에 관계근로자가 아닌 사람의 출입을 금지시킬 것

④ 로프 풀기 작업 또는 덮개 벗기기 작업은 적재함의 화물이 떨어질 위험이 없음을 확인한 후에 하도록 할 것

4) 안전기준

(1) 지게차

① 헤드가드의 구비조건
  ㉠ 강도는 지게차 최대하중의 2배의 값(4톤을 넘는 값에 대해서는 4톤으로 한다)의 등분포정하중에 견딜 수 있을 것
  ㉡ 상부틀의 각 개구의 폭 또는 길이가 16cm 미만일 것
  ㉢ 운전자가 앉아서 조작하는 방식의 지게차의 경우에는 운전자 좌석의 윗면에서 헤드가드의 상부틀 아랫면까지의 높이가 0.903m 이상일 것
  ㉣ 운전자가 서서 조작하는 방식의 지게차에 있어서는 운전석의 바닥면에서 헤드가드의 상부틀의 하면까지의 높이가 1.88m 이상일 것

② 지게차 작업시작 전 점검사항
  ㉠ 제동장치 및 조종장치 기능의 이상 유무
  ㉡ 하역장치 및 유압장치 기능의 이상 유무
  ㉢ 바퀴의 이상 유무
  ㉣ 전조등·후미등·방향지시기 및 경보장치 기능의 이상 유무

(2) 고소작업대

① 바닥과 고소작업대는 가능한 한 수평을 유지하도록 할 것
② 갑작스러운 이동을 방지하기 위하여 아웃트리거(Outrigger) 또는 브레이크 등을 확실히 사용할 것
③ 사업주가 고소작업대를 이동하는 경우 준수사항
  ㉠ 작업대를 가장 낮게 하강시킬 것
  ㉡ 작업대를 상승시킨 상태에서 작업자를 태우고 이동하지 말 것(다만, 이동 중 넘어짐 등의 위험예방을 위하여 유도하는 사람을 배치하고 짧은 구간을 이동하는 경우에는 예외)
  ㉢ 이동통로의 요철상태 또는 장애물의 유무 등을 확인할 것

PART 05 / 5과목 예상문제

01 사업주가 높이 1m 이상인 계단의 개방된 측면에 안전난간을 설치하고자 할 때 그 설치기준으로 옳지 않은 것은?

① 난간의 높이는 90~120cm가 되도록 할 것
② 난간은 계단참을 포함하여 각 층의 계단 전체에 걸쳐서 설치할 것
③ 금속제 파이프로 된 난간은 2.7cm 이상의 지름을 갖는 것일 것
④ 난간은 임의의 점에 있어서 임의의 방향으로 움직이는 80kg 이하의 하중에 견딜 수 있는 튼튼한 구조일 것

해설 안전난간은 구조적으로 가장 취약한 지점에서 가장 취약한 방향으로 작용하는 100kg 이상의 하중에 견딜 수 있는 튼튼한 구조이어야 한다.

02 공사용 가설도로에 일반적으로 허용되는 최고 경사도는 얼마인가?

① 5%   ② 10%
③ 20% ④ 30%

해설 가설도로의 설치기준에서 부득이한 경우를 제외하고 최고 허용 경사도는 10% 이내로 하여야 한다.

03 구조물 해체 작업용 기계기구와 직접적으로 관계가 없는 것은?

① 대형 브레이커   ② 압쇄기
③ 핸드브레이커   ④ 착암기

해설 착암기는 굴착작업용 기계이다.

04 타워크레인을 벽체에 지지하는 경우 서면심사 서류 등이 없거나 명확하지 아니할 때 설치를 위해서는 특정 기술자의 확인을 필요로 하는데, 그 기술자에 해당하지 않는 것은?

① 건설안전기술사
② 기계안전기술사
③ 건축시공기술사
④ 건설안전분야 산업안전지도사

해설 건축구조·건설기계·기계안전·건설안전기술사 또는 건설안전분야 산업안전지도사의 확인을 받아 설치하거나 기종별·모델별 공인된 표준방법으로 설치하여야 한다.

05 콘크리트 타설작업 시 준수사항으로 옳지 않은 것은?

① 바닥 위에 흘린 콘크리트는 완전히 청소한다.
② 가능한 높은 곳으로부터 자연 낙하시켜 콘크리트를 타설한다.
③ 지나친 진동기 사용은 재료분리를 일으킬 수 있으므로 금해야 한다.
④ 최상부의 슬래브는 이어붓기를 되도록 피하고 일시에 전체를 타설하도록 한다.

해설 가능한 높이를 낮게 하여 재료의 분리를 최소화하여야 한다.

06 철골작업을 실시할 때 작업을 중지하여야 하는 악천후의 기준에 해당하지 않는 것은?

① 풍속이 10m/s 이상인 경우
② 지진이 진도 3 이상인 경우
③ 강우량이 1mm/h 이상의 경우
④ 강설량이 1cm/h 이상의 경우

해설 지진에 대한 제한 기준은 없다.

정답 | 01 ④   02 ②   03 ④   04 ③   05 ②   06 ②

07 가설통로의 설치기준으로 옳지 않은 것은?

① 경사는 30° 이하로 할 것
② 경사가 15°를 초과하는 경우에는 미끄러지지 아니하는 구조로 할 것
③ 높이 8m 이상인 비계다리에는 8m 이내마다 계단참을 설치할 것
④ 수직갱에 가설된 통로의 길이가 15m 이상인 경우에는 10m 이내마다 계단참을 설치할 것

해설) 높이 8m 이상인 비계다리에는 7m 이내마다 계단참을 설치하여야 한다.

08 크레인의 종류에 해당하지 않는 것은?

① 자주식 트럭크레인 ② 크롤러 크레인
③ 타워크레인 ④ 가이데릭

해설) 데릭은 철골 건립용 기계의 한 종류로 크레인이 아니다. 데릭의 종류에는 가이데릭, 삼각데릭, 진폴 등이 있다.

09 연약한 점토층을 굴착하는 경우 흙막이 지보공을 견고히 조립하였음에도 불구하고, 흙막이 바깥에 있는 흙이 안으로 밀려들어 불룩하게 융기되는 형상은?

① 보일링(Boiling) ② 히빙(Heaving)
③ 드레인(Drain) ④ 펌핑(Pumping)

해설) **히빙(Heaving)**
흙막이 벽 배면 흙의 중량이 굴착저면 이하의 흙보다 중량이 클 경우, 흙막이 배면에 있는 흙이 안으로 밀려들어 굴착저면이 솟아오르는 현상이다.

10 주행크레인 및 선회크레인과 건설물 사이에 통로를 설치하는 경우, 그 폭은 최소 얼마 이상으로 하여야 하는가? (단, 건설물의 기둥에 접촉하지 않는 부분인 경우이다.)

① 0.3m ② 0.4m
③ 0.5m ④ 0.6m

해설) 주행크레인 또는 선회크레인과 건설물 또는 설비와의 사이에 통로를 설치하는 경우 그 폭을 0.6m 이상으로 하여야 한다.

11 콘크리트 타설 후 물이나 미세한 불순물이 분리 상승하여 콘크리트 표면에 떠오르는 현상을 가리키는 용어와 이때 표면에 발생하는 미세한 물질을 가리키는 용어를 옳게 나열한 것은?

① 블리딩－레이턴스 ② 보링－샌드드레인
③ 히빙－슬라임 ④ 블로우 홀－슬래그

해설) 블리딩과 레이턴스에 대한 설명이다.

12 작업으로 인하여 물체가 떨어지거나 날아올 위험이 있을 때 위험방지 조치 및 설치 준수사항으로 옳지 않은 것은?

① 수직보호망 또는 방호선반 설치
② 낙하물방지망의 내민길이는 벽면으로부터 2m 이상 유지
③ 낙하물방지망의 수평과의 각도는 20° 내지 30° 유지
④ 낙하물방지망 설치 높이는 10m 이상마다 설치

해설) 설치 높이는 10m 이내마다 설치하여야 한다.

13 사다리식 통로의 구조에 대한 설명으로 옳지 않은 것은?

① 견고한 구조로 할 것
② 폭은 20cm 이상의 간격을 유지할 것
③ 심한 손상・부식 등이 없는 재료를 사용할 것
④ 발판과 벽과의 사이는 15cm 이상을 유지할 것

해설) 사다리식 통로의 폭은 30cm 이상으로 하여야 한다.

14 철골공사 중 트랩을 이용해 승강할 때 안전과 관련된 항목이 아닌 것은?

① 수평구명줄 ② 수직구명줄
③ 안전벨트 ④ 추락방지대

해설) 수평구명줄은 철골보 위를 이동할 때 필요한 안전대 부착설비이다.

정답 | 07 ③ 08 ④ 09 ② 10 ④ 11 ① 12 ④ 13 ② 14 ①

15 추락에 의한 위험방지 조치사항으로 거리가 먼 것은?

① 투하설비 설치 ② 작업발판 설치
③ 추락방호망 설치 ④ 근로자에게 안전대 착용

[해설] 투하설비는 낙하·비래에 대한 방호설비이다.

16 지반개량공법 중 고결안정공법에 해당하지 않는 것은?

① 생석회 말뚝공법 ② 동결공법
③ 동다짐공법 ④ 소결공법

[해설] 고결공법은 점성토 연약지반 개량공법으로 종류에는 생석회 말뚝공법, 동결공법, 소결공법 등이 있다.

17 양중기의 와이어로프 등 달기구의 안전계수 기준으로 옳지 않은 것은?

① 크레인의 고리걸이 용구인 와이어로프는 5 이상
② 화물의 하중을 직접 지지하는 달기체인은 4 이상
③ 훅, 샤클, 클램프, 리프팅 빔은 3 이상
④ 근로자가 탑승하는 운반구를 지지하는 달기체인은 10 이상

[해설] 화물의 하중을 직접 지지하는 경우 달기체인의 안전계수는 5 이상이어야 한다.

18 슬레이트 지붕 위에서 작업을 할 때 산업안전보건법에서 정한 작업발판의 최소 폭은?

① 20cm 이상 ② 30cm 이상
③ 40cm 이상 ④ 50cm 이상

[해설] 슬레이트, 선라이트 등 강도가 약한 재료로 덮은 지붕 위에서 작업을 할 때에 발이 빠지는 등 근로자가 위험해질 우려가 있는 경우에는 폭 30cm 이상의 발판을 설치한다.

19 화물취급작업 중 화물 적재 시 준수해야 하는 사항에 속하지 않는 것은?

① 침하의 우려가 없는 튼튼한 기반 위에 적재할 것
② 중량의 화물은 건물의 칸막이나 벽에 기대어 적재할 것
③ 불안정할 정도로 높이 쌓아 올리지 말 것
④ 편하중이 생기지 아니하도록 적재할 것

[해설] 건물의 칸막이나 벽 등이 화물의 압력에 견딜 만큼의 강도를 지니지 아니한 경우에는 칸막이나 벽에 기대어 적재하지 아니하도록 하여야 한다.

20 해체용 기계·기구의 취급에 대한 설명으로 틀린 것은?

① 해머는 적절한 직경과 종류의 와이어로프로 매달아 사용해야 한다.
② 압쇄기는 셔블(Shovel)에 부착 설치하여 사용한다.
③ 차체에 무리를 초래하는 중량의 압쇄기 부착을 금지한다.
④ 해머 사용 시 충분한 견인력을 갖춘 도저에 부착하여 사용한다.

[해설] 해머는 크롤러 크레인에 설치하여 사용하는 공법이다.

21 콘크리트 거푸집 해체 작업시의 안전 유의사항으로 옳지 않은 것은?

① 해당 작업을 하는 구역에는 관계 근로자가 아닌 사람의 출입을 금지해야 한다.
② 비, 눈, 그 밖의 기상상태의 불안정으로 날씨가 몹시 나쁜 경우에는 그 작업을 중지해야 한다.
③ 안전모, 안전대, 산소마스크 등을 착용하여야 한다.
④ 재료, 기구 또는 공구 등을 올리거나 내리는 경우에는 근로자로 하여금 달줄 또는 달포대 등을 사용하도록 할 것

[해설] 거푸집 조립 및 해체작업 시 안전수칙
1. 해당 작업을 하는 구역에는 관계근로자가 아닌 사람의 출입을 금지할 것
2. 비·눈 그 밖의 기상상태의 불안정으로 날씨가 몹시 나쁜 경우에는 그 작업을 중지시킬 것
3. 재료·기구 또는 공구 등을 올리거나 내리는 경우에는 근로자로 하여금 달줄·달포대 등을 사용하도록 할 것
4. 낙하·충격에 의한 돌발적 재해를 방지하기 위하여 버팀목을 설치하고 거푸집 및 동바리 등을 인양장비에 매단 후에 작업을 하도록 하는 등 필요한 조치를 할 것

22 건설공사 중 작업으로 인하여 물체가 떨어지거나 날아올 위험이 있을 때 조치할 사항으로 옳지 않은 것은?

① 안전난간 설치 ② 보호구의 착용
③ 출입금지구역의 설정 ④ 낙하물방지망의 설치

[해설] 낙하 또는 비래재해 방지설비
1. 낙하물방지망(방호선반)
2. 수직보호망
3. 투하설비 등

정답 | 15 ① 16 ③ 17 ② 18 ② 19 ② 20 ④ 21 ③ 22 ①

23 건설공사에서 발코니 단부, 엘리베이터 입구, 재료 반입구 등과 같이 벽면 혹은 바닥에 추락의 위험이 우려되는 장소를 가리키는 용어는?

① 비계
② 개구부
③ 가설구조물
④ 연결통로

해설 개구부에 대한 정의이다.

24 2가지의 거푸집 중 먼저 해체해야 하는 것으로 옳은 것은?

① 기온이 높을 때 타설한 거푸집과 낮을 때 타설한 거푸집 – 높을 때 타설한 거푸집
② 조강 시멘트를 사용하여 타설한 거푸집과 보통 시멘트를 사용하여 타설한 거푸집 – 보통 시멘트를 사용하여 타설한 거푸집
③ 보와 기둥 – 보
④ 스팬이 큰 빔과 작은 빔 – 큰 빔

해설 거푸집 존치기간으로 보면 평균기온이 낮을 때 더 오래 존치해야 하므로 평균기온일 높을 때 타설한 거푸집을 먼저 해체하는 것이 맞다.

25 흙을 크게 분류하면 사질토와 점성토로 나눌 수 있는데 그 차이점으로 옳지 않은 것은?

① 흙의 내부 마찰각은 사질토가 점성토보다 크다.
② 지지력은 사질토가 점성토보다 크다.
③ 점착력은 사질토가 점성토보다 작다.
④ 장기침하량은 사질토가 점성토보다 크다.

해설 장기침하량은 점성토가 사질토보다 크다.

26 거푸집의 조립순서로 옳은 것은?

① 기둥 → 보받이내력벽 → 큰 보 → 작은 보 → 바닥 → 내벽 → 외벽
② 기둥 → 보받이내력벽 → 큰 보 → 작은 보 → 바닥 → 외벽 → 내벽
③ 기둥 → 보받이내력벽 → 작은 보 → 큰 보 → 바닥 → 내벽 → 외벽
④ 기둥 → 보받이내력벽 → 내벽 → 외벽 → 큰 보 → 작은 보 → 바닥

해설 **거푸집 조립순서**
기둥 → 보받이내력벽 → 큰 보 → 작은 보 → 바닥판 → 내벽 → 외벽

27 콘크리트 측압에 관한 설명 중 옳지 않은 것은?

① 슬럼프가 클수록 측압은 커진다.
② 벽 두께가 두꺼울수록 측압은 커진다.
③ 부어 넣는 속도가 빠를수록 측압은 커진다.
④ 대기온도가 높을수록 측압은 커진다.

해설 대기온도가 낮을수록 측압은 커진다.

28 건설현장의 중장비 작업 시 일반적인 안전수칙으로 옳지 않은 것은?

① 승차석 외의 위치에 근로자를 탑승시키지 아니한다.
② 중기 및 장비는 항상 사용 전에 점검한다.
③ 중장비의 사용법을 확실히 모를 때는 관리감독자가 현장에서 시운전을 해본다.
④ 경우에 따라 취급자가 없을 경우에는 사용이 불가능하다.

해설 중장비의 사용법을 확실히 모를 때 관리감독자가 시운전을 하는 것은 올바른 방법이 아니다.

29 토석이 붕괴되는 원인에는 외적 요인과 내적 요인이 있으므로 굴착작업 전, 중, 후에 유념하여 토석이 붕괴되지 않도록 조치를 취해야 한다. 다음 중 외적 요인이 아닌 것은?

① 사면, 법면의 경사 및 기울기의 증가
② 지진, 차량, 구조물의 중량
③ 공사에 의한 진동 및 반복 하중의 증가
④ 절토사면의 토질, 암질

해설 절토사면의 토질, 암질은 내적 요인이다.

정답 | 23 ② 24 ① 25 ④ 26 ① 27 ④ 28 ③ 29 ④

30 현장에서 양중작업 중 와이어로프의 사용금지 기준이 아닌 것은?

① 이음매가 없는 것
② 와이어로프의 한 꼬임에서 끊어진 소선의 수가 10% 이상인 것
③ 지름의 감소가 공칭지름의 7%를 초과하는 것
④ 심하게 변형 또는 부식된 것

[해설] 이음매가 있는 경우 사용을 금지하여야 한다.

31 유해·위험방지계획서를 작성하여 제출하여야 할 규모의 사업에 대한 기준으로 옳지 않은 것은?

① 연면적 30,000m² 이상인 건축물 공사
② 최대경간 길이가 50m 이상인 교량건설 등 공사
③ 다목적댐·발전용댐 건설공사
④ 깊이 10m 이상인 굴착공사

[해설] 최대경간이 아니라 최대지간이 50m 이상인 교량건설 등 공사가 작성 대상이다.

32 프리캐스트 부재의 현장야적에 대한 설명으로 옳지 않은 것은?

① 오물로 인한 부재의 변질을 방지한다.
② 벽 부재는 변형을 방지하기 위해 수평으로 포개 쌓아 놓는다.
③ 부재의 제조번호, 기호 등을 식별하기 쉽게 야적한다.
④ 받침대를 설치하여 휨, 균열 등이 생기지 않게 한다.

[해설] 벽 부재는 수직 받침대를 세워 수직으로 야적하여야 한다.

33 양끝이 힌지(Hinge)인 기둥에 수직하중을 가하면 기둥이 수평방향으로 휘게 되는 현상은?

① 피로한계
② 파괴한계
③ 좌굴
④ 부재의 안전도

[해설] 좌굴(Buckling)
기둥의 길이가 그 횡단면의 치수에 비해 클 때, 기둥의 양단에 압축하중이 가해졌을 경우 하중방향과 직각방향으로 변위가 생기는 현상을 말한다.

34 중량물을 들어 올리는 자세에 대한 설명 중 가장 적절한 것은?

① 다리를 곧게 펴고 허리를 굽혀 들어올린다.
② 되도록 자세를 낮추고 허리를 곧게 편 상태에서 들어올린다.
③ 무릎을 굽힌 자세에서 허리를 뒤로 젖히고 들어올린다.
④ 다리를 벌린 상태에서 허리를 숙여서 서서히 들어올린다.

[해설] 올바른 중량물 작업자세는 어깨와 등을 펴고 무릎을 굽힌 다음 가능한 한 중량물을 가깝게 잡아당겨 들어올리는 자세를 취하는 것이다.

35 산업안전보건관리비 중 안전관리자 등의 인건비 및 각종 업무수당 등의 항목에서 사용할 수 없는 내역은?

① 교통통제를 위한 신호수 인건비
② 안전관리자 퇴직급여 충당금
③ 건설용 리프트의 운전자
④ 고소작업대 작업 시 하부통제를 위한 신호자

[해설] 차량의 원활한 흐름 또는 교통통제를 위한 교통정리자 또는 신호수의 인건비는 산업안전보건관리비로 사용할 수 없다.

36 콘크리트 유동성과 묽기를 시험하는 방법은?

① 다짐시험
② 슬럼프시험
③ 압축강도시험
④ 평판시험

[해설] 슬럼프시험이란 슬럼프 콘에 의한 콘크리트의 유동성 측정시험을 말한다.

37 지게차 헤드가드에 대한 설명 중 옳지 않은 것은?

① 상부틀의 각 개구의 폭 또는 길이가 16cm 미만일 것
② 앉아서 조작하는 경우 운전자의 좌석의 윗면에서 헤드 가드 상부틀 아랫면까지의 높이는 0.903m 이상일 것
③ 서서 조작하는 경우 운전석의 바닥면에서 헤드가드의 상부틀 하면까지의 높이가 1.88m 이상일 것
④ 강도는 지게차의 최대하중의 1배의 값의 등분포정하중에 견딜 수 있는 것일 것

[해설] 강도는 지게차 최대하중의 2배 값의 등분포정하중에 견딜 수 있어야 한다.

정답 | 30 ① 31 ② 32 ② 33 ③ 34 ② 35 ① 36 ② 37 ④

38 점착성이 있는 흙의 함수량을 변화시킬 때 액성, 소성, 반고체, 고체의 상태로 변화하는 흙의 성질을 무엇이라 하는가?

① 간극비 ② 연경도
③ 예민비 ④ 포화도

해설) 흙의 연경도는 애터버그한계(Atterberg Limits)라고도 하며, 흙의 성질을 나타내기 위한 지수를 일컫는다. 흙은 함수비에 따라서 고체, 반고체, 소성, 액체 등의 네 가지 상태로 존재한다.

39 달비계의 최대 적재하중에 관한 규정 중 달기체인 및 달기훅의 안전계수기준은?

① 3 이상 ② 5 이상
③ 7 이상 ④ 10 이상

해설) 달기체인 및 달기훅의 최대 적재하중을 정하는 경우 그 안전계수는 5 이상이다.

40 다음 중 굴착기의 전부장치에 속하지 않는 것은?

① 붐(Boom) ② 마스트(Mast)
③ 암(Arm) ④ 버킷(Bucket)

해설) 전부장치는 붐, 암, 버킷으로 구성되어 있다.

41 통나무 비계를 조립하는 경우에 준수하여야 하는 사항으로 옳지 않은 것은?

① 비계기둥의 이음이 겹침이음인 경우에는 이음 부분에서 1m 이상을 서로 겹쳐서 두 군데 이상을 묶을 것
② 교차 가새로 보강할 것
③ 비계기둥의 간격은 3.5m 이하로 할 것
④ 통나무 비계는 지상높이 4층 이하 또는 12m 이하인 건축물·공작물 등의 건조·해체 및 조립 등의 작업에만 사용하도록 할 것

해설) 법 개정에 따라 앞으로 출제되지 않음

42 다음의 ( ) 안에 알맞은 수치는?

> 표준관입시험이란 보링공을 이용하여 Rod의 선단에 표준관입시험용 Sampler를 단 것을 무게 (㉠)의 쇠뭉치로 76cm의 높이에서 자유낙하시켜 Sampler의 관입깊이 (㉡)에 해당하는 매입에 필요한 타격횟수 N을 측정하는 시험이다.

① ㉠-53.5kg, ㉡-30cm
② ㉠-53.5kg, ㉡-40cm
③ ㉠-63.5kg, ㉡-30cm
④ ㉠-63.5kg, ㉡-40cm

해설) 표준관입시험(Standard Penetration Test)은 무게 63.5kg의 해머를 높이 76cm에서 낙하시켜 샘플러(Sampler)를 30cm 관입시키는 데 필요한 해머의 타격횟수(N치)를 구하는 시험이다.

43 건물 외부에 낙하물방지망을 설치할 경우 벽면으로부터 돌출되는 거리의 기준은?

① 1m 이상 ② 1.5m 이상
③ 1.8m 이상 ④ 2m 이상

해설) 낙하물방지망의 내민 길이는 벽면으로부터 2m 이상으로 하여야 한다.

44 철골공사의 용접, 용단작업에 사용되는 가스의 용기는 최대 몇 ℃ 이하로 보온해야 하는가?

① 25℃ ② 36℃
③ 40℃ ④ 48℃

해설) 금속의 용접·용단 또는 가열에 사용되는 가스 등의 용기를 취급하는 경우 용기의 온도를 섭씨 40도 이하로 유지하여야 한다.

45 다음은 고소작업대를 설치하는 경우에 대한 내용이다. ( ) 안에 알맞은 숫자는?

> 작업대를 와이어로프 또는 체인으로 올리거나 내릴 경우에는 와이어로프 또는 체인이 끊어져 작업대가 떨어지지 아니하는 구조여야 하며, 와이어로프 또는 체인의 안전율은 ( ) 이상일 것

① 5 ② 7
③ 8 ④ 10

해설) 와이어로프 또는 체인의 안전율은 5 이상일 것

정답 | 38 ② 39 ② 40 ② 41 ③ 42 ③ 43 ④ 44 ③ 45 ①

46 갈퀴형태의 배토판을 부착한 건설장비로서 나무뿌리 제거용이나 지상청소에 사용하는 데 적합한 불도저는?

① 스트레이트 도저 ② 틸트도저
③ 레이크도저 ④ 앵글도저

해설 레이크도저는 갈퀴형태의 레이크를 부착하여 나무뿌리 제거용이나 지상 청소작업에 적합한 도저이다.

47 다음 중 시스템 비계를 사용하여 비계를 구성하는 경우에 준수하여야 할 사항으로 옳지 않은 것은?

① 수직재·수평재·가새재를 견고하게 연결하는 구조가 되도록 할 것
② 비계 밑단의 수직재와 받침철물은 밀착되도록 설치하고, 수직재와 받침철물의 연결부의 겹침길이는 받침철물 전체길이의 4분의 1 이상이 되도록 할 것
③ 수평재는 수직재와 직각으로 설치하여야 하며, 체결 후 흔들림이 없도록 견고하게 설치할 것
④ 수직재와 수직재의 연결철물은 이탈되지 않도록 견고한 구조로 할 것

해설 수직재와 받침철물의 연결부의 겹침길이는 받침철물 전체길이의 1/3 이상이 되도록 하여야 한다.

48 콘크리트 타설작업을 하는 경우의 준수사항으로 옳지 않은 것은?

① 콘크리트 타설작업 중 이상이 있으면 작업을 중지하고 근로자를 대피시킬 것
② 콘크리트를 타설하는 경우에는 편심을 유발하여 콘크리트를 거푸집 내에 밀실하게 채울 것
③ 설계도서상의 콘크리트 양생기간을 준수하여 거푸집 및 동바리 등을 해체할 것
④ 콘크리트 타설작업 시 거푸집 붕괴의 위험이 발생할 우려가 있으면 충분한 보강조치를 할 것

해설 콘크리트를 타설하는 경우에는 편심이 발생하지 않도록 골고루 분산하여 타설하여야 한다.

49 다음 중 위험물질을 제조·취급하는 작업장과 그 작업장이 있는 건축물에서의 비상구 설치 관련기준으로 옳지 않은 것은?

① 출입구와 같은 방향에 있지 아니하고, 출입구로부터 2m 이상 떨어져 있을 것
② 작업장의 각 부분으로부터 하나의 비상구 또는 출입구까지의 수평거리가 50m 이하가 되도록 할 것
③ 비상구의 너비는 0.75m 이상으로 하고, 높이는 1.5m 이상으로 할 것
④ 비상구의 문은 피난방향으로 열리도록 하고, 실내에서 항상 열 수 있는 구조로 할 것

해설 비상구는 출입구와 같은 방향에 있지 아니하고, 출입구로부터 3미터 이상 떨어져 있어야 한다.

50 수중굴착 및 구조물의 기초바닥 등과 같은 협소하고 상당히 깊은 범위의 굴착과 호퍼작업에 가장 적당한 굴착기계는?

① 파워셔블
② 항타기
③ 클램셸
④ 리버스서큘레이션드릴

해설 클램셸(Clam shell)은 좁은 곳의 수직굴착에 유리하여 케이슨 내 굴삭, 우물통 기초 등 적합한다.

51 강관비계의 비계기둥 간의 적재하중은 얼마를 초과하지 않도록 하여야 하는가?

① 300kg ② 400kg
③ 500kg ④ 600kg

해설 강관비계에 있어서 비계기둥 간의 적재하중은 400kg을 초과하지 않아야 한다.

정답 | 46 ③ 47 ② 48 ② 49 ① 50 ③ 51 ②

52 그림과 같이 무게 500kg의 화물을 인양하려고 한다. 이때 와이어로프 하나에 작용되는 장력(T)은 약 얼마인가?

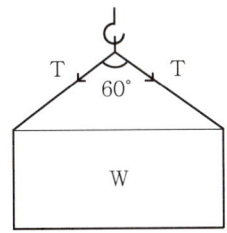

① 500kg ② 357kg
③ 289kg ④ 144kg

[해설] 평행법칙에 의해서 : $2 \times T \times \cos 30 = 500$, ∴ $T = 288.68$ kgf

53 다음 중 점성토지반의 개량공법에 해당되지 않는 것은?

① 샌드 드레인 공법
② 페이퍼 드레인 공법
③ 생석회 말뚝 공법
④ 바이브로 플로테이션 공법

[해설] 바이브로 플로테이션 공법(Vibro Floatation)은 사질토 지반을 다져서 개량하기 위한 진동다짐공법이다.

54 토사붕괴를 방지하기 위한 대책으로 붕괴방지공법에 해당되지 않는 것은?

① 배토공법 ② 압성토공법
③ 집수정공법 ④ 공작물의 설치

[해설] 집수정 공법(Deep well)은 지하수 배수공법으로 점성토 연약지반 개량공법 중의 하나이다.

55 아스팔트 포장도로의 파쇄굴착 또는 암석 제거에 적합한 장비는?

① 스크레이퍼(Scraper) ② 리퍼(Ripper)
③ 롤러(Roller) ④ 드래그라인(Dragline)

[해설] 리퍼(Ripper)는 아스팔트 포장도로 등의 지반이 단단한 땅이나 연한 암석지반의 파쇄굴착 또는 암석 제거에 적합하다.

56 철근가공작업에서 가스절단을 할 때의 유의사항으로 틀린 것은?

① 가스절단 작업 시 호스는 겹치거나 구부러지거나 밟히지 않도록 한다.
② 호스, 전선 등은 작업효율을 위하여 다른 작업장을 거치는 곡선상의 재선이어야 한다.
③ 작업장에서 가연성 물질에 인접하여 용접작업을 할 때에는 소화기를 비치하여야 한다.
④ 가스절단작업 중에는 보호구를 착용하여야 한다.

[해설] 호스, 전선 등은 다른 작업장을 거치지 않는 배선이어야 한다.

57 추락방호망의 달기로프를 지지점에 부착할 때 지지점의 간격이 1.5m인 경우 지지점의 강도는 최소 얼마 이상이어야 하는가? (단, 연속적인 구조물이 방망지지점인 경우이다.)

① 200kg ② 300kg
③ 400kg ④ 500kg

[해설] 방망의 지지점 강도는 최소 300kg 이상이어야 한다.

58 석재가공 동력 공구 중 진동드릴 사용 시 주의사항으로 옳지 않은 것은?

① 드릴비트의 경도는 최대한 높은 것을 사용한다.
② 진동드릴의 손잡이는 충격완화를 위해 두꺼운 고무로 씌운다.
③ 작업 중인 작업자의 앞에 접근하지 않는다.
④ 작업자는 안전화를 착용한다.

[해설] 석재 가공용 진동드릴 사용 시에는 작업자의 전면에 접근하지 않아야 하며, 안전화를 착용하고, 손잡이에는 충격완화를 위해 고무로 씌워야 한다.

59 깊이 10m 이상의 깊은 굴착의 경우 흙막이 구조의 안전을 예측하기 위해 설치해야 할 계측기기가 아닌 것은?

① 수위계 ② 경사계
③ 하중 및 침하계 ④ 내공변위 측정계

[해설] 내공변위 측정계는 터널공사 계측에 사용된다.

정답 | 52 ③ 53 ④ 54 ③ 55 ② 56 ② 57 ② 58 ① 59 ④

60 철골공사에서 나타나는 용접결함의 종류에 해당하지 않는 것은?

① 오버랩
② 언더컷
③ 블로우홀
④ 가우징

[해설] 가우징은 가스용단의 원리를 이용해서 용접부에 깊은 홈을 파는 방법으로 불완전 용접부의 제거방법이다.

memo

건설안전산업기사 필기   INDUSTRIAL ENGINEER CONSTRUCTION SAFETY

부록

과년도 기출문제

- 2017년 1회
- 2017년 2회
- 2017년 4회
- 2018년 1회
- 2018년 2회
- 2018년 4회
- 2019년 1회
- 2019년 2회
- 2019년 4회
- 2020년 1·2회
- 2020년 4회
- 2021년 1회
- 2021년 2회
- 2021년 4회
- 2022년 1회
- 2022년 2회
- 2022년 4회
- 2023년 1회
- 2023년 2회
- 2023년 4회
- 2024년 1회
- 2024년 2회
- 2024년 3회

2017년 1회

1과목
산업안전관리론

01 적응기제(Adjustment Mechanism)의 도피적 행동인 고립에 해당하는 것은?

① 운동시합에서 진 선수가 컨디션이 좋지 않았다고 말한다.
② 키가 작은 사람이 키 큰 친구들과 같이 사진을 찍으려 하지 않는다.
③ 자녀가 없는 여교사가 아동교육에 전념하게 되었다.
④ 동생이 태어나자 형이 된 아이가 말을 더듬는다.

해설 **도피적 기제(Escape Mechanism)**
욕구불만이나 압박으로부터 벗어나기 위해 현실을 벗어나 마음의 안정을 찾으려는 것
- 고립
- 퇴행
- 억압
- 백일몽

02 허즈버그(Herzberg)의 동기·위생 이론에 대한 설명으로 옳은 것은?

① 위생요인은 직무내용에 관련된 요인이다.
② 동기요인은 직무에 만족을 느끼는 주요인이다.
③ 위생요인은 매슬로 욕구단계 중 존경, 자아실현의 욕구와 유사하다.
④ 동기요인은 매슬로 욕구단계 중 생리적 욕구와 유사하다.

해설 **동기요인(Motivation)**
책임감, 성취 인정, 개인발전 등 일 자체에서 오는 심리적 욕구이다.

03 안전교육 훈련기법에 있어 태도 개발 측면에서 가장 적합한 기본교육 훈련방식은?

① 실습방식
② 제시방식
③ 참가방식
④ 시뮬레이션방식

해설 태도개발을 위해서는 참가방식이 적합하다.
(참고)
- 기능훈련 → 실습방식
- 지식형성 → 제시방식

04 연평균 근로자 수가 1,000명인 사업장에서 연간 6건의 재해가 발생한 경우, 이때의 도수율은? (단, 1일 근로시간수는 4시간, 연평균 근로일수는 150일이다.)

① 1
② 10
③ 100
④ 1,000

해설 도수율 = $\dfrac{\text{재해건수}}{\text{연근로시간수}} \times 10^6$

$= \dfrac{6}{1,000 \times 4 \times 150} \times 10^6$

$= 10$

05 무재해 운동의 추진을 위한 3요소에 해당하지 않는 것은?

① 모든 위험잠재요인의 해결
② 최고경영자의 경영자세
③ 관리감독자(Line)의 적극적 추진
④ 직장 소집단의 자주활동 활성화

해설 **무재해 운동의 3요소(3기둥)**
1. 직장의 자율활동의 활성화
2. 라인(관리감독자)화의 철저
3. 최고경영자의 안전경영철학

정답 | 01 ② 02 ② 03 ③ 04 ② 05 ①

06 교육의 효과를 높이기 위하여 시청각 교재를 최대한으로 활용하는 시청각적 방법의 필요성이 아닌 것은?

① 교재의 구조화를 기할 수 있다.
② 대량 수업체제가 확립될 수 있다.
③ 교수의 평준화를 기할 수 있다.
④ 개인차를 최대한으로 고려할 수 있다.

해설) 시청각적 방법은 많은 사람들이 한번에 배울 수 있지만 많은 인원들의 개인 차를 고려하기 힘든 단점이 있다.

07 무재해운동의 추진기법 중 위험예지훈련의 4라운드 중 2라운드 진행방법에 해당하는 것은?

① 본질추구   ② 목표설정
③ 현상파악   ④ 대책수립

해설) **제2라운드(본질추구)**
이것이 위험의 포인트이다(브레인 스토밍으로 발견해 낸 위험 중에서 가장 위험한 것을 합의로서 결정하는 라운드).

08 다음과 같은 스트레스에 대한 반응은 무엇에 해당하는가?

> 여동생이나 남동생을 얻게 되면서 손가락을 빠는 것과 같이 어린 시절의 버릇을 나타낸다.

① 투사   ② 억압
③ 승화   ④ 퇴행

해설) **도피적 기제(Escape Mechanism)**
• 퇴행 : 신체적으로나 정신적으로 정상적으로 발달되어 있으면서도 위협이나 불안을 일으키는 상황에는 생애 초기에 만족했던 시절을 생각하는 것

09 산업안전보건법령상 안전·보건표지에 관한 설명으로 틀린 것은?

① 안전·보건표지 속의 그림 또는 부호의 크기는 안전·보건표지의 크기와 비례하여야 하며, 안전·보건표지 전체 규격의 30% 이상이 되어야 한다.
② 안전·보건표지 색채의 물감은 변질되지 아니하는 것에 색채 고정원료를 배합하여 사용하여야 한다.
③ 안전·보건표지는 그 표시내용을 근로자가 빠르고 쉽게 알아 볼 수 있는 크기로 제작하여야 한다.
④ 안전·보건표지에는 야광물질을 사용하여서는 아니 된다.

해설) 야간에 필요한 안전·보건표지는 야광물질을 사용하는 등 쉽게 식별할 수 있도록 제작하여야 한다.

10 인간의 행동 특성에 관한 레빈(Lewin)의 법칙에서 각 인자에 대한 내용으로 틀린 것은?

$$B = f(P \cdot E)$$

① B : 행동   ② f : 함수관계
③ P : 개체   ④ E : 기술

해설) **레빈(Lewin.k)의 법칙**
$B = f(P \cdot E)$
여기서, B : behavior(인간의 행동)
f : function(함수관계)
P : person(개체 : 연령, 경험, 심신상태, 성격, 지능 등)
E : environment(심리적 환경 : 인간관계, 작업환경 등)

11 산업안전보건법령상 근로자 안전·보건교육 기준 중 다음 (   ) 안에 알맞은 것은?

교육과정	교육대상	교육시간
나. 채용 시 교육	1) 일용근로자 및 근로계약기간이 1주일 이하인 기간제근로자	(㉠)시간 이상
	2) 근로계약기간이 1주일 초과 1개월 이하인 기간제근로자	4시간 이상
	3) 그 밖의 근로자	(㉡)시간 이상

① ㉠ 1, ㉡ 8   ② ㉠ 2, ㉡ 8
③ ㉠ 1, ㉡ 2   ④ ㉠ 3, ㉡ 6

해설) **근로자 안전보건교육**

교육과정	교육대상	교육시간
나. 채용 시 교육	1) 일용근로자 및 근로계약기간이 1주일 이하인 기간제근로자	1시간 이상
	2) 근로계약기간이 1주일 초과 1개월 이하인 기간제근로자	4시간 이상
	3) 그 밖의 근로자	8시간 이상

정답 | 06 ④   07 ①   08 ④   09 ④   10 ④   11 ①

12 산업안전보건법령상 안전인증대상 기계·기구 등이 아닌 것은?

① 프레스 ② 전단기
③ 롤러기 ④ 산업용 원심기

해설 │ 산업용 원심기는 안전검사대상 기계·기구이다.

13 산업안전보건법령상 고용노동부장관이 산업재해예방을 위하여 종합적인 개선조치를 할 필요가 있다고 인정할 때에 안전보건개선계획의 수립·시행을 명할 수 있는 대상 사업장이 아닌 것은?

① 산업재해율이 같은 업종의 규모별 평균 산업재해율보다 높은 사업장
② 사업주가 안전보건조치의무를 이행하지 아니하여 중대재해가 발생한 사업장
③ 고용노동부장관이 관보 등에 고시한 유해인자의 노출기준을 초과한 사업장
④ 경미한 재해가 다발로 발생한 사업장

해설 │ 경미한 재해가 다발로 발생한 사업장은 안전보건개선계획 수립·시행을 명할 수 있는 대상 사업장에 해당되지 않는다.

14 조직이 리더에게 부여하는 권한으로 볼 수 없는 것은?

① 보상적 권한 ② 강압적 권한
③ 합법적 권한 ④ 위임된 권한

해설 │ **리더십에 있어서의 위임된 권한**
부하직원이 지도자의 생각과 목표를 얼마나 잘 따르는지와 관련된 권한

15 재해의 기본원인 4M에 해당하지 않는 것은?

① Man ② Machine
③ Media ④ Measurement

해설 │ **4M 분석기법**
1. 인간(Man)
2. 기계(Machine)
3. 작업매체(Media)
4. 관리(Management)

16 억측판단의 배경이 아닌 것은?

① 생략 행위 ② 초조한 심정
③ 희망적 관측 ④ 과거의 성공한 경험

해설 │ **억측판단(Risk Taking)**
- 위험을 부담하고 행동으로 옮긴다.
- 안전태도가 불량한 사람이 위험을 부담하고 행동으로 옮길 가능성이 높다.

17 재해의 원인과 결과를 연계하여 상호 관계를 파악하기 위해 도표화하는 분석방법은?

① 특성요인도 ② 파레토도
③ 클로즈분석도 ④ 관리도

해설 │ **특성요인도**
특성과 요인관계를 도표로 하여 어골상으로 세분화한 분석법(원인과 결과를 연계하여 상호관계를 파악)이다.

18 개인 카운슬링(Counseling) 방법으로 가장 거리가 먼 것은?

① 직접적 충고 ② 설득적 방법
③ 설명적 방법 ④ 반복적 충고

해설 │ 개인적 카운슬링 방법에는 직접적 충고, 설명적 방법, 설득적 방법이 있다. 반복적인 충고는 개인적 카운슬링 방법이 아니다.

19 보호구 안전인증 고시에 따른 안전모의 일반구조 중 턱끈의 최소 폭 기준은?

① 5mm 이상 ② 7mm 이상
③ 10mm 이상 ④ 12mm 이상

해설 │ 안전모의 턱끈의 폭은 10mm 이상이어야 한다.

정답 │ 12 ④ 13 ④ 14 ④ 15 ④ 16 ① 17 ① 18 ④ 19 ③

20 산업안전보건법령상 사업주가 근로자에 대하여 실시하여야 하는 교육 중 특별안전·보건교육의 대상이 되는 작업이 아닌 것은?

① 화학설비의 탱크 내 작업
② 전압이 30V인 정전 및 활선작업
③ 건설용 리프트·곤돌라를 이용한 작업
④ 동력에 의하여 작동되는 프레스기계를 5대 이상 보유한 사업장에서 해당 기계로 하는 작업

[해설] 전압기 75V 이상의 정전 및 활선작업이 특별안전보건교육 대상이다.

2과목
인간공학 및 시스템공학

21 작업장 내의 색채조절이 적합하지 못한 경우에 나타나는 상황이 아닌 것은?

① 안전표지가 너무 많아 눈에 거슬린다.
② 현란한 색배합으로 물체 식별이 어렵다.
③ 무채색으로만 구성되어 중압감을 느낀다.
④ 다양한 색채를 사용하면 작업의 집중도가 높아진다.

[해설] 다양한 색채는 시각의 혼란으로 재해를 유발시킬 수 있다.

22 청각적 표시장치에서 300m 이상의 장거리용 경보기에 사용하는 진동수로 가장 적절한 것은?

① 800Hz 전후
② 2,200Hz 전후
③ 3,500Hz 전후
④ 4,000Hz 전후

[해설] **경계 및 경보신호의 설계조건**
300m 이상의 장거리용으로는 1,000Hz 이하를, 장애물이 있거나 칸막이를 통과해야 할 경우는 500Hz 이하의 진동수를 사용한다.

23 지게차 인장벨트의 수명은 평균이 100,000시간, 표준편차가 500시간인 정규분포를 따른다. 이 인장벨트의 수명이 101,000시간 이상일 확률은 약 얼마인가? (단, $P(Z≤1)=0.8413$, $P(Z≤2)=0.9772$, $P(Z≤3)=0.9987$이다.)

① 1.60%
② 2.28%
③ 3.28%
④ 4.28%

[해설] 정규분포 표준화 공식에 따라
$$P_r(X \geq 101,000)$$
$$= P_r\left(Z \geq \frac{101,000 - 100,000}{500}\right)$$
$$= P_r(Z \geq 2) = 1 - P_r(Z \leq 2) = 1 - Z_2$$
$$= 1 - 0.9772 = 0.0228 = 2.28\% \text{가 된다.}$$

24 반복되는 사건이 많이 있는 경우에 FTA의 최소 컷셋을 구하는 알고리즘이 아닌 것은?

① Fussel Algorithm
② Boolean Algorithm
③ Monte Carlo Algorothm
④ Limnios&Ziani Algorithm

[해설] **몬테카를로 기법(Monte Carlo method)**
물리적, 수학적 시스템의 행동을 시뮬레이션하기 위한 계산 알고리즘으로써 결함수(Fault Trees)로부터 미니멀 컷셋을 구하는 알고리즘에 해당되지 않는다.

25 인체계측자료에서 주로 사용하는 변수가 아닌 것은?

① 평균
② 5백분위수
③ 최빈값
④ 95백분위수

[해설] **인체계측자료의 응용원칙**
- 최대치수와 최소치수(극단치 설계)
- 조절 범위(5~95%) 설계
- 평균치를 기준으로 한 설계

정답 | 20 ② 21 ④ 22 ① 23 ② 24 ③ 25 ③

26 산업안전보건법에서 규정하는 근골격계부담작업의 범위에 해당하지 않는 것은?

① 단기간 작업 또는 간헐적인 작업
② 하루에 10회 이상 25kg 이상의 물체를 드는 작업
③ 하루에 총 2시간 이상 쪼그리고 앉거나 무릎을 굽힌 자세에서 이루어지는 작업
④ 하루에 4시간 이상 집중적으로 자료 입력 등을 위해 키보드 또는 마우스를 조작하는 작업

해설 근골격계부담작업 범위 11종 중 단기간 작업 또는 간헐적인 작업인 경우 근골격계부담작업 범위에서 제외된다.

27 FT도에서 사용되는 다음 기호의 명칭으로 맞는 것은?

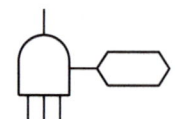

① 억제 게이트
② 부정 게이트
③ 배타적 OR 게이트
④ 우선적 AND 게이트

해설

기호	명칭	설명
	우선적 AND 게이트	입력사상 중 어떤 현상이 다른 현상보다 먼저 일어날 경우에만 출력사상이 발생

28 어떤 작업자의 배기량을 측정하였더니 10분간 200L였고, 배기량을 분석한 결과 O_2 : 16%, CO_2 : 4%였다. 분당 산소 소비량은 약 얼마인가?

① 약 1.05L/분
② 약 2.05L/분
③ 약 3.05L/분
④ 약 4.05L/분

해설 79%×V흡기=N%×V배기
- V흡기=V배기×(100−O_2%−CO_2%)/79%
- 산소소비량=0.21×V흡기−O_2%×V배기
- 분당 배기량=200/10=20L
- 분당 흡기량=(100−16−4)×20/79
  =20.253(L/min)
- 산소 소비량=0.21×20.253−0.16×20
  =1.05313(L/min)

29 인간공학에 관련된 설명으로 틀린 것은?

① 편리성, 쾌적성, 효율성을 높일 수 있다.
② 사고를 방지하고 안전성과 능률성을 높일 수 있다.
③ 인간의 특성과 한계점을 고려하여 제품을 설계한다.
④ 생산성을 높이기 위해 인간을 작업 특성에 맞추는 것이다.

해설 ④은 인간공학의 목적에 해당되지 않는다.

30 인간의 가청주파수 범위는?

① 2~10,000Hz
② 20~20,000Hz
③ 200~30,000Hz
④ 200~400,000Hz

해설 가청주파수
20~20,000Hz

31 산업안전보건법령에서 정한 물리적 인자의 분류 기준에 있어서 소음은 소음성 난청을 유발할 수 있는 몇 dB(A) 이상의 시끄러운 소리로 규정하고 있는가?

① 70
② 85
③ 100
④ 115

해설 "소음작업"이라 함은 1일 8시간 작업을 기준으로 85데시벨 이상의 소음이 발생하는 작업을 말한다.

32 1cd의 점광원에서 1m 떨어진 곳에서의 조도가 3lux였다. 동일한 조건에서 5m 떨어진 곳에서의 조도는 약 몇 lux인가?

① 0.12
② 0.22
③ 0.36
④ 0.56

해설 조도 = $\frac{광속}{(거리)^2}$ = $\frac{광속}{1^2}$ = 3lux

광속 = 3[candle]

∴ 조도 = $\frac{3}{5^2}$ = 0.12[lux]

정답 | 26 ① 27 ④ 28 ① 29 ④ 30 ② 31 ② 32 ①

33 위험처리 방법에 관한 설명으로 틀린 것은?

① 위험처리 대책 수립 시 비용문제는 제외된다.
② 재정적으로 처리하는 방법에는 보류와 전가 방법이 있다.
③ 위험의 제어 방법에는 회피, 손실제어, 위험분리, 책임 전가 등이 있다.
④ 위험처리 방법에는 위험을 제어하는 방법과 재정적으로 처리하는 방법이 있다.

[해설] 위험처리 대책 수립 시 재정적인 문제를 제외할 수 없다.

34 다음 그림은 C/R비와 시간과의 관계를 나타낸 그림이다. ㉠~㉣에 들어갈 내용이 맞는 것은?

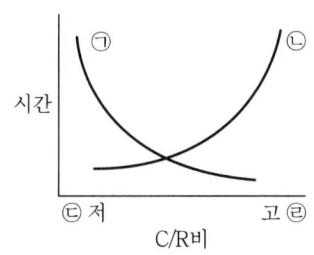

① ㉠ 이동시간, ㉡ 조정시간, ㉢ 민감, ㉣ 둔감
② ㉠ 이동시간, ㉡ 조정시간, ㉢ 둔감, ㉣ 민감
③ ㉠ 조정시간, ㉡ 이동시간, ㉢ 민감, ㉣ 둔감
④ ㉠ 조정시간, ㉡ 이동시간, ㉢ 둔감, ㉣ 민감

[해설]
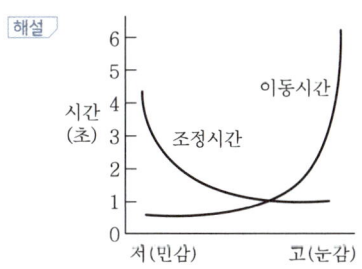

35 인터페이스 설계 시 고려해야 하는 인간과 기계와의 조화성에 해당되지 않는 것은?

① 지적 조화성 ② 신체적 조화성
③ 감성적 조화성 ④ 심미적 조화성

[해설] 인간과 기계의 조화성은 다음 3가지 차원이 고려되어야 한다.
 • 지적 조화성
 • 감성적 조화성
 • 신체적 조화성

36 FTA에 의한 재해사례 연구의 순서를 올바르게 나열한 것은?

| A. 목표사상 선정 | B. FT도 작성 |
| C. 사상마다 재해원인 규명 | D. 개선계획 작성 |

① A → B → C → D
② A → C → B → D
③ B → C → A → D
④ B → A → C → D

[해설] FTA에 의한 재해사례 연구순서(D.R. Cheriton)
 1. Top 사상의 선정
 2. 사상마다의 재해원인 규명
 3. FT도의 작성
 4. 개선계획의 작성

37 기능식 생산에서 유연생산 시스템 설비의 가장 적합한 배치는?

① 합류(Y)형 배치 ② 유자(U)형 배치
③ 일자(ㅡ)형 배치 ④ 복수라인(=)형 배치

[해설] 유연생산시스템(FMS ; Flexible Manufacturing System)의 U자형 배치

38 설비나 공법 등에서 나타날 위험에 대하여 정성적 또는 정량적인 평가를 행하고 그 평가에 따른 대책을 강구하는 것은?

① 설비보전 ② 동작분석
③ 안전계획 ④ 안전성 평가

[해설] 사업장 안전성 평가 6단계
 • 제1단계 : 관계자료의 정비검토
 • 제2단계 : 정성적 평가
 • 제3단계 : 정량적 평가
 • 제4단계 : 안전대책
 • 제5단계 : 재평가
 • 제6단계 : FTA에 의한 평가

39 모든 시스템 안전프로그램 중 최초 단계의 분석으로 시스템 내의 위험요소가 어떤 상태에 있는지를 정성적으로 평가하는 방법은?

① CA ② FHA
③ PHA ④ FMEA

해설 **PHA(예비위험 분석)**
시스템 내의 위험요소가 얼마나 위험상태에 있는가를 평가하는 시스템 안전프로그램의 최초 단계의 분석방식(정성적)이다.

40 인간-기계 체계에서 인간의 과오에 기인한 원인 확률을 분석하여 위험성의 예측과 개선을 위한 평가 기법은?

① PHA ② FMEA
③ THERP ④ MORT

해설 **THERP(인간과오율 추정법)**
확률론적 안전기법으로서 인간의 과오에 기인된 사고원인을 분석하기 위하여 100만 운전시간당 과오도수를 기본 과오율로 하여 인간의 기본 과오율을 평가하는 기법이다.

3과목
건설시공학

41 토질시험 중 흙 속에 수분이 거의 없고 바삭바삭한 상태의 정도를 알아보기 위한 것은?

① 함수비 시험 ② 소성한계시험
③ 액성한계시험 ④ 압밀시험

해설 소성한계시험은 흙의 바삭바삭한 상태의 정도를 알아보기 위한 시험이다.

42 450m³의 콘크리트를 타설할 경우 강도시험용 1회의 공시체는 몇 m³ 마다 제작하는가? (단, KS 기준을 따른다.)

① 30m³ ② 50m³
③ 100m³ ④ 150m³

해설 콘크리트 1일 타설량이 150mm³ 미만인 경우 1일 타설량마다, 150m³ 이상인 경우 150m³마다 공시체를 제작해야 한다.

43 철골조 용접 공작에서 용접봉의 피복재 역할로 옳지 않은 것은?

① 함유 원소를 이온화하여 아크를 안정시킨다.
② 용착 금속에 합금 원소를 가한다.
③ 용착 금속의 산화를 촉진하여 고열을 발생시킨다.
④ 용융 금속의 탈산, 정련을 한다.

해설 용접봉의 피복재는 중성 또는 환원성 분위기로 대기 중으로부터 산화, 질화 등의 해를 방지하여 용착 금속을 보호한다.

44 공사계획에 있어서 공법 선택 시 고려할 사항과 가장 거리가 먼 것은?

① 공구 분할의 결정
② 품질 확보
③ 공기 준수
④ 작업의 안전성 확보와 제3자 재해의 방지

해설 공법 선택 시 고려사항에는 공기, 품질, 원가, 안전 등이 해당된다.

45 설계·시공 일괄계약제도에 관한 설명으로 옳지 않은 것은?

① 단계별 시공의 적용으로 자체 공사기간의 단축이 가능하다.
② 설계와 시공의 책임 소재가 일원화 된다.
③ 발주자의 의도가 충분히 반영될 수 있다.
④ 계약 체결 시 총비용이 결정되지 않으므로 공사비용이 상승할 우려가 있다.

해설 턴키(Turn-Key) 도급은 건설업자가 금융, 토지, 설계, 시공, 시운전 등 모든 것을 조달하여 주문자에게 인도하는 방식이다.

46 콘크리트 타설 시 다짐에 대한 설명으로 옳지 않은 것은?

① 내부진동기는 슬럼프가 15cm 이하일 때 사용하는 것이 좋다.
② 슬럼프가 클수록 오래 다지도록 한다.
③ 진동기를 인발할 때에는 진동을 주면서 천천히 뽑아 콘크리트에 구멍을 남기지 않도록 한다.
④ 콘크리트 다짐 시 철근에 진동을 주지 않는다.

해설 굵은골재 분리현상이 발생할 수 있으므로 진동기를 사용하여 다질 경우 다짐 시간이 짧도록 해야 한다.

정답 | 39 ③ 40 ③ 41 ② 42 ④ 43 ③ 44 ① 45 ③ 46 ②

47 한 구획 전체의 벽판과 바닥판을 ㄱ자형 또는 ㄷ자형으로 짜서 이동시키는 형태의 기성재 거푸집은?

① 슬라이딩 폼
② 터널 폼
③ 유로 폼
④ 워플 폼

해설 **터널 폼(Tunnel Form)**
슬래브와 벽체의 콘크리트 타설을 일체화하기 위한 철재 거푸집이다.

48 수직굴착, 수중굴착 등 일반적으로 협소한 장소의 깊은 굴착에 적합한 것으로 자갈 등의 적재에도 사용하는 토공장비는?

① 클램셸
② 불도저
③ 캐리올 스크레이퍼
④ 로더

해설 **클램셸(Clam shell)**
좁은 곳의 수직굴착에 유리하여 케이슨 내 굴삭, 우물통 기초 등 적합하다.

49 프리스트레스하지 않는 부재의 현장치기 콘크리트에서 다음과 같은 조건을 가진 부재의 최소 피복두께로서 옳은 것은?

| 옥외의 공기나 흙에 접하지 않는 콘크리트 – 보, 기둥 |

① 30mm
② 40mm
③ 50mm
④ 60mm

해설 **철근콘크리트 구조물의 부위별 피복두께**

부위			피복두께(mm)
흙에 접하지 않음	바닥슬래브, 지붕슬래브, 비내력벽	마무리 있을 때	20
		마무리 없을 때	30
	기둥, 보, 내력벽	실내 마무리 있을 때	30
		실내 마무리 없을 때	30
		실외 마무리 있을 때	30
		실외 마무리 없을 때	40
	옹벽		40
흙에 접함	기둥, 보, 바닥슬래브, 내력벽		40(50)
	기초, 옹벽		60(70)

※ 여기서, ( ) 안의 수치는 경량콘크리트 1종 및 2종에 적용함

50 철골부재의 내화피복에 관한 설명으로 옳지 않은 것은?

① 뿜칠공법은 큰 면적의 내화피복을 단시간에 시공할 수 있다.
② 성형판 붙임공법은 주로 기둥과 보의 내화피복에 사용된다.
③ 타설공법은 임의의 치수와 형상의 내화피복이 가능하다.
④ 미장공법은 바탕작업이 단순하고 양생에 소요되는 시간이 짧다.

해설 미장공법은 건식 공법에 비하여 바탕작업이 복잡하고 양생에 일정 시간이 소요된다.

51 철근콘크리트구조 시공 시 콘크리트 이어붓기 위치에 관한 설명으로 옳지 않은 것은?

① 기둥이음은 기둥의 중간에서 수평으로 한다.
② 아치의 이음은 아치축에 직각으로 설치한다.
③ 보, 바닥판 이음은 그 스팬의 중앙 부근에서 수직으로 한다.
④ 벽은 개구부 등 끊기 좋은 위치에서 수직 또는 수평으로 한다.

해설 기둥은 기초판, 연결보 또는 바닥판 위에서 수평으로 이어붓기를 실시한다.

52 굳지 않은 콘크리트에 실시하는 시험이 아닌 것은?

① 슬럼프시험
② 플로시험
③ 슈미트해머시험
④ 리몰딩시험

해설 **슈미트해머시험**
콘크리트의 비파괴시험방법으로 슈미트해머를 이용하여 반발경도를 측정한 후 강도를 계산하는 시험이다.

53 공동도급(Joint Venture Contract)의 이점이 아닌 것은?

① 융자력의 증대
② 위험부담의 분산
③ 기술의 확충, 강화 및 경험의 증대
④ 이윤의 증대

해설 **공동도급(Joint Venture)**
2개 이상의 도급자가 결합하여 공동으로 공사를 수행하는 방식으로 단일회사 도급보다 경비가 증대된다.

정답 | 47 ② 48 ① 49 ② 50 ④ 51 ① 52 ③ 53 ④

54 탑다운(Top-Down) 공법에 관한 설명으로 옳지 않은 것은?

① 1층 바닥을 조기에 완성하여 작업장 등으로 사용할 수 있다.
② 지하·지상을 동시에 시공하여 공기단축이 가능하다.
③ 소음·진동이 심하고 주변구조물의 침하 우려가 크다.
④ 기둥·벽 등 수직부재의 구조이음에 기술적 어려움이 있다.

[해설] **탑다운 공법(Top-Down Method)**
지하와 지상층 병행 작업으로 공사기간이 단축되며, 소음, 진동이 적어 도심지 공사에 적합하다.

55 공공 혹은 공익 프로젝트에 있어서 자금을 조달하고, 설계, 엔지니어링 및 시공 전부를 도급받아 시설물을 완성하고 그 시설을 일정기간 운영하여 투자금을 회수한 후 발주자에게 시설을 인도하는 공사계약방식은?

① CM 계약 방식　② 공동도급 방식
③ 파트너링 방식　④ BOT 방식

[해설] **BOT 방식(Build Operate Transfer)**
도급자가 자금을 조달하고 설계, 엔지니어링, 시공의 전부를 도급받아 시설물을 완성하고 그 시설을 일정기간 운영하는 방식이다.

56 기성콘크리트 말뚝을 타설할 때 그 중심간격의 기준으로 옳은 것은?

① 말뚝머리지름의 2.5배 이상 또는 600mm 이상
② 말뚝머리지름의 2.5배 이상 또는 750mm 이상
③ 말뚝머리지름의 3.0배 이상 또는 600mm 이상
④ 말뚝머리지름의 3.0배 이상 또는 750mm 이상

[해설] 기성콘크리트 말뚝을 타설할 때 그 중심간격은 말뚝머리지름의 2.5배 이상 또한 750mm 이상이다.

57 표준관입시험에 관한 설명으로 옳은 것은?

① 해머의 무게는 73.5kg이다.
② 해머의 낙하 높이는 100cm이다.
③ 점토지반에서 실시하여도 높은 신뢰성을 얻을 수 있다.
④ N값이 클수록 밀실한 토질이다.

[해설] **표준관입시험(Standard Penetration Test)**
무게 63.5kg의 해머를 높이 76cm에서 낙하시켜 샘플러(Sampler)를 30cm 관입시키는 데 필요한 해머의 타격횟수(N치)를 구하는 시험이다.

58 Under Pinning 공법을 적용하기에 부적합한 경우는?

① 인접 지상구조물의 철거 시
② 지하구조물 밑에 지중구조물을 설치할 때
③ 기존구조물에 근접한 굴착 시 구조물의 침하나 경사를 미연에 방지할 경우
④ 기존구조물의 지지력 부족으로 건물에 침하나 경사가 생겼을 때 이것을 복원하는 경우

[해설] **언더피닝(Under Pinning) 공법**
기존 구조물에 근접 시공 시 기존 구조물의 기초 저면보다 깊은 구조물을 시공하거나 기존 구조물을 보호하기 위하여 기초나 지정을 보강하는 공법이다.

59 흙막이벽 설계 시 고려하지 않아도 되는 것은?

① 히빙(Heaving)　② 보일링(Boiling)
③ 파이핑(Piping)　④ 사운딩(Sounding)

[해설] 사운딩(Sounding)은 지반조사의 방법이다.

60 철근공사의 철근트러스 입체화 공법의 특징이 아닌 것은?

① 현장조립의 거푸집공사를 공장제 기성품으로 대체
② 구조적 안정성 확보
③ 가설작업장의 면적 증가
④ Support 감소, 지보공수량 감소로 작업의 안전성 확보

[해설] 철근트러스 일체형 슬래브 합판 거푸집은 현장에서의 가설작업이 줄어들어 가설작업에 소요되는 부지 면적이 감소한다.

정답 | 54 ③　55 ④　56 ②　57 ④　58 ①　59 ④　60 ③

4과목 건설재료학

61 콘크리트의 블리딩 현상에 대한 설명 중 옳지 않은 것은?

① 콘크리트의 컨시스턴시가 클수록 블리딩은 증대한다.
② AE콘크리트는 보통콘크리트에 비하여 블리딩 현상이 적다.
③ 블리딩 현상에 의해 떠오른 미립물은 상호 간 접착력을 증대시킨다.
④ 콘크리트 면이 침하되어 콘크리트 균열의 원인이 된다.

[해설] 블리딩 현상에 의해 떠오른 미립물은 접착력을 감소시킨다.

62 건축재료 중 압축강도가 일반적으로 가장 큰 것부터 작은 순서대로 나열된 것은?

① 화강암 → 보통콘크리트 → 시멘트벽돌 → 참나무
② 보통콘크리트 → 화강암 → 참나무 → 시멘트벽돌
③ 화강암 → 참나무 → 보통콘크리트 → 시멘트벽돌
④ 보통콘크리트 → 참나무 → 화강암 → 시멘트벽돌

[해설] 압축강도의 크기는 화강암 → 참나무 → 보통콘크리트 → 시멘트벽돌의 순이다.

63 목재의 특징으로 옳지 않은 것은?

① 가연성이다.
② 진동 감속성이 작다.
③ 섬유포화점 이하에서 함수율 변동에 따라 변형이 크다.
④ 콘크리트 등 다른 건축재료에 비해 내구성이 약하다.

[해설] 목재의 성질

장점	단점
· 비중에 비하여 강도가 큼(비강도가 큼)	· 함수량에 따른 수축, 팽창이 큼
· 가볍고 가공이 용이함	· 재질 및 섬유방향에 따른 강도 차이가 큼
· 수종이 다양하며 외관이 아름답고, 부드러움	· 불 붙기 쉽고, 썩기 쉬움
· 열, 소리의 전도율이 작음	· 재질이 균일하지 못함
· 산, 알칼리에 대한 저항성이 큼	· 재료 자체에 자연상태의 흠이 존재함

64 콘크리트의 성질에 관한 설명으로 옳지 않은 것은?

① 화재 시 결합수를 방출하므로 강도가 저하된다.
② 수밀 콘크리트를 만들려면 된비빔 콘크리트를 사용한다.
③ 수밀성이 큰 콘크리트는 중성화작용이 적어진다.
④ 콘크리트의 열팽창계수는 철에 비해서 매우 작다.

[해설] 콘크리트의 열팽창계수는 철과 거의 비슷하다.

65 비철금속에 관한 설명으로 옳지 않은 것은?

① 비철금속은 철 이외의 금속을 말한다.
② 철금속에 비하여 내식성이 우수하고 경량이다.
③ 가공이 용이하여 건축용 장식에도 사용된다.
④ 비철금속의 종류에는 철강과 탄소강이 있다.

[해설] 철강과 탄소강은 철금속에 해당한다.

66 목재 기건상태의 함수율은 약 얼마인가?

① 15%   ② 30%
③ 45%   ④ 60%

[해설] 기건상태란 목재가 통상 대기의 온도, 습도와 평형된 수분을 함유한 상태를 말하며, 이때의 함수율은 15% 정도이다.

67 점토소성제품의 흡수성이 큰 것부터 순서대로 올바르게 나열된 것은?

① 토기>도기>석기>자기   ② 토기>도기>자기>석기
③ 도기>토기>석기>자기   ④ 도기>토기>자기>석기

[해설] 토기의 흡수율이 가장 크고, 자기의 흡수율이 가장 적다.

종류	원료	소성온도 (°C)	소지 흡수율 (%)	소지 색	소지 강도	시유 여부	제품
토기	일반 점토	790~1,000	20 이상	유색	약함	무유 혹은 식염유	벽돌, 기와, 토관
도기	도토	1,100~1,230	10	백색 유색	견고	시유	기와, 토관, 타일, 테라코타
석기	양질 점토	1,160~1,350	3~10	유색	치밀, 견고	무유 혹은 식염유	벽돌, 타일, 테라코타
자기	양질 점토	1,230~1,460	0~1	백색	치밀, 견고	시유	타일, 위생도기

정답 | 61 ③ 62 ③ 63 ② 64 ④ 65 ④ 66 ① 67 ①

68 흙바름재의 외바탕에 바름하는 재래식 재료가 아닌 것은?

① 진흙 ② 새벽흙
③ 짚여물 ④ 고무 라텍스

해설) 흙바름재의 외바탕에 바름하는 재료에는 진흙, 새벽흙, 짚여물 등이 있다.

69 각종 미장재료에 대한 설명으로 옳지 않은 것은?

① 석고플라스터는 가열하면 결정수를 방출하여 온도상승을 억제하기 때문에 내화성이 있다.
② 비라이트 모르타르는 방사선 방호용으로 사용된다.
③ 돌로마이트플라스터는 수축률이 크고 균열이 쉽게 발생한다.
④ 혼합석고플라스터는 약산성이며 석고라스보드에 적합하다.

해설) 혼합석고플라스터는 정벌, 초벌용 미장재료로 사용된다.

70 아스팔트 방수공사 시 바탕처리에 관한 설명으로 옳지 않은 것은?

① 바탕면을 충분히 건조시킬 것
② 바탕면에 물흘림 경사를 충분히 둘 것
③ 바탕면을 거칠게 마무리할 것
④ 구석, 모서리 등을 둥글게 처리할 것

해설) 아스팔트 방수공사 시 바탕면을 부드럽게 마무리해야 한다.

71 콘크리트용 시멘트에 관한 설명으로 옳지 않은 것은?

① 콘크리트 강도는 물-시멘트비에 영향을 받지 않는다.
② 고로시멘트와 실리카시멘트는 보통포틀랜드 시멘트보다 수화작용이 느려서 초기강도가 작다.
③ 시멘트의 분말도가 클수록 초기 콘크리트 강도 발현이 빠르다.
④ 알루미나시멘트, 고로시멘트, 실리카시멘트는 내해수성이 크다.

해설) 콘크리트의 강도는 물-시멘트비의 영향을 크게 받는다.

72 중용열 포틀랜드시멘트에 관한 설명으로 옳지 않은 것은?

① 수축이 작고 화학저항성이 일반적으로 크다.
② 매스콘크리트 등에 사용된다.
③ 단기강도는 보통포틀랜드시멘트보다 낮다.
④ 긴급 공사, 동절기 공사에 주로 사용된다.

해설) 중용열 포틀랜드시멘트는 조기강도는 낮으나 장기강도는 우수한 편이다.

73 콘크리트 면에 주로 사용하는 도장재료는?

① 오일페인트 ② 합성수지 에멀션페인트
③ 래커에나멜 ④ 에나멜페인트

해설) 합성수지 에멀션페인트는 건물 외벽 콘크리트 면에 주로 사용한다.

74 시멘트 종류에 따른 사용용도를 나타낸 것으로 옳지 않은 것은?

① 조강 포틀랜드 시멘트-한중공사
② 중용열 포틀랜드 시멘트-매스 콘크리트 및 댐공사
③ 고로 시멘트-타일 줄눈공사
④ 내황산염 포틀랜드 시멘트-온천지대나 하수도공사

해설) 고로 시멘트는 내화학성, 내열성, 수밀성이 크며 해수, 공장폐수, 하수 등에 접하는 콘크리트 구조물 공사 등에 사용한다.

75 강에 함유된 탄소량의 증감과 관련이 없는 것은?

① 경도의 증감
② 내산, 내알칼리성의 증감
③ 인장강도의 증감
④ 연성(신장률)의 증감

해설) 강에 함유된 탄소량에 따라 강도, 경도, 연성 등이 바뀐다.

정답 | 68 ④ 69 ④ 70 ③ 71 ① 72 ④ 73 ② 74 ③ 75 ②

76 목재의 건조속도에 관한 설명으로 옳지 않은 것은?

① 습도가 높을수록 건조속도는 늦어진다.
② 온도가 높을수록 건조속도가 빠르다.
③ 목재의 비중이 클수록 건조속도는 빠르다.
④ 목재의 두께가 두꺼울수록 건조시간이 길어진다.

해설 목재의 비중이 클수록 건조속도는 느리다.

77 석재 백화현상의 원인이 아닌 것은?

① 빗물처리가 불충분한 경우
② 줄눈시공이 불충분한 경우
③ 줄눈폭이 큰 경우
④ 석재 배면으로부터의 누수에 의한 경우

해설 백화현상은 수산화석회와 공기 중 이산화탄소의 반응으로 나타나는 것으로 누수나 빗물처리가 불량한 경우 등이 발생한다.

78 다음 목재 중 실내 치장용으로 사용하기에 적합하지 않은 것은?

① 느티나무   ② 단풍나무
③ 오동나무   ④ 소나무

해설 소나무는 주로 가구재, 건축재 등으로 사용된다.

79 점토광물 중 적갈색으로 내화성이 부족하고 보통벽돌, 기와, 토관의 원료로 사용되는 것은?

① 석기점토   ② 사질점토
③ 내화점토   ④ 자토

해설 사질점토는 보통벽돌, 기와, 토관의 원료로 사용된다.

80 발포제로서 보드상으로 성형하여 단열재로 널리 사용되며 천장재, 전기용품 등에도 쓰이는 열가소성 수지는?

① 폴리스티렌수지   ② 실리콘수지
③ 폴리에스테르수지   ④ 요소수지

해설 폴리스티렌수지는 발포 보온판(스티로폼)의 주원료, 벽타일, 천장재, 블라인드, 도료, 전기용품 등에 사용된다.

5과목
건설안전기술

81 건설업 산업안전보건관리비의 안전시설비로 사용 가능하지 않은 항목은?

① 비계·통로·계단에 추가 설치하는 추락방지용 안전난간
② 공사 수행에 필요한 안전통로
③ 틀비계에 별도로 설치하는 안전난간·사다리
④ 통로의 낙하물 방호선반

해설 ②은 안전시설비로 사용 불가한 항목이다.

82 고소작업대가 갖추어야 할 설치조건으로 옳지 않은 것은?

① 작업대를 와이어로프 또는 체인으로 올리거나 내릴 경우에는 와이어로프 또는 체인이 끊어져 작업대가 낙하하지 아니하는 구조여야 하며, 와이어로프 또는 체인의 안전율은 3 이상일 것
② 작업대를 유압에 의해 올리거나 내릴 경우에는 작업대를 일정한 위치에 유지할 수 있는 장치를 갖추고 압력의 이상저하를 방지할 수 있는 구조일 것
③ 작업대에 정격하중(안전율 5 이상)을 표시할 것
④ 작업대에 끼임·충돌 등 재해를 예방하기 위한 가드 또는 과상승방지장치를 설치할 것

해설 작업대를 와이어로프 또는 체인으로 올리거나 내릴 경우에는 와이어로프 또는 체인이 끊어져 작업대가 낙하하지 아니하는 구조이어야 하며, 와이어로프 또는 체인의 안전율은 5 이상이어야 한다.

83 콘크리트 타설작업을 하는 경우에 준수해야 할 사항으로 옳지 않은 것은?

① 당일의 작업을 시작하기 전에 해당 작업에 관한 거푸집 및 동바리 등의 변형·변위 및 지반의 침하 유무 등을 점검하고 이상이 있으면 보수할 것
② 작업 중에는 거푸집 및 동바리 등의 변형·변위 및 침하 유무 등을 감시할 수 있는 감시자를 배치하여 이상이 있으면 작업을 중지하고 근로자를 대피시킬 것
③ 설계 도서상의 콘크리트 양생기간을 준수하여 거푸집 및 동바리 등을 해체할 것

정답 | 76 ③ 77 ③ 78 ④ 79 ② 80 ① 81 ② 82 ① 83 ④

④ 콘크리트를 타설하는 경우에는 편심을 유발하여 한쪽 부분부터 밀실하게 타설되도록 유도할 것

[해설] 콘크리트를 타설하는 경우에는 편심이 발생하지 않도록 골고루 분산하여 타설하여야 한다.

84 건설업에서 사업주의 유해·위험 방지 계획서 제출 대상 사업장이 아닌 것은?

① 지상 높이가 31m 이상인 건축물의 건설, 개조 또는 해체공사
② 연면적 5,000m² 이상 관광숙박시설의 해체공사
③ 저수용량 5,000톤 이하의 지방상수도 전용 댐 건설 등의 공사
④ 깊이 10m 이상인 굴착공사

[해설] 유해·위험방지계획서 작성대상의 공사
- 지상높이가 31m 이상인 건축물 또는 인공구조물, 연면적 30,000m² 이상인 건축물 또는 연면적 5,000m² 이상의 문화 및 집회시설(전시장 및 동물원·식물원은 제외한다), 판매시설, 운수시설(고속철도의 역사 및 집배송시설은 제외한다), 종교시설, 의료시설 중 종합병원, 숙박시설 중 관광숙박시설, 지하도상가 또는 냉동·냉장창고시설의 건설·개조 또는 해체(이하 "건설 등"이라 한다)
- 연면적 5,000m² 이상의 냉동·냉장창고시설의 설비공사 및 단열공사
- 최대지간 길이가 50m 이상인 교량건설 등 공사
- 터널건설 등의 공사
- 다목적 댐, 발전용 댐 및 저수용량 2천만 톤 이상의 용수전용 댐, 지방상수도 전용댐 건설 등의 공사
- 깊이가 10m 이상인 굴착공사

85 이동식 비계를 조립하여 작업을 하는 경우의 준수사항으로 옳지 않은 것은?

① 이동식 비계의 바퀴에는 뜻밖의 갑작스러운 이동 또는 전도를 방지하기 위하여 브레이크·쐐기 등으로 바퀴를 고정시킨 다음 비계의 일부를 견고한 시설물에 고정하거나 아우트리거(outrigger)를 설치하는 등 필요한 조치를 할 것
② 작업발판은 항상 수평을 유지하고 작업발판 위에서 안전난간을 딛고 작업을 하지 않도록 하며, 대신 받침대 또는 사다리를 사용하여 작업할 것
③ 비계의 최상부에서 작업을 하는 경우에는 안전난간을 설치할 것
④ 작업발판의 최대적재하중은 250kg을 초과하지 않도록 할 것

[해설] 작업발판은 항상 수평을 유지하고 작업발판 위에서 안전난간을 딛고 작업을 하거나 받침대 또는 사다리를 사용하여 작업하지 않도록 해야 한다.

86 추락방지망의 방망 지지점은 최소 얼마 이상의 외력에 견딜 수 있는 강도를 보유하여야 하는가?

① 500kg　② 600kg
③ 700kg　④ 800kg

[해설] 방망의 지지점의 강도는 600kg의 외력에 견딜 수 있는 강도이어야 한다.

87 거푸집 및 동바리 등을 조립하거나 해체하는 작업을 하는 경우 준수사항으로 옳지 않은 것은?

① 해당 작업을 하는 구역에는 관계 근로자가 아닌 사람의 출입을 금지할 것
② 비, 눈, 그 밖의 기상상태의 불안정으로 날씨가 몹시 나쁜 경우에는 그 작업을 중지할 것
③ 낙하·충격에 의한 돌발적 재해를 방지하기 위하여 버팀목을 설치하고 거푸집 및 동바리 등을 인양장비에 매단 후에 작업을 하도록 하는 등 필요한 조치를 할 것
④ 재료, 기구 또는 공구 등을 올리거나 내리는 경우에는 근로자로 하여금 달줄·달포대 등의 사용을 금지하도록 할 것

[해설] 재료, 기구 또는 공구 등을 올리거나 내리는 경우에는 근로자로 하여금 달줄·달포대 등을 사용하도록 해야 한다.

88 아스팔트 포장도로의 노반의 파쇄 또는 토사 중에 있는 암석 제거에 가장 적당한 장비는?

① 스크레이퍼　② 롤러
③ 리퍼　④ 드래그라인

[해설] 리퍼(Ripper)
아스팔트 포장도로 등 지반이 단단한 땅이나 연한 암석지반의 파쇄굴착 또는 암석 제거에 적합하다.

89 추락방호망을 건축물의 바깥쪽으로 설치하는 경우 벽면으로부터 망의 내민 길이는 최소 얼마 이상이어야 하는가?

① 2m　② 3m
③ 5m　④ 10m

[해설] 건축물 등의 바깥쪽으로 설치하는 경우 망의 내민길이는 벽면으로부터 2m 이상이 되도록 해야 한다.

정답 | 84 ③　85 ②　86 ②　87 ④　88 ③　89 ①

90 다음은 산업안전보건법령에 따른 지붕 위에서의 위험 방지에 관한 사항이다. (　) 안에 알맞은 것은?

> 슬레이트, 선라이트 등 강도가 약한 재료로 덮은 지붕 위에서 작업을 할 때에 발이 빠지는 등 근로자가 위험해질 우려가 있는 경우 폭 (　)센티미터 이상의 발판을 설치하거나 안전방망을 치는 등 근로자의 위험을 방지하기 위하여 필요한 조치를 하여야 한다.

① 20　　② 25
③ 30　　④ 40

해설　슬레이트, 선라이트 등 강도가 약한 재료로 덮은 지붕 위에서 작업을 할 때에 발이 빠지는 등 근로자가 위험해질 우려가 있는 경우에는 폭 30cm 이상의 발판을 설치한다.

91 통나무 비계를 건축물, 공작물 등의 건조·해체 및 조립 등의 작업에 사용하기 위한 지상 높이 기준은?

① 2층 이하 또는 6m 이하
② 3층 이하 또는 9m 이하
③ 4층 이하 또는 12m 이하
④ 5층 이하 또는 15m 이하

해설　법 개정에 따라 앞으로 출제되지 않음

92 터널지보공을 설치한 경우에 수시로 점검하여야 할 사항에 해당하지 않는 것은?

① 기둥침하의 유무 및 상태
② 부재의 긴압 정도
③ 매설물 등의 유무 또는 상태
④ 부재의 접속부 및 교차부의 상태

해설　**터널지보공의 정기점검사항**
• 부재의 손상·변형·부식·변위 탈락의 유무 및 상태
• 부재의 긴압 정도
• 부재의 접속부 및 교차부의 상태
• 기둥침하의 유무 및 상태

93 다음에서 설명하고 있는 건설장비의 종류는?

> 앞뒤 두 개의 차륜이 있으며(2축 2륜), 각각의 차축의 평행으로 배치된 것으로 찰흙, 점성토 등의 두꺼운 흙을 다짐하는 데 적당하나 단단한 각재를 다지는 데는 부적당하며 머캐덤 롤러 다짐 후의 아스팔트 포장에 사용된다.

① 클램셸　　② 탠덤 롤러
③ 트랙터 셔블　　④ 드래그 라인

해설　2축 탠덤 롤러는 앞쪽에 단일 큰 직경 구동 롤과 뒤쪽에 단일 틸러 롤을 가지고 있고, 3축 탠덤 롤러는 앞쪽에 단일 큰 직경 구동 롤과 뒤쪽에 2개의 작은 직경 틸러 롤을 가지고 있다.

94 다음은 산업안전보건법령에 따른 말비계를 조립하여 사용하는 경우에 관한 준수사항이다. (　) 안에 알맞은 숫자는?

> 말비계의 높이가 2m를 초과할 경우에는 작업발판의 폭을 (　) cm 이상으로 할 것

① 10　　② 20
③ 30　　④ 40

해설　말비계의 조립 시 기준으로 말비계의 높이가 2m를 초과할 경우에는 작업발판의 폭을 40cm 이상으로 하여야 한다.

95 크레인을 사용하여 작업을 하는 경우 준수해야 할 사항으로 옳지 않은 것은?

① 인양할 화물을 바닥에서 끌어당기거나 밀어 정위치 작업을 할 것
② 유류드럼이나 가스통 등 운반 도중에 떨어져 폭발하거나 누출될 가능성이 있는 위험물용기는 보관함(또는 보관고)에 담아 안전하게 매달아 운반할 것
③ 미리 근로자의 출입을 통제하여 인양 중인 화물이 작업자의 머리 위로 통과하지 않도록 할 것
④ 인양할 화물이 보이지 아니하는 경우에는 어떤 동작도 하지 아니할 것(신호하는 사람에 의하여 작업을 하는 경우는 제외한다)

해설　인양할 화물을 바닥에서 끌어당기거나 밀어내는 작업을 하지 아니하여야 한다.

정답 | 90 ③　91 ③　92 ③　93 ②　94 ④　95 ①

96 작업으로 인하여 물체가 떨어지거나 날아올 위험이 있는 경우 설치하는 낙하물 방지망의 수평면과의 각도 기준으로 옳은 것은?

① 10° 이상 20° 이하를 유지
② 20° 이상 30° 이하를 유지
③ 30° 이상 40° 이하를 유지
④ 40° 이상 45° 이하를 유지

해설 수평면과의 각도는 20° 이상 30° 이하를 유지해야 한다.

97 굴착작업을 하는 경우 지반의 붕괴 또는 토석의 낙하에 의한 근로자의 위험을 방지하기 위하여 관리감독자로 하여금 작업 시작 전에 점검하도록 해야 하는 사항과 가장 거리가 먼 것은?

① 부석·균열의 유무
② 함수·용수
③ 동결상태의 변화
④ 시계의 상태

해설 작업 시작 전에 작업 장소 및 그 주변의 부석·균열의 유무, 함수(含水)·용수(湧水) 및 동결상태의 변화를 점검하도록 하여야 한다.

98 굴착공사 중 암질변화구간 및 이상암질 출현 시에는 암질판별시험을 수행하는데 이 시험의 기준과 거리가 먼 것은?

① 함수비
② RQD
③ 탄성파속도
④ 일축압축강도

해설 법이 개정되어 앞으로 출제되지 않음

99 버팀대(Strut)의 축하중 변화 상태를 측정하는 계측기는?

① 경사계(Inclino meter)
② 수위계(Water level meter)
③ 침하계(Extension)
④ 하중계(Load cell)

해설 하중계는 버팀보 어스앵커 등의 실제 축하중 변화를 측정하는 계측기기이다.

100 철골공사에서 나타나는 용접결함의 종류에 해당하지 않는 것은?

① 가우징(Gouging)
② 오버랩(Overlap)
③ 언더 컷(Under cut)
④ 블로 홀(Blow hole)

해설 **가우징(Gouging)**
용접결함이 아니라 용접한 부위의 결함 제거나 주철의 균열 보수를 하기 위하여 좁은 홈을 파내는 것이다.

정답 | 96 ② 97 ④ 98 ① 99 ④ 100 ①

2017년 2회

1과목
산업안전관리론

01 인간의 착각현상 중 버스나 전동차의 움직임으로 인하여 자신이 승차하고 있는 정지된 차량이 움직이는 것 같은 느낌을 받는 현상은?

① 자동운동
② 유도운동
③ 가현운동
④ 플리커현상

[해설] **유도운동**
실제로는 움직이지 않는 것이 어느 기준의 이동에 유도되어 움직이는 것처럼 느껴지는 현상이다.

02 재해 발생의 주요 원인 중 불안전한 상태에 해당하지 않는 것은?

① 기계설비 및 장비의 결함
② 부적절한 조명 및 환기
③ 작업장소의 정리·정돈 불량
④ 보호구 미착용

[해설] 보호구 미착용은 "불안전한 행동"에 해당된다.

03 강의계획에 있어 학습 목적의 3요소가 아닌 것은?

① 목표
② 주제
③ 학습 내용
④ 학습 정도

[해설] **학습 목적의 3요소**
1. 주제
2. 학습 정도
3. 목표

04 맥그리거(McGregor)의 X이론에 따른 관리처방이 아닌 것은?

① 목표에 의한 관리
② 권위주의적 리더십 확립
③ 경제적 보상체제의 강화
④ 면밀한 감독과 엄격한 통제

[해설] 목표에 의한 관리는 Y이론에 따른 관리처방이다.

05 무재해 운동 추진기법 중 지적 확인에 대한 설명으로 옳은 것은?

① 비평을 금지하고, 자유로운 토론을 통하여 독창적인 아이디어를 끌어낼 수 있다.
② 참여자 전원의 스킨십을 통하여 연대감, 일체감을 조성할 수 있고 느낌을 교류한다.
③ 작업 전 5분간의 미팅을 통하여 시나리오상의 역할을 연기하여 체험하는 것을 목적으로 한다.
④ 오관의 감각기관을 총동원하여 작업의 정확성과 안전을 확인한다.

[해설] **지적 확인**
작업의 정확성이나 안전을 확인하기 위해 눈, 손, 입 그리고 귀를 이용하여 작업 시작 전에 뇌를 자극시켜 안전을 확보하기 위한 기법이다.

06 산업안전보건법령상 안전검사 대상 유해·위험기계 등이 아닌 것은?

① 곤돌라
② 이동식 국소배기장치
③ 산업용 원심기
④ 건조설비 및 그 부속설비

[해설] **안전검사 대상 유해·위험기계 등**
- 국소배기장치(이동식은 제외한다)

정답 | 01 ② 02 ④ 03 ③ 04 ① 05 ④ 06 ②

07 산업안전보건법령상 근로자 안전·보건교육의 기준으로 틀린 것은?

① 사무직 종사 근로자의 정기교육 : 매 반기 6시간 이상
② 일용근로자의 작업내용 변경 시의 교육 : 1시간 이상
③ 관리감독자의 지위에 있는 사람의 정기교육 : 연간 16시간 이상
④ 건설 일용근로자의 건설업 기초안전보건교육 : 2시간 이상

> [해설] 근로자 안전·보건 교육

교육과정	교육대상	교육시간
건설업 기초안전·보건교육	건설 일용근로자	4시간

08 재해예방의 4원칙에 해당하지 않는 것은?

① 예방가능의 원칙   ② 대책선정의 원칙
③ 손실우연의 원칙   ④ 원인추정의 원칙

> [해설] 재해예방의 4원칙
> 1. 손실우연의 원칙
> 2. 원인연계(계기)의 원칙
> 3. 예방가능의 원칙
> 4. 대책선정의 원칙

09 보호구 자율안전확인 고시상 사용 구분에 따른 보안경의 종류가 아닌 것은?

① 차광보안경   ② 유리보안경
③ 플라스틱보안경   ④ 도수렌즈보안경

> [해설] 보안경의 구분

안전인증 (차광보안경)	자율안전확인
자외선용	유리보안경
적외선용	플라스틱보안경
복합용	도수렌즈보안경
용접용	

10 부주의의 발생원인과 그 대책이 옳게 연결된 것은?

① 의식의 우회 - 상담
② 소질적 조건 - 교육
③ 작업환경 조건불량 - 작업순서 정비
④ 작업순서의 부적당 - 작업자 재배치

> [해설] 부주의의 내적 원인과 대책
> • 소질적 문제 : 적성 배치
> • 의식의 우회 : 카운슬링(상담)
> • 경험, 미경험자 : 안전교육훈련

11 지도자가 추구하는 계획과 목표를 부하직원이 자신의 것으로 받아들여 자발적으로 참여하게 하는 리더십의 권한은?

① 보상적 권한   ② 강압적 권한
③ 위임된 권한   ④ 합법적 권한

> [해설] 리더십의 권한
> 1. 조직이 지도자에게 부여하는 권한
>   • 보상적 권한
>   • 강압적 권한
>   • 합법적 권한
> 2. 지도자 자신이 자신에게 부여하는 권한(부하직원들의 존경심)
>   • 위임된 권한
>   • 전문성의 권한

12 기업 내 정형교육 중 TWI의 훈련내용이 아닌 것은?

① 작업방법훈련   ② 작업지도훈련
③ 사례연구훈련   ④ 인간관계훈련

> [해설] TWI(Training Within Industry)
> • 작업지도훈련(JIT ; Job Instruction Training)
> • 작업방법훈련(JMT ; Job Method Training)
> • 인간관계훈련(JRT ; Job Relations Training)
> • 작업안전훈련(JST ; Job Safety Training)

13 토의법의 유형 중 다음에서 설명하는 것은?

> 교육과제에 정통한 전문가 4~5명이 피교육자 앞에서 자유로이 토의를 실시한 다음에 피교육자 전원이 참가하여 사회자의 사회에 따라 토의하는 방법

① 포럼   ② 패널 디스커션
③ 심포지엄   ④ 버즈세션

> [해설] 패널토의(Panel Discussion)
> 사회자의 진행에 의해 특정 주제에 대해 구성원 3~6명이 대립된 견해를 가지고 청중 앞에서 논쟁을 벌이는 것

정답 | 07 ④ 08 ④ 09 ① 10 ① 11 ③ 12 ③ 13 ②

14 하인리히의 사고방지 5단계 중 제1단계 안전조직의 내용이 아닌 것은?

① 경영자의 안전목표 설정
② 안전관리자의 선임
③ 안전활동의 방침 및 계획 수립
④ 안전회의 및 토의

해설 하인리히 사고방지 단계 중 제1단계(안전조직)
- 안전관리조직을 구성
- 안전활동 방침 및 계획을 수립
- 전 종업원이 자주적으로 참여하여 집단의 안전목표를 달성
- 안전관리자를 선임

15 비통제의 집단행동 중 폭동과 같은 것을 말하며, 군중보다 합의성이 없고, 감정에 의해서만 행동하는 특성은?

① 패닉   ② 모브
③ 모방   ④ 심리적 전염

해설 모브(Mob)
폭동과 같은 것을 말하며 군중보다 합의성이 없고 감정에 의해 행동하는 것

16 재해손실비의 평가방식 중 시몬즈(R.H.Simonds) 방식에 의한 계산방법으로 옳은 것은?

① 직접비+간접비
② 공동비용+개별비용
③ 보험 코스트+비보험 코스트
④ (휴업상해건수×관련 비용 평균치)+(통원상해건수×관련 비용 평균치)

해설 시몬즈 방식
총 재해비용=산재보험비용+비보험비용

17 학습정도(Level of learning)의 4단계 요소가 아닌 것은?

① 지각   ② 적용
③ 인지   ④ 정리

해설 학습정도의 4단계
1. 인지 → 2. 지각 → 3. 이해 → 4. 적용

18 어느 공장의 재해율을 조사한 결과 도수율이 20이고, 강도율이 1.2로 나타났다. 이 공장에서 근무하는 근로자가 입사부터 정년퇴직할 때까지 예상되는 재해건수(a)와 이로 인한 근로손실일수(b)는? (단, 이 공장의 1인당 입사부터 정년퇴직 시까지 평균 근로시간은 100,000시간으로 한다.)

① a=20, b=1.2
② a=2, b=120
③ a=20, b=0.12
④ a=120, b=2

해설
1. 평생 근로 시 예상재해건수(환산도수율 : a)
=도수율×0.1=20×0.1=2[건]
2. 평생 근로 시 예상근로손실일수(환산강도율 : b)
=강도율×100=1.2×100=120[일]

19 안전·보건표지의 기본모형 중 다음 그림의 기본모형의 표시사항으로 옳은 것은?

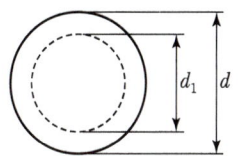

① 지시   ② 안내
③ 경고   ④ 금지

해설

번호	기본모형	규격비율	표시사항
3	(그림)	$d \geq 0.025L$ $d_1 = 0.8d$	지시

20 안전관리조직의 형태 중 라인·스태프형에 대한 설명으로 틀린 것은?

① 안전스태프는 안전에 관한 기획·입안·조사·검토 및 연구를 행한다.
② 안전업무를 전문적으로 담당하는 스태프 및 생산라인의 각 계층에도 겸임 또는 전임의 안전담당자를 둔다.
③ 모든 안전관리업무를 생산라인을 통하여 직선적으로 이루어지도록 편성된 조직이다.
④ 대규모 사업장(1,000명 이상)에 효율적이다.

해설 ③은 라인(Line)형 조직에 대한 설명이다.

정답 | 14 ④ 15 ② 16 ③ 17 ④ 18 ② 19 ① 20 ③

2과목
인간공학 및 시스템공학

21 어떤 전자기기의 수명은 지수분포를 따르며, 그 평균수명이 1,000시간이라고 할 때, 500시간 동안 고장 없이 작동할 확률은 약 얼마인가?

① 0.1353 ② 0.3935
③ 0.6065 ④ 0.8647

해설 $R = e^{-\lambda t} = e^{-t/t_0} = e^{-500/1,000} = e^{-0.5} = 0.60653$
(λ : 고장률, t : 가동시간, t_0 : 평균수명)

22 보전효과 측정을 위해 사용하는 설비고장 강도율의 식으로 맞는 것은?

① 부하시간 ÷ 설비가동시간
② 총 수리시간 ÷ 설비가동시간
③ 설비고장건수 ÷ 설비가동시간
④ 설비고장 정지시간 ÷ 설비가동시간

해설 **보전효과 측정공식**
설비고장 강도율 = 설비고장 정지시간 / 설비가동시간

23 작업기억과 관련된 설명으로 틀린 것은?

① 단기기억이라고도 한다.
② 오랜 기간 정보를 기억하는 것이다.
③ 작업기억 내의 정보는 시간이 흐름에 따라 쇠퇴할 수 있다.
④ 리허설은 정보를 작업기억 내에 유지하는 유일한 방법이다.

해설 **작업기억**
1. 단기기억이라고도 한다.
2. 작업기억 내의 정보는 시간이 흐름에 따라 쇠퇴할 수 있다.
3. 리허설(Rehearsal)은 정보를 작업기억 내에 유지하는 유일한 방법이다.

24 휘도가 10cd/m²이고, 조도가 100lux일 때 반사율은?

① 0.1π ② 10π
③ 100π ④ 1,000π

해설 반사율(%) = $\dfrac{휘도(fL)}{조도(fC)} \times 100$

$= \dfrac{cd/m^2 \times \pi}{lux} = \dfrac{10 \times \pi}{100} = 0.1\pi$

25 FTA의 용도와 거리가 먼 것은?

① 고장의 원인을 연역적으로 찾을 수 있다.
② 시스템의 전체적인 구조를 그림으로 나타낼 수 있다.
③ 시스템에서 고장이 발생할 수 있는 부분을 쉽게 찾을 수 있다.
④ 구체적인 초기사건에 대하여 상향식 접근방식으로 재해경로를 분석하는 정량적 기법이다.

해설 **FTA의 특징**
1. Top down 형식(연역적)
2. 정량적 해석기법(컴퓨터 처리가 가능)
3. 논리기호를 사용한 특정사상에 대한 해석
4. 서식이 간단해서 비전문가도 짧은 훈련으로 사용할 수 있다.
5. Human Error의 검출이 어렵다.

26 FT 작성 시 논리게이트에 속하지 않는 것은 무엇인가?

① OR 게이트 ② 억제 게이트
③ AND 게이트 ④ 동등 게이트

해설 **FTA에 사용되는 논리기호 및 사상기호(일부)**
- AND 게이트(논리기호)
- OR 게이트(논리기호)
- 억제 게이트(Inhibit 게이트)

27 안전가치분석의 특징으로 틀린 것은?

① 기능 위주로 분석한다.
② 왜 비용이 드는가를 분석한다.
③ 특정 위험의 분석을 위주로 한다.
④ 그룹 활동은 전원의 중지를 모은다.

해설 **안전가치분석의 특징**
- 기능 위주로 분석한다.
- 왜 비용이 드는가를 분석한다.
- 그룹 활동은 전원의 중지를 모은다.

정답 | 21 ③ 22 ④ 23 ② 24 ① 25 ④ 26 ④ 27 ③

28 FT도에 의한 컷셋(Cut set)이 다음과 같이 구해졌을 때 최소 컷셋(Minimal cut set)으로 맞는 것은?

- (X_1, X_3)
- (X_1, X_2, X_3)
- (X_1, X_3, X_4)

① (X_1, X_3) ② (X_1, X_2, X_3)
③ (X_1, X_3, X_4) ④ (X_1, X_2, X_3, X_4)

해설) 3개의 컷셋 중 공통된 컷셋이 (X_1, X_3)이므로 최소 컷셋은 (X_1, X_3)이 된다.

29 의자의 등받이 설계에 관한 설명으로 가장 적절하지 않은 것은?

① 등받이 폭은 최소 30.5cm가 되게 한다.
② 등받이 높이는 최소 50cm가 되게 한다.
③ 의자의 좌판과 등받이 각도는 90~105°를 유지한다.
④ 요부 받침 높이는 25~35cm로 하고 폭은 30.5cm로 한다.

해설) **등받이 설계원칙**
- 요부 받침의 높이는 15.2~22.9[cm], 폭은 30.5[cm], 등받이로부터 5[cm] 정도의 두께

30 체계분석 및 설계에 있어서 인간공학의 가치와 가장 거리가 먼 것은?

① 성능의 향상
② 훈련비용의 증가
③ 사용자의 수용도 향상
④ 생산 및 보전의 경제성 증대

해설) **체계 설계과정에서의 인간공학의 기여도**
- 생산성의 향상
- 인력의 이용률 향상
- 사용자의 수용도 향상
- 생산 및 정비유지의 경제성 증대
- 훈련비용의 절감
- 사고 및 오용(誤用)으로부터의 손실 감소

31 정보 전달용 표시장치에서 청각적 표현이 좋은 경우가 아닌 것은?

① 메시지가 복잡하다.
② 시각장치가 지나치게 많다.
③ 즉각적인 행동이 요구된다.
④ 메시지가 그때의 사건을 다룬다.

해설) 메시지가 복잡한 경우 시각적 장치의 사용이 유리하다.

32 정보처리기능 중 정보보관에 해당되는 것과 관계가 깊은 것은?

① 감지 ② 정보처리
③ 출력 ④ 행동기능

해설) 인간-기계 통합시스템의 인간 또는 기계에 의해 수행되는 기본기능의 유형

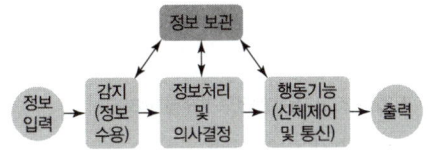

33 시스템 안전 분석기법 중 인적 오류와 그로 인한 위험성의 예측과 개선을 위한 기법은 무엇인가?

① FTA ② ETBA
③ THERP ④ MORT

해설) **THERP(인간과오율 추정법, Technique of Human Error Rate Prediction)**
확률론적 안전기법으로서 인간의 과오에 기인된 사고원인을 분석하기 위하여 100만 운전시간당 과오도수를 기본 과오율로 하여 인간의 기본 과오율을 평가하는 기법

34 사람의 감각기관 중 반응속도가 가장 느린 것은?

① 청각 ② 시각
③ 미각 ④ 촉각

해설) **인간의 감각기관의 자극에 대한 반응속도**
청각(0.17초)>촉각(0.18초)>시각(0.20초)>미각(0.29초)>통각(0.70초)

정답 | 28 ① 29 ④ 30 ② 31 ① 32 전항 정답 33 ③ 34 ③

35 인체 측정치 중 기능적 인체치수에 해당되는 것은?

① 표준자세
② 특정작업에 국한
③ 움직이지 않는 피측정자
④ 각 지체는 독립적으로 움직임

[해설] **인체측정방법**
1. 구조적 인체치수 : 표준 자세에서 움직이지 않는 피측정자를 인체측정기로 측정
2. 기능적 인체치수 : 특정작업에 국한하여 움직이는 몸의 자세로부터 측정

36 산업안전보건법에 따라 상시작업에 종사하는 장소에서 보통작업을 하고자 할 때 작업면의 최소 조도(lux)로 맞는 것은? (단, 작업장은 일반적인 작업장소이며, 감광재료를 취급하지 않는 장소이다.)

① 75
② 150
③ 300
④ 750

[해설] **작업별 조도기준(안전보건규칙 제8조)**
- 초정밀작업 : 750lux 이상
- 정밀작업 : 300lux 이상
- 보통작업 : 150lux 이상
- 기타 작업 : 75lux 이상

37 1에서 15까지 수의 집합에서 무작위로 선택할 때, 어떤 숫자가 나올지 알려주는 경우의 정보량은 약 몇 bit인가?

① 2.91bit
② 3.91bit
③ 4.51bit
④ 4.91bit

[해설] **정보량** $H = \log_2 n = \log_2 15 = \frac{\log 15}{\log 2}$
$= 3.90689 \text{bit}$

38 한 사무실에서 타자기 소리 때문에 말소리가 묻히는 현상을 무엇이라 하는가?

① dBA
② CAS
③ phon
④ masking

[해설] **은폐(masking)현상**
dB이 높은 음과 낮은 음이 공존할 때 낮은 음이 강한 음에 가로막혀 숨겨져 들리지 않게 되는 현상이다.

39 일반적인 인간-기계 시스템의 형태 중 인간이 사용자나 동력원으로 기능하는 것은?

① 수동체계
② 기계화체계
③ 자동체계
④ 반자동체계

[해설] 수동 시스템에서는 인간이 스스로 동력원을 제공한다.

40 단일 차원의 시각적 암호 중 구성암호, 영문자암호, 숫자암호에 대하여 암호로서의 성능이 가장 좋은 것부터 배열한 것은?

① 숫자암호 → 영문자암호 → 구성암호
② 구성암호 → 숫자암호 → 영문자암호
③ 영문자암호 → 숫자암호 → 구성암호
④ 영문자암호 → 구성암호 → 숫자암호

[해설] **시각적 암호 성능**
숫자 → 영문자 → 기하적 형상 → 구성 → 색

3과목
건설시공학

41 민간자본 유치방식 중 사회간접시설을 설계, 시공한 후 소유권을 발주자에게 이양하고, 투자자는 일정기간 동안 시설물의 운영권을 행사하는 계약방식은?

① BOT(Build Operate Transfer)
② BTO(Build Transfer Operate)
③ BOO(Build Operate Own)
④ BTL(Build Transfer Lease)

[해설] **BTO 방식(Build Transfer Operate)**
민간이 건설하고 소유권은 정부나 지자체로 양도한 채 일정기간 동안 민간이 직접 운영하여 사용자 이용료로 수익을 추구하는 민간투자사업 방식이다.

정답 | 35 ② 36 ② 37 ② 38 ④ 39 ① 40 ① 41 ②

42 흙을 이김에 따라 약해지는 정도를 표시한 것은?

① 간극비
② 함수비
③ 포화도
④ 예민비

해설 **예민비**

예민비 = $\dfrac{\text{자연시료(흐트러지지 않은 시료)의 강도}}{\text{이긴 시료(흐트러진 시료)의 강도}}$ 이며,

1. 모래의 예민비는 1에 가까움
2. 점토의 예민비는 4~10 정도
3. 예민비가 4 이상일 경우 예민비가 크다고 함

43 용접작업에서 용접봉을 용접방향에 대하여 서로 엇갈리게 움직여서 용가금속을 용착시키는 운봉방법은?

① 단속용접
② 개선
③ 레그
④ 위빙

해설 **위빙(Weaving)**

용접봉을 용접방향에 대해 서로 엇갈리게 움직여 용가금속을 용착시키는 운봉법이다.

44 철근단면을 맞대고 산소-아세틸렌염으로 가열하여 접합단면을 녹이지 않고 적열상태에서 부풀려 가압, 접합하는 철근이음방식은?

① 나사방식이음
② 겹침이음
③ 가스압접이음
④ 충전식 이음

해설 **가스압점이음**

가스압접은 철근의 종류나 재질, 지름이 같은 것을 압접하는 것이 응력 전달에 유리하다.

45 보통의 철근콘크리트 구조에서 콘크리트 1m³당 필요한 거푸집의 개략 면적으로서 가장 적당한 것은?

① 1~2m²
② 3~4m²
③ 6~8m²
④ 15~16m²

해설 콘크리트 1m³당 필요한 거푸집의 개략 면적은 6~8m²이다.

46 VE(Value Engineering)에서 원가절감을 실현할 수 있는 대상 선정이 잘못된 것은?

① 수량이 많은 것
② 반복효과가 큰 것
③ 장시간 사용으로 숙달되어 개선효과가 큰 것
④ 내용이 간단한 것

해설 V.E(Value Engineering)은 가치를 높임으로써 원가절감을 실현하는 가치공학을 말하며, 원가절감 대상으로는 수량이 많고 반복효과가 크며 숙달된 것을 선정한다.

47 콘크리트의 경화 후 거푸집 제거 작업 시 주의사항 중 옳지 않은 것은?

① 진동, 충격 등을 주지 않고 콘크리트가 손상되지 않도록 순서대로 제거한다.
② 지주를 바꾸어 세울 동안에는 상부의 작업을 제한하여 적재하중을 적게 하고, 집중하중을 받는 부분의 지주는 그대로 둔다.
③ 제거한 거푸집은 재사용할 수 있도록 적당한 장소에 정리하여 둔다.
④ 구조물의 손상을 고려하여 남은 거푸집 쪽널은 그대로 두고 미장공사를 한다.

해설 **거푸집 제거 시 유의사항**

1. 작업 시 진동, 충격을 가하지 않아야 함
2. 높은 곳의 작업 시는 추락 및 낙하사고에 유의
3. 크레인에 연결시켜 충분히 지지한 후 제거
4. 슬래브 및 보 밑은 맨 나중에 제거
5. 제거한 거푸집은 재사용할 수 있도록 적당한 장소에 정리
6. 지주를 바꾸어 세울 동안 상부의 작업을 제한하여 적재하중을 적게 함
7. 집중하중을 받는 부분의 지주는 그대로 둠

48 다음 중 언더피닝 공법이 아닌 것은?

① 2중 널말뚝 공법
② 강재말뚝 공법
③ 웰 포인트 공법
④ 모르타르 및 약액 주입법

해설 **언더피닝(Under Pinning) 공법**

기존 구조물에 근접 시공 시 기존 구조물의 기초 저면보다 깊은 구조물을 시공하거나 기존 구조물의 증축 또는 지하실 등을 축조 시 기존 구조물을 보호하기 위하여 기초나 지정을 보강하는 공법이다. 공법의 종류에는 2중 널말뚝 공법, 차단벽 설치공사, 현장콘크리트말뚝 공법 등이 있다. 웰포인트 공법은 강제 배수공법이다.

정답 | 42 ④ 43 ④ 44 ③ 45 ③ 46 ④ 47 ④ 48 ③

49 철근가공에 관한 설명으로 옳지 않은 것은?

① D35 이상의 철근은 산소절단기를 사용하여 절단한다.
② 한번 구부린 철근은 다시 펴서 사용해서는 안 된다.
③ 공장가공은 현장가공에 비해 절단손실을 줄일 수 있다.
④ 표준갈고리를 가공할 때에는 정해진 크기 이상의 곡률 반지름을 가져야 한다.

> 해설 D35 이상의 철근을 가공할 때는 산소절단기를 사용하지 않는다.

50 무게 63.5kg의 추를 76cm 높이에서 낙하시켜 샘플러가 30cm 관입하는 데 필요한 타격횟수(N)를 측정하는 토질시험의 종류는?

① 전단시험
② 지내력시험
③ 표준관입시험
④ 베인시험

> 해설 표준관입시험(Standard Penetration Test)은 무게 63.5kg의 해머를 높이 76cm에서 낙하시켜 샘플러(Sampler)를 30cm 관입시키는 데 필요한 해머의 타격횟수(N치)를 구하는 시험이다.

51 입찰방식에 관한 설명으로 옳지 않은 것은?

① 공개경쟁입찰은 관보, 신문, 게시판 등에 입찰공고를 하여야 한다.
② 지명경쟁입찰은 경쟁입찰에 의하지 않고 그 공사에 특히 적당하다고 판단되는 1개의 회사를 선정하여 발주하는 방식이다.
③ 제한경쟁입찰은 양질의 공사를 위하여 업체자격에 대한 조건을 만족하는 업체라면 입찰에 참가하는 방식이다.
④ 부대입찰은 발주자가 입찰참가자에게 하도급할 공종, 하도급 금액 등에 대한 사항을 미리 기재하게 하여 입찰 시 입찰서류에 첨부하여 입찰하는 제도이다.

> 해설 지명경쟁입찰은 3~7개의 시공자를 미리 선정한 후 입찰에 참여하도록 하는 방식이다.

52 건축 공사관리에 관한 설명으로 옳지 않은 것은?

① 공사현장의 관리에는 산업안전보건법령의 적용을 받지 않는다.
② 지급재료는 검수 후 도급자가 보관하되 다른 자재와 구분하여 보관한다.
③ 정기안전점검은 정해진 시기에 반드시 실시한다.
④ 현장에 반입한 재료는 모두 검사를 받아야 하나, KS표준에 의하여 제작된 합격품은 검사를 생략할 수 있다.

> 해설 공사현장의 근로자 안전보건관리는 산업안전보건법령의 적용을 받는다.

53 공정계획에 관한 설명으로 옳지 않은 것은?

① 지정된 공사기간 안에 완성시키기 위한 통제수단이다.
② 사업성과 원가관리와는 관계가 없다.
③ 공정표의 종류에는 횡선식 공정표, 네트워크 공정표 등이 있다.
④ 우기와 혹한기, 명절 등은 공정계획 시 반영한다.

> 해설 사업성과 원가관리는 밀접한 관련이 있다.

54 거푸집 측압에 영향을 주는 요인과 거리가 먼 것은?

① 기온
② 콘크리트의 강도
③ 콘크리트의 슬럼프
④ 콘크리트의 타설 높이

> 해설 측압이 커지는 조건
> • 거푸집 부재단면이 클수록
> • 거푸집 수밀성이 클수록
> • 거푸집의 강성이 클수록
> • 거푸집 표면이 평활할수록
> • 시공연도(Workability)가 좋을수록
> • 철골 또는 철근량이 적을수록
> • 외기온도가 낮을수록, 습도가 높을수록
> • 콘크리트의 타설속도가 빠를수록
> • 콘크리트의 다짐이 좋을수록
> • 콘크리트의 Slump가 클수록
> • 콘크리트의 비중이 클수록

55 철골공사에서 철골세우기 계획을 수립할 때 철골제작공장과 협의해야 할 사항이 아닌 것은?

① 철골 세우기 검사 일정 확인
② 반입 시간의 확인
③ 반입 부재수의 확인
④ 부재 반입의 순서

> 해설 철골공사에서 세우기 계획을 수립할 때 철골제작공장과 협의해야 할 사항은 반입시간, 반입부재수, 부재 반입의 순서 등이다.

정답 | 49 ① 50 ③ 51 ② 52 ① 53 ② 54 ② 55 ①

56 경량콘크리트(Lightweight Concrete)에 관한 설명으로 옳지 않은 것은?

① 기건비중은 2.0 이하, 단위중량은 1,400~2,000kg/m³ 정도이다.
② 열전도율이 보통 콘크리트와 유사하여 동일한 단열성능을 갖는다.
③ 물과 접하는 지하실 등의 공사에는 부적합하다.
④ 경량이어서 인력에 의한 취급이 용이하고, 가공도 쉽다.

해설 경량콘크리트는 자중이 작고, 강도가 작으며 건조수축이 크다. 또한 내화성이 크고 열전도율이 작아 단열에 효과적이다.

57 콘크리트에 관한 설명으로 옳지 않은 것은?

① 진동다짐한 콘크리트의 경우가 그렇지 않은 경우의 콘크리트보다 강도가 커진다.
② 공기연행제는 콘크리트의 시공연도를 좋게 한다.
③ 물시멘트비가 커지면 콘크리트의 강도가 커진다.
④ 양생온도가 높을수록 콘크리트의 강도발현이 촉진되고 초기강도는 커진다.

해설 콘크리트의 강도는 물시멘트비의 영향을 크게 받으며, 물시멘트비가 커지면 콘크리트의 강도가 작아진다.

58 연약한 점토질 지반에서 진흙의 점착력을 판별하는 토질시험은?

① 표준관입시험　　② 지내력시험
③ 슈미트해머시험　④ 베인테스트

해설 **베인테스트(Vane Test)**
보링의 구멍을 이용하여 십자형(+) 날개를 가진 베인(Vane)을 지반에 때려 박고 회전시켜서 회전력에 의하여 진흙의 점착력을 판별하는 시험이다.

59 콘크리트를 양생하는 데 있어서 양생분을 뿌리는 목적으로 옳은 것은?

① 빗물의 침입을 막기 위해서
② 표면의 양생분을 경화시키기 위해서
③ 표면에 떠 있는 물을 양생분으로 제거하기 위해서
④ 혼합수의 증발을 막기 위해서

해설 콘크리트 양생 시 양생분을 뿌리는 목적은 혼합수의 증발을 막기 위해서이다.

60 파헤쳐진 흙을 담아 올리거나 이동하는 데 사용하는 기계로 셔블, 버킷을 장착한 트랙터 또는 크롤러 형태의 기계는?

① 불도저　　② 앵글도저
③ 로더　　　④ 파워셔블

해설 **로더(Loader)**
절토된 흙을 덤프트럭에 담아 올리거나 이동하는 데 사용되는 건설기계이다.

4과목 건설재료학

61 콘크리트의 건조수축 시 발생하는 균열을 보완, 개선하기 위하여 콘크리트 속에 다량의 거품을 넣거나 기포를 발생시키기 위해 첨가하는 혼화재는?

① 고로슬래그　　② 플라이애시
③ 실리카 품　　　④ 팽창재

해설 팽창재는 콘크리트의 건조수축 시 발생하는 균열을 제어하기 위하여 콘크리트 속에 다량의 거품을 넣거나 기포를 발생시키기 위해 첨가하는 혼화재이다.

62 돌로마이트 플라스터(dolomite plaster)에 관한 설명으로 옳지 않은 것은?

① 점성이 커서 풀이 필요 없다.
② 수경성 미장재료에 해당된다.
③ 회반죽에 비해 조기강도가 크다.
④ 냄새, 곰팡이가 없어 변색될 염려가 없다.

해설 돌로마이트 플라스터는 공기 중 이산화탄소(CO_2)와 작용하여 경화되는 기경성 미장재료에 속한다.

정답 | 56 ② 57 ③ 58 ④ 59 ④ 60 ③ 61 ④ 62 ②

63 콘크리트의 배합설계 시 표준이 되는 골재의 상태는?

① 절대건조상태 ② 기건상태
③ 표면건조 내부포화상태 ④ 습윤상태

해설 콘크리트의 배합설계에 있어 기준이 되는 골재의 함수상태는 표면건조 포화상태(표건상태)이다.

64 시멘트를 저장할 때의 주의사항 중 옳지 않은 것은?

① 쌓을 때 너무 압축력을 받지 않게 13포대 이내로 한다.
② 통풍을 좋게 한다.
③ 3개월 이상된 것은 재시험하여 사용한다.
④ 저장소는 방습구조로 한다.

해설 시멘트 창고의 구비조건 및 시멘트 보관방법
1. 창고의 바닥높이는 지면에서 30cm 이상으로 한다.
2. 지붕은 비가 새지 않는 구조로 하고, 벽이나 천장은 기밀하게 한다.
3. 창고 주위는 배수도랑을 두고 우수의 침입을 방지한다.
4. 출입구 채광창 이외의 환기창은 두지 않는다.
5. 반입구와 반출구를 따로 두어 먼저 쌓는 것부터 사용하도록 한다.
6. 시멘트 쌓기의 높이는 13포(1.5m) 이내로 한다. 장기간 쌓아두는 것은 7포 이내로 한다.
7. 시멘트의 보관은 1m² 당 30~35포대 정도로 하고, 통로를 고려하지 않는 경우에는 1m² 당 50포대 정도로 하고 시멘트 사용량이 600포대 이하인 경우에는 전량을 저장할 수 있는 창고를 가설하고, 600포대 이상인 경우에는 공사기간에 따라서 전량의 1/3을 저장할 수 있는 창고로 한다.
8. 창고의 면적 : $A = 0.4 \times N/n (m^2)$
   여기서, A : 소요면적
   N : 시멘트 수량
   n : 쌓는 단수(13포 이하)

65 점토제품으로 소성온도가 가장 높은 것은?

① 도기 ② 토기
③ 자기 ④ 석기

해설 타일 및 위생도기에 사용하는 점토제품인 자기는 흡수성이 아주 작고 소성온도가 높다.

66 방사선 차단성이 가장 큰 금속은?

① 납 ② 알루미늄
③ 동 ④ 주철

해설 납은 방사선의 투과도가 낮아 건축에서 방사선 차폐용 벽체에 이용된다.

67 다음 중 목재의 건조법이 아닌 것은?

① 주입건조법 ② 공기건조법
③ 증기건조법 ④ 송풍건조법

해설 목재의 건조법에는 공기건조법, 증기건조법, 송풍건조법 등이 있다.

68 화재 시 유리가 파손되는 원인과 관계가 적은 것은?

① 열팽창계수가 크기 때문이다.
② 급가열 시 부분적 면재 온도차가 커지기 때문이다.
③ 용융온도가 낮아 녹기 때문이다.
④ 열전도율이 작기 때문이다.

해설 유리는 열팽창계수가 크고, 연전도율이 작기 때문에 화재로 인한 급가열 시 부분적으로 면재의 온도차가 크다.

69 철근콘크리트 1m³ 무게는 대략 얼마 정도인가?

① 1t ② 2t
③ 2.4t ④ 3t

해설 철근콘크리트의 비중은 2.4t/m³이다.

70 목재에 관한 설명으로 옳지 않은 것은?

① 석재나 금속에 비하여 손쉽게 가공할 수 있다.
② 다른 재료에 비하여 열전도율이 매우 크다.
③ 건조한 것은 타기 쉬우며 건조가 불충분한 것은 썩기 쉽다.
④ 건조재는 전기의 불량 도체이지만 함수율이 커질수록 전기전도율도 증가한다.

해설 목재의 일반적인 특징

장점	단점
1. 비중에 비하여 강도가 큼(비강도가 큼)	1. 함수량에 따른 수축, 팽창이 큼
2. 가볍고 가공이 용이함	2. 재질 및 섬유방향에 따른 강도 차이가 큼
3. 수종이 다양하며 외관이 아름답고, 부드러움	3. 불 붙기 쉽고, 썩기 쉬움
4. 열, 소리의 전도율이 적음	4. 재질이 균일하지 못함
5. 산, 알칼리에 대한 저항성이 큼	5. 재료 자체에 자연상태의 흠이 존재함

정답 | 63 ③ 64 ② 65 ③ 66 ① 67 ① 68 ③ 69 ③ 70 ②

71 최근 에너지 저감 및 자연친화적인 건축물의 확대정책에 따라 에너지 저감, 유해물질 저감, 자원의 재활용, 온실가스 감축 등을 유도하기 위한 건설자재 인증제도와 거리가 먼 것은?

① 환경표지 인증제도
② GR(Good Recycle) 인증제도
③ 탄소성적표지 인증제도
④ GD(Good Design)마크 인증제도

해설 GD마크 인증제도는 에너지 저감 및 자연친화적인 건축물의 확대정책에 따른 인증제도가 아니다.

72 콘크리트 배합 시 시멘트 1m³, 물 2,000L인 경우 물시멘트비는? (단, 시멘트의 비중은 3.15이다.)

① 약 15.7%   ② 약 20.5%
③ 약 63.5%   ④ 약 65.2%

해설 W/C = 물의 중량/시멘트의 중량
 = 2,000/3,150×100(%)
 = 63.492% = 약 63.5%
• 시멘트의 중량 = 시멘트 비중×체적
 = 3.15×1,000
 = 3,150kg
• 물의 중량 = 물 비중×체적
 = 1×2,000
 = 2,000kg

73 다음 중 마루판으로 사용되지 않는 것은?

① 플로링 보드   ② 파키트리 패널
③ 파키트리 블록   ④ 코펜하겐 리브

해설 코펜하겐 리브(Copenhagen rib)는 강당, 극장, 집회장 등의 벽이나 천장 등에 음향 조절 효과와 장식효과를 겸해서 사용한다.

74 화재 시 개구부에서의 연소를 방지하는 효과가 있는 유리는?

① 망입유리   ② 접합유리
③ 열선흡수유리 ④ 열선반사유리

해설 망입유리는 유리액을 롤러로 제판하며 그 내부에 금속망을 삽입하고 압착 성형한 것으로 주로 방화 및 방재용으로 사용된다.

75 알루미늄창호의 특징에 관한 설명으로 옳지 않은 것은?

① 알칼리성에 강하다.
② 비중이 철의 1/3 정도이다.
③ 이종 금속과 접촉하면 부식된다.
④ 강성이 적고 열에 의한 팽창·수축이 크다.

해설 알루미늄(Aluminum)은 해수 및 산, 알칼리에 약하여 인공적으로 내식성의 산화 피막을 입히기도 한다.

76 유리 섬유를 불규칙하게 혼입하고 상온 가압하여 성형한 판으로 설비재·내외수장재로 쓰이는 것은?

① 멜라민 치장판   ② 폴리에스테르 강화판
③ 아크릴 평판   ④ 염화비닐판

해설 폴리에스테르수지(Polyester Resin)는 FRP 재료, 차량, 항공기 등의 구조재료나 아케이드 천장, 루버, 칸막이 등에 사용된다.

77 점토 제품 중 흡수성이 가장 작은 것은?

① 도기류   ② 토기류
③ 자기류   ④ 석기류

해설 토기의 흡수율이 가장 크고, 자기의 흡수율이 가장 적다.

종류	원료	소성온도(℃)	소지 흡수율(%)	색	강도	시유 여부	제품
토기	일반점토	790~1,000	20 이상	유색	약함	무유 혹은 식염유	벽돌, 기와, 토관
도기	도토	1,100~1,230	10	백색유색	견고	시유	기와, 토관, 타일, 테라코타
석기	양질점토	1,160~1,350	3~10	유색	치밀, 견고	무유 혹은 식염유	벽돌, 타일, 테라코타
자기	양질점토	1,230~1,460	0~1	백색	치밀, 견고	시유	타일, 위생도기

정답 | 71 ④ 72 ③ 73 ④ 74 ① 75 ① 76 ② 77 ③

78 인조석 및 석재가공제품에 관한 설명으로 옳지 않은 것은?

① 테라조는 대리석, 사문암 등의 종석을 백색시멘트나 수지로 결합시키고 가공하여 생산한다.
② 에보나이트는 주로 가구용 테이블 상판, 실내벽면 등에 사용된다.
③ 초경량 스톤패널은 로비(Lobby) 및 엘리베이터의 내장재 등으로 사용된다.
④ 페블스톤은 조약돌의 질감을 내지만 백화현상의 우려가 있다.

해설   페블스톤은 조약돌의 느낌을 나타내고, 백화현상에 대한 내구성이 강하다.

79 미장재료인 회반죽을 혼합할 때 소석회와 함께 사용되는 것은?

① 카세인   ② 아교
③ 목섬유   ④ 해초풀

해설   회반죽은 소석회에 모래, 해초풀, 여물 등을 혼합한 재료이다.

80 석고보드공사에 관한 설명으로 옳지 않은 것은?

① 석고보드는 두께 9.5mm 이상의 것을 사용한다.
② 목조 바탕의 띠장 간격은 200mm 내외로 한다.
③ 경량철골 바탕의 칸막이벽 등에서는 기둥, 샛기둥의 간격을 450mm 내외로 한다.
④ 석고보드용 평머리못 및 기타 설치용 철물은 용융아연 도금 또는 유니크롬 도금이 된 것으로 한다.

해설   목조 바탕의 띠장 간격은 400mm 내외로 한다.

5과목
건설안전기술

81 건설공사현장에 가설통로를 설치하는 경우 경사는 몇 도 이내를 원칙으로 하는가?

① 15°   ② 20°
③ 25°   ④ 30°

해설   가설통로의 경사는 30° 이하로 한다.

82 차량계 건설기계의 작업계획서 작성 시 그 내용에 포함되어야 할 사항이 아닌 것은?

① 사용하는 차량계 건설기계의 종류 및 성능
② 차량계 건설기계의 운행 경로
③ 차량계 건설기계에 의한 작업방법
④ 브레이크 및 클러치 등의 기능 점검

해설   차량계 건설기계의 작업계획 포함내용은 다음과 같다.
• 사용하는 차량계 건설기계의 종류 및 성능
• 차량계 건설기계의 운행 경로
• 차량계 건설기계에 의한 작업방법

83 건설업 산업안전보건관리비 계상 및 사용 기준을 적용하는 공사금액 기준으로 옳은 것은?

① 총 공사금액 1천만 원 이상인 공사
② 총 공사금액 2천만 원 이상인 공사
③ 총 공사금액 4천만 원 이상인 공사
④ 총 공사금액 1억 원 이상인 공사

해설   건설공사 중 총 공사금액 2천만 원 이상인 공사에 적용한다.

84 달비계에 사용하는 와이어로프는 지름의 감소가 공칭지름의 몇 %를 초과할 경우에 사용할 수 없도록 규정되어 있는가?

① 5%   ② 7%
③ 9%   ④ 10%

해설   지름의 감소가 공칭지름의 7%를 초과하는 것은 사용할 수 없다.

정답 | 78 ④ 79 ④ 80 ② 81 ④ 82 ④ 83 ② 84 ②

85 사다리식 통로를 설치할 때 사다리의 상단은 걸쳐 놓은 지점으로부터 최소 얼마 이상 올라가도록 하여야 하는가?

① 45cm 이상 ② 60cm 이상
③ 75cm 이상 ④ 90cm 이상

해설 사다리식 통로를 설치할 때 사다리의 상단은 걸쳐 놓은 지점으로부터 60cm 이상 올라가도록 해야 한다.

86 추락에 의한 위험방지와 관련된 승강설비의 설치에 관한 사항이다. ( )에 들어갈 내용으로 옳은 것은?

> 사업주는 높이 또는 깊이가 ( )를 초과하는 장소에서 작업하는 경우 해당 작업에 종사하는 근로자가 안전하게 승강하기 위한 건설용 리프트 등의 설비를 설치하여야 한다.

① 1.0m ② 1.5m
③ 2.0m ④ 2.5m

해설 높이 또는 깊이가 2미터를 초과하는 장소에서 작업하는 경우에 해당 작업에 종사하는 근로자가 안전하게 승강하기 위한 건설용 리프트 등의 설비를 설치하여야 한다.

87 추락방지망의 달기로프를 지지점에 부착할 때 지지점의 간격이 1.5m인 경우 지지점의 강도는 최소 얼마 이상이어야 하는가? (단, 연속적인 구조물이 방망, 지지점인 경우이다.)

① 200kg ② 300kg
③ 400kg ④ 500kg

해설 방망의 지지점 강도는 최소 300kg 이상이어야 한다.

88 토류벽에 거치된 어스 앵커의 인장력을 측정하기 위한 계측기는?

① 하중계 ② 변형계
③ 지하수위계 ④ 지중경사계

해설 **하중계**
Strut, Earth Anchor에 설치하여 축하중 측정으로 부재의 안정성 여부 판단한다.

89 차량계 하역운반기계 등을 이송하기 위하여 자주 또는 견인에 의하여 화물자동차에 싣거나 내리는 작업을 할 때 발판·성토 등을 사용하는 경우 기계의 전도 또는 전략에 의한 위험을 방지하기 위하여 준수하여야 할 사항으로 옳지 않은 것은?

① 싣거나 내리는 작업은 견고한 경사지에서 실시할 것
② 가설대 등을 사용하는 경우에는 충분한 폭 및 강도와 적당한 경사를 확보할 것
③ 발판을 사용하는 경우에는 충분한 길이·폭 및 강도를 가진 것을 사용할 것
④ 지정운전자의 성명·연락처 등을 보기 쉬운 곳에 표시하고 지정운전자 외에는 운전하지 않도록 할 것

해설 싣거나 내리는 작업은 평탄하고 견고한 장소에서 하여야 한다.

90 거푸집 해체 시 작업자가 이행해야 할 안전수칙으로 옳지 않은 것은?

① 거푸집 해체는 순서에 입각하여 실시한다.
② 상하에서 동시 작업을 할 때는 상하의 작업자가 긴밀하게 연락을 취해야 한다.
③ 거푸집 해체가 용이하지 않을 때에는 큰 힘을 줄 수 있는 지렛대를 사용해야 한다.
④ 해체된 거푸집, 각목 등을 올리거나 내릴 때는 달줄, 달포대 등을 사용한다.

해설 **거푸집 조립 및 해체작업 시 안전수칙**
1. 해당 작업을 하는 구역에는 관계근로자가 아닌 사람의 출입을 금지할 것
2. 비·눈 그 밖의 기상상태의 불안정으로 날씨가 몹시 나쁜 경우에는 그 작업을 중지시킬 것
3. 재료·기구 또는 공구 등을 올리거나 내리는 경우에는 근로자로 하여금 달줄·달포대 등을 사용하도록 할 것
4. 낙하·충격에 의한 돌발적 재해를 방지하기 위하여 버팀목을 설치하고 거푸집 및 동바리 등을 인양장비에 매단 후에 작업을 하도록 하는 등 필요한 조치를 할 것

정답 | 85 ② 86 ③ 87 ② 88 ① 89 ① 90 ③

91 콘크리트 측압에 관한 설명으로 옳지 않은 것은?

① 대기의 온도가 높을수록 크다.
② 콘크리트의 타설속도가 빠를수록 크다.
③ 콘크리트의 타설높이가 높을수록 크다.
④ 배근된 철근량이 적을수록 크다.

[해설] **콘크리트의 측압이 커지는 요인**
- 거푸집의 부재단면이 클수록
- 거푸집의 수밀성이 클수록
- 거푸집의 강성이 클수록
- 거푸집의 표면이 평활할수록
- 시공연도(Workability)가 좋을수록
- 외기의 온도, 습도가 낮을수록
- 콘크리트의 타설속도가 빠를수록
- 콘크리트의 다짐(진동기 사용)이 좋을수록
- 콘크리트의 슬럼프(Slump)가 클수록
- 콘크리트의 비중이 클수록
- 응결시간이 느릴수록
- 철골 또는 철근량이 적을수록

92 작업에서의 위험요인과 재해형태가 가장 관련이 적은 것은?

① 무리한 자재적재 및 통로 미확보 → 전도
② 개구부 안전난간 미설치 → 추락
③ 벽돌 등 중량물 취급 작업 → 협착
④ 항만 하역작업 → 질식

[해설] 항만 하역작업에서는 추락의 위험요인이 있다.

93 강관비계의 구조에서 비계기둥 간의 최대허용 적재 하중으로 옳은 것은?

① 500kg   ② 400kg
③ 300kg   ④ 200kg

[해설] 강관비계에 있어서 비계기둥 간의 적재하중은 400kg을 초과하지 않아야 한다.

강관비계의 조립 시 준수사항

구분	준수사항
비계기둥의 간격	• 띠장 방향에서 1.85m 이하 • 장선 방향에서 1.5m 이하
띠장간격	2m 이하로 설치
강관보강	비계기둥의 제일 윗부분으로부터 31m 되는 지점 밑부분의 비계기둥은 2본의 강관으로 묶어 세울 것
적재하중	비계 기둥 간 적재하중 : 400kg을 초과하지 않도록 할 것
벽연결	• 수직 방향에서 5m 이하 • 수평 방향에서 5m 이하

94 개착식 굴착공사(Open cut)에서 설치하는 계측기기와 거리가 먼 것은?

① 수위계   ② 경사계
③ 응력계   ④ 내공변위계

[해설] 내공변위계는 터널계측을 위한 계측기기이다.

95 건설용 리프트에 대하여 바람에 의한 붕괴를 방지하는 조치를 한다고 할 때 그 기준이 되는 풍속은?

① 순간 풍속 30m/sec 초과
② 순간 풍속 35m/sec 초과
③ 순간 풍속 40m/sec 초과
④ 순간 풍속 45m/sec 초과

[해설] 순간 풍속이 초당 35미터를 초과하는 바람이 불어올 우려가 있는 경우 건설용 리프트(지하에 설치되어 있는 것은 제외한다)에 대하여 받침의 수를 증가시키는 등 그 붕괴 등을 방지하기 위한 조치를 하여야 한다.

96 철근의 인력 운반 방법에 관한 설명으로 옳지 않은 것은?

① 긴 철근은 두 사람이 1조가 되어 같은 쪽의 어깨에 메고 운반한다.
② 양끝은 묶어서 운반한다.
③ 1회 운반 시 1인당 무게는 50kg 정도로 한다.
④ 공동작업 시 신호에 따라 작업한다.

[해설] 1인당 무게는 25킬로그램 정도가 적절하며, 무리한 운반을 삼가해야 한다.

97 다음 중 차량계 건설기계에 속하지 않는 것은?

① 배처플랜트   ② 모터그레이더
③ 크롤러드릴   ④ 탠덤롤러

[해설] 배처플랜트는 차량계 건설기계에 해당하지 않는다.

정답 | 91 ① 92 ④ 93 ② 94 ④ 95 ② 96 ③ 97 ①

98 지반의 조사방법 중 지질의 상태를 가장 정확히 파악할 수 있는 보링방법은?

① 충격식 보링 ② 수세식 보링
③ 회전식 보링 ④ 오거 보링

[해설] 회전식 보링은 지질의 상태를 가장 정확히 파악할 수 있는 보링방법이다.

99 산업안전보건관리비 중 안전시설비의 항목에서 사용할 수 있는 항목에 해당하는 것은?

① 외부인 출입금지, 공사장 경계표시를 위한 가설울타리
② 작업발판
③ 절토부 및 성토부 등의 토사유실 방지를 위한 설비
④ 사다리 전도방지장치

[해설] 사다리 전도방지장치는 안전시설비로 사용이 가능한 항목이다.

100 다음 셔블계 굴착장비 중 좁고 깊은 굴착에 가장 적합한 장비는?

① 드래그라인 ② 파워셔블
③ 백호   ④ 클램셸

[해설] 클램셸(Clam Shell)은 좁은 곳의 수직굴착에 유리하여 케이슨 내 굴삭, 우물통 기초 등에 적합하다

정답 | 98 ③ 99 ④ 100 ④

2017년 4회

1과목
산업안전관리론

01 학습지도 중 구안법(Project Method)의 4단계 순서로 옳은 것은?

① 계획 → 목적 → 수행 → 평가
② 계획 → 수행 → 목적 → 평가
③ 목적 → 수행 → 계획 → 평가
④ 목적 → 계획 → 수행 → 평가

[해설] **구안법의 단계**
목적 → 계획 → 수행 → 평가

02 산업안전보건법령상 사업주가 근로자에 대하여 실시하여야 하는 교육 중 특별교육의 대상 작업 기준으로 틀린 것은?

① 동력에 의하여 작동되는 프레스 기계를 3대 이상 보유한 사업장에서 해당 기계로 하는 작업
② 1톤 미만의 크레인 또는 호이스트를 5대 이상 보유한 사업장에서 해당 기계로 하는 작업
③ 굴착면의 높이가 2m 이상이 되는 암석의 굴착작업
④ 전압이 75V인 정전 및 활선작업

[해설] 동력에 의하여 작동되는 프레스 기계를 3대 이상 보유한 사업장에서 해당 기계로 하는 작업자는 특별교육의 대상작업에 해당되지 않는다.

03 적응기제(Adjustment Mechanism) 중 방어적 기제에 해당하는 것은?

① 고립   ② 퇴행
③ 억압   ④ 보상

[해설] **방어적 기제(Defense Mechanism)**
자신의 약점을 위장하여 유리하게 보임으로써 자기를 보호하려는 것
• 보상 : 계획한 일이 성공하는 데서 오는 자존감

04 산업안전보건법령상 다음 안전·보건표지의 종류로 옳은 것은?

① 산화성 물질 경고   ② 폭발성 물질 경고
③ 부식성 물질 경고   ④ 인화성 물질 경고

[해설] **경고표지**

정답 | 01 ④ 02 ① 03 ④ 04 ④

05 산업안전보건법령상 자율안전확인대상에 해당하는 방호장치는?

① 압력용기 압력방출용 파열판
② 가스집합 용접장치용 안전기
③ 양중기용 과부하방지장치
④ 방폭구조 전기기계·기구 및 부품

해설 **자율안전확인대상 방호장치(일부)**
가. 아세틸렌 용접장치용 또는 가스집합 용접장치용 안전기

06 안전모에 있어 착장체의 구성요소가 아닌 것은?

① 턱끈
② 머리고정대
③ 머리받침고리
④ 머리받침끈

해설 **안전모의 구조**

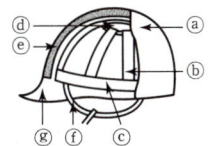

번호	명칭	
ⓑ	착장체	머리받침끈
ⓒ		머리고정대
ⓓ		머리받침고리

07 리더십에 대한 설명 중 틀린 것은?

① 조직원에 의하여 선출된다.
② 지휘의 형태는 민주주의적이다.
③ 조직원과의 사회적 간격이 넓다.
④ 권한의 근거는 개인의 능력에 의한다.

해설 **헤드십 권한**
• 권한 근거는 공식적이다.
• 부하직원의 활동을 감독한다.
• 상사와 부하와의 관계는 종속적이다.
• 부하와의 사회적 간격이 넓다.
• 지위형태가 권위적이다.

08 기업의 산업재해에 대한 과거와 현재의 안전성적을 비교, 평가한 점수로 안전관리의 수행도를 평가하는 데 유용한 것은?

① Safe T. Score
② 평균강도율
③ 종합재해지수
④ 안전활동률

해설 **세이프 티 스코어(Safe T. Score)**
과거와 현재의 안전성적을 비교, 평가하는 방법으로 단위가 없으며 계산결과가 (+)이면 나쁜 기록이, (−)이면 과거에 비해 좋은 기록으로 본다.

09 레빈(Lewin. K)의 $B=f(P\cdot E)$ 이론에 대한 설명으로 옳은 것은?

① B : 인간의 행동
② f : 인간관계, 작업환경
③ P : 적성
④ E : 심신상태, 성격, 지능, 연령

해설 **레빈(Lewin. K)의 법칙**
$B=f(P\cdot E)$
레빈은 인간의 행동(B)은 그 사람이 가진 자질, 즉 개체(P)와 심리적 환경(E)과의 상호함수관계에 있다고 하였다.
여기서, B : Behavior(인간의 행동)
f : function(함수관계)
P : Person(개체 : 연령, 경험, 심신상태, 성격, 지능 등)
E : Environment(심리적 환경 : 인간관계, 작업환경 등)

10 O.J.T(On the Job Training)의 특징 중 틀린 것은?

① 직장의 실정에 맞게 실제적 훈련이 가능하다.
② 훈련과 업무의 계속성이 끊어지지 않는다.
③ 훈련의 효과가 곧 업무에 나타나며, 훈련의 개선이 용이하다.
④ 다수의 근로자들에게 조직적 훈련이 가능하다.

해설 **O.J.T(직장 내 교육훈련)**
직속상사가 직장 내에서 작업표준을 가지고 업무상의 개별교육이나 지도훈련을 하는 것(개별교육에 적합)
• 개개인에게 적절한 지도훈련이 가능
• 직장의 실정에 맞게 실제적 훈련이 가능
• 효과가 곧 업무에 나타나며 훈련의 좋고 나쁨에 따라 개선이 쉬움

정답 | 05 ② 06 ① 07 ③ 08 ① 09 ① 10 ④

11 무재해 운동을 추진하기 위한 세 기둥이 아닌 것은?

① 관리감독자의 적극적 추진
② 소집단 자주활동의 활성화
③ 전 종업원의 안전요원화
④ 최고경영자의 경영자세

해설 **무재해 운동의 3기둥(3요소)**
1. 직장의 자율활동의 활성화
2. 라인(관리감독자)화의 철저
3. 최고경영자의 안전경영철학

12 학습의 전이에 영향을 주는 조건이 아닌 것은?

① 학습자의 지능 원인
② 학습자의 태도 요인
③ 학습장소의 요인
④ 선행학습과 후행학습 간 시간적 간격의 원인

해설 **학습의 전이 조건**
• 학습의 정도
• 시간의 간격
• 학습자의 태도
• 학습자의 지능
• 유의성

13 눈으로는 작업 내용을 보고 손과 발로는 습관적으로 작업을 하고 있지만 머릿속에는 고민이나 공상으로 가득 차 있어서 작업에 필요한 주의력이 점차 약화되고 작업자가 눈으로 보고 있는 작업 상황이 의식에 전달되지 않는 상태를 의미하는 것은?

① 의식의 과잉   ② 의식의 단절
③ 의식의 우회   ④ 의식수준의 저하

해설 **의식의 우회**
의식의 흐름이 옆으로 빗나가 발생하는 것(걱정, 고민, 욕구불만 등에 의하여 정신을 빼앗기는 것)

14 재해 발생의 주요 원인 중 불안전한 행동이 아닌 것은?

① 불안전한 적재   ② 불안전한 설계
③ 권한 없이 행한 조작   ④ 보호구 미착용

해설 불안전한 설계는 불안전한 환경에 해당된다.

15 사업장에서 발생한 990회의 사고 중 사망재해가 3건이었다면 하인리히의 재해구성비율에 따를 경우 경상이 예상되는 발생 건수는?

① 60   ② 87
③ 120   ④ 330

해설 **하인리히의 재해구성비율**
사망 및 중상 : 경상 : 무상해사고 = 1 : 29 : 300

16 브레인스토밍(Brain Storming)의 4원칙에 해당하는 것은?

① 점검정비   ② 본질추구
③ 목표달성   ④ 자유분방

해설 **브레인스토밍**
• 비판금지   • 자유분방
• 대량발언   • 수정발언

17 산업안전보건위원회의 근로자위원 구성 기준 중 틀린 것은?

① 근로자대표
② 해당 사업의 대표자가 지명하는 9명 이내의 해당 사업장 부서의 장
③ 명예산업안전감독관이 위촉되어 있는 사업장의 경우 근로자대표가 지명하는 1명 이상의 명예산업안전감독관
④ 근로자대표가 지명하는 9명 이내의 해당 사업장의 근로자

해설 **근로자 위원**
• 근로자대표
• 근로자대표가 지명하는 1명 이상의 명예산업안전감독관
• 근로자대표가 지명하는 9명 이내의 해당 사업장의 근로자

18 경보기가 울려도 전철이 오기까지 아직 시간이 있다고 스스로 판단하여 건널목을 건너다가 사고를 당한 것은 무엇에 의한 것인가?

① 생략행위   ② 근도반응
③ 억측판단   ④ 초조반응

해설 **억측판단(Risk Taking)**
위험을 부담하고 행동으로 옮김(신호등이 녹색에서 적색으로 바뀌어도 차가 움직이기까지 아직 시간이 있다고 생각하여 건널목을 건넜을 경우)

정답 | 11 ③ 12 ③ 13 ③ 14 ② 15 ② 16 ④ 17 ② 18 ③

19 강도율이 5.5라 함은 연 근로시간 몇 시간 중 재해로 인한 근로손실이 110일 발생하였음을 의미하는가?

① 10,000
② 20,000
③ 50,000
④ 100,000

해설) 강도율 = $\dfrac{\text{근로손실일수}}{\text{연근로시간수}} \times 1,000$

$5.5 = \dfrac{110}{\text{연근로시간}} \times 1,000$

∴ 연근로시간 = $\dfrac{110}{5.5} \times 1,000 = 20,000$

20 맥그리거(McGregor)의 Y이론의 관리 처방에 해당하는 것은?

① 목표에 의한 관리
② 권위주의적 리더십 확립
③ 경제적 보상체제의 강화
④ 면밀한 감독과 엄격한 통제

해설) **Y이론에 대한 관리 처방**
- 민주적 리더십의 확립
- 분권화와 권한의 위임
- 직무확장
- 자율적인 통제

2과목
인간공학 및 시스템공학

21 심장의 박동주기 동안 심근의 전기적 신호를 피부에 부착한 전극들로부터 측정하는 것으로 심장이 수축과 확장을 할 때, 일어나는 전기적 변동을 기록한 것은?

① 뇌전도계
② 근전도계
③ 심전도계
④ 안전도계

해설) **심전도(ECG)**
심장이 활동하는 동안의 전기적 자극을 기록한 그래프를 심전도(ECG 또는 EKG)라고 하며 심장의 근육활동의 전위차를 기록하여 측정한다.

22 감지되는 모든 우발상황에 대하여 적절한 행동을 취하게 완전히 프로그램화되어 있으며, 인간은 주로 감시, 프로그램, 정비유지 등의 기능을 수행하는 인간-기계 체계는?

① 수동 체계
② 자동화 체계
③ 반자동화 체계
④ 기계화 체계

해설) **인간-기계 통합체계의 특성**
1. 수동체계 : 자신의 신체적인 힘을 동력원으로 사용(수공구 사용)
2. 기계화 또는 반자동체계 : 운전자의 조종장치를 사용하여 통제하며 동력은 전형적으로 기계가 제공
3. 자동체계 : 기계가 감지, 정보처리·의사결정 등 행동을 포함한 모든 임무를 수행하고 인간은 감시, 프로그래밍·정비 유지 등의 기능을 수행하는 체계

23 위험조정을 위해 필요한 방법으로 틀린 것은?

① 위험보류(Retention)
② 위험감축(Reduction)
③ 위험회피(Avoidance)
④ 위험확인(Confirmation)

해설) **리스크(Risk) 통제방법(조정기술)**
- 회피(Avoidance)
- 경감, 감축(Reduction)
- 보류(Retention)
- 전가(Transfer)

24 결함수분석법에 관한 설명으로 틀린 것은?

① 잠재위험을 효율적으로 분석한다.
② 연역적 방법으로 원인을 규명한다.
③ 정성적 평가보다 정량적 평가를 먼저 실시한다.
④ 복잡하고 대형화된 시스템의 분석에 사용한다.

해설) 결함수 분석법은 정량적 평가만 실시한다.

25 부품을 작동하는 성능이 체계의 목표달성에 긴요한 정도를 고려하여 우선순위를 설정하는 원칙은?

① 중요도의 원칙
② 사용빈도의 원칙
③ 기능성의 원칙
④ 사용순서의 원칙

해설) **부품배치의 원칙**
- 중요성의 원칙 : 부품의 작동성능이 목표달성에 긴요한 정도에 따라 우선순위를 결정한다.

정답 | 19 ② 20 ① 21 ③ 22 ② 23 ④ 24 ③ 25 ①

26 FTA에서 사용하는 논리기호 가운데 3개 이상의 입력 현상 중 2개가 발생할 경우 출력이 되는 것은?

① 조합 AND 게이트
② 배타적 OR 게이트
③ 우선적 AND 게이트
④ 위험지속 AND 게이트

[해설] **논리기호 및 사상기호**

기호	명칭	설명
Ai, Aj, Ak / Ai Aj Ak	조합 AND 게이트	3개 이상의 입력 현상 중 2개가 일어나면 출력 현상이 발생

27 복권추첨을 할 때 복권에 당첨되지 않을 확률과 당첨될 확률이 각각 0.9, 0.1이라면, 정보량은 약 몇 bits인가?

① 0.47
② 0.50
③ 3.32
④ 3.47

[해설] 복권에 당첨되지 않을 확률과 당첨될 확률은 각각 $P_1 = 0.9$, $P_2 = 0.1$이다.

또한, 정보량은 $H = \log_2 \frac{1}{p}$로 구할 수 있으므로 각각의 정보량은 $H_1 = \log_2 \frac{1}{0.9} = 0.152 \text{bit}$, $H_2 = \log_2 \frac{1}{0.1} = 3.32 \text{bit}$이다.

가능한 모든 대안으로부터 얻을 수 있는 총 정보량 H를 추산하기 위해서는 각 대안으로부터 얻는 정보량에 각각의 실현 확률을 곱하여 가중치를 구한다.

즉, 총 정보량 $H = P_1 \times H_1 + P_2 \times H_2 = 0.1 \times 0.152 + 0.2 \times 3.322 ≒ 0.47$이다.

28 원자력 사업과 같이 이미 상당한 안전이 확보되어 있는 장소에서 관리, 설계, 생산, 보전 등 광범위하고 고도의 안전 달성을 목적으로 하는 시스템 해석법은?

① ETA
② MORT
③ FHA
④ FMEC

[해설] **MORT(Management Oversight and Risk Tree)**
FTA와 같은 논리기법을 이용하여 관리, 설계, 생산, 보전 등에 대해서 광범위하게 안전성을 확보하기 위한 기법이다.

29 물품을 일정시간 가동시켜 결함을 찾아내고 제거하여 고장률을 안정시키는 기간은?

① 우발고장 기간
② 말기고장 기간
③ 초기고장 기간
④ 마모고장 기간

[해설] **초기고장(감소형)**
제조가 불량하거나 생산과정에서 품질관리가 안 돼 생기는 고장형태이다.
- 디버깅(Debugging)기간 : 결함을 찾아내어 고장률을 안정시키는 기간
- 번인(Burn-in)기간 : 장시간 움직여보고 그동안에 고장 난 것을 제거시키는 기간

30 일반적으로 사람의 청력으로 감지할 수 있는 주파수 영역은?

① 0~20Hz
② 20~20,000Hz
③ 20,000~50,000Hz
④ 50,000~100,000Hz

[해설] • 가청주파수 : 20~20,000Hz
• 유해주파수 : 4,000Hz

31 가청 주파수 내에서 사람의 귀가 가장 민감하게 반응하는 주파수 대역은?

① 20~20,000Hz
② 50~15,000Hz
③ 100~10,000Hz
④ 500~3,000Hz

[해설] **경계 및 경보신호 선택 시 지침**
- 귀는 중음역에 가장 민감하므로 500~3,000Hz가 좋음
- 300m 이상 장거리용 신호에는 1,000Hz 이하의 진동수를 사용
- 칸막이를 돌아가는 신호는 500Hz 이하의 진동수를 사용
- 배경소음과 다른 진동수를 갖는 신호를 사용하고 신호는 최소 0.5~1초 지속
- 주의를 끌기 위해서는 변조된 신호를 사용
- 경보효과를 높이기 위해서는 개시시간이 짧은 고강도의 신호 사용

32 부품검사 작업자가 한 로트당 5,000개를 검사하여 400개의 부적합품을 검출하였다. 실제 로트당 1,000개의 부적합품이 있었다고 가정할 때, 휴먼에러 확률(HEP)은?

① 0.12
② 0.22
③ 0.32
④ 0.42

정답 | 26 ① 27 ① 28 ② 29 ③ 30 ② 31 ④ 32 ①

[해설] $HEP = \dfrac{\text{인간실수의 수}}{\text{실수발생의 전체 기회수}}$
$= \dfrac{1,000-400}{5,000}$
$= 0.12$

33 시스템을 성공적으로 작동시키는 경로의 집합을 시스템 신뢰도 측면에서의 무엇이라 하는가?

① Cut set　　② True set
③ Path set　　④ Module set

[해설] **컷셋과 미니멀 컷셋**
컷셋이란 그 속에 포함되어 있는 모든 기본사상이 일어났을 때 정상사상을 일으키는 기본사상의 집합을 말하며, 미니멀 컷셋은 정상사상을 일으키기 위해 필요한 최소한의 컷을 말한다. 즉, 미니멀 컷셋은 컷셋 중에 타 컷셋을 포함하고 있는 것을 배제하고 남은 컷셋들을 의미한다 (시스템의 위험성 또는 안전성을 말함).

34 실내면의 추천반사율이 낮은 것에서부터 높은 순으로 올바르게 배열된 것은?

① 바닥<가구<벽<천장
② 바닥<벽<가구<천장
③ 천장<가구<벽<바닥
④ 천장<벽<가구<바닥

[해설] **옥내 추천 반사율**
- 천장 : 80~90%
- 벽 : 40~60%
- 가구 : 25~45%
- 바닥 : 20~40%

35 인간-기계 체계에서 시스템 활동의 흐름과정을 탐지 분석하는 방법이 아닌 것은?

① 가동분석　　② 운반공정분석
③ 신뢰도 분석　④ 사무공정분석

[해설] 신뢰도 분석은 흐름과정을 탐지 분석하는 방법에 해당되지 않는다.

36 반사율이 80%인 종이에 인쇄된 글자의 반사율이 20%라 하면, 대비는 몇 %인가?

① -75%　　② -33%
③ -25%　　④ 75%

[해설] 소요조명$(fc) = \dfrac{80-20}{80} \times 100 = 75(\%)$

37 광원으로부터의 직사 휘광을 줄이기 위한 처리방법으로 틀린 것은?

① 가리개 및 차양을 사용한다.
② 광원을 시선에서 멀리 위치시킨다.
③ 광원의 휘도를 줄이고 수를 늘린다.
④ 휘광원의 주위를 밝게 하여 광도비를 높인다.

[해설] **광원으로부터의 휘광(glare)의 처리방법**
- 광원의 휘도를 줄이고 수를 늘린다.
- 광원을 시선에서 멀리 위치시킨다.
- 휘광원 주위를 밝게 하여 광도비를 줄인다.
- 가리개, 갓 혹은 차양(visor)을 사용한다.

38 Fail-safe의 종류가 아닌 것은?

① 중복구조　　② 상하 경감구조
③ 교대구조　　④ 다경로 하중구조

[해설] **Fail-safe의 종류**
- 다경로 하중구조
- 하중경감구조
- 교대구조
- 중복구조

39 인체계측자료를 응용하여 제품을 설계하고자 할 때, 제품과 적용기준으로 틀린 것은?

① 공구-평균치 설계기준
② 출입문-최대 집단치 설계기준
③ 안내 데스크-평균치 설계기준
④ 선반 높이-최대 집단치 설계기준

[해설] **최대치수와 최소치수(극단치 설계)**
특정한 설비를 설계할 때, 거의 모든 사람을 수용할 수 있는 경우(최대치수)가 필요하다. 문, 통로, 탈출구 등을 예로 들 수 있다. 최소치수의 예로는 선반의 높이, 조종장치까지의 거리 등이 있다.

정답 | 33 ③　34 ①　35 ③　36 ④　37 ④　38 ②　39 ④

40 조종장치의 촉각적 암호화를 위하여 고려하는 특성이 아닌 것은?

① 형상   ② 무게
③ 크기   ④ 표면 촉감

해설 **조종장치의 촉각적 암호화**
- 표면 촉감을 사용하는 경우
- 형상을 구별하는 경우
- 크기를 구별하는 경우

건설시공학

41 한중 콘크리트 공사에서 콘크리트의 물–결합재비는 원칙적으로 얼마 이하이어야 하는가?

① 50%   ② 55%
③ 60%   ④ 65%

해설 한중 콘크리트의 물–결합재(시멘트)비는 60% 이하로 하며, 가급적 적게 해야 한다.

42 혼화재에 관한 설명으로 옳지 않은 것은?

① 시멘트 중량의 1% 정도 이하로 배합설계에서 그 자체의 용적을 무시한다.
② 종류로는 플라이애시, 고로슬래그, 실리카퓸 등이 있다.
③ 포졸란 반응이 있는 것은 플라이애시, 고로슬래그, 규산백토 등이 있다.
④ 인공산으로는 플라이애시, 고로슬래그, 소성점토 등이 있다.

해설 혼화재(混和材)는 시멘트 중량의 5% 이상을 사용한다.

43 강재면에 강필로 볼트구멍 위치와 절단 개소 등을 그리는 일은?

① 원척도   ② 본뜨기
③ 금매김   ④ 변형바로잡기

해설 금매김은 본뜨기 형판과 자를 이용하여 강재 위에 절단, 구멍 뚫기 위치를 표시하는 일이다.

44 연약한 점성토 지반을 굴착할 때 주로 발생하며 흙막이 바깥에 있는 흙이 안으로 밀려들어와 흙막이가 파괴되는 현상은?

① 파이핑(Piping)   ② 보일링(Boiling)
③ 히빙(Heaving)   ④ 캠버(Camber)

해설 **히빙(Heaving)**
흙막이 벽체 배면의 흙이 안으로 밀려 들어와 굴착 바닥면이 부풀어 오르는 현상을 말한다.

45 콘크리트에 사용하는 AE제의 특징이 아닌 것은?

① 내구성, 수밀성 증대   ② 블리딩 현상 증가
③ 단위수량 감소   ④ 건조수축 감소

해설 AE제는 콘크리트에 공기량을 증가시켜 콘크리트의 시공연도, 워커빌리티를 향상시킨 것으로 공기량이 많을수록 슬럼프는 증가한다.

46 기성콘크리트 말뚝시공에 관한 설명으로 옳지 않은 것은?

① 말뚝중심간격은 2.5D 이상 또한 750mm 이상으로 한다.
② 적재 장소는 시공장소와 가깝고 배수가 양호하고 지반이 견고한 곳이어야 한다.
③ 2단 이하로 저장하고 말뚝받침대는 동일 선상에 위치하여야 파손이 적다.
④ 시공순서는 주변 다짐효과를 높이기 위하여 주변부에서 중앙부로 박는다.

해설 기성콘크리말뚝은 말뚝의 위치를 정확히 수직으로 하여 똑바로 박아야 하며, 가장자리를 먼저 박고 점차 중앙으로 박는다.

47 거푸집 공사 중 콘크리트의 측압에 관한 설명으로 옳지 않은 것은?

① 치어붓기 속도가 빠를수록 측압이 크다.
② 묽은 콘크리트일수록 측압이 작다.
③ 거푸집의 수평단면이 작을수록 측압이 작다.
④ 철골 또는 철근량이 많을수록 측압은 작아진다.

해설 묽은 콘크리트일수록 측압이 커진다.

정답 | 40 ② 41 ③ 42 ① 43 ③ 44 ③ 45 ② 46 ④ 47 ②

48 건설공사 완료 후 보수 및 재시공을 보증하기 위하여 공사발주처 등에 예치하는 공사금액의 명칭은?

① 입찰보증금
② 계약보증금
③ 지체보증금
④ 하자보증금

[해설] 하자보증금은 건설공사 완료 후 발견되는 하자 부분에 대한 금전적인 보증이다.

49 거푸집 공사에서 거푸집 검사 시 받침기둥(지주의 안전하중)검사와 가장 거리가 먼 것은?

① 서포트의 수직 여부 및 간격
② 폼타이 등 조임철물의 재질
③ 서포트의 편심, 처짐 및 나사의 느슨함 정도
④ 수평연결대 설치 여부

[해설] 폼타이(Form Tie)는 콘크리트를 부어넣을 때 거푸집이 벌어지거나 우그러들지 않게 연결, 고정하는 긴결재이다.

50 네트워크 공정표의 구성요소 중 부주공정(Semi-Critical Path)에 관한 설명으로 옳지 않은 것은?

① 여유시간이 상대적으로 적은 공정을 의미한다.
② 공정이 부분적 또는 불연속적으로 발생한다.
③ 공기단축 시 관리대상에서는 제외된다.
④ 주공정화할 가능성이 많은 공정이다.

[해설] 부주공정은 공기단축 시 관리대상이다.

51 토공사의 굴착기계 용도에 관한 설명으로 옳지 않은 것은?

① 백호는 기계보다 낮은 곳을 굴착하는데 사용한다.
② 파워셔블은 기계보다 높은 곳을 굴착하는 데 사용한다.
③ 드래그라인은 기계보다 낮은 곳의 흙을 긁어모으는 데 사용한다.
④ 클램셸은 기계보다 높은 곳의 흙과 자갈을 긁어내리는 데 사용한다.

[해설] 클램셸(Clam shell)은 기계보다 낮고 좁은 곳의 수직굴착에 유리하여 케이슨 내 굴착, 우물통 기초 등에 적합하다.

52 무량판구조에 사용되는 특수상자모양의 기성재 거푸집은?

① 터널 폼
② 유로 폼
③ 슬라이딩 폼
④ 워플 폼

[해설] 워플 폼(Waffle Form)은 제물치장 용도로 사용되는 무량판구조, 평판구조에서 특수 상자모양의 기성재 거푸집을 말한다.

53 철근콘크리트공사에서의 철근이음에 관한 설명으로 옳지 않은 것은?

① 철근의 이음위치는 되도록 응력이 큰 곳을 피한다.
② 일반적으로 이음을 할 때는 한곳에서 철근 수의 반 이상을 이어야 한다.
③ 철근이음에는 겹침이음, 용접이음, 기계적 이음 등이 있다.
④ 철근이음은 힘의 전달이 연속적이고, 응력집중 등 부작용이 생기지 않아야 한다.

[해설] 이음의 위치는 응력이 큰 곳을 피하고 동일 개소에 철근 수의 반 이상을 이어서는 안 된다.

54 공사에 필요한 표준시방서의 내용에 포함되지 않는 사항은?

① 재료에 관한 사항
② 공법에 관한 사항
③ 공사비에 관한 사항
④ 검사 및 시험에 관한 사항

[해설] 공사비에 관한 사항은 표준시방서 포함내용이 아니다.

55 공사계약서 내용에 포함되어야 할 내용과 가장 거리가 먼 것은?

① 공사내용(공사명, 공사장소)
② 재해방지대책
③ 도급금액 및 시불방법
④ 천재지변 및 그 외의 불가항력에 의한 손해부담

[해설] 재해방지대책은 공사계약서 포함내용이 아니다.

정답 | 48 ④ 49 ② 50 ③ 51 ④ 52 ④ 53 ② 54 ③ 55 ②

56 모래의 부피증가계수(L)가 15%이고, 굴토량이 261m³라면 잔토처리량은?

① 약 300m³ ② 약 250m³
③ 약 231m³ ④ 약 200m³

해설) 잔토처리량 = 굴착토량 + (굴착토량 × 부피증가율)
= 261 + (261 × 0.15) = 300.15m³

57 건축생산 조직에 관한 설명으로 옳은 것은?

① CM은 시공자가 직접 공사의 타당성조사, 설계, 시공, 사용 등을 포함하는 건설공사 전 과정을 조정하는 것이다.
② EC화는 종래의 단순한 시공업과 비교하여 건설사업 전반에 걸쳐 종합, 기획, 관리하는 업무 영역의 확대를 말한다.
③ 발주자와 직접 공사계약을 하는 업자를 하도급자라고 한다.
④ 감리자란 시공자의 위탁을 받아 공사의 시공과정을 검사·승인하는 자를 말한다.

해설) EC화는 건설사업 전반에 걸쳐 종합, 기획, 관리하는 업무 영역의 확대를 말한다.

58 LW(Labiles Wasserglass)공법에 관한 설명으로 옳지 않은 것은?

① 물유리용액과 시멘트 현탁액을 혼합하면 규산수화물을 생성하여 겔(gel)화하는 특성을 이용한 공법이다.
② 지반강화와 차수목적을 얻기 위한 약액주입공법의 일종이다.
③ 미세공극의 지반에서도 그 효과가 확실하여 널리 쓰인다.
④ 배합비 조절로 겔타임 조절이 가능하다.

해설) LW(Labiles Wasserglass)는 미세공극의 지반효과가 불확실하다.

59 철근가공에 관한 설명으로 옳지 않은 것은?

① 대지의 여유가 없어도 정밀도 확보를 위해 현장가공을 우선적으로 고려한다.
② 철근가공은 현장가공과 공장가공으로 나눌 수 있다.
③ 공장가공은 현장가공에 비해 절단손실을 줄일 수 있다.
④ 공장가공은 현장가공보다 운반비가 높은 경우가 많다.

해설) 철근가공은 현장가공의 정밀도가 떨어진다.

60 철골공사에 관한 설명으로 옳지 않은 것은?

① 현장용접 시 기온과 관계없이 부재를 예열하지 않는다.
② 세우기 장비는 철골구조의 형태 및 총중량을 고려한다.
③ 철골 세우기는 가조립 후 변형 바로잡기를 한다.
④ 가조립 시 최소 2개 이상 가볼트 조임한다.

해설) 현장용접 시 부재를 예열하여 용접결함을 줄인다.

4과목
건설재료학

61 플라스틱의 특성에 관한 설명으로 옳지 않은 것은?

① 전기절연성이 양호하다.
② 내열성 및 내후성이 강하다.
③ 착색이 자유롭고 높은 투명성을 가질 수 있다.
④ 내약품성이 있고 접착성이 우수하다.

해설) 플라스틱은 일반적으로 전기절연성이 양호하며 열에 의한 팽창 및 수축이 크다.

62 콘크리트 인장강도는 압축강도의 대략 얼마 정도인가?

① 2배 ② 1배
③ 1/10 ④ 1/30

해설) 콘크리트의 인장강도는 압축강도의 1/10~1/13 수준이다.

63 금속성형 가공제품 중 천장, 벽 등의 모르타르 바름 바탕용으로 사용되는 것은?

① 인서트 ② 메탈라스
③ 와이어클리퍼 ④ 와이어로프

해설) **메탈라스(Metal lath)**
얇은 강판을 잔금으로 잘라 그물모양으로 만든 것으로 마감부위에 직접 붙여 마감하거나 미장부위에 붙이는 재료이다.

정답 | 56 ① 57 ② 58 ③ 59 ① 60 ① 61 ② 62 ③ 63 ②

64 고온소성의 무수석고를 특별히 화학처리한 것으로 킨스시멘트라고도 하는 것은?

① 혼합석고 플라스터
② 보드용 석고 플라스터
③ 경석고 플라스터
④ 돌로마이트 플라스터

해설 킨스시멘트는 경석고 플라스터라고도 하며, 고온소성의 무수석고에 특별한 화학처리를 한 것이다.

65 수분 상승으로 인하여 콘크리트의 표면에 떠올라 얇은 피막으로 되어 침적한 물질은?

① 레이턴스 ② 폴리머
③ 마그네시아 ④ 포졸란

해설 레이턴스(Laitance)
블리딩 현상의 결과 콘크리트 표면으로 떠오른 미세한 물질이 표면에 얇은 피막을 형성하여 굳은 것을 말한다.

66 보통벽돌에 관한 설명으로 옳지 않은 것은?

① 일반적으로 잘 구워진 것일수록 치수가 작아지고 색이 옅어지며, 두드리면 탁음이 난다.
② 건축용 점토소성벽돌의 적색은 원료의 산화철 성분에서 기인한다.
③ 보통벽돌의 기본치수는 190×90×57mm이다.
④ 진흙을 빚어 소성하여 만든 벽돌로서 점토벽돌이라고도 한다.

해설 보통벽돌은 일반적으로 잘 구워진 것일수록 두드리면 맑은 음이 난다.

67 다음 단열재료 중 가장 높은 온도에서 사용할 수 있는 것은?

① 세라믹 파이버 ② 암면
③ 석면 ④ 글래스울

해설 세라믹 파이버의 원료는 실리카와 알루미나이며, 알루미나의 함유량을 늘리면 내열성이 상승한다.

68 다음 중 천연석에 해당되지 않는 것은?

① 트래버틴 ② 대리석
③ 화강석 ④ 테라조

해설 테라조는 대리석, 화강석 등을 종석으로 하여 시멘트와 혼합하여 시공하고 경화 후 가공 연마하여 미려한 광택을 갖도록 마감한 것이다.

69 시멘트의 안정성 시험에 해당하는 것은?

① 슬럼프 시험
② 브레인 시험
③ 길모아 시험
④ 오토클레이브 팽창도 시험

해설 시멘트의 안전성 측정은 오토클레이브 팽창도 시험방법으로 행한다.

70 다음 중 20℃ 기건상태에서 단열성이 가장 우수한 것은?

① 화강암 ② 판유리
③ 알루미늄 ④ ALC

해설 ALC제품은 경량기포 콘크리트로 다공성 제품으로 단열성이 매우 우수하고, 연전도율은 콘크리트의 1/10 정도이다.

71 다음 중 골재로 사용할 수 없는 것은?

① 록 울(Rock wool)
② 질석(Vermiculite)
③ 펄라이트(Perlite)
④ 화산자갈(Volcanic gravel)

해설 암면(Rock wool)은 단열성·보온성·흡음성·내화성이 우수하여 단열재·흡음재로 사용한다. 골재로는 사용할 수 없다.

정답 | 64 ③ 65 ① 66 ① 67 ① 68 ④ 69 ④ 70 ④ 71 ①

72 어떤 목재의 건조 전 질량이 200g, 건조 후 전건질량이 150g일 때, 이 목재의 함수율은?

① 10%   ② 25%
③ 33.3%   ④ 66.7%

해설) 함수율 $\mu = \dfrac{W_1 - W_2}{W_2} \times 100(\%)$
$= (200 - 150)/150 \times 100(\%)$
$= 33.3\%$
여기서, W_1 : 건조 전 시료 중량
W_2 : 절대건조 시 시료 중량

73 합판에 관한 설명으로 옳은 것은?

① 곡면가공 시 균열이 발생하기 때문에 곡면가공이 불가능하다.
② 함수율 변화에 따른 팽창·수축의 방향성이 크다.
③ 표면가공법으로 흡음효과를 낼 수 있다.
④ 내수성이 매우 작기 때문에 내장용으로만 사용된다.

해설) 합판은 표면가공법으로 흡음효과를 낼 수 있다.

74 굳지 않은 콘크리트의 성질을 나타낸 용어에 관한 설명으로 옳지 않은 것은?

① 컨시스턴시(Consistency) : 콘크리트에 사용되는 물의 양에 의한 콘크리트 반죽의 질기
② 워커빌리티(Workability) : 콘크리트의 부어넣기 작업 시의 작업 난이도 및 재료분리에 대한 저항성
③ 피니셔빌리티(Finishability) : 굵은 골재의 최대치수, 잔골재율, 잔골재의 입도 등에 따른 마무리 작업의 난이도
④ 플라스티시티(Plasticity) : 콘크리트를 펌핑하여 부어넣는 위치까지 이동시킬 때의 펌핑성

해설) **굳지 않은 콘크리트의 성질**

용어	특성	내용
Consistency	반죽질기	반죽이 되거나 묽은 정도
Workability	시공연도	작업의 용이성, 재료 분리에 대한 저항성
Plasticity	성형성	거푸집에 용이하게 충전하고 분리가 일어나지 않는 정도
Finishability	마감성	콘크리트 표면의 평활도의 정도
Pumpabilty	압송성	펌프를 이용하여 압송하는 경우의 난이도

75 공기 중의 이산화탄소와 화학반응을 일으켜 경화하는 미장재료는?

① 경석고 플라스터   ② 시멘트 모르타르
③ 돌로마이트 플라스터   ④ 혼합석고 플라스터

해설) 돌로마이트 플라스터(Dolomite Plaster)는 공기 중의 이산화탄소(CO_2)와 작용하여 경화하는 기경성 미장재료이다.

76 대리석의 성질과 용도에 관한 설명으로 옳은 것은?

① 석질이 치밀하고, 판석으로서 지붕 외벽 등에 사용되며 비석, 숫돌로도 이용된다.
② 조적재, 기초석재 등으로 주로 쓰인다.
③ 내화도는 높으나 조잡하여 경량골재, 내화재 등에 사용한다.
④ 열, 산에는 약하지만 외관이 미려하므로 장식용으로 사용된다.

해설) 대리석은 압축강도는 크나 산과 열에 약하고 내구성이 떨어져 외장재로는 부적당하며, 광택과 빛깔, 무늬가 아름다워 실내장식용, 조각용으로 많이 이용된다.

77 풍화된 시멘트를 사용했을 경우에 관한 설명으로 옳지 않은 것은?

① 응결이 늦어진다.   ② 수화열이 증가한다.
③ 비중이 작아진다.   ④ 강도가 감소된다.

해설) 풍화된 시멘트의 성질은 밀도가 작아지고 응결이 늦어지며, 강도가 늦게 발현되고 강열감량(强熱減量)이 커진다.

78 알루미늄의 용도로 가장 적합하지 않은 것은?

① 창호철물
② 콘크리트에 면하는 마감재
③ 새시
④ 라디에이터

해설) 알루미늄(Aluminum)은 해수 및 산, 알칼리에 약하다. 비중이 2.7(강의 1/3)로서 경금속이고, 비중에 비해 강도도 크므로 구조용 재료로 유리하며 연성 및 전성이 커서 가공이 쉽고, 전기 및 열전도율이 높다. 콘크리트에 면하는 마감재로는 적합하지 않다.

정답 | 72 ③ 73 ③ 74 ④ 75 ③ 76 ④ 77 ② 78 ②

79 마루판으로 사용할 때 적합하지 않은 것은?

① 코펜하겐 리브 ② 플로어링 보드
③ 파키트 블록 ④ 파키트 패널

해설 **코펜하겐 리브(Copenhagen rib)**
코펜하겐 리브는 강당, 극장, 집회장 등의 벽이나 천장 등에 음향 조절 효과와 장식효과를 겸해서 사용한다.

80 에폭시 도장에 관한 설명으로 옳지 않은 것은?

① 내마모성이 우수하고 수축, 팽창이 거의 없다.
② 내약품성, 내수성, 접착력이 우수하다.
③ 자외선에 특히 강하여 외부에 주로 사용한다.
④ Non–Slip 효과가 있다.

해설 에폭시 도장은 자외선에 약해서 자외선에 노출될 경우 변색이 될 수 있다. 따라서 지하주차장 바닥 등 실내용으로 많이 사용된다.

5과목
건설안전기술

81 굴착공사에서 굴착 깊이가 5m, 굴착 저면의 폭이 5m인 경우, 양단면 굴착을 할 때 굴착부 상단면의 폭은? (단, 굴착면의 기울기는 1 : 1로 한다.)

① 10m ② 15m
③ 20m ④ 25m

해설 상단면 폭=굴착 저면의 폭 5m+우측 굴착 사면 폭 5m+좌측 굴착사면 폭 5m=15m

82 강관을 사용하여 비계를 구성하는 경우의 준수사항으로 옳지 않은 것은?

① 비계기둥의 간격은 띠장 방향에서는 1.5m 이상 1.8m 이하, 장선방향에서는 1.5m 이하로 할 것
② 비계기둥 간의 적재하중은 300kg을 초과하지 않도록 할 것
③ 띠장의 간격은 1.5m 이하로 설치할 것
④ 첫 번째 띠장은 지상으로부터 2m 이하의 위치에 설치할 것

해설 비계기둥 간의 적재하중은 400kg을 초과하지 않도록 해야 한다.

83 차량계 건설기계 중 도로포장용 건설기계에 해당되지 않는 것은?

① 아스팔트 살포기 ② 아스팔트 피니셔
③ 콘크리트 피니셔 ④ 어스 오거

해설 어스 오거는 지반의 천공 작업용 건설기계이다.

84 발파작업에 종사하는 근로자가 발파 시 준수하여야 할 기준으로 옳지 않은 것은?

① 벼락이 떨어질 우려가 있는 경우에는 화약 또는 폭약의 장전 작업을 중지하고 근로자들을 안전한 장소로 대피시켜야 한다.
② 근로자가 안전한 거리에 피난할 수 없는 경우에는 전면과 상부를 견고하게 방호한 피난장소를 설치하여야 한다.
③ 전기뇌관 외의 것에 의하여 점화 후 장전된 화약류의 폭발 여부를 확인하기 곤란한 경우에는 점화한 때부터 15분 이내에 신속히 확인하여 처리하여야 한다.
④ 얼어붙은 다이너마이트는 화기에 접근시키거나 그 밖의 고열물에 직접 접촉시키는 등 위험한 방법으로 융해되지 않도록 한다.

해설 전기뇌관 외의 것에 의한 경우에는 점화한 때부터 15분 이상 경과한 후가 아니면 화약류의 장진장소에 접근시키지 아니하여야 한다.

85 다음 (   ) 안에 들어갈 내용으로 옳은 것은?

> 콘크리트 측압은 콘크리트 타설속도, (   ), 단위용적질량, 온도, 철근배근상태 등에 따라 달라진다.

① 골재의 형상 ② 콘크리트 강도
③ 박리제 ④ 타설높이

해설 **측압이 커지는 조건**
- 거푸집의 부재단면이 클수록
- 거푸집의 수밀성이 클수록
- 거푸집의 강성이 클수록
- 거푸집 표면이 평활할수록
- 시공연도(Workability)가 좋을수록
- 철골 또는 철근량이 적을수록
- 외기온도가 낮을수록, 습도가 높을수록
- 콘크리트의 타설속도가 빠를수록
- 콘크리트의 다짐이 좋을수록
- 콘크리트의 Slump가 클수록
- 콘크리트의 비중이 클수록

정답 | 79 ① 80 ③ 81 ② 82 ② 83 ④ 84 ③ 85 ④

86 인력에 의한 굴착작업 시 준수해야 할 사항으로 옳지 않은 것은?

① 지반의 종류에 따라서 정해진 굴착면의 높이와 기울기로 진행시켜야 한다.
② 굴착면 및 굴착심도기준을 준수하여 작업 중 붕괴를 예방하여야 한다.
③ 굴착토사나 자재 등을 경사면 및 토류벽 천단부 주변에 쌓아두어 하중을 보강한다.
④ 용수 등의 유입수가 있는 경우 배수시설을 한 뒤에 작업을 하여야 한다.

[해설] 굴착토사나 자재 등을 경사면 및 토류벽 천단부 주변에 쌓아두면 붕괴 위험이 증가한다.

87 고소작업대를 설치 및 이동하는 경우의 준수사항으로 옳지 않은 것은?

① 바닥과 고소작업대는 가능하면 수평을 유지하도록 할 것
② 이동하는 경우에는 작업대를 가장 높게 올릴 것
③ 이동통로의 요철상태 또는 장애물의 유무 등을 확인할 것
④ 갑작스러운 이동을 방지하기 위하여 아웃트리거 또는 브레이크 등을 확실히 사용할 것

[해설] 고소작업대를 이동하는 경우 작업대를 가장 낮게 해야 한다.

88 크레인 와이어로프가 일정 한계 이상 감기지 않도록 작동을 자동으로 정지시키는 장치는?

① 훅해지장치   ② 권과방지장치
③ 비상정지장치   ④ 과부하방지장치

[해설] 권과방지장치는 크레인 와이어로프가 일정 한계 이상 감기지 않도록 작동을 자동으로 정지시키는 장치이다.

89 철골 작업 시 강우량에 대해 작업을 중단하는 기준으로 옳은 것은?

① 시간당 1mm 이상인 경우
② 시간당 5mm 이상인 경우
③ 시간당 10mm 이상인 경우
④ 시간당 15mm 이상인 경우

[해설] 철골 건립 작업 시 작업중지 악천후 기준

구분	내용
강풍	풍속이 초당 10m 이상인 경우
강우	강우량이 시간당 1mm 이상인 경우
강설	강설량이 시간당 1cm 이상인 경우

90 파이핑(Piping) 현상에 의한 흙 댐(Earth dam)의 파괴를 방지하기 위한 안전대책 중 옳지 않은 것은?

① 흙 댐의 하류 측에 필터를 설치한다.
② 흙 댐의 상류 측에 차수판을 설치한다.
③ 흙 댐 내부에 점토코어(core)를 넣는다.
④ 흙 댐에서 물의 침투유도 길이를 짧게 한다.

[해설] 물의 침투유도 길이를 길게 해야 한다.

91 건설산업기본법 시행령에 따른 토목공사업에 해당되는 토목 건설공사현장에서 전담 안전관리자 최소 1인을 두어야 하는 공사금액의 기준으로 옳은 것은?

① 150억 원 이상   ② 180억 원 이상
③ 210억 원 이상   ④ 250억 원 이상

[해설] 토목공사 현장에서 안전관리자를 두어야 하는 최소 금액은 150억 원 이상이다.

92 공사용 가설도로에서 일반적으로 허용되는 최고 경사도는 얼마인가?

① 5%   ② 10%
③ 20%   ④ 30%

[해설] 가설도로의 설치기준에서 부득이한 경우를 제외하는 경우 최고 허용 경사도는 10% 이내로 하여야 한다.

93 강관비계 중 단관비계의 벽이음 및 버팀 설치 시 수직 및 수평 방향 조립간격으로 옳은 것은?

① 수직방향 : 3m, 수평방향 : 3m
② 수직방향 : 5m, 수평방향 : 5m
③ 수직방향 : 6m, 수평방향 : 8m
④ 수직방향 : 8m, 수평방향 : 6m

정답 | 86 ③ 87 ② 88 ② 89 ① 90 ④ 91 ① 92 ② 93 ②

해설 강관비계의 조립간격은 아래의 기준에 적합하도록 하여야 한다.

강관비계의 종류	조립간격(단위 : m)	
	수직방향	수평방향
단관비계	5	5
틀비계(높이가 5m 미만의 것을 제외한다.)	6	8

94 양 끝이 힌지(Hinge)인 기둥에 수직하중을 가하면 기둥이 수평방향으로 휘게 되는 현상은?

① 피로파괴
② 폭열현상
③ 좌굴
④ 전단파괴

해설 **좌굴(Buckling)**
기둥의 길이가 그 횡단면의 치수에 비해 클 때, 기둥의 양단에 압축하중이 가해졌을 경우 하중방향과 직각방향으로 변위가 생기는 현상이다.

95 안전난간은 구조적으로 가장 취약한 지점에서 가장 취약한 방향으로 작용하는 최소 얼마 이상의 하중에 견딜 수 있는 구조이어야 하는가?

① 100kg
② 150kg
③ 200kg
④ 250kg

해설 안전난간은 구조적으로 가장 취약한 지점에서 가장 취약한 방향으로 작용하는 100kg 이상의 하중에 견딜 수 있는 구조여야 한다.

96 토석의 붕괴 원인 중 외적 요인이 아닌 것은?

① 법면의 경사 증가
② 절토 및 성토 높이 증가
③ 진동 및 각종 하중 작용
④ 토석의 강도 저하

해설 **토석의 붕괴 원인**
1. 외적 원인
   - 사면, 법면의 경사 및 기울기의 증가
   - 절토 및 성토 높이의 증가
   - 공사에 의한 진동 및 반복하중의 증가
   - 지표수 및 지하수의 침투에 의한 토사 중량의 증가
   - 지진 차량 구조물의 하중작용
   - 토사 및 암석의 혼합층 두께 등
2. 내적 원인
   - 절토 사면의 토질, 암질
   - 성토 사면의 토질구성 및 분포
   - 토석의 강도 저하 등

97 다음은 산업안전보건법령 중 계단 형상으로 조립하는 거푸집 및 동바리에 관한 사항이다. ( ) 안에 들어갈 내용으로 알맞은 것은?

거푸집의 형상에 따른 부득이한 경우를 제외하고는 깔판·깔목 등을 ( ) 이상 끼우지 않도록 할 것

① 2단
② 3단
③ 4단
④ 5단

해설 계단 형상으로 조립하는 거푸집 및 동바리의 경우 거푸집의 형상에 따른 부득이한 경우를 제외하고는 깔판·깔목 등을 2단 이상 끼우지 않도록 해야 한다.

98 철골보 인양작업 시 준수사항으로 옳지 않은 것은?

① 선회와 인양작업은 가능한 한 동시에 이루어지도록 한다.
② 인양용 와이어로프의 매달기 각도는 양변 60° 정도가 되도록 한다.
③ 유도 로프로 방향을 잡으며 이동시킨다.
④ 철골보의 와이어로프 체결지점은 부재의 1/3 지점을 기준으로 한다.

해설 선회와 인양작업이 동시에 이루어져서는 안된다.

99 낙하물에 의한 위험을 방지하기 위하여 낙하물 방지망을 설치하는 경우 수평면과의 유지 각도로 옳은 것은?

① 20도 이상 30도 이하
② 30도 이상 40도 이하
③ 40도 이상 45도 이하
④ 45도 초과

해설 낙하물 방지망을 설치하는 경우 수평면과의 유지 각도는 20도 이상 30도 이하이다.

100 산업안전보건법령에 따른 크레인을 사용하여 작업을 하는 때 작업 시작 전 점검사항에 해당되지 않는 것은?

① 권과방지장치·브레이크·클러치 및 운전장치의 기능
② 주행로의 상측 및 트롤리가 횡행하는 레일의 상태
③ 원동기 및 풀리기능의 이상 유무
④ 와이어로프가 통하고 있는 곳의 상태

해설 크레인을 사용하여 작업을 하는 때 작업 시작 전 점검사항은 권과방지장치·브레이크·클러치 및 운전장치의 기능, 주행로의 상측 및 트롤리가 횡행하는 레일의 상태, 와이어로프가 통하고 있는 곳의 상태 등이다.

정답 | 94 ③ 95 ① 96 ④ 97 ① 98 ① 99 ① 100 ③

2018년 1회

1과목
산업안전관리론

01 다음 중 시행착오설에 의한 학습법칙에 해당하지 않는 것은?

① 효과의 법칙
② 일관성의 법칙
③ 준비성의 법칙
④ 연습의 법칙

해설 손다이크(Thorndike)의 시행착오설
1. 준비성의 법칙
2. 연습의 법칙
3. 효과의 법칙

02 Safe-T-score에 대한 설명으로 틀린 것은?

① 안전관리의 수행도를 평가하는 데 유용하다.
② 기업의 산업재해에 대한 과거와 현재의 안전성적을 비교 평가한 점수로 단위가 없다.
③ Safe-T-score가 +2.0 이상인 경우는 안전관리가 과거보다 좋아졌음을 나타낸다.
④ Safe-T-score가 +2.0 ~ -2.0 사이인 경우는 안전관리가 과거에 비해 심각한 차이가 없음을 나타낸다.

해설 Safe-T-Score가 +2.0 이상인 경우에는 안전관리가 과거보다 나빠졌음을 나타낸다.

세이프 티 스코어(Safe T. Score)
과거와 현재의 안전성적을 비교, 평가하는 방법으로 단위가 없으며 계산결과가 (+)면 나쁜 기록으로, (-)면 과거에 비해 좋은 기록으로 본다.

03 사고예방대책의 기본원리 5단계 중 제4단계의 내용으로 틀린 것은?

① 인사조정
② 작업분석
③ 기술의 개선
④ 교육 및 훈련의 개선

해설 제4단계 : 시정책의 선정
• 기술의 개선
• 인사조정
• 교육 및 훈련 개선
• 안전규정 및 수칙의 개선
• 이행의 감독과 제재 강화

04 다음 중 재해예방의 4원칙에 해당하지 않는 것은?

① 원인계기의 원칙
② 예방가능의 원칙
③ 사실보존의 원칙
④ 손실우연의 원칙

해설 재해예방의 4원칙
1. 손실우연의 원칙
2. 원인계기의 원칙
3. 예방가능의 원칙
4. 대책선정의 원칙

05 학습을 자극에 의한 반응으로 보는 이론에 해당하는 것은?

① 손다이크(Thorndike)의 시행착오설
② 퀠러(Kohler)의 통찰설
③ 톨만(Tolman)의 기호형태설
④ 레빈(Lewin)의 장이론

해설 자극-반응 이론(S-R 이론)
• 손다이크(Thorndike)의 시행착오설
• 파블로프(Pavlov)의 조건반사설
• 스키너(Skinner)의 조작적 조건형성 이론

정답 | 01 ② 02 ③ 03 ② 04 ③ 05 ①

06 부하의 행동에 영향을 주는 리더십 중 조언, 설명, 보상조건 등의 제시를 통한 적극적인 방법은?

① 강요 ② 모범
③ 제언 ④ 설득

해설 조언, 설명, 보상조건 등의 제시로 부하의 행동에 영향을 주는 리더십 방법은 설득이다.

07 다음 중 산업안전심리의 5대 요소에 해당하는 것은?

① 기질(temper) ② 지능(intelligence)
③ 감각(sense) ④ 환경(environment)

해설 산업안전심리의 5대 요소는 습관, 동기, 기질, 감정, 습성이다.

08 400명의 근로자가 종사하는 공장에서 휴업일수 127일, 중대재해 1건이 발생한 경우 강도율은? (단, 1일 8시간으로 연 300일 근무한 조건으로 계산한다.)

① 10 ② 0.1
③ 1.0 ④ 0.01

해설 강도율 = $\dfrac{\text{근로손실일수}}{\text{근로총시간수}} \times 1{,}000$

$= \dfrac{127 \times \dfrac{300}{365}}{400 \times 8 \times 300} \times 1{,}000$

$= 0.1$

09 추락 및 감전 위험방지용 안전모의 일반구조가 아닌 것은?

① 착장체 ② 충격흡수재
③ 선심 ④ 모체

해설 안전모의 일반구조는 모체, 착장체(머리고정대, 머리받침고리, 머리받침끈), 충격흡수재 및 턱끈을 가져야 한다.

10 학생이 마음속에 생각하고 있는 것을 외부에 구체적으로 실현하고 형상화하기 위하여 자기 스스로가 계획을 세워 수행하는 학습활동으로 이루어지는 학습지도의 형태는?

① 케이스 메소드(Case method)
② 패널 디스커션(Panel discussion)
③ 구안법(Project method)
④ 문제법(Problem method)

해설 **구안법(Project method)**
학습자가 마음속에 생각하고 있는 것을 외부로 나타냄으로써 구체적으로 실천하고 객관화시키기 위하여 스스로 계획을 세워 수행하는 학습활동 즉 문제해결 학습이 발전한 형태를 말한다.

11 위험예지훈련 4R 방식 중 각 라운드(Round)별 내용 연결이 옳은 것은?

① 1R – 목표설정 ② 2R – 본질추구
③ 3R – 현상파악 ④ 4R – 대책수립

해설 **위험예지훈련의 추진을 위한 문제해결 4단계(4라운드)**
- 1라운드 : 현상파악(사실의 파악)
- 2라운드 : 본질추구(위험요인, 문제점 발견 및 위험 포인트 결정)
- 3라운드 : 대책수립(대책을 세운다.)
- 4라운드 : 목표설정(행동계획 작성)

12 재해 발생 시 조치사항 중 대책수립의 목적은?

① 재해발생 관련자 문책 및 처벌
② 재해 손실비 산정
③ 재해발생 원인 분석
④ 동종 및 유사재해 방지

해설 재해 발생 시에는 동종 및 유사재해를 방지하기 위하여 대책을 수립한다.

13 매슬로(Maslow)의 욕구단계 이론의 요소가 아닌 것은?

① 생리적 욕구 ② 안전에 대한 욕구
③ 사회적 욕구 ④ 심리적 욕구

해설 **매슬로(Maslow)의 욕구단계이론**
1. 생리적 욕구   2. 안전의 욕구
3. 사회적 욕구   4. 자기존경의 욕구
5. 자아실현의 욕구

정답 | 06 ④ 07 ① 08 ② 09 ③ 10 ③ 11 ② 12 ④ 13 ④

14 산업안전보건법령상 근로자 안전·보건교육 기준 중 다음 ( ) 안에 알맞은 것은?

교육과정	교육대상	교육시간
나. 채용 시 교육	1) 일용근로자 및 근로계약기간이 1주일 이하인 기간제근로자	(㉠)시간 이상
	2) 근로계약기간이 1주일 초과 1개월 이하인 기간제근로자	4시간 이상
	3) 그 밖의 근로자	(㉡)시간 이상

① ㉠ 1, ㉡ 8   ② ㉠ 2, ㉡ 8
③ ㉠ 1, ㉡ 2   ④ ㉠ 3, ㉡ 6

해설 **근로자 안전보건교육**

교육과정	교육대상	교육시간
나. 채용 시 교육	1) 일용근로자 및 근로계약기간이 1주일 이하인 기간제근로자	1시간 이상
	2) 근로계약기간이 1주일 초과 1개월 이하인 기간제근로자	4시간 이상
	3) 그 밖의 근로자	8시간 이상

15 기업 내 정형교육 중 대상으로 하는 계층이 한정되어 있지 않고, 한 번 훈련을 받은 관리자는 그 부하인 감독자에 대해 지도원이 될 수 있는 교육방법은?

① TWI(Training Within Industry)
② MTP(Management Training Program)
③ CCS(Civil Communication Section)
④ ATT(American Telephone & Telegram Co.)

해설 **ATT(American Telephone & Telegram Co)**
부하 감독자에 대한 지도원이 되기 위한 교육방법으로 대상층이 한정되어 있지 않고 토의식으로 진행되며 교육시간은 1차 훈련은 1일 8시간씩 2주간, 2차 훈련은 문제 발생 시 하도록 되어 있다.

16 주의(attention)의 특성 중 여러 종류의 자극을 받을 때 소수의 특정한 것에만 반응하는 것은?

① 선택성   ② 방향성
③ 변동성   ④ 대칭성

해설 **주의의 특성**
- 선택성(소수의 특정한 것에 한한다.)
- 방향성(시선의 초점이 맞았을 때 쉽게 인지된다.)
- 변동성(인간은 한 점에 계속하여 주의를 집중할 수는 없다.)

17 산업안전보건법령상 관리감독자의 업무의 내용이 아닌 것은?

① 해당 작업에 관련되는 기계·기구 또는 설비의 안전·보건 점검 및 이상 유무의 확인
② 해당 사업장 산업보건의의 지도·조언에 대한 협조
③ 위험성평가를 위한 업무에 기인하는 유해·위험요인의 파악 및 그 결과에 따라 개선조치의 시행
④ 작성된 물질안전보건자료의 게시 또는 비치에 관한 보좌 및 조언·지도

해설 ④은 보건관리자의 업무에 해당한다.

18 헤드십(Headship)에 관한 설명으로 틀린 것은?

① 구성원과의 사회적 간격이 좁다.
② 지휘의 형태는 권위주의적이다.
③ 권한의 부여는 조직으로부터 위임받는다.
④ 권한귀속은 공식화된 규정에 의한다.

해설 **헤드십 권한**
1. 권한 근거는 공식적이다.
2. 부하직원의 활동을 감독한다.
3. 상사와 부하와의 관계가 종속적이다.
4. 부하와의 사회적 간격이 넓다.
5. 지위형태가 권위적이다.

19 산업안전보건법령상 건설현장에서 사용하는 크레인, 리프트 및 곤돌라의 안전검사의 주기로 옳은 것은? (단, 이동식 크레인, 이삿짐 운반용 리프트는 제외한다.)

① 최초로 설치한 날부터 6개월마다
② 최초로 설치한 날부터 1년마다
③ 최초로 설치한 날부터 2년마다
④ 최초로 설치한 날부터 3년마다

해설 **크레인, 리프트 및 곤돌라**
사업장에 설치가 끝난 날부터 3년 이내에 최초 안전검사를 실시하되, 그 이후부터 2년마다(건설현장에서 사용하는 것은 최초로 설치한 날부터 6개월마다) 실시

정답 | 14 ①   15 ④   16 ①   17 ④   18 ①   19 ①

20 산업안전보건법령상 안전·보건표지 중 지시표지사항의 기본모형은?

① 사각형　　② 원형
③ 삼각형　　④ 마름모형

해설 안전보건표지의 종류와 형태(지시표시)

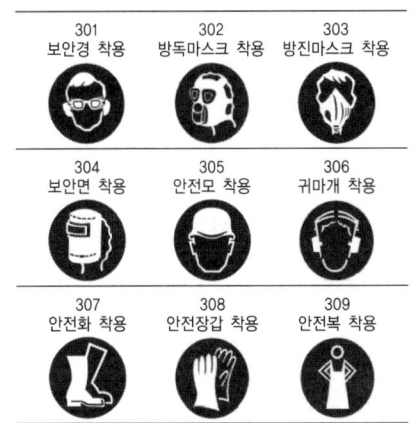

2과목
인간공학 및 시스템공학

21 인체 측정치의 응용 원칙과 거리가 먼 것은?

① 극단치를 고려한 설계
② 조절 범위를 고려한 설계
③ 평균치를 기준으로 한 설계
④ 기능적 치수를 이용한 설계

해설 인체 계측자료의 응용원칙
1. 최대치수와 최소치수(극단치 설계)
2. 조절 범위(5~95%) 설계
3. 평균치를 기준으로 한 설계

22 자연습구온도가 20℃이고, 흑구온도가 30℃일 때, 실내의 습구흑구온도지수(WBGT ; Wet-Bulb Globe Temperature)는 얼마인가?

① 20℃　　② 23℃
③ 25℃　　④ 30℃

해설 WBGT(옥내 또는 옥외)
$$WBGT(℃) = (0.7 \times 자연습구온도) + (0.3 \times 흑구온도)$$
$$= (0.7 \times 20) + (0.3 \times 30)$$
$$= 23℃$$

23 산업안전 분야에서의 인간공학을 위한 제반 언급사항으로 관계가 먼 것은?

① 안전관리자와의 의사소통 원활화
② 인간과오 방지를 위한 구체적 대책
③ 인간행동 특성자료의 정량화 및 축적
④ 인간-기계 체계의 설계 개선을 위한 기금의 축적

해설 기금의 축적은 인간공학을 위한 제반 언급사항에 해당되지 않는다.

24 휘도(luminance)의 척도 단위(unit)가 아닌 것은?

① fc　　② fL
③ mL　　④ cd/m^2

해설 fc는 소요조명을 의미한다.

25 신체 반응의 척도 중 생리적 스트레스의 척도로 신체적 변화의 측정 대상에 해당하지 않는 것은?

① 혈압　　② 부정맥
③ 혈액성분　　④ 심박수

해설 신체적 변화 측정대상은 혈압, 부정맥, 심박수 등이 있다.

26 10시간 설비 가동 시 설비 고장으로 1시간 정지하였다면 설비고장강도율은 얼마인가?

① 0.1%　　② 9%
③ 10%　　④ 11%

해설 설비고장 강도율 = $\dfrac{설비고장정지시간}{설비가동시간} \times 100$
$= \dfrac{1}{10} \times 100 = 10\%$

정답 | 20 ② 21 ④ 22 ② 23 ④ 24 ① 25 ③ 26 ③

27 안전성의 관점에서 시스템을 분석 평가하는 접근방법과 거리가 먼 것은?

① "이런 일은 금지한다."의 개인 판단에 따른 주관적인 방법
② "어떻게 하면 무슨 일이 발생할 것인가?"의 연역적인 방법
③ "어떤 일은 하면 안 된다."라는 점검표를 사용하는 직관적인 방법
④ "어떤 일이 발생하였을 때 어떻게 처리하여야 안전한가?"의 귀납적인 방법

[해설] 시스템 분석은 연역적, 직관적, 귀납적 방법으로 접근이 가능하다.

28 시스템 안전을 위한 업무 수행 요건이 아닌 것은?

① 안전활동의 계획 및 관리
② 다른 시스템 프로그램과 분리 및 배제
③ 시스템 안전에 필요한 사람의 동일성 식별
④ 시스템 안전에 대한 프로그램 해석 및 평가

[해설] 시스템 안전관리
- 시스템 안전에 필요한 사항의 동일성의 식별(Identification)
- 안전활동의 계획, 조직과 관리
- 다른 시스템 프로그램 영역과의 조정
- 시스템 안전에 대한 목표를 유효하게 적시에 실현시키기 위한 프로그램의 해석, 검토 및 평가 등의 시스템 안전업무

29 산업현장의 생산설비의 경우 안전장치가 부착되어 있으나 생산성을 위해 제거하고 사용하는 경우가 있다. 이러한 경우를 대비하여 설계 시 안전장치를 제거하면 작동이 되지 않는 구조를 채택하는데, 이러한 예방설계 개념을 무엇이라 하는가?

① Fail safe
② Fool proof
③ Lock out
④ Tamper Proof

[해설] Tamper Proof
제품 사용자가 고의로 안전장치를 제거하는 데에도 대비하는 예방설계 개념을 말한다.

30 근골격계 질환의 인간공학적 주요 위험요인과 가장 거리가 먼 것은?

① 과도한 힘
② 부적절한 자세
③ 고온의 환경
④ 단순 반복 작업

[해설] 근골격계질환 발생원인
- 부적절한 작업자세
- 과도한 힘이 필요한 작업(중량물 취급, 수공구 취급)
- 접촉 스트레스 발생작업
- 진동공구 취급작업
- 반복적인 작업

31 체계분석 및 설계에 있어서 인간공학적 가치와 가장 거리가 먼 것은?

① 성능의 향상
② 인력 이용률의 감소
③ 사고자의 수용도 향상
④ 사고 및 오용으로부터의 손실 감소

[해설] 체계설계 과정에서의 인간공학의 기여
- 성능의 향상
- 인력의 이용률의 향상
- 사용자의 수용도 향상
- 생산 및 정비유지의 경제성 증대
- 훈련비용의 절감
- 사고 및 오용(誤用)으로부터의 손실 감소

32 선형 조정장치를 16cm 옮겼을 때, 선형 표시장치가 4cm 움직였다면, C/R 비는 얼마인가?

① 0.2
② 2.5
③ 4.0
④ 5.3

[해설] 통제표시비(선형조정장치)

$$\frac{X}{Y} = \frac{C}{D} = \frac{통제기기의 변위량}{표시계기 지침의 변위량} = \frac{16cm}{4cm} = 4.0$$

정답 | 27 ① 28 ② 29 ④ 30 ③ 31 ② 32 ③

33 인간공학적 부품배치의 원칙에 해당하지 않는 것은?

① 신뢰성의 원칙 ② 사용순서의 원칙
③ 중요성의 원칙 ④ 사용빈도의 원칙

> [해설] **부품배치의 원칙**
> • 중요성의 원칙
> • 사용빈도의 원칙
> • 기능별 배치의 원칙
> • 사용순서의 원칙

34 컷셋(cut sets)과 최소 패스셋(minimal path sets)을 정의한 것으로 맞는 것은?

① 컷셋은 시스템 고장을 유발시키는 필요 최소한의 고장들의 집합이며, 최소 패스셋은 시스템의 신뢰성을 표시한다.
② 컷셋은 시스템 고장을 유발시키는 기본고장들의 집합이며, 최소 패스셋은 시스템의 불신뢰도를 표시한다.
③ 컷셋은 그 속에 포함되어 있는 모든 기본 사상이 일어났을 때 톱 사상을 일으키는 기본사상의 집합이며, 최소 패스셋은 시스템의 신뢰성을 표시한다.
④ 컷셋은 그 속에 포함되어 있는 모든 기본 사상이 일어났을 때 톱 사상을 일으키는 기본사상의 집합이며, 최소 패스셋은 시스템의 성공을 유발하는 기본사상의 집합이다.

> [해설] **컷셋과 최소패스셋**
> • 컷셋(Cut Set) : 정상사상(고장)을 일으키는 기본사상의 집합
> • 최소 패스셋(Minimal Path Set) : 정상사상(고장)을 일으키지 않는 최소한의 집합

35 시각적 표시 장치를 사용하는 것이 청각적 표시장치를 사용하는 것보다 좋은 경우는?

① 메시지가 후에 참고되지 않을 때
② 메시지가 공간적인 위치를 다룰 때
③ 메시지가 시간적인 사건을 다룰 때
④ 사람의 일이 연속적인 움직임을 요구할 때

> [해설] ①, ③, ④은 청각적 표시장치를 사용하는 것이 유리하다.

36 다음 중 소음을 방지하기 위한 대책과 관계가 먼 것은?

① 소음원 통제 ② 차폐장치 사용
③ 소음의 격리 ④ 연속 소음 노출

> [해설] **소음을 통제하는 방법(소음대책)**
> • 소음원의 통제
> • 소음의 격리
> • 차폐장치 및 흡음재료 사용
> • 음향처리제 사용
> • 적절한 배치

37 항공기 위치 표시장치의 설계원칙에 있어, 아래의 설명에 해당하는 것은?

> 항공기의 경우 일반적으로 이동 부분의 영상은 고정된 눈금이나 좌표계에 나타내는 것이 바람직하다.

① 통합 ② 양립적 이동
③ 추종표시 ④ 표시의 현실성

> [해설] **양립적 이동(Principle of Compatibility Motion)**
> 항공기의 경우, 일반적으로 이동 부분의 영상은 고정된 눈금이나 좌표계에 나타내는 것이 바람직하다.

38 시스템안전프로그램계획(SSPP)에서 완성해야 할 시스템 안전 업무에 속하지 않는 것은?

① 정성 해석 ② 운용 해석
③ 경제성 분석 ④ 프로그램 심사의 참가

> [해설] 시스템안전프로그램계획(SSPP)에서 완성해야 할 시스템안전업무에는 정성해석 프로그램 심사의 참가, 운용해석 등이 있다.

39 FTA의 활용 및 기대효과가 아닌 것은?

① 시스템의 결함 진단 ② 사고원인 규명의 간편화
③ 사고원인 분석의 정량화 ④ 시스템의 결함 비용 분석

> [해설] **FTA의 기대효과**
> • 사고원인 규명의 간편화
> • 사고원인 분석의 일반화
> • 사고원인 분석의 정량화
> • 노력, 시간의 절감
> • 시스템의 결함 진단
> • 안전점검 체크리스트 작성

정답 | 33 ① 34 ③ 35 ② 36 ④ 37 ② 38 ③ 39 ④

40 다음의 연산표에 해당하는 논리연산은?

입력		출력
X1	X2	
0	0	0
0	1	1
1	0	1
1	1	0

① XOR ② AND
③ NOT ④ OR

해설 0이 거짓, 1이 참이라고 하면 거짓이나 참이 같을 때에만 거짓을 출력하고 서로 다른 입력에는 거짓을 출력한다. 따라서, 해당 연산표의 논리연산은 배타적 논리합(XOR)에 해당된다.

3과목 건설시공학

41 다음 중 건설공사용 공정표의 종류에 해당되지 않는 것은?

① 횡선식 공정표 ② 네트워크 공정표
③ PDM 기법 ④ WBS

해설 **건설공사용 공정표의 종류**
- 횡선식 공정표(Bar Chart)
- 사선식 공정표
- 네트워크 공정표, 열기식 공정표
- PDM 기법 등

42 표준관입시험은 63.5kg의 추를 76cm 높이에서 자유 낙하시켜 샘플러가 일정 깊이까지 관입하는데 소요되는 타격 횟수(N)로 시험하는데 그 깊이로 옳은 것은?

① 15cm ② 30cm
③ 45cm ④ 60cm

해설 표준관입시험은 무게 63.5kg의 해머를 높이 76cm에서 낙하시켜 샘플러(Sampler)를 30cm 관입시키는 데 필요한 해머의 타격횟수(N)를 구하는 시험이다.

43 평판재하시험용 시험기구와 거리가 먼 것은?

① 잭(Jack)
② 틸트미터(Tilt meter)
③ 로드셀(Load cell)
④ 다이얼 게이지(Dial gauge)

해설 틸트미터는(Tilt meter)는 건물의 기울기를 측정하는 계측기기의 종류이다.

44 정액도급 계약제도에 관한 설명으로 옳지 않은 것은?

① 경쟁입찰 시 공사비가 저렴하다.
② 건축주와의 의견 조정이 용이하다.
③ 공사설계변경에 따른 도급액 증감이 곤란하다.
④ 이윤 관계로 공사가 조악해질 우려가 있다.

해설 정액도급은 도급금액을 일정액으로 결정하여 계약하는 방식이다.

45 철근이음공법 중 지름이 큰 철근을 이음할 경우 철근의 재료를 절감하기 위하여 활용하는 공법이 아닌 것은?

① 가스압접이음 ② 맞댄용접이음
③ 나사식커플링이음 ④ 겹침이음

해설 겹침이음은 철근과 철근의 이음 시 겹침길이를 두어 이음하는 방법이다.

46 철골부재의 절단 및 가공조립에 사용되는 기계의 선택이 잘못된 것은?

① 메탈터치 부위 가공 - 페이싱 머신(Facing machine)
② 형강류 절단 - 헤크소(Hack saw)
③ 관재류 절단 - 플레이트 쉬어링기(Plate shearing)
④ 볼트접합부 구멍 가공 - 로터리 플레이너(Rotaty planer)

해설 로터리 플레이너는 로터리 베니어용의 폭이 넓은 대패를 갖는 평식반을 말하는 것으로 목재를 가공할 때 사용한다.

정답 | 40 ① 41 ④ 42 ② 43 ② 44 ② 45 ④ 46 ④

47 건축물의 철근 조립 순서로서 옳은 것은?

① 기초 → 기둥 → 보 → slab → 벽 → 계단
② 기초 → 기둥 → 벽 → slab → 보 → 계단
③ 기초 → 기둥 → 벽 → 보 → slab → 계단
④ 기초 → 기둥 → slab → 보 → 벽 → 계단

[해설] **철근콘크리트 구조물(RC조)에서 철근의 조립 순서**
기초 → 기둥 → 벽 → 보 → 바닥판(slab) → 계단

48 콘크리트 타설 후 콘크리트의 소요강도를 단기간에 확보하기 위하여 고온·고압에서 양생하는 방법은?

① 봉합 양생   ② 습윤 양생
③ 전기 양생   ④ 오토클레이브 양생

[해설] **오토클레이브 양생의 특징**
- 대기압이 넘는 압력용기 Autoclave에서 양생
- 동결융해에 대한 저항성이 크고, 내약품성 증대
- 용적변화 및 백화발생이 적음
- 양생시간이 적게 걸림

49 토공사와 관련된 용어에 관한 설명으로 옳지 않은 것은?

① 간극비 : 흙의 간극 부분 중량과 흙입자 중량의 비
② 젤타임(gel-time) : 약액을 혼합한 후 시간이 경과하여 유동성을 상실하게 되기까지의 시간
③ 동결심도 : 지표면에서 지하 동결선까지의 길이
④ 수동활동면 : 수동토압에 의한 파괴 시 토체의 활동면

[해설] 간극비 = $\dfrac{\text{간극의 용적}}{\text{토립자의 용적}}$

50 중용열 포틀랜드 시멘트의 특성이 아닌 것은?

① 블리딩 현상이 크게 나타난다.
② 장기강도 및 내화학성의 확보에 유리하다.
③ 모르타르의 공극 충전효과가 크다.
④ 내침식성 및 내구성이 크다.

[해설] 중용열 포틀랜드 시멘트는 조기강도는 낮으나 장기강도는 우수한 편이고 벽체가 두꺼운 댐이나 부재 단면의 치수가 큰 토목이나 건축공사 등의 매스콘크리트(Mass concrete)에 사용한다. 블리딩 현상은 크게 나타나지 않는다.

51 철골공사의 녹막이칠에 관한 설명으로 옳지 않은 것은?

① 초음파탐상검사에 지장을 미치는 범위는 녹막이칠을 하지 않는다.
② 바탕만들기를 한 강제표면은 녹이 생기기 쉽기 때문에 즉시 녹막이칠을 하여야 한다.
③ 콘크리트에 묻히는 부분에는 녹막이칠을 하여야 한다.
④ 현장 용접 예정부분은 용접부에서 100mm 이내에 녹막이칠을 하지 않는다.

[해설] **녹막이칠을 하지 않는 부분**
- 콘크리트에 매입되는 부분
- 조립에 의하여 맞닿는 부분
- 현장 용접하는 부분
- 고장력 볼트 마찰 접합부의 마찰면
- 폐쇄형 단면을 한 부재의 밀폐되는 면
- 용접부에서 100mm 이내의 부분

52 토공사 시 발생하는 히빙파괴(heaving failure)의 방지대책으로 가장 거리가 먼 것은?

① 흙막이벽의 근입깊이를 늘린다.
② 터파기 밑면 아래의 지반을 개량한다.
③ 아일랜드컷 공법을 적용하여 중량을 부여한다.
④ 지하수위를 저하시킨다.

[해설] 온통파기를 할 수 없을 때, 히빙현상이 예상될 때에는 트렌치 컷 공법이 효과적이다.

53 단가도급 계약 제도에 관한 설명으로 옳지 않은 것은?

① 시급한 공사인 경우 계약을 간단히 할 수 있다.
② 설계변경으로 인한 수량증감의 계산이 어렵고 일식도급보다 복잡하다.
③ 공사비가 높아질 염려가 있다.
④ 총 공사비를 예측하기 힘들다.

[해설] 단가도급은 단위공사의 단가만으로 계약하고 공사완료 시 확정액을 차후 정산하는 방식으로 설계변경으로 인한 수량계산이 용이하다.

정답 | 47 ③ 48 ④ 49 ① 50 ① 51 ③ 52 ③ 53 ②

54 슬럼프 저하 등 워커빌리티의 변화가 생기기 쉬우며 동일 슬럼프를 얻기 위한 단위수량이 많아 콜드조인트가 생기는 문제점을 갖고 있는 콘크리트는?

① 한중콘크리트 ② 매스콘크리트
③ 서중콘크리트 ④ 팽창콘크리트

해설) 서중콘크리트를 타설할 때의 온도가 높으므로 이로 인한 단위수량의 급속한 증발, 슬럼프 값의 저하, 급속한 응결, 강도저하의 문제점이 나타날 수 있다.

55 철근 콘크리트 공사에서 콘크리트 타설 후 거푸집 존치기간을 가장 길게 해야 할 부재는?

① 슬래브 밑 ② 기둥
③ 기초 ④ 벽

해설) **콘크리트 압축강도를 시험할 경우 거푸집 존치기간(콘크리트표준시방서)**

부재	콘크리트의 압축강도(f_{cu})
확대기초, 보 옆, 기둥, 벽 등의 측벽	50kg/cm² (5MPa) 이상
슬래브 및 보의 밑면, 아치 내면	설계기준강도 × $\frac{2}{3}\left(f_{ck} \geq \frac{2}{3}f_{ck}\right)$ 다만, 140kg/cm² (14MPa) 이상

56 거푸집 박리제 시공 시 유의사항으로 옳지 않은 것은?

① 박리제가 철근에 묻어도 부착강도에는 영향이 없으므로 충분히 도포하도록 한다.
② 박리제의 도포 전에 거푸집 면의 청소를 철저히 한다.
③ 콘크리트 색조에는 영향이 없는지 확인 후 사용한다.
④ 콘크리트 타설 시 거푸집의 온도 및 탈형시간을 준수한다.

해설) 박리제는 거푸집의 탈형을 쉽게 하기 위해 미리 내면에 칠하는 약제로 철근에 묻지 않도록 유의한다.

57 공사현장의 소음·진동 관리를 위한 내용 중 옳지 않은 것은?

① 일정 면적 이상의 건축공사장은 특정공사 사전 신고를 한다.
② 방음벽 등 차음·방진시설을 설치한다.
③ 파일공사는 가능한 타격공법을 시행한다.
④ 해체공사 시 압쇄공법을 채택한다.

해설) 타격공법은 소음과 진동을 유발한다.

58 말뚝의 이음공법 중 강성이 가장 우수한 방식은?

① 장부식 이음 ② 충전식 이음
③ 리벳식 이음 ④ 용접식 이음

해설) 말뚝의 이음 공법 중 용접식 이음의 강성이 가장 뛰어나다.

59 주문받은 건설업자가 대상 계획의 금융, 토지조달, 설계, 시공 등 기타 모든 요소를 포괄한 도급계약 방식은?

① 실비정산 보수가산도급 ② 턴키도급(Turn-key)
③ 정책도급 ④ 공동도급(Joint venture)

해설) 턴키(Turn-Key)도급은 건설업자가 금융, 토지, 설계, 시공, 시운전 등 모든 것을 조달하여 주문자에게 인도하는 방식이다.

60 거푸집 공사에서 거푸집 상호 간의 간격을 유지하는 것으로서 보통 철근제, 파이프제를 사용하는 것은?

① 데크 플레이트(Deck plate)
② 격리제(Separator)
③ 박리제(Form oil)
④ 캠버(Camber)

해설) 격리제(Separator)는 거푸집 상호 간의 간격을 유지하는 역할을 한다.

정답 | 54 ③ 55 ① 56 ① 57 ③ 58 ④ 59 ② 60 ②

4과목 건설재료학

61 돌로마이트 플라스터에 관한 설명으로 옳은 것은?

① 소석회에 비해 점성이 낮고, 작업성이 좋지 않다.
② 여물을 혼합하여도 건조수축이 크기 때문에 수축 균열이 발생되는 결점이 있다.
③ 회반죽에 비해 조기강도 및 최종강도가 작다.
④ 물과 반응하여 경화하는 수경성 재료이다.

[해설] 건조경화 시 균열 방지를 위해 여물을 사용한다.

62 목재의 재료적 특징으로 옳지 않은 것은?

① 온도에 대한 신축이 적다.
② 열전도율이 작아 보온성이 뛰어나다.
③ 강재에 비하여 비강도가 작다.
④ 음의 흡수 및 차단성이 크다.

[해설] 목재는 비중에 비하여 강도가 크다.

63 프리플레이스트 콘크리트에서 주입용 모르타르에 쓰이는 모래의 조립률(FM 값) 범위로 가장 알맞은 것은?

① 0.7~1.2
② 1.4~2.2
③ 2.3~3.7
④ 3.8~4.0

[해설] 주입용 모르타르에 쓰이는 모래의 조립률(FM 값) 범위는 1.4~2.2이다.

64 보통 콘크리트에서 인장강도/압축강도의 비로 가장 알맞은 것은?

① 1/2~1/5
② 1/5~1/7
③ 1/9~1/13
④ 1/17~1/20

[해설] 보통 콘크리트에서 인장강도/압축강도의 비는 1/9~1/13이다.

65 석유 아스팔트에 속하지 않는 것은?

① 블로운 아스팔트
② 스트레이트 아스팔트
③ 아스팔타이트
④ 컷백 아스팔트

[해설] 아스팔타이트는 미네랄 물질을 거의 함유하지 않은 고(高)융해점의 견고한 천연 아스팔트이다.

66 플라스틱 제품에 관한 설명으로 옳지 않은 것은?

① 내수성 및 내투습성이 양호하다.
② 전기절연성이 양호하다.
③ 내열성 및 내후성이 약하다.
④ 내마모성 및 표면 강도가 우수하다.

[해설] 플라스틱 제품은 표면 강도가 낮다.

67 2장 이상의 판유리 사이에 강하고 투명하면서 접착성이 강한 플라스틱 필름을 삽입하여 제작한 안전유리를 무엇이라 하는가?

① 접합유리
② 복층유리
③ 강화유리
④ 프리즘 유리

[해설] **안전유리의 종류**
- 망입유리
- 접합유리
- 강화유리

68 도막의 일부가 하지로부터 부풀어 지름이 10mm되는 것부터 좁쌀 크기 또는 미세한 수포가 발생하는 도막결함은?

① 백화
② 변색
③ 부풀음
④ 번짐

[해설] 부풀음에 대한 설명이다.

정답 | 61 ② 62 ③ 63 ② 64 ③ 65 ③ 66 ④ 67 ① 68 ③

69 극장 및 영화관 등의 실내천장 또는 내벽에 붙여 음향 조절 및 장식효과를 겸하는 재료는?

① 플로팅 보드 ② 프린트 합판
③ 집성 목재 ④ 코펜하겐 리브

해설 | 코펜하겐 리브(Copenhagen Rib)는 강당, 극장, 집회장 등의 벽이나 천장 등에 음향조절효과와 장식효과를 겸해서 사용한다.

70 벽, 기둥 등의 모서리 부분에 미장 바름을 보호하기 위한 철물은?

① 줄눈대 ② 조이너
③ 인서트 ④ 코너비드

해설 | 코너비드는 기둥, 벽 등의 모서리를 보호하기 위하여 미장 바름질할 때 붙이는 보호용 철물이다.

71 시멘트의 분말도에 관한 설명으로 옳지 않은 것은?

① 시멘트의 분말도는 단위중량에 대한 표면적이다.
② 분말도가 큰 시멘트일수록 물과 접촉하는 표면적이 증대되어 수화반응이 촉진된다.
③ 분말도 측정은 슬럼프 시험으로 한다.
④ 분말도가 지나치게 클 경우에는 풍화되기가 쉽다.

해설 | 슬럼프 시험이란 슬럼프 콘에 의한 콘크리트의 유동성 측정시험을 말하며 슬럼프 콘에 굳지 않은 콘크리트를 충전하고 탈형했을 때 자중에 의해 밑으로 내려앉은 높이를 cm로 측정한 값이다.

72 단열재료 중 무기질 재료가 아닌 것은?

① 유리면 ② 경질우레탄 폼
③ 세라믹 섬유 ④ 암면

해설 | 무기질 단열재에는 유리면, 암면, 규산칼슘 보온재, 규조토 보온재, 펄라이트 보온재, 질석, 광재면, 다포유리, 세라믹 파이버 등이 있다.

73 목재의 함수율에 관한 설명으로 옳지 않은 것은?

① 약 30%의 함수상태를 섬유포화점이라 한다.
② 목재는 비중과 함수율에 따라 강도와 수축에 영향을 받는다.
③ 기건상태는 목재의 수분이 전혀 없는 상태를 말한다.
④ 함수율이란 절건상태인 목재중량에 대한 함수량의 백분율이다.

해설 | 기건상태에서 목재의 함수율은 15% 정도이다.

74 구조용 강재에 관한 설명으로 옳지 않은 것은?

① 탄소의 함유량을 1%까지 증가시키면 강도와 경도는 일반적으로 감소한다.
② 구조용 탄소강은 보통 저탄소강이다.
③ 구조용강 중 연강은 철근 또는 철골재로 사용된다.
④ 구조용 강재의 대부분은 압연강재이다.

해설 | 탄소의 함유량을 증가시키면 강도와 경도가 증가한다.

75 도막방수에 관한 설명으로 옳지 않은 것은?

① 복잡한 형상에도 시공이 용이하다.
② 시트 간의 접착이 불완전할 수 있다.
③ 내약품성이 우수하다.
④ 균일한 두께의 시공이 곤란하다.

해설 | 도막방수(Coating Water-Proof)는 방수하려는 바탕면에 합성수지나 합성고무의 용제(溶劑, Solvent) 또는 유제(乳劑, Emulsion)를 도포하여 소요 두께의 방수 피막을 형성시켜 방수층을 만드는 것이다.

76 석재를 다듬을 때 쓰는 방법으로 양날망치로 정다듬한 면을 일정 방향으로 찍어 다듬는 석재 표면 마무리 방법은?

① 잔다듬 ② 도드락다듬
③ 흑두기 ④ 거친갈기

해설 | 잔다듬은 정다듬한 면을 양날망치로 쪼아 표면을 더욱 평탄하게 다듬는 것이다.

정답 | 69 ④ 70 ④ 71 ③ 72 ② 73 ③ 74 ① 75 ② 76 ①

77 점토 재료에서 SK 번호는 무엇을 의미하는가?

① 소성하는 가마의 종류를 표시
② 소성온도를 표시
③ 제품의 종류를 표시
④ 점토의 성분을 표시

[해설] SK는 소성온도 측정 도구인 제게르콘(SK ; Seger Cone)을 말한다.

78 알루미늄의 성질에 관한 설명으로 옳지 않은 것은?

① 반사율이 작으므로 열 차단재로 쓰인다.
② 독성이 없으며 무취이고 위생적이다.
③ 산과 알칼리에 약하여 콘크리트에 접하는 면에는 방식처리를 요한다.
④ 융점이 낮기 때문에 용해주조도는 좋으나 내화성이 부족하다.

[해설] 알루미늄은 열·전기 전도성이 크고 반사율이 높으며, 산과 알칼리에 약하다.

79 점토재료 중 자기에 관한 설명으로 옳은 것은?

① 소지는 적색이며, 다공질로서 두드리면 탁음이 난다.
② 흡수율이 5% 이상이다.
③ 1,000℃ 이하에서 소성된다.
④ 위생도기 및 타일 등으로 사용된다.

[해설] 자기는 흡수성이 극히 작고 경도와 강도가 가장 크며, 소성온도는 1,250~1,460℃이다.

80 보통 벽돌이 적색 또는 적갈색을 띠고 있는 것은 원료 점토 중에 무엇을 포함하고 있기 때문인가?

① 산화철
② 산화규소
③ 산화칼륨
④ 산화나트륨

[해설] 보통 벽돌 중 적색 또는 적갈색을 띠는 것은 점토 중에 포함된 산화철에 기인한다.

5과목
건설안전기술

81 달비계(곤돌라의 달비계는 제외)의 최대 적재하중을 정하는 경우 달기와이어로프 및 달기강선의 안전계수 기준으로 옳은 것은?

① 5 이상
② 7 이상
③ 8 이상
④ 10 이상

[해설] 법 개정에 따라 앞으로 출제되지 않음

82 다음은 비계발판용 목재재료의 강도상의 결점에 대한 조사기준이다. ( ) 안에 들어갈 내용으로 옳은 것은?

> 발판의 폭과 동일한 길이 내에 있는 결점치수의 총합이 발판 폭의 ( )를 초과하지 않을 것

① 1/2
② 1/3
③ 1/4
④ 1/6

[해설] 발판의 폭과 동일한 길이 내에 있는 결점치수의 총합이 발판 폭의 1/4을 초과하지 않아야 한다.

83 사질토 지반에서 보일링(boiling) 현상에 의한 위험성이 예상될 경우의 대책으로 옳지 않은 것은?

① 흙막이 말뚝의 밑둥넣기를 깊게 한다.
② 굴착 저면보다 깊은 지반을 불투수로 개량한다.
③ 굴착 밑 투수층에 만든 피트(pit)를 제거한다.
④ 흙막이벽 주위에서 배수시설을 통해 수두차를 적게 한다.

[해설] 보일링 현상 예방 대책
- 흙막이벽의 근입장 증가
- 주변의 지하수위 저하
- 투수거리를 길게 하기 위한 지수벽 설치
- 불투수층 설치 등

정답 | 77 ② 78 ① 79 ④ 80 ① 81 ④ 82 ③ 83 ③

84 유해·위험 방지계획서 제출 시 첨부서류의 항목이 아닌 것은?

① 보호장비 폐기계획
② 공사개요서
③ 산업안전보건관리비 사용계획
④ 전체공정표

[해설] ①은 유해·위험 방지계획서 제출 시 첨부서류에 해당되지 않는다.

85 다음 중 쇼벨계 굴착기계에 속하지 않는 것은?

① 파워쇼벨(power shovel)
② 클램쉘(clam shell)
③ 스크레이퍼(scraper)
④ 드래그라인(dragline)

[해설] 스크레이퍼는 대량 토공작업을 위한 토공기계로서 굴삭, 운반, 부설(敷設), 다짐 등 4가지 작업을 일괄하여 연속 작업을 할 수 있다.

86 잠함 또는 우물통의 내부에서 근로자가 굴착작업을 하는 경우의 준수사항으로 옳지 않은 것은?

① 산소결핍 우려가 있는 경우에는 산소의 농도를 측정하는 사람을 지명하여 측정하도록 할 것
② 근로자가 안전하게 오르내리기 위한 설비를 설치할 것
③ 굴착깊이가 20m를 초과하는 경우에는 해당 작업장소와 외부와의 연락을 위한 통신설비 등을 설치할 것
④ 잠함 또는 우물통의 급격한 침하에 의한 위험을 방지하기 위하여 바닥으로부터 천장 또는 보까지의 높이는 2m 이내로 할 것

[해설] 잠함 또는 우물통의 급격한 침하로 인한 위험방지의 기준은 다음과 같다.
- 침하관계도에 따라 굴착방법 및 재하량 등을 정할 것
- 바닥으로부터 천장 또는 보까지의 높이는 1.8m 이상으로 할 것

87 재료비가 30억 원, 직접노무비가 50억 원인 건설공사의 예정가격상 산업안전보건관리비로 옳은 것은? [단, 건축공사에 해당되며, 계상기준은 2.37%이다.]

① 56,400,000원
② 94,000,000원
③ 150,400,000원
④ 189,600,000원

[해설] 대상액이 80억(30억+50억)이므로 계상액=80억 원×2.37% =189,600,000원

88 철골용접 작업자의 전격 방지를 위한 주의사항으로 옳지 않은 것은?

① 보호구와 복장을 구비하고, 기름기가 묻었거나 젖은 것은 착용하지 않을 것
② 작업 중지의 경우에는 스위치를 떼어 놓을 것
③ 개로 전압이 높은 교류 용접기를 사용할 것
④ 좁은 장소에서의 작업에서는 신체를 노출시키지 않을 것

[해설] 개로 전압이란 아크용접을 할 때, 아크를 발생시키기 전 2차 회로에 걸린 단자 사이의 전압이다.

89 근로자의 추락 등의 위험을 방지하기 위하여 안전난간을 설치하는 경우 안전난간은 구조적으로 가장 취약한 지점에서 가장 취약한 방향으로 작용하는 얼마 이상의 하중에 견딜 수 있는 튼튼한 구조이어야 하는가?

① 50kg
② 100kg
③ 150kg
④ 200kg

[해설] 안전난간은 구조적으로 가장 취약한 지점에서 가장 취약한 방향으로 작용하는 100kg 이상의 하중에 견딜 수 있는 튼튼한 구조이어야 한다.

90 흙의 연경도(Consistency)에서 반고체 상태와 소성 상태의 한계를 무엇이라 하는가?

① 액성한계
② 소성한계
③ 수축한계
④ 반수축한계

[해설] 소성한계는 파괴 없이 변형이 일어날 수 있는 최대함수비로 흙이 소성 상태에서 반고체 상태로 바뀔 때의 함수비를 의미한다.

91 철골작업을 중지하여야 하는 풍속과 강우량 기준으로 옳은 것은?

① 풍속 10m/sec 이상, 강우량 1mm/h 이상
② 풍속 5m/sec 이상, 강우량 1mm/h 이상
③ 풍속 10m/sec 이상, 강우량 2mm/h 이상
④ 풍속 5m/sec 이상, 강우량 2mm/h 이상

정답 | 84 ① 85 ③ 86 ④ 87 ④ 88 ③ 89 ② 90 ② 91 ①

해설 철골작업 시 작업의 제한 기준

구분	내용
강풍	풍속이 초당 10m 이상인 경우
강우	강우량이 시간당 1mm 이상인 경우
강설	강설량이 시간당 1cm 이상인 경우

92 굴착작업 시 근로자의 위험을 방지하기 위하여 해당 작업, 작업장에 대한 사전 조사를 실시하여야 하는데 이 사전 조사 항목에 포함되지 않는 것은?

① 지반의 지하수위 상태
② 형상·지질 및 지층의 상태
③ 굴착기의 이상 유무
④ 매설물 등의 유무 또는 상태

해설 지반의 굴착작업 시 사전 지반조사 항목
- 형상·지질 및 지층의 상태
- 균열·함수·용수 및 동결의 유무 또는 상태
- 매설물 등의 유무 또는 상태
- 지반의 지하수위 상태

93 발파공사 암질 변화구간 및 이상 암질 출현 시 적용하는 암질 판별방법과 거리가 먼 것은?

① RQD
② RMR 분류
③ 탄성파 속도
④ 하중계(Load cell)

해설 암질 판별기준
- RMR
- RQD
- 일축압축강도
- 탄성파 속도
- 진동치 속도

94 화물을 적재하는 경우 준수하여야 할 사항으로 옳지 않은 것은?

① 침하 우려가 없는 튼튼한 기반 위에 적재할 것
② 화물의 압력 정도와 관계없이 건물의 벽이나 칸막이 등을 이용하여 화물을 기대어 적재할 것
③ 하중이 한쪽으로 치우치지 않도록 쌓을 것
④ 불안정할 정도로 높이 쌓아 올리지 말 것

해설 건물의 칸막이나 벽 등이 화물의 압력에 견딜 만큼의 강도를 지니지 아니한 경우에는 칸막이나 벽에 기대어 적재하지 않아야 한다.

95 지반 종류에 따른 굴착면의 기울기 기준으로 옳지 않은 것은?

① 모래 1 : 1.8
② 연암 및 풍화암 1 : 0.8
③ 경암 1 : 0.5
④ 그 밖의 흙 1 : 1.2

해설 굴착면의 기울기 기준

지반의 종류	굴착면의 기울기
모래	1 : 1.8
연암 및 풍화암	1 : 1.0
경암	1 : 0.5
그 밖의 흙	1 : 1.2

96 다음 ( ) 안에 알맞은 수치는?

> 슬레이트, 선라이트(sunlight) 등 강도가 약한 재료로 덮은 지붕 위에서 작업을 할 때에 발이 빠지는 등 근로자가 위험해질 우려가 있는 경우 폭 ( ) 이상의 발판을 설치하거나 추락방호망을 치는 등 위험을 방지하기 위하여 필요한 조치를 하여야 한다.

① 30cm
② 40cm
③ 50cm
④ 60cm

해설 지붕 위에서 작업을 할 때에 발이 빠지는 등 근로자가 위험해질 우려가 있는 경우에는 폭 30cm 이상의 발판을 설치한다.

97 층고가 높은 슬래브 거푸집 하부에 적용하는 무지주 공법이 아닌 것은?

① 보우빔(bow beam)
② 철근 일체형 데크플레이트(deck plate)
③ 페코빔(peco beam)
④ 솔저시스템(soldier system)

해설 솔저시스템은 지하층 합벽 지지용 거푸집 및 동바리 시스템이다.

98 도심지에서 주변에 주요 시설물이 있을 때 침하와 변위를 적게 할 수 있는 가장 적당한 흙막이 공법은?

① 동결공법
② 샌드드레인공법
③ 지하연속벽공법
④ 뉴매틱케이슨공법

해설 지중연속벽(Slurry Wall)공법은 구조물의 벽체 부분을 먼저 굴착한 후 그 속에 철근망을 삽입하고, 콘크리트를 타설하여 지하벽체를 형성하는 공법이다.

정답 | 92 ③ 93 ④ 94 ② 95 ② 96 ① 97 ④ 98 ③

99 다음은 산업안전보건법령에 따른 작업장에서의 투하설비 등에 관한 사항이다. 빈칸에 들어갈 내용으로 옳은 것은?

> 사업주는 높이가 ( ) 이상인 장소로부터 물체를 투하하는 경우 적당한 투하설비를 설치하거나 감시인을 배치하는 등 위험을 방지하기 위하여 필요한 조치를 하여야 한다.

① 2m ② 3m
③ 5m ④ 10m

[해설] 투하설비는 높이 3m 이상인 곳에서 물체를 투하할 때 설치하여야 한다.

100 토사 붕괴의 내적 요인이 아닌 것은?

① 사면, 법면의 경사 증가
② 절토 사면의 토질구성 이상
③ 성토 사면의 토질구성 이상
④ 토석의 강도 저하

[해설] **토사 붕괴의 내적 요인**
- 절토 사면의 토질 및 암질
- 성토 사면의 토질구성 및 분포
- 토석의 강도 저하

정답 | 99 ② 100 ①

2018년 2회

1과목
산업안전관리론

01 안전모의 시험성능기준 항목이 아닌 것은?

① 내관통성 ② 충격흡수성
③ 내구성   ④ 난연성

해설 **안전모 성능시험항목**
- 내관통성
- 충격흡수성
- 내전압성
- 내수성
- 난연성
- 턱끈 풀림

02 안전교육 방법 중 TWI의 교육과정이 아닌 것은?

① 작업지도훈련   ② 인간관계훈련
③ 정책수립훈련   ④ 작업방법훈련

해설 **TWI(Training Within Industry) 종류**
- 작업지도훈련(JIT ; Job Instruction Training)
- 작업방법훈련(JMT ; Job Method Training)
- 인간관계훈련(JRT ; Job Relations Training)
- 작업안전훈련(JST ; Job Safety Training)

03 재해율 중 재직 근로자 1,000명당 1년간 발생하는 재해자 수를 나타내는 것은?

① 연천인율   ② 도수율
③ 강도율   ④ 종합재해지수

해설 **연천인율(年千人率)**
1년간 발생하는 임금근로자 1,000명당 재해자 수

$$연천인율 = \frac{재해자\ 수}{연\ 평균\ 근로자\ 수} \times 1,000$$
$$= 도수율(빈도율) \times 2.4$$

04 모럴 서베이(Morale Survey)의 효용이 아닌 것은?

① 조직 또는 구성원의 성과를 비교·분석한다.
② 종업원의 정화(Catharsis)작용을 촉진시킨다.
③ 경영관리를 개선하는 자료를 얻는다.
④ 근로자의 심리 또는 욕구를 파악하여 불만을 해소하고, 노동의욕을 높인다.

해설 **모럴 서베이의 효용**
1. 근로자의 심리 요구를 파악하여 불만을 해소하고 노동의욕을 높인다.
2. 경영관리를 개선하는 데 필요한 자료를 얻는다.
3. 종업원의 정화작용을 촉진시킨다.
   - 소셜 스킬(Social Skills) : 모럴을 앙양하는 능력
   - 테크니컬 스킬(Technical Skills) : 사물을 인간에게 유익하도록 처리하는 능력

05 내전압용 절연장갑의 성능기준상 최대 사용전압에 따른 절연장갑의 구분 중 00등급의 색상으로 옳은 것은?

① 노란색   ② 흰색
③ 녹색   ④ 갈색

해설 **절연장갑의 등급 및 색상**

등급	최대 사용전압		비고
	교류(V, 실횻값)	직류(V)	
00	500	750	갈색

06 착오의 요인 중 인지과정의 착오에 해당하지 않는 것은?

① 정서불안정   ② 감각차단현상
③ 정보부족   ④ 생리·심리적 능력의 한계

해설 **인지과정 착오의 요인**
- 심리적 능력한계
- 감각차단현상
- 정보량의 한계
- 정서불안정

정답 | 01 ③ 02 ③ 03 ① 04 ① 05 ④ 06 ③

07 산업안전보건법령상 안전·보건표지의 색채, 색도기준 및 용도 중 다음 ( ) 안에 알맞은 것은?

색채	색도기준	용도	사용 예
( )	5Y 8.5/12	경고	화학물질 취급 장소에서의 유해·위험경고 이외의 위험경고, 주의표지 또는 기계방호물

① 파란색   ② 노란색
③ 빨간색   ④ 검은색

> **해설**
>
> | 색채 | 색도기준 | 용도 | 사용 예 |
> |---|---|---|---|
> | 노란색 | 5Y 8.5/12 | 경고 | 화학물질 취급장소에서의 유해·위험 경고 이외의 위험 경고, 주의표지 또는 기계방호물 |

08 안전교육 훈련의 기법 중 하버드 학파의 5단계 교수 법을 순서대로 나열한 것으로 옳은 것은?

① 총괄 → 연합 → 준비 → 교시 → 응용
② 준비 → 교시 → 연합 → 총괄 → 응용
③ 교시 → 준비 → 연합 → 응용 → 총괄
④ 응용 → 연합 → 교시 → 준비 → 총괄

> **해설** 하버드 학파의 5단계 교수법(사례연구 중심)
> - 1단계 : 준비시킨다(Preparation).
> - 2단계 : 교시하다(Presentation).
> - 3단계 : 연합한다(Association).
> - 4단계 : 총괄한다(Generalization).
> - 5단계 : 응용시킨다(Application).

09 보호구 안전인증 고시에 따른 안전화의 정의 중 다음 ( ) 안에 들어갈 말로 알맞은 것은?

> 경작업용 안전화란 (㉠)[mm]의 낙하높이에서 시험했을 때 충격과 (㉡ ±0.1)[kN]의 압축하중에서 시험했을 때 압박에 대하여 보호해 줄 수 있는 선심을 부착하여, 착용자를 보호하기 위한 안전화를 말한다.

① ㉠ 500, ㉡ 10.0   ② ㉠ 250, ㉡ 10.0
③ ㉠ 500, ㉡ 4.4   ④ ㉠ 250, ㉡ 4.4

> **해설** 경작업용 안전화
>
> 250밀리미터의 낙하높이에서 시험했을 때 충격과 (4.4 ±0.1)킬로뉴턴(kN)의 압축하중에서 시험했을 때 압박에 대하여 보호해 줄 수 있는 선심을 부착하여, 착용자를 보호하기 위한 안전화를 말한다.

10 산업재해에 있어 인명이나 물적 등 일체의 피해가 없는 사고를 무엇이라고 하는가?

① Near Accident   ② Good Accident
③ True Accident   ④ Original Accident

> **해설** 아차사고(Near Accident)
>
> 무(無) 인명상해(인적 피해)·무 재산손실(물적 피해) 사고

11 산업안전보건법령상 안전관리자가 수행하여야 할 업무가 아닌 것은? (단, 그 밖에 안전에 관한 사항으로서 고용노동부장관이 정하는 사항은 제외한다.)

① 위험성평가에 관한 보좌 및 조언·지도
② 물질안전보건자료의 게시 또는 비치에 관한 보좌 및 조언·지도
③ 사업장 순회점검·지도 및 조치의 건의
④ 산업재해에 관한 통계의 유지·관리·분석을 위한 보좌 및 조언·지도

> **해설** 물질안전보건자료의 게시 또는 비치에 관한 보좌 및 조언·지도는 보건관리자의 업무에 해당된다.

12 근로자가 작업대 위에서 전기공사 작업 중 감전에 의하여 지면으로 떨어져 다리에 골절상해를 입은 경우의 기인물과 가해물로 옳은 것은?

① 기인물-작업대, 가해물-지면
② 기인물-전기, 가해물-지면
③ 기인물-지면, 가해물-전기
④ 기인물-작업대, 가해물-전기

> **해설**
> - 기인물 : 직접적으로 재해를 유발하거나 영향을 끼친 에너지원(운동, 위치, 열, 전기 등)을 지닌 기계·장치, 구조물, 물체·물질, 사람 또는 환경 등
> - 가해물 : 근로자(사람)에게 직접적으로 상해를 입힌 기계, 장치, 구조물, 물체·물질, 사람 또는 환경 등

정답 | 07 ②   08 ②   09 ④   10 ①   11 ②   12 ②

13 지난 한 해 동안 산업재해로 인하여 직접손실비용이 3조 1,600억 원이 발생한 경우의 총재해코스트는? (단, 하인리히의 재해손실비 평가방식을 적용한다.)

① 6조 3,200억 원   ② 9조 4,800억 원
③ 12조 6,400억 원 ④ 15조 8,000억 원

해설 **재해손실비 계산**
총재해코스트 = 직접비 + 간접비
= 직접비×5 = 3조 1,600억 원×5
= 15조 8,000억 원

14 산업안전보건법령상 특별교육대상 작업별 교육내용 중 밀폐공간에서의 작업별 교육내용이 아닌 것은? (단, 그 밖에 안전·보건관리에 필요한 사항은 제외한다.)

① 산소농도 측정 및 작업환경에 관한 사항
② 유해물질이 인체에 미치는 영향
③ 보호구 착용 및 사용방법에 관한 사항
④ 사고 시의 응급처치 및 비상시 구출에 관한 사항

해설 ②은 허가 및 관리 대상 유해물질의 제조 또는 취급작업 특별교육내용에 해당한다.

15 인간관계의 메커니즘 중 다른 사람으로부터의 판단이나 행동을 무비판적으로 논리적, 사실적 근거 없이 받아들이는 것은?

① 모방(imitation)   ② 투사(projection)
③ 동일화(identification) ④ 암시(suggestion)

해설 **인간관계 메커니즘**
1. 동일화(Identification)
2. 투사(Projection)
3. 커뮤니케이션(Communication)
4. 모방(Imitation)
5. 암시(Suggestion)

16 점검시기에 의한 안전점검의 분류에 해당하지 않는 것은?

① 성능안전점검   ② 정기안전점검
③ 임시안전점검   ④ 특별안전점검

해설 **안전점검의 종류**
1. 일상안전점검(수시안전점검)
2. 정기안전점검
3. 특별안전점검
4. 임시안전점검

17 매슬로(Maslow)의 욕구단계이론 중 제5단계 욕구로 옳은 것은?

① 안전에 대한 욕구   ② 자아실현의 욕구
③ 사회적(애정적) 욕구 ④ 존경과 긍지에 대한 욕구

해설 **매슬로(Maslow)의 욕구단계이론**
1. 생리적 욕구
2. 안전의 욕구
3. 사회적 욕구
4. 자기존경의 욕구
5. 자아실현의 욕구(성취욕구)

18 부주의 현상 중 의식의 우회에 대한 예방대책으로 옳은 것은?

① 안전교육   ② 표준작업제도 도입
③ 상담   ④ 적성배치

해설 **부주의 발생원인 및 대책**
• 의식의 우회 : 상담

19 산업안전보건법령상 근로자 안전·보건교육 중 채용 시의 교육 및 작업내용 변경 시의 교육사항으로 옳은 것은?

① 물질안전보건자료에 관한 사항
② 건강증진 및 질병 예방에 관한 사항
③ 유해·위험 작업환경 관리에 관한 사항
④ 표준안전 작업방법 결정 및 지도·감독 요령에 관한 사항

해설 ② 근로자 정기안전보건교육에 관한 사항
③ 특수형태근로종사자에 대한 안전보건교육에 관한 사항
④ 관리감독자 정기안전보건교육에 관한 사항

정답 | 13 ④ 14 ② 15 ④ 16 ① 17 ② 18 ③ 19 ①

20 파블로프(Pavlov)의 조건반사설에 의한 학습이론의 원리에 해당되지 않는 것은?

① 일관성의 원리   ② 시간의 원리
③ 강도의 원리   ④ 준비성의 원리

[해설] **파블로프(Pavlov)의 조건반사설**
- 계속성의 원리(Continuity Principle)
- 일관성의 원리(Consistency Principle)
- 강도의 원리(Intensity Principle)
- 시간의 원리(Time Principle)

2과목
인간공학 및 시스템공학

21 그림과 같은 시스템에서 전체 시스템의 신뢰도는 얼마인가? (단, 네모 안의 숫자는 각 부품의 신뢰도이다.)

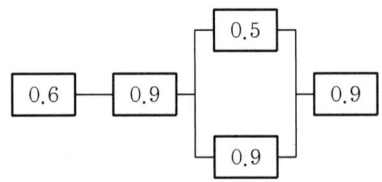

① 0.4104   ② 0.4617
③ 0.6314   ④ 0.6804

[해설] 신뢰도 = 0.6×0.9×{1−(1−0.5)×(1−0.9)}×0.9
       = 0.4617

22 건습지수로서 습구온도와 건구온도의 가중평균치를 나타내는 Oxford 지수의 공식으로 맞는 것은?

① WD=0.65WB+0.35DB
② WD=0.75WB+0.25DB
③ WD=0.85WB+0.15DB
④ WD=0.95WB+0.05DB

[해설] 옥스퍼드 지수(습건지수) = 0.85W(습구온도) + 0.15d(건구온도)

23 시스템의 정의에 포함되는 조건 중 틀린 것은?

① 제약된 조건 없이 수행
② 요소의 집합에 의해 구성
③ 시스템 상호 간에 관계를 유지
④ 어떤 목적을 위하여 작용하는 집합체

[해설] **시스템(System)**
그리스어 'Systema'에서 유래된 것으로 특정한 목적을 달성하기 위하여 여러 가지 관련된 구성요소들이 상호 작용하는 유기적 집합체를 말한다.

24 체계분석 및 설계에 있어서 인간공학적 노력의 효능을 산정하는 척도의 기준에 포함되지 않는 것은?

① 성능의 향상
② 훈련비용의 절감
③ 인력 이용률의 저하
④ 생산 및 보전의 경제성 향상

[해설] **체계설계과정에서의 인간공학의 기여도**
1. 성능 향상
2. 인력의 이용률 향상
3. 사용자의 수용도 향상
4. 생산 및 정비유지의 경제성 증대
5. 훈련비용 절감
6. 사고 및 오용(誤用)에 따른 손실 감소

25 인간이 기대하는 바와 자극 또는 반응들이 일치하는 관계를 무엇이라 하는가?

① 관련성   ② 반응성
③ 양립성   ④ 자극성

[해설] **양립성(Compatibility)**
안전을 근원적으로 확보하기 위한 전략으로서 외부의 자극과 인간의 기대가 서로 모순되지 않아야 하는 것. 제어장치와 표시장치 사이의 연관성이 인간의 예상과 어느 정도 일치하는가 여부

26 FTA에서 어떤 고장이나 실수를 일으키지 않으면 정상사상(top event)은 일어나지 않는다고 하는 것으로 시스템의 신뢰성을 표시하는 것은?

① Cut set   ② Minimal cut set
③ Free event   ④ Minimal path set

정답 | 20 ④   21 ②   22 ③   23 ①   24 ③   25 ③   26 ④

해설 **최소 패스셋(Minimal Path Set)**
정상사상(고장)을 일으키지 않는 최소한의 집합이다.

27 반경 10cm인 조종구(ball control)를 30° 움직였을 때, 표시장치가 2cm 이동하였다면 통제표시비(C/R 비)는 약 얼마인가?

① 1.3
② 2.6
③ 5.2
④ 7.8

해설 **통제표시비**
$$\frac{C}{R} = \frac{통제기기의\ 변위량}{표시계기지침의\ 변위량}$$
$$= \frac{\frac{\alpha}{360} \times 2\pi D}{표시계기지침의\ 변위량}$$
$$= \frac{\frac{30}{360} \times 2 \times \pi \times D}{2} = 2.62$$

28 결함수분석법에서 일정 조합 안에 포함되어 있는 기본사상들이 모두 발생하지 않으면 틀림없이 정상사상(top event)이 발생되지 않는 조합을 무엇이라고 하는가?

① 컷셋(cut set)
② 패스셋(path set)
③ 결함수셋(fault tree set)
④ 부울대수(boolean algebra)

해설 **패스셋(Path Set)**
포함되어 있는 모든 기본사상이 일어나지 않을 때 처음으로 정상사상이 일어나지 않는 기본사상의 집합이다.

29 인간의 눈에서 빛이 가장 먼저 접촉하는 부분은?

① 각막
② 망막
③ 초자체
④ 수정체

해설 **각막**
빛이 통과하는 곳으로 빛이 가장 먼저 접촉하는 부분

30 FT도에 사용되는 기호 중 "전이기호"를 나타내는 기호는?

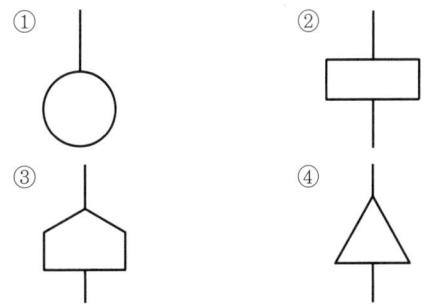

해설

기호	명칭	설명
△(IN)	전이기호	FT도상에서 부분으로 이행 또는 연결을 나타낸다. 삼각형 정상의 선은 정보의 전입을 뜻한다.
△(OUT)	전이기호	FT도상에서 다른 부분으로 이행 또는 연결을 나타낸다. 삼각형 옆의 선은 정보의 전출을 뜻한다.

31 인체에서 뼈의 주요 기능으로 볼 수 없는 것은?

① 대사작용
② 신체의 지지
③ 조혈작용
④ 장기의 보호

해설 **뼈의 주요 기능**
- 인체의 지주
- 장기보호
- 골수의 조혈기능 등

32 작업기억(working memory)에서 일어나는 정보코드화에 속하지 않는 것은?

① 의미코드화
② 음성코드화
③ 시각코드화
④ 다차원코드화

해설 **작업기억에서 일어나는 정보코드화**
1. 의미코드화
2. 음성코드화
3. 시각코드화

정답 | 27 ② 28 ② 29 ① 30 ④ 31 ① 32 ④

33 휴먼 에러의 배후 요소 중 작업방법, 작업순서, 작업정보, 작업환경과 가장 관련이 깊은 것은?

① Man ② Machine
③ Media ④ Management

해설 **4M 분석기법**
1. 인간(Man)
2. 기계(Machine)
3. 작업매체(Media)
4. 관리(Management)

34 소음성 난청 유소견자로 판정하는 구분을 나타내는 것은?

① A ② C
③ D_1 ④ D_2

해설 **직업병인 D_1 판정기준**
1. 순음어음 청력검사상 4,000Hz의 고음영역에서 50dB 이상 청력 손실 있을 것
2. 3분법(500(a) 1,000(b) 2,000(c)Hz에서의 청력손실치를 (a+b+c)/3) → 30dB 이상의 청력손실
3. 소음성난청 진단은 한 쪽 귀만 D_1에 해당되더라도 직업병으로 판정

35 설비의 위험을 예방하기 위한 안전성 평가단계 중 가장 마지막에 해당하는 것은?

① 재평가 ② 정성적 평가
③ 안전대책 ④ 정량적 평가

해설 **안전성 평가 6단계**
- 제1단계 : 관계자료의 정비검토
- 제2단계 : 정성적 평가
- 제3단계 : 정량적 평가
- 제4단계 : 안전대책
- 제5단계 : 재해정보에 의한 재평가
- 제6단계 : FTA에 의한 재평가

36 Chapanis의 위험수준에 의한 위험발생률 분석에 대한 설명으로 맞는 것은?

① 자주 발생하는(frequent) > 10^{-3}/day
② 자주 발생하는(frequent) > 10^{-5}/day
③ 거의 발생하지 않는(remote) > 10^{-6}/day
④ 극히 발생하지 않는(impossible) > 10^{-8}/day

해설 위험률 수준이 "거의 발생하지 않는다."라는 것은 하루당 발생빈도(P) 10^{-8}/day를 말한다.

37 윤활관리시스템에서 준수해야 하는 4가지 원칙이 아닌 것은?

① 적정량 준수 ② 다양한 윤활제의 혼합
③ 올바른 윤활법의 선택 ④ 윤활기간의 올바른 준수

해설 **윤활관리시스템 4가지 원칙**
1. 기계에 필요한 윤활유를 선정한다.
2. 그 양을 규정한다.
3. 윤활시기를 정확하게 지킨다.
4. 바른 윤활법을 채택하고, 그것에 따른다.

38 인간공학적인 의자설계를 위한 일반적 원칙으로 적절하지 않은 것은?

① 척추의 허리부분은 요부전만을 유지한다.
② 허리 강화를 위하여 쿠션은 설치하지 않는다.
③ 좌판의 앞 모서리 부분은 5[cm] 정도 낮아야 한다.
④ 좌판과 등받이 사이의 각도는 90~105[°]를 유지 하도록 한다.

해설 **의자설계 원칙**
- 요부전만(腰部前彎)을 유지한다.
- 디스크가 받는 압력을 줄인다.
- 등근육의 정적 부하를 줄인다.
- 자세고정을 줄인다.
- 쉽고 간편하게 조절할 수 있도록 설계한다.
- 의자 좌판의 각도는 3도, 등판의 각도는 100도가 몸통에 안정적이다.

39 단위 면적당 표면을 나타내는 빛의 양을 설명한 것으로 맞는 것은?

① 휘도 ② 조도
③ 광도 ④ 반사율

해설 **휘도**
단위 면적당 빛이 반사되어 나오는 양

정답 | 33 ③ 34 ③ 35 ① 36 ④ 37 ② 38 ② 39 ①

40 정보를 전송하기 위해 청각적 표시장치를 사용해야 효과적인 경우는?

① 전언이 복잡할 경우
② 전언이 후에 재참조될 경우
③ 전언이 공간적인 위치를 다룰 경우
④ 전언이 즉각적인 행동을 요구할 경우

해설 전언이 즉각적인 행동을 요구할 경우에는 청각적 표시장치가 유리하다.

3과목
건설시공학

41 다음 중 콘크리트 타설 공사와 관련된 장비가 아닌 것은?

① 피니셔(Finisher)
② 진동기(Vibrator)
③ 콘크리트 분배기(Concrete distributor)
④ 항타기(Air hammer)

해설 항타기는 지반공사용 기계이다.

42 대상지역의 지반특성을 규명하기 위하여 실시하는 사운딩시험에 해당되는 것은?

① 함수비시험 ② 액성한계시험
③ 표준관입시험 ④ 1축 압축시험

해설 **표준관입시험**
현 위치에서 직접 흙(주로 사질지반)의 다짐상태를 판단하는 시험으로 타격횟수(N)가 클수록 토질이 조밀하다.

43 흙막이 공사 후 지표면의 재하하중에 못 견디어 흙막이 벽의 바깥에 있는 흙이 안으로 밀려 흙파기 저면이 볼록하게 솟아오르는 현상은?

① 히빙 현상 ② 보일링 현상
③ 수동토압 파괴 현상 ④ 전단 파괴 현상

해설 **히빙 파괴**(Heaving)
흙막이 벽체 배면의 흙이 안으로 밀려 들어와 굴착 바닥면이 부풀어 오르는 현상을 말한다.

44 철골공사에서 쓰는 내화피복 공법의 종류가 아닌 것은?

① 성형판 붙임공법 ② 뿜칠공법
③ 미장공법 ④ 나중매입공법

해설 **철골의 내화피복 공법**
1. 습식 내화피복 공법
   - 타설공법 : 경량콘크리트, 보통콘크리트 등을 철골 둘레에 타설
   - 뿜칠공법 : 강재에 석면, 질석, 암면 등 혼합재료를 뿜칠함
   - 조적공법 : 벽돌, 블록, 석재 등으로 강재 둘레에 조적하는 공법
   - 미장공법 : 내화 단열성 모르타르로 미장
2. 건식 내화피복 공법(성형판 붙임공법)
   - PC판, ALC판, 석면규산칼슘판, 석면 성형판 등을 사용
   - 주로 기둥과 보의 내화피복에 사용

45 VE 적용 시 일반적으로 원가절감의 가능성이 가장 큰 단계는?

① 기획 설계 ② 공사 착수
③ 공사 중 ④ 유지 관리

해설 VE(Value Engineering) 적용 시 기획 설계 단계에서 원가절감의 가능성이 가장 크다.

46 독립 기초판(3.0[m]×3.0[m]) 하부에 말뚝머리지름이 40[cm]인 기성콘크리트 말뚝을 9개 시공하려고 할 때 말뚝의 중심간격으로 가장 적당한 것은?

① 10[cm] ② 100[cm]
③ 90[cm] ④ 80[cm]

해설 기성콘크리트 말뚝의 중심간격 기준은 2.5d이므로 말뚝머리지름이 40cm이면 말뚝의 중심간격은 2.5×40cm = 100cm이다.

정답 | 40 ④ 41 ④ 42 ③ 43 ① 44 ④ 45 ① 46 ②

47 건설공사 입찰방식 중 공개경쟁입찰의 장점에 속하지 않는 것은?

① 유자격자는 모두 참가할 수 있는 기회를 준다.
② 제한경쟁입찰에 비해 등록사무가 간단하다.
③ 담합의 가능성을 줄인다.
④ 공사비가 절감된다.

해설 공개경쟁입찰 방식
신문, 게시판에 입찰조건, 자격 등을 공고하여 일정 자격을 갖춘 자에게 공개경쟁을 통한 입찰에 참여할 수 있는 기회를 주는 방식이다.

48 건축공사의 착수 시 대지에 설정하는 기준점에 관한 설명으로 옳지 않은 것은?

① 공사 중 건축물 각 부위의 높이에 대한 기준을 삼고자 설정하는 것을 말한다.
② 건축물의 그라운드 레벨(Ground level)은 현장에서 공사 착수 시 설정한다.
③ 기준점은 바라보기 좋고, 공사에 지장이 없는 곳에 설정한다.
④ 기준점은 대개 지정 지반면에서 0.5~1[m]의 위치에 두고 그 높이를 적어둔다.

해설 건출물의 그라운드 레벨은 설계단계에서 검토하여 결정한다.

49 프리스트레스트 콘크리트를 프리텐션방식으로 프리스트레싱할 때 콘크리트의 압축강도는 최소 얼마 이상이어야 하는가?

① 15[MPa] ② 20[MPa]
③ 30[MPa] ④ 50[MPa]

해설 프리텐션 방식의 프리스트레스트 콘크리트의 압축강도는 30MPa 이상이어야 한다.

50 기초파기 저면보다 지하수위가 높을 때의 배수공법으로 가장 적합한 것은?

① 웰포인트 공법   ② 샌드드레인 공법
③ 언더피닝 공법   ④ 페이퍼드레인 공법

해설 웰포인트(Well Point) 공법
라이저 파이프를 박아 6m 이내의 지하수를 펌프로 배수하여 지하수위를 낮추는 공법이다.

51 공사계약제도에 관한 설명으로 옳지 않은 것은?

① 일식도급계약제도는 전체 건축공사를 한 도급자에게 도급을 주는 제도이다.
② 분할도급계약제도는 보통 부대설비공사와 일반 공사로 나누어 도급을 준다.
③ 공사진행 중 설계변경이 빈번한 경우에는 직영공사제도를 채택한다.
④ 직영공사제도 시행에 따라 근로자의 능률이 상승된다.

해설 직영공사제도는 시공 및 안전관리 능력 부족으로 근로자의 능률이 감소된다.

52 철근이음의 종류 중 기계적 이음과 가장 거리가 먼 것은?

① 나사식 이음   ② 가스압점 이음
③ 충진식 이음   ④ 압착식 이음

해설 철근의 기계적 이음방식에는 나사식 이음, 충진식 이음, 압착식 이음이 있다.

53 콘크리트 타설 및 다짐에 관한 설명으로 옳은 것은?

① 타설한 콘크리트는 거푸집 안에서 횡방향으로 이동시켜도 좋다.
② 콘크리트 타설은 타설기계로부터 가까운 곳부터 타설한다.
③ 이어치기 기준시간이 경과되면 콜드조인트의 발생 가능성이 높다.
④ 노출콘크리트에는 다짐봉으로 다지는 것이 두드림으로 다지는 것보다 품질관리상 유리하다.

해설 콘크리트의 이어치기 기준시간이 길어지면 콜드조인트가 발생할 가능성이 높다.

54 기성 콘크리트 말뚝설치 공법 중 진동공법에 관한 설명으로 옳지 않은 것은?

① 정확한 위치에 타입이 가능하다.
② 타입은 물론 인발도 가능하다.
③ 경질지반에서는 충분한 관입깊이를 확보하기 어렵다.
④ 사질지반에서는 진동에 따른 마찰저항의 감소로 인해 관입이 쉽다.

해설 사질지반에서는 진동으로 인한 마찰저항이 부족하여 관입에 어려움이 있다.

55 콘크리트의 압축강도를 시험하지 않을 경우 거푸집 널의 해체 시기로 옳은 것은? (단, 조강포틀랜드시멘트를 사용한 기둥으로서 평균기온이 20[℃] 이상일 경우이다.)

① 2일
② 3일
③ 4일
④ 6일

해설 | **콘크리트 압축강도를 시험하지 않을 경우(기초, 보 옆, 기둥 및 보의 측벽) 거푸집 존치기간**

시멘트의 종류	평균 기온	
	10℃ 이상 20℃ 미만	20℃ 이상
조강포틀랜드시멘트	3일	2일
보통포틀랜드시멘트 고로슬래그시멘트(특급) 포틀랜드포졸란시멘트(A종) 플라이애시시멘트(A종)	6일	4일
고로슬래그시멘트 포틀랜드포졸란시멘트(B종) 플라이애시시멘트(B종)	8일	5일

56 공사계획을 수립할 때의 유의사항으로 옳지 않은 것은?

① 마감공사는 구체공사가 끝나는 부분부터 순차적으로 착공하는 것이 좋다.
② 재료입수의 난이, 부품제작 일수, 운반조건 등을 고려하여 발주시기를 조절한다.
③ 방수공사, 도장공사, 미장공사 등과 같은 공정에는 일기를 고려하여 충분한 공기를 확보한다.
④ 공사 전반에 쓰이는 모든 시공장비는 착공 개시 전에 현장에 반입되도록 조치해야 한다.

해설 | 시공장비는 작업공간의 효율을 위해 공사진행에 따라 단계적으로 반입되어야 한다.

57 철골공사에서 용접을 할 때 발생되는 용접결함과 직접 관계가 없는 것은?

① 크랙
② 언더컷
③ 크레이터
④ 위빙

해설 | **위빙(Weaving)**
용접봉을 용접방향으로 서로 엇갈리게 움직여 용가금속을 용착시키는 운봉법이다.

58 벽체와 기둥의 거푸집이 굳지 않은 콘크리트 측압에 저항할 수 있도록 최종적으로 잡아주는 부재는?

① 스페이서
② 폼타이
③ 턴버클
④ 듀벨

해설 | 폼타이(Form Tie), 플랫타이, 칼럼밴드 등은 거푸집 긴결재(긴장재)로 거푸집이 벌어지거나 우그러들지 않게 연결·고정하는 재료이다.

59 흙막이벽체 공법 중 주열식 흙막이 공법에 해당하는 것은?

① 슬러리 월 공법
② 엄지말뚝+토류판 공법
③ C.I.P 공법
④ 시트파일 공법

해설 | **C.I.P(Cast In Place Pile) 공법**
굴착기계(Earth Auger)로 지반을 천공하고 그 속에 철근망과 주입관을 삽입한 후 Prepacked Mortar를 주입하여 현장타설 콘크리트 말뚝을 형성하는 공법이다.

60 콘크리트 이어붓기 위치에 관한 설명으로 옳지 않은 것은?

① 보 및 슬래브는 전단력이 작은 스팬의 중앙부에 수직으로 이어 붓는다.
② 기둥 및 벽에서는 바닥 및 기초의 상단 또는 보의 하단에 수평으로 이어붓는다.
③ 캔틸레버로 내민보나 바닥판은 간사이의 중앙부에 수직으로 이어붓는다.
④ 아치는 아치축에 직각으로 이어붓는다.

해설 | 콘크리트의 이어치기에서 캔틸레버는 이어붓지 않음을 원칙으로 한다.

4과목
건설재료학

61 체가름 시험을 하였을 때 각 체에 남는 누계량의 전체 시료에 대한 질량백분율의 합을 100으로 나눈 값은?

① 실적률
② 유효흡수율
③ 조립률
④ 함수율

정답 | 55 ① 56 ④ 57 ④ 58 ② 59 ③ 60 ③ 61 ③

해설 **조립률**
각 체에 남는 누계량의 전체 시료에 대한 질량백분율의 합을 100으로 나눈 값이다.

62 목재의 무늬를 가장 잘 나타내는 투명도료는?

① 유성페인트 ② 클리어래커
③ 수성페인트 ④ 에나멜페인트

해설 투명한 것을 클리어래커라 하고, 안료(착색체)를 넣은 것을 래커 에나멜이라 한다.

63 구리(Cu)와 주석(Sn)을 주체로 한 합금으로 주조성이 우수하고 내식성이 크며 건축장식철물 또는 미술공예 재료에 사용되는 것은?

① 청동 ② 황동
③ 양백 ④ 두랄루민

해설 **청동(靑銅, Bronze)**
조성, 내식성이 크고 기계적 성질이 우수하며 내마모성이 높아 기계용품, 베어링, 밸브 등에 많이 사용된다.

64 금속제 용수철과 완충유와의 조합작용으로 열린 문이 자동으로 닫히게 하는 것으로 바닥에 설치되며, 일반적으로 무게가 큰 중량창호에 사용되는 것은?

① 래버터리 힌지 ② 플로어 힌지
③ 피벗 힌지 ④ 도어 클로저

해설 **플로어 힌지**
문을 열면 저절로 닫히는 장치를 말하는 것으로 바닥에 묻어 설치한 다음 문의 징두리를 여기에 꽂아 돌게 하는 창호철물이다.

65 각종 시멘트의 특성에 관한 설명으로 옳지 않은 것은?

① 중용열포틀랜드시멘트는 수화 시 발열량이 비교적 크다.
② 고로시멘트를 사용한 콘크리트는 보통 콘크리트 보다 초기강도가 작은 편이다.
③ 알루미나시멘트는 내화성이 좋은 편이다.
④ 실리카시멘트로 만든 콘크리트는 수밀성과 화학 저항성이 크다.

해설 **중용열 포틀랜드시멘트**
시멘트의 발열량을 적게 하기 위하여 화합조성물 중 규산3석회(C_3S)와 알루민산3석회(C_3A)의 양을 적게 하고 장기강도의 발현을 위하여 규산2석회(C_2S)의 양을 많게 한 시멘트이다.

66 절대건조비중이 0.69인 목재의 공극률은?

① 31.0[%] ② 44.8[%]
③ 55.2[%] ④ 69.0[%]

해설 공극률 $= \left(1 - \dfrac{w}{1.54}\right) \times 100(\%)$
$= \left(1 - \dfrac{0.69}{1.54}\right) \times 100(\%)$
$= 55.2\%$

여기서, w : 절대건조비중

67 실링재와 같은 뜻의 용어로 부재의 접합부에 충전하여 접합부를 기밀·수밀하게 하는 재료는?

① 백업재 ② 코킹재
③ 가스켓 ④ AE감수제

해설 **코킹재**
실링재(Sealing Materials)로 각 접합부의 틈이나 줄눈을 충전하여 기밀성 및 수밀성을 높이는 재료이다.

68 콘크리트의 배합을 정할 때 목표로 하는 압축강도로 품질의 편차 및 양생온도 등을 고려하여 설계기준강도에 할증한 것을 무엇이라 하는가?

① 배합강도 ② 설계강도
③ 호칭강도 ④ 소요강도

해설 **배합강도**
설계기준강도에 적당한 계수를 곱하여 할증한 압축강도로서 콘크리트 배합 설계에서 소요강도로부터 물, 시멘트 비를 정할 경우에 쓰인다.

69 석재를 대상으로 실시하는 시험의 종류와 거리가 먼 것은?

① 비중시험 ② 흡수율시험
③ 압축강도시험 ④ 인장강도시험

해설 인장강도시험은 석재의 강도시험으로 적합하지 않다.

정답 | 62 ② 63 ① 64 ② 65 ① 66 ③ 67 ② 68 ① 69 ④

70 미리 거푸집 속에 특정한 입도를 가지는 굵은골재를 채워놓고 그 간극에 모르타르를 주입하여 제조한 콘크리트는?

① 폴리머 시멘트 콘크리트
② 프리플레이스트 콘크리트
③ 수밀 콘크리트
④ 서중 콘크리트

> **해설** **프리플레이스트 콘크리트(Preplaced Concrete)**
> 굵은 골재를 거푸집 등에 넣고 그 사이에 시멘트 페이스트를 펌프로 주입하여 만드는 콘크리트로 부착강도 및 수밀성이 크고 건조수축이 작으며 재료분리가 적다.

71 철근콘크리트 구조의 부착강도에 관한 설명으로 옳지 않은 것은?

① 최초 시멘트페이스트의 점착력에 따라 발생한다.
② 콘크리트 압축강도가 증가함에 따라 일반적으로 증가한다.
③ 거푸집 강성이 클수록 부착강도의 증가율은 높아 진다.
④ 이형철근의 부착강도가 원형철근보다 크다.

> **해설** 거푸집의 강성과 부착강도는 무관하다.

72 단백질계 접착제 중 동물성 단백질이 아닌 것은?

① 카세인   ② 아교
③ 알부민   ④ 아마인유

> **해설** 아마인유는 식물성 기름이다.

73 점토벽돌 1종의 흡수율과 압축강도 기준으로 옳은 것은?

① 흡수율 10[%] 이하 - 압축강도 24.50[MPa] 이상
② 흡수율 10[%] 이하 - 압축강도 20.59[MPa] 이상
③ 흡수율 15[%] 이하 - 압축강도 24.50[MPa] 이상
④ 흡수율 15[%] 이하 - 압축강도 20.59[MPa] 이상

> **해설** 점토벽돌 1종의 흡수율은 10% 이하이고 압축강도는 24.50MPa 이상이다.

74 미장재료 중 돌로마이트 플라스터에 관한 설명으로 옳지 않은 것은?

① 돌로마이트에 모래, 여물을 섞어 반죽한 것이다.
② 소석회보다 점성이 크다.
③ 회반죽에 비하여 최종강도는 작고 착색이 어렵다.
④ 건조수축이 커서 균열이 생기기 쉽다.

> **해설** **돌로마이트 플라스터(Dolomite Plaster) (KSF 3508)**
> 건조 수축이 커 균열이 쉬우며, 습기 및 물에 약해 환기가 잘 안 되는 지하실 등에서는 사용을 지양한다.

75 멤브레인 방수공사와 관련된 용어에 관한 설명으로 옳지 않은 것은?

① 멤브레인 방수층 - 불투수성 피막을 형성하는 방수층
② 절연용 테이프 - 바탕과 방수층 사이의 국부적인 응력집중을 막기 위한 바탕면 부착 테이프
③ 프라이머 - 방수층과 바탕을 견고하게 밀착시킬 목적으로 바탕면에 최초로 도포하는 액상 재료
④ 개량 아스팔트 - 아스팔트 방수층을 형성하기 위해 사용하는 시트 형상의 재료

> **해설** **개량 아스팔트**
> 합성고무 등의 폴리머를 섞어 성질을 개량한 아스팔트이다.

76 합성수지 중 열경화성수지가 아닌 것은?

① 페놀수지   ② 요소수지
③ 에폭시수지   ④ 아크릴수지

> **해설** 아크릴수지는 열가소성수지에 속한다.

77 미장바름의 종류 중 돌로마이트에 화강석 부스러기, 색모래, 안료 등을 섞어 정벌바름하고 충분히 굳지 않은 때에 거친 솔 등으로 긁어 거친면으로 마무리한 것은?

① 모조석   ② 라프코트
③ 리신바름   ④ 흙바름

> **해설** 리신바름(Lithin Coat)에 대한 설명이다.

정답 | 70 ② 71 ③ 72 ④ 73 ① 74 ③ 75 ④ 76 ④ 77 ③

78 시멘트의 수화열에 의한 온도의 상승 및 하강에 따라 작용된 구속응력에 의해 균열이 발생할 위험이 있어, 이에 대한 특수한 고려를 요하는 콘크리트는?

① 매스 콘크리트   ② 유동화 콘크리트
③ 한중 콘크리트   ④ 수밀 콘크리트

해설) 매스 콘크리트는 수화열이 커서 시공 시 특수한 고려를 요한다.

79 목재의 조직에 관한 설명으로 옳지 않은 것은?

① 수선은 침엽수와 활엽수가 다르게 나타난다.
② 심재는 색이 진하고 수분이 적고 강도가 크다.
③ 봄에 이루어진 목질부를 춘재라 한다.
④ 수간의 횡단면을 기준으로 제일 바깥쪽의 껍질을 형성층이라 한다.

해설) **형성층**
나무 껍질 바로 밑 조직으로 부름켜라고도 한다.

80 모래의 함수율과 용적변화에서 이넌데이트(inundate) 현상이란 어떤 상태를 말하는가?

① 함수율 0~8[%]에서 모래의 용적이 증가하는 현상
② 함수율 8[%]의 습윤상태에서 모래의 용적이 감소하는 현상
③ 함수율 8[%]에서 모래의 용적이 최고가 되는 현상
④ 절건상태와 습윤상태에서 모래의 용적이 동일한 현상

해설) **이넌데이트(inundate) 현상**
절건상태와 습윤상태에서 모래의 용적이 동일한 현상이다.

5과목
건설안전기술

81 달비계에 사용이 불가한 와이어로프의 기준으로 옳지 않은 것은?

① 이음매가 없는 것
② 지름의 감소가 공칭지름의 7[%]를 초과하는 것
③ 심하게 변형되거나 부식된 것
④ 와이어로프의 한 꼬임에서 끊어진 소선(素線)의 수가 10[%] 이상인 것

해설) **와이어로프의 사용금지기준**
1. 이음매가 있는 것
2. 와이어로프의 한 꼬임에서 끊어진 소선의 수가 10퍼센트 이상인 것
3. 지름의 감소가 공칭지름의 7퍼센트를 초과하는 것
4. 꼬인 것
5. 심하게 변형되거나 부식된 것
6. 열과 전기충격에 의해 손상된 것

82 다음은 산업안전보건기준에 관한 규칙 중 가설통로의 구조에 관한 사항이다. ( ) 안에 들어갈 내용으로 옳은 것은?

> 수직갱에 가설된 통로의 길이가 15[m] 이상인 경우에는 10[m] 이내마다 ( )을/를 설치할 것

① 손잡이   ② 계단참
③ 클램프   ④ 버팀대

해설) 수직갱에 가설된 통로의 길이가 15미터 이상인 때에는 10미터 이내마다 계단참을 설치해야 한다.

83 다음 중 구조물의 해체작업을 위한 기계·기구가 아닌 것은?

① 쇄석기   ② 데릭
③ 압쇄기   ④ 철제 해머

해설) 데릭은 양중작업을 위한 도구이다.

84 강풍 시 타워크레인의 설치·수리·점검 또는 해체작업을 중지하여야 하는 순간풍속 기준으로 옳은 것은?

① 순간풍속이 초당 10[m]를 초과하는 경우
② 순간풍속이 초당 15[m]를 초과하는 경우
③ 순간풍속이 초당 20[m]를 초과하는 경우
④ 순간풍속이 초당 30[m]를 초과하는 경우

해설) 순간풍속이 초당 10미터를 초과하는 경우에는 타워크레인의 설치·수리·점검 또는 해체작업을 중지하여야 한다.

정답 | 78 ① 79 ④ 80 ④ 81 ① 82 ② 83 ② 84 ①

85 근로자의 추락 위험이 있는 장소에서 발생하는 추락재해의 원인으로 볼 수 없는 것은?

① 안전대를 부착하지 않았다.
② 덮개를 설치하지 않았다.
③ 투하설비를 설치하지 않았다.
④ 안전난간을 설치하지 않았다.

해설 투하설비는 낙하물에 의한 재해를 예방하기 위한 설비이다.

86 기상상태의 악화로 비계에서의 작업을 중지시킨 후 그 비계에서 작업을 다시 시작하기 전에 점검해야 할 사항에 해당하지 않는 것은?

① 기둥의 침하·변형·변위 또는 흔들림 상태
② 손잡이의 탈락 여부
③ 격벽의 설치 여부
④ 발판재료의 손상 여부 및 부착 또는 걸림 상태

해설 **격벽**
위험물 건조설비의 열원으로 직화를 사용할 때 불꽃 등에 의한 화재를 예방하기 위해 설치하는 시설이다.

87 사다리식 통로 등을 설치하는 경우 발판과 벽과의 사이는 최소 얼마 이상의 간격을 유지하여야 하는가?

① 5[cm]   ② 10[cm]
③ 15[cm]   ④ 20[cm]

해설 발판과 벽의 사이는 15cm 이상의 간격을 유지해야 한다.

88 드럼에 다수의 돌기를 붙여 놓은 기계로 점토층의 내부를 다지는 데 적합한 것은?

① 탠덤롤러   ② 타이어롤러
③ 진동롤러   ④ 탬핑롤러

해설 **탬핑롤러**
철륜 표면에 다수의 돌기를 붙여 접지면적을 작게 하여 접지압을 증가시킨 롤러이다.

89 산업안전보건법령에 따른 중량물을 취급하는 작업을 하는 경우의 작업계획서 내용에 포함되지 않는 사항은?

① 추락 위험을 예방할 수 있는 안전대책
② 낙하 위험을 예방할 수 있는 안전대책
③ 전도 위험을 예방할 수 있는 안전대책
④ 위험물 누출 위험을 예방할 수 있는 안전대책

해설 중량물 취급 작업계획서에는 추락, 낙하, 전도 위험을 예방할 수 있는 안전대책이 포함되어야 한다.

90 산업안전보건관리비 계상을 위한 대상액이 56억 원인 건축공사의 산업안전보건관리비는 얼마인가?

① 104,160천 원   ② 132,720천 원
③ 144,800천 원   ④ 150,400천 원

해설 **산업안전보건관리비**
56억 원×2.37%[건축공사] = 132,720천 원이다.

91 콘크리트 구조물에 적용하는 해체작업 공법의 종류가 아닌 것은?

① 연삭 공법   ② 발파 공법
③ 오픈 컷 공법 ④ 유압 공법

해설 오픈 컷 공법은 굴착공법에 해당한다.

92 콘크리트 타설작업 시 거푸집에 작용하는 연직하중이 아닌 것은?

① 콘크리트의 측압
② 거푸집의 중량
③ 굳지 않은 콘크리트의 중량
④ 작업원의 작업하중

해설 콘크리트 측압은 연직하중에 해당되지 않는다.

정답 | 85 ③ 86 ③ 87 ③ 88 ④ 89 ④ 90 ② 91 ③ 92 ①

93 거푸집 공사에 관한 설명으로 옳지 않은 것은?

① 거푸집 조립 시 거푸집이 이동하지 않도록 비계 또는 기타 공작물과 직접 연결한다.
② 거푸집 치수를 정확하게 하여 시멘트 모르타르가 새지 않도록 한다.
③ 거푸집 해체가 쉽게 가능하도록 박리제 사용 등의 조치를 한다.
④ 측압에 대한 안전성을 고려한다.

해설 거푸집을 비계 등 가설구조물과 직접 연결하여 영향을 주면 안 된다.

94 개착식 굴착공사에서 버팀보 공법을 적용하여 굴착할 때 지반붕괴를 방지하기 위하여 사용하는 계측장치로 거리가 먼 것은?

① 지하수위계   ② 경사계
③ 변형률계   ④ 록볼트응력계

해설 록볼트응력계는 터널공사 계측기기에 해당된다.

95 다음 중 유해·위험방지 계획서 제출 대상 공사에 해당하는 것은?

① 지상높이가 25[m]인 건축물 건설공사
② 최대 지간길이가 45[m]인 교량건설공사
③ 깊이가 8[m]인 굴착공사
④ 제방높이가 50[m]인 다목적댐 건설공사

해설 **계획서 제출대상 공사**
1. 지상높이가 31m 이상인 건축물 또는 인공구조물, 연면적 30,000㎡ 이상인 건축물 또는 연면적 5,000㎡ 이상의 문화 및 집회시설(전시장 및 동물원·식물원은 제외한다), 판매시설, 운수시설(고속철도의 역사 및 집배송시설은 제외한다), 종교시설, 의료시설 중 종합병원, 숙박시설 중 관광숙박시설, 지하도상가 또는 냉동·냉장창고시설의 건설·개조 또는 해체(이하 "건설 등"이라 한다)
2. 연면적 5,000㎡ 이상의 냉동·냉장창고시설의 설비공사 및 단열공사
3. 최대 지간길이가 50m 이상인 교량건설 등 공사
4. 터널건설 등의 공사
5. 다목적댐, 발전용 댐 및 저수용량 2천만 톤 이상인 용수전용 댐, 지방상수도 전용댐 건설 등의 공사
6. 깊이가 10m 이상인 굴착공사

96 차량계 하역운반기계 등을 사용하는 작업을 할 때, 그 기계가 넘어지거나 굴러떨어짐으로써 근로자에게 위험을 미칠 우려가 있는 경우에 이를 방지하기 위한 조치사항과 거리가 먼 것은?

① 유도자 배치
② 지반의 부동침하방지
③ 상단부분의 안정을 위하여 버팀줄 설치
④ 갓길 붕괴방지

해설 유도하는 자를 배치하고 지반의 부동침하방지, 갓길의 붕괴방지 및 도로의 폭 유지 등 필요한 조치를 하여야 한다.

97 추락재해 방호용 방망의 신품에 대한 인장강도는 얼마인가? (단, 그물코의 크기가 10[cm]이며, 매듭 없는 방망이다.)

① 220[kg]   ② 240[kg]
③ 260[kg]   ④ 280[kg]

해설 그물코 10cm, 매듭 없는 방망의 인장강도는 240kgf 이상이어야 한다.

추락방호망의 인장강도

그물코의 길이 (단위 : cm)	방망의 종류(단위 : kgf) ( ) : 폐기기준 인장강도	
	매듭없는 방망	매듭방망
10	240(150)	200(135)
5	–	110(60)

98 발파작업에 종사하는 근로자가 준수하여야 할 사항으로 옳지 않은 것은?

① 장전구는 마찰·충격·정전기 등에 의한 폭발의 위험이 없는 안전한 것을 사용할 것
② 발파공의 충진재료는 점토·모래 등 발화성 또는 인화성의 위험이 없는 재료를 사용할 것
③ 얼어붙은 다이나마이트는 화기에 접근시키거나 그 밖의 고열물에 직접 접촉시켜 단시간 안에 융해시킬 수 있도록 할 것
④ 전기뇌관에 의한 발파의 경우 점화하기 전에 화약류를 장전한 장소로부터 30[m] 이상 떨어진 안전한 장소에서 전선에 대하여 저항측정 및 도통시험을 할 것

해설 얼어붙은 다이나마이트는 화기에 접근시키거나 그 밖의 고열물에 직접 접촉시켜서는 안 된다.

정답 | 93 ① 94 ④ 95 ④ 96 ③ 97 ② 98 ③

99 다음은 산업안전보건법령에 따른 근로자의 추락 위험 방지를 위한 추락방호망의 설치기준이다. (   ) 안에 들어갈 내용으로 옳은 것은?

> 추락방호망은 수평으로 설치하고, 망의 처짐은 짧은 변 길이의 (   ) 이상이 되도록 할 것

① 10[%]   ② 12[%]
③ 15[%]   ④ 18[%]

해설 추락방호망을 설치할 경우 수평으로 설치하고 망의 처짐은 짧은 변 길이의 12% 이상이 되도록 해야 한다.

100 거푸집 및 동바리 등을 조립하는 경우의 준수사항으로 옳지 않은 것은?

① 동바리로 사용하는 파이프 서포트는 최소 3개 이상 이어서 사용하도록 할 것
② 동바리의 상하 고정 및 미끄러짐 방지 조치를 하고, 하중의 지지상태를 유지할 것
③ 동바리의 이음은 맞댄이음이나 장부이음으로 하고 같은 품질의 재료를 사용할 것
④ 강재와 강재의 접속부 및 교차부는 볼트·클램프 등 전용철물을 사용하여 단단히 연결할 것

해설 법이 개정되어 앞으로 출제되지 않음

정답 | 99 ②   100 ①

부록

2018년 4회

1과목
산업안전관리론

01 산업재해의 발생형태 종류 중 상호자극에 의하여 순간적으로 재해가 발생하는 유형으로 재해가 일어난 장소나 그 시점에 일시적으로 요인이 집중하는 것은?

① 단순자극형 ② 단순연쇄형
③ 복합연쇄형 ④ 복합형

해설 **단순자극형(집중형)**
상호자극에 의하여 순간적으로 재해가 발생하는 유형으로 재해가 일어난 장소나 그 시점에 일시적으로 요인이 집중된다.

02 평균 근로자 수가 1,000명인 사업장의 도수율이 10.25이고 강도율이 7.25이었을 때 이 사업장의 종합재해지수는?

① 7.62 ② 8.62
③ 9.62 ④ 10.62

해설 종합재해지수 $= \sqrt{도수율 \times 강도율}$
$= \sqrt{10.25 \times 7.25}$
$= 8.62$

03 자신의 결함과 무능에 의해 생긴 열등감이나 긴장을 해소하기 위하여 장점 같은 것으로 그 결함을 보충하려는 행동의 방어기제는?

① 보상 ② 승화
③ 투사 ④ 합리화

해설 **방어적 기제(Defense Mechanism) 중 보상**
계획한 일을 성공하는 데서 오는 자존감

04 재해원인의 분석방법 중 사고의 유형, 기인물 등 분류항목을 큰 순서대로 도표화하는 통계적 원인분석 방법은?

① 특성요인도 ② 관리도
③ 클로스도 ④ 파레토도

해설 파레토도은 분류항목을 큰 순서대로 도표화한 분석법이다.

05 앞에 실시한 학습의 효과가 뒤에 실시하는 새로운 학습에 직접 또는 간접으로 영향을 주는 현상을 의미하는 것은?

① 통찰(Insight) ② 전이(Transference)
③ 반사(Reflex) ④ 반응(Reaction)

해설 **학습의 전이(trandsference)**
어떤 내용을 학습한 결과가 다른 학습이나 반응에 영향을 미치는 현상을 의미하는 것으로 학습효과의 전이라고도 한다. 훈련상황이 실제 작업장면과 유사할 때 학습전이가 일어나기 쉽다.

06 공정안전보고서의 안전운전계획에 포함하여야 할 세부 내용이 아닌 것은?

① 설비배치도
② 안전작업허가
③ 도급업체 안전관리계획
④ 설비점검·검사 및 보수계획, 유지계획 및 지침서

해설 **안전운전계획(일부)**
1. 설비점검·검사 및 보수계획, 유지계획 및 지침서
2. 안전작업허가
3. 도급업체 안전관리계획

정답 | 01 ① 02 ② 03 ① 04 ④ 05 ② 06 ①

07 인간의 의식수준 5단계 중 의식수준의 저하로 인한 피로와 단조로움의 생리적 상태가 일어나는 단계는?

① Phase Ⅰ ② Phase Ⅱ
③ Phase Ⅲ ④ Phase Ⅳ

해설 의식 수준 레벨의 단계

단계	의식의 상태	신뢰성	의식의 작용
Phase I	의식의 둔화	0.9 이하	부주의

08 상해의 종류 중 타박, 충돌, 추락 등으로 피부 표면보다는 피하조직 등 근육부를 다친 상해를 무엇이라 하는가?

① 골절 ② 자상
③ 부종 ④ 좌상

해설 좌상
외부의 충격이나 둔탁한 힘(구타, 넘어짐) 등에 의해 연부 조직과 근육 등에 손상을 입어 피부에 출혈과 부종이 보이는 경우

09 산업안전보건법령에 따른 근로자 안전·보건교육 중 건설업 기초안전·보건교육 과정의 건설 일용근로자의 교육시간으로 옳은 것은?

① 1시간 ② 2시간
③ 4시간 ④ 6시간

해설

교육과정	교육대상	교육시간
건설업 기초안전·보건교육	건설 일용근로자	4시간

10 매슬로(Maslow)의 욕구단계 이론 중 제3단계로 옳은 것은?

① 생리적 욕구 ② 안전에 대한 욕구
③ 존경과 긍지에 대한 욕구 ④ 사회적(애정적) 욕구

해설 매슬로(Maslow)의 욕구단계이론
- 제1단계 : 생리적 욕구
- 제2단계 : 안전의 욕구
- 제3단계 : 사회적 욕구
- 제4단계 : 자기존경의 욕구
- 제5단계 : 자아실현의 욕구(성취욕구)

11 산업안전보건법령에 따른 안전검사 대상 유해·위험 기계에 해당하지 않는 것은?

① 산업용 원심기
② 이동식 국소배기장치
③ 롤러기(밀폐형 구조는 제외)
④ 크레인(정격 하중이 2톤 미만인 것은 제외)

해설 국소배기장치는 안전검사 대상에 해당되나, 이동식은 제외된다.

12 작업을 하고 있을 때 걱정거리, 고민거리, 욕구불만 등에 의해 다른 데 정신을 빼앗기는 부주의 현상은?

① 의식의 중단 ② 의식의 우회
③ 의식의 과잉 ④ 의식수준의 저하

해설 의식의 우회
의식의 흐름이 옆으로 빗나가 발생하는 현상이다(걱정, 고민, 욕구불만 등에 의하여 정신을 빼앗기는 것).

13 모럴 서베이(Morale Survey)의 주요방법 중 태도조사법에 해당하는 것은?

① 사례연구법 ② 관찰법
③ 실험연구법 ④ 면접법

해설 태도조사법의 종류
- 질문지(문답)법
- 면접법
- 집단토의법
- 투시법

14 보호구 안전인증 고시에 따른 안전화 정의 중 다음 ㉠, ㉡에 들어갈 말로 알맞은 것은?

중작업용 안전화란 (㉠)mm의 낙하높이에서 시험했을 때 충격과 (㉡ ±0.1)kN의 압축하중에서 시험했을 때 압박에 대하여 보호해 줄 수 있는 선심을 부착하여, 착용자를 보호하기 위한 안전화를 말한다.

① ㉠ 250, ㉡ 4.4 ② ㉠ 500, ㉡ 10
③ ㉠ 750, ㉡ 7.5 ④ ㉠ 1,000, ㉡ 15

정답 | 07 ① 08 ④ 09 ③ 10 ④ 11 ② 12 ② 13 ④ 14 ④

해설 **보호구 안전인증 고시**
"중작업용 안전화"란 1,000밀리미터의 낙하높이에서 시험했을 때 충격과 (15.0±0.1)킬로뉴턴(KN)의 압축하중에서 시험했을 때 압박에 대하여 보호해 줄 수 있는 선심을 부착하여, 착용자를 보호하기 위한 안전화를 말한다.

15 보호구 안전인증 고시에 따른 다음 방진마스크의 형태로 옳은 것은?

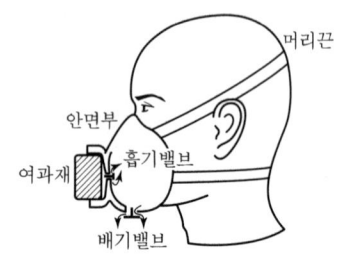

① 격리식 반면형 ② 직결식 반면형
③ 격리식 전면형 ④ 직결식 전면형

해설 **방진마스크의 형태**

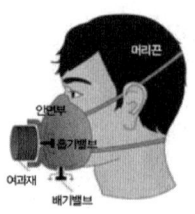
직결식 반면형

16 산업안전보건법령에 따른 교육대상별 교육 내용 중 근로자 정기안전·보건교육 내용이 아닌 것은? (단, 산업안전보건법 및 일반관리에 관한 사항은 제외한다.)

① 산업재해보상보험 제도에 관한 사항
② 산업보건 및 직업병 예방에 관한 사항
③ 유해·위험 작업환경 관리에 관한 사항
④ 작업공정의 유해·위험과 재해 예방대책에 관한 사항

해설 ④은 관리감독자의 정기안전보건교육 내용에 해당한다.

17 산업안전보건법령에 따른 안전·보건표지 중 금지표지의 종류가 아닌 것은?

① 금연   ② 물체이동금지
③ 접근금지   ④ 차량통행금지

해설 **안전보건표지(금지표지)**

101 출입금지	102 보행금지	103 차량통행금지	104 사용금지	105 탑승금지
106 금연	107 화기금지	108 물체이동금지		

18 다음에서 설명하는 착시 현상과 관계가 깊은 것은?

> 그림에서 선 ab와 선 cd는 그 길이가 동일한 것이지만, 시각적으로 선 ab가 선 cd보다 길어 보인다.
>
>

① 헬름홀츠의 착시   ② 퀼러의 착시
③ 뮬러-라이어의 착시 ④ 포겐 도르프의 착시

해설 **Müler-Lyer의 착시**

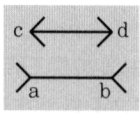
(a)   (b)

a가 b보다 길게 보이나 실제 a=b이다.

19 O.J.T(On the Job Training) 교육방법에 대한 설명으로 옳은 것은?

① 교육훈련 목표에 대한 집단적 노력이 흐트러질 수 있다.
② 다수의 근로자에게 조직적 훈련이 가능하다.
③ 직장의 실정에 맞게 실제적 훈련이 가능하다.
④ 전문가를 강사로 초빙 가능하다.

정답 | 15 ② 16 ④ 17 ③ 18 ③ 19 ③

해설 **O.J.T(직장 내 교육훈련)**
직속상사가 직장 내에서 작업표준을 가지고 업무상의 개별교육이나 지도훈련을 하는 것(개별교육에 적합)
1. 개개인에게 적절한 지도훈련이 가능
2. 직장의 실정에 맞게 실제적 훈련이 가능
3. 효과가 곧 업무에 나타나며 훈련의 좋고 나쁨에 따라 개선이 쉬움

20 학습지도의 형태 중 몇 사람의 전문가에 의하여 과제에 관한 견해가 발표된 뒤 참가자로 하여금 의견이나 질문을 하게 하여 토의하는 방법은?

① 패널 디스커션(Panel discussion)
② 심포지엄(Symposium)
③ 포럼(Forum)
④ 버즈 세션(Buzz session)

해설 **심포지엄(Symposium)**
몇 사람의 전문가들이 과제에 관한 견해를 발표한 뒤에 참가자에게 의견이나 질문을 하게 하여 토의하는 방법이다.

2과목
인간공학 및 시스템공학

21 설계 강도 이상의 급격한 스트레스에 의해 발생하는 고장에 해당하는 것은?

① 초기고장   ② 우발고장
③ 마모고장   ④ 열화고장

해설 **우발고장(일정형)**
실제 사용하는 상태에서 발생하는 고장으로, 예측할 수 없는 간격으로 생기는 고장이다.

22 다음 FT에서 G_1의 발생확률은?

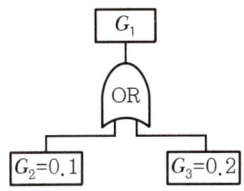

① 0.02   ② 0.28
③ 0.98   ④ 0.72

해설 G_1의 발생확률 = $1-(1-0.1)(1-0.2) = 0.28$

23 어떤 상황에서 정보 전송에 따른 표시장치를 선택하거나 설계할 때 청각장치를 주로 사용하는 사례로 맞는 것은?

① 메시지가 길고 복잡한 경우
② 메시지를 나중에 재참조하여야 할 경우
③ 메시지가 즉각적인 행동을 요구하는 경우
④ 신호의 수용자가 한곳에 머무르고 있는 경우

해설 ①, ②, ④은 시각적 표시장시 사용이 유리하다.

24 FT도 작성에 사용되는 기호에서 그 성격이 다른 하나는?

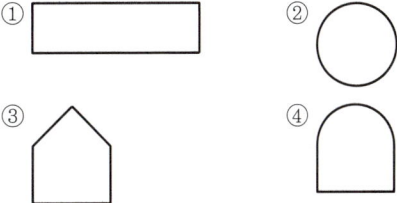

해설 ④는 FT도에서 작성하는 기호가 아니다.

25 중추신경계의 피로, 즉 정신피로의 척도로 사용되는 것으로서 점멸률을 점차 증가(감소)시키면서 피실험자가 불빛이 계속 켜져 있는 것으로 느끼는 주파수를 측정하는 방법은?

① VFF   ② EMG
③ EEG   ④ MTM

해설 **점멸융합주파수(VFF)**
사이가 벌어져 회전하는 원판으로 들어오는 광원의 빛을 단속시켜 연속광으로 보이는지 단속광으로 보이는지 경계에서의 빛의 단속주기를 말한다. 정신적으로 피로한 경우에는 주파수 값이 내려가는 것으로 알려져 있다.

정답 | 20 ② 21 ② 22 ② 23 ③ 24 ④ 25 ①

26 거리가 있는 한 물체에 대한 약간 다른 상이 두 눈의 망막에 맺힐 때, 이것을 구별할 수 있는 능력은?

① Vernier acuity
② Stereoscopic acuity
③ Dynamic visual acuity
④ Minimum perceptible acuity

해설 **입체시력(Stereoscopic acuity)**
거리가 있는 한 물체에 대한 약간 다른 상이 두 눈의 망막에 맺힐 때, 이것을 구별할 수 있는 능력을 말한다.

27 조작자와 제어버튼 사이의 거리, 조작에 필요한 힘 등을 정할 때, 가장 일반적으로 적용되는 인체측정자료 응용원칙은?

① 조절식 설계원칙
② 평균치 설계원칙
③ 최대치 설계원칙
④ 최소치 설계원칙

해설 **최대치수와 최소치수**
특정한 설비를 설계할 때, 거의 모든 사람을 수용할 수 있는 경우(최대치수)가 필요하며 문, 통로, 탈출구 등을 예로 들 수 있다. 최소치수의 예로는 선반의 높이, 조종장치까지의 거리 등이 있다.

28 인간이 느끼는 소리의 높고 낮은 정도를 나타내는 물리량은?

① 음압
② 주파수
③ 지속시간
④ 명료도

해설 **주파수(Frequency)**
인간이 느끼는 소리의 높고 낮은 정도를 나타내는 물리량을 의미하며 단위는 Hz를 사용한다.

29 인간-기계 시스템에서 기본적인 기능에 해당하지 않는 것은?

① 감각 기능
② 정보저장 기능
③ 작업환경측정 기능
④ 정보처리 및 결정 기능

해설 **인간-기계 체계의 기본기능**
1. 감지 기능
2. 정보저장 기능
3. 정보처리 및 의사결정 기능
4. 행동 기능

30 기능적으로 분류한 전형적인 안전성 설계기준과 거리가 먼 것은?

① 설계변경 검토
② 교육 훈련의 진행
③ 안전담당자의 사고조사 참여
④ 최종 생산물의 수용여부 결정

해설 ③은 전형적인 안전성 설계기준과 무관하다.

31 System에서 일반적으로 사용되는 고장형태에 해당하지 않는 것은?

① 오동작
② 폐로 또는 폐쇄의 고장
③ 개로 또는 개방의 고장
④ 노후 고장

해설 **시스템에 영향을 미치는 고장형태**
• 폐로 또는 폐쇄된 고장
• 개로 또는 개방된 고장
• 기동 및 정지의 고장
• 운전 계속의 고장
• 오동작

32 동전던지기에서 앞면이 나올 확률이 0.2이고, 뒷면이 나올 확률이 0.8일 때, 앞면이 나올 확률의 정보량과 뒷면이 나올 확률의 정보량이 맞게 연결된 것은?

① 앞면 : 약 2.32bit, 뒷면 : 약 0.32bit
② 앞면 : 약 2.32bit, 뒷면 : 약 1.32bit
③ 앞면 : 약 3.32bit, 뒷면 : 약 0.32bit
④ 앞면 : 약 3.32bit, 뒷면 : 약 1.52bit

해설
• 앞면의 정보량 = $\log_2(1/0.2) = 2.32$bit
• 뒷면의 정보량 = $\log_2(1/0.8) = 0.32$bit

정답 | 26 ② 27 ④ 28 ② 29 ③ 30 ③ 31 ④ 32 ①

33 체계 설계 과정의 주요 단계가 다음과 같을 때 가장 먼저 시행되는 단계는?

- 기본 설계
- 체계의 정의
- 시험 및 평가
- 목표 및 성능명세 결정
- 계면 설계
- 촉진물 설계

① 기본 설계 ② 계면 설계
③ 체계의 정의 ④ 목표 및 성능명세 결정

해설 **인간-기계시스템 설계과정 6가지 단계**
- 1단계 : 목표 및 성능명세 결정
- 2단계 : 시스템 정의
- 3단계 : 기본 설계
- 4단계 : 인터페이스 설계
- 5단계 : 촉진물 설계
- 6단계 : 시험 및 평가

34 상황해석을 잘못하거나 목표를 착각하여 행하는 인간의 실수는?

① 착오(Mistake) ② 실수(Slip)
③ 건망증(Lapse) ④ 위반(Violation)

해설 **착오(Mistake)**
상황해석을 잘못하거나 목표를 잘못 이해하고 착각하여 행하는 경우로 원인에는 자신 과신, 능력부족, 정보부족 등이 있다.

35 사고 시나리오에서 연속된 사건들의 발생경로를 파악하고 평가하기 위한 귀납적이고 정량적인 시스템안전 분석기법은?

① ETA ② FMEA
③ PHA ④ THERP

해설 **ETA(Event Tree Analysis)**
정량적, 귀납적 기법이며 DT에서 변천해 온 것으로 설비의 설계, 심사, 제작, 검사, 보전, 운전, 안전대책의 과정에서 그 대응조치가 성공인지 실패인지 확대해가는 과정을 검토한다.

36 신체와 환경 간의 열교환 과정을 바르게 나타낸 식은? (단, W는 수행한 일, M은 대사 열발생량, S는 열함량 변화, R은 복사 열교환량, C는 대류 열교환량, E는 증발 열반산량, Cl_0는 의복의 단열률이다.)

① $M = (M+S) \pm R \pm C - E$
② $S = (M-W) \pm R \pm C - E$
③ $W = Cl_0 \times (M-S) \pm R \pm C - E$
④ $S = Cl_0 \times (M-W) \pm R \pm C - E$

해설 **열균형 방정식**
S(열축적) = M(대사율) − W(한 일) ± R(복사) ± C(대류) − E(증발)

37 조정장치를 15mm 움직였을 때, 표시계기의 지침이 25mm 움직였다면 이 기기의 C/R비는?

① 0.4 ② 0.5
③ 0.6 ④ 0.7

해설 통제표시비 : $\dfrac{C}{R} = \dfrac{15mm}{25mm} = 0.6$

38 결함수 분석을 적용할 필요가 없는 경우는?

① 여러 가지 지원 시스템이 관련된 경우
② 시스템의 강력한 상호작용이 있는 경우
③ 설계특성상 바람직하지 않은 사상이 시스템에 영향을 주지 않는 경우
④ 바람직하지 않은 사상 때문에 하나 이상의 시스템이나 기능이 정지될 수 있는 경우

해설 **결함수 분석**
시스템 고장이나 재해의 발생요인을 논리적 도표에 의하여 분석하는 기법으로 시스템의 영향을 주지 않으면 적용이 필요 없다.

정답 | 33 ④ 34 ① 35 ① 36 ② 37 ③ 38 ③

39 반사 눈부심을 최소화하기 위한 옥내 추천 반사율이 높은 순서대로 나열한 것은?

① 천장>벽>가구>바닥
② 천장>가구>벽>바닥
③ 벽>천장>가구>바닥
④ 가구>천장>벽>바닥

해설) **옥내 추천 반사율**
1. 천장 : 80~90%
2. 벽 : 40~60%
3. 가구 : 25~45%
4. 바닥 : 20~40%

40 수평 작업대에서 위팔과 아래팔을 곧게 뻗어서 작업할 수 있는 작업영역은?

① 작업 공간 포락면
② 정상 작업영역
③ 편안한 작업영역
④ 최대 작업영역

해설) **수평작업대의 최대 작업영역**
- 최대 작업영역 : 아래팔(전완)과 위팔(상완)을 곧게 펴서 파악할 수 있는 구역(55~65cm)

3과목
건설시공학

41 건설시공분야의 향후 발전방향으로 옳지 않은 것은?

① 친환경 시공학
② 시공의 기계화
③ 공법의 습식화
④ 재료의 프리패브(Pre-fab)화

해설) 건설시공분야의 향후 발전방향으로 옳은 것은 공법의 건식화이다.

42 건축공사의 일반적인 시공순서로 가장 알맞은 것은?

① 토공사 → 방수공사 → 철근콘크리트공사 → 창호공사 → 마무리공사
② 토공사 → 철근콘크리트공사 → 창호공사 → 마무리공사 → 방수공사
③ 토공사 → 철근콘크리트공사 → 방수공사 → 창호공사 → 마무리공사
④ 토공사 → 방수공사 → 창호공사 → 철근콘크리트공사 → 마무리공사

해설) **건축공사의 시공순서**
토공사 → 철근콘크리트공사 → 방수공사 → 창호공사 → 마무리공사

43 철골공사의 용접결함에 해당되지 않는 것은?

① 언더컷
② 오버랩
③ 가우징
④ 블로우홀

해설) **가우징(Gouging)**
가스용단의 원리를 이용해서 용접부에 깊은 홈을 파는 방법으로 불완전 용접부의 제거방법이다.

44 토질시험을 흙의 물리적 성질시험과 역학적 성질시험으로 구분할 때 물리적 성질시험에 해당되지 않는 것은?

① 직접전단시험
② 비중시험
③ 액성한계시험
④ 함수량시험

해설) ①은 역학적 성질시험에 해당한다.

45 기존 건물의 파일 머리보다 깊은 건물을 건설할 때, 지하수면의 이동이 일어나거나 기존 건물 기초의 침하나 이동이 예상될 때 지하에 실시하는 보강공법은?

① 리버스 서큘레이션 공법
② 프리보링 공법
③ 베노토 공법
④ 언더피닝 공법

해설) **언더피닝(Under Pinning) 공법**
기존 구조물의 기초 저면보다 깊은 구조물을 시공하거나 기존 구조물을 보호하기 위하여 기초나 지정을 보강하는 공법이다.

정답 | 39 ① 40 ④ 41 ③ 42 ③ 43 ③ 44 ① 45 ④

46 거푸집 내에 자갈을 먼저 채우고, 공극부에 유동성이 좋은 모르타르를 주입해서 일체의 콘크리트가 되도록 한 공법은?

① 수밀 콘크리트　② 진공 콘크리트
③ 숏크리트　　　 ④ 프리팩트 콘크리트

해설 **프리팩트 콘크리트**
굵은 골재를 거푸집 등에 넣고 그 사이에 시멘트 페이스트를 펌프로 주입하여 만드는 콘크리트이다.

47 굳지 않은 콘크리트의 품질측정에 관한 시험이 아닌 것은?

① 슬럼프시험　　② 블리딩시험
③ 공기량시험　　④ 블레인 공기투과시험

해설 블레인(Blaine) 공기투과장치를 이용한 시험은 시멘트의 분말도를 측정하는 시험방법이다.

48 기초지반의 성질을 적극적으로 개량하기 위한 지반개량 공법에 해당하지 않는 것은?

① 다짐 공법　　② SPS 공법
③ 탈수 공법　　④ 고결안정 공법

해설 SPS 공법은 흙막이 철골 공법이다.

49 건설공사 원가 구성체계 중 직접공사비에 포함되지 않는 것은?

① 자재비　　② 일반관리비
③ 경비　　　④ 노무비

해설 공사원가 구성체계에서 직접공사비에 해당하는 것에는 재료비, 노무비, 외주비, 경비 등이 있다.

총공사비	① 총원가	㉮ 공사원가	㉠ 순공사비	ⓐ 직접공사비	재료비, 노무비, 외주비, 경비
				ⓑ 간접공사비	손료비, 영업비 등
			㉡ 현장경비		
		㉯ 일반관리비			
	② 이윤				

50 보통 콘크리트 공사에서 굳지 않은 콘크리트에 포함된 염화물량은 염소 이온양으로서 얼마 이하를 원칙으로 하는가?

① $0.2kg/m^3$　② $0.3kg/m^3$
③ $0.4kg/m^3$　④ $0.7kg/m^3$

해설 **염화물 허용량 한도**

구분	염화물 이온양
비빔 시	$0.3kg/m^3$ 이하
상수도물 혼합 시	$0.04kg/m^3$
염화물 이온양 허용치	$0.6kg/m^3$
잔골재의 염화물 이온양	0.02%
원자력 발전소 시설	Nacl $320g/m^3$ 이하

51 철근가공에 관한 설명으로 옳지 않은 것은?

① D35 이상의 철근은 산소절단기를 사용하여 절단한다.
② 유해한 휨이나 단면결손, 균열 등의 손상이 있는 철근은 사용하면 안 된다.
③ 한번 구부린 철근은 다시 펴서 사용해서는 안 된다.
④ 표준갈고리를 가공할 때에는 정해진 크기 이상의 곡률 반지름을 가져야 한다.

해설 D35 이상의 철근은 기계적 방법으로 절단해야 한다.

52 철근콘크리트 슬래브의 배근 기준에 관한 설명으로 옳지 않은 것은?

① 1방향 슬래브는 장변의 길이가 단변길이의 1.5배 이상되는 슬래브이다.
② 건조수축 또는 온도변화에 의하여 콘크리트 균열이 발생하는 것을 방지하기 위해 수축·온도철근을 배근한다.
③ 2방향 슬래브는 단변 방향의 철근을 주근으로 본다.
④ 2방향 슬래브는 주열대와 중간대의 배근방식이 다르다.

해설 1방향 슬래브($\lambda = ly/lx > 2$)는 슬래브 크기가 장변을 단변으로 나눈 값이 2보다 크다.

정답 | 46 ④　47 ④　48 ②　49 ②　50 ②　51 ①　52 ①

53 기계가 서 있는 위치보다 낮은 곳, 넓은 범위의 굴착에 주로 사용되며 주로 수로, 골재 채취에 많이 이용되는 기계는?

① 드래그 셔블 ② 드래그 라인
③ 로더 ④ 캐리올 스크레이퍼

[해설] **드래그 라인(Drag Line)**
굴삭기가 위치한 지면보다 낮은 장소를 굴삭하는 데 사용하는 기계이다.

54 콘크리트 타설작업 시 진동기를 사용하는 가장 큰 목적은?

① 재료분리 방지 ② 작업능률 증진
③ 경화작용 촉진 ④ 콘크리트 밀실화 유지

[해설] 진동기를 사용하는 가장 큰 목적은 콘크리트의 밀실화를 유지하는 데 있다.

55 시트 파일(Sheet pile)이 쓰이는 공사로 옳은 것은?

① 마감공사 ② 구조체공사
③ 기초공사 ④ 토공사

[해설] 시트 파일은 토공사(흙막이 공사)에 사용된다.

56 바닥판, 보 및 거푸집 설계에서 고려하는 하중에 속하지 않는 것은?

① 굳지 않은 콘크리트 중량 ② 작업하중
③ 충격하중 ④ 측압

[해설] 측압은 벽체, 기둥 거푸집 설계 시 고려된다.

57 철골공사에서 현장 용접부 검사 중 용접 전 검사가 아닌 것은?

① 비파괴 검사 ② 개선 정도 검사
③ 개선면의 오염 검사 ④ 가부착 상태 검사

[해설] 비파괴검사는 용접 후 용접결함 등을 확인하는 검사이다.

58 콘크리트의 공기량에 관한 설명으로 옳은 것은?

① 공기량은 잔골재의 입도에 영향을 받는다.
② AE제의 양이 증가할수록 공기량은 감소하나 콘크리트의 강도는 증대한다.
③ 공기량은 비빔 초기에는 기계비빔이 손비빔의 경우보다 적다.
④ 공기량은 비빔시간이 길수록 증가한다.

[해설] **콘크리트의 시공성에 영향을 주는 공기량의 변화**
1. AE제를 넣을수록 공기량 3~6% 증가
2. 온도가 10℃ 증가 시 공기량 20~30% 감소
3. 잔골재가 많을 경우 공기량 증가
4. 공기량 1% 증가 시 슬럼프치 2cm 증가
5. 공기량 1% 증가 시 압축강도 4~6% 감소
6. 기계비빔이 손비빔보다 증가
7. 비빔시간이 길어질수록 감소

59 콘크리트 타설 시 거푸집에 작용하는 측압에 관한 설명으로 옳은 것은?

① 타설속도가 빠를수록 측압이 작아진다.
② 철골 또는 철근량이 많을수록 측압이 커진다.
③ 온도가 높을수록 측압이 작아진다.
④ 슬럼프가 작을수록 측압이 커진다.

[해설] **측압이 커지는 조건**
1. 거푸집 부재단면이 클수록
2. 거푸집 수밀성이 클수록
3. 거푸집의 강성이 클수록
4. 거푸집 표면이 평활할수록
5. 시공연도(Workability)가 좋을수록
6. 철골 또는 철근량이 적을수록
7. 외기온도가 낮을수록, 습도가 높을수록
8. 콘크리트의 타설속도가 빠를수록
9. 콘크리트의 다짐이 좋을수록
10. 콘크리트의 Slump가 클수록
11. 콘크리트의 비중이 클수록

60 공동도급의 장점 중 옳지 않은 것은?

① 공사이행의 확실성을 기대할 수 있다.
② 공사수급의 경쟁완화를 기대할 수 있다.
③ 일식도급보다 경비 절감을 기대할 수 있다.
④ 기술, 자본 및 위험 등의 부담을 분산할 수 있다.

[해설] **공동도급(Joint Venture)**
2개 이상의 도급자가 결합하여 공동으로 공사를 수행하는 방식으로 단일회사 도급보다 경비가 증가한다.

정답 | 53 ② 54 ④ 55 ④ 56 ④ 57 ① 58 ① 59 ③ 60 ③

4과목 건설재료학

61 돌로마이트 플라스터에 관한 설명으로 옳지 않은 것은?

① 소석회에 비해 점성이 높다.
② 풀이 필요하지 않아 변색, 냄새, 곰팡이가 없다.
③ 회반죽에 비하여 조기강도 및 최종강도가 작다.
④ 건조수축이 크기 때문에 수축균열이 발생한다.

[해설] **돌로마이트 플라스터(Dolomite Plaster)**
건조수축이 커 균열이 생기기 쉬우며, 점성 및 가소성이 커서 재료 반죽 시 풀이 필요 없으며, 비중이 크고 굳으면 강도가 큰 편이다.

62 강의 물리적 성질 중 탄소함유량이 증가함에 따라 나타나는 현상으로 옳지 않은 것은?

① 비중이 낮아진다.
② 열전도율이 커진다.
③ 팽창계수가 낮아진다.
④ 비열과 전기저항이 커진다.

[해설] 강의 탄소함유량이 증가할수록 열전도율이 낮아진다.

63 벽돌면 내벽의 시멘트 모르타르 바름두께 표준으로 옳은 것은?

① 24mm   ② 18mm
③ 15mm   ④ 12mm

[해설] 벽돌면 내벽의 시멘트 모르타르 바름두께는 18mm이다.

64 목면·마사·양모·폐지 등을 원료로 하여 만든 원지에 스트레이트 아스팔트를 가열·용융하여 충분히 흡수시켜 만든 방수지로 주로 아스팔트 방수 중간층재로 이용되는 것은?

① 콜타르   ② 아스팔트 프라이머
③ 아스팔트 펠트   ④ 합성 고분자 루핑

[해설] **아스팔트 펠트(Asphalt Felt)**
주로 아스팔트 방수 중간층 재료로 사용되고 내외벽 모르타르 바탕의 방수·방습 재료로 사용된다.

65 초속경시멘트의 특징에 관한 설명으로 옳지 않은 것은?

① 주수 후 2~3시간 내에 100kgf/cm² 이상의 압축강도를 얻을 수 있다.
② 응결시간이 짧으나 건조수축이 매우 큰 편이다.
③ 긴급공사 및 동절기 공사에 주로 사용된다.
④ 장기간에 걸친 강도증진 및 안정성이 높다.

[해설] 초속경시멘트는 수축 및 블리딩이 거의 없으며 지속적인 강도가 발현된다.

66 석고 플라스터의 일반적인 특성에 관한 설명으로 옳지 않은 것은?

① 해초풀을 섞어 사용한다.   ② 경화시간이 짧다.
③ 신축이 적다.   ④ 내화성이 크다.

[해설] **석고 플라스터**
수경성 미장재료에 해당하며, 경화가 빠르고 무수축성(팽창성)이며, 원칙적으로 여물이나 풀을 섞지 않는다.

67 ALC 제품의 특징에 관한 설명으로 옳지 않은 것은?

① 흡수성이 크다.
② 단열성이 크다.
③ 경량으로서 시공이 용이하다.
④ 강알칼리성이며 변형과 균열의 위험이 크다.

[해설] **ALC 제품의 특징**

장점	• 경량성 : 기건 비중은 콘크리트의 1/4 정도이다. • 단열성 : 열전도율은 콘크리트의 1/10 정도이다. • 흡음 및 차음성이 우수하다. • 불연성 및 내화구조 재료이다. • 시공성 : 경량으로 취급이 용이하며 현장에서 절단 및 가공이 용이하다.
단점	• 압축강도가 4~8MPa 정도로 보통 콘크리트에 비해 강도가 비교적 약하다. • 다공성 제품으로 흡수성이 크며 동해에 대한 방수·방습처리가 필요하다. • 압축강도에 비해서 휨강도나 인장강도는 상당히 약한 수준이다.

정답 | 61 ③ 62 ② 63 ② 64 ③ 65 ② 66 ① 67 ④

68 어떤 목재의 전건비중을 측정해 보았더니 0.77이었다. 이 목재의 공극률은?

① 25%　　② 37.5%
③ 50%　　④ 75%

해설) 공극률 $= \left(1 - \dfrac{w}{1.54}\right) \times 100(\%)$
$= \left(1 - \dfrac{0.77}{1.54}\right) \times 100(\%) = 50\%$

여기서, w : 절대건조비중

69 골재의 입도분포가 적정하지 않을 때 콘크리트에 나타날 수 있는 현상으로 옳지 않은 것은?

① 유동성, 충전성이 불충분해서 재료분리가 발생할 수 있다.
② 경화콘크리트의 강도가 저하될 수 있다.
③ 콘크리트의 곰보 발생의 원인이 될 수 있다.
④ 콘크리트의 응결과 경화에 크게 영향을 줄 수 있다.

해설) 골재의 입도분포가 적당할 경우 콘크리트의 재료가 균질해지고 품질이 좋아진다.

70 목재에 관한 설명으로 옳지 않은 것은?

① 활엽수는 침엽수에 비해 경도가 크다.
② 제재 시 취재율은 침엽수가 높다.
③ 생재를 건조하면 수축하기 시작하고 함수율이 섬유포화점 이하로 되면 수축이 멈춘다.
④ 활엽수는 침엽수에 비해 건조시간이 많이 소요되는 편이다.

해설) 목재는 섬유포화점 이하에서 서서히 수축되기 시작한다.

71 다음 합성수지 중 열가소성수지가 아닌 것은?

① 염화비닐수지　　② 페놀수지
③ 아크릴수지　　④ 폴리에틸렌수지

해설) 페놀수지는 열경화성 수지에 해당된다.

72 콘크리트 배합설계에 있어서 기준이 되는 골재의 함상태는?

① 절건상태　　② 기건상태
③ 표건상태　　④ 습윤상태

해설) 콘크리트의 배합설계 기준이 되는 골재의 함수상태는 표면건조포화상태(표건상태)이다.

73 건설 구조용으로 사용하고 있는 각 재료에 관한 설명으로 옳지 않은 것은?

① 레진 콘크리트는 결합재로 시멘트, 폴리머와 경화제를 혼합한 액상 수지를 골재와 배합하여 제조한다.
② 섬유보강콘크리트는 콘크리트의 인장강도와 균열에 대한 저항성을 높이고 인성을 대폭 개선시킬 목적으로 만든 복합재료이다.
③ 폴리머 함침 콘크리트는 미리 성형한 콘크리트에 액상의 폴리머 원료를 침투시켜 그 상태에서 고결시킨 콘크리트이다.
④ 폴리머시멘트 콘크리트는 시멘트와 폴리머를 혼합하여 결합재로 사용한 콘크리트이다.

해설) **레진 콘크리트**
보통 콘크리트에 비해 강도, 내구성, 내약품성이 뛰어나다.

74 도료의 사용부위별 페인트를 연결한 것으로 옳지 않은 것은?

① 목재면 - 목재용 래커 페인트
② 모르타르면 - 실리콘 페인트
③ 외부 철재구조물 - 조합페인트
④ 내부 철재구조물 - 수성페인트

해설) 내부 철재구조물에는 부식방지를 위해 유성도료를 사용한다.

75 판유리를 특수 열처리하여 내부 인장응력에 견디는 압축응력층을 유리 표면에 만들어 파괴강도를 증가시킨 유리는?

① 자외선투과유리　　② 스테인드글라스
③ 열선흡수유리　　④ 강화유리

해설) 강화유리에 대한 설명이다.

정답 | 68 ③　69 ④　70 ③　71 ②　72 ③　73 ①　74 ④　75 ④

76 콘크리트의 건조수축, 구조물의 균열방지를 주목적으로 사용되는 혼화재료는?

① 팽창재 ② 지연제
③ 플라이애시 ④ 유동화제

해설) 팽창제는 콘크리트의 건조수축 시 발생하는 균열을 제어하기 위하여 콘크리트 속에 다량의 거품을 넣거나 기포를 발생시키기 위해 첨가하는 혼화재이다.

77 미장재료의 균열방지를 위해 사용되는 보강재료가 아닌 것은?

① 여물 ② 수염
③ 종려잎 ④ 강섬유

해설) 미장재료의 균열방지를 위해 여물, 수염, 종려잎 등을 보강재료로 사용한다.

78 금속의 부식을 최소화하기 위한 방법으로 옳지 않은 것은?

① 표면을 평활하게 하고 가능한 한 습한상태를 유지할 것
② 가능한 한 이종금속을 인접 또는 접촉시켜 사용하지 말 것
③ 큰 변형을 준 것은 가능한 한 풀림하여 사용할 것
④ 부분적으로 녹이 나면 즉시 제거할 것

해설) 금속의 부식을 최소화하기 위해서는 표면을 건조상태로 유지해야 한다.

79 집성목재의 특징에 관한 설명으로 옳지 않은 것은?

① 응력에 따라 필요로 하는 단면의 목재를 만들 수 있다.
② 목재의 강도를 인공적으로 자유롭게 조절할 수 있다.
③ 3장 이상의 단판인 박판을 홀수로 섬유방향에 직교하도록 접착제로 붙여 만든 것이다.
④ 외관이 미려한 박판 또는 치장합판, 프린트합판을 붙여서 구조재, 마감재, 화장재를 겸용한 인공목재의 제조가 가능하다.

해설) **집성 목재**
판재를 여러 장 겹쳐서 접착하여 만든 것으로, 인공적으로 강도를 자유롭게 조절할 수 있고, 굽은 형태(아치형)나 특수한 형태의 부재를 만들 수 있다.

80 시멘트에 관한 설명으로 옳지 않은 것은?

① 시멘트의 강도는 시멘트의 조성, 물시멘트비, 재령 및 양생조건 등에 따라 다르다.
② 응결시간은 분말도가 미세한 것일수록, 또한 수량이 작을수록 짧아진다.
③ 시멘트의 풍화란 시멘트가 습기를 흡수하여 생성된 수산화칼슘과 공기 중의 이산화탄소가 작용하여 탄산칼슘을 생성하는 작용을 말한다.
④ 시멘트의 안정성은 단위중량에 대한 표면적에 의하여 표시되며, 브레인법에 의해 측정된다.

해설) **시멘트의 안정도**
시멘트 경화 중에 용적이 팽창하는 정도를 나타내며 오토클레이브(Autoclave) 팽창도시험으로 안정성을 측정한다.

5과목
건설안전기술

81 항타기 및 항발기의 도괴방지를 위하여 준수해야 할 기준으로 옳지 않은 것은?

① 버팀대만으로 상단 부분을 안정시키는 경우에는 버팀대는 2개 이상으로 하고 그 하단 부분은 견고한 버팀·말뚝 또는 철골 등으로 고정할 것
② 버팀줄만으로 상단 부분을 안정시키는 경우에는 버팀줄을 3개 이상으로 하고 같은 간격으로 배치할 것
③ 평형추를 사용하여 안정시키는 경우에는 평형추의 이동을 방지하기 위하여 가대에 견고하게 부착할 것
④ 연약한 지반에 설치하는 경우에는 각부(脚部)나 가대(架臺)의 침하를 방지하기 위하여 깔판·깔목 등을 사용할 것

해설) 항타기 및 항발기에서 버팀대만으로 상단 부분을 안정시키는 경우에는 버팀대를 3개 이상 사용해야 한다.

정답 | 76 ① 77 ④ 78 ① 79 ③ 80 ④ 81 ①

82 건설공사 현장에서 사다리식 통로 등을 설치하는 경우 준수해야 할 기준으로 옳지 않은 것은?

① 사다리의 상단은 걸쳐놓은 지점으로부터 40cm 이상 올라가도록 할 것
② 폭은 30cm 이상으로 할 것
③ 사다리식 통로의 기울기는 75° 이하로 할 것
④ 발판의 간격은 일정하게 할 것

[해설] 사다리의 상단은 걸쳐놓은 지점으로부터 60cm 이상 올라가도록 해야 한다.

83 철골기둥 건립 작업 시 붕괴·도괴 방지를 위하여 베이스 플레이트의 하단은 기준높이 및 인접기둥의 높이에서 얼마 이상 벗어나지 않아야 하는가?

① 2mm ② 3mm
③ 4mm ④ 5mm

[해설] 베이스 플레이트의 하단은 기준높이 및 인접기둥의 높이에서 3mm 이상 벗어나지 않도록 해야 한다.

84 토중수(Soil water)에 관한 설명으로 옳은 것은?

① 화학수는 원칙적으로 이동과 변화가 없고 공학적으로 토립자와 일체로 보며 100℃ 이상 가열하여 제거할 수 있다.
② 자유수는 지하의 물이 지표에 고인 물이다.
③ 모관수는 모관 작용에 의해 지하수면 위쪽으로 솟아 올라온 물이다.
④ 흡착수는 이동과 변화가 없고 110±5℃ 이상으로 가열해도 제거되지 않는다.

[해설] **모관수**
표면장력 때문에 토양공극 내에서 중력에 저항하여 유지되는 수분이며, 모관현상에 의해서 지하수가 모관공극을 따라 상승한다.

85 철도(鐵道)의 위를 가로질러 횡단하는 콘크리트 고가교가 노후화되어 이를 해체하려고 한다. 철도의 통행을 최대한 방해하지 않고 해체하는 데 가장 적당한 해체용 기계·기구는?

① 철제해머 ② 압쇄기
③ 핸드프레이커 ④ 절단기

[해설] **절단기**
해체 시 비산, 낙하물이 상대적으로 적어지므로 인접한 시설물의 통행을 방해하지 않고 해체하는 데 용이한 기계·기구이다.

86 연약점토 굴착 시 발생하는 히빙현상의 효과적인 방지대책으로 옳은 것은?

① 언더피닝 공법 적용 ② 샌드드레인 공법 적용
③ 아일랜드 공법 적용 ④ 버팀대 공법 적용

[해설] **아일랜드 컷(Island Cut) 공법**
중앙 부분을 먼저 굴착하여 기초를 시공하고, 기초에 경사지게 버팀대를 설치하여 지지한 상태에서 주변부를 굴착하는 방식이다.

87 비탈면 붕괴 재해의 발생 원인으로 보기 어려운 것은?

① 부석의 점검을 소홀히 하였다.
② 지질조사를 충분히 하지 않았다.
③ 굴착면 상하에서 동시작업을 하였다.
④ 안식각으로 굴착하였다.

[해설] 안식각으로 굴착하는 경우 비탈면 붕괴를 예방할 수 있다.

88 다음 중 양중기에 해당하지 않는 것은?

① 크레인 ② 곤돌라
③ 항타기 ④ 리프트

[해설] 항타기는 양중기에 해당하지 않는다.

89 달비계에 설치되는 작업발판의 폭에 대한 기준으로 옳은 것은?

① 20cm 이상 ② 40cm 이상
③ 60cm 이상 ④ 80cm 이상

[해설] 달비계의 작업발판은 폭을 40cm 이상으로 하고 틈새가 없도록 하여야 한다.

정답 | 82 ① 83 ② 84 ③ 85 ④ 86 ③ 87 ④ 88 ③ 89 ②

90 유해·위험방지계획서 제출대상 공사의 규모 기준으로 옳지 않은 것은?

① 최대 지간길이가 50m 이상인 교량 건설 등 공사
② 다목적댐, 발전용댐 및 저수용량 2천만 톤 이상인 용수 전용 댐, 지방상수도 전용 댐 건설 등의 공사
③ 깊이 12m 이상인 굴착공사
④ 터널 건설등의 공사

해설 깊이 10m 이상인 굴착공사가 해당된다.

91 굴착공사를 위한 기본적인 토질조사 시 조사내용에 해당되지 않는 것은?

① 주변에 기 절토된 경사면의 실태조사
② 사운딩
③ 물리탐사(탄성파조사)
④ 반발경도시험

해설 반발경도시험은 경화된 콘크리트의 강도시험 방법이다.

92 동바리로 사용하는 파이프 서포트의 높이가 3.5m를 초과하는 경우 수평연결재의 설치높이 기준은?

① 1.5m 이내마다   ② 2.0m 이내마다
③ 2.5m 이내마다   ④ 3.0m 이내마다

해설 높이가 3.5m를 초과하는 경우에는 높이 2미터 이내마다 수평연결재를 2개 방향으로 만들고 수평연결재의 변위를 방지해야 한다.

93 낮은 지면에서 높은 곳을 굴착하는 데 가장 적합한 굴착기는?

① 백호우   ② 파워셔블
③ 드래그라인   ④ 클램셸

해설 파워셔블은 낮은 지면에서 높은 곳을 굴착하는 데 적합하다.

94 지반을 구성하는 흙의 지내력시험을 한 결과 총침하량이 2cm가 될 때까지의 하중(P)이 32tf이다. 이 지반의 허용지내력을 구하면? (단, 이때 사용된 재하판은 40cm×40cm이다.)

① 50tf/m²   ② 100tf/m²
③ 150tf/m²   ④ 200tf/m²

해설 단기하중 허용지내력도
1. 총침하량이 2cm에 도달할 때까지의 하중
2. 총침하량이 2cm 이하지만 지반이 항복상태를 보인 때까지의 하중
따라서, 허용지내력은 32tf/(0.4m×0.4m) = 200tf/m2이다.

95 다음 중 작업부위별 위험요인과 주요사고형태와의 연관관계로 옳지 않은 것은?

① 암반의 절취법면 – 낙하
② 흙막이 지보공 설치작업 – 붕괴
③ 암석의 발파 – 비산
④ 흙막이 지보공 토류판 설치 – 접촉

해설 흙막이 지보공 토류판 설치작업 시 붕괴재해 위험과 연관된다.

96 화물용 승강기를 설계하면서 와이어로프의 안전하중이 10ton이라면 로프의 가닥 수를 얼마로 하여야 하는가? (단, 와이어로프 한 가닥의 파단강도는 4ton이며, 화물용 승강기 와이어로프의 안전율은 6으로 한다.)

① 10가닥   ② 15가닥
③ 20가닥   ④ 30가닥

해설 와이어로프의 안전계수 = $\frac{절단하중}{최대 사용하중}$

따라서, 절단하중 = 사용하중×안전계수 = 10×6 = 60ton이므로 와이어로프 한 가닥의 파단강도가 4ton일 경우 60ton/4ton = 15가닥이 필요하다.

정답 | 90 ③ 91 ④ 92 ② 93 ② 94 ④ 95 ④ 96 ②

97 산업안전보건관리비 중 안전관리자 등의 인건비 및 각종 업무수당 등의 항목에서 사용할 수 없는 내역은?

① 교통 통제를 위한 교통정리 신호수의 인건비
② 공사장 내에서 양중기·건설기계 등의 움직임으로 인한 위험으로부터 주변 작업자를 보호하기 위한 유도자 또는 신호자의 인건비
③ 전담 안전·보건관리자의 인건비
④ 고소작업대 작업 시 낙하물 위험예방을 위한 하부통제, 화기작업 시 화재감시 등 공사현장의 특성에 따라 근로자 보호만을 목적으로 배치된 유도자 및 신호자 또는 감시자의 인건비

[해설] 교통 통제를 위한 교통정리 신호수의 인건비는 산업안전보건관리비로 사용할 수 없다.

98 일반적으로 사면이 가장 위험한 경우에 해당하는 것은?

① 사면이 완전 건조 상태일 때
② 사면의 수위가 서서히 상승할 때
③ 사면이 완전 포화 상태일 때
④ 사면의 수위가 급격히 하강할 때

[해설] 사면의 수위가 급격히 하강하는 경우 사면의 붕괴 위험이 크다.

99 산업안전보건법령에서 정의하는 산소결핍증의 정의로 옳은 것은?

① 산소가 결핍된 공기를 들여 마심으로써 생기는 증상
② 유해가스로 인한 화재·폭발 등의 위험이 있는 장소에서 생기는 증상
③ 밀폐공간에서 이산화탄소·황화수소 등의 유해물질을 흡입하여 생기는 증상
④ 공기 중의 산소농도가 18% 이상 23.5% 미만인 환경에 노출될 때 생기는 증상

[해설] 공기 중의 산소농도가 18% 미만일 경우 산소결핍증이 발생한다.

100 철골구조에서 강풍에 대한 내력이 설계에 고려되었는지 검토를 실시하지 않아도 되는 건물은?

① 높이 30m인 구조물
② 연면적당 철골량이 45kg인 구조물
③ 단면구조가 일정한 구조물
④ 이음부가 현장용접인 구조물

[해설] **철골공사 전 철골의 자립도를 위한 검토 대상 건물의 종류**
1. 높이 20m 이상 구조물
2. 구조물의 폭과 높이의 비가 1 : 4 이상인 구조물
3. 단면구조에 현저한 차이가 있는 구조물
4. 연면적당 철골량이 50kg/m² 이하인 구조물
5. 기둥이 타이플레이트(Tie Plate)형인 구조물
6. 이음부가 현장용접인 구조물

정답 | 97 ① 98 ④ 99 ① 100 ③

2019년 1회

1과목 산업안전관리론

01 하인리히의 재해구성 비율에 따라 경상사고가 87건 발생하였다면 무상해사고는 몇 건이 발생하였겠는가?

① 300건　　　　② 600건
③ 900건　　　　④ 1,200건

해설　**하인리히의 재해구성비율**
　사망 및 중상 : 경상 : 무상해사고＝1 : 29 : 300
　∴ 무상해사고＝300×(87÷29)＝900건

02 다음 중 O.J.T(On the Job Training) 교육의 특징이 아닌 것은?

① 훈련에 필요한 업무의 계속성이 끊어지지 않는다.
② 교육효과가 업무에 신속히 반영된다.
③ 다수의 근로자들에게 동시에 조직적 훈련이 가능하다.
④ 개개인에게 적절한 지도 훈련이 가능하다.

해설　**O.J.T(직장 내 교육훈련)**
　직속상사가 직장 내에서 작업표준을 가지고 업무상의 개별교육이나 지도훈련을 하는 것(개별교육에 적합)
　• 개개인에게 적절한 지도훈련이 가능
　• 직장의 실정에 맞게 실제적 훈련이 가능
　• 효과가 곧 업무에 나타나며 훈련효과에 의해 상호 신뢰 및 이해도가 높아짐

03 다음 중 재해사례연구에 관한 설명으로 틀린 것은?

① 재해사례연구는 주관적이며 정확성이 있어야 한다.
② 문제점과 재해요인의 분석은 과학적이고, 신뢰성이 있어야 한다.
③ 재해사례를 과제로 하여 그 사고와 배경을 체계적으로 파악한다.
④ 재해요인을 규명하여 분석하고 그에 대한 대책을 세운다.

해설　재해사례연구는 주관적이 아니라 객관적이며 정확성이 있어야 한다.

04 다음 중 산업안전보건법상 안전·보건표지에서 기본모형의 색상이 빨강이 아닌 것은?

① 산화성물질경고　　② 화기금지
③ 탑승금지　　　　　④ 고온경고

해설　• 기본모형의 색상이 빨강인 것은 금지표지와 경고표지이다.
　• 고온경고는 위험경고에 해당되므로 노란색 바탕에 검은색 기본모형으로 표시한다.

210
고온경고

05 모랄 서베이(Morale Survey)의 효용이 아닌 것은?

① 조직 또는 구성원의 성과를 비교·분석한다.
② 종업원의 정화(Catharsis)작용을 촉진시킨다.
③ 경영관리를 개선하는 데에 대한 자료를 얻는다.
④ 근로자의 심리 또는 욕구를 파악하여 불만을 해소하고, 노동의욕을 높인다.

해설　**모랄 서베이의 효용**
　1. 근로자의 심리 요구를 파악하여 불만을 해소하고 노동의욕을 높인다.
　2. 경영관리를 개선하는 데 필요한 자료를 얻는다.
　3. 종업원의 정화작용을 촉진시킨다.
　　• 소셜 스킬즈(Social Skills) : 사기를 앙양하는 능력
　　• 테크니컬 스킬즈(Technical Skills) : 사물을 인간에 유익하도록 처리하는 능력

06 주의(Attention)의 특징 중 여러 종류의 자극을 자각할 때, 소수의 특정한 것에 한하여 주의가 집중되는 것은?

① 선택성　　　　② 방향성
③ 변동성　　　　④ 검출성

정답 | 01 ③　02 ③　03 ①　04 ④　05 ①　06 ①

해설 | **주의의 특징**
- 선택성 : 소수의 특정한 것에 한한다.
- 방향성 : 시선의 초점이 맞았을 때 쉽게 인지된다.
- 변동성 : 인간은 한 점에 계속하여 주의를 집중할 수는 없다.

07 다음 중 인간의 적응기제(適應機制)에 포함되지 않는 것은?

① 갈등(Conflict) ② 억압(Repression)
③ 공격(Aggression) ④ 합리화(Rationalization)

해설 | **적응기제(適應機制 ; Adjustment Mechanism) 종류**
1. 방어적 기제(Defense Mechanism)
   - 보상 · 합리화(변명)
   - 승화 · 동일시
2. 도피적 기제(Escape Mechanism)
   - 고립 · 퇴행
   - 억압 · 백일몽
3. 공격적 기제(Aggressive Mechanism)
   - 직접적 공격기제
   - 간접적 공격기제

08 산업안전보건법상 직업병 유소견자가 발생하거나 다수 발생할 우려가 있는 경우에 실시하는 건강진단은?

① 특별건강진단 ② 일반건강진단
③ 임시건강진단 ④ 채용 시 건강진단

해설 | **임시건강진단**
같은 부서에 근무하는 근로자 또는 같은 유해인자에 노출되는 근로자에게 유사한 질병의 자각·타각증상이 발생한 경우 혹은 직업병 유소견자가 발생하거나 여러 명이 발생할 우려가 있는 경우에 실시하는 건강진단이다.

09 위험예지훈련 중 TBM(Tool Box Meeting)에 관한 설명으로 틀린 것은?

① 작업 장소에서 원형의 형태를 만들어 실시한다.
② 통상 작업시작 전·후 10분 정도 시간으로 미팅한다.
③ 토의는 다수인(30인)이 함께 수행한다.
④ 근로자 모두가 말하고 스스로 생각하고 "이렇게 하자"라고 합의한 내용이 되어야 한다.

해설 | **TBM(Tool Box Meeting : 위험예지훈련)**
작업원 5~6명이 리더를 중심으로 둘러앉아(또는 서서) 3~5분에 걸쳐 작업 중 발생할 수 있는 위험을 예측하고 사전에 점검하여 대책을 수립하는 등 단시간 내에 의논하는 문제해결 기법이다.

10 제조업자는 제조물의 결함으로 인하여 생명·신체 또는 재산에 손해를 입은 자에게 그 손해를 배상하여야 하는데 이를 무엇이라고 하는가? (단, 당해 제조물에 대해서만 발생한 손해는 제외한다.)

① 입증 책임 ② 담보 책임
③ 연대 책임 ④ 제조물 책임

해설 | **제조물 책임(Product Liability)**
제조물 책임(PL)이란 제조, 유통, 판매된 제품의 결함으로 인해 발생한 사고에 의해 소비자나 사용자 또는 제3자에게 신체장애나 재산상의 피해를 줄 경우 그 제품을 제조·판매한 자가 법률상 손해배상책임을 지도록 하는 것을 말한다.

11 하버드 학파의 5단계 교수법에 해당되지 않는 것은?

① 교시(Presentation) ② 연합(Association)
③ 추론(Reasoning) ④ 총괄(Generalization)

해설 | **하버드 학파의 5단계 교수법**
- 1단계 : 준비시킨다(Preparation).
- 2단계 : 교시한다(Presentation).
- 3단계 : 연합한다(Association).
- 4단계 : 총괄한다(Generalization).
- 5단계 : 응용시킨다(Application).

12 객관적인 위험을 자기 나름대로 판정해서 의지결정을 하고 행동에 옮기는 인간의 심리특성을 무엇이라고 하는가?

① 세이프 테이킹(Safe taking)
② 액션 테이킹(Action taking)
③ 리스크 테이킹(Risk taking)
④ 휴먼 테이킹(Human taking)

해설 | **억측 판단(Risk Taking)**
위험을 부담하고 행동으로 옮기는 것

13 재해예방의 4원칙에 해당되지 않는 것은?

① 예방가능의 원칙 ② 손실우연의 원칙
③ 원인계기의 원칙 ④ 선취해결의 원칙

해설 | **재해예방의 4원칙**
1. 손실우연의 원칙
2. 원인계기의 원칙
3. 예방가능의 원칙
4. 대책선정의 원칙

정답 | 07 ① 08 ③ 09 ③ 10 ④ 11 ③ 12 ③ 13 ④

14 방독마스크의 정화통 색상으로 틀린 것은?

① 유기화합물용 – 갈색
② 할로겐용 – 회색
③ 황화수소용 – 회색
④ 암모니아용 – 노란색

해설 | 방독마스크 정화통의 외부 측면 표시색

종류	표시 색
암모니아용 (유기가스)	녹색

15 스트레스(Stress)에 관한 설명으로 가장 적절한 것은?

① 스트레스는 나쁜 일에서만 발생한다.
② 스트레스는 부정적인 측면만 가지고 있다.
③ 스트레스는 직무몰입과 생산성 감소의 직접적인 원인이 된다.
④ 스트레스 상황에 직면하는 기회가 많을수록 스트레스 발생 가능성은 낮아진다.

해설 | 스트레스
적응하기 어려운 환경에 처할 때 느끼는 심리적·신체적 긴장 상태로 직무 몰입과 생산성 감소의 직접적인 원인이 된다. 직무 특성 중 스트레스 요인에는 작업속도, 근무시간, 업무의 반복성이 있다.

16 누전차단장치 등과 같은 안전장치를 정해진 순서에 따라 작동시키고 동작상황의 양부를 확인하는 점검은?

① 외관점검
② 작동점검
③ 기술점검
④ 종합점검

해설 | 누전차단장치 등과 같은 안전장치를 정해진 순서에 따라 동작시키고 동작상황의 양부를 확인하는 점검을 작동점검이라고 한다.

17 재해발생 형태별 분류 중 물건이 주체가 되어 사람이 상해를 입는 경우에 해당되는 것은?

① 추락
② 전도
③ 충돌
④ 낙하·비래

해설 | 낙하·비래는 구조물, 기계 등에 고정되어 있던 물체가 중력, 원심력, 관성력 등에 의하여 고정부에서 이탈하거나 또는 설비 등으로부터 물질이 분출되어 사람을 가해하는 경우를 말한다.

18 다음 중 산업안전보건법령상 특별안전·보건교육의 대상 작업에 해당하지 않는 것은?

① 석면해체·제거작업
② 밀폐된 장소에서 하는 용접작업
③ 화학설비 취급품의 검수·확인작업
④ 2m 이상의 콘크리트 인공구조물의 해체작업

해설 | ③은 특별안전·보건교육 대상에 해당하지 않는다.

19 안전을 위한 동기부여로 옳지 않은 것은?

① 기능을 숙달시킨다.
② 경쟁과 협동을 유도한다.
③ 상벌제도를 합리적으로 시행한다.
④ 안전목표를 명확히 설정하여 주지시킨다.

해설 | 안전에 대한 동기유발방법
- 안전의 근본이념을 인식시킨다.
- 상과 벌을 준다.
- 동기유발의 최적수준을 유지한다.
- 목표를 설정한다.
- 결과를 알려준다.
- 경쟁과 협동을 유발시킨다.

20 다음 중 안전교육의 3단계에서 생활지도, 작업동작지도 등을 통한 안전의 습관화를 위한 교육을 무엇이라 하는가?

① 지식교육
② 기능교육
③ 태도교육
④ 인성교육

해설 | 안전교육의 3단계
- 1단계 – 지식교육 : 지식의 전달과 이해
- 2단계 – 기능교육 : 실습, 시범을 통한 이해
- 3단계 – 태도교육 : 안전의 습관화(가치관 형성)

정답 | 14 ④ 15 ③ 16 ② 17 ④ 18 ③ 19 ① 20 ③

2과목
인간공학 및 시스템공학

21 인간-기계시스템에 대한 평가에서 평가 척도나 기준(Criteria)으로서 관심의 대상이 되는 변수를 무엇이라 하는가?

① 독립변수 ② 종속변수
③ 확률변수 ④ 통제변수

해설 인간성능의 평가 시 평가의 기준이 되는 것은 종속변수이다.

22 화학설비의 안전성 평가 과정에서 제3단계인 정량적 평가 항목에 해당되는 것은?

① 목록 ② 공정계통도
③ 화학설비용량 ④ 건조물의 도면

해설 화학설비에 대한 안전성 평가 6단계 중 제3단계 : 정량적 평가
1. 평가항목(5가지 항목)
   · 물질   · 온도
   · 압력   · 용량
   · 조작

23 다음 FTA 그림에서 a, b, c의 부품고장률이 각각 0.01일 때, 최소 컷셋(Minimal cut sets)과 신뢰도로 옳은 것은?

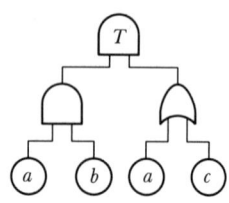

① (a, b), $R(t) = 99.99\%$
② (a, b, c), $R(t) = 98.99\%$
③ (a, c)
   (a, b), $R(t) = 96.99\%$
④ (a, c)
   (a, b, c), $R(t) = 97.99\%$

해설 · 고장률 $R_T = (a \times b) \times (a + c)$
   $= (a \times a \times b) + (a \times b \times c)$
   이라는 식이 성립한다.
· 부울법칙 중 $A \times A = A$와 $1 + A = 1$ 법칙으로 위 식을 풀어내면
   $R_T = (a \times b) + (a \times b \times c) = a \times b(1 + c) = a \times b$

· 따라서, 최소 컷셋은 a, b가 되며,
   고장률 $R_t = 0.01 \times 0.01 = 0.0001$이 된다.
∴ 고장 나지 않을 확률은 $1 - 0.0001 = 0.9999$가 되므로 99.99%이다.

24 FT도에 사용되는 기호 중 입력현상이 생긴 후, 일정시간이 지속된 후에 출력이 생기는 것을 나타내는 것은?

① OR 게이트 ② 위험지속기호
③ 억제 게이트 ④ 배타적 OR 게이트

해설 FTA에 사용되는 논리기호 및 사상기호
· 위험지속 AND 게이트 : 입력현상이 생겨서 어떤 일정한 기간이 지속될 때에 출력

25 자동차나 항공기의 앞 유리 혹은 차양판 등에 정보를 중첩 투사하는 표시장치는?

① CRT ② LCD
③ HUD ④ LED

해설 HUD(Head Up Display)
조종사(사용자)가 고개를 숙여 조종석의 계기를 보지 않고도 전방을 주시한 상태에서 원하는 계기의 정보를 볼 수 있도록 전방 시선 높이·방향에 설치한 투명 시현장치이다.

26 다음 중 암호체계 사용상의 일반적인 지침에 해당하지 않는 것은?

① 암호의 검출성 ② 부호의 양립성
③ 암호의 표준화 ④ 암호의 단일 차원화

해설 암호체계의 일반적인 지침
· 암호의 검출성
· 암호의 변별성
· 암호의 표준화
· 부호의 의미
· 다차원 암호의 사용

27 다음 중 일반적인 수공구의 설계원칙으로 볼 수 없는 것은?

① 손목을 곧게 유지한다.
② 반복적인 손가락 동작을 피한다.
③ 사용이 용이한 검지만을 주로 사용한다.
④ 손잡이는 접촉면적을 가능하면 크게 한다.

해설 **수공구와 장치 설계의 원리(일부)**
- 손목을 곧게 유지
- 반복적인 손가락 움직임을 피함
- 손잡이는 손바닥의 접촉면적이 크게 설계

28 광원으로부터의 직사휘광을 줄이기 위한 방법으로 적절하지 않은 것은?

① 휘광원 주위를 어둡게 한다.
② 가리개, 갓, 차양 등을 사용한다.
③ 광원을 시선에서 멀리 위치시킨다.
④ 광원의 수는 늘리고 휘도는 줄인다.

해설 **광원으로부터의 휘광(glare)의 처리방법**
- 광원의 휘도를 줄이고 수를 늘린다.
- 광원을 시선에서 멀리 위치시킨다.
- 휘광원 주위를 밝게 하여 광도비를 줄인다.
- 가리개, 갓 혹은 차양(visor)을 사용한다.

29 신뢰성과 보전성을 효과적으로 개선하기 위해 작성하는 보전기록자료로서 가장 거리가 먼 것은?

① 자재관리표
② MTBF 분석표
③ 설비이력카드
④ 고장원인대책표

해설 **보전기록자료의 종류**
- 설비이력카드
- MTBF 분석표
- 고장원인대책표

30 통제표시비(Control/Display ratio)를 설계할 때 고려하는 요소에 관한 설명으로 틀린 것은?

① 통제표시비가 낮다는 것은 민감한 장치라는 것을 의미한다.
② 목시거리(目示距離)가 길면 길수록 조절의 정확도는 떨어진다.
③ 짧은 주행 시간 내에 공차의 인정범위를 초과하지 않는 계기를 마련한다.
④ 계기의 조절시간이 짧게 소요되도록 계기의 크기(Size)는 항상 작게 설계한다.

해설 **통제표시비 설계 시 고려사항 중 계기의 크기**
조절시간이 짧게 소요되는 사이즈를 선택하되 너무 작으면 오차가 커진다.

31 다음 중 연마작업장의 가장 소극적인 소음대책은?

① 음향 처리제를 사용할 것
② 방음보호용구를 착용할 것
③ 덮개를 씌우거나 창문을 닫을 것
④ 소음원으로부터 적절하게 배치할 것

해설 방음보호용구를 이용한 소음대책은 소음의 격리, 소음원의 통제, 차폐장치 등의 조치 후에 최종적으로 작업자 개인에게 보호구를 사용하는 소극적인 대책에 해당된다.

32 다음의 설명에서 ( ) 안의 내용을 맞게 나열한 것은?

> 40phon은 (㉠)sone을 나타내며, 이는 (㉡)dB의 (㉢)Hz 순음의 크기를 나타낸다.

① ㉠ 1, ㉡ 40, ㉢ 1,000
② ㉠ 1, ㉡ 32, ㉢ 1,000
③ ㉠ 2, ㉡ 40, ㉢ 2,000
④ ㉠ 2, ㉡ 32, ㉢ 2,000

해설 **sone 음량수준**
다른 음의 상대적인 주관적 크기를 비교한 것으로, 40dB의 1,000Hz 순음 크기(=40phon)를 1sone으로 정의한다.

33 위험조정을 위해 필요한 기술은 조직형태에 따라 다양한데, 이를 4가지로 분류하였을 때 이에 속하지 않는 것은?

① 전가(Transfer)
② 보류(Retention)
③ 계속(Continuation)
④ 감축(Reduction)

해설 **위험조정을 위한 리스크 처리기술**
- 위험의 회피(Avoidance)
- 위험의 경감(Reduction)
- 위험의 보류(Retention)
- 위험의 전가(Transfer)

정답 | 27 ③ 28 ① 29 ① 30 ④ 31 ② 32 ① 33 ③

34 체내에서 유기물을 합성하거나 분해하는 데는 반드시 에너지의 전환이 뒤따른다. 이것을 무엇이라 하는가?

① 에너지 변환 ② 에너지 합성
③ 에너지 대사 ④ 에너지 소비

해설 **에너지 대사**
생물체내에서 일어나고 있는 에너지의 방출, 전환, 저장 및 이용의 모든 과정을 말한다.

35 전통적인 인간-기계(Man-Machine) 체계의 대표적인 유형과 거리가 먼 것은?

① 수동 체계 ② 기계화 체계
③ 자동 체계 ④ 인공지능 체계

해설 **인간-기계 통합체계의 특성**
- 수동체계
- 기계화 또는 반자동 체계
- 자동체계

36 다음 중 형상 암호화된 조종장치에서 단회전용 조종장치로 가장 적절한 것은?

①  ②
③  ④

해설 **형상 암호화된 조종장치**

구분	조종장치
단회전용	
다회전용	
이산멈춤 위치용	

37 작업장에서 구성요소를 배치하는 인간공학적 원칙과 가장 거리가 먼 것은?

① 중요도의 원칙 ② 선입선출의 원칙
③ 기능성의 원칙 ④ 사용빈도의 원칙

해설 **부품배치의 원칙**
- 중요성의 원칙
- 사용빈도의 원칙
- 기능별 배치의 원칙
- 사용순서의 원칙

38 동전던지기에서 앞면이 나올 확률이 0.6이고, 뒷면이 나올 확률이 0.4일 때, 앞면이 나올 사건의 정보량(A)과 뒷면이 나올 사건의 정보량(B)은 각각 얼마인가?

① A : 0.10bit, B : 1.00bit
② A : 0.74bit, B : 1.32bit
③ A : 1.32bit, B : 0.74bit
④ A : 2.00bit, B : 1.00bit

해설 정보량은 $H = \log_2 \dfrac{1}{p}$로 구할 수 있으므로 각각의 정보량은 다음과 같다.
- A : $H_{앞면} = \log_2 \dfrac{1}{0.6} = 0.74\text{bit}$
- B : $H_{뒷면} = \log_2 \dfrac{1}{0.4} = 1.32\text{bit}$

39 어떤 결함수의 쌍대결함수를 구하고, 컷셋을 찾아내어 결함(사고)을 예방할 수 있는 최소의 조합을 의미하는 것은?

① 컷셋 ② 패스셋
③ 최소 컷셋 ④ 최소 패스셋

해설 **패스셋과 미니멀 패스셋**
패스셋이란 그 속에 포함되어 있는 기본사상이 일어나지 않을 때 처음으로 정상사상이 일어나지 않는 기본사상의 집합으로서 미니멀 패스셋은 그 필요한 최소한의 컷을 말한다.(시스템의 신뢰성을 말함)

정답 | 34 ③ 35 ④ 36 ① 37 ② 38 ② 39 ④

40 인간-기계 시스템에서의 신뢰도 유지 방안으로 가장 거리가 먼 것은?

① Lock System
② Fail-Safe System
③ Fool-Proof System
④ Risk Assessment System

해설 **위험성평가(Risk Assessment)**
사업주가 스스로 유해·위험요인을 파악하고 해당 유해·위험요인의 위험성 수준을 결정하여, 위험성을 낮추기 위한 적절한 조치를 마련하고 실행하는 과정을 말한다.

3과목
건설시공학

41 경량골재 콘크리트 공사에 관한 사항으로 옳지 않은 것은?

① 슬럼프 값은 180mm 이하로 한다.
② 경량골재는 배합 전 완전히 건조시켜야 한다.
③ 경량골재 콘크리트는 공기연행 콘크리트로 하는 것을 원칙으로 한다.
④ 물-결합재비의 최댓값은 60%로 한다.

해설 배합 전 골재는 표면건조 포화상태로 만들어야 한다.

42 벽과 바닥의 콘크리트 타설을 한 번에 가능하도록 벽체용 거푸집과 슬래브 거푸집을 일체로 제작하여 한 번에 설치하고 해체할 수 있도록 한 시스템거푸집은?

① 갱폼
② 클라이밍폼
③ 슬립폼
④ 터널폼

해설 터널폼(Tunnel Form)은 슬래브와 벽체의 콘크리트 타설을 일체화하기 위한 철재 거푸집이다.

43 기존건물에 근접하여 구조물을 구축할 때 기존건물의 균열 및 파괴를 방지할 목적으로 지하에 실시하는 보강공법은?

① BH(Boring Hole)
② 베노토(Benoto) 공법
③ 언더피닝(Under Pinning) 공법
④ 심초공법

해설 **언더피닝(Under Pinning) 공법**
기존 구조물의 기초 저면보다 깊은 구조물을 시공하거나 기존 구조물을 보호하기 위하여 기초나 지정을 보강하는 공법이다.

44 철골조에서 판보(plate girder)의 보강재에 해당되지 않는 것은?

① 커버 플레이트
② 윙 플레이트
③ 필러 플레이트
④ 스티프너

해설 윙 플레이트는 철골 주각부에 부착되는 강판으로, 사이드 앵글을 거쳐서 또는 직접 용접에 의해서 베이스 플레이트에 기둥으로부터의 응력을 전한다.

45 다음 중 가장 깊은 기초지정은?

① 우물통식 지정
② 긴 주춧돌 지정
③ 잡석 지정
④ 자갈 지정

해설 우물통식 지정이 가장 깊은 기초지정이다.

46 시공계획 시 우선 고려하지 않아도 되는 것은?

① 상세 공정표의 작성
② 노무, 기계, 재료 등의 조달, 사용 계획에 따른 수송계획 수립
③ 현장관리 조직과 인사계획 수립
④ 시공도의 작성

해설 **공사계획 단계에서 사전에 검토할 내용**
- 현장원 편성 : 공사계획 중 가장 우선
- 공정표의 작성 : 공사 착수 전 단계에서 작성
- 실행예산의 편성 : 재료비, 노무비, 경비
- 하도급 업체의 선정
- 가설 준비물 결정
- 재료, 설비 반입계획
- 재해방지계획
- 노무 동원계획

정답 | 40 ④ 41 ② 42 ④ 43 ③ 44 ② 45 ① 46 ④

47 다음과 같은 조건에서 콘크리트의 압축강도를 시험하지 않을 경우 거푸집널의 해체시기로 옳은 것은? (단, 기초, 보, 기둥 및 벽의 측면이다.)

- 조강포틀랜드 시멘트 사용
- 평균기온 20℃ 이상

① 2일 ② 3일
③ 4일 ④ 6일

해설 콘크리트 압축강도를 시험하지 않을 경우(기초, 보 옆, 기둥 및 보의 측벽)

시멘트의 종류 평균기온	조강포틀랜드 시멘트	보통포틀랜드 시멘트 고로슬래그 시멘트(특급) 포틀랜드포졸란 시멘트(A종) 플라이애시 시멘트(A종)	고로슬래그 시멘트 포틀랜드포졸란 시멘트(B종) 플라이애시 시멘트(B종)
20℃ 이상	2일	4일	5일
20℃ 미만 10℃ 이상	3일	6일	8일

48 철골공사와 직접적으로 관련된 용어가 아닌 것은?

① 토크렌치 ② 너트 회전법
③ 적산온도 ④ 스터드 볼트

해설 적산온도는 농작물의 생육에 필요한 열량을 나타낼 때 이용된다.

49 공사에 필요한 특기 시방서에 기재하지 않아도 되는 사항은?

① 인도 시 검사 및 인도시기 ② 각 부위별 시공방법
③ 각 부위별 사용재료 ④ 사용재료의 품질

해설 시방서의 기재내용
- 재료의 품질
- 공법내용 및 시공방법
- 일반사항, 유의사항
- 시험, 검사
- 보충사항, 특기사항
- 시공기계, 장비

50 지반조사 방법 중 보링에 관한 설명으로 옳지 않은 것은?

① 보링은 지질이나 지층의 상태를 깊은 곳까지도 정확하게 확인할 수 있다.
② 회전식 보링은 불교란시료 채취, 암석 채취 등에 많이 쓰인다.
③ 충격식 보링은 토사를 분쇄하지 않고 연속적으로 채취할 수 있으므로 가장 정확한 방법이다.
④ 수세식 보링은 30m까지의 연질층에 주로 쓰인다.

해설 충격식 보링은 와이어로프 끝에 부착된 충격날을 낙하시켜 암석이나 토사를 분쇄하여 천공하는 방법이다.

51 철근의 이음을 검사할 때 가스압접이음의 검사항목이 아닌 것은?

① 이음위치 ② 이음길이
③ 외관검사 ④ 인장시험

해설 이음길이는 검사항목에 해당되지 않는다.

52 전체공사의 진척이 원활하며 공사의 시공 및 책임한계가 명확하여 공사관리가 쉽고 하도급의 선택이 용이한 도급제도는?

① 공정별분할도급 ② 일식도급
③ 단가도급 ④ 공구별분할도급

해설 일식도급은 공사비가 확정되고 책임한계가 명료하며 공사관리가 용이하다.

53 콘크리트 타설 작업에 있어 진동 다짐을 하는 목적으로 옳은 것은?

① 콘크리트 점도를 증진시켜 준다.
② 시멘트를 절약시킨다.
③ 콘크리트의 동결을 방지하고 경화를 촉진시킨다.
④ 콘크리트의 거푸집 구석구석까지 충진시킨다.

해설 진동기는 철근 및 거푸집에 직접 닿지 않도록 하고 콘크리트를 거푸집 구석구석까지 밀실하게 충진시켜 품질을 확보한다.

정답 | 47 ① 48 ③ 49 ① 50 ③ 51 ② 52 ② 53 ④

54 다음 철근 배근의 오류 중에서 구조적으로 가장 위험한 것은?

① 보늑근의 겹침 ② 기둥주근의 겹침
③ 보 하부 주근의 처짐 ④ 기둥대근의 겹침

해설 보 하부 주근의 처짐은 철근 배근에 있어 구조적으로 가장 위험한 오류이다.

55 토공사 기계에 관한 설명으로 옳지 않은 것은?

① 파워쇼벨(Power Shovel)은 위치한 지면보다 높은 곳의 굴착에 유리하다.
② 드래그쇼벨(Drag Shovel)은 대형기초굴착에서 협소한 장소의 줄기초파기, 배수관 매설공사 등에 다양하게 사용된다.
③ 클램쉘(Clam Shell)은 연한 지반에는 사용이 가능하나 경질층에는 부적당하다.
④ 드래그라인(Drag Line)은 배토판을 부착시켜 정지작업에 사용된다.

해설 드래그라인은 작업 반경이 커서 넓은 지역의 굴삭작업에 용이하나 힘이 강력하지 못해 연질지반에 이용한다.

56 고력볼트 접합에서 축부가 굵게 되어 있어 볼트 구멍에 빈틈이 남지 않도록 고안된 볼트는?

① TC볼트 ② PI볼트
③ 그립볼트 ④ 지압형 고장력볼트

해설 지압형 고장력볼트는 고력볼트 접합에서 축부가 굵게 되어 있어 볼트 구멍에 빈틈이 남지 않도록 고안된 볼트이다.

57 다음 용어에 대한 정의로 옳지 않은 것은?

① 함수비 $= \dfrac{물의\ 무게}{토립자의\ 무게(건조중량)} \times 100(\%)$

② 간극비 $= \dfrac{간극의\ 부피}{토립자의\ 부피}$

③ 포화도 $= \dfrac{물의\ 부피}{간극의\ 부피} \times 100(\%)$

④ 간극률 $= \dfrac{물의\ 부피}{전체의\ 부피} \times 100(\%)$

해설 간극률 $= \dfrac{간극의\ 부피}{토립자의\ 전체의\ 부피} \times 100(\%)$

58 철골작업에서 사용되는 철골세우기용 기계로 옳은 것은?

① 진폴(Gin Pole)
② 앵글 도저(Angle Dozer)
③ 모터 그레이더(Motor Grader)
④ 캐리올 스크레이퍼(Carryall Sraper)

해설 진폴(Gin Pole)은 철골세우기용 기계에 해당된다.

59 시공과정상 불가피하게 콘크리트를 이어치기할 때 서로 일체화되지 않아 발생하는 시공불량 이음부를 무엇이라고 하는가?

① 컨스트럭션 조인트(Construction Joint)
② 콜드 조인트(Cold Joint)
③ 컨트롤 조인트(Control Joint)
④ 익스팬션 조인트(Expansion Joint)

해설 콜드 조인트(Cold Joint)
먼저 타설한 콘크리트와 나중에 타설한 콘크리트의 시공 이음부를 말한다.

60 굳지 않은 콘크리트가 거푸집에 미치는 측압에 관한 설명으로 옳지 않은 것은?

① 묽은비빔 콘크리트가 측압은 크다.
② 온도가 높을수록 측압은 크다.
③ 콘크리트의 타설 속도가 빠를수록 측압은 크다.
④ 측압은 굳지 않은 콘크리트의 높이가 높을수록 커지는 것이나 어느 일정한 높이에 이르면 측압의 증대는 없다.

해설 외기의 온도, 습도가 낮을수록 측압이 증가한다.

정답 | 54 ③ 55 ④ 56 ④ 57 ④ 58 ① 59 ② 60 ②

4과목
건설재료학

61 목재와 철강재 양쪽 모두에 사용할 수 있는 도료가 아닌 것은?

① 래커에나멜 ② 유성페인트
③ 에나멜페인트 ④ 광명단

해설) 광명단은 방청도료(Rust Proof Paint)로 금속의 부식을 막기 위해 사용되는 도료이다.

62 유리를 600℃ 이상의 연화점까지 가열하여 특수한 장치로 균등히 공기를 내뿜어 급랭시킨 것으로 강하고 또한 파괴되어도 세립상으로 되는 유리는?

① 에칭유리 ② 망입유리
③ 강화유리 ④ 복층유리

해설) 강화유리에 대한 설명이다.

63 미장재료의 분류에서 물과 화학반응하여 경화하는 수경성 재료가 아닌 것은?

① 순석고 플라스터 ② 경석고 플라스터
③ 혼합석고 플라스터 ④ 돌로마이트 플라스터

해설) 돌로마이트 플라스터는 기경성(氣硬性) 미장재료에 해당된다.

64 다음 중 천연 접착제로 볼 수 없는 것은?

① 전분 ② 아교
③ 멜라민수지 ④ 카세인

해설) 멜라민수지는 합성수지계 접착제에 속한다.

65 알루미늄과 그 합금 재료의 일반적인 성질에 관한 설명으로 옳지 않은 것은?

① 산, 알칼리에 강하다. ② 내화성이 작다.
③ 열·전기 전도성이 크다. ④ 비중이 철의 약 1/3이다.

해설) 알루미늄 금속은 산, 알칼리에 약하다.

66 잔골재를 각 상태에서 계량한 결과 그 무게가 다음과 같을 때 이 골재의 유효 흡수율은 약 얼마인가?

- 절건상태 : 2,000g
- 기건상태 : 2,066g
- 표면건조 내부 포화상태 : 2,124g
- 습윤상태 : 2,152g

① 1.32% ② 2.81%
③ 6.20% ④ 7.60%

해설) 유효 흡수율 = $\dfrac{\text{유효 흡수량}}{\text{기건상태 골재 중량}} \times 100(\%)$

$= \dfrac{2,124 - 2,066}{2,066} \times 100 = 2.81\%$

여기서, 유효 흡수량 : 기건상태에서 표건상태가 될 때까지 골재가 흡수한 수량

67 건축재료의 화학적 조성에 의한 분류에서 유기재료에 속하지 않는 것은?

① 목재 ② 아스팔트
③ 플라스틱 ④ 시멘트

해설) 시멘트는 무기재료에 해당된다.

68 유기천연섬유 또는 석면섬유를 결합한 원지에 연질의 스트레이트 아스팔트를 침투시킨 것으로 아스팔트방수 중간 층재로 사용되는 것은?

① 아스팔트 펠트 ② 아스팔트 컴파운드
③ 아스팔트 프라이머 ④ 아스팔트 루핑

해설) **아스팔트 펠트(Asphalt Felt)**
목면이나 양모 등에 연질의 스트레이트 아스팔트를 도포한 후 가열·용융하여 흡수시킨 것을 회전로에서 건조와 함께 두께를 조절하여 롤형으로 만든 것이다.

정답 | 61 ④ 62 ③ 63 ④ 64 ③ 65 ① 66 ② 67 ④ 68 ①

69 목재 가공품 중 판재와 각재를 접착하여 만든 것으로 보, 기둥, 아치, 트러스 등의 구조부재로 사용되는 것은?

① 파키트 패널 ② 집성목재
③ 파티클 보드 ④ 석고 보드

해설 **집성목재**
판재를 섬유평행방향으로 여러 장 겹쳐서 접착시켜 만든 것으로, 보나 기둥에 사용할 수 있는 큰 단면으로 만드는 것이 가능하다.

70 다음 시멘트 조정화합물 중 수화속도가 느리고 수화열도 작게 해주는 성분은?

① 규산 3칼슘 ② 규산 2칼슘
③ 알루민산 3칼슘 ④ 알루민산 4칼슘

해설 규산 2칼슘은 수화속도와 수화열을 조절해 주는 성분이다.

71 미장공사에서 코너비드가 사용되는 곳은?

① 계단손잡이 ② 기둥의 모서리
③ 거푸집 가장자리 ④ 화장실 칸막이

해설 코너비드는 기둥, 벽 등의 모서리를 보호하기 위하여 미장 바름질할 때 붙이는 보호용 철물이다.

72 물시멘트 비 65%로 콘크리트 1m³를 만드는 데 필요한 물의 양으로 적당한 것은? (단, 콘크리트 1m³당 시멘트 8포대이며, 1포대는 40kg이다.)

① 0.1m³ ② 0.2m³
③ 0.3m³ ④ 0.4m³

해설 · 물시멘트 비 = $\frac{물의 중량}{시멘트 중량} \times 100(\%)$

· 물의 양 = $\frac{(40\text{kg} \times 80\text{포}) \times 65}{100}$
$= \frac{0.32\text{ton} \times 65}{100} = 0.2\text{m}^3$

73 표면에 여러 가지 직물무늬 모양이 나타나게 만든 타일로서 무늬, 형상 또는 색상이 다양하여 주로 내장타일로 쓰이는 것은?

① 폴리싱 타일 ② 태피스트리 타일
③ 논슬립 타일 ④ 모자이크 타일

해설 태피스트리 타일은 색색의 실로 수놓은 벽걸이나 바닥의 실내 장식용의 무늬처럼 타일 표면에 무늬를 넣어 입체화시킨 타일이다.

74 콘크리트의 워커빌리티에 영향을 주는 인자에 관한 설명으로 옳지 않은 것은?

① 단위수량이 많을수록 콘크리트의 컨시스턴시는 커진다.
② 일반적으로 부배합의 경우는 빈배합의 경우보다 콘크리트의 플라스티서티가 증가하므로 워커빌리티가 좋다고 할 수 있다.
③ AE제나 감수제에 의해 콘크리트 중에 연행된 미세한 공기는 볼베어링 작용을 통해 콘크리트의 워커빌리티를 개선한다.
④ 둥근 형상의 강자갈의 경우보다 편평하고 세장한 입형의 골재를 사용할 경우 워커빌리티가 개선된다.

해설 둥근 형상의 강자갈이 워커빌리티를 높여준다.

75 점토 제품에 관한 설명으로 옳지 않은 것은?

① 점토의 주요 구성 성분은 알루미나, 규산이다.
② 점토입자가 미세할수록 가소성이 좋으며 가소성이 너무 크면 샤모트 등을 혼합 사용한다.
③ 점토제품의 소성온도는 도기질의 경우 1,230~1,460℃ 정도이며, 자기질은 이보다 현저히 낮다.
④ 소성온도는 점토의 성분이나 제품에 따라 다르며, 온도측정은 제게르 콘(Seger Cone)으로 한다.

해설 자기질의 경우 소성온도가 1,230~1,460℃이다.

정답 | 69 ② 70 ② 71 ② 72 ② 73 ② 74 ④ 75 ③

76 접착제를 사용할 때의 주의사항으로 옳지 않은 것은?

① 피착제의 표면은 가능한 한 습기가 없는 건조상태로 한다.
② 용제, 희석제를 사용할 경우 과도하게 희석시키지 않도록 한다.
③ 용제성의 접착제는 도포 후 용제가 휘발한 적당한 시간에 접착시킨다.
④ 접착처리 후 일정한 시간 내에는 가능한 한 압축을 피해야 한다.

해설) 접착처리 후 일정한 시간 내에는 인장을 피해야 한다.

77 목재의 역학적 성질에 관한 설명으로 옳지 않은 것은?

① 섬유 평행방향의 휨강도와 전단강도는 거의 같다.
② 강도와 탄성은 가력방향과 섬유방향과의 관계에 따라 현저한 차이가 있다.
③ 섬유에 평행방향의 인장강도는 압축강도보다 크다.
④ 목재의 강도는 일반적으로 비중에 비례한다.

해설) 목재의 휨강도는 전단강도보다 크다.

78 단열재의 특성과 관련된 전열의 3요소와 거리가 먼 것은?

① 전도 ② 대류
③ 복사 ④ 결로

해설) 단열재의 특성과 관련한 전열의 3요소는 전도, 대류, 복사이다.

79 비철금속 중 동(銅)에 관한 설명으로 옳지 않은 것은?

① 맑은 물에는 침식되나 해수에는 침식되지 않는다.
② 전·연성이 좋아 가공하기 쉬운 편이다.
③ 철강보다 내식성이 우수하다.
④ 건축재료로는 아연 또는 주석 등을 활용한 합금을 주로 사용한다.

해설) 동(銅)은 해수에 침식된다.

80 화성암의 일종으로 내구성 및 강도가 크고 외관이 수려하며, 절리의 거리가 비교적 커서 대재를 얻을 수 있으나, 함유 광물의 열팽창계수가 달라 내화성이 약한 석재는?

① 안산암 ② 사암
③ 화강암 ④ 응회암

해설) 화강암(花崗巖, Granite)의 내열온도는 570℃ 정도로 내화도가 낮다.

5과목
건설안전기술

81 흙막이 가시설의 버팀대(Strut)의 변형을 측정하는 계측기에 해당하는 것은?

① Water Level Meter ② Strain Gauge
③ Piezometer ④ Load Cell

해설) 변형률계(Strain Gauge)는 버팀대의 변형을 측정하는 계측기이다.

82 사다리식 통로 등을 설치하는 경우 준수해야 할 기준으로 옳지 않은 것은?

① 접이식 사다리 기둥은 사용 시 접히거나 펼쳐지지 않도록 철물 등을 사용하여 견고하게 조치할 것
② 발판과 벽과의 사이는 25cm 이상의 간격을 유지할 것
③ 폭은 30cm 이상으로 할 것
④ 사다리 통로의 길이가 10m 이상인 경우에는 5m 이내마다 계단참을 설치할 것

해설) 사다리식 통로에서 발판과 벽 사이는 15cm 이상의 간격을 유지해야 한다.

83 추락방호망 달기로프를 지지점에 부착할 때 지지점의 간격이 1.5m인 경우 지지점의 강도는 최소 얼마 이상이어야 하는가?

① 200kg ② 300kg
③ 400kg ④ 500kg

해설) 방망의 지지점 강도는 최소 300kg 이상이어야 한다.

정답 | 76 ④ 77 ① 78 ④ 79 ① 80 ③ 81 ② 82 ② 83 ②

84 가설통로를 설치하는 경우 준수해야 할 기준으로 옳지 않은 것은?

① 경사는 45° 이하로 할 것
② 경사가 15°를 초과하는 경우에는 미끄러지지 아니하는 구조로 할 것
③ 추락할 위험이 있는 장소에는 안전난간을 설치할 것
④ 수직갱에 가설된 통로의 길이가 15m 이상인 경우에는 10m 이내마다 계단참을 설치할 것

해설 가설통로의 경사는 30° 이하로 해야 한다.

85 유해 · 위험방지계획서를 제출해야 하는 공사의 기준으로 옳지 않은 것은?

① 최대 지간길이 30m 이상인 교량 건설 등 공사
② 깊이 10m 이상인 굴착공사
③ 터널 건설 등의 공사
④ 다목적댐, 발전용 댐 및 저수용량 2천만 톤 이상의 용수 전용 댐, 지방상수도 전용 댐 건설 등의 공사

해설 최대 지간길이가 50m 이상인 교량건설 등 공사가 해당된다.

86 굴착이 곤란한 경우 발파가 어려운 암석의 파쇄굴착 또는 암석제거에 적합한 장비는?

① 리퍼   ② 스크레이퍼
③ 롤리   ④ 드래그라인

해설 리퍼(Ripper)는 아스팔트 포장도로 등 지반이 단단한 땅이나 연한 암석 지반의 파쇄굴착 또는 암석제거에 적합하다.

87 중량물의 취급작업 시 근로자의 위험을 방지하기 위하여 사전에 작성하여야 하는 작업계획서 내용에 포함되지 않는 것은?

① 추락 위험을 예방할 수 있는 안전대책
② 낙하 위험을 예방할 수 있는 안전대책
③ 전도 위험을 예방할 수 있는 안전대책
④ 침수 위험을 예방할 수 있는 안전대책

해설 중량물 취급 작업계획서 내용
• 추락 위험을 예방할 수 있는 안전대책
• 낙하 위험을 예방할 수 있는 안전대책
• 전도 위험을 예방할 수 있는 안전대책
• 협착 위험을 예방할 수 있는 안전대책
• 붕괴 위험을 예방할 수 있는 안전대책

88 콘크리트 타설용 거푸집에 작용하는 외력 중 연직방향 하중이 아닌 것은?

① 고정하중   ② 충격하중
③ 작업하중   ④ 풍하중

해설 거푸집에 작용하는 연직방향 하중에는 타설 콘크리트의 고정하중, 충격하중, 작업하중, 거푸집 중량 등이 있다.

89 화물을 적재하는 경우에 준수하여야 하는 사항으로 옳지 않은 것은?

① 침하 우려가 없는 튼튼한 기반 위에 적재할 것
② 건물의 칸막이나 벽 등이 화물의 압력에 견딜 만큼의 강도를 지니지 아니한 경우에는 칸막이나 벽에 기대어 적재하지 않도록 할 것
③ 불안정할 정도로 높이 쌓아 올리지 말 것
④ 편하중이 발생하도록 쌓아 적재효율을 높일 것

해설 화물적재 시 편하중이 생기지 아니하도록 적재해야 한다.

90 핸드 브레이커 취급 시 안전에 관한 유의사항으로 옳지 않은 것은?

① 기본적으로 현장 정리가 잘 되어 있어야 한다.
② 작업 자세는 항상 하향 45° 방향으로 유지하여야 한다.
③ 작업 전 기계에 대한 점검을 철저히 하여야 한다.
④ 호스의 교차 및 꼬임 여부를 점검하여야 한다.

해설 핸드 브레이커 취급 시 작업 자세는 끝의 부러짐을 방지하기 위해 하향 수직방향으로 한다.

정답 | 84 ① 85 ① 86 ① 87 ④ 88 ④ 89 ④ 90 ②

91 유한사면에서 사면기울기가 비교적 완만한 점성토에서 주로 발생되는 사면파괴의 형태는?

① 저부파괴
② 사면선단파괴
③ 사면내파괴
④ 국부전단파괴

해설 사면저부파괴는 사면의 활동면이 사면의 끝보다 아래를 통과하는 경우의 파괴이다.

92 산업안전보건관리비 중 안전시설비 등의 항목에서 사용 가능한 내역은?

① 외부인 출입금지, 공사장 경계표시를 위한 가설 울타리
② 비계·통로·계단에 추가 설치하는 추락방호용 안전난간
③ 절토부 및 성토부 등의 토사유실 방지를 위한 설비
④ 공사 목적물의 품질 확보 또는 건설장비 자체의 운행감시, 공사 진척사항 확인, 방범 등의 목적을 가진 CCTV 등 감시용 장비

해설 비계, 통로, 계단 등에 추가 설치되는 추락방호용 안전난간은 안전시설비 항목으로 사용 가능하다.

93 추락방호용 방망을 구성하는 그물코의 모양과 크기로 옳은 것은?

① 원형 또는 사각으로서 그 크기는 10cm 이하이어야 한다.
② 원형 또는 사각으로서 그 크기는 20cm 이하이어야 한다.
③ 사각 또는 마름모로서 그 크기는 10cm 이하이어야 한다.
④ 사각 또는 마름모로서 그 크기는 20cm 이하이어야 한다.

해설 **추락방지망의 구조**
- 방망 : 그물코가 다수 연결된 것
- 그물코 : 사각 또는 마름모로서 크기는 10cm 이하
- 테두리로프 : 방망 주변을 형성하는 로프
- 달기로프 : 방망을 지지점에 부착하기 위한 로프
- 재봉사 : 테두리로프와 방망을 일체화하기 위한 실
- 시험용사 : 방망 폐기 시 방망사의 강도 점검을 위한 것

94 지반조사의 방법 중 지반을 강관으로 천공하고 토사를 채취 후 여러 가지 시험을 시행하여 지반의 토질 분포, 흙의 층상과 구성 등을 알 수 있는 것은?

① 보링
② 표준관입시험
③ 베인테스트
④ 평판재하시험

해설 보링은 지중에 구멍을 뚫고 시료를 채취하여 토층의 구성상태 등을 파악하는 지반조사 방법이다.

95 말비계를 조립하여 사용하는 경우의 준수사항으로 옳지 않은 것은?

① 지주부재의 하단에는 미끄럼 방지장치를 할 것
② 지주부재와 수평면과의 기울기를 85° 이하로 할 것
③ 말비계의 높이가 2m를 초과할 경우에는 작업발판의 폭을 40cm 이상으로 할 것
④ 지주부재와 지주부재 사이를 고정시키는 보조부재를 설치할 것

해설 지주부재와 수평면의 기울기를 75° 이하로 하고, 지주부재와 지주부재 사이를 고정시키는 보조부재를 설치해야 한다.

96 철골작업을 중지하여야 하는 제한 기준에 해당되지 않는 것은?

① 풍속이 초당 10m 이상인 경우
② 강우량이 시간당 1mm 이상인 경우
③ 강설량이 시간당 1cm 이상인 경우
④ 소음이 65dB 이상인 경우

해설 **철골 건립작업 시 작업중지 악천후 기준**

구분	내용
강풍	풍속이 초당 10m 이상인 경우
강우	강우량이 시간당 1mm 이상인 경우
강설	강설량이 시간당 1cm 이상인 경우

97 강관틀 비계의 높이가 20m를 초과하는 경우 주틀 간의 간격은 최대 얼마 이하로 사용해야 하는가?

① 1.0m
② 1.5m
③ 1.8m
④ 2.0m

해설 높이가 20m를 초과하거나 중량물의 적재를 수반하는 작업을 하는 경우 주틀 간의 간격을 1.8m 이하로 해야 한다.

98 철골공사에서 용접작업을 실시함에 있어 전격예방을 위한 안전조치 중 옳지 않은 것은?

① 전격방지를 위해 자동전격방지기를 설치한다.
② 우천, 강설 시에는 야외작업을 중단한다.
③ 개로 전압이 낮은 교류 용접기는 사용하지 않는다.
④ 절연 홀더(Holder)를 사용한다.

정답 | 91 ① 92 ② 93 ③ 94 ① 95 ② 96 ④ 97 ③ 98 ③

해설 개로 전압이 낮은 교류 용접기를 사용하여야 작업자의 전격을 방지할 수 있다.

99 타워크레인의 운전작업을 중지하여야 하는 순간 풍속 기준으로 옳은 것은?

① 초당 10m 초과
② 초당 12m 초과
③ 초당 15m 초과
④ 초당 20m 초과

해설 **강풍 시 타워크레인의 작업제한**
순간풍속이 초당 15미터를 초과하는 경우에는 타워크레인의 운전작업을 중지하여야 한다.

100 흙막이 지보공을 설치한 때에 정기적으로 점검하고 이상을 발견한 때에 즉시 보수하여야 하는 사항으로 거리가 먼 것은?

① 부재의 손상 변형, 부식, 변위 및 탈락의 유무와 상태
② 부재의 접속부, 부착부 및 교차부의 상태
③ 침하의 정도
④ 발판의 지지 상태

해설 흙막이 지보공을 설치한 경우에는 정기적으로 다음 사항을 점검하고 이상을 발견한 경우에는 즉시 보수하여야 한다.
- 부재의 손상 · 변형 · 부식 · 변위 및 탈락의 유무와 상태
- 버팀대의 긴압 정도
- 부재의 접속부 · 부착부 및 교차부의 상태
- 침하의 정도
- 흙막이 공사의 계측관리

정답 | 99 ③ 100 ④

부록

2019년 2회

1과목
산업안전관리론

01 다음 중 무재해운동의 기본이념 3원칙에 포함되지 않는 것은?

① 무의 원칙
② 선취의 원칙
③ 참가의 원칙
④ 라인화의 원칙

해설 **무재해운동의 3원칙**
1. 무의 원칙
2. 참가의 원칙(참여의 원칙)
3. 선취의 원칙(안전제일의 원칙)

02 산업안전보건법령상 상시 근로자수의 산출내역에 따라, 연간 국내공사 실적액이 50억 원이고 건설업평균임금이 250만 원이며, 노무비율은 0.06인 사업장의 상시 근로자수는?

① 10인
② 30인
③ 33인
④ 75인

해설 **상시근로자수 산출**

$$상시근로자수 = \frac{전년도\ 공사실적액 \times 전년도\ 노무비율}{전년도\ 건설업\ 월평균임금 \times 전년도\ 조업월수}$$

$$= \frac{5,000,000,000원 \times 0.06}{2,500,000원 \times 12월}$$

$$= 10명$$

03 산업안전보건법령상 산업재해 조사표에 기록되어야 할 내용으로 옳지 않은 것은?

① 사업장 정보
② 재해정보
③ 재해발생개요 및 원인
④ 안전교육 계획

해설 안전교육 계획은 산업재해조사표에 기록되어야 할 내용에 해당되지 않는다.

04 하인리히의 재해발생 원인 도미노이론에서 사고의 직접원인으로 옳은 것은?

① 통제의 부족
② 관리 구조의 부적절
③ 불안전한 행동과 상태
④ 유전과 환경적 영향

해설 **하인리히(H.W. Heinrich)의 도미노 이론**
- 1단계 : 사회적 환경 및 유전적 요소(기초원인)
- 2단계 : 개인의 결함(간접원인)
- 3단계 : 불안전한 행동 및 불안전한 상태(직접원인) → 제거(효과적임)
- 4단계 : 사고
- 5단계 : 재해

05 매슬로우(Maslow)의 욕구단계 이론 중 제2단계의 욕구에 해당하는 것은?

① 사회적 욕구
② 안전에 대한 욕구
③ 자아실현의 욕구
④ 존경과 긍지에 대한 욕구

해설 **매슬로우(Maslow)의 욕구단계이론**
- 1단계 : 생리적 욕구
- 2단계 : 안전의 욕구
- 3단계 : 사회적 욕구
- 4단계 : 자기존경의 욕구
- 5단계 : 자아실현의 욕구

정답 | 01 ④ 02 ① 03 ④ 04 ③ 05 ②

06 산업안전보건법령상 안전모의 종류(기호) 중 사용 구분에서 "물체의 낙하 또는 비래 및 추락에 의한 위험을 방지 또는 경감하고, 머리부위 감전에 의한 위험을 방지하기 위한 것"으로 옳은 것은?

① A
② AB
③ AE
④ ABE

해설) 안전모의 종류 및 사용구분

종류 (기호)	사용구분	비고
ABE	물체의 낙하 또는 비래 및 추락에 의한 위험을 방지 또는 경감하고, 머리부위 감전에 의한 위험을 방지하기 위한 것	내전압성

07 다음 중 산업심리의 5대 요소에 해당하지 않는 것은?

① 적성
② 감정
③ 기질
④ 동기

해설) 산업안전심리의 5대 요소는 습관, 동기, 기질, 감정, 습성이다.

08 주의의 수준에서 중간 수준에 포함되지 않는 것은?

① 다른 곳에 주의를 기울이고 있을 때
② 가시시야 내 부분
③ 수면 중
④ 일상과 같은 조건일 경우

해설) 수면 중은 무의식 수준의 상태로서 Phase 0 ~ Ⅳ 중 Phase I단계에 해당한다.

09 다음 중 안전태도교육의 원칙으로 적절하지 않은 것은?

① 청취위주의 대화를 한다.
② 이해하고 납득한다.
③ 항상 모범을 보인다.
④ 지적과 처벌 위주로 한다.

해설) 지적과 처벌은 태도교육의 원칙에 해당되지 않는다.

10 레빈(Lewin)은 인간행동과 인간의 조건 및 환경조건의 관계를 다음과 같이 표시하였다. 이때 'ƒ'의 의미는?

$$B = f(P \cdot E)$$

① 행동
② 조명
③ 지능
④ 함수

해설) 레빈(Lewin · K)의 법칙
$B = f(P \cdot E)$
여기서, B : Behavior(인간의 행동)
  f : Function(함수관계)
  P : Person(개체 : 연령, 경험, 심신상태, 성격, 지능 등)
  E : Environment(심리적 환경 : 인간관계, 작업환경 등)

11 적응기제(Adjustment Mechanism)의 유형에서 "동일화(identification)"의 사례에 해당하는 것은?

① 운동시합에 진 선수가 컨디션이 좋지 않았다고 한다.
② 결혼에 실패한 사람이 고아들에게 정열을 쏟고 있다.
③ 아버지의 성공을 자신의 성공인 것처럼 자랑하며 거만한 태도를 보인다.
④ 동생이 태어난 후 초등학교에 입학한 큰 아이가 손가락을 빨기 시작했다.

해설) 동일화(Identification)
다른 사람의 행동양식이나 태도를 투입시키거나 다른 사람 가운데서 자기와 비슷한 점을 발견하는 것

12 특성에 따른 안전교육의 3단계에 포함되지 않는 것은?

① 태도교육
② 지식교육
③ 직무교육
④ 기능교육

해설) 안전교육의 3단계
- 지식교육(1단계) : 지식의 전달과 이해
- 기능교육(2단계) : 실습, 시범을 통한 이해
- 태도교육(3단계) : 안전의 습관화(가치관 형성)

정답 | 06 ④ 07 ① 08 ③ 09 ④ 10 ④ 11 ③ 12 ③

13 산업안전보건법령상 다음 그림에 해당하는 안전·보건표지의 종류로 옳은 것은?

① 부식성 물질경고 ② 산화성 물질경고
③ 인화성 물질경고 ④ 폭발성 물질경고

해설 **안전·보건표지 중 경고표지의 종류**

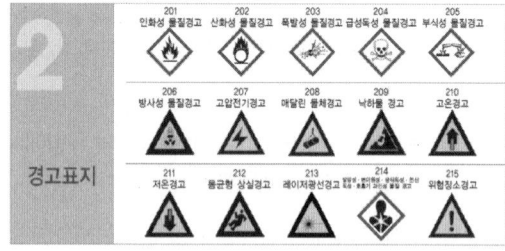

14 다음 중 작업표준의 구비조건으로 옳지 않은 것은?

① 작업의 실정에 적합할 것
② 생산성과 품질의 특성에 적합할 것
③ 표현은 추상적으로 나타낼 것
④ 다른 규정 등에 위배되지 않을 것

해설 **작업표준의 구비조건**
- 작업의 실정에 적합할 것
- 표현은 구체적으로 나타낼 것
- 이상 시의 조치기준에 대해 정해둘 것
- 좋은 작업의 표준일 것
- 생산성과 품질의 특성에 적합할 것
- 다른 규정 등에 위배되지 않을 것

15 다음 중 위험예지훈련 4라운드의 순서가 올바르게 나열된 것은?

① 현상파악 → 본질추구 → 대책수립 → 목표설정
② 현상파악 → 대책수립 → 본질추구 → 목표설정
③ 현상파악 → 본질추구 → 목표설정 → 대책수립
④ 현상파악 → 목표설정 → 본질추구 → 대책수립

해설 **위험예지훈련의 추진을 위한 문제해결 4단계(4라운드)**
- 1라운드 : 현상파악(사실의 파악)
- 2라운드 : 본질추구(위험요인, 문제점 발견 및 위험 포인트 결정)
- 3라운드 : 대책수립(대책을 세운다)
- 4라운드 : 목표설정(행동계획 작성)

16 산업안전보건법령상 특별교육 대상 작업별 교육내용 중 밀폐공간에서의 작업 시 교육내용에 포함되지 않는 것은? (단, 그 밖에 안전·보건관리에 필요한 사항은 제외한다.)

① 산소농도측정 및 작업환경에 관한 사항
② 유해물질이 인체에 미치는 영향
③ 보호구 착용 및 사용방법에 관한 사항
④ 사고 시의 응급 처치 및 비상시 구출에 관한 사항

해설 ②은 허가 또는 관리대상 유해물질의 제조 또는 취급작업 특별교육내용에 해당한다.

17 안전지식교육 실시 4단계에서 지식을 실제의 상황에 맞추어 문제를 해결해 보고 그 수법을 이해시키는 단계로 옳은 것은?

① 도입 ② 제시
③ 적용 ④ 확인

해설 **교육법의 4단계**
- 제1단계-도입(준비) : 배우고자 하는 마음가짐을 일으키는 단계
- 제2단계-제시(설명) : 내용을 확실하게 이해시키고 납득시키는 단계
- 제3단계-적용(응용) : 이해시킨 내용을 활용시키거나 응용시키는 단계
- 제4단계-확인(총괄) : 교육내용의 습득 여부를 테스트에 의해 확인하는 단계

18 다음 중 산업재해 통계에 관한 설명으로 적절하지 않은 것은?

① 산업재해 통계는 구체적으로 표시되어야 한다.
② 산업재해 통계는 안전 활동을 추진하기 위한 기초자료이다.
③ 산업재해 통계만을 기반으로 해당 사업장의 안전수준을 추측한다.
④ 산업재해 통계의 목적은 기업에서 발생한 산업재해에 대하여 효과적인 대책을 강구하기 위함이다.

해설 **재해통계 작성 시 유의할 점**
- 활용목적을 수행할 수 있도록 충분한 내용이 포함되어야 한다.
- 재해통계는 구체적으로 표시되고 그 내용은 용이하게 이해되며 이용할 수 있어야 한다.

정답 | 13 ③ 14 ③ 15 ① 16 ② 17 ③ 18 ③

- 재해통계는 항목 내용 등 재해요소가 정확히 파악될 수 있도록 예방대책이 수립되어야 한다.
- 재해통계는 정량적으로 정확하게 수치적으로 표시되어야 한다.

19 French와 Raven이 제시한, 리더가 가지고 있는 세력의 유형이 아닌 것은?

① 전문세력(Expert Power)
② 보상세력(Reward Power)
③ 위임세력(Entrust Power)
④ 합법세력(Legitimate Power)

해설 | 렌치(J. French)와 레이븐(B. Raven)의 세력의 유형
- 합법세력(Legitimate Power)
- 보상세력(Reward Power)
- 강압세력(Coercive Power)
- 전문세력(Expert Power)
- 준거세력(Reference Power)

20 산업안전보건법령상 안전검사 대상 유해·위험기계의 종류에 포함되지 않는 것은?

① 전단기
② 리프트
③ 곤돌라
④ 교류아크용접기

해설 | 교류아크용접기는 안전검사대상 유해·위험기계에 해당하지 않는다.

2과목
인간공학 및 시스템공학

21 체계 설계 과정의 주요 단계 중 가장 먼저 실시되어야 하는 것은?

① 기본설계
② 계면설계
③ 체계의 정의
④ 목표 및 성능 명세 결정

해설 | 인간-기계시스템 설계과정 6가지 단계
1. 목표 및 성능명세 결정
2. 시스템 정의
3. 기본설계
4. 인터페이스 설계
5. 촉진물 설계
6. 시험 및 평가

22 고장형태 및 영향분석(FMEA ; Failure Mode and Effect Analyis)에서 치명도 해석을 포함시킨 분석 방법으로 옳은 것은?

① CA
② ETA
③ FMETA
④ FMECA

해설 | FMECA(Failure Modes Effects and Criticality Analysis)
설계의 불완전이나 잠재적인 결점을 찾아내기 위해 구성요소의 고장모드와 그 상위 아이템에 대한 영향을 해석하는 기법인 FMEA에서 특히 영향의 치명(致命)도에 대한 정도를 중요시할 때에는 FMECA라고 한다.

23 그림과 같은 시스템의 신뢰도로 옳은 것은? (단, 그림의 숫자는 각 부품의 신뢰도이다.)

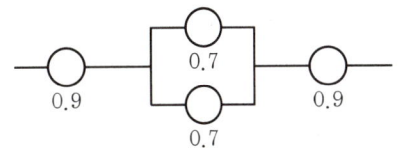

① 0.6261
② 0.7371
③ 0.8481
④ 0.9591

해설 | 병렬시스템의 신뢰도
$R = 0.9 \times (1-(1-0.7)(1-0.7)) \times 0.9 = 0.7371$

24 인간의 시각특성을 설명한 것으로 옳은 것은?

① 적응은 수정체의 두께가 얇아져 근거리의 물체를 볼 수 있게 되는 것이다.
② 시야는 수정체의 두께 조절로 이루어진다.
③ 망막은 카메라의 렌즈에 해당된다.
④ 암조응에 걸리는 시간은 명조응 보다 길다.

해설 | 명조응이 암조응 보다 걸리는 시간이 짧다.

25 다음 중 생리적 스트레스를 전기적으로 측정하는 방법으로 옳지 않은 것은?

① 뇌전도(EEG)
② 근전도(EMG)
③ 전기 피부 반응(GSR)
④ 안구 반응(EOG)

해설 | 안전위도(EOG ; Electrooculogram)
안구운동을 전기적으로 기록하는 검사이며, 주로 망막질환을 진단하는데 사용된다.

정답 | 19 ③ 20 ④ 21 ④ 22 ④ 23 ② 24 ④ 25 ④

26 레버를 10° 움직이면 표시장치는 1cm 이동하는 조종장치가 있다. 레버의 길이가 20cm라고 하면 이 조종 장치의 통제표시비(C/D 비)는 약 얼마인가?

① 1.27 ② 2.38
③ 3.49 ④ 4.51

해설 **조종구의 통제비**
$$\frac{C}{D} = \frac{\left(\frac{a}{360}\right) \times 2\pi L}{\text{표시장치 이동거리}}$$
$$= \frac{\left(\frac{10}{360}\right) \times 2 \times \pi \times 20}{1} \fallingdotseq 3.491$$

27 서서 하는 작업의 작업대 높이에 대한 설명으로 옳지 않은 것은?

① 정밀작업의 경우 팔꿈치 높이보다 약간 높게 한다.
② 경작업의 경우 팔꿈치 높이보다 약간 낮게 한다.
③ 중작업의 경우 경작업의 작업대 높이보다 약간 낮게 한다.
④ 작업대의 높이는 기준을 지켜야 하므로 높낮이가 조절되어서는 안 된다.

해설 **입식 작업대 높이**
- 정밀작업 : 팔꿈치 높이보다 5~10cm 높게 설계
- 일반작업 : 팔꿈치 높이보다 5~10cm 낮게 설계
- 힘든 작업(重작업) : 팔꿈치 높이보다 10~20cm 낮게 설계

28 작업장 내부의 추천반사율이 가장 낮아야 하는 곳은?

① 벽 ② 천장
③ 바닥 ④ 가구

해설 **옥내 추천 반사율**
- 천장 : 80~90%
- 벽 : 40~60%
- 가구 : 25~45%
- 바닥 : 20~40%

29 인간의 정보처리 기능 중 그 용량이 7개 내외로 작아, 순간적 망각 등 인적 오류의 원인이 되는 것은?

① 지각 ② 작업기억
③ 주의력 ④ 감각보관

해설 작업기억은 시간 흐름에 따라 쇠퇴하여 순간적 망각으로 인한 인적 오류의 원인이 된다.

작업기억
- 단기기억이라고도 한다.
- 작업기억 내의 정보는 시간이 흐름에 따라 쇠퇴할 수 있다.
- 리허설(Rehearsal)은 정보를 작업기억 내에 유지하는 유일한 방법이다.

30 인간오류의 분류 중 원인에 의한 분류의 하나로, 작업자 자신으로부터 발생하는 에러로 옳은 것은?

① Command Error ② Secondary Error
③ Primary Error ④ Third Error

해설 **오류의 원인 레벨(Level)적 분류**
- Primary Error : 작업자 자신으로부터 발생한 에러
- Secondary Error
- Command Error

31 일반적으로 인체에 가해지는 온·습도 및 기류 등의 외적변수를 종합적으로 평가하는 데에는 "불쾌지수"라는 지표가 이용된다. 불쾌지수의 계산식이 다음과 같은 경우, 건구온도와 습구온도의 단위로 옳은 것은?

> 불쾌지수=0.72×(건구온도+습구온도)+40.6

① 실효온도 ② 화씨온도
③ 절대온도 ④ 섭씨온도

해설 **불쾌지수**
- 섭씨온도일 경우 : 불쾌지수=섭씨(건구온도+습구온도)×0.72+40.6[℃]
- 화씨온도일 경우 : 불쾌지수=화씨(건구온도+습구온도)×0.4+15[℉]

정답 | 26 ③ 27 ④ 28 ③ 29 ② 30 ③ 31 ④

32 FT도에 사용되는 논리기호 중 AND 게이트에 해당하는 것은?

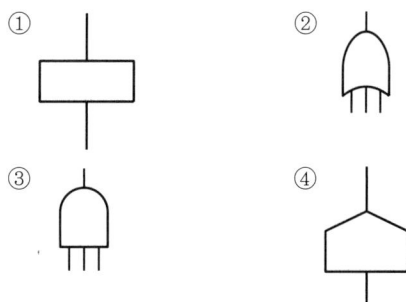

해설 **FTA에 사용되는 논리기호 및 사상기호**

기호	명칭	설명
출력 입력	AND 게이트 (n논리기호)	모든 입력사상이 공존할 때 출력 사상이 발생한다.

33 위팔은 자연스럽게 수직으로 늘어뜨린 채, 아래팔만을 편하게 뻗어 작업할 수 있는 범위는?

① 정상 작업역
② 최대 작업역
③ 최소 작업역
④ 작업 포락면

해설 **수평작업대의 정상 작업역**
- 위팔(상완)을 자연스럽게 수직으로 늘어뜨린 채, 아래팔(전완)만으로 편하게 뻗어 파악할 수 있는 구역

34 음의 강약을 나타내는 기본 단위는?

① dB
② pont
③ hertz
④ diopter

해설 **phon 음량수준**
정량적 평가를 위한 음량 수준 척도, phon으로 표시한 음량 수준은 이 음과 같은 크기로 들리는 1,000Hz 순음의 음압수준(dB)

35 신뢰성과 보전성 개선을 목적으로 하는 효과적인 보전기록 자료에 해당하지 않는 것은?

① 설비이력카드
② 자재관리표
③ MTBF 분석표
④ 고장원인대책표

해설 자재관리표의 목적이 신뢰성이나 보전성 개선은 아니다.

36 예비위험분석(PHA)에 대한 설명으로 옳은 것은?

① 관련된 과거 안전점검결과의 조사에 적절하다.
② 안전관련 법규 조항의 준수를 위한 조사방법이다.
③ 시스템 고유의 위험성을 파악하고 예상되는 재해의 위험 수준을 결정한다.
④ 초기 단계에서 시스템 내의 위험요소가 어떠한 위험상태에 있는가를 정성적으로 평가하는 것이다.

해설 **PHA(예비위험분석)**
시스템 내의 위험요소가 얼마나 위험상태에 있는가를 평가하는 시스템 안전프로그램의 최초단계의 분석 기법(정성적)이다.

37 다음의 FT도에서 몇 개의 미니멀 패스셋(Minimal Path Sets)이 존재하는가?

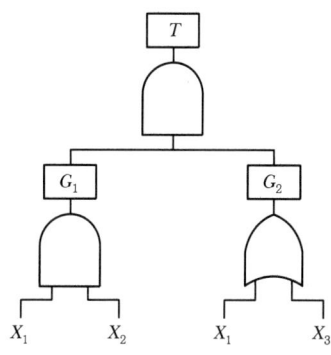

① 1개
② 2개
③ 3개
④ 4개

해설 패스셋은 컷셋 결합 게이트들을 반대로(AND < = > OR) 변환하여 구한다.
$T = G_1 + G_2 = X_1 + X_2 + X_1 \cdot X_3$
∴ 미니멀 패스셋 : $X_1, X_2, X_1 \cdot X_3$
총 3개

38 정보를 전송하기 위해 청각적 표시장치를 이용하는 것이 바람직한 경우로 적합한 것은?

① 전언이 복잡한 경우
② 전언이 이후에 재참조되는 경우
③ 전언이 공간적인 사건을 다루는 경우
④ 전언이 즉각적인 행동을 요구하는 경우

해설 전언이 즉각적인 행동을 요구하는 경우 청각적 표시장치가 유리하다.

정답 | 32 ③ 33 ① 34 ① 35 ② 36 ④ 37 ③ 38 ④

39 FTA에서 모든 기본사상이 일어났을 때 톱(top)사상을 일으키는 기본사상의 집합을 무엇이라 하는가?

① 컷셋(Cut Set)
② 최소 컷셋(Minimal Cut Set)
③ 패스셋(Path Set)
④ 최소 패스셋(Minimal Path Set)

해설 **컷셋(Cut Set)**
정상사상을 발생시키는 기본사상의 집합으로 그 안에 포함되는 모든 기본사상이 발생할 때 정상사상을 발생시키는 기본사상의 집합

40 조종장치를 통한 인간의 통제 아래 기계가 동력원을 제공하는 시스템의 형태로 옳은 것은?

① 기계화 시스템 ② 수동 시스템
③ 자동화 시스템 ④ 컴퓨터 시스템

해설 **인간 – 기계 통합체계의 특성 중 기계화 또는 반자동체계**
운전자가 조종장치를 사용하여 통제하며 동력은 전형적으로 기계가 제공한다.

3과목
건설시공학

41 강구조물 제작 시 마킹(금긋기)에 관한 설명으로 옳지 않은 것은?

① 강판 절단이나 형강 절단 등, 외형 절단을 선행하는 부재는 미리 부재 모양별로 마킹 기준을 정해야 한다.
② 마킹검사는 띠철이나 형판 또는 자동가공기(CNC)를 사용하여 정확히 마킹되었는가를 확인한다.
③ 주요 부재의 강판에 마킹할 때에는 펀치(punch) 등을 사용한다.
④ 마킹 시 용접열에 의한 수축 여유를 고려하여 최종 교정, 다듬질 후 정확한 치수를 확보할 수 있도록 조치해야 한다.

해설 펀치는 철골의 가공작업에 사용된다.

42 철근콘크리트공사에서 거푸집의 상호 간 간격을 유지하는 데 사용하는 것은?

① 폼 데코(Form Deck)
② 세퍼레이터(Separator)
③ 스페이서(Spacer)
④ 파이프 서포트(Pipe Support)

해설 **세퍼레이터(Separator)**
철판재, 철근재, 파이프제 또는 모르타르제를 사용하여 거푸집 상호 간의 간격을 유지시키는 데 사용되는 격리재이다.

43 굴착, 상차, 운반, 정지 작업 등을 할 수 있는 기계로, 대량의 토사를 고속으로 운반하는 데 적당한 기계는?

① 불도저 ② 앵글도저
③ 로더 ④ 캐리올 스크레이퍼

해설 **스크레이퍼(Scraper)**
굴삭, 싣기, 운반, 부설 등 4가지 작업을 연속할 수 있는 대량 토공작업 기계로 잔토반출이 중장거리인 경우 사용한다.

44 사질지반에서 지하수를 강제로 뽑아내어 지하수위를 낮추어서 기초공사를 하는 공법은?

① 케이슨 공법 ② 웰포인트 공법
③ 샌드드레인 공법 ④ 레어먼드파일 공법

해설 **웰포인트(Well Point) 공법**
라이저 파이프를 박아 6m 이내의 지하수를 펌프로 배수하여 지하수위를 낮추는 공법이다.

45 굴착토사와 안정액 및 공수 내의 혼합물을 드릴 파이프 내부를 통해 강제로 역순환시켜 지상으로 배출하는 공법으로 다음과 같은 특징이 있는 현장타설 콘크리트 말뚝공법은?

- 점토, 실토층 등에 적용한다.
- 시공심도는 통상 30~70m까지로 한다.
- 시공직경은 0.9~3m 정도까지로 한다.

① 어스드릴 공법 ② 리버스 서큘레이션 공법
③ 뉴메틱케이슨 공법 ④ 심초공법

정답 | 39 ① 40 ① 41 ③ 42 ② 43 ④ 44 ② 45 ②

해설 | **리버스 서큘레이션 드릴(Reverse Circulation Drill) 공법**
비트에 의해 파쇄된 토사를 역류 순환식의 액류에 의해서 배출하는 공법이다.

46 철근콘크리트구조에서 철근이음 시 유의사항으로 옳지 않은 것은?

① 동일한 곳에 철근 수의 반 이상을 이어야 한다.
② 이음의 위치는 응력이 큰 곳을 피하고 엇갈리게 잇는다.
③ 주근의 이음은 인장력이 가장 작은 곳에 두어야 한다.
④ 큰 보의 경우 하부주근의 이음 위치는 보 경간의 양단부이다.

해설 | 동일한 곳에 철근 수의 반 이상을 이을 경우 응력이 집중되므로 피해야 한다.

47 KCS에 따른 철근 가공 및 이음 기준에 관한 내용으로 옳지 않은 것은?

① 철근은 상온에서 가공하는 것을 원칙으로 한다.
② 철근상세도에 철근의 구부리는 내면 반지름이 표시되어 있지 않은 때에는 콘크리트 구조설계기준에 규정된 구부림의 최소 내면 반지름 이상으로 철근을 구부려야 한다.
③ D32 이하의 철근은 겹침이음을 할 수 없다.
④ 장래의 이음에 대비하여 구조물로부터 노출시켜 놓은 철근은 손상이나 부식이 생기지 않도록 보호하여야 한다.

해설 | D32 이하의 철근은 겹침이음이 가능하다.

48 토공사에서 사면의 안정성 검토에 직접적으로 관계가 없는 것은?

① 흙의 입도 ② 사면의 경사
③ 흙의 단위체적 중량 ④ 흙의 내부마찰각

해설 | 사면의 안정성 검토 시 사면의 경사, 흙의 단위체적 중량, 내부 마찰각 등이 고려된다.

49 철골공사의 철골부재 용접에서 용접 결함이 아닌 것은?

① 언더컷(Under Cut) ② 오버랩(Overlap)
③ 블로우홀(Blow Hole) ④ 루트(Root)

해설 | 철골부재의 용접결함에는 언더컷, 오버랩, 블로우홀, 슬래그 감싸돌기 등이 있다.

50 지상에서 일정 두께의 폭과 길이로 대지를 굴착하고 지반 안정액으로 공벽의 붕괴를 방지하면서 철근콘크리트벽을 만들어 이를 가설 흙막이벽 또는 본 구조물의 옹벽으로 사용하는 공법은?

① 슬러리월 공법 ② 어스앵커 공법
③ 엄지말뚝 공법 ④ 시트파일 공법

해설 | **지중연속벽(Slurry Wall) 공법**
구조물의 벽체 부분을 먼저 굴착한 후 그 속에 철근망을 삽입하고, 콘크리트를 타설하여 지하벽체를 형성하는 공법이다.

51 당해 공사의 특수한 조건에 따라 표준시방서에 대하여 추가, 변경, 삭제를 규정하는 시방서는?

① 특기시방서 ② 안내시방서
③ 자료시방서 ④ 성능시방서

해설 | 특기시방서는 표준시방서에 기재되지 않은 특수공법, 재료 등에 대한 설계자의 상세한 기준 정리 및 해설을 해 놓은 시방서를 말한다.

52 독립기초에서 지중보의 역할에 관한 설명으로 옳은 것은?

① 흙의 허용 지내력도를 크게 한다.
② 주각을 서로 연결시켜 고정상태로 하여 부동침하를 방지한다.
③ 지반을 압밀하여 지반강도를 증가시킨다.
④ 콘크리트의 압축강도를 크게 한다.

해설 | 지중보는 독립기초에서 주각을 서로 연결시켜 고정상태로 하여 부동침하를 방지한다.

53 계획과 실제의 작업상황을 지속적으로 측정하여 최종 사업비용과 공정을 예측하는 기법은?

① CAD ② EVMS
③ PMIS ④ WBS

해설 | 사업성과관리시스템(EVMS ; Earned Value Management System)에 대한 설명이다.

정답 | 46 ① 47 ③ 48 ① 49 ④ 50 ① 51 ① 52 ② 53 ②

54 슬라이딩 폼에 관한 설명으로 옳지 않은 것은?

① 내·외부 비계발판을 따로 준비해야 하므로 공기가 지연될 수 있다.
② 활동(滑動) 거푸집이라고도 하며 사일로 설치에 사용할 수 있다.
③ 요크로 서서히 끌어 올리며 콘크리트를 부어 넣는다.
④ 구조물의 일체성 확보에 유효하다.

해설) 슬라이딩 폼은 내·외부 비계발판이 일체화된 작업발판 일체형 거푸집이다.

55 데크플레이트에 관한 설명으로 옳지 않은 것은?

① 합판거푸집에 비해 중량이 큰 편이다.
② 별도의 동바리가 필요하지 않다.
③ 철근트러스형은 내화피복이 불필요하다.
④ 시공환경이 깨끗하고 안전사고 위험이 적다.

해설) 데크플레이트는 합판거푸집에 비해 중량이 크지 않다.

56 주문받은 건설업자가 대상계획의 기업·금융, 토지조달, 설계, 시공, 기계기구 설치 등 주문자가 필요로 하는 모든 것을 조달하여 주문자에게 인도하는 도급계약 방식은?

① 공동도급 ② 실비정산 보수가산도급
③ 턴키(Turn-key)도급 ④ 일식도급

해설) 턴키(Turn-key)도급은 주문자가 필요로 하는 모든 것을 조달하여 주문자에게 인도하는 도급계약 방식이다.

57 자연시료의 압축강도가 6MPa이고, 이긴시료의 압축강도가 4MPa이라면 예민비는 얼마인가?

① −2 ② 0.67
③ 1.5 ④ 2

해설) 예민비(Sensitive Ratio)란 흙의 이김에 의해 약해지는 정도를 말하는 것으로 자연시료의 강도에 이긴 시료의 강도를 나눈 값으로 나타낸다.

58 콘크리트 보양방법 중 초기강도가 크게 발휘되어 거푸집을 가장 빨리 제거할 수 있는 방법은?

① 살수보양 ② 수중보양
③ 피막보양 ④ 증기보양

해설) 증기보양은 콘크리트의 초기강도 발현이 빠르고 크다.

59 콘크리트 배합설계 시 강도에 가장 큰 영향을 미치는 요소는?

① 모래와 자갈의 비율 ② 물과 시멘트의 비율
③ 시멘트와 모래의 비율 ④ 시멘트와 자갈의 비율

해설) 물-시멘트비는 콘크리트 배합설계 시 강도에 가장 큰 영향을 미치는 요소이다.

60 철골 용접 관련 용어 중 스패터(Spatter)에 관한 설명으로 옳은 것은?

① 전단절단에서 생기는 뒤꺾임 현상
② 수동 가스절단에서 절단선이 곧지 못하여 생기는 잘록한 자국의 흔적
③ 철골용접에서 용접부의 상부를 덮는 불순물
④ 철골용접 중 튀어나오는 슬래그 및 금속입자

해설) 스패터(Spatter)는 철골 용접 중 튀어나오는 슬래그 및 금속입자를 말한다.

4과목
건설재료학

61 진주석 또는 흑요석 등을 900~1,200℃로 소성한 후에 분쇄하여 소성팽창하면 만들어지는 작은 입자에 접착제 및 무기질 섬유를 균등하게 혼합하여 성형한 제품은?

① 규조토 보온재 ② 규산칼슘 보온재
③ 질석 보온재 ④ 펄라이트 보온재

해설) 펄라이트는 진주암, 흑요암 등을 분쇄하여 소성, 팽창시켜 제조한 백색의 다공질 암석이다.

정답 | 54 ① 55 ① 56 ③ 57 ③ 58 ④ 59 ② 60 ④ 61 ④

62 중용열 포틀랜드 시멘트에 관한 설명으로 옳지 않은 것은?

① 수화열이 작고 수화속도가 비교적 느리다.
② C_3A가 많으므로 내황산염성이 작다.
③ 건조수축이 작다.
④ 건축용 매스콘크리트에 사용된다.

[해설] 중용열 포틀랜드 시멘트는 수화반응이 늦으므로 수화열이 적고, 건조수축 균열이 적으며 내황산염성이 크다.

63 골재의 함수상태 사이의 관계를 옳게 나타낸 것은?

① 유효흡수량=표건상태-기건상태
② 흡수량=습윤상태-표건상태
③ 전함수량=습윤상태-기건상태
④ 표면수량=기건상태-절건상태

[해설] 유효흡수량은 기건상태에서 표건상태가 될 때까지 골재가 흡수한 수량이다.

64 바닥 바름재료 백시멘트와 안료를 사용하며 종석으로 화강암, 대리석 등을 사용하고 갈기로 마감을 하는 것은?

① 리신 바름
② 인조석 바름
③ 라프코트
④ 테라조 바름

[해설] **테라조(Terrazzo)**
대리석, 화강암 등을 종석으로 하여 시멘트와 혼합하여 시공하고 경화 후 가공 연마하여 미려한 광택을 갖도록 마감한 것이다.

65 다음 중 흡음재료로 보기 어려운 것은?

① 연질우레아폼
② 석고보드
③ 테라조
④ 연질섬유판

[해설] 테라조는 마감재료이다.

66 콘크리트용 골재의 입도에 관한 설명으로 옳지 않은 것은?

① 입도란 골재의 작고 큰 입자의 혼합된 정도를 말한다.
② 입도가 적당하지 않은 골재를 사용할 경우에는 콘크리트의 재료분리가 발생하기 쉽다.
③ 골재의 입도를 표시하는 방법으로 조립률이 있다.
④ 골재의 입도는 블레인 시험으로 구한다.

[해설] 블레인 시험은 분말도를 측정하는 시험이다.

67 블로운 아스팔트를 용제에 녹인 것으로 액상이며, 아스팔트 방수의 바탕 처리재로 이용되는 것은?

① 아스팔트 펠트
② 콜타르
③ 아스팔트 프라이머
④ 피치

[해설] **아스팔트 프라이머(Asphalt Primer)**
블로운 아스팔트를 휘발성 용제에 녹인 흑갈색의 액체로 바탕재에 도포하여 아스팔트 등의 접착력을 증대시키는 액상재료이다.

68 단열재에 관한 설명으로 옳지 않은 것은?

① 열전도율이 낮은 것일수록 단열효과가 좋다.
② 열관류율이 높은 재료는 단열성이 낮다.
③ 같은 두께인 경우 경량재료인 편이 단열효과가 나쁘다.
④ 단열재는 보통 다공질의 재료가 많다.

[해설] 경량재료는 자중이 적고, 단열효과가 우수하다.

69 점토소성제품의 흡수성이 큰 것부터 순서대로 옳게 나열한 것은?

① 토기>도기>석기>자기
② 토기>도기>자기>석기
③ 도기>토기>석기>자기
④ 도기>토기>자기>석기

[해설] **점토소성제품의 특징**

종류	원료	소성온도(℃)	소지 흡수율(%)	소지 색	소지 강도	시유여부	제품
토기	일반점토	790~1,000	20 이상	유색	약함	무유 혹은 식염유	벽돌, 기와, 토관
도기	도토	1,100~1,230	10	백색 유색	견고	시유	기와, 토관, 타일, 테라코타
석기	양질점토	1,160~1,350	3~10	유색	치밀, 견고	무유 혹은 식염유	벽돌, 타일, 테라코타
자기	양질점토	1,230~1,460	0~1	백색	치밀, 견고	시유	타일, 위생도기

정답 | 62 ② 63 ① 64 ④ 65 ③ 66 ④ 67 ③ 68 ③ 69 ①

70 화강암이 열을 받았을 때 파괴되는 가장 주된 원인은?

① 화학성분의 열분해
② 조직의 용융
③ 조암광물의 종류에 따른 열팽창계수의 차이
④ 온도상승에 따른 압축강도 저하

[해설] 화강암의 열에 의한 파괴는 조암광물의 종류에 따른 열팽창계수의 차이가 주된 원인이 된다.

71 목재의 함수율에 관한 설명으로 옳지 않은 것은?

① 함수율이 30% 이상에서는 함수율의 증감에 따라 강도의 변화가 심하다.
② 기건재의 함수율은 15% 정도이다.
③ 목재의 진비중은 일반적으로 1.54 정도이다.
④ 목재의 함수율 30% 정도를 섬유포화점이라 한다.

[해설] 목재의 섬유포화점은 함수율이 30%이고, 섬유포화점 이하로 건조된 목재에서는 함수율이 낮을수록 강도가 크며 섬유포화점 이상에서는 강도의 변화가 없다.

72 콘크리트에 사용하는 혼화제 중 AE제의 특징으로 옳지 않은 것은?

① 워커빌리티를 개선시킨다.
② 블리딩을 감소시킨다.
③ 마모에 대한 저항성을 증대시킨다.
④ 압축강도를 증가시킨다.

[해설] AE제를 혼합하면 공기량 증가로 콘크리트의 시공연도, 워커빌리티가 향상되며, 물시멘트비(W/C)가 감소되고 콘크리트 내구성 향상 및 동결에 대한 저항성이 증대된다.

73 불림하거나 담금질한 강을 다시 200~600°C로 가열한 후에 공기 중에서 냉각하는 처리를 말하며, 내부응력을 제거하며 연성과 인성을 크게 하기 위해 실시하는 것은?

① 뜨임질   ② 압출
③ 중합   ④ 단조

[해설] **강의 열처리**

구분	열처리 방법	특징
불림(소준) Normalizing	강을 800~1,000°C로 가열한 후 공기 중에 천천히 냉각	• 강철의 결정 입자가 미세화 • 변형이 제거됨 • 조직이 균일화
풀림(소둔) Annealing	강을 800~1,000°C로 가열한 후 노 속에서 천천히 냉각	• 강철의 결정이 미세화 • 결정이 연화됨
담금질(소입) Quenching	강을 800~1,000°C로 가열한 후 물 또는 기름 속에서 급랭	• 강도와 경도가 증가됨 • 탄소함유량이 클수록 담금질 효과가 큼
뜨임(소려) Tempering	담금질한 후 다시 200~600°C로 가열한 다음 공기 중에서 천천히 냉각	• 강의 변형이 없어짐 • 강에 인성을 부여하여 강인한 강이 됨

74 탄소함유량이 많은 것부터 순서대로 옳게 나열한 것은?

① 연철>탄소강>주철   ② 연철>주철>탄소강
③ 탄소강>주철>연철   ④ 주철>탄소강>연철

[해설] 탄소함유량은 주철>탄소강>연철 순이다.

75 그물유리라고도 하며 주로 방화 및 방재용으로 사용하는 유리는?

① 강화유리   ② 망입유리
③ 복층유리   ④ 열선반사유리

[해설] **망입유리**
유리액을 롤러로 제판하고 그 내부에 금속망을 삽입하여 압착 성형한 것으로, 깨져도 균열만 생기는 안전유리이다.

76 금속면의 보호와 부식방지를 목적으로 사용하는 방청도료와 가장 거리가 먼 것은?

① 광명단조합페인트   ② 알루미늄 도료
③ 에칭프라이머   ④ 캐슈수지 도료

[해설] 캐슈수지 도료는 열성·내유성·내약품성이며 전기절연도도 우수하다.

77 기본 점성이 크며 내수성, 내약품성, 전기 절연성이 우수하고 금속, 플라스틱, 도자기, 유리, 콘크리트 등의 접합에 사용되는 만능형 접착제는?

① 아크릴수지 접착제　② 페놀수지 접착제
③ 에폭시수지 접착제　④ 멜라민수지

해설) 에폭시 수지(Epoxy Resin)
경화 시 휘발물의 발생이 없고 금속·유리 등과의 접착성이 우수하다. 내약품성, 내열성이 뛰어나고 산·알칼리에 강하다.

78 열선흡수유리의 특징에 관한 설명으로 옳지 않은 것은?

① 여름철 냉방부하를 감소시킨다.
② 자외선에 의한 상품 등의 변색을 방지한다.
③ 유리의 온도 상승이 매우 적어 실내의 기온에 별로 영향을 받지 않는다.
④ 채광을 요구하는 진열장에 이용된다.

해설) 열선흡수유리는 흡열에 의해서 적외선의 투과를 적게 한 유리이며 흡열에 의한 재복사는 보통 유리보다 커진다.

79 내화벽돌은 최소 얼마 이상의 내화도를 가진 것을 의미하는가?

① SK 26　② SK 28
③ SK 30　④ SK 32

해설) 내화벽돌은 소성온도 측정법인 제게르 콘(Seger, Keger Cone, S.K) 26 이상의 내화도(1,500~2,000℃)를 가진 것이다.

80 합판에 관한 설명으로 옳은 것은?

① 곡면 가공이 어렵다.
② 함수율의 변화에 따른 신축변형이 적다.
③ 2매 이상의 박판을 짝수배로 겹쳐 만든 것이다.
④ 합판 제조 시 목재의 손실이 많다.

해설) 합판은 함수율의 변화에 따른 신축변형이 크다.

5과목
건설안전기술

81 근로자가 추락하거나 넘어질 위험이 있는 장소에서 추락방호망의 설치 기준으로 옳지 않은 것은?

① 망의 처짐은 짧은 변 길이의 10% 이상이 되도록 할 것
② 추락방호망은 수평으로 설치할 것
③ 건축물 등의 바깥쪽으로 설치하는 경우 추락방호망의 내민 길이는 벽면으로부터 3m 이상 되도록 할 것
④ 추락방호망의 설치위치는 가능하면 작업면으로부터 가까운 지점에 설치하여야 하며, 작업면으로부터 망의 설치지점까지의 수직거리는 10m를 초과하지 아니할 것

해설) 추락방호망은 수평으로 설치하고, 망의 처짐은 짧은 변 길이의 12% 이상이 되도록 해야 한다.

82 산업안전보건관리비에 관한 설명으로 옳지 않은 것은?

① 발주자는 수급인이 산업안전보건관리비를 다른 목적으로 사용한 금액에 대해서는 계약금액에서 감액 조정할 수 있다.
② 발주자는 수급인이 산업안전보건관리비를 사용하지 아니한 금액에 대하여는 반환을 요구할 수 있다.
③ 자기공사자는 원가계산에 의한 예정가격 작성 시 산업안전보건관리비를 계상한다.
④ 발주자는 설계변경 등으로 대상액의 변동이 있는 경우 공사완료 후 정산하여야 한다.

해설) 발주자 또는 자기공사자는 설계변경 등으로 대상액의 변동이 있는 경우에 지체 없이 산업안전보건관리비를 조정 계상해야 한다.

83 굴착면 붕괴의 원인과 가장 거리가 먼 것은?

① 사면경사의 증가
② 성토 높이의 감소
③ 공사에 의한 진동하중의 증가
④ 굴착높이의 증가

해설) 성토 높이가 낮을수록 붕괴 위험이 적어진다.

84 다음 중 유해·위험방지계획서 작성 및 제출대상에 해당되는 공사는?

① 지상높이가 20m인 건축물의 해체공사
② 깊이 9.5m인 굴착공사
③ 최대지간거리가 50m인 교량건설공사
④ 저수용량 1천만 톤인 용수전용 댐

해설 최대지간길이가 50m 이상인 교량건설 등 공사는 제출대상이다.

85 철근콘크리트 슬래브에 발생하는 응력에 대한 설명으로 옳지 않은 것은?

① 전단력은 일반적으로 단부보다 중앙부에서 크게 작용한다.
② 중앙부 하부에는 인장응력이 발생한다.
③ 단부 하부에는 압축응력이 발생한다.
④ 휨응력은 일반적으로 슬래브의 중앙부에서 크게 작용한다.

해설 전단력은 단부에서 크게 작용한다.

86 연약지반을 굴착할 때, 흙막이벽 뒤쪽 흙의 중량이 바닥의 지지력보다 커지면, 굴착저면에서 흙이 부풀어 오르는 현상은?

① 슬라이딩(Sliding)
② 보일링(Boiling)
③ 파이핑(Piping)
④ 히빙(Heaving)

해설 히빙(Heaving)
흙막이 배면에 있는 흙이 안으로 밀려들어 굴착저면이 솟아오르는 현상이다.

87 철근콘크리트 공사 시 활용되는 거푸집의 필요조건이 아닌 것은?

① 콘크리트의 하중에 대해 뒤틀림이 없는 강도를 갖출 것
② 콘크리트 내 수분 등에 대한 물빠짐이 원활한 구조를 갖출 것
③ 최소한의 재료를 여러 번 사용할 수 있는 전용성을 가질 것
④ 거푸집은 조립·해체·운반이 용이하도록 할 것

해설 철근콘크리트 공사 시 거푸집은 수밀성을 갖추어야 한다.

88 말비계를 조립하여 사용하는 경우에 준수해야 하는 사항으로 옳지 않은 것은?

① 지주부재의 하단에는 미끄럼 방지장치를 한다.
② 근로자는 양측 끝부분에 올라서 작업하도록 한다.
③ 지주부재와 수평면의 기울기를 75° 이하로 한다.
④ 말비계의 높이가 2m를 초과하는 경우에는 작업발판의 폭을 40cm 이상으로 한다.

해설 근로자가 말비계의 양끝에서 작업하지 않도록 해야 한다.

89 슬레이트, 선라이트 등 강도가 약한 재료로 덮은 지붕 위에서 작업을 할 때 발이 빠지는 등 근로자의 위험을 방지하기 위하여 필요한 발판의 폭 기준은?

① 10cm 이상
② 20cm 이상
③ 25cm 이상
④ 30cm 이상

해설 슬레이트, 선라이트 등 강도가 약한 재료로 덮은 지붕 위에서 작업을 함에 있어서 발이 빠지는 등 근로자에게 위험을 미칠 우려가 있는 경우에는 폭 30cm 이상의 발판을 설치한다.

90 추락방호용 방망 그물코의 모양 및 크기의 기준으로 옳은 것은?

① 원형 또는 사각으로서 그 크기는 5cm 이하이어야 한다.
② 원형 또는 사각으로서 그 크기는 10cm 이하이어야 한다.
③ 사각 또는 마름모로서 그 크기는 5cm 이하이어야 한다.
④ 사각 또는 마름모로서 그 크기는 10cm 이하이어야 한다.

해설 추락방호망의 방망의 그물코는 사각 또는 마름모로서 그 크기는 10cm 이하이어야 한다.

91 콘크리트를 타설할 때 안전상 유의하여야 할 사항으로 옳지 않은 것은?

① 콘크리트를 치는 도중에는 거푸집, 지보공 등의 이상 유무를 확인한다.
② 진동기 사용 시 지나친 진동은 거푸집 도괴의 원인이 될 수 있으므로 적절히 사용해야 한다.
③ 최상부의 슬래브는 되도록 이어붓기를 하고 여러 번에 나누어 콘크리트를 타설한다.
④ 타워에 연결되어 있는 슈트의 접속이 확실한지 확인한다.

정답 | 84 ③ 85 ① 86 ④ 87 ② 88 ② 89 ④ 90 ④ 91 ③

해설 최상부의 슬래브는 이어붓기를 되도록 피하고 일시에 전체를 타설해야 한다.

92 무한궤도식 장비와 타이어식(차륜식) 장비의 차이점에 관한 설명으로 옳은 것은?

① 무한궤도식은 기동성이 좋다.
② 타이어식은 승차감과 주행성이 좋다.
③ 무한궤도식은 경사지반에서의 작업에 부적당하다.
④ 타이어식은 땅을 다지는 데 효과적이다.

해설 타이어식은 승차감과 주행성이 좋아 이동식 작업에도 적당하다.

93 사다리식 통로 등을 설치하는 경우 발판과 벽과의 사이는 최소 얼마 이상의 간격을 유지하여야 하는가?

① 10cm 이상   ② 15cm 이상
③ 20cm 이상   ④ 25cm 이상

해설 발판과 벽과의 사이는 15cm 이상의 간격을 유지해야 한다.

94 정기안전점검 결과 건설공사의 물리적·기능적 결함 등이 발견되어 보수·보강 등의 조치를 하기 위하여 필요한 경우에 실시하는 것은?

① 자체안전점검   ② 정밀안전점검
③ 상시안전점검   ④ 품질관리점검

해설 정밀안전점검은 정기안전점검 결과 결함을 발견하여 보수, 보강 등의 조치가 필요한 경우 실시한다.

95 차량계 하역운반기계에 화물을 적재할 때의 준수사항과 거리가 먼 것은?

① 하중이 한쪽으로 치우지지 않도록 적재할 것
② 구내운반차 또는 화물자동차의 경우 화물의 붕괴 또는 낙하에 의한 위험을 방지하기 위하여 화물에 로프를 거는 등 필요한 조치를 할 것
③ 운전자의 시야를 가리지 않도록 화물을 적재할 것
④ 제동장치 및 조종장치 기능의 이상 유무를 점검할 것

해설 제동장치 및 조종장치 기능의 이상 유무 점검은 작업시작 전 점검사항이다.

96 시스템 비계를 사용하여 비계를 구성하는 경우에 준수하여야 할 사항으로 옳지 않은 것은?

① 수직재와 수직재의 연결철물은 이탈되지 않도록 견고한 구조로 할 것
② 수직재·수평재·가새재를 견고하게 연결하는 구조가 되도록 할 것
③ 수직재와 받침철물의 연결부 겹침길이는 받침철물 전체길이의 4분의 1 이상이 되도록 할 것
④ 수평재는 수직재와 직각으로 설치하여야 하며, 체결 후 흔들림이 없도록 견고하게 설치할 것

해설 수직재와 받침철물의 연결부의 겹침길이는 받침철물 전체길이의 1/3 이상이 되도록 하여야 한다.

97 공사현장에서 낙하물방지망 또는 방호선반을 설치할 때 설치높이 및 벽면으로부터 내민길이 기준으로 옳은 것은?

① 설치높이 : 10m 이내마다 내민길이 : 2m 이상
② 설치높이 : 15m 이내마다 내민길이 : 2m 이상
③ 설치높이 : 10m 이내마다 내민길이 : 3m 이상
④ 설치높이 : 15m 이내마다 내민길이 : 3m 이상

해설 낙하물방지망의 설치간격은 높이 10m 이내이고, 내민 길이는 벽면으로부터 2m 이상으로 하여야 한다.

98 가설구조물이 갖추어야 할 구비요건과 가장 거리가 먼 것은?

① 영구성   ② 경제성
③ 작업성   ④ 안전성

해설 가설구조물이 갖추어야 할 3요소는 안전성, 경제성, 작업성이다.

정답 | 92 ② 93 ② 94 ② 95 ④ 96 ③ 97 ① 98 ①

99 가설통로를 설치하는 경우 준수하여야 할 기준으로 옳지 않은 것은?

① 견고한 구조로 할 것
② 경사는 30° 이하로 할 것
③ 경사가 30°를 초과하는 경우에는 미끄러지지 아니하는 구조로 할 것
④ 수직갱에 가설된 통로의 길이가 15m 이상인 경우에는 10m 이내마다 계단참을 설치할 것

[해설] 경사가 15°를 초과하는 경우에는 미끄러지지 아니하는 구조로 해야 한다.

100 산업안전보건기준에 관한 규칙에 따른 토사굴착 시 굴착면의 기울기 기준으로 옳지 않은 것은?

① 모래 1 : 1.8
② 연암 및 풍화암 1 : 1.0
③ 경암 1 : 0.5
④ 그 밖의 흙 1 : 1.0

[해설] 굴착면의 기울기 기준

지반의 종류	굴착면의 기울기
모래	1 : 1.8
연암 및 풍화암	1 : 1.0
경암	1 : 0.5
그 밖의 흙	1 : 1.2

정답 | 99 ③ 100 ④

1과목
산업안전관리론

01 팀워크에 기초하여 위험요인을 작업시작 전에 발견, 파악하고 그에 따른 대책을 강구하는 위험예지훈련에 해당하지 않는 것은?

① 감수성 훈련
② 집중력 훈련
③ 즉흥적 훈련
④ 문제해결 훈련

[해설] **위험예지훈련의 종류**
- 감수성 훈련
- 단시간 미팅훈련
- 문제해결 훈련
- 집중력 훈련

02 산업재해의 분류방법에 해당하지 않는 것은?

① 통계적 분류
② 상해 종류에 의한 분류
③ 관리적 분류
④ 재해 형태별 분류

[해설] **재해통계 분류방법**
- 재해 형태별 분류
- 통계적 분류
- 상해의 종류별 분류

03 안전교육의 순서가 옳게 나열된 것은?

① 준비 → 제시 → 적용 → 확인
② 준비 → 확인 → 제시 → 적용
③ 제시 → 준비 → 확인 → 적용
④ 제시 → 준비 → 적용 → 확인

[해설] **교육법의 4단계**
- 1단계 – 도입(준비)
- 2단계 – 제시(설명)
- 3단계 – 적용(응용)
- 4단계 – 확인(총괄)

04 무재해운동의 근본이념으로 가장 적절한 것은?

① 인간존중의 이념
② 이윤추구의 이념
③ 고용증진의 이념
④ 복리증진의 이념

[해설] 무재해운동의 근본이념은 인간존중을 통해 재해를 예방하는 것이다.

05 산업안전보건법령상 산업재해의 정의로 옳은 것은?

① 고의성 없는 행동이나 조건이 선행되어 인명의 손실을 가져올 수 있는 사건
② 안전사고의 결과로 일어난 인명피해 및 재산손실
③ 근로자가 업무에 관계되는 설비 등에 의하여 사망 또는 부상하거나 질병에 걸리는 것
④ 통제를 벗어난 에너지의 광란으로 인하여 입은 인명과 재산의 피해 현상

[해설] **산업재해**
근로자가 업무에 관계되는 건설물·설비·원재료·가스·증기·분진 등에 의하거나 작업 또는 그 밖의 업무로 인하여 사망 또는 부상하거나 질병에 걸리는 것을 말한다.

06 다음 중 적성배치 시 작업자의 특성과 가장 관계가 적은 것은?

① 연령
② 작업조건
③ 태도
④ 업무경력

[해설] 작업조건은 작업자의 특성과 관계가 적다.

정답 | 01 ③ 02 ③ 03 ① 04 ① 05 ③ 06 ②

07 파블로프(Pavlov)의 조건반사설에 의한 학습이론의 원리에 해당되지 않는 것은?

① 일관성의 원리 ② 시간의 원리
③ 강도의 원리 ④ 준비성의 원리

해설 **파블로프(Pavlov)의 조건반사설**
- 계속성의 원리(The Continuity Principle)
- 일관성의 원리(The Consistency Principle)
- 강도의 원리(The Intensity Principle)
- 시간의 원리(The Time Principle)

08 교육훈련의 평가방법에 해당하지 않는 것은?

① 관찰법 ② 모의법
③ 면접법 ④ 테스트법

해설 **교육훈련의 평가방법**
- 관찰
- 자료분석
- 설문
- 실험평가
- 면접
- 과제
- 감상문
- 시험(테스트)

09 산업안전보건법령상 안전모의 성능시험 항목 6가지 중 내관통성시험, 충격흡수성시험, 내전압성시험, 내수성시험 외의 나머지 2가지 성능시험 항목으로 옳은 것은?

① 난연성시험, 턱끈풀림시험
② 내한성시험, 내압박성시험
③ 내답발성시험, 내식성시험
④ 내산성시험, 난연성시험

해설 **안전모 성능시험 방법**

항목	시험성능기준
난연성	모체가 불꽃을 내며 5초 이상 연소되지 않아야 한다.
턱끈풀림	150N 이상 250N 이하에서 턱끈이 풀려야 한다.

10 직장에서의 부적응 유형 중 자기 주장이 강하고 대인관계가 빈약하며, 사소한 일에 있어서도 타인이 자신을 제외했다고 여겨 악의를 나타내는 특징을 가진 유형은?

① 망상인격 ② 분열인격
③ 무력인격 ④ 강박인격

해설 **망상**
병적으로 생긴 잘못된 판단이나 확신을 나타내는 질환을 말하는 것으로, 감정으로 뒷받침될만한 움직일 수 없는 주관적 확신을 가지고 고집한다.

11 개인과 상황변수에 대한 리더십의 특징으로 옳은 것은? (단, 비교대상은 헤드십(Headship)으로 한다.)

① 권한행사 : 선출된 리더
② 권한근거 : 개인능력
③ 지휘형태 : 권위주의적
④ 권한귀속 : 집단목표에 기여한 공로인정

해설 리더십은 집단 구성원에 의해 내부적으로 선출됨에 따라 개인능력에 따라 선출여부가 결정되고 그를 근거로 하여 권한을 행사한다.

12 상해의 종류별 분류에 해당하지 않는 것은?

① 골절 ② 중독
③ 동상 ④ 감전

해설 감전은 재해 발생 형태에 해당한다.

13 기억과정 중 다음의 내용이 설명하는 것은?

> 과거에 경험하였던 것과 비슷한 상태에 부딪혔을 때 과거의 경험이 떠오르는 것

① 재생 ② 기명
③ 파지 ④ 재인

해설 **재인**
과거에 경험했던 것과 비슷한 상태에 부딪혔을 때 과거의 경험이 떠오르는 것을 말한다.

14 알더퍼(Alderfer)의 ERG 이론에 해당하지 않는 것은?

① 생존 욕구 ② 관계 욕구
③ 안전 욕구 ④ 성장 욕구

해설 **알더퍼(Alderfer)의 ERG 이론**
- E(Existence) : 존재(생존)의 욕구
- R(Relation) : 관계 욕구
- G(Growth) : 성장 욕구

정답 | 07 ④ 08 ② 09 ① 10 ① 11 ② 12 ④ 13 ④ 14 ③

15 자체검사의 종류 중 검사대상에 의한 분류에 포함되지 않는 것은?

① 형식검사 ② 규격검사
③ 기능검사 ④ 육안검사

해설 육안검사는 검사 방법에 의해 분류된다.(자체검사는 산업안전보건법 개정으로 인해 현행법에서는 삭제됨)

16 1,000명 이상의 대규모 기업의 효율적이며 안전스태프가 안전에 관한 업무를 수행하고, 라인의 관리감독자에게도 안전에 관한 책임과 권한이 부여되는 조직의 형태는?

① 라인 방식 ② 스태프 방식
③ 라인-스태프 방식 ④ 인간-기계방식

해설 **라인-스태프(Line-Staff)형 조직(직계참모조직)**
대규모 사업장에 적합한 조직으로서 안전업무를 전담하는 스태프를 두고 생산라인의 각 계층에서도 각 부서장으로 하여금 안전업무를 수행하도록 하여 스태프 선에서 안전에 관한 사항이 결정되면 라인을 통하여 실천하도록 편성된 조직형태이다.

17 안전·보건교육계획수립에 반드시 포함하여야 할 사항이 아닌 것은?

① 교육 지도안 ② 교육의 목표 및 목적
③ 교육장소 및 방법 ④ 교육의 종류 및 대상

해설 **안전교육의 내용(안전교육계획 수립 시 포함되어야 할 사항)(일부)**
• 교육대상(가장 먼저 고려)
• 교육의 종류
• 교육장소
• 교육방법
• 교육목표 및 목적

18 근로자가 360명인 사업장에서 1년 동안 사고로 인한 근로손실일수가 210일이었다. 강도율은 약 얼마인가? (단, 근로자 1일 8시간씩 연간 300일을 근무하였다.)

① 0.20 ② 0.22
③ 0.24 ④ 0.26

해설 강도율 $= \dfrac{\text{근로손실일수}}{\text{연근로시간수}} \times 1{,}000$

$= \dfrac{210}{360 \times 8 \times 300} \times 1{,}000$

$= 0.24$

19 산업안전보건법령상 근로자 안전보건교육 대상과 교육기간으로 옳은 것은?

① 정기교육인 경우 : 관리감독자 지위에 있는 사람 - 연간 10시간 이상
② 정기교육인 경우 : 사무직 종사근로자 - 매 반기 6시간 이상
③ 채용 시 교육인 경우 : 일용근로자 - 4시간 이상
④ 작업내용 변경 시 교육인 경우 : 일용근로자 - 2시간 이상

해설 **근로자 안전보건교육**

교육과정	교육대상	교육시간
가. 정기교육	사무직 종사 근로자	매 반기 6시간 이상
	관리감독자	연간 16시간 이상
나. 채용 시의 교육	일용근로자 및 근로계약기간이 1주일 이하인 기간제근로자	1시간 이상
다. 작업내용 변경 시의 교육	일용근로자 및 근로계약기간이 1주일 이하인 기간제근로자	1시간 이상

20 산업안전보건법령상 안전 보건표지의 종류에 관한 설명으로 옳은 것은?

① '위험장소'는 경고표지로서 바탕은 노란색, 기본모형은 검은색, 그림은 흰색으로 한다.
② '출입금지'는 금지표지로서 바탕은 흰색, 기본모형은 빨간색, 그림은 검은색으로 한다.
③ '녹십자표지'는 안내표지로서 바탕은 흰색, 기본모형과 관련 부호는 녹색, 그림은 검은색으로 한다.
④ '안전모착용'은 경고표지로서 바탕은 파란색, 관련 그림은 검은색으로 한다.

해설 **안전보건표지의 종류 및 색채**
• 금지표지 : 위험한 행동을 금지하는 데 사용되며 8개 종류가 있다.(바탕은 흰색, 기본모형은 빨간색, 관련 부호 및 그림은 검은색)

정답 | 15 ④ 16 ③ 17 ① 18 ③ 19 ② 20 ②

2과목
인간공학 및 시스템공학

21 다음의 데이터를 이용하여 MTBF를 구하면 약 얼마인가?

가동시간	정지시간
$t_1 = 2.7$시간	$t_a = 0.1$시간
$t_2 = 1.8$시간	$t_b = 0.2$시간
$t_3 = 1.5$시간	$t_c = 0.3$시간
$t_4 = 2.3$시간	$t_e = 0.3$시간
부하시간 = 8시간	

① 1.8시간/회 ② 2.1시간/회
③ 2.8시간/회 ④ 3.1시간/회

[해설] **평균고장간격(MTBF ; Mean Time Between Failure)**
시스템, 부품 등 고장 간의 동작시간 평균치

$$MTBF = \frac{1}{\lambda} = \frac{\text{총가동시간}}{\text{고장건수}}$$
$$= \frac{2.7 + 1.8 + 1.5 + 2.3}{4}$$
$$= 2.075 ≒ 2.1(\text{시간/회})$$

22 입식작업을 위한 작업대의 높이를 결정하는 데 있어 고려하여야 할 사항과 가장 관계가 적은 것은?

① 작업의 빈도 ② 작업자의 신장
③ 작업물의 크기 ④ 작업물의 무게

[해설] 입식작업대의 높이는 작업자의 신장(팔꿈치 높이) 및 작업물의 크기, 작업물의 무게, 작업의 형태(정밀, 중량물 취급 등) 등에 따라 결정해야 하며, 작업의 빈도는 작업대 높이결정 시 고려요소 중 가장 거리가 멀다.

23 FTA(Fault Tree Analysis)에 의한 재해사례연구 순서 중 3단계에 해당하는 것은?

① FT도의 작성 ② 개선계획의 작성
③ 톱 사상의 선정 ④ 사상의 재해 원인의 규명

[해설] **FTA에 의한 재해사례연구 순서(D.R. Cheriton)**
1. Top 사상의 선정
2. 사상마다의 재해원인 규명
3. FT도의 작성
4. 개선 계획의 작성

24 실내의 빛을 효과적으로 배분하고 이용하기 위하여 실내면의 반사율을 결정해야 한다. 다음 중 반사율이 가장 높아야 하는 곳은?

① 벽 ② 바닥
③ 가구 및 책상 ④ 천장

[해설] **옥내 추천 반사율**
- 천장 : 80~90%
- 벽 : 40~60%
- 가구 : 25~45%
- 바닥 : 20~40%

25 급작스러운 큰 소음으로 인하여 생기는 생리적 변화가 아닌 것은?

① 혈압상승 ② 근육이완
③ 동공팽창 ④ 심장박동수 증가

[해설] 급작스러운 소음으로 인해 교감신경 활성화(흥분상태)로 혈압상승, 동공팽창, 심장박동수 증가 등의 신체변화가 발생할 수 있다.

26 인간-기계시스템 설계의 주요 단계를 6단계로 구분하였을 때 3단계인 기본설계에 해당하지 않는 것은?

① 직무분석
② 기능의 할당
③ 보조물의 설계 결정
④ 인간 성능 요건 명세 결정

[해설] **체계 설계 과정의 주요 단계 중 3단계(기본 설계)**
인간·하드웨어·소프트웨어의 기능 할당, 인간성능 요건 명세, 직무분석, 작업설계 등을 한다.

27 산업안전의 목적을 ERDA(미국 에너지연구개발청)에서 개발된 시스템안전 프로그램으로 관리, 설계, 생산, 보전 등의 넓은 범위의 안전성을 검토하기 위한 기법은?

① FTA ② MORT
③ FHA ④ FMEA

[해설] **MORT(Management Oversight and Risk Tree)**
FTA와 같은 논리기법을 이용하여 관리, 설계, 생산, 보전 등에 대해서 광범위하게 안전성을 확보하기 위한 기법

정답 | 21 ② 22 ① 23 ① 24 ④ 25 ② 26 ③ 27 ②

28 인간과 기계의 능력에 대한 실용성 한계에 관한 설명으로 틀린 것은?

① 기능의 수행이 유일한 기준은 아니다.
② 상대적인 비교는 항상 변하기 마련이다.
③ 일반적인 인간과 기계의 비교가 항상 적용된다
④ 최선의 성능을 마련하는 것이 항상 중요한 것은 아니다.

해설 | 인간과 기계의 능력 및 한계는 서로 상충되므로 비교대상이 될 수 없다.

29 다음의 위험관리 단계를 순서대로 나열한 것으로 맞는 것은?

| ㉠ 위험의 분석 | ㉡ 위험의 파악 |
| ㉢ 위험의 처리 | ㉣ 위험의 평가 |

① ㉠ → ㉡ → ㉣ → ㉢
② ㉡ → ㉠ → ㉣ → ㉢
③ ㉠ → ㉢ → ㉡ → ㉣
④ ㉡ → ㉢ → ㉠ → ㉣

해설 | 위험관리 단계
1. 위험의 파악 → 2. 위험의 분석 → 3. 위험의 평가 → 4. 위험의 처리

30 작업자가 평균 1,000시간 작업을 수행하면서 4회의 실수를 한다면, 이 사람이 10시간 근무했을 경우의 신뢰도는 약 얼마인가?

① 0.018   ② 0.04
③ 0.67   ④ 0.96

해설 | 10시간 근무 시 실수할 확률은
$$\frac{4 \times 10}{1,000} = 0.04$$
신뢰도(R) = 1 − 0.04 = 0.96

31 이동전화의 설계에서 사용성 개선을 위해 사용자의 인지적 특성이 가장 많이 고려되어야 하는 사용자 인터페이스 요소는?

① 버튼의 크기   ② 전화기의 색깔
③ 버튼의 간격   ④ 한글 입력 방식

해설 | 이동전화 설계 시 가장 많이 고려되어야 할 사용자 인터페이스 요소는 이동전화를 통한 문자메시지 입력, 연락처 저장 등 기본기능에 필요한 한글 입력 방식이다.

32 시스템 안전(System Safety)에 관한 설명으로 맞는 것은?

① 과학적, 공학적 원리를 적용하여 시스템의 생산성 극대화
② 사고나 질병으로부터 자기 자신 또는 타인을 안전하게 호신하는 것
③ 시스템 구성 요인의 효율적 활용으로 시스템 전체의 효율성 증가
④ 정해진 제약 조건하에서 시스템이 받는 상해나 손상을 최소화하는 것

해설 | **시스템 안전관리업무를 수행하기 위한 내용**
- 다른 시스템 프로그램 영역과의 조정
- 시스템 안전에 필요한 사항의 동일성의 식별
- 시스템 안전에 대한 목표를 유효하게 적시에 실현하기 위한 프로그램의 해석 검토
- 안전활동의 계획, 조직 및 관리시스템 안전은 어떤 시스템에 있어서 기능, 시간, 코스트 등의 제약조건하에서 인원이나 설비가 입는 손해를 가장 적게 하는 것이다.

33 FTA에서 사용되는 논리기호 중 기본사상은?

① (사각형)   ② (원)
③ (마름모)   ④ (오각형)

해설 | **논리기호 및 사상기호**

기호	명칭	설명
○	기본사상 (사상기호)	더 이상 전개되지 않는 기본사상

34 시각적 표시장치와 비교하여 청각적 표시장치를 사용하기 적당한 경우는?

① 메시지가 짧다.
② 메시지가 복잡하다.
③ 한 자리에서 일을 한다.
④ 메시지가 공간적 위치를 다룬다.

해설 | ②, ③, ④은 시각적 표시장치 사용이 유리하다.

정답 | 28 ③ 29 ② 30 ④ 31 ④ 32 ④ 33 ② 34 ①

35 안전색채와 표시사항이 맞게 연결된 것은?

① 녹색 – 안내표시 ② 황색 – 금지표시
③ 적색 – 경고표시 ④ 회색 – 지시표시

해설) **안전색채와 표시사항**
- 안내표지 : 녹색
- 지시표지 : 청색
- 경고표지 : 황색
- 금지표지 : 적색

36 근골격계 질환을 예방하기 위한 관리적 대책으로 맞는 것은?

① 작업공간 배치 ② 작업재료 변경
③ 작업순환 배치 ④ 작업공구 설계

해설) 작업 설계 시 작업순환(Job Rotation)을 고려하여 작업 형태의 변화를 주면 장기간 반복작업에서 발생되는 근골격계 질환을 예방할 수 있다.

37 다음과 같은 시험 결과는 어느 실험에 의한 것인가?

> 조명강도를 높인 결과 작업자들의 생산성이 향상되었고, 그 후 다시 조명강도를 낮추어도 생산성의 변화는 거의 없었다. 이는 작업자들이 받게 된 주의 및 관심에 대한 반응에 기인한 것으로, 이것은 인간관계가 작업 및 작업 공간 설계에 큰 영향을 미친다는 것을 암시한다.

① Birds 실험 ② Compes 실험
③ Hawthorne 실험 ④ Heinrich 실험

해설) **호손(Hawthorne)의 실험**
- 미국 호손공장에서 실시된 실험으로 사원들의 태도, 감독자, 비공식 집단 등 인간관계와 관련된 요소들이 생산성에 미치는 영향을 미친다는 것을 확인한 실험
- 물리적인 조건(조명, 휴식시간, 근로시간 단축, 임금 등)이 생산성에 영향을 주는 것이 아니라 인간관계가 절대적인 요소로 작용함을 강조

38 작업종료 후에도 체내에 쌓인 젖산을 제거하기 위하여 추가로 요구되는 산소량을 무엇이라고 하는가?

① ATP ② 에너지대사율
③ 산소부채 ④ 산소최대섭취능

해설) **산소부채**
작업이나 운동이 격렬해져서 근육에 생성되는 젖산의 제거속도가 생성속도에 미치지 못하면, 활동이 끝난 후에도 남아 있는 젖산을 제거하기 위하여 산소가 더 필요하게 되는 것

39 다음의 FT도에서 최소 컷셋으로 맞는 것은?

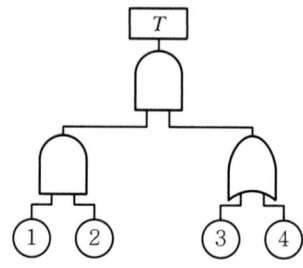

① {1,2,3,4}
② {1,2,3}, {1,2,4}
③ {1,3,4}, {2,3,4}
④ {1,3}, {1,4}, {2,3}, {2,4}

해설) 정상사상에서 차례로 하단의 사상으로 치환하면서 AND 게이트는 가로로, OR 게이트는 세로로 나열한 후 중복사상을 제거한다.
$T = A \cdot B =$ ①② $\cdot B =$ ①②③
①②④
즉, 미니멀 컷셋은 [①②③] 또는 [①②④] 중 1개이다.

40 조종장치의 저항 중 갑작스러운 속도의 변화를 막고 부드러운 제어 동작을 유지하게 해주는 저항은?

① 점성저항 ② 관성저항
③ 마찰저항 ④ 탄성저항

해설) 조종장치의 갑작스러운 속도의 변화를 막고 부드러운 제어 동작을 유지하게 하는 저항은 점성저항이다.

정답 | 35 ① 36 ③ 37 ③ 38 ③ 39 ② 40 ①

3과목 건설시공학

41 대형봉상진동기를 진동과 워터젯에 의해 소정의 깊이까지 삽입하고 모래를 진동시켜 지반을 다지는 연약지반 개량공법은?

① 고결안정공법 ② 인공동결공법
③ 전기화학공법 ④ Vibro Flotation 공법

[해설] 바이브로 플로테이션(Vibro Flotation) 공법은 사질토 연약지반 개량에 적합한 공법이다.

42 철골세우기용 기계가 아닌 것은?

① 드래그라인 ② 가이 데릭
③ 타워크레인 ④ 트럭크레인

[해설] 드래그라인(Drag Line)
굴삭기가 위치한 지면보다 낮은 장소를 굴삭하는 데 사용하는 토공기계이다.

43 타워크레인 등의 시공장비에 의해 한 번에 설치하고 탈형만 하므로 사용할 때마다 부재의 조립 및 분해를 반복하지 않아 평면상 상하부 동일단면의 벽식 구조인 아파트 건축물에 적용효과가 큰 대형 벽체거푸집은?

① 갱폼(Gang Form)
② 유로폼(Euro Form)
③ 트래블링 폼(Traveling Form)
④ 슬라이딩 폼(Sliding Form)

[해설] 갱폼(Gang Form)
거푸집판과 보강재가 일체로 된 기본패널로, 작업을 위한 작업 발판대 및 빗버팀대로 구성되는 벽체 거푸집을 말한다.

44 강말뚝(H형강, 강관말뚝)에 관한 설명으로 옳지 않은 것은?

① 깊은 지지층까지 도달시킬 수 있다.
② 휨강성이 크고 수평하중과 충격력에 대한 저항이 크다.
③ 부식에 대한 내구성이 뛰어나다.
④ 재질이 균일하고 절단과 이음이 쉽다.

[해설] 강말뚝은 부식에 약하다.

45 구조물의 시공과정에서 발생하는 구조물의 팽창 또는 수축과 관련된 하중으로, 신축량이 큰 장경간, 연도, 원자력발전소 등을 설계할 때나 또는 일교차가 큰 지역의 구조물에 고려해야 하는 하중은?

① 시공하중 ② 충격 및 진동하중
③ 온도하중 ④ 이동하중

[해설] 온도변화로 인해 팽창 또는 수축하기 쉬운 시설물, 구조물 등은 반드시 온도하중을 고려해야 한다.

46 강구조 공사 시 볼트의 현장시공에 관한 설명으로 옳지 않은 것은?

① 볼트 조임 작업 전에 마찰접합면의 녹, 밀스케일 등은 마찰력 확보를 위하여 제거하지 않는다.
② 마찰내력을 저감시킬 수 있는 틈이 있는 경우에는 끼움판을 삽입해야 한다.
③ 현장조임은 1차 조임, 마킹, 2차 조임(본조임), 육안검사의 순으로 한다.
④ 1군의 볼트 조임은 중앙부에서 가장자리의 순으로 한다.

[해설] 볼트 조임 작업 전에 마찰접합면의 녹, 밀스케일 등은 마찰력 확보를 위하여 제거해야 한다.

47 턴키도급(Turn-Key Base Contract)의 특징이 아닌 것은?

① 공기, 품질 등의 결함이 생길 때 발주자는 계약자에게 쉽게 책임을 추궁할 수 있다.
② 설계와 시공이 일괄로 진행된다.
③ 공사비의 절감과 공기단축이 가능하다.
④ 공사기간 중 신공법, 신기술의 적용이 불가하다.

[해설] 턴키도급(Turn-Key Base Contract)의 경우 공사기간 중 신공법, 신기술의 적용이 가능하다.

정답 | 41 ④ 42 ① 43 ① 44 ③ 45 ③ 46 ① 47 ④

48 콘크리트 공사 시 거푸집 측압의 증가 요인에 관한 설명으로 옳지 않은 것은?

① 콘크리트의 타설 속도가 빠를수록 증가한다.
② 콘크리트의 슬럼프가 클수록 증가한다.
③ 콘크리트에 대한 다짐이 적을수록 증가한다.
④ 콘크리트의 경화속도가 늦을수록 증가한다.

해설 콘크리트에 대한 다짐이 적을수록 측압은 감소한다.

49 건설공사에서 래머(Rammer)의 용도는?

① 철근절단 ② 철근절곡
③ 잡석다짐 ④ 토사적재

해설 래머(Rammer)는 다짐기계의 한 종류이다.

50 콘크리트의 탄산화에 관한 설명으로 옳지 않은 것은?

① 일반적으로 경량콘크리트는 탄산화의 속도가 매우 느리다.
② 경화한 콘크리트의 수산화석회가 공기 중의 이산화탄소의 영향을 받아 탄산석회로 변화하는 현상을 말한다.
③ 콘크리트의 탄산화에 의해 강재표면의 보호피막이 파괴되어 철근의 녹이 발생하고, 궁극적으로 피복 콘크리트를 파괴한다.
④ 조강 포틀랜드 시멘트를 사용하면 탄산화를 늦출 수 있다.

해설 경량콘크리트는 탄산화의 속도가 빠르다.

51 경쟁입찰에서 예정가격 이하의 최저가격으로 입찰한 자 순으로 당해계약 이행능력을 심사하여 낙찰자를 선정하는 방식은?

① 제한적 평균가 낙찰제
② 적격심사제
③ 최적격 낙찰제
④ 부찰제

해설 **적격심사제**
경쟁입찰에서 예정가격 이하의 최저가격으로 입찰한 자 순으로 당해계약 이행능력을 심사하여 낙찰자를 선정하는 방식이다.

52 공사 또는 제품의 품질상태가 만족한 상태에 있는가의 여부를 판단하는 데 가장 적합한 품질관리 기법은?

① 특성요인도 ② 히스토그램
③ 파레토그램 ④ 체크시트

해설 **히스토그램**
공사 또는 제품의 품질상태가 만족한 상태에 있는가의 여부 등 데이터가 어떤 분포를 하고 있는지 알아보기 위해 작성한다.

53 H-Pile+토류판 공법이라고도 하며 비교적 시공이 용이하나, 지하수위가 높고 투수성이 큰 지반에서는 차수공법을 병행해야 하고, 연약한 지층에서는 히빙현상이 생길 우려가 있는 것은?

① 지하연속벽공법 ② 시트파일공법
③ 엄지말뚝공법   ④ 주열벽공법

해설 **엄지말뚝공법**
H-Pile을 근입시킨 후에 터파기를 진행하면서 파일과 파일 사이에 토류판 등으로 굴착면을 보존하는 공법이다.

54 용접 시 나타나는 결함에 관한 설명으로 옳지 않은 것은?

① 위핑홀(Weeping Hole) : 용접 후 냉각 시 용접부위에 공기가 포함되어 공극이 발생되는 것
② 오버랩(Overlap) : 용접금속과 모재가 융합되지 않고 겹쳐지는 것
③ 언더컷(Undercut) : 모재가 녹아 용착금속이 채워지지 않고 홈으로 남게 된 부분
④ 슬래그(Slag) 감싸기 : 피복재 심선과 모재가 변하여 생긴 회분이 용착금속 내에 혼입된 것

해설 위핑홀(Weeping Hole)은 옹벽공사에서 침투수를 배수하기 위한 작은 구멍을 말한다.

정답 | 48 ③ 49 ③ 50 ① 51 ② 52 ② 53 ③ 54 ①

55 강구조물에 실시하는 녹막이 도장에서 도장하는 작업 중이거나 도료의 건조기간 중 도장하는 장소의 환경 및 기상조건이 좋지 않아 공사감독자가 승인할 때까지 도장이 금지되는 상황이 아닌 것은?

① 주위의 기온이 5℃ 미만일 때
② 상대습도가 85% 이하일 때
③ 안개가 끼었을 때
④ 눈 또는 비가 올 때

해설 주위 온도가 4℃ 이하이거나 상대습도가 85% 이상인 경우 도장작업을 피한다.

56 콘크리트를 타설하는 펌프카에서 사용하는 압송장치의 구조방식과 가장 거리가 먼 것은?

① 압축공기의 압력에 의한 방식
② 피스톤으로 압송하는 방식
③ 튜브 속의 콘크리트를 짜내는 방식
④ 물의 압력으로 압송하는 방식

해설 펌프카의 압송장치는 압축공기, 피스톤 등에 의한 압력에 의해 콘크리트를 압송한다.

57 철근콘크리트 공사 시 철근의 정착위치로 옳지 않은 것은?

① 벽철근은 기둥 보 또는 바닥판에 정착한다.
② 바닥철근은 기둥에 정착한다.
③ 큰 보의 주근은 기둥에, 작은 보의 주근은 큰 보에 정착한다.
④ 기둥의 주근은 기초에 정착한다.

해설 **철근의 정착위치**
- 큰 보의 주근 : 기둥
- 바닥판 철근 : 보 또는 벽체
- 작은 보의 주근 : 큰 보
- 지중보의 주근 : 기초 또는 기둥
- 벽철근 : 기둥, 보, 바닥판
- 보 밑에 기둥이 없을 때 : 보 상호 간으로 한다.

58 고장력볼트 접합에 관한 설명으로 옳지 않은 것은?

① 현장에서의 시공설비가 간편하다.
② 접합부재 상호 간의 마찰력에 의하여 응력이 전달된다.
③ 불량개소의 수정이 용이하지 않다.
④ 작업 시 화재의 위험이 적다.

해설 고장력볼트는 불량개소의 수정이 용이하다.

59 철근공사 작업 시 유의사항으로 옳지 않은 것은?

① 철근공사 착공 전 구조도면과 구조계산서를 대조하는 확인작업 수행
② 도면오류를 파악한 후 정정을 요구하거나 철근상세도를 구조평면도에 표시하여 승인 후 시공
③ 품질이 규격값 이하인 철근의 사용배제
④ 구부러진 철근은 다시 펴는 가공작업을 거친 후 재사용

해설 구부러진 철근은 재사용이 불가하다.

60 도급제도 중 긴급 공사일 경우에 가장 적합한 것은?

① 단가 도급 계약 제도
② 분할 도급 계약 제도
③ 일식 도급 계약 제도
④ 정액 도급 계약 제도

해설 긴급공사일 경우 단가 도급 계약 제도가 가장 적합하다.

4과목
건설재료학

61 미장재료인 회반죽을 혼합할 때 소석회와 함께 사용되는 것은?

① 카세인
② 아교
③ 목섬유
④ 해초풀

해설 회반죽은 소석회, 모래, 여물, 해초풀 등을 혼합하여 바르는 미장재료이다.

정답 | 55 ② 56 ④ 57 ② 58 ③ 59 ④ 60 ① 61 ④

62 내화벽돌에 관한 설명으로 옳은 것은?

① 내화점토를 원료로 하여 소성한 벽돌로서, 내화도는 600~800℃의 범위이다.
② 표준형(보통형) 벽돌의 크기는 250×120×60mm이다.
③ 내화벽돌의 종류에 따라 내화 모르타르도 반드시 그와 동질의 것을 사용하여야 한다.
④ 내화도는 일반벽돌과 동등하며 고온에서보다 저온에서 경화가 잘 이루어진다.

> 해설 내화벽돌의 종류에 따라 내화 모르타르도 반드시 동질의 재료를 사용해야 한다.

63 골재의 수량과 관련된 설명으로 옳지 않은 것은?

① 흡수량 : 습윤상태의 골재 내외에 함유하는 전수량
② 표면수량 : 습윤상태의 골재표면의 수량
③ 유효흡수량 : 흡수량과 기건상태의 골재 내에 함유된 수량의 차
④ 절건상태 : 일정 질량이 될 때까지 110℃ 이하의 온도로 가열 건조한 상태

> 해설 흡수량은 절건상태에서 표건상태가 될 때까지 골재가 흡수한 수량을 말한다.

64 중용열 포틀랜드 시멘트의 일반적인 특징 중 옳지 않은 것은?

① 수화발열량이 적다.
② 초기강도가 크다.
③ 건조수축이 적다.
④ 내구성이 우수하다.

> 해설 **중용열 포틀랜드 시멘트**
> 장기강도의 발현을 위하여 규산2석회(C_2S)의 양을 많게 한 시멘트이며, 초기강도가 작다.

65 다음 시멘트 중 조기강도가 가장 큰 시멘트는?

① 보통포틀랜드 시멘트
② 고로 시멘트
③ 알루미나 시멘트
④ 실리카 시멘트

> 해설 알루미나 시멘트는 보크사이트(Bauxite, 알루미늄 원광석)와 석회석을 원료로 하여 만든 시멘트로서 조기에 강도가 나타난다.

66 목재 건조방법 중 인공건조법이 아닌 것은?

① 증기건조법
② 수침법
③ 훈연건조법
④ 진공건조법

> 해설 수침법은 목재를 물에 담가 두는 방부처리 방법이다.

67 비철금속에 관한 설명으로 옳은 것은?

① 알루미늄은 융점이 높기 때문에 용해주조도는 좋지 않으나 내화성이 우수하다.
② 황동은 동과 주석 또는 기타의 원소를 가하여 합금한 것으로, 청동과 비교하여 주조성이 우수하다.
③ 니켈은 아황산가스가 있는 공기에서는 부식되지 않지만 수중에서는 색이 변한다.
④ 납은 내식성이 우수하고 방사선의 투과도가 낮아 건축에서 방사선 차폐용 벽체에 이용된다.

> 해설 납은 내식성이 우수하고 방사선의 투과도가 낮아 주로 방사선 차폐용 벽체에 이용된다.

68 다음 유리 중 현장에서 절단 가공할 수 없는 것은?

① 망입 유리
② 강화유리
③ 소다석회 유리
④ 무늬 유리

> 해설 강화유리는 현장에서 절단이 불가하다.

69 시멘트가 시간의 경과에 따라 조직이 굳어져 최종강도에 이르기까지 강도가 서서히 커지는 상태를 무엇이라고 하는가?

① 중성화
② 풍화
③ 응결
④ 경화

> 해설 경화에 대한 설명이다.

정답 | 62 ③ 63 ① 64 ② 65 ③ 66 ② 67 ④ 68 ② 69 ④

70 다음 미장재료 중 균열 발생이 가장 적은 것은?

① 회반죽
② 시멘트 모르타르
③ 경석고 플라스터
④ 돌로마이트 플라스터

해설 경석고 플라스터는 강도가 크고 응결시간이 길며 부착이 양호한 미장재료이다.

71 내열성, 내한성이 우수한 열경화성 수지로 60~260℃의 범위에서는 안정하고 탄성이 있으며 내후성 및 내화학성이 우수한 것은?

① 폴리에틸렌 수지
② 염화비닐 수지
③ 아크릴 수지
④ 실리콘 수지

해설 실리콘 수지(Silicon Resin)는 내열성(-80~250℃)이 우수하고, 내수성·발수성이 좋으며 전기절연성이 좋다.

72 열적외선을 반사하는 은소재 도막으로 코팅하여 방사율과 열관류율을 낮추고 가시광선 투과율을 높인 유리는?

① 스팬드럴 유리
② 배강도유리
③ 로이유리
④ 에칭유리

해설 로이유리는 열의 이동을 최소화해주는 에너지 절약형 유리이며 저방사 유리라고도 한다.

73 방사선 차폐용 콘크리트 제작에 사용되는 골재로서 적합하지 않은 것은?

① 흑요석
② 적철광
③ 중정석
④ 자철광

해설 방사선 차폐용 콘크리트를 제작할 때에는 자철광, 적철광, 중정석 등이 사용된다.

74 경화제를 필요로 하는 접착제로서 그 양의 다소에 따라 접착력이 좌우되며 내산, 내알칼리, 내수성이 뛰어나고 금속 접착에 특히 좋은 것은?

① 멜라민수지 접착제
② 페놀수지 접착제
③ 에폭시수지 접착제
④ 프란수지 접착제

해설 에폭시 수지(Epoxy Resin)
경화 시 휘발물의 발생이 없고 금속·유리 등과의 접착성이 우수하다. 내약품성, 내열성이 뛰어나고 산·알칼리에 강하다.

75 한중콘크리트의 계획배합 시 물결합재비는 원칙적으로 얼마 이하로 하여야 하는가?

① 50%
② 55%
③ 60%
④ 65%

해설 한중콘크리트는 일평균 기온 4℃ 이하일 때 타설하는 콘크리트로 물-시멘트비(W/C)를 60% 이하로 가급적 작게 한다.

76 목재의 가공제품인 MDF에 관한 설명으로 옳지 않은 것은?

① 샌드위치 패널이나 파티클 보드 등 다른 보드류 제품에 비해 매우 경량이다.
② 습기에 약한 결점이 있다.
③ 다른 보드류에 비하여 곡면가공이 용이한 편이다.
④ 가공성 및 접착성이 우수하다.

해설 파티클 보드가 MDF보다 경량이다.

77 금속의 부식 방지대책으로 옳지 않은 것은?

① 가능한 한 두 종의 서로 다른 금속은 틈이 생기지 않도록 밀착시켜서 사용한다.
② 균실한 것을 선택하고 사용할 때 큰 변형을 주지 않도록 주의한다.
③ 표면을 평활, 청결하게 하고 가능한 한 건조상태를 유지하며 부분적인 녹은 빨리 제거한다.
④ 큰 변형을 준 것은 가능한 한 풀림하여 사용한다.

해설 금속의 부식 방지를 위해서는 서로 다른 금속을 가능한 한 접촉시키지 않아야 한다.

정답 | 70 ③ 71 ④ 72 ③ 73 ① 74 ③ 75 ③ 76 ① 77 ①

78 두꺼운 아스팔트 루핑을 4각형 또는 6각형 등으로 절단하여 경사지붕재로 사용되는 것은?

① 아스팔트 싱글
② 망상 루핑
③ 아스팔트 시트
④ 석면 아스팔트 펠트

[해설] 아스팔트 싱글은 두꺼운 아스팔트 루핑을 4각형 또는 6각형 등으로 절단하여 만든 것으로 주로 경사지붕재로 사용한다.

79 건물의 바닥 충격음을 저감시키는 방법에 대한 설명으로 틀린 것은?

① 유리면 등의 완충재를 바닥공간 사이에 넣는다.
② 부드러운 표면마감재를 사용하여 충격력을 작게 한다.
③ 바닥을 띄우는 이중바닥으로 한다.
④ 바닥슬래브의 중량을 작게한다.

[해설] 바닥 충격음을 저감하기 위해 바닥슬래브의 중량을 크게하는 것이 좋다.

80 퍼티, 코킹, 실런트 등의 총칭으로서 건축물의 프리패브 공법, 커튼월 공법 등의 공장 생산화가 추진되면서 주목받기 시작한 재료는?

① 아스팔트
② 실링재
③ 셀프 레벨링재
④ FRP 보강재

[해설] **실링재(Sealing Materials)**
각 접합부의 틈이나 줄눈을 충전하여 기밀성 및 수밀성을 높이는 재료이다.

5과목
건설안전기술

81 철골작업을 중지하여야 하는 강우량 기준으로 옳은 것은?

① 시간당 1mm 이상인 경우
② 시간당 3mm 이상인 경우
③ 시간당 5mm 이상인 경우
④ 시간당 1cm 이상인 경우

[해설] 강우량이 시간당 1mm 이상인 경우 철골작업을 중지해야 한다.

82 건설공사현장에서 재해방지를 위한 주의사항으로 옳지 않은 것은?

① 야간작업을 할 때나 어두운 곳에서 작업할 때 채광 및 조명설비는 작업에 지장이 있더라도 물건을 식별할 수 있을 정도의 조도만을 확보, 유지하면 된다.
② 불안전한 가설물이 있나 확인하고 특히 작업발판, 안전난간 등의 안전을 점검한다.
③ 과격한 노동으로 심히 피로한 노무자는 휴식을 취하게 하여 피로회복 후 작업을 시킨다.
④ 작업장을 잘 정돈하여 안전사고 요인을 최소화한다.

[해설] 야간작업을 할 때나 어두운 곳에서 작업할 때 채광 및 조명설비는 작업에 지장이 없도록 조도기준을 준수해야 한다.

83 이동식 비계를 조립하여 작업을 하는 경우에 준수해야 할 사항과 거리가 먼 것은?

① 비계의 최상부에서 작업을 하는 경우에는 안전난간을 설치할 것
② 작업발판의 최대적재하중은 250kg을 초과하지 않도록 할 것
③ 승강용 사다리는 견고하게 설치할 것
④ 지주부재와 수평면과의 기울기를 75° 이하로 하고, 지주부재와 지주부재 사이를 고정시키는 보조부재를 설치할 것

[해설] 말비계의 조립 시 지주부재와 수평면과의 기울기를 75° 이하로 하고, 지주부재와 지주부재 사이를 고정시키는 보조부재를 설치해야 한다.

정답 | 78 ① 79 ④ 80 ② 81 ① 82 ① 83 ④

84 부두 안벽 등 하역작업을 하는 장소에 대하여 부두 또는 안벽의 선을 따라 통로를 설치할 때 통로의 최소 폭 기준은?

① 70cm 이상　　② 80cm 이상
③ 90cm 이상　　④ 100cm 이상

[해설] 부두 또는 안벽의 선을 따라 통로를 설치할 때는 폭을 90cm 이상으로 하여야 한다.

85 비계의 수평재의 최대 휨모멘트가 $50,000 \times 10^2 \text{N} \cdot \text{mm}$, 수평재의 단면 계수가 $5 \times 10^6 \text{N} \cdot \text{mm}^3$일 때 휨응력($\sigma$)은 얼마인가?

① 0.5MPa　　② 1MPa
③ 2MPa　　　④ 2.5MPa

[해설] 휨응력(σ) = 휨모멘트(M)/단면계수(Z)
= $50,000 \times 10^2 / 5 \times 10^6 = 1\text{MPa}$

86 추락재해방지를 위한 방망의 그물코의 크기는 최대 얼마 이하이어야 하는가?

① 5cm　　② 7cm
③ 10cm　 ④ 15cm

[해설] 추락방지를 위한 방망의 그물코는 최대 10cm 이하여야 한다.

87 다음 중 유해 위험방지계획서 제출 시 첨부해야 하는 서류와 가장 거리가 먼 것은?

① 건축물 각 층의 평면도
② 기계, 설비의 배치도면
③ 원재료 및 제품의 취급, 제조 등의 작업방법의 개요
④ 비상조치계획서

[해설] 비상조치계획서는 유해위험방지계획서 제출서류에 해당하지 않는다.

88 토석붕괴의 요인 중 외적 요인이 아닌 것은?

① 토석의 강도저하
② 사면, 법면의 경사 및 기울기의 증가
③ 절토 및 성토 높이의 증가
④ 공사에 의한 진동 및 반복하중의 증가

[해설] 토석의 강도저하는 내적 요인에 해당된다.

89 철근가공작업에서 가스절단을 할 때의 유의사항으로 옳지 않은 것은?

① 가스절단 작업 시 호스는 겹치거나 구부러지거나 밟히지 않도록 한다.
② 호스, 전선 등은 작업효율을 위하여 다른 작업장을 거치는 곡선상의 배선이어야 한다.
③ 작업장에서 가연성 물질에 인접하여 용접 작업할 때에는 소화기를 비치하여야 한다.
④ 가스절단 작업 중에는 보호구를 착용하여야 한다.

[해설] 호스, 전선 등은 직선상의 배선이어야 한다.

90 인력에 의한 하물 운반 시 준수사항으로 옳지 않은 것은?

① 수평거리 운반을 원칙으로 한다.
② 운반 시의 시선은 진행방향을 향하고 뒷걸음 운반을 하여서는 아니 된다.
③ 쌓여 있는 하물을 운반할 때에는 중간 또는 하부에서 뽑아 내어서는 아니 된다.
④ 어깨 높이보다 낮은 위치에서 하물을 들고 운반하여서는 아니 된다.

[해설] 어깨 높이보다 높은 위치에서 하물을 들고 운반하여서는 안 된다.

91 사다리식 통로의 설치기준으로 옳지 않은 것은?

① 발판과 벽과의 사이는 15cm 이상의 간격을 유지할 것
② 사다리의 상단은 걸쳐놓은 지점으로부터 40cm 이상 올라가도록 할 것
③ 폭은 30cm 이상으로 할 것
④ 사다리식 통로의 기울기는 75° 이하로 할 것

[해설] 사다리의 상단은 걸쳐놓은 지점으로부터 60cm 이상 올라가도록 해야 한다.

정답 | 84 ③　85 ②　86 ③　87 ④　88 ①　89 ②　90 ④　91 ②

92 거푸집 공사 관련 재료의 선정 시 고려사항으로 옳지 않은 것은?

① 목재거푸집 : 흠집 및 옹이가 많은 거푸집과 합판은 사용을 금지한다.
② 강재거푸집 : 형상이 찌그러진 것은 교정한 후에 사용한다.
③ 지보공재 : 변형, 부식이 없는 것을 사용한다.
④ 연결재 : 연결부위의 다양한 형상에 적응 가능한 소철선을 사용한다.

[해설] 연결재는 전용 철물을 사용해야 한다.

93 흙의 휴식각에 관한 설명으로 옳지 않은 것은?

① 흙의 마찰력으로 사면과 수평면이 이루는 각도를 말한다.
② 흙의 종류 및 함수량 등에 따라 다르다.
③ 흙파기의 경사각은 휴식각의 1/2로 한다.
④ 안식각이라고도 한다.

[해설] 흙파기의 경사각은 휴식각 이상으로 해야 한다.

94 거푸집 및 동바리 조립도에 명시해야 할 사항과 거리가 가장 먼 것은?

① 단면규격   ② 부재의 재질
③ 작업 환경 조건   ④ 설치간격

[해설] 거푸집 및 동바리 조립도에는 동바리·멍에 등 부재의 재질, 단면규격, 설치간격 및 이음방법 등을 명시해야 한다.

95 달비계(곤돌라의 달비계는 제외)의 최대 적재하중을 정하는 경우 달기 체인 및 달기훅의 안전계수 기준으로 옳은 것은?

① 2 이상   ② 3 이상
③ 5 이상   ④ 10 이상

[해설] 법 개정에 따라 앞으로 출제되지 않음

96 다음은 가설통로를 설치하는 경우 준수하여야 할 사항이다. ( ) 안에 들어갈 내용으로 옳은 것은?

> 수직갱에 가설된 통로의 길이가 (A) 이상인 경우에는 (B) 이내마다 계단참을 설치할 것

① A : 8m, B : 10m   ② A : 8m, B : 7m
③ A : 15m, B : 10m   ④ A : 15m, B : 7m

[해설] 수직갱에 가설된 통로의 길이가 15m 이상인 경우에는 10m 이내마다 계단참을 설치해야 한다.

97 건설업 산업안전보건관리비의 사용항목으로 가장 거리가 먼 것은?

① 안전시설비   ② 사업장의 안전진단비
③ 근로자의 건강관리비 ④ 본사 일반관리비

[해설] 본사 일반관리비는 사용불가 항목이다.

98 다음 중 거푸집 및 동바리 설계 시 고려하여야 할 연직방향 하중에 해당하지 않는 것은?

① 직설하중   ② 풍하중
③ 충격하중   ④ 작업하중

[해설] 거푸집에 작용하는 하중 중 연직방향 하중에는 타설 콘크리트의 고정하중, 충격하중, 작업하중, 거푸집 중량 등이 있다.

99 다음 그림의 형태 중 클램쉘(Clam Shell)장비에 해당하는 것은?

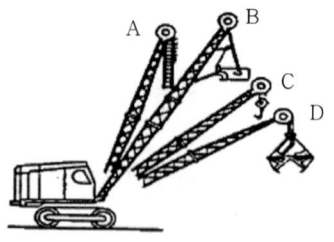

① A   ② B
③ C   ④ D

[해설] 클램쉘(Clam Shell)은 좁은 곳의 수직굴착에 유리하며 좁은 장소의 깊은 굴삭에 효과적이다.

정답 | 92 ④ 93 ③ 94 ③ 95 ③ 96 ③ 97 ④ 98 ② 99 ④

100 건설현장에서 가설 계단 및 계단참을 설치하는 경우 안전율은 최소 얼마 이상으로 하여야 하는가?

① 3
② 4
③ 5
④ 6

해설 가설 계단 및 계단참을 설치하는 경우 안전율은 최소 4 이상으로 해야 한다.

정답 | 100 ②

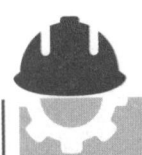

2020년 1·2회

1과목
산업안전관리론

01 심리검사의 특징 중 "검사의 관리를 위한 조건과 절차의 일관성과 통일성"을 의미하는 것은?

① 규준 ② 표준화
③ 객관성 ④ 신뢰성

[해설] 심리검사의 표준화
검사의 관리를 위한 조건, 절차의 일관성과 통일성에 대한 심리검사의 표준화가 마련되어야 한다.

02 산업 재해의 발생 유형으로 볼 수 없는 것은?

① 지그재그형 ② 집중형
③ 연쇄형 ④ 복합형

[해설] 재해(사고) 발생 시의 유형(모델)
1. 단순자극형(집중형)
2. 연쇄형(사슬형)
3. 복합형

03 산업재해 예방의 4원칙 중 "재해발생에는 반드시 원인이 있다."라는 원칙은?

① 대책 선정의 원칙 ② 원인 계기의 원칙
③ 손실 우연의 원칙 ④ 예방 가능의 원칙

[해설] 원인 계기의 원칙 : 재해발생에는 반드시 원인이 있음

04 기계·기구 또는 설비의 신설, 변경 또는 고장 수리 등 부정기적인 점검을 말하며, 기술적 책임자가 시행하는 점검은?

① 정기 점검 ② 수시 점검
③ 특별 점검 ④ 임시 점검

[해설] 특별 점검
기계 기구의 신설 및 변경 시 고장, 수리 등에 의해 부정기적으로 실시하는 점검으로 안전강조기간 등에 실시하는 점검

05 산업안전보건법령상 근로자 안전·보건교육 중 채용 시의 교육 및 작업내용 변경 시의 교육 사항으로 옳은 것은?

① 물질안전보건자료에 관한 사항
② 건강증진 및 질병 예방에 관한 사항
③ 유해·위험 작업환경 관리에 관한 사항
④ 표준안전 작업방법 결정 및 지도·감독 요령에 관한 사항

[해설] ② 근로자 정기안전보건교육에 관한 사항
③ 특수형태근로종사자에 대한 안전보건교육에 관한 사항
④ 관리감독자 정기안전보건교육에 관한 사항

06 상시 근로자수가 75명인 사업장에서 1일 8시간씩 연간 320일을 작업하는 동안에 4건의 재해가 발생하였다면 이 사업장의 도수율은 약 얼마인가?

① 17.68 ② 19.67
③ 20.83 ④ 22.83

[해설] 도수율 = $\dfrac{\text{재해발생건수}}{\text{연근로시간수}} \times 1{,}000{,}000$
$= \dfrac{4}{75 \times 8 \times 320} \times 1{,}000{,}000$
$= 20.83$

정답 | 01 ② 02 ① 03 ② 04 ③ 05 ① 06 ③

07 위험예지훈련 기초 4라운드(4R)에서 라운드별 내용이 바르게 연결된 것은?

① 1라운드 : 현상파악 ② 2라운드 : 대책수립
③ 3라운드 : 목표설정 ④ 4라운드 : 본질추구

해설 **위험예지훈련의 추진을 위한 문제해결 4단계(4라운드)**
- 1라운드 : 현상파악(사실의 파악)
- 2라운드 : 본질추구(위험요인, 문제점 발견 및 위험 포인트 결정)
- 3라운드 : 대책수립(대책을 세운다)
- 4라운드 : 목표설정(행동계획 작성)

08 O.J.T(On the Job Training) 교육의 장점과 가장 거리가 먼 것은?

① 훈련에만 전념할 수 있다.
② 직장의 실정에 맞게 실제적 훈련이 가능하다.
③ 개개인의 업무능력에 적합하고 자세한 교육이 가능하다.
④ 교육을 통하여 상사와 부하간의 의사소통과 신뢰감이 깊게 된다.

해설 ①은 Off.J.T(Off the Job Training)의 장점에 해당된다.

09 일반적으로 사업장에서 안전관리조직을 구성할 때 고려할 사항과 가장 거리가 먼 것은?

① 조직 구성원의 책임과 권한을 명확하게 한다.
② 회사의 특성과 규모에 부합되게 조직되어야 한다.
③ 생산조직과는 동떨어진 독특한 조직이 되도록 하여 효율성을 높인다.
④ 조직의 기능이 충분히 발휘될 수 있는 제도적 체계가 갖추어져야 한다.

해설 안전관리조직 구성 시 생산조직과는 밀접한 관계를 유지할 수 있도록 구성하는 것이 중요하다.

10 다음 중 매슬로우(Maslow)가 제창한 인간의 욕구 5단계 이론을 단계별로 옳게 나열한 것은?

① 생리적 욕구 → 안전 욕구 → 사회적 욕구 → 존경의 욕구 → 자아실현의 욕구
② 안전 욕구 → 생리적 욕구 → 사회적 욕구 → 존경의 욕구 → 자아실현의 욕구
③ 사회적 욕구 → 생리적 욕구 → 안전 욕구 → 존경의 욕구 → 자아실현의 욕구
④ 사회적 욕구 → 안전 욕구 → 생리적 욕구 → 존경의 욕구 → 자아실현의 욕구

해설 **매슬로(Maslow)의 욕구단계이론**
- 1단계 : 생리적 욕구
- 2단계 : 안전의 욕구
- 3단계 : 사회적 욕구
- 4단계 : 자기존경의 욕구
- 5단계 : 자아실현의 욕구(성취욕구)

11 보호구 안전인증 고시에 따른 안전화의 정의 중 ( ) 안에 알맞은 것은?

경작업용 안전화란 (㉠)[mm]의 낙하높이에서 시험했을 때 충격과 (㉡ ±0.1)[kN]의 압축하중에서 시험했을 때 압박에 대하여 보호해 줄 수 있는 선심을 부착하여, 착용자를 보호하기 위한 안전화를 말한다.

① ㉠ 500, ㉡ 10.0   ② ㉠ 250, ㉡ 10.0
③ ㉠ 500, ㉡ 4.4   ④ ㉠ 250, ㉡ 4.4

해설 **경작업용 안전화**
250밀리미터의 낙하높이에서 시험했을 때 충격(4.4±0.1)과 킬로뉴턴(KN)의 압축하중에서 시험했을 때 압박에 대하여 보호해줄 수 있는 선심을 부착하여, 착용자를 보호하기 위한 안전화를 말한다.

12 조직이 리더에게 부여하는 권한으로 볼 수 없는 것은?

① 보상적 권한   ② 강압적 권한
③ 합법적 권한   ④ 위임된 권한

해설 **조직이 지도자에게 부여한 권한**
1. 합법적 권한 : 군대, 교사, 정부기관 등 법적으로 부여된 권한
2. 보상적 권한 : 부하에게 노력에 대한 보상을 할 수 있는 권한
3. 강압적 권한 : 리더가 부하직원에게 부정적인 결과를 초래할 수 있는 권한(예 처벌, 임금 삭감, 해고 등)

정답 | 07 ① 08 ① 09 ③ 10 ① 11 ④ 12 ④

13 테크니컬 스킬즈(technical skills)에 관한 설명으로 옳은 것은?

① 모럴(morale)을 앙양시키는 능력
② 인간을 사물에게 적응시키는 능력
③ 사물을 인간에게 유리하게 처리하는 능력
④ 인간과 인간의 의사소통을 원활히 처리하는 능력

[해설] **테크니컬 스킬즈**
사물을 인간에 유익하도록 처리하는 능력을 말한다.

14 산업안전보건법령상 특별교육 대상 작업별 교육 작업 기준으로 틀린 것은?

① 전압이 75V 이상인 정전 및 활선작업
② 굴착면의 높이가 2m 이상이 되는 암석의 굴착작업
③ 동력에 의하여 작동되는 프레스기계를 3대 이상 보유한 사업장에서 해당 기계로 하는 작업
④ 1톤 미만의 크레인 또는 호이스트를 5대 이상 보유한 사업장에서 해당 기계로 하는 작업

[해설] 프레스기계 3대가 아닌 5대 이상 보유한 사업장이 특별교육 대상에 해당된다.

15 재해의 원인 분석법 중 사고의 유형, 기인물 등 분류 항목을 큰 순서대로 도표화하여 문제나 목표의 이해가 편리한 것은?

① 관리도(control chart)
② 파레토도(pareto diagram)
③ 클로즈분석(close analysis)
④ 특성요인도(cause–reason diagram)

[해설] **파레토도**
분류 항목을 큰 순서대로 도표화한 분석법이다.

16 하인리히 재해 발생 5단계 중 3단계에 해당하는 것은?

① 불안전한 행동 또는 불안전한 상태
② 사회적 환경 및 유전적 요소
③ 관리의 부재
④ 사고

[해설] **하인리히(H. W. Heinrich)의 도미노 이론(사고발생의 연쇄성)**
- 1단계 : 사회적 환경 및 유전적 요소(기초원인)
- 2단계 : 개인적 결함(간접원인)
- 3단계 : 불안전한 행동 및 불안전한 상태(직접원인 ⇒ 제거(효과적임)
- 4단계 : 사고
- 5단계 : 재해

17 주의의 특성으로 볼 수 없는 것은?

① 변동성
② 선택성
③ 방향성
④ 통합성

[해설] **주의의 특성**
- 선택성 : 한번에 많은 종류의 자극을 지각 · 수용하기 곤란하다.
- 방향성 : 시선의 초점에 맞았을 때는 쉽게 인지되지만 시선에서 벗어난 부분은 무시되기 쉽다.
- 변동성 : 주의는 리듬이 있어 언제나 일정한 수준을 지키지는 못한다.

18 기억의 과정 중 과거의 학습경험을 통해서 학습된 행동이 현재와 미래에 지속되는 것을 무엇이라 하는가?

① 기명(memorizing)
② 파지(retention)
③ 재생(recall)
④ 재인(recognition)

[해설] **파지(Retention)**
과거의 학습경험이 현재와 미래의 행동에 영향을 주는 작용이다.

19 교육의 3요소 중 교육의 주체에 해당하는 것은?

① 강사
② 교재
③ 수강자
④ 교육방법

[해설] **교육의 3요소**
- 주체 : 강사
- 객체 : 수강자(학생)
- 매개체 : 교재(교육내용)

정답 | 13 ③ 14 ④ 15 ② 16 ① 17 ④ 18 ② 19 ①

20 산업안전보건법령상 안전보건표지의 종류와 형태 중 그림과 같은 경고 표지는? (단, 바탕은 무색, 기본모형은 빨간색, 그림은 검은색이다.)

① 부식성물질 경고 ② 폭발성물질 경고
③ 산화성물질 경고 ④ 인화성물질 경고

해설) 안전보건표지의 종류와 형태(경고표지)

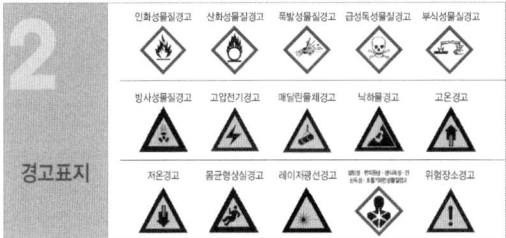

2과목
인간공학 및 시스템공학

21 결함수 분석법에서 일정 조합 안에 포함되는 기본사상들이 동시에 발생할 때 반드시 목표사상을 발생시키는 조합을 무엇이라 하는가?

① Cut set ② Decision tree
③ Path set ④ 불대수

해설) 컷셋(Cut Set)
정상사상을 발생시키는 기본사상의 집합으로 그 안에 포함되는 모든 기본사상이 발생할 때 정상사상을 발생시키는 기본사상의 집합

22 시스템의 성능 저하가 인원의 부상이나 시스템 전체에 중대한 손해를 입히지 않고 제어가 가능한 상태의 위험강도는?

① 범주 Ⅰ : 파국적 ② 범주 Ⅱ : 위기적
③ 범주 Ⅲ : 한계적 ④ 범주 Ⅳ : 무시

해설) 시스템 위험성의 분류 중 범주(Category) Ⅲ, 한계(Marginal)
인원이 상해 또는 중대한 시스템의 손상 없이 배제 또는 제거 가능하다.

23 모든 시스템 안전 프로그램 중 최초 단계의 분석으로 시스템 내의 위험요소가 어떤 상태에 있는지를 정성적으로 평가하는 방법은?

① CA ② FHA
③ PHA ④ FMEA

해설) PHA(예비위험분석)
시스템 내의 위험요소가 얼마나 위험상태에 있는가를 평가하는 시스템 안전프로그램의 최초단계의 분석 기법(정성적)이다.

24 통제표시비(C/D비)를 설계할 때의 고려할 사항으로 가장 거리가 먼 것은?

① 공차 ② 운동성
③ 조작시간 ④ 계기의 크기

해설) 통제표시비 설계 시 고려사항
• 계기의 크기
• 공차
• 목시거리
• 조작시간
• 방향성

25 건구온도 38℃, 습구온도 32℃일 때의 Oxford 지수는 약 몇 ℃인가?

① 30.2 ② 32.9
③ 35.3 ④ 37.1

해설) 옥스퍼드 지수(습건지수)
= 0.85W(습구온도) + 0.15D(건구온도)
= 0.85 × 32 + 0.15 × 38
= 32.9(℃)

정답 | 20 ④ 21 ① 22 ③ 23 ③ 24 ② 25 ②

26 건강한 남성이 8시간 동안 특정 작업을 실시하고, 분당 산소 소비량이 1.1L/분으로 나타났다면 8시간 총 작업시간에 포함될 휴식시간은 약 몇 분인가? (단, Murrell의 방법을 적용하며, 휴식 중 에너지소비율은 1.5kcal/min이다.)

① 30분 ② 54분
③ 60분 ④ 75분

해설 1L당 O_2 소비량은 5kcal이다.
따라서 작업 중에 분당 산소 공급량이 1.1L/min이라면 작업의 평균에너지는 1.1L/min×5kcal=5.5kcal가 된다.

휴식시간$(R) = \dfrac{(60 \times h) \times (E-5)}{E-1.5}$ [분]

$= \dfrac{(60 \times 8) \times (5.5-5)}{5.5-1.5}$

$= 60$ [분]

여기서, E : 작업의 평균에너지(kcal/min),
에너지 값의 상한 : 5(kcal/min)

27 인간공학적 수공구의 설계에 관한 설명으로 옳은 것은?

① 수공구 사용 시 무게 균형이 유지되도록 설계한다.
② 손잡이 크기를 수공구 크기에 맞추어 설계한다.
③ 힘을 요하는 수공구의 손잡이는 직경을 60mm 이상으로 한다.
④ 정밀 작업용 수공구의 손잡이는 직경을 5mm 이하로 한다.

해설 **수공구와 장치설계의 원리**
- 손잡이는 손바닥의 접촉면적이 크게 설계
- 공구 사용 시 무게 균형이 유지되도록 설계
- 정밀 작업용 수공구의 손잡이는 직경 5~12mm가 적당함
- 동력공구의 손잡이는 두 손가락 이상으로 작동하도록 설계
- 힘을 요하는 수공구의 손잡이는 직경 50~60mm가 적당함

28 점광원(point source)에서 표면에 비추는 조도(lux)의 크기를 나타내는 식으로 옳은 것은? (단, D는 광원으로부터의 거리를 말한다.)

① $\dfrac{광도(fc)}{D^2(m^2)}$ ② $\dfrac{광도(lm)}{D(m)}$

③ $\dfrac{광속(lumen)}{D^2(m^2)}$ ④ $\dfrac{광도(fL)}{D(m)}$

해설 **조도(Illuminance)**
물체의 표면에 도달하는 빛의 양(밀도)을 의미(단위 : [lux])

조도(lux) = $\dfrac{광속(lumen)}{거리(m)^2}$

29 인간-기계 시스템에서 기계와 비교한 인간의 장점으로 볼 수 없는 것은? (단, 인공지능과 관련된 사항은 제외한다.)

① 완전히 새로운 해결책을 찾아낸다.
② 여러 개의 프로그램된 활동을 동시에 수행한다.
③ 다양한 경험을 토대로 하여 의사결정을 한다.
④ 상황에 따라 변화하는 복잡한 자극 형태를 식별한다.

해설 여러 개의 프로그램된 활동을 동시에 수행하는 것은 기계가 인간보다 우월한 기능이다.

30 글자의 설계 요소 중 검은 바탕에 쓰여진 흰 글자가 번져 보이는 현상과 가장 관련 있는 것은?

① 획폭비 ② 글자체
③ 종이 크기 ④ 글자 두께

해설 **획폭비**
문자나 숫자의 높이에 대한 획 굵기의 비율이다.

31 화학공장(석유화학사업장 등)에서 가동문제를 파악하는 데 널리 사용되며, 위험요소를 예측하고, 새로운 공저에 대한 가동문제를 예측하는 데 사용되는 위험성평가방법은?

① SHA ② EVP
③ CCFA ④ HAZOP

해설 **위험 및 운전성 검토(HAZOP)**
각각의 장비에 대해 잠재된 위험이나 기능저하, 운전 잘못 등과 전체로서의 시설에 결과적으로 미칠 수 있는 영향 등을 평가하기 위해서 공정이나 설계도 등에 체계적이고 비판적인 검토를 행하는 것을 말한다.

32 다음 중 설비보전관리에서 설비이력카드, MTBF분석표, 고장원인대책표와 관련이 깊은 관리는?

① 보전기록관리 ② 보전자재관리
③ 보전작업관리 ④ 예방보전관리

해설 보전기록관리와 관련한 서류이다.

정답 | 26 ③ 27 ① 28 ③ 29 ② 30 ① 31 ④ 32 ①

33 공간 배치의 원칙에 해당되지 않는 것은?

① 중요성의 원칙 ② 다양성의 원칙
③ 사용빈도의 원칙 ④ 기능별 배치의 원칙

해설 | **부품배치의 원칙**
- 중요성의 원칙
- 사용빈도의 원칙
- 기능별 배치의 원칙
- 사용순서의 원칙

34 반복되는 사건이 많이 있는 경우, FTA의 최소 컷셋과 관련이 없는 것은?

① Fussel Algorithm
② Booolean Algorithm
③ Monte Carlo Algorithm
④ Limnios&Ziani Algorithm

해설 | **몬테 카를로 알고리즘(Monte Carlo Algorithm)**
난수를 이용하여 함수 값을 확률적으로 계산하는 방법이다.

35 다음은 1/100초 동안 발생한 3개의 음파를 나타낸 것이다. 음의 세기가 가장 큰 것과 가장 높은 음은 무엇인가?

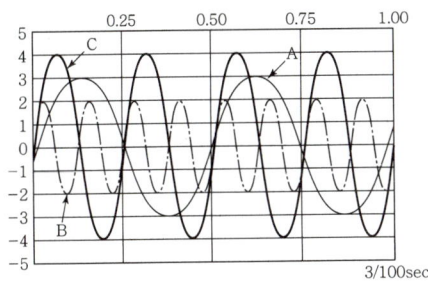

① 가장 큰 음의 세기 : A, 가장 높은 음 : B
② 가장 큰 음의 세기 : C, 가장 높은 음 : B
③ 가장 큰 음의 세기 : C, 가장 높은 음 : A
④ 가장 큰 음의 세기 : B, 가장 높은 음 : C

해설 | 진폭은 음의 세기를 나타내며, 주파수는 음의 높낮이를 나타내므로 가장 큰 음의 세기는 C, 가장 높은 음은 B이다.

36 인터페이스 설계 시 고려해야 하는 인간과 기계와의 조화성에 해당되지 않는 것은?

① 지적 조화성 ② 신체적 조화성
③ 감성적 조화성 ④ 심미적 조화성

해설 | **인간과 기계(환경) 인터페이스 설계 시 고려사항**
- 지적 조화성
- 감성적 조화성
- 신체적 조화성

37 작업자가 100개의 부품을 육안 검사하여 20개의 불량품을 발견하였다. 실제 불량품이 40개라면 인간에러(human error) 확률은 약 얼마인가?

① 0.2 ② 0.3
③ 0.4 ④ 0.5

해설 | 인간실수 확률 HEP = $\dfrac{인간실수의 수}{실수발생의 전체 기회수}$

$= \dfrac{40-20}{100}$

$= 0.2$

38 휴먼 에러(human error)의 분류 중 필요한 임무나 절차의 순서 착오로 인하여 발생하는 오류는?

① ommission error
② sequential error
③ commission error
④ extraneous error

해설 | sequential error에 대한 설명이다.

39 가청 주파수 내에서 사람의 귀가 가장 민감하게 반응하는 주파수 대역은?

① 20~20,000Hz ② 50~15,000Hz
③ 100~10,000Hz ④ 500~3,000Hz

해설 | 가청주파수 20~20,000Hz 범위 중 보통 500Hz 이상에서 대화방해를 받으며, 3,000~6,000Hz 범위에서 청력장해가 발생 될 수 있다.

정답 | 33 ② 34 ③ 35 ② 36 ④ 37 ① 38 ② 39 ④

40 FTA에 사용되는 기호 중 다음 기호에 해당하는 것은?

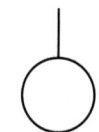

① 생략사상　　② 부정사상
③ 결함사상　　④ 기본사상

해설

기호	명칭	설명
◯	기본사상	더 이상 전개되지 않는 기본 사상

3과목 건설시공학

41 벽체로 둘러싸인 구조물에 적합하고 일정한 속도로 거푸집을 상승시키면서 연속하여 콘크리트를 타설하며 마감작업이 동시에 진행되는 거푸집공법은?

① 플라잉 폼　　② 터널 폼
③ 슬라이딩 폼　　④ 유로 폼

해설 슬라이딩 폼(Sliding Form)은 요크(Yoke)로 거푸집을 수직으로 연속 이동시키면서 콘크리트 타설하는 거푸집이다.

42 철근의 이음방식이 아닌 것은?

① 용접이음　　② 겹침이음
③ 갈고리이음　　④ 기계적이음

해설 철근의 이음방법에는 겹침이음, 기계식이음, 용접이음 등이 있다.

43 철근보관 및 취급에 관한 설명으로 옳지 않은 것은?

① 철근고임대 및 간격재는 습기방지를 위하여 직사일광을 받는 곳에 저장한다.
② 철근저장은 물이 고이지 않고 배수가 잘되는 곳에 이루어져야 한다.
③ 철근저장 시 철근의 종별, 규격별, 길이별로 적재한다.
④ 저장장소가 바닷가 해안 근처일 경우에는 창고 속에 보관하도록 한다.

해설 철근고임대 및 간격재는 습기를 방지해야 하고 직사광선을 피해야 한다.

44 기성콘크리트 말뚝에 관한 설명으로 옳지 않은 것은?

① 공장에서 미리 만들어진 말뚝을 구입하여 사용하는 방식이다.
② 말뚝간격은 2.5d 이상 또는 750mm 중 큰 값을 택한다.
③ 말뚝이음 부위에 대한 신뢰성이 매우 우수하다.
④ 시공과정상의 항타로 인하여 자재균열의 우려가 높다.

해설 기성콘크리트 말뚝은 현장타설 콘크리트 말뚝에 비하여 말뚝이음 부위에 대한 신뢰성이 낮아 엄격한 품질관리가 필요하다.

45 철골공사에서 철골세우기 계획을 수립할 때 철골제작 공장과 협의해야 할 사항이 아닌 것은?

① 철골 세우기 검사 일정 확인
② 반입 시간의 확인
③ 반입 부재수의 확인
④ 부재 반입의 순서

해설 철골세우기 계획을 수립할 때 철골제작공장과 협의해야 할 사항으로는 반입 시간 확인, 반입 부재수의 확인, 반입 순서의 확인 등이 있다.

46 철골공사에서 산소아세틸렌 불꽃을 이용하여 강재의 표면에 홈을 따내는 방법은?

① Gas gouging　　② Blow hole
③ Flux　　④ Weaving

해설 가스가우징(Gas gouging)은 산소아세틸렌 불꽃을 이용하여 강재의 표면에 홈을 따내는 방법이다.

47 토공사용 기계장비 중 기계가 서 있는 위치보다 높은 곳의 굴착에 적합한 기계장비는?

① 백호우　　② 드래그 라인
③ 크램쉘　　④ 파워셔블

해설 파워셔블(Power Shovel)은 굴삭기가 위치한 지면보다 높은 곳을 굴삭하는 데 적합하다.

정답 | 40 ④　41 ③　42 ③　43 ①　44 ③　45 ①　46 ①　47 ④

48 수밀 콘크리트 공사에 관한 설명으로 옳지 않은 것은?

① 배합은 콘크리트의 소요의 품질이 얻어지는 범위 내에서 단위수량 및 물-결합재비는 되도록 작게 하고, 단위 굵은 골재량은 되도록 크게 한다.
② 소요 슬럼프는 되도록 크게 하되, 210mm를 넘지 않도록 한다.
③ 연속 타설 시간간격은 외기 온도가 25℃ 이하일 경우에는 2시간을 넘어서는 안 된다.
④ 타설과 관련하여 연직 시공 이음에는 지수판 등 물의 통과 흐름을 차단할 수 있는 방수처리재 등의 재료 및 도구를 사용하는 것을 원칙으로 한다.

[해설] 수밀 콘크리트의 소요 슬럼프는 되도록 180mm를 넘지 않도록 한다.

49 거푸집 제거작업 시 주의사항 중 옳지 않은 것은?

① 진동, 충격을 주지 않고 콘크리트가 손상되지 않도록 순서에 맞게 제거한다.
② 지주를 바꾸어 세울 동안에는 상부의 작업을 제한하여 집중하중을 받는 부분의 지주는 그대로 둔다.
③ 제거한 거푸집은 재사용 할 수 있도록 적당한 장소에 정리하여 둔다.
④ 구조물의 손상을 고려하여 제거 시 찢어져 남은 거푸집 쪽널은 그대로 두고 미장공사를 한다.

[해설] 찢어져 남은 거푸집 쪽널도 완전히 제거해야 한다.

50 공정별 검사항목 중 용접 전 검사에 해당되지 않는 것은?

① 트임새 모양
② 비파괴 검사
③ 모아대기법
④ 용접자세의 적부

[해설] 비파괴 검사는 용접 후 검사항목이다.

51 철골 내화피복공사 중 멤브레인 공법에 사용되는 재료는?

① 경량 콘크리트
② 철망 모르타르
③ 뿜칠 플라스터
④ 암면 흡음판

[해설] 암면 흡음판을 사용하는 공법은 멤브레인 공법이다.

52 콘크리트용 혼화재 중 포졸란을 사용한 콘크리트의 효과로 옳지 않은 것은?

① 워커빌리티가 좋아지고 블리딩 및 재료 분리가 감소된다.
② 수밀성이 크다.
③ 조기강도는 매우 크나 장기강도의 증진은 낮다.
④ 해수 등에 화학적 저항이 크다.

[해설] 포졸란 반응으로 수밀성이 증가하며, 장기강도도 증가하여 구조용 또는 미장용 모르타르로 사용한다.

53 콘크리트의 측압에 관한 설명으로 옳지 않은 것은?

① 콘크리트 타설 속도가 빠를수록 측압이 크다.
② 콘크리트의 비중이 클수록 측압이 크다.
③ 콘크리트의 온도가 높을수록 측압이 작다.
④ 진동기를 사용하여 다질수록 측압이 작다.

[해설] 진동기를 사용하여 다질수록 측압이 커진다.

54 도급계약서에 첨부하지 않아도 되는 서류는?

① 설계도면
② 공사시방서
③ 시공계획서
④ 현장설명서

[해설] 도급계약서에 첨부하는 서류에는 설계도면, 공사시방서, 현장설명서 등이 해당된다.

55 기초공사의 지정공사 중 얕은 지정공법이 아닌 것은?

① 모래지정
② 잡석지정
③ 나무말뚝지정
④ 밑창콘크리트 지정

[해설] 나무말뚝지정은 깊은 지정공법에 해당된다.

정답 | 48 ② 49 ④ 50 ② 51 ④ 52 ③ 53 ④ 54 ③ 55 ③

56 시방서에 관한 설명으로 옳지 않은 것은?

① 설계도면과 공사시방서에 상이점이 있을 때는 주로 설계도면이 우선한다.
② 시방서 작성 시에는 공사 전반에 걸쳐 시공 순서에 맞게 빠짐없이 기재한다.
③ 성능시방서란 목적하는 결과, 성능의 판정기준, 이를 판별할 수 있는 방법을 규정한 시방서이다.
④ 시방서에는 사용재료의 시험검사방법, 시공의 일반사항 및 주의사항, 시공정밀도, 성능의 규정 및 지시 등을 기술한다.

[해설] 설계도면과 공사시방서에 상이점이 있을 때는 공사시방서가 우선한다.

57 Earth Anchor 시공에서 앵커의 스트랜드는 어디에 정착되는가?

① Angle Bracket
② Packer
③ Sheath
④ Anchor Head

[해설] Earth Anchor 시공에서 앵커의 스트랜드는 앵커헤드(Anchor Head)에 정착된다.

58 건설공사의 공사비 절감요소 중에서 집중분석하여야 할 부분과 거리가 먼 것은?

① 단가가 높은 공종
② 지하공사 등의 어려움이 많은 공종
③ 공사비 금액이 큰 공종
④ 공사실적이 많은 공종

[해설] 공사비 절감을 위해서는 단가가 높은 공종, 지하공사 등의 어려움이 많은 공종, 공사비 금액이 큰 공종을 분석해야 한다.

59 그림과 같은 독립기초의 흙파기량을 옳게 산출한 것은?

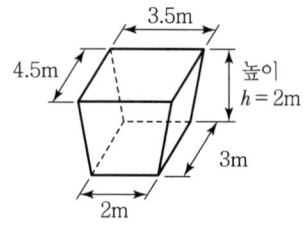

① 19.5m³
② 21.8m³
③ 23.7m³
④ 25.4m³

[해설]
- 윗면 넓이 = 3.5×4.5 = 15.75m²
- 밑면 넓이 = 2×3 = 6m²
- 윗면과 밑면의 평균넓이 = (15.75+6)/2 = 10.875m²
- ∴ 흙파기량(체적) = 평균넓이×높이 = 10.875×2 = 21.75m³

60 한중 콘크리트에 관한 설명으로 옳지 않은 것은?

① 골재가 동결되어 있거나 골재에 빙설이 혼입되어 있는 골재는 그대로 사용할 수 없다.
② 재료를 가열할 경우, 시멘트를 직접 가열하는 것으로 하며, 물 또는 골재는 어떠한 경우라도 직접 가열할 수 없다.
③ 한중 콘크리트에는 공기연행콘크리트를 사용하는 것을 원칙으로 한다.
④ 단위수량은 초기동해를 적게 하기 위하여 소요의 워커빌리티를 유지할 수 있는 범위 내에서 되도록 적게 정하여야 한다.

[해설] 재료를 가열할 경우, 골재나 시멘트를 직접 가열하면 안 된다.

4과목
건설재료학

61 점토제품 제조에 관한 설명으로 옳지 않은 것은?

① 원료조합에는 필요한 경우 제점제를 첨가한다.
② 반죽과정에서는 수분이나 경도를 균질하게 한다.
③ 숙성과정에서는 반죽덩어리를 되도록 크게 뭉쳐 둔다.
④ 성형은 건식, 반건식, 습식 등으로 구분한다.

[해설] 숙성과정에서는 반죽덩어리를 되도록 작게 뭉쳐 둔다.

정답 | 56 ① 57 ④ 58 ④ 59 ② 60 ② 61 ③

62 목재의 수용성 방부제 중 방부효과는 좋으나 목질부를 약화시켜 전기전도율이 증가되고 비내구성인 것은?

① 황산동 1% 용액
② 염화아연 4% 용액
③ 크레오소트 오일
④ 염화 제2수은 1% 용액

해설 **목재의 수용성 방부제 종류**
- 황산동 1%
- 염화아연 4%
- 불화소다 2%
- PF 방부제
- CCA 방부제 등

63 유리면에 부식액의 방호막을 붙이고 이 막을 모양에 맞게 오려낸 후 그 부분에 유리부식액을 발라 소요 모양으로 만들어 장식용으로 사용하는 유리는?

① 샌드 블라스트 유리
② 에칭 유리
③ 매직 유리
④ 스팬드럴 유리

해설 **에칭 유리**
유리면에 부식액의 방호막을 붙이고 이 막을 모양에 맞게 오려낸 후 그 부분에 유리부식액을 발라 소요 모양으로 만들어 장식용으로 사용하는 유리이다.

64 목재 및 기타 식물의 섬유질소편에 합성수지접착제를 도포하여 가열압착성형한 판상제품은?

① 파티클 보드
② 시멘트목질판
③ 집성목재
④ 합판

해설 **파티클 보드(Particle Board, Chip Board)**
목재 또는 기타 식물질을 작은 조각으로 하여 충분히 건조시킨 후 성형, 열압하여 제판한 판(Board)을 말한다.

65 용이하게 거푸집에 충전시킬 수 있으며 거푸집을 제거하면 서서히 형태가 변화하나, 재료가 불리되지 않아 굳지 않는 콘크리트의 성질은 무엇인가?

① 워커빌리티
② 컨시스턴시
③ 플라스티시티
④ 피니셔빌리티

해설 플라스티시티는 거푸집에 용이하게 충전하고 분리가 일어나지 않는 정도를 말한다.

66 다음 중 점토 제품이 아닌 것은?

① 테라조
② 테라코타
③ 타일
④ 내화벽돌

해설 **테라조(Terrazzo)**
대리석, 화강석 등을 종석으로 하여 시멘트와 혼합하여 시공하고 경화 후 가공 연마하여 미려한 광택을 갖도록 마감한 것이다.

67 콘크리트 혼화제 중 AE제를 사용하는 목적과 가장 거리가 먼 것은?

① 동결 융해에 대한 저항성 개선
② 단위수량 감소
③ 워커빌리티 향상
④ 철근과의 부착강도 증대

해설 AE제를 사용하면 단위수량 감소로 물시멘트비(W/C)가 감소되고 콘크리트 내구성 향상 및 동결에 대한 저항성이 증대된다.

68 KS F 2527에 규정된 콘크리트용 부순 굵은 골재의 물리적 성질을 알기 위한 실험항목 중 흡수율의 기준으로 옳은 것은?

① 1% 이하
② 3% 이하
③ 5% 이하
④ 10% 이하

해설 흡수율의 기준은 3% 이하이다

69 건출물에 통상 사용되는 도료 중 내후성, 내알칼리성, 내산성 및 내수성이 가장 좋은 것은?

① 에나멜 페인트
② 페놀수지 바니시
③ 알루미늄 페인트
④ 에폭시 수지 도료

해설 에폭시 수지(Epoxy Resin)는 내약품성, 내열성이 뛰어나고 산·알칼리에 강하다.

정답 | 62 ② 63 ② 64 ① 65 ③ 66 ① 67 ④ 68 ② 69 ④

70 콘크리트 타설 중 발생되는 재료분리에 대한 대책으로 가장 알맞은 것은?

① 굵은 골재의 최대치수를 크게 한다.
② 바이브레이터로 최대한 진동을 가한다.
③ 단위수량을 크게 한다.
④ AE제나 플라이애시 등을 사용한다.

해설) AE제나 플라이애시 등을 사용할 경우 재료분리를 예방할 수 있다.

71 콘크리트 바닥강화재의 사용목적과 가장 거리가 먼 것은?

① 내마모성 증진 ② 내화학성 증진
③ 분진방지성 증진 ④ 내화성 증진

해설) 바닥강화재를 사용하면 내마모성, 내화학성, 분진방지성이 증대된다.

72 구리에 관한 설명으로 옳지 않은 것은?

① 상온에서 연성, 전성이 풍부하다.
② 열 및 전기전도율이 크다.
③ 암모니아와 같은 약알칼리에 강하다.
④ 황동은 구리와 아연을 주체로 한 합금이다.

해설) 구리는 알칼리에 약하다.

73 다음 중 플라스틱(plastic)의 장점으로 옳지 않은 것은?

① 전기절연성이 양호하다.
② 가공성이 우수하다.
③ 비강도가 콘크리트에 비해 크다.
④ 경도 및 내마모성이 강하다.

해설) 열가소성 플라스틱은 경도 및 내마모성이 약하다.

74 지하실 방수공사에 사용되며 아스팔트 펠트, 아스팔트 루핑 방수재료의 원료로 사용되는 것은?

① 스트레이트 아스팔트 ② 블루운 아스팔트
③ 아스팔트 컴파운드 ④ 아스팔트 프라이머

해설) 스트레이트 아스팔트(Straight Asphalt)는 내후성이 약하고 온도에 의한 결점이 있어 지하실 방수공사 외에는 잘 사용하지 않는다.

75 다음 중 화성암에 속하는 석재는?

① 부석 ② 사암
③ 석회석 ④ 사문암

해설) 화성암은 화강암, 안산암, 현무암, 감람석, 부석 등이 있다.

76 다음 재료 중 건물외벽에 사용하기에 적합하지 않은 것은?

① 유성페인트
② 바니쉬
③ 에나멜페인트
④ 합성수지 에멀션페인트

해설) 바니쉬는 광택이 있고 투명하며 단단한 도막을 만드나 내후성이 약한 단점이 있어 목재의 도장에 많이 사용한다.

77 고온소성의 무수석고를 특별한 화학처리를 한 것으로 경화 후 아주 단단해지며 킨스시멘트라고도 하는 것은?

① 돌로마이터 플라스터 ② 스탁코
③ 순석고 플라스터 ④ 경석고 플라스터

해설) 무수석고에 경화 촉진제로서 화학처리한 것을 경석고 플라스터라 한다.

78 내열성이 매우 우수하며 물을 튀기는 발수성을 가지고 있어서 방수재료는 물론 개스킷, 패킹, 전기절연재, 기타 성형품의 원료로 이용되는 합성수지는?

① 멜라민 수지
② 페놀 수지
③ 실리콘 수지
④ 폴리에틸렌 수지

[해설] 실리콘 수지(Silicon Resin)는 내열성(-80~250℃)이 우수하고, 내수성·발수성이 좋으며 전기절연성이 좋다.

79 금속재료의 부식을 방지하는 방법이 아닌 것은?

① 이종 금속을 인접 또는 접촉시켜 사용하지 말 것
② 균질한 것을 선택하고 사용 시 큰 변형을 주지 말 것
③ 큰 변형을 준 것은 풀림(annealing)하지 않고 사용할 것
④ 표면을 평활하고 깨끗이 하며, 가능한 건조 상태로 유지할 것

[해설] 큰 변형을 준 것은 가능한 한 풀림하여 사용한다.

80 투사광선의 방향을 변화시키거나 집중 또는 확산시킬 목적으로 만든 이형 유리제품으로 주로 지하실 또는 지붕 등의 채광용으로 사용되는 것은?

① 프리즘 유리
② 복층 유리
③ 망입 유리
④ 강화 유리

[해설] 프리즘 유리는 지하실 채광용으로 주로 사용된다.

5과목
건설안전기술

81 포화도 80%, 함수비 28%, 흙 입자의 비중이 2.7일 때 공극비를 구하면?

① 0.940
② 0.945
③ 0.950
④ 0.955

[해설] 포화도, 공극비, 함수비 및 흙의 비중은 다음의 관계가 있다. $Se = wG_s$

따라서, 공극비(e) $= \dfrac{wG_s}{S}$

$= \dfrac{28 \times 2.7}{80}$

$= 0.945$

82 산업안전보건관리비 중 안전시설비의 항목에서 사용할 수 있는 항목에 해당하는 것은?

① 외부인 출입금지, 공사장 경계표시를 위한 가설울타리
② 작업발판
③ 절토부 및 성토부 등의 토사유실 방지를 위한 설비
④ 사다리 전도방지장치

[해설] 사다리 전도방지장치는 산업안전보건관리비 중 안전시설비의 항목에서 사용할 수 있다.

83 건설현장에서 계단을 설치하는 경우 계단의 높이가 최소 몇 미터 이상일 때 계단의 개방된 측면에 안전난간을 설치하여야 하는가?

① 0.8m
② 1.0m
③ 1.2m
④ 1.5m

[해설] 높이 1m 이상인 계단의 개방된 측면에 안전난간을 설치한다.

84 다음 터널 공법 중 전단면 기계 굴착에 의한 공법에 속하는 것은?

① ASSM(American Steel Supported Method)
② NATM(New Austrian Tunneling Method)
③ TBM(Tunnel Boring Machine)
④ 개착식 공법

[해설] TBM(Tunnel Boring Machine)은 전단면 기계 굴착에 의한 터널굴착 공법이다.

정답 | 78 ③ 79 ③ 80 ① 81 ② 82 ④ 83 ② 84 ③

85 가설통로 설치 시 경사가 몇 도를 초과하면 미끄러지지 않는 구조로 설치하여야 하는가?

① 15° ② 20°
③ 25° ④ 30°

[해설] 가설통로 설치 시 경사가 15°를 초과하면 미끄러지지 않는 구조로 설치하여야 한다.

86 크레인 운전실을 통하는 통로의 끝과 건설물 등의 벽체와의 간격은 최대 얼마 이하로 하여야 하는가?

① 0.3m ② 0.4m
③ 0.5m ④ 0.6m

[해설] 크레인의 운전실 또는 운전대를 통하는 통로의 끝과 건설물 등 벽체의 간격은 0.3m 이하로 하여야 한다.

87 옹벽 축조를 위한 굴착작업에 관한 설명으로 옳지 않은 것은?

① 수평 방향으로 연속적으로 시공한다.
② 하나의 구간을 굴착하면 방치하지 말고 기초 및 본체구조물 축조를 마무리 한다.
③ 절취경사면에 전석, 낙석의 우려가 있고 혹은 장기간 방치할 경우에는 숏크리트, 록볼트, 캔버스 및 모르타르 등으로 방호한다.
④ 작업위치 좌우에 만일의 경우에 대비한 대피통로를 확보하여 둔다.

[해설] 옹벽 축조를 위한 굴착작업 시 수평 방향으로 연속적으로 시공하면 붕괴 위험이 높아진다.

88 부두 등의 하역작업장에서 부두 또는 안벽의 선을 따라 설치하는 통로의 최소폭 기준은?

① 30cm 이상 ② 50cm 이상
③ 70cm 이상 ④ 90cm 이상

[해설] 부두 또는 안벽의 선을 따라 통로를 설치할 때는 폭을 90cm 이상으로 하여야 한다.

89 이동식 비계 작업 시 주의사항으로 옳지 않은 것은?

① 비계의 최상부에서 작업을 하는 경우에는 안전난간을 설치한다.
② 이동 시 작업지휘자가 이동식 비계에 탑승하여 이동하며 안전 여부를 확인하여야 한다.
③ 비계를 이동시키고자 할 때는 바닥의 구멍이나 머리 위의 장애물을 사전에 점검한다.
④ 작업발판은 항상 수평을 유지하고 작업발판 위에서 안전난간을 딛고 작업을 하거나 받침대 또는 사다리를 사용하여 작업하지 않도록 한다.

[해설] 이동식 비계 작업 시 이동할 경우에는 작업원이 없는 상태로 유지해야 한다.

90 가설구조물의 특징이 아닌 것은?

① 연결재가 적은 구조로 되기 쉽다.
② 부재결합이 불완전할 수 있다.
③ 영구적인 구조설계의 개념이 확실하게 적용된다.
④ 단면에 결함이 있기 쉽다.

[해설] 가설구조물은 임시구조물의 설계 개념이 적용된다.

91 운반작업 중 요통을 일으키는 인자와 가장 거리가 먼 것은?

① 물건의 중량
② 작업 자세
③ 작업 시간
④ 물건의 표면마감 종류

[해설] ④는 요통을 일으키는 인자와 거리가 멀다.

92 콘크리트용 거푸집의 재료에 해당되지 않는 것은?

① 철재 ② 목재
③ 석면 ④ 경금속

[해설] 석면은 콘크리트용 거푸집의 재료에 해당되지 않는다.

정답 | 85 ① 86 ① 87 ① 88 ④ 89 ② 90 ③ 91 ④ 92 ③

93 물체가 떨어지거나 날아올 위험 또는 근로자가 추락할 위험이 있는 작업 시 착용하여야 할 보호구는?

① 보안경　　② 안전모
③ 방열복　　④ 방한복

해설) 안전모에 대한 설명이다.

94 건설현장에서 사용하는 공구 중 토공용이 아닌 것은?

① 착암기　　② 포장 파괴기
③ 연마기　　④ 점토 굴착기

해설) 연마기는 석재 가공용 기계에 해당된다.

95 공사종류 및 규모별 산업안전보건관리비 계상기준표에서 공사종류의 명칭에 해당되지 않는 것은?

① 건축공사　　② 철도 및 궤도신설공사
③ 중건설공사　　④ 특수건설공사

해설) 공사종류 및 규모별 산업안전관리비 계상기준표의 항목으로는 건축공사, 토목공사, 중건설공사, 특수건설공사가 있다.

96 콘크리트 타설작업을 하는 경우에 준수해야 할 사항으로 옳지 않은 것은?

① 콘크리트를 타설하는 경우에는 편심을 유발하여 한쪽 부분부터 밀실하게 타설되도록 유도할 것
② 당일의 작업을 시작하기 전에 해당 작업에 관한 거푸집 및 동바리등의 변형·변위 및 지반의 침하 유무 등을 점검하고 이상이 있으며 보수할 것
③ 작업 중에는 거푸집 및 동바리등의 변형·변위 및 침하 유무 등을 감시할 수 있는 감시자를 배치하여 이상이 있으면 작업을 중지하고 근로자를 대피시킬 것
④ 설계도서상의 콘크리트 양생기간을 준수하여 거푸집 및 동바리등을 해체할 것

해설) 콘크리트를 타설하는 경우에는 한쪽으로 편심이 작용하지 않도록 해야 한다.

97 다음 그림은 풍화암에서 토사붕괴를 예방하기 위한 기울기를 나타낸 것이다. x의 값은?

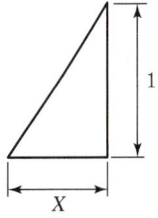

① 1.0　　② 0.8
③ 0.5　　④ 0.3

해설) **굴착면의 기울기 기준**

지반의 종류	굴착면의 기울기
모래	1 : 1.8
연암 및 풍화암	1 : 1.0
경암	1 : 0.5
그 밖의 흙	1 : 1.2

98 지반의 사면파괴 유형 중 유한사면의 종류가 아닌 것은?

① 사면내 파괴　　② 사면선단 파괴
③ 사면저부 파괴　　④ 직립사면 파괴

해설) 지반의 사면파괴 유형 중 유한사면에 해당되는 형태에는 사면내 파괴, 사면 선단파괴, 사면저부 파괴가 해당된다.

99 건설현장에서의 PC(Precast Concrete) 조립 시 안전대책으로 옳지 않은 것은?

① 달아 올린 부재의 아래에서 정확한 상황을 파악하고 전달하여 작업한다.
② 운전자는 부재를 달아 올린 채 운전대를 이탈해서는 안 된다.
③ 신호는 사전 정해진 방법에 의해서만 실시한다.
④ 크레인 사용 시 PC판의 중량을 고려하여 아웃트리거를 사용한다.

해설) 달아 올린 부재의 아래에는 작업원이 없도록 해야 한다.

정답 | 93 ② 94 ③ 95 ② 96 ① 97 ① 98 ④ 99 ①

100 철근 콘크리트 공사에서 거푸집 및 동바리의 해체 시기를 결정하는 요인으로 가장 거리가 먼 것은?

① 시방서 상의 거푸집 존치기간의 경과
② 콘크리트 강도시험 결과
③ 동절기일 경우 적산온도
④ 후속공정의 착수시기

해설 후속공정의 착수시기는 거푸집 및 동바리의 해체 시기와 거리가 멀다.

2020년 4회

1과목
산업안전관리론

01 리더십(leadership)의 특성에 대한 설명으로 옳은 것은?

① 지휘형태는 민주적이다.
② 권한여부는 위에서 위임된다.
③ 구성원과의 관계는 지배적 구조이다.
④ 권한근거는 법적 또는 공식적으로 부여된다.

해설 리더십은 집단 구성원에 의해 내부적으로 선출됨에 따라 개인능력에 따라 선출 여부가 결정되고 그를 근거로 하여 권한을 행사하기 때문에 지휘형태는 민주적이다.

02 재해 원인을 통상적으로 직접원인과 간접원인으로 나눌 때 직접원인에 해당되는 것은?

① 기술적 원인
② 물적 원인
③ 교육적 원인
④ 관리적 원인

해설 직접원인
1. 불안전한 행동(인적 원인)
2. 불안전한 상태(물적 원인)

03 인간관계인 메커니즘 중 다른 사람의 행동 양식이나 태도를 투입시키거나, 다른 사람 가운데서 자기와 비슷한 점을 발견하는 것을 무엇이라고 하는가?

① 투사(Projection)
② 모방(Imitation)
③ 암시(Suggestion)
④ 동일화(Identification)

해설 동일화(Identification)
다른 사람의 행동양식이나 태도를 투입시키거나 다른 사람 가운데서 자기와 비슷한 점을 발견하는 것

04 알더퍼의 ERG(Existence Relation Growth) 이론에서 생리적 욕구, 물리적 측면의 안전 욕구 등 저차원적 욕구에 해당하는 것은?

① 관계 욕구
② 성장 욕구
③ 존재 욕구
④ 사회적 욕구

해설 E(Existence) : 존재의 욕구
생리적 욕구나 안전 욕구와 같이 인간이 자신의 존재를 확보하는 데 필요한 욕구이다. 또한 여기에는 급여, 부가급, 육체적 작업에 대한 욕구 그리고 물질적 욕구가 포함된다.

05 안전교육 계획 수립 시 고려하여야 할 사항과 관계가 가장 먼 것은?

① 필요한 정보를 수집한다.
② 현장의 의견을 충분히 반영한다.
③ 법 규정에 의한 교육에 한정한다.
④ 안전교육 시행 체계와의 관련을 고려한다.

해설 안전보건교육 계획 수립 시 고려사항
1. 필요한 정보를 수집
2. 현장의 의견을 충분히 반영
3. 안전보건교육 시행체계와의 관련을 고려
4. 법 규정에 의한 교육에만 그치지 않는다.

06 기능(기술)교육의 진행방법 중 하버드 학파의 5단계 교수법의 순서로 옳은 것은?

① 준비 → 연합 → 교시 → 응용 → 총괄
② 준비 → 교시 → 연합 → 총괄 → 응용
③ 준비 → 총괄 → 연합 → 응용 → 교시
④ 준비 → 응용 → 총괄 → 교시 → 연합

정답 | 01 ① 02 ② 03 ④ 04 ③ 05 ③ 06 ②

[해설] **하버드 학파의 5단계 교수법(사례연구 중심)**
- 1단계 : 준비시킨다(Preparation).
- 2단계 : 교시한다(Presentation).
- 3단계 : 연합한다(Association).
- 4단계 : 총괄한다(Generalization).
- 5단계 : 응용시킨다(Application).

07 산업안전보건법령상 안전모의 시험성능기준 항목이 아닌 것은?

① 난연성 ② 인장성
③ 내관통성 ④ 충격흡수성

[해설] **안전모 성능시험 항목**
- 내관통성
- 충격흡수성
- 내전압성
- 내수성
- 난연성
- 턱끈풀림

08 위험예지훈련 4라운드 기법의 진행방법에 있어 문제점 발견 및 중요 문제를 결정하는 단계는?

① 대책수립 단계 ② 현상파악 단계
③ 본질추구 단계 ④ 행동목표설정 단계

[해설] **위험예지훈련의 추진을 위한 문제해결 4단계(4라운드)**
- 1라운드 : 현상파악(사실의 파악)
- 2라운드 : 본질추구(위험요인, 문제점 발견 및 위험 포인트 결정)
- 3라운드 : 대책수립(대책을 세운다)
- 4라운드 : 목표설정(행동계획 작성)

09 태풍, 지진 등의 천재지변이 발생한 경우나 이상상태 발생 시 기능상 이상 유·무에 대한 안전점검의 종류는?

① 일상안전점검 ② 정기안전점검
③ 수시안전점검 ④ 특별안전점검

[해설] **특별안전점검**
기계·기구의 신설 및 변경 시 고장, 수리 등에 의해 부정기적으로 실시하는 점검으로 안전강조기간 등에 실시하는 점검이다.

10 산업안전보건법령상 근로자 안전보건교육 대상과 교육기간으로 옳은 것은?

① 정기교육인 경우 : 사무직 종사근로자 – 매 반기 6시간 이상
② 정기교육인 경우 : 관리감독자 지위에 있는 사람 – 연간 10시간 이상
③ 채용 시 교육인 경우 : 일용근로자 – 4시간 이상
④ 작업내용 변경 시 교육인 경우 : 일용근로자 – 2시간 이상

[해설] **근로자 안전보건교육**

교육과정	교육대상	교육시간
가. 정기교육	사무직 종사 근로자	매 반기 6시간 이상
	관리감독자	연간 16시간 이상
나. 채용 시의 교육	일용근로자 및 근로계약기간이 1주일 이하인 기간제근로자	1시간 이상
다. 작업내용 변경 시의 교육	일용근로자 및 근로계약기간이 1주일 이하인 기간제근로자	1시간 이상

11 재해예방의 4원칙에 해당하는 내용이 아닌 것은?

① 예방가능의 원칙 ② 원인계기의 원칙
③ 손실우연의 원칙 ④ 사고조사의 원칙

[해설] **재해예방의 4원칙**
1. 손실우연의 원칙
2. 원인연계(계기)의 원칙
3. 예방가능의 원칙
4. 대책선정의 원칙

12 학습성취에 직접적인 영향을 미치는 요인과 가장 거리가 먼 것은?

① 적성 ② 준비도
③ 개인차 ④ 동기유발

[해설] **학습성취에 영향을 미치는 요인**
1. 준비도
2. 개인차
3. 동기유발

정답 | 07 ② 08 ③ 09 ④ 10 ① 11 ④ 12 ①

13 산업안전보건법령상 안전보건표지의 종류 중 인화성 물질에 관한 표지에 해당하는 것은?

① 금지표시   ② 경고표시
③ 지시표시   ④ 안내표시

해설 안전보건표지의 종류와 형태(경고표지)

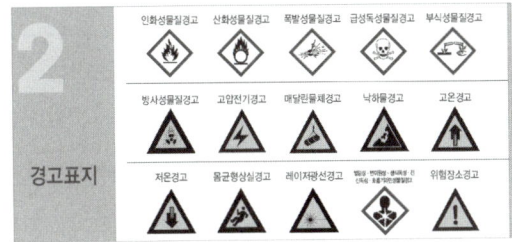

14 인지과정 착오의 요인이 아닌 것은?

① 정서 불안정   ② 감각차단 현상
③ 작업자의 기능미숙   ④ 생리·심리적 능력의 한계

해설 인지과정 착오의 요인
- 심리적 능력의 한계
- 감각차단현상
- 정보량의 한계
- 정서 불안정

15 안전관리조직의 형태 중 라인스탭형에 대한 설명으로 틀린 것은?

① 대규모 사업장(1,000명 이상)에 효율적이다.
② 안전과 생산업무가 분리될 우려가 없기 때문에 균형을 유지할 수 있다.
③ 모든 안전관리 업무를 생산라인을 통하여 직선적으로 이루어 지도록 편성된 조직이다.
④ 안전업무를 전문적으로 담당하는 스탭 및 생산라인의 각 계층에도 겸임 또는 전임의 안전담당자를 둔다.

해설 안전관리 업무가 직선적인 조직은 라인(Line)형 조직이다.

16 O.J.T(On the Job Training)의 특징 중 틀린 것은?

① 훈련과 업무의 계속성이 끊어지지 않는다.
② 직장과 실정에 맞게 실제적 훈련이 가능하다.
③ 훈련의 효과가 곧 업무에 나타나며, 훈련의 개선이 용이하다.
④ 다수의 근로자들에게 조직적 훈련이 가능하다.

해설 다수의 근로자들에게 조직적 훈련이 가능한 교육은 Off J.T이다.

17 재해의 원인과 결과를 연계하여 상호 관계를 파악하기 위해 도표화하는 분석방법은?

① 관리도   ② 파레토도
③ 특성요인도   ④ 크로스분류도

해설 특성요인도
특성과 요인관계를 도표로 하여 어골상으로 세분화한 분석법(원인과 결과를 연계하여 상호관계를 파악)이다.

18 연간 근로자수가 300명인 A공장에서 지난 1년간 1명의 재해자(신체장해등급 : 1급)가 발생하였다면 이 공장의 강도율은? (단, 근로자 1인당 1일 8시간씩 연간 300일을 근무하였다.)

① 4.27   ② 6.42
③ 10.05   ④ 10.42

해설 $강도율 = \dfrac{근로손실일수}{연근로시간수} \times 1{,}000$
$= \dfrac{7{,}500}{300 \times 8 \times 300} \times 1{,}000$
$= 10.42$

19 무재해 운동의 이념 가운데 직장의 위험 요인을 행동하기 전에 예지하여 발견, 파악, 해결하는 것을 의미하는 것은?

① 무의 원칙   ② 선취의 원칙
③ 참가의 원칙   ④ 인간 존중의 원칙

해설 무재해 운동 안전제일의 원칙(선취의 원칙)
직장의 위험요인을 행동하기 전에 발견·파악·해결하여 재해를 예방한다.

정답 | 13 ② 14 ③ 15 ③ 16 ④ 17 ③ 18 ④ 19 ②

20 상황성 누발자의 재해유발원인과 거리가 먼 것은?

① 작업의 어려움　② 기계설비의 결함
③ 심신의 근심　④ 주의력의 산만

해설　**상황성 누발자(다발자)**
작업이 어렵거나, 기계설비의 결함, 주의력의 집중이 혼란된 경우, 심신의 근심으로 사고 경향자가 되는 경우(상황이 변하면 안전한 성향으로 바뀜)이다.

2과목
인간공학 및 시스템공학

21 시스템 수명주기 단계 중 이전 단계들에서 발생되었던 사고 또는 사건으로부터 축적된 자료에 대해 실증을 통한 문제를 규명하고 이를 최소화하기 위한 조치를 마련하는 단계는?

① 구상단계　② 정의단계
③ 생산단계　④ 운전단계

해설　시스템 수명주기 중 가장 마지막 단계인 운전단계에서 실시된다.
시스템 수명주기
구상단계 → 정의단계 → 개발단계 → 생산단계 → 운전단계

22 산업안전보건법령상 정밀작업 시 갖추어져야 할 작업면의 조도 기준은? (단, 갱내 작업장과 감광재료를 취급하는 작업장은 제외한다.)

① 75럭스 이상　② 150럭스 이상
③ 300럭스 이상　④ 750럭스 이상

해설　작업별 조도기준은 다음과 같다.
- 초정밀작업 : 750lux 이상
- 정밀작업 : 300lux 이상
- 보통작업 : 150lux 이상
- 기타 작업 : 75lux 이상

23 FTA에 의한 재해사례 연구의 순서를 올바르게 나열한 것은?

A. 목표사상 선정
B. FT도 작성
C. 사상마다 재해원인 규명
D. 개선계획 작성

① A→B→C→D　② A→C→B→D
③ B→C→A→D　④ B→A→C→D

해설　**FTA에 의한 재해사례 연구순서(D. R. Cheriton)**
1. 목표사상 선정
2. 사상마다의 재해원인 규명
3. FT도의 작성
4. 개선계획의 작성

24 반복되는 사건이 많이 있는 경우에 FTA의 최소 컷셋을 구하는 알고리즘이 아닌 것은?

① Fussel Algorithm
② Boolean Algorithm
③ Monte Carlo Algorithm
④ Limnios&Ziani Algorithm

해설　몬테카를로 알고리즘(Monte Carlo Algorithm)은 난수를 이용하여 함수 값을 확률적으로 계산하는 방법이다.

25 조작자 한 사람의 신뢰도가 0.9일 때 요원을 중복하여 2인 1조가 되어 작업을 진행하는 공정이 있다. 작업 기간 중 항상 요원 지원을 한다면 이 조의 인간 신뢰도는?

① 0.93　② 0.94
③ 0.96　④ 0.99

해설　신뢰도 = 1 − (1 − 0.9)(1 − 0.9) = 0.99

26 신뢰도가 0.4인 부품 5개가 병렬결합 모델로 구성된 제품이 있을 때 이 제품의 신뢰도는?

① 0.90　② 0.91
③ 0.92　④ 0.93

해설　신뢰도(R) = 1 − (1 − 0.4)(1 − 0.4)(1 − 0.4)(1 − 0.4)(1 − 0.4)
= 0.92224 ≒ 0.92

정답 | 20 ④　21 ④　22 ③　23 ②　24 ③　25 ④　26 ③

27 주물공장 A작업자의 작업지속시간과 휴식시간을 열압박지수(HSI)를 활용하여 계산하니 각각 45분, 15분이었다. A작업자의 1일 작업량(TW)은 얼마인가? (단, 휴식시간은 포함하지 않으며, 1일 근무시간은 8시간이다.)

① 4.5시간 ② 5시간
③ 5.5시간 ④ 6시간

해설) 작업시간 = 1일 근무시간 × $\dfrac{\text{작업지속시간}}{\text{작업지속시간}+\text{휴식시간}}$

$= 480\min \times \dfrac{45\min}{45\min+15\min}$

$= 6H$

28 다수의 표시장치(디스플레이)를 수평으로 배열할 경우 해당 제어장치를 각각의 표시장치 아래에 배치하면 좋아지는 양립성의 종류는?

① 공간 양립성 ② 운동 양립성
③ 개념 양립성 ④ 양식 양립성

해설) **공간적 양립성**
어떤 사물들, 특히 표시장치나 조정장치의 물리적 형태나 공간적인 배치의 양립성을 말한다.

29 환경요소의 조합에 의해서 부과되는 스트레스나 노출로 인해서 개인에 유발되는 긴장(strain)을 나타내는 환경요소 복합지수가 아닌 것은?

① 카타온도(kata temperature)
② Oxford 지수(wet-dry index)
③ 실효온도(effective temperature)
④ 열 스트레스 지수(heat stress index)

해설) **카타온도(kata temperature)**
덥거나 춥다고 느끼는 체감의 정도를 나타내는 체감온도이다.

30 표시 값의 변화 방향이나 변화 속도를 나타내어 전반적인 추이의 변화를 관측할 필요가 있는 경우에 가장 적합한 표시장치 유형은?

① 계수형(digital) ② 묘사형(descriptive)
③ 동목형(moving scale) ④ 동침형(moving pointer)

해설) **정량적 표시장치 중 동침형(Moving Pointer)**
고정된 눈금상에서 지침이 움직이면서 값을 나타내는 방법으로 지침의 위치가 일종의 인식상의 단서로 작용하는 이점이 있다.

31 MIL-STD-882E에서 분류한 심각도(severity) 카테고리 범주에 해당하지 않는 것은?

① 재앙수준(catastrophic)
② 임계수준(critical)
③ 경계수준(precautionaryy)
④ 무시가능수준(negligible)

해설) **시스템 위험성의 분류**
- 범주(Category) Ⅰ, 파국(Catastrophic)
- 범주(Category) Ⅱ, 위험(Critical)
- 범주(Category) Ⅲ, 한계(Marginal)
- 범주(Category) Ⅳ, 무시(Negligible)

32 다음 중 육체적 활동에 대한 생리학적 측정방법과 가장 거리가 먼 것은?

① EMG ② EEG
③ 심박수 ④ 에너지소비량

해설) 뇌전도(EEG)는 정신적 활동에 대한 측정방법이다.

33 작업기억(working memory)과 관련된 설명으로 옳지 않은 것은?

① 오랜 기간 정보를 기억하는 것이다.
② 작업기억 내의 정보는 시간이 흐름에 따라 쇠퇴할 수 있다.
③ 작업기억의 정보는 일반적으로 시각, 음성, 의미 코드의 3가지로 코드화된다.
④ 리허설(rehearsal)은 정보를 작업기억 내에 유지하는 유일한 방법이다.

해설) 작업기억은 단기기억으로써, 작업기억 내의 정보는 시간이 흐름에 따라 쇠퇴할 수 있다.

정답 | 27 ④ 28 ① 29 ① 30 ④ 31 ③ 32 ② 33 ①

34 다음 형상 암호화 조종장치 중 이산 멈춤 위치용 조종장치는?

①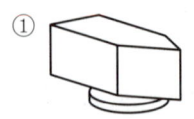
②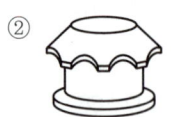
③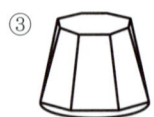
④

해설 | 형상 암호화된 조종장치

구분	조종장치
이산 멈춤 위치용	

35 활동이 내용마다 "우·양·가·불가"로 평가하고 이 평가내용을 합하여 다시 종합적으로 정규화하여 평가하는 안전성 평가기법은?

① 평점척도법
② 쌍대비교법
③ 계층적 기법
④ 일관성 검정법

해설 | 평점척도법
정량화 하기 어려운 활동 또는 상태에 대해 '수, 우, 미, 양, 가' 등으로 미리 정한 범주에 따라 평가하여 정규화하는 평가 척도이다.

36 조종장치의 촉각적 암호화를 위하여 고려하는 특성으로 볼 수 없는 것은?

① 형상
② 무게
③ 크기
④ 표면 촉감

해설 | 조정장치의 촉각적 암호화
- 표면촉감을 사용하는 경우
- 형상을 구별하는 경우
- 크기를 구별하는 경우

37 인간-기계 시스템을 설계하기 위해 고려해야 할 사항과 거리가 먼 것은?

① 시스템 설계 시 동작 경제의 원칙이 만족되도록 고려한다.
② 인간과 기계가 모두 복수인 경우, 종합적인 효과 보다 기계를 우선적으로 고려한다.
③ 대상이 되는 시스템이 위치할 환경 조건이 인간에 대한 한계치를 만족하는가의 여부를 조한다.
④ 인간이 수행해야 할 조작이 연속적인가 불연속적 인가를 알아보기 위해 특성조사를 실시한다.

해설 | 인간-기계시스템의 설계 시 인간이 우선적으로 고려되어야 한다.

38 한국산업표준상 결함 나무 분석(FTA) 시 다음과 같이 사용되는 사상기호가 나타내는 사상은?

① 공사상
② 기본사상
③ 통상사상
④ 심층분석사상

해설 |

기호	명칭	설명
○	기본사상	더 이상 전개되지 않는 기본사상

39 작업자의 작업공간과 관련된 내용으로 옳지 않은 것은?

① 서서 작업하는 작업공간에서 발바닥을 높이면 뻗침길이가 늘어난다.
② 서서 작업하는 작업공간에서 신체의 균형에 제한을 받으면 뻗침길이가 늘어난다.
③ 앉아서 작업하는 작업공간은 동적 팔뻗침에 의해 포락면(reach envelpoe)의 한계가 결정된다.
④ 앉아서 작업하는 작업공간에서 기능적 팔뻗침에 영향을 주는 제약이 적을수록 뻗침길이가 늘어난다.

해설 | 서서 작업하는 작업공간에서 신체의 균형에 제한을 받으면 뻗침길이가 감소한다.

40 사용자의 잘못된 조작 또는 실수로 인해 기계의 고장이 발생하지 않도록 설계하는 방법은?

① EMEA
② HAZOP
③ Fail safe
④ Fool proof

해설 풀 프루프(Fool proof)
기계장치 설계단계에서 안전화를 도모하는 것으로 근로자가 기계 등의 취급을 잘못해도 사고로 연결되는 일이 없도록 하는 안전기구, 즉 인간 과오(Human Error)를 방지하기 위한 것이다.

3과목
건설시공학

41 공종별 시공계획서에 기재되어야 할 사항으로 거리가 먼 것은?

① 작업일정
② 투입인원수
③ 품질관리기준
④ 하자보수계획서

해설 공종별 시공계획서 기재내용에는 작업일정, 투입인원수, 품질관리기준 등이 있다

42 모래 채취나 수중의 흙을 퍼 올리는 데 가장 적합한 기계장비는?

① 불도저
② 드래그 라인
③ 롤러
④ 스크레이퍼

해설 드래그 라인(Drag Line) 작업 반경이 커서 넓은 지역의 굴삭작업에 용이하나 힘이 강력하지 못해 수중작업 등 연질지반에만 이용한다.

43 용접작업에서 용접봉을 용접방향에 대하여 서로 엇갈리게 움직여서 용가금속을 용착시키는 운봉방법은?

① 단속용접
② 개선
③ 위빙
④ 레그

해설 위빙은 접봉을 용접방향에 대하여 서로 엇갈리게 움직여서 용가금속을 용착시키는 운봉방법이다.

44 기성콘크리트 말뚝을 타설할 때 그 중심간격의 기준으로 옳은 것은?

① 말뚝머리지름의 1.5배 이상 또한 750mm 이상
② 말뚝머리지름의 1.5배 이상 또한 1,000mm 이상
③ 말뚝머리지름의 2.5배 이상 또한 750mm 이상
④ 말뚝머리지름의 2.5배 이상 또한 1,000mm 이상

해설 기성콘크리트 말뚝을 타설할 때 말뚝 중심간격은 말뚝머리지름의 2.5배 이상 또한 750mm 이상으로 한다.

45 철근단면을 맞대고 산소-아세틸렌염으로 가열하여 적열상태에서 부풀려 가압, 접합하는 철근이음방식은?

① 나사방식이음
② 겹침이음
③ 가스압접이음
④ 충전식이음

해설 가스압접이음은 철근의 양쪽에서 압력을 주어 가스용접을 하면서 압력을 접합하는 방식이다.

46 콘크리트의 건조수축을 크게 하는 요인에 해당되지 않는 것은?

① 분말도가 큰 시멘트 사용
② 흡수량이 많은 골재를 사용할 때
③ 부재의 단면치수가 클 때
④ 온도가 높을 경우, 습도가 낮을 경우

해설 부재의 단면치수가 클수록 건조수축이 감소한다.

47 지하수가 많은 지반을 탈수하여 건조한 지반으로 개량하기 위한 공법에 해당하지 않는 것은?

① 생석회말뚝(Chemico pile) 공법
② 페이퍼드레인(Paper deain) 공법
③ 잭파일(Jacked pile) 공법
④ 샌드드레인(Sand drain) 공법

해설 탈수공법에는 샌드드레인, 페이퍼드레인, 팩드레인 공법, 생석회말뚝 공법 등이 있다.

48 건설현장에 설치되는 자동식 세륜시설 중 측면살수시설에 관한 설명으로 옳지 않은 것은?

① 측면살수시설의 슬러지는 컨베이어에 의한 자동배출이 가능한 시설을 설치하여야 한다.
② 측면살수시설의 살수길이는 수송차량 전장의 1.5배 이상이어야 한다.
③ 측면살수시설은 수송차량의 바퀴부터 적재함 하단부 높이까지 살수할 수 있어야 한다.
④ 용수공급은 기 개발된 지하수를 이용하고, 우수 또는 공사용수의 활용을 금한다.

[해설] 자동식 세륜시설 중 측면살수시설의 용수공급은 우수 또는 공사용수를 활용한다.

49 [보기]는 지하연속벽(slurry wall)공법의 시공내용이다. 그 순서를 옳게 나열한 것은?

┤보기├
A. 트레미관을 통한 콘크리트 타설
B. 굴착
C. 철근망의 조립 및 삽입
D. guide wall 설치
E. end pipe 설치

① A→C→C→E→D
② D→B→E→C→A
③ B→D→E→C→A
④ B→D→C→E→A

[해설] 지하연속벽 공법의 시공순서
1. 가이드월 설치
2. 굴착
3. 엔드 파이프 설치
4. 철근망의 조립 및 삽입
5. 콘크리트 타설

50 알루미늄 거푸집에 관한 설명으로 옳지 않은 것은?

① 거푸집해체 시 소음이 매우 적다.
② 패널과 패널간 연결부위의 품질이 우수하다.
③ 기존 재래식 공법과 비교하여 건축폐기물을 억제하는 효과가 있다.
④ 패널의 무게를 경량화하여 안전하게 작업이 가능하다.

[해설] 알루미늄 거푸집은 거푸집해체 시 소음이 크다.

51 철골 세우기 장비의 종류 중 이동식 세우기 장비에 해당하는 것은?

① 크롤러 크레인
② 가이 데릭
③ 스티프 레그 데릭
④ 타워크레인

[해설] 철골 세우기용 장비에는 크롤러 크레인, 가이 데릭, 스티프 레그 데릭, 타워크레인 등이 있으며, 이 중 크롤러 크레인이 이동식 세우기 장비에 해당된다.

52 철골부재의 용접 접합 시 발생되는 용접결함의 종류가 아닌 것은?

① 엔드탭
② 언더컷
③ 블로우홀
④ 오버랩

[해설] 엔드탭은 용접선의 단부에 붙인 보조판으로, 아크의 시작부나 종단부의 크레이터 등의 결함 방지를 위하여 사용하며 그 판은 제거한다.

53 철골조 건물의 연면적이 5,000m^{2}일 때 이 건물 철골재의 무게산출량은? (단, 단위면적당 강재사용량은 0.1∼0.15 ton/m^{2}이다.)

① 30∼40ton
② 100∼250ton
③ 300∼400ton
④ 500∼750ton

[해설] 철골재의 무게 산출 = 연면적 × 면적당 강재사용량
= 5,000m^2 × (0.1∼0.15ton/m^2)
= 500∼750ton

54 수밀콘크리트의 배합에 관한 설명으로 옳지 않은 것은?

① 배합은 콘크리트의 소요의 품질이 얻어지는 범위 내에서 단위수량 및 물-결합재비는 되도록 크게 하고, 단위 굵은 골재량은 되도록 작게 한다.
② 콘크리트의 소요 슬럼프는 되도록 작게 하여 180mm를 넘지 않도록 하며, 콘크리트 타설이 용이할 때에는 120mm 이하로 한다.
③ 콘크리트의 워커빌리티를 개선시키기 위해 공기연행제, 공기연행감수제 또는 고성능공기연행감수제를 사용하는 경우라도 공기량은 4% 이하가 되게 한다.
④ 물-결합재비는 50% 이하를 표준으로 한다.

[해설] 수밀콘크리트는 단위수량 및 물-결합재비를 되도록 작게 해야 한다.

정답 | 48 ④ 49 ② 50 ① 51 ① 52 ① 53 ④ 54 ①

55 철근이음의 종류에 따른 검사시기와 횟수의 기준으로 옳지 않은 것은?

① 가스압접 이음 시 외관검사는 전체개소에 대해 시행한다.
② 가스압점 이음 시 초음파탐사검사는 1검사 로트마다 30개소 발취한다.
③ 기계적 이음의 외관검사는 전체개소에 대해 시행한다.
④ 용접이음의 인장시험은 700개소마다 시행한다.

해설 용접이음의 인장시험은 500개소마다 시행한다.

56 벽체전용 시스템 거푸집에 해당되지 않는 것은?

① 갱 폼   ② 클라이밍 폼
③ 슬립 폼   ④ 테이블 폼

해설 테이블 폼은 바닥판 거푸집에 해당한다.

57 건축주가 시공회사의 신용, 자산, 공사경력, 보유기술 등을 고려하여 그 공사에 가장 적격한 단일 업체에게 입찰시키는 방법은?

① 공개경쟁입찰   ② 특명입찰
③ 사전자격심사   ④ 대안입찰

해설 특명입찰은 시공회사의 신용, 자산, 공사경력, 보유기술 등을 고려하여 그 공사에 가장 적격한 단일 업체에게 입찰시키는 방법이다.

58 공동도급에 관한 설명으로 옳지 않은 것은?

① 각 회사의 소요자금이 경감되므로 소자본으로 대규모 공사를 수급할 수 있다.
② 각 회사가 위험을 분산하여 부담하게 된다.
③ 상호기술의 확충을 통해 기술축적의 기회를 얻을 수 있다.
④ 신기술, 신공법의 적용이 불리하다.

해설 공동도급은 신기술, 신공법의 적용에 유리하다.

59 한중 콘크리트의 시공에 관한 설명으로 옳지 않은 것은?

① 하루의 평균기온이 4℃ 이하가 예상되는 조건일 때는 콘크리트가 동결할 염려가 있으므로 한중 콘크리트로 시공하여야 한다.
② 기상조건이 가혹한 경우나 부재 두께가 얇을 경우에는 타설할 때의 콘크리트의 최저온도는 10℃ 정도를 확보하여야 한다.
③ 콘크리트를 타설할 마무리된 지반이 이미 동결되어 있는 경우에는 녹이지 않고 즉시 콘크리트를 타설하여야 한다.
④ 타설이 끝난 콘크리트는 양생을 시작할 때까지 콘크리트 표면의 온도가 급랭할 가능성이 있으므로, 콘크리트를 타설한 후 즉시 시트나 적당한 재료로 표면을 덮는다.

해설 한중 콘크리트의 시공 시 콘크리트를 타설할 마무리된 지반이 동결되어 있는 상태에서 녹이지 않고 콘크리트를 타설 할 경우 온도변화로 인해 지반이 침하될 수 있다.

60 기초하부의 먹매김을 용이하게 하기 위하여 60mm 정도의 두께로 강도가 낮은 콘크리트를 타설하여 만든 것은?

① 밑창콘크리트   ② 매스콘크리트
③ 제자리콘크리트 ④ 잡석지정

해설 밑창콘크리트 지정공사 시 콘크리트 설계기준강도는 15MPa 이상의 것을 두께 60mm 정도로 설계한다.

4과목
건설재료학

61 건축공사의 일반창유리로 사용되는 것은?

① 석영유리   ② 붕규산유리
③ 칼라석회유리 ④ 소다석회유리

해설 일반창유리에는 석영유리, 붕규산유리, 칼라석회유리 등이 있다.

정답 | 55 ④ 56 ④ 57 ② 58 ④ 59 ③ 60 ① 61 ④

62 목재의 함수율에 관한 설명으로 옳지 않은 것은?

① 목재의 함유수분 중 자유수는 목재의 중량에는 영향을 끼치지만 목재의 물리적 성질과는 관계가 없다.
② 침엽수의 경우 심재의 함수율은 항상 변재의 함수율보다 크다.
③ 섬유포화상태의 함수율은 30% 정도이다.
④ 기건상태란 목재가 통상 대기의 오도, 습도와 평형된 수분을 함유한 상태를 말하며, 이때의 함수율은 15% 정도이다.

해설) 침엽수의 경우 변재의 함수율은 심재의 함수율보다 크며 활엽수의 경우 일정하다.

63 건물의 바닥 충격음을 저감시키는 방법에 관한 설명으로 옳지 않은 것은?

① 완충재를 바닥 공간 사이에 넣는다.
② 부드러운 표면마감재를 사용하여 충격력을 작게 한다.
③ 바닥을 띄우는 이중바닥으로 한다.
④ 바닥슬래브의 중량을 작게 한다.

해설) 층간소음을 예방하기 위해서는 바닥슬래브의 두께를 크게 한다

64 KS F 2503(굵은 골재의 밀도 및 흡수율 시험방법)에 따른 흡수율 산정식은 다음과 같다. 여기에서 A가 의미하는 것은?

$$Q = \frac{B-A}{A} \times 100(\%)$$

① 절대건조상태 시료의 질량(g)
② 표면건조포화상태 시료의 질량(g)
③ 시료의 수중질량(g)
④ 기건상태시료의 질량(g)

해설) 절대건조상태 시료의 질량에 해당한다.

65 KS F 4052에 따라 방수공사용 아스팔트는 사용용도에 따라 4종류로 분류된다. 이 중, 감온성이 낮은 것으로서 주로 일반지역의 노출지붕 또는 기온이 비교적 높은 지역의 지붕에 사용하는 것은?

① 1종(침입도 지수 3 이상)   ② 2종(침입도 지수 4 이상)
③ 3종(침입도 지수 5 이상)   ④ 4종(침입도 지수 6 이상)

해설) 3종은 감온성이 낮은 것으로서 주로 일반지역의 노출지붕 또는 기온이 비교적 높은 지역의 지붕에 사용한다.

66 콘크리트의 건조수축 현상에 관한 설명으로 옳지 않은 것은?

① 단위 시멘트량이 작을수록 커진다.
② 단위 수량이 클수록 커진다.
③ 골재가 경질이면 작아진다.
④ 부재치수가 크면 작아진다.

해설) 단위 시멘트량이 작을수록 콘크리트의 건조수축은 작아진다.

67 용제 또는 유제상태의 방수제를 바탕면에 여러번 칠하여 방수막을 형성하는 방수법은?

① 아스팔트 루핑 방수   ② 도막 방수
③ 시멘트 방수   ④ 시트 방수

해설) 도막 방수는 방수하려는 바탕면에 합성수지나 합성고무의 용제 또는 유제를 도포하여 방수층을 만드는 것이다.

68 콘크리트의 워커빌리티 측정법에 해당되지 않는 것은?

① 슬럼프시험   ② 다짐계수시험
③ 비비시험   ④ 오토클레이브 팽창도시험

해설) 오토클레이브 팽창도 시험방법은 시멘트의 안정성 측정법이다.

정답 | 62 ② 63 ④ 64 ① 65 ③ 66 ① 67 ② 68 ④

69 단열재의 선정조건으로 옳지 않은 것은?

① 흡수율이 낮을 것 ② 비중이 클 것
③ 열전도율이 낮을 것 ④ 내화성이 좋을 것

해설 단열재는 흡수율 및 열전도율이 낮고, 내화성이 좋아야 한다.

70 비철금속에 관한 설명으로 옳지 않은 것은?

① 청동은 동과 주석의 합금으로 건축장식철물 또는 미술공예재료에 사용된다.
② 황동은 동과 아연의 합금으로 산에는 침식되기 쉬우나 알칼리나 암모니아에는 침식되지 않는다.
③ 알루미늄은 광선 및 열의 반사율이 높지만 연질이기 때문에 손상되기 쉽다.
④ 납은 비중이 크고 전성, 연성이 풍부하다.

해설 황동은 구리보다 단단하고 주조가 잘 되며 가공하기 쉽다. 내식성이 크고 외관이 아름다워 논슬립, 창호 철물 등에 이용된다.

71 돌붙임공법 중에서 석재를 미리 붙여놓고 콘크리트를 타설하여 일체화시키는 방법은?

① 조적공법 ② 앵커긴결공법
③ GPC공법 ④ 강재트러스 지지공법

해설 GPC공법은 석재를 미리 붙여놓고 콘크리트를 타설하여 일체화시키는 방법이다

72 건축용 소성 점토벽돌의 색채에 영향을 주는 주요한 요인이 아닌 것은?

① 철화합물 ② 망간화합물
③ 소성온도 ④ 산화나트륨

해설 산화나트륨은 소성 점토벽돌의 색채에 큰 영향을 주지 않는다.

73 다음 중 실(seal)재가 아닌 것은?

① 코킹재 ② 퍼티
③ 트래버틴 ④ 개스킷

해설 트래버틴(Travertine)은 대리석의 일종으로 다공질이고 황갈색의 반문이 있어 특이한 느낌을 주는 석재이다.

74 콘크리트의 배합 설계 시 굵은 골재의 절대용적이 500cm³, 잔골재의 절대용적이 300cm³라 할 때 잔골재율(%)은?

① 37.5% ② 40.0%
③ 52.5% ④ 60.0%

해설 잔골재율 = 잔골재의 절대용적/(잔골재의 절대용적 + 굵은 골재의 절대용적)
= 300/800×100%
= 37.5%

75 열가소성 수지가 아닌 것은?

① 염화비닐수지 ② 초산비닐수지
③ 요소수지 ④ 폴리스티렌수지

해설 **열경화성 수지의 종류**
- 페놀수지
- 요소수지
- 멜라민수지
- 폴리에스테르수지
- 실리콘수지
- 에폭시수지
- 폴리우레탄수지
- 불소수지
- 프란수지 등

76 미장재료에 관한 설명으로 옳지 않은 것은?

① 회반죽벽은 습기가 많은 장소에서 시공이 곤란하다.
② 시멘트 모르타르는 물과 화학반응하여 경화되는 수경성 재료이다.
③ 돌로마이트 플라스터는 마그네시아 석회에 모래, 여물을 섞어 반죽한 바름벽 재료를 말한다.
④ 석고 플라스터는 공기 중의 이산화탄소를 흡수하여 경화한다.

해설 석고 플라스터는 수경성 미장재료에 해당한다.

정답 | 69 ② 70 ② 71 ③ 72 ④ 73 ③ 74 ① 75 ③ 76 ④

77 내약품성, 내마모성이 우수하여 화학공장의 방수층을 겸한 바닥 마무리재로 가장 적합한 것은?

① 합성고분자 방수 ② 무기질 침투방수
③ 아스팔트 방수 ④ 에폭시 도막방수

해설 에폭시수지(Epoxy Resin)는 내약품성, 내열성이 뛰어나고 산·알칼리에 강하여 금속, 유리, 플라스틱, 도자기, 목재, 고무 등의 접착제와 도료의 원료로 사용한다.

78 일반적으로 철, 크롬, 망간 등의 산화물을 혼합하여 제조한 것으로 염색품의 색이 바래는 것을 방지하고 채광을 요구하는 진열장 등에 이용되는 유리는?

① 자외선흡수유리 ② 망입유리
③ 복층유리 ④ 유리블록

해설 자외선흡수유리는 염색품의 색이 바래는 것을 방지하고 채광을 요구하는 진열장 등에 이용된다.

79 회반죽 바름의 주원료가 아닌 것은?

① 소석회 ② 점토
③ 모래 ④ 해초풀

해설 회반죽 바름은 소석회, 모래, 해초풀을 사용한다.

80 목재의 건조에 관한 설명으로 옳지 않은 것은?

① 대기건조 시 통풍이 잘되게 세워 놓거나, 일정 간격으로 쌓아올려 건조시킨다.
② 마구리부분은 급격히 건조되면 갈라지기 쉬우므로 페인트 등으로 도장한다.
③ 인공건조법으로 건조 시 기간은 통상 약 5~6주 정도이다.
④ 고주파건조법은 고주파 에너지를 열에너지로 변화시켜 발열현상을 이용하여 건조한다.

해설 목재의 인공건조는 단시간에 이루어진다.

5과목
건설안전기술

81 흙막이 지보공을 설치하였을 때 붕괴 등의 위험방지를 위하여 정기적으로 점검하고, 이상 발견 시 즉시 보수하여야 하는 사항이 아닌 것은?

① 침하의 정도
② 버팀대의 긴압의 정도
③ 지형·지질 및 지층상태
④ 부재의 손상·변형·변위 및 탈락의 유무와 상태

해설 흙막이 지보공 점검 및 보수사항
1. 부재의 손상·변형·부식·변위 및 탈락의 유무와 상태
2. 버팀대의 긴압의 정도
3. 부재의 접속부·부착부 및 교차부의 상태
4. 침하의 정도

82 건설공사 유해위험방지계획서 제출 시 공통적으로 제출하여야 할 첨부서류가 아닌 것은?

① 공사개요서
② 전체 공정표
③ 산업안전보건관리비 사용계획서
④ 가설도로계획서

해설 건설공사 유해위험방지계획서 제출 시 공통적으로 제출하는 서류에는 공사개요서, 공정표, 산업안전보건관리비 사용계획서 등이 해당된다.

83 신축공사 현장에서 강관으로 외부비계를 설치할 때 비계기둥의 최고 높이가 45m라면 관련 법령에 따라 비계기둥을 2개의 강관으로 보강하여야 하는 높이는 지상으로부터 얼마까지인가?

① 14m ② 20m
③ 25m ④ 31m

해설 비계기둥의 최고부로부터 31m되는 지점 밑부분의 비계기둥은 2본의 강관으로 묶어 세워야 한다.

정답 | 77 ④ 78 ① 79 ② 80 ③ 81 ③ 82 ④ 83 ①

84 철근콘크리트 현장타설공법과 비교한 PC(Precast Concrete)공법의 장점으로 볼 수 없는 것은?

① 기후의 영향을 받지 않아 동절기 시공이 가능하고, 공기를 단축할 수 있다.
② 현장작업이 감소되고, 생산성이 향상되어 인력절감이 가능하다.
③ 공사비가 매우 저렴하다.
④ 공장 제작이므로 콘크리트 양생 시 최적조건에 의한 양질의 제품생산이 가능하다.

해설) PC공법은 RC공법에 비해 공사비가 많이 든다.

85 항타기 및 항발기를 조립하는 경우 점검하여야 할 사항이 아닌 것은?

① 과부하장치 및 제동장치의 이상 유무
② 권상장치의 브레이크 및 쐐기장치 기능의 이상 유무
③ 본체 연결부의 풀림 또는 손상의 유무
④ 권상기의 설치상태의 이상 유무

해설) 항타기 및 항발기 조립 시 점검사항
  1. 본체 연결부의 풀림 또는 손상의 유무
  2. 권상용 와이어로프·드럼 및 도르래의 부착상태의 이상 유무
  3. 권상장치의 브레이크 및 쐐기장치 기능의 이상 유무
  4. 권상기의 설치상태의 이상 유무
  5. 버팀의 방법 및 고정상태의 이상 유무

86 작업발판 및 통로의 끝이나 개구부로서 근로자가 추락할 위험이 있는 장소에서의 방호조치로 옳지 않은 것은?

① 안전난간 설치
② 와이어로프 설치
③ 울타리 설치
④ 수직형 추락방호망 설치

해설) 근로자가 추락할 위험이 있는 장소에는 안전난간, 울타리, 수직형 추락 방호망 등을 설치해야 한다.

87 건물외부에 낙하물 방지망을 설치할 경우 벽면으로부터 돌출되는 거리의 기준은?

① 1m 이상
② 1.5m 이상
③ 1.8m 이상
④ 2m 이상

해설) 낙하물방지망의 내민 길이는 벽면으로부터 2m 이상으로 하여야 한다.

88 암질 변화구간 및 이상 암질 출현 시 판별 방법과 가장 거리가 먼 것은?

① R.Q.D
② R.M.R
③ 지표침하량
④ 탄성파 속도

해설) 법이 개정되어 앞으로 출제되지 않음

89 콘크리트를 타설할 때 거푸집에 작용하는 콘크리트 측압에 영향을 미치는 요인과 가장 거리가 먼 것은?

① 콘크리트 타설 속도
② 콘크리트 타설 높이
③ 콘크리트의 강도
④ 기온

해설) ③은 측압에 영향을 미치는 요인으로 볼 수 없다.

90 동바리로 사용하는 파이프 서포트에 관한 설치 기준으로 옳지 않은 것은?

① 파이프 서포트를 3개 이상 이어서 사용하지 않도록 할 것
② 파이프 서포트를 이어서 사용하는 경우에는 4개 이상의 볼트 또는 전용철물을 사용하여 이을 것
③ 높이가 3.5m를 초과하는 경우에는 높이 2m 이내마다 수평연결재를 2개 방향으로 만들고 수평연결재의 변위를 방지할 것
④ 파이프 서포트 사이에 교차가새를 설치하여 수평력에 대하여 보강 조치할 것

해설) 파이프 서포트 사이에 수평연결재를 설치하여 수평력에 대하여 보강 조치해야 한다.

91 히빙(heaving)현상이 가장 쉽게 발생하는 토질지반은?

① 연약한 점토 지반
② 연약한 사질토 지반
③ 견고한 점토 지반
④ 견고한 사질토 지반

해설) 히빙현상은 연약한 점토지반에서 주로 발생한다.

정답 | 84 ③ 85 ① 86 ② 87 ④ 88 ③ 89 ③ 90 ④ 91 ①

92 블레이드의 길이가 길고 낮으며 블레이드의 좌우를 전후 25~30° 각도로 회전시킬 수 있어 흙을 측면으로 보낼 수 있는 도저는?

① 레이크 도저　　② 스트레이트 도저
③ 앵글 도저　　　④ 틸트 도저

[해설] 앵글도저는 배토판을 좌우로 회전 가능하며 측면절삭 및 제설, 제토작업에 적합하다.

93 다음과 같은 조건에서 추락 시 로프의 지지점에서 최하단까지의 거리 h를 구하면 얼마인가?

- 로프 길이 150cm
- 로프 신율 30%
- 근로자 신장 170cm

① 2.8m　　② 3.0m
③ 3.2m　　④ 3.4m

[해설] **최하사점 공식**

h = 로프의 길이(l) + 로프의 신장길이($l \cdot \alpha$) + 작업자 키의 $\frac{1}{2}$($T/2$)

= 150cm + 150cm × 0.3 + 170cm/2
= 280cm

94 산업안전보건법령에 따른 크레인을 사용하여 작업을 하는 때 작업시작 전 점검사항에 해당되지 않는 것은?

① 권과방지장치·브레이크·클러치 및 운전장치의 기능
② 주행로의 상측 및 트롤리(trolley)가 횡행하는 레일의 상태
③ 원동기 및 풀리(pulley)기능의 이상 유무
④ 와이어로프가 통하고 있는 곳의 상태

[해설] **크레인의 작업시작전 점검사항**
1. 권과방지장차·브레이크·클러치 및 운전장치의 기능
2. 주행로의 상측 및 트롤리가 횡행(橫行)하는 레일의 상태
3. 와이어로프가 통하고 있는 곳의 상태

95 다음은 비계를 조립하여 사용하는 경우 작업발판설치에 관한 기준이다. ( )에 들어갈 내용으로 옳은 것은?

사업주는 비계(달비계, 달대비계 및 말비계는 제외한다)의 높이가 ( ) 이상인 작업장소에 다음 각 호의 기준에 맞는 작업발판을 설치하여야 한다.
1. 발판재료는 작업할 때의 하중을 견딜 수 있도록 견고한 것으로 할 것
2. 작업발판의 폭은 40센티미터 이상으로 하고, 발판재료 간의 틈은 3센티미터 이하로 할 것

① 1m　　② 2m
③ 3m　　④ 4m

[해설] 높이 2m 이상인 비계를 조립하여 사용하는 경우 작업발판 설치기준에 해당되는 내용이다.

96 다음은 산업안전보건법령에 따른 승강설비의 설치에 관한 내용이다. ( )에 들어갈 내용으로 옳은 것은?

사업주는 높이 또는 깊이가 ( )를 초과하는 장소에서 작업하는 경우 해당 작업에 종사하는 근로자가 안전하게 승강하기 위한 건설용 리프트 등의 설비를 설치하여야 한다. 다만, 승강설비를 설치하는 것이 작업의 성질상 곤란한 경우에는 그러하지 아니하다.

① 2m　　② 3m
③ 4m　　④ 5m

[해설] 높이 또는 깊이가 2m를 초과하는 장소에서 작업하는 경우 건설용 리프트 등의 설비를 설치하여야 한다.

97 부두·안벽 등 하역작업을 하는 장소에서 부두 또는 안벽의 선을 따라 통로를 설치하는 경우 그 폭을 최소 얼마 이상으로 하여야 하는가?

① 60cm　　② 90cm
③ 120cm　　④ 150cm

[해설] 부두 등의 하역작업장 조치사항으로 부두 또는 안벽의 선을 따라 통로를 설치하는 경우에는 폭을 90cm 이상으로 하여야 한다.

정답 | 92 ③　93 ①　94 ③　95 ②　96 ①　97 ②

98 건설용 리프트(Lift)의 방호장치에 해당하지 않는 것은?

① 권과방지장치 ② 비상정지장치
③ 과부하방지장치 ④ 자동경보장치

해설 **건설용 리프트의 방호장치**
1. 권과방지장치 : 운반구의 이탈 등의 위험방지
2. 과부하 방지장치 : 적재하중 초과 사용금지
3. 비상정지장치, 조작스위치 등 탑승 조작장치
4. 출입문 연동장치 : 운반구의 입구 및 출구문이 열려진 상태에서는 리밋스위치가 작동되어 리프트가 동작하지 않도록 하는 장치

99 강관을 사용하여 비계를 구성하는 경우의 준수사항으로 옳지 않은 것은?

① 비계기둥의 간격은 띠장 방향에서는 1.85m 이하로 할 것
② 비계기둥의 간격은 장선(長線) 방향에서는 1.0m 이하로 할 것
③ 띠장 간격은 2.0m 이하로 할 것
④ 비계기둥 간의 적재하중은 400kg을 초과하지 않도록 할 것

해설 비계기둥의 간격은 장선(長線) 방향에서는 1.5m 이하로 해야 한다.

100 산업안전보건관리비의 사용항목에 해당하지 않는 것은?

① 안전시설비
② 개인보호구 구입비
③ 접대비
④ 사업장의 안전·보건진단비

해설 접대비는 산업안전보건관리비의 사용항목에 해당하지 않는다.

정답 | 98 ④ 99 ② 100 ③

2021년 1회

※ 2020년 4회 이후 CBT로 출제된 기출문제는 개정된 출제기준과 해당 회차의 기출 키워드 등을 분석하여 복원하였습니다.

1과목
산업안전관리론

01 안전모의 시험성능기준 항목이 아닌 것은?

① 난연성　　② 내관통성
③ 내구성　　④ 충격흡수성

[해설] **안전모 성능시험항목**
- 내관통성
- 충격흡수성
- 내전압성
- 내수성
- 난연성
- 턱끈 풀림

02 자신의 결함과 무능에 의해 생긴 열등감이나 긴장을 해소하기 위하여 장점 같은 것으로 그 결함을 보충하려는 행동의 방어기제는?

① 보상　　② 승화
③ 동일시　　④ 합리화

[해설] **방어적 기제(Defense Mechanism) 중 보상**
계획한 일을 성공하는 데서 오는 자존감

03 무재해 운동의 추진을 위한 3요소에 해당하지 않는 것은?

① 모든 위험잠재요인의 해결
② 최고경영자의 경영자세
③ 관리감독자(Line)의 적극적 추진
④ 직장 소집단의 자주활동 활성화

[해설] **무재해 운동의 3요소(3기둥)**
1. 직장의 자율활동의 활성화
2. 라인(관리감독자)화의 철저
3. 최고경영자의 안전경영철학

04 모랄 서베이(Morale Survey)의 효용이 아닌 것은?

① 조직 또는 구성원의 성과를 비교·분석한다.
② 종업원의 정화(Catharsis)작용을 촉진시킨다.
③ 경영관리를 개선하는 데에 대한 자료를 얻는다.
④ 근로자의 심리 또는 욕구를 파악하여 불만을 해소하고, 노동의욕을 높인다.

[해설] **모랄 서베이의 효용**
1. 근로자의 심리 요구를 파악하여 불만을 해소하고 노동의욕을 높인다.
2. 경영관리를 개선하는 데 필요한 자료를 얻는다.
3. 종업원의 정화작용을 촉진시킨다.
   - 소셜 스킬즈(Social Skills) : 사기를 양양하는 능력
   - 테크니컬 스킬즈(Technical Skills) : 사물을 인간에 유익하도록 처리하는 능력

05 매슬로우(Maslow)의 욕구단계 이론 중 제2단계의 욕구에 해당하는 것은?

① 사회적 욕구
② 안전에 대한 욕구
③ 자아실현의 욕구
④ 존경과 긍지에 대한 욕구

[해설] **매슬로우(Maslow)의 욕구단계이론**
- 1단계 : 생리적 욕구
- 2단계 : 안전의 욕구
- 3단계 : 사회적 욕구
- 4단계 : 자기존경의 욕구
- 5단계 : 자아실현의 욕구

정답 | 01 ③　02 ④　03 ①　04 ①　05 ②

06 400명의 근로자가 종사하는 공장에서 휴업일수 127일, 중대재해 1건이 발생한 경우 강도율은? (단, 1일 8시간으로 연 300일 근무한 조건으로 계산한다.)

① 0.01　　② 0.1
③ 1.0　　　④ 10

[해설] 강도율 = $\dfrac{\text{근로손실일수}}{\text{근로총시간수}} \times 1{,}000$

$= \dfrac{127 \times \dfrac{300}{365}}{400 \times 8 \times 300} \times 1{,}000 = 0.1$

07 상해의 종류 중 타박, 충돌, 추락 등으로 피부 표면보다는 피하조직 등 근육부를 다친 상해를 무엇이라 하는가?

① 골절　　② 자상
③ 부종　　④ 좌상

[해설] **좌상**
외부의 충격이나 둔탁한 힘(구타, 넘어짐) 등에 의해 연부 조직과 근육 등에 손상을 입어 피부에 출혈과 부종이 보이는 경우를 말한다.

08 추락 및 감전 위험방지용 안전모의 일반구조가 아닌 것은?

① 착장체　　② 충격흡수재
③ 선심　　　④ 모체

[해설] 안전모의 일반구조는 모체, 착장체(머리고정대, 머리받침고리, 머리받침끈), 충격흡수재 및 턱끈을 가져야 한다.

09 인간의 행동 특성에 관한 레빈(Lewin)의 법칙에서 각 인자에 대한 내용으로 틀린 것은?

$$B = f(P \cdot E)$$

① B : 행동　　② f : 함수관계
③ P : 개체　　④ E : 기술

[해설] **레빈(Lewin, k)의 법칙**
$B = f(P \cdot E)$
여기서, B : behavior(인간의 행동)
f : function(함수관계)
P : person(개체 : 연령, 경험, 심신상태, 성격, 지능 등)
E : environment(심리적 환경 : 인간관계, 작업환경 등)

10 상해의 종류별 분류에 해당하지 않는 것은?

① 골절　　② 중독
③ 동상　　④ 감전

[해설] 감전은 재해 발생 형태에 해당한다.

11 학습 성취에 직접적인 영향을 미치는 요인과 가장 거리가 먼 것은?

① 적성　　② 준비도
③ 개인차　④ 동기유발

[해설] 학습성취에 영향을 미치는 요인
1. 준비도
2. 개인차
3. 동기유발

12 근로자가 작업대 위에서 전기공사 작업 중 감전에 의하여 지면으로 떨어져 다리에 골절상해를 입은 경우의 기인물과 가해물로 옳은 것은?

① 기인물 – 지면, 가해물 – 전기
② 기인물 – 전기, 가해물 – 지면
③ 기인물 – 작업대, 가해물 – 지면
④ 기인물 – 작업대, 가해물 – 전기

[해설]
• 기인물 : 직접적으로 재해를 유발하거나 영향을 끼친 에너지원(운동, 위치, 열, 전기 등)을 지닌 기계 · 장치, 구조물, 물체 · 물질, 사람 또는 환경 등
• 가해물 : 근로자(사람)에게 직접적으로 상해를 입힌 기계, 장치, 구조물, 물체 · 물질, 사람 또는 환경 등

13 재해 발생 시 조치사항 중 대책수립의 목적은?

① 재해발생 관련자 문책 및 처벌
② 재해 손실비 산정
③ 재해발생 원인 분석
④ 동종 및 유사재해 방지

[해설] 재해 발생 시에는 동종 및 유사재해를 방지하기 위하여 대책을 수립한다.

정답 | 06 ②　07 ④　08 ③　09 ④　10 ④　11 ①　12 ②　13 ④

14 눈으로는 작업 내용을 보고 손과 발로는 습관적으로 작업을 하고 있지만 머릿속에는 고민이나 공상으로 가득 차 있어서 작업에 필요한 주의력이 점차 약화되고 작업자가 눈으로 보고 있는 작업 상황이 의식에 전달되지 않는 상태를 의미하는 것은?

① 의식의 과잉
② 의식의 단절
③ 의식의 우회
④ 의식 수준의 저하

해설) **의식의 우회**
의식의 흐름이 옆으로 빗나가 발생하는 것(걱정, 고민, 욕구불만 등에 의하여 정신을 빼앗기는 것)

15 토의법의 유형 중 다음에서 설명하는 것은?

> 교육과제에 정통한 전문가 4~5명이 피교육자 앞에서 자유로이 토의를 실시한 다음에 피교육자 전원이 참가하여 사회자의 사회에 따라 토의하는 방법

① 포럼
② 패널 디스커션
③ 심포지엄
④ 버즈세션

해설) **패널 토의(Panel Discussion)**
사회자의 진행에 의해 특정 주제에 대해 구성원 3~6명이 대립된 견해를 가지고 청중 앞에서 논쟁을 벌이는 것

16 산업안전보건법령상 특별교육 대상 작업별 교육 작업 기준으로 틀린 것은?

① 전압이 75V 이상인 정전 및 활선작업
② 굴착면의 높이가 2m 이상이 되는 암석의 굴착작업
③ 동력에 의하여 작동되는 프레스기계를 3대 이상 보유한 사업장에서 해당 기계로 하는 작업
④ 1톤 미만의 크레인 또는 호이스트를 5대 이상 보유한 사업장에서 해당 기계로 하는 작업

해설) 프레스기계 3대가 아닌 5대 이상 보유한 사업장이 특별교육 대상에 해당된다.

17 산업안전보건법령에 따른 안전·보건표지 중 금지표지의 종류가 아닌 것은?

① 금연
② 물체이동금지
③ 접근금지
④ 차량통행금지

해설) **안전보건표지의 종류와 형태(금지표지)**

101 출입금지	102 보행금지	103 차량통행금지	104 사용금지	105 탑승금지
106 금연	107 화기금지	108 물체이동금지		

18 기억의 과정 중 과거의 학습경험을 통해서 학습된 행동이 현재와 미래에 지속되는 것을 무엇이라 하는가?

① 기명(memorizing)
② 파지(retention)
③ 재생(recall)
④ 재인(recognition)

해설) **파지(Retention)**
과거의 학습경험이 현재와 미래의 행동에 영향을 주는 작용이다.

19 안전·보건표지의 기본모형 중 다음 그림의 기본모형의 표시사항으로 옳은 것은?

① 지시
② 안내
③ 경고
④ 금지

해설)

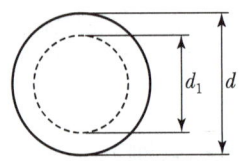

번호	기본모형	규격비율	표시사항
3		$d \geq 0.025L$ $d_1 = 0.8d$	지시

정답 | 14 ③ 15 ② 16 ③ 17 ③ 18 ② 19 ①

20 재해의 기본원인 4M에 해당하지 않는 것은?

① Man ② Machine
③ Media ④ Measurement

> 해설 **4M 분석기법**
> 1. 인간(Man)
> 2. 기계(Machine)
> 3. 작업매체(Media)
> 4. 관리(Management)

2과목
인간공학 및 시스템공학

21 심장의 박동주기 동안 심근의 전기적 신호를 피부에 부착한 전극들로부터 측정하는 것으로 심장이 수축과 확장을 할 때, 일어나는 전기적 변동을 기록한 것은?

① 뇌전도계 ② 근전도계
③ 심전도계 ④ 안전도계

> 해설 **심전도(ECG)**
> 심장이 활동하는 동안의 전기적 자극을 기록한 그래프를 심전도(ECG 또는 EKG)라고 하며 심장의 근육활동의 전위차를 기록하여 측정한다.

22 청각적 표시장치에서 300m 이상의 장거리용 경보기에 사용하는 진동수로 가장 적절한 것은?

① 800Hz 전후 ② 2,200Hz 전후
③ 3,500Hz 전후 ④ 4,000Hz 전후

> 해설 **경계 및 경보신호의 설계조건**
> 300m 이상의 장거리용으로는 1,000Hz 이하를, 장애물이 있거나 칸막이를 통과해야 할 경우는 500Hz 이하의 진동수를 사용한다.

23 산업안전보건법령상 정밀작업 시 갖추어져야할 작업면의 조도 기준은? (단, 갱내 작업장과 감광재료를 취급하는 작업장은 제외한다.)

① 75럭스 이상 ② 150럭스 이상
③ 300럭스 이상 ④ 750럭스 이상

> 해설 **작업별 조도기준**
> - 초정밀작업 : 750lux 이상
> - 정밀작업 : 300lux 이상
> - 보통작업 : 150lux 이상
> - 기타 작업 : 75lux 이상

24 신체 반응의 척도 중 생리적 스트레스의 척도로 신체적 변화의 측정 대상에 해당하지 않는 것은?

① 혈압 ② 부정맥
③ 혈액성분 ④ 심박수

> 해설 신체적 변화 측정대상은 혈압, 부정맥, 심박수 등이 있다.

25 인간공학적 수공구의 설계에 관한 설명으로 옳은 것은?

① 수공구 사용 시 무게 균형이 유지되도록 설계한다.
② 손잡이 크기를 수공구 크기에 맞추어 설계한다.
③ 힘을 요하는 수공구의 손잡이는 직경을 60mm 이상으로 한다.
④ 정밀 작업용 수공구의 손잡이는 직경을 5mm 이하로 한다.

> 해설 **수공구와 장치 설계의 원리**
> - 손잡이는 손바닥의 접촉면적이 크게 설계
> - 공구 사용 시 무게 균형이 유지되도록 설계
> - 정밀 작업용 수공구의 손잡이는 직경 5~12mm가 적당함
> - 동력공구의 손잡이는 두 손가락 이상으로 작동하도록 설계
> - 힘을 요하는 수공구의 손잡이는 직경 50~60mm가 적당함

26 어떤 작업자의 배기량을 측정하였더니 10분간 200L였고, 배기량을 분석한 결과 O_2 : 16%, CO_2 : 4%였다. 분당 산소 소비량은 약 얼마인가?

① 1.05L/분 ② 2.05L/분
③ 3.05L/분 ④ 4.05L/분

> 해설 79%×V흡기=N%×V배기
> - V흡기=V배기×(100−O_2%−CO_2%)/79%
> - 산소 소비량=0.21×V흡기−O_2%×V배기
> - 분당 배기량=200/10=20L
> - 분당 흡기량=(100−16−4)×20/79
>   =20.253(L/min)
> - 산소 소비량=0.21×20.253−0.16×20
>   =1.05313(L/min)

27 원자력 사업과 같이 이미 상당한 안전이 확보되어 있는 장소에서 관리, 설계, 생산, 보전 등 광범위하고 고도의 안전 달성을 목적으로 하는 시스템 해석법은?

① ETA
② MORT
③ FHA
④ FMEC

해설 MORT(Management Oversight and Risk Tree)
FTA와 같은 논리기법을 이용하여 관리, 설계, 생산, 보전 등에 대해서 광범위하게 안전성을 확보하기 위한 기법이다.

28 의자의 등받이 설계에 관한 설명으로 가장 적절하지 않은 것은?

① 등받이 폭은 최소 30.5cm가 되게 한다.
② 등받이 높이는 최소 50cm가 되게 한다.
③ 의자의 좌판과 등받이 각도는 90~105°를 유지한다.
④ 요부 받침 높이는 25~35cm로 하고 폭은 30.5cm로 한다.

해설 등받이 설계원칙
• 요부 받침의 높이는 15.2~22.9[cm], 폭은 30.5[cm], 등받이로부터 5[cm] 정도의 두께

29 인간 – 기계 시스템에서 기본적인 기능에 해당하지 않는 것은?

① 감각 기능
② 정보저장 기능
③ 작업환경측정 기능
④ 정보처리 및 결정 기능

해설 인간 – 기계 체계의 기본기능
1. 감지 기능
2. 정보저장 기능
3. 정보처리 및 의사결정 기능
4. 행동 기능

30 다음의 위험관리 단계를 순서대로 나열한 것으로 맞는 것은?

| ㉠ 위험의 분석 | ㉡ 위험의 파악 |
| ㉢ 위험의 처리 | ㉣ 위험의 평가 |

① ㉠→㉡→㉣→㉢
② ㉡→㉠→㉣→㉢
③ ㉠→㉢→㉡→㉣
④ ㉡→㉢→㉠→㉣

해설 위험관리 단계
1. 위험의 파악 → 2. 위험의 분석 → 3. 위험의 평가 → 4. 위험의 처리

31 통제표시비(Control/Display ratio)를 설계할 때 고려하는 요소에 관한 설명으로 틀린 것은?

① 통제표시비가 낮다는 것은 민감한 장치라는 것을 의미한다.
② 목시거리(目示距離)가 길면 길수록 조절의 정확도는 떨어진다.
③ 짧은 주행 시간 내에 공차의 인정범위를 초과하지 않는 계기를 마련한다.
④ 계기의 조절시간이 짧게 소요되도록 계기의 크기(Size)는 항상 작게 설계한다.

해설 통제표시비 설계 시 고려사항 중 계기의 크기
조절시간이 짧게 소요되는 사이즈를 선택하되 너무 작으면 오차가 커진다.

32 인간오류의 분류 중 원인에 의한 분류의 하나로, 작업자 자신으로부터 발생하는 에러로 옳은 것은?

① Command Error
② Secondary Error
③ Primary Error
④ Third Error

해설 오류의 원인 레벨(Level)적 분류
• Primary Error : 작업자 자신으로부터 발생한 에러
• Secondary Error
• Command Error

33 FTA에서 사용되는 논리기호 중 기본사상은?

①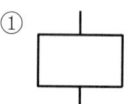
②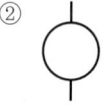
③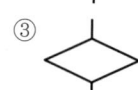
④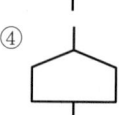

해설 논리기호 및 사상기호

기호	명칭	설명
○	기본사상 (사상기호)	더 이상 전개되지 않는 기본사상

정답 | 27 ② 28 ④ 29 ③ 30 ② 31 ④ 32 ③ 33 ②

34 작업기억(working memory)과 관련된 설명으로 옳지 않은 것은?

① 오랜 기간 정보를 기억하는 것이다.
② 작업기억 내의 정보는 시간이 흐름에 따라 쇠퇴할 수 있다.
③ 작업기억의 정보는 일반적으로 시각, 음성, 의미 코드의 3가지로 코드화된다.
④ 리허설(rehearsal)은 정보를 작업기억 내에 유지하는 유일한 방법이다.

해설 작업기억은 단기기억으로써, 작업기억 내의 정보는 시간이 흐름에 따라 쇠퇴할 수 있다.

35 반복되는 사건이 않은 경우, FTA의 최소 컷셋과 관련이 없는 것은?

① Fussel Algorithm
② Booolean Algorithm
③ Monte Carlo Algorithm
④ Limnios&Ziani Algorithm

해설 몬테카를로 알고리즘(Monte Carlo Algorithm)은 난수를 이용하여 함수 값을 확률적으로 계산하는 방법이다.

36 다음 중 형상 암호화된 조종장치에서 단회전용 조종장치로 가장 적절한 것은?

①    ②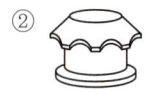
③    ④

해설 형상 암호화된 조종장치

구분	조종장치
단회전용	
다회전용	
이산멈춤 위치용	

37 항공기 위치 표시장치의 설계원칙에 있어, 아래의 설명에 해당하는 것은?

> 항공기의 경우 일반적으로 이동 부분의 영상은 고정된 눈금이나 좌표계에 나타내는 것이 바람직하다.

① 통합   ② 양립적 이동
③ 추종표시   ④ 표시의 현실성

해설 양립적 이동(Principle of Compatibility Motion)
항공기의 경우, 일반적으로 이동 부분의 영상은 고정된 눈금이나 좌표계에 나타내는 것이 바람직하다.

38 인간공학적인 의자설계를 위한 일반적 원칙으로 적절하지 않은 것은?

① 척추의 허리부분은 요부전만을 유지한다.
② 허리 강화를 위하여 쿠션은 설치하지 않는다.
③ 좌판의 앞 모서리 부분은 5[cm] 정도 낮아야 한다.
④ 좌판과 등받이 사이의 각도는 90~105[°]를 유지 하도록 한다.

해설 의자설계 원칙
- 요부전만(腰部前灣)을 유지한다.
- 디스크가 받는 압력을 줄인다.
- 등근육의 정적 부하를 줄인다.
- 자세고정을 줄인다.
- 쉽고 간편하게 조절할 수 있도록 설계한다.
- 의자 좌판의 각도는 3도, 등판의 각도는 100도가 몸통에 안정적이다.

39 단일 차원의 시각적 암호 중 구성암호, 영문자암호, 숫자암호에 대하여 암호로서의 성능이 가장 좋은 것부터 배열한 것은?

① 숫자암호 → 영문자암호 → 구성암호
② 구성암호 → 숫자암호 → 영문자암호
③ 영문자암호 → 숫자암호 → 구성암호
④ 영문자암호 → 구성암호 → 숫자암호

해설 시각적 암호 성능
숫자 → 영문자 → 기하적 형상 → 구성 → 색

정답 | 34 ① 35 ③ 36 ① 37 ② 38 ② 39 ①

40 수평 작업대에서 위팔과 아래팔을 곧게 뻗어서 작업할 수 있는 작업영역은?

① 작업 공간 포락면
② 정상 작업영역
③ 편안한 작업영역
④ 최대 작업영역

해설 **수평작업대의 최대 작업영역**
- 최대 작업영역 : 아래팔(전완)과 위팔(상완)을 곧게 펴서 파악할 수 있는 구역(55~65cm)

3과목
건설시공학

41 건설시공분야의 향후 발전방향으로 옳지 않은 것은?

① 친환경 시공학
② 시공의 기계화
③ 공법의 습식화
④ 재료의 프리패브(Pre-fab)화

해설 건설시공분야의 향후 발전방향으로 옳은 것은 공법의 건식화이다.

42 공종별 시공계획서에 기재되어야 할 사항으로 거리가 먼 것은?

① 작업일정
② 투입인원수
③ 품질관리기준
④ 하자보수계획서

해설 공종별 시공계획서 기재내용에는 작업일정, 투입인원수, 품질관리기준 등이 있다.

43 굴착, 상차, 운반, 정지 작업 등을 할 수 있는 기계로, 대량의 토사를 고속으로 운반하는 데 적당한 기계는?

① 불도저
② 앵글도저
③ 로더
④ 캐리올 스크레이퍼

해설 **스크레이퍼(Scraper)**
굴삭, 싣기, 운반, 부설 등 4가지 작업을 연속할 수 있는 대량 토공작업기계로 잔토반출이 중장거리인 경우 사용한다.

44 철골조에서 판보(plate girder)의 보강재에 해당되지 않는 것은?

① 커버 플레이트
② 윙 플레이트
③ 필러 플레이트
④ 스티프너

해설 윙 플레이트는 사이드 앵글을 거쳐서 또는 직접 용접에 의해서 베이스 플레이트에 기둥으로부터의 응력을 전한다.

45 기존 건물의 파일 머리보다 깊은 건물을 건설할 때, 지하수면의 이동이 일어나거나 기존 건물 기초의 침하나 이동이 예상될 때 지하에 실시하는 보강공법은?

① 리버스 서큘레이션 공법
② 프리보링 공법
③ 베노토 공법
④ 언더피닝 공법

해설 **언더피닝(Under Pinning)공법**
기존 구조물의 기초 저면보다 깊은 구조물을 시공하거나 기존 구조물을 보호하기 위하여 기초나 지정을 보강하는 공법이다.

46 다음 중 가장 깊은 기초지정은?

① 우물통식 지정
② 긴 주춧돌 지정
③ 잡석 지정
④ 자갈 지정

해설 우물통식 지정이 가장 깊은 기초지정이다.

47 콘크리트 타설 시 다짐에 대한 설명으로 옳지 않은 것은?

① 내부진동기는 슬럼프가 15cm 이하일 때 사용하는 것이 좋다.
② 슬럼프가 클수록 오래 다지도록 한다.
③ 진동기를 인발할 때에는 진동을 주면서 천천히 뽑아 콘크리트에 구멍을 남기지 않도록 한다.
④ 콘크리트 다짐 시 철근에 진동을 주지 않는다.

해설 슬럼프(Slump)가 클 경우 블리딩이 많아지고 굵은골재 분리현상이 발생할 수 있으므로 진동기를 사용하여 다질 경우 다짐 시간이 짧도록 해야 한다.

정답 | 40 ④ 41 ③ 42 ④ 43 ④ 44 ② 45 ④ 46 ① 47 ②

48 철골부재의 절단 및 가공조립에 사용되는 기계의 선택이 잘못된 것은?

① 메탈터치 부위 가공 – 페이싱 머신(Facing machine)
② 형강류 절단 – 헤크소(Hack saw)
③ 관재류 절단 – 플레이트 쉐어링기(Plate shearing)
④ 볼트접합부 구멍 가공 – 로터리 플레이너(Rotaty planer)

해설 로터리 플레이너는 로터리 베니어용의 폭이 넓은 대패를 갖는 평삭반을 말하는 것으로 목재를 가공할 때 사용한다.

49 공정별 검사항목 중 용접 전 검사에 해당되지 않는 것은?

① 트임새 모양
② 비파괴 검사
③ 모아대기법
④ 용접자세의 적부

해설 비파괴 검사는 용접 후 검사항목이다.

50 입찰방식에 관한 설명으로 옳지 않은 것은?

① 공개경쟁입찰은 관보, 신문, 게시판 등에 입찰공고를 하여야 한다.
② 지명경쟁입찰은 경쟁입찰에 의하지 않고 그 공사에 특히 적당하다고 판단되는 1개의 회사를 선정하여 발주하는 방식이다.
③ 제한경쟁입찰은 양질의 공사를 위하여 업체자격에 대한 조건을 만족하는 업체라면 입찰에 참가하는 방식이다.
④ 부대입찰은 발주자가 입찰참가자에게 하도급할 공종, 하도급 금액 등에 대한 사항을 미리 기재하게 하여 입찰 시 입찰서류에 첨부하여 입찰하는 제도이다.

해설 지명경쟁입찰은 3~7개의 시공자를 미리 선정한 후 입찰에 참여하도록 하는 방식이다.

51 철골 내화피복공사 중 멤브레인 공법에 사용되는 재료는?

① 경량 콘크리트
② 철망 모르타르
③ 뿜칠 플라스터
④ 암면 흡음판

해설 암면 흡음판을 사용하는 공법은 멤브레인 공법이다.

52 공동도급(Joint Venture Contract)의 이점이 아닌 것은?

① 융자력의 증대
② 위험부담의 분산
③ 기술의 확충, 강화 및 경험의 증대
④ 이윤의 증대

해설 공동도급(Joint Venture)은 2개 이상의 도급자가 결합하여 공동으로 공사를 수행하는 방식으로 단일회사 도급보다 경비가 증대된다.

53 계획과 실제의 작업상황을 지속적으로 측정하여 최종 사업비용과 공정을 예측하는 기법은?

① CAD
② EVMS
③ PMIS
④ WBS

해설 사업성과관리시스템(EVMS ; Earned Value Management System)에 대한 설명이다.

54 공사에 필요한 표준시방서의 내용에 포함되지 않는 사항은?

① 재료에 관한 사항
② 공법에 관한 사항
③ 공사비에 관한 사항
④ 검사 및 시험에 관한 사항

해설 공사비에 관한 사항은 표준시방서 포함내용이 아니다.

55 철근콘크리트 공사 시 철근의 정착위치로 옳지 않은 것은?

① 벽철근은 기둥 보 또는 바닥판에 정착한다.
② 바닥철근은 기둥에 정착한다.
③ 큰 보의 주근은 기둥에, 작은 보의 주근은 큰 보에 정착한다.
④ 기둥의 주근은 기초에 정착한다.

해설 **철근의 정착위치**
- 큰 보의 주근 : 기둥
- 바닥판 철근 : 보 또는 벽체
- 작은 보의 주근 : 큰 보
- 지중보의 주근 : 기초 또는 기둥
- 벽철근 : 기둥, 보, 바닥판
- 보 밑에 기둥이 없을 때 : 보 상호 간으로 한다.

정답 | 48 ④ 49 ② 50 ② 51 ④ 52 ④ 53 ② 54 ③ 55 ②

56 LW(Labiles Wasserglass)공법에 관한 설명으로 옳지 않은 것은?

① 물유리용액과 시멘트 현탁액을 혼합하면 규산수화물을 생성하여 겔(gel)화하는 특성을 이용한 공법이다.
② 지반강화와 차수목적을 얻기 위한 약액주입공법의 일종이다.
③ 미세공극의 지반에서도 그 효과가 확실하여 널리 쓰인다.
④ 배합비 조절로 겔타임 조절이 가능하다.

[해설] LW는 미세공극의 지반효과가 불확실하다.

57 고장력볼트 접합에 관한 설명으로 옳지 않은 것은?

① 현장에서의 시공설비가 간편하다.
② 접합부재 상호 간의 마찰력에 의하여 응력이 전달된다.
③ 불량개소의 수정이 용이하지 않다.
④ 작업 시 화재의 위험이 적다.

[해설] 고장력볼트는 불량개소의 수정이 용이하다.

58 흙막이벽체 공법 중 주열식 흙막이 공법에 해당하는 것은?

① 슬러리 월 공법
② 엄지말뚝+토류판 공법
③ C.I.P 공법
④ 시트파일 공법

[해설] C.I.P(Cast In Place Pile) 공법
지반을 천공하고 그 속에 철근망과 주입관을 삽입한 다음 자갈을 넣고 주입관을 통해 Prepacked Mortar를 주입하여 현장타설 콘크리트 말뚝을 형성하는 공법이다.

59 파헤쳐진 흙을 담아 올리거나 이동하는 데 사용하는 기계로 셔블, 버킷을 장착한 트랙터 또는 크롤러 형태의 기계는?

① 불도저
② 앵글도저
③ 로더
④ 파워셔블

[해설] 로더(Loader)
절토된 흙을 덤프트럭에 담아 올리거나 이동하는 데 사용되는 건설기계이다.

60 기초하부의 먹매김을 용이하게 하기 위하여 60mm 정도의 두께로 강도가 낮은 콘크리트를 타설하여 만든 것은?

① 밑창 콘크리트
② 매스 콘크리트
③ 제자리 콘크리트
④ 잡석지정

[해설] 밑창 콘크리트 지정공사 시 콘크리트 설계기준강도는 15MPa 이상의 것을 두께 60mm 정도로 설계한다.

4과목
건설재료학

61 콘크리트의 건조수축 시 발생하는 균열을 보완, 개선하기 위하여 콘크리트 속에 다량의 거품을 넣거나 기포를 발생시키기 위해 첨가하는 혼화재는?

① 고로슬래그
② 플라이애시
③ 실리카 품
④ 팽창재

[해설] 팽창재는 콘크리트의 건조수축 시 발생하는 균열을 제어하기 위하여 콘크리트 속에 다량의 거품을 넣거나 기포를 발생시키기 위해 첨가하는 혼화재이다.

62 내화벽돌에 관한 설명으로 옳은 것은?

① 내화점토를 원료로 하여 소성한 벽돌로서, 내화도는 600~800℃의 범위이다.
② 표준형(보통형) 벽돌의 크기는 250×120×60mm이다.
③ 내화벽돌의 종류에 따라 내화 모르타르도 반드시 그와 동질의 것을 사용하여야 한다.
④ 내화도는 일반벽돌과 동등하며 고온에서보다 저온에서 경화가 잘 이루어진다.

[해설] 내화벽돌의 종류에 따라 내화 모르타르도 반드시 동질의 재료를 사용해야 한다.

정답 | 56 ③ 57 ③ 58 ③ 59 ③ 60 ① 61 ④ 62 ③

63 중용열 포틀랜드 시멘트에 관한 설명으로 옳지 않은 것은?

① 수화열이 작고 수화속도가 비교적 느리다.
② C_3A가 많으므로 내황산염성이 작다.
③ 건조수축이 작다.
④ 건축용 매스콘크리트에 사용된다.

해설 중용열 포틀랜드 시멘트는 수화반응이 늦으므로 수화열이 적고, 건조수축 균열이 적으며 내황산염성이 크다.

64 금속성형 가공제품 중 천장, 벽 등의 모르타르 바름 바탕용으로 사용되는 것은?

① 인서트
② 메탈라스
③ 와이어클리퍼
④ 와이어로프

해설 메탈라스(Metal lath)
얇은 강판을 잔금으로 잘라 그물모양으로 만든 것으로 마감부위에 직접 붙여 마감하거나 미장부위에 붙이는 재료이다.

65 각종 시멘트의 특성에 관한 설명으로 옳지 않은 것은?

① 중용열 포틀랜드 시멘트는 수화 시 발열량이 비교적 크다.
② 고로 시멘트를 사용한 콘크리트는 보통 콘크리트보다 초기강도가 작은 편이다.
③ 알루미나 시멘트는 내화성이 좋은 편이다.
④ 실리카 시멘트로 만든 콘크리트는 수밀성과 화학 저항성이 크다.

해설 중용열 포틀랜드 시멘트
시멘트의 발열량을 적게 하기 위하여 화합조성물 중 규산3석회(C_3S)와 알루민산3석회(C_3A)의 양을 적게 하고 규산2석회(C_2S)의 양을 많게 한 시멘트이다.

66 다음 중 목재의 건조법이 아닌 것은?

① 주입건조법
② 공기건조법
③ 증기건조법
④ 송풍건조법

해설 목재의 건조법에는 공기건조법, 증기건조법, 송풍건조법 등이 있다.

67 ALC 제품의 특성에 관한 설명으로 옳지 않은 것은?

① 흡수성이 크다.
② 단열성이 크다.
③ 경량으로서 시공이 용이하다.
④ 강알칼리성이며 변형과 균열의 위험이 크다.

해설 ALC 제품
오토클레이브(Autoclave)라는 고압증기 양생기를 이용하여 만든 경량기포 콘크리트 제품이다.

68 유기천연섬유 또는 석면섬유를 결합한 원지에 연질의 스트레이트 아스팔트를 침투시킨 것으로 아스팔트방수 중간 층재로 사용되는 것은?

① 아스팔트 펠트
② 아스팔트 컴파운드
③ 아스팔트 프라이머
④ 아스팔트 루핑

해설 아스팔트 펠트(Asphalt Felt)
목면이나 양모 등에 연질의 스트레이트 아스팔트를 도포한 후 가열·용융하여 흡수시킨 것이다.

69 시멘트의 안정성 시험에 해당하는 것은?

① 슬럼프 시험
② 브레인 시험
③ 길모아 시험
④ 오토클레이브 팽창도 시험

해설 시멘트의 안정성 측정은 오토클레이브 팽창도 시험방법으로 행한다.

70 철근콘크리트 구조의 부착강도에 관한 설명으로 옳지 않은 것은?

① 최초 시멘트페이스트의 점착력에 따라 발생한다.
② 콘크리트 압축강도가 증가함에 따라 일반적으로 증가한다.
③ 거푸집 강성이 클수록 부착강도의 증가율은 높아진다.
④ 이형철근의 부착강도가 원형철근보다 크다.

해설 거푸집의 강성과 부착강도는 무관하다.

정답 | 63 ② 64 ② 65 ① 66 ① 67 ④ 68 ① 69 ④ 70 ③

71 건설 구조용으로 사용하고 있는 각 재료에 관한 설명으로 옳지 않은 것은?

① 레진 콘크리트는 결합재로 시멘트, 폴리머와 경화제를 혼합한 액상 수지를 골재와 배합하여 제조한다.
② 섬유보강 콘크리트는 콘크리트의 인장강도와 균열에 대한 저항성을 높이고 인성을 대폭 개선시킬 목적으로 만든 복합재료이다.
③ 폴리머 함침 콘크리트는 미리 성형한 콘크리트에 액상의 폴리머 원료를 침투시켜 그 상태에서 고결시킨 콘크리트이다.
④ 폴리머시멘트 콘크리트는 시멘트와 폴리머를 혼합하여 결합재로 사용한 콘크리트이다.

[해설] **레진 콘크리트**
불포화 폴리에스테르 수지, 에폭시 수지 등을 액상으로 하여 모래·자갈 등의 골재와 섞어 비벼서 만든 콘크리트이다.

72 다음 중 실(seal)재가 아닌 것은?

① 코킹재 ② 퍼티
③ 트래버틴 ④ 개스킷

[해설] **트래버틴(Travertine)**
대리석의 일종으로 다공질이고 황갈색의 반문이 있어 특이한 느낌을 주는 석재이다.

73 시멘트 종류에 따른 사용용도를 나타낸 것으로 옳지 않은 것은?

① 조강 포틀랜드 시멘트 – 한중공사
② 중용열 포틀랜드 시멘트 – 매스 콘크리트 및 댐공사
③ 고로 시멘트 – 타일 줄눈공사
④ 내황산염 포틀랜드 시멘트 – 온천지대나 하수도공사

[해설] 고로시멘트는 내화학성, 내열성, 수밀성이 크며 해수, 공장폐수, 하수 등에 접하는 콘크리트 구조물 공사 등에 사용한다.

74 콘크리트의 워커빌리티에 영향을 주는 인자에 관한 설명으로 옳지 않은 것은?

① 단위수량이 많을수록 콘크리트의 컨시스턴시는 커진다.
② 일반적으로 부배합의 경우는 빈배합의 경우보다 콘크리트의 플라스티서티가 증가하므로 워커빌리티가 좋다고 할 수 있다.
③ AE제나 감수제에 의해 콘크리트 중에 연행된 미세한 공기는 볼베어링 작용을 통해 콘크리트의 워커빌리티를 개선한다.
④ 둥근 형상의 강자갈의 경우보다 편평하고 세장한 입형의 골재를 사용할 경우 워커빌리티가 개선된다.

[해설] 둥근 형상의 강자갈이 워커빌리티를 높여준다.

75 다음 중 화성암에 속하는 석재는?

① 부석 ② 사암
③ 석회석 ④ 사문암

[해설] 화성암에 속하는 석재로는 화강암, 안산암, 현무암, 감람석, 부석 등이 있다.

76 열가소성 수지가 아닌 것은?

① 염화비닐수지 ② 초산비닐수지
③ 요소수지 ④ 폴리스티렌수지

[해설] **열경화성 수지의 종류**
- 페놀수지
- 요소수지
- 멜라민수지
- 폴리에스테르수지
- 실리콘수지
- 에폭시수지
- 폴리우레탄수지
- 불소수지
- 프란수지 등

77 고온소성의 무수석고를 특별한 화학처리를 한 것으로 경화 후 아주 단단해지며 킨스 시멘트라고도 하는 것은?

① 돌로마이터 플라스터 ② 스탁코
③ 순석고 플라스터 ④ 경석고 플라스터

[해설] 무수석고에 경화 촉진제로서 화학처리한 것을 경석고 플라스터라 한다.

정답 | 71 ① 72 ③ 73 ③ 74 ④ 75 ① 76 ③ 77 ④

78 알루미늄의 성질에 관한 설명으로 옳지 않은 것은?

① 반사율이 작으므로 열 차단재로 쓰인다.
② 독성이 없으며 무취이고 위생적이다.
③ 산과 알칼리에 약하여 콘크리트에 접하는 면에는 방식처리를 요한다.
④ 융점이 낮기 때문에 용해주조도는 좋으나 내화성이 부족하다.

[해설] 알루미늄은 열·전기 전도성이 크고 반사율이 높으며, 산과 알칼리에 약하다.

79 점토광물 중 적갈색으로 내화성이 부족하고 보통벽돌, 기와, 토관의 원료로 사용되는 것은?

① 석기점토   ② 사질점토
③ 내화점토   ④ 자토

[해설] 사질점토는 보통벽돌, 기와, 토관의 원료로 사용된다.

80 합판에 관한 설명으로 옳은 것은?

① 곡면 가공이 어렵다.
② 함수율의 변화에 따른 신축변형이 적다.
③ 2매 이상의 박판을 짝수배로 겹쳐 만든 것이다.
④ 합판 제조 시 목재의 손실이 많다.

[해설] 합판은 함수율의 변화에 따른 신축변형이 크다.

5과목 건설안전기술

81 굴착공사에서 굴착 깊이가 5m, 굴착 저면의 폭이 5m인 경우, 양단면 굴착을 할 때 굴착부 상단면의 폭은? (단, 굴착면의 기울기는 1 : 1로 한다.)

① 10m   ② 15m
③ 20m   ④ 25m

[해설] 상단면 폭 = 굴착 저면의 폭 5m + 우측 굴착 사면 폭 5m + 좌측 굴착사면 폭 5m = 15m

82 근로자가 추락하거나 넘어질 위험이 있는 장소에서 추락방호망의 설치 기준으로 옳지 않은 것은?

① 망의 처짐은 짧은 변 길이의 10% 이상이 되도록 할 것
② 추락방호망은 수평으로 설치할 것
③ 건축물 등의 바깥쪽으로 설치하는 경우 추락방호망의 내민 길이는 벽면으로부터 3m 이상 되도록 할 것
④ 추락방호망의 설치위치는 가능하면 작업면으로부터 가까운 지점에 설치하여야 하며, 작업면으로부터 망의 설치지점까지의 수직거리는 10m를 초과하지 아니할 것 망의 처짐은 짧은 변 길이의 10% 이상이 되도록 할 것

[해설] 추락방호망을 설치할 경우 수평으로 설치하고 망의 처짐은 짧은 변 길이의 12% 이상이 되도록 해야 한다.

83 흙막이 지보공을 설치하였을 때 붕괴 등의 위험방지를 위하여 정기적으로 점검하고, 이상 발견 시 즉시 보수하여야 하는 사항이 아닌 것은?

① 침하의 정도
② 버팀대의 긴압의 정도
③ 지형·지질 및 지층상태
④ 부재의 손상·변형·변위 및 탈락의 유무와 상태

[해설] 흙막이 지보공을 설치하였을 때 정기적 점검 및 보수사항은 다음과 같다.
1. 부재의 손상·변형·부식·변위 및 탈락의 유무와 상태
2. 버팀대의 긴압의 정도
3. 부재의 접속부·부착부 및 교차부의 상태
4. 침하의 정도

84 건설공사 현장에서 사다리식 통로 등을 설치하는 경우 준수해야 할 기준으로 옳지 않은 것은?

① 사다리의 상단은 걸쳐놓은 지점으로부터 40cm 이상 올라가도록 할 것
② 폭은 30cm 이상으로 할 것
③ 사다리식 통로의 기울기는 75° 이하로 할 것
④ 발판의 간격은 일정하게 할 것

[해설] 사다리의 상단은 걸쳐놓은 지점으로부터 60cm 이상 올라가도록 해야 한다.

정답 | 78 ① 79 ② 80 ② 81 ② 82 ① 83 ③ 84 ①

85 산업안전보건관리비 중 안전시설비의 항목에서 사용할 수 있는 항목에 해당하는 것은?

① 외부인 출입금지, 공사장 경계표시를 위한 가설울타리
② 작업발판
③ 절토부 및 성토부 등의 토사유실 방지를 위한 설비
④ 사다리 전도방지장치

해설 사다리 전도방지장치는 산업안전보건관리비 중 안전시설비의 항목에서 사용할 수 있다.

86 다음 중 유해·위험방지계획서 작성 및 제출대상에 해당되는 공사는?

① 지상높이가 20m인 건축물의 해체공사
② 깊이 9.5m인 굴착공사
③ 최대 지간거리가 50m인 교량건설공사
④ 저수용량 1천만 톤인 용수전용 댐

해설 최대지간 길이가 50m 이상인 교량건설 등 공사가 제출대상이다.

87 추락방호망의 달기로프를 지지점에 부착할 때 지지점의 간격이 1.5m인 경우 지지점의 강도는 최소 얼마 이상이어야 하는가? (단, 연속적인 구조물이 방망, 지지점인 경우이다.)

① 200kg
② 300kg
③ 400kg
④ 500kg

해설 방망의 지지점 강도는 최소 300kg 이상이어야 한다.

88 재료비가 30억 원, 직접노무비가 50억 원인 건설공사의 예정가격상 산업안전보건관리비로 옳은 것은? (단, 건축공사에 해당되며 계상기준은 2.37%이다.)

① 56,400,000원
② 94,000,000원
③ 150,400,000원
④ 189,600,000원

해설 대상액이 80억 원(30억 원+50억 원)이므로
계상액=80억 원×2.37%=189,600,000원

89 콘크리트 타설용 거푸집에 작용하는 외력 중 연직방향 하중이 아닌 것은?

① 고정하중
② 충격하중
③ 작업하중
④ 풍하중

해설 거푸집에 작용하는 연직방향 하중에는 타설 콘크리트의 고정하중, 충격하중, 작업하중, 거푸집 중량 등이 있다.

90 이동식 비계 작업 시 주의사항으로 옳지 않은 것은?

① 비계의 최상부에서 작업을 하는 경우에는 안전난간을 설치한다.
② 이동 시 작업지휘자가 이동식 비계에 탑승하여 이동하며 안전 여부를 확인하여야 한다.
③ 비계를 이동시키고자 할 때는 바닥의 구멍이나 머리 위의 장애물을 사전에 점검한다.
④ 작업발판은 항상 수평을 유지하고 작업발판 위에서 안전난간을 딛고 작업을 하거나 받침대 또는 사다리를 사용하여 작업하지 않도록 한다.

해설 이동식 비계 작업 시 이동할 경우에는 작업원이 없는 상태로 유지해야 한다.

91 통나무 비계를 건축물, 공작물 등의 건조·해체 및 조립 등의 작업에 사용하기 위한 지상 높이 기준은?

① 2층 이하 또는 6m 이하
② 3층 이하 또는 9m 이하
③ 4층 이하 또는 12m 이하
④ 5층 이하 또는 15m 이하

해설 법 개정에 따라 앞으로 출제되지 않음

정답 | 85 ④ 86 ③ 87 ② 88 ④ 89 ④ 90 ② 91 ③

92 추락방호용 방망을 구성하는 그물코의 모양과 크기로 옳은 것은?

① 원형 또는 사각으로서 그 크기는 10cm 이하이어야 한다.
② 원형 또는 사각으로서 그 크기는 20cm 이하이어야 한다.
③ 사각 또는 마름모로서 그 크기는 10cm 이하이어야 한다.
④ 사각 또는 마름모로서 그 크기는 20cm 이하이어야 한다.

[해설] **추락방호망의 구조**
- 방망 : 그물코가 다수 연결된 것
- 그물코 : 사각 또는 마름모로서 크기는 10cm 이하
- 테두리로프 : 방망 주변을 형성하는 로프
- 달기로프 : 방망을 지지점에 부착하기 위한 로프
- 재봉사 : 테두리로프와 방망을 일체화하기 위한 실
- 시험용사 : 방망 폐기 시 방망사의 강도 점검을 위한 것

93 양 끝이 힌지(Hinge)인 기둥에 수직하중을 가하면 기둥이 수평방향으로 휘게 되는 현상은?

① 피로파괴 ② 폭열현상
③ 좌굴 ④ 전단파괴

[해설] **좌굴(Buckling)**
기둥의 길이가 그 횡단면의 치수에 비해 클 때, 기둥의 양단에 압축하중이 가해졌을 경우 하중방향과 직각방향으로 변위가 생기는 현상이다.

94 건설용 리프트에 대하여 바람에 의한 붕괴를 방지하는 조치를 한다고 할 때 그 기준이 되는 풍속은?

① 순간 풍속 30m/sec 초과
② 순간 풍속 35m/sec 초과
③ 순간 풍속 40m/sec 초과
④ 순간 풍속 45m/sec 초과

[해설] 순간 풍속이 초당 35미터를 초과하는 바람이 불어올 우려가 있는 경우 건설용 리프트에 대하여 받침의 수를 증가시키는 등 그 붕괴 등을 방지하기 위한 조치를 하여야 한다.

95 다음은 가설통로를 설치하는 경우 준수하여야 할 사항이다. ( ) 안에 들어갈 내용으로 옳은 것은?

> 수직갱에 가설된 통로의 길이가 (A) 이상인 경우에는 (B) 이내마다 계단참을 설치할 것

① A : 8m, B : 10m
② A : 8m, B : 7m
③ A : 15m, B : 10m
④ A : 15m, B : 7m

[해설] 수직갱에 가설된 통로의 길이가 15m 이상인 경우에는 10m 이내마다 계단참을 설치해야 한다.

96 발파작업에 종사하는 근로자가 준수하여야 할 사항으로 옳지 않은 것은?

① 장전구는 마찰·충격·정전기 등에 의한 폭발의 위험이 없는 안전한 것을 사용할 것
② 발파공의 충진재료는 점토·모래 등 발화성 또는 인화성의 위험이 없는 재료를 사용할 것
③ 얼어붙은 다이나마이트는 화기에 접근시키거나 그 밖의 고열물에 직접 접촉시켜 단시간 안에 융해시킬 수 있도록 할 것
④ 전기뇌관에 의한 발파의 경우 점화하기 전에 화약류를 장전한 장소로부터 30[m] 이상 떨어진 안전한 장소에서 전선에 대하여 저항측정 및 도통시험을 할 것

[해설] 얼어붙은 다이나마이트는 화기에 접근시키거나 그 밖의 고열물에 직접 접촉시켜서는 안 된다.

97 일반적으로 사면이 가장 위험한 경우에 해당하는 것은?

① 사면이 완전 건조 상태일 때
② 사면의 수위가 서서히 상승할 때
③ 사면이 완전 포화 상태일 때
④ 사면의 수위가 급격히 하강할 때

[해설] 사면의 수위가 급격히 하강하는 경우 사면의 붕괴 위험이 크다.

98 다음 중 거푸집 및 동바리 설계 시 고려하여야 할 연직방향 하중에 해당하지 않는 것은?

① 직설하중 ② 풍하중
③ 충격하중 ④ 작업하중

[해설] 거푸집에 작용하는 하중 중 연직방향 하중에는 타설 콘크리트의 고정하중, 충격하중, 작업하중, 거푸집 중량 등이 있다.

99 다음은 산업안전보건법령에 따른 작업장에서의 투하설비 등에 관한 사항이다. 빈칸에 들어갈 내용으로 옳은 것은?

> 사업주는 높이가 (　　) 이상인 장소로부터 물체를 투하하는 경우 적당한 투하설비를 설치하거나 감시인을 배치하는 등 위험을 방지하기 위하여 필요한 조치를 하여야 한다.

① 2m ② 3m
③ 5m ④ 10m

[해설] 투하설비는 높이 3m 이상인 곳에서 물체를 투하할 때 설치하여야 한다.

100 산업안전보건관리비의 사용 항목에 해당하지 않는 것은?

① 안전시설비
② 개인보호구 구입비
③ 접대비
④ 사업장의 안전 · 보건진단비

[해설] 접대비는 산업안전보건관리비의 사용 항목에 해당하지 않는다.

정답 | 98 ② 99 ② 100 ③

2021년 2회

※ 2020년 4회 이후 CBT로 출제된 기출문제는 개정된 출제기준과 해당 회차의 기출 키워드 등을 분석하여 복원하였습니다.

1과목
산업안전관리론

01 하인리히의 재해구성 비율에 따라 경상사고가 87건 발생하였다면 무상해사고는 몇 건이 발생하였겠는가?

① 300건
② 600건
③ 900건
④ 1,200건

[해설] **하인리히의 재해구성비율**
사망 및 중상 : 경상 : 무상해사고 = 1 : 29 : 300
∴ 무상해사고 = 300 × (87 ÷ 29) = 900건

02 산업안전보건법령상 상시근로자수의 산출내역에 따라, 연간 국내공사 실적액이 50억 원이고 건설업평균임금이 250만 원이며, 노무비율은 0.06인 사업장의 상시 근로자수는?

① 10인
② 30인
③ 33인
④ 75인

[해설] **상시근로자수 산출**

$$\text{상시근로자수} = \frac{\text{전년도 공사실적액} \times \text{전년도 노무비율}}{\text{전년도 건설업 월평균임금} \times \text{전년도 조업월수}}$$

$$= \frac{5,000,000,000원 \times 0.06}{2,500,000원 \times 12월}$$

$$= 10명$$

03 산업안전보건법령상 자율안전확인대상에 해당하는 방호장치는?

① 압력용기 압력방출용 파열판
② 가스집합 용접장치용 안전기
③ 양중기용 과부하방지장치
④ 방폭구조 전기기계·기구 및 부품

[해설] ①, ③, ④은 안전인증대상방호장치에 해당된다.

04 리더십에 대한 설명 중 틀린 것은?

① 조직원에 의하여 선출된다.
② 지휘의 형태는 민주주의적이다.
③ 조직원과의 사회적 간격이 넓다.
④ 권한의 근거는 개인의 능력에 의한다.

[해설] 조직원과의 사회적 간격이 넓은 것은 헤드십에 관한 내용이다.

05 무재해운동의 추진기법 중 위험예지훈련의 4라운드 중 2라운드 진행방법에 해당하는 것은?

① 본질추구
② 목표설정
③ 현상파악
④ 대책수립

[해설] **2라운드 본질추구(원인조사)**
이것이 위험의 포인트이다(브레인 스토밍으로 발견해 낸 위험 중에서 가장 위험한 것을 합의로서 결정하는 라운드).

정답 | 01 ③ 02 ④ 03 ② 04 ③ 05 ①

06 산업안전보건법령상 안전·보건표지의 색채, 색도기준 및 용도 중 다음 빈칸에 알맞은 것은?

색채	색도기준	용도	사용 예
( )	5Y 8.5/12	경고	화학물질 취급 장소에서의 유해·위험경고 이외의 위험경고, 주의표지 또는 기계방호물

① 파란색 ② 노란색
③ 빨간색 ④ 검은색

해설

색채	색도기준	용도	사용 예
노란색	5Y 8.5/12	경고	화학물질 취급장소에서의 유해·위험 경고 이외의 위험 경고, 주의표지 또는 기계방호물

07 O.J.T(On the Job Training) 교육의 장점과 가장 거리가 먼 것은?

① 훈련에만 전념할 수 있다.
② 직장의 실정에 맞게 실제적 훈련이 가능하다.
③ 개개인의 업무능력에 적합하고 자세한 교육이 가능하다.
④ 교육을 통하여 상사와 부하간의 의사소통과 신뢰감이 깊게 된다.

해설 훈련에만 전념할 수 있는 것은 Off.J.T(Off the Job Training)의 장점에 해당된다.

08 직장에서의 부적응 유형 중 자기 주장이 강하고 대인관계가 빈약하며, 사소한 일에 있어서도 타인이 자신을 제외했다고 여겨 악의를 나타내는 특징을 가진 유형은?

① 망상인격 ② 분열인격
③ 무력인격 ④ 강박인격

해설 **망상**
병적으로 생긴 잘못된 판단이나 확신을 나타내는 질환을 말하는 것으로, 감정으로 뒷받침될만한 움직일 수 없는 주관적 확신을 가지고 고집한다.

09 산업안전보건법령에 따른 안전검사 대상 유해·위험기계에 해당하지 않는 것은?

① 산업용 원심기
② 이동식 국소배기장치
③ 롤러기(밀폐형 구조는 제외)
④ 크레인(정격 하중이 2톤 미만인 것은 제외)

해설 국소배기장치는 안전검사 대상에 해당되나, 이동식은 제외된다.

10 작업을 하고 있을 때 걱정거리, 고민거리, 욕구불만 등에 의해 다른 데 정신을 빼앗기는 부주의 현상은?

① 의식의 중단 ② 의식의 우회
③ 의식의 과잉 ④ 의식수준의 저하

해설 **의식의 우회**
의식의 흐름이 옆으로 빗나가 발생하는 것(걱정, 고민, 욕구불만 등에 의하여 정신을 빼앗기는 것)

11 객관적인 위험을 자기 나름대로 판정해서 의지결정을 하고 행동에 옮기는 인간의 심리특성을 무엇이라고 하는가?

① 세이프 테이킹(Safe taking)
② 액션 테이킹(Action taking)
③ 리스크 테이킹(Risk taking)
④ 휴먼 테이킹(Human taking)

해설 **억측 판단(Risk Taking)**
위험을 부담하고 행동으로 옮기는 것

12 토의법의 유형 중 다음에서 설명하는 것은?

교육과제에 정통한 전문가 4~5명이 피교육자 앞에서 자유로이 토의를 실시한 다음에 피교육자 전원이 참가하여 사회자의 사회에 따라 토의하는 방법

① 포럼 ② 패널 디스커션
③ 심포지엄 ④ 버즈세션

해설 **패널토의(Panel Discussion)**
사회자의 진행에 의해 특정 주제에 대해 구성원 3~6명이 대립된 견해를 가지고 청중 앞에서 논쟁을 벌이는 것

정답 | 06 ② 07 ① 08 ① 09 ② 10 ② 11 ③ 12 ②

13 알더퍼(Alderfer)의 ERG 이론에 해당하지 않는 것은?

① 생존 욕구 ② 관계 욕구
③ 안전 욕구 ④ 성장 욕구

[해설] 알더퍼(Alderfer)의 ERG 이론
- E(Existence) : 존재의 욕구
- R(Relation) : 관계 욕구
- G(Growth) : 성장 욕구

14 보호구 안전인증 고시에 따른 다음 방진마스크의 형태로 옳은 것은?

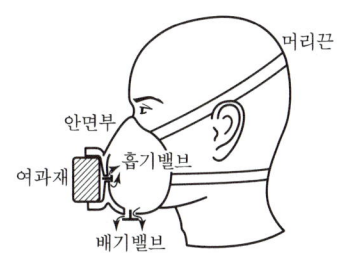

① 격리식 반면형 ② 직결식 반면형
③ 격리식 전면형 ④ 직결식 전면형

[해설] 방진마스크의 형태

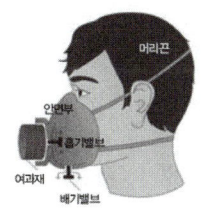

직결식 반면형

15 다음 중 위험예지훈련 4라운드의 순서가 올바르게 나열된 것은?

① 현상파악 → 본질추구 → 대책수립 → 목표설정
② 현상파악 → 대책수립 → 본질추구 → 목표설정
③ 현상파악 → 본질추구 → 목표설정 → 대책수립
④ 현상파악 → 목표설정 → 본질추구 → 대책수립

[해설] 위험예지훈련의 추진을 위한 문제해결 4단계(4라운드)
- 1라운드 : 현상파악(사실의 파악)
- 2라운드 : 본질추구(위험요인, 문제점 발견 및 위험 포인트 결정)
- 3라운드 : 대책수립(대책을 세운다)
- 4라운드 : 목표설정(행동계획 작성)

16 주의(attention)의 특성 중 여러 종류의 자극을 받을 때 소수의 특정한 것에만 반응하는 것은?

① 선택성 ② 방향성
③ 변동성 ④ 대칭성

[해설] 주의의 특성
- 선택성 : 소수의 특정한 것에 한한다.
- 방향성 : 시선의 초점이 맞았을 때 쉽게 인지된다.
- 변동성 : 인간은 한 점에 계속하여 주의를 집중할 수는 없다.

17 헤드십(Headship)에 관한 설명으로 틀린 것은?

① 구성원과의 사회적 간격이 좁다.
② 지휘의 형태는 권위주의적이다.
③ 권한의 부여는 조직으로부터 위임받는다.
④ 권한귀속은 공식화된 규정에 의한다.

[해설] 헤드십 권한
- 권한 근거는 공식적이다.
- 부하직원의 활동을 감독한다.
- 상사와 부하와의 관계가 종속적이다.
- 부하와의 사회적 간격이 넓다.
- 지위형태가 권위적이다.

18 연간 근로자수가 300명인 A공장에서 지난 1년간 1명의 재해자(신체장해등급 : 1급)가 발생하였다면 이 공장의 강도율은? (단, 근로자 1인당 1일 8시간씩 연간 300일을 근무하였다.)

① 4.27 ② 6.42
③ 10.05 ④ 10.42

[해설] 강도율 = $\dfrac{\text{근로손실일수}}{\text{연근로시간수}} \times 1{,}000$

$= \dfrac{7{,}500}{300 \times 8 \times 300} \times 1{,}000$

$= 10.42$

정답 | 13 ③ 14 ② 15 ① 16 ① 17 ① 18 ④

19 무재해 운동의 이념 가운데 직장의 위험 요인을 행동하기 전에 예지하여 발견, 파악, 해결하는 것을 의미하는 것은?

① 무의 원칙
② 선취의 원칙
③ 참가의 원칙
④ 인간 존중의 원칙

[해설] **무재해 운동 안전제일의 원칙(선취의 원칙)**
직장의 위험요인을 행동하기 전에 발견·파악·해결하여 재해를 예방한다.

20 다음 중 안전교육의 3단계에서 생활지도, 작업동작지도 등을 통한 안전의 습관화를 위한 교육을 무엇이라 하는가?

① 지식교육
② 기능교육
③ 태도교육
④ 인성교육

[해설] **안전교육의 3단계**
- 지식교육(1단계) : 지식의 전달과 이해
- 기능교육(2단계) : 실습, 시범을 통한 이해
- 태도교육(3단계) : 안전의 습관화(가치관 형성)

2과목
인간공학 및 시스템공학

21 건습지수로서 습구온도와 건구온도의 가중평균치를 나타내는 Oxford 지수의 공식으로 맞는 것은?

① WD=0.65WB+0.35DB
② WD=0.75WB+0.25DB
③ WD=0.85WB+0.15DB
④ WD=0.95WB+0.05DB

[해설] 옥스퍼드 지수(습건지수)=0.85W(습구온도)+0.15d(건구온도)

22 작업기억과 관련된 설명으로 틀린 것은?

① 단기기억이라고도 한다.
② 오랜 기간 정보를 기억하는 것이다.
③ 작업기억 내의 정보는 시간이 흐름에 따라 쇠퇴할 수 있다.
④ 리허설은 정보를 작업기억 내에 유지하는 유일한 방법이다.

[해설] **작업기억**
1. 단기기억이라고도 한다.
2. 작업기억 내의 정보는 시간이 흐름에 따라 쇠퇴할 수 있다.
3. 리허설(Rehearsal)은 정보를 작업기억 내에 유지하는 유일한 방법이다.

23 어떤 상황에서 정보 전송에 따른 표시장치를 선택하거나 설계할 때 청각장치를 주로 사용하는 사례로 맞는 것은?

① 메시지가 길고 복잡한 경우
② 메시지를 나중에 재참조하여야 할 경우
③ 메시지가 즉각적인 행동을 요구하는 경우
④ 신호의 수용자가 한곳에 머무르고 있는 경우

[해설] ①, ②, ④은 시각적 표시장시 사용이 유리하다.

24 모든 시스템 안전 프로그램 중 최초 단계의 분석으로 시스템 내의 위험요소가 어떤 상태에 있는지를 정성적으로 평가하는 방법은?

① CA
② FHA
③ PHA
④ FMEA

[해설] **PHA(예비위험분석)**
시스템 내의 위험요소가 얼마나 위험상태에 있는가를 평가하는 시스템 안전프로그램의 최초단계의 분석 기법(정성적)이다.

25 FTA에 의한 재해사례 연구의 순서를 올바르게 나열한 것은?

A. 목표사상 선정
B. FT도 작성
C. 사상마다 재해원인 규명
D. 개선계획 작성

① A→B→C→D
② A→C→B→D
③ B→C→A→D
④ B→A→C→D

[해설] **FTA에 의한 재해사례 연구순서(D. R. Cheriton)**
1. 목표사상 선정
2. 사상마다의 재해원인 규명
3. FT도의 작성
4. 개선계획의 작성

정답 | 19 ② 20 ③ 21 ③ 22 ② 23 ③ 24 ③ 25 ②

26 휘도(luminance)의 척도 단위(unit)가 아닌 것은?

① fc ② fL
③ mL ④ cd/m²

해설 fc는 소요조명을 의미한다.

27 FT도에 사용되는 기호 중 입력현상이 생긴 후, 일정시간이 지속된 후에 출력이 생기는 것을 나타내는 것은?

① OR 게이트 ② 위험지속기호
③ 억제 게이트 ④ 배타적 OR 게이트

해설 FTA에 사용되는 논리기호 및 사상기호
- 위험지속 AND 게이트 : 입력현상이 생겨서 어떤 일정한 기간이 지속 될 때에 출력

28 중추신경계의 피로, 즉 정신피로의 척도로 사용되는 것으로서 점멸률을 점차 증가(감소)시키면서 피실험자가 불빛이 계속 켜져 있는 것으로 느끼는 주파수를 측정하는 방법은?

① VFF ② EMG
③ EEG ④ MTM

해설 점멸융합주파수(VFF)
사이가 벌어져 회전하는 원판으로 들어오는 광원의 빛을 단속시켜 연속광으로 보이는지 단속광으로 보이는지 경계에서의 빛의 단속주기를 말한다. 정신적으로 피로한 경우에는 주파수 값이 내려가는 것으로 알려져 있다.

29 건구온도 38℃, 습구온도 32℃일 때의 Oxford 지수는 몇 ℃인가?

① 30.2 ② 32.9
③ 35.3 ④ 37.1

해설 옥스퍼드 지수(습건지수) = 0.85W(습구온도) + 0.15D(건구온도)
= 0.85×32 + 0.15×38
= 32.9(℃)

30 신뢰도가 0.4인 부품 5개가 병렬결합 모델로 구성된 제품이 있을 때 이 제품의 신뢰도는?

① 약 0.90 ② 약 0.91
③ 약 0.92 ④ 약 0.93

해설 신뢰도(R) = 1 − (1 − 0.4)(1 − 0.4)(1 − 0.4)(1 − 0.4)(1 − 0.4)
= 0.92224 ≒ 0.92

31 광원으로부터의 직사휘광을 줄이기 위한 방법으로 적절하지 않은 것은?

① 휘광원 주위를 어둡게 한다.
② 가리개, 갓, 차양 등을 사용한다.
③ 광원을 시선에서 멀리 위치시킨다.
④ 광원의 수는 늘리고 휘도는 줄인다.

해설 광원으로부터의 휘광(glare)의 처리방법
- 광원의 휘도를 줄이고 수를 늘린다.
- 광원을 시선에서 멀리 위치시킨다.
- 휘광원 주위를 밝게 하여 광도비를 줄인다.
- 가리개, 갓 혹은 차양(visor)을 사용한다.

32 인간과 기계의 능력에 대한 실용성 한계에 관한 설명으로 틀린 것은?

① 기능의 수행이 유일한 기준은 아니다.
② 상대적인 비교는 항상 변하기 마련이다.
③ 일반적인 인간과 기계의 비교가 항상 적용된다
④ 최선의 성능을 마련하는 것이 항상 중요한 것은 아니다.

해설 인간과 기계의 능력 및 한계는 서로 상충되므로 비교대상이 될 수 없다.

33 FT도에 사용되는 논리기호 중 AND 게이트에 해당하는 것은?

① 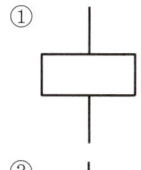 ②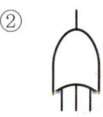

③ 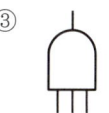 ④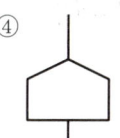

정답 | 26 ① 27 ② 28 ① 29 ② 30 ③ 31 ① 32 ③ 33 ③

[해설] **FTA에 사용되는 논리기호 및 사상기호**

기호	명칭	설명
(출력/입력)	AND 게이트 (n논리기호)	모든 입력사상이 공존할 때 출력 사상이 발생한다.

34 위험처리 방법에 관한 설명으로 틀린 것은?

① 위험처리 대책 수립 시 비용문제는 제외된다.
② 재정적으로 처리하는 방법에는 보류와 전가 방법이 있다.
③ 위험의 제어 방법에는 회피, 손실제어, 위험분리, 책임 전가 등이 있다.
④ 위험처리 방법에는 위험을 제어하는 방법과 재정적으로 처리하는 방법이 있다.

[해설] 위험처리 대책 수립 시 재정적인 문제를 제외할 수 없다.

35 실내면의 추천반사율이 낮은 것에서부터 높은 순으로 올바르게 배열된 것은?

① 바닥<가구<벽<천장
② 바닥<벽<가구<천장
③ 천장<가구<벽<바닥
④ 천장<벽<가구<바닥

[해설] **옥내 추천 반사율**
- 천장 : 80~90%
- 벽 : 40~60%
- 가구 : 25~45%
- 바닥 : 20~40%

36 소음성 난청 유소견자로 판정하는 구분을 나타내는 것은?

① A
② C
③ D_1
④ D_2

[해설] **직업병인 D_1 판정기준**
1. 순음어음 청력검사상 4,000Hz의 고음영역에서 50dB 이상 청력 손실 있을 것
2. 3분법(500(a) 1,000(b) 2,000(c)Hz에서의 청력손실치를 (a+b+c)/3) → 30dB 이상의 청력손실
3. 소음성난청 진단은 한 쪽 귀만 D_1에 해당되더라도 직업병으로 판정

37 인터페이스 설계 시 고려해야 하는 인간과 기계와의 조화성에 해당되지 않는 것은?

① 지적 조화성
② 신체적 조화성
③ 감성적 조화성
④ 심미적 조화성

[해설] 인간과 기계의 조화성은 다음 3가지 차원이 고려되어야 한다.
- 지적 조화성
- 감성적 조화성
- 신체적 조화성

38 화학설비의 안전성 평가 과정에서 제3단계인 정량적 평가 항목에 해당되는 것은?

① 목록
② 공정계통도
③ 화학설비용량
④ 건조물의 도면

[해설] **화학설비에 대한 안전성 평가 6단계 중 제3단계 : 정량적 평가항목(5가지 항목)**
1. 물질
2. 온도
3. 압력
4. 용량
5. 조작

39 산업안전보건법에 따라 상시작업에 종사하는 장소에서 보통작업을 하고자 할 때 작업면의 최소 조도(lux)로 맞는 것은? (단, 작업장은 일반적인 작업장소이며, 감광재료를 취급하지 않는 장소이다.)

① 75
② 150
③ 300
④ 750

[해설] **작업별 조도기준**
- 초정밀작업 : 750lux 이상
- 정밀작업 : 300lux 이상
- 보통작업 : 150lux 이상
- 기타 작업 : 75lux 이상

정답 | 34 ① 35 ① 36 ③ 37 ④ 38 ③ 39 ②

40 다음의 FT도에서 최소 컷셋으로 맞는 것은?

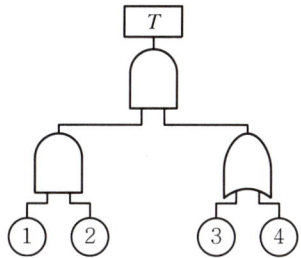

① {1,2,3,4}
② {1,2,3}, {1,2,4}
③ {1,3,4}, {2,3,4}
④ {1,3}, {1,4}, {2,3}, {2,4}

해설 정상사상에서 차례로 하단의 사상으로 치환하면서 AND 게이트는 가로로, OR 게이트는 세로로 나열한 후 중복사상을 제거한다.
$T = A \cdot B = ①② \cdot B = ①②③\ ①②④$
즉, 미니멀 컷셋은 [①②③] 또는 [①②④] 중 1개이다.

3과목
건설시공학

41 기존건물에 근접하여 구조물을 구축할 때 기존건물의 균열 및 파괴를 방지할 목적으로 지하에 실시하는 보강공법은?

① BH(Boring Hole)
② 베노토(Benoto) 공법
③ 언더피닝(Under Pinning) 공법
④ 심초공법

해설 **언더피닝(Under Pinning) 공법**
기존 구조물의 기초 저면보다 깊은 구조물을 시공하거나 기존 구조물을 보호하기 위하여 기초나 지정을 보강하는 공법이다.

42 보통의 철근콘크리트 구조에서 콘크리트 1m³당 필요한 거푸집의 개략 면적으로서 가장 적당한 것은?

① 1~2m²
② 3~4m²
③ 6~8m²
④ 15~16m²

해설 콘크리트 1m³당 필요한 거푸집의 개략 면적은 6~8m²이다.

43 콘크리트의 경화 후 거푸집 제거 작업 시 주의사항 중 옳지 않은 것은?

① 진동, 충격 등을 주지 않고 콘크리트가 손상되지 않도록 순서대로 제거한다.
② 지주를 바꾸어 세울 동안에는 상부의 작업을 제한하여 적재하중을 적게 하고, 집중하중을 받는 부분의 지주는 그대로 둔다.
③ 제거한 거푸집은 재사용할 수 있도록 적당한 장소에 정리하여 둔다.
④ 구조물의 손상을 고려하여 남은 거푸집 쪽널은 그대로 두고 미장공사를 한다.

해설 **거푸집 제거 시 유의사항**
1. 작업 시 진동, 충격을 가하지 않아야 함
2. 높은 곳의 작업 시는 추락 및 낙하사고에 유의
3. 크레인에 연결시켜 충분히 지지한 후 제거
4. 슬래브 및 보 밑은 맨 나중에 제거
5. 제거한 거푸집은 재사용할 수 있도록 적당한 장소에 정리
6. 지주를 바꾸어 세울 동안 상부의 작업을 제한하여 적재하중을 적게 함
7. 집중하중을 받는 부분의 지주는 그대로 둠

44 KCS에 따른 철근 가공 및 이음 기준에 관한 내용으로 옳지 않은 것은?

① 철근은 상온에서 가공하는 것을 원칙으로 한다.
② 철근상세도에 철근의 구부리는 내면 반지름이 표시되어 있지 않은 때에는 콘크리트 구조설계기준에 규정된 구부림의 최소 내면 반지름 이상으로 철근을 구부려야 한다.
③ D32 이하의 철근은 겹침이음을 할 수 없다.
④ 장래의 이음에 대비하여 구조물로부터 노출시켜 놓은 철근은 손상이나 부식이 생기지 않도록 보호하여야 한다.

해설 D32 이하의 철근은 겹침이음이 가능하다.

45 거푸집 공사에서 거푸집 검사 시 받침기둥(지주의 안전하중)검사와 가장 거리가 먼 것은?

① 서포트의 수직 여부 및 간격
② 폼타이 등 조임철물의 재질
③ 서포트의 편심, 처짐 및 나사의 느슨함 정도
④ 수평연결대 설치 여부

해설 폼타이(Form Tie)는 콘크리트를 부어넣을 때 거푸집이 벌어지거나 우그러지지 않게 연결, 고정하는 긴결재이다.

정답 | 40 ② 41 ③ 42 ③ 43 ④ 44 ③ 45 ②

46 건설공사에서 래머(Rammer)의 용도는?

① 철근절단　② 철근절곡
③ 잡석다짐　④ 토사적재

[해설] 래머(Rammer)는 다짐기계의 한 종류이다.

47 지상에서 일정 두께의 폭과 길이로 대지를 굴착하고 지반 안정액으로 공벽의 붕괴를 방지하면서 철근콘크리트벽을 만들어 이를 가설 흙막이벽 또는 본 구조물의 옹벽으로 사용하는 공법은?

① 슬러리월 공법　② 어스앵커 공법
③ 엄지말뚝 공법　④ 시트파일 공법

[해설] **지중연속벽(Slurry Wall) 공법**
구조물의 벽체 부분을 먼저 굴착한 후 그 속에 철근망을 삽입하고, 콘크리트를 타설하여 지하벽체를 형성하는 공법이다.

48 콘크리트의 탄산화에 관한 설명으로 옳지 않은 것은?

① 일반적으로 경량 콘크리트는 탄산화의 속도가 매우 느리다.
② 경화한 콘크리트의 수산화석회가 공기 중의 이산화탄소의 영향을 받아 탄산석회로 변화하는 현상을 말한다.
③ 콘크리트의 탄산화에 의해 강재표면의 보호피막이 파괴되어 철근의 녹이 발생하고, 궁극적으로 피복 콘크리트를 파괴한다.
④ 조강 포틀랜드 시멘트를 사용하면 탄산화를 늦출 수 있다.

[해설] 경량 콘크리트는 탄산화의 속도가 빠르다.

49 철근가공에 관한 설명으로 옳지 않은 것은?

① D35 이상의 철근은 산소절단기를 사용하여 절단한다.
② 유해한 휨이나 단면결손, 균열 등의 손상이 있는 철근은 사용하면 안 된다.
③ 한번 구부린 철근은 다시 펴서 사용해서는 안 된다.
④ 표준갈고리를 가공할 때에는 정해진 크기 이상의 곡률 반지름을 가져야 한다.

[해설] D35 이상의 철근은 기계적 방법으로 절단해야 한다.

50 철골 세우기 장비의 종류 중 이동식 세우기 장비에 해당하는 것은?

① 크롤러 크레인　② 가이 데릭
③ 스티프 레그 데릭　④ 타워크레인

[해설] 철골 세우기용 장비에는 크롤러 크레인, 가이 데릭, 스티프 레그 데릭, 타워크레인 등이 있으며, 크롤러 크레인이 이동식 세우기 장비에 해당된다.

51 철골공사의 녹막이칠에 관한 설명으로 옳지 않은 것은?

① 초음파탐상검사에 지장을 미치는 범위는 녹막이칠을 하지 않는다.
② 바탕만들기를 한 강재표면은 녹이 생기기 쉽기 때문에 즉시 녹막이칠을 하여야 한다.
③ 콘크리트에 묻히는 부분에는 녹막이칠을 하여야 한다.
④ 현장 용접 예정부분은 용접부에서 100mm 이내에 녹막이칠을 하지 않는다.

[해설] **녹막이칠을 하지 않는 부분**
- 콘크리트에 매입되는 부분
- 조립에 의하여 맞닿는 부분
- 현장 용접하는 부분
- 고장력 볼트 마찰 접합부의 마찰면
- 폐쇄형 단면을 한 부재의 밀폐되는 면
- 용접부에서 100mm 이내의 부분

52 콘크리트용 혼화재 중 포졸란을 사용한 콘크리트의 효과로 옳지 않은 것은?

① 워커빌리티가 좋아지고 블리딩 및 재료 분리가 감소된다.
② 수밀성이 크다.
③ 조기강도는 매우 크나 장기강도의 증진은 낮다.
④ 해수 등에 화학적 저항이 크다.

[해설] 포졸란 반응으로 수밀성이 증가하며, 장기강도도 증가하여 구조용 또는 미장용 모르타르로 사용한다.

53 기계가 서 있는 위치보다 낮은 곳, 넓은 범위의 굴착에 주로 사용되며 주로 수로, 골재 채취에 많이 이용되는 기계는?

① 드래그 셔블
② 드래그 라인
③ 로더
④ 케리올 스크레이퍼

해설 **드래그 라인(Drag Line)**
굴삭기가 위치한 지면보다 낮은 장소를 굴삭하는 데 사용하는 기계이다.

54 기성콘크리트 말뚝을 타설할 때 그 중심간격의 기준으로 옳은 것은?

① 말뚝머리지름의 2.5배 이상 또는 600mm 이상
② 말뚝머리지름의 2.5배 이상 또는 750mm 이상
③ 말뚝머리지름의 3.0배 이상 또는 600mm 이상
④ 말뚝머리지름의 3.0배 이상 또는 750mm 이상

해설 기성콘크리트 말뚝을 타설할 때 그 중심간격은 말뚝머리지름의 2.5배 이상 또한 750mm 이상이다.

55 다음 중 벽체전용 시스템 거푸집에 해당되지 않는 것은?

① 갱 폼
② 클라이밍 폼
③ 슬립 폼
④ 테이블 폼

해설 테이블 폼은 바닥판 거푸집에 해당한다.

56 철골공사에서 용접을 할 때 발생되는 용접결함과 직접 관계가 없는 것은?

① 크랙
② 언더컷
③ 크레이터
④ 위빙

해설 **위빙(Weaving)**
용접봉을 용접방향으로 서로 엇갈리게 움직여 용가금속을 용착시키는 운봉법이다.

57 LW(Labiles Wasserglass)공법에 관한 설명으로 옳지 않은 것은?

① 물유리용액과 시멘트 현탁액을 혼합하면 규산수화물을 생성하여 겔(gel)화하는 특성을 이용한 공법이다.
② 지반강화와 차수목적을 얻기 위한 약액주입공법의 일종이다.
③ 미세공극의 지반에서도 그 효과가 확실하여 널리 쓰인다.
④ 배합비 조절로 겔타임 조절이 가능하다.

해설 LW는 미세공극의 지반효과가 불확실하다.

58 흙막이벽 설계 시 고려하지 않아도 되는 것은?

① 히빙(Heaving)
② 보일링(Boiling)
③ 파이핑(Piping)
④ 사운딩(Sounding)

해설 사운딩(Sounding)은 지반조사의 방법이다.

59 주문받은 건설업자가 대상 계획의 금융, 토지조달, 설계, 시공 등 기타 모든 요소를 포괄한 도급계약 방식은?

① 실비정산 보수가산도급
② 턴키도급(Turn-key)
③ 정책도급
④ 공동도급(Joint venture)

해설 **턴키(Turn-Key)도급**
건설업자가 금융, 토지, 설계, 시공, 시운전 등 모든 것을 조달하여 주문자에게 인도하는 방식이다.

60 굳지 않은 콘크리트가 거푸집에 미치는 측압에 관한 설명으로 옳지 않은 것은?

① 묽은비빔 콘크리트가 측압은 크다.
② 온도가 높을수록 측압은 크다.
③ 콘크리트의 타설 속도가 빠를수록 측압은 크다.
④ 측압은 굳지 않은 콘크리트의 높이가 높을수록 커지는 것이나 어느 일정한 높이에 이르면 측압의 증대는 없다.

해설 외기의 온도, 습도가 낮을수록 측압이 증가한다.

정답 | 53 ② 54 ② 55 ④ 56 ④ 57 ③ 58 ④ 59 ② 60 ②

4과목
건설재료학

61 체가름 시험을 하였을 때 각 체에 남는 누계량의 전체 시료에 대한 질량백분율의 합을 100으로 나눈 값은?

① 실적률 ② 유효흡수율
③ 조립률 ④ 함수율

[해설] **조립률**
각 체에 남는 누계량의 전체 시료에 대한 질량백분율의 합을 100으로 나눈 값이다.

62 돌로마이트 플라스터(dolomite plaster)에 관한 설명으로 옳지 않은 것은?

① 점성이 커서 풀이 필요 없다.
② 수경성 미장재료에 해당된다.
③ 회반죽에 비해 조기강도가 크다.
④ 냄새, 곰팡이가 없어 변색될 염려가 없다.

[해설] 돌로마이트 플라스터는 공기 중 이산화탄소(CO_2)와 작용하여 경화되는 기경성 미장재료에 속한다.

63 목재의 함수율에 관한 설명으로 옳지 않은 것은?

① 목재의 함유수분 중 자유수는 목재의 중량에는 영향을 끼치지만 목재의 물리적 성질과는 관계가 없다.
② 침엽수의 경우 심재의 함수율은 항상 변재의 함수율보다 크다.
③ 섬유포화상태의 함수율은 30% 정도이다.
④ 기건상태란 목재가 통상 대기의 온도, 습도와 평형된 수분을 함유한 상태를 말하며, 이때의 함수율은 15% 정도이다.

[해설] 침엽수의 경우 변재의 함수율은 심재의 함수율보다 크며 활엽수의 경우 일정하다.

64 콘크리트의 배합설계 시 표준이 되는 골재의 상태는?

① 절대건조상태 ② 기건상태
③ 표면건조 내부포화상태 ④ 습윤상태

[해설] 콘크리트의 배합설계에 있어 기준이 되는 골재의 함수상태는 표면건조 포화상태(표건상태)이다.

65 골재의 함수상태 사이의 관계를 옳게 나타낸 것은?

① 유효흡수량=표건상태-기건상태
② 흡수량=습윤상태-표건상태
③ 전함수량=습윤상태-기건상태
④ 표면수량=기건상태-절건상태

[해설] 유효흡수량은 기건상태에서 표건상태가 될 때까지 골재가 흡수한 수량이다.

66 콘크리트의 성질에 관한 설명으로 옳지 않은 것은?

① 화재 시 결합수를 방출하므로 강도가 저하된다.
② 수밀 콘크리트를 만들려면 된비빔 콘크리트를 사용한다.
③ 수밀성이 큰 콘크리트는 중성화작용이 적어진다.
④ 콘크리트의 열팽창계수는 철에 비해서 매우 작다.

[해설] 콘크리트의 열팽창계수는 철과 거의 비슷하다.

67 시멘트를 저장할 때의 주의사항 중 옳지 않은 것은?

① 쌓을 때 너무 압축력을 받지 않게 13포대 이내로 한다.
② 통풍을 좋게 한다.
③ 3개월 이상된 것은 재시험하여 사용한다.
④ 저장소는 방습구조로 한다.

[해설] **시멘트 창고의 구비조건 및 시멘트 기준과 보관방법**
1. 창고의 바닥높이는 지면에서 30cm 이상으로 한다.
2. 지붕은 비가 새지 않는 구조로 하고, 벽이나 천장은 기밀하게 한다.
3. 창고 주위는 배수도랑을 두고 우수의 침입을 방지한다.
4. 출입구 채광창 이외의 환기창은 두지 않는다.
5. 반입구와 반출구를 따로 두어 먼저 쌓는 것부터 사용하도록 한다.
6. 시멘트 쌓기의 높이는 13포(1.5m) 이내로 한다. 장기간 쌓아두는 것은 7포 이내로 한다.
7. 시멘트의 보관은 1m² 당 30~35포대 정도로 하고, 통로를 고려하지 않는 경우에는 1m² 당 50포대 정도로 하고 시멘트 사용량이 600포대 이하인 경우에는 전량을 저장할 수 있는 창고를 가설하고, 600포대 이상인 경우에는 공사기간에 따라서 전량의 1/3을 저장할 수 있는 창고로 한다.
8. 창고의 면적 : $A = 0.4 \times N/n(m^2)$
여기서, A : 소요면적
N : 시멘트 수량
n : 쌓는 단수(13포 이하)

정답 | 61 ③ 62 ② 63 ② 64 ③ 65 ① 66 ④ 67 ②

68 다음 단열재료 중 가장 높은 온도에서 사용할 수 있는 것은?

① 세라믹 파이버 ② 암면
③ 석면 ④ 글래스울

해설 세라믹 파이버의 원료는 실리카와 알루미나이며, 알루미나의 함유량을 늘리면 내열성이 상승한다.

69 극장 및 영화관 등의 실내천장 또는 내벽에 붙여 음향 조절 및 장식효과를 겸하는 재료는?

① 플로팅 보드 ② 프린트 합판
③ 집성 목재 ④ 코펜하겐 리브

해설 코펜하겐 리브(Copenhagen Rib)는 강당, 극장, 집회장 등의 벽이나 천장 등에 음향조절효과와 장식효과를 겸해서 사용한다.

70 다음 중 골재로 사용할 수 없는 것은?

① 록 울(Rock wool)
② 질석(Vermiculite)
③ 펄라이트(Perlite)
④ 화산자갈(Volcanic gravel)

해설 **암면(Rock wool)**
석회 · 규사를 주성분으로 하는 현무암 · 안산암 · 돌로마이트 등을 용융, 압축공기로 분사시켜 섬유 모양으로 만든 것으로 단열성 · 보온성 · 흡음성 · 내화성이 우수하여 단열재 · 흡음재로 사용한다.

71 돌붙임공법 중에서 석재를 미리 붙여놓고 콘크리트를 타설하여 일체화시키는 방법은?

① 조적공법 ② 앵커긴결공법
③ GPC공법 ④ 강재트러스 지지공법

해설 GPC공법은 석재를 미리 붙여놓고 콘크리트를 타설하여 일체화시키는 방법이다.

72 단열재료 중 무기질 재료가 아닌 것은?

① 유리면 ② 경질우레탄 폼
③ 세라믹 섬유 ④ 암면

해설 무기질 단열재에는 유리면, 암면, 규산칼슘 보온재, 규조토 보온재, 펄라이트 보온재, 질석, 광재면, 다포유리, 세라믹 파이버 등이 있다.

73 단백질계 접착제 중 동물성 단백질이 아닌 것은?

① 카세인 ② 아교
③ 알부민 ④ 아마인유

해설 아마인유는 식물성 기름이다.

74 경화제를 필요로 하는 접착제로서 그 양의 다소에 따라 접착력이 좌우되며 내산, 내알칼리, 내수성이 뛰어나고 금속 접착에 특히 좋은 것은?

① 멜라민수지 접착제
② 페놀수지 접착제
③ 에폭시수지 접착제
④ 프란수지 접착제

해설 **에폭시 수지(Epoxy Resin)**
경화 시 휘발물의 발생이 없고 금속 · 유리 등과의 접착성이 우수하다. 내약품성, 내열성이 뛰어나고 산 · 알칼리에 강하다.

75 지하실 방수공사에 사용되며 아스팔트 펠트, 아스팔트 루핑 방수재료의 원료로 사용되는 것은?

① 스트레이트 아스팔트
② 블로운 아스팔트
③ 아스팔트 컴파운드
④ 아스팔트 프라이머

해설 **스트레이트 아스팔트(Straight Asphalt)**
점착성 · 방수성 · 신장성은 풍부하지만, 연화점이 비교적 낮아서 내후성이 약하고 온도에 의한 결점이 있다.

정답 | 68 ① 69 ④ 70 ① 71 ③ 72 ② 73 ④ 74 ③ 75 ①

76 단열재의 특성과 관련된 전열의 3요소와 거리가 먼 것은?

① 전도 ② 대류
③ 복사 ④ 결로

해설 단열재의 특성과 관련한 전열의 3요소는 전도, 대류, 복사이다.

77 집성목재의 특징에 관한 설명으로 옳지 않은 것은?

① 응력에 따라 필요로 하는 단면의 목재를 만들 수 있다.
② 목재의 강도를 인공적으로 자유롭게 조절할 수 있다.
③ 3장 이상의 단판인 박판을 홀수로 섬유방향에 직교하도록 접착제로 붙여 만든 것이다.
④ 외관이 미려한 박판 또는 치장합판, 프린트합판을 붙여서 구조재, 마감재, 화장재를 겸용한 인공목재의 제조가 가능하다.

해설 **집성 목재**
판재를 여러 장 겹쳐서 접착하여 만든 것으로, 보나 기둥에 사용할 수 있는 큰 단면으로 만드는 것이 가능하며 인공적으로 강도를 자유롭게 조절할 수 있다.

78 비철금속 중 동(銅)에 관한 설명으로 옳지 않은 것은?

① 맑은 물에는 침식되나 해수에는 침식되지 않는다.
② 전·연성이 좋아 가공하기 쉬운 편이다.
③ 철강보다 내식성이 우수하다.
④ 건축재료로는 아연 또는 주석 등을 활용한 합금을 주로 사용한다.

해설 동(銅)은 해수에 침식된다.

79 건물의 바닥 충격음을 저감시키는 방법에 대한 설명으로 틀린 것은?

① 유리면 등의 완충재를 바닥공간 사이에 넣는다.
② 부드러운 표면마감재를 사용하여 충격력을 작게 한다.
③ 바닥을 띄우는 이중바닥으로 한다.
④ 바닥슬래브의 중량을 작게한다.

해설 바닥 충격음을 저감하기 위해 바닥슬래브의 중량을 크게하는 것이 좋다.

80 발포제로서 보드상으로 성형하여 단열재로 널리 사용되며 천장재, 전기용품 등에도 쓰이는 열가소성 수지는?

① 폴리스티렌수지 ② 실리콘수지
③ 폴리에스테르수지 ④ 요소수지

해설 폴리스티렌수지는 내수, 내약품성, 전기절연성, 가공성이 우수하며 발포 보온판(스티로폼)의 주원료, 벽타일, 천장재, 블라인드, 도료, 전기용품 등에 사용된다.

5과목
건설안전기술

81 흙막이 가시설의 버팀대(Strut)의 변형을 측정하는 계측기에 해당하는 것은?

① Water Level Meter ② Strain Gauge
③ Piezometer ④ Load Cell

해설 변형률계(Strain Gauge)는 버팀대의 변형을 측정하는 계측기이다.

82 차량계 건설기계의 작업계획서 작성 시 그 내용에 포함되어야 할 사항이 아닌 것은?

① 사용하는 차량계 건설기계의 종류 및 성능
② 차량계 건설기계의 운행 경로
③ 차량계 건설기계에 의한 작업방법
④ 브레이크 및 클러치 등의 기능 점검

해설 차량계 건설기계의 작업계획 포함내용은 다음과 같다.
- 사용하는 차량계 건설기계의 종류 및 성능
- 차량계 건설기계의 운행 경로
- 차량계 건설기계에 의한 작업방법

83 다음 중 구조물의 해체작업을 위한 기계·기구가 아닌 것은?

① 쇄석기 ② 데릭
③ 압쇄기 ④ 철제 해머

해설 데릭은 양중작업을 위한 도구이다.

정답 | 76 ④ 77 ③ 78 ① 79 ④ 80 ① 81 ② 82 ④ 83 ②

84 물체가 떨어지거나 날아올 위험 또는 근로자가 추락할 위험이 있는 작업 시 착용하여야 할 보호구는?

① 보안경 ② 안전모
③ 방열복 ④ 방한복

해설 안전모에 대한 설명이다.

85 건설업에서 사업주의 유해·위험 방지 계획서 제출 대상 사업장이 아닌 것은?

① 지상 높이가 31m 이상인 건축물의 건설, 개조 또는 해체공사
② 연면적 5,000m² 이상 관광숙박시설의 해체공사
③ 저수용량 5,000톤 이하의 지방상수도 전용 댐 건설 등의 공사
④ 깊이 10m 이상인 굴착공사

해설 다목적 댐, 발전용 댐 및 저수용량 2천만 톤 이상의 용수전용 댐, 지방상수도 전용댐 건설 등의 공사가 해당된다.

86 부두 안벽 등 하역작업을 하는 장소에 대하여 부두 또는 안벽의 선을 따라 통로를 설치할 때 통로의 최소 폭 기준은?

① 70cm 이상 ② 80cm 이상
③ 90cm 이상 ④ 100cm 이상

해설 부두 또는 안벽의 선을 따라 통로를 설치할 때는 폭을 90cm 이상으로 하여야 한다.

87 다음 ( ) 안에 들어갈 내용으로 옳은 것은?

> 콘크리트 측압은 콘크리트 타설속도, ( ), 단위용적질량, 온도, 철근배근상태 등에 따라 달라진다.

① 골재의 형상 ② 콘크리트 강도
③ 박리제 ④ 타설높이

해설 크리트의 타설높이가 증가함에 따라 측압은 증가하나, 일정높이 이상이 되면 측압은 감소한다.

88 비계의 수평재의 최대 휨모멘트가 $50,000 \times 10^2 N \cdot mm$, 수평재의 단면 계수가 $5 \times 10^6 N \cdot mm^3$일 때 휨응력($\sigma$)은 얼마인가?

① 0.5MPa ② 1MPa
③ 2MPa ④ 2.5MPa

해설 휨응력(σ) = 휨모멘트(M)/단면계수(Z)
= $50,000 \times 10^2 / 5 \times 10^6$ = 1MPa

89 잠함 또는 우물통의 내부에서 근로자가 굴착작업을 하는 경우의 준수사항으로 옳지 않은 것은?

① 산소결핍 우려가 있는 경우에는 산소의 농도를 측정하는 사람을 지명하여 측정하도록 할 것
② 근로자가 안전하게 오르내리기 위한 설비를 설치할 것
③ 굴착깊이가 20m를 초과하는 경우에는 해당 작업장소와 외부와의 연락을 위한 통신설비 등을 설치할 것
④ 잠함 또는 우물통의 급격한 침하에 의한 위험을 방지하기 위하여 바닥으로부터 천장 또는 보까지의 높이는 2m 이내로 할 것

해설 잠함 또는 우물통의 급격한 침하로 인한 위험방지의 기준은 다음과 같다.
• 침하관계도에 따라 굴착방법 및 재하량 등을 정할 것
• 바닥으로부터 천장 또는 보까지의 높이는 1.8m 이상으로 할 것

90 다음 중 양중기에 해당하지 않는 것은?

① 크레인 ② 곤돌라
③ 항타기 ④ 리프트

해설 항타기는 양중기에 해당하지 않는다.

91 산업안전보건법령에 따른 중량물을 취급하는 작업을 하는 경우의 작업계획서 내용에 포함되지 않는 사항은?

① 추락 위험을 예방할 수 있는 안전대책
② 낙하 위험을 예방할 수 있는 안전대책
③ 전도 위험을 예방할 수 있는 안전대책
④ 위험물 누출 위험을 예방할 수 있는 안전대책

해설 중량물 취급 작업계획서에는 추락, 낙하, 전도 위험을 예방할 수 있는 안전대책이 포함되어야 한다.

정답 | 84 ② 85 ③ 86 ③ 87 ④ 88 ② 89 ④ 90 ③ 91 ④

92 콘크리트를 타설할 때 거푸집에 작용하는 콘크리트 측압에 영향을 미치는 요인과 가장 거리가 먼 것은?

① 콘크리트 타설 속도 ② 콘크리트 타설 높이
③ 콘크리트의 강도 ④ 기온

[해설] 콘크리트의 강도는 측압에 영향을 미치는 요인으로 볼 수 없다.

93 통나무 비계를 건축물, 공작물 등의 건조·해체 및 조립 등의 작업에 사용하기 위한 지상 높이 기준은?

① 2층 이하 또는 6m 이하
② 3층 이하 또는 9m 이하
③ 4층 이하 또는 12m 이하
④ 5층 이하 또는 15m 이하

[해설] 법 개정에 따라 앞으로 출제되지 않음

94 콘크리트 측압에 관한 설명으로 옳지 않은 것은?

① 대기의 온도가 높을수록 크다.
② 콘크리트의 타설속도가 빠를수록 크다.
③ 콘크리트의 타설높이가 높을수록 크다.
④ 배근된 철근량이 적을수록 크다.

[해설] **콘크리트의 측압이 커지는 요인**
- 거푸집의 부재단면이 클수록
- 거푸집의 수밀성이 클수록
- 거푸집의 강성이 클수록
- 거푸집의 표면이 평활할수록
- 시공연도(Workability)가 좋을수록
- 외기의 온도, 습도가 낮을수록
- 콘크리트의 타설속도가 빠를수록
- 콘크리트의 다짐(진동기 사용)이 좋을수록
- 콘크리트의 슬럼프(Slump)가 클수록
- 콘크리트의 비중이 클수록
- 응결시간이 느릴수록
- 철골 또는 철근량이 적을수록

95 동바리로 사용하는 파이프 서포트의 높이가 3.5m를 초과하는 경우 수평연결재의 설치높이 기준은?

① 1.5m 이내마다 ② 2.0m 이내마다
③ 2.5m 이내마다 ④ 3.0m 이내마다

[해설] 높이가 3.5m를 초과하는 경우에는 높이 2미터 이내마다 수평연결재를 2개 방향으로 만들고 수평연결재의 변위를 방지해야 한다.

96 공사종류 및 규모별 산업안전보건관리비 계상기준표에서 공사종류의 명칭에 해당되지 않는 것은?

① 건축공사 ② 철도 및 궤도신설공사
③ 중건설공사 ④ 특수건설공사

[해설] 공사종류 및 규모별 산업안전관리비 계상기준표의 항목으로는 건축공사, 토목공사, 중건설공사, 특수건설공사가 있다.

97 다음은 산업안전보건법령에 따른 승강설비의 설치에 관한 내용이다. (   )에 들어갈 내용으로 옳은 것은?

> 사업주는 높이 또는 깊이가 (   )를 초과하는 장소에서 작업하는 경우 해당 작업에 종사하는 근로자가 안전하게 승강하기 위한 건설용 리프트 등의 설비를 설치하여야 한다. 다만, 승강설비를 설치하는 것이 작업의 성질상 곤란한 경우에는 그러하지 아니하다.

① 2m ② 3m
③ 4m ④ 5m

[해설] 높이 또는 깊이가 2m를 초과하는 장소에서 작업하는 경우 건설용 리프트 등의 설비를 설치하여야 한다.

98 도심지에서 주변에 주요 시설물이 있을 때 침하와 변위를 적게 할 수 있는 가장 적당한 흙막이 공법은?

① 동결공법 ② 샌드드레인공법
③ 지하연속벽공법 ④ 뉴매틱케이슨공법

[해설] 지하연속벽(Slurry Wall)공법은 구조물의 벽체 부분을 먼저 굴착한 후 그 속에 철근망을 삽입하고, 콘크리트를 타설하여 지하벽체를 형성하는 공법이다.

정답 | 92 ③ 93 ③ 94 ① 95 ② 96 ② 97 ① 98 ③

99 다음 셔블계 굴착장비 중 좁고 깊은 굴착에 가장 적합한 장비는?

① 드래그라인
② 파워셔블
③ 백호
④ 클램셸

해설 클램셸(Clam Shell)은 좁은 곳의 수직굴착에 유리하여 케이슨 내 굴삭, 우물통 기초 등에 적합하다.

100 흙막이 지보공을 설치한 때에 정기적으로 점검하고 이상을 발견한 때에 즉시 보수하여야 하는 사항으로 거리가 먼 것은?

① 부재의 손상 변형, 부식, 변위 및 탈락의 유무와 상태
② 부재의 접속부, 부착부 및 교차부의 상태
③ 침하의 정도
④ 발판의 지지 상태

해설 흙막이 지보공을 설치한 경우에는 정기적으로 다음 사항을 점검하고 이상을 발견한 경우에는 즉시 보수하여야 한다.
- 부재의 손상·변형·부식·변위 및 탈락의 유무와 상태
- 버팀대의 긴압 정도
- 부재의 접속부·부착부 및 교차부의 상태
- 침하의 정도
- 흙막이 공사의 계측관리

정답 | 99 ④ 100 ④

부록

2021년 4회

※ 2020년 4회 이후 CBT로 출제된 기출문제는 개정된 출제기준과 해당 회차의 기출 키워드 등을 분석하여 복원하였습니다.

1과목 산업안전관리론

01 허즈버그(Herzberg)의 동기·위생 이론에 대한 설명으로 옳은 것은?

① 위생요인은 직무내용에 관련된 요인이다.
② 동기요인은 직무에 만족을 느끼는 주요인이다.
③ 위생요인은 매슬로 욕구단계 중 존경, 자아실현의 욕구와 유사하다.
④ 동기요인은 매슬로 욕구단계 중 생리적 욕구와 유사하다.

해설 허즈버그의 2요인 이론 중 동기요인(Motivation)
책임감, 성취 인정, 개인발전 등 일 자체에서 오는 심리적 욕구(충족될 경우 조직의 성과가 향상되며 충족되지 않아도 성과가 떨어지지 않음)

02 안전교육 방법 중 TWI의 교육과정이 아닌 것은?

① 작업지도훈련 ② 인간관계훈련
③ 정책수립훈련 ④ 작업방법훈련

해설 TWI(Training Within Industry)
- 작업지도훈련(JIT ; Job Instruction Training)
- 작업방법훈련(JMT ; Job Method Training)
- 인간관계훈련(JRT ; Job Relations Training)
- 작업안전훈련(JST ; Job Safety Training)

03 산업재해의 분류방법에 해당하지 않는 것은?

① 통계적 분류
② 상해 종류에 의한 분류
③ 관리적 분류
④ 재해 형태별 분류

해설 재해통계 분류방법
- 재해 형태별 분류
- 통계적 분류
- 상해의 종류별 분류

04 재해 원인을 통상적으로 직접원인과 간접원인으로 나눌 때 직접원인에 해당되는 것은?

① 기술적 원인 ② 물적 원인
③ 교육적 원인 ④ 관리적 원인

해설 직접원인
1. 불안전한 행동(인적 원인)
2. 불안전한 상태(물적 원인)

05 재해율 중 재직 근로자 1,000명당 1년간 발생하는 재해자 수를 나타내는 것은?

① 연천인율 ② 도수율
③ 강도율 ④ 종합재해지수

해설 연천인율(年千人率)
1년간 발생하는 임금근로자 1,000명당 재해자 수
$$연천인율 = \frac{재해자 수}{연 평균 근로자 수} \times 1,000$$
$$= 도수율(빈도율) \times 2.4$$

정답 | 01 ② 02 ③ 03 ③ 04 ② 05 ①

06 다음 중 인간의 적응기제(適應機制)에 포함되지 않는 것은?

① 갈등(Conflict) ② 억압(Repression)
③ 공격(Aggression) ④ 합리화(Rationalization)

해설 **적응기제(適應機制 ; Adjustment Mechanism) 종류**

1. 방어적 기제(Defense Mechanism)
   - 보상
   - 합리화(변명)
   - 승화
   - 동일시
2. 도피적 기제(Escape Mechanism)
   - 고립
   - 퇴행
   - 억압
   - 백일몽
3. 공격적 기제(Aggressive Mechanism)
   - 직접적 공격기제
   - 간접적 공격기제

07 산업안전보건법령에 따른 근로자 안전·보건교육 중 건설업 기초안전·보건교육 과정의 건설 일용근로자의 교육시간으로 옳은 것은?

① 1시간 ② 2시간
③ 4시간 ④ 6시간

해설

교육과정	교육대상	교육시간
건설업 기초안전·보건교육	건설 일용근로자	4시간

08 산업안전보건법령상 안전모의 성능시험 항목 6가지 중 내관통성시험, 충격흡수성시험, 내전압성시험, 내수성시험 외의 나머지 2가지 성능시험 항목으로 옳은 것은?

① 난연성시험, 턱끈풀림시험
② 내한성시험, 내압박성시험
③ 내답발성시험, 내식성시험
④ 내산성시험, 난연성시험

해설 **안전모 성능시험 방법**

항목	시험성능기준
난연성	모체가 불꽃을 내며 5초 이상 연소되지 않아야 한다.
턱끈풀림	150N 이상 250N 이하에서 턱끈이 풀려야 한다.

09 무재해 운동을 추진하기 위한 세 기둥이 아닌 것은?

① 관리감독자의 적극적 추진
② 소집단 자주활동의 활성화
③ 전 종업원의 안전요원화
④ 최고경영자의 경영자세

해설 **무재해 운동의 3기둥(3요소)**

1. 직장의 자율활동의 활성화
2. 라인(관리감독자)화의 철저
3. 최고경영자의 안전경영철학

10 위험예지훈련 4R 방식 중 각 라운드(Round)별 내용 연결이 옳은 것은?

① 1R – 목표설정 ② 2R – 본질추구
③ 3R – 현상파악 ④ 4R – 대책수립

해설 **위험예지훈련의 추진을 위한 문제해결 4단계(4라운드)**

- 1라운드 : 현상파악(사실의 파악)
- 2라운드 : 본질추구(위험요인, 문제점 발견 및 위험 포인트 결정)
- 3라운드 : 대책수립(대책을 세운다.)
- 4라운드 : 목표설정(행동계획 작성)

11 특성에 따른 안전교육의 3단계에 포함되지 않는 것은?

① 태도교육 ② 지식교육
③ 직무교육 ④ 기능교육

해설 **안전교육의 3단계**

- 1단계 – 지식교육 : 지식의 전달과 이해
- 2단계 – 기능교육 : 실습, 시범을 통한 이해
- 3단계 – 태도교육 : 안전의 습관화(가치관 형성)

12 테크니컬 스킬즈(technical skills)에 관한 설명으로 옳은 것은?

① 모럴(morale)을 양양시키는 능력
② 인간을 사물에게 적응시키는 능력
③ 사물을 인간에게 유리하게 처리하는 능력
④ 인간과 인간의 의사소통을 원활히 처리하는 능력

해설 테크니컬 스킬즈는 사물을 인간에 유익하도록 처리하는 능력을 말한다.

정답 | 06 ① 07 ③ 08 ① 09 ③ 10 ② 11 ③ 12 ③

13 다음 중 작업표준의 구비조건으로 옳지 않은 것은?

① 작업의 실정에 적합할 것
② 생산성과 품질의 특성에 적합할 것
③ 표현은 추상적으로 나타낼 것
④ 다른 규정 등에 위배되지 않을 것

> 해설 │ **작업표준의 구비조건**
> • 작업의 실정에 적합할 것
> • 표현은 구체적으로 나타낼 것
> • 이상 시의 조치기준에 대해 정해둘 것
> • 좋은 작업의 표준일 것
> • 생산성과 품질의 특성에 적합할 것
> • 다른 규정 등에 위배되지 않을 것

14 인지과정 착오의 요인이 아닌 것은?

① 정서 불안정
② 감각차단 현상
③ 작업자의 기능미숙
④ 생리·심리적 능력의 한계

> 해설 │ **인지과정 착오의 요인**
> • 심리적 능력의 한계
> • 감각차단현상
> • 정보량의 한계
> • 정서 불안정

15 재해손실비의 평가방식 중 시몬즈(R.H.Simonds) 방식에 의한 계산방법으로 옳은 것은?

① 직접비+간접비
② 공동비용+개별비용
③ 보험 코스트+비보험 코스트
④ (휴업상해건수×관련 비용 평균치)+(통원상해건수×관련 비용 평균치)

> 해설 │ **시몬즈 방식**
> 총 재해비용=산재보험비용+비보험비용

16 학습정도(Level of learning)의 4단계 요소가 아닌 것은?

① 지각
② 적용
③ 인지
④ 정리

> 해설 │ **학습정도의 4단계**
> 1. 인지 → 2. 지각 → 3. 이해 → 4. 적용

17 경보기가 울려도 전철이 오기까지 아직 시간이 있다고 스스로 판단하여 건널목을 건너다가 사고를 당한 것은 무엇에 의한 것인가?

① 생략행위
② 근도반응
③ 억측판단
④ 초조반응

> 해설 │ **억측판단(Risk Taking)**
> 위험을 부담하고 행동으로 옮김(신호등이 녹색에서 적색으로 바뀌어도 차가 움직이기까지 아직 시간이 있다고 생각하여 건널목을 건넜을 경우)

18 교육의 3요소 중 교육의 주체에 해당하는 것은?

① 강사
② 교재
③ 수강자
④ 교육방법

> 해설 │ **교육의 3요소**
> 1. 주체 : 강사
> 2. 객체 : 수강자(학생)
> 3. 매개체 : 교재(교육내용)

19 산업안전보건법령상 사업주가 근로자에 대하여 실시하여야 하는 교육 중 특별교육의 대상이 되는 작업이 아닌 것은?

① 화학설비의 탱크 내 작업
② 전압이 30V인 정전 및 활선작업
③ 건설용 리프트·곤돌라를 이용한 작업
④ 동력에 의하여 작동되는 프레스기계를 5대 이상 보유한 사업장에서 해당 기계로 하는 작업

> 해설 │ 전압기 75V 이상의 정전 및 활선작업이 특별교육 대상이다.

20 학습지도의 형태 중 몇 사람의 전문가에 의하여 과제에 관한 견해가 발표된 뒤 참가자로 하여금 의견이나 질문을 하게 하여 토의하는 방법은?

① 패널 디스커션(Panel discussion)
② 심포지엄(Symposium)
③ 포럼(Forum)
④ 버즈 세션(Buzz session)

정답 │ 13 ③ 14 ③ 15 ③ 16 ④ 17 ③ 18 ① 19 ② 20 ②

해설 **심포지엄(Symposium)**
몇 사람의 전문가들이 과제에 관한 견해를 발표한 뒤에 참가자에게 의견이나 질문을 하게 하여 토의하는 방법이다.

2과목
인간공학 및 시스템공학

21 산업안전 분야에서의 인간공학을 위한 제반 언급사항으로 관계가 먼 것은?

① 안전관리자와의 의사소통 원활화
② 인간과오 방지를 위한 구체적 대책
③ 인간행동 특성자료의 정량화 및 축적
④ 인간－기계 체계의 설계 개선을 위한 기금의 축적

해설 기금의 축적은 인간공학을 위한 제반 언급사항에 해당되지 않는다.

22 다음 FTA 그림에서 a, b, c의 부품고장률이 각각 0.01일 때, 최소 컷셋(Minimal cut sets)과 신뢰도로 옳은 것은?

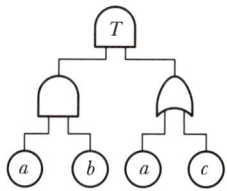

① (a, b), $R(t) = 99.99\%$
② (a, b, c), $R(t) = 98.99\%$
③ (a, c)
   (a, b), $R(t) = 96.99\%$
④ (a, c)
   (a, b, c), $R(t) = 97.99\%$

해설 • 고장률 $R_T = (a \times b) \times (a + c)$
$= (a \times a \times b) + (a \times b \times c)$
이라는 식이 성립한다.
• 부울법칙 중 $A \times A = A$와 $1 + A = 1$ 법칙으로 위 식을 풀어내면
$R_T = (a \times b) + (a \times b \times c) = a \times b(1 + c) = a \times b$
• 따라서, 최소 컷셋은 a, b가 되며, 고장률 $R_t = 0.01 \times 0.01 = 0.0001$이 된다.
∴ 고장 나지 않을 확률은 $1 - 0.0001 = 0.9999$가 되므로 99.99%이다.

23 FTA의 용도와 거리가 먼 것은?

① 고장의 원인을 연역적으로 찾을 수 있다.
② 시스템의 전체적인 구조를 그림으로 나타낼 수 있다.
③ 시스템에서 고장이 발생할 수 있는 부분을 쉽게 찾을 수 있다.
④ 구체적인 초기사건에 대하여 상향식 접근방식으로 재해경로를 분석하는 정량적 기법이다.

해설 **FTA의 특징**
1. Top down 형식(연역적)
2. 정량적 해석기법(컴퓨터 처리가 가능)
3. 논리기호를 사용한 특정사상에 대한 해석
4. 서식이 간단해서 비전문가도 짧은 훈련으로 사용할 수 있다.
5. Human Error의 검출이 어렵다.

24 부품을 작동하는 성능이 체계의 목표달성에 긴요한 정도를 고려하여 우선순위를 설정하는 원칙은?

① 중요도의 원칙   ② 사용빈도의 원칙
③ 기능성의 원칙   ④ 사용순서의 원칙

해설 **부품배치의 원칙 중 중요성의 원칙**
부품의 작동성능이 목표달성에 긴요한 정도에 따라 우선순위를 결정한다.

25 FT 작성 시 논리게이트에 속하지 않는 것은 무엇인가?

① OR 게이트   ② 억제 게이트
③ AND 게이트   ④ 동등 게이트

해설 **FTA에 사용되는 논리기호 및 사상기호(일부)**
• AND 게이트(논리기호)
• OR 게이트(논리기호)
• 억제 게이트(Inhibit 게이트)

26 산업안전의 목적을 ERDA(미국 에너지연구개발청)에서 개발된 시스템안전 프로그램으로 관리, 설계, 생산, 보전 등의 넓은 범위의 안전성을 검토하기 위한 기법은?

① FTA   ② MORT
③ FHA   ④ FMEA

해설 **MORT(Management Oversight and Risk Tree)**
FTA와 같은 논리기법을 이용하여 관리, 설계, 생산, 보전 등에 대해서 광범위하게 안전성을 확보하기 위한 기법이다.

정답 | 21 ④ 22 ① 23 ④ 24 ① 25 ④ 26 ②

27 점광원(point source)에서 표면에 비추는 조도(lux)의 크기를 나타내는 식으로 옳은 것은? (단, D는 광원으로부터의 거리를 말한다.)

① $\dfrac{광도(fc)}{D^2(m^2)}$ ② $\dfrac{광도(lm)}{D(m)}$

③ $\dfrac{광속(lumen)}{D^2(m^2)}$ ④ $\dfrac{광도(fL)}{D(m)}$

[해설] **조도(Illuminance)**
물체의 표면에 도달하는 빛의 양(밀도)을 의미(단위 : [lux])

$$조도(lux) = \dfrac{광속(lumen)}{거리(m)^2}$$

28 인간의 가청주파수 범위는?

① 2~10,000Hz ② 20~20,000Hz
③ 200~30,000Hz ④ 200~400,000Hz

[해설] **가청주파수**
20~20,000Hz

29 FT도에 사용되는 기호 중 "전이기호"를 나타내는 기호는?

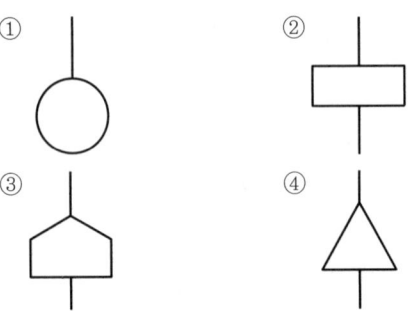

[해설]

기호	명칭	설명
△(IN)	전이기호	FT도상에서 부분으로 이행 또는 연결을 나타낸다. 삼각형 정상의 선은 정보의 전입을 뜻한다.
△(OUT)	전이기호	FT도상에서 다른 부분으로 이행 또는 연결을 나타낸다. 삼각형 옆의 선은 정보의 전출을 뜻한다.

30 동전던지기에서 앞면이 나올 확률이 0.2이고, 뒷면이 나올 확률이 0.8일 때, 앞면이 나올 확률의 정보량과 뒷면이 나올 확률의 정보량이 맞게 연결된 것은?

① 앞면 : 약 2.32bit, 뒷면 : 약 0.32bit
② 앞면 : 약 2.32bit, 뒷면 : 약 1.32bit
③ 앞면 : 약 3.32bit, 뒷면 : 약 0.32bit
④ 앞면 : 약 3.32bit, 뒷면 : 약 1.52bit

[해설] • 앞면의 정보량 = $\log_2(1/0.2) = 2.32$bit
• 뒷면의 정보량 = $\log_2(1/0.8) = 0.32$bit

31 다음 중 육체적 활동에 대한 생리학적 측정방법과 가장 거리가 먼 것은?

① EMG ② EEG
③ 심박수 ④ 에너지소비량

[해설] 뇌전도(EEG)는 정신적 활동에 대한 측정방법이다.

32 다음 그림은 C/R비와 시간과의 관계를 나타낸 그림이다. ㉠~㉣에 들어갈 내용이 맞는 것은?

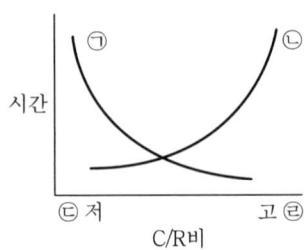

① ㉠ 이동시간, ㉡ 조정시간, ㉢ 민감, ㉣ 둔감
② ㉠ 이동시간, ㉡ 조정시간, ㉢ 둔감, ㉣ 민감
③ ㉠ 조정시간, ㉡ 이동시간, ㉢ 민감, ㉣ 둔감
④ ㉠ 조정시간, ㉡ 이동시간, ㉢ 둔감, ㉣ 민감

[해설]
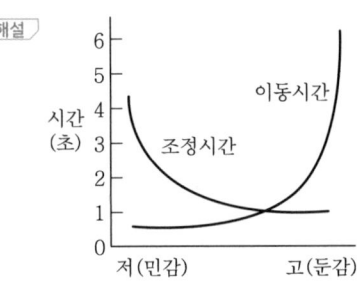

33 위험조정을 위해 필요한 기술은 조직형태에 따라 다양한데, 이를 4가지로 분류하였을 때 이에 속하지 않는 것은?

① 전가(Transfer) ② 보류(Retention)
③ 계속(Continuation) ④ 감축(Reduction)

해설 **위험조정을 위한 리스크 처리기술**
- 위험의 회피(Avoidance)
- 위험의 경감(Reduction)
- 위험의 보류(Retention)
- 위험의 전가(Transfer)

34 다음 형상 암호화 조종장치 중 이산 멈춤 위치용 조종장치는?

① 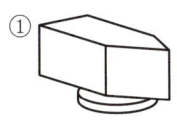 ②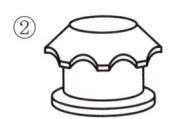
③  ④

해설 **형상 암호화된 조종장치**

구분	조종장치
이산 멈춤 위치용	

35 다음 중 소음을 방지하기 위한 대책과 관계가 먼 것은?

① 소음원 통제 ② 차폐장치 사용
③ 소음의 격리 ④ 연속 소음 노출

해설 **소음을 통제하는 방법(소음대책)**
- 소음원의 통제
- 소음의 격리
- 차폐장치 및 흡음재료 사용
- 음향처리제 사용
- 적절한 배치

36 작업자가 100개의 부품을 육안 검사하여 20개의 불량품을 발견하였다. 실제 불량품이 40개라면 안간에러(human error) 확률은 약 얼마인가?

① 0.2 ② 0.3
③ 0.4 ④ 0.5

해설 인간실수 확률(HEP) = $\dfrac{\text{인간실수의 수}}{\text{실수발생의 전체 기회수}}$

$= \dfrac{40-20}{100} = 0.2$

37 FTA에서 모든 기본사상이 일어났을 때 톱(top)사상을 일으키는 기본사상의 집합을 무엇이라 하는가?

① 컷셋(Cut Set)
② 최소 컷셋(Minimal Cut Set)
③ 패스셋(Path Set)
④ 최소 패스셋(Minimal Path Set)

해설 **컷셋(Cut Set)**
정상사상을 발생시키는 기본사상의 집합으로 그 안에 포함되는 모든 기본사상이 발생할 때 정상사상을 발생시키는 기본사상의 집합을 말한다.

38 조종장치의 촉각적 암호화를 위하여 고려하는 특성이 아닌 것은?

① 형상 ② 무게
③ 크기 ④ 표면 촉감

해설 **조종장치의 촉각적 암호화**
- 표면 촉감을 사용하는 경우
- 형상을 구별하는 경우
- 크기를 구별하는 경우

39 정보를 전송하기 위해 청각적 표시장치를 사용해야 효과적인 경우는?

① 전언이 복잡할 경우
② 전언이 후에 재참조될 경우
③ 전언이 공간적인 위치를 다룰 경우
④ 전언이 즉각적인 행동을 요구할 경우

해설 전언이 즉각적인 행동을 요구할 경우에는 청각적 표시장치가 유리하다.

정답 | 33 ③ 34 ① 35 ④ 36 ① 37 ① 38 ② 39 ④

40 조종장치의 저항 중 갑작스러운 속도의 변화를 막고 부드러운 제어 동작을 유지하게 해주는 저항은?

① 점성저항 ② 관성저항
③ 마찰저항 ④ 탄성저항

해설 조종장치의 갑작스러운 속도의 변화를 막고 부드러운 제어 동작을 유지하게 하는 저항은 점성저항이다.

3과목 건설시공학

41 450m³의 콘크리트를 타설할 경우 강도시험용 1회의 공시체는 몇 m³ 마다 제작하는가? (단, KS 기준을 따른다.)

① 30m³ ② 50m³
③ 100m³ ④ 150m³

해설 콘크리트 1일 타설량이 150mm³ 미만인 경우 1일 타설량마다, 150m³ 이상인 경우 150m³마다 공시체를 제작해야 한다.

42 용접작업에서 용접봉을 용접방향에 대하여 서로 엇갈리게 움직여서 용가금속을 용착시키는 운봉방법은?

① 단속용접 ② 개선
③ 위빙 ④ 레그

해설 **위빙(Weaving)**
접봉을 용접방향에 대하여 서로 엇갈리게 움직여서 용가금속을 용착시키는 운봉방법이다.

43 사질지반에서 지하수를 강제로 뽑아내어 지하수위를 낮추어서 기초공사를 하는 공법은?

① 케이슨 공법 ② 웰포인트 공법
③ 샌드드레인 공법 ④ 레어먼드파일 공법

해설 **웰포인트(Well Point) 공법**
라이저 파이프를 박아 6m 이내의 지하수를 펌프로 배수하여 지하수위를 낮추는 공법이다.

44 연약한 점성토 지반을 굴착할 때 주로 발생하며 흙막이 바깥에 있는 흙이 안으로 밀려들어와 흙막이가 파괴되는 현상은?

① 파이핑(Piping) ② 보일링(Boiling)
③ 히빙(Heaving) ④ 캠버(Camber)

해설 **히빙(Heaving)**
흙막이 벽체 배면의 흙이 안으로 밀려 들어와 굴착 바닥면이 부풀어 오르는 현상을 말한다.

45 거푸집 내에 자갈을 먼저 채우고, 공극부에 유동성이 좋은 모르타르를 주입해서 일체의 콘크리트가 되도록 한 공법은?

① 수밀 콘크리트 ② 진공 콘크리트
③ 숏크리트 ④ 프리팩트 콘크리트

해설 **프리팩트 콘크리트**
굵은 골재를 거푸집 등에 넣고 그 사이에 시멘트 페이스트를 펌프로 주입하여 만드는 콘크리트이다.

46 독립 기초판(3.0[m]×3.0[m]) 하부에 말뚝머리지름이 40[cm]인 기성콘크리트 말뚝을 9개 시공하려고 할 때 말뚝의 중심간격으로 가장 적당한 것은?

① 10[cm] ② 100[cm]
③ 90[cm] ④ 80[cm]

해설 기성콘크리트 말뚝의 중심간격 기준은 2.5d이므로 말뚝머리지름이 40cm이면 말뚝의 중심간격은 2.5×40cm=100cm이다.

47 공사에 필요한 특기 시방서에 기재하지 않아도 되는 사항은?

① 인도 시 검사 및 인도시기 ② 각 부위별 시공방법
③ 각 부위별 사용재료 ④ 사용재료의 품질

해설 **시방서의 기재내용**
- 재료의 품질
- 공법내용 및 시공방법
- 일반사항, 유의사항
- 시험, 검사
- 보충사항, 특기사항
- 시공기계, 장비

정답 | 40 ① 41 ④ 42 ③ 43 ② 44 ③ 45 ④ 46 ② 47 ①

48 기초파기 저면보다 지하수위가 높을 때의 배수공법으로 가장 적합한 것은?

① 웰포인트 공법
② 샌드드레인 공법
③ 언더피닝 공법
④ 페이퍼드레인 공법

해설 **웰포인트(Well Point) 공법**
라이저 파이프를 박아 6m 이내의 지하수를 펌프로 배수하여 지하수위를 낮추는 공법이다.

49 보통 콘크리트 공사에서 굳지 않은 콘크리트에 포함된 염화물량은 염소 이온양으로서 얼마 이하를 원칙으로 하는가?

① $0.2kg/m^3$
② $0.3kg/m^3$
③ $0.4kg/m^3$
④ $0.7kg/m^3$

해설 다음의 염화물 허용량 한도를 지켜야 한다.

구분	염화물 이온양
비빔 시	$0.3kg/m^3$ 이하
상수도물 혼합 시	$0.04kg/m^3$
염화물 이온양 허용치	$0.6kg/m^3$
잔골재의 염화물 이온양	0.02%
원자력 발전소 시설	Nacl $320g/m^3$ 이하

50 굳지 않은 콘크리트에 실시하는 시험이 아닌 것은?

① 슬럼프시험
② 플로시험
③ 슈미트해머시험
④ 리몰딩시험

해설 **슈미트해머시험**
콘크리트의 비파괴시험방법으로 슈미트해머를 이용하여 반발경도를 측정한 후 강도를 계산하는 시험이다.

51 토공사 시 발생하는 히빙파괴(heaving failure)의 방지대책으로 가장 거리가 먼 것은?

① 흙막이벽의 근입깊이를 늘린다.
② 터파기 밑면 아래의 지반을 개량한다.
③ 아일랜드 컷 공법을 적용하여 중량을 부여한다.
④ 지하수위를 저하시킨다.

해설 온통파기를 할 수 없을 때, 히빙현상이 예상될 때에는 트렌치 컷 공법이 효과적이다.

52 공사 또는 제품의 품질상태가 만족한 상태에 있는가의 여부를 판단하는 데 가장 적합한 품질관리 기법은?

① 특성요인도
② 히스토그램
③ 파레토그램
④ 체크시트

해설 히스토그램은 공사 또는 제품의 품질상태가 만족한 상태에 있는가의 여부 등 데이터가 어떤 분포를 하고 있는지 알아보기 위해 작성한다.

53 콘크리트의 측압에 관한 설명으로 옳지 않은 것은?

① 콘크리트 타설 속도가 빠를수록 측압이 크다.
② 콘크리트의 비중이 클수록 측압이 크다.
③ 콘크리트의 온도가 높을수록 측압이 작다.
④ 진동기를 사용하여 다질수록 측압이 작다.

해설 진동기를 사용하여 다질수록 측압이 커진다.

54 슬라이딩 폼에 관한 설명으로 옳지 않은 것은?

① 내·외부 비계발판을 따로 준비해야 하므로 공기가 지연될 수 있다.
② 활동(滑動) 거푸집이라고도 하며 사일로 설치에 사용할 수 있다.
③ 요크로 서서히 끌어 올리며 콘크리트를 부어 넣는다.
④ 구조물의 일체성 확보에 유효하다.

해설 슬라이딩 폼은 내·외부 비계발판이 일체화된 작업발판 일체형 거푸집이다.

55 강구조물에 실시하는 녹막이 도장에서 도장하는 작업 중이거나 도료의 건조기간 중 도장하는 장소의 환경 및 기상조건이 좋지 않아 공사감독자가 승인할 때까지 도장이 금지되는 상황이 아닌 것은?

① 주위의 기온이 5℃ 미만일 때
② 상대습도가 85% 미만일 때
③ 안개가 끼었을 때
④ 눈 또는 비가 올 때

해설 주위 온도가 4℃ 이하이거나 상대습도가 85% 이상인 경우 도장작업을 피한다.

정답 | 48 ① 49 ② 50 ③ 51 ③ 52 ② 53 ④ 54 ① 55 ②

56 건축주가 시공회사의 신용, 자산, 공사경력, 보유기술 등을 고려하여 그 공사에 가장 적격한 단일 업체에게 입찰시키는 방법은?

① 공개경쟁입찰　　② 특명입찰
③ 사전자격심사　　④ 대안입찰

해설) 특명입찰은 시공회사의 신용, 자산, 공사경력, 보유기술 등을 고려하여 그 공사에 가장 적격한 단일 업체에게 입찰시키는 방법이다.

57 말뚝의 이음공법 중 강성이 가장 우수한 방식은?

① 장부식 이음　　② 충전식 이음
③ 리벳식 이음　　④ 용접식 이음

해설) 말뚝의 이음 공법 중 용접식 이음의 강성이 가장 뛰어나다.

58 콘크리트를 양생하는 데 있어서 양생분을 뿌리는 목적으로 옳은 것은?

① 빗물의 침입을 막기 위해서
② 표면의 양생분을 경화시키기 위해서
③ 표면에 떠 있는 물을 양생분으로 제거하기 위해서
④ 혼합수의 증발을 막기 위해서

해설) 양생분을 뿌리는 목적은 혼합수의 증발을 막기 위해서이다.

59 그림과 같은 독립기초의 흙파기량을 옳게 산출한 것은?

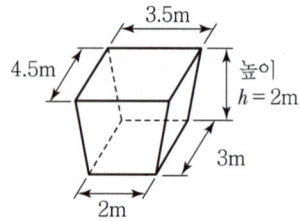

① 19.5m³　　② 21.8m³
③ 23.7m³　　④ 25.4m³

해설)
• 윗면 넓이 = 3.5×4.5 = 15.75m²
• 밑면 넓이 = 2×3 = 6m²
• 윗면과 밑면의 평균넓이 = (15.75+6)/2 = 10.875m²
∴ 흙파기량(체적) = 평균넓이×높이
　　　　　　　　= 10.875×2
　　　　　　　　= 21.75m³

60 철골공사에 관한 설명으로 옳지 않은 것은?

① 현장용접 시 기온과 관계없이 부재를 예열하지 않는다.
② 세우기 장비는 철골구조의 형태 및 총중량을 고려한다.
③ 철골 세우기는 가조립 후 변형 바로잡기를 한다.
④ 가조립 시 최소 2개 이상 가볼트 조임한다.

해설) 현장용접 시 부재를 예열하여 용접결함을 줄인다.

4과목
건설재료학

61 돌로마이트 플라스터에 관한 설명으로 옳지 않은 것은?

① 소석회에 비해 점성이 높다.
② 풀이 필요하지 않아 변색, 냄새, 곰팡이가 없다.
③ 회반죽에 비하여 조기강도 및 최종강도가 작다.
④ 건조수축이 크기 때문에 수축균열이 발생한다.

해설) **돌로마이트 플라스터(Dolomite Plaster)**
건조수축이 커 균열이 생기기 쉬우며, 습기 및 물에 약해 환기가 잘 안 되는 지하실 등에서는 사용하지 않는 것이 좋다.

62 목재의 무늬를 가장 잘 나타내는 투명도료는?

① 유성페인트　　② 클리어래커
③ 수성페인트　　④ 에나멜페인트

해설) 투명한 것을 클리어래커라 하고, 안료(착색체)를 넣은 것은 래커 에나멜이라 한다.

63 건물의 바닥 충격음을 저감시키는 방법에 관한 설명으로 옳지 않은 것은?

① 완충재를 바닥 공간 사이에 넣는다.
② 부드러운 표면마감재를 사용하여 충격력을 작게 한다.
③ 바닥을 띄우는 이중바닥으로 한다.
④ 바닥슬래브의 중량을 작게 한다.

해설) 층간소음을 예방하기 위해서는 바닥슬래브의 두께를 크게 해야 한다.

정답 | 56 ② 57 ④ 58 ④ 59 ② 60 ① 61 ③ 62 ② 63 ④

64 콘크리트의 배합설계 시 표준이 되는 골재의 상태는?

① 절대건조상태 ② 기건상태
③ 표면건조 내부포화상태 ④ 습윤상태

해설 콘크리트의 배합설계에 있어 기준이 되는 골재의 함수상태는 표면건조 포화상태(표건상태)이다.

65 바닥 바름재료 백시멘트와 안료를 사용하며 종석으로 화강암, 대리석 등을 사용하고 갈기로 마감을 하는 것은?

① 리신 바름 ② 인조석 바름
③ 라프코트 ④ 테라조 바름

해설 테라조(Terrazzo)
대리석, 화강암 등을 종석으로 하여 시멘트와 혼합하여 시공하고 경화 후 가공 연마하여 미려한 광택을 갖도록 마감한 것이다.

66 목재 가공품 중 판재와 각재를 접착하여 만든 것으로 보, 기둥, 아치, 트러스 등의 구조부재로 사용되는 것은?

① 파키트 패널 ② 집성목재
③ 파티클 보드 ④ 석고 보드

해설 집성목재
판재를 섬유평행방향으로 여러 장 겹쳐서 접착시켜 만든 것으로, 강도를 자유롭게 조절할 수 있고, 굽은 형태(아치형)나 특수한 형태의 부재를 만들 수 있으며 구조적인 변형도 쉽다.

67 다음 중 20℃ 기건상태에서 단열성이 가장 우수한 것은?

① 화강암 ② 판유리
③ 알루미늄 ④ ALC

해설 ALC제품
ALC제품은 경량기포 콘크리트로 다공성 제품으로 단열성이 매우 우수하고, 연전도율은 콘크리트의 1/10 정도이다.

68 다음 시멘트 조정화합물 중 수화속도가 느리고 수화열도 작게 해주는 성분은?

① 규산 3칼슘 ② 규산 2칼슘
③ 알루민산 3칼슘 ④ 알루민산 4칼슘

해설 규산 2칼슘은 수화속도와 수화열을 조절해 주는 성분이다.

69 중용열 포틀랜드 시멘트에 관한 설명으로 옳지 않은 것은?

① 수축이 작고 화학저항성이 일반적으로 크다.
② 매스 콘크리트 등에 사용된다.
③ 단기강도는 보통 포틀랜드 시멘트보다 낮다.
④ 긴급 공사, 동절기 공사에 주로 사용된다.

해설 중용열 포틀랜드 시멘트는 조기강도는 낮으나 장기강도는 우수한 편이다.

70 다음 중 마루판으로 사용되지 않는 것은?

① 플로링 보드 ② 파키트리 패널
③ 파키트리 블록 ④ 코펜하겐 리브

해설 코펜하겐 리브(Copenhagen rib)
강당, 극장, 집회장 등의 벽이나 천장 등에 음향 조절 효과와 장식효과를 겸해서 사용한다.

71 불림하거나 담금질한 강을 다시 200~600℃로 가열한 후에 공기 중에서 냉각하는 처리를 말하며, 내부응력을 제거하며 연성과 인성을 크게 하기 위해 실시하는 것은?

① 뜨임 ② 압출
③ 중합 ④ 단조

해설 강의 열처리

구분	열처리 방법	특징
불림(소준) Normalizing	강을 800~1,000℃로 가열한 후 공기 중에서 천천히 냉각	• 강철의 결정 입자가 미세화 • 변형이 제거됨 • 조직이 균일화
풀림(소둔) Annealing	강을 800~1,000℃로 가열한 후 노 속에서 천천히 냉각	• 강철의 결정이 미세화 • 결정이 연화됨
담금질(소입) Quenching	강을 800~1,000℃로 가열한 후 물 또는 기름 속에서 급랭	• 강도와 경도가 증가함 • 탄소함유량이 클수록 담금질 효과가 큼
뜨임(소려) Tempering	담금질한 후 다시 200~600℃로 가열한 다음 공기 중에서 천천히 냉각	• 강의 변형이 없어짐 • 강에 인성을 부여하여 강인한 강이 됨

정답 | 64 ③ 65 ④ 66 ② 67 ④ 68 ② 69 ④ 70 ④ 71 ①

72 방사선 차폐용 콘크리트 제작에 사용되는 골재로서 적합하지 않은 것은?

① 흑요석　　② 적철광
③ 중정석　　④ 자철광

해설) 방사선 차폐용 콘크리트에는 자철광, 적철광, 중정석 등이 사용된다.

73 한중콘크리트의 계획배합 시 물결합재비는 원칙적으로 얼마 이하로 하여야 하는가?

① 50%　　② 55%
③ 60%　　④ 65%

해설) 한중콘크리트는 일평균 기온 4℃ 이하일 때 타설하는 콘크리트로 물–시멘트비(W/C)를 60% 이하로 가급적 작게 한다.

74 콘크리트의 건조수축, 구조물의 균열방지를 주목적으로 사용되는 혼화재는?

① 팽창재　　② 지연제
③ 플라이애시　　④ 유동화제

해설) 팽창재는 콘크리트의 건조수축 시 발생하는 균열을 제어하기 위하여 콘크리트 속에 다량의 거품을 넣거나 기포를 발생시키기 위해 첨가하는 혼화재이다.

75 점토 재료에서 SK 번호는 무엇을 의미하는가?

① 소성하는 가마의 종류를 표시
② 소성온도를 표시
③ 제품의 종류를 표시
④ 점토의 성분을 표시

해설) SK는 소성온도 특수한 점토를 원료로 하여 만든 삼각추(Cone)형의 물체로 연화되어 휘어지는 때의 온도를 소성온도(SK 번호)로 한다.

76 내약품성, 내마모성이 우수하여 화학공장의 방수층을 겸한 바닥 마무리재로 가장 적합한 것은?

① 합성고분자 방수　　② 무기질 침투방수
③ 아스팔트 방수　　④ 에폭시 도막방수

해설) 에폭시수지(Epoxy Resin)는 내약품성, 내열성이 뛰어나고 산·알칼리에 강하여 금속, 유리, 플라스틱, 도자기, 목재, 고무 등의 접착제와 도료의 원료로 사용한다.

77 시멘트의 수화열에 의한 온도의 상승 및 하강에 따라 작용된 구속응력에 의해 균열이 발생할 위험이 있어, 이에 대한 특수한 고려를 요하는 콘크리트는?

① 매스 콘크리트　　② 유동화 콘크리트
③ 한중 콘크리트　　④ 수밀 콘크리트

해설) 매스 콘크리트는 수화열이 커서 시공 시 특수한 고려를 요한다.

78 미장재료인 회반죽을 혼합할 때 소석회와 함께 사용되는 것은?

① 카세인　　② 아교
③ 목섬유　　④ 해초풀

해설) 회반죽은 소석회에 모래, 해초풀, 여물 등을 혼합한 재료이다.

79 금속재료의 부식을 방지하는 방법이 아닌 것은?

① 이종 금속을 인접 또는 접촉시켜 사용하지 말 것
② 균질한 것을 선택하고 사용 시 큰 변형을 주지 말 것
③ 큰 변형을 준 것은 풀림(annealing)하지 않고 사용할 것
④ 표면을 평활하고 깨끗이 하며, 가능한 건조 상태로 유지할 것

해설) 큰 변형을 준 것은 가능한 한 풀림하여 사용한다.

정답 | 72 ① 73 ③ 74 ① 75 ② 76 ④ 77 ① 78 ④ 79 ③

80 에폭시 도장에 관한 설명으로 옳지 않은 것은?

① 내마모성이 우수하고 수축, 팽창이 거의 없다.
② 내약품성, 내수성, 접착력이 우수하다.
③ 자외선에 특히 강하여 외부에 주로 사용한다.
④ Non-Slip 효과가 있다.

해설) 에폭시 도장은 자외선에 약해서 자외선에 노출될 경우 변색이 될 수 있다. 따라서 지하주차장 바닥 등 실내용으로 많이 사용된다.

5과목
건설안전기술

81 항타기 및 항발기의 도괴방지를 위하여 준수해야 할 기준으로 옳지 않은 것은?

① 버팀대만으로 상단 부분을 안정시키는 경우에는 버팀대는 2개 이상으로 하고 그 하단 부분은 견고한 버팀·말뚝 또는 철골 등으로 고정할 것
② 버팀줄만으로 상단 부분을 안정시키는 경우에는 버팀줄을 3개 이상으로 하고 같은 간격으로 배치할 것
③ 평형추를 사용하여 안정시키는 경우에는 평형추의 이동을 방지하기 위하여 가대에 견고하게 부착할 것
④ 연약한 지반에 설치하는 경우에는 각부(脚部)나 가대(架臺)의 침하를 방지하기 위하여 깔판·깔목 등을 사용할 것

해설) 항타기 및 항발기에서 버팀대만으로 상단 부분을 안정시키는 경우에는 버팀대를 3개 이상 사용해야 한다.

82 차량계 건설기계 중 도로포장용 건설기계에 해당되지 않는 것은?

① 아스팔트 살포기   ② 아스팔트 피니셔
③ 콘크리트 피니셔   ④ 어스 오거

해설) 어스 오거는 지반의 천공 작업용 건설기계이다.

83 달비계에 사용하는 와이어로프는 지름의 감소가 공칭지름의 몇 %를 초과할 경우에 사용할 수 없도록 규정되어 있는가?

① 5%   ② 7%
③ 9%   ④ 10%

해설) 지름의 감소가 공칭지름의 7%를 초과하는 것은 사용할 수 없다.

84 이동식 비계를 조립하여 작업을 하는 경우의 준수사항으로 옳지 않은 것은?

① 이동식 비계의 바퀴에는 뜻밖의 갑작스러운 이동 또는 전도를 방지하기 위하여 브레이크·쐐기 등으로 바퀴를 고정시킨 다음 비계의 일부를 견고한 시설물에 고정하거나 아웃트리거(outrigger)를 설치하는 등 필요한 조치를 할 것
② 작업발판은 항상 수평을 유지하고 작업발판 위에서 안전난간을 딛고 작업을 하지 않도록 하며, 대신 받침대 또는 사다리를 사용하여 작업할 것
③ 비계의 최상부에서 작업을 하는 경우에는 안전난간을 설치할 것
④ 작업발판의 최대적재하중은 250kg을 초과하지 않도록 할 것

해설) 작업발판 위에서 안전난간을 딛고 작업을 하거나 받침대 또는 사다리를 사용하여 작업하지 않도록 해야 한다.

85 추락재해방지를 위한 방망의 그물코의 크기는 최대 얼마 이하이어야 하는가?

① 5cm   ② 7cm
③ 10cm ④ 15cm

해설) 추락방지를 위한 방망의 그물코는 최대 10cm 이하여야 한다.

86 건물외부에 낙하물 방지망을 설치할 경우 벽면으로부터 돌출되는 거리의 기준은?

① 1m 이상   ② 1.5m 이상
③ 1.8m 이상 ④ 2m 이상

해설) 낙하물방지망의 내민 길이는 벽면으로부터 2m 이상으로 하여야 한다.

정답 | 80 ③ 81 ① 82 ④ 83 ② 84 ② 85 ③ 86 ④

87 철골용접 작업자의 전격 방지를 위한 주의사항으로 옳지 않은 것은?

① 보호구와 복장을 구비하고, 기름기가 묻었거나 젖은 것은 착용하지 않을 것
② 작업 중지의 경우에는 스위치를 떼어 놓을 것
③ 개로 전압이 높은 교류 용접기를 사용할 것
④ 좁은 장소에서의 작업에서는 신체를 노출시키지 않을 것

해설 개로 전압이란 아크용접을 할 때, 아크를 발생시키기 전 2차 회로에 걸린 단자 사이의 전압이다.

88 토류벽에 거치된 어스 앵커의 인장력을 측정하기 위한 계측기는?

① 하중계　　　　② 변형계
③ 지하수위계　　④ 지중경사계

해설 하중계
Strut, Earth Anchor에 설치하여 축하중 측정으로 부재의 안정성 여부 판단한다.

89 화물을 적재하는 경우에 준수하여야 하는 사항으로 옳지 않은 것은?

① 침하 우려가 없는 튼튼한 기반 위에 적재할 것
② 건물의 칸막이나 벽 등이 화물의 압력에 견딜 만큼의 강도를 지니지 아니한 경우에는 칸막이나 벽에 기대어 적재하지 않도록 할 것
③ 불안정할 정도로 높이 쌓아 올리지 말 것
④ 편하중이 발생하도록 쌓아 적재효율을 높일 것

해설 화물적재 시 편하중이 생기지 아니하도록 적재해야 한다.

90 파이핑(Piping) 현상에 의한 흙 댐(Earth dam)의 파괴를 방지하기 위한 안전대책 중 옳지 않은 것은?

① 흙 댐의 하류 측에 필터를 설치한다.
② 흙 댐의 상류 측에 차수판을 설치한다.
③ 흙 댐 내부에 점토코어(core)를 넣는다.
④ 흙 댐에서 물의 침투유도 길이를 짧게 한다.

해설 물의 침투유도 길이를 길게 해야 한다.

91 가설구조물의 특징이 아닌 것은?

① 연결재가 적은 구조로 되기 쉽다.
② 부재결합이 불완전할 수 있다.
③ 영구적인 구조설계의 개념이 확실하게 적용된다.
④ 단면에 결함이 있기 쉽다.

해설 가설구조물은 임시구조물의 설계 개념이 적용된다.

92 유한사면에서 사면기울기가 비교적 완만한 점성토에서 주로 발생되는 사면파괴의 형태는?

① 저부파괴　　　② 사면선단파괴
③ 사면내파괴　　④ 국부전단파괴

해설 사면저부파괴는 사면의 활동면이 사면의 끝보다 아래를 통과하는 경우의 파괴이다.

93 거푸집 공사에 관한 설명으로 옳지 않은 것은?

① 거푸집 조립 시 거푸집이 이동하지 않도록 비계 또는 기타 공작물과 직접 연결한다.
② 거푸집 치수를 정확하게 하여 시멘트 모르타르가 새지 않도록 한다.
③ 거푸집 해체가 쉽게 가능하도록 박리제 사용 등의 조치를 한다.
④ 측압에 대한 안전성을 고려한다.

해설 거푸집을 비계 등 가설구조물과 직접 연결하여 영향을 주면 안 된다.

94 흙의 휴식각에 관한 설명으로 옳지 않은 것은?

① 흙의 마찰력으로 사면과 수평면이 이루는 각도를 말한다.
② 흙의 종류 및 함수량 등에 따라 다르다.
③ 흙파기의 경사각은 휴식각의 1/2로 한다.
④ 안식각이라고도 한다.

해설 흙파기의 경사각은 휴식각 이상으로 해야 한다.

정답 | 87 ③　88 ①　89 ④　90 ④　91 ③　92 ①　93 ①　94 ③

95 다음은 산업안전보건법령에 따른 말비계를 조립하여 사용하는 경우에 관한 준수사항이다. ( ) 안에 알맞은 숫자는?

> 말비계의 높이가 2m를 초과할 경우에는 작업발판의 폭을 ( ) cm 이상으로 할 것

① 10   ② 20
③ 30   ④ 40

해설) 말비계의 높이가 2m를 초과할 경우에는 작업발판의 폭을 40cm 이상으로 하여야 한다.

96 다음 중 유해·위험방지 계획서 제출 대상 공사에 해당하는 것은?

① 지상높이가 25[m]인 건축물 건설공사
② 최대 지간길이가 45[m]인 교량건설공사
③ 깊이가 8[m]인 굴착공사
④ 제방높이가 50[m]인 다목적댐 건설공사

해설) **계획서 제출대상 공사**
1. 지상높이가 31m 이상인 건축물 또는 인공구조물, 연면적 30,000m² 이상인 건축물 또는 연면적 5,000m² 이상의 문화 및 집회시설(전시장 및 동물원·식물원은 제외한다), 판매시설, 운수시설(고속철도의 역사 및 집배송시설은 제외한다), 종교시설, 의료시설 중 종합병원, 숙박시설 중 관광숙박시설, 지하도상가 또는 냉동·냉장창고시설의 건설·개조 또는 해체(이하 "건설 등"이라 한다)
2. 연면적 5,000m² 이상의 냉동·냉장창고시설의 설비공사 및 단열공사
3. 최대 지간길이가 50m 이상인 교량건설 등 공사
4. 터널건설 등의 공사
5. 다목적 댐, 발전용 댐 및 저수용량 2천만 톤 이상인 용수전용 댐, 지방상수도 전용댐 건설 등의 공사
6. 깊이가 10m 이상인 굴착공사

97 콘크리트 타설작업을 하는 경우에 준수해야 할 사항으로 옳지 않은 것은?

① 콘크리트를 타설하는 경우에는 편심을 유발하여 한쪽 부분부터 밀실하게 타설되도록 유도할 것
② 당일의 작업을 시작하기 전에 해당 작업에 관한 거푸집 및 동바리등의 변형·변위 및 지반의 침하 유무 등을 점검하고 이상이 있으며 보수할 것
③ 작업 중에는 거푸집 및 동바리등의 변형·변위 및 침하 유무 등을 감시할 수 있는 감시자를 배치하여 이상이 있으면 작업을 중지하고 근로자를 대피시킬 것
④ 설계도서상의 콘크리트 양생기간을 준수하여 거푸집 및 동바리등을 해체할 것

해설) 콘크리트를 타설하는 경우에는 한쪽으로 편심이 작용하지 않도록 해야 한다.

98 부두·안벽 등 하역작업을 하는 장소에서 부두 또는 안벽의 선을 따라 통로를 설치하는 경우 그 폭을 최소 얼마 이상으로 하여야 하는가?

① 60cm   ② 90cm
③ 120cm   ④ 150cm

해설) 부두 등의 하역작업장 조치사항으로 부두 또는 안벽의 선을 따라 통로를 설치하는 경우에는 폭을 90cm 이상으로 하여야 한다.

99 산업안전보건법령에서 정의하는 산소결핍증의 정의로 옳은 것은?

① 산소가 결핍된 공기를 들여 마심으로써 생기는 증상
② 유해가스로 인한 화재·폭발 등의 위험이 있는 장소에서 생기는 증상
③ 밀폐공간에서 이산화탄소·황화수소 등의 유해물질을 흡입하여 생기는 증상
④ 공기 중의 산소농도가 18% 이상, 23.5% 미만인 환경에 노출될 때 생기는 증상

해설) 공기 중의 산소농도가 18% 미만일 경우 산소결핍증이 발생한다.

100 산업안전보건기준에 관한 규칙에 따른 토사굴착 시 굴착면의 기울기 기준으로 옳지 않은 것은?

① 모래 1:1.8   ② 연암 및 풍화암 1:1.0
③ 경암 1:0.5   ④ 그 밖의 흙 1:1.0

해설) **굴착면의 기울기 기준**

지반의 종류	굴착면의 기울기
모래	1:1.8
연암 및 풍화암	1:1.0
경암	1:0.5
그 밖의 흙	1:1.2

정답 | 95 ④ 96 ④ 97 ① 98 ② 99 ① 100 ④

부록

2022년 1회

※ 2020년 4회 이후 CBT로 출제된 기출문제는 개정된 출제기준과 해당 회차의 기출 키워드 등을 분석하여 복원하였습니다.

1과목 산업안전관리론

01 상해의 종류 중 타박, 충돌, 추락 등으로 피부 표면보다는 피하조직 등 근육부를 다친 상해를 무엇이라 하는가?

① 골절   ② 자상
③ 부종   ④ 좌상

해설 **좌상**
외부의 충격이나 둔탁한 힘(구타, 넘어짐) 등에 의해 연부 조직과 근육 등에 손상을 입어 피부에 출혈과 부종이 보이는 상해를 말한다.

02 모랄 서베이(Morale Survey)의 효용이 아닌 것은?

① 조직 또는 구성원의 성과를 비교·분석한다.
② 종업원의 정화(Catharsis)작용을 촉진시킨다.
③ 경영관리를 개선하는 데에 대한 자료를 얻는다.
④ 근로자의 심리 또는 욕구를 파악하여 불만을 해소하고, 노동의욕을 높인다.

해설 **모랄 서베이의 효용**
1. 근로자의 심리 요구를 파악하여 불만을 해소하고 노동의욕을 높인다.
2. 경영관리를 개선하는 데 필요한 자료를 얻는다.
3. 종업원의 정화작용을 촉진시킨다.
   - 소셜 스킬즈(Social Skills) : 사기를 앙양하는 능력
   - 테크니컬 스킬즈(Technical Skills) : 사물을 인간에 유익하도록 처리하는 능력

03 다음 중 인간의 적응기제(適應機制)에 포함되지 않는 것은?

① 갈등(Conflict)   ② 억압(Repression)
③ 공격(Aggression)   ④ 합리화(Rationalization)

해설 **적응기제(適應機制 ; Adjustment Mechanism) 종류**
1. 방어적 기제(Defense Mechanism)
   - 보상
   - 합리화(변명)
   - 승화
   - 동일시
2. 도피적 기제(Escape Mechanism)
   - 고립
   - 퇴행
   - 억압
   - 백일몽
3. 공격적 기제(Aggressive Mechanism)
   - 직접적 공격기제
   - 간접적 공격기제

04 다음 중 안전교육의 3단계에서 생활지도, 작업동작지도 등을 통한 안전의 습관화를 위한 교육을 무엇이라 하는가?

① 지식교육   ② 기능교육
③ 태도교육   ④ 인성교육

해설 **안전교육의 3단계**
- 1단계 - 지식교육 : 지식의 전달과 이해
- 2단계 - 기능교육 : 실습, 시범을 통한 이해
- 3단계 - 태도교육 : 안전의 습관화(가치관 형성)

05 상해의 종류별 분류에 해당하지 않는 것은?

① 골절   ② 중독
③ 동상   ④ 감전

해설 감전은 재해 발생 형태에 해당한다.

정답 | 01 ④ 02 ① 03 ① 04 ③ 05 ④

06 무재해 운동을 추진하기 위한 세 기둥이 아닌 것은?

① 관리감독자의 적극적 추진
② 소집단 자주활동의 활성화
③ 전 종업원의 안전요원화
④ 최고경영자의 경영자세

해설 **무재해 운동의 3기둥(3요소)**
1. 직장의 자율활동의 활성화
2. 라인(관리감독자)화의 철저
3. 최고경영자의 안전경영철학

07 무재해운동의 추진기법 중 위험예지훈련의 4라운드 중 2라운드 진행방법에 해당하는 것은?

① 본질추구   ② 목표설정
③ 현상파악   ④ 대책수립

해설 **2라운드 본질추구(원인조사)**
이것이 위험의 포인트이다(브레인 스토밍으로 발견해 낸 위험 중에서 가장 위험한 것을 합의로서 결정하는 라운드).

08 테크니컬 스킬즈(technical skills)에 관한 설명으로 옳은 것은?

① 모럴(morale)을 앙양시키는 능력
② 인간을 사물에게 적응시키는 능력
③ 사물을 인간에게 유리하게 처리하는 능력
④ 인간과 인간의 의사소통을 원활히 처리하는 능력

해설 테크니컬 스킬즈은 사물을 인간에 유익하도록 처리하는 능력을 말한다.

09 교육의 3요소 중 교육의 주체에 해당하는 것은?

① 강사   ② 교재
③ 수강자   ④ 교육방법

해설 **교육의 3요소**
1. 주체 : 강사
2. 객체 : 수강자(학생)
3. 매개체 : 교재(교육내용)

10 보호구 안전인증 고시에 따른 다음 방진마스크의 형태로 옳은 것은?

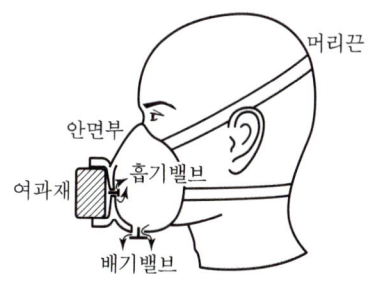

① 격리식 반면형   ② 직결식 반면형
③ 격리식 전면형   ④ 직결식 전면형

해설 **방진마스크의 형태**

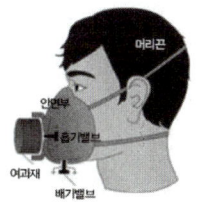

직결식 반면형

11 헤드십(Headship)에 관한 설명으로 틀린 것은?

① 구성원과의 사회적 간격이 좁다.
② 지휘의 형태는 권위주의적이다.
③ 권한의 부여는 조직으로부터 위임받는다.
④ 권한귀속은 공식화된 규정에 의한다.

해설 **헤드십 권한**
• 권한 근거는 공식적이다.
• 부하직원의 활동을 감독한다.
• 상사와 부하와의 관계가 종속적이다.
• 부하와의 사회적 간격이 넓다.
• 지위형태가 권위적이다.

12 재해손실비의 평가방식 중 시몬즈(R.H.Simonds) 방식에 의한 계산방법으로 옳은 것은?

① 직접비+간접비
② 공동비용+개별비용
③ 보험 코스트+비보험 코스트
④ (휴업상해건수×관련 비용 평균치)+(통원상해건수×관련 비용 평균치)

해설 **시몬즈 방식**
총 재해비용=산재보험비용+비보험비용

13 산업안전보건법령상 상시 근로자수의 산출내역에 따라, 연간 국내공사 실적액이 50억 원이고 건설업평균임금이 250만 원이며, 노무비율은 0.06인 사업장의 상시 근로자수는?

① 10인 ② 30인
③ 33인 ④ 75인

해설 **상시근로자수 산출**

$$상시근로자수 = \frac{전년도\ 공사실적액 \times 전년도\ 노무비율}{전년도\ 건설업\ 월평균임금 \times 전년도\ 조업월수}$$

$$= \frac{5,000,000,000원 \times 0.06}{2,500,000원 \times 12월}$$

$$= 10명$$

14 안전·보건표지의 기본모형 중 다음 그림의 기본모형의 표시사항으로 옳은 것은?

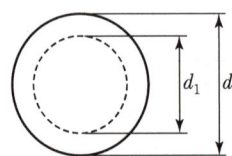

① 지시 ② 안내
③ 경고 ④ 금지

해설

번호	기본모형	규격비율	표시사항
3	(원형)	$d \geq 0.025L$ $d_1 = 0.8d$	지시

15 재해 발생 시 조치사항 중 대책수립의 목적은?

① 재해발생 관련자 문책 및 처벌
② 재해 손실비 산정
③ 재해발생 원인 분석
④ 동종 및 유사재해 방지

해설 재해 발생 시에는 동종 및 유사재해를 방지하기 위하여 대책을 수립한다.

16 산업안전보건법령상 특별교육 대상 작업별 교육 작업 기준으로 틀린 것은?

① 전압이 75V 이상인 정전 및 활선작업
② 굴착면의 높이가 2m 이상이 되는 암석의 굴착작업
③ 동력에 의하여 작동되는 프레스기계를 3대 이상 보유한 사업장에서 해당 기계로 하는 작업
④ 1톤 미만의 크레인 또는 호이스트를 5대 이상 보유한 사업장에서 해당 기계로 하는 작업

해설 프레스기계 3대가 아닌 5대 이상 보유한 사업장이 특별교육 대상에 해당된다.

17 산업재해의 분류방법에 해당하지 않는 것은?

① 통계적 분류 ② 상해 종류에 의한 분류
③ 관리적 분류 ④ 재해 형태별 분류

해설 **재해통계 분류방법**
- 재해 형태별 분류
- 통계적 분류
- 상해의 종류별 분류

18 안전모의 시험성능기준 항목이 아닌 것은?

① 난연성 ② 내관통성
③ 내구성 ④ 충격흡수성

해설 **안전모 성능시험항목**
- 내관통성
- 충격흡수성
- 내전압성
- 내수성
- 난연성
- 턱끈 풀림

정답 | 12 ③ 13 ④ 14 ① 15 ④ 16 ③ 17 ③ 18 ③

19 객관적인 위험을 자기 나름대로 판정해서 의지결정을 하고 행동에 옮기는 인간의 심리특성을 무엇이라고 하는가?

① 세이프 테이킹(Safe taking)
② 액션 테이킹(Action taking)
③ 리스크 테이킹(Risk taking)
④ 휴먼 테이킹(Human taking)

해설 **억측 판단(Risk Taking)**
위험을 부담하고 행동으로 옮기는 것

20 직장에서의 부적응 유형 중 자기 주장이 강하고 대인관계가 빈약하며, 사소한 일에 있어서도 타인이 자신을 제외했다고 여겨 악의를 나타내는 특징을 가진 유형은?

① 망상인격　　　② 분열인격
③ 무력인격　　　④ 강박인격

해설 **망상**
병적으로 생긴 잘못된 판단이나 확신을 나타내는 질환을 말하는 것으로, 감정으로 뒷받침될만한 움직일 수 없는 주관적 확신을 가지고 고집한다.

2과목
인간공학 및 시스템공학

21 항공기 위치 표시장치의 설계원칙에 있어, 아래의 설명에 해당하는 것은?

> 항공기의 경우 일반적으로 이동 부분의 영상은 고정된 눈금이나 좌표계에 나타내는 것이 바람직하다.

① 통합　　　　　② 양립적 이동
③ 추종표시　　　④ 표시의 현실성

해설 **양립적 이동(Principle of Compatibility Motion)**
항공기의 경우, 일반적으로 이동 부분의 영상은 고정된 눈금이나 좌표계에 나타내는 것이 바람직하다.

22 실내면의 추천반사율이 낮은 것에서부터 높은 순으로 올바르게 배열된 것은?

① 바닥<가구<벽<천장　② 바닥<벽<가구<천장
③ 천장<가구<벽<바닥　④ 천장<벽<가구<바닥

해설 **옥내 추천 반사율**
- 천장 : 80~90%
- 벽 : 40~60%
- 가구 : 25~45%
- 바닥 : 20~40%

23 시각적 표시 장치를 사용하는 것이 청각적 표시장치를 사용하는 것보다 좋은 경우는?

① 메시지가 후에 참고되지 않을 때
② 메시지가 공간적인 위치를 다룰 때
③ 메시지가 시간적인 사건을 다룰 때
④ 사람의 일이 연속적인 움직임을 요구할 때

해설 ①, ③, ④은 청각적 표시장치를 사용하는 것이 유리하다.

24 작업자가 100개의 부품을 육안 검사하여 20개의 불량품을 발견하였다. 실제 불량품이 40개라면 안간에러(human error) 확률은 약 얼마인가?

① 0.2　　　② 0.3
③ 0.4　　　④ 0.5

해설 인간실수 확률(HEP) = $\dfrac{\text{인간실수의 수}}{\text{실수발생의 전체 기회수}}$

$= \dfrac{40-20}{100} = 0.2$

25 휘도(luminance)의 척도 단위(unit)가 아닌 것은?

① fc　　　② fL
③ mL　　　④ cd/m^2

해설 fc는 소요조명을 의미한다.

정답 | 19 ③　20 ①　21 ②　22 ①　23 ②　24 ①　25 ①

26 의자의 등받이 설계에 관한 설명으로 가장 적절하지 않은 것은?

① 등받이 폭은 최소 30.5cm가 되게 한다.
② 등받이 높이는 최소 50cm가 되게 한다.
③ 의자의 좌판과 등받이 각도는 90~105°를 유지한다.
④ 요부 받침 높이는 25~35cm로 하고 폭은 30.5cm로 한다.

> **해설** 등받이 설계원칙
> • 요부 받침의 높이는 15.2~22.9[cm], 폭은 30.5[cm], 등받이로부터 5[cm] 정도의 두께

27 인간과 기계의 능력에 대한 실용성 한계에 관한 설명으로 틀린 것은?

① 기능의 수행이 유일한 기준은 아니다.
② 상대적인 비교는 항상 변하기 마련이다.
③ 일반적인 인간과 기계의 비교가 항상 적용된다.
④ 최선의 성능을 마련하는 것이 항상 중요한 것은 아니다.

> **해설** 인간과 기계의 능력 및 한계는 서로 상충되므로 비교대상이 될 수 없다.

28 점광원(point source)에서 표면에 비추는 조도(lux)의 크기를 나타내는 식으로 옳은 것은? (단, D는 광원으로부터의 거리를 말한다.)

① $\dfrac{광도(fc)}{D^2(m^2)}$ ② $\dfrac{광도(lm)}{D(m)}$
③ $\dfrac{광속(lumen)}{D^2(m^2)}$ ④ $\dfrac{광도(fL)}{D(m)}$

> **해설** 조도(Illuminance)
> 물체의 표면에 도달하는 빛의 양(밀도)을 의미(단위 : [lux])
> 조도(lux) = $\dfrac{광속(lumen)}{거리(m)^2}$

29 인간공학적 수공구의 설계에 관한 설명으로 옳은 것은?

① 수공구 사용 시 무게 균형이 유지되도록 설계한다.
② 손잡이 크기를 수공구 크기에 맞추어 설계한다.
③ 힘을 요하는 수공구의 손잡이는 직경을 60mm 이상으로 한다.
④ 정밀 작업용 수공구의 손잡이는 직경을 5mm 이하로 한다.

> **해설** 수공구와 장치 설계의 원리
> • 손잡이는 손바닥의 접촉면적이 크게 설계
> • 공구 사용 시 무게 균형이 유지되도록 설계
> • 정밀 작업용 수공구의 손잡이는 직경 5~12mm가 적당함
> • 동력공구의 손잡이는 두 손가락 이상으로 작동하도록 설계
> • 힘을 요하는 수공구의 손잡이는 직경 50~60mm가 적당함

30 작업기억(working memory)과 관련된 설명으로 옳지 않은 것은?

① 오랜 기간 정보를 기억하는 것이다.
② 작업기억 내의 정보는 시간이 흐름에 따라 쇠퇴할 수 있다.
③ 작업기억의 정보는 일반적으로 시각, 음성, 의미 코드의 3가지로 코드화된다.
④ 리허설(rehearsal)은 정보를 작업기억 내에 유지하는 유일한 방법이다.

> **해설** 작업기억은 단기기억으로써, 작업기억 내의 정보는 시간이 흐름에 따라 쇠퇴할 수 있다.

31 동전던지기에서 앞면이 나올 확률이 0.2이고, 뒷면이 나올 확률이 0.8일 때, 앞면이 나올 확률의 정보량과 뒷면이 나올 확률의 정보량이 맞게 연결된 것은?

① 앞면 : 약 2.32bit, 뒷면 : 약 0.32bit
② 앞면 : 약 2.32bit, 뒷면 : 약 1.32bit
③ 앞면 : 약 3.32bit, 뒷면 : 약 0.32bit
④ 앞면 : 약 3.32bit, 뒷면 : 약 1.52bit

> **해설** • 앞면의 정보량 = $\log_2(1/0.2) = 2.32$bit
> • 뒷면의 정보량 = $\log_2(1/0.8) = 0.32$bit

32 청각적 표시장치에서 300m 이상의 장거리용 경보기에 사용하는 진동수로 가장 적절한 것은?

① 800Hz 전후   ② 2,200Hz 전후
③ 3,500Hz 전후   ④ 4,000Hz 전후

> **해설** 경계 및 경보신호의 설계조건
> 300m 이상의 장거리용으로는 1,000Hz 이하를, 장애물이 있거나 칸막이를 통과해야 할 경우는 500Hz 이하의 진동수를 사용한다.

정답 | 26 ④   27 ③   28 ③   29 ①   30 ①   31 ①   32 ①

33 통제표시비(Control/Display ratio)를 설계할 때 고려하는 요소에 관한 설명으로 틀린 것은?

① 통제표시비가 낮다는 것은 민감한 장치라는 것을 의미한다.
② 목시거리(目示距離)가 길면 길수록 조절의 정확도는 떨어진다.
③ 짧은 주행 시간 내에 공차의 인정범위를 초과하지 않는 계기를 마련한다.
④ 계기의 조절시간이 짧게 소요되도록 계기의 크기(Size)는 항상 작게 설계한다.

해설 **통제표시비 설계 시 고려사항 중 계기의 크기**
조절시간이 짧게 소요되는 사이즈를 선택하되 너무 작으면 오차가 커진다.

34 산업안전 분야에서의 인간공학을 위한 제반 언급사항으로 관계가 먼 것은?

① 안전관리자와의 의사소통 원활화
② 인간과오 방지를 위한 구체적 대책
③ 인간행동 특성자료의 정량화 및 축적
④ 인간-기계 체계의 설계 개선을 위한 기금의 축적

해설 기금의 축적은 인간공학을 위한 제반 언급사항에 해당되지 않는다.

35 수평 작업대에서 위팔과 아래팔을 곧게 뻗어서 작업할 수 있는 작업영역은?

① 작업 공간 포락면   ② 정상 작업영역
③ 편안한 작업영역   ④ 최대 작업영역

해설 **수평작업대의 최대 작업영역 중 최대 작업영역**
아래팔(전완)과 위팔(상완)을 곧게 펴서 파악할 수 있는 구역(55~65cm)

36 건구온도 38℃, 습구온도 32℃일 때의 Oxford 지수는 몇 ℃인가?

① 30.2   ② 32.9
③ 35.3   ④ 37.1

해설 **옥스퍼드 지수(습건지수)**
= 0.85W(습구온도) + 0.15D(건구온도)
= 0.85×32 + 0.15×38
= 32.9(℃)

37 FT도에 사용되는 기호 중 입력현상이 생긴 후, 일정시간이 지속된 후에 출력이 생기는 것을 나타내는 것은?

① OR 게이트   ② 위험지속기호
③ 억제 게이트   ④ 배타적 OR 게이트

해설 **FTA에 사용되는 논리기호 및 사상기호**
• 위험지속 AND 게이트 : 입력현상이 생겨서 어떤 일정한 기간이 지속될 때에 출력

38 부품을 작동하는 성능이 체계의 목표달성에 긴요한 정도를 고려하여 우선순위를 설정하는 원칙은?

① 중요도의 원칙   ② 사용빈도의 원칙
③ 기능성의 원칙   ④ 사용순서의 원칙

해설 **부품배치의 원칙 중 중요성의 원칙**
부품의 작동성능이 목표달성에 긴요한 정도에 따라 우선순위를 결정한다.

39 복권추첨을 할 때 복권에 당첨되지 않을 확률과 당첨될 확률이 각각 0.9, 0.1이라면, 정보량은 약 몇 bits인가?

① 0.47   ② 0.50
③ 3.32   ④ 3.47

해설 복권에 당첨되지 않을 확률과 당첨될 확률은 각각 $P_1 = 0.9$, $P_2 = 0.10$이다.

또한, 정보량은 $H = \log_2 \frac{1}{p}$로 구할 수 있으므로 각각의 정보량은 $H_1 = \log_2 \frac{1}{0.9} = 0.152$bit, $H_2 = \log_2 \frac{1}{0.1} = 3.32$bit이다.

가능한 모든 대안으로부터 얻을 수 있는 총 정보량 H를 추산하기 위해서는 각 대안으로부터 얻는 정보량에 각각의 실현 확률을 곱하여 가중치를 구한다.

즉, 총 정보량 $H = P_1 \times H_1 + P_2 \times H_2 = 0.1 \times 0.152 + 0.2 \times 3.322 ≒ 0.47$이다.

40 위험조정을 위해 필요한 기술은 조직형태에 따라 다양한데, 이를 4가지로 분류하였을 때 이에 속하지 않는 것은?

① 전가(Transfer)   ② 보류(Retention)
③ 계속(Continuation)   ④ 감축(Reduction)

해설 위험조정을 위한 리스크 처리기술에는 위험의 회피(Avoidance), 위험의 경감(Reduction), 위험의 보류(Retention), 위험의 전가(Transfer)가 있다.

정답 | 33 ④   34 ④   35 ④   36 ②   37 ②   38 ①   39 ①   40 ③

3과목 건설시공학

41 철골 세우기 장비의 종류 중 이동식 세우기 장비에 해당하는 것은?

① 크롤러 크레인 ② 가이 데릭
③ 스티프 레그 데릭 ④ 타워크레인

해설) 철골 세우기용 장비에는 크롤러 크레인, 가이 데릭, 스티프 레그 데릭, 타워크레인 등이 있으며, 이 중 크롤러 크레인이 이동식 세우기 장비에 해당된다.

42 공동도급(Joint Venture Contract)의 이점이 아닌 것은?

① 융자력의 증대
② 위험부담의 분산
③ 기술의 확충, 강화 및 경험의 증대
④ 이윤의 증대

해설) 공동도급(Joint Venture)은 2개 이상의 도급자가 결합하여 공동으로 공사를 수행하는 방식으로 단일회사 도급보다 경비가 증대된다.

43 흙막이벽체 공법 중 주열식 흙막이 공법에 해당하는 것은?

① 슬러리 월 공법
② 엄지말뚝+토류판 공법
③ C.I.P 공법
④ 시트파일 공법

해설) **C.I.P(Cast In Place Pile) 공법**
지반을 천공하고 그 속에 철근망과 주입관을 삽입한 다음 자갈을 넣고 주입관을 통해 Prepacked Mortar를 주입하여 현장타설 콘크리트 말뚝을 형성하는 공법이다.

44 지상에서 일정 두께의 폭과 길이로 대지를 굴착하고 지반 안정액으로 공벽의 붕괴를 방지하면서 철근콘크리트벽을 만들어 이를 가설 흙막이벽 또는 본 구조물의 옹벽으로 사용하는 공법은?

① 슬러리월 공법 ② 어스앵커 공법
③ 엄지말뚝 공법 ④ 시트파일 공법

해설) **지중연속벽(Slurry Wall) 공법**
구조물의 벽체 부분을 먼저 굴착한 후 그 속에 철근망을 삽입하고, 콘크리트를 타설하여 지하벽체를 형성하는 공법이다.

45 용접작업에서 용접봉을 용접방향에 대하여 서로 엇갈리게 움직여서 용가금속을 용착시키는 운봉방법은?

① 단속용접 ② 개선
③ 위빙 ④ 레그

해설) **위빙(Weaving)**
접봉을 용접방향에 대하여 서로 엇갈리게 움직여서 용가금속을 용착시키는 운봉방법이다.

46 기존건물에 근접하여 구조물을 구축할 때 기존건물의 균열 및 파괴를 방지할 목적으로 지하에 실시하는 보강공법은?

① BH(Boring Hole)
② 베노토(Benoto) 공법
③ 언더피닝(Under Pinning) 공법
④ 심초공법

해설) **언더피닝(Under Pinning) 공법**
기존 구조물의 기초 저면보다 깊은 구조물을 시공하거나 기존 구조물을 보호하기 위하여 기초나 지정을 보강하는 공법이다.

47 토공사 시 발생하는 히빙파괴(heaving failure)의 방지대책으로 가장 거리가 먼 것은?

① 흙막이벽의 근입깊이를 늘린다.
② 터파기 밑면 아래의 지반을 개량한다.
③ 아일랜드 컷 공법을 적용하여 중량을 부여한다.
④ 지하수위를 저하시킨다.

해설) 온통파기를 할 수 없을 때, 히빙현상이 예상될 때에는 트렌치 컷 공법이 효과적이다.

정답 | 41 ① 42 ④ 43 ③ 44 ① 45 ③ 46 ③ 47 ③

48 KCS에 따른 철근 가공 및 이음 기준에 관한 내용으로 옳지 않은 것은?

① 철근은 상온에서 가공하는 것을 원칙으로 한다.
② 철근상세도에 철근의 구부리는 내면 반지름이 표시되어 있지 않은 때에는 콘크리트 구조설계기준에 규정된 구부림의 최소 내면 반지름 이상으로 철근을 구부려야 한다.
③ D32 이하의 철근은 겹침이음을 할 수 없다.
④ 장래의 이음에 대비하여 구조물로부터 노출시켜 놓은 철근은 손상이나 부식이 생기지 않도록 보호하여야 한다.

해설) D32 이하의 철근은 겹침이음이 가능하다.

49 공정별 검사항목 중 용접 전 검사에 해당되지 않는 것은?

① 트임새 모양　② 비파괴 검사
③ 모아대기법　④ 용접자세의 적부

해설) 비파괴 검사는 용접 후 검사항목이다.

50 철골공사에 관한 설명으로 옳지 않은 것은?

① 현장용접 시 기온과 관계없이 부재를 예열하지 않는다.
② 세우기 장비는 철골구조의 형태 및 총중량을 고려한다.
③ 철골 세우기는 가조립 후 변형 바로잡기를 한다.
④ 가조립 시 최소 2개 이상 가볼트 조임한다.

해설) 현장용접 시 부재를 예열하여 용접결함을 줄인다.

51 굴착, 상차, 운반, 정지 작업 등을 할 수 있는 기계로, 대량의 토사를 고속으로 운반하는 데 적당한 기계는?

① 불도저　② 앵글도저
③ 로더　④ 캐리올 스크레이퍼

해설) 스크레이퍼(Scraper)
굴삭, 싣기, 운반, 부설 등 4가지 작업을 연속할 수 있는 대량 토공작업 기계로 잔토반출이 중장거리인 경우 사용한다.

52 기계가 서 있는 위치보다 낮은 곳, 넓은 범위의 굴착에 주로 사용되며 주로 수로, 골재 채취에 많이 이용되는 기계는?

① 드래그 셔블　② 드래그 라인
③ 로더　④ 캐리올 스크레이퍼

해설) 드래그 라인(Drag Line)
굴삭기가 위치한 지면보다 낮은 장소를 굴삭하는 데 사용하는 기계이다.

53 철골공사에서 용접을 할 때 발생되는 용접결함과 직접 관계가 없는 것은?

① 크랙　② 언더컷
③ 크레이터　④ 위빙

해설) 위빙(Weaving)
용접봉을 용접방향으로 서로 엇갈리게 움직여 용가금속을 용착시키는 운봉법이다.

54 슬라이딩 폼에 관한 설명으로 옳지 않은 것은?

① 내·외부 비계발판을 따로 준비해야 하므로 공기가 지연될 수 있다.
② 활동(滑動) 거푸집이라고도 하며 사일로 설치에 사용할 수 있다.
③ 요크로 서서히 끌어 올리며 콘크리트를 부어 넣는다.
④ 구조물의 일체성 확보에 유효하다.

해설) 슬라이딩 폼은 내·외부 비계발판이 일체화된 작업발판 일체형 거푸집이다.

55 말뚝의 이음공법 중 강성이 가장 우수한 방식은?

① 장부식 이음　② 충전식 이음
③ 리벳식 이음　④ 용접식 이음

해설) 말뚝의 이음 공법 중 용접식 이음의 강성이 가장 뛰어나다.

56 철근콘크리트 공사 시 철근의 정착위치로 옳지 않은 것은?

① 벽철근은 기둥 보 또는 바닥판에 정착한다.
② 바닥철근은 기둥에 정착한다.
③ 큰 보의 주근은 기둥에, 작은 보의 주근은 큰 보에 정착한다.
④ 기둥의 주근은 기초에 정착한다.

[해설] **철근의 정착위치**
- 큰 보의 주근 : 기둥
- 바닥판 철근 : 보 또는 벽체
- 작은 보의 주근 : 큰 보
- 지중보의 주근 : 기초 또는 기둥
- 벽철근 : 기둥, 보, 바닥판
- 보 밑에 기둥이 없을 때 : 보 상호 간으로 한다.

57 기초파기 저면보다 지하수위가 높을 때의 배수공법으로 가장 적합한 것은?

① 웰포인트 공법 ② 샌드드레인 공법
③ 언더피닝 공법 ④ 페이퍼드레인 공법

[해설] **웰포인트(Well Point)공법**
지하수를 펌프로 배수하여 지하수위를 낮추고 지하수위의 저하에 따른 부력 감소로 인해 지반을 다지는 공법이다.

58 주문받은 건설업자가 대상 계획의 금융, 토지조달, 설계, 시공 등 기타 모든 요소를 포괄한 도급계약 방식은?

① 실비정산 보수가산도급
② 턴키도급(Turn-key)
③ 정책도급
④ 공동도급(Joint venture)

[해설] **턴키(Turn-Key)도급**
은 건설업자가 금융, 토지, 설계, 시공, 시운전 등 모든 것을 조달하여 주문자에게 인도하는 방식이다.

59 거푸집 내에 자갈을 먼저 채우고, 공극부에 유동성이 좋은 모르타르를 주입해서 일체의 콘크리트가 되도록 한 공법은?

① 수밀 콘크리트 ② 진공 콘크리트
③ 숏크리트 ④ 프리팩트 콘크리트

[해설] **프리팩트 콘크리트**
굵은 골재를 거푸집 등에 넣고 그 사이에 시멘트 페이스트를 펌프로 주입하여 만드는 콘크리트이다.

60 다음 중 가장 깊은 기초지정은?

① 우물통식 지정 ② 긴 주춧돌 지정
③ 잡석 지정 ④ 자갈 지정

[해설] 우물통식 지정이 가장 깊은 기초지정이다.

4과목
건설재료학

61 철근콘크리트 구조의 부착강도에 관한 설명으로 옳지 않은 것은?

① 최초 시멘트페이스트의 점착력에 따라 발생한다.
② 콘크리트 압축강도가 증가함에 따라 일반적으로 증가한다.
③ 거푸집 강성이 클수록 부착강도의 증가율은 높아진다.
④ 이형철근의 부착강도가 원형철근보다 크다.

[해설] 거푸집의 강성과 부착강도는 무관하다.

62 열가소성 수지가 아닌 것은?

① 염화비닐수지 ② 초산비닐수지
③ 요소수지 ④ 폴리스티렌수지

[해설] **열경화성 수지의 종류**
- 페놀수지
- 멜라민수지
- 실리콘수지
- 폴리우레탄수지
- 프란수지 등
- 요소수지
- 폴리에스테르수지
- 에폭시수지
- 불소수지

정답 | 56 ② 57 ① 58 ② 59 ④ 60 ① 61 ③ 62 ③

63 ALC 제품의 특성에 관한 설명으로 옳지 않은 것은?

① 흡수성이 크다.
② 단열성이 크다.
③ 경량으로서 시공이 용이하다.
④ 강알칼리성이며 변형과 균열의 위험이 크다.

해설 **ALC 제품**
오토클레이브(Autoclave)라는 고압증기 양생기를 이용하여 만든 경량 기포 콘크리트 제품으로 원료로는 생석회, 규사(규석), 시멘트, 플라이애시(Fly-Ash), 고로슬래그, 알루미늄 분말 등이 있다.

64 콘크리트의 건조수축 시 발생하는 균열을 보완, 개선하기 위하여 콘크리트 속에 다량의 거품을 넣거나 기포를 발생시키기 위해 첨가하는 혼화재는?

① 고로슬래그
② 플라이애시
③ 실리카 퓸
④ 팽창재

해설 팽창재는 콘크리트의 건조수축 시 발생하는 균열을 제어하기 위하여 콘크리트 속에 다량의 거품을 넣거나 기포를 발생시키기 위해 첨가하는 혼화재이다.

65 금속성형 가공제품 중 천장, 벽 등의 모르타르 바름 바탕용으로 사용되는 것은?

① 인서트
② 메탈라스
③ 와이어클리퍼
④ 와이어로프

해설 **메탈라스(Metal lath)**
얇은 강판을 잔금으로 잘라 그물모양으로 만든 것으로 마감부위에 직접 붙여 마감하거나 미장부위에 붙이는 재료이다.

66 다음 단열재료 중 가장 높은 온도에서 사용할 수 있는 것은?

① 세라믹 파이버
② 암면
③ 석면
④ 글래스울

해설 세라믹 파이버의 원료는 실리카와 알루미나이며, 알루미나의 함유량을 늘리면 내열성이 상승한다.

67 방사선 차폐용 콘크리트 제작에 사용되는 골재로서 적합하지 않은 것은?

① 흑요석
② 적철광
③ 중정석
④ 자철광

해설 방사선 차폐용 콘크리트 제작에는 자철광, 적철광, 중정석 등이 사용된다.

68 건물의 바닥 충격음을 저감시키는 방법에 관한 설명으로 옳지 않은 것은?

① 완충재를 바닥 공간 사이에 넣는다.
② 부드러운 표면마감재를 사용하여 충격력을 작게 한다.
③ 바닥을 띄우는 이중바닥으로 한다.
④ 바닥슬래브의 중량을 작게 한다.

해설 층간소음을 예방하기 위해서는 바닥슬래브의 두께를 크게 한다.

69 골재의 함수상태 사이의 관계를 옳게 나타낸 것은?

① 유효흡수량=표건상태-기건상태
② 흡수량=습윤상태-표건상태
③ 전함수량=습윤상태-기건상태
④ 표면수량=기건상태-절건상태

해설 유효흡수량은 기건상태에서 표건상태가 될 때까지 골재가 흡수한 수량이다.

70 점토광물 중 적갈색으로 내화성이 부족하고 보통벽돌, 기와, 토관의 원료로 사용되는 것은?

① 석기점토
② 사질점토
③ 내화점토
④ 자토

해설 사질점토는 보통벽돌, 기와, 토관의 원료로 사용된다.

정답 | 63 ④ 64 ④ 65 ② 66 ① 67 ① 68 ④ 69 ① 70 ②

71 목재 가공품 중 판재와 각재를 접착하여 만든 것으로 보, 기둥, 아치, 트러스 등의 구조부재로 사용되는 것은?

① 파키트 패널　　② 집성목재
③ 파티클 보드　　④ 석고 보드

해설　**집성목재**
판재를 섬유평행방향으로 여러 장 겹쳐서 접착시켜 만든 것으로, 강도를 자유롭게 조절할 수 있고, 굽은 형태(아치형)나 특수한 형태의 부재를 만들 수 있으며 구조적인 변형도 쉽다.

72 시멘트 종류에 따른 사용용도를 나타낸 것으로 옳지 않은 것은?

① 조강 포틀랜드 시멘트 – 한중공사
② 중용열 포틀랜드 시멘트 – 매스 콘크리트 및 댐공사
③ 고로 시멘트 – 타일 줄눈공사
④ 내황산염 포틀랜드 시멘트 – 온천지대나 하수도공사

해설　고로시멘트는 내화학성, 내열성, 수밀성이 크며 해수, 공장폐수, 하수 등에 접하는 콘크리트 구조물 공사 등에 사용한다.

73 중용열 포틀랜드 시멘트에 관한 설명으로 옳지 않은 것은?

① 수축이 작고 화학저항성이 일반적으로 크다.
② 매스 콘크리트 등에 사용된다.
③ 단기강도는 보통 포틀랜드 시멘트보다 낮다.
④ 긴급 공사, 동절기 공사에 주로 사용된다.

해설　중용열 포틀랜드 시멘트는 조기강도는 낮으나 장기강도는 우수한 편이고 벽체가 두꺼운 댐이나 부재단면의 치수가 큰 토목이나 건축공사 등의 매스 콘크리트(Mass Concrete)에 사용한다.

74 돌로마이트 플라스터(dolomite plaster)에 관한 설명으로 옳지 않은 것은?

① 점성이 커서 풀이 필요 없다.
② 수경성 미장재료에 해당된다.
③ 회반죽에 비해 조기강도가 크다.
④ 냄새, 곰팡이가 없어 변색될 염려가 없다.

해설　돌로마이트 플라스터는 공기 중 이산화탄소(CO_2)와 작용하여 경화되는 기경성 미장재료에 속한다.

75 집성목재의 특징에 관한 설명으로 옳지 않은 것은?

① 응력에 따라 필요로 하는 단면의 목재를 만들 수 있다.
② 목재의 강도를 인공적으로 자유롭게 조절할 수 있다.
③ 3장 이상의 단판인 박판을 홀수로 섬유방향에 직교하도록 접착제로 붙여 만든 것이다.
④ 외관이 미려한 박판 또는 치장합판, 프린트합판을 붙여서 구조재, 마감재, 화장재를 겸용한 인공목재의 제조가 가능하다.

해설　**집성 목재**
판재를 여러 장 겹쳐서 접착하여 만든 것으로, 보나 기둥에 사용할 수 있는 큰 단면으로 만드는 것이 가능하며 인공적으로 강도를 자유롭게 조절할 수 있다.

76 경화제를 필요로 하는 접착제로서 그 양의 다소에 따라 접착력이 좌우되며 내산, 내알칼리, 내수성이 뛰어나고 금속 접착에 특히 좋은 것은?

① 멜라민수지 접착제　　② 페놀수지 접착제
③ 에폭시수지 접착제　　④ 프란수지 접착제

해설　**에폭시 수지(Epoxy Resin)**
내약품성, 내열성이 뛰어나고 산·알칼리에 강하여 금속, 유리, 플라스틱, 도자기, 목재, 고무 등의 접착제와 도료의 원료로 사용한다.

77 발포제로서 보드상으로 성형하여 단열재로 널리 사용되며 천장재, 전기용품 등에도 쓰이는 열가소성 수지는?

① 폴리스티렌수지　　② 실리콘수지
③ 폴리에스테르수지　　④ 요소수지

해설　폴리스티렌수지는 발포 보온판(스티로폼)의 주원료, 벽타일, 천장재, 블라인드, 도료, 전기용품 등에 사용된다.

78 미장재료인 회반죽을 혼합할 때 소석회와 함께 사용되는 것은?

① 카세인　　② 아교
③ 목섬유　　④ 해초풀

해설　회반죽은 소석회에 모래, 해초풀, 여물 등을 혼합한 재료이다.

정답 | 71 ② 72 ③ 73 ④ 74 ② 75 ③ 76 ③ 77 ① 78 ④

79 점토 재료에서 SK 번호는 무엇을 의미하는가?

① 소성하는 가마의 종류를 표시
② 소성온도를 표시
③ 제품의 종류를 표시
④ 점토의 성분을 표시

해설   삼각추(Cone)형의 물체로 연화되어 휘어지는 때의 온도를 소성온도(SK 번호)로 한다.

80 돌붙임공법 중에서 석재를 미리 붙여놓고 콘크리트를 타설하여 일체화시키는 방법은?

① 조적공법
② 앵커긴결공법
③ GPC공법
④ 강재트러스 지지공법

해설   GPC공법은 석재를 미리 붙여놓고 콘크리트를 타설하여 일체화시키는 방법이다.

5과목
건설안전기술

81 건설용 리프트에 대하여 바람에 의한 붕괴를 방지하는 조치를 한다고 할 때 그 기준이 되는 풍속은?

① 순간 풍속 30m/sec 초과
② 순간 풍속 35m/sec 초과
③ 순간 풍속 40m/sec 초과
④ 순간 풍속 45m/sec 초과

해설   순간 풍속이 초당 35미터를 초과하는 바람이 불어올 우려가 있는 경우 건설용 리프트에 대하여 받침의 수를 증가시키는 등 그 붕괴 등을 방지하기 위한 조치를 하여야 한다.

82 파이핑(Piping) 현상에 의한 흙 댐(Earth dam)의 파괴를 방지하기 위한 안전대책 중 옳지 않은 것은?

① 흙 댐의 하류 측에 필터를 설치한다.
② 흙 댐의 상류 측에 차수판을 설치한다.
③ 흙 댐 내부에 점토코어(core)를 넣는다.
④ 흙 댐에서 물의 침투유도 길이를 짧게 한다.

해설   물의 침투유도 길이를 길게 해야 한다.

83 산업안전보건관리비의 사용항목에 해당하지 않는 것은?

① 안전시설비
② 개인보호구 구입비
③ 접대비
④ 사업장의 안전·보건진단비

해설   ③은 산업안전보건관리비의 사용항목에 해당하지 않는다.

84 항타기 및 항발기의 도괴방지를 위하여 준수해야 할 기준으로 옳지 않은 것은?

① 버팀대만으로 상단 부분을 안정시키는 경우에는 버팀대는 2개 이상으로 하고 그 하단 부분은 견고한 버팀·말뚝 또는 철골 등으로 고정할 것
② 버팀줄만으로 상단 부분을 안정시키는 경우에는 버팀줄을 3개 이상으로 하고 같은 간격으로 배치할 것
③ 평형추를 사용하여 안정시키는 경우에는 평형추의 이동을 방지하기 위하여 가대에 견고하게 부착할 것
④ 연약한 지반에 설치하는 경우에는 각부(脚部)나 가대(架臺)의 침하를 방지하기 위하여 깔판·깔목 등을 사용할 것

해설   항타기 및 항발기에서 버팀대만으로 상단 부분을 안정시키는 경우에는 버팀대를 3개 이상 사용해야 한다.

85 부두 안벽 등 하역작업을 하는 장소에 대하여 부두 또는 안벽의 선을 따라 통로를 설치할 때 통로의 최소 폭 기준은?

① 70cm 이상
② 80cm 이상
③ 90cm 이상
④ 100cm 이상

해설   부두 또는 안벽의 선을 따라 통로를 설치할 때는 폭을 90cm 이상으로 하여야 한다.

정답 | 79 ②   80 ③   81 ②   82 ④   83 ③   84 ①   85 ③

86 도심지에서 주변에 주요 시설물이 있을 때 침하와 변위를 적게 할 수 있는 가장 적당한 흙막이 공법은?

① 동결공법
② 샌드드레인공법
③ 지하연속벽공법
④ 뉴매틱케이슨공법

해설 **지하연속벽(Slurry Wall)공법**
구조물의 벽체 부분을 먼저 굴착한 후 그 속에 철근망을 삽입하고, 콘크리트를 타설하여 지하벽체를 형성하는 공법이다.

87 철골용접 작업자의 전격 방지를 위한 주의사항으로 옳지 않은 것은?

① 보호구와 복장을 구비하고, 기름기가 묻었거나 젖은 것은 착용하지 않을 것
② 작업 중지의 경우에는 스위치를 떼어 놓을 것
③ 개로 전압이 높은 교류 용접기를 사용할 것
④ 좁은 장소에서의 작업에서는 신체를 노출시키지 않을 것

해설 개로 전압이란 아크용접을 할 때, 아크를 발생시키기 전 2차 회로에 걸린 단자 사이의 전압이다.

88 잠함 또는 우물통의 내부에서 근로자가 굴착작업을 하는 경우의 준수사항으로 옳지 않은 것은?

① 산소결핍 우려가 있는 경우에는 산소의 농도를 측정하는 사람을 지명하여 측정하도록 할 것
② 근로자가 안전하게 오르내리기 위한 설비를 설치할 것
③ 굴착깊이가 20m를 초과하는 경우에는 해당 작업장소와 외부와의 연락을 위한 통신설비 등을 설치할 것
④ 잠함 또는 우물통의 급격한 침하에 의한 위험을 방지하기 위하여 바닥으로부터 천장 또는 보까지의 높이는 2m 이내로 할 것

해설 잠함 또는 우물통의 급격한 침하로 인한 위험방지의 기준은 다음과 같다.
• 침하관계도에 따라 굴착방법 및 재하량 등을 정할 것
• 바닥으로부터 천장 또는 보까지의 높이는 1.8m 이상으로 할 것

89 동바리로 사용하는 파이프 서포트의 높이가 3.5m를 초과하는 경우 수평연결재의 설치높이 기준은?

① 1.5m 이내마다
② 2.0m 이내마다
③ 2.5m 이내마다
④ 3.0m 이내마다

해설 높이가 3.5m를 초과하는 경우에는 높이 2미터 이내마다 수평연결재를 2개 방향으로 만들고 수평연결재의 변위를 방지해야 한다.

90 거푸집 공사에 관한 설명으로 옳지 않은 것은?

① 거푸집 조립 시 거푸집이 이동하지 않도록 비계 또는 기타 공작물과 직접 연결한다.
② 거푸집 치수를 정확하게 하여 시멘트 모르타르가 새지 않도록 한다.
③ 거푸집 해체가 쉽게 가능하도록 박리제 사용 등의 조치를 한다.
④ 측압에 대한 안전성을 고려한다.

해설 거푸집을 비계 등 가설구조물과 직접 연결하여 영향을 주면 안 된다.

91 일반적으로 사면이 가장 위험한 경우에 해당하는 것은?

① 사면이 완전 건조 상태일 때
② 사면의 수위가 서서히 상승할 때
③ 사면이 완전 포화 상태일 때
④ 사면의 수위가 급격히 하강할 때

해설 사면의 수위가 급격히 하강하는 경우 사면의 붕괴 위험이 크다.

92 이동식 비계를 조립하여 작업을 하는 경우의 준수사항으로 옳지 않은 것은?

① 이동식 비계의 바퀴에는 뜻밖의 갑작스러운 이동 또는 전도를 방지하기 위하여 브레이크·쐐기 등으로 바퀴를 고정시킨 다음 비계의 일부를 견고한 시설물에 고정하거나 아우트리거(outrigger)를 설치하는 등 필요한 조치를 할 것
② 작업발판은 항상 수평을 유지하고 작업발판 위에서 안전난간을 딛고 작업을 하지 않도록 하며, 대신 받침대 또는 사다리를 사용하여 작업할 것
③ 비계의 최상부에서 작업을 하는 경우에는 안전난간을 설치할 것
④ 작업발판의 최대적재하중은 250kg을 초과하지 않도록 할 것

해설 작업발판 위에서 안전난간을 딛고 작업을 하거나 받침대 또는 사다리를 사용하여 작업하지 않도록 해야 한다.

정답 | 86 ③ 87 ③ 88 ④ 89 ② 90 ① 91 ④ 92 ②

93 콘크리트를 타설할 때 거푸집에 작용하는 콘크리트 측압에 영향을 미치는 요인과 가장 거리가 먼 것은?

① 콘크리트 타설 속도
② 콘크리트 타설 높이
③ 콘크리트의 강도
④ 기온

해설 | 콘크리트의 강도는 측압에 영향을 미치는 요인으로 볼 수 없다.

94 산업안전보건법령에서 정의하는 산소결핍증의 정의로 옳은 것은?

① 산소가 결핍된 공기를 들여 마심으로써 생기는 증상
② 유해가스로 인한 화재·폭발 등의 위험이 있는 장소에서 생기는 증상
③ 밀폐공간에서 이산화탄소·황화수소 등의 유해물질을 흡입하여 생기는 증상
④ 공기 중의 산소농도가 18% 이상 23.5% 미만인 환경에 노출될 때 생기는 증상

해설 | 공기 중의 산소농도가 18% 미만일 경우 산소결핍증이 발생한다.

95 산업안전보건관리비 중 안전시설비의 항목에서 사용할 수 있는 항목에 해당하는 것은?

① 외부인 출입금지, 공사장 경계표시를 위한 가설울타리
② 작업발판
③ 절토부 및 성토부 등의 토사유실 방지를 위한 설비
④ 사다리 전도방지장치

해설 | 사다리 전도방지장치는 산업안전보건관리비 중 안전시설비의 항목에서 사용할 수 있다.

96 재료비가 30억 원, 직접노무비가 50억 원인 건설공사의 예정가격상 산업안전보건관리비로 옳은 것은? (단, 건축공사에 해당되며, 계상기준은 2.37%이다.)

① 56,400,000원
② 94,000,000원
③ 150,400,000원
④ 189,600,000원

해설 | 대상액이 80억 원(30억 원+50억 원)이므로 계상액=80억 원×2.37%=189,600,000원

97 다음 중 구조물의 해체작업을 위한 기계·기구가 아닌 것은?

① 쇄석기
② 데릭
③ 압쇄기
④ 철제 해머

해설 | 데릭은 양중작업을 위한 도구이다.

98 다음 중 유해·위험방지 계획서 제출 대상 공사에 해당하는 것은?

① 지상높이가 25[m]인 건축물 건설공사
② 최대 지간길이가 45[m]인 교량건설공사
③ 깊이가 8[m]인 굴착공사
④ 제방높이가 50[m]인 다목적댐 건설공사

해설 | **계획서 제출대상 공사**
1. 지상높이가 31m 이상인 건축물 또는 인공구조물, 연면적 30,000m² 이상인 건축물 또는 연면적 5,000m² 이상의 문화 및 집회시설(전시장 및 동물원·식물원은 제외한다), 판매시설, 운수시설(고속철도의 역사 및 집배송시설은 제외한다), 종교시설, 의료시설 중 종합병원, 숙박시설 중 관광숙박시설, 지하상가 또는 냉동·냉장창고시설의 건설·개조 또는 해체(이하 "건설 등"이라 한다)
2. 연면적 5,000m² 이상의 냉동·냉장창고시설의 설비공사 및 단열공사
3. 최대 지간길이가 50m 이상인 교량건설 등 공사
4. 터널건설 등의 공사
5. 다목적 댐, 발전용 댐 및 저수용량 2천만 톤 이상인 용수전용 댐, 지방상수도 전용댐 건설 등의 공사
6. 깊이가 10m 이상인 굴착공사

99 근로자가 추락하거나 넘어질 위험이 있는 장소에서 추락방호망의 설치기준으로 옳지 않은 것은?

① 망의 처짐은 짧은 변 길이의 10% 이상이 되도록 할 것
② 추락방호망은 수평으로 설치할 것
③ 건축물 등의 바깥쪽으로 설치하는 경우 추락방호망의 내민 길이는 벽면으로부터 3m 이상 되도록 할 것
④ 추락방호망의 설치위치는 가능하면 작업면으로부터 가까운 지점에 설치하여야 하며, 작업면으로부터 망의 설치지점까지의 수직거리는 10m를 초과하지 아니할 것

해설 | 추락방호망을 설치할 경우 수평으로 설치하고 망의 처짐은 짧은 변 길이의 12% 이상이 되도록 해야 한다.

정답 | 93 ③ 94 ① 95 ④ 96 ④ 97 ② 98 ④ 99 ①

100 통나무 비계를 건축물, 공작물 등의 건조·해체 및 조립 등의 작업에 사용하기 위한 지상 높이 기준은?

① 2층 이하 또는 6m 이하
② 3층 이하 또는 9m 이하
③ 4층 이하 또는 12m 이하
④ 5층 이하 또는 15m 이하

[해설] 법 개정에 따라 앞으로 출제되지 않음

정답 | 100 ③

부록

2022년 2회

※ 2020년 4회 이후 CBT로 출제된 기출문제는 개정된 출제기준과 해당 회차의 기출 키워드 등을 분석하여 복원하였습니다.

1과목 산업안전관리론

01 산업안전보건법령상 특별교육대상 작업별 교육내용 중 밀폐공간에서의 작업별 교육내용이 아닌 것은? (단, 그 밖에 안전 · 보건관리에 필요한 사항은 제외한다.)

① 산소농도 측정 및 작업환경에 관한 사항
② 유해물질이 인체에 미치는 영향
③ 보호구 착용 및 사용방법에 관한 사항
④ 사고 시의 응급처치 및 비상시 구출에 관한 사항

해설 ②은 허가 또는 관리대상 유해물질의 제조 또는 취급 작업 특별교육내용에 해당한다.

02 심리검사의 특징 중 "검사의 관리를 위한 조건과 절차의 일관성과 통일성"을 의미하는 것은?

① 규준   ② 표준화
③ 객관성   ④ 신뢰성

해설 **심리검사의 표준화**
검사의 관리를 위한 조건, 절차의 일관성과 통일성에 대한 심리검사의 표준화가 마련되어야 한다.

03 기계 · 기구 또는 설비의 신설, 변경 또는 고장 수리 등 부정기적인 점검을 말하며, 기술적 책임자가 시행하는 점검은?

① 정기 점검   ② 수시 점검
③ 특별 점검   ④ 임시 점검

해설 **특별 점검**
기계 기구의 신설 및 변경 시 고장, 수리 등에 의해 부정기적으로 실시하는 점검으로 안전강조기간 등에 실시하는 점검이다.

04 내전압용 절연장갑의 성능기준상 최대 사용전압에 따른 절연장갑의 구분 중 00등급의 색상으로 옳은 것은?

① 노란색   ② 흰색
③ 녹색   ④ 갈색

해설 **절연장갑의 등급 및 색상**

등급	최대 사용전압		비고
	교류 (V, 실횻값)	직류(V)	
00	500	750	갈색

05 매슬로(Maslow)의 욕구단계이론 중 제5단계 욕구로 옳은 것은?

① 안전에 대한 욕구
② 자아실현의 욕구
③ 사회적(애정적) 욕구
④ 존경과 긍지에 대한 욕구

해설 **매슬로(Maslow)의 욕구단계이론**
1. 생리적 욕구
2. 안전의 욕구
3. 사회적 욕구
4. 자기존경의 욕구
5. 자아실현의 욕구(성취욕구)

06 연간 근로자수가 300명인 A공장에서 지난 1년간 1명의 재해자(신체장해등급 : 1급)가 발생하였다면 이 공장의 강도율은? (단, 근로자 1인당 1일 8시간씩 연간 300일을 근무하였다.)

① 4.27   ② 6.42
③ 10.05   ④ 10.42

정답 | 01 ② 02 ② 03 ③ 04 ④ 05 ② 06 ④

해설 강도율 = $\dfrac{\text{근로손실일수}}{\text{연근로시간수}} \times 1,000$

= $\dfrac{7,500}{300 \times 8 \times 300} \times 1,000$

= 10.42

07 산업안전보건법령상 안전관리자가 수행하여야 할 업무가 아닌 것은? (단, 그 밖에 안전에 관한 사항으로서 고용노동부장관이 정하는 사항은 제외한다.)

① 위험성평가에 관한 보좌 및 조언·지도
② 물질안전보건자료의 게시 또는 비치에 관한 보좌 및 조언·지도
③ 사업장 순회점검·지도 및 조치의 건의
④ 산업재해에 관한 통계의 유지·관리·분석을 위한 보좌 및 조언·지도

해설 ②는 보건관리자의 업무에 해당된다.

08 안전교육 훈련의 기법 중 하버드 학파의 5단계 교수법을 순서대로 나열한 것으로 옳은 것은?

① 총괄 → 연합 → 준비 → 교시 → 응용
② 준비 → 교시 → 연합 → 총괄 → 응용
③ 교시 → 준비 → 연합 → 응용 → 총괄
④ 응용 → 연합 → 교시 → 준비 → 총괄

해설 **하버드 학파의 5단계 교수법(사례연구 중심)**
- 1단계 : 준비시킨다(Preparation).
- 2단계 : 교시한다(Presentation).
- 3단계 : 연합한다(Association).
- 4단계 : 총괄한다(Generalization).
- 5단계 : 응용시킨다(Application).

09 교육의 3요소 중 교육의 주체에 해당하는 것은?

① 강사   ② 교재
③ 수강자   ④ 교육방법

해설 **교육의 3요소**
1. 주체 : 강사
2. 객체 : 수강자(학생)
3. 매개체 : 교재(교육내용)

10 위험예지훈련 기초 4라운드(4R)에서 라운드별 내용이 바르게 연결된 것은?

① 1라운드 : 현상파악   ② 2라운드 : 대책수립
③ 3라운드 : 목표설정   ④ 4라운드 : 본질추구

해설 **위험예지훈련의 추진을 위한 문제해결 4단계(4라운드)**
- 1라운드 : 현상파악(사실의 파악)
- 2라운드 : 본질추구(위험요인, 문제점 발견 및 위험 포인트 결정)
- 3라운드 : 대책수립(대책을 세운다)
- 4라운드 : 목표설정(행동계획 작성)

11 모럴 서베이(Morale Survey)의 효용이 아닌 것은?

① 조직 또는 구성원의 성과를 비교·분석한다.
② 종업원의 정화(Catharsis)작용을 촉진시킨다.
③ 경영관리를 개선하는 자료를 얻는다.
④ 근로자의 심리 또는 욕구를 파악하여 불만을 해소하고, 노동의욕을 높인다.

해설 **모럴 서베이의 효용**
1. 근로자의 심리 요구를 파악하여 불만을 해소하고 노동의욕을 높인다.
2. 경영관리를 개선하는 데 필요한 자료를 얻는다.
3. 종업원의 정화작용을 촉진시킨다.
   - 소셜 스킬(Social Skills) : 모럴을 양양하는 능력
   - 테크니컬 스킬(Technical Skills) : 사물을 인간에게 유익하도록 처리하는 능력

12 파블로프(Pavlov)의 조건반사설에 의한 학습이론의 원리에 해당되지 않는 것은?

① 일관성의 원리   ② 시간의 원리
③ 강도의 원리   ④ 준비성의 원리

해설 **파블로프(Pavlov)의 조건반사설**
- 계속성의 원리(Continuity Principle)
- 일관성의 원리(Consistency Principle)
- 강도의 원리(Intensity Principle)
- 시간의 원리(Time Principle)

정답 | 07 ② 08 ② 09 ① 10 ① 11 ① 12 ④

13 테크니컬 스킬즈(technical skills)에 관한 설명으로 옳은 것은?

① 모럴(morale)을 앙양시키는 능력
② 인간을 사물에게 적응시키는 능력
③ 사물을 인간에게 유리하게 처리하는 능력
④ 인간과 인간의 의사소통을 원활히 처리하는 능력

해설) 테크니컬 스킬즈은 사물을 인간에 유익하도록 처리하는 능력을 말한다.

14 학습 성취에 직접적인 영향을 미치는 요인과 가장 거리가 먼 것은?

① 적성
② 준비도
③ 개인차
④ 동기유발

해설) 학습성취에 영향을 미치는 요인
1. 준비도
2. 개인차
3. 동기유발

15 하인리히 재해 발생 5단계 중 3단계에 해당하는 것은?

① 불안전한 행동 또는 불안전한 상태
② 사회적 환경 및 유전적 요소
③ 관리의 부재
④ 사고

해설) 하인리히(H. W. Heinrich)의 도미노 이론(사고발생의 연쇄성)
- 1단계 : 사회적 환경 및 유전적 요소(기초원인)
- 2단계 : 개인적 결함(간접원인)
- 3단계 : 불안전한 행동 및 불안전한 상태(직접원인) ⇒ 제거(효과적임)
- 4단계 : 사고
- 5단계 : 재해

16 인간관계인 메커니즘 중 다른 사람의 행동 양식이나 태도를 투입시키거나, 다른 사람 가운데서 자기와 비슷한 점을 발견하는 것을 무엇이라고 하는가?

① 투사(Projection)
② 모방(Imitation)
③ 암시(Suggestion)
④ 동일화(Identification)

해설) 동일화(Identification)
다른 사람의 행동양식이나 태도를 투입시키거나 다른 사람 가운데서 자기와 비슷한 점을 발견하는 것

17 안전교육 방법 중 TWI의 교육과정이 아닌 것은?

① 작업지도훈련
② 인간관계훈련
③ 정책수립훈련
④ 작업방법훈련

해설) TWI(Training Within Industry) 종류
- 작업지도훈련(JIT ; Job Instruction Training)
- 작업방법훈련(JMT ; Job Method Training)
- 인간관계훈련(JRT ; Job Relations Training)
- 작업안전훈련(JST ; Job Safety Training)

18 기능(기술)교육의 진행방법 중 하버드 학파의 5단계 교수법의 순서로 옳은 것은?

① 준비 → 연합 → 교시 → 응용 → 총괄
② 준비 → 교시 → 연합 → 총괄 → 응용
③ 준비 → 총괄 → 연합 → 응용 → 교시
④ 준비 → 응용 → 총괄 → 교시 → 연합

해설) 하버드 학파의 5단계 교수법(사례연구 중심)
1단계 : 준비시킨다(Preparation).
2단계 : 교시한다(Presentation).
3단계 : 연합한다(Association).
4단계 : 총괄한다(Generalization).
5단계 : 응용시킨다(Application).

19 태풍, 지진 등의 천재지변이 발생한 경우나 이상상태 발생 시 기능상 이상 유·무에 대한 안전점검의 종류는?

① 일상안전점검
② 정기안전점검
③ 수시안전점검
④ 특별안전점검

해설) 특별안전점검
기계·기구의 신설 및 변경 시 고장, 수리 등에 의해 부정기적으로 실시하는 점검으로 안전강조기간 등에 실시하는 점검이다.

20 안전관리조직의 형태 중 라인스탭형에 대한 설명으로 틀린 것은?

① 대규모 사업장(1,000명 이상)에 효율적이다.
② 안전과 생산업무가 분리될 우려가 없기 때문에 균형을 유지할 수 있다.
③ 모든 안전관리 업무를 생산라인을 통하여 직선적으로 이루어지도록 편성된 조직이다.

정답 | 13 ③ 14 ① 15 ① 16 ④ 17 ③ 18 ② 19 ④ 20 ③

④ 안전업무를 전문적으로 담당하는 스탭 및 생산라인의 각 계층에도 겸임 또는 전임의 안전담당자를 둔다.

해설 안전관리 업무가 직선적인 조직은 라인(Line)형 조직이다.

2과목
인간공학 및 시스템공학

21 건구온도 38℃, 습구온도 32℃일 때의 Oxford 지수는 몇 ℃인가?

① 30.2　　② 32.9
③ 35.3　　④ 37.1

해설 **옥스퍼드 지수(습건지수)**
= 0.85W(습구온도) + 0.15D(건구온도)
= 0.85 × 32 + 0.15 × 38
= 32.9(℃)

22 반복되는 사건이 많이 있는 경우에 FTA의 최소 컷셋을 구하는 알고리즘이 아닌 것은?

① Fussel Algorithm
② Boolean Algorithm
③ Monte Carlo Algorithm
④ Limnios&Ziani Algorithm

해설 몬테카를로 알고리즘(Monte Carlo Algorithm)은 난수를 이용하여 함수 값을 확률적으로 계산하는 방법이다.

23 반경 10cm인 조종구(ball control)를 30° 움직였을 때, 표시장치가 2cm 이동하였다면 통제표시비(C/R 비)는 약 얼마인가?

① 1.3　　② 2.6
③ 5.2　　④ 7.8

해설 **통제표시비**

$$\frac{C}{R} = \frac{\text{통제기기의 변위량}}{\text{표시계기지침의 변위량}}$$

$$= \frac{\frac{\alpha}{360} \times 2\pi D}{\text{표시계기지침의 변위량}}$$

$$= \frac{\frac{30}{360} \times 2 \times \pi \times D}{2} = 2.62$$

24 주물공장 A작업자의 작업지속시간과 휴식시간을 열압박지수(HSI)를 활용하여 계산하니 각각 45분, 15분이었다. A작업자의 1일 작업량(TW)은 얼마인가? (단, 휴식시간은 포함하지 않으며, 1일 근무시간은 8시간이다.)

① 4.5시간　　② 5시간
③ 5.5시간　　④ 6시간

해설 작업시간 = 1일 근무시간 × $\frac{\text{작업지속시간}}{\text{작업지속시간} + \text{휴식시간}}$

$= 480\text{min} \times \frac{45\text{min}}{45\text{min} + 15\text{min}}$

$= 6H$

25 작업자가 100개의 부품을 육안 검사하여 20개의 불량품을 발견하였다. 실제 불량품이 40개라면 안간에러(human error) 확률은 약 얼마인가?

① 0.2　　② 0.3
③ 0.4　　④ 0.5

해설 인간실수 확률 HEP = $\frac{\text{인간실수의 수}}{\text{실수발생의 전체 기회수}}$

$= \frac{40 - 20}{100} = 0.2$

26 시스템의 성능 저하가 인원의 부상이나 시스템 전체에 중대한 손해를 입지지 않고 제어가 가능한 상태의 위험강도는?

① 범주 Ⅰ : 파국적　　② 범주 Ⅱ : 위기적
③ 범주 Ⅲ : 한계적　　④ 범주 Ⅳ : 무시

해설 **시스템 위험성의 분류**
• 범주(Category) Ⅲ, 한계(Marginal) : 인원이 상해 또는 중대한 시스템의 손상없이 배제 또는 제거 가능하다.

정답 | 21 ② 22 ③ 23 ② 24 ④ 25 ① 26 ③

27 인간의 눈에서 빛이 가장 먼저 접촉하는 부분은?

① 각막　　② 망막
③ 초자체　④ 수정체

해설　**각막**
빛이 통과하는 곳으로 빛이 가장 먼저 접촉하는 부분이다.

28 FTA에 사용되는 기호 중 다음 기호에 해당하는 것은?

① 생략사상　② 부정사상
③ 결함사상　④ 기본사상

해설

기호	명칭	설명
○	기본사상	더 이상 전개되지 않는 기본사상

29 표시 값의 변화 방향이나 변화 속도를 나타내어 전반적인 추이의 변화를 관측할 필요가 있는 경우에 가장 적합한 표시장치 유형은?

① 계수형(digital)　② 묘사형(descriptive)
③ 동목형(moving scale)　④ 동침형(moving pointer)

해설　**정량적 표시장치 중 동침형(Moving Pointer)**
고정된 눈금상에서 지침이 움직이면서 값을 나타내는 방법으로 지침의 위치가 일종의 인식상의 단서로 작용하는 이점이 있다.

30 설비의 위험을 예방하기 위한 안전성 평가단계 중 가장 마지막에 해당하는 것은?

① 재평가　② 정성적 평가
③ 안전대책　④ 정량적 평가

해설　**안전성 평가 6단계**
- 제1단계 : 관계자료의 정비검토
- 제2단계 : 정성적 평가
- 제3단계 : 정량적 평가
- 제4단계 : 안전대책
- 제5단계 : 재해정보에 의한 재평가
- 제6단계 : FTA에 의한 재평가

31 시스템 수명주기 단계 중 이전 단계들에서 발생되었던 사고 또는 사건으로부터 축적된 자료에 대해 실증을 통한 문제를 규명하고 이를 최소화하기 위한 조치를 마련하는 단계는?

① 구상단계　② 정의단계
③ 생산단계　④ 운전단계

해설　시스템 수명주기 중 가장 마지막 단계인 운전단계에서 실시된다.

시스템 수명주기
구상단계 → 정의단계 → 개발단계 → 생산단계 → 운전단계

32 작업기억(working memory)에서 일어나는 정보코드화에 속하지 않는 것은?

① 의미코드화　② 음성코드화
③ 시각코드화　④ 다차원코드화

해설　**작업기억에서 일어나는 정보코드화**
1. 의미코드화
2. 음성코드화
3. 시각코드화

33 점광원(point source)에서 표면에 비추는 조도(lux)의 크기를 나타내는 식으로 옳은 것은? (단, D는 광원으로부터의 거리를 말한다.)

① $\dfrac{광도(fc)}{D^2(m^2)}$　② $\dfrac{광도(lm)}{D(m)}$

③ $\dfrac{광속(lumen)}{D^2(m^2)}$　④ $\dfrac{광도(fL)}{D(m)}$

해설　**조도(Illuminance)**
물체의 표면에 도달하는 빛의 양(밀도)을 의미(단위 : [lux])

$$조도(lux) = \dfrac{광속(lumen)}{거리(m)^2}$$

정답 | 27 ①　28 ④　29 ④　30 ①　31 ④　32 ④　33 ③

34 시스템의 정의에 포함되는 조건 중 틀린 것은?

① 제약된 조건 없이 수행
② 요소의 집합에 의해 구성
③ 시스템 상호 간에 관계를 유지
④ 어떤 목적을 위하여 작용하는 집합체

해설 **시스템(System)**
그리스어 'Systema'에서 유래된 것으로 특정한 목적을 달성하기 위하여 여러 가지 관련된 구성요소들이 상호 작용하는 유기적 집합체를 말한다.

35 화학공장(석유화학사업장 등)에서 가동문제를 파악하는 데 널리 사용되며, 위험요소를 예측하고, 새로운 공저에 대한 가동문제를 예측하는 데 사용되는 위험성평가방법은?

① SHA ② EVP
③ CCFA ④ HAZOP

해설 **위험 및 운전성 검토(HAZOP)**
각각의 장비에 대해 잠재된 위험이나 기능저하, 운전, 잘못 등과 전체로서의 시설에 결과적으로 미칠 수 있는 영향 등을 평가하기 위해서 공정이나 설계도 등에 체계적이고 비판적인 검토를 행하는 것을 말한다.

36 조종장치의 촉각적 암호화를 위하여 고려하는 특성으로 볼 수 없는 것은?

① 형상 ② 무게
③ 크기 ④ 표면 촉감

해설 **조정장치의 촉각적 암호화**
1. 표면촉감을 사용하는 경우
2. 형상을 구별하는 경우
3. 크기를 구별하는 경우

37 작업기억(working memory)과 관련된 설명으로 옳지 않은 것은?

① 오랜 기간 정보를 기억하는 것이다.
② 작업기억 내의 정보는 시간이 흐름에 따라 쇠퇴할 수 있다.
③ 작업기억의 정보는 일반적으로 시각, 음성, 의미 코드의 3가지로 코드화된다.
④ 리허설(rehearsal)은 정보를 작업기억 내에 유지하는 유일한 방법이다.

해설 작업기억은 단기기억으로써, 작업기억 내의 정보는 시간이 흐름에 따라 쇠퇴할 수 있다.

38 FTA에서 어떤 고장이나 실수를 일으키지 않으면 정상사상(top event)은 일어나지 않는다고 하는 것으로 시스템의 신뢰성을 표시하는 것은?

① Cut set ② Minimal cut set
③ Free event ④ Minimal path set

해설 **패스셋과 미니멀 패스셋**
패스셋이란 그 속에 포함되어 있는 기본사상이 일어나지 않을 때 처음으로 정상사상이 일어나지 않는 기본사상의 집합으로서 미니멀 패스셋은 그 필요한 최소한의 컷을 말한다(시스템의 신뢰성을 말함).

39 작업자의 작업공간과 관련된 내용으로 옳지 않은 것은?

① 서서 작업하는 작업공간에서 발바닥을 높이면 뻗침길이가 늘어난다.
② 서서 작업하는 작업공간에서 신체의 균형에 제한을 받으면 뻗침길이가 늘어난다.
③ 앉아서 작업하는 작업공간은 동적 팔뻗침에 의해 포락면(reach envelpoe)의 한계가 결정된다.
④ 앉아서 작업하는 작업공간에서 기능적 팔뻗침에 영향을 주는 제약이 적을수록 뻗침 길이가 늘어난다.

해설 서서 작업하는 작업공간에서 신체의 균형에 제한을 받으면 뻗침길이가 감소한다.

40 인간공학적인 의자설계를 위한 일반적 원칙으로 적절하지 않은 것은?

① 척추의 허리부분은 요부전만을 유지한다.
② 허리 강화를 위하여 쿠션은 설치하지 않는다.
③ 좌판의 앞 모서리 부분은 5[cm] 정도 낮아야 한다.
④ 좌판과 등받이 사이의 각도는 90~ 105[°]를 유지 하도록 한다.

해설 **의자설계 원칙**
- 요부전만(腰部前灣)을 유지한다.
- 디스크가 받는 압력을 줄인다.
- 등근육의 정적 부하를 줄인다.
- 자세고정을 줄인다.
- 쉽고 간편하게 조절할 수 있도록 설계한다.
- 의자 좌판의 각도는 3도, 등판의 각도는 100도가 몸통에 안정적이다.

3과목
건설시공학

41 공사계획을 수립할 때의 유의사항으로 옳지 않은 것은?

① 마감공사는 구체공사가 끝나는 부분부터 순차적으로 착공하는 것이 좋다.
② 재료입수의 난이, 부품제작 일수, 운반조건 등을 고려하여 발주시기를 조절한다.
③ 방수공사, 도장공사, 미장공사 등과 같은 공정에는 일기를 고려하여 충분한 공기를 확보한다.
④ 공사 전반에 쓰이는 모든 시공장비는 착공 개시 전에 현장에 반입되도록 조치해야 한다.

해설 시공장비는 작업공간의 효율을 위해 공사진행에 따라 단계적으로 반입되어야 한다.

42 건설공사 입찰방식 중 공개경쟁입찰의 장점에 속하지 않는 것은?

① 유자격자는 모두 참가할 수 있는 기회를 준다.
② 제한경쟁입찰에 비해 등록사무가 간단하다.
③ 담합의 가능성을 줄인다.
④ 공사비가 절감된다.

해설 **공개경쟁입찰 방식**
신문, 게시판에 입찰조건, 자격 등을 공고하여 일정 자격을 갖춘 자에게 공개경쟁을 통한 입찰에 참여할 수 있는 기회를 주는 방식이다.

장점	・담합의 우려 차단 ・입찰자 선정이 공개적이고 공정함 ・입찰 시 경쟁으로 공사비 절감
단점	・입찰절차 복잡 및 행정사무 증가 ・부적격업자의 낙찰 우려 ・공사의 조잡우려

43 건설공사의 공사비 절감요소 중에서 집중분석하여야 할 부분과 거리가 먼 것은?

① 단가가 높은 공종
② 지하공사 등의 어려움이 많은 공종
③ 공사비 금액이 큰 공종
④ 공사실적이 많은 공종

해설 공사비 절감을 위해서는 단가가 높은 공종, 지하공사 등의 어려움이 많은 공종, 공사비 금액이 큰 공종을 분석해야 한다.

44 기초파기 저면보다 지하수위가 높을 때의 배수공법으로 가장 적합한 것은?

① 웰포인트 공법 ② 샌드드레인 공법
③ 언더피닝 공법 ④ 페이퍼드레인 공법

해설 **웰포인트(Well Point)공법**
라이저 파이프를 박아 6m 이내의 지하수를 펌프로 배수하여 지하수위를 낮추고 지하수위의 저하에 따른 부력 감소로 인해 지반을 다지는 공법이다.

정답 | 40 ② 41 ④ 42 ② 43 ④ 44 ①

45 건설현장에 설치되는 자동식 세륜시설 중 측면살수시설에 관한 설명으로 옳지 않은 것은?

① 측면살수시설의 슬러지는 컨베이어에 의한 자동배출이 가능한 시설을 설치하여야 한다.
② 측면살수시설의 살수길이는 수송차량 전장의 1.5배 이상이어야 한다.
③ 측면살수시설은 수송차량의 바퀴부터 적재함 하단부 높이까지 살수할 수 있어야 한다.
④ 용수공급은 기 개발된 지하수를 이용하고, 우수 또는 공사용수의 활용을 금한다.

[해설] 자동식 세륜시설 중 측면살수시설의 용수공급은 우수 또는 공사용수를 활용한다.

46 철근단면을 맞대고 산소-아세틸렌염으로 가열하여 적열상태에서 부풀려 가압, 접합하는 철근이음방식은?

① 나사방식이음 ② 겹침이음
③ 가스압접이음 ④ 충전식이음

[해설] 가스압접이음은 철근의 양쪽에서 압력을 주어 가스용접을 하면서 압력을 접합하는 방식이다.

47 기초공사의 지정공사 중 얕은 지정공법이 아닌 것은?

① 모래지정 ② 잡석지정
③ 나무말뚝지정 ④ 밑창콘크리트 지정

[해설] 나무말뚝지정은 깊은 지정공법에 해당된다.

48 모래 채취나 수중의 흙을 퍼 올리는 데 가장 적합한 기계장비는?

① 불도저 ② 드래그 라인
③ 롤러 ④ 스크레이퍼

[해설] 드래그 라인(Drag Line)은 작업 반경이 커서 넓은 지역의 굴삭작업에 용이하나 힘이 강력하지 못해 수중작업 등 연질지반에만 이용한다.

49 콘크리트 타설 및 다짐에 관한 설명으로 옳은 것은?

① 타설한 콘크리트는 거푸집 안에서 횡방향으로 이동시켜도 좋다.
② 콘크리트 타설은 타설기계로부터 가까운 곳부터 타설한다.
③ 이어치기 기준시간이 경과되면 콜드조인트의 발생 가능성이 높다.
④ 노출콘크리트에는 다짐봉으로 다지는 것이 두드림으로 다지는 것보다 품질관리상 유리하다.

[해설] 콘크리트의 이어치기 기준시간이 길어지면 콜드조인트가 발생할 가능성이 높다.

50 건축주가 시공회사의 신용, 자산, 공사경력, 보유기술 등을 고려하여 그 공사에 가장 적격한 단일 업체에게 입찰시키는 방법은?

① 공개경쟁입찰 ② 특명입찰
③ 사전자격심사 ④ 대안입찰

[해설] 특명입찰은 시공회사의 신용, 자산, 공사경력, 보유기술 등을 고려하여 그 공사에 가장 적격한 단일 업체에게 입찰시키는 방법이다.

51 거푸집 제거작업 시 주의사항 중 옳지 않은 것은?

① 진동, 충격을 주지 않고 콘크리트가 손상되지 않도록 순서에 맞게 제거한다.
② 지주를 바꾸어 세울 동안에는 상부의 작업을 제한하여 집중하중을 받는 부분의 지주는 그대로 둔다.
③ 제거한 거푸집은 재사용 할 수 있도록 적당한 장소에 정리하여 둔다.
④ 구조물의 손상을 고려하여 제거 시 찢어져 남은 거푸집 쪽널은 그대로 두고 미장공사를 한다.

[해설] 찢어져 남은 거푸집 쪽널도 완전히 제거해야 한다.

52 철골공사에서 산소아세틸렌 불꽃을 이용하여 강재의 표면에 흠을 따내는 방법은?

① Gas gouging ② Blow hole
③ Flux ④ Weaving

[해설] 가스가우징은 산소아세틸렌 불꽃을 이용하여 강재의 표면에 흠을 따내는 방법이다.

정답 | 45 ④ 46 ③ 47 ③ 48 ② 49 ③ 50 ② 51 ④ 52 ①

53 수밀콘크리트의 배합에 관한 설명으로 옳지 않은 것은?

① 배합은 콘크리트의 소요의 품질이 얻어지는 범위 내에서 단위수량 및 물-결합재비는 되도록 크게 하고, 단위 굵은 골재량은 되도록 작게 한다.
② 콘크리트의 소요 슬럼프는 되도록 작게 하여 180mm를 넘지 않도록 하며, 콘크리트 타설이 용이할 때에는 120mm 이하로 한다.
③ 콘크리트의 워커빌리티를 개선시키기 위해 공기연행제, 공기연행감수제 또는 고성능공기연행감수제를 사용하는 경우라도 공기량은 4% 이하가 되게 한다.
④ 물-결합재비는 50% 이하를 표준으로 한다.

해설) 수밀콘크리트는 단위수량 및 물-결합재비를 되도록 작게 해야 한다.

54 콘크리트용 혼화재 중 포졸란을 사용한 콘크리트의 효과로 옳지 않은 것은?

① 워커빌리티가 좋아지고 블리딩 및 재료 분리가 감소된다.
② 수밀성이 크다.
③ 조기강도는 매우 크나 장기강도의 증진은 낮다.
④ 해수 등에 화학적 저항이 크다.

해설) 포졸란 반응으로 수밀성이 증가하며, 장기강도도 증가하여 구조용 또는 미장용 모르타르로 사용한다.

55 기초하부의 먹매김을 용이하게 하기 위하여 60mm 정도의 두께로 강도가 낮은 콘크리트를 타설하여 만든 것은?

① 밑창콘크리트   ② 매스콘크리트
③ 제자리콘크리트   ④ 잡석지정

해설) 밑창콘크리트 지정공사 시 콘크리트 설계기준강도는 15MPa 이상의 것을 두께 60mm 정도로 설계한다.

56 흙막이벽체 공법 중 주열식 흙막이 공법에 해당하는 것은?

① 슬러리 월 공법   ② 엄지말뚝+토류판 공법
③ C.I.P 공법   ④ 시트파일 공법

해설) C.I.P(Cast In Place Pile) 공법
흙막이 벽체를 만들기 위해 지반을 천공하고 그 속에 철근망과 주입관을 삽입한 다음 Prepacked Mortar를 주입하여 현장타설 콘크리트 말뚝을 형성하는 공법이다.

57 철근보관 및 취급에 관한 설명으로 옳지 않은 것은?

① 철근고임대 및 간격재는 습기방지를 위하여 직사일광을 받는 곳에 저장한다.
② 철근저장은 물이 고이지 않고 배수가 잘되는 곳에 이루어져야 한다.
③ 철근저장 시 철근의 종별, 규격별, 길이별로 적재한다.
④ 저장장소가 바닷가 해안 근처일 경우에는 창고 속에 보관하도록 한다.

해설) 철근고임대 및 간격재는 습기를 방지해야 하고 직사광선을 피해야 한다.

58 철골공사에서 쓰는 내화피복 공법의 종류가 아닌 것은?

① 성형판 붙임공법   ② 뿜칠공법
③ 미장공법   ④ 나중매입공법

해설) 철골의 내화피복 공법
1. 습식 내화피복 공법
   - 타설공법 : 경량콘크리트, 보통콘크리트 등을 철골 둘레에 타설
   - 뿜칠공법 : 강재에 석면, 질석, 암면 등 혼합재료를 뿜칠함
   - 조적공법 : 벽돌, 블록, 석재 등으로 강재 둘레에 조적하는 공법
   - 미장공법 : 내화 단열성 모르타르로 미장
2. 건식 내화피복 공법(성형판 붙임공법)
   - PC판, ALC판, 석면규산칼슘판, 석면 성형판 등을 사용
   - 주로 기둥과 보의 내화피복에 사용

59 철골 세우기 장비의 종류 중 이동식 세우기 장비에 해당하는 것은?

① 크롤러 크레인   ② 가이 데릭
③ 스티프 레그 데릭   ④ 타워크레인

해설) 철골 세우기용 장비에는 크롤러 크레인, 가이 데릭, 스티프 레그 데릭, 타워크레인 등이 있으며, 이 중 크롤러 크레인이 이동식 세우기 장비에 해당된다.

정답 | 53 ① 54 ③ 55 ① 56 ③ 57 ① 58 ④ 59 ①

60 다음 중 콘크리트 타설 공사와 관련된 장비가 아닌 것은?

① 피니셔(Finisher)
② 진동기(Vibrator)
③ 콘크리트 분배기(Concrete distributor)
④ 항타기(Air hammer)

해설 항타기는 지반공사용 기계이다.

4과목 건설재료학

61 일반적으로 철, 크롬, 망간 등의 산화물을 혼합하여 제조한 것으로 염색품의 색이 바래는 것을 방지하고 채광을 요구하는 진열장 등에 이용되는 유리는?

① 자외선흡수유리 ② 망입유리
③ 복층유리 ④ 유리블록

해설 자외선흡수유리는 염색품의 색이 바래는 것을 방지하고 채광을 요구하는 진열장 등에 이용된다.

62 다음 중 플라스틱(plastic)의 장점으로 옳지 않은 것은?

① 전기절연성이 양호하다.
② 가공성이 우수하다.
③ 비강도가 콘크리트에 비해 크다.
④ 경도 및 내마모성이 강하다.

해설 열가소성 플라스틱은 경도 및 내마모성이 약하다.

63 모래의 함수율과 용적변화에서 이넌데이트(inundate) 현상이란 어떤 상태를 말하는가?

① 함수율 0~8[%]에서 모래의 용적이 증가하는 현상
② 함수율 8[%]의 습윤상태에서 모래의 용적이 감소하는 현상
③ 함수율 8[%]에서 모래의 용적이 최고가 되는 현상
④ 절건상태와 습윤상태에서 모래의 용적이 동일한 현상

해설 이넌데이트(inundate) 현상
절건상태와 습윤상태에서 모래의 용적이 동일한 현상이다.

64 콘크리트 혼화제 중 AE제를 사용하는 목적과 가장 거리가 먼 것은?

① 동결 융해에 대한 저항성 개선
② 단위수량 감소
③ 워커빌리티 향상
④ 철근과의 부착강도 증대

해설 AE제를 사용하면 단위수량 감소로 물시멘트비(W/C)가 감소되고 콘크리트 내구성 향상 및 동결에 대한 저항성이 증대된다.

65 점토제품 제조에 관한 설명으로 옳지 않은 것은?

① 원료조합에는 필요한 경우 제점제를 첨가한다.
② 반죽과정에서는 수분이나 경도를 균질하게 한다.
③ 숙성과정에서는 반죽덩어리를 되도록 크게 뭉쳐 둔다.
④ 성형은 건식, 반건식, 습식 등으로 구분한다.

해설 숙성과정에서는 반죽덩어리를 되도록 작게 뭉쳐 둔다.

66 금속재료의 부식을 방지하는 방법이 아닌 것은?

① 이종 금속을 인접 또는 접촉시켜 사용하지 말 것
② 균질한 것을 선택하고 사용 시 큰 변형을 주지 말 것
③ 큰 변형을 준 것은 풀림(annealing)하지 않고 사용할 것
④ 표면을 평활하고 깨끗이 하며, 가능한 건조 상태로 유지할 것

해설 큰 변형을 준 것은 가능한 한 풀림하여 사용한다.

67 목재 및 기타 식물의 섬유질소편에 합성수지접착제를 도포하여 가열압착성형한 판상제품은?

① 파티클 보드 ② 시멘트목질판
③ 집성목재 ④ 합판

해설 파티클 보드(Particle Board, Chip Board)
목재 또는 기타 식물질을 유기질 접착제로 성형, 열압하여 제판한 판을 말한다.

정답 | 60 ④ 61 ① 62 ④ 63 ④ 64 ④ 65 ③ 66 ③ 67 ①

68 열가소성 수지가 아닌 것은?

① 염화비닐수지 ② 초산비닐수지
③ 요소수지 ④ 폴리스티렌수지

[해설] **열경화성 수지의 종류**
- 페놀수지
- 요소수지
- 멜라민수지
- 폴리에스테르수지
- 실리콘수지
- 에폭시수지
- 폴리우레탄수지
- 불소수지
- 프란수지 등

69 건축용 소성 점토벽돌의 색채에 영향을 주는 주요한 요인이 아닌 것은?

① 철화합물 ② 망간화합물
③ 소성온도 ④ 산화나트륨

[해설] 산화나트륨은 소성 점토벽돌의 색채에 큰 영향을 주지 않는다.

70 콘크리트의 배합을 정할 때 목표로 하는 압축강도로 품질의 편차 및 양생온도 등을 고려하여 설계기준강도에 할증한 것을 무엇이라 하는가?

① 배합강도 ② 설계강도
③ 호칭강도 ④ 소요강도

[해설] **배합강도**
설계기준강도에 적당한 계수를 곱하여 할증한 압축강도로서 콘크리트 배합 설계에서 소요강도로부터 물, 시멘트 비를 정할 경우에 쓰인다.

71 각종 시멘트의 특성에 관한 설명으로 옳지 않은 것은?

① 중용열포틀랜드시멘트는 수화 시 발열량이 비교적 크다.
② 고로시멘트를 사용한 콘크리트는 보통 콘크리트 보다 초기강도가 작은 편이다.
③ 알루미나시멘트는 내화성이 좋은 편이다.
④ 실리카시멘트로 만든 콘크리트는 수밀성과 화학 저항성이 크다.

[해설] **중용열 포틀랜드시멘트**
시멘트의 발열량을 적게 하기 위하여 화합조성물 중 규산3석회(C_3S)와 알루민산3석회(C_3A)의 양을 적게 하고 장기강도의 발현을 위하여 규산2석회(C_2S)의 양을 많게 한 시멘트이다.

72 철근콘크리트 구조의 부착강도에 관한 설명으로 옳지 않은 것은?

① 최초 시멘트페이스트의 점착력에 따라 발생한다.
② 콘크리트 압축강도가 증가함에 따라 일반적으로 증가한다.
③ 거푸집 강성이 클수록 부착강도의 증가율은 높아진다.
④ 이형철근의 부착강도가 원형철근보다 크다.

[해설] 거푸집의 강성과 부착강도는 무관하다.

73 목재의 무늬를 가장 잘 나타내는 투명도료는?

① 유성페인트 ② 클리어래커
③ 수성페인트 ④ 에나멜페인트

[해설] 투명한 것을 클리어래커라 하고, 안료(착색체)를 넣은 것을 래커 에나멜이라 한다.

74 미장재료 중 돌로마이트 플라스터에 관한 설명으로 옳지 않은 것은?

① 돌로마이트에 모래, 여물을 섞어 반죽한 것이다.
② 소석회보다 점성이 크다.
③ 회반죽에 비하여 최종강도는 작고 착색이 어렵다.
④ 건조수축이 커서 균열이 생기기 쉽다.

[해설] **돌로마이트 플라스터(Dolomite Plaster)**
점성 및 가소성이 커서 재료반죽 시 풀이 필요 없고, 건조 수축이 커 균열이 쉬우며, 습기 및 물에 약하다.

75 미장바름의 종류 중 돌로마이트에 화강석 부스러기, 색모래, 안료 등을 섞어 정벌바름하고 충분히 굳지 않은 때에 거친 솔 등으로 긁어 거친면으로 마무리한 것은?

① 모조석 ② 라프코트
③ 리신바름 ④ 흙바름

[해설] 리신바름(Lithin Coat)에 대한 설명이다.

76 콘크리트의 건조수축 현상에 관한 설명으로 옳지 않은 것은?

① 단위 시멘트량이 작을수록 커진다.
② 단위 수량이 클수록 커진다.
③ 골재가 경질이면 작아진다.
④ 부재치수가 크면 작아진다.

[해설] 단위 시멘트량이 작을수록 콘크리트의 건조수축은 작아진다.

77 단열재의 선정조건으로 옳지 않은 것은?

① 흡수율이 낮을 것　② 비중이 클 것
③ 열전도율이 낮을 것　④ 내화성이 좋을 것

[해설] 단열재는 흡수율 및 열전도율이 낮고, 내화성이 좋아야 한다.

78 콘크리트 타설 중 발생되는 재료분리에 대한 대책으로 가장 알맞은 것은?

① 굵은 골재의 최대치수를 크게 한다.
② 바이브레이터로 최대한 진동을 가한다.
③ 단위수량을 크게 한다.
④ AE제나 플라이애시 등을 사용한다.

[해설] AE제나 플라이애시 등을 사용할 경우 재료분리를 예방할 수 있다.

79 건물의 바닥 충격음을 저감시키는 방법에 관한 설명으로 옳지 않은 것은?

① 완충재를 바닥 공간 사이에 넣는다.
② 부드러운 표면마감재를 사용하여 충격력을 작게 한다.
③ 바닥을 띄우는 이중바닥으로 한다.
④ 바닥슬래브의 중량을 작게 한다.

[해설] 층간소음을 예방하기 위해서는 바닥슬래브의 두께를 크게 한다.

80 다음 재료 중 건물외벽에 사용하기에 적합하지 않은 것은?

① 유성페인트　② 바니쉬
③ 에나멜페인트　④ 합성수지 에멀션페인트

[해설] 바니쉬는 광택이 있고 투명하며 단단한 도막을 만드나 내후성이 약한 단점이 있어 목재의 도장에 많이 사용한다.

5과목
건설안전기술

81 산업안전보건관리비 중 안전시설비의 항목에서 사용할 수 있는 항목에 해당하는 것은?

① 외부인 출입금지, 공사장 경계표시를 위한 가설울타리
② 작업발판
③ 절토부 및 성토부 등의 토사유실 방지를 위한 설비
④ 사다리 전도방지장치

[해설] ④는 산업안전보건관리비 중 안전시설비의 항목에서 사용할 수 있다.

82 다음은 산업안전보건법령에 따른 승강설비의 설치에 관한 내용이다. ( )에 들어갈 내용으로 옳은 것은?

> 사업주는 높이 또는 깊이가 ( )를 초과하는 장소에서 작업하는 경우 해당 작업에 종사하는 근로자가 안전하게 승강하기 위한 건설작업용 리프트 등의 설비를 설치하여야 한다. 다만, 승강설비를 설치하는 것이 작업의 성질상 곤란한 경우에는 그러하지 아니하다.

① 2m　② 3m
③ 4m　④ 5m

[해설] 높이 또는 깊이가 2m를 초과하는 장소에서 작업하는 경우 건설작업용 리프트 등의 설비를 설치하여야 한다.

83 건설현장에서 사용하는 공구 중 토공용이 아닌 것은?

① 착암기　② 포장 파괴기
③ 연마기　④ 점토 굴착기

[해설] 연마기는 석재 가공용 기계에 해당된다.

정답 | 76 ① 77 ② 78 ④ 79 ④ 80 ② 81 ④ 82 ① 83 ③

84 다음 중 구조물의 해체작업을 위한 기계·기구가 아닌 것은?

① 쇄석기 ② 데릭
③ 압쇄기 ④ 철제 해머

해설 | 데릭은 양중작업을 위한 도구이다.

85 가설통로 설치 시 경사가 몇 도를 초과하면 미끄러지지 않는 구조로 설치하여야 하는가?

① 15° ② 20°
③ 25° ④ 30°

해설 | 가설통로 설치 시 경사가 15°를 초과하면 미끄러지지 않는 구조로 설치하여야 한다.

86 부두 등의 하역작업장에서 부두 또는 안벽의 선을 따라 설치하는 통로의 최소폭 기준은?

① 30cm 이상 ② 50cm 이상
③ 70cm 이상 ④ 90cm 이상

해설 | 부두 또는 안벽의 선을 따라 통로를 설치할 때는 폭을 90cm 이상으로 하여야 한다.

87 다음 중 유해·위험방지 계획서 제출 대상 공사에 해당하는 것은?

① 지상높이가 25[m]인 건축물 건설공사
② 최대 지간길이가 45[m]인 교량건설공사
③ 깊이가 8[m]인 굴착공사
④ 제방높이가 50[m]인 다목적댐 건설공사

해설 | **계획서 제출대상 공사**
1. 지상높이가 31m 이상인 건축물 또는 인공구조물, 연면적 30,000m² 이상인 건축물 또는 연면적 5,000m² 이상의 문화 및 집회시설(전시장 및 동물원·식물원은 제외한다), 판매시설, 운수시설(고속철도의 역사 및 집배송시설은 제외한다), 종교시설, 의료시설 중 종합병원, 숙박시설 중 관광숙박시설, 지하도상가 또는 냉동·냉장창고시설의 건설·개조 또는 해체(이하 "건설 등"이라 한다)
2. 연면적 5,000m² 이상의 냉동·냉장창고시설의 설비공사 및 단열공사
3. 최대 지간길이가 50m 이상인 교량건설 등 공사
4. 터널건설 등의 공사
5. 다목적 댐, 발전용 댐 및 저수용량 2천만 톤 이상인 용수전용 댐, 지방상수도 전용댐 건설 등의 공사
6. 깊이가 10m 이상인 굴착공사

88 강관을 사용하여 비계를 구성하는 경우의 준수사항으로 옳지 않은 것은?

① 비계기둥의 간격은 띠장 방향에서는 1.85m 이하로 할 것
② 비계기둥의 간격은 장선(長線) 방향에서는 1.0m 이하로 할 것
③ 띠장 간격은 2.0m 이하로 할 것
④ 비계기둥 간의 적재하중은 400kg을 초과하지 않도록 할 것

해설 | 비계기둥의 간격은 장선(長線) 방향에서는 1.5m 이하로 해야 한다.

89 기상상태의 악화로 비계에서의 작업을 중지시킨 후 그 비계에서 작업을 다시 시작하기 전에 점검해야 할 사항에 해당하지 않는 것은?

① 기둥의 침하·변형·변위 또는 흔들림 상태
② 손잡이의 탈락 여부
③ 격벽의 설치 여부
④ 발판재료의 손상 여부 및 부착 또는 걸림 상태

해설 | **격벽**
위험물 건조설비의 열원으로 직화를 사용할 때 불꽃 등에 의한 화재를 예방하기 위해 설치하는 시설이다.

90 산업안전보건법령에 따른 중량물을 취급하는 작업을 하는 경우의 작업계획서 내용에 포함되지 않는 사항은?

① 추락 위험을 예방할 수 있는 안전대책
② 낙하 위험을 예방할 수 있는 안전대책
③ 전도 위험을 예방할 수 있는 안전대책
④ 위험물 누출 위험을 예방할 수 있는 안전대책

해설 | 중량물 취급 작업계획서에는 추락, 낙하, 전도 위험을 예방할 수 있는 안전대책이 포함되어야 한다.

정답 | 84 ② 85 ① 86 ④ 87 ④ 88 ② 89 ③ 90 ④

91 다음과 같은 조건에서 추락 시 로프의 지지점에서 최하단까지의 거리 h를 구하면 얼마인가?

- 로프 길이 150cm
- 로프 신율 30%
- 근로자 신장 170cm

① 2.8m　　② 3.0m
③ 3.2m　　④ 3.4m

해설) **최하사점 공식**

h = 로프의 길이(l) + 로프의 신장길이($l \cdot \alpha$) + 작업자 키의 $\frac{1}{2}$($T/2$)
　= 150cm + 150cm × 0.3 + 170cm/2
　= 280cm

92 철근콘크리트 현장타설공법과 비교한 PC(Precast Concrete)공법의 장점으로 볼 수 없는 것은?

① 기후의 영향을 받지 않아 동절기 시공이 가능하고, 공기를 단축할 수 있다.
② 현장작업이 감소되고, 생산성이 향상되어 인력절감이 가능하다.
③ 공사비가 매우 저렴하다.
④ 공장 제작이므로 콘크리트 양생 시 최적조건에 의한 양질의 제품생산이 가능하다.

해설) PC공법은 RC공법에 비해 공사비가 많이 든다.

93 흙막이 지보공을 설치하였을 때 붕괴 등의 위험방지를 위하여 정기적으로 점검하고, 이상 발견 시 즉시 보수하여야 하는 사항이 아닌 것은?

① 침하의 정도
② 버팀대의 긴압의 정도
③ 지형·지질 및 지층상태
④ 부재의 손상·변형·변위 및 탈락의 유무와 상태

해설) 흙막이 지보공을 설치하였을 때에는 정기적으로 다음 사항을 점검하고 이상을 발견하면 즉시 보수하여야 한다.
　1. 부재의 손상·변형·부식·변위 및 탈락의 유무와 상태
　2. 버팀대의 긴압의 정도
　3. 부재의 접속부·부착부 및 교차부의 상태
　4. 침하의 정도

94 철근 콘크리트 공사에서 거푸집 및 동바리의 해체 시기를 결정하는 요인으로 가장 거리가 먼 것은?

① 시방서 상의 거푸집 존치기간의 경과
② 콘크리트 강도시험 결과
③ 동절기일 경우 적산온도
④ 후속공정의 착수시기

해설) 후속공정의 착수시기는 거푸집 및 동바리의 해체 시기와 거리가 멀다.

95 다음 그림은 풍화암에서 토사붕괴를 예방하기 위한 기울기를 나타낸 것이다. X의 값은?

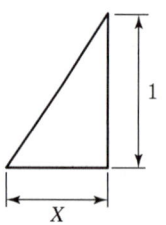

① 1.0　　② 0.8
③ 0.5　　④ 0.3

해설) **굴착면의 기울기 기준**

지반의 종류	굴착면의 기울기
모래	1 : 1.8
연암 및 풍화암	1 : 1.0
경암	1 : 0.5
그 밖의 흙	1 : 1.2

96 콘크리트 타설작업 시 거푸집에 작용하는 연직하중이 아닌 것은?

① 콘크리트의 측압
② 거푸집의 중량
③ 굳지 않은 콘크리트의 중량
④ 작업원의 작업하중

해설) 콘크리트 측압은 연직하중에 해당되지 않는다.

97 발파작업에 종사하는 근로자가 준수하여야 할 사항으로 옳지 않은 것은?

① 장전구는 마찰·충격·정전기 등에 의한 폭발의 위험이 없는 안전한 것을 사용할 것
② 발파공의 충진재료는 점토·모래 등 발화성 또는 인화성의 위험이 없는 재료를 사용할 것
③ 얼어붙은 다이나마이트는 화기에 접근시키거나 그 밖의 고열물에 직접 접촉시켜 단시간 안에 융해시킬 수 있도록 할 것
④ 전기뇌관에 의한 발파의 경우 점화하기 전에 화약류를 장전한 장소로부터 30[m] 이상 떨어진 안전한 장소에서 전선에 대하여 저항측정 및 도통시험을 할 것

해설 얼어붙은 다이나마이트는 화기에 접근시키거나 그 밖의 고열물에 직접 접촉시켜서는 안 된다.

98 건물외부에 낙하물 방지망을 설치할 경우 벽면으로부터 돌출되는 거리의 기준은?

① 1m 이상 ② 1.5m 이상
③ 1.8m 이상 ④ 2m 이상

해설 낙하물방지망의 내민 길이는 벽면으로부터 2m 이상으로 하여야 한다.

99 동바리로 사용하는 파이프 서포트에 관한 설치 기준으로 옳지 않은 것은?

① 파이프 서포트를 3개 이상 이어서 사용하지 않도록 할 것
② 파이프 서포트를 이어서 사용하는 경우에는 4개 이상의 볼트 또는 전용철물을 사용하여 이을 것
③ 높이가 3.5m를 초과하는 경우에는 높이 2m 이내마다 수평연결재를 2개 방향으로 만들고 수평연결재의 변위를 방지할 것
④ 파이프 서포트 사이에 교차가새를 설치하여 수평력에 대하여 보강 조치할 것

해설 파이프 서포트 사이에 수평연결재를 설치하여 수평력에 대하여 보강 조치해야 한다.

100 운반작업 중 요통을 일으키는 인자와 가장 거리가 먼 것은?

① 물건의 중량 ② 작업 자세
③ 작업 시간 ④ 물건의 표면마감 종류

해설 ④는 운반작업 중 요통을 일으키는 인자와 거리가 멀다.

2022년 4회

※ 2020년 4회 이후 CBT로 출제된 기출문제는 개정된 출제기준과 해당 회차의 기출 키워드 등을 분석하여 복원하였습니다.

1과목 산업안전관리론

01 다음 중 산업안전보건법상 안전·보건표지에서 기본모형의 색상이 빨강이 아닌 것은?

① 산화성물질경고 ② 화기금지
③ 탑승금지   ④ 고온경고

[해설]
- 기본모형의 색상이 빨강인 것은 금지표지와 경고표지이다.
- 고온경고는 위험경고에 해당되므로 노란색 바탕에 검은색 기본모형으로 표시한다.

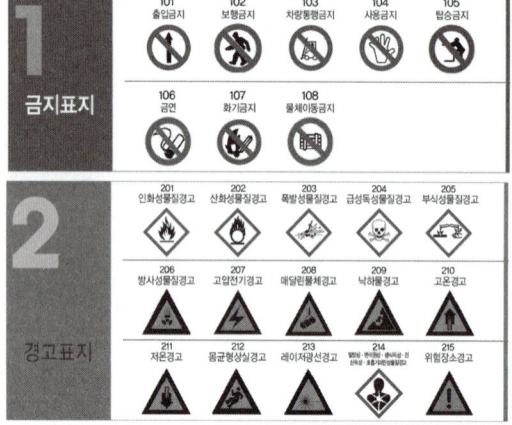

02 다음 중 적성배치 시 작업자의 특성과 가장 관계가 적은 것은?

① 연령   ② 작업조건
③ 태도   ④ 업무경력

[해설] 작업조건은 작업자의 특성과 관계가 적다.

03 매슬로우(Maslow)의 욕구단계 이론 중 제2단계의 욕구에 해당하는 것은?

① 사회적 욕구   ② 안전에 대한 욕구
③ 자아실현의 욕구   ④ 존경과 긍지에 대한 욕구

[해설] **매슬로우(Maslow)의 욕구단계이론**
- 생리적 욕구
- 사회적 욕구
- 자아실현의 욕구
- 안전의 욕구
- 자기존경의 욕구

04 다음 중 작업표준의 구비조건으로 옳지 않은 것은?

① 작업의 실정에 적합할 것
② 생산성과 품질의 특성에 적합할 것
③ 표현은 추상적으로 나타낼 것
④ 다른 규정 등에 위배되지 않을 것

[해설] **작업표준의 구비조건**
- 작업의 실정에 적합할 것
- 표현은 구체적으로 나타낼 것
- 이상 시의 조치기준에 대해 정해둘 것
- 좋은 작업의 표준일 것
- 생산성과 품질의 특성에 적합할 것
- 다른 규정 등에 위배되지 않을 것

05 안전교육의 순서가 옳게 나열된 것은?

① 준비 → 제시 → 적용 → 확인
② 준비 → 확인 → 제시 → 적용
③ 제시 → 준비 → 확인 → 적용
④ 제시 → 준비 → 적용 → 확인

정답 | 01 ④ 02 ② 03 ② 04 ③ 05 ①

해설 **교육법의 4단계**
- 1단계 – 도입(준비) : 배우고자 하는 마음가짐을 일으키도록 한다.
- 2단계 – 제시(설명) : 상대의 능력에 따라 교육하고 한 번에 하나씩 내용을 확실하게 이해시키고 납득시켜 다시 기능으로 습득시킨다.
- 3단계 – 적용(응용) : 이해시킨 내용을 구체적인 문제 또는 실제 문제로 활용시키거나 응용시킨다.
- 4단계 – 확인(총괄) : 교육내용을 정확하게 이해하고 습득하였는지의 여부를 확인한다.

06 산업안전보건법령상 안전모의 성능시험 항목 6가지 중 내관통성시험, 충격흡수성시험, 내전압성시험, 내수성시험 외의 나머지 2가지 성능시험 항목으로 옳은 것은?

① 난연성시험, 턱끈풀림시험
② 내한성시험, 내압박성시험
③ 내답발성시험, 내식성시험
④ 내산성시험, 난연성시험

해설 **안전모 성능시험 방법**

항목	시험성능기준
난연성	모체가 불꽃을 내며 5초 이상 연소되지 않아야 한다.
턱끈풀림	150N 이상 250N 이하에서 턱끈이 풀려야 한다.

07 산업안전보건법령상 안전검사 대상 유해·위험기계의 종류에 포함되지 않는 것은?

① 전단기
② 리프트
③ 곤돌라
④ 교류아크용접기

해설 교류아크용접기는 안전검사대상 유해·위험기계에 해당하지 않는다.

08 재해예방의 4원칙에 해당되지 않는 것은?

① 예방가능의 원칙
② 손실우연의 원칙
③ 원인계기의 원칙
④ 선취해결의 원칙

해설 **재해예방의 4원칙**
1. 손실우연의 원칙
2. 원인계기의 원칙
3. 예방가능의 원칙
4. 대책선정의 원칙

09 다음 중 인간의 적응기제(適應機制)에 포함되지 않는 것은?

① 갈등(Conflict)
② 억압(Repression)
③ 공격(Aggression)
④ 합리화(Rationalization)

해설 **적응기제(適應機制 ; Adjustment Mechanism) 종류**
1. 방어적 기제(Defense Mechanism)
   - 보상
   - 합리화(변명)
   - 승화
   - 동일시
2. 도피적 기제(Escape Mechanism)
   - 고립
   - 퇴행
   - 억압
   - 백일몽
3. 공격적 기제(Aggressive Mechanism)
   - 직접적 공격기제
   - 간접적 공격기제

10 산업안전보건법령상 상시 근로자수의 산출내역에 따라, 연간 국내공사 실적액이 50억 원이고 건설업평균임금이 250만 원이며, 노무비율은 0.06인 사업장의 상시 근로자수는?

① 10인
② 30인
③ 33인
④ 75인

해설 **상시근로자수 산출**

$$\text{상시근로자수} = \frac{\text{전년도 공사실적액} \times \text{전년도 노무비율}}{\text{전년도 건설업 월평균임금} \times \text{전년도 조업월수}}$$

$$= \frac{5,000,000,000원 \times 0.06}{2,500,000원 \times 12월}$$

$$= 10명$$

11 상해의 종류별 분류에 해당하지 않는 것은?

① 골절
② 중독
③ 동상
④ 감전

해설 감전은 재해 발생 형태에 해당한다.

12 주의의 수준에서 중간 수준에 포함되지 않는 것은?

① 다른 곳에 주의를 기울이고 있을 때
② 가시시야 내 부분
③ 수면 중
④ 일상과 같은 조건일 경우

해설 ③은 무의식 수준의 상태로서 Phase 0 ~ Ⅳ 중 Phase I단계에 해당한다.

정답 | 06 ① 07 ④ 08 ④ 09 ① 10 ① 11 ④ 12 ③

13 누전차단장치 등과 같은 안전장치를 정해진 순서에 따라 작동시키고 동작상황의 양부를 확인하는 점검은?

① 외관점검 ② 작동점검
③ 기술점검 ④ 종합점검

해설 작동점검
누전차단장치 등과 같은 안전장치를 정해진 순서에 따라 동작시키고 동작상황의 양부를 확인하는 점검이다.

14 하인리히의 재해구성 비율에 따라 경상사고가 87건 발생하였다면 무상해사고는 몇 건이 발생하였겠는가?

① 300건 ② 600건
③ 900건 ④ 1,200건

해설 하인리히의 재해구성비율
사망 및 중상 : 경상 : 무상해사고 = 1 : 29 : 300
∴ 무상해사고 = 300 × (87 ÷ 29) = 900건

15 안전지식교육 실시 4단계에서 지식을 실제의 상황에 맞추어 문제를 해결해 보고 그 수법을 이해시키는 단계로 옳은 것은?

① 도입 ② 제시
③ 적용 ④ 확인

해설 교육법의 4단계
- 제1단계 – 도입(준비) : 배우고자 하는 마음가짐을 일으키는 단계
- 제2단계 – 제시(설명) : 내용을 확실하게 이해시키고 납득시키는 단계
- 제3단계 – 적용(응용) : 이해시킨 내용을 활용시키거나 응용시키는 단계
- 제4단계 – 확인(총괄) : 교육내용의 습득 여부를 테스트에 의해 확인하는 단계

16 안전을 위한 동기부여로 옳지 않은 것은?

① 기능을 숙달시킨다.
② 경쟁과 협동을 유도한다.
③ 상벌제도를 합리적으로 시행한다.
④ 안전목표를 명확히 설정하여 주지시킨다.

해설 안전에 대한 동기유발방법
- 안전의 근본이념을 인식시킨다.
- 상과 벌을 준다.
- 동기유발의 최적수준을 유지한다.
- 목표를 설정한다.
- 결과를 알려준다.
- 경쟁과 협동을 유발시킨다.

17 제조업자는 제조물의 결함으로 인하여 생명·신체 또는 재산에 손해를 입은 자에게 그 손해를 배상하여야 하는데 이를 무엇이라고 하는가? (단, 당해 제조물에 대해서만 발생한 손해는 제외한다.)

① 입증 책임 ② 담보 책임
③ 연대 책임 ④ 제조물 책임

해설 제조물 책임(Product Liability)
제조물 책임(PL)이란 제조, 유통, 판매된 제품의 결함으로 인해 발생한 사고에 의해 소비자나 사용자 또는 제3자에게 신체장애나 재산상의 피해를 줄 경우 그 제품을 제조·판매한 자가 법률상 손해배상책임을 지도록 하는 것을 말한다.

18 알더퍼(Alderfer)의 ERG 이론에 해당하지 않는 것은?

① 생존 욕구 ② 관계 욕구
③ 안전 욕구 ④ 성장 욕구

해설 알더퍼(Alderfer)의 ERG 이론
- E(Existence) : 존재의 욕구
- R(Relation) : 관계 욕구
- G(Growth) : 성장 욕구

19 근로자가 360명인 사업장에서 1년 동안 사고로 인한 근로손실일수가 210일이었다. 강도율은 약 얼마인가? (단, 근로자 1일 8시간씩 연간 300일을 근무하였다.)

① 0.20 ② 0.22
③ 0.24 ④ 0.26

해설 강도율 $= \dfrac{\text{근로손실일수}}{\text{연근로시간수}} \times 1{,}000$

$= \dfrac{210}{360 \times 8 \times 300} \times 1{,}000$

$= 0.24$

정답 | 13 ② 14 ③ 15 ③ 16 ① 17 ④ 18 ③ 19 ③

20 적응기제(Adjustment Mechanism)의 유형에서 "동일화(identification)"의 사례에 해당하는 것은?

① 운동시합에 진 선수가 컨디션이 좋지 않았다고 한다.
② 결혼에 실패한 사람이 고아들에게 정열을 쏟고 있다.
③ 아버지의 성공을 자신의 성공인 것처럼 자랑하며 거만한 태도를 보인다.
④ 동생이 태어난 후 초등학교에 입학한 큰 아이가 손가락을 빨기 시작했다.

해설 **동일화(Identification)**
다른 사람의 행동양식이나 태도를 투입시키거나 다른 사람 가운데서 자기와 비슷한 점을 발견하는 것

2과목
인간공학 및 시스템공학

21 자동차나 항공기의 앞 유리 혹은 차양판 등에 정보를 중첩 투사하는 표시장치는?

① CRT ② LCD
③ HUD ④ LED

해설 **HUD(Head Up Display)**
조종사(사용자)가 고개를 숙여 조종석의 계기를 보지 않고도 전방을 주시한 상태에서 원하는 계기의 정보를 볼 수 있도록 전방 시선 높이·방향에 설치한 투명 시현장치이다.

22 FT도에 사용되는 논리기호 중 AND 게이트에 해당하는 것은?

① 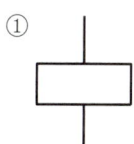   ②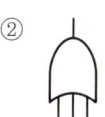

③ 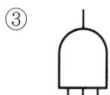   ④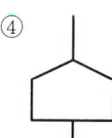

해설 FTA에 사용되는 논리기호 및 사상기호

기호	명칭	설명
(AND gate symbol)	AND 게이트 (n논리기호)	모든 입력사상이 공존할 때 출력사상이 발생한다.

23 신뢰성과 보전성 개선을 목적으로 하는 효과적인 보전기록 자료에 해당하지 않는 것은?

① 설비이력카드   ② 자재관리표
③ MTBF 분석표   ④ 고장원인대책표

해설 자재관리표의 목적이 신뢰성이나 보전성 개선은 아니다.

24 레버를 10° 움직이면 표시장치는 1cm 이동하는 조종장치가 있다. 레버의 길이가 20cm라고 하면 이 조종 장치의 통제표시비(C/D 비)는 약 얼마인가?

① 1.27 ② 2.38
③ 3.49 ④ 4.51

해설 **조종구의 통제비**

$$\frac{C}{D} = \frac{\left(\frac{a}{360}\right) \times 2\pi L}{\text{표시장치 이동거리}}$$

$$= \frac{\left(\frac{10}{360}\right) \times 2 \times \pi \times 20}{1} \fallingdotseq 3.491$$

25 FTA에서 사용되는 논리기호 중 기본사상은?

① 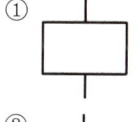   ②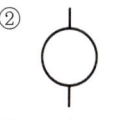

③ 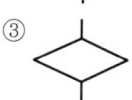   ④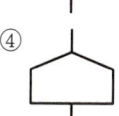

해설 **논리기호 및 사상기호**

기호	명칭	설명
○	기본사상 (사상기호)	더 이상 전개되지 않는 기본사상

정답 | 20 ③ 21 ③ 22 ③ 23 ② 24 ③ 25 ②

26 다음의 데이터를 이용하여 MTBF를 구하면 약 얼마인가?

가동시간	정지시간
$t_1 = 2.7$시간	$t_a = 0.1$시간
$t_2 = 1.8$시간	$t_b = 0.2$시간
$t_3 = 1.5$시간	$t_c = 0.3$시간
$t_4 = 2.3$시간	$t_e = 0.3$시간
부하시간 = 8시간	

① 1.8시간/회
② 2.1시간/회
③ 2.8시간/회
④ 3.1시간/회

[해설] 평균고장간격(MTBF ; Mean Time Between Failure)
시스템, 부품 등 고장 간의 동작시간 평균치

$$MTBF = \frac{1}{\lambda} = \frac{\text{총가동시간}}{\text{고장건수}}$$
$$= \frac{2.7 + 1.8 + 1.5 + 2.3}{4}$$
$$= 2.075 ≒ 2.1(\text{시간/회})$$

27 화학설비의 안전성 평가 과정에서 제3단계인 정량적 평가 항목에 해당되는 것은?

① 목록
② 공정계통도
③ 화학설비용량
④ 건조물의 도면

[해설] 화학설비에 대한 안전성 평가 6단계 중 제3단계 : 정량적 평가
1. 평가항목(5가지 항목)
   - 물질
   - 온도
   - 압력
   - 용량
   - 조작

28 산업안전의 목적을 ERDA(미국 에너지연구개발청)에서 개발된 시스템안전 프로그램으로 관리, 설계, 생산, 보전 등의 넓은 범위의 안전성을 검토하기 위한 기법은?

① FTA
② MORT
③ FHA
④ FMEA

[해설] MORT(Management Oversight and Risk Tree)
FTA와 같은 논리기법을 이용하여 관리, 설계, 생산, 보전 등에 대해서 광범위하게 안전성을 확보하기 위한 기법이다.

29 근골격계 질환을 예방하기 위한 관리적 대책으로 맞는 것은?

① 작업공간 배치
② 작업재료 변경
③ 작업순환 배치
④ 작업공구 설계

[해설] 작업 설계 시 작업순환(Job Rotation)을 고려하여 작업 형태의 변화를 주면 장기간 반복작업에서 발생되는 근골격계 질환을 예방할 수 있다.

30 작업장에서 구성요소를 배치하는 인간공학적 원칙과 가장 거리가 먼 것은?

① 중요도의 원칙
② 선입선출의 원칙
③ 기능성의 원칙
④ 사용빈도의 원칙

[해설] 부품배치의 원칙
- 중요성의 원칙
- 사용빈도의 원칙
- 기능별 배치의 원칙
- 사용순서의 원칙

31 인간 – 기계 시스템에서의 신뢰도 유지 방안으로 가장 거리가 먼 것은?

① Lock System
② Fail – Safe System
③ Fool – Proof System
④ Risk Assessment System

[해설] 위험성평가(Risk Assessment)
사업주가 스스로 유해·위험요인을 파악하고 해당 유해·위험요인의 위험성 수준을 결정하여, 위험성을 낮추기 위한 적절한 조치를 마련하고 실행하는 과정을 말한다.

32 체내에서 유기물을 합성하거나 분해하는 데는 반드시 에너지의 전환이 뒤따른다. 이것을 무엇이라 하는가?

① 에너지 변환
② 에너지 합성
③ 에너지 대사
④ 에너지 소비

[해설] 에너지 대사
생물체내에서 일어나고 있는 에너지의 방출, 전환, 저장 및 이용의 모든 과정을 말한다.

정답 | 26 ② 27 ③ 28 ② 29 ③ 30 ② 31 ④ 32 ③

33 그림과 같은 시스템의 신뢰도로 옳은 것은? (단, 그림의 숫자는 각 부품의 신뢰도이다.)

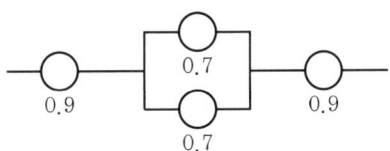

① 0.6261
② 0.7371
③ 0.8481
④ 0.9591

해설 **병렬시스템의 신뢰도**
$R = 0.9 \times (1-(1-0.7)(1-0.7)) \times 0.9$
$= 0.7371$

34 다음 중 연마작업장의 가장 소극적인 소음대책은?

① 음향 처리제를 사용할 것
② 방음보호용구를 착용할 것
③ 덮개를 씌우거나 창문을 닫을 것
④ 소음원으로부터 적절하게 배치할 것

해설 방음보호용구를 이용한 소음대책은 소음의 격리, 소음원의 통제, 차폐장치 등의 조치 후에 최종적으로 작업자 개인에게 보호구를 사용하는 소극적인 대책에 해당된다.

35 다음의 FT도에서 최소 컷셋으로 맞는 것은?

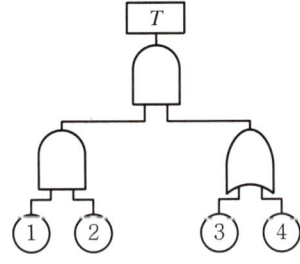

① {1,2,3,4}
② {1,2,3}, {1,2,4}
③ {1,3,4}, {2,3,4}
④ {1,3}, {1,4}, {2,3}, {2,4}

해설 정상사상에서 차례로 하단의 사상으로 치환하면서 AND 게이트는 가로로, OR 게이트는 세로로 나열한 후 중복사상을 제거한다.
$T = A \cdot B = ①② \cdot B = ①②③ \ ①②④$
즉, 미니멀 컷셋은 [①②③] 또는 [①②④] 중 1개이다.

36 정보를 전송하기 위해 청각적 표시장치를 이용하는 것이 바람직한 경우로 적합한 것은?

① 전언이 복잡한 경우
② 전언이 이후에 재참조되는 경우
③ 전언이 공간적인 사건을 다루는 경우
④ 전언이 즉각적인 행동을 요구하는 경우

해설 **청각적 표시장치가 시각적 표시장치보다 유리한 경우**
- 신호음 자체가 음일 때
- 무선거리 신호, 항로정보 등과 같이 연속적으로 변하는 정보를 제시할 때
- 음성통신(전화 등) 경로가 전부 사용되고 있을 때
- 정보가 즉각적인 행동을 요구하는 경우
- 조명 때문에 시각을 이용하기 어려운 경우

37 광원으로부터의 직사휘광을 줄이기 위한 방법으로 적절하지 않은 것은?

① 휘광원 주위를 어둡게 한다.
② 가리개, 갓, 차양 등을 사용한다.
③ 광원을 시선에서 멀리 위치시킨다.
④ 광원의 수는 늘리고 휘도는 줄인다.

해설 **광원으로부터의 휘광(glare)의 처리방법**
- 광원의 휘도를 줄이고 수를 늘린다.
- 광원을 시선에서 멀리 위치시킨다.
- 휘광원 주위를 밝게 하여 광도비를 줄인다.
- 가리개, 갓 혹은 차양(visor)을 사용한다.

38 인간의 정보처리 기능 중 그 용량이 7개 내외로 작아, 순간적 망각 등 인적 오류의 원인이 되는 것은?

① 지각
② 작업기억
③ 주의력
④ 감각보관

해설 작업기억은 시간 흐름에 따라 쇠퇴하여 순간적 망각으로 인한 인적 오류의 원인이 된다.

작업기억(Working memory)
- 단기기억이라고도 한다.
- 작업기억 내의 정보는 시간이 흐름에 따라 쇠퇴할 수 있다.
- 리허설(Rehearsal)은 정보를 작업기억 내에 유지하는 유일한 방법이다.

정답 | 33 ② 34 ② 35 ② 36 ④ 37 ① 38 ②

39 실내의 빛을 효과적으로 배분하고 이용하기 위하여 실내면의 반사율을 결정해야 한다. 다음 중 반사율이 가장 높아야 하는 곳은?

① 벽
② 바닥
③ 가구 및 책상
④ 천장

해설) **옥내 추천 반사율**
- 천장 : 80~90%
- 벽 : 40~60%
- 가구 : 25~45%
- 바닥 : 20~40%

40 작업자가 평균 1,000시간 작업을 수행하면서 4회의 실수를 한다면, 이 사람이 10시간 근무했을 경우의 신뢰도는 약 얼마인가?

① 0.018
② 0.04
③ 0.67
④ 0.96

해설) 10시간 근무 시 실수할 확률은 $\frac{4 \times 10}{1,000} = 0.04$
신뢰도(R) = 1 − 0.04 = 0.96

3과목
건설시공학

41 강구조물 제작 시 마킹(금긋기)에 관한 설명으로 옳지 않은 것은?

① 강판 절단이나 형강 절단 등, 외형 절단을 선행하는 부재는 미리 부재 모양별로 마킹 기준을 정해야 한다.
② 마킹검사는 피철이나 형판 또는 자동가공기(CNC)를 사용하여 정확히 마킹되었는가를 확인한다.
③ 주요 부재의 강판에 마킹할 때에는 펀치(punch) 등을 사용한다.
④ 마킹 시 용접열에 의한 수축 여유를 고려하여 최종 교정, 다듬질 후 정확한 치수를 확보할 수 있도록 조치해야 한다.

해설) 펀치는 철골의 가공작업에 사용된다.

42 도급제도 중 긴급 공사일 경우에 가장 적합한 것은?

① 단가 도급 계약 제도
② 분할 도급 계약 제도
③ 일식 도급 계약 제도
④ 정액 도급 계약 제도

해설) 긴급 공사일 경우 단가 도급 계약 제도가 가장 적합하다.

43 경쟁입찰에서 예정가격 이하의 최저가격으로 입찰한 자 순으로 당해계약 이행능력을 심사하여 낙찰자를 선정하는 방식은?

① 제한적 평균가 낙찰제
② 적격심사제
③ 최적격 낙찰제
④ 부찰제

해설) **적격심사제**
경쟁입찰에서 예정가격 이하의 최저가격으로 입찰한 자 순으로 당해계약 이행능력을 심사하여 낙찰자를 선정하는 방식이다.

44 철근콘크리트 공사 시 철근의 정착위치로 옳지 않은 것은?

① 벽철근은 기둥 보 또는 바닥판에 정착한다.
② 바닥철근은 기둥에 정착한다.
③ 큰 보의 주근은 기둥에, 작은 보의 주근은 큰 보에 정착한다.
④ 기둥의 주근은 기초에 정착한다.

해설) **철근의 정착위치**
- 큰 보의 주근 : 기둥
- 바닥판 철근 : 보 또는 벽체
- 작은 보의 주근 : 큰 보
- 지중보의 주근 : 기초 또는 기둥
- 벽철근 : 기둥, 보, 바닥판
- 보 밑에 기둥이 없을 때 : 보 상호 간으로 한다.

45 콘크리트 배합설계 시 강도에 가장 큰 영향을 미치는 요소는?

① 모래와 자갈의 비율
② 물과 시멘트의 비율
③ 시멘트와 모래의 비율
④ 시멘트와 자갈의 비율

해설) 물−시멘트비는 콘크리트 배합설계 시 강도에 가장 큰 영향을 미치는 요소이다.

정답 | 39 ④ 40 ④ 41 ③ 42 ① 43 ② 44 ② 45 ②

46 지상에서 일정 두께의 폭과 길이로 대지를 굴착하고 지반 안정액으로 공벽의 붕괴를 방지하면서 철근콘크리트벽을 만들어 이를 가설 흙막이벽 또는 본 구조물의 옹벽으로 사용하는 공법은?

① 슬러리월 공법
② 어스앵커 공법
③ 엄지말뚝 공법
④ 시트파일 공법

해설 **지중연속벽(Slurry Wall) 공법**
구조물의 벽체 부분을 먼저 굴착한 후 그 속에 철근망을 삽입하고, 콘크리트를 타설하여 지하벽체를 형성하는 공법이다.

47 콘크리트 공사 시 거푸집 측압의 증가 요인에 관한 설명으로 옳지 않은 것은?

① 콘크리트의 타설 속도가 빠를수록 증가한다.
② 콘크리트의 슬럼프가 클수록 증가한다.
③ 콘크리트에 대한 다짐이 적을수록 증가한다.
④ 콘크리트의 경화속도가 늦을수록 증가한다.

해설 콘크리트에 대한 다짐이 적을수록 측압은 감소한다.

48 전체공사의 진척이 원활하며 공사의 시공 및 책임한계가 명확하여 공사관리가 쉽고 하도급의 선택이 용이한 도급제도는?

① 공정별분할도급
② 일식도급
③ 단가도급
④ 공구별분할도급

해설 일식도급은 공사비가 확정되고 책임한계가 명료하며 공사관리가 용이하다.

49 용접 시 나타나는 결함에 관한 설명으로 옳지 않은 것은?

① 위핑홀(Weeping Hole) : 용접 후 냉각 시 용접부위에 공기가 포함되어 공극이 발생되는 것
② 오버랩(Overlap) : 용접금속과 모재가 융합되지 않고 겹쳐지는 것
③ 언더컷(Undercut) : 모재가 녹아 용착금속이 채워지지 않고 홈으로 남게 된 부분
④ 슬래그(Slag) 감싸기 : 피복재 심선과 모재가 변하여 생긴 회분이 용착금속 내에 혼입된 것

해설 위핑홀(Weeping Hole)은 옹벽공사에서 침투수를 배수하기 위한 작은 구멍을 말한다.

50 기존건물에 근접하여 구조물을 구축할 때 기존건물의 균열 및 파괴를 방지할 목적으로 지하에 실시하는 보강공법은?

① BH(Boring Hole)
② 베노토(Benoto) 공법
③ 언더피닝(Under Pinning) 공법
④ 심초공법

해설 **언더피닝(Under Pinning) 공법**
기존 구조물의 기초 저면보다 깊은 구조물을 시공하거나 기존 구조물을 보호하기 위하여 기초나 지정을 보강하는 공법이다.

51 계획과 실제의 작업상황을 지속적으로 측정하여 최종 사업비용과 공정을 예측하는 기법은?

① CAD
② EVMS
③ PMIS
④ WBS

해설 사업성과관리시스템(EVMS ; Earned Value Management System)에 대한 설명이다.

52 구조물의 시공과정에서 발생하는 구조물의 팽창 또는 수축과 관련된 하중으로, 신축량이 큰 장경간, 연도, 원자력발전소 등을 설계할 때나 또는 일교차가 큰 지역의 구조물에 고려해야 하는 하중은?

① 시공하중
② 충격 및 진동하중
③ 온도하중
④ 이동하중

해설 온도변화로 인해 팽창 또는 수축하기 쉬운 시설물, 구조물 등은 반드시 온도하중을 고려해야 한다.

53 철골세우기용 기계가 아닌 것은?

① 드래그라인
② 가이 데릭
③ 타워크레인
④ 트럭크레인

해설 **드래그라인(Drag Line)**
굴삭기가 위치한 지면보다 낮은 장소를 굴착하는 데 사용하는 토공기계이다.

정답 | 46 ① 47 ③ 48 ② 49 ① 50 ③ 51 ② 52 ③ 53 ①

54 연약지반 개량공법 중 동결공법의 특징이 아닌 것은?

① 동토의 역학적 강도가 우수하다.
② 지하수 오염과 같은 공해 우려가 있다
③ 동토의 차수성과 부착력이 크다.
④ 동토형성에는 일정 기간이 필요하다.

[해설] 동결공법은 공해 우려가 없는 예방공법이다.

55 공사에 필요한 특기 시방서에 기재하지 않아도 되는 사항은?

① 인도 시 검사 및 인도시기 ② 각 부위별 시공방법
③ 각 부위별 사용재료   ④ 사용재료의 품질

[해설] **시방서의 기재내용**
- 재료의 품질
- 공법내용 및 시공방법
- 일반사항, 유의사항
- 시험, 검사
- 보충사항, 특기사항
- 시공기계, 장비

56 사질지반에서 지하수를 강제로 뽑아내어 지하수위를 낮추어서 기초공사를 하는 공법은?

① 케이슨 공법   ② 웰포인트 공법
③ 샌드드레인 공법 ④ 레어먼드파일 공법

[해설] **웰포인트(Well Point) 공법**
지하수를 펌프로 배수하여 지하수위를 낮추고 지하수위의 저하에 따른 부력 감소로 인해 지반을 다지는 공법이다.

57 시공계획 시 우선 고려하지 않아도 되는 것은?

① 상세 공정표의 작성
② 노무, 기계, 재로 등의 조달, 사용 계획에 따른 수송계획 수립
③ 현장관리 조직과 인사계획 수립
④ 시공도의 작성

[해설] **공사계획 단계에서 사전에 검토할 내용**
- 현장원 편성 : 공사계획 중 가장 우선
- 공정표의 작성 : 공사 착수 전 단계에서 작성
- 실행예산의 편성 : 재료비, 노무비, 경비
- 하도급 업체의 선정
- 가설 준비물 결정
- 재료, 설비 반입계획
- 재해방지계획
- 노무 동원계획

58 주문받은 건설업자가 대상계획의 기업·금융, 토지조달, 설계, 사공, 기계기구 설치 등 주문자가 필요로 하는 모든 것을 조달하여 주문자에게 인도하는 도급계약 방식은?

① 공동도급   ② 실비정산 보수가산도급
③ 턴키(Turn – key)도급 ④ 일식도급

[해설] **턴키(Turn – key)도급**
대상계획의 기업·금융, 토지조달, 설계, 사공, 기계기구 설치 등 주문자가 필요로 하는 모든 것을 조달하여 주문자에게 인도하는 도급계약 방식이다.

59 토공사 기계에 관한 설명으로 옳지 않은 것은?

① 파워쇼벨(Power Shovel)은 위치한 지면보다 높은 곳의 굴착에 유리하다.
② 드래그쇼벨(Drag Shovel)은 대형기초굴착에서 협소한 장소의 줄기초파기, 배수관 매설공사 등에 다양하게 사용된다.
③ 클램쉘(Clam Shell)은 연한 지반에는 사용이 가능하나 경질층에는 부적당하다.
④ 드래그라인(Drag Line)은 배토판을 부착시켜 정지작업에 사용된다.

[해설] 드래그라인은 작업 반경이 커서 넓은 지역의 굴식작업에 용이하나 힘이 강력하지 못해 연질지반에 이용한다.

60 KCS에 따른 철근 가공 및 이음 기준에 관한 내용으로 옳지 않은 것은?

① 철근은 상온에서 가공하는 것을 원칙으로 한다.
② 철근상세도에 철근의 구부리는 내면 반지름이 표시되어 있지 않은 때에는 콘크리트 구조설계기준에 규정된 구부림의 최소 내면 반지름 이상으로 철근을 구부려야 한다.
③ D32 이하의 철근은 겹침이음을 할 수 없다.
④ 장래의 이음에 대비하여 구조물로부터 노출시켜 놓은 철근은 손상이나 부식이 생기지 않도록 보호하여야 한다.

[해설] D32 이하의 철근은 겹침이음이 가능하다.

정답 | 54 ② 55 ① 56 ② 57 ④ 58 ③ 59 ④ 60 ③

4과목 건설재료학

61 목재의 함수율에 관한 설명으로 옳지 않은 것은?

① 함수율이 30% 이상에서는 함수율의 증감에 따라 강도의 변화가 심하다.
② 기건재의 함수율은 15% 정도이다.
③ 목재의 진비중은 일반적으로 1.54 정도이다.
④ 목재의 함수율 30% 정도를 섬유포화점이라 한다.

[해설] 목재의 섬유포화점은 함수율이 30%이고, 섬유포화점 이하로 건조된 목재에서는 함수율이 낮을수록 강도가 크며 섬유포화점 이상에서는 강도의 변화가 없다.

62 접착제를 사용할 때의 주의사항으로 옳지 않은 것은?

① 피착제의 표면은 가능한 한 습기가 없는 건조상태로 한다.
② 용제, 희석제를 사용할 경우 과도하게 희석시키지 않도록 한다.
③ 용제성의 접착제는 도포 후 용제가 휘발한 적당한 시간에 접착시킨다.
④ 접착처리 후 일정한 시간 내에는 가능한 한 압축을 피해야 한다.

[해설] 접착처리 후 일정한 시간 내에는 인장을 피해야 한다.

63 목재 건조방법 중 인공건조법이 아닌 것은?

① 증기건조법　　② 수침법
③ 훈연건조법　　④ 진공건조법

[해설] 수침법은 목재를 물에 담구어 두는 방부처리 방법이다.

64 한중콘크리트의 계획배합 시 물결합재비는 원칙적으로 얼마 이하로 하여야 하는가?

① 50%　　② 55%
③ 60%　　④ 65%

[해설] 한중콘크리트는 일평균 기온 4℃ 이하일 때 타설하는 콘크리트로 물-시멘트비(W/C)를 60% 이하로 가급적 작게 한다.

65 기본 점성이 크며 내수성, 내약품성, 전기 절연성이 우수하고 금속, 플라스틱, 도자기, 유리, 콘크리트 등의 접합에 사용되는 만능형 접착제는?

① 아크릴수지 접착제　　② 페놀수지 접착제
③ 에폭시수지 접착제　　④ 멜라민수지

[해설] 에폭시 수지(Epoxy Resin)
내약품성, 내열성이 뛰어나고 산·알칼리에 강하여 금속, 유리, 플라스틱, 도자기, 목재, 고무 등의 접착제와 도료의 원료로 사용한다.

66 골재의 수량과 관련된 설명으로 옳지 않은 것은?

① 흡수량 : 습윤상태의 골재 내외에 함유하는 전수량
② 표면수량 : 습윤상태의 골재표면의 수량
③ 유효흡수량 : 흡수량과 기건상태의 골재 내에 함유된 수량의 차
④ 절건상태 : 일정 질량이 될 때까지 110℃ 이하의 온도로 가열 건조한 상태

[해설] 흡수량은 절건상태에서 표건상태가 될 때까지 골재가 흡수한 수량을 말한다.

67 단열재에 관한 설명으로 옳지 않은 것은?

① 열전도율이 낮은 것일수록 단열효과가 좋다.
② 열관류율이 높은 재료는 단열성이 낮다.
③ 같은 두께인 경우 경량재료인 편이 단열효과가 나쁘다.
④ 단열재는 보통 다공질의 재료가 많다.

[해설] 경량재료는 자중이 적고, 단열효과가 우수하다.

68 다음 시멘트 조정화합물 중 수화속도가 느리고 수화열도 작게 해주는 성분은?

① 규산 3칼슘　　② 규산 2칼슘
③ 알루민산 3칼슘　　④ 알루민산 4칼슘

[해설] 규산 2칼슘은 수화속도와 수화열을 조절해 주는 성분이다.

정답 | 61 ① 62 ④ 63 ② 64 ③ 65 ③ 66 ① 67 ③ 68 ②

69 건축재료의 화학적 조성에 의한 분류에서 유기재료에 속하지 않는 것은?

① 목재
② 아스팔트
③ 플라스틱
④ 시멘트

해설 시멘트는 무기재료에 해당된다.

70 표면에 여러 가지 직물무늬 모양이 나타나게 만든 타일로서 무늬, 형상 또는 색상이 다양하여 주로 내장타일로 쓰이는 것은?

① 폴리싱 타일
② 태피스트리 타일
③ 논슬립 타일
④ 모자이크 타일

해설 태피스트리 타일은 색색의 실로 수놓은 벽걸이나 바닥의 실내 장식용의 무늬처럼 타일 표면에 무늬를 넣어 입체화시킨 타일이다.

71 목재와 철강재 양쪽 모두에 사용할 수 있는 도료가 아닌 것은?

① 래커에나멜
② 유성페인트
③ 에나멜페인트
④ 광명단

해설 광명단은 방청도료(Rust Proof Paint)로 금속의 부식을 막기 위해 사용되는 도료이다.

72 다음 중 흡음재료로 보기 어려운 것은?

① 연질우레아폼
② 석고보드
③ 테라조
④ 연질섬유판

해설 테라조는 마감재료이다.

73 중용열 포틀랜드 시멘트에 관한 설명으로 옳지 않은 것은?

① 수화열이 작고 수화속도가 비교적 느리다.
② C_3A가 많으므로 내황산염성이 작다.
③ 건조수축이 작다.
④ 건축용 매스콘크리트에 사용된다.

해설 중용열 포틀랜드 시멘트는 수화반응이 늦으므로 수화열이 적고, 건조 수축 균열이 적으며 내황산염성이 크다.

74 열적외선을 반사하는 은소재 도막으로 코팅하여 방사율과 열관류율을 낮추고 가시광선 투과율을 높인 유리는?

① 스팬드럴 유리
② 배강도유리
③ 로이유리
④ 에칭유리

해설 로이유리는 유리 표면에 금속 또는 금속산화물을 얇게 코팅한 것으로 열의 이동을 최소화해주는 에너지 절약형 유리이다.

75 다음 중 천연 접착제로 볼 수 없는 것은?

① 전분
② 아교
③ 멜라민수지
④ 카세인

해설 멜라민수지는 합성수지계 접착제에 속한다.

76 합판에 관한 설명으로 옳은 것은?

① 곡면 가공이 어렵다.
② 함수율의 변화에 따른 신축변형이 적다.
③ 2매 이상의 박판을 짝수배로 겹쳐 만든 것이다.
④ 합판 제조 시 목재의 손실이 많다.

해설 합판은 함수율의 변화에 따른 신축변형이 크다.

정답 | 69 ④ 70 ② 71 ④ 72 ③ 73 ② 74 ③ 75 ③ 76 ②

77 두꺼운 아스팔트 루핑을 4각형 또는 6각형 등으로 절단하여 경사지붕재로 사용되는 것은?

① 아스팔트 싱글
② 망상 루핑
③ 아스팔트 시트
④ 석면 아스팔트 펠트

해설) 아스팔트 싱글은 두꺼운 아스팔트 루핑을 4각형 또는 6각형 등으로 절단하여 만든 것으로 주로 경사지붕재로 사용한다.

78 탄소함유량이 많은 것부터 순서대로 옳게 나열한 것은?

① 연철>탄소강>주철
② 연철>주철>탄소강
③ 탄소강>주철>연철
④ 주철>탄소강>연철

해설) 탄소함유량은 주철>탄소강>연철 순이다.

79 비철금속 중 동(銅)에 관한 설명으로 옳지 않은 것은?

① 맑은 물에는 침식되나 해수에는 침식되지 않는다.
② 전·연성이 좋아 가공하기 쉬운 편이다.
③ 철강보다 내식성이 우수하다.
④ 건축재료로는 아연 또는 주석 등을 활용한 합금을 주로 사용한다.

해설) 동(銅)은 해수에 침식된다.

80 시멘트가 시간의 경과에 따라 조직이 굳어져 최종강도에 이르기까지 강도가 서서히 커지는 상태를 무엇이라고 하는가?

① 중성화   ② 풍화
③ 응결   ④ 경화

해설) 경화에 대한 설명이다.

5과목
건설안전기술

81 유해·위험방지계획서를 제출해야 하는 공사의 기준으로 옳지 않은 것은?

① 최대 지간길이 30m 이상인 교량 건설 등 공사
② 깊이 10m 이상인 굴착공사
③ 터널 건설 등의 공사
④ 다목적댐, 발전용 댐 및 저수용량 2천만 톤 이상의 용수 전용 댐, 지방상수도 전용 댐 건설 등의 공사

해설) 최대 지간길이가 50m 이상인 교량건설 등 공사가 해당된다.

82 사다리식 통로 등을 설치하는 경우 준수해야 할 기준으로 옳지 않은 것은?

① 접이식 사다리 기둥은 사용 시 접히거나 펼쳐지지 않도록 철물 등을 사용하여 견고하게 조치할 것
② 발판과 벽과의 사이는 25cm 이상의 간격을 유지할 것
③ 폭은 30cm 이상으로 할 것
④ 사다리 통로의 길이가 10m 이상인 경우에는 5m 이내마다 계단참을 설치할 것

해설) 사다리식 통로에서 발판과 벽의 사이는 15cm 이상의 간격을 유지해야 한다.

83 다음은 가설통로를 설치하는 경우 준수하여야 할 사항이다. ( ) 안에 들어갈 내용으로 옳은 것은?

> 수직갱에 가설된 통로의 길이가 (A) 이상인 경우에는 (B) 이내마다 계단참을 설치할 것

① A : 8m, B : 10m
② A : 8m, B : 7m
③ A : 15m, B : 10m
④ A : 15m, B : 7m

해설) 수직갱에 가설된 통로의 길이가 15m 이상인 경우에는 10m 이내마다 계단참을 설치해야 한다.

정답 | 77 ① 78 ④ 79 ① 80 ④ 81 ① 82 ② 83 ③

84 인력에 의한 하물 운반 시 준수사항으로 옳지 않은 것은?

① 수평거리 운반을 원칙으로 한다.
② 운반 시의 시선은 진행방향을 향하고 뒷걸음 운반을 하여서는 아니 된다.
③ 쌓여 있는 하물을 운반할 때에는 중간 또는 하부에서 뽑아내어서는 아니 된다.
④ 어깨 높이보다 낮은 위치에서 하물을 들고 운반하여서는 아니 된다.

[해설] 어깨 높이보다 높은 위치에서 하물을 들고 운반하여서는 안 된다.

85 유한사면에서 사면기울기가 비교적 완만한 점성토에서 주로 발생되는 사면파괴의 형태는?

① 저부파괴   ② 사면선단파괴
③ 사면내파괴 ④ 국부전단파괴

[해설] 사면저부파괴는 사면의 활동면이 사면의 끝보다 아래를 통과하는 경우의 파괴이다.

86 다음 그림의 형태 중 클램쉘(Clam Shell)장비에 해당하는 것은?

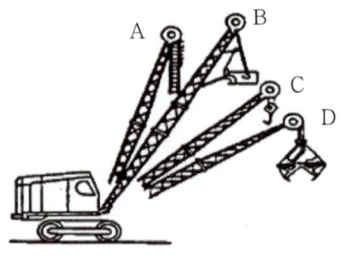

① A   ② B
③ C   ④ D

[해설] 클램쉘(Clam Shell)은 좁은 곳의 수직굴착에 유리하며 좁은 장소의 깊은 굴삭에 효과적이다.

87 부두 안벽 등 하역작업을 하는 장소에 대하여 부두 또는 안벽의 선을 따라 통로를 설치할 때 통로의 최소 폭 기준은?

① 70cm 이상   ② 80cm 이상
③ 90cm 이상   ④ 100cm 이상

[해설] 부두 또는 안벽의 선을 따라 통로를 설치할 때는 폭을 90cm 이상으로 하여야 한다.

88 굴착면 붕괴의 원인과 가장 거리가 먼 것은?

① 사면경사의 증가
② 성토 높이의 감소
③ 공사에 의한 진동하중의 증가
④ 굴착높이의 증가

[해설] 성토 높이가 낮을수록 붕괴 위험이 적어진다.

89 지반조사의 방법 중 지반을 강관으로 천공하고 토사를 채취 후 여러 가지 시험을 시행하여 지반의 토질 분포, 흙의 층상과 구성 등을 알 수 있는 것은?

① 보링   ② 표준관입시험
③ 베인테스트 ④ 평판재하시험

[해설] 보링(boring)
지중에 구멍을 뚫고 시료를 채취하여 토층의 구성상태 등을 파악하는 지반조사 방법이다.

90 철골작업을 중지하여야 하는 강우량 기준으로 옳은 것은?

① 시간당 1mm 이상인 경우
② 시간당 3mm 이상인 경우
③ 시간당 5mm 이상인 경우
④ 시간당 1cm 이상인 경우

[해설] 강우량이 시간당 1mm 이상인 경우 철골작업을 중지해야 한다.

정답 | 84 ④ 85 ① 86 ④ 87 ③ 88 ② 89 ① 90 ①

91 흙막이 지보공을 설치한 때에 정기적으로 점검하고 이상을 발견한 때에 즉시 보수하여야 하는 사항으로 거리가 먼 것은?

① 부재의 손상 변형, 부식, 변위 및 탈락의 유무와 상태
② 부재의 접속부, 부착부 및 교차부의 상태
③ 침하의 정도
④ 발판의 지지 상태

해설 흙막이 지보공을 설치한 경우에는 정기적으로 다음 사항을 점검하고 이상을 발견한 경우에는 즉시 보수하여야 한다.
- 부재의 손상·변형·부식·변위 및 탈락의 유무와 상태
- 버팀대의 긴압 정도
- 부재의 접속부·부착부 및 교차부의 상태
- 침하의 정도
- 흙막이 공사의 계측관리

92 무한궤도식 장비와 타이어식(차륜식) 장비의 차이점에 관한 설명으로 옳은 것은?

① 무한궤도식은 기동성이 좋다.
② 타이어식은 승차감과 주행성이 좋다.
③ 무한궤도식은 경사지반에서의 작업에 부적당하다.
④ 타이어식은 땅을 다지는 데 효과적이다.

해설 타이어식은 승차감과 주행성이 좋아 이동식 작업에도 적당하다.

93 차량계 하역운반기계에 화물을 적재할 때의 준수사항과 거리가 먼 것은?

① 하중이 한쪽으로 치우지지 않도록 적재할 것
② 구내운반차 또는 화물자동차의 경우 화물의 붕괴 또는 낙하에 의한 위험을 방지하기 위하여 화물에 로프를 거는 등 필요한 조치를 할 것
③ 운전자의 시야를 가리지 않도록 화물을 적재할 것
④ 제동장치 및 조종장치 기능의 이상 유무를 점검할 것

해설 ④은 작업시작 전 점검사항이다.

94 다음 중 유해 위험방지계획서 제출 시 첨부해야 하는 서류와 가장 거리가 먼 것은?

① 건축물 각 층의 평면도
② 기계, 설비의 배치도면
③ 원재료 및 제품의 취급, 제조 등의 작업방법의 개요
④ 비상조치계획서

해설 ④는 유해위험방지계획서 제출서류에 해당하지 않는다.

95 콘크리트 타설용 거푸집에 작용하는 외력 중 연직방향 하중이 아닌 것은?

① 고정하중   ② 충격하중
③ 작업하중   ④ 풍하중

해설 거푸집에 작용하는 연직방향 하중에는 타설 콘크리트의 고정하중, 충격하중, 작업하중, 거푸집 중량 등이 있다.

96 가설구조물이 갖추어야 할 구비요건과 가장 거리가 먼 것은?

① 영구성   ② 경제성
③ 작업성   ④ 안전성

해설 가설구조물이 갖추어야 할 3요소는 안전성, 경제성, 작업성이다.

97 강관틀 비계의 높이가 20m를 초과하는 경우 주틀 간의 간격은 최대 얼마 이하로 사용해야 하는가?

① 1.0m   ② 1.5m
③ 1.8m   ④ 2.0m

해설 높이가 20m를 초과하거나 중량물의 적재를 수반하는 작업을 하는 경우 주틀 간의 간격을 1.8m 이하로 해야 한다.

98 슬레이트, 선라이트 등 강도가 약한 재료로 덮은 지붕 위에서 작업을 할 때 발이 빠지는 등 근로자의 위험을 방지하기 위하여 필요한 발판의 폭 기준은?

① 10cm 이상   ② 20cm 이상
③ 25cm 이상   ④ 30cm 이상

해설 슬레이트, 선라이트 등 강도가 약한 재료로 덮은 지붕 위에서 작업을 할 경우에는 폭 30cm 이상의 발판을 설치해야 한다.

정답 | 91 ④ 92 ② 93 ④ 94 ④ 95 ④ 96 ① 97 ③ 98 ④

99 흙의 휴식각에 관한 설명으로 옳지 않은 것은?

① 흙의 마찰력으로 사면과 수평면이 이루는 각도를 말한다.
② 흙의 종류 및 함수량 등에 따라 다르다.
③ 흙파기의 경사각은 휴식각의 1/2로 한다.
④ 안식각이라고도 한다.

해설) 흙파기의 경사각은 휴식각 이상으로 해야 한다.

100 연약지반을 굴착할 때, 흙막이벽 뒤쪽 흙의 중량이 바닥의 지지력보다 커지면, 굴착저면에서 흙이 부풀어 오르는 현상은?

① 슬라이딩(Sliding)   ② 보일링(Boiling)
③ 파이핑(Piping)   ④ 히빙(Heaving)

해설) **히빙(Heaving)**
흙막이 배면에 있는 흙이 안으로 밀려들어 굴착저면이 솟아오르는 현상이다.

정답 | 99 ③   100 ④

부록

2023년 1회

※ 2020년 4회 이후 CBT로 출제된 기출문제는 개정된 출제기준과 해당 회차의 기출 키워드 등을 분석하여 복원하였습니다.

1과목
산업안전관리론

01 학습지도 중 구안법(Project Method)의 4단계 순서로 옳은 것은?

① 계획 → 목적 → 수행 → 평가
② 계획 → 수행 → 목적 → 평가
③ 목적 → 수행 → 계획 → 평가
④ 목적 → 계획 → 수행 → 평가

[해설] **구안법의 단계**
1. 목적 → 2. 계획 → 3. 수행 → 4. 평가

02 작업을 하고 있을 때 걱정거리, 고민거리, 욕구불만 등에 의해 다른 데 정신을 빼앗기는 부주의 현상은?

① 의식의 중단
② 의식의 우회
③ 의식의 과잉
④ 의식수준의 저하

[해설] **의식의 우회**
의식의 흐름이 옆으로 빗나가 발생하는 것(걱정, 고민, 욕구불만 등에 의하여 정신을 빼앗기는 것)

03 산업안전보건법령상 특별교육 대상 작업별 교육 작업 기준으로 틀린 것은?

① 전압이 75V 이상인 정전 및 활선작업
② 굴착면의 높이가 2m 이상이 되는 암석의 굴착작업
③ 동력에 의하여 작동되는 프레스기계를 3대 이상 보유한 사업장에서 해당 기계로 하는 작업
④ 1톤 미만의 크레인 또는 호이스트를 5대 이상 보유한 사업장에서 해당 기계로 하는 작업

[해설] 프레스기계 3대가 아닌 5대 이상 보유한 사업장이 특별교육 대상에 해당된다.

04 제조업자는 제조물의 결함으로 인하여 생명·신체 또는 재산에 손해를 입은 자에게 그 손해를 배상하여야 하는데 이를 무엇이라고 하는가? (단, 당해 제조물에 대해서만 발생한 손해는 제외한다.)

① 입증 책임
② 담보 책임
③ 연대 책임
④ 제조물 책임

[해설] **제조물 책임(Product Liability)**
제조물 책임(PL)이란 제조, 유통, 판매된 제품의 결함으로 인해 발생한 사고에 의해 소비자나 사용자 또는 제3자에게 신체장애나 재산상의 피해를 줄 경우 그 제품을 제조·판매한 자가 법률상 손해배상책임을 지도록 하는 것을 말한다.

05 매슬로우(Maslow)의 욕구단계 이론 중 제2단계의 욕구에 해당하는 것은?

① 사회적 욕구
② 안전에 대한 욕구
③ 자아실현의 욕구
④ 존경과 긍지에 대한 욕구

[해설] **매슬로우(Maslow)의 욕구단계이론**
1. 생리적 욕구 : 기아, 갈증, 호흡, 배설, 성욕 등
2. 안전의 욕구 : 안전을 기하려는 욕구
3. 사회적 욕구 : 소속 및 애정에 대한 욕구(친화 욕구)
4. 자기존경의 욕구 : 자존심, 명예, 성취, 지위에 대한 욕구(승인의 욕구)
5. 자아실현의 욕구 : 잠재적인 능력을 실현하고자 하는 욕구(성취욕구)

06 부하의 행동에 영향을 주는 리더십 중 조언, 설명, 보상조건 등의 제시를 통한 적극적인 방법은?

① 강요
② 모범
③ 제언
④ 설득

[해설] 조언, 설명, 보상조건 등의 제시로 부하의 행동에 영향을 주는 리더십 방법은 설득이다.

정답 | 01 ④ 02 ② 03 ③ 04 ④ 05 ② 06 ④

07 연간 근로자수가 300명인 A공장에서 지난 1년간 1명의 재해자(신체장해등급 : 1급)가 발생하였다면 이 공장의 강도율은? (단, 근로자 1인당 1일 8시간씩 연간 300일을 근무하였다.)

① 4.27 ② 6.42
③ 10.05 ④ 10.42

해설 강도율 = $\dfrac{\text{근로손실일수}}{\text{연근로시간수}} \times 1{,}000$
       = $\dfrac{7{,}500}{300 \times 8 \times 300} \times 1{,}000$
       = 10.42

08 무재해 운동의 이념 가운데 직장의 위험 요인을 행동하기 전에 예지하여 발견, 파악, 해결하는 것을 의미하는 것은?

① 무의 원칙 ② 선취의 원칙
③ 참가의 원칙 ④ 인간 존중의 원칙

해설 **무재해 운동 안전제일의 원칙(선취의 원칙)**
직장의 위험요인을 행동하기 전에 발견·파악·해결하여 재해를 예방한다.

09 산업안전보건법령상 안전관리자가 수행하여야 할 업무가 아닌 것은? (단, 그 밖에 안전에 관한 사항으로서 고용노동부장관이 정하는 사항은 제외한다.)

① 위험성평가에 관한 보좌 및 조언·지도
② 물질안전보건자료의 게시 또는 비치에 관한 보좌 및 조언·지도
③ 사업장 순회점검·지도 및 조치의 건의
④ 산업재해에 관한 통계의 유지·관리·분석을 위한 보좌 및 조언·지도

해설 ②는 보건관리자의 업무에 해당된다.

10 기능(기술)교육의 진행방법 중 하버드 학파의 5단계 교수법의 순서로 옳은 것은?

① 준비 → 연합 → 교시 → 응용 → 총괄
② 준비 → 교시 → 연합 → 총괄 → 응용
③ 준비 → 총괄 → 연합 → 응용 → 교시
④ 준비 → 응용 → 총괄 → 교시 → 연합

해설 **하버드 학파의 5단계 교수법(사례연구 중심)**
- 1단계 : 준비시킨다(Preparation).
- 2단계 : 교시한다(Presentation).
- 3단계 : 연합한다(Association).
- 4단계 : 총괄한다(Generalization).
- 5단계 : 응용시킨다(Application).

11 다음 중 주로 일선 관리감독자를 대상으로 하여 작업지도기법, 작업개선기법, 인간관계 관리기법 등을 교육하는 방법은?

① ATT(American Telephone & Telegram Co.)
② MTP(Management Training Program)
③ CCS(Civil Communication Section)
④ TWI(Training Within Industry)

해설 **TWI(Training Within Industry)**
주로 관리감독자를 대상으로 하며 전체 교육시간은 10시간(1일 2시간씩 5일 교육)으로 실시한다. 한 그룹에 10명 내외로 토의법과 실연법 중심으로 강의가 실시되며 훈련의 종류는 다음과 같다.
- 작업지도훈련(JIT ; Job Instruction Training)
- 작업방법훈련(JMT ; Job Method Training)
- 인간관계훈련(JRT ; Job Relations Training)
- 작업안전훈련(JST ; Job Safety Training)

12 교육의 3요소 중 교육의 주체에 해당하는 것은?

① 강사 ② 교재
③ 수강자 ④ 교육방법

해설 **교육의 3요소**
1. 주체 : 강사
2. 객체 : 수강자(학생)
3. 매개체 : 교재(교육내용)

정답 | 07 ④ 08 ② 09 ② 10 ② 11 ④ 12 ①

13 산업안전보건법령상 상시 근로자수의 산출내역에 따라, 연간 국내공사 실적액이 50억 원이고 건설업평균임금이 250만 원이며, 노무비율은 0.06인 사업장의 상시근로자수는?

① 10인
② 30인
③ 33인
④ 75인

[해설] **상시근로자수 산출**

$$\text{상시근로자수} = \frac{\text{전년도 공사실적액} \times \text{전년도 노무비율}}{\text{전년도 건설업 월평균임금} \times \text{전년도 조업월수}}$$

$$= \frac{5,000,000,000 \text{원} \times 0.06}{2,500,000\text{원} \times 12\text{월}}$$

$$= 10\text{명}$$

14 기억과정 중 다음의 내용이 설명하는 것은?

> 과거에 경험하였던 것과 비슷한 상태에 부딪쳤을 때 과거의 경험이 떠오르는 것

① 재생
② 기명
③ 파지
④ 재인

[해설] **재인**
과거에 경험했던 것과 비슷한 상태에 부딪쳤을 때 과거의 경험이 떠오르는 것

15 산업안전보건법령상 안전모의 종류(기호) 중 사용 구분에서 "물체의 낙하 또는 비래 및 추락에 의한 위험을 방지 또는 경감하고, 머리부위 감전에 의한 위험을 방지하기 위한 것"으로 옳은 것은?

① A
② AB
③ AE
④ ABE

[해설] **안전모의 종류 및 사용구분**

종류(기호)	사용구분	비고
ABE	물체의 낙하 또는 비래 및 추락에 의한 위험을 방지 또는 경감하고, 머리부위 감전에 의한 위험을 방지하기 위한 것	내전압성

16 직장에서의 부적응 유형 중 자기 주장이 강하고 대인관계가 빈약하며, 사소한 일에 있어서도 타인이 자신을 제외했다고 여겨 악의를 나타내는 특징을 가진 유형은?

① 망상인격
② 분열인격
③ 무력인격
④ 강박인격

[해설] **망상**
병적으로 생긴 잘못된 판단이나 확신을 나타내는 질환을 말하는 것으로, 감정으로 뒷받침될만한 움직일 수 없는 주관적 확신을 가지고 고집한다.

17 위험예지훈련 4R 방식 중 각 라운드(Round)별 내용 연결이 옳은 것은?

① 1R - 목표설정
② 2R - 본질추구
③ 3R - 현상파악
④ 4R - 대책수립

[해설] **위험예지훈련의 추진을 위한 문제해결 4단계(4라운드)**
- 1라운드 : 현상파악(사실의 파악)
- 2라운드 : 본질추구(위험요인, 문제점 발견 및 위험 포인트 결정)
- 3라운드 : 대책수립(대책을 세운다.)
- 4라운드 : 목표설정(행동계획 작성)

18 다음과 같은 스트레스에 대한 반응은 무엇에 해당하는가?

> 여동생이나 남동생을 얻게 되면서 손가락을 빠는 것과 같이 어린 시절의 버릇을 나타낸다.

① 투사
② 억압
③ 승화
④ 퇴행

[해설] **도피적 기제(Escape Mechanism) 중 퇴행**
신체적으로나 정신적으로 정상적으로 발달되어 있으면서도 위협이나 불안을 일으키는 상황에는 생애 초기에 만족했던 시절을 생각하는 것

19 다음 중 산업안전보건법령상 특별안전·보건교육의 대상 작업에 해당하지 않는 것은?

① 석면해체·제거작업
② 밀폐된 장소에서 하는 용접작업
③ 화학설비 취급품의 검수·확인작업
④ 2m 이상의 콘크리트 인공구조물의 해체작업

[해설] ③은 특별안전·보건교육 대상에 해당하지 않는다.

정답 | 13 ① 14 ④ 15 ④ 16 ① 17 ② 18 ④ 19 ③

20 학습 성취에 직접적인 영향을 미치는 요인과 가장 거리가 먼 것은?

① 적성   ② 준비도
③ 개인차   ④ 동기유발

해설 학습성취에 영향을 미치는 요인
1. 준비도
2. 개인차
3. 동기유발

2과목 인간공학 및 시스템공학

21 작업자가 소음작업환경에 장기간 노출되어 소음성 난청이 발병하였다면 일반적으로 청력 손실이 가장 크게 나타나는 주파수는?

① 1,000Hz   ② 2,000Hz
③ 4,000Hz   ④ 6,000Hz

해설 청력 손실은 4,000Hz(C5-dip 현상)에서 크게 나타난다.
- 청력 손실의 정도는 노출소음수준에 따라 증가한다.
- 약한 소음에 대해서는 노출기간과 청력 손실의 관계가 없다.
- 강한 소음에 대해서는 노출기간에 따라 청력 손실도 증가한다.

22 작업기억(working memory)에서 일어나는 정보코드화에 속하지 않는 것은?

① 의미코드화   ② 음성코드화
③ 시각코드화   ④ 다차원코드화

해설 작업기억에서 일어나는 정보코드화
1. 의미코드화
2. 음성코드화
3. 시각코드화

23 다음 FTA 그림에서 a, b, c의 부품고장률이 각각 0.01일 때, 최소 컷셋(Minimal cut sets)과 신뢰도로 옳은 것은?

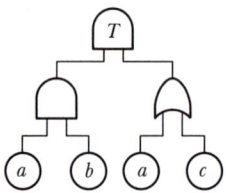

① (a, b), $R(t) = 99.99\%$
② (a, b, c), $R(t) = 98.99\%$
③ (a, c)
　(a, b), $R(t) = 96.99\%$
④ (a, c)
　(a, b, c), $R(t) = 97.99\%$

해설
- 고장률 $R_T = (a \times b) \times (a + c)$
　　　　　$= (a \times a \times b) + (a \times b \times c)$
이라는 식이 성립한다.
- 부울법칙 중 $A \times A = A$와 $1 + A = 1$ 법칙으로 위 식을 풀어내면
$R_T = (a \times b) + (a \times b \times c) = a \times b(1 + c) = a \times b$
- 따라서 최소 컷셋은 a, b가 되며, 고장률 $R_t = 0.01 \times 0.01 = 0.0001$ 이 된다.
∴ 고장 나지 않을 확률은 $1 - 0.0001 = 0.9999$가 되므로 99.99% 이다.

24 체계 설계과정의 주요 단계 중 가장 먼저 실시되어야 하는 것은?

① 기본설계   ② 계면설계
③ 체계의 정의   ④ 목표 및 성능명세 결정

해설 인간-기계시스템 설계과정 6가지 단계
1. 목표 및 성능명세 결정 : 시스템 설계 전 그 목적이나 존재 이유가 있어야 함
2. 시스템 정의 : 목적을 달성하기 위한 특정한 기본기능들이 수행되어야 함
3. 기본설계 : 시스템의 형태를 갖추기 시작하는 단계(직무분석, 작업설계, 기능할당)
4. 인터페이스 설계 : 사용자 편의와 시스템 성능에 관여
5. 촉진물 설계 : 인간의 성능을 증진시킬 보도물을 설계
6. 시험 및 평가 : 시스템 개발과 관련된 평가와 인간적인 요소 평가 실시

정답 | 20 ① 21 ③ 22 ④ 23 ① 24 ④

25 인간공학에 관련된 설명으로 틀린 것은?

① 편리성, 쾌적성, 효율성을 높일 수 있다.
② 사고를 방지하고 안전성과 능률성을 높일 수 있다.
③ 인간의 특성과 한계점을 고려하여 제품을 설계한다.
④ 생산성을 높이기 위해 인간을 작업 특성에 맞추는 것이다.

해설 ④은 인간공학의 목적에 해당되지 않는다.

26 의자의 등받이 설계에 관한 설명으로 가장 적절하지 않은 것은?

① 등받이 폭은 최소 30.5cm가 되게 한다.
② 등받이 높이는 최소 50cm가 되게 한다.
③ 의자의 좌판과 등받이 각도는 90~105°를 유지한다.
④ 요부 받침 높이는 25~35cm로 하고 폭은 30.5cm로 한다.

해설 **등받이 설계원칙**
• 요부 받침의 높이는 15.2~22.9[cm], 폭은 30.5[cm], 등받이로부터 5[cm] 정도의 두께

27 사람의 감각기관 중 반응속도가 가장 느린 것은?

① 청각   ② 시각
③ 미각   ④ 촉각

해설 **인간의 감각기관의 자극에 대한 반응속도**
청각(0.17초)>촉각(0.18초)>시각(0.20초)>미각(0.29초)>통각(0.70초)

28 다음 형상 암호화 조종장치 중 이산 멈춤 위치용 조종장치는?

① 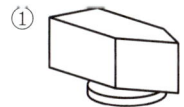   ②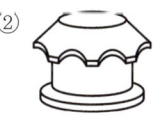

③    ④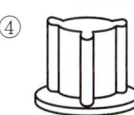

해설 **형상 암호화된 조종장치**

구분	조종장치
이산 멈춤 위치용	

29 점광원(point source)에서 표면에 비추는 조도(lux)의 크기를 나타내는 식으로 옳은 것은? (단, D는 광원으로부터의 거리를 말한다.)

① $\dfrac{광도(fc)}{D^2(m^2)}$ ② $\dfrac{광도(lm)}{D(m)}$

③ $\dfrac{광속(lumen)}{D^2(m^2)}$ ④ $\dfrac{광도(fL)}{D(m)}$

해설 **조도(Illuminance)**
물체의 표면에 도달하는 빛의 양(밀도)을 의미(단위 : [lux])
$$조도(lux) = \dfrac{광속(lumen)}{거리(m)^2}$$

30 심장의 박동주기 동안 심근의 전기적 신호를 피부에 부착한 전극들로부터 측정하는 것으로 심장이 수축과 확장을 할 때, 일어나는 전기적 변동을 기록한 것은?

① 뇌전도계   ② 근전도계
③ 심전도계   ④ 안전도계

해설 **심전도(ECG)**
심장이 활동하는 동안의 전기적 자극을 기록한 그래프를 심전도(ECG 또는 EKG)라고 하며 심장의 근육활동의 전위차를 기록하여 측정한다.

31 다음의 연산표에 해당하는 논리연산은?

입력		출력
X1	X2	
0	0	0
0	1	1
1	0	1
1	1	0

① XOR   ② AND
③ NOT   ④ OR

정답 | 25 ④ 26 ④ 27 ③ 28 ① 29 ③ 30 ③ 31 ①

해설) 0이 거짓, 1이 참이라고 하면 거짓이나 참이 같을 때에만 거짓을 출력하고 서로 다른 입력에는 거짓을 출력한다. 따라서, 해당 연산표의 논리연산은 배타적 논리합(XOR)에 해당된다.

32 단일 차원의 시각적 암호 중 구성암호, 영문자암호, 숫자암호에 대하여 암호로서의 성능이 가장 좋은 것부터 배열한 것은?

① 숫자암호 → 영문자암호 → 구성암호
② 구성암호 → 숫자암호 → 영문자암호
③ 영문자암호 → 숫자암호 → 구성암호
④ 영문자암호 → 구성암호 → 숫자암호

해설) **시각적 암호 성능**
숫자 → 영문자 → 기하적 형상 → 구성 → 색

33 조종장치의 촉각적 암호화를 위하여 고려하는 특성으로 볼 수 없는 것은?

① 형상   ② 무게
③ 크기   ④ 표면 촉감

해설) **조정장치의 촉각적 암호화**
1. 표면촉감을 사용하는 경우
2. 형상을 구별하는 경우
3. 크기를 구별하는 경우

34 인간공학적 수공구의 설계에 관한 설명으로 옳은 것은?

① 수공구 사용 시 무게 균형이 유지되도록 설계한다.
② 손잡이 크기를 수공구 크기에 맞추어 설계한다.
③ 힘을 요하는 수공구의 손잡이는 직경을 60mm 이상으로 한다.
④ 정밀 작업용 수공구의 손잡이는 직경을 5mm 이하로 한다.

해설) **수공구와 장치 설계의 원리**
• 손잡이는 손바닥의 접촉면적이 크게 설계
• 공구 사용 시 무게 균형이 유지되도록 설계
• 정밀 작업용 수공구의 손잡이는 직경 5~12mm가 적당함
• 동력공구의 손잡이는 두 손가락 이상으로 작동하도록 설계
• 힘을 요하는 수공구의 손잡이는 직경 50~60mm가 적당함

35 자동차나 항공기의 앞 유리 혹은 차양판 등에 정보를 중첩 투사하는 표시장치는?

① CRT   ② LCD
③ HUD   ④ LED

해설) **HUD(Head Up Display)**
조종사(사용자)가 고개를 숙여 조종석의 계기를 보지 않고도 전방을 주시한 상태에서 원하는 계기의 정보를 볼 수 있도록 전방 시선 높이·방향에 설치한 투명 시현장치이다.

36 FTA에 사용되는 기호 중 다음 기호에 해당하는 것은?

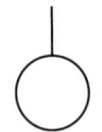

① 생략사상   ② 부정사상
③ 결함사상   ④ 기본사상

해설)

기호	명칭	설명
○	기본사상	더 이상 전개되지 않는 기본사상

37 국제노동기구(ILO)에서 구분한 "일시 전노동 불능"에 관한 설명으로 옳은 것은?

① 부상의 결과로 근로기능을 완전히 잃은 부상
② 부상의 결과로 신체의 일부가 근로기능을 완전히 상실한 부상
③ 의사의 소견에 따라 일정 기간 동안 노동에 종사할 수 없는 상해
④ 의사의 소견에 따라 일시적으로 근로시간 중 치료를 받는 정도의 상해

해설) ① 영구 전노동불능 상해
② 영구 일부노동불능 상해
④ 해당하는 상해 분류는 없다.

정답 | 32 ① 33 ② 34 ① 35 ③ 36 ④ 37 ③

38 입식작업을 위한 작업대의 높이를 결정하는 데 있어 고려하여야 할 사항과 가장 관계가 적은 것은?

① 작업의 빈도
② 작업자의 신장
③ 작업물의 크기
④ 작업물의 무게

해설 입식작업대의 높이는 작업자의 신장(팔꿈치 높이) 및 작업물의 크기, 작업물의 무게, 작업의 형태(정밀, 중량물 취급 등) 등에 따라 결정해야 하며, 작업의 빈도는 작업대 높이결정 시 고려요소 중 가장 거리가 멀다.

39 창문을 통해 들어오는 직사 휘광을 처리하는 방법으로 가장 거리가 먼 것은?

① 창문을 높이 단다.
② 간접 조명 수준을 높인다.
③ 차양이나 발(Blind)을 사용한다.
④ 옥외 창 위에 드리우개(Overhang)를 설치한다.

해설 **창문으로부터의 직사 휘광 처리 방법**
- 창문을 높이 단다.
- 창 위에 드리우개(overhang)를 설치한다.
- 창문(안쪽)에 수직 날개(fin)들을 달아 직사선을 피한다.
- 차양(shade) 혹은 발(blind)을 사용한다.

40 휘도(luminance)의 척도 단위(unit)가 아닌 것은?

① fc
② fL
③ mL
④ cd/m^2

해설 fc는 소요조명을 의미한다.

3과목
건설시공학

41 도급제도 중 긴급 공사일 경우에 가장 적합한 것은?

① 단가 도급 계약 제도
② 분할 도급 계약 제도
③ 일식 도급 계약 제도
④ 정액 도급 계약 제도

해설 긴급공사일 경우 단가 도급 계약 제도가 가장 적합하다.

42 철골조에서 판보(plate girder)의 보강재에 해당되지 않는 것은?

① 커버 플레이트
② 윙 플레이트
③ 필러 플레이트
④ 스티프너

해설 **윙 플레이트(Wing plate)**
철골 주각부에 부착되는 강판으로, 사이드 앵글을 거쳐서 또는 직접 용접에 의해서 베이스 플레이트에 기둥으로부터의 응력을 전한다.

43 타워크레인 등의 시공장비에 의해 한 번에 설치하고 탈형만 하므로 사용할 때마다 부재의 조립 및 분해를 반복하지 않아 평면상 상하부 동일단면의 벽식 구조인 아파트 건축물에 적용효과가 큰 대형 벽체거푸집은?

① 갱폼(Gang Form)
② 유로폼(Euro Form)
③ 트래블링 폼(Traveling Form)
④ 슬라이딩 폼(Sliding Form)

해설 **갱폼(Gang Form)**
거푸집판과 보강재가 일체로 된 기본패널, 작업을 위한 작업 발판대 및 수직도 조정과 횡력을 지지하는 빗버팀대로 구성되는 벽체 거푸집을 말한다.

44 기초하부의 먹매김을 용이하게 하기 위하여 60mm 정도의 두께로 강도가 낮은 콘크리트를 타설하여 만든 것은?

① 밑창콘크리트
② 매스콘크리트
③ 제자리콘크리트
④ 잡석지정

해설 밑창콘크리트 지정공사 시 콘크리트 설계기준강도는 15MPa 이상의 것을 두께 60mm 정도로 설계한다.

45 거푸집 공사에서 거푸집 검사 시 받침기둥(지주의 안전하중)검사와 가장 거리가 먼 것은?

① 서포트의 수직 여부 및 간격
② 폼타이 등 조임철물의 재질
③ 서포트의 편심, 처짐 및 나사의 느슨함 정도
④ 수평연결대 설치 여부

해설 폼타이(Form Tie)는 거푸집이 벌어지거나 우그러들지 않게 연결, 고정하는 긴결재이다.

정답 | 38 ① 39 ② 40 ① 41 ① 42 ② 43 ① 44 ① 45 ②

46 건축주가 시공회사의 신용, 자산, 공사경력, 보유기술 등을 고려하여 그 공사에 가장 적격한 단일 업체에게 입찰시키는 방법은?

① 공개경쟁입찰 ② 특명입찰
③ 사전자격심사 ④ 대안입찰

해설 **특명입찰**
시공회사의 신용, 자산, 공사경력, 보유기술 등을 고려하여 그 공사에 가장 적격한 단일 업체에게 입찰시키는 방법이다.

47 독립기초에서 지중보의 역할에 관한 설명으로 옳은 것은?

① 흙의 허용 지내력도를 크게 한다.
② 주각을 서로 연결시켜 고정상태로 하여 부동침하를 방지한다.
③ 지반을 압밀하여 지반강도를 증가시킨다.
④ 콘크리트의 압축강도를 크게 한다.

해설 지중보는 독립기초에서 주각을 서로 연결시켜 고정상태로 하여 부동침하를 방지한다.

48 도급계약서에 첨부하지 않아도 되는 서류는?

① 설계도면 ② 공사시방서
③ 시공계획서 ④ 현장설명서

해설 도급계약서에 첨부하는 서류에는 설계도면, 공사시방서, 현장설명서 등이 해당된다.

49 철골공사에서 쓰는 내화피복 공법의 종류가 아닌 것은?

① 성형판 붙임공법 ② 뿜칠공법
③ 미장공법 ④ 나중매입공법

해설 **철골의 내화피복 공법**
1. 습식 내화피복 공법
   • 타설공법 : 경량콘크리트, 보통콘크리트 등을 철골 둘레에 타설
   • 뿜칠공법 : 강재에 석면, 질석, 암면 등 혼합재료를 뿜칠함
   • 조적공법 : 벽돌, 블록, 석재 등으로 강재 둘레에 조적하는 공법
   • 미장공법 : 내화 단열성 모르타르로 미장
2. 건식 내화피복 공법(성형판 붙임공법)
   • PC판, ALC판, 석면규산칼슘판, 석면 성형판 등을 사용
   • 주로 기둥과 보의 내화피복에 사용

50 철근이음의 종류에 따른 검사시기와 횟수의 기준으로 옳지 않은 것은?

① 가스압접 이음 시 외관검사는 전체개소에 대해 시행한다.
② 가스압점 이음 시 초음파탐사검사는 1검사 로트마다 30개소 발취한다.
③ 기계적 이음의 외관검사는 전체개소에 대해 시행한다.
④ 용접이음의 인장시험은 700개소마다 시행한다.

해설 용접이음의 인장시험은 500개소마다 시행한다.

51 철근의 이음방식이 아닌 것은?

① 용접이음 ② 겹침이음
③ 갈고리이음 ④ 기계적이음

해설 철근의 이음방법에는 겹침이음, 기계식이음, 용접이음 등이 있다.

52 평판재하시험용 시험기구와 거리가 먼 것은?

① 잭(Jack)
② 틸트미터(Tilt meter)
③ 로드셀(Load cell)
④ 다이얼 게이지(Dial gauge)

해설 틸트미터는(Tilt meter)는 건물의 기울기를 측정하는 계측기기의 종류이다.

53 거푸집 내에 자갈을 먼저 채우고, 공극부에 유동성이 좋은 모르타르를 주입해서 일체의 콘크리트가 되도록 한 공법은?

① 수밀 콘크리트 ② 진공 콘크리트
③ 숏크리트 ④ 프리팩트 콘크리트

해설 **프리팩트 콘크리트**
굵은 골재를 거푸집 등에 넣고 그 사이에 시멘트 페이스트를 펌프로 주입하여 만드는 콘크리트이다.

정답 | 46 ② 47 ② 48 ③ 49 ④ 50 ④ 51 ③ 52 ② 53 ④

54 기존 건물의 파일 머리보다 깊은 건물을 건설할 때, 지하수면의 이동이 일어나거나 기존 건물 기초의 침하나 이동이 예상될 때 지하에 실시하는 보강공법은?

① 리버스 서큘레이션 공법 ② 프리보링 공법
③ 베노토 공법 ④ 언더피닝 공법

[해설] **언더피닝(Under Pinning) 공법**
기존 구조물의 기초 저면보다 깊은 구조물을 시공하거나 기존 구조물을 보호하기 위하여 기초나 지정을 보강하는 공법이다.

55 그림과 같은 독립기초의 흙파기량을 옳게 산출한 것은?

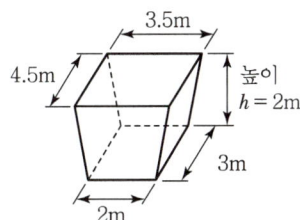

① 19.5m³ ② 21.8m³
③ 23.7m³ ④ 25.4m³

[해설]
- 윗면 넓이 = 3.5×4.5 = 15.75m²
- 밑면 넓이 = 2×3 = 6m²
- 윗면과 밑면의 평균넓이 = (15.75+6)/2 = 10.875m²
∴ 흙파기량(체적) = 평균넓이×높이
  = 10.875×2
  = 21.75m³

56 공정별 검사항목 중 용접 전 검사에 해당되지 않는 것은?

① 트임새 모양 ② 비파괴 검사
③ 모아대기법 ④ 용접자세의 적부

[해설] 비파괴 검사는 용접 후 검사항목이다.

57 시공과정상 불가피하게 콘크리트를 이어치기할 때 서로 일체화되지 않아 발생하는 시공불량 이음부를 무엇이라고 하는가?

① 컨스트럭션 조인트(Construction Joint)
② 콜드 조인트(Cold Joint)
③ 컨트롤 조인트(Control Joint)
④ 익스팬션 조인트(Expansion Joint)

[해설] **콜드 조인트(Cold Joint)**
먼저 타설한 콘크리트와 나중에 타설한 콘크리트의 시공 이음부를 말하며 콘크리트를 이어칠 때 생기는 시공상의 문제로 인한 줄눈이다.

58 무게 63.5kg의 추를 76cm 높이에서 낙하시켜 샘플러가 30cm 관입하는 데 필요한 타격횟수(N)를 측정하는 토질시험의 종류는?

① 전단시험 ② 지내력시험
③ 표준관입시험 ④ 베인시험

[해설] **표준관입시험(Standard Penetration Test)**
무게 63.5kg의 해머를 높이 76cm에서 낙하시켜 샘플러(Sampler)를 30cm 관입시키는 데 필요한 해머의 타격횟수(N치)를 구하는 시험이다.

59 건설공사에서 래머(Rammer)의 용도는?

① 철근절단 ② 철근절곡
③ 잡석다짐 ④ 토사적재

[해설] 래머(Rammer)는 다짐기계의 한 종류이다.

60 굴착, 상차, 운반, 정지 작업 등을 할 수 있는 기계로, 대량의 토사를 고속으로 운반하는 데 적당한 기계는?

① 불도저 ② 앵글도저
③ 로더 ④ 캐리올 스크레이퍼

[해설] **스크레이퍼(Scraper)**
굴삭, 싣기, 운반, 부설 등 4가지 작업을 연속할 수 있는 대량 토공작업 기계로 잔토반출이 중장거리인 경우 사용한다.

정답 | 54 ④ 55 ② 56 ② 57 ② 58 ③ 59 ③ 60 ④

4과목 건설재료학

61 경화제를 필요로 하는 접착제로서 그 양의 다소에 따라 접착력이 좌우되며 내산, 내알칼리, 내수성이 뛰어나고 금속 접착에 특히 좋은 것은?

① 멜라민수지 접착제   ② 페놀수지 접착제
③ 에폭시수지 접착제   ④ 프란수지 접착제

[해설] **에폭시수지(Epoxy Resin)**
내약품성, 내열성이 뛰어나고 산·알칼리에 강하여 금속, 유리, 플라스틱, 도자기, 목재, 고무 등의 접착제와 도료의 원료로 사용한다.

62 건축공사의 일반창유리로 사용되는 것은?

① 석영유리   ② 붕규산유리
③ 칼라석회유리   ④ 소다석회유리

[해설] 일반창유리에는 석영유리, 붕규산유리, 칼라석회유리 등이 있다.

63 콘크리트의 건조수축 현상에 관한 설명으로 옳지 않은 것은?

① 단위 시멘트량이 작을수록 커진다.
② 단위 수량이 클수록 커진다.
③ 골재가 경질이면 작아진다.
④ 부재치수가 크면 작아진다.

[해설] 단위 시멘트량이 작을수록 콘크리트의 건조수축은 작아진다.

64 어떤 목재의 건조 전 질량이 200g, 건조 후 전건질량이 150g일 때, 이 목재의 함수율은?

① 10%   ② 25%
③ 33.3%   ④ 66.7%

[해설] 함수율 $\mu = \dfrac{W_1 - W_2}{W_2} \times 100(\%)$
$= (200 - 150)/150 \times 100(\%)$
$= 33.3\%$
여기서, W_1 : 건조 전 시료 중량
W_2 : 절대건조 시 시료 중량

65 돌로마이트 플라스터(dolomite plaster)에 관한 설명으로 옳지 않은 것은?

① 점성이 커서 풀이 필요 없다.
② 수경성 미장재료에 해당된다.
③ 회반죽에 비해 조기강도가 크다.
④ 냄새, 곰팡이가 없어 변색될 염려가 없다.

[해설] 돌로마이트 플라스터는 공기 중 이산화탄소(CO_2)와 작용하여 경화되는 기경성 미장재료에 속한다.

66 중용열 포틀랜드 시멘트에 관한 설명으로 옳지 않은 것은?

① 수축이 작고 화학저항성이 일반적으로 크다.
② 매스 콘크리트 등에 사용된다.
③ 단기강도는 보통 포틀랜드 시멘트보다 낮다.
④ 긴급 공사, 동절기 공사에 주로 사용된다.

[해설] **중용열 포틀랜드 스멘트**
조기강도는 낮으나 장기강도는 우수한 편이고 벽체가 두꺼운 댐이나 부재단면의 치수가 큰 토목이나 건축공사 등의 매스 콘크리트(Mass Concrete)에 사용한다.

67 다음 중 화성암에 속하는 석재는?

① 부석   ② 사암
③ 석회석   ④ 사문암

[해설] 화성암의 종류로는 화강암, 안산암, 현무암, 감람석, 부석 등이 있다.

68 콘크리트 배합설계에 있어서 기준이 되는 골재의 함상태는?

① 절건상태   ② 기건상태
③ 표건상태   ④ 습윤상태

[해설] 콘크리트의 배합설계 기준이 되는 골재의 함수상태는 표면건조포화상태(표건상태)이다.

정답 | 61 ③ 62 ④ 63 ① 64 ③ 65 ② 66 ④ 67 ① 68 ③

69 점토의 물리적 성질에 관한 설명으로 옳지 않은 것은?

① 점토의 압축강도는 인장강도의 약 5배 정도이다.
② 양질 점토일수록 가소성이 좋다.
③ 순수한 점토일수록 용융점이 높고 강도도 크다.
④ 불순 점토일수록 비중이 크다.

해설 점토는 불순물이 많을수록 비중이 작아지고, 강도가 떨어진다.

70 두꺼운 아스팔트 루핑을 4각형 또는 6각형 등으로 절단하여 경사지붕재로 사용되는 것은?

① 아스팔트 싱글 ② 망상 루핑
③ 아스팔트 시트 ④ 석면 아스팔트 펠트

해설 아스팔트 싱글은 두꺼운 아스팔트 루핑을 4각형 또는 6각형 등으로 절단하여 만든 것으로 주로 경사지붕재로 사용한다.

71 화재 시 개구부에서의 연소를 방지하는 효과가 있는 유리는?

① 망입유리 ② 접합유리
③ 열선흡수유리 ④ 열선반사유리

해설 망입유리는 두꺼운 판유리에 철망을 넣은 것으로 투명, 반투명, 형판유리가 있으며 또 와이어의 형상도 있다.

72 내열성이 매우 우수하며 물을 튀기는 발수성을 가지고 있어서 방수재료는 물론 개스킷, 패킹, 전기절연재, 기타 성형품의 원료로 이용되는 합성수지는?

① 멜라민 수지 ② 페놀 수지
③ 실리콘 수지 ④ 폴리에틸렌 수지

해설 실리콘 수지(Silicon Resin)는 내열성(-80~250℃)이 우수하고, 내수성·발수성이 좋으며 전기절연성이 좋다.

73 점토소성제품의 흡수성이 큰 것부터 순서대로 옳게 나열한 것은?

① 토기 > 도기 > 석기 > 자기 ② 토기 > 도기 > 자기 > 석기
③ 도기 > 토기 > 석기 > 자기 ④ 도기 > 토기 > 자기 > 석기

해설 점토소성제품의 특징

종류	원료	소성온도(℃)	소지 흡수율(%)	소지 색	소지 강도	시유 여부	제품
토기	일반점토	790~1,000	20 이상	유색	약함	무유 혹은 식염유	벽돌, 기와, 토관
도기	도토	1,100~1,230	10	백색 유색	견고	시유	기와, 토관, 타일, 테라코타
석기	양질점토	1,160~1,350	3~10	유색	치밀, 견고	무유 혹은 식염유	벽돌, 타일, 테라코타
자기	양질점토	1,230~1,460	0~1	백색	치밀, 견고	시유	타일, 위생도기

74 점토광물 중 적갈색으로 내화성이 부족하고 보통벽돌, 기와, 토관의 원료로 사용되는 것은?

① 석기점토 ② 사질점토
③ 내화점토 ④ 자토

해설 사질점토는 보통벽돌, 기와, 토관의 원료로 사용된다.

75 다음 중 목재의 건조법이 아닌 것은?

① 주입건조법 ② 공기건조법
③ 증기건조법 ④ 송풍건조법

해설 목재의 건조법에는 공기건조법, 증기건조법, 송풍건조법 등이 있다.

76 비철금속에 관한 설명으로 옳지 않은 것은?

① 청동은 동과 주석의 합금으로 건축장식철물 또는 미술공예재료에 사용된다.
② 황동은 동과 아연의 합금으로 산에는 침식되기 쉬우나 알칼리나 암모니아에는 침식되지 않는다.
③ 알루미늄은 광선 및 열의 반사율이 높지만, 연질이기 때문에 손상되기 쉽다.
④ 납은 비중이 크고 전성, 연성이 풍부하다.

해설 황동은 구리보다 단단하고 주조가 잘 되며 가공하기 쉽다. 내식성이 크고 외관이 아름다워 논슬립, 창호 철물 등에 이용된다.

정답 | 69 ④ 70 ① 71 ① 72 ③ 73 ① 74 ② 75 ① 76 ②

77 단열재료 중 무기질 재료가 아닌 것은?

① 유리면 ② 경질우레탄 폼
③ 세라믹 섬유 ④ 암면

[해설] 무기질 단열재에는 유리면, 암면, 규산칼슘 보온재, 규조토 보온재, 펄라이트 보온재, 질석, 광재면, 다포유리, 세라믹 파이버 등이 있다.

78 콘크리트 면에 주로 사용하는 도장재료는?

① 오일페인트 ② 합성수지 에멀션페인트
③ 래커에나멜 ④ 에나멜페인트

[해설] 합성수지 에멀션페인트는 건물 외벽 콘크리트 면에 주로 사용한다.

79 콘크리트의 배합을 정할 때 목표로 하는 압축강도로 품질의 편차 및 양생온도 등을 고려하여 설계기준강도에 할증한 것을 무엇이라 하는가?

① 배합강도 ② 설계강도
③ 호칭강도 ④ 소요강도

[해설] 배합강도
설계기준강도에 적당한 계수를 곱하여 할증한 압축강도로서 콘크리트 배합 설계에서 소요강도로부터 물, 시멘트 비를 정할 경우에 쓰인다.

80 철근콘크리트 구조의 부착강도에 관한 설명으로 옳지 않은 것은?

① 최초 시멘트페이스트의 점착력에 따라 발생한다.
② 콘크리트 압축강도가 증가함에 따라 일반적으로 증가한다.
③ 거푸집 강성이 클수록 부착강도의 증가율은 높아진다.
④ 이형철근의 부착강도가 원형철근보다 크다.

[해설] 거푸집의 강성과 부착강도는 무관하다.

5과목
건설안전기술

81 다음은 가설통로를 설치하는 경우 준수하여야 할 사항이다. ( ) 안에 들어갈 내용으로 옳은 것은?

수직갱에 가설된 통로의 길이가 (A) 이상인 경우에는 (B) 이내마다 계단참을 설치할 것

① A : 8m, B : 10m ② A : 8m, B : 7m
③ A : 15m, B : 10m ④ A : 15m, B : 7m

[해설] 수직갱에 가설된 통로의 길이가 15m 이상인 경우에는 10m 이내마다 계단참을 설치해야 한다.

82 굴착공사에서 굴착 깊이가 5m, 굴착 저면의 폭이 5m인 경우, 양단면 굴착을 할 때 굴착부 상단면의 폭은? (단, 굴착면의 기울기는 1 : 1로 한다.)

① 10m ② 15m
③ 20m ④ 25m

[해설] 상단면 폭 = 굴착 저면의 폭 5m + 우측 굴착 사면 폭 5m + 좌측 굴착사면 폭 5m = 15m

83 화물을 적재하는 경우에 준수하여야 하는 사항으로 옳지 않은 것은?

① 침하 우려가 없는 튼튼한 기반 위에 적재할 것
② 건물의 칸막이나 벽 등이 화물의 압력에 견딜 만큼의 강도를 지니지 아니한 경우에는 칸막이나 벽에 기대어 적재하지 않도록 할 것
③ 불안정할 정도로 높이 쌓아 올리지 말 것
④ 편하중이 발생하도록 쌓아 적재효율을 높일 것

[해설] 화물적재 시 편하중이 생기지 아니하도록 적재해야 한다.

84 다음 중 차량계 건설기계에 속하지 않는 것은?

① 배처플랜트 ② 모터그레이더
③ 크롤러드릴 ④ 탠덤롤러

[해설] 배처플랜트는 차량계 건설기계에 해당하지 않는다.

정답 | 77 ② 78 ② 79 ① 80 ③ 81 ③ 82 ② 83 ④ 84 ①

85 연약점토 굴착 시 발생하는 히빙현상의 효과적인 방지대책으로 옳은 것은?

① 언더피닝 공법 적용 ② 샌드드레인 공법 적용
③ 아일랜드 컷 공법 적용 ④ 버팀대 공법 적용

해설 **아일랜드 컷(Island Cut) 공법**
중앙 부분을 먼저 굴착하여 기초를 시공하고, 기초에 경사지게 버팀대를 설치하여 지지한 상태에서 주변부를 굴착하는 방식으로 히빙현상 방지에 효과적이다.

86 부두·안벽 등 하역작업을 하는 장소에서 부두 또는 안벽의 선을 따라 통로를 설치하는 경우 그 폭을 최소 얼마 이상으로 하여야 하는가?

① 60cm ② 90cm
③ 120cm ④ 150cm

해설 부두 등의 하역작업장 조치사항으로 부두 또는 안벽의 선을 따라 통로를 설치하는 경우에는 폭을 90cm 이상으로 하여야 한다.

87 비계의 수평재의 최대 휨모멘트가 $50,000 \times 10^2$ N·mm, 수평재의 단면 계수가 5×10^6 N·mm³일 때 휨응력(σ)은 얼마인가?

① 0.5MPa ② 1MPa
③ 2MPa ④ 2.5MPa

해설 휨응력(σ) = 휨모멘트(M)/단면계수(Z)
= $50,000 \times 10^2 / 5 \times 10^6$ = 1MPa

88 건물 외부에 낙하물 방지망을 설치할 경우 벽면으로부터 돌출되는 거리의 기준은?

① 1m 이상 ② 1.5m 이상
③ 1.8m 이상 ④ 2m 이상

해설 낙하물방지망의 내민 길이는 벽면으로부터 2m 이상으로 하여야 한다.

89 건설업에서 사업주의 유해·위험 방지 계획서 제출 대상 사업장이 아닌 것은?

① 지상 높이가 31m 이상인 건축물의 건설, 개조 또는 해체공사
② 연면적 5,000m² 이상 관광숙박시설의 해체공사
③ 저수용량 5,000톤 이하의 지방상수도 전용 댐 건설 등의 공사
④ 깊이 10m 이상인 굴착공사

해설 다목적 댐, 발전용 댐 및 저수용량 2천만 톤 이상의 용수전용 댐, 지방상수도 전용댐 건설 등의 공사가 해당된다.

90 사질토 지반에서 보일링(boiling) 현상에 의한 위험성이 예상될 경우의 대책으로 옳지 않은 것은?

① 흙막이 말뚝의 밑둥넣기를 깊게 한다.
② 굴착 저면보다 깊은 지반을 불투수로 개량한다.
③ 굴착 밑 투수층에 만든 피트(pit)를 제거한다.
④ 흙막이벽 주위에서 배수시설을 통해 수두차를 적게 한다.

해설 **보일링 현상에 의한 흙막이공의 붕괴 예방 방법**
• 흙막이벽의 근입장 증가
• 주변의 지하수위 저하
• 투수거리를 길게 하기 위한 지수벽 설치
• 불투수층 설치 등

91 발파작업에 종사하는 근로자가 발파 시 준수하여야 할 기준으로 옳지 않은 것은?

① 벼락이 떨어질 우려가 있는 경우에는 화약 또는 폭약의 장전 작업을 중지하고 근로자들을 안전한 장소로 대피시켜야 한다.
② 근로자가 안전한 거리에 피난할 수 없는 경우에는 전면과 상부를 견고하게 방호한 피난장소를 설치하여야 한다.
③ 전기뇌관 외의 것에 의하여 점화 후 장전된 화약류의 폭발 여부를 확인하기 곤란한 경우에는 점화한 때부터 15분 이내에 신속히 확인하여 처리하여야 한다.
④ 얼어붙은 다이너마이트는 화기에 접근시키거나 그 밖의 고열물에 직접 접촉시키는 등 위험한 방법으로 융해되지 않도록 한다.

해설 전기뇌관 외의 것에 의한 경우에는 점화한 때부터 15분 이상 경과한 후가 아니면 화약류의 장진장소에 접근시키지 아니하여야 한다.

정답 | 85 ③ 86 ② 87 ② 88 ④ 89 ③ 90 ③ 91 ③

92 산업안전보건관리비 중 안전시설비의 항목에서 사용할 수 있는 항목에 해당하는 것은?

① 외부인 출입금지, 공사장 경계표시를 위한 가설울타리
② 작업발판
③ 절토부 및 성토부 등의 토사유실 방지를 위한 설비
④ 사다리 전도방지장치

[해설] 사다리 전도방지장치는 산업안전보건관리비 중 안전시설비의 항목에서 사용할 수 있다.

93 버팀대(Strut)의 축하중 변화 상태를 측정하는 계측기는?

① 경사계(Inclino meter)
② 수위계(Water level meter)
③ 침하계(Extension)
④ 하중계(Load cell)

[해설] 하중계는 버팀보 어스앵커 등의 실제 축하중 변화를 측정하는 계측기기이다.

94 철근콘크리트 공사 시 활용되는 거푸집의 필요조건이 아닌 것은?

① 콘크리트의 하중에 대해 뒤틀림이 없는 강도를 갖출 것
② 콘크리트 내 수분 등에 대한 물빠짐이 원활한 구조를 갖출 것
③ 최소한의 재료를 여러 번 사용할 수 있는 전용성을 가질 것
④ 거푸집은 조립·해체·운반이 용이하도록 할 것

[해설] 거푸집은 수밀성을 갖추어야 한다.

95 파이핑(Piping) 현상에 의한 흙댐(Earth dam)의 파괴를 방지하기 위한 안전대책 중 옳지 않은 것은?

① 흙댐의 하류 측에 필터를 설치한다.
② 흙댐의 상류 측에 차수판을 설치한다.
③ 흙댐 내부에 점토코어(core)를 넣는다.
④ 흙댐에서 물의 침투유도 길이를 짧게 한다.

[해설] 물의 침투유도 길이를 길게 해야 한다.

96 철근 콘크리트 공사에서 거푸집 및 동바리의 해체 시기를 결정하는 요인으로 가장 거리가 먼 것은?

① 시방서 상의 거푸집 존치기간의 경과
② 콘크리트 강도시험 결과
③ 동절기일 경우 적산온도
④ 후속공정의 착수시기

[해설] 후속공정의 착수시기는 거푸집 및 동바리의 해체 시기와 거리가 멀다.

97 일반적으로 사면이 가장 위험한 경우에 해당하는 것은?

① 사면이 완전 건조 상태일 때
② 사면의 수위가 서서히 상승할 때
③ 사면이 완전 포화 상태일 때
④ 사면의 수위가 급격히 하강할 때

[해설] 사면의 수위가 급격히 하강하는 경우 사면의 붕괴 위험이 크다.

98 다음은 산업안전보건법령에 따른 근로자의 추락 위험 방지를 위한 추락방호망의 설치기준이다. ( ) 안에 들어갈 내용으로 옳은 것은?

추락방호망은 수평으로 설치하고, 망의 처짐은 짧은 변 길이의 ( ) 이상이 되도록 할 것

① 10[%]
② 12[%]
③ 15[%]
④ 18[%]

[해설] 추락방호망을 설치할 경우 수평으로 설치하고 망의 처짐은 짧은 변 길이의 12% 이상이 되도록 해야 한다.

99 산업안전보건기준에 관한 규칙에 따른 토사굴착 시 굴착면의 기울기 기준으로 옳지 않은 것은?

① 모래 — 1 : 1.5
② 연암 및 풍화암 — 1 : 1.0
③ 경암 — 1 : 0.5
④ 그 밖의 흙 — 1 : 1.2

정답 | 92 ④　93 ④　94 ②　95 ④　96 ④　97 ④　98 ②　99 ①

해설 굴착면의 기울기 기준

지반의 종류	굴착면의 기울기
모래	1 : 1.8
연암 및 풍화암	1 : 1.0
경암	1 : 0.5
그 밖의 흙	1 : 1.2

100 가설구조물이 갖추어야 할 구비요건과 가장 거리가 먼 것은?

① 영구성 ② 경제성
③ 작업성 ④ 안전성

해설 가설구조물이 갖추어야 할 3요소는 안전성, 경제성, 작업성이다.

부록

2023년 2회

※ 2020년 4회 이후 CBT로 출제된 기출문제는 개정된 출제기준과 해당 회차의 기출 키워드 등을 분석하여 복원하였습니다.

1과목 산업안전관리론

01 기업 내 정형교육 중 TWI의 훈련내용이 아닌 것은?

① 작업방법훈련 ② 작업지도훈련
③ 사례연구훈련 ④ 인간관계훈련

[해설] TWI(Training Within Industry) 종류
- 작업지도훈련(JIT ; Job Instruction Training)
- 작업방법훈련(JMT ; Job Method Training)
- 인간관계훈련(JRT ; Job Relations Training)
- 작업안전훈련(JST ; Job Safety Training)

02 제조업자는 제조물의 결함으로 인하여 생명·신체 또는 재산에 손해를 입은 자에게 그 손해를 배상하여야 하는데 이를 무엇이라고 하는가? (단, 당해 제조물에 대해서만 발생한 손해는 제외한다.)

① 입증 책임 ② 담보 책임
③ 연대 책임 ④ 제조물 책임

[해설] 제조물 책임(Product Liability)
제조물 책임(PL)이란 제조, 유통, 판매된 제품의 결함으로 인해 발생한 사고에 의해 소비자나 사용자 또는 제3자에게 신체장애나 재산상의 피해를 줄 경우 그 제품을 제조·판매한 자가 법률상 손해배상책임을 지도록 하는 것을 말한다.

03 인지과정 착오의 요인이 아닌 것은?

① 정서 불안정 ② 감각차단 현상
③ 작업자의 기능미숙 ④ 생리·심리적 능력의 한계

[해설] 인지과정 착오의 요인
- 심리적 능력의 한계
- 감각차단 현상
- 정보량의 한계
- 정서 불안정

04 O.J.T(On the Job Training) 교육의 장점과 가장 거리가 먼 것은?

① 훈련에만 전념할 수 있다.
② 직장의 실정에 맞게 실제적 훈련이 가능하다.
③ 개개인의 업무능력에 적합하고 자세한 교육이 가능하다.
④ 교육을 통하여 상사와 부하간의 의사소통과 신뢰감이 깊게 된다.

[해설] ①은 Off.J.T(Off the Job Training)의 장점에 해당된다.

05 교육의 3요소 중 교육의 주체에 해당하는 것은?

① 강사 ② 교재
③ 수강자 ④ 교육방법

[해설] 교육의 3요소
1. 주체 : 강사
2. 객체 : 수강자(학생)
3. 매개체 : 교재(교육내용)

06 위험예지훈련 기초 4라운드(4R)에서 라운드별 내용이 바르게 연결된 것은?

① 1라운드 : 현상파악 ② 2라운드 : 대책수립
③ 3라운드 : 목표설정 ④ 4라운드 : 본질추구

[해설] 위험예지훈련의 추진을 위한 문제해결 4단계(4라운드)
- 1라운드 : 현상파악(사실의 파악)
- 2라운드 : 본질추구(위험요인, 문제점 발견 및 위험 포인트 결정)
- 3라운드 : 대책수립(대책을 세운다)
- 4라운드 : 목표설정(행동계획 작성)

정답 | 01 ③ 02 ④ 03 ③ 04 ① 05 ① 06 ①

07 레빈(Lewin.k)의 법칙 중 환경조건(E)이 의미하는 것은?

① 지능　　　　　② 소질
③ 적성　　　　　④ 인간관계

해설 | 레빈(Lewin.k)의 법칙
　　B=f(P·E)
　　여기서, B : Behavior(인간의 행동)
　　　　　　f : function(함수관계)
　　　　　　P : Person(개체 : 연령, 경험, 심신상태, 성격, 지능 등)
　　　　　　E : Environment(심리적 환경 : 인간관계, 작업환경 등)

08 알더퍼(Alderfer)의 ERG 이론에 해당하지 않는 것은?

① 생존 욕구　　　② 관계 욕구
③ 안전 욕구　　　④ 성장 욕구

해설 | 알더퍼(Alderfer)의 ERG 이론
- E(Existence) : 존재의 욕구
- R(Relation) : 관계 욕구
- G(Growth) : 성장 욕구

09 산업안전보건법령에 따른 안전·보건표지 중 금지표지의 종류가 아닌 것은?

① 금연　　　　　② 물체이동금지
③ 접근금지　　　④ 차량통행금지

해설 | 안전보건표지의 종류와 형태(금지표지)

101 출입금지	102 보행금지	103 차량통행금지	104 사용금지	105 탑승금지
106 금연	107 화기금지	108 물체이동금지		

10 재해손실비의 평가방식 중 시몬즈(R.H.Simonds) 방식에 의한 계산방법으로 옳은 것은?

① 직접비+간접비
② 공동비용+개별비용
③ 보험 코스트+비보험 코스트
④ (휴업상해건수×관련 비용 평균치)+(통원상해건수×관련 비용 평균치)

해설 | 시몬즈 방식
　　총 재해비용=산재보험비용+비보험비용

11 산업안전보건법령상 특별교육 대상 작업별 교육내용 중 밀폐공간에서의 작업 시 교육내용에 포함되지 않는 것은? (단, 그 밖에 안전·보건관리에 필요한 사항은 제외한다.)

① 산소농도측정 및 작업환경에 관한 사항
② 유해물질이 인체에 미치는 영향
③ 보호구 착용 및 사용방법에 관한 사항
④ 사고 시의 응급 처치 및 비상시 구출에 관한 사항

해설 | ②은 허가 및 관리 대상 유해물질의 제조 또는 취급작업 특별교육내용에 해당한다.

12 상해의 종류 중 타박, 충돌, 추락 등으로 피부 표면보다는 피하조직 등 근육부를 다친 상해를 무엇이라 하는가?

① 골절　　　　　② 자상
③ 부종　　　　　④ 좌상

해설 | 좌상
외부의 충격이나 둔탁한 힘(구타, 넘어짐) 등에 의해 연부 조직과 근육 등에 손상을 입어 피부에 출혈과 부종이 보이는 경우이다.

13 맥그리거(McGregor)의 Y이론의 관리 처방에 해당하는 것은?

① 목표에 의한 관리　　② 권위주의적 리더십 확립
③ 경제적 보상체제의 강화　④ 면밀한 감독과 엄격한 통제

해설 | Y이론에 대한 관리 처방
- 민주적 리더십의 확립
- 분권화와 권한의 위임
- 직무확장
- 자율적인 통제

14 매슬로(Maslow)의 욕구단계이론 중 제5단계 욕구로 옳은 것은?

① 안전에 대한 욕구　　② 자아실현의 욕구
③ 사회적(애정적) 욕구　④ 존경과 긍지에 대한 욕구

해설 | 매슬로(Maslow)의 욕구단계이론
1. 생리적 욕구
2. 안전의 욕구
3. 사회적 욕구
4. 자기존경의 욕구
5. 자아실현의 욕구(성취욕구)

정답 | 07 ④　08 ③　09 ③　10 ③　11 ②　12 ④　13 ①　14 ②

15 재해예방의 4원칙에 해당되지 않는 것은?

① 예방가능의 원칙 ② 손실우연의 원칙
③ 원인계기의 원칙 ④ 선취해결의 원칙

해설 | **재해예방의 4원칙**
1. 손실우연의 원칙
2. 원인계기의 원칙
3. 예방가능의 원칙
4. 대책선정의 원칙

16 인간관계의 메커니즘 중 다른 사람으로부터의 판단이나 행동을 무비판적으로 논리적, 사실적 근거 없이 받아들이는 것은?

① 모방(imitation) ② 투사(projection)
③ 동일화(identification) ④ 암시(suggestion)

해설 | **인간관계 메커니즘**
1. 동일화(Identification)
2. 투사(Projection)
3. 커뮤니케이션(Communication)
4. 모방(Imitation)
5. 암시(Suggestion)

17 산업안전보건법령상 고용노동부장관이 산업재해예방을 위하여 종합적인 개선조치를 할 필요가 있다고 인정할 때에 안전보건개선계획의 수립·시행을 명할 수 있는 대상 사업장이 아닌 것은?

① 산업재해율이 같은 업종의 규모별 평균 산업재해율보다 높은 사업장
② 사업주가 안전보건조치의무를 이행하지 아니하여 중대재해가 발생한 사업장
③ 고용노동부장관이 관보 등에 고시한 유해인자의 노출기준을 초과한 사업장
④ 경미한 재해가 다발로 발생한 사업장

해설 | 경미한 재해가 다발로 발생한 사업장은 안전보건개선계획 수립·시행을 명할 수 있는 대상 사업장에 해당되지 않는다.

18 점검시기에 의한 안전점검의 분류에 해당하지 않는 것은?

① 성능안전점검 ② 정기안전점검
③ 임시안전점검 ④ 특별안전점검

해설 | **안전점검의 종류**
1. 일상안전점검(수시안전점검)
2. 정기안전점검
3. 특별안전점검
4. 임시안전점검

19 학생이 마음속에 생각하고 있는 것을 외부에 구체적으로 실현하고 형상화하기 위하여 자기 스스로가 계획을 세워 수행하는 학습활동으로 이루어지는 학습지도의 형태는?

① 케이스 메소드(Case method)
② 패널 디스커션(Panel discussion)
③ 구안법(Project method)
④ 문제법(Problem method)

해설 | **구안법(Project method)**
학습자가 마음속에 생각하고 있는 것을 외부로 나타냄으로써 구체적으로 실천하고 객관화시키기 위하여 스스로 계획을 세워 수행하는 학습활동 즉 문제해결 학습이 발전한 형태를 말한다.

20 산업안전보건법령상 안전관리자가 수행하여야 할 업무가 아닌 것은? (단, 그 밖에 안전에 관한 사항으로서 고용노동부장관이 정하는 사항은 제외한다.)

① 위험성평가에 관한 보좌 및 조언·지도
② 물질안전보건자료의 게시 또는 비치에 관한 보좌 및 조언·지도
③ 사업장 순회점검·지도 및 조치의 건의
④ 산업재해에 관한 통계의 유지·관리·분석을 위한 보좌 및 조언·지도

해설 | 물질안전보건자료의 게시 또는 비치에 관한 보좌 및 조언·지도는 보건관리자의 업무에 해당된다.

정답 | 15 ④ 16 ① 17 ④ 18 ① 19 ③ 20 ②

2과목
인간공학 및 시스템공학

21 인간공학적인 의자설계를 위한 일반적 원칙으로 적절하지 않은 것은?

① 척추의 허리부분은 요부전만을 유지한다.
② 허리 강화를 위하여 쿠션은 설치하지 않는다.
③ 좌판의 앞 모서리 부분은 5[cm] 정도 낮아야 한다.
④ 좌판과 등받이 사이의 각도는 90~105[°]를 유지하도록 한다.

해설 **의자설계 원칙**
- 요부전만(腰部前灣)을 유지한다.
- 디스크가 받는 압력을 줄인다.
- 등근육의 정적 부하를 줄인다.
- 자세고정을 줄인다.
- 쉽고 간편하게 조절할 수 있도록 설계한다.
- 의자 좌판의 각도는 3도, 등판의 각도는 100도가 몸통에 안정적이다.

22 음의 강약을 나타내는 기본 단위는?

① dB   ② pont
③ hertz   ④ diopter

해설 **phon 음량수준**
정량적 평가를 위한 음량 수준 척도, phon으로 표시한 음량 수준은 이 음과 같은 크기로 들리는 1,000Hz 순음의 음압수준(dB)이다.

23 인간의 정보처리 기능 중 그 용량이 7개 내외로 작아, 순간적 망각 등 인적 오류의 원인이 되는 것은?

① 지각   ② 작업기억
③ 주의력   ④ 감각보관

해설 작업기억은 시간 흐름에 따라 쇠퇴하여 순간적 망각으로 인한 인적 오류의 원인이 된다.

작업기억(Working memory)
- 단기기억이라고도 한다.
- 작업기억 내의 정보는 시간이 흐름에 따라 쇠퇴할 수 있다.
- 리허설(Rehearsal)은 정보를 작업기억 내에 유지하는 유일한 방법이다.

24 모든 시스템 안전 프로그램 중 최초 단계의 분석으로 시스템 내의 위험요소가 어떤 상태에 있는지를 정성적으로 평가하는 방법은?

① CA   ② FHA
③ PHA   ④ FMEA

해설 **PHA(예비위험분석)**
시스템 내의 위험요소가 얼마나 위험상태에 있는가를 평가하는 시스템 안전프로그램의 최초단계의 분석 기법(정성적)이다.

25 환경요소의 조합에 의해서 부과되는 스트레스나 노출로 인해서 개인에 유발되는 긴장(strain)을 나타내는 환경요소 복합지수가 아닌 것은?

① 카타온도(kata temperature)
② Oxford 지수(wet-dry index)
③ 실효온도(effective temperature)
④ 열 스트레스 지수(heat stress index)

해설 카타온도(kata temperature)는 덥거나 춥다고 느끼는 체감의 정도를 나타내는 체감온도이다.

26 신뢰성과 보전성을 효과적으로 개선하기 위해 작성하는 보전기록자료로서 가장 거리가 먼 것은?

① 자재관리표   ② MTBF 분석표
③ 설비이력카드   ④ 고장원인대책표

해설 **보전기록자료의 종류**
- 설비이력카드
- MTBF 분석표
- 고장원인대책표

27 인터페이스 설계 시 고려해야 하는 인간과 기계와의 조화성에 해당되지 않는 것은?

① 지적 조화성   ② 신체적 조화성
③ 감성적 조화성   ④ 심미적 조화성

해설 **인간과 기계(환경) 인터페이스 설계 시 고려사항**
1. 지적 조화성
2. 감성적 조화성
3. 신체적 조화성

정답 | 21 ③ 22 ① 23 ② 24 ③ 25 ① 26 ① 27 ④

28 시스템 설계자가 통상적으로 하는 평가방법 중 거리가 먼 것은?

① 기능평가 ② 성능평가
③ 도입평가 ④ 신뢰성 평가

해설 **시스템 설계자가 통상적으로 평가하는 방법**
- 기능평가
- 성능평가
- 신뢰성 평가

29 신뢰도가 0.4인 부품 5개가 병렬결합 모델로 구성된 제품이 있을 때 이 제품의 신뢰도는?

① 약 0.90 ② 약 0.91
③ 약 0.92 ④ 약 0.93

해설 신뢰도(R) = 1 − (1 − 0.4)(1 − 0.4)(1 − 0.4)(1 − 0.4)(1 − 0.4)
= 0.92224 ≒ 0.92

30 공간 배치의 원칙에 해당되지 않는 것은?

① 중요성의 원칙 ② 다양성의 원칙
③ 사용빈도의 원칙 ④ 기능별 배치의 원칙

해설 **부품배치의 원칙**
- 중요성의 원칙
- 사용빈도의 원칙
- 기능별 배치의 원칙
- 사용순서의 원칙

31 인체에서 뼈의 주요 기능으로 볼 수 없는 것은?

① 대사작용 ② 신체의 지지
③ 조혈작용 ④ 장기의 보호

해설 **뼈의 주요 기능**
- 지주
- 장기보호
- 골수의 조혈기능 등

32 FTA에 의한 재해사례 연구의 순서를 올바르게 나열한 것은?

A. 목표사상 선정
B. FT도 작성
C. 사상마다 재해원인 규명
D. 개선계획 작성

① A→B→C→D ② A→C→B→D
③ B→C→A→D ④ B→A→C→D

해설 **FTA에 의한 재해사례 연구순서(D. R. Cheriton)**
1. 목표사상 선정
2. 사상마다의 재해원인 규명
3. FT도의 작성
4. 개선계획의 작성

33 다음 그림은 C/R비와 시간과의 관계를 나타낸 그림이다. ㉠~㉣에 들어갈 내용이 맞는 것은?

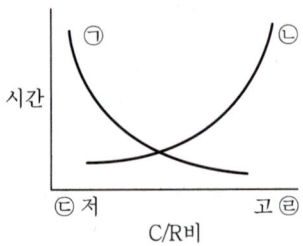

① ㉠ 이동시간, ㉡ 조정시간, ㉢ 민감, ㉣ 둔감
② ㉠ 이동시간, ㉡ 조정시간, ㉢ 둔감, ㉣ 민감
③ ㉠ 조정시간, ㉡ 이동시간, ㉢ 민감, ㉣ 둔감
④ ㉠ 조정시간, ㉡ 이동시간, ㉢ 둔감, ㉣ 민감

해설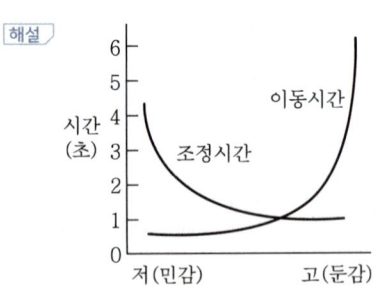

정답 | 28 ③ 29 ③ 30 ② 31 ① 32 ② 33 ③

34 인간과 기계의 능력에 대한 실용성 한계에 관한 설명으로 틀린 것은?

① 기능의 수행이 유일한 기준은 아니다.
② 상대적인 비교는 항상 변하기 마련이다.
③ 일반적인 인간과 기계의 비교가 항상 적용된다.
④ 최선의 성능을 마련하는 것이 항상 중요한 것은 아니다.

[해설] 인간과 기계의 능력 및 한계는 서로 상충되므로 비교대상이 될 수 없다.

35 휘도(luminance)의 척도 단위(unit)가 아닌 것은?

① fc
② fL
③ mL
④ cd/m^2

[해설] fc는 소요조명을 의미한다.

36 반복되는 사건이 많이 있는 경우에 FTA의 최소 컷셋을 구하는 알고리즘이 아닌 것은?

① Fussel Algorithm
② Boolean Algorithm
③ Monte Carlo Algorithm
④ Limnios&Ziani Algorithm

[해설] 몬테카를로 알고리즘(Monte Carlo Algorithm)은 난수를 이용하여 함수값을 확률적으로 계산하는 방법이다.

37 동전던지기에서 앞면이 나올 확률이 0.2이고, 뒷면이 나올 확률이 0.8일 때, 앞면이 나올 확률의 정보량과 뒷면이 나올 확률의 정보량이 맞게 연결된 것은?

① 앞면 : 약 2.32hit, 뒷면 : 약 0.32hit
② 앞면 : 약 2.32bit, 뒷면 : 약 1.32bit
③ 앞면 : 약 3.32bit, 뒷면 : 약 0.32bit
④ 앞면 : 약 3.32bit, 뒷면 : 약 1.52bit

[해설]
• 앞면의 정보량 = $\log_2(1/0.2) = 2.32$bit
• 뒷면의 정보량 = $\log_2(1/0.8) = 0.32$bit

38 인간-기계 체계에서 시스템 활동의 흐름과정을 탐지 분석하는 방법이 아닌 것은?

① 가동분석
② 운반공정분석
③ 신뢰도 분석
④ 사무공정분석

[해설] 신뢰도 분석은 흐름과정을 탐지 분석하는 방법에 해당되지 않는다.

39 인간의 눈에서 빛이 가장 먼저 접촉하는 부분은?

① 각막
② 망막
③ 초자체
④ 수정체

[해설] **각막**
빛이 통과하는 곳으로 빛이 가장 먼저 접촉하는 부분이다.

40 FT도에 의한 컷셋(Cut set)이 다음과 같이 구해졌을 때 최소 컷셋(Minimal cut set)으로 맞는 것은?

• (X_1, X_3)
• (X_1, X_2, X_3)
• (X_1, X_3, X_4)

① (X_1, X_3)
② (X_1, X_2, X_3)
③ (X_1, X_3, X_4)
④ (X_1, X_2, X_3, X_4)

[해설] 3개의 컷셋 중 공통된 컷셋이 (X_1, X_3)이므로 최소 컷셋은 (X_1, X_3)가 된다.

3과목
건설시공학

41 콘크리트의 배합설계 시 표준이 되는 골재의 상태는?

① 절대건조상태
② 기건상태
③ 표면건조 내부포화상태
④ 습윤상태

[해설] 콘크리트의 배합설계에 있어 기준이 되는 골재의 함수상태는 표면건조 포화상태(표건상태)이다.

정답 | 34 ③ 35 ① 36 ③ 37 ① 38 ③ 39 ① 40 ① 41 ③

42 기초파기 저면보다 지하수위가 높을 때의 배수공법으로 가장 적합한 것은?

① 웰포인트 공법
② 샌드드레인 공법
③ 언더피닝 공법
④ 페이퍼드레인 공법

해설 **웰포인트(Well Point) 공법**
지하수를 펌프로 배수하여 지하수위를 낮추고 지하수위의 저하에 따른 부력 감소로 인해 지반을 다지는 공법이다.

43 H-Pile + 토류판 공법이라고도 하며 비교적 시공이 용이하나, 지하수위가 높고 투수성이 큰 지반에서는 차수공법을 병행해야 하고, 연약한 지층에서는 히빙현상이 생길 우려가 있는 것은?

① 지하연속벽공법
② 시트파일공법
③ 엄지말뚝공법
④ 주열벽공법

해설 **엄지말뚝공법**
측벽위치에 드릴 등의 장비로 먼저 천공하여 H-Pile을 근입시킨 후에 터파기를 진행하면서 파일과 파일 사이에 토류판 등으로 굴착면을 보존하는 공법이다.

44 다음 중 파내기 경사각이 가장 큰 토질은?

① 습윤 모래
② 일반 자갈
③ 건조한 진흙
④ 건조한 보통 흙

해설 흙의 안식각은 내부마찰각과 점착력의 영향을 받으며, 진흙의 경우 건조한 상태에서 점착력이 작아지므로 파내기 경사각이 커진다.

45 철골 세우기 장비의 종류 중 이동식 세우기 장비에 해당하는 것은?

① 크롤러 크레인
② 가이 데릭
③ 스티프 레그 데릭
④ 타워크레인

해설 철골 세우기용 장비에는 크롤러 크레인, 가이 데릭, 스티프 레그 데릭, 타워크레인 등이 있으며 이 중 크롤러 크레인이 이동식 세우기 장비에 해당된다.

46 Earth Anchor 시공에서 앵커의 스트랜드는 어디에 정착되는가?

① Angle Bracket
② Packer
③ Sheath
④ Anchor Head

해설 Earth Anchor 시공에서 앵커의 스트랜드는 앵커헤드(Anchor Head)에 정착된다.

47 토공사에서 사면의 안정성 검토에 직접적으로 관계가 없는 것은?

① 흙의 입도
② 사면의 경사
③ 흙의 단위체적 중량
④ 흙의 내부마찰각

해설 사면의 안정성 검토 시 사면의 경사, 흙의 단위체적 중량, 내부 마찰각 등이 고려된다.

48 공정별 검사항목 중 용접 전 검사에 해당되지 않는 것은?

① 트임새 모양
② 비파괴 검사
③ 모아대기법
④ 용접자세의 적부

해설 비파괴 검사는 용접 후 검사항목이다.

49 벽과 바닥의 콘크리트 타설을 한 번에 가능하도록 벽체용 거푸집과 슬래브 거푸집을 일체로 제작하여 한 번에 설치하고 해체할 수 있도록 한 시스템거푸집은?

① 갱폼
② 클라이밍폼
③ 슬립폼
④ 터널폼

해설 터널폼(Tunnel Form)은 슬래브와 벽체의 콘크리트 타설을 일체화하기 위한 철재 거푸집이다.

정답 | 42 ① 43 ③ 44 ③ 45 ① 46 ④ 47 ① 48 ② 49 ④

50 콘크리트에 사용하는 AE제의 특징이 아닌 것은?

① 내구성, 수밀성 증대
② 블리딩 현상 증가
③ 단위수량 감소
④ 건조수축 감소

해설 AE제는 콘크리트에 공기량을 증가시켜 콘크리트의 시공연도, 워커빌리티를 향상시킨 것으로 공기량이 많을수록 슬럼프는 증가한다.

51 시공계획 시 우선 고려하지 않아도 되는 것은?

① 상세 공정표의 작성
② 노무, 기계, 재료 등의 조달, 사용 계획에 따른 수송계획 수립
③ 현장관리 조직과 인사계획 수립
④ 시공도의 작성

해설 **공사계획 단계에서 사전에 검토할 내용**
- 현장원 편성 : 공사계획 중 가장 우선
- 공정표의 작성 : 공사 착수 전 단계에서 작성
- 실행예산의 편성 : 재료비, 노무비, 경비
- 하도급 업체의 선정
- 가설 준비물 결정
- 재료, 설비 반입계획
- 재해방지계획
- 노무 동원계획

52 건축물의 철근 조립 순서로서 옳은 것은?

① 기초 → 기둥 → 보 → slab → 벽 → 계단
② 기초 → 기둥 → 벽 → slab → 보 → 계단
③ 기초 → 기둥 → 벽 → 보 → slab → 계단
④ 기초 → 기둥 → slab → 보 → 벽 → 계단

해설 **철근콘크리트 구조물(RC조)에서 철근의 조립 순서**
기초 → 기둥 → 벽 → 보 → 바닥판(slab) → 계단

53 건축주가 시공회사의 신용, 자산, 공사경력, 보유기술 등을 고려하여 그 공사에 가장 적격한 단일 업체에게 입찰시키는 방법은?

① 공개경쟁입찰
② 특명입찰
③ 사전자격심사
④ 대안입찰

해설 **특명입찰**
시공회사의 신용, 자산, 공사경력, 보유기술 등을 고려하여 그 공사에 가장 적격한 단일 업체에게 입찰시키는 방법이다.

54 철근가공에 관한 설명으로 옳지 않은 것은?

① D35 이상의 철근은 산소절단기를 사용하여 절단한다.
② 유해한 휨이나 단면결손, 균열 등의 손상이 있는 철근은 사용하면 안 된다.
③ 한번 구부린 철근은 다시 펴서 사용해서는 안 된다.
④ 표준갈고리를 가공할 때에는 정해진 크기 이상의 곡률 반지름을 가져야 한다.

해설 D35 이상의 철근은 기계적 방법으로 절단해야 한다.

55 철골 내화피복공사 중 멤브레인 공법에 사용되는 재료는?

① 경량 콘크리트
② 철망 모르타르
③ 뿜칠 플라스터
④ 암면 흡음판

해설 암면 흡음판을 사용하는 공법은 멤브레인 공법이다.

56 건설현장에 설치되는 자동식 세륜시설 중 측면살수시설에 관한 설명으로 옳지 않은 것은?

① 측면살수시설의 슬러지는 컨베이어에 의한 자동배출이 가능한 시설을 설치하여야 한다.
② 측면살수시설의 살수길이는 수송차량 전장의 1.5배 이상이어야 한다.
③ 측면살수시설은 수송차량의 바퀴부터 적재함 하단부 높이까지 살수할 수 있어야 한다.
④ 용수공급은 기 개발된 지하수를 이용하고, 우수 또는 공사용수의 활용을 금한다.

해설 자동식 세륜시설 중 측면살수시설의 용수공급은 우수 또는 공사용수를 활용한다.

57 철골부재의 용접 접합 시 발생되는 용접결함의 종류가 아닌 것은?

① 엔드탭
② 언더컷
③ 블로우홀
④ 오버랩

해설 **엔드탭**
용접선의 단부에 붙인 보조판으로, 아크의 시작부나 종단부의 크레이터 등의 결함 방지를 위하여 사용하고 그 판은 제거한다.

정답 | 50 ② 51 ④ 52 ③ 53 ② 54 ① 55 ④ 56 ④ 57 ①

58 공공 혹은 공익 프로젝트에 있어서 자금을 조달하고, 설계, 엔지니어링 및 시공 전부를 도급받아 시설물을 완성하고 그 시설을 일정기간 운영하여 투자금을 회수한 후 발주자에게 시설을 인도하는 공사계약방식은?

① CM 계약 방식
② 공동도급 방식
③ 파트너링 방식
④ BOT 방식

해설 BOT 방식(Build Operate Transfer)
사회간접자본(SOC ; Social Overhead Capital)의 민간투자 유치에 많이 이용되며, 수입을 수반한 공공 혹은 공익 프로젝트(유료도로, 도시철도, 발전소 등)에 많이 이용되고 있다.

59 콘크리트용 혼화재 중 포졸란을 사용한 콘크리트의 효과로 옳지 않은 것은?

① 워커빌리티가 좋아지고 블리딩 및 재료 분리가 감소된다.
② 수밀성이 크다.
③ 조기강도는 매우 크나 장기강도의 증진은 낮다.
④ 해수 등에 화학적 저항이 크다.

해설 포졸란 반응으로 수밀성이 증가하며, 장기강도도 증가하여 구조용 또는 미장용 모르타르로 사용한다.

60 흙막이벽 설계 시 고려하지 않아도 되는 것은?

① 히빙(Heaving)
② 보일링(Boiling)
③ 파이핑(Piping)
④ 사운딩(Sounding)

해설 사운딩(Sounding)은 지반조사의 방법이다.

4과목
건설재료학

61 최근 에너지 저감 및 자연친화적인 건축물의 확대정책에 따라 에너지 저감, 유해물질 저감, 자원의 재활용, 온실가스 감축 등을 유도하기 위한 건설자재 인증제도와 거리가 먼 것은?

① 환경표지 인증제도
② GR(Good Recycle) 인증제도
③ 탄소성적표지 인증제도
④ GD(Good Design)마크 인증제도

해설 GD마크 인증제도는 에너지 저감 및 자연친화적인 건축물의 확대정책에 따른 인증제도가 아니다.

62 다음 중 플라스틱(plastic)의 장점으로 옳지 않은 것은?

① 전기절연성이 양호하다.
② 가공성이 우수하다.
③ 비강도가 콘크리트에 비해 크다.
④ 경도 및 내마모성이 강하다.

해설 열가소성 플라스틱은 경도 및 내마모성이 약하다.

63 철근콘크리트 구조의 부착강도에 관한 설명으로 옳지 않은 것은?

① 최초 시멘트페이스트의 점착력에 따라 발생한다.
② 콘크리트 압축강도가 증가함에 따라 일반적으로 증가한다.
③ 거푸집 강성이 클수록 부착강도의 증가율은 높아진다.
④ 이형철근의 부착강도가 원형철근보다 크다.

해설 거푸집의 강성과 부착강도는 무관하다.

64 건물의 바닥 충격음을 저감시키는 방법에 관한 설명으로 옳지 않은 것은?

① 완충재를 바닥 공간 사이에 넣는다.
② 부드러운 표면마감재를 사용하여 충격력을 작게 한다.
③ 바닥을 띄우는 이중바닥으로 한다.
④ 바닥슬래브의 중량을 작게 한다.

해설 층간소음을 예방하기 위해서는 바닥슬래브의 두께를 크게 한다.

65 내화벽돌에 관한 설명으로 옳은 것은?

① 내화점토를 원료로 하여 소성한 벽돌로서, 내화도는 600~800℃의 범위이다.
② 표준형(보통형) 벽돌의 크기는 250×120×60mm이다.
③ 내화벽돌의 종류에 따라 내화 모르타르도 반드시 그와 동질의 것을 사용하여야 한다.

정답 | 58 ④ 59 ③ 60 ④ 61 ④ 62 ④ 63 ③ 64 ④ 65 ③

④ 내화도는 일반벽돌과 동등하며 고온에서보다 저온에서 경화가 잘 이루어진다.

[해설] 내화벽돌의 종류에 따라 내화 모르타르도 반드시 동질의 재료를 사용해야 한다.

66 풍화된 시멘트를 사용했을 경우에 관한 설명으로 옳지 않은 것은?

① 응결이 늦어진다.   ② 수화열이 증가한다.
③ 비중이 작아진다.   ④ 강도가 감소된다.

[해설] 풍화된 시멘트의 성질은 밀도가 작아지고 응결이 늦어지며, 강도가 늦게 발현되고 강열감량(强熱減量)이 커진다.

67 접착제를 사용할 때의 주의사항으로 옳지 않은 것은?

① 피착제의 표면은 가능한 한 습기가 없는 건조상태로 한다.
② 용제, 희석제를 사용할 경우 과도하게 희석시키지 않도록 한다.
③ 용제성의 접착제는 도포 후 용제가 휘발할 적당한 시간에 접착시킨다.
④ 접착처리 후 일정한 시간 내에는 가능한 한 압축을 피해야 한다.

[해설] 접착처리 후 일정한 시간 내에는 인장을 피해야 한다.

68 다음 중 내화벽돌의 원료 광물로서 가장 적절한 것은?

① 형석   ② 방해석
③ 활석   ④ 납석

[해설] 납석(곱돌이)은 내화(耐火) 벽돌·내화 모르타르·용융 도가니 등 내화재, 타일이나 유약 등 도자기의 원료, 농약 등에도 사용된다.

69 돌붙임공법 중에서 석재를 미리 붙여놓고 콘크리트를 타설하여 일체화시키는 방법은?

① 조적공법   ② 앵커긴결공법
③ GPC공법   ④ 강재트러스 지지공법

[해설] GPC공법은 석재를 미리 붙여놓고 콘크리트를 타설하여 일체화시키는 방법이다.

70 목재의 수용성 방부제 중 방부효과는 좋으나 목질부를 약화시켜 전기전도율이 증가되고 비내구성인 것은?

① 황산동 1% 용액   ② 염화아연 4% 용액
③ 크레오소트 오일   ④ 염화 제2수은 1% 용액

[해설] **수용성 방부제의 종류**
- 황산동 1%
- 염화아연 4%
- 불화소다 2%
- PF 방부제
- CCA 방부제

71 일반적으로 철, 크롬, 망간 등의 산화물을 혼합하여 제조한 것으로 염색품의 색이 바래는 것을 방지하고 채광을 요구하는 진열장 등에 이용되는 유리는?

① 자외선흡수유리   ② 망입유리
③ 복층유리   ④ 유리블록

[해설] 자외선흡수유리는 염색품의 색이 바래는 것을 방지하고 채광을 요구하는 진열장 등에 이용된다.

72 바닥 바름재료 백시멘트와 안료를 사용하며 종석으로 화강암, 대리석 등을 사용하고 갈기로 마감을 하는 것은?

① 리신 바름   ② 인조석 바름
③ 라프코트   ④ 테라조 바름

[해설] **테라조(Terrazzo)**
대리석, 화강암 등을 종석으로 하여 시멘트와 혼합하여 시공하고 경화 후 가공 연마하여 미려한 광택을 갖도록 마감한 것이다.

73 중용열 포틀랜드 시멘트에 관한 설명으로 옳지 않은 것은?

① 수축이 작고 화학저항성이 일반적으로 크다.
② 매스 콘크리트 등에 사용된다.
③ 단기강도는 보통 포틀랜드 시멘트보다 낮다.
④ 긴급 공사, 동절기 공사에 주로 사용된다.

[해설] 중용열 포틀랜드 시멘트는 조기강도는 낮으나 장기강도는 우수한 편이고 벽체가 두꺼운 댐이나 부재단면의 치수가 큰 토목이나 건축공사 등의 매스 콘크리트(Mass Concrete)에 사용한다.

정답 | 66 ② 67 ④ 68 ④ 69 ③ 70 ② 71 ① 72 ④ 73 ④

74 돌로마이트 플라스터에 관한 설명으로 옳은 것은?

① 소석회에 비해 점성이 낮고, 작업성이 좋지 않다.
② 여물을 혼합하여도 건조수축이 크기 때문에 수축 균열이 발생되는 결점이 있다.
③ 회반죽에 비해 조기강도 및 최종강도가 작다.
④ 물과 반응하여 경화하는 수경성 재료이다.

해설 건조경화 시 균열 방지를 위해 여물을 사용한다.

75 모래의 함수율과 용적변화에서 이넌데이트(inundate) 현상이란 어떤 상태를 말하는가?

① 함수율 0~8[%]에서 모래의 용적이 증가하는 현상
② 함수율 8[%]의 습윤상태에서 모래의 용적이 감소하는 현상
③ 함수율 8[%]에서 모래의 용적이 최고가 되는 현상
④ 절건상태와 습윤상태에서 모래의 용적이 동일한 현상

해설 이넌데이트(inundate) 현상
절건상태와 습윤상태에서 모래의 용적이 동일한 현상이다.

76 한중콘크리트의 계획배합 시 물결합재비는 원칙적으로 얼마 이하로 하여야 하는가?

① 50%   ② 55%
③ 60%   ④ 65%

해설 한중콘크리트는 일평균 기온 4°C 이하일 때 타설하는 콘크리트로 물-시멘트비(W/C)를 60% 이하로 가급적 작게 한다.

77 열가소성 수지가 아닌 것은?

① 염화비닐수지   ② 초산비닐수지
③ 요소수지   ④ 폴리스티렌수지

해설 **열경화성 수지의 종류**
- 페놀수지
- 요소수지
- 멜라민수지
- 폴리에스테르수지
- 실리콘수지
- 에폭시수지
- 폴리우레탄수지
- 불소수지
- 프란수지 등

78 목재의 함수율에 관한 설명 중 옳지 않은 것은?

① 목재의 함유수분 중 자유수는 목재의 중량에는 영향을 끼치지만, 목재의 물리적 또는 기계적 성질과는 관계가 없다.
② 침엽수의 경우 심재의 함수율은 항상 변재의 함수율보다 크다.
③ 섬유포화상태의 함수율은 30% 정도이다.
④ 기건상태란 목재가 통상 대기의 온도, 습도와 평형된 수분을 함유한 상태를 말하며, 이때의 함수율은 15% 정도이다.

해설 변재의 함수율이 심재의 함수율보다 크다.
- 심재 : 수심을 둘러싸고 있는 생활기능이 줄어든 세포의 집합으로 내부의 짙은 색깔 부분
- 변재 : 심재 외측과 나무껍질 사이에 옅은 색깔의 부분으로 수액의 이동통로이며 양분을 저장하는 장소

79 다음 단열재료 중 가장 높은 온도에서 사용할 수 있는 것은?

① 세라믹 파이버   ② 암면
③ 석면   ④ 글래스울

해설 세라믹 파이버의 원료는 실리카와 알루미나이며, 알루미나의 함유량을 늘리면 내열성이 상승한다.

80 골재의 함수상태 사이의 관계를 옳게 나타낸 것은?

① 유효흡수량=표건상태-기건상태
② 흡수량=습윤상태-표건상태
③ 전함수량=습윤상태-기건상태
④ 표면수량=기건상태-절건상태

해설 유효흡수량은 기건상태에서 표건상태가 될 때까지 골재가 흡수한 수량이다.

정답 | 74 ② 75 ④ 76 ③ 77 ③ 78 ② 79 ① 80 ①

5과목 건설안전기술

81 물체가 떨어지거나 날아올 위험 또는 근로자가 추락할 위험이 있는 작업 시 착용하여야 할 보호구는?

① 보안경 ② 안전모
③ 방열복 ④ 방한복

해설 안전모에 대한 설명이다.

82 철근콘크리트 현장타설공법과 비교한 PC(Precast Concrete)공법의 장점으로 볼 수 없는 것은?

① 기후의 영향을 받지 않아 동절기 시공이 가능하고, 공기를 단축할 수 있다.
② 현장작업이 감소되고, 생산성이 향상되어 인력절감이 가능하다.
③ 공사비가 매우 저렴하다.
④ 공장 제작이므로 콘크리트 양생 시 최적조건에 의한 양질의 제품생산이 가능하다.

해설 PC공법은 RC공법에 비해 공사비가 많이 든다.

83 철골보 인양작업 시 준수사항으로 옳지 않은 것은?

① 선회와 인양작업은 가능한 한 동시에 이루어지도록 한다.
② 인양용 와이어로프의 매달기 각도는 양변 60° 정도가 되도록 한다.
③ 유도 로프로 방향을 잡으며 이동시킨다.
④ 철골보의 와이어로프 체결지점은 부재의 1/3 지점을 기준으로 한다.

해설 선회와 인양작업이 동시에 이루어져서는 안 된다.

84 산업안전보건관리비 계상을 위한 대상액이 56억 원인 교량공사의 산업안전보건관리비는 얼마인가? (단, 건축공사에 해당한다.)

① 104,160천 원 ② 132,720천 원
③ 144,800천 원 ④ 150,400천 원

해설 산업안전보건관리비
56억 원×2.37%[건축공사] = 132,720천 원이다.

85 다음 그림은 풍화암에서 토사붕괴를 예방하기 위한 기울기를 나타낸 것이다. X의 값은?

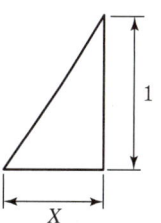

① 1.0 ② 0.8
③ 0.5 ④ 0.3

해설 굴착면의 기울기 기준

지반의 종류	굴착면의 기울기
모래	1 : 1.8
연암 및 풍화암	1 : 1.0
경암	1 : 0.5
그 밖의 흙	1 : 1.2

86 신축공사 현장에서 강관으로 외부비계를 설치할 때 비계기둥의 최고 높이가 45m라면 관련 법령에 따라 비계기둥을 2개의 강관으로 보강하여야 하는 높이는 지상으로부터 얼마까지인가?

① 14m ② 20m
③ 25m ④ 31m

해설 비계기둥의 최고부로부터 31m 되는 지점 밑부분의 비계기둥은 2본의 강관으로 묶어 세워야 한다.

정답 | 81 ② 82 ③ 83 ① 84 ② 85 ① 86 ①

87 건설공사 현장에서 사다리식 통로 등을 설치하는 경우 준수해야 할 기준으로 옳지 않은 것은?

① 사다리의 상단은 걸쳐놓은 지점으로부터 40cm 이상 올라가도록 할 것
② 폭은 30cm 이상으로 할 것
③ 사다리식 통로의 기울기는 75° 이하로 할 것
④ 발판의 간격은 일정하게 할 것

해설 사다리의 상단은 걸쳐놓은 지점으로부터 60cm 이상 올라가도록 해야 한다.

88 철골작업을 중지하여야 하는 풍속과 강우량 기준으로 옳은 것은?

① 풍속 10m/sec 이상, 강우량 1mm/h 이상
② 풍속 5m/sec 이상, 강우량 1mm/h 이상
③ 풍속 10m/sec 이상, 강우량 2mm/h 이상
④ 풍속 5m/sec 이상, 강우량 2mm/h 이상

해설 철골작업 시 작업의 제한 기준

구분	내용
강풍	풍속이 초당 10m 이상인 경우
강우	강우량이 시간당 1mm 이상인 경우
강설	강설량이 시간당 1cm 이상인 경우

89 추락방호망을 건축물의 바깥쪽으로 설치하는 경우 벽면으로부터 망의 내민 길이는 최소 얼마 이상이어야 하는가?

① 2m   ② 3m
③ 5m   ④ 10m

해설 건축물 등의 바깥쪽으로 설치하는 경우 망의 내민길이는 벽면으로부터 2m 이상이 되도록 해야 한다.

90 콘크리트 측압에 관한 설명으로 옳지 않은 것은?

① 대기의 온도가 높을수록 크다.
② 콘크리트의 타설속도가 빠를수록 크다.
③ 콘크리트의 타설높이가 높을수록 크다.
④ 배근된 철근량이 적을수록 크다.

해설 측압이 커지는 요인
- 거푸집의 부재단면이 클수록
- 거푸집의 수밀성이 클수록
- 거푸집의 강성이 클수록
- 거푸집의 표면이 평활할수록
- 시공연도(Workability)가 좋을수록
- 외기의 온도, 습도가 낮을수록
- 콘크리트의 타설속도가 빠를수록
- 콘크리트의 다짐(진동기 사용)이 좋을수록
- 콘크리트의 슬럼프(Slump)가 클수록
- 콘크리트의 비중이 클수록
- 응결시간이 느릴수록
- 철골 또는 철근량이 적을수록

91 이동식 비계 작업 시 주의사항으로 옳지 않은 것은?

① 비계의 최상부에서 작업을 하는 경우에는 안전난간을 설치한다.
② 이동 시 작업지휘자가 이동식 비계에 탑승하여 이동하며 안전 여부를 확인하여야 한다.
③ 비계를 이동시키고자 할 때는 바닥의 구멍이나 머리 위의 장애물을 사전에 점검한다.
④ 작업발판은 항상 수평을 유지하고 작업발판 위에서 안전난간을 딛고 작업을 하거나 받침대 또는 사다리를 사용하여 작업하지 않도록 한다.

해설 이동할 경우에는 작업원이 없는 상태로 유지해야 한다.

92 다음 중 거푸집 및 동바리 설계 시 고려하여야 할 연직방향 하중에 해당하지 않는 것은?

① 직설하중   ② 풍하중
③ 충격하중   ④ 작업하중

해설 거푸집에 작용하는 하중 중 연직방향 하중에는 타설 콘크리트의 고정하중, 충격하중, 작업하중, 거푸집 중량 등이 있다.

93 철골공사의 용접, 용단작업에 사용되는 가스의 용기는 최대 몇 ℃ 이하로 보존해야 하는가?

① 25℃   ② 36℃
③ 40℃   ④ 48℃

해설 용기의 온도를 40℃ 이하로 유지해야 한다.

정답 | 87 ① 88 ① 89 ① 90 ① 91 ② 92 ② 93 ③

94 작업발판 및 통로의 끝이나 개구부로서 근로자가 추락할 위험이 있는 장소에서의 방호조치로 옳지 않은 것은?

① 안전난간 설치
② 와이어로프 설치
③ 울타리 설치
④ 수직형 추락방호망 설치

해설 근로자가 추락할 위험이 있는 장소에는 안전난간, 울타리, 수직형 추락방호망 등을 설치해야 한다.

95 흙의 휴식각에 관한 설명으로 옳지 않은 것은?

① 흙의 마찰력으로 사면과 수평면이 이루는 각도를 말한다.
② 흙의 종류 및 함수량 등에 따라 다르다.
③ 흙파기의 경사각은 휴식각의 1/2로 한다.
④ 안식각이라고도 한다.

해설 흙파기의 경사각은 휴식각 이상으로 해야 한다.

96 무한궤도식 장비와 타이어식(차륜식) 장비의 차이점에 관한 설명으로 옳은 것은?

① 무한궤도식은 기동성이 좋다.
② 타이어식은 승차감과 주행성이 좋다.
③ 무한궤도식은 경사지반에서의 작업에 부적당하다.
④ 타이어식은 땅을 다지는 데 효과적이다.

해설 타이어식은 승차감과 주행성이 좋아 이동식 작업에도 적당하다.

97 도심지에서 주변에 주요 시설물이 있을 때 침하와 변위를 적게 할 수 있는 가장 적당한 흙막이 공법은?

① 동결공법
② 샌드드레인공법
③ 지하연속벽공법
④ 뉴매틱케이슨공법

해설 지하연속벽(Slurry Wall)공법은 구조물의 벽체 부분을 먼저 굴착한 후 그 속에 철근망을 삽입하고, 콘크리트를 타설하여 지하벽체를 형성하는 공법이다.

98 유한사면에서 사면기울기가 비교적 완만한 점성토에서 주로 발생되는 사면파괴의 형태는?

① 사면저부파괴
② 사면선단파괴
③ 사면내파괴
④ 국부전단파괴

해설 사면저부파괴는 사면의 활동면이 사면의 끝보다 아래를 통과하는 경우의 파괴이다.

99 가설통로를 설치하는 경우 준수해야 할 기준으로 옳지 않은 것은?

① 경사는 45° 이하로 할 것
② 경사가 15°를 초과하는 경우에는 미끄러지지 아니하는 구조로 할 것
③ 추락할 위험이 있는 장소에는 안전난간을 설치할 것
④ 수직갱에 가설된 통로의 길이가 15m 이상인 경우에는 10m 이내마다 계단참을 설치할 것

해설 가설통로의 경사는 30° 이하로 해야 한다.

100 다음 중 양중기에 해당하지 않는 것은?

① 크레인
② 곤돌라
③ 항타기
④ 리프트

해설 항타기는 양중기에 해당하지 않는다.

정답 | 94 ② 95 ③ 96 ② 97 ③ 98 ① 99 ① 100 ③

부록

2023년 4회

※ 2020년 4회 이후 CBT로 출제된 기출문제는 개정된 출제기준과 해당 회차의 기출 키워드 등을 분석하여 복원하였습니다.

1과목 산업안전관리론

01 산업재해 예방의 4원칙 중 "재해발생에는 반드시 원인이 있다."라는 원칙은?

① 대책 선정의 원칙
② 원인 계기의 원칙
③ 손실 우연의 원칙
④ 예방 가능의 원칙

해설 원인 계기의 원칙에 대한 설명이다.

02 안전교육 방법 중 TWI의 교육과정이 아닌 것은?

① 작업지도훈련
② 인간관계훈련
③ 정책수립훈련
④ 작업방법훈련

해설 TWI(Training Within Industry)
주로 관리감독자를 대상으로 하며 전체 교육시간은 10시간(1일 2시간씩 5일 교육)으로 실시한다. 한 그룹에 10명 내외로 토의법과 실연법 중심으로 강의가 실시되며 훈련의 종류는 다음과 같다.
- 작업지도훈련(JIT ; Job Instruction Training)
- 작업방법훈련(JMT ; Job Method Training)
- 인간관계훈련(JRT ; Job Relations Training)
- 작업안전훈련(JST ; Job Safety Training)

03 위험예지훈련 기초 4라운드(4R)에서 라운드별 내용이 바르게 연결된 것은?

① 1라운드 : 현상파악
② 2라운드 : 대책수립
③ 3라운드 : 목표설정
④ 4라운드 : 본질추구

해설 위험예지훈련의 추진을 위한 문제해결 4단계(4라운드)
- 1라운드 : 현상파악(사실의 파악)
- 2라운드 : 본질추구(위험요인, 문제점 발견 및 위험 포인트 결정)
- 3라운드 : 대책수립(대책을 세운다)
- 4라운드 : 목표설정(행동계획 작성)

04 적응기제(Adjustment Mechanism)의 도피적 행동인 고립에 해당하는 것은?

① 운동시합에서 진 선수가 컨디션이 좋지 않았다고 말한다.
② 키가 작은 사람이 키 큰 친구들과 같이 사진을 찍으려 하지 않는다.
③ 자녀가 없는 여교사가 아동교육에 전념하게 되었다.
④ 동생이 태어나자 형이 된 아이가 말을 더듬는다.

해설 도피적 기제(Escape Mechanism)
욕구불만이나 압박으로부터 벗어나기 위해 현실을 벗어나 마음의 안정을 찾으려는 것
- 고립
- 퇴행
- 억압
- 백일몽

05 하버드 학파의 5단계 교수법에 해당되지 않는 것은?

① 교시(Presentation)
② 연합(Association)
③ 추론(Reasoning)
④ 총괄(Generalization)

해설 하버드 학파의 5단계 교수법
- 1단계 : 준비시킨다(Preparation).
- 2단계 : 교시한다(Presentation).
- 3단계 : 연합한다(Association).
- 4단계 : 총괄한다(Generalization).
- 5단계 : 응용시킨다(Application).

06 O.J.T(On the Job Training)의 특징 중 틀린 것은?

① 훈련과 업무의 계속성이 끊어지지 않는다.
② 직장과 실정에 맞게 실제적 훈련이 가능하다.
③ 훈련의 효과가 곧 업무에 나타나며, 훈련의 개선이 용이하다.
④ 다수의 근로자들에게 조직적 훈련이 가능하다.

해설 ④은 Off J.T의 특징에 해당한다.

정답 | 01 ② 02 ③ 03 ① 04 ② 05 ③ 06 ④

07 적응기제(Adjustment Mechanism) 중 다음에서 설명하는 것은 무엇인가?

> 자신조차도 승인할 수 없는 욕구를 타인이나 사물로 전환시켜 바람직하지 못한 욕구로부터 자신을 지키려는 것

① 투사 ② 합리화
③ 보상 ④ 동일화

해설 **투사(Projection)**
자신 속의 억압된 것을 다른 사람의 것으로 생각하는 것

08 주의의 특성으로 볼 수 없는 것은?

① 변동성 ② 선택성
③ 방향성 ④ 통합성

해설 **주의의 특성**
- 선택성 : 한 번에 많은 종류의 자극을 지각·수용하기 곤란하다.
- 방향성 : 시선의 초점에 맞았을 때는 쉽게 인지되지만, 시선에서 벗어난 부분은 무시되기 쉽다.
- 변동성 : 주의는 리듬이 있어 언제나 일정한 수순을 지키지는 못한다.

09 맥그리거(McGregor)의 Y이론의 관리 처방에 해당하는 것은?

① 목표에 의한 관리
② 권위주의적 리더십 확립
③ 경제적 보상체제의 강화
④ 면밀한 감독과 엄격한 통제

해설 목표에 의한 관리는 Y이론에 관한 관리 처방이다.

10 산업안전보건법령상 관리감독자의 업무내용이 아닌 것은?

① 해당 작업에 관련되는 기계·기구 또는 설비의 안전·보건 점검 및 이상 유무의 확인
② 해당 사업장 산업보건의의 지도·조언에 대한 협조
③ 위험성평가를 위한 업무에 기인하는 유해·위험요인의 파악 및 그 결과에 따라 개선조치의 시행
④ 작성된 물질안전보건자료의 게시 또는 비치에 관한 보좌 및 조언·지도

해설 ④은 보건관리자의 업무에 해당한다.

11 안전관리조직의 형태 중 라인스탭형에 대한 설명으로 틀린 것은?

① 대규모 사업장(1,000명 이상)에 효율적이다.
② 안전과 생산업무가 분리될 우려가 없기 때문에 균형을 유지할 수 있다.
③ 모든 안전관리 업무를 생산라인을 통하여 직선적으로 이루어지도록 편성된 조직이다.
④ 안전업무를 전문적으로 담당하는 스탭 및 생산라인의 각 계층에도 겸임 또는 전임의 안전담당자를 둔다.

해설 안전관리 업무가 직선적인 조직은 라인(Line)형 조직이다.

12 산업안전보건법령상 안전검사 대상 유해·위험기계의 종류에 포함되지 않는 것은?

① 전단기 ② 리프트
③ 곤돌라 ④ 교류아크용접기

해설 교류아크용접기는 안전검사대상 유해·위험기계에 해당하지 않는다.

13 무재해 운동의 추진을 위한 3요소에 해당하지 않는 것은?

① 모든 위험잠재요인의 해결
② 최고경영자의 경영자세
③ 관리감독자(Line)의 적극적 추진
④ 직장 소집단의 자주활동 활성화

해설 **무재해 운동의 3요소(3기둥)**
1. 직장의 자율활동의 활성화
2. 라인(관리감독자)화의 철저
3. 최고경영자의 안전경영철학

정답 | 07 ① 08 ④ 09 ① 10 ④ 11 ③ 12 ④ 13 ①

14 안전·보건표지의 기본모형 중 다음 그림의 기본모형의 표시사항으로 옳은 것은?

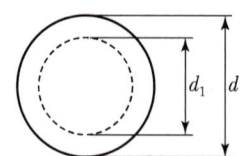

① 지시 ② 안내
③ 경고 ④ 금지

해설

번호	기본모형	규격비율	표시사항
3		$d \geq 0.025L$ $d_1 = 0.8d$	지시

15 안전지식교육 실시 4단계에서 지식을 실제의 상황에 맞추어 문제를 해결해 보고 그 수법을 이해시키는 단계로 옳은 것은?

① 도입 ② 제시
③ 적용 ④ 확인

해설 교육법의 4단계
- 제1단계 – 도입(준비) : 배우고자 하는 마음가짐을 일으키는 단계
- 제2단계 – 제시(설명) : 내용을 확실하게 이해시키고 납득시키는 단계
- 제3단계 – 적용(응용) : 이해시킨 내용을 활용시키거나 응용시키는 단계
- 제4단계 – 확인(총괄) : 교육내용의 습득 여부를 테스트에 의해 확인하는 단계

16 재해 발생의 주요 원인 중 불안전한 행동이 아닌 것은?

① 불안전한 적재 ② 불안전한 설계
③ 권한 없이 행한 조작 ④ 보호구 미착용

해설 불안전한 설계는 불안전한 환경에 해당된다.

17 산업안전보건법령상 안전모의 성능시험 항목 6가지 중 내관통성시험, 충격흡수성시험, 내전압성시험, 내수성시험 외의 나머지 2가지 성능시험 항목으로 옳은 것은?

① 난연성시험, 턱끈풀림시험
② 내한성시험, 내압박성시험
③ 내답발성시험, 내식성시험
④ 내산성시험, 난연성시험

해설 안전모 성능시험 방법

항목	시험성능기준
난연성	모체가 불꽃을 내며 5초 이상 연소되지 않아야 한다.
턱끈풀림	150N 이상 250N 이하에서 턱끈이 풀려야 한다.

18 토의법의 유형 중 다음에서 설명하는 것은?

> 교육과제에 정통한 전문가 4~5명이 피교육자 앞에서 자유로이 토의를 실시한 다음에 피교육자 전원이 참가하여 사회자의 사회에 따라 토의하는 방법

① 포럼 ② 패널 디스커션
③ 심포지엄 ④ 버즈세션

해설 패널토의(Panel Discussion)
사회자의 진행에 의해 특정 주제에 대해 구성원 3~6명이 대립된 견해를 가지고 청중 앞에서 논쟁을 벌이는 것

19 평균 근로자 수가 1,000명인 사업장의 도수율이 10.25이고 강도율이 7.25이었을 때 이 사업장의 종합재해지수는?

① 7.62 ② 8.62
③ 9.62 ④ 10.62

해설 종합재해지수 = $\sqrt{도수율 \times 강도율}$
   = $\sqrt{10.25 \times 7.25}$
   = 8.62

정답 | 14 ① 15 ③ 16 ② 17 ① 18 ② 19 ②

20 부주의 현상 중 의식의 우회에 대한 예방대책으로 옳은 것은?

① 안전교육 ② 표준작업제도 도입
③ 상담 ④ 적성배치

해설 | 부주의 발생원인 및 대책
• 의식의 우회 : 상담

2과목
인간공학 및 시스템공학

21 다음 FTA 그림에서 a, b, c의 부품고장률이 각각 0.01일 때, 최소 컷셋(Minimal cut sets)과 신뢰도로 옳은 것은?

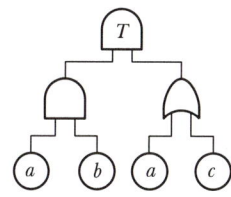

① (a, b), $R(t) = 99.99\%$
② (a, b, c), $R(t) = 98.99\%$
③ (a, c)
  (a, b), $R(t) = 96.99\%$
④ (a, c)
  (a, b, c), $R(t) = 97.99\%$

해설 | • 고장률 $R_T = (a \times b) \times (a + c)$
$= (a \times a \times b) + (a \times b \times c)$
이라는 식이 성립한다.
• 부울 법칙 중 $A \times A = A$와 $1 + A = 1$ 법칙으로 위 식을 풀어내면
$R_T = (a \times b) + (a \times b \times c) = a \times b(1 + c) = a \times b$
• 따라서 최소 컷셋은 a, b가 되며, 고장률 $R_t = 0.01 \times 0.01 = 0.0001$이 된다.
∴ 고장 나지 않을 확률은 $1 - 0.0001 = 0.9999$가 되므로 99.99%이다.

22 작업자의 작업공간과 관련된 내용으로 옳지 않은 것은?

① 서서 작업하는 작업공간에서 발바닥을 높이면 뻗침길이가 늘어난다.
② 서서 작업하는 작업공간에서 신체의 균형에 제한을 받으면 뻗침길이가 늘어난다.
③ 앉아서 작업하는 작업공간은 동적 팔뻗침에 의해 포락면(reach envelpoe)의 한계가 결정된다.
④ 앉아서 작업하는 작업공간에서 기능적 팔뻗침에 영향을 주는 제약이 적을수록 뻗침 길이가 늘어난다.

해설 | 서서 작업하는 작업공간에서 신체의 균형에 제한을 받으면 뻗침길이가 감소한다.

23 사용자의 잘못된 조작 또는 실수로 인해 기계의 고장이 발생하지 않도록 설계하는 방법은?

① EMEA ② HAZOP
③ fail safe ④ Fool proof

해설 | 풀 프루프(Fool proof)
기계장치 설계단계에서 안전화를 도모하는 것으로 근로자가 기계 등의 취급을 잘못해도 사고로 연결되는 일이 없도록 하는 안전기구, 즉 인간과오(Human Error)를 방지하기 위한 것이다.

24 시스템 수명주기에서 예비위험분석을 적용하는 단계는?

① 구상단계 ② 개발단계
③ 생산단계 ④ 운전단계

해설 | PHA(예비위험분석) 적용단계 : 구상단계

25 인간이 느끼는 소리의 높고 낮은 정도를 나타내는 물리량은?

① 음압 ② 주파수
③ 지속시간 ④ 명료도

해설 | 주파수(Frequency)
인간이 느끼는 소리의 높고 낮은 정도를 나타내는 물리량을 의미하며, 단위는 Hz를 사용한다.

정답 | 20 ③ 21 ① 22 ② 23 ④ 24 ① 25 ②

26 체계분석 및 설계에 있어서 인간공학적 노력의 효능을 산정하는 척도의 기준에 포함되지 않는 것은?

① 성능의 향상
② 훈련비용의 절감
③ 인력 이용률의 저하
④ 생산 및 보전의 경제성 향상

해설 체계설계과정에서의 인간공학의 기여도
1. 성능 향상
2. 인력의 이용률 향상
3. 사용자의 수용도 향상
4. 생산 및 정비유지의 경제성 증대
5. 훈련비용 절감
6. 사고 및 오용(誤用)에 따른 손실 감소

27 통제표시비(Control/Display ratio)를 설계할 때 고려하는 요소에 관한 설명으로 틀린 것은?

① 통제표시비가 낮다는 것은 민감한 장치라는 것을 의미한다.
② 목시거리(目示距離)가 길면 길수록 조절의 정확도는 떨어진다.
③ 짧은 주행 시간 내에 공차의 인정범위를 초과하지 않는 계기를 마련한다.
④ 계기의 조절시간이 짧게 소요되도록 계기의 크기(Size)는 항상 작게 설계한다.

해설 통제표시비 설계 시 고려사항 중 계기의 크기
조절시간이 짧게 소요되는 사이즈를 선택하되 너무 작으면 오차가 커진다.

28 인간공학적 수공구의 설계에 관한 설명으로 옳은 것은?

① 수공구 사용 시 무게 균형이 유지되도록 설계한다.
② 손잡이 크기를 수공구 크기에 맞추어 설계한다.
③ 힘을 요하는 수공구의 손잡이는 직경을 60mm 이상으로 한다.
④ 정밀 작업용 수공구의 손잡이는 직경을 5mm 이하로 한다.

해설 수공구와 장치 설계의 원리
• 손잡이는 손바닥의 접촉면적이 크게 설계
• 공구 사용 시 무게 균형이 유지되도록 설계
• 정밀 작업용 수공구의 손잡이는 직경 5~12mm가 적당함
• 동력공구의 손잡이는 두 손가락 이상으로 작동하도록 설계
• 힘을 요하는 수공구의 손잡이는 직경 50~60mm가 적당함

29 그림과 같은 시스템의 신뢰도로 옳은 것은? (단, 그림의 숫자는 각 부품의 신뢰도이다.)

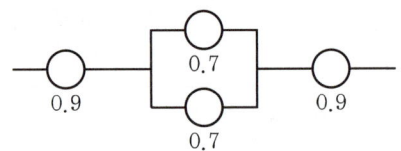

① 0.6261
② 0.7371
③ 0.8481
④ 0.9591

해설 병렬시스템의 신뢰도
$R = 0.9 \times (1-(1-0.7)(1-0.7)) \times 0.9 = 0.7371$

30 인터페이스 설계 시 고려해야 하는 인간과 기계와의 조화성에 해당되지 않는 것은?

① 지적 조화성
② 신체적 조화성
③ 감성적 조화성
④ 심미적 조화성

해설 인간과 기계의 조화성은 다음 3가지 차원이 고려되어야 한다.
• 지적 조화성
• 감성적 조화성
• 신체적 조화성

31 항공기 위치 표시장치의 설계원칙에 있어, 아래의 설명에 해당하는 것은?

> 항공기의 경우 일반적으로 이동 부분의 영상은 고정된 눈금이나 좌표계에 나타내는 것이 바람직하다.

① 통합
② 양립적 이동
③ 추종표시
④ 표시의 현실성

해설 양립적 이동(Principle of Compatibility Motion)
항공기의 경우, 일반적으로 이동 부분의 영상은 고정된 눈금이나 좌표계에 나타내는 것이 바람직하다.

정답 | 26 ③ 27 ④ 28 ① 29 ② 30 ④ 31 ②

32 동작경제의 원칙이 아닌 것은?

① 동작의 범위는 최대로 할 것
② 동작은 연속된 곡선운동으로 할 것
③ 양손은 좌우 대칭적으로 움직일 것
④ 양손은 동시에 시작하고 동시에 끝내도록 할 것

해설 **동작경제의 원칙(일부)**
1. 양손의 동작은 동시에 시작하여 동시에 끝나야 한다.
2. 팔의 동작은 서로 반대의 대칭적 방향으로 이루어져야 하며 동시에 행해져야 한다.
3. 갑자기 예각방향으로 변화를 하는 직선동작보다는 유연하고 연속적인 곡선동작을 하는 것이 좋다.

33 위험조정을 위해 필요한 기술은 조직형태에 따라 다양한데, 이를 4가지로 분류하였을 때 이에 속하지 않는 것은?

① 전가(Transfer) ② 보류(Retention)
③ 계속(Continuation) ④ 감축(Reduction)

해설 **위험조정을 위한 리스크 처리기술**
- 위험의 회피(Avoidance)
- 위험의 경감(Reduction)
- 위험의 보류(Retention)
- 위험의 전가(Transfer)

34 근골격계 질환을 예방하기 위한 관리적 대책으로 맞는 것은?

① 작업공간 배치 ② 작업재료 변경
③ 작업순환 배치 ④ 작업공구 설계

해설 작업 설계 시 작업순환(Job Rotation)을 고려하여 작업 형태의 변화를 주면 장기간 반복작업에서 발생되는 근골격계 질환을 예방할 수 있다.

35 다수의 표시장치(디스플레이)를 수평으로 배열할 경우 해당 제어장치를 각각의 표시장치 아래에 배치하면 좋아지는 양립성의 종류는?

① 공간 양립성 ② 운동 양립성
③ 개념 양립성 ④ 양식 양립성

해설 **공간적 양립성**
어떤 사물들, 특히 표시장치나 조정장치의 물리적 형태나 공간적인 배치의 양립성을 말한다.

36 FT도에서 사용되는 다음 기호의 명칭으로 맞는 것은?

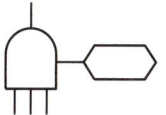

① 억제 게이트 ② 부정 게이트
③ 배타적 OR 게이트 ④ 우선적 AND 게이트

해설

기호	명칭	설명
	우선적 AND 게이트	입력사상 중 어떤 현상이 다른 현상보다 먼저 일어날 경우에만 출력사상이 발생

37 인간과 기계의 능력에 대한 실용성 한계에 관한 설명으로 틀린 것은?

① 기능의 수행이 유일한 기준은 아니다.
② 상대적인 비교는 항상 변하기 마련이다.
③ 일반적인 인간과 기계의 비교가 항상 적용된다.
④ 최선의 성능을 마련하는 것이 항상 중요한 것은 아니다.

해설 인간과 기계의 능력 및 한계는 서로 상충되므로 비교대상이 될 수 없다.

38 정보를 전송하기 위해 청각적 표시장치를 이용하는 것이 바람직한 경우로 적합한 것은?

① 전언이 복잡한 경우
② 전언이 이후에 재참조되는 경우
③ 전언이 공간적인 사건을 다루는 경우
④ 전언이 즉각적인 행동을 요구하는 경우

해설 전언이 즉각적인 행동을 요구하는 경우 청각적 표시장치가 유리하다.

정답 | 32 ① 33 ③ 34 ③ 35 ① 36 ④ 37 ③ 38 ④

39 다음은 1/100초 동안 발생한 3개의 음파를 나타낸 것이다. 음의 세기가 가장 큰 것과 가장 높은 음은 무엇인가?

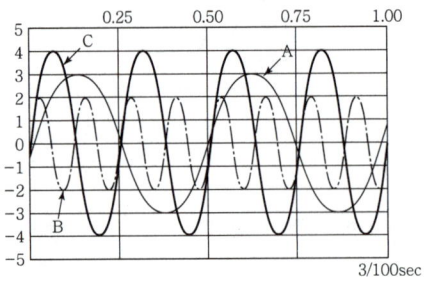

① 가장 큰 음의 세기 : A, 가장 높은 음 : B
② 가장 큰 음의 세기 : C, 가장 높은 음 : B
③ 가장 큰 음의 세기 : C, 가장 높은 음 : A
④ 가장 큰 음의 세기 : B, 가장 높은 음 : C

해설) 진폭은 음의 세기를 나타내며, 주파수는 음의 높낮이를 나타내므로 가장 큰 음의 세기는 C, 가장 높은 음은 B이다.

40 안전색채와 표시사항이 맞게 연결된 것은?

① 녹색 – 안내표시   ② 황색 – 금지표시
③ 적색 – 경고표시   ④ 회색 – 지시표시

해설) 안전색채와 표시사항
- 안내표지 : 녹색
- 지시표지 : 청색
- 경고표지 : 황색
- 금지표지 : 적색

3과목
건설시공학

41 강말뚝(H형강, 강관말뚝)에 관한 설명 중 옳지 않은 것은?

① 깊은 지지층까지 도달시킬 수 있다.
② 휨강성이 크고 수평하중과 충격력에 대한 저항이 크다.
③ 부식에 대한 내구성이 뛰어나다.
④ 재질이 균일하고 절단과 이음이 쉽다.

해설) 강재말뚝의 장단점

장점	단점
• 깊은 지지층까지 박을 수 있다. • 길이 조정이 용이하며 경량이므로 운반 취급이 편리하다. • 휨모멘트 저항이 크다. • 말뚝의 절단 · 가공 및 현장 용접이 가능하다. • 중량이 가볍고, 단면적이 작다. • 강한 타격에도 견디며 다져진 중간지층의 관통도 가능하다. • 지지력이 크고 이음이 안전하고 강하여 장척이 가능하다.	• 재료비가 비싸다. • 부식되기 쉽다.

42 철근가공에 관한 설명으로 옳지 않은 것은?

① 대지의 여유가 없어도 정밀도 확보를 위해 현장가공을 우선적으로 고려한다.
② 철근가공은 현장가공과 공장가공으로 나눌 수 있다.
③ 공장가공은 현장가공에 비해 절단손실을 줄일 수 있다.
④ 공장가공은 현장가공보다 운반비가 높은 경우가 많다.

해설) 철근가공은 현장가공의 정밀도가 떨어진다.

43 철골공사에 관한 설명으로 옳지 않은 것은?

① 현장용접 시 기온과 관계없이 부재를 예열하지 않는다.
② 세우기 장비는 철골구조의 형태 및 총중량을 고려한다.
③ 철골 세우기는 가조립 후 변형 바로잡기를 한다.
④ 가조립 시 최소 2개 이상 가볼트 조임한다.

해설) 현장용접 시 부재를 예열하여 용접결함을 줄인다.

44 굴착, 상차, 운반, 정지 작업 등을 할 수 있는 기계로, 대량의 토사를 고속으로 운반하는 데 적당한 기계는?

① 불도저   ② 앵글도저
③ 로더   ④ 캐리올 스크레이퍼

해설) 스크레이퍼(Scraper)
굴삭, 싣기, 운반, 부설 등 4가지 작업을 연속할 수 있는 대량 토공작업 기계로 잔토반출이 중장거리인 경우 사용한다.

정답 | 39 ② 40 ① 41 ③ 42 ① 43 ① 44 ④

45 공사에 필요한 특기 시방서에 기재하지 않아도 되는 사항은?

① 인도 시 검사 및 인도시기 ② 각 부위별 시공방법
③ 각 부위별 사용재료   ④ 사용재료의 품질

해설) **시방서의 기재내용**
- 재료의 품질
- 공법내용 및 시공방법
- 일반사항, 유의사항
- 시험, 검사
- 보충사항, 특기사항
- 시공기계, 장비

46 모래 채취나 수중의 흙을 퍼 올리는 데 가장 적합한 기계장비는?

① 불도저   ② 드래그 라인
③ 롤러   ④ 스크레이퍼

해설) **드래그 라인(Drag Line)**
작업 반경이 커서 넓은 지역의 굴삭작업에 용이하나 힘이 강력하지 못해 수중작업 등 연질지반에만 이용한다.

47 보일링(Boiling)이나 부풀어오름을 방지하기 위한 대책으로 옳지 않은 것은?

① 흙막이벽의 타입깊이를 늘린다.
② 흙막이 외부의 지반면을 진동 가압한다.
③ 웰포인트로 지하수위를 낮춘다.
④ 약액주입 등으로 굴착지면을 지수한다.

해설) **보일링(Boiling) 현상**
흙막이 벽체 배면의 지하수위가 굴착 바닥면의 지하수위보다 높을 때 지하수위의 차이로 인해 굴착 바닥면의 모래와 지하수가 솟아올라 모래지반의 지지력이 약해지는 현상을 말한다.

48 철근단면을 맞대고 산소-아세틸렌염으로 가열하여 적열상태에서 부풀려 가압, 접합하는 철근이음방식은?

① 나사방식이음   ② 겹침이음
③ 가스압접이음   ④ 충전식이음

해설) 가스압접이음은 철근의 양쪽에서 압력을 주어 가스용접을 하면서 압력을 접합하는 방식이다.

49 한중콘크리트에 관한 설명으로 옳지 않은 것은?

① 골재가 동결되어 있거나 골재에 빙설이 혼입되어 있는 골재는 그대로 사용할 수 없다.
② 재료를 가열할 경우, 시멘트를 직접 가열하는 것으로 하며, 물 또는 골재는 어떠한 경우라도 직접 가열할 수 없다.
③ 한중 콘크리트에는 공기연행콘크리트를 사용하는 것을 원칙으로 한다.
④ 단위수량은 초기동해를 적게 하기 위하여 소요의 워커빌리티를 유지할 수 있는 범위 내에서 되도록 적게 정하여야 한다.

해설) 재료를 가열할 경우, 골재나 시멘트를 직접 가열하면 안 된다.

50 철근의 이음방식이 아닌 것은?

① 용접이음   ② 겹침이음
③ 갈고리이음   ④ 기계적 이음

해설) 철근의 이음방법에는 겹침이음, 기계식 이음, 용접이음 등이 있다.

51 턴키도급(Turn-Key Base Contract)의 특징이 아닌 것은?

① 공기, 품질 등의 결함이 생길 때 발주자는 계약자에게 쉽게 책임을 추궁할 수 있다.
② 설계와 시공이 일괄로 진행된다.
③ 공사비의 절감과 공기단축이 가능하다.
④ 공사기간 중 신공법, 신기술의 적용이 불가하다.

해설) 턴키도급(Turn-Key Base Contract)의 경우 공사기간 중 신공법, 신기술의 적용이 가능하다.

52 경쟁입찰에서 예정가격 이하의 최저가격으로 입찰한 자 순으로 당해계약 이행능력을 심사하여 낙찰자를 선정하는 방식은?

① 제한적 평균가 낙찰제   ② 적격심사제
③ 최적격 낙찰제   ④ 부찰제

해설) **적격심사제**
경쟁입찰에서 예정가격 이하의 최저가격으로 입찰한 자 순으로 당해계약 이행능력을 심사하여 낙찰자를 선정하는 방식이다.

정답 | 45 ① 46 ② 47 ② 48 ③ 49 ② 50 ③ 51 ④ 52 ②

53 콘크리트 타설 시 다짐에 대한 설명으로 옳지 않은 것은?

① 내부진동기는 슬럼프가 15cm 이하일 때 사용하는 것이 좋다.
② 슬럼프가 클수록 오래 다지도록 한다.
③ 진동기를 인발할 때에는 진동을 주면서 천천히 뽑아 콘크리트에 구멍을 남기지 않도록 한다.
④ 콘크리트 다짐 시 철근에 진동을 주지 않는다.

[해설] 슬럼프(Slump)가 클 경우 블리딩이 많아지고 굵은골재 분리현상이 발생할 수 있으므로 진동기를 사용하여 다질 경우 다짐 시간이 짧도록 해야 한다.

54 공정계획에 관한 설명으로 옳지 않은 것은?

① 지정된 공사기간 안에 완성시키기 위한 통제수단이다.
② 사업성과 원가관리와는 관계가 없다.
③ 공정표의 종류에는 횡선식 공정표, 네트워크 공정표 등이 있다.
④ 우기와 혹한기, 명절 등은 공정계획 시 반영한다.

[해설] 사업성과 원가관리는 밀접한 관련이 있다.

55 기초파기 저면보다 지하수위가 높을 때의 배수공법으로 가장 적합한 것은?

① 웰포인트 공법
② 샌드드레인 공법
③ 언더피닝 공법
④ 페이퍼드레인 공법

[해설] **웰포인트(Well Point) 공법**
지하수를 펌프로 배수하여 지하수위를 낮추고 지하수위의 저하에 따른 부력 감소로 인해 지반을 다지는 공법이다.

56 거푸집 박리제 시공 시 유의사항으로 옳지 않은 것은?

① 박리제가 철근에 묻어도 부착강도에는 영향이 없으므로 충분히 도포하도록 한다.
② 박리제의 도포 전에 거푸집 면의 청소를 철저히 한다.
③ 콘크리트 색조에는 영향이 없는지 확인 후 사용한다.
④ 콘크리트 타설 시 거푸집의 온도 및 탈형시간을 준수한다.

[해설] 박리제는 거푸집의 탈형을 쉽게 하기 위해 미리 내면에 칠하는 약제로 철근에 묻지 않도록 유의한다.

57 건축공사의 착수 시 대지에 설정하는 기준점에 관한 설명으로 옳지 않은 것은?

① 공사 중 건축물 각 부위의 높이에 대한 기준을 삼고자 설정하는 것을 말한다.
② 건축물의 그라운드 레벨(Ground level)은 현장에서 공사 착수 시 설정한다.
③ 기준점은 바라보기 좋고, 공사에 지장이 없는 곳에 설정한다.
④ 기준점은 대개 지정 지반면에서 0.5~1m의 위치에 두고 그 높이를 적어둔다.

[해설] Ground level은 자연상태인 현재 지반레벨이며, 건축설계 시 설정한다.

58 기존건물에 근접하여 구조물을 구축할 때 기존건물의 균열 및 파괴를 방지할 목적으로 지하에 실시하는 보강공법은?

① BH(Boring Hole)
② 베노토(Benoto) 공법
③ 언더피닝(Under Pinning) 공법
④ 심초공법

[해설] **언더피닝(Under Pinning) 공법**
기존구조물의 기초 저면보다 깊은 구조물을 시공하거나 기존 구조물을 보호하기 위하여 기초나 지정을 보강하는 공법이다.

59 시방서에 관한 설명으로 옳지 않은 것은?

① 설계도면과 공사시방서에 상이점이 있을 때는 주로 설계도면이 우선한다.
② 시방서 작성 시에는 공사 전반에 걸쳐 시공 순서에 맞게 빠짐없이 기재한다.
③ 성능시방서란 목적하는 결과, 성능의 판정기준, 이를 판별할 수 있는 방법을 규정한 시방서이다.
④ 시방서에는 사용재료의 시험검사방법, 시공의 일반사항 및 주의사항, 시공정밀도, 성능의 규정 및 지시 등을 기술한다.

[해설] 설계도면과 공사시방서에 상이점이 있을 때는 공사시방서가 우선한다.

정답 | 53 ② 54 ② 55 ① 56 ① 57 ② 58 ③ 59 ①

60 전체공사의 진척이 원활하며 공사의 시공 및 책임한계가 명확하여 공사관리가 쉽고 하도급의 선택이 용이한 도급제도는?

① 공정별분할도급 ② 일식도급
③ 단가도급 ④ 공구별분할도급

해설 일식도급은 공사비가 확정되고 책임한계가 명료하며 공사관리가 용이하다.

4과목
건설재료학

61 구리(Cu)와 주석(Sn)을 주체로 한 합금으로 주조성이 우수하고 내식성이 크며 건축장식철물 또는 미술공예 재료에 사용되는 것은?

① 청동 ② 황동
③ 양백 ④ 두랄루민

해설 **청동(青銅, Bronze)**
구리와 주석(Sn : 4~12%)의 합금으로 황동보다 주조성, 내식성이 크고 기계적 성질이 우수하며 내마모성이 높아 기계용품, 베어링, 밸브 등에 많이 사용된다.

62 시멘트가 시간의 경과에 따라 조직이 굳어져 최종강도에 이르기까지 강도가 서서히 커지는 상태를 무엇이라고 하는가?

① 중성화 ② 풍화
③ 응결 ④ 경화

해설 경화에 대한 설명이다.

63 목재와 철강재 양쪽 모두에 사용할 수 있는 도료가 아닌 것은?

① 래커에나멜 ② 유성페인트
③ 에나멜페인트 ④ 광명단

해설 광명단은 방청도료(Rust Proof Paint)로 금속의 부식을 막기 위해 사용되는 도료이다.

64 알루미늄과 그 합금 재료의 일반적인 성질에 관한 설명으로 옳지 않은 것은?

① 산, 알칼리에 강하다.
② 내화성이 작다.
③ 열·전기 전도성이 크다.
④ 비중이 철의 약 1/3이다.

해설 알루미늄 금속은 산, 알칼리에 약하다.

65 고온소성의 무수석고를 특별한 화학처리를 한 것으로 경화 후 아주 단단해지며 킨스시멘트라고도 하는 것은?

① 돌로마이터 플라스터 ② 스타코
③ 순석고 플라스터 ④ 경석고 플라스터

해설 무수석고에 경화 촉진제로서 화학처리한 것을 경석고 플라스터라 한다.

66 한중콘크리트의 계획배합 시 물결합재비는 원칙적으로 얼마 이하로 하여야 하는가?

① 50% ② 55%
③ 60% ④ 65%

해설 한중콘크리트는 일평균 기온 4℃ 이하일 때 타설하는 콘크리트로 물-시멘트비(W/C)를 60% 이하로 가급적 작게 한다.

67 열가소성 수지가 아닌 것은?

① 염화비닐수지 ② 초산비닐수지
③ 요소수지 ④ 폴리스티렌수지

해설 **열경화성 수지의 종류**
- 페놀수지
- 멜라민수지
- 실리콘수지
- 폴리우레탄수지
- 프란수지 등
- 요소수지
- 폴리에스테르수지
- 에폭시수지
- 불소수지

정답 | 60 ② 61 ① 62 ④ 63 ④ 64 ① 65 ④ 66 ③ 67 ③

68 비철금속에 관한 설명으로 옳은 것은?

① 알루미늄은 융점이 높기 때문에 용해주조도는 좋지 않으나 내화성이 우수하다.
② 황동은 동과 주석 또는 기타의 원소를 가하여 합금한 것으로, 청동과 비교하여 주조성이 우수하다.
③ 니켈은 아황산가스가 있는 공기에서는 부식되지 않지만, 수중에서는 색이 변한다.
④ 납은 내식성이 우수하고 방사선의 투과도가 낮아 건축에서 방사선 차폐용 벽체에 이용된다.

해설 납은 내식성이 우수하고 방사선의 투과도가 낮아 주로 방사선 차폐용 벽체에 이용된다.

69 건물의 바닥 충격음을 저감시키는 방법에 관한 설명으로 옳지 않은 것은?

① 완충재를 바닥 공간 사이에 넣는다.
② 부드러운 표면마감재를 사용하여 충격력을 작게 한다.
③ 바닥을 띄우는 이중바닥으로 한다.
④ 바닥슬래브의 중량을 작게 한다.

해설 층간소음을 예방하기 위해서는 바닥슬래브의 두께를 크게 한다.

70 목재의 건조에 관한 설명으로 옳지 않은 것은?

① 대기건조 시 통풍이 잘되게 세워 놓거나, 일정 간격으로 쌓아올려 건조시킨다.
② 마구리부분은 급격히 건조되면 갈라지기 쉬우므로 페인트 등으로 도장한다.
③ 인공건조법으로 건조 시 기간은 통상 약 5~6주 정도이다.
④ 고주파건조법은 고주파 에너지를 열에너지로 변화시켜 발열현상을 이용하여 건조한다.

해설 목재의 인공건조는 단시간에 이루어진다.

71 보통벽돌에 관한 설명으로 옳지 않은 것은?

① 일반적으로 잘 구워진 것일수록 치수가 작아지고 색이 옅어지며, 두드리면 탁음이 난다.
② 건축용 점토소성벽돌의 적색은 원료의 산화철 성분에서 기인한다.
③ 보통벽돌의 기본치수는 190×90×57mm이다.
④ 진흙을 빚어 소성하여 만든 벽돌로서 점토벽돌이라고도 한다.

해설 일반적으로 잘 구워진 것일수록 두드리면 맑은 음이 난다.

72 극장 및 영화관 등의 실내천장 또는 내벽에 붙여 음향조절 및 장식효과를 겸하는 재료는?

① 플로팅 보드
② 프린트 합판
③ 집성 목재
④ 코펜하겐 리브

해설 **코펜하겐 리브(Copenhagen Rib)**
- 보통 두께 30~50mm, 넓이 100mm 정도의 긴 판에 표면을 여러 가지 형태로 가공한 것이다.
- 독일 코펜하겐 극장에서 처음 사용했다고 붙여진 명칭으로 목재 루버라고도 부른다.
- 강당, 극장, 집회장 등의 벽이나 천장 등에 음향조절효과와 장식효과를 겸해서 사용한다.

73 물을 가한 후 24시간 이내에 보통포틀랜드 시멘트의 4주 강도 정도가 발현되며, 내화성이 풍부한 시멘트는?

① 팽창시멘트
② 중용열시멘트
③ 고로시멘트
④ 알루미나시멘트

해설 알루미나시멘트는 보크사이트(Bauxite, 알루미늄 원광석)와 석회석을 원료로 하여 만든 시멘트로서 조기에 강도가 나타난다.

74 콘크리트 타설 중 발생되는 재료분리에 대한 대책으로 가장 알맞은 것은?

① 굵은 골재의 최대치수를 크게 한다.
② 바이브레이터로 최대한 진동을 가한다.
③ 단위수량을 크게 한다.
④ AE제나 플라이애시 등을 사용한다.

해설 AE제나 플라이애시 등을 사용할 경우 재료분리를 예방할 수 있다.

75 방사선 차폐용 콘크리트 제작에 사용되는 골재로서 적합하지 않은 것은?

① 흑요석
② 적철광
③ 중정석
④ 자철광

[해설] 방사선 차폐용 콘크리트에는 자철광, 적철광, 중정석 등이 사용된다.

76 지하실 방수공사에 사용되며 아스팔트 펠트, 아스팔트 루핑 방수재료의 원료로 사용되는 것은?

① 스트레이트 아스팔트
② 블루운 아스팔트
③ 아스팔트 컴파운드
④ 아스팔트 프라이머

[해설] 스트레이트 아스팔트(Straight Asphalt)는 점착성·방수성·신장성은 풍부하지만 연화점이 비교적 낮아서 내후성이 약하다.

77 콘크리트의 워커빌리티에 영향을 주는 인자에 관한 설명으로 옳지 않은 것은?

① 단위수량이 많을수록 콘크리트의 컨시스턴시는 커진다.
② 일반적으로 부배합의 경우는 빈배합의 경우보다 콘크리트의 플라스티서티가 증가하므로 워커빌리티가 좋다고 할 수 있다.
③ AE제나 감수제에 의해 콘크리트 중에 연행된 미세한 공기는 볼베어링 작용을 통해 콘크리트의 워커빌리티를 개선한다.
④ 둥근 형상의 강자갈의 경우보다 편평하고 세장한 입형의 골재를 사용할 경우 워커빌리티가 개선된다.

[해설] 둥근 형상의 강자갈이 워커빌리티를 높여준다.

78 합판에 관한 설명으로 옳은 것은?

① 곡면 가공이 어렵다.
② 함수율의 변화에 따른 신축변형이 적다.
③ 2매 이상의 박판을 짝수배로 겹쳐 만든 것이다.
④ 합판 제조 시 목재의 손실이 많다.

[해설] 합판은 함수율의 변화에 따른 신축변형이 크다.

79 어떤 석재의 질량이 다음과 같을 때 이 석재의 표면건조 포화상태의 비중은?

- 공시체의 건조질량: 400g
- 공시체의 물속 질량: 300g
- 공시체의 침수 후 표면건조 포화상태의 질량: 450g

① 1.33
② 1.50
③ 2.67
④ 4.51

[해설] 표면건조포화상태 비중 = $\dfrac{건조질량}{(표면건조포화상태중량 - 수중중량)}$

$= \dfrac{400}{(450-300)} = 2.67$

80 돌로마이트 플라스터(dolomite plaster)에 관한 설명으로 옳지 않은 것은?

① 점성이 커서 풀이 필요 없다.
② 수경성 미장재료에 해당된다.
③ 회반죽에 비해 조기강도가 크다.
④ 냄새, 곰팡이가 없어 변색될 염려가 없다.

[해설] 돌로마이트 플라스터는 공기 중 이산화탄소(CO_2)와 작용하여 경화되는 기경성 미장재료에 속한다.

5과목
건설안전기술

81 다음 중 구조물의 해체작업을 위한 기계·기구가 아닌 것은?

① 쇄석기
② 데릭
③ 압쇄기
④ 철제 해머

[해설] 데릭은 양중작업을 위한 도구이다.

정답 | 75 ① 76 ① 77 ④ 78 ② 79 ③ 80 ② 81 ②

82 다음과 같은 조건에서 추락 시 로프의 지지점에서 최하단까지의 거리 h를 구하면 얼마인가?

- 로프 길이 150cm
- 로프 신율 30%
- 근로자 신장 170cm

① 2.8m ② 3.0m
③ 3.2m ④ 3.4m

해설 **최하사점 공식**

h = 로프의 길이(l) + 로프의 신장길이($l \cdot \alpha$) + 작업자 키의 $\frac{1}{2}(T/2)$

= 150cm + 150cm × 0.3 + 170cm/2
= 280cm

83 다음 셔블계 굴착장비 중 좁고 깊은 굴착에 가장 적합한 장비는?

① 드래그라인 ② 파워셔블
③ 백호 ④ 클램셸

해설 클램셸(Clam Shell)은 좁은 곳의 수직굴착에 유리하여 케이슨 내 굴삭, 우물통 기초 등에 적합하다.

84 포화도 80%, 함수비 28%, 흙 입자의 비중이 2.7일 때 공극비를 구하면?

① 0.940 ② 0.945
③ 0.950 ④ 0.955

해설 포화도, 공극비, 함수비 및 흙의 비중은 다음의 관계가 있다.
$Se = wG_s$

따라서, 공극비(e) = $\frac{wG_s}{S} = \frac{28 \times 2.7}{80} = 0.945$

85 산업안전보건관리비 중 안전관리자 등의 인건비 및 각종 업무수당 등의 항목에서 사용할 수 없는 내역은?

① 교통 통제를 위한 교통정리 신호수의 인건비
② 공사장 내에서 양중기·건설기계 등의 움직임으로 인한 위험으로부터 주변 작업자를 보호하기 위한 유도자 또는 신호자의 인건비
③ 전담 안전·보건관리자의 인건비
④ 고소작업대 작업 시 낙하물 위험예방을 위한 하부통제, 화기작업 시 화재감시 등 공사현장의 특성에 따라 근로자 보호만을 목적으로 배치된 유도자 및 신호자 또는 감시자의 인건비

해설 ①은 산업안전보건관리비로 사용할 수 없다.

86 시스템 비계를 사용하여 비계를 구성하는 경우에 준수하여야 할 사항으로 옳지 않은 것은?

① 수직재와 수직재의 연결철물은 이탈되지 않도록 견고한 구조로 할 것
② 수직재·수평재·가새재를 견고하게 연결하는 구조가 되도록 할 것
③ 수직재와 받침철물의 연결부 겹침길이는 받침철물 전체길이의 4분의 1 이상이 되도록 할 것
④ 수평재는 수직재와 직각으로 설치하여야 하며, 체결 후 흔들림이 없도록 견고하게 설치할 것

해설 시스템 비계 밑단의 수직재와 받침철물은 밀착되도록 설치하고 수직재와 받침철물의 연결부의 겹침길이는 받침철물 전체길이의 1/3 이상이 되도록 하여야 한다.

87 발파작업에 종사하는 근로자가 준수하여야 할 사항으로 옳지 않은 것은?

① 장전구는 마찰·충격·정전기 등에 의한 폭발의 위험이 없는 안전한 것을 사용할 것
② 발파공의 충진재료는 점토·모래 등 발화성 또는 인화성의 위험이 없는 재료를 사용할 것
③ 얼어붙은 다이나마이트는 화기에 접근시키거나 그 밖의 고열물에 직접 접촉시켜 단시간 안에 융해시킬 수 있도록 할 것
④ 전기뇌관에 의한 발파의 경우 점화하기 전에 화약류를 장전한 장소로부터 30[m] 이상 떨어진 안전한 장소에서 전선에 대하여 저항측정 및 도통시험을 할 것

해설 얼어붙은 다이나마이트는 화기에 접근시키거나 그 밖의 고열물에 직접 접촉시켜서는 안 된다.

88 다음 ( ) 안에 알맞은 수치는?

> 슬레이트, 선라이트(sunlight) 등 강도가 약한 재료로 덮은 지붕 위에서 작업을 할 때에 발이 빠지는 등 근로자가 위험해질 우려가 있는 경우 폭 ( ) 이상의 발판을 설치하거나 안전방망을 치는 등 위험을 방지하기 위하여 필요한 조치를 하여야 한다.

① 30cm
② 40cm
③ 50cm
④ 60cm

[해설] 슬레이트, 선라이트 등 강도가 약한 재료로 덮은 지붕 위에서 작업을 할 때에는 폭 30cm 이상의 발판을 설치해야 한다.

89 기상상태의 악화로 비계에서의 작업을 중지시킨 후 그 비계에서 작업을 다시 시작하기 전에 점검해야 할 사항에 해당하지 않는 것은?

① 기둥의 침하·변형·변위 또는 흔들림 상태
② 손잡이의 탈락 여부
③ 격벽의 설치 여부
④ 발판재료의 손상 여부 및 부착 또는 걸림 상태

[해설] **격벽**
위험물 건조설비의 열원으로 직화를 사용할 때 불꽃 등에 의한 화재를 예방하기 위해 설치하는 시설이다.

90 지반조사의 방법 중 지반을 강관으로 천공하고 토사를 채취 후 여러 가지 시험을 시행하여 지반의 토질 분포, 흙의 층상과 구성 등을 알 수 있는 것은?

① 보링
② 표준관입시험
③ 베인테스트
④ 평판재하시험

[해설] **보링(boring)**
지중에 구멍을 뚫고 시료를 채취하여 토층의 구성상태 등을 파악하는 지반조사 방법이다.

91 이동식 비계를 조립하여 작업을 하는 경우에 준수해야 할 사항과 거리가 먼 것은?

① 비계의 최상부에서 작업을 하는 경우에는 안전난간을 설치할 것
② 작업발판의 최대적재하중은 250kg을 초과하지 않도록 할 것
③ 승강용 사다리는 견고하게 설치할 것
④ 지주부재와 수평면과의 기울기를 75° 이하로 하고, 지주부재와 지주부재 사이를 고정시키는 보조부재를 설치할 것

[해설] 말비계의 조립 시 지주부재와 수평면과의 기울기를 75° 이하로 하고, 지주부재와 지주부재 사이를 고정시키는 보조부재를 설치해야 한다.

92 항타기 및 항발기를 조립하는 경우 점검하여야 할 사항이 아닌 것은?

① 과부하장치 및 제동장치의 이상 유무
② 권상장치의 브레이크 및 쐐기장치 기능의 이상 유무
③ 본체 연결부의 풀림 또는 손상의 유무
④ 권상기의 설치상태의 이상 유무

[해설] **항타기 및 항발기 조립 시 점검사항**
1. 본체 연결부의 풀림 또는 손상의 유무
2. 권상용 와이어로프·드럼 및 도르래의 부착상태의 이상 유무
3. 권상장치의 브레이크 및 쐐기장치 기능의 이상 유무
4. 권상기의 설치상태의 이상 유무
5. 버팀의 방법 및 고정상태의 이상 유무

93 콘크리트 구조물에 적용하는 해체작업 공법의 종류가 아닌 것은?

① 연삭 공법
② 발파 공법
③ 오픈 컷 공법
④ 유압 공법

[해설] 오픈 컷 공법은 굴착공법이다.

정답 | 88 ① 89 ③ 90 ① 91 ④ 92 ① 93 ③

94 다음에서 설명하고 있는 건설장비의 종류는?

> 앞뒤 두 개의 차륜이 있으며(2축 2륜), 각각의 차축의 평행으로 배치된 것으로 찰흙, 점성토 등의 두꺼운 흙을 다짐하는 데 적당하나 단단한 각재를 다지는 데는 부적당하며 머캐덤 롤러 다짐 후의 아스팔트 포장에 사용된다.

① 클램셸 ② 탠덤 롤러
③ 트랙터 셔블 ④ 드래그 라인

[해설] 2축 탠덤 롤러는 앞쪽에 단일 큰 직경 구동 롤과 뒤쪽에 단일 틸러 롤을 가지고 있고, 3축 탠덤 롤러는 앞쪽에 단일 큰 직경 구동 롤과 뒤쪽에 2개의 작은 직경 틸러 롤을 가지고 있다.

95 지반의 사면파괴 유형 중 유한사면의 종류가 아닌 것은?

① 사면내 파괴 ② 사면선단 파괴
③ 사면저부 파괴 ④ 직립사면 파괴

[해설] 지반의 사면파괴 유형 중 유한사면에 해당되는 형태에는 사면내 파괴, 사면 선단파괴, 사면저부 파괴가 해당된다.

96 가설구조물의 특징이 아닌 것은?

① 연결재가 적은 구조로 되기 쉽다.
② 부재결합이 불완전할 수 있다.
③ 영구적인 구조설계의 개념이 확실하게 적용된다.
④ 단면에 결함이 있기 쉽다.

[해설] 가설구조물은 임시구조물의 설계 개념이 적용된다.

97 차량계 하역운반기계에 화물을 적재할 때의 준수사항과 거리가 먼 것은?

① 하중이 한쪽으로 치우지지 않도록 적재할 것
② 구내운반차 또는 화물자동차의 경우 화물의 붕괴 또는 낙하에 의한 위험을 방지하기 위하여 화물에 로프를 거는 등 필요한 조치를 할 것
③ 운전자의 시야를 가리지 않도록 화물을 적재할 것
④ 제동장치 및 조종장치 기능의 이상 유무를 점검할 것

[해설] ④은 작업시작 전 점검사항이다.

98 기상상태의 악화로 비계에서의 작업을 중지시킨 후 그 비계에서 작업을 다시 시작하기 전에 점검해야 할 사항에 해당하지 않는 것은?

① 기둥의 침하·변형·변위 또는 흔들림 상태
② 손잡이의 탈락 여부
③ 격벽의 설치 여부
④ 발판재료의 손상 여부 및 부착 또는 걸림 상태

[해설] **격벽**
위험물 건조설비의 열원으로 직화를 사용할 때 불꽃 등에 의한 화재를 예방하기 위해 설치하는 시설이다.

99 안전난간은 구조적으로 가장 취약한 지점에서 가장 취약한 방향으로 작용하는 최소 얼마 이상의 하중에 견딜 수 있는 구조이어야 하는가?

① 100kg ② 150kg
③ 200kg ④ 250kg

[해설] 안전난간은 구조적으로 가장 취약한 지점에서 가장 취약한 방향으로 작용하는 100kg 이상의 하중에 견딜 수 있는 구조여야 한다.

100 토류벽에 거치된 어스 앵커의 인장력을 측정하기 위한 계측기는?

① 하중계 ② 변형계
③ 지하수위계 ④ 지중경사계

[해설] **하중계**
Strut, Earth Anchor에 설치하여 축하중 측정으로 부재의 안정성 여부 판단한다.

정답 | 94 ② 95 ④ 96 ③ 97 ④ 98 ③ 99 ① 100 ①

2024년 1회

※ 2020년 4회 이후 CBT로 출제된 기출문제는 개정된 출제기준과 해당 회차의 기출 키워드 등을 분석하여 복원하였습니다.

1과목 산업안전관리론

01 안전관리조직의 형태 중 라인스탭형에 대한 설명으로 틀린 것은?

① 대규모 사업장(1,000명 이상)에 효율적이다.
② 안전과 생산업무가 분리될 우려가 없기 때문에 균형을 유지할 수 있다.
③ 모든 안전관리 업무를 생산라인을 통하여 직선적으로 이루어지도록 편성된 조직이다.
④ 안전업무를 전문적으로 담당하는 스탭 및 생산라인의 각 계층에도 겸임 또는 전임의 안전담당자를 둔다.

[해설] 안전관리 업무가 직선적인 조직은 라인(Line)형 조직이다.

02 태풍, 지진 등의 천재지변이 발생한 경우나 이상상태 발생 시 기능상 이상 유·무에 대한 안전점검의 종류는?

① 일상안전점검 ② 정기안전점검
③ 수시안전점검 ④ 특별안전점검

[해설] **특별안전점검**
기계·기구의 신설 및 변경 시 고장, 수리 등에 의해 부정기적으로 실시하는 점검으로 안전강조기간 등에 실시하는 점검이다.

03 인간의 행동 특성에 관한 레빈(Lewin)의 법칙에서 각 인자에 대한 내용으로 틀린 것은?

$$B = f(P \cdot E)$$

① B : 행동 ② f : 함수관계
③ P : 개체 ④ E : 기술

[해설] 레빈(Lewin.k)의 법칙
$$B = f(P \cdot E)$$
여기서, B : behavior(인간의 행동)
f : function(함수관계)
P : person(개체 : 연령, 경험, 심신상태, 성격, 지능 등)
E : environment(심리적 환경 : 인간관계, 작업환경 등)

04 하인리히의 재해발생 원인 도미노이론에서 사고의 직접원인으로 옳은 것은?

① 통제의 부족 ② 관리 구조의 부적절
③ 불안전한 행동과 상태 ④ 유전과 환경적 영향

[해설] **하인리히(H.W. Heinrich)의 도미노 이론**
- 1단계 : 사회적 환경 및 유전적 요소(기초원인)
- 2단계 : 개인의 결함(간접원인)
- 3단계 : 불안전한 행동 및 불안전한 상태(직접원인) → 제거(효과적임)
- 4단계 : 사고
- 5단계 : 재해

05 적응기제(Adjustment Mechanism)의 도피적 행동인 고립에 해당하는 것은?

① 운동시합에서 진 선수가 컨디션이 좋지 않았다고 말한다.
② 키가 작은 사람이 키 큰 친구들과 같이 사진을 찍으려 하지 않는다.
③ 자녀가 없는 여교사가 아동교육에 전념하게 되었다.
④ 동생이 태어나자 형이 된 아이가 말을 더듬는다.

[해설] **도피적 기제(Escape Mechanism)**
욕구불만이나 압박으로부터 벗어나기 위해 현실을 벗어나 마음의 안정을 찾으려는 것
- 고립 • 퇴행
- 억압 • 백일몽

정답 | 01 ③ 02 ④ 03 ④ 04 ③ 05 ②

06 산업 재해의 발생 유형으로 볼 수 없는 것은?

① 지그재그형　　② 집중형
③ 연쇄형　　　　④ 복합형

> [해설] **재해(사고) 발생 시의 유형(모델)**
> 1. 단순자극형(집중형)
> 2. 연쇄형(사슬형)
> 3. 복합형

07 다음 중 산업심리의 5대 요소에 해당하지 않는 것은?

① 적성　　② 감정
③ 기질　　④ 동기

> [해설] 산업안전심리의 5대 요소는 습관, 동기, 기질, 감정, 습성이다.

08 산업안전보건법령상 근로자 안전·보건교육 중 채용 시의 교육 및 작업내용 변경 시의 교육 사항으로 옳은 것은?

① 물질안전보건자료에 관한 사항
② 건강증진 및 질병 예방에 관한 사항
③ 유해·위험 작업환경 관리에 관한 사항
④ 표준안전 작업방법 결정 및 지도·감독 요령에 관한 사항

> [해설] ② 근로자 정기안전보건교육에 관한 사항
> ③ 특수형태근로종사자에 대한 안전보건교육에 관한 사항
> ④ 관리감독자 정기안전보건교육에 관한 사항

09 산업안전보건법령상 관리감독자의 업무내용이 아닌 것은?

① 해당 작업에 관련되는 기계·기구 또는 설비의 안전·보건 점검 및 이상 유무의 확인
② 해당 사업장 산업보건의의 지도·조언에 대한 협조
③ 위험성평가를 위한 업무에 기인하는 유해·위험요인의 파악 및 그 결과에 따라 개선조치의 시행
④ 작성된 물질안전보건자료의 게시 또는 비치에 관한 보좌 및 조언·지도

> [해설] ④은 보건관리자의 업무에 해당한다.

10 산업안전보건법령상 안전모의 성능시험 항목 6가지 중 내관통성시험, 충격흡수성시험, 내전압성시험, 내수성시험 외의 나머지 2가지 성능시험 항목으로 옳은 것은?

① 난연성시험, 턱끈풀림시험
② 내한성시험, 내압박성시험
③ 내답발성시험, 내식성시험
④ 내산성시험, 난연성시험

> [해설] **안전모 성능시험 방법**
>
> | 항목 | 시험성능기준 |
> |---|---|
> | 난연성 | 모체가 불꽃을 내며 5초 이상 연소되지 않아야 한다. |
> | 턱끈풀림 | 150N 이상 250N 이하에서 턱끈이 풀려야 한다. |

11 Safe-T-score에 대한 설명으로 틀린 것은?

① 안전관리의 수행도를 평가하는 데 유용하다.
② 기업의 산업재해에 대한 과거와 현재의 안전성적을 비교 평가한 점수로 단위가 없다.
③ Safe-T-score가 +2.0 이상인 경우는 안전관리가 과거보다 좋아졌음을 나타낸다.
④ Safe-T-score가 +2.0 ~ -2.0 사이인 경우는 안전관리가 과거에 비해 심각한 차이가 없음을 나타낸다.

> [해설] Safe-T-Score가 +2.0 이상인 경우에는 안전관리가 과거보다 나빠졌음을 나타낸다.
>
> **세이프 티 스코어(Safe T. Score)**
> 과거와 현재의 안전성적을 비교, 평가하는 방법으로 단위가 없으며 계산 결과가 (+)면 나쁜 기록으로, (-)면 과거에 비해 좋은 기록으로 본다.

12 알더퍼(Alderfer)의 ERG 이론에 해당하지 않는 것은?

① 생존 욕구　　② 관계 욕구
③ 안전 욕구　　④ 성장 욕구

> [해설] **알더퍼(Alderfer)의 ERG 이론**
> - E(Existence) : 존재의 욕구
> - R(Relation) : 관계 욕구
> - G(Growth) : 성장 욕구

정답 | 06 ① 07 ① 08 ① 09 ④ 10 ① 11 ③ 12 ③

13 기억의 과정 중 과거의 학습경험을 통해서 학습된 행동이 현재와 미래에 지속되는 것을 무엇이라 하는가?

① 기명(memorizing)
② 파지(retention)
③ 재생(recall)
④ 재인(recognition)

해설 **파지(Retention)**
과거의 학습경험이 현재와 미래의 행동에 영향을 주는 작용이다.

14 누전차단장치 등과 같은 안전장치를 정해진 순서에 따라 작동시키고 동작상황의 양부를 확인하는 점검은?

① 외관점검
② 작동점검
③ 기술점검
④ 종합점검

해설 누전차단장치 등과 같은 안전장치를 정해진 순서에 따라 동작시키고 동작상황의 양부를 확인하는 점검을 작동점검이라고 한다.

15 평균 근로자 수가 1,000명인 사업장의 도수율이 10.25이고 강도율이 7.25이었을 때 이 사업장의 종합재해지수는?

① 7.62
② 8.62
③ 9.62
④ 10.62

해설 종합재해지수 $= \sqrt{도수율 \times 강도율}$
$= \sqrt{10.25 \times 7.25}$
$= 8.62$

16 KOSHA GUIDE(안전보건 기술지침)의 설명이 틀린 것은?

① 법령에서 정한 최소 수준이 아닌 더 높은 수준의 기술적 사항을 정리한 자료이다.
② 자율적 안전보건가이드이다.
③ 분류기준 D는 안전설계 지침이다
④ 법적 구속력이 있다.

해설 KOSHA GUIDE는 자율적 안전보건가이드로써 법적 구속력은 없다.

17 매슬로우(Maslow)의 욕구단계 이론 중 제2단계의 욕구에 해당하는 것은?

① 사회적 욕구
② 안전에 대한 욕구
③ 자아실현의 욕구
④ 존경과 긍지에 대한 욕구

해설 **매슬로우(Maslow)의 욕구단계이론**
1. 생리적 욕구
2. 안전의 욕구
3. 사회적 욕구
4. 자기존경의 욕구
5. 자아실현의 욕구

18 객관적인 위험을 자기 나름대로 판정해서 의지결정을 하고 행동에 옮기는 인간의 심리특성을 무엇이라고 하는가?

① 세이프 테이킹(Safe taking)
② 액션 테이킹(Action taking)
③ 리스크 테이킹(Risk taking)
④ 휴먼 테이킹(Human taking)

해설 **억측 판단(Risk Taking)**
위험을 부담하고 행동으로 옮기는 것

19 안전을 위한 동기부여로 옳지 않은 것은?

① 기능을 숙달시킨다.
② 경쟁과 협동을 유도한다.
③ 상벌제도를 합리적으로 시행한다.
④ 안전목표를 명확히 설정하여 주지시킨다.

해설 **안전에 대한 동기유발방법**
• 안전의 근본이념을 인식시킨다.
• 상과 벌을 준다.
• 동기유발의 최적수준을 유지한다.
• 목표를 설정한다.
• 결과를 알려준다.
• 경쟁과 협동을 유발시킨다.

정답 | 13 ② 14 ② 15 ② 16 ④ 17 ② 18 ③ 19 ①

20 파블로프(Pavlov)의 조건반사설에 의한 학습이론의 원리에 해당되지 않는 것은?

① 일관성의 원리   ② 시간의 원리
③ 강도의 원리   ④ 준비성의 원리

해설 **파블로프(Pavlov)의 조건반사설**
- 계속성의 원리(Continuity Principle)
- 일관성의 원리(Consistency Principle)
- 강도의 원리(Intensity Principle)
- 시간의 원리(Time Principle)

2과목
인간공학 및 시스템공학

21 FTA의 용도와 거리가 먼 것은?

① 고장의 원인을 연역적으로 찾을 수 있다.
② 시스템의 전체적인 구조를 그림으로 나타낼 수 있다.
③ 시스템에서 고장이 발생할 수 있는 부분을 쉽게 찾을 수 있다.
④ 구체적인 초기사건에 대하여 상향식 접근방식으로 재해경로를 분석하는 정량적 기법이다.

해설 **FTA의 특징**
1. Top down 형식(연역적)
2. 정량적 해석기법(컴퓨터 처리가 가능)
3. 논리기호를 사용한 특정사상에 대한 해석
4. 서식이 간단해서 비전문가도 짧은 훈련으로 사용할 수 있다.
5. Human Error의 검출이 어렵다.

22 인간공학적인 의자설계를 위한 일반적 원칙으로 적절하지 않은 것은?

① 척추의 허리부분은 요부전만을 유지한다.
② 허리 강화를 위하여 쿠션은 설치하지 않는다.
③ 좌판의 앞 모서리 부분은 5[cm] 정도 낮아야 한다.
④ 좌판과 등받이 사이의 각도는 90~105[°]를 유지 하도록 한다.

해설 **의자설계 원칙**
- 요부전만(腰部前彎)을 유지한다.
- 디스크가 받는 압력을 줄인다.
- 등근육의 정적 부하를 줄인다.
- 자세고정을 줄인다.
- 쉽고 간편하게 조절할 수 있도록 설계한다.
- 의자 좌판의 각도는 3도, 등판의 각도는 100도가 몸통에 안정적이다.

23 FT도에 사용되는 논리기호 중 AND 게이트에 해당하는 것은?

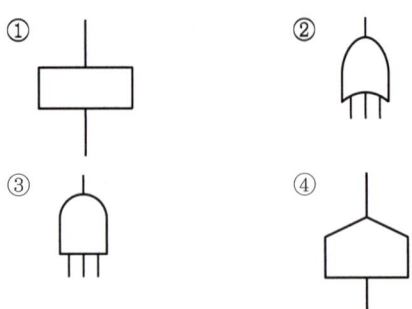

해설 **FTA에 사용되는 논리기호 및 사상기호**

기호	명칭	설명
출력 입력	AND 게이트 (n논리기호)	모든 입력사상이 공존할 때 출력 사상이 발생한다.

24 다음 설명에 해당하는 설비보전방식은?

"설비를 항상 정상, 양호한 상태로 유지하기 위한 정기적인 검사와 초기 단계에서 성능의 저하나 고장을 제거하거나 조정(調整) 또는 수복(修復)하기 위한 설비의 보수 활동을 의미한다."

① 예방보전(Preventive Maintenance)
② 보전예방(Maintenance Prevention)
③ 개량보전(Corrective Maintenance)
④ 사후보전(Break-down Maintenance)

해설 **예방보전(Preventive Maintenance)**
설비를 항상 정상, 양호한 상태로 유지하기 위한 정기적인 검사와 초기의 단계에서 성능의 저하나 고장을 제거하거나 조정 또는 수복하기 위한 설비의 보수 활동을 의미한다.

정답 | 20 ④ 21 ④ 22 ② 23 ③ 24 ①

25 공간 배치의 원칙에 해당되지 않는 것은?

① 중요성의 원칙 ② 다양성의 원칙
③ 사용빈도의 원칙 ④ 기능별 배치의 원칙

해설 **부품배치의 원칙**
- 중요성의 원칙
- 사용빈도의 원칙
- 기능별 배치의 원칙
- 사용순서의 원칙

26 다음 중 열교환(Heat Exchange)의 경로에 관한 설명으로 틀린 것은?

① 전도(Conduction)는 고체나 유체의 직접 접촉에 의한 열전달이다.
② 대류(Convection)는 고온의 액체나 기체의 흐름에 의한 열전달이다.
③ 복사(Radiation)는 물체 사이에서 전자파의 복사에 의한 열전달이다.
④ 증발(Evaporation)은 공기온도가 피부온도보다 높을 때 발생하는 열전달이다.

해설 증발은 공기온도가 피부온도보다 낮을 때 발생하는 열전달이다.

27 FT도에 의한 컷셋(Cut set)이 다음과 같이 구해졌을 때 최소 컷셋(Minimal cut set)으로 맞는 것은?

- (X_1, X_3)
- (X_1, X_2, X_3)
- (X_1, X_3, X_4)

① (X_1, X_3) ② (X_1, X_2, X_3)
③ (X_1, X_3, X_4) ④ (X_1, X_2, X_3, X_4)

해설 3개의 컷셋 중 공통된 컷셋이 (X_1, X_3)이므로 최소 컷셋은 (X_1, X_3)가 된다.

28 조종장치의 촉각적 암호화를 위하여 고려하는 특성이 아닌 것은?

① 형상 ② 무게
③ 크기 ④ 표면 촉감

해설 **조종장치의 촉각적 암호화**
- 표면 촉감을 사용하는 경우
- 형상을 구별하는 경우
- 크기를 구별하는 경우

29 동전던지기에서 앞면이 나올 확률이 0.2이고, 뒷면이 나올 확률이 0.8일 때, 앞면이 나올 확률의 정보량과 뒷면이 나올 확률의 정보량이 맞게 연결된 것은?

① 앞면 : 약 2.32bit, 뒷면 : 약 0.32bit
② 앞면 : 약 2.32bit, 뒷면 : 약 1.32bit
③ 앞면 : 약 3.32bit, 뒷면 : 약 0.32bit
④ 앞면 : 약 3.32bit, 뒷면 : 약 1.52bit

해설
- 앞면의 정보량 = $\log_2(1/0.2) = 2.32$bit
- 뒷면의 정보량 = $\log_2(1/0.8) = 0.32$bit

30 반경 10cm인 조종구(ball control)를 30° 움직였을 때, 표시장치가 2cm 이동하였다면 통제표시비(C/R 비)는 약 얼마인가?

① 1.3 ② 2.6
③ 5.2 ④ 7.8

해설 **통제표시비**

$$\frac{C}{R} = \frac{통제기기의\ 변위량}{표시계기지침의\ 변위량}$$

$$= \frac{\frac{\alpha}{360} \times 2\pi D}{표시계기지침의\ 변위량}$$

$$= \frac{\frac{30}{360} \times 2 \times \pi \times D}{2} = 2.62$$

정답 | 25 ② 26 ④ 27 ① 28 ② 29 ① 30 ②

31 다음의 FT도에서 몇 개의 미니멀 패스셋(Minimal Path Sets)이 존재하는가?

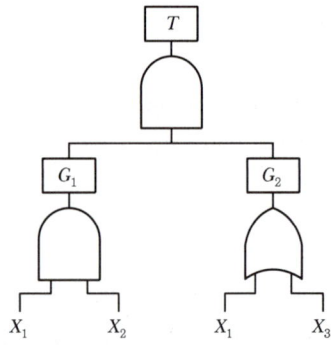

① 1개 ② 2개
③ 3개 ④ 4개

해설 | 패스셋은 컷셋 결합 게이트들을 반대로(AND<=>OR) 변환하여 구한다.
$T = G_1 + G_2 = X_1 + X_2 + X_1 \cdot X_3$
∴ 미니멀 패스셋 : $X_1, X_2, X_1 \cdot X_3$
총 3개

32 거리가 있는 한 물체에 대한 약간 다른 상이 두 눈의 망막에 맺힐 때, 이것을 구별할 수 있는 능력은?

① Vernier acuity
② Stereoscopic acuity
③ Dynamic visual acuity
④ Minimum perceptible acuity

해설 | **입체시력(Stereoscopic acuity)**
거리가 있는 한 물체에 대한 약간 다른 상이 두 눈의 망막에 맺힐 때, 이것을 구별할 수 있는 능력을 말한다.

33 단일 차원의 시각적 암호 중 구성암호, 영문자암호, 숫자암호에 대하여 암호로서의 성능이 가장 좋은 것부터 배열한 것은?

① 숫자암호 → 영문자암호 → 구성암호
② 구성암호 → 숫자암호 → 영문자암호
③ 영문자암호 → 숫자암호 → 구성암호
④ 영문자암호 → 구성암호 → 숫자암호

해설 | **시각적 암호 성능**
숫자 → 영문자 → 기하적 형상 → 구성 → 색

34 다수의 표시장치(디스플레이)를 수평으로 배열할 경우 해당 제어장치를 각각의 표시장치 아래에 배치하면 좋아지는 양립성의 종류는?

① 공간 양립성   ② 운동 양립성
③ 개념 양립성   ④ 양식 양립성

해설 | **공간적 양립성**
어떤 사물들, 특히 표시장치나 조정장치의 물리적 형태나 공간적인 배치의 양립성을 말한다.

35 위험조정을 위해 필요한 방법으로 틀린 것은?

① 위험보류(Retention)   ② 위험감축(Reduction)
③ 위험회피(Avoidance)   ④ 위험확인(Confirmation)

해설 | **리스크(Risk) 통제방법(조정기술)**
· 회피(Avoidance)
· 경감, 감축(Reduction)
· 보류(Retention)
· 전가(Transfer)

36 점광원(point source)에서 표면에 비추는 조도(lux)의 크기를 나타내는 식으로 옳은 것은? (단, D는 광원으로부터의 거리를 말한다.)

① $\dfrac{광도(fc)}{D^2(m^2)}$ ② $\dfrac{광도(lm)}{D(m)}$

③ $\dfrac{광속(lumen)}{D^2(m^2)}$ ④ $\dfrac{광도(fL)}{D(m)}$

해설 | **조도(Illuminance)**
물체의 표면에 도달하는 빛의 양(밀도)을 의미(단위 : [lux])
$조도(lux) = \dfrac{광속(lumen)}{거리(m)^2}$

정답 | 31 ③ 32 ② 33 ① 34 ① 35 ④ 36 ③

37 국제노동기구(ILO)에서 구분한 "일시 전노동 불능"에 관한 설명으로 옳은 것은?

① 부상의 결과로 근로기능을 완전히 잃은 부상
② 부상의 결과로 신체의 일부가 근로기능을 완전히 상실한 부상
③ 의사의 소견에 따라 일정 기간 동안 노동에 종사할 수 없는 상해
④ 의사의 소견에 따라 일시적으로 근로시간 중 치료를 받는 정도의 상해

해설 ① 영구 전노동불능 상해
② 영구 일부노동불능 상해
④ 해당하는 상해 분류는 없다.

38 다음 중 제조나 생산과정에서의 품질관리 미비로 생기는 고장으로, 점검작업이나 시운전으로 예방할 수 있는 고장은?

① 초기고장 ② 마모고장
③ 우발고장 ④ 평상고장

해설 초기고장은 시운전만으로도 예방이 가능하다.

39 안전색채와 표시사항이 맞게 연결된 것은?

① 녹색 – 안내표시 ② 황색 – 금지표시
③ 적색 – 경고표시 ④ 회색 – 지시표시

해설 **안전색채와 표시사항**
· 안내표지 : 녹색
· 지시표지 : 청색
· 경고표지 : 황색
· 금지표지 : 적색

40 정보를 전송하기 위해 청각적 표시장치를 이용하는 것이 바람직한 경우로 적합한 것은?

① 전언이 복잡한 경우
② 전언이 이후에 재참조되는 경우
③ 전언이 공간적인 사건을 다루는 경우
④ 전언이 즉각적인 행동을 요구하는 경우

해설 전언이 즉각적인 행동을 요구하는 경우 청각적 표시장치가 유리하다.

3과목
건설시공학

41 다음과 같은 조건에서 콘크리트의 압축강도를 시험하지 않을 경우 거푸집널의 해체시기로 옳은 것은? (단, 기초, 보, 기둥 및 벽의 측면이다.)

· 조강포틀랜드 시멘트 사용
· 평균기온 20℃ 이상

① 2일 ② 3일
③ 4일 ④ 6일

해설 콘크리트 압축강도를 시험하지 않을 경우 해체시기(기초, 보 옆, 기둥 및 보의 측벽)

평균 기온 \ 시멘트의 종류	조강 포틀랜드 시멘트	보통포틀랜드 시멘트 고로슬래그 시멘트(특급) 포틀랜드포졸란 시멘트(A종) 플라이애시 시멘트(A종)	고로슬래그 시멘트 포틀랜드포졸란 시멘트(B종) 플라이애시 시멘트(B종)
20℃ 이상	2일	4일	5일
20℃ 미만 10℃ 이상	3일	6일	8일

42 기초하부의 먹매김을 용이하게 하기 위하여 60mm 정도의 두께로 강도가 낮은 콘크리트를 타설하여 만든 것은?

① 밑창콘크리트 ② 매스콘크리트
③ 제자리콘크리트 ④ 잡석지정

해설 밑창콘크리트 지정공사 시 콘크리트 설계기준강도는 15MPa 이상의 것을 두께 60mm 정도로 설계한다.

43 지반조사 방법 중 보링에 관한 설명으로 옳지 않은 것은?

① 보링은 지질이나 지층의 상태를 깊은 곳까지도 정확하게 확인할 수 있다.
② 회전식 보링은 불교란시료 채취, 암석 채취 등에 많이 쓰인다.
③ 충격식 보링은 토사를 분쇄하지 않고 연속적으로 채취할 수 있으므로 가장 정확한 방법이다.
④ 수세식 보링은 30m까지의 연질층에 주로 쓰인다.

해설 충격식 보링은 와이어로프 끝에 부착된 충격날을 낙하시켜 암석이나 토사를 분쇄하여 천공하는 방법이다.

44 연약지반 개량공법 중 동결공법의 특징이 아닌 것은?

① 동토의 역학적 강도가 우수하다.
② 지하수 오염과 같은 공해 우려가 있다.
③ 동토의 차수성과 부착력이 크다.
④ 동토형성에는 일정 기간이 필요하다.

해설 동결공법은 공해 우려가 없는 예방공법이다.

45 기계가 서 있는 위치보다 낮은 곳, 넓은 범위의 굴착에 주로 사용되며 주로 수로, 골재 채취에 많이 이용되는 기계는?

① 드래그 셔블
② 드래그 라인
③ 로더
④ 캐리올 스크레이퍼

해설 드래그 라인(Drag Line)
굴삭기가 위치한 지면보다 낮은 장소를 굴삭하는 데 사용하는 기계이다.

46 흙을 이김에 따라 약해지는 정도를 표시한 것은?

① 간극비
② 함수비
③ 포화도
④ 예민비

해설 예민비

예민비 = $\dfrac{\text{자연시료(흐트러지지 않은 시료)의 강도}}{\text{이긴 시료(흐트러진 시료)의 강도}}$ 이며,

1. 모래의 예민비는 1에 가까움
2. 점토의 예민비는 4~10 정도
3. 예민비가 4 이상일 경우 예민비가 크다고 함

47 도급계약서에 첨부하지 않아도 되는 서류는?

① 설계도면
② 공사시방서
③ 시공계획서
④ 현장설명서

해설 도급계약서에 첨부하는 서류에는 설계도면, 공사시방서, 현장설명서 등이 해당된다.

48 굴착, 상차, 운반, 정지 작업 등을 할 수 있는 기계로, 대량의 토사를 고속으로 운반하는 데 적당한 기계는?

① 불도저
② 앵글도저
③ 로더
④ 캐리올 스크레이퍼

해설 스크레이퍼(Scraper)
굴삭, 싣기, 운반, 부설 등 4가지 작업을 연속할 수 있는 대량 토공작업 기계로 잔토반출이 중장거리인 경우 사용한다.

49 파헤쳐진 흙을 담아 올리거나 이동하는 데 사용하는 기계로 셔블, 버킷을 장착한 트랙터 또는 크롤러 형태의 기계는?

① 불도저
② 앵글도저
③ 로더
④ 파워셔블

해설 로더(Loader)
절토된 흙을 덤프트럭에 담아 올리거나 이동하는 데 사용되는 건설기계이다.

50 강구조물 제작 시 마킹(금긋기)에 관한 설명으로 옳지 않은 것은?

① 강판 절단이나 형강 절단 등, 외형 절단을 선행하는 부재는 미리 부재 모양별로 마킹 기준을 정해야 한다.
② 마킹검사는 띠철이나 형판 또는 자동가공기(CNC)를 사용하여 정확히 마킹되었는가를 확인한다.
③ 주요 부재의 강판에 마킹할 때에는 펀치(punch) 등을 사용한다.
④ 마킹 시 용접열에 의한 수축 여유를 고려하여 최종 교정, 다듬질 후 정확한 치수를 확보할 수 있도록 조치해야 한다.

해설 펀치는 철골의 가공작업에 사용된다.

정답 | 43 ③ 44 ② 45 ② 46 ④ 47 ③ 48 ④ 49 ③ 50 ③

51 철골공사에서 쓰는 내화피복 공법의 종류가 아닌 것은?

① 성형판 붙임공법 ② 뿜칠공법
③ 미장공법 ④ 나중매입공법

해설 철골의 내화피복 공법
1. 습식 내화피복 공법
   - 타설공법 : 경량콘크리트, 보통콘크리트 등을 철골 둘레에 타설
   - 뿜칠공법 : 강재에 석면, 질석, 암면 등 혼합재료를 뿜칠함
   - 조적공법 : 벽돌, 블록, 석재 등으로 강재 둘레에 조적하는 공법
   - 미장공법 : 내화 단열성 모르타르로 미장
2. 건식 내화피복 공법(성형판 붙임공법)
   - PC판, ALC판, 석면규산칼슘판, 석면 성형판 등을 사용
   - 주로 기둥과 보의 내화피복에 사용

52 주문받은 건설업자가 대상 계획의 기업, 금융, 토지, 조달, 설계, 시공 등을 포괄하는 도급계약방식을 무엇이라 하는가?

① 실비청산 보수가산도급
② 정액도급
③ 공동도급
④ 턴키도급

해설 턴키도급(Turn-key contract)
도급자가 공사의 계획, 금융, 토지확보, 설계, 시공, 기계 가구 설치, 시운전, 조업지도, 유지관리까지 모든 것을 제공한 후 발주자에게 완전한 시설물을 인계하는 방식이다.

53 토질시험 중 흙 속에 수분이 거의 없고 바삭바삭한 상태의 정도를 알아보기 위한 것은?

① 함수비 시험 ② 소성한계시험
③ 액성한계시험 ④ 압밀시험

해설 소성한계시험은 흙의 바삭바삭한 상태의 정도를 알아보기 위한 시험이다.

54 철골공사에 관한 설명으로 옳지 않은 것은?

① 현장용접 시 기온과 관계없이 부재를 예열하지 않는다.
② 세우기 장비는 철골구조의 형태 및 총중량을 고려한다.
③ 철골 세우기는 가조립 후 변형 바로잡기를 한다.
④ 가조립 시 최소 2개 이상 가볼트 조임한다.

해설 현장용접 시 부재를 예열하여 용접결함을 줄인다.

55 경쟁입찰에서 예정가격 이하의 최저가격으로 입찰한 자 순으로 당해계약 이행능력을 심사하여 낙찰자를 선정하는 방식은?

① 제한적 평균가 낙찰제 ② 적격심사제
③ 최적격 낙찰제 ④ 부찰제

해설 적격심사제
경쟁입찰에서 예정가격 이하의 최저가격으로 입찰한 자 순으로 당해계약 이행능력을 심사하여 낙찰자를 선정하는 방식이다.

56 대형봉상진동기를 진동과 워터젯에 의해 소정의 깊이까지 삽입하고 모래를 진동시켜 지반을 다지는 연약지반 개량공법은?

① 고결안정공법 ② 인공동결공법
③ 전기화학공법 ④ Vibro Flotation 공법

해설 바이브로 플로테이션(Vibro Flotation) 공법은 사질토 연약지반 개량에 적합한 공법이다.

57 건축물의 철근 조립 순서로서 옳은 것은?

① 기초 → 기둥 → 보 → slab → 벽 → 계단
② 기초 → 기둥 → 벽 → slab → 보 → 계단
③ 기초 → 기둥 → 벽 → 보 → slab → 계단
④ 기초 → 기둥 → slab → 보 → 벽 → 계단

해설 철근콘크리트 구조물(RC조)에서 철근의 조립순서
기초 → 기둥 → 벽 → 보 → 바닥판(slab) → 계단

58 거푸집 공사에서 거푸집 상호 간의 간격을 유지하는 것으로서 보통 철근제, 파이프제를 사용하는 것은?

① 데크 플레이트(Deck plate)
② 격리제(Separator)
③ 박리제(Form oil)
④ 캠버(Camber)

해설 격리제(Separator)는 거푸집 상호 간의 간격을 유지하는 역할을 한다.

정답 | 51 ④ 52 ④ 53 ② 54 ① 55 ② 56 ④ 57 ③ 58 ②

59 KCS에 따른 철근 가공 및 이음 기준에 관한 내용으로 옳지 않은 것은?

① 철근은 상온에서 가공하는 것을 원칙으로 한다.
② 철근상세도에 철근의 구부리는 내면 반지름이 표시되어 있지 않은 때에는 콘크리트 구조설계기준에 규정된 구부림의 최소 내면 반지름 이상으로 철근을 구부려야 한다.
③ D32 이하의 철근은 겹침이음을 할 수 없다.
④ 장래의 이음에 대비하여 구조물로부터 노출시켜 놓은 철근은 손상이나 부식이 생기지 않도록 보호하여야 한다.

해설 D32 이하의 철근은 겹침이음이 가능하다.

60 시트 파일(Sheet pile)이 쓰이는 공사로 옳은 것은?

① 마감공사 ② 구조체공사
③ 기초공사 ④ 토공사

해설 시트 파일은 토공사(흙막이 공사)에 사용된다.

4과목
건설재료학

61 다음 중 천연석에 해당되지 않는 것은?

① 트래버틴 ② 대리석
③ 화강석   ④ 테라조

해설 테라조는 대리석, 화강석 등을 종석으로 하여 시멘트와 혼합하여 시공하고 경화 후 가공 연마하여 미려한 광택을 갖도록 마감한 것이다.

62 시멘트의 안정성 시험에 해당하는 것은?

① 슬럼프 시험
② 브레인 시험
③ 길모아 시험
④ 오토클레이브 팽창도 시험

해설 시멘트의 안전성 측정은 오토클레이브 팽창도 시험방법으로 행한다.

63 석고보드공사에 관한 설명으로 옳지 않은 것은?

① 석고보드는 두께 9.5mm 이상의 것을 사용한다.
② 목조 바탕의 띠장 간격은 200mm 내외로 한다.
③ 경량철골 바탕의 칸막이벽 등에서는 기둥, 샛기둥의 간격을 450mm 내외로 한다.
④ 석고보드용 평머리못 및 기타 설치용 철물은 용융아연 도금 또는 유니크롬 도금이 된 것으로 한다.

해설 목조 바탕의 띠장 간격은 400mm 내외로 한다.

64 건설 구조용으로 사용하고 있는 각 재료에 관한 설명으로 옳지 않은 것은?

① 레진 콘크리트는 결합재로 시멘트, 폴리머와 경화제를 혼합한 액상 수지를 골재와 배합하여 제조한다.
② 섬유보강콘크리트는 콘크리트의 인장강도와 균열에 대한 저항성을 높이고 인성을 대폭 개선시킬 목적으로 만든 복합재료이다.
③ 폴리머 함침 콘크리트는 미리 성형한 콘크리트에 액상의 폴리머 원료를 침투시켜 그 상태에서 고결시킨 콘크리트이다.
④ 폴리머시멘트 콘크리트는 시멘트와 폴리머를 혼합하여 결합재로 사용한 콘크리트이다.

해설 레진 콘크리트
보통 콘크리트에 비해 강도, 내구성, 내약품성이 뛰어나다.

65 콘크리트의 워커빌리티에 영향을 주는 인자에 관한 설명으로 옳지 않은 것은?

① 단위수량이 많을수록 콘크리트의 컨시스턴시는 커진다.
② 일반적으로 부배합의 경우는 빈배합의 경우보다 콘크리트의 플라스티서티가 증가하므로 워커빌리티가 좋다고 할 수 있다.
③ AE제나 감수제에 의해 콘크리트 중에 연행된 미세한 공기는 볼베어링 작용을 통해 콘크리트의 워커빌리티를 개선한다.
④ 둥근 형상의 강자갈의 경우보다 편평하고 세장한 입형의 골재를 사용할 경우 워커빌리티가 개선된다.

해설 둥근 형상의 강자갈이 워커빌리티를 높여준다.

정답 | 59 ③ 60 ④ 61 ④ 62 ④ 63 ② 64 ① 65 ④

66 발포제로서 보드상으로 성형하여 단열재로 널리 사용되며 천장재, 전기용품 등에도 쓰이는 열가소성 수지는?

① 폴리스티렌수지　② 실리콘수지
③ 폴리에스테르수지　④ 요소수지

해설 폴리스티렌수지는 발포 보온판(스티로폼)의 주원료, 벽타일, 천장재, 블라인드, 도료, 전기용품 등에 사용된다.

67 두꺼운 아스팔트 루핑을 4각형 또는 6각형 등으로 절단하여 경사지붕재로 사용되는 것은?

① 아스팔트 싱글　② 망상 루핑
③ 아스팔트 시트　④ 석면 아스팔트 펠트

해설 아스팔트 싱글은 두꺼운 아스팔트 루핑을 4각형 또는 6각형 등으로 절단하여 만든 것으로 주로 경사지붕재로 사용한다.

68 건물의 바닥 충격음을 저감시키는 방법에 관한 설명으로 옳지 않은 것은?

① 완충재를 바닥 공간 사이에 넣는다.
② 부드러운 표면마감재를 사용하여 충격력을 작게 한다.
③ 바닥을 띄우는 이중바닥으로 한다.
④ 바닥슬래브의 중량을 작게 한다.

해설 층간소음을 예방하기 위해서는 바닥슬래브의 두께를 크게 한다.

69 미장공사에서 코너비드가 사용되는 곳은?

① 계단손잡이　② 기둥의 모서리
③ 거푸집 가장자리　④ 화장실 칸막이

해설 코너비드는 기둥, 벽 등의 모서리를 보호하기 위하여 미장 바름질할 때 붙이는 보호용 철물이다.

70 콘크리트에 사용하는 혼화제 중 AE제의 특징으로 옳지 않은 것은?

① 워커빌리티를 개선시킨다.
② 블리딩을 감소시킨다.
③ 마모에 대한 저항성을 증대시킨다.
④ 압축강도를 증가시킨다.

해설 AE제를 혼합하면 공기량 증가로 콘크리트의 시공연도, 워커빌리티가 향상되며, 물시멘트비(W/C)가 감소되고 콘크리트 내구성 향상 및 동결에 대한 저항성이 증대된다.

71 내열성이 매우 우수하며 물을 튀기는 발수성을 가지고 있어서 방수재료는 물론 개스킷, 패킹, 전기절연재, 기타 성형품의 원료로 이용되는 합성수지는?

① 멜라민 수지　② 페놀 수지
③ 실리콘 수지　④ 폴리에틸렌 수지

해설 실리콘 수지(Silicon Resin)는 내열성(−80~250℃)이 우수하고, 내수성·발수성이 좋으며 전기절연성이 좋다.

72 미장재료 중 돌로마이트 플라스터에 관한 설명으로 옳지 않은 것은?

① 돌로마이트에 모래, 여물을 섞어 반죽한 것이다.
② 소석회보다 점성이 크다.
③ 회반죽에 비하여 최종강도는 작고 착색이 어렵다.
④ 건조수축이 커서 균열이 생기기 쉽다.

해설 **돌로마이트 플라스터(Dolomite Plaster)(KSF 3508)**
건조 수축이 커 균열이 쉬우며, 습기 및 물에 약해 환기가 잘 안 되는 지하실 등에서는 사용을 지양한다.

73 유기천연섬유 또는 석면섬유를 결합한 원지에 연질의 스트레이트 아스팔트를 침투시킨 것으로 아스팔트방수 중간층재로 사용되는 것은?

① 아스팔트 펠트　② 아스팔트 컴파운드
③ 아스팔트 프라이머　④ 아스팔트 루핑

해설 **아스팔트 펠트(Asphalt Felt)**
목면이나 양모 등에 연질의 스트레이트 아스팔트를 도포한 후 가열·용융하여 흡수시킨 것이다.

정답 | 66 ① 67 ① 68 ④ 69 ② 70 ④ 71 ③ 72 ③ 73 ①

74 다음 시멘트 조정화합물 중 수화속도가 느리고 수화열도 작게 해주는 성분은?

① 규산 3칼슘
② 규산 2칼슘
③ 알루민산 3칼슘
④ 알루민산 4칼슘

해설) 규산 2칼슘은 수화속도와 수화열을 조절해 주는 성분이다.

75 열가소성 수지가 아닌 것은?

① 염화비닐수지
② 초산비닐수지
③ 요소수지
④ 폴리스티렌수지

해설) **열경화성 수지의 종류**
- 페놀수지
- 요소수지
- 멜라민수지
- 폴리에스테르수지
- 실리콘수지
- 에폭시수지
- 폴리우레탄수지
- 불소수지
- 프란수지 등

76 점토광물 중 적갈색으로 내화성이 부족하고 보통벽돌, 기와, 토관의 원료로 사용되는 것은?

① 석기점토
② 사질점토
③ 내화점토
④ 자토

해설) 사질점토는 보통벽돌, 기와, 토관의 원료로 사용된다.

77 벽돌면 내벽의 시멘트 모르타르 바름두께 표준으로 옳은 것은?

① 24mm
② 18mm
③ 15mm
④ 12mm

해설) 벽돌면 내벽의 시멘트 모르타르 바름두께는 18mm이다.

78 경화제를 필요로 하는 접착제로서 그 양의 다소에 따라 접착력이 좌우되며 내산, 내알칼리, 내수성이 뛰어나고 금속 접착에 특히 좋은 것은?

① 멜라민수지 접착제
② 페놀수지 접착제
③ 에폭시수지 접착제
④ 프란수지 접착제

해설) **에폭시수지(Epoxy Resin)**
내약품성, 내열성이 뛰어나고 산·알칼리에 강하여 금속, 유리, 플라스틱, 도자기, 목재, 고무 등의 접착제와 도료의 원료로 사용한다.

79 극장 및 영화관 등의 실내천장 또는 내벽에 붙여 음향조절 및 장식효과를 겸하는 재료는?

① 플로팅 보드
② 프린트 합판
③ 집성 목재
④ 코펜하겐 리브

해설) 코펜하겐 리브(Copenhagen Rib)는 강당, 극장, 집회장 등의 벽이나 천장 등에 음향조절효과와 장식효과를 겸해서 사용한다.

80 방사선 차폐용 콘크리트 제작에 사용되는 골재로서 적합하지 않은 것은?

① 흑요석
② 적철광
③ 중정석
④ 자철광

해설) 방사선 차폐용 콘크리트에는 자철광, 적철광, 중정석 등이 사용된다.

정답 | 74 ② 75 ③ 76 ② 77 ② 78 ③ 79 ④ 80 ①

5과목 건설안전기술

81 사다리식 통로 등을 설치하는 경우 준수해야 할 기준으로 옳지 않은 것은?

① 접이식 사다리 기둥은 사용 시 접히거나 펼쳐지지 않도록 철물 등을 사용하여 견고하게 조치할 것
② 발판과 벽과의 사이는 25cm 이상의 간격을 유지할 것
③ 폭은 30cm 이상으로 할 것
④ 사다리식 통로의 길이가 10m 이상인 경우에는 5m 이내마다 계단참을 설치할 것

[해설] 사다리식 통로에서 발판과 벽의 사이는 15cm 이상의 간격을 유지해야 한다.

82 높이 2m를 초과하는 말비계를 조립하여 사용하는 경우 작업발판의 최소 폭 기준으로 옳은 것은?

① 20cm 이상 ② 30cm 이상
③ 40cm 이상 ④ 50cm 이상

[해설] 높이 2m를 초과하는 말비계를 조립하여 사용하는 경우 작업발판의 폭은 40cm 이상이어야 한다.

83 크레인의 종류가 아닌 것은?

① 지브크레인 ② 셔블크레인
③ 천정크레인 ④ 갠트리크레인

[해설] 셔블크레인은 굴착기의 한 종류이다.

84 작업발판 및 통로의 끝이나 개구부로서 근로자가 추락할 위험이 있는 장소에서의 방호조치로 옳지 않은 것은?

① 안전난간 설치 ② 와이어로프 설치
③ 울타리 설치 ④ 수직형 추락방호망 설치

[해설] 근로자가 추락할 위험이 있는 장소에는 안전난간, 울타리, 수직형 추락방호망 등을 설치해야 한다.

85 산업안전보건관리비의 사용 항목에 해당하지 않는 것은?

① 안전시설비
② 개인보호구 구입비
③ 접대비
④ 사업장의 안전·보건진단비

[해설] 접대비는 산업안전보건관리비의 사용 항목에 해당하지 않는다.

86 다음 그림은 풍화암에서 토사붕괴를 예방하기 위한 기울기를 나타낸 것이다. X의 값은?

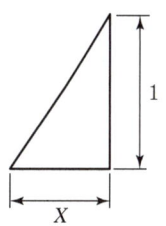

① 1.0 ② 0.8
③ 0.5 ④ 0.3

[해설] 굴착면의 기울기 기준

지반의 종류	굴착면의 기울기
모래	1 : 1.8
연암 및 풍화암	1 : 1.0
경암	1 : 0.5
그 밖의 흙	1 : 1.2

87 본 터널(main tunnel)을 시공하기 전에 터널에서 약간 떨어진 곳에 지질조사, 환기, 배수, 운반 등의 상태를 알아보기 위하여 설치하는 터널은?

① 프리패브(prefab) 터널
② 사이드(side) 터널
③ 쉴드(shield) 터널
④ 파일럿(pilot) 터널

[해설] 파일럿 터널은 본 터널을 시공하기 전에 지질조사, 환기, 배수, 운반 등의 상태를 알아보기 위하여 설치하는 터널이다.

정답 | 81 ② 82 ③ 83 ② 84 ② 85 ③ 86 ① 87 ④

88 가설통로의 설치기준으로 옳지 않은 것은?

① 경사는 30° 이하로 할 것
② 경사가 15°를 초과하는 경우에는 미끄러지지 아니하는 구조로 할 것
③ 높이 8m 이상인 비계다리에는 8m 이내마다 계단참을 설치할 것
④ 수직갱에 가설된 통로의 길이가 15m 이상인 경우에는 10m 이내마다 계단참을 설치할 것

해설) 높이 8m 이상인 비계다리에는 7m 이내마다 계단참을 설치해야 한다.

89 콘크리트 타설작업 시 거푸집에 작용하는 연직하중이 아닌 것은?

① 콘크리트의 측압
② 거푸집의 중량
③ 굳지 않은 콘크리트의 중량
④ 작업원의 작업하중

해설) 콘크리트 측압은 연직하중에 해당되지 않는다.

90 다음은 건설현장의 추락재해를 방지하기 위한 사항이다. 빈칸에 들어갈 내용으로 옳은 것은?

> 사업주는 높이 또는 깊이가 (   )를 초과하는 장소에서 작업하는 경우 해당 작업에 종사하는 근로자가 안전하게 승강하기 위한 건설용 리프트 등의 설비를 설치하여야 한다. 다만, 승강설비를 설치하는 것이 작업의 성질상 곤란한 경우에는 그러하지 아니하다.

① 2m
② 3m
③ 4m
④ 5m

해설) 사업주는 높이 또는 깊이가 2m를 초과하는 장소에서 작업하는 경우 해당 작업에 종사하는 근로자가 안전하게 승강하기 위한 건설용 리프트 등의 설비를 설치하여야 한다.

91 철골작업에서의 승강로 설치기준 중 ( ) 안에 알맞은 것은?

> 사업주는 근로자가 수직방향으로 이동하는 철골부재에는 답단 간격이 ( ) 이내인 고정된 승강로를 설치하여야 한다.

① 20cm
② 30cm
③ 40cm
④ 50cm

해설) 사업주는 근로자가 수직방향으로 이동하는 철골부재에는 답단 간격이 30cm 이내인 고정된 승강로를 설치하여야 한다.

92 해체용 기계·기구의 취급에 대한 설명으로 틀린 것은?

① 해머는 적절한 직경과 종류의 와이어로프로 매달아 사용해야 한다.
② 압쇄기는 셔블(Shovel)에 부착 설치하여 사용한다.
③ 차체에 무리를 초래하는 중량의 압쇄기 부착을 금지한다.
④ 해머 사용 시 충분한 견인력을 갖춘 도저에 부착하여 사용한다.

해설) 해머는 크롤러 크레인에 설치하여 사용하는 공법이다.

93 건설현장에서 계단을 설치하는 경우 계단의 높이가 최소 몇 미터 이상일 때 계단의 개방된 측면에 안전난간을 설치하여야 하는가?

① 0.8m
② 1.0m
③ 1.2m
④ 1.5m

해설) 높이 1m 이상인 계단의 개방된 측면에 안전난간을 설치한다.

94 건물 외벽의 도장작업을 위하여 섬유로프 등의 재료로 상부지점에서 작업용 발판을 매다는 형식의 비계는?

① 달비계
② 단관비계
③ 브라켓비계
④ 이동식 비계

해설) 달비계란 와이어로프, 체인, 강재, 철선 등의 재료로 상부지점에서 작업용 널판을 매다는 형식의 비계로 건물 외벽 도장이나 청소 등의 작업에 사용된다.

정답 | 88 ③ 89 ① 90 ① 91 ② 92 ④ 93 ② 94 ①

95 건설용 리프트에 대하여 바람에 의한 붕괴를 방지하는 조치를 한다고 할 때 그 기준이 되는 풍속은?

① 순간 풍속 30m/sec 초과
② 순간 풍속 35m/sec 초과
③ 순간 풍속 40m/sec 초과
④ 순간 풍속 45m/sec 초과

해설 | 순간 풍속이 초당 35미터를 초과하는 바람이 불어올 우려가 있는 경우 건설용 리프트(지하에 설치되어 있는 것은 제외한다)에 대하여 받침의 수를 증가시키는 등 그 붕괴 등을 방지하기 위한 조치를 하여야 한다.

96 버팀대(Strut)의 축하중 변화 상태를 측정하는 계측기는?

① 경사계(Inclino meter)
② 수위계(Water level meter)
③ 침하계(Extension)
④ 하중계(Load cell)

해설 | 하중계는 버팀보 어스앵커 등의 실제 축하중 변화를 측정하는 계측기이다.

97 추락에 의한 위험방지 조치사항으로 거리가 먼 것은?

① 투하설비 설치
② 작업발판 설치
③ 추락방호망 설치
④ 근로자에게 안전대 착용

해설 | 투하설비는 낙하·비래에 대한 방호설비이다.
추락재해 방지설비의 종류
1. 추락방호망
2. 안전난간
3. 작업발판
4. 안전대 부착설비
5. 개구부의 추락방지 설비 등

98 다음 빈칸에 알맞은 숫자를 순서대로 옳게 나타낸 것은?

강관비계의 경우, 띠장간격은 (   )m 이하로 설치한다.

① 1.5
② 1.8
③ 2
④ 3

해설 | 강관비계의 경우, 띠장간격은 2m 이하로 설치한다.

99 블레이드의 길이가 길고 낮으며 블레이드의 좌우를 전후 25~30° 각도로 회전시킬 수 있어 흙을 측면으로 보낼 수 있는 도저는?

① 레이크 도저
② 스트레이트 도저
③ 앵글도저
④ 틸트도저

해설 | 앵글도저는 배토판을 좌우로 회전 가능하며 측면절삭 및 제설, 제토작업에 적합하다.

100 부두 등의 하역작업장에서 부두 또는 안벽의 선을 따라 설치하는 통로의 최소폭 기준은?

① 30cm 이상
② 50cm 이상
③ 70cm 이상
④ 90cm 이상

해설 | 부두 또는 안벽의 선을 따라 통로를 설치할 때는 폭을 90cm 이상으로 하여야 한다.

정답 | 95 ② 96 ④ 97 ① 98 ③ 99 ③ 100 ④

2024년 2회

※ 2020년 4회 이후 CBT로 출제된 기출문제는 개정된 출제기준과 해당 회차의 기출 키워드 등을 분석하여 복원하였습니다.

1과목 산업안전관리론

01 상해의 종류 중 타박, 충돌, 추락 등으로 피부 표면보다는 피하조직 등 근육부를 다친 상해를 무엇이라 하는가?
① 골절 ② 자상
③ 부종 ④ 좌상

해설 **좌상**
외부의 충격이나 둔탁한 힘(구타, 넘어짐) 등에 의해 연부 조직과 근육 등에 손상을 입어 피부에 출혈과 부종이 보이는 경우이다.

02 다음 중 시행착오설에 의한 학습법칙에 해당하지 않는 것은?
① 효과의 법칙 ② 일관성의 법칙
③ 준비성의 법칙 ④ 연습의 법칙

해설 **손다이크(Thorndike)의 시행착오설**
1. 준비성의 법칙
2. 연습의 법칙
3. 효과의 법칙

03 추락 및 감전 위험방지용 안전모의 일반구조가 아닌 것은?
① 착장체 ② 충격흡수재
③ 선심 ④ 모체

해설 안전모의 일반구조는 모체, 착장체(머리고정대, 머리받침고리, 머리받침끈), 충격흡수재 및 턱끈을 가져야 한다.

04 재해예방의 4원칙에 해당하는 내용이 아닌 것은?
① 예방가능의 원칙 ② 원인계기의 원칙
③ 손실우연의 원칙 ④ 사고조사의 원칙

해설 **재해예방의 4원칙**
1. 손실우연의 원칙
2. 원인연계(계기)의 원칙
3. 예방가능의 원칙
4. 대책선정의 원칙

05 연간 근로자수가 300명인 A공장에서 지난 1년간 1명의 재해자(신체장해등급 : 1급)가 발생하였다면 이 공장의 강도율은? (단, 근로자 1인당 1일 8시간씩 연간 300일을 근무하였다.)
① 4.27 ② 6.42
③ 10.05 ④ 10.42

해설 강도율 $= \dfrac{\text{근로손실일수}}{\text{연근로시간수}} \times 1{,}000$
$= \dfrac{7{,}500}{300 \times 8 \times 300} \times 1{,}000$
$= 10.42$

06 상황성 누발자의 재해유발원인과 거리가 먼 것은?
① 작업의 어려움 ② 기계설비의 결함
③ 심신의 근심 ④ 주의력의 산만

해설 **상황성 누발자(다발자)**
작업이 어렵거나, 기계설비의 결함, 주의력의 집중이 혼란된 경우, 심신의 근심으로 사고 경향자가 되는 경우(상황이 변하면 안전한 성향으로 바뀜)이다.

정답 | 01 ④ 02 ② 03 ③ 04 ④ 05 ④ 06 ④

07 무재해 운동의 이념 가운데 직장의 위험 요인을 행동하기 전에 예지하여 발견, 파악, 해결하는 것을 의미하는 것은?

① 무의 원칙
② 선취의 원칙
③ 참가의 원칙
④ 인간 존중의 원칙

해설 **무재해 운동 안전제일의 원칙(선취의 원칙)**
직장의 위험요인을 행동하기 전에 발견·파악·해결하여 재해를 예방한다.

08 무재해 운동의 추진을 위한 3요소에 해당하지 않는 것은?

① 모든 위험잠재요인의 해결
② 최고경영자의 경영자세
③ 관리감독자(Line)의 적극적 추진
④ 직장 소집단의 자주활동 활성화

해설 **무재해 운동의 3요소(3기둥)**
1. 직장의 자율활동의 활성화
2. 라인(관리감독자)화의 철저
3. 최고경영자의 안전경영철학

09 학습정도(Level of learning)의 4단계 요소가 아닌 것은?

① 지각
② 적용
③ 인지
④ 정리

해설 **학습정도의 4단계**
1. 인지 → 2. 지각 → 3. 이해 → 4. 적용

10 객관적인 위험을 자기 나름대로 판정해서 의지결정을 하고 행동에 옮기는 인간의 심리특성을 무엇이라고 하는가?

① 세이프 테이킹(Safe taking)
② 액션 테이킹(Action taking)
③ 리스크 테이킹(Risk taking)
④ 휴먼 테이킹(Human taking)

해설 **억측 판단(Risk Taking)**
위험을 부담하고 행동으로 옮기는 것

11 산업안전보건법령상 안전관리자가 수행하여야 할 업무가 아닌 것은? (단, 그 밖에 안전에 관한 사항으로서 고용노동부장관이 정하는 사항은 제외한다.)

① 위험성평가에 관한 보좌 및 조언·지도
② 물질안전보건자료의 게시 또는 비치에 관한 보좌 및 조언·지도
③ 사업장 순회점검·지도 및 조치의 건의
④ 산업재해에 관한 통계의 유지·관리·분석을 위한 보좌 및 조언·지도

해설 물질안전보건자료의 게시 또는 비치에 관한 보좌 및 조언·지도는 보건관리자의 업무에 해당된다.

12 하인리히 재해 발생 5단계 중 3단계에 해당하는 것은?

① 불안전한 행동 또는 불안전한 상태
② 사회적 환경 및 유전적 요소
③ 관리의 부재
④ 사고

해설 **하인리히(H. W. Heinrich)의 도미노 이론(사고발생의 연쇄성)**
- 1단계 : 사회적 환경 및 유전적 요소(기초원인)
- 2단계 : 개인적 결함(간접원인)
- 3단계 : 불안전한 행동 및 불안전한 상태(직접원인) ⇒ 제거(효과적임)
- 4단계 : 사고
- 5단계 : 재해

13 맥그리거(McGregor)의 X이론에 따른 관리처방이 아닌 것은?

① 목표에 의한 관리
② 권위주의적 리더십 확립
③ 경제적 보상체제의 강화
④ 면밀한 감독과 엄격한 통제

해설 목표에 의한 관리는 Y이론에 따른 관리처방이다.

14 파블로프(Pavlov)의 조건반사설에 의한 학습이론의 원리에 해당되지 않는 것은?

① 일관성의 원리 ② 시간의 원리
③ 강도의 원리 ④ 준비성의 원리

해설 **파블로프(Pavlov)의 조건반사설**
- 계속성의 원리(Continuity Principle)
- 일관성의 원리(Consistency Principle)
- 강도의 원리(Intensity Principle)
- 시간의 원리(Time Principle)

15 산업안전보건법령상 안전·보건표지의 색채, 색도기준 및 용도 중 다음 빈칸에 알맞은 것은?

색채	색도기준	용도	사용 예
( )	5Y 8.5/12	경고	화학물질 취급 장소에서의 유해·위험경고 이외의 위험경고, 주의표지 또는 기계방호물

① 파란색 ② 노란색
③ 빨간색 ④ 검은색

해설

색채	색도기준	용도	사용 예
노란색	5Y 8.5/12	경고	화학물질 취급장소에서의 유해·위험 경고 이외의 위험 경고, 주의표지 또는 기계방호물

16 학습지도의 형태 중 몇 사람의 전문가에 의하여 과제에 관한 견해가 발표된 뒤 참가자로 하여금 의견이나 질문을 하게 하여 토의하는 방법은?

① 패널 디스커션(Panel discussion)
② 심포지엄(Symposium)
③ 포럼(Forum)
④ 버즈 세션(Buzz session)

해설 **심포지엄(Symposium)**
몇 사람의 전문가들이 과제에 관한 견해를 발표한 뒤에 참가자에게 의견이나 질문을 하게 하여 토의하는 방법이다.

17 재해 발생의 주요 원인 중 불안전한 행동이 아닌 것은?

① 불안전한 적재
② 불안전한 설계
③ 권한 없이 행한 조작
④ 보호구 미착용

해설 불안전한 설계는 불안전한 환경에 해당된다.

18 교육의 3요소 중 교육의 주체에 해당하는 것은?

① 강사 ② 교재
③ 수강자 ④ 교육방법

해설 **교육의 3요소**
1. 주체 : 강사
2. 객체 : 수강자(학생)
3. 매개체 : 교재(교육내용)

19 재해 발생 시 조치사항 중 대책수립의 목적은?

① 재해발생 관련자 문책 및 처벌
② 재해 손실비 산정
③ 재해발생 원인 분석
④ 동종 및 유사재해 방지

해설 재해 발생 시에는 동종 및 유사재해를 방지하기 위하여 대책을 수립한다.

20 다음과 같은 스트레스에 대한 반응은 무엇에 해당하는가?

> 여동생이나 남동생을 얻게 되면서 손가락을 빠는 것과 같이 어린 시절의 버릇을 나타낸다.

① 투사 ② 억압
③ 승화 ④ 퇴행

해설 **도피적 기제(Escape Mechanism)**
- 퇴행 : 신체적으로나 정신적으로 정상적으로 발달되어 있으면서도 위협이나 불안을 일으키는 상황에는 생애 초기에 만족했던 시절을 생각하는 것

정답 | 14 ④ 15 ② 16 ② 17 ② 18 ① 19 ④ 20 ④

2과목
인간공학 및 시스템공학

21 실내면의 추천반사율이 낮은 것에서부터 높은 순으로 올바르게 배열된 것은?

① 바닥<가구<벽<천장
② 바닥<벽<가구<천장
③ 천장<가구<벽<바닥
④ 천장<벽<가구<바닥

해설 옥내 추천 반사율
- 천장 : 80~90%
- 벽 : 40~60%
- 가구 : 25~45%
- 바닥 : 20~40%

22 조종장치의 촉각적 암호화를 위하여 고려하는 특성으로 볼 수 없는 것은?

① 형상
② 무게
③ 크기
④ 표면 촉감

해설 조정장치의 촉각적 암호화
- 표면촉감을 사용하는 경우
- 형상을 구별하는 경우
- 크기를 구별하는 경우

23 인간-기계시스템에 대한 평가에서 평가 척도나 기준(Criteria)으로서 관심의 대상이 되는 변수를 무엇이라 하는가?

① 독립변수
② 종속변수
③ 확률변수
④ 통제변수

해설 인간성능의 평가 시 평가의 기준이 되는 것은 종속변수이다.

24 상황해석을 잘못하거나 목표를 착각하여 행하는 인간의 실수는?

① 착오(Mistake)
② 실수(Slip)
③ 건망증(Lapse)
④ 위반(Violation)

해설 착오(Mistake)
상황해석을 잘못하거나 목표를 잘못 이해하고 착각하여 행하는 경우로 원인에는 자신 과신, 능력부족, 정보부족 등이 있다.

25 건구온도 38℃, 습구온도 32℃일 때의 Oxford 지수는 몇 ℃인가?

① 30.2
② 32.9
③ 35.3
④ 37.1

해설 옥스퍼드 지수(습건지수) = 0.85W(습구온도) + 0.15D(건구온도)
= 0.85×32 + 0.15×38
= 32.9(℃)

26 작업자가 100개의 부품을 육안 검사하여 20개의 불량품을 발견하였다. 실제 불량품이 40개라면 인간에러(human error) 확률은 약 얼마인가?

① 0.2
② 0.3
③ 0.4
④ 0.5

해설 인간실수 확률(HEP) = $\dfrac{\text{인간실수의 수}}{\text{실수발생의 전체 기회수}}$

$= \dfrac{40-20}{100} = 0.2$

27 FTA에 의한 재해사례 연구의 순서를 올바르게 나열한 것은?

A. 목표사상 선정
B. FT도 작성
C. 사상마다 재해원인 규명
D. 개선계획 작성

① A→B→C→D
② A→C→B→D
③ B→C→A→D
④ B→A→C→D

해설 FTA에 의한 재해사례 연구수서(D.R. Cheriton)
1. Top 사상의 선정
2. 사상마다의 재해원인 규명
3. FT도의 작성
4. 개선계획의 작성

정답 | 21 ① 22 ② 23 ② 24 ① 25 ② 26 ① 27 ②

28 다음 중 형상 암호화된 조종장치에서 단회전용 조종장치로 가장 적절한 것은?

① 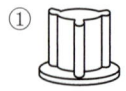 ②
③  ④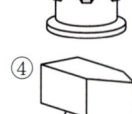

해설 **형상 암호화된 조종장치**

구분	조종장치
단회전용	
다회전용	
이산멈춤 위치용	

29 작업장에서 구성요소를 배치하는 인간공학적 원칙과 가장 거리가 먼 것은?

① 중요도의 원칙　② 선입선출의 원칙
③ 기능성의 원칙　④ 사용빈도의 원칙

해설 **부품배치의 원칙**
 • 중요성의 원칙
 • 사용빈도의 원칙
 • 기능별 배치의 원칙
 • 사용순서의 원칙

30 위험조정을 위해 필요한 기술은 조직형태에 따라 다양한데, 이를 4가지로 분류하였을 때 이에 속하지 않는 것은?

① 전가(Transfer)　② 보류(Retention)
③ 계속(Continuation)　④ 감축(Reduction)

해설 위험조정을 위한 리스크 처리기술에는 위험의 회피(Avoidance), 위험의 경감(Reduction), 위험의 보류(Retention), 위험의 전가(Transfer)가 있다.

31 다음의 FT도에서 최소 컷셋으로 맞는 것은?

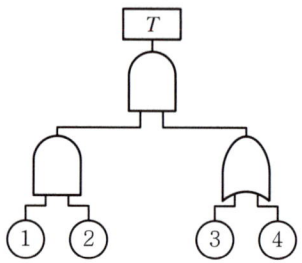

① {1,2,3,4}
② {1,2,3}, {1,2,4}
③ {1,3,4}, {2,3,4}
④ {1,3}, {1,4}, {2,3}, {2,4}

해설 정상사상에서 차례로 하단의 사상으로 치환하면서 AND 게이트는 가로로, OR 게이트는 세로로 나열한 후 중복사상을 제거한다.
$T = A \cdot B = ①② \cdot B = ①②③\ ①②④$
즉, 미니멀 컷셋은 [①②③] 또는 [①②④] 중 1개이다.

32 System에서 일반적으로 사용되는 고장형태에 해당하지 않는 것은?

① 오동작　② 폐로 또는 폐쇄의 고장
③ 개로 또는 개방의 고장　④ 노후 고장

해설 **시스템에 영향을 미치는 고장형태**
 • 폐로 또는 폐쇄된 고장
 • 개로 또는 개방된 고장
 • 기동 및 정지의 고장
 • 운전 계속의 고장
 • 오동작

33 항공기 위치 표시장치의 설계원칙에 있어, 아래의 설명에 해당하는 것은?

> 항공기의 경우 일반적으로 이동 부분의 영상은 고정된 눈금이나 좌표계에 나타내는 것이 바람직하다.

① 통합　② 양립적 이동
③ 추종표시　④ 표시의 현실성

해설 **양립적 이동(Principle of Compatibility Motion)**
　항공기의 경우, 일반적으로 이동 부분의 영상은 고정된 눈금이나 좌표계에 나타내는 것이 바람직하다.

정답 | 28 ① 29 ② 30 ③ 31 ② 32 ④ 33 ②

34 위험처리 방법에 관한 설명으로 틀린 것은?

① 위험처리 대책 수립 시 비용문제는 제외된다.
② 재정적으로 처리하는 방법에는 보류와 전가 방법이 있다.
③ 위험의 제어 방법에는 회피, 손실제어, 위험분리, 책임 전가 등이 있다.
④ 위험처리 방법에는 위험을 제어하는 방법과 재정적으로 처리하는 방법이 있다.

[해설] 위험처리 대책 수립 시 재정적인 문제를 제외할 수 없다.

35 인간-기계 시스템에서 기계와 비교한 인간의 장점으로 볼 수 없는 것은? (단, 인공지능과 관련된 사항은 제외한다.)

① 완전히 새로운 해결책을 찾아낸다.
② 여러 개의 프로그램된 활동을 동시에 수행한다.
③ 다양한 경험을 토대로 하여 의사결정을 한다.
④ 상황에 따라 변화하는 복잡한 자극 형태를 식별한다.

[해설] 여러 개의 프로그램된 활동을 동시에 수행하는 것은 기계가 인간보다 우월한 기능이다.

36 정보를 전송하기 위해 청각적 표시장치를 이용하는 것이 바람직한 경우로 적합한 것은?

① 전언이 복잡한 경우
② 전언이 이후에 재참조되는 경우
③ 전언이 공간적인 사건을 다루는 경우
④ 전언이 즉각적인 행동을 요구하는 경우

[해설] 전언이 즉각적인 행동을 요구하는 경우 청각적 표시장치가 유리하다.

37 작업기억(working memory)에서 일어나는 정보코드화에 속하지 않는 것은?

① 의미코드화
② 음성코드화
③ 시각코드화
④ 다차원코드화

[해설] 작업기억에서 일어나는 정보코드화
1. 의미코드화
2. 음성코드화
3. 시각코드화

38 인간의 눈에서 빛이 가장 먼저 접촉하는 부분은?

① 각막
② 망막
③ 초자체
④ 수정체

[해설] 각막
빛이 통과하는 곳으로 빛이 가장 먼저 접촉하는 부분이다.

39 시스템의 성능 저하가 인원의 부상이나 시스템 전체에 중대한 손해를 입히지 않고 제어가 가능한 상태의 위험강도는?

① 범주 Ⅰ : 파국적
② 범주 Ⅱ : 위기적
③ 범주 Ⅲ : 한계적
④ 범주 Ⅳ : 무시

[해설] 시스템 위험성의 분류
• 범주(Category) Ⅲ, 한계(Marginal) : 인원이 상해 또는 중대한 시스템의 손상없이 배제 또는 제거 가능하다.

40 인간의 가청주파수 범위는?

① 2~10,000Hz
② 20~20,000Hz
③ 200~30,000Hz
④ 200~400,000Hz

[해설] 가청주파수
20~20,000Hz

3과목
건설시공학

41 흙막이벽체 공법 중 주열식 흙막이 공법에 해당하는 것은?

① 슬러리 월 공법
② 엄지말뚝+토류판 공법
③ C.I.P 공법
④ 시트파일 공법

[해설] C.I.P(Cast In Place Pile) 공법
흙막이 벽체를 만들기 위해 지반을 천공하고 그 속에 철근망과 주입관을 삽입한 다음 Prepacked Mortar를 주입하여 현장타설 콘크리트 말뚝을 형성하는 공법이다.

정답 | 34 ① 35 ② 36 ④ 37 ④ 38 ① 39 ③ 40 ② 41 ③

42 거푸집 제거작업 시 주의사항 중 옳지 않은 것은?

① 진동, 충격을 주지 않고 콘크리트가 손상되지 않도록 순서에 맞게 제거한다.
② 지주를 바꾸어 세울 동안에는 상부의 작업을 제한하여 집중하중을 받는 부분의 지주는 그대로 둔다.
③ 제거한 거푸집은 재사용 할 수 있도록 적당한 장소에 정리하여 둔다.
④ 구조물의 손상을 고려하여 제거 시 찢어져 남은 거푸집 쪽널은 그대로 두고 미장공사를 한다.

해설 찢어져 남은 거푸집 쪽널도 완전히 제거해야 한다.

43 강말뚝(H형강, 강관말뚝)에 관한 설명 중 옳지 않은 것은?

① 깊은 지지층까지 도달시킬 수 있다.
② 휨강성이 크고 수평하중과 충격력에 대한 저항이 크다.
③ 부식에 대한 내구성이 뛰어나다.
④ 재질이 균일하고 절단과 이음이 쉽다.

해설 **강재말뚝의 장단점**

장점	단점
• 깊은 지지층까지 박을 수 있다. • 길이 조정이 용이하며 경량이므로 운반 취급이 편리하다. • 휨모멘트 저항이 크다. • 말뚝의 절단·가공 및 현장 용접이 가능하다. • 중량이 가볍고, 단면적이 작다. • 강한 타격에도 견디며 다져진 중간지층의 관통도 가능하다. • 지지력이 크고 이음이 안전하고 강하여 장척이 가능하다.	• 재료비가 비싸다. • 부식되기 쉽다.

44 고력볼트 접합에서 축부가 굵게 되어 있어 볼트 구멍에 빈틈이 남지 않도록 고안된 볼트는?

① TC볼트 ② PI볼트
③ 그립볼트 ④ 지압형 고장력볼트

해설 지압형 고장력볼트는 고력볼트 접합에서 축부가 굵게 되어 있어 볼트 구멍에 빈틈이 남지 않도록 고안된 볼트이다.

45 말뚝의 이음공법 중 강성이 가장 우수한 방식은?

① 장부식 이음 ② 충전식 이음
③ 리벳식 이음 ④ 용접식 이음

해설 말뚝의 이음 공법 중 용접식 이음의 강성이 가장 뛰어나다.

46 콘크리트에 사용하는 AE제의 특징이 아닌 것은?

① 내구성, 수밀성 증대 ② 블리딩 현상 증가
③ 단위수량 감소 ④ 건조수축 감소

해설 AE제는 콘크리트에 공기량을 증가시켜 콘크리트의 시공연도, 워커빌리티를 향상시킨 것으로 공기량이 많을수록 슬럼프는 증가한다.

47 용접 시 나타나는 결함에 관한 설명으로 옳지 않은 것은?

① 위핑홀(Weeping Hole) : 용접 후 냉각 시 용접부위에 공기가 포함되어 공극이 발생되는 것
② 오버랩(Overlap) : 용접금속과 모재가 융합되지 않고 겹쳐지는 것
③ 언더컷(Undercut) : 모재가 녹아 용착금속이 채워지지 않고 홈으로 남게 된 부분
④ 슬래그(Slag) 감싸기 : 피복재 심선과 모재가 변하여 생긴 회분이 용착금속 내에 혼입된 것

해설 위핑홀(Weeping Hole)은 옹벽공사에서 침투수를 배수하기 위한 작은 구멍을 말한다.

48 건축공사의 착수 시 대지에 설정하는 기준점에 관한 설명으로 옳지 않은 것은?

① 공사 중 건축물 각 부위의 높이에 대한 기준을 삼고자 설정하는 것을 말한다.
② 건축물의 그라운드 레벨(Ground level)은 현장에서 공사 착수 시 설정한다.
③ 기준점은 바라보기 좋고, 공사에 지장이 없는 곳에 설정한다.
④ 기준점은 대개 지정 지반면에서 0.5~1m의 위치에 두고 그 높이를 적어둔다.

해설 Ground level은 자연상태인 현재 지반레벨이며, 건축설계 시 설정한다.

정답 | 42 ④ 43 ③ 44 ④ 45 ④ 46 ② 47 ① 48 ②

49 각종 시방서에 대한 설명 중 옳지 않은 것은?

① 자료시방서 : 재료나 자료의 제조업자가 생산제품에 대해 작성한 시방서
② 성능시방서 : 구조물의 요소나 전체에 대해 필요한 성능만을 명시해 놓은 시방서
③ 특기시방서 : 특정공사별로 건설공사 시공에 필요한 사항을 규정한 시방서
④ 개략시방서 : 설계자가 발주자에 대해 설계초기단계에 설명용으로 제출하는 시방서로서, 기본설계도면이 작성된 단계이서 사용되는 재료나 공법의 개요에 관해 작성한 시방서

[해설] 특기시방서는 표준시방서에 기재되지 않은 특수재료, 특수공법 등을 설계자가 작성한 시방서이다.

50 강재면에 강필로 볼트구멍 위치와 절단 개소 등을 그리는 일은?

① 원척도
② 본뜨기
③ 금매김
④ 변형바로잡기

[해설] 금매김은 본뜨기 형판과 자를 이용하여 강재 위에 절단, 구멍 뚫기 위치를 표시하는 일이다.

51 다음 중 언더피닝 공법이 아닌 것은?

① 2중 널말뚝 공법
② 강재말뚝 공법
③ 웰 포인트 공법
④ 모르타르 및 약액 주입법

[해설] **언더피닝(Under Pinning) 공법**
기존 구조물에 근접 시공 시 기존 구조물의 기초 저면보다 깊은 구조물을 시공하거나 기존 구조물의 증축 또는 지하실 등을 축조 시 기존 구조물을 보호하기 위하여 기초나 지정을 보강하는 공법이다. 공법의 종류에는 2중 널말뚝 공법, 차단벽 설치공사, 현장콘크리트말뚝 공법 등이 있다. 웰포인트 공법은 강제 배수공법이다.

52 토질시험을 흙의 물리적 성질시험과 역학적 성질시험으로 구분할 때 물리적 성질시험에 해당되지 않는 것은?

① 직접전단시험
② 비중시험
③ 액성한계시험
④ 함수량시험

[해설] ①은 역학적 성질시험에 해당한다.

53 지하수가 많은 지반을 탈수하여 건조한 지반으로 개량하기 위한 공법에 해당하지 않는 것은?

① 생석회말뚝(Chemico pile) 공법
② 페이퍼드레인(Paper dean) 공법
③ 잭파일(Jacked pile) 공법
④ 샌드드레인(Sand drain) 공법

[해설] 탈수공법에는 샌드드레인, 페이퍼드레인, 팩드레인 공법, 생석회말뚝 공법 등이 있다

54 기존건물에 근접하여 구조물을 구축할 때 기존건물의 균열 및 파괴를 방지할 목적으로 지하에 실시하는 보강공법은?

① BH(Boring Hole)
② 베노토(Benoto) 공법
③ 언더피닝(Under Pinning) 공법
④ 심초공법

[해설] **언더피닝(Under Pinning) 공법**
기존구조물의 기초 저면보다 깊은 구조물을 시공하거나 기존 구조물을 보호하기 위하여 기초나 지정을 보강하는 공법이다.

55 탑다운(Top-Down) 공법에 관한 설명으로 옳지 않은 것은?

① 1층 바닥을 조기에 완성하여 작업장 등으로 사용할 수 있다.
② 지하·지상을 동시에 시공하여 공기단축이 가능하다.
③ 소음·진동이 심하고 주변구조물의 침하 우려가 크다.
④ 기둥·벽 등 수직부재의 구조이음에 기술적 어려움이 있다.

[해설] **탑다운 공법(Top-Down Method)**
지하와 지상층 병행 작업으로 공사기간이 단축되며, 소음, 진동이 석어 도심지 공사에 적합하다.

정답 | 49 ③ 50 ③ 51 ③ 52 ① 53 ③ 54 ③ 55 ③

56 건설공사 원가 구성체계 중 직접공사비에 포함되지 않는 것은?

① 자재비 ② 일반관리비
③ 경비   ④ 노무비

해설 공사원가 구성체계에서 직접공사비에 해당하는 것에는 재료비, 노무비, 외주비, 경비 등이 있다.

총공사비	① 총원가	㉮ 공사원가	㉠ 순공사비	ⓐ 직접공사비	재료비, 노무비, 외주비, 경비
				ⓑ 간접공사비	손료비, 영업비 등
			㉡ 현장경비		
		㉯ 일반관리비			
	② 이윤				

57 강구조물에 실시하는 녹막이 도장에서 도장하는 작업 중이거나 도료의 건조기간 중 도장하는 장소의 환경 및 기상조건이 좋지 않아 공사감독자가 승인할 때까지 도장이 금지되는 상황이 아닌 것은?

① 주위의 기온이 5℃ 미만일 때
② 상대습도가 85% 이하일 때
③ 안개가 끼었을 때
④ 눈 또는 비가 올 때

해설 주위 온도가 4℃ 이하이거나 상대습도가 85% 이상인 경우 도장작업을 피한다.

58 수밀콘크리트의 배합에 관한 설명으로 옳지 않은 것은?

① 배합은 콘크리트의 소요의 품질이 얻어지는 범위 내에서 단위수량 및 물-결합재비는 되도록 크게 하고, 단위 굵은 골재량은 되도록 작게 한다.
② 콘크리트의 소요 슬럼프는 되도록 작게 하여 180mm를 넘지 않도록 하며, 콘크리트 타설이 용이할 때에는 120mm 이하로 한다.
③ 콘크리트의 워커빌리티를 개선시키기 위해 공기연행제, 공기연행감수제 또는 고성능공기연행감수제를 사용하는 경우라도 공기량은 4% 이하가 되게 한다.
④ 물-결합재비는 50% 이하를 표준으로 한다.

해설 수밀콘크리트는 단위수량 및 물-결합재비를 되도록 작게 해야 한다.

59 철근이음의 종류에 따른 검사시기와 횟수의 기준으로 옳지 않은 것은?

① 가스압접 이음 시 외관검사는 전체개소에 대해 시행한다.
② 가스압점 이음 시 초음파탐사검사는 1검사 로트마다 30개소 발취한다.
③ 기계적 이음의 외관검사는 전체개소에 대해 시행한다.
④ 용접이음의 인장시험은 700개소마다 시행한다.

해설 용접이음의 인장시험은 500개소마다 시행한다.

60 시공계획 시 우선 고려하지 않아도 되는 것은?

① 상세 공정표의 작성
② 노무, 기계, 재로 등의 조달, 사용 계획에 따른 수송계획 수립
③ 현장관리 조직과 인사계획 수립
④ 시공도의 작성

해설 **공사계획 단계에서 사전에 검토할 내용**
- 현장원 편성 : 공사계획 중 가장 우선
- 공정표의 작성 : 공사 착수 전 단계에서 작성
- 실행예산의 편성 : 재료비, 노무비, 경비
- 하도급 업체의 선정
- 가설 준비물 결정
- 재료, 설비 반입계획
- 재해방지계획
- 노무 동원계획

4과목
건설재료학

61 미장재료 중 돌로마이트 플라스터에 관한 설명으로 옳지 않은 것은?

① 돌로마이트에 모래, 여물을 섞어 반죽한 것이다.
② 소석회보다 점성이 크다.
③ 회반죽에 비하여 최종강도는 작고 착색이 어렵다.
④ 건조수축이 커서 균열이 생기기 쉽다.

해설 **돌로마이트 플라스터(Dolomite Plaster)**
점성 및 가소성이 커서 재료반죽 시 풀이 필요 없고, 건조 수축이 커 균열이 쉬우며, 습기 및 물에 약하다.

정답 | 56 ② 57 ② 58 ① 59 ④ 60 ④ 61 ③

62 목재의 건조속도에 관한 설명으로 옳지 않은 것은?

① 습도가 높을수록 건조속도는 늦어진다.
② 온도가 높을수록 건조속도가 빠르다.
③ 목재의 비중이 클수록 건조속도는 빠르다.
④ 목재의 두께가 두꺼울수록 건조시간이 길어진다.

[해설] 목재의 비중이 클수록 건조속도는 느리다.

63 알루미늄의 성질에 관한 설명으로 옳지 않은 것은?

① 반사율이 작으므로 열 차단재로 쓰인다.
② 독성이 없으며 무취이고 위생적이다.
③ 산과 알칼리에 약하여 콘크리트에 접하는 면에는 방식처리를 요한다.
④ 융점이 낮기 때문에 용해주조도는 좋으나 내화성이 부족하다.

[해설] 알루미늄은 열·전기 전도성이 크고 반사율이 높으며, 산과 알칼리에 약하다.

64 비철금속에 관한 설명으로 옳지 않은 것은?

① 청동은 동과 주석의 합금으로 건축장식철물 또는 미술공예재료에 사용된다.
② 황동은 동과 아연의 합금으로 산에는 침식되기 쉬우나 알칼리나 암모니아에는 침식되지 않는다.
③ 알루미늄은 광선 및 열의 반사율이 높지만 연질이기 때문에 손상되기 쉽다.
④ 납은 비중이 크고 전성, 연성이 풍부하다.

[해설] 황동은 구리보다 단단하고 주조가 잘 되며 가공하기 쉽다. 내식성이 크고 외관이 아름다워 논슬립, 창호 철물 등에 이용된다.

65 목재의 재료적 특징으로 옳지 않은 것은?

① 온도에 대한 신축이 적다.
② 열전도율이 작아 보온성이 뛰어나다.
③ 강재에 비하여 비강도가 작다.
④ 음의 흡수 및 차단성이 크다.

[해설] 목재는 비중에 비하여 강도가 크다.

66 중용열 포틀랜드 시멘트에 관한 설명으로 옳지 않은 것은?

① 수화열이 작고 수화속도가 비교적 느리다.
② C_3A가 많으므로 내황산염성이 작다.
③ 건조수축이 작다.
④ 건축용 매스콘크리트에 사용된다.

[해설] 중용열 포틀랜드 시멘트는 수화반응이 늦으므로 수화열이 적고, 건조수축 균열이 적으며 내황산염성이 크다.

67 건물의 바닥 충격음을 저감시키는 방법에 대한 설명으로 틀린 것은?

① 유리면 등의 완충재를 바닥공간 사이에 넣는다.
② 부드러운 표면마감재를 사용하여 충격력을 작게 한다.
③ 바닥을 띄우는 이중바닥으로 한다.
④ 바닥슬래브의 중량을 작게한다.

[해설] 바닥 충격음을 저감하기 위해 바닥슬래브의 중량을 크게하는 것이 좋다.

68 각종 시멘트의 특성에 관한 설명으로 옳지 않은 것은?

① 중용열 포틀랜드시멘트는 수화 시 발열량이 비교적 크다.
② 고로시멘트를 사용한 콘크리트는 보통 콘크리트 보다 초기강도가 작은 편이다.
③ 알루미나시멘트는 내화성이 좋은 편이다.
④ 실리카시멘트로 만든 콘크리트는 수밀성과 화학 저항성이 크다.

[해설] **중용열 포틀랜드시멘트**

시멘트의 발열량을 적게 하기 위하여 화합조성물 중 규산3석회(C_3S)와 알루민산3석회(C_3A)의 양을 적게 하고 장기강도의 발현을 위하여 규산2석회(C_2S)의 양을 많게 한 시멘트이다.

69 목재의 함수율에 관한 설명 중 옳지 않은 것은?

① 목재의 함유수분 중 자유수는 목재의 중량에는 영향을 끼치지만, 목재의 물리적 또는 기계적 성질과는 관계가 없다.
② 침엽수의 경우 심재의 함수율은 항상 변재의 함수율보다 크다.
③ 섬유포화상태의 함수율은 30% 정도이다.
④ 기건상태란 목재가 통상 대기의 온도, 습도와 평형된 수분을 함유한 상태를 말하며, 이때의 함수율은 15% 정도이다.

[해설] 변재의 함수율이 심재의 함수율보다 크다.
- 심재 : 수심을 둘러싸고 있는 생활기능이 줄어든 세포의 집합으로 내부의 짙은 색깔 부분
- 변재 : 심재 외측과 나무껍질 사이에 엷은 색깔의 부분으로 수액의 이동통로이며 양분을 저장하는 장소

70 열가소성 수지가 아닌 것은?

① 염화비닐수지 ② 초산비닐수지
③ 요소수지   ④ 폴리스티렌수지

[해설] **열경화성 수지의 종류**
- 페놀수지
- 요소수지
- 멜라민수지
- 폴리에스테르수지
- 실리콘수지
- 에폭시수지
- 폴리우레탄수지
- 불소수지
- 프란수지 등

71 다음 목재 중 실내 치장용으로 사용하기에 적합하지 않은 것은?

① 느티나무 ② 단풍나무
③ 오동나무 ④ 소나무

[해설] 소나무는 주로 가구재, 건축재 등으로 사용된다.

72 콘크리트의 배합설계 시 표준이 되는 골재의 상태는?

① 절대건조상태   ② 기건상태
③ 표면건조 내부포화상태 ④ 습윤상태

[해설] 콘크리트의 배합설계에 있어 기준이 되는 골재의 함수상태는 표면건조 포화상태(표건상태)이다.

73 도장공사에 사용되는 초벌도료에 대한 설명으로 옳지 않은 것은?

① 도장면과의 부착성을 높이고 재벌, 정벌 칠하기 작업이 원활하도록 만드는 것이 초벌도료이다.
② 철재면 초벌도료는 방청도료이다.
③ 콘크리트, 모르타르 벽면에는 유성페인트로 초벌칠을 한다.
④ 목재면의 초벌도료는 목재면의 흡수성을 막고, 부착성을 증진시키고, 아울러 수액이나 송진 등의 침출을 방지한다.

[해설] 콘크리트, 모르타르 벽면에는 수성페인트로 초벌칠을 한다.

74 다음 중 플라스틱(plastic)의 장점으로 옳지 않은 것은?

① 전기절연성이 양호하다.
② 가공성이 우수하다.
③ 비강도가 콘크리트에 비해 크다.
④ 경도 및 내마모성이 강하다.

[해설] 열가소성 플라스틱은 경도 및 내마모성이 약하다.

75 KS F 2527에 규정된 콘크리트용 부순 굵은 골재의 물리적 성질을 알기 위한 실험항목 중 흡수율의 기준으로 옳은 것은?

① 1% 이하   ② 3% 이하
③ 5% 이하   ④ 10% 이하

[해설] 흡수율의 기준은 3% 이하이다

76 다음 철물 중 창호용이 아닌 것은?

① 안장쇠   ② 크레센트
③ 도어체인 ④ 플로어힌지

[해설] 안장쇠는 목조건축 등의 큰 보와 작은 보를 설치하는 데 사용되는 안장 모양의 철물이다.

정답 | 69 ② 70 ③ 71 ④ 72 ③ 73 ③ 74 ④ 75 ② 76 ①

77 목재의 가공제품인 MDF에 관한 설명으로 옳지 않은 것은?

① 샌드위치 패널이나 파티클 보드 등 다른 보드류 제품에 비해 매우 경량이다.
② 습기에 약한 결점이 있다.
③ 다른 보드류에 비하여 곡면가공이 용이한 편이다.
④ 가공성 및 접착성이 우수하다.

해설 파티클 보드가 MDF보다 경량이다.

78 석유 아스팔트에 속하지 않는 것은?

① 블로운 아스팔트
② 스트레이트 아스팔트
③ 아스팔타이트
④ 컷백 아스팔트

해설 아스팔타이트는 미네랄 물질을 거의 함유하지 않은 고(高)융해점의 견고한 천연 아스팔트이다.

79 목재의 건조에 관한 설명으로 옳지 않은 것은?

① 대기건조 시 통풍이 잘되게 세워 놓거나, 일정 간격으로 쌓아올려 건조시킨다.
② 마구리부분은 급격히 건조되면 갈라지기 쉬우므로 페인트 등으로 도장한다.
③ 인공건조법으로 건조 시 기간은 통상 약 5~6주 정도이다.
④ 고주파건조법은 고주파 에너지를 열에너지로 변화시켜 발열현상을 이용하여 건조한다.

해설 목재의 인공건조는 단시간에 이루어진다.

80 집성목재에 관한 설명으로 옳지 않은 것은?

① 옹이, 균열 등의 각종 결점을 제거하거나 이를 적당히 분산시켜 만든 균질한 조직의 인공목재이다.
② 보, 기둥, 아치, 트러스 등의 구조재료로 사용할 수 있다.
③ 직경이 작은 목재들을 접착하여 장대재로 활용할 수 있다.
④ 소재를 약제처리 후 집성 접착하므로 양산이 어려우며, 건조 균열 및 변형 등을 피할 수 없다.

해설 집성목재
판재를 섬유평행방향으로 여러 장 겹쳐서 접착시켜 만든 것으로, 보나 기둥에 사용할 수 있는 큰 단면으로 만드는 것이 가능하며 인공적으로 강도를 자유롭게 조절할 수 있다.

5과목
건설안전기술

81 다음 중 옹벽 안정조건의 검토 사항이 아닌 것은?

① 활동(Sliding)에 대한 안전검토
② 전도(Overturning)에 대한 안전검토
③ 보일링(Boiling)에 대한 안전검토
④ 지반 지지력(Settlement)에 대한 안전검토

해설 옹벽의 안정조건 검토에는 활동, 전도, 지반 지지력(침하)에 대한 조건이 있다.

82 현장 안전점검 시 흙막이 지보공의 정기점검 사항과 가장 거리가 먼 것은?

① 부재의 손상·변형·부식·변위 및 탈락의 유무와 상태
② 부재의 설치방법과 순서
③ 버팀대의 긴압의 정도
④ 부재의 접속부·부착부 및 교차부의 상태

해설 흙막이 지보공을 설치한 경우에는 정기적으로 다음 사항을 점검하고 이상을 발견한 경우에는 즉시 보수하여야 한다.
1. 부재의 손상·변형·부식·변위 및 탈락의 유무와 상태
2. 버팀대의 긴압의 정도
3. 부재의 접속부·부착부 및 교차부의 상태
4. 침하의 정도
5. 흙막이 공사의 계측관리

83 강관비계의 구조에서 비계기둥 간의 최대허용 적재하중으로 옳은 것은?

① 500kg
② 400kg
③ 300kg
④ 200kg

해설 강관비계에 있어서 비계기둥 간의 적재하중은 400kg을 초과하지 않아야 한다.

정답 | 77 ① 78 ③ 79 ③ 80 ④ 81 ③ 82 ② 83 ②

84 굴착작업을 할 때에 토사 등의 붕괴 또는 낙하에 의한 위험을 미리 방지하기 위하여 점검해야 하는 사항은?

① 지반의 지하수위 상태
② 형상·지질 및 지층의 상태
③ 작업장소 및 그 주변의 부석·균열의 유무
④ 매설물 등의 유무 또는 상태

해설 굴착작업을 할 때에 토사 등의 붕괴 또는 낙하에 의한 위험을 미리 방지하기 위하여 작업장소 및 그 주변의 부석·균열의 유무를 점검하여야 한다.

85 건설공사 중 작업으로 인하여 물체가 떨어지거나 날아올 위험이 있을 때 조치할 사항으로 옳지 않은 것은?

① 안전난간 설치
② 보호구의 착용
③ 출입금지구역의 설정
④ 낙하물방지망의 설치

해설 안전난간 설치는 추락방호용 안전시설이다.

86 다음은 산업안전보건기준에 관한 규칙 중 가설통로의 구조에 관한 사항이다. ( ) 안에 들어갈 내용으로 옳은 것은?

수직갱에 가설된 통로의 길이가 15[m] 이상인 경우에는 10[m] 이내마다 ( )을/를 설치할 것

① 손잡이
② 계단참
③ 클램프
④ 버팀대

해설 수직갱에 가설된 통로의 길이가 15미터 이상인 때에는 10미터 이내마다 계단참을 설치해야 한다.

87 다음과 같은 조건에서 방망사의 신품에 대한 최소 인장강도로 옳은 것은? (단, 그물코의 크기는 10cm인 매듭방망이다.)

① 240kg
② 200kg
③ 150kg
④ 110kg

해설 그물코의 크기가 10cm인 매듭 없는 방망의 인장강도는 240kg 이상이어야 한다.

추락방호망의 인장강도

( ) : 폐기기준 인장강도

그물코의 길이 (단위 : cm)	방망의 종류(단위 : kgf)	
	매듭없는 방망	매듭방망
10	240(150)	200(135)
5	–	110(60)

88 달비계에 사용하는 와이어로프는 지름의 감소가 공칭지름의 몇 %를 초과할 경우에 사용할 수 없도록 규정되어 있는가?

① 5%
② 7%
③ 9%
④ 10%

해설 지름의 감소가 공칭지름의 7%를 초과하는 것은 사용할 수 없다.

89 지반조사의 방법 중 지반을 강관으로 천공하고 토사를 채취 후 여러 가지 시험을 시행하여 지반의 토질 분포, 흙의 층상과 구성 등을 알 수 있는 것은?

① 보링
② 표준관입시험
③ 베인테스트
④ 평판재하시험

해설 보링은 지중에 구멍을 뚫고 시료를 채취하여 토층의 구성상태 등을 파악하는 지반조사 방법이다.

90 철골작업을 실시할 때 작업을 중지하여야 하는 악천후의 기준에 해당하지 않는 것은?

① 풍속이 10m/s 이상인 경우
② 지진이 진도 3 이상인 경우
③ 강우량이 1mm/h 이상의 경우
④ 강설량이 1cm/h 이상의 경우

해설 철골작업 시 작업중지 기준

구분	내용
강풍	풍속이 초당 10m 이상인 경우
강우	강우량이 시간당 1mm 이상인 경우
강설	강설량이 시간당 1cm 이상인 경우

정답 | 84 ③ 85 ① 86 ② 87 ① 88 ② 89 ① 90 ②

91 공사용 가설도로를 설치하는 경우의 준수사항으로 옳지 않은 것은?

① 도로는 장비와 차량이 안전하게 운행할 수 있도록 견고하게 설치할 것
② 도로와 작업장이 접하여 있을 경우에는 울타리 등을 설치할 것
③ 도로는 배수를 위하여 경사지게 설치하거나 배수시설을 설치할 것
④ 차량의 크기 제한 표지를 부착할 것

[해설] 차량의 크기 제한 표지를 부착하는 것이 아니고, 속도제한 표지를 부착하여야 한다.

92 콘크리트 측압에 관한 설명 중 옳지 않은 것은?

① 슬럼프가 클수록 측압은 커진다.
② 벽 두께가 두꺼울수록 측압은 커진다.
③ 부어 넣는 속도가 빠를수록 측압은 커진다.
④ 대기 온도가 높을수록 측압은 커진다.

[해설] 콘크리트의 타설 높이가 증가함에 따라 측압은 증가하나, 일정높이 이상이 되면 측압은 감소한다. 콘크리트 측압은 외기 온도가 낮을수록 커진다.

93 지반의 조사방법 중 지질의 상태를 가장 정확히 파악할 수 있는 보링방법은?

① 충격식 보링
② 수세식 보링
③ 회전식 보링
④ 오거 보링

[해설] 회전식 보링은 지질의 상태를 가장 정확히 파악할 수 있는 보링방법이다.

94 다음은 비계발판용 목재재료의 강도상의 결점에 대한 조사기준이다. ( ) 안에 들어갈 내용으로 옳은 것은?

> 발판의 폭과 동일한 길이 내에 있는 결점치수의 총합이 발판폭의 (   )를 초과하지 않을 것

① 1/2
② 1/3
③ 1/4
④ 1/6

[해설] 발판의 폭과 동일한 길이 내에 있는 결점치수의 총합이 발판폭의 1/4을 초과하지 않아야 한다.

95 옹벽 축조를 위한 굴착작업에 관한 설명으로 옳지 않은 것은?

① 수평 방향으로 연속적으로 시공한다.
② 하나의 구간을 굴착하면 방치하지 말고 기초 및 본체구조물 축조를 마무리 한다.
③ 절취경사면에 전석, 낙석의 우려가 있고 혹은 장기간 방치할 경우에는 숏크리트, 록볼트, 캔버스 및 모르타르 등으로 방호한다.
④ 작업위치 좌우에 만일의 경우에 대비한 대피통로를 확보하여 둔다.

[해설] 옹벽 축조를 위한 굴착작업 시 수평 방향으로 연속적으로 시공하면 붕괴 위험이 높아진다.

96 하루의 평균기온이 4℃ 이하로 될 것이 예상되는 기상조건에서 낮에도 콘크리트가 동결의 우려가 있는 경우에 사용되는 콘크리트는?

① 고강도 콘크리트
② 경량 콘크리트
③ 서중 콘크리트
④ 한중 콘크리트

[해설] **한중 콘크리트**
콘크리트 양생기간 중에 콘크리트가 동결할 염려가 있는 시기나 장소에서 시공하는 경우에 사용하는 콘크리트로 하루의 평균기온이 4℃ 이하가 되는 기상조건에서는 밤중이나 새벽뿐만 아니라 낮에도 콘크리트가 동결할 염려가 있으므로 한중 콘크리트로 시공하여야 한다.

97 거푸집 및 동바리 등을 조립하거나 해체하는 작업을 하는 경우에 준수해야 할 사항으로 옳지 않은 것은?

① 해당 작업을 하는 구역에는 관계 근로자가 아닌 사람의 출입을 금지할 것
② 비, 눈, 그 밖의 기상상태의 불안정으로 날씨가 몹시 나쁜 경우에는 그 작업을 중지할 것
③ 재료, 기구 또는 공구 등을 올리거나 내리는 경우에는 근로자 간 서로 직접 전달하도록 하고, 달줄·달포대 등의 사용을 금할 것
④ 낙하·충격에 의한 돌발적 재해를 방지하기 위하여 버팀목을 설치하고 거푸집 및 동바리 등을 인양장비에 매단 후에 작업을 하도록 하는 등 필요한 조치를 할 것

[해설] 거푸집 및 동바리 등을 조립하거나 해체하는 작업을 하는 경우 재료·기구 또는 공구 등을 올리거나 내릴 때에는 근로자가 달줄 또는 달포대 등을 사용하게 해야 한다.

정답 | 91 ④ 92 ④ 93 ③ 94 ③ 95 ① 96 ④ 97 ③

98 콘크리트 타설 시 거푸집의 측압에 영향을 미치는 인자들에 관한 설명으로 옳지 않은 것은?

① 슬럼프가 클수록 측압은 크다.
② 거푸집의 강성이 클수록 측압은 크다.
③ 철근량이 많을수록 측압은 작다.
④ 타설 속도가 느릴수록 측압은 크다.

해설 타설속도가 느릴수록 측압은 작아진다.

99 공사현장에서 낙하물방지망 또는 방호선반을 설치할 때 설치높이 및 벽면으로부터 내민길이 기준으로 옳은 것은?

① 설치높이 : 10m 이내마다, 내민 길이 2m 이상
② 설치높이 : 15m 이내마다, 내민 길이 2m 이상
③ 설치높이 : 10m 이내마다, 내민 길이 3m 이상
④ 설치높이 : 15m 이내마다, 내민 길이 3m 이상

해설 낙하물방지망의 설치간격은 높이 10m 이내이고, 내민 길이는 벽면으로부터 2m 이상으로 하여야 한다.

100 무한궤도식 장비와 타이어식(차륜식) 장비의 차이점에 관한 설명으로 옳은 것은?

① 무한궤도식은 기동성이 좋다.
② 타이어식은 승차감과 주행성이 좋다.
③ 무한궤도식은 경사지반에서의 작업에 부적당하다.
④ 타이어식은 땅을 다지는 데 효과적이다.

해설 타이어식은 승차감과 주행성이 좋아 이동식 작업에도 적당하다.

정답 | 98 ④ 99 ① 100 ②

2024년 3회

※ 2020년 4회 이후 CBT로 출제된 기출문제는 개정된 출제기준과 해당 회차의 기출 키워드 등을 분석하여 복원하였습니다.

1과목 산업안전관리론

01 태풍, 지진 등의 천재지변이 발생한 경우나 이상상태 발생 시 기능상 이상 유·무에 대한 안전점검의 종류는?

① 일상안전점검 ② 정기안전점검
③ 수시안전점검 ④ 특별안전점검

[해설] **특별점검**
기계·기구의 신설 및 변경 시 고장, 수리 등에 의해 부정기적으로 실시하는 점검으로 안전강조기간 등에 실시하는 점검이다.

02 인지과정 착오의 요인이 아닌 것은?

① 정서 불안정 ② 감각차단 현상
③ 작업자의 기능미숙 ④ 생리·심리적 능력의 한계

[해설] **인지과정 착오의 요인**
- 심리적 능력의 한계
- 감각차단현상
- 정보량의 한계
- 정서 불안정

03 다음 중 인간의 적응기제(適應機制)에 포함되지 않는 것은?

① 갈등(Conflict)
② 억압(Repression)
③ 공격(Aggression)
④ 합리화(Rationalization)

[해설] **적응기제(適應機制 ; Adjustment Mechanism) 종류**
1. 방어적 기제(Defense Mechanism)
   - 보상
   - 합리화(변명)
   - 승화
   - 동일시
2. 도피적 기제(Escape Mechanism)
   - 고립
   - 퇴행
   - 억압
   - 백일몽
3. 공격적 기제(Aggressive Mechanism)
   - 직접적 공격기제
   - 간접적 공격기제

04 기억과정 중 다음의 내용이 설명하는 것은?

> 과거에 경험하였던 것과 비슷한 상태에 부딪혔을 때 과거의 경험이 떠오르는 것

① 재생 ② 기명
③ 파지 ④ 재인

[해설] **재인**
과거에 경험했던 것과 비슷한 상태에 부딪혔을 때 과거의 경험이 떠오르는 것을 말한다.

05 산업안전보건법령상 안전검사 대상 유해·위험기계의 종류에 포함되지 않는 것은?

① 전단기 ② 리프트
③ 곤돌라 ④ 교류아크용접기

[해설] 교류아크용접기는 안전검사대상 유해·위험기계에 해당하지 않는다.

06 부하의 행동에 영향을 주는 리더십 중 조언, 설명, 보상조건 등의 제시를 통한 적극적인 방법은?

① 강요 ② 모범
③ 제언 ④ 설득

[해설] 조언, 설명, 보상조건 등의 제시로 부하의 행동에 영향을 주는 리더십 방법은 설득이다.

정답 | 01 ④ 02 ③ 03 ① 04 ④ 05 ④ 06 ④

07 보호구 안전인증 고시에 따른 다음 방진마스크의 형태로 옳은 것은?

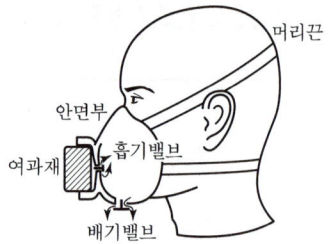

① 격리식 반면형
② 직결식 반면형
③ 격리식 전면형
④ 직결식 전면형

해설 **방진마스크의 형태**

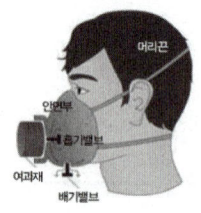

직결식 반면형

08 산업안전보건법령상 산업재해의 정의로 옳은 것은?

① 고의성 없는 행동이나 조건이 선행되어 인명의 손실을 가져올 수 있는 사건
② 안전사고의 결과로 일어난 인명피해 및 재산손실
③ 근로자가 업무에 관계되는 설비 등에 의하여 사망 또는 부상하거나 질병에 걸리는 것
④ 통제를 벗어난 에너지의 광란으로 인하여 입은 인명과 재산의 피해 현상

해설 **산업재해**
근로자가 업무에 관계되는 건설물·설비·원재료·가스·증기·분진 등에 의하거나 작업 또는 그 밖의 업무로 인하여 사망 또는 부상하거나 질병에 걸리는 것을 말한다.

09 하인리히의 사고방지 5단계 중 제1단계 안전조직의 내용이 아닌 것은?

① 경영자의 안전목표 설정
② 안전관리자의 선임
③ 안전활동의 방침 및 계획 수립
④ 안전회의 및 토의

해설 **하인리히 사고방지 단계 중 제1단계(안전조직)**
- 안전관리조직을 구성
- 안전활동 방침 및 계획을 수립
- 전 종업원이 자주적으로 참여하여 집단의 안전목표를 달성
- 안전관리자를 선임

10 산업재해에 있어 인명이나 물적 등 일체의 피해가 없는 사고를 무엇이라고 하는가?

① Near Accident
② Good Accident
③ True Accident
④ Original Accident

해설 **아차사고(Near Accident)**
무(無) 인명상해(인적 피해)·무 재산손실(물적 피해) 사고

11 주의(Attention)의 특징 중 여러 종류의 자극을 자각할 때, 소수의 특정한 것에 한하여 주의가 집중되는 것은?

① 선택성
② 방향성
③ 변동성
④ 검출성

해설 **주의의 특징**
- 선택성 : 소수의 특정한 것에 한한다.
- 방향성 : 시선의 초점이 맞았을 때 쉽게 인지된다.
- 변동성 : 인간은 한 점에 계속하여 주의를 집중할 수는 없다.

12 테크니컬 스킬즈(technical skills)에 관한 설명으로 옳은 것은?

① 모럴(morale)을 앙양시키는 능력
② 인간을 사물에게 적응시키는 능력
③ 사물을 인간에게 유리하게 처리하는 능력
④ 인간과 인간의 의사소통을 원활히 처리하는 능력

해설 테크니컬 스킬즈은 사물을 인간에 유익하도록 처리하는 능력을 말한다.

정답 | 07 ② 08 ③ 09 ④ 10 ① 11 ① 12 ③

13 연간 근로자수가 300명인 A공장에서 지난 1년간 1명의 재해자(신체장해등급 : 1급)가 발생하였다면 이 공장의 강도율은? (단, 근로자 1인당 1일 8시간씩 연간 300일을 근무하였다.)

① 4.27
② 6.42
③ 10.05
④ 10.42

[해설] 강도율 = $\frac{\text{근로손실일수}}{\text{연근로시간수}} \times 1,000$

$= \frac{7,500}{300 \times 8 \times 300} \times 1,000$

$= 10.42$

14 기업의 산업재해에 대한 과거와 현재의 안전성적을 비교, 평가한 점수로 안전관리의 수행도를 평가하는 데 유용한 것은?

① Safe T. Score
② 평균강도율
③ 종합재해지수
④ 안전활동률

[해설] **세이프 티 스코어(Safe T. Score)**
과거와 현재의 안전성적을 비교, 평가하는 방법으로 단위가 없으며 계산 결과가 (+)이면 나쁜 기록이, (−)이면 과거에 비해 좋은 기록으로 본다.

15 재해원인의 분석방법 중 사고의 유형, 기인물 등 분류항목을 큰 순서대로 도표화하는 통계적 원인분석 방법은?

① 특성요인도
② 관리도
③ 클로스도
④ 파레토도

[해설] 파레토도는 분류항목을 큰 순서대로 도표화한 분석법이다.

16 산업안전보건법령에 따른 안전·보건표지 중 금지표지의 종류가 아닌 것은?

① 금연
② 물체이동금지
③ 접근금지
④ 차량통행금지

[해설] **안전보건표지의 종류와 형태(금지표지)**

| 101 출입금지 | 102 보행금지 | 103 차량통행금지 | 104 사용금지 | 105 탑승금지 |
| 106 금연 | 107 화기금지 | 108 물체이동금지 |

17 산업안전보건법령상 고용노동부장관이 산업재해예방을 위하여 종합적인 개선조치를 할 필요가 있다고 인정할 때에 안전보건개선계획의 수립·시행을 명할 수 있는 대상 사업장이 아닌 것은?

① 산업재해율이 같은 업종의 규모별 평균 산업재해율보다 높은 사업장
② 사업주가 안전보건조치의무를 이행하지 아니하여 중대재해가 발생한 사업장
③ 고용노동부장관이 관보 등에 고시한 유해인자의 노출기준을 초과한 사업장
④ 경미한 재해가 다발로 발생한 사업장

[해설] 경미한 재해가 다발로 발생한 사업장은 안전보건개선계획 수립·시행을 명할 수 있는 대상 사업장에 해당되지 않는다.

18 무재해 운동의 추진을 위한 3요소에 해당하지 않는 것은?

① 모든 위험잠재요인의 해결
② 최고경영자의 경영자세
③ 관리감독자(Line)의 적극적 추진
④ 직장 소집단의 자주활동 활성화

[해설] **무재해 운동의 3요소(3기둥)**
1. 직장의 자율활동의 활성화
2. 라인(관리감독자)화의 철저
3. 최고경영자의 안전경영철학

정답 | 13 ④ 14 ① 15 ④ 16 ③ 17 ④ 18 ①

19 토의법의 유형 중 다음에서 설명하는 것은?

> 교육과제에 정통한 전문가 4~5명이 피교육자 앞에서 자유로이 토의를 실시한 다음에 피교육자 전원이 참가하여 사회자의 사회에 따라 토의하는 방법

① 포럼 ② 패널 디스커션
③ 심포지엄 ④ 버즈세션

해설 **패널토의(Panel Discussion)**
사회자의 진행에 의해 특정 주제에 대해 구성원 3~6명이 대립된 견해를 가지고 청중 앞에서 논쟁을 벌이는 것

20 다음 중 위험예지훈련 4라운드의 순서가 올바르게 나열된 것은?

① 현상파악 → 본질추구 → 대책수립 → 목표설정
② 현상파악 → 대책수립 → 본질추구 → 목표설정
③ 현상파악 → 본질추구 → 목표설정 → 대책수립
④ 현상파악 → 목표설정 → 본질추구 → 대책수립

해설 **위험예지훈련의 추진을 위한 문제해결 4단계(4라운드)**
- 1라운드 : 현상파악(사실의 파악)
- 2라운드 : 본질추구(위험요인, 문제점 발견 및 위험 포인트 결정)
- 3라운드 : 대책수립(대책을 세운다)
- 4라운드 : 목표설정(행동계획 작성)

2과목
인간공학 및 시스템공학

21 항공기 위치 표시장치의 설계원칙에 있어, 아래의 설명에 해당하는 것은?

> 항공기의 경우 일반적으로 이동 부분의 영상은 고정된 눈금이나 좌표계에 나타내는 것이 바람직하다.

① 통합 ② 양립적 이동
③ 추종표시 ④ 표시의 현실성

해설 **양립적 이동(Principle of Compatibility Motion)**
항공기의 경우, 일반적으로 이동 부분의 영상은 고정된 눈금이나 좌표계에 나타내는 것이 바람직하다.

22 다음의 데이터를 이용하여 MTBF를 구하면 약 얼마인가?

가동시간	정지시간
$t_1 = 2.7$시간	$t_a = 0.1$시간
$t_2 = 1.8$시간	$t_b = 0.2$시간
$t_3 = 1.5$시간	$t_c = 0.3$시간
$t_4 = 2.3$시간	$t_e = 0.3$시간
부하시간 = 8시간	

① 1.8시간/회 ② 2.1시간/회
③ 2.8시간/회 ④ 3.1시간/회

해설 **평균고장간격(MTBF ; Mean Time Between Failure)**
시스템, 부품 등 고장 간의 동작시간 평균치

$$MTBF = \frac{1}{\lambda} = \frac{총가동시간}{고장건수}$$
$$= \frac{2.7+1.8+1.5+2.3}{4}$$
$$= 2.075 ≒ 2.1(시간/회)$$

23 인간의 눈에서 빛이 가장 먼저 접촉하는 부분은?

① 각막 ② 망막
③ 초자체 ④ 수정체

해설 **각막**
빛이 통과하는 곳으로 빛이 가장 먼저 접촉하는 부분

24 사용자의 잘못된 조작 또는 실수로 인해 기계의 고장이 발생하지 않도록 설계하는 방법은?

① EMEA ② HAZOP
③ fail safe ④ fool proof

해설 **풀 프루프(Fool proof)**
기계장치 설계단계에서 안전화를 도모하는 것으로 근로자가 기계 등의 취급을 잘못해도 사고로 연결되는 일이 없도록 하는 안전기구, 즉 인간과오(Human Error)를 방지하기 위한 것이다.

정답 | 19 ② 20 ① 21 ② 22 ② 23 ① 24 ④

25 인간공학적 부품배치의 원칙에 해당하지 않는 것은?

① 신뢰성의 원칙   ② 사용순서의 원칙
③ 중요성의 원칙   ④ 사용빈도의 원칙

[해설] **부품배치의 원칙**
- 중요성의 원칙
- 사용빈도의 원칙
- 기능별 배치의 원칙
- 사용순서의 원칙

26 모든 시스템 안전 프로그램 중 최초 단계의 분석으로 시스템 내의 위험요소가 어떤 상태에 있는지를 정성적으로 평가하는 방법은?

① CA   ② FHA
③ PHA   ④ FMEA

[해설] **PHA(예비위험분석)**
시스템 내의 위험요소가 얼마나 위험상태에 있는가를 평가하는 시스템 안전프로그램의 최초단계의 분석 기법(정성적)이다.

27 반경 10cm인 조종구(ball control)를 30° 움직였을 때, 표시장치가 2cm 이동하였다면 통제표시비(C/R 비)는 약 얼마인가?

① 1.3   ② 2.6
③ 5.2   ④ 7.8

[해설] **통제표시비**

$$\frac{C}{R} = \frac{\text{통제기기의 변위량}}{\text{표시계기지침의 변위량}}$$

$$= \frac{\frac{\alpha}{360} \times 2\pi D}{\text{표시계기지침의 변위량}}$$

$$= \frac{\frac{30}{360} \times 2 \times \pi \times D}{2} = 2.62$$

28 결함수분석법에 관한 설명으로 틀린 것은?

① 잠재위험을 효율적으로 분석한다.
② 연역적 방법으로 원인을 규명한다.
③ 정성적 평가보다 정량적 평가를 먼저 실시한다.
④ 복잡하고 대형화된 시스템의 분석에 사용한다.

[해설] 결함수 분석법은 정량적 평가만 실시한다.

29 FTA에서 사용되는 논리기호 중 기본사상은?

① 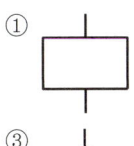   ②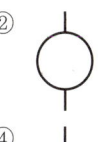

③ 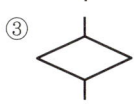   ④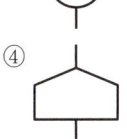

[해설] **논리기호 및 사상기호**

기호	명칭	설명
○	기본사상 (사상기호)	더 이상 전개되지 않는 기본사상

30 FTA의 활용 및 기대효과가 아닌 것은?

① 시스템의 결함 진단
② 사고원인 규명의 간편화
③ 사고원인 분석의 정량화
④ 시스템의 결함 비용 분석

[해설] **FTA의 기대효과**
- 사고원인 규명의 간편화
- 사고원인 분석의 일반화
- 사고원인 분석의 정량화
- 노력, 시간의 절감
- 시스템의 결함 진단
- 안전점검 체크리스트 작성

정답 | 25 ① 26 ③ 27 ② 28 ③ 29 ② 30 ④

31 보전효과 측정을 위해 사용하는 설비고장 강도율의 식으로 맞는 것은?

① 부하시간 ÷ 설비가동시간
② 총 수리시간 ÷ 설비가동시간
③ 설비고장건수 ÷ 설비가동시간
④ 설비고장 정지시간 ÷ 설비가동시간

해설 보전효과 측정공식
설비고장 강도율 = 설비고장 정지시간 / 설비가동시간

32 실내면의 추천반사율이 낮은 것에서부터 높은 순으로 올바르게 배열된 것은?

① 바닥 < 가구 < 벽 < 천장
② 바닥 < 벽 < 가구 < 천장
③ 천장 < 가구 < 벽 < 바닥
④ 천장 < 벽 < 가구 < 바닥

해설 옥내 추천 반사율
- 천장 : 80~90%
- 벽 : 40~60%
- 가구 : 25~45%
- 바닥 : 20~40%

33 인간과 기계의 능력에 대한 실용성 한계에 관한 설명으로 틀린 것은?

① 기능의 수행이 유일한 기준은 아니다.
② 상대적인 비교는 항상 변하기 마련이다.
③ 일반적인 인간과 기계의 비교가 항상 적용된다.
④ 최선의 성능을 마련하는 것이 항상 중요한 것은 아니다.

해설 인간과 기계의 능력 및 한계는 서로 상충되므로 비교대상이 될 수 없다.

34 다음 중 연마작업장의 가장 소극적인 소음대책은?

① 음향 처리제를 사용할 것
② 방음보호용구를 착용할 것
③ 덮개를 씌우거나 창문을 닫을 것
④ 소음원으로부터 적절하게 배치할 것

해설 방음보호용구를 이용한 소음대책은 소음의 격리, 소음원의 통제, 차폐장치 등의 조치 후에 최종적으로 작업자 개인에게 보호구를 사용하는 소극적인 대책에 해당된다.

35 인체 측정치의 응용 원칙과 거리가 먼 것은?

① 극단치를 고려한 설계
② 조절 범위를 고려한 설계
③ 평균치를 기준으로 한 설계
④ 기능적 치수를 이용한 설계

해설 인체 계측자료의 응용원칙
1. 최대치수와 최소치수(극단치 설계)
2. 조절 범위(5~95%) 설계
3. 평균치를 기준으로 한 설계

36 주물공장 A작업자의 작업지속시간과 휴식시간을 열압박지수(HSI)를 활용하여 계산하니 각각 45분, 15분이었다. A작업자의 1일 작업량(TW)은 얼마인가? (단, 휴식시간은 포함하지 않으며, 1일 근무시간은 8시간이다.)

① 4.5시간
② 5시간
③ 5.5시간
④ 6시간

해설 작업시간 = 1일 근무시간 × $\dfrac{\text{작업지속시간}}{\text{작업지속시간} + \text{휴식시간}}$

$= 480\min \times \dfrac{45\min}{45\min + 15\min}$

$= 6H$

37 소음성 난청 유소견자로 판정하는 구분을 나타내는 것은?

① A
② C
③ D_1
④ D_2

해설 직업병인 D_1 판정기준
1. 순음어음 청력검사상 4,000Hz의 고음영역에서 50dB 이상 청력 손실 있을 것
2. 3분법(500(a), 1,000(b), 2,000(c)Hz에서의 청력손실치를 (a+b+c)/3) → 30dB 이상의 청력손실
3. 소음성난청 진단은 한 쪽 귀만 D_1에 해당되더라도 직업병으로 판정

정답 | 31 ④　32 ①　33 ③　34 ②　35 ④　36 ④　37 ③

38 다음 그림은 C/R비와 시간과의 관계를 나타낸 그림이다. ㉠~㉣에 들어갈 내용이 맞는 것은?

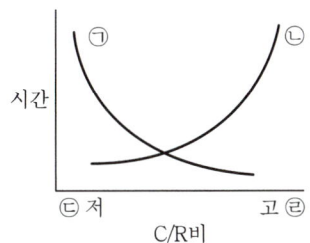

① ㉠ 이동시간, ㉡ 조정시간, ㉢ 민감, ㉣ 둔감
② ㉠ 이동시간, ㉡ 조정시간, ㉢ 둔감, ㉣ 민감
③ ㉠ 조정시간, ㉡ 이동시간, ㉢ 민감, ㉣ 둔감
④ ㉠ 조정시간, ㉡ 이동시간, ㉢ 둔감, ㉣ 민감

[해설]
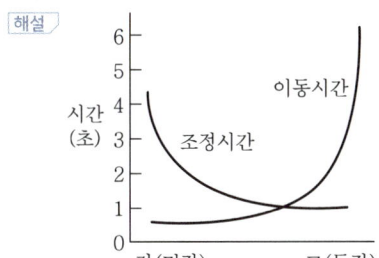

39 사람의 감각기관 중 반응속도가 가장 느린 것은?

① 청각 ② 시각
③ 미각 ④ 촉각

[해설] 인간의 감각기관의 자극에 대한 반응속도
청각(0.17초) > 촉각(0.18초) > 시각(0.20초) > 미각(0.29초) > 통각(0.70초)

40 의자의 등받이 설계에 관한 설명으로 가장 적절하지 않은 것은?

① 등받이 폭은 최소 30.5cm가 되게 한다.
② 등받이 높이는 최소 50cm가 되게 한다.
③ 의자의 좌판과 등받이 각도는 90~105°를 유지한다.
④ 요부 받침 높이는 25~35cm로 하고 폭은 30.5cm로 한다.

[해설] 등받이 설계원칙
• 요부 받침의 높이는 15.2~22.9[cm], 폭은 30.5[cm], 등받이로부터 5[cm] 정도의 두께

3과목
건설시공학

41 철골공사에서 산소아세틸렌 불꽃을 이용하여 강재의 표면에 흠을 따내는 방법은?

① Gas gouging ② Blow hole
③ Flux ④ Weaving

[해설] 가스가우징(Gas gouging)은 산소아세틸렌 불꽃을 이용하여 강재의 표면에 흠을 따내는 방법이다.

42 프리스트레스트 콘크리트를 프리텐션방식으로 프리스트레싱할 때 콘크리트의 압축강도는 최소 얼마 이상이어야 하는가?

① 15[MPa] ② 20[MPa]
③ 30[MPa] ④ 50[MPa]

[해설] 프리텐션 방식의 프리스트레스트 콘크리트의 압축강도는 30MPa 이상이어야 한다.

43 공사현장의 소음·진동 관리를 위한 내용 중 옳지 않은 것은?

① 일정 면적 이상의 건축공사장은 특정공사 사전 신고를 한다.
② 방음벽 등 차음·방진시설을 설치한다.
③ 파일공사는 가능한 타격공법을 시행한다.
④ 해체공사 시 압쇄공법을 채택한다.

[해설] 타격공법은 소음과 진동을 유발한다.

44 거푸집 내에 자갈을 먼저 채우고, 공극부에 유동성이 좋은 모르타르를 주입해서 일체의 콘크리트가 되도록 한 공법은?

① 수밀 콘크리트 ② 진공 콘크리트
③ 숏크리트 ④ 프리팩트 콘크리트

[해설] 프리팩트 콘크리트
굵은 골재를 거푸집 등에 넣고 그 사이에 시멘트 페이스트를 펌프로 주입하여 만드는 콘크리트이다.

정답 | 38 ③ 39 ③ 40 ④ 41 ① 42 ③ 43 ③ 44 ④

45 주문받은 건설업자가 대상계획의 기업·금융, 토지조달, 설계, 시공, 기계기구 설치 등 주문자가 필요로 하는 모든 것을 조달하여 주문자에게 인도하는 도급계약 방식은?

① 공동도급
② 실비정산 보수가산도급
③ 턴키(Turn-key)도급
④ 일식도급

[해설] 턴키(Turn-key)도급은 주문자가 필요로 하는 모든 것을 조달하여 주문자에게 인도하는 도급계약 방식이다.

46 철근단면을 맞대고 산소-아세틸렌염으로 가열하여 적열상태에서 부풀려 가압, 접합하는 철근이음방식은?

① 나사방식이음   ② 겹침이음
③ 가스압접이음   ④ 충전식이음

[해설] 가스압접이음은 철근의 양쪽에서 압력을 주어 가스용접을 하면서 압력을 접합하는 방식이다.

47 기존 건물의 파일 머리보다 깊은 건물을 건설할 때, 지하수면의 이동이 일어나거나 기존 건물 기초의 침하나 이동이 예상될 때 지하에 실시하는 보강공법은?

① 리버스 서큘레이션 공법 ② 프리보링 공법
③ 베노토 공법   ④ 언더피닝 공법

[해설] 언더피닝(Under Pinning)공법
기존 구조물의 기초 저면보다 깊은 구조물을 시공하거나 기존 구조물을 보호하기 위하여 기초나 지정을 보강하는 공법이다.

48 무게 63.5kg의 추를 76cm 높이에서 낙하시켜 샘플러가 30cm 관입하는 데 필요한 타격횟수(N)를 측정하는 토질시험의 종류는?

① 전단시험   ② 지내력시험
③ 표준관입시험   ④ 베인시험

[해설] 표준관입시험(Standard Penetration Test)
무게 63.5kg의 해머를 높이 76cm에서 낙하시켜 샘플러(Sampler)를 30cm 관입시키는 데 필요한 해머의 타격횟수(N치)를 구하는 시험이다.

49 기계가 서 있는 위치보다 낮은 곳, 넓은 범위의 굴착에 주로 사용되며 주로 수로, 골재 채취에 많이 이용되는 기계는?

① 드래그 셔블   ② 드래그 라인
③ 로더   ④ 케리올 스크레이퍼

[해설] 드래그 라인(Drag Line)
굴삭기가 위치한 지면보다 낮은 장소를 굴삭하는 데 사용하는 기계이다.

50 철근의 이음방식이 아닌 것은?

① 용접이음   ② 겹침이음
③ 갈고리이음   ④ 기계적이음

[해설] 철근의 이음방법에는 겹침이음, 기계식이음, 용접이음 등이 있다.

51 철근콘크리트구조에서 철근이음 시 유의사항으로 옳지 않은 것은?

① 동일한 곳에 철근 수의 반 이상을 이어야 한다.
② 이음의 위치는 응력이 큰 곳을 피하고 엇갈리게 잇는다.
③ 주근의 이음은 인장력이 가장 작은 곳에 두어야 한다.
④ 큰 보의 경우 하부주근의 이음 위치는 보 경간의 양단부이다.

[해설] 동일한 곳에 철근 수의 반 이상을 이을 경우 응력이 집중되므로 피해야 한다.

52 토공사의 굴착기계 용도에 관한 설명으로 옳지 않은 것은?

① 백호는 기계보다 낮은 곳을 굴착하는 데 사용한다.
② 파워셔블은 기계보다 높은 곳을 굴착하는 데 사용한다.
③ 드래그라인은 기계보다 낮은 곳의 흙을 긁어모으는 데 사용한다.
④ 클램셸은 기계보다 높은 곳의 흙과 자갈을 긁어내리는 데 사용한다.

[해설] 클램셸(Clam shell)은 기계보다 낮고 좁은 곳의 수직굴착에 유리하여 케이슨 내 굴삭, 우물통 기초 등에 적합하다.

정답 | 45 ③ 46 ③ 47 ④ 48 ③ 49 ② 50 ③ 51 ① 52 ④

53 거푸집 공사에서 거푸집 검사 시 받침기둥(지주의 안전하중)검사와 가장 거리가 먼 것은?

① 서포트의 수직 여부 및 간격
② 폼타이 등 조임철물의 재질
③ 서포트의 편심, 처짐 및 나사의 느슨함 정도
④ 수평연결대 설치 여부

[해설] 폼타이(Form Tie)는 콘크리트를 부어넣을 때 거푸집이 벌어지거나 우그러들지 않게 연결, 고정하는 긴결재이다.

54 KCS에 따른 철근 가공 및 이음 기준에 관한 내용으로 옳지 않은 것은?

① 철근은 상온에서 가공하는 것을 원칙으로 한다.
② 철근상세도에 철근의 구부리는 내면 반지름이 표시되어 있지 않은 때에는 콘크리트 구조설계기준에 규정된 구부림의 최소 내면 반지름 이상으로 철근을 구부려야 한다.
③ D32 이하의 철근은 겹침이음을 할 수 없다.
④ 장래의 이음에 대비하여 구조물로부터 노출시켜 놓은 철근은 손상이나 부식이 생기지 않도록 보호하여야 한다.

[해설] D32 이하의 철근은 겹침이음이 가능하다.

55 흙막이 공사 후 지표면의 재하하중에 못 견디어 흙막이 벽의 바깥에 있는 흙이 안으로 밀려 흙파기 저면이 볼록하게 솟아오르는 현상은?

① 히빙 현상
② 보일링 현상
③ 수동토압 파괴 현상
④ 전단 파괴 현상

[해설] **히빙 파괴(Heaving)**
흙막이 벽체 배면에 흙이 안으로 밀려 들어와 굴착 바닥면이 부풀어 오르는 현상을 말한다.

56 흙막이벽체 공법 중 주열식 흙막이 공법에 해당하는 것은?

① 슬러리 월 공법
② 엄지말뚝+토류판 공법
③ C.I.P 공법
④ 시트파일 공법

[해설] **C.I.P(Cast In Place Pile) 공법**
지반을 천공하고 그 속에 철근망과 주입관을 삽입한 다음 자갈을 넣고 주입관을 통해 Prepacked Mortar를 주입하여 현장타설 콘크리트 말뚝을 형성하는 공법이다.

57 기초파기 저면보다 지하수위가 높을 때의 배수공법으로 가장 적합한 것은?

① 웰포인트 공법
② 샌드드레인 공법
③ 언더피닝 공법
④ 페이퍼드레인 공법

[해설] **웰포인트(Well Point) 공법**
지하수를 펌프로 배수하여 지하수위를 낮추고 지하수위의 저하에 따른 부력 감소로 인해 지반을 다지는 공법이다.

58 콘크리트용 혼화재 중 포졸란을 사용한 콘크리트의 효과로 옳지 않은 것은?

① 워커빌리티가 좋아지고 블리딩 및 재료 분리가 감소된다.
② 수밀성이 크다.
③ 조기강도는 매우 크나 장기강도의 증진은 낮다.
④ 해수 등에 화학적 저항이 크다.

[해설] 포졸란 반응으로 수밀성이 증가하며, 장기강도도 증가하여 구조용 또는 미장용 모르타르로 사용한다.

59 시방서에 관한 설명으로 옳지 않은 것은?

① 설계도면과 공사시방서에 상이점이 있을 때는 주로 설계도면이 우선한다.
② 시방서 작성 시에는 공사 전반에 걸쳐 시공 순서에 맞게 빠짐없이 기재한다.
③ 성능시방서란 목적하는 결과, 성능의 판정기준, 이를 판별할 수 있는 방법을 규정한 시방서이다.
④ 시방서에는 사용재료의 시험검사방법, 시공의 일반사항 및 주의사항, 시공정밀도, 성능의 규정 및 지시 등을 기술한다.

[해설] 설계도면과 공사시방서에 상이점이 있을 때는 공사시방서가 우선한다.

정답 | 53 ② 54 ③ 55 ① 56 ③ 57 ① 58 ③ 59 ①

60 경쟁입찰에서 예정가격 이하의 최저가격으로 입찰한 자 순으로 당해계약 이행능력을 심사하여 낙찰자를 선정하는 방식은?

① 제한적 평균가 낙찰제 ② 적격심사제
③ 최적격 낙찰제 ④ 부찰제

해설 **적격심사제**
경쟁입찰에서 예정가격 이하의 최저가격으로 입찰한 자 순으로 당해계약 이행능력을 심사하여 낙찰자를 선정하는 방식이다.

4과목
건설재료학

61 단열재료 중 무기질 재료가 아닌 것은?

① 유리면 ② 경질우레탄 폼
③ 세라믹 섬유 ④ 암면

해설 무기질 단열재에는 유리면, 암면, 규산칼슘 보온재, 규조토 보온재, 펄라이트 보온재, 질석, 광재면, 다포유리, 세라믹 파이버 등이 있다.

62 화강암이 열을 받았을 때 파괴되는 가장 주된 원인은?

① 화학성분의 열분해
② 조직의 용융
③ 조암광물의 종류에 따른 열팽창계수의 차이
④ 온도상승에 따른 압축강도 저하

해설 화강암의 열에 의한 파괴는 조암광물의 종류에 따른 열팽창계수의 차이가 주된 원인이 된다.

63 한중콘크리트의 계획배합 시 물결합재비는 원칙적으로 얼마 이하로 하여야 하는가?

① 50% ② 55%
③ 60% ④ 65%

해설 한중콘크리트는 일평균 기온 4℃ 이하일 때 타설하는 콘크리트로 물-시멘트비(W/C)를 60% 이하로 가급적 작게 한다.

64 플라스틱의 특성에 관한 설명으로 옳지 않은 것은?

① 전기절연성이 양호하다.
② 내열성 및 내후성이 강하다.
③ 착색이 자유롭고 높은 투명성을 가질 수 있다.
④ 내약품성이 있고 접착성이 우수하다.

해설 플라스틱은 일반적으로 전기절연성이 양호하며 열에 의한 팽창 및 수축이 크다.

65 목재 가공품 중 판재와 각재를 접착하여 만든 것으로 보, 기둥, 아치, 트러스 등의 구조부재로 사용되는 것은?

① 파키트 패널 ② 집성목재
③ 파티클 보드 ④ 석고 보드

해설 **집성목재**
판재를 섬유평행방향으로 여러 장 겹쳐서 접착시켜 만든 것으로, 강도를 자유롭게 조절할 수 있고, 굽은 형태(아치형)나 특수한 형태의 부재를 만들 수 있으며 구조적인 변형도 쉽다.

66 점토벽돌 1종의 흡수율과 압축강도 기준으로 옳은 것은?

① 흡수율 10[%] 이하 – 압축강도 24.50[MPa] 이상
② 흡수율 10[%] 이하 – 압축강도 20.59[MPa] 이상
③ 흡수율 15[%] 이하 – 압축강도 24.50[MPa] 이상
④ 흡수율 15[%] 이하 – 압축강도 20.59[MPa] 이상

해설 점토벽돌 1종의 흡수율은 10% 이하이고 압축강도는 24.50MPa 이상이다.

67 건물의 바닥 충격음을 저감시키는 방법에 관한 설명으로 옳지 않은 것은?

① 완충재를 바닥 공간 사이에 넣는다.
② 부드러운 표면마감재를 사용하여 충격력을 작게 한다.
③ 바닥을 띄우는 이중바닥으로 한다.
④ 바닥슬래브의 중량을 작게 한다.

해설 층간소음을 예방하기 위해서는 바닥슬래브의 두께를 크게 해야 한다.

정답 | 60 ② 61 ② 62 ③ 63 ③ 64 ② 65 ② 66 ① 67 ④

68 콘크리트 혼화제 중 AE제를 사용하는 목적과 가장 거리가 먼 것은?

① 동결 융해에 대한 저항성 개선
② 단위수량 감소
③ 워커빌리티 향상
④ 철근과의 부착강도 증대

[해설] AE제를 사용하면 단위수량 감소로 물시멘트비(W/C)가 감소되고 콘크리트 내구성 향상 및 동결에 대한 저항성이 증대된다.

69 보통벽돌에 관한 설명으로 옳지 않은 것은?

① 일반적으로 잘 구워진 것일수록 치수가 작아지고 색이 옅어지며, 두드리면 탁음이 난다.
② 건축용 점토소성벽돌의 적색은 원료의 산화철 성분에서 기인한다.
③ 보통벽돌의 기본치수는 190×90×57mm이다.
④ 진흙을 빚어 소성하여 만든 벽돌로서 점토벽돌이라고도 한다.

[해설] 일반적으로 잘 구워진 것일수록 두드리면 맑은 음이 난다.

70 골재의 수량과 관련된 설명으로 옳지 않은 것은?

① 흡수량 : 습윤상태의 골재 내외에 함유하는 전수량
② 표면수량 : 습윤상태의 골재표면의 수량
③ 유효흡수량 : 흡수량과 기건상태의 골재 내 함유된 수량의 차
④ 절건상태 : 일정 질량이 될 때까지 110℃ 이하의 온도로 가열 건조한 상태

[해설] 흡수량은 절건상태에서 표건상태가 될 때까지 골재가 흡수한 수량을 말한다.

71 다음 재료 중 건물외벽에 사용하기에 적합하지 않은 것은?

① 유성페인트
② 바니쉬
③ 에나멜페인트
④ 합성수지 에멀션페인트

[해설] 바니쉬는 광택이 있고 투명하며 단단한 도막을 만드나 내후성이 약한 단점이 있어 목재의 도장에 많이 사용한다.

72 콘크리트용 골재의 입도에 관한 설명으로 옳지 않은 것은?

① 입도란 골재의 작고 큰 입자의 혼합된 정도를 말한다.
② 입도가 적당하지 않은 골재를 사용할 경우에는 콘크리트의 재료분리가 발생하기 쉽다.
③ 골재의 입도를 표시하는 방법으로 조립률이 있다.
④ 골재의 입도는 블레인 시험으로 구한다.

[해설] 블레인 시험은 분말도를 측정하는 시험이다.

73 접착제를 사용할 때의 주의사항으로 옳지 않은 것은?

① 피착제의 표면은 가능한 한 습기가 없는 건조상태로 한다.
② 용제, 희석제를 사용할 경우 과도하게 희석시키지 않도록 한다.
③ 용제성의 접착제는 도포 후 용제가 휘발한 적당한 시간에 접착시킨다.
④ 접착처리 후 일정한 시간 내에는 가능한 한 압축을 피해야 한다.

[해설] 접착처리 후 일정한 시간 내에는 인장을 피해야 한다.

74 집성목재에 관한 설명으로 옳지 않은 것은?

① 옹이, 균열 등의 각종 결점을 제거하거나 이를 적당히 분산시켜 만든 균질한 조직의 인공목재이다.
② 보, 기둥, 아치, 트러스 등의 구조재료로 사용할 수 있다.
③ 직경이 작은 목재들을 접착하여 장대제로 활용할 수 있다.
④ 소재를 약제처리 후 집성 접착하므로 양산이 어려우며, 건조 균열 및 변형 등을 피할 수 없다.

[해설] **집성목재**
판재를 섬유평행방향으로 여러 장 겹쳐서 접착시켜 만든 것으로, 굽은 형태(아치형)나 특수한 형태의 부재를 만들 수 있으며 구조적인 변형도 쉽다.

정답 | 68 ④ 69 ① 70 ① 71 ② 72 ④ 73 ④ 74 ④

75 시멘트를 저장할 때의 주의사항 중 옳지 않은 것은?

① 쌓을 때 너무 압축력을 받지 않게 13포대 이내로 한다.
② 통풍을 좋게 한다.
③ 3개월 이상된 것은 재시험하여 사용한다.
④ 저장소는 방습구조로 한다.

해설 **시멘트 창고의 구비조건 및 시멘트 보관방법**
1. 창고의 바닥높이는 지면에서 30cm 이상으로 한다.
2. 지붕은 비가 새지 않는 구조로 하고, 벽이나 천장은 기밀하게 한다.
3. 창고 주위는 배수도랑을 두고 우수의 침입을 방지한다.
4. 출입구 채광창 이외의 환기창은 두지 않는다.
5. 반입구와 반출구를 따로 두어 먼저 쌓는 것부터 사용하도록 한다.
6. 시멘트 쌓기의 높이는 13포(1.5m) 이내로 한다. 장기간 쌓아두는 것은 7포 이내로 한다.
7. 시멘트의 보관은 1m² 당 30~35포대 정도로 하고, 통로를 고려하지 않는 경우에는 1m² 당 50포대 정도로 하고 시멘트 사용량이 600포대 이하인 경우에는 전량을 저장할 수 있는 창고를 가설하고, 600포대 이상인 경우에는 공사기간에 따라서 전량의 1/3을 저장할 수 있는 창고로 한다.
8. 창고의 면적 : $A = 0.4 \times N/n(m^2)$
   여기서, A : 소요면적
   N : 시멘트 수량
   n : 쌓는 단수(13포 이하)

76 점토 제품 중 흡수성이 가장 작은 것은?

① 도기류   ② 토기류
③ 자기류   ④ 석기류

해설 토기의 흡수율이 가장 크고, 자기의 흡수율이 가장 적다.

종류	원료	소성온도 (℃)	소지 흡수율 (%)	소지 색	소지 강도	시유 여부	제품
토기	일반점토	790~1,000	20 이상	유색	약함	무유 혹은 식염유	벽돌, 기와, 토관
도기	도토	1,100~1,230	10	백색유색	견고	시유	기와, 토관, 타일, 테라코타
석기	양질점토	1,160~1,350	3~10	유색	치밀, 견고	무유 혹은 식염유	벽돌, 타일, 테라코타
자기	양질점토	1,230~1,460	0~1	백색	치밀, 견고	시유	타일, 위생도기

77 도막방수에 관한 설명으로 옳지 않은 것은?

① 복잡한 형상에도 시공이 용이하다.
② 시트 간의 접착이 불완전할 수 있다.
③ 내약품성이 우수하다.
④ 균일한 두께의 시공이 곤란하다.

해설 도막방수(Coating Water-Proof)는 방수하려는 바탕면에 합성수지나 합성고무의 용제(溶劑, Solvent) 또는 유제(乳劑, Emulsion)를 도포하여 소요 두께의 방수 피막을 형성시켜 방수층을 만드는 것이다.

78 풍화된 시멘트를 사용했을 경우에 관한 설명으로 옳지 않은 것은?

① 응결이 늦어진다.   ② 수화열이 증가한다.
③ 비중이 작아진다.   ④ 강도가 감소된다.

해설 풍화된 시멘트의 성질은 밀도가 작아지고 응결이 늦어지며, 강도가 늦게 발현되고 강열감량(強熱減量)이 커진다.

79 다음 중 점토 제품이 아닌 것은?

① 테라조   ② 테라코타
③ 타일   ④ 내화벽돌

해설 **테라조(Terrazzo)**
대리석, 화강석 등을 종석으로 하여 시멘트와 혼합하여 시공하고 경화 후 가공 연마하여 미려한 광택을 갖도록 마감한 것이다.

80 ALC 제품의 특징에 관한 설명으로 옳지 않은 것은?

① 흡수성이 크다.
② 단열성이 크다.
③ 경량으로서 시공이 용이하다.
④ 강알칼리성이며 변형과 균열의 위험이 크다.

해설 **ALC 제품의 특징**

장점	• 경량성 : 기건 비중은 콘크리트의 1/4 정도이다. • 단열성 : 열전도율은 콘크리트의 1/10 정도이다. • 흡음 및 차음성이 우수하다. • 불연성 및 내화구조 재료이다. • 시공성 : 경량으로 취급이 용이하며 현장에서 절단 및 가공이 용이하다.

정답 | 75 ② 76 ③ 77 ② 78 ② 79 ① 80 ④

단점	· 압축강도가 4~8MPa 정도로 보통 콘크리트에 비해 강도가 비교적 약하다. · 다공성 제품으로 흡수성이 크며 동해에 대한 방수 · 방습처리가 필요하다. · 압축강도에 비해서 휨강도나 인장강도는 상당히 약한 수준이다.

5과목
건설안전기술

81 다음 건설기계의 명칭과 각 용도가 옳게 연결된 것은?

① 드래그라인 – 암반굴착
② 드래그쇼벨 – 흙 운반작업
③ 크램쉘 – 정지작업
④ 파워쇼벨 – 지반면보다 높은 곳의 흙파기

[해설] 파워쇼벨은 지반면보다 높은 곳의 흙파기에 적합하다.

82 다음은 산업안전보건기준에 관한 규칙 중 조립도에 관한 사항이다. (   ) 안에 알맞은 것은?

> 거푸집동바리 등을 조립할 때에는 그 구조를 검토한 후 조립도를 작성하여 한다. 조립도에는 동바리 멍에 등 부재의 재질, 단면규격, (   ) 및 이음방법 등을 명시하여야 한다.

① 부재강도   ② 기울기
③ 안전대책   ④ 설치간격

[해설] 안전보건규칙 제331조(조립도)의 내용이다.
· 거푸집동바리 등을 조립하는 경우에는 그 구조를 검토한 후 조립도를 작성하고 그 조립도에 의하여 조립
· 조립도에는 동바리 · 멍에 등 부재의 재질 · 단면규격 · 설치간격 및 이음방법 등을 명시

83 목재 지주식 지보공을 조립하거나 변경하는 경우의 조치사항으로 옳지 않은 것은?

① 주기둥은 변위를 방지하기 위하여 쐐기 등을 사용하여 지반에 고정시킬 것
② 연결볼트 및 띠장 등을 사용하여 주재 상호간을 튼튼하게 연결할 것
③ 양끝에는 받침대를 설치할 것
④ 부재의 접속부는 꺾쇠 등으로 고정시킬 것

[해설] 목재 지주식 지보공을 조립하거나 변경하는 경우의 조치사항
1. 주기둥은 변위를 방지하기 위하여 쐐기 등을 사용하여 지반에 고정시킬 것
2. 양끝에는 받침대를 설치할 것
3. 터널 등의 목재 지주식 지보공에 세로방향의 하중이 걸림으로써 넘어지거나 비틀어질 우려가 있는 경우에는 양끝 외의 부분에도 받침대를 설치할 것
4. 부재의 접속부는 꺾쇠 등으로 고정시킬 것

84 포화도 80%, 함수비 28%, 흙 입자의 비중 2.7일 때 공극비를 구하면?

① 0.940   ② 0.945
③ 0.950   ④ 0.955

[해설] 포화도, 공극비, 함수비 및 흙의 비중은 다음의 관계가 있다.
$Se = wG_s$

따라서, 공극비(e) = $\dfrac{wG_s}{S}$

$= \dfrac{28 \times 2.7}{80} = 0.945$

85 기상상태의 악화로 비계에서의 작업을 중지시킨 후 그 비계에서 작업을 다시 시작하기 전에 점검해야 할 사항에 해당하지 않는 것은?

① 기둥의 침하 · 변형 · 변위 또는 흔들림 상태
② 손잡이의 탈락 여부
③ 격벽의 설치 여부
④ 발판재료의 손상 여부 및 부착 또는 걸림 상태

[해설] 격벽은 위험물 건조설비의 열원으로 직화를 사용할 때 불꽃 등에 의한 화재를 예방하기 위해 설치하는 시설이다.

정답 | 81 ④ 82 ④ 83 ② 84 ② 85 ③

86 갱폼의 조립·이동·양중·해체 작업을 하는 경우의 준수사항으로 옳지 않은 것은?

① 조립 등의 범위 및 작업절차를 미리 그 작업에 종사하는 근로자에게 주지시킬 것
② 근로자가 안전하게 구조물 내부에서 갱폼의 작업발판으로 출입할 수 있는 이동통로를 설치할 것
③ 갱폼의 지지 또는 고정철물의 이상 유무를 수시점검하고 이상이 발견된 경우에는 교체하도록 할 것
④ 갱폼 인양 시 작업발판용 케이지에 근로자가 탑승한 상태에서 갱폼의 인양작업을 할 것

[해설] 갱폼 인양 시 작업발판용 케이지에 근로자가 탑승한 상태에서 갱폼의 인양작업을 해서는 안 된다.

87 철골보 인양작업 시의 준수사항으로 옳지 않은 것은?

① 선회와 인양작업은 가능한 동시에 이루어지도록 한다.
② 인양용 와이어로프의 각도는 양변 60° 정도가 되도록 한다.
③ 유도로프로 방향을 잡으며 이동시킨다.
④ 철골보의 와이어로프 체결지점은 부재의 1/3 지점을 기준으로 한다.

[해설] 철골보를 인양할 때는 흔들리거나 선회하지 않도록 유도로프로 유도하여야 한다.

88 건물 외부에 낙하물 방지망을 설치할 경우 벽면으로부터 돌출되는 거리의 기준은?

① 1m 이상 ② 1.5m 이상
③ 1.8m 이상 ④ 2m 이상

[해설] 낙하물방지망의 내민 길이는 벽면으로부터 2m 이상으로 하여야 한다.

89 가설구조물이 갖추어야 할 구비요건과 가장 거리가 먼 것은?

① 영구성 ② 경제성
③ 작업성 ④ 안전성

[해설] 가설구조물이 갖추어야 할 3요소는 안전성, 경제성, 작업성이다.

90 거푸집에 작용하는 하중 중에서 연직하중이 아닌 것은?

① 거푸집의 자중 ② 작업원의 작업하중
③ 가설설비의 충격하중 ④ 콘크리트의 측압

[해설] 콘크리트의 측압은 콘크리트가 거푸집을 안쪽에서 밀어내는 압력으로 연직방향의 하중이 아니다.

91 무한궤도식 장비와 타이어식(차륜식) 장비의 차이점에 관한 설명으로 옳은 것은?

① 무한궤도식은 기동성이 좋다.
② 타이어식은 승차감과 주행성이 좋다.
③ 무한궤도식은 경사지반에서의 작업에 부적당하다.
④ 타이어식은 땅을 다지는 데 효과적이다.

[해설] 타이어식은 승차감과 주행성이 좋아 이동식 작업에도 적당하다.

92 달비계의 발판 위에 설치하는 발끝막이판의 높이는 몇 cm 이상 설치하여야 하는가?

① 10cm 이상 ② 8cm 이상
③ 6cm 이상 ④ 5cm 이상

[해설] 발끝막이판의 높이는 10cm 이상으로 하여야 한다.

93 사질토 지반에서 보일링(boiling) 현상에 의한 위험성이 예상될 경우의 대책으로 옳지 않은 것은?

① 흙막이 말뚝의 밑둥넣기를 깊게 한다.
② 굴착 저면보다 깊은 지반을 불투수로 개량한다.
③ 굴착 밑 투수층에 만든 피트(pit)를 제거한다.
④ 흙막이벽 주위에서 배수시설을 통해 수두차를 적게 한다.

[해설] 보일링 현상에 의한 흙막이공의 붕괴 예방방법
1. 흙막이벽의 근입깊이 증가
2. 배면 지반 지하수위 저하
3. 차수성이 높은 흙막이벽 설치
4. 배면 지반 그라우팅 실시

정답 | 86 ④ 87 ① 88 ④ 89 ① 90 ④ 91 ② 92 ① 93 ③

94 층고가 높은 슬래브 거푸집 하부에 적용하는 무지주 공법이 아닌 것은?

① 보우빔(bow beam)
② 철근 일체형 데크플레이트(deck plate)
③ 페코빔(peco beam)
④ 솔저시스템(soldier system)

해설 솔저시스템은 지하층 합벽 지지용 거푸집 및 동바리 시스템이다.

95 발파작업에 종사하는 근로자가 준수해야 할 사항으로 옳지 않은 것은?

① 얼어 붙은 다이너마이트는 화기에 접근시키거나 그 밖의 고열물에 직접 접촉시키는 등 위험한 방법으로 융해되지 않도록 할 것
② 발파공의 충진재료는 점토·모래 등의 사용을 금할 것
③ 장전구(裝塡具)는 마찰·충격·정전기 등에 의한 폭발의 위험이 없는 안전한 것을 사용할 것
④ 전기뇌관에 의한 발파의 경우 점화하기 전에 화약류를 장전한 장소로부터 30m 이상 떨어진 안전한 장소에서 전선에 대하여 저항측정 및 도통(導通)시험을 할 것

해설 발파공의 충진재료는 점토, 모래 등 발화 또는 인화성의 위험이 없는 재료를 사용해야 한다.

96 근로자의 추락 등의 위험을 방지하기 위하여 안전난간을 설치하는 경우 안전난간은 구조적으로 가장 취약한 지점에서 가장 취약한 방향으로 작용하는 얼마 이상의 하중에 견딜 수 있는 튼튼한 구조이어야 하는가?

① 50kg
② 100kg
③ 150kg
④ 200kg

해설 안전난간은 구조적으로 가장 취약한 지점에서 가장 취약한 방향으로 작용하는 100kg 이상의 하중에 견딜 수 있는 튼튼한 구조이어야 한다.

97 산업안전보건관리비 중 안전시설비의 항목에서 사용할 수 있는 항목에 해당하는 것은?

① 외부인 출입금지, 공사장 경계표시를 위한 가설울타리
② 작업발판
③ 절토부 및 성토부 등의 토사유실 방지를 위한 설비
④ 사다리 넘어짐방지장치

해설 사다리 넘어짐방지장치는 안전시설비로 사용이 가능한 항목이다.

98 철골공사 중 트랩을 이용해 승강할 때 안전과 관련된 항목이 아닌 것은?

① 수평구명줄
② 수직구명줄
③ 죔줄
④ 추락방지대

해설 수평구명줄은 철골 조립작업 시 안전대 걸이시설로 빔 등에 수평 방향으로 설치한다.

99 크레인의 와이어로프가 일정 한계 이상 감기지 않도록 작동을 자동으로 정지시키는 장치는?

① 훅 해지장치
② 권과방지장치
③ 비상정지장치
④ 과부하방지장치

해설 **권과방지장치**
와이어로프의 권과를 방지하기 위하여 자동적으로 동력을 차단하고 작동을 제동하는 장치이다.

100 건설현장에서 근로자가 안전하게 통행할 수 있도록 통로에 설치하는 조명의 조도 기준은?

① 65Lux
② 75Lux
③ 85Lux
④ 95Lux

해설 통로의 조명은 작업자가 안전하게 통행할 수 있도록 75럭스 이상의 채광 또는 조명시설을 하여야 한다.

정답 | 94 ④ 95 ② 96 ② 97 ④ 98 ① 99 ② 100 ②

참고문헌

1. 강성두 외 「산업안전기사」 (예문사, 2010)
2. 강성두 외 「산업안전산업기사」 (예문사, 2011)
3. 강성두 「산업기계설비기술사」 (예문사, 2008)
4. 한경보 「최신 건설안전기술사」 (예문사, 2007)
5. 이호행 「건설안전공학 특론」 (서초수도건축토목학원, 2005)
6. 한국산업안전보건공단 「거푸집동바리 안전작업 매뉴얼」 (대한인쇄사, 2009)
7. 한국산업안전보건공단 「만화로 보는 산업안전·보건기준에 관한 규칙」 (안전신문사, 2005)
8. 김병석 「산업안전관리」 (형설출판사, 2005)
9. 이진식 「산업안전관리공학론」 (형설출판사, 1996)
10. 김병석·성호경·남재수 「산업안전보건 현장실무」 (형설출판사, 2000)
11. 정국삼 「산업안전공학개론」 (동화기술, 1985)
12. 김병석 「산업안전교육론」 (형설출판사, 1999)
13. 기도형 「(산업안전보건관리자를 위한)인간공학」 (한경사, 2006)
14. 박경수 「인간공학, 작업경제학」 (영지문화사, 2006)
15. 양성환 「인간공학」 (형설출판사, 2006)
16. 정병용·이동경 「(현대)인간공학」 (민영사, 2005)
17. 김병석·나승훈 「시스템안전공학」 (형설출판사, 2006)
18. 갈원모 외 「시스템안전공학」 (태성, 2000)
19. 한국콘크리트학회 「콘크리트 표준시방서」 (한국콘크리트학회, 2009)
20. 대한건축학회 「건축공사 표준시방서」 (기문당, 2006)
21. 대한주택공사 「공사감독 핸드북」 (건설도서, 2005)
22. 남상욱 「토목시공학」 (청운문화사, 2007)
23. 대한건축학회 「건축시공학」 (기문당, 2010)
24. 김홍철 「건설재료학」 (청문각, 2005)
25. 박승범 「최신 건설재료학」 (문운당, 2010)

 김병진, 김희권
도서 관련 문의사항은 저자 대표 메일로 연락 바랍니다.
저자 대표 메일주소 : anjun345@naver.com

memo

memo

memo

memo

memo

memo

memo

건설안전산업기사 필기
초간단 핵심완성

초 판 발 행	2025년 04월 25일
공　　　저	김병진, 김희권
발 행 인	정용수
발 행 처	예문사
주　　　소	경기도 파주시 직지길 460(출판도시) 도서출판 예문사
T E L	031) 955-0550
F A X	031) 955-0660
등 록 번 호	11-76호
정　　　가	33,000원

- 이 책의 어느 부분도 저작권자나 발행인의 승인 없이 무단 복제하여 이용할 수 없습니다.
- 파본 및 낙장은 구입하신 서점에서 교환하여 드립니다.

홈페이지 http://www.yeamoonsa.com

ISBN　978-89-274-5814-2　　[13530]